- auf www.schuelerlexikon.de alle Inhalte auch online nutzbar
- übergreifende Suchmöglichkeiten in allen Fächern

- mobiles Basiswissen für Handy und Smartphone
- mit deinem mobilen Internetzugang online nutzbar

W0214022

Wissenstests – mit interaktiven Aufgaben für deinen Selbstcheck
Zu allen Kapiteln kannst du dein Wissen testen – als Abschluss der Beschäftigung mit dem Basiswissen oder als Einstiegscheck.

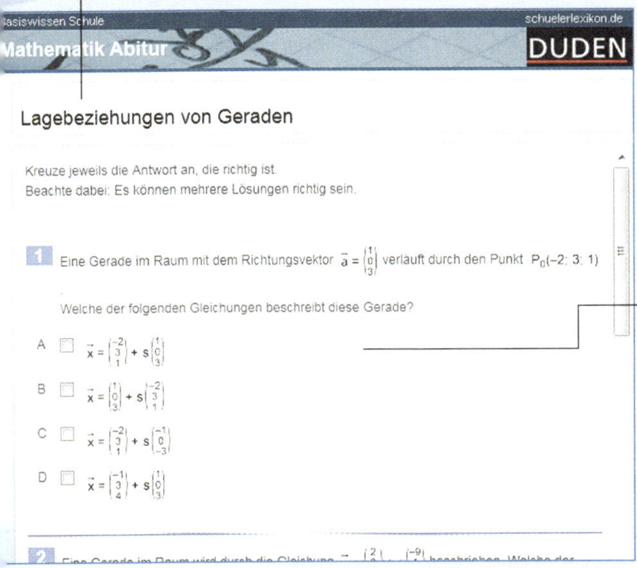

Die richtigen **Antworten** wählst du mit einem Klick aus.

Die übersichtliche **Auswertung** gibt dir eine schnelle Rückmeldung über deine Ergebnisse.

„Buch, DVD-ROM und Internet machen gemeinsam diese Reihe aus … Eine kluge Materialsammlung, die Schüler immer parat haben sollten." (Jury GIGA-Maus)

In der Reihe „Basiswissen Schule" sind erschienen:

5. bis 10. Klasse

Biologie (400 Seiten)
ISBN 978-3-411-71484-1

Chemie (368 Seiten)
ISBN 978-3-411-71474-2

Deutsch (412 Seiten)
ISBN 978-3-411-71593-0

Englisch (336 Seiten)
ISBN 978-3-411-71962-4

Mathematik (400 Seiten)
ISBN 978-3-411-71504-6

Physik (384 Seiten)
ISBN 978-3-411-71464-3

7. Klasse bis Abitur

Geografie (416 Seiten)
ISBN 978-3-411-71612-8

Geschichte (488 Seiten)
ISBN 978-3-411-71583-1

Kunst (448 Seiten)
ISBN 978-3-411-71972-3

Musik (384 Seiten)
ISBN 978-3-411-71982-8

Politik (464 Seiten)
ISBN 978-3-411-04702-4

11. Klasse bis Abitur

Biologie Abitur (496 Seiten)
ISBN 978-3-411-04613-3

Chemie Abitur (496 Seiten)
ISBN 978-3-411-04593-8

Deutsch Abitur (496 Seiten)
ISBN 978-3-411-71603-6

Englisch Abitur (368 Seiten)
ISBN 978-3-411-71952-5

Mathematik Abitur
(496 Seiten)
ISBN 978-3-411-71743-9

Physik Abitur (496 Seiten)
ISBN 978-3-411-71753-8

Detaillierte Informationen zu den einzelnen Bänden unter **www.schuelerlexikon.de**

Duden

Basiswissen Schule

Mathematik

Abitur

3., neu bearbeitete Auflage

Duden Schulbuchverlag
Berlin · Mannheim · Zürich

Herausgeber
Dr. Hubert Bossek, Prof. Dr. habil. Karlheinz Weber

Autoren
Armin Baeger, Dr. Hubert Bossek, Dr. Georg-Christian Brückner, Frank Gräf, Irmhild Kantel, Ardito Messner, Dr. Marga Schmidt, Dr. habil. Michael Schmitz, Prof. Dr. habil. Karlheinz Weber, PD Dr. habil. Bernd Wernicke, Prof. Dr. habil. Wolfgang Zillmer

Die Autoren der Inhalte der beigefügten DVD-ROM sind im elektronischen Impressum auf der DVD-ROM aufgeführt.

Bibliografische Information der Deutschen Nationalbibliothek
Die Deutsche Nationalbibliothek verzeichnet diese Publikation in der Deutschen Nationalbibliografie; detaillierte bibliografische Daten sind im Internet über http://dnb.d-nb.de abrufbar.

 F E D C B A
Bibliographisches Institut GmbH, Dudenstraße 6, 68167 Mannheim, und
Duden Paetec GmbH, Bouchéstraße 12, 12435 Berlin

Redaktion Dr. Hubert Bossek
Gestaltungskonzept Britta Scharffenberg
Umschlaggestaltung WohlgemuthPartners, Hamburg
Umschlagabbildung Corbis, David Sutherland
Layout Birgit Kintzel
Grafik Christine Gebreyes, Gerlinde Keller, Birgit Kintzel, Sybille Storch
Druck und Bindung Těšínská tiskárna,Česky Těšín
Printed in Czech Republic

ISBN 978-3-411-71743-9

Inhaltsverzeichnis

Denk- und Arbeitsweisen der Mathematik

M

M

1.1 Mathematik und ihre grundlegenden Arbeitsmethoden

Lebenspraktische Anforderungen waren es, die zu ersten mathematischen Erkenntnissen führten – und die Beschreibung und die Lösung derartiger Probleme bestimmten auch im Folgenden wesentlich den Fortschritt der Mathematik. Im zunehmenden Maße trug aber ebenso die Beschäftigung mit innermathematischen Fragestellungen zu einem Ausbau und einer Festigung des mathematischen Theoriegebäudes bei, was wiederum Rückwirkungen auf deren Anwendungsmöglichkeiten zur Folge hatte.

EUKLID VON ALEXANDRIA (um 365 bis um 300 v. Chr.)

Die Mathematik nahm etwa um 2000 v. Chr. bei den Babyloniern auf elementarer Stufe ihren Anfang. Im 4. und 5. Jahrhundert v. Chr. waren es dann die Griechen, die in Kenntnis der babylonischen Leistungen die Mathematik auf die Stufe einer Wissenschaft im modernen Sinne hoben. Im Zentrum standen dabei die Geometrie und ihre theoretische Grundlegung, die in den berühmten „Elementen" des EUKLID ihren konzentrierten Ausdruck fand. Aber auch in dieser Zeit spielten Anwendungen der Mathematik eine wichtige Rolle. Die Entstehung der Infinitesimalrechnung und der analytischen Geometrie im 17. Jahrhundert markierten dann nach Jahrhunderten langsamen Voranschreitens einen weiteren revolutionären Fortschritt der mathematischen Wissenschaften, der durch grundlegende theoretische Erkenntnisse und auch durch das Erschließen völlig neuer Anwendungsfelder gekennzeichnet war.
Die Entwicklung der Stochastik als einer der jüngsten mathematischen Teildisziplinen erlaubte schließlich das Erfassen und Bearbeiten von wiederum qualitativ neuen Problemen, die mit Zufall und Wahrscheinlichkeit zusammenhingen.

In allen Etappen war die Entwicklung der Mathematik also durch das Wechselspiel von Erweiterung und Fundierung des Theoriegebäudes einerseits und die Erschließung wie Nutzung neuer Anwendungsfelder andererseits gekennzeichnet, wobei der Schwerpunkt wechselte.

Sowohl für den theoretischen Erkenntnisgewinn wie auch für die Anwendung der Mathematik als Werkzeug zum Lösen praktischer Probleme ist zunächst einmal Klarheit über die verwendeten Begriffe und Sicherheit bezüglich der Gültigkeit der genutzten Aussagen erforderlich. Mathematik anzuwenden verlangt dann, Beziehungen zwischen dem jeweiligen Problem und dem mathematischen Handwerkszeug herzustellen, den Sachverhalt in mathematischer Sprache zu formulieren und mit dem so gewonnenen mathematischen Abbild des betreffenden Sachverhalts weiterzuarbeiten. Definieren von Begriffen, Begründen und Beweisen von Aussagen sowie mathematisches Modellieren von Sachverhalten sind deshalb von grundlegender Bedeutung für mathematisches Arbeiten.

M

1.1.1 Grundlagen mathematischer Bildung

Um mathematische Werkzeuge umfassend einsetzen zu können, ist ein systematisch aufgebautes und anwendungsbereites Wissen um mathematische Zusammenhänge erforderlich. Das schließt die Kompetenzen ein, mathematische Fragestellungen im beruflichen wie im alltäglichen Leben zu beschreiben und zu bearbeiten.

Mathematische Bildung zeigt sich auch in den Kompetenzen **Kommunizieren, Argumentieren, Modellieren** und **Problemlösen.**

Zu diesen Kompetenzen gehört die Fähigkeit,
- selbstständig mathematische Informationen zu beschaffen und anderen verständlich zu erläutern,
- reale Situationen mit mathematischen Mitteln zu beschreiben,
- geeignete Problemlösestrategien auszuwählen und anzuwenden und dabei Hilfsmittel sachgerecht einzusetzen,
- Lösungswege und Ergebnisse zu reflektieren, zu vergleichen und zu bewerten und in geeigneter Form zu präsentieren.

Jede Erweiterung mathematischen Wissens und Könnens setzt unverzichtbar eine *mathematische Grundbildung* voraus. Dazu gehören:

- **Fertigkeiten im schriftlichen und mündlichen Rechnen** sind eine Voraussetzung für nahezu jedes weitere Arbeiten in der Mathematik und weit darüber hinaus. Fundiertes Rechnenkönnen schließt die Befähigung zum überlegten Einsatz von Hilfsmitteln sowie Sicherheit beim Durchführen von Abschätzungen und beim Bestimmen einer sinnvollen Genauigkeit von Resultatsangaben mit ein. Letzteres steht in engem Zusammenhang mit einem sicheren Umgang im **Arbeiten mit Größen,** die bei allen Anwendungen eine wichtige Rolle spielen.

- Ebenso unverzichtbar ist ein grundlegendes **geometrisches Wissen und Können.** Gesicherte inhaltliche Vorstellungen bezüglich wichtiger Begriffe und Sätze aus Planimetrie und Stereometrie, Fertigkeiten im Skizzieren und Konstruieren und ein gewisses räumliches Vorstellungsvermögen dienen nicht nur dem Lösen geometrischer Aufgaben, sondern vor allem der Veranschaulichung nichtgeometrischer Probleme.

Von **Konstruieren** wird vorzugsweise gesprochen, wenn besondere Anforderungen an die Genauigkeit gestellt werden. Dagegen wird unter **Skizzieren** freihändiges Zeichnen verstanden, also flüchtiges Entwerfen einer Figur, die nicht maßstäblich dargestellt werden muss, jedoch Wesentliches erfassen sollte.

- Die Befähigung im **Arbeiten mit Variablen** und ein allgemeines „Symbolverständnis" reichen in ihrer Bedeutung weit über den mathematischen Wissenserwerb hinaus.
- Zu den wichtigsten Hilfsmitteln beim Modellieren inner- und außermathematischer Sachverhalte zählen **Gleichungen und Gleichungssysteme**, mitunter auch **Ungleichungen.**
- Von ebenso zentraler Bedeutung ist das **Arbeiten mit Funktionen,** insbesondere die Befähigung, dieses spezielle mathematische Hilfsmittel zum Erfassen und Beschreiben von Vorgängen und Gesetzmäßigkeiten in Natur, Technik und Gesellschaft sowie für das Lösen von Problemen aus diesen Bereichen zu nutzen.
- Für das Erfassen und Beschreiben zufälliger Erscheinungen ist eine gewisse **stochastische Denkweise** unerlässlich. Dazu gehören das Vertrautsein mit grundlegenden Begriffen und Aussagen der Stochastik und der dazugehörigen Symbolik sowie die Kenntnis elementarer Methoden und Modelle zur Beschreibung zufälliger Erscheinungen und zum Berechnen und Interpretieren von Wahrscheinlichkeiten.

Typisch für stochastische Methoden ist die Möglichkeit, mithilfe von **Simulationen** (↗ Seite 398) auch komplizierte Vorgänge zu untersuchen.

M

1.1.2 Kommunizieren, Argumentieren und Begründen

Mathematische Bildung zeigt sich auch in der Fähigkeit, mathematische Informationen aufzunehmen und diese verständlich weiterzugeben, also **inhaltsbezogen** zu **kommunizieren.**

Die Verwendung neuer Medien kann die Informationsweitergabe anschaulicher und verständlicher machen. Internet oder E-Mail ermöglichen zudem die Kommunikation über enge räumliche Grenzen hinweg.

Zur **Kommunikation** in mathematischen Kontexten gehören:

- ein *korrekter Umgang mit Sprache* in mündlicher und schriftlicher Form;
- das Lesen von Texten mit mathematischen Inhalten, das Erfassen der Inhalte und deren Wiedergabe mit eigenen Worten;
- die Bereitschaft und Fähigkeit, anderen zuzuhören sowie deren Informationen und Argumente aufzunehmen;
- das Interpretieren mathematischer Zusammenhänge;
- die Kenntnis wichtiger Fachbegriffe und deren Abgrenzung zur Umgangssprache;
- das Beschreiben, Erläutern und Präsentieren von Lösungswegen und Ergebnissen;
- die Bereitschaft und Fähigkeit, sich in die Diskussion fachlicher Probleme einzubringen und dabei begründete mathematische Urteile abzugeben.

Um die Richtigkeit einer Aussage oder Entscheidung zu belegen, muss man sie **begründen,** man muss **Argumente finden,** die diese Aussage stützen bzw. die Entscheidung rechtfertigen. Die *Formen der Begründung* sind in Abhängigkeit vom jeweiligen Praxis- oder Wissenschaftsbereich sehr unterschiedlich und häufig auch Veränderungen unterworfen.

In den *Naturwissenschaften* ist die Anwendung der experimentellen Methode eine der wichtigsten Vorgehensweisen zur Begründung von Aussagen über Zusammenhänge zwischen bestimmten Erscheinungen oder Vorgängen.

Hermeneutik (griech.) – Auslegekunst, Deutung

Die *Geisteswissenschaften* (wie etwa die Geschichts-, die Literatur- bzw. die Kunstwissenschaft) bedienen sich u. a. hermeneutischer Begründungen wie z. B. der Analyse und Auswertung von Dokumenten, Schriften, Kunstwerken usw.

In den *Sozialwissenschaften* greift man zur Begründung meist auf statistische Argumente zurück – beispielsweise bei Aussagen zur mittleren Lebensdauer von Frauen oder Männern.

In der *Medizin bzw. Pharmazie* ergeben sich Aussagen zur Wirksamkeit neuer Medikamente häufig aus Tierversuchen oder aus Erprobungen mit genau überwachten Menschengruppen.

Auch in der Mathematik werden unterschiedliche Begründungsformen verwendet, wobei der Grad der durch sie jeweils erreichten Gewissheit weit voneinander abweichen kann.
Allen Begründungen ist gemeinsam, dass sie zwar die *subjektive Gewissheit* von der Richtigkeit einer Aussage erhöhen, aber u. U. noch *keinen*

objektiven Nachweis für die Gültigkeit in einem beliebigen Fall erbringen können. Letzteres trifft immer dann zu, wenn nicht jeder mögliche Fall für die Begründung erfasst wurde bzw. gar nicht auf diese Weise erfasst werden kann, da es unendlich viele Möglichkeiten gibt.

Neben der *hermeneutischen* Methode sind es vor allem *empirisch-experimentelle* und *mathematisch-analytische* Methoden, die zur Erkenntnisgewinnung beitragen und Begründungen liefern:

1. Empirische (oder induktive) Vorgehensweise
Erkenntniszuwachs entsteht hier aus unmittelbar praktischer Erfahrung und aus Versuchen. Durch Suchen von Gemeinsamkeiten und Unterschieden von einer möglichst großen Anzahl von Einzelbeispielen kann man sehr effektiv zu allgemeinen Aussagen gelangen. Dennoch ist die Verallgemeinerung von Einzelbeispielen ein unzuverlässiger Schritt, sodass die Notwendigkeit entsteht, empirisch gewonnene Vermutungen zu beweisen.

▶ Keine vorschnellen Verallgemeinerungen, auch 100 000 Beispiele geben nicht das Recht, eine Eigenschaft „für alle" zu schließen.

2. Deduktive Vorgehensweise
Mithilfe gesicherter Aussagen werden aus allgemeinen Gesetzmäßigkeiten spezielle Einzelerkenntnisse gewonnen, es wird mit logischen Regeln „vom Allgemeinen auf das Besondere" geschlussfolgert. Deduktive Denk- und Arbeitsweisen liefern „beweiskräftige" Begründungen.

Wir finden Begründungen
- durch *Plausibilitätsbetrachtungen* (z. B., dass für eine Wahrscheinlichkeitsverteilung P und jedes Ereignis A mit $A \subseteq \Omega$ die Beziehung $P(A) = 1 - P(\overline{A})$ gilt);
- durch Untersuchen einer größeren Zahl von *Einzelfällen („unvollständige Induktion")*;
- durch *Ableiten* von als richtig bekannten Aussagen aus der zu begründenden;
- für die Funktionsweise eines Taschenrechners (z. B. der Vorrangautomatik) durch mehrfaches Ausführen auf verschiedenen Wegen.

Mathematisches Argumentieren umfasst folgende Tätigkeiten:
- Erkunden mathematischer Sachverhalte; Sammeln von Informationen aus mathematischen Texten;
- Informationen strukturieren und Voraussetzungen herausarbeiten;
- mathematische Beziehungen zwischen den Informationen, Daten oder Größen suchen und mittels mathematischer Fachsprache darstellen;
- Aufstellen von Vermutungen und Formulieren von Hypothesen;
- intuitives Begründen von Aussagen durch Plausibilitätserklärungen;
- Prüfen, ob sich die Hypothese experimentell untermauern lässt;
- Aussagen mit mathematischen Mitteln schlüssig begründen oder widerlegen, dabei formale und symbolische Elemente nutzen;
- Widerlegen der Hypothese durch Angabe von Gegenbeispielen;
- unterschiedliche Begründungen vergleichen und bewerten;
- kritisches Hinterfragen von Argumentationen und Begründungen;
- Fehler in der Argumentationskette finden und korrigieren.

▶ Ggf. auch Quellen wie Formelsammlungen, Lexika oder Internet nutzen.

M

Damit aus einer Vermutung über einen mathematischen Zusammenhang ein mathematischer Satz, also eine gesicherte Aussage, wird, muss man die Richtigkeit dieser Vermutung *für jeden möglichen Fall* nachweisen, d.h., es muss deren Allgemeingültigkeit durch einen **mathematischen Beweis** nachgewiesen werden (↗ Seite 39).

Eine wesentliche Voraussetzung für die Erfüllung der Anforderungen an das Argumentieren, Begründen und Beweisen ist ein adäquater Gebrauch der **Sprache**.
Das richtige Verwenden und Verstehen der mathematischen Terminologie und Symbolik sowie die damit verbundene Gewöhnung an eine knappe, präzise Ausdrucksweise unterstützen die Kommunikationsfähigkeit, erhöhen die Wirksamkeit von Erläuterungen und Anweisungen.

▶ A und B stehen für Aussagen oder Aussageformen.

Typisches im mathematischen Sprachgebrauch

Wird festgestellt:	**..., so bedeutet das:**
x ist **nichtnegativ**	x ist positiv oder auch gleich null.
Daraus folgt ...	Gilt A, dann gilt (ergibt sich daraus) auch B. (Nicht zu verwechseln mit „genau dann".)
Genau dann ...	B gilt **dann und nur dann**, wenn A zutrifft. Also: Es handelt sich um eine wechselseitig gültige Beziehung, die eine notwendige **und zugleich** hinreichende Bedingung zum Ausdruck bringt.
A **oder** B	Es gilt A **oder** B oder beides. (Umgangssprachlich wird „oder" meist im Sinne von „entweder – oder" benutzt, in der Mathematik häufig im Sinne von „oder auch".)
Fast alle Elemente ...	A gilt bis auf **endlich viele Ausnahmen** für alle Elemente der betreffenden (unendlichen) Menge.
Es gibt ein Element ...	Es gibt ein Element **oder mehrere** Elemente ... Also: Es existiert **mindestens** ein Element ...

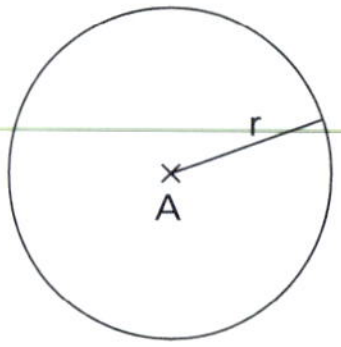

Für Konstruktionsbeschreibungen sind Wendungen einzuprägen wie:
„Ich konstruiere
- einen Kreis *um* ... (den Mittelpunkt A) *mit* ... (dem Radius r),
- eine Senkrechte *zu* ... *durch* ...,
- den Winkel *an* ... *im*...,
- den Schnittpunkt *von* ... *mit* ..."

Zu den normierten Wendungen zählen auch:
- „Zwei Geraden *schneiden einander*." Oder:
- „Zwei Geraden *sind zueinander orthogonal*.".

▶ Die Arbeitsaufträge werden oftmals mithilfe von **Operatoren** formuliert.

In der folgenden Übersicht wird gezeigt, welche Erwartungen an die Lösungsdarstellung in Abhängigkeit von der Aufgabenformulierung geknüpft werden.

Operatoren und damit verbundene Erwartungen an Lösungsdarstellungen	
Operator (Arbeitsauftrag)	Erwartungsbild
Nennen Sie … *Geben Sie … an.*	Formulieren eines Sachverhalts; Aufzählen von Ergebnissen ohne Erläuterungen, Begründungen und Lösungsweg
Skizzieren Sie …	Grafisches Darstellen unter Berücksichtigung wesentlicher Eigenschaften (Freihandskizze möglich)
Zeichnen Sie … *Stellen Sie … grafisch dar.* *Konstruieren Sie …*	Exaktes grafisches Darstellen (ggf. unter Nutzung berechneter Werte); maßstäbliches Darstellen eines Sachverhaltes (ggf. unter Nutzung von speziellen Konstruktionsverfahren)
Beschreiben Sie …	Systematisches Darstellen eines Sachverhalts, Verfahrens oder Lösungsweges mit eigenen Worten, unter Verwendung der Fachsprache und in der Regel in vollständigen Sätzen
Erklären Sie …	Zusammenhängendes und begründendes Darstellen einer Problemlösung, wobei zugrunde liegende Gesetzmäßigkeiten, Regeln und Beziehungen zu nennen sind; Modelle oder grafische Darstellungen können verwendet werden.
Lösen Sie … *Bestimmen Sie …* *Ermitteln Sie …*	Angeben eines nachvollziehbaren Lösungsweges und Formulieren von Ergebnissen, wobei die Wahl der Mittel (z. B. grafisch, numerisch oder symbolisch) offenbleibt, sofern diese nicht explizit vorgegeben sind; ist ein Ausdrucken elektronisch erzeugter grafischer Lösungen nicht möglich, können die Ergebnisse durch Angabe der Lösungsschritte belegt werden; ein Abzeichnen des Displaybildes ist nicht notwendig.
Berechnen Sie …	Herbeiführen einer Lösung durch Rechenoperationen aus einem erkennbaren Ansatz, wobei elektronische Hilfsmittel (falls nicht ausgeschlossen) zulässig sind; grafisches Lösen ist nicht gestattet
Begründen Sie …	Darstellen von kausalen Zusammenhängen, wobei Regeln und mathematische Beziehungen zu nutzen und zu nennen sind
Zeigen Sie … *Weisen Sie nach …* *Beweisen Sie …*	Lückenloses Führen eines Beweises in mathematisch strengem Sinne; logisches Schließen unter Verwenden bekannter mathematischer Sätze (ggf. unter Verwenden von Gegenbeispielen)
Widerlegen Sie …	Aufzeigen eines Widerspruchs durch Rechnung, logisches Schließen oder durch Angeben eines Gegenbeispiels
Leiten Sie her …	Darstellen, wie ein Sachverhalt oder eine Gleichung aus allgemeineren Sachverhalten oder aus anderen Gleichungen entsteht
Beurteilen Sie …	Formulieren und Begründen eines selbstständigen Urteils, wobei Fach- und Methodenwissen einzubeziehen ist
Entscheiden Sie …	Begründetes Festlegen auf eine von mehreren Möglichkeiten
Interpretieren Sie …	Übertragen der Ergebnisse einer mathematischen Überlegung auf das ursprüngliche Problem (Deuten der Ergebnisse)
Untersuchen Sie … *Bewerten Sie …* *Diskutieren Sie …*	Herausfinden und Darlegen von Eigenschaften von Objekten oder Beziehungen zwischen solchen (offene Lösungsdarstellungen bis hin zum mathematischen Aufsatz)

M

Dokumentation von Lösungswegen

Der Gebrauch normierter Wendungen hilft, Lösungswege in logisch und sprachlich einwandfreier Form darzustellen.
Dies schließt ein

- den adäquaten Gebrauch bestimmter oder unbestimmter Artikel,
- das exakte Verwenden von Aussagenverknüpfungen wie „und", „oder", „wenn, so", „genau dann, wenn …",
- das richtige Benutzen von Quantifizierungen („für jedes", „es gibt – mindestens – ein"),
- den überlegten Gebrauch schlussfolgernder Formulierungen („weil", „denn", „also", „folglich", „deshalb" und dergleichen).

▶ Das Bestreben, nichts Überflüssiges zuzulassen, hilft dem Hörer oder Leser, sich vollständig auf den Gedankengang zu konzentrieren. Das gilt auch in den anderen Wissenschaften und in der ernsthaften Auseinandersetzung mit Belangen des täglichen Lebens.

Für die Dokumentation mathematischer Sachverhalte gelten dieselben Regeln, wie sie allgemein für schriftliche Darstellungen üblich sind:

- Sie sollen leserlich, vollständig und übersichtlich sein.
- Sie sind von treffender Kürze und verzichten auf alles nicht Notwendige.
- Sie sind exakt gegliedert und ohne logische Sprünge.
- Der Gedankengang ist erkennbar und *nachvollziehbar*.

Grafikfähige Taschenrechner und Computerprogramme lösen so manche Aufgabe „auf Knopfdruck". Aber auch bei Verwendung elektronischer Hilfsmittel bleibt das Grundprinzip bestehen, dass Lösungswege nachvollziehbar und in sprachlich einwandfreier Form darzustellen sind. Hiervon darf nur abgewichen werden, wenn dies ausdrücklich erlaubt ist.

▶ Die Aufforderung *„Berechnen Sie …"* schließt das Nutzen grafischer Werkzeuge aus.

Fixierung des Lösungswegs in Kurzform, sofern gestattet:
z. B. durch *„Geben Sie an …"* oder *„Nennen Sie …"*.

Ausführliche sprachliche Darstellung, wenn ausdrücklich verlangt:
z. B. durch *„Beschreiben Sie …"*, *„Zeigen Sie …"*, *„Untersuchen Sie …"*.

Wahl der Lösungsstrategie und Wahl des Werkzeugs (numerisches, grafisches oder Programme) ist frei bei Aufforderungen ohne Einschränkungen:
z. B. *„Ermitteln Sie …"*, *„Bestimmen Sie …"*, *„Untersuchen Sie …"*.

Ziel einer **Präsentation** ist es, Arbeitsergebnisse, auch Lösungswege oder arbeitsorganisatorische Entscheidungen, so darzustellen, dass sie

- durch Veranschaulichungen besser verstanden werden,
- problematisieren und zum Nachdenken anregen und
- im Gedächtnis haften bleiben.

Bei den Präsentationsarten sind zwei Grundformen zu unterscheiden:

Präsentationen zu einem Vortrag	**Stand-alone-Präsentationen (standalone, engl. svw. eigenständig)**
Tafel, Whiteboard oder Flipchart, Pinnwand oder Magnetwand, Handout (Handzettel/Thesenpapier), Overheadfolien oder Computerpräsentation	Poster oder Wandzeitung, elektronische Präsentationen im Internet, im schulinternen Intranet oder auf Speichermedien

1.1.3 Mathematisieren und Modellieren

Beim *Anwenden* von Mathematik und bei der Lösung mathematischer Probleme geht es vorrangig darum, einfache reale Prozesse aus der Umwelt mit den zur Verfügung stehenden Mitteln zu *modellieren*.

Modellierung heißt meist, sprachliche Formulierungen in eine mathematische Form zu „übersetzen".

Typische Beispiele für Modellierungen im Bereich der Differenzialrechnung sind:

Anwendungssituation (beschrieben durch eine Funktion f mit f (t))	Modell
Die durchschnittliche Änderung/die mittlere Steigung/die Durchschnittsgeschwindigkeit/das durchschnittliche Wachstum … im Zeitraum von t_1 bis t_2 beträgt …	Differenzenquotient $\frac{f(t_2) - f(t_1)}{t_2 - t_1}$
Die Steigung/die Momentangeschwindigkeit/die Wachstumsgeschwindigkeit/die Änderungsrate … zum Zeitpunkt t beträgt …	Differenzialquotient $f'(t) = \lim\limits_{t_2 \to t_1} \frac{f(t_2) - f(t_1)}{t_2 - t_1}$

Das Modellieren vollzieht sich in der Regel in folgenden Schritten:

- Ein reales Problem wird mit eigenen Worten formuliert.
  Dabei werden möglichst alle Voraussetzungen, Bedingungen und Einflussgrößen erfasst und strukturiert.
- Die reale Situation wird vereinfacht; wesentliche Eigenschaften bleiben erhalten, unwesentliche werden nicht berücksichtigt.
  Welche Aspekte wesentlich sind, hängt vom Ziel des Modells ab.
- Die Situation wird mathematisiert.
  Dazu wird das umgangssprachlich formulierte Realmodell in ein formales mathematisches Modell „übersetzt", beispielsweise mithilfe von Gleichungen oder Ungleichungen, Funktionen, Graphen, Matrizen, Vektoren, Zufallsversuchen u. v. a. m.
- Die Arbeit mit dem mathematischen Modell führt schließlich zu Berechnungen oder zu experimentellen Ergebnissen. Auch Methoden der elektronischen Datenverarbeitung und Computersimulationen ordnen sich hier ein.
- Wird die mathematische Lösung anhand des Ausgangsproblems interpretiert, kann dessen Lösung formuliert werden. Dabei ist die Gültigkeit („Validität") der verwendeten mathematischen Modelle zu überprüfen. Gegebenenfalls muss das Modell revidiert werden.

Mathematische Zusammenhänge können auch experimentell, z. B. durch Variation verschiedener Parameter, erkundet werden.

Die Anwendung mathematischer Begriffe und Regeln führt zu typischen Mustern, mit denen außermathematische Situationen mathematisch erfasst werden können.

Derartige **Mathematisierungsmuster** sind Modellvorstellungen, die sich zum Erklären typischer Situationen eignen.

Die Kenntnis typischer „Mathematisierungsmuster" liefert wirksame Ansätze, um Anwendungssituationen zu modellieren.

M

Anwendungssituation		Mathematisierungsmuster
Grafische Darstellung von Funktionen, Auswerten von Klimadiagrammen, Berichte über wirtschaftliche Zusammenhänge, algebraische Beschreibung geometrischer Probleme	führen auf	Diagramme, rechtwinkliges Koordinatensystem und Koordinatenmethode.
Physikalische Sachverhalte wie gleichmäßig beschleunigte Bewegungen oder der schräge Wurf	führen auf	quadratische Funktionen.
Die mathematische Beschreibung von Schwingungsvorgängen oder notwendige Berechnungen in ebenen Figuren und in Körpern	führen auf	Winkelfunktionen.
Viele Wachstums- und Zerfallsprozesse	führen auf	Exponentialfunktionen.
Auswerten einer Messreihe: · Ist der Graph eine Gerade, die nicht parallel zur x-Achse ist,	dann ist f	eine lineare Funktion mit der Steigung $\frac{f(x_2)-f(x_1)}{x_2-x_1}$.
· Ist f eine streng monotone Funktion mit der Eigenschaft $f(x_1+x_2)=f(x_1)\cdot f(x_2)$,	dann ist f	eine Exponentialfunktion.
Erfassen und Beschreiben wirtschaftlicher Entscheidungsprobleme	führen oft zu	Gleichungs- und Ungleichungssystemen oder Matrizen.
Die Begriffe wie „Änderungsrate", Anstieg, Steilheit, Krümmung Richtungswechsel, Tendenzwechsel usw.	führen zu	Ableitungen.
Die Rekonstruktion eines Bestandes aus Änderungsraten oder das Berechnen einer krummlinig begrenzten Fläche	führen zum	Integral.
Preislisten, Zensurenlisten, Testergebnisse	lassen sich darstellen als	Vektoren und Matrizen.
Orthogonalität von Vektoren, Geraden oder Ebenen	führen zu	Skalarprodukt oder Normalenvektor.

Viele wirtschaftliche Probleme können mathematisiert und gelöst werden, wenn man die Beziehungen zwischen den – oftmals in Form von Tabellen oder Listen – gegebenen Daten durch *Gleichungen* und *Gleichungssysteme* ausdrückt.

Ein Produzent elektronischer Haushaltsartikel benötigt zur Herstellung seiner Geräte G_1, G_2 und G_3 drei verschiedene Bauelemente B_1, B_2 und B_3. Die erforderlichen Mengeneinheiten können der folgenden Material- und Preisliste entnommen werden:

	G_1	G_2	G_3	Lagerbestand
B_1	1	4	3	116
B_2	3	2	1	80
B_3	5	5	2	162
Materialkosten pro Gerät	180 €	200 €	100 €	

$$\begin{aligned} x_1 + 4x_2 + 3x_3 &= 116 \\ 3x_1 + 2x_2 + x_3 &= 80 \\ 5x_1 + 5x_2 + 2x_3 &= 162 \end{aligned} \quad \Rightarrow x_1 = 12;\ x_2 = 14;\ x_3 = 16$$

Das aus der Materialliste abgeleitete Gleichungssystem liefert die Anzahl der Geräte $G_1(\triangleq x_1)$, $G_2(\triangleq x_2)$ und $G_3(\triangleq x_3)$, die aus den vorrätigen Bauelementen hergestellt werden können.

Das Bild zeigt das Weg-Zeit-Diagramm eines geradlinig bewegten Körpers.

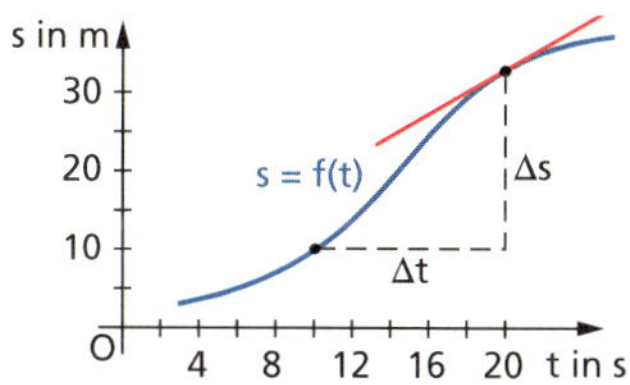

- Die *Durchschnittsgeschwindigkeit* des Körpers von der zehnten bis zur zwanzigsten Sekunde der Bewegung wird als *Differenzenquotient* $\frac{f(t_{20}) - f(t_{10})}{10}$ berechnet.
- Die *Augenblicksgeschwindigkeit* nach 20 s erhält man als *Ableitung* der Funktion an der Stelle 20. Mithilfe einer *Tangente* kann man f'(20) näherungsweise grafisch ermitteln.
- Die *Beschleunigung*, die der Körper nach 20 s besitzt, führt zur *zweiten Ableitung* der Funktion f.

Siehe „Ableitung einer Funktion" auf Seite 130 f.

Sind von zwei als geradlinig angenommenen Flugbahnen je zwei Koordinaten bekannt, so lässt sich rechnerisch überprüfen, wie groß das Kollisionsrisiko beider Flugzeuge war:

Mithilfe von *Koordinaten* und *Vektoren* werden Gleichungen der beiden angenommenen Geraden aufgestellt. Daraus entsteht ein *lineares Gleichungssystem*, dessen Lösung Aussagen über die *Lagebeziehung der Geraden* macht.

Siehe „Lagebeziehungen von Geraden" auf Seite 310 f.

Im Ergebnis einer Verkehrsbeobachtung, bei der an einer Kreuzung 500-mal bei zehn nacheinander vorbeifahrenden Pkws registriert wurde, wie viele von ihnen die Farbe Blau besitzen, entstand die nebenstehende Grafik.

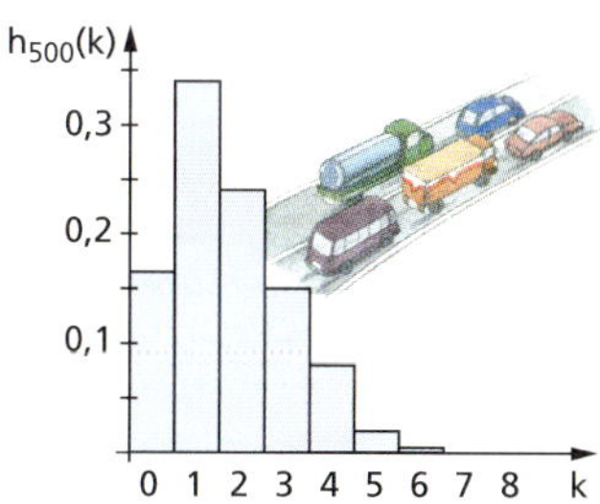

Die Gestalt des Säulendiagramms lässt vermuten, dass sich die „Anzahl der blauen Pkws unter zehn zufällig ausgewählten Pkws" durch das Modell „Binomialverteilung" beschreiben lässt.

Siehe „Binomialverteilung" auf Seite 414 ff.

M

1.1.4 Lösen von Problemen

Ob mit einer zu lösenden Aufgabe ein mathematisches Problem vorliegt, hängt vom Kenntnisstand des Einzelnen ab. Das **Problemlösen** beginnt, wenn sich keine bekannten Lösungsverfahren anwenden lassen.

Die Bezeichnung „Algorithmus“ geht auf den Namen des arabischen Mathematikers MUHAMMAD IBN MUSA AL-CHWARIZMI zurück, der in seinem Werk „Hisab al'schabr wal mukàbala“ („Das Buch vom Hinüberschaffen und vom Zusammenfassen“) viele Regeln zum Lösen von Gleichungen beschrieben hat.

Viele mathematische Lösungsverfahren verlaufen nach einer genau festgelegten Schrittfolge bzw. Handlungsvorschrift. Eine solche Vorschrift, die aus einer endlichen Folge von eindeutig ausführbaren Anweisungen besteht, heißt **Algorithmus.**

Algorithmisches Arbeiten ist schon immer ein wesentlicher Teil mathematischen Arbeitens gewesen. In früheren Zeiten war das Vermitteln und Einüben von Algorithmen z.T. sogar Hauptinhalt mathematischer Unterweisungen. Hauptsächlich umfasst es die Anwendung vorhandener Algorithmen zum Lösen von Aufgaben und Problemen. Dazu gehören alle Rechenverfahren und Berechnungsformeln, verbale Beschreibungen oder Bildfolgen (z.B. für geometrische Grundkonstruktionen) oder auch Rechenablaufpläne (z.B. für Taschenrechner). Viele dieser Verfahren müssen auch heute noch sicher beherrscht werden.

MUHAMMAD IBN MUSA AL-CHWARIZMI (etwa 780 bis 850)

Die quadratische Gleichung $-2x^2 - 3x + 2 = 0$ kann mithilfe des durch die **Lösungsformel** $x_{1;\,2} = -\frac{p}{2} \pm \sqrt{\frac{p^2}{4} - q}$ festgelegten Algorithmus gelöst werden:

(1) Normalform der quadratischen Gleichung aufstellen: $x^2 + \frac{3}{2}x - 1 = 0$

(2) p und q bestimmen: $p = \frac{3}{2}$, $q = -1$

(3) p und q in die Lösungsformel einsetzen und zusammenfassen:

$$\begin{aligned} x_{1;\,2} &= -\frac{3}{4} \pm \sqrt{\frac{9}{16} + 1} \\ &= -\frac{3}{4} \pm \sqrt{\frac{9}{16} + \frac{16}{16}} \\ &= -\frac{3}{4} \pm \frac{5}{4} \end{aligned}$$

(4) x_1 und x_2 bestimmen: $x_1 = -\frac{3}{4} - \frac{5}{4} = -2$, $x_2 = -\frac{3}{4} + \frac{5}{4} = \frac{1}{2}$

Für jedes Problemlösen ist es unerlässlich, über verwendete Lösungswege, Strategien bzw. Werkzeuge zu reflektieren und deren Tauglichkeit zu bewerten.

Für das auf Seite 194 beschriebene Verfahren zur näherungsweisen Ermittlung von Nullstellen durch Bisektion lässt sich der rechts abgebildete **Rechenablaufplan** aufstellen. Ein Intervall, das die gesuchte Nullstelle enthält, wird schrittweise halbiert, bis die Nullstelle in guter Näherung gefunden ist.

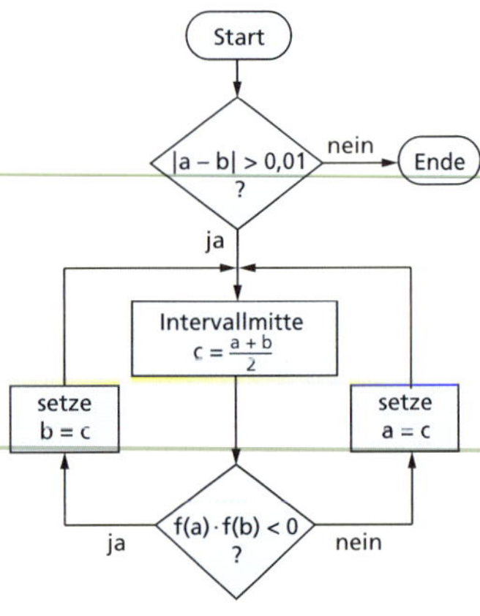

Steht kein algorithmisches Lösungsverfahren zur Verfügung, so können inbesondere bei Anwendungs- oder Beweisaufgaben, die Problemcharakter besitzen, **heuristische Vorgehensweisen** die Lösungssuche vereinfachen. Diese heuristischen Strategien liefern Impulse zum Weiterarbeiten, jedoch keinen garantiert zur Lösung führenden Algorithmus.

▶ Heuristische Vorgehensweisen sind häufig anwendbare Denkstrategien.

Heuristische Strategien (heuristische Regeln)	
Systematisches Probieren	Z. B. beim Finden einer Vermutung, auch experimentelles Arbeiten mittels elektronischer Werkzeuge
Strategie des Vorwärtsarbeitens	Was lässt sich aus den gegebenen Größen berechnen? Was lässt sich aus den gegebenen Voraussetzungen ableiten? In welchen Formeln kommen die gegebenen Größen vor? Welche Sätze besitzen gleichartige Voraussetzungen? Was lässt sich daher aus den gegebenen Größen berechnen? Was lässt sich aus den Voraussetzungen ableiten?
Strategie des Rückwärtsarbeitens	Woraus ließe sich die gesuchte Größe unmittelbar berechnen? Woraus ließe sich die Behauptung ableiten? Was könnte als Hilfsmittel dienen? Welche Formeln enthalten die gesuchte Größe? Welche Sätze oder Definitionen enthalten eine gleichartige Behauptung? Welche dieser Möglichkeiten ist besonders Erfolg versprechend? Welches Hilfsmittel kommt infrage, welches nicht?
Rückführungsprinzip	Suche nach bekannten, bereits gelösten Aufgaben, auf die du die gestellte Aufgabe zurückführen kannst.
Zerlegungsprinzip	Zerlege die Aufgabe in überschaubare Teilaufgaben. In welcher Reihenfolge sind diese Teilaufgaben zu lösen?
Vollständige Fallunterscheidungen	Z. B. Untersuchung einer Gleichung mit Koeffizienten, die positiv, negativ aber auch gleich Null sein können.
Analogieprinzip	Hast du eine ähnliche Aufgabe bereits gelöst? Wenn ja, dann gehe analog vor. Oder: Suche nach einer analogen Aufgabe, die sich vermutlich leichter lösen lässt. Versuche, die hier gefundene Lösungsidee auf die Ausgangsaufgabe zu übertragen.
Verwenden von Hilfsmitteln	Nutzen von · Variablen, Tabellen, grafischen Darstellungen oder Planfiguren · Skizzen, Koordinatensystemen, Diagrammen, Rechenablaufplänen Der Wechsel zwischen verschiedenen Darstellungsformen (Graph, Tabelle, Term) ermöglicht zusätzliche Problemlösestrategien.

M

1.1.5 Internet und neue Medien

Mit der Entwicklung **grafikfähiger Taschenrechner** und spezieller **Software** stehen viele Methoden der Mathematik, die bisher als besonders schwierig galten, auf Knopfdruck zur Verfügung (↗ Kapitel 15). *Funktionenplotter, Tabellenkalkulationsprogramme, dynamische Geometriesoftware* und *Computeralgebrasysteme* dienen als Rechenwerkzeug (vor allem zum Bearbeiten realitätsnaher Daten und Funktionsklassen), als Visualisierer und auch als Medium zum Experimentieren und Erkunden.

▶ Ein kritischer Umgang mit dem Internet und anderen elektronischen Hilfsmitteln ist geboten.

Das Internet bietet eine Vielzahl von Informations- und Kommunikationsmöglichkeiten an, die den Erwerb von Wissen stark beeinflussen. Es liefert neue Ideen und Materialien und stellt Werkzeuge zur Verfügung, die den Lernprozess stark verändern können. Andererseits kann die Fülle von Informationen aber auch vom Wesentlichen ablenken und zu uneffektiven Arbeitsweisen führen. So kann es durchaus schwierig und zeitaufwendig sein, spezielle Informationen zu finden und deren Richtigkeit zu beurteilen.

▶ Unter *www.schuelerlexikon.de* findet man eine Vielzahl von Artikeln, welche speziell für Schülerinnen und Schüler entwickelt worden sind. Diese Beiträge enthalten Grafiken, Animationen sowie interaktive Rechenbeispiele zum Mathematikunterricht.

Das Internet als Informationsquelle

Mit dem Internet steht eine hervorragend ausgestattete, aber weniger gut sortierte Fachbibliothek griffbereit zur Verfügung. Die Recherche von Texten und Materialien erfolgt mithilfe von Suchmaschinen oder Katalogen. Während Suchmaschinen, wie etwa *www.altavista.com, www.web.de, www.fireball.de, www.google.de,* das Web ständig nach neuen Seiten zu den gewünschten Suchbegriffen durchsuchen und ordnen, bestehen Kataloge wie z.B. *Deutscher Bildungsserver* aus manuell zusammengestellten und gepflegten Linksammlungen und bieten damit einen gut sortierten Bestand an Internetadressen. Metasuchmaschinen wie etwa *MetaGer* beziehen gleich mehrere Suchmaschinen in die Suche ein.

Aufgrund der Fülle von Einträgen ist es fast immer angebracht, Suchbegriffe zu präzisieren. Dazu werden mithilfe der logischen Operatoren *OR, AND, NOT* oder der entsprechenden Kürzel (Leer-, Plus-, Minuszeichen) Wortkombinationen gebildet (Beispiele siehe Tabelle).

Suchbegriffe	Suchergebnis	Einträge bei Google
Grenzwert	Seiten, auf denen der Begriff *Grenzwert* vorkommt	ca. 1 080 000
Grenzwert+Funktion	nur Seiten, auf denen beide Begriffe vorkommen	ca. 445 000
Grenzwert+Funktion +Stelle	nur Seiten, auf denen alle drei Begriffe vorkommen	ca. 196 000
Grenzwert+Funktion –Stelle	nur Seiten, auf denen die Begriffe *Grenzwert* und *Funktion*, nicht aber der Begriff *Stelle* vorkommt	ca. 249 000

Onlinewerkzeuge und E-Learning

Im Internet gibt es ein großes Angebot an mathematischen Werkzeugen (Tools), Programmen und Lernsoftware, die zum Onlinelernen oder zum Downloaden zur Verfügung stehen. Das reicht von (zumeist kostenfreien) Java-Applets oder Flash-Applikationen bis hin zu umfangreichen (oft lizenzpflichtigen) Programmen wie Computeralgebrasystemen, dynamischer Geometriesoftware oder Tabellenkalkulationen. Die Tools lassen sich zum Lösen von Aufgaben, z. B. zum Differenzieren und Integrieren, oder auch für Visualisierungen oder Animationen einsetzen.

▶ Einen zur grafischen Darstellung von Funktionen unverzichtbaren Funktionsplotter findet man z. B. als Freeware unter *www.funkyplot.de*.

Eine besonders intensive Verbindung von Lernen und Internet ist beim Onlinelernen („E-Learning") zu verzeichnen. Hierbei handelt es sich um interaktive Lern- und Übungsprogramme, die sich dem individuellen Lernfortschritt anpassen, auf Lernhandlungen reagieren und Rückmeldungen liefern.

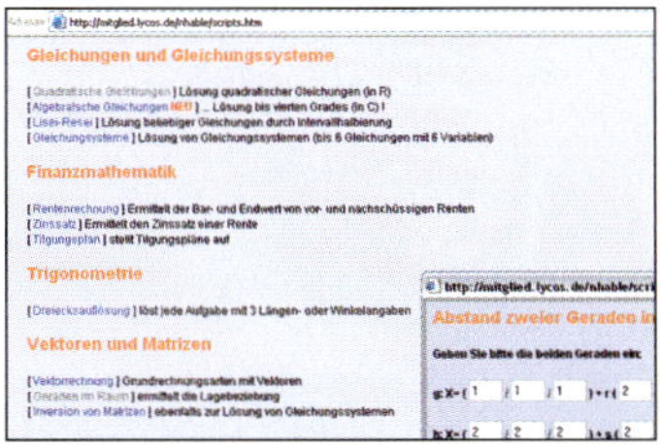

Während es sich bei Übungsprogrammen meist um Multiple-Choice-Aufgaben handelt, bei denen aus mehreren vorgegebenen Antworten die richtige auszuwählen ist, erfolgt die Kommunikation bei ausgereiftem Onlineunterricht zwischen Lernenden und Lehrenden per E-Mail oder Chat. Die Inhalte werden bei derartigen Kursen in Form von Texten, Abbildungen, meist auch mit interaktiven Beispielen und Animationen vermittelt. Oftmals sind diese zumeist interaktiven Lerneinheiten über Links mit weiteren Internetseiten verknüpft. Spezielle Anleitungen und Kontrollfragen unterstützen den individuellen Lernprozess. Derzeit sind die meisten Onlinekurse allerdings noch ohne Formen der Rückkopplung.

Internet als Kommunikationsmedium

E-Mails, Newsgroups oder Chats ermöglichen einen weltweiten Informations- und Meinungsaustausch zu vielen Fragen, so auch zu mathematischen Problemen.
Auch für den direkten Kontakt zwischen Lehrern und Schülern steht das Internet zur Verfügung. Über Webseiten der Lehrer oder der Schule (eventuell in passwortgeschützten Bereichen) oder per E-Mail lassen sich Informationen, Aufgaben, Anleitungen u. a. verbreiten – eine Kommunikationsmethode, die im universitären Bereich längst üblich ist.

▶ Diskussionsforen zu den verschiedensten Suchbegriffen findet man beispielsweise unter *http://groups.google.com*.

Internet als Publikationsmedium

Das Internet ist bestens geeignet, eigene Arbeitsergebnisse wie interessante Lösungen, Projekte oder ausgewählte Facharbeiten aus dem Mathematikunterricht zu verbreiten und anderen zu präsentieren, z. B. auf einer schuleigenen Mathematikhomepage. Auch ein schulinternes Internet würde hierfür infrage kommen.
Mithilfe spezieller Autorenwerkzeuge wie *FrontPage* oder *Dreamweaver* lassen sich Texte in ein internetkompatibles Format übersetzen und durch Abbildungen, Übersichten oder Animationen ergänzen.

▶ Ein Werkzeug zur Entwicklung von Internetseiten stellen Mathematiker der TU Dresden mit dem Programm *study2000* zur Verfügung (*http://studierplatz2000.tu-dresden.de*).

M

1.2 Grundbegriffe der Mathematik

1.2.1 Mengen

Das Theoriegebäude der Mathematik fußt auf nicht definierten, sondern lediglich durch ihre wechselseitigen Beziehungen charakterisierten **Grundbegriffen** sowie auf normativen Festlegungen, die im jeweiligen mathematischen System nicht zu beweisen sind, den sog. **Axiomen.**
Über dieser Basis erhebt sich ein Geflecht von (abgeleiteten, definitorisch festgelegten) **Begriffen** und durch *Beweise* gesicherten **Aussagen,** die mathematischen **Sätze.**

Neben gesicherten Aussagen stehen solche, deren Wahrheitswert noch nicht nachgewiesen werden konnte und die deshalb den Charakter von Vermutungen tragen – wie z. B. die aus dem Jahre 1742 stammende **goldbachsche Vermutung** und die Vermutung zu **Primzahlzwillingen.** Auch der Beweis des **Großen fermatschen Satzes** und die Lösung des **Vierfarbenproblems** gelangen so erst in jüngerer Vergangenheit.

Aussagen sind sinnvolle sprachliche Äußerungen bzw. entsprechende Zeichenreihen, die entweder wahr oder falsch sind.

Einer der wichtigsten Grundbegriffe der Mathematik ist der Begriff der **Menge.**

Unter einer **Menge** versteht man eine Zusammenfassung bestimmter real existierender oder gedachter Objekte aus einem vorgegebenen oder ausgewählten **Grundbereich** zu einem Ganzen. Die einzelnen Objekte werden **Elemente** der Menge genannt.

Der Begriff „Menge" wurde 1895 in ähnlicher Weise erstmals von dem deutschen Mathematiker **GEORG CANTOR** (1845 bis 1918) verwendet. Bald zeigte sich, dass die angegebene Erklärung des Begriffs *Menge*, vor allem das Zulassen aller denkbaren Zusammenfassungen als Mengen, zu Widersprüchen führt. Besonders bekannt sind die nach dem englischen Mathematiker und Philosophen **BERTRAND RUSSELL** (1872 bis 1970) benannten **russellschen Antinomien.**

Zur Beschreibung der Beziehungen zwischen einem Objekt des jeweiligen Grundbereichs G und einer Menge wird folgende Symbolik verwendet:

Allgemeine Beschreibung	Kurzform	Beispiele	Kurzform
Das Objekt x von G gehört zur Menge M. x ist Element von M.	$x \in M$	0,5 ist eine rationale Zahl. *Ausführlich:* Die Zahl 0,5 ist ein Element der Menge $\mathbb{Q}$ der rationalen Zahlen.	$0{,}5 \in \mathbb{Q}$
Das Objekt y von G gehört nicht zur Menge M. y ist nicht Element von M.	$y \notin M$	π ist keine rationale Zahl. Ausführlich: Die Zahl π ist kein Element der Menge $\mathbb{Q}$ der rationalen Zahlen.	$\pi \notin \mathbb{Q}$

Die Zusammenfassung von Objekten aus einem **Grundbereich G** zu einer Menge erfolgt auf der Grundlage **mengenbildender Eigenschaften:** Eine Menge besteht aus denjenigen Objekten des Grundbereichs, welche diese Eigenschaften besitzen. Dabei sind zur Mengenbildung nur solche Eigenschaften zugelassen, mit deren Hilfe man eindeutig entscheiden kann, ob ein bestimmtes Objekt zur jeweiligen Menge gehört oder nicht.

(1) Gesamtheit aller in Berlin ab 2000 gebauten Grundschulen
(2) Gesamtheit aller Fußballmannschaften der Bundesliga

Im Fall (1) kann die genannte Gesamtheit sofort elementweise angegeben werden – es handelt sich um eine Menge.
Im Fall (2) sind die Eigenschaften nicht hinreichend klar festgelegt: Von welcher Saison ist z.B. die Rede? Hier liegt aus mathematischer Sicht keine Menge vor.

▶ Damit keine Widersprüche entstehen, darf man nicht Objekte zu Mengen zusammenfassen, die selbst erst durch diese Mengenbildung definiert werden.

Möglichkeiten der Angabe von Mengen	**Beispiel**
Der Grundbereich G und die für die Mengenbildung wesentliche(n) Eigenschaft(en) werden in Worten beschrieben.	G = N; M ist die Menge aller natürlichen Zahlen, die Teiler von 20 sind.
Es werden alle Elemente der Menge angegeben, z.B. in geschweiften Klammern aufgeschrieben oder in ein Diagramm eingetragen. Dies ist nur bei endlichen Mengen möglich.	M = {1; 2; 4; 5; 10; 20} 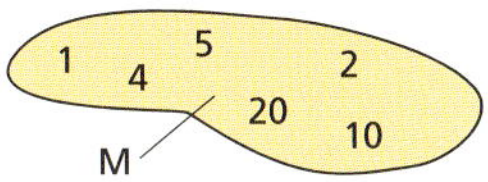
Der Grundbereich G und die mengenbildende Eigenschaft (geschrieben als Aussageform) werden als Zeichenreihe in einer geschweiften Klammer angegeben.	$M = \{x \in \mathbb{N} \mid x \mid 20\}$ (Gesprochen: M ist die Menge aller Elemente x aus ℕ, für die gilt: x teilt 20.)

Unter einer **Aussageform** versteht man eine sinnvolle sprachliche Äußerung mit mindestens einer freien Variablen, die zur Aussage wird, wenn man

- für die freie(n) Variable(n) die Namen von Objekten aus dem Grundbereich G *einsetzt* oder
- die freie(n) Variable(n) durch Formulierungen wie „für alle Objekte aus G gilt …" oder „es gibt Objekte aus G, für die gilt …" *bindet*.

▶ Man sagt auch: Für die Variablen werden Objekte aus G *eingesetzt*. Durch eine solche ***Variablenbindung*** geht die *Aussageform* in eine ***Allaussage*** bzw. eine ***Existenzaussage*** über.

Hinsichtlich der Beziehungen zwischen einer mengenbildenden **Aussageform** und den Objekten von G sind drei Fälle zu unterscheiden:

Kein Objekt aus dem Grundbereich hat die mengenbildende Eigenschaft – die **Aussageform** ist über G **unerfüllbar.**	$A_1 = \{x \in \mathbb{R} \mid x^2 < 0\}$ A_1 umfasst kein Element, denn es gibt keine reelle Zahl, deren Quadrat negativ ist. A_1 ist die **leere Menge:** $A_1 = \emptyset = \{\,\}$
Mindestens ein Objekt, aber *nicht alle* Objekte des Grundbereichs haben die mengenbildende Eigenschaft – die **Aussageform** ist über G **erfüllbar**.	$A_2 = \{x \in \mathbb{R} \mid x^2 > x^3\}$ A_2 umfasst alle reellen Zahlen zwischen 0 und 1, aber keine weiteren.
Alle Objekte des Grundbereichs haben die mengenbildende Eigenschaft – die **Aussageform** ist über G **allgemeingültig.**	$A_3 = \{x \in \mathbb{R} \mid x^2 \geq 0\}$ A_3 umfasst alle reellen Zahlen, denn das Quadrat jeder (aller) reellen Zahl(en) ist nichtnegativ. A_3 ist die **Allmenge** bez. G.

M

Gleichheit von Mengen

Solche Diagramme werden nach dem englischen Logiker JOHN VENN (1834 bis 1923) **Venn-Diagramme** genannt.

Definition Zwei Mengen M_1 und M_2 heißen **gleich,** wenn sie dieselben Elemente umfassen.

$M_1 = \{x \in \mathbb{R}: x(x^2 - 1) = 0\}$ $M_1 = \{0; 1; -1\}$
$M_2 = \{y \in \mathbb{Z}: |y| < 2\}$ $M_2 = \{0; 1; -1\}$
$M_1 = M_2 = \{0; 1; -1\}$

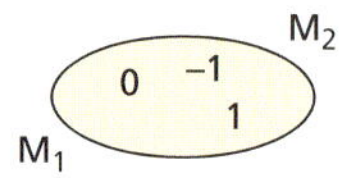

Teilmengen

- Jede Menge ist auch Teilmenge von sich selbst ($M_1 \subseteq M_1$).
- Die leere Menge ist Teilmenge jeder Menge.
- Für alle Mengen M gilt: $\emptyset \subseteq M$ (also auch: $\emptyset \subseteq \emptyset$)

Definition Die Menge M_1 heißt **Teilmenge** der Menge M_2, wenn jedes Element von M_1 zugleich auch Element von M_2 ist ($M_1 \subseteq M_2$). M_2 nennt man dann **Obermenge** von M_1.

Speziell heißt die Menge M_3 **echte Teilmenge** der Menge M_4, wenn jedes Element von M_3 zugleich auch Element von M_4 ist und es *mindestens ein* Element in M_4 gibt, das nicht auch Element von M_3 ist ($M_3 \subset M_4$).

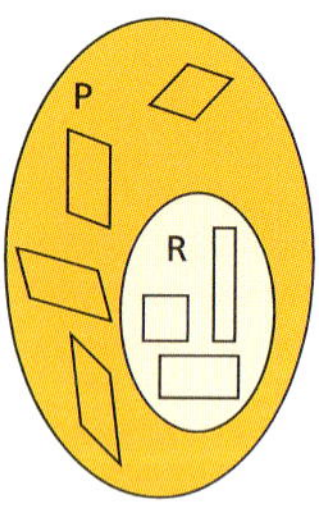

P sei Menge aller Parallelogramme und R sei die Menge aller Rechtecke der Ebene.

Dann gilt:

$R \subseteq P$, denn jedes Rechteck ist ein (spezielles) Parallelogramm.
Weil es zugleich auch (mindestens) ein Parallelogramm gibt, welches kein Rechteck ist, gilt sogar $R \subset P$.

Elementfremde (disjunkte) Mengen

Definition Zwei Mengen M_1 und M_2 heißen **elementfremd (disjunkt),** wenn sie *kein* gemeinsames Element haben

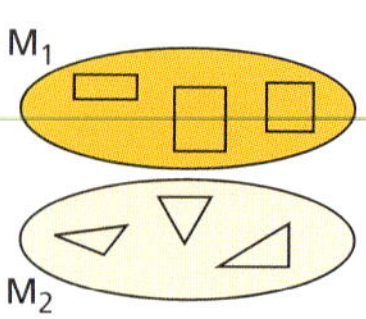

In der Menge aller ebenen n-Ecke sei M_1 die Menge der Vierecke und M_2 die Menge der Dreiecke. Dann gilt:
M_1 und M_2 sind elementfremd.

Überschnittene Mengen

Definition Zwei Mengen M_1 und M_2 heißen **überschnitten,** wenn
- *mindestens ein* Element von M_1 nicht Element von M_2 ist,
- *mindestens ein* Element von M_2 nicht Element von M_1 ist und
- *mindestens ein* Element sowohl Element von M_1 als auch von M_2 ist.

In der Menge aller ebenen Vierecke sei M_1 die Menge der Rechtecke und M_2 die Menge der Rhomben. Beide Mengen überschneiden einander in der Menge aller Quadrate.

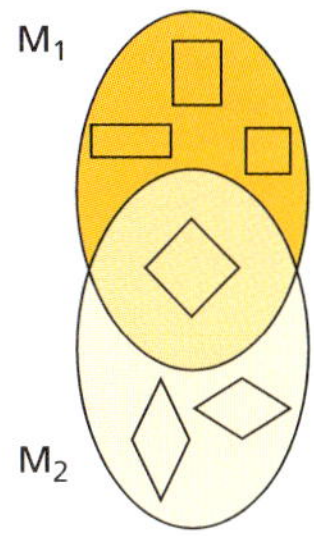

Komplementärmengen

Definition Die Menge aller Objekte eines Grundbereichs G, die nicht Elemente einer Menge M_1 über G sind, heißt das **Komplement** $\overline{M}_1$ (gesprochen „M_1 quer") zur Menge M_1.
M_1 und $\overline{M}_1$ sind **Komplementärmengen** bezüglich G.

Die Menge der geraden Zahlen und die Menge der ungeraden Zahlen sind Komplementärmengen bezüglich ℕ.

Gleichmächtigkeit von Mengen

Definition Zwei Mengen M_1 und M_2 heißen **zueinander gleichmächtig** ($M_1 \sim M_2$), wenn es eine eineindeutige Abbildung von M_1 *auf* M_2 gibt.
Jedem Element von M_1 kann also genau ein Element von M_2 und zugleich jedem Element von M_2 genau ein Element von M_1 zugeordnet werden.

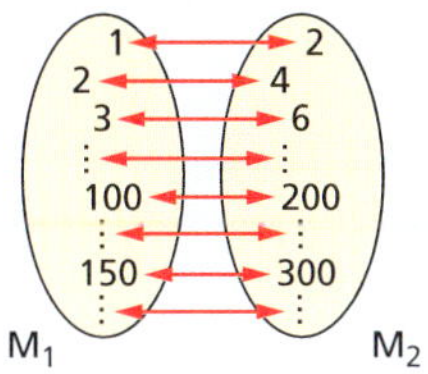

Speziell gilt: Zwei endliche Mengen sind zueinander **gleichmächtig,** wenn sie die *gleiche Anzahl* von Elementen umfassen.

Der Begriff der Gleichmächtigkeit erlaubt es, durch paarweises Zuordnen der Elemente auch Mengen mit unendlich vielen Elementen bezüglich ihrer „Gleichzahligkeit" zu vergleichen, obwohl in diesem Falle kein Abzählen möglich ist.

Abzählbar unendliche Mengen sind z. B. die Mengen der ganzen, der geraden, der ungeraden, der gebrochenen und der rationalen Zahlen. Überabzählbar unendlich ist z. B. die Menge der reellen Zahlen, die Menge der Punkte jeder Strecke u. a.

Definition Ist eine unendliche Menge zur Menge der natürlichen Zahlen gleichmächtig, so nennt man sie eine **abzählbar unendliche Menge.** Anderenfalls heißt die Menge **überabzählbar unendlich.**

Die Verknüpfung zweier Mengen wird als **Mengenoperation** bezeichnet. Aus den Elementen der Ausgangsmengen entsteht dabei eine (in der Regel) neue Menge.

Vereinigungsmenge

Definition Als **Vereinigungsmenge** $M_1 \cup M_2$ zweier Mengen M_1 und M_2 bezeichnet man die Menge aller Objekte, die Elemente von M_1 *oder* Elemente von M_2 (oder von beiden Mengen) sind.

$M_1 \cup M_2 = \{x\colon x \in M_1 \text{ oder } x \in M_2\}$ *(„M_1 vereinigt mit M_2")*

Wegen der Kommutativität der „oder"-Verknüpfung gilt für alle Mengen M_1 und M_2:
$M_1 \cup M_2 = M_2 \cup M_1$

Je nach der Beziehung zwischen M_1 und M_2 sind bei der Veranschaulichung von $M_1 \cup M_2$ folgende drei Fälle zu unterscheiden:

Elementfremde (disjunkte) Mengen M_1 und M_2	**Überschnittene Mengen M_1 und M_2**	**M_2 Teilmenge von M_1**
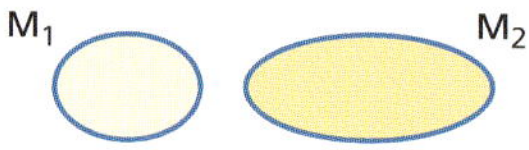 $M_1 \cup M_2 = M_2 \cup M_1$ Speziell gilt: $\overline{M}_1 \cup M_1 = G$	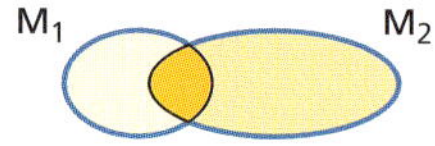 $M_1 \cup M_2 = M_2 \cup M_1$	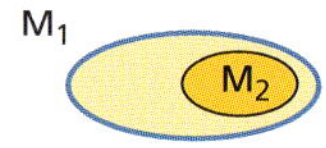 $M_1 \cup M_2 = M_2 \cup M_1 = M_1$

Durchschnittsmenge

Definition Als **Durchschnittsmenge** $M_1 \cap M_2$ zweier Mengen M_1 und M_2 bezeichnet man die Menge aller Objekte, die sowohl Element von M_1 als auch Element von M_2 sind.
$M_1 \cap M_2 = \{x\colon x \in M_1 \text{ und } x \in M_2\}$ *(„M_1 geschnitten mit M_2")*

Je nach der Beziehung zwischen M_1 und M_2 können bei der Veranschaulichung von $M_1 \cap M_2$ drei Fälle unterschieden werden:

Elementfremde (disjunkte) Mengen M_1 und M_2	**Überschnittene Mengen M_1 und M_2**	**M_2 Teilmenge von M_1**
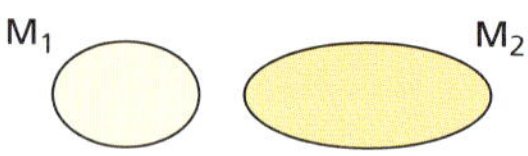 $M_1 \cap M_2 = M_2 \cap M_1 = \emptyset$ Speziell gilt: $\overline{M}_1 \cap M_1 = \emptyset$	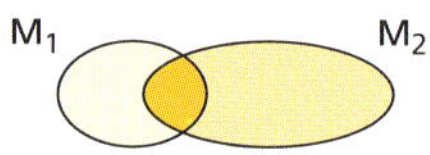 $M_1 \cap M_2 = M_2 \cap M_1$	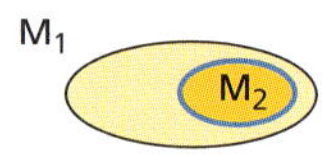 $M_1 \cap M_2 = M_2 \cap M_1 = M_2$

Für Vereinigung und Durchschnitt von beliebigen Mengen M_1, M_2 und M_3 gelten folgende Gesetze:

$M_1 \cup M_2 = M_2 \cup M_1$ Kommutativgesetze
$M_1 \cap M_2 = M_2 \cap M_1$

$M_1 \cup (M_2 \cup M_3) = (M_1 \cup M_2) \cup M_3$ Assoziativgesetze
$M_1 \cap (M_2 \cap M_3) = (M_1 \cap M_2) \cap M3$

$M_1 \cup (M_2 \cap M_3) = (M_1 \cup M_2) \cap (M_1 \cup M_3)$ Distributivgesetze
$M_1 \cap (M_2 \cup M_3) = (M_1 \cap M_2) \cup (M_1 \cap M_3)$

Differenzmenge

▶ Die Differenzmengenbildung ist nicht kommutativ.

Definition Als **Differenzmenge** $M_1 \setminus M_2$ der Mengen M_1 und M_2 bezeichnet man die Menge aller Elemente, die zu M_1 und nicht zu M_2 gehören.
$M_1 \setminus M_2 = \{x\colon x \in M_1 \text{ und } x \notin M_2\}$ *(„M_1 ohne M_2")*

Bei der Veranschaulichung von $M_1 \setminus M_2$ sind wieder drei Fälle zu unterscheiden:

Elementfremde (disjunkte) Mengen M_1 und M_2	**Überschnittene Mengen M_1 und M_2**	**M_2 Teilmenge von M_1**
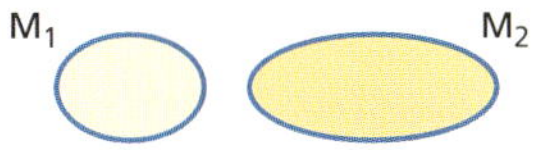	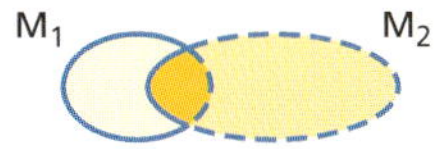	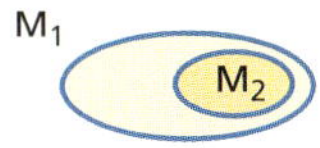
$M_1 \setminus M_2 = M_1$ $M_2 \setminus M_1 = M_2$	$M_1 \setminus M_2$ $M_2 \setminus M_1$	$M_1 \setminus M_2$ $M_2 \setminus M_1 = \emptyset$

Produktmenge

Unter einem **geordneten Paar** zweier Elemente $a_1 \in M$, $a_2 \in M$ versteht man eine Zweiermenge $\{a_1; a_2\}$, deren Elemente in einer bestimmten festen Reihenfolge angeordnet sind. Man schreibt das Paar dann in der Form $(a_1; a_2)$. Analog spricht man von **Tripeln** $(a_1; a_2; a_3)$, **Quadrupeln** $(a_1; a_2; a_3; a_4)$, …, **n-Tupeln** $(a_1; a_2; a_3; \ldots; a_n)$.

Geordnete Zahlenpaare oder Zahlentripel werden auch in der Form $(a_1|a_2)$ bzw. $(a_1|a_2|a_3)$ geschrieben. Zahlenpaare oder -tripel nutzt man beispielsweise zur Angabe der Koordinaten von Punkten der Ebene bzw. des Raumes.

Definition Als **Produktmenge** $M_1 \times M_2$ (gesprochen „M_1 kreuz M_2") der Mengen M_1 und M_2 bezeichnet man die Menge aller geordneten Paare, deren erste Komponente ein Element aus M_1 und deren zweite Komponente ein Element aus M_2 ist.
$M_1 \times M_2 = \{(x; y): x \in M_1, y \in M_2\}$

Die Produktmengenbildung ist nicht kommutativ.

$M_1 = \{1; 4; 9\}$; $M_2 = \{2; 3\}$
$M_1 \times M_2 = \{(1; 2); (1; 3); (4; 2); (4; 3); (9; 2); (9; 3)\}$
$M_2 \times M_1 = \{(2; 1); (3; 1); (2; 4); (3; 4); (2; 9); (3; 9)\}$

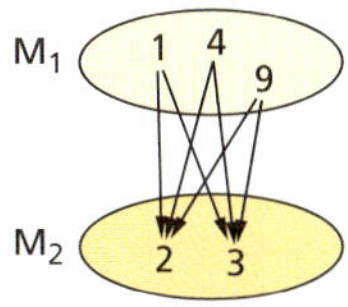

Potenzmengen

Definition Die Menge $\mathfrak{p}(M)$ aller Teilmengen von M nennt man die **Potenzmenge** von M.

Die Potenzmenge $\mathfrak{p}(M)$ einer Menge M enthält immer die leere Menge und die Menge M selbst.

Gehören zu einer endlichen Menge M genau n Elemente, so umfasst ihre Potenzmenge $\mathfrak{p}(M)$ insgesamt 2^n Elemente. Wegen $2^n > n$ ist damit die Mächtigkeit der Potenzmenge $\mathfrak{p}(M)$ einer endlichen Menge M stets größer als die von M.

$M = \{1; 4; 9; 16\}$

$\mathfrak{p}(M) =$	Die Potenzmenge $\mathfrak{p}(M)$ enthält
$\{\emptyset,$	– die leere Menge,
$\{1\}, \{4\}, \{9\}, \{16\},$	– vier Einermengen,
$\{1; 4\}, \{1; 9\}, \{1; 16\}, \{4; 9\}, \{4; 16\}, \{9; 16\},$	– sechs Zweiermengen,
$\{1; 4; 9\}, \{1; 4; 16\}, \{1; 9; 16\}, \{4; 9; 16\},$	– vier Dreiermengen,
$\{1; 4; 9; 16\}\},$	– die Menge M selbst,
	also insgesamt $16 = 2^4$ Teilmengen.

M

1.2.2 Logische Operationen mit Aussagen und Aussageformen

Aussagen können durch *aussagenlogische Operationen* miteinander verknüpft werden.

Will man den Wahrheitswert einer zusammengesetzten Aussage bestimmen, so kommt es hierbei ausschließlich auf die Wahrheitswerte der Teilaussagen an. Die Festlegung der Wahrheitswerte von Verknüpfungen erfolgt über sogenannte *Wahrheitswertetafeln*. Dabei sind alle möglichen Belegungen der Teilaussagen mit w und f zu berücksichtigen.

Zwei Aussagen

A	B
w	w
w	f
f	w
f	f

Drei Aussagen

A	B	C
w	w	w
w	w	f
w	f	w
w	f	f
f	w	w
f	w	f
f	f	w
f	f	f

Negation (Verneinung) einer Aussage

Definition Das logische Gegenteil einer Aussage A bezeichnet man als **Negation** (Verneinung) von A (Bezeichnung: $\neg A$). Die Negation ist eine einstellige Verknüpfung.

A	B
w	f
f	w

Für die Negation gibt es unterschiedliche sprachliche Formulierungen, z. B. *„es ist nicht wahr, dass …"* oder *„es ist nicht so, dass …"*.

Das Zeichen $\neg$ verwendet man als **„Junktor"** der Negation. $\neg A$ wird gesprochen *„nicht A"*. Bei der Bildung des logischen Gegenteils muss man sich von umgangssprachlichen Formulierungen abgrenzen.

- Aussage A: Schnee ist weiß.
  logisches Gegenteil $\neg A$: Es ist nicht wahr, dass Schnee weiß ist.
  Oder: Schnee ist nicht weiß.
  Aber nicht: Schnee ist schwarz.
- Aussage B: $4 \cdot \sqrt{5} > 10$ (f)
  logisches Gegenteil $\neg B$: $4 \cdot \sqrt{5} \leq 10$ (w)

Konjunktion (UND-Verknüpfung) von Aussagen ($A \wedge B$)

Die Konjunktion zweier Aussagen führt genau dann zu einer wahren Aussage, wenn beide Teilaussagen wahr sind.

Definition Die Verknüpfung zweier Aussagen A und B durch „und" (Junktor $\wedge$) heißt **Konjunktion.**
Die Konjunktion zweier Aussagen A und B ist eine zweistellige Verknüpfung; man schreibt sie in der Form $A \wedge B$ (gesprochen *„A und B"*).

A	B	$A \wedge B$
w	w	w
w	f	f
f	w	f
f	f	f

Mengentheoretisch ist die Konjunktion mit der Durchschnittsmengenbildung zu vergleichen:
$A \cap B = \{x | x \in A \textit{ und } x \in B\}$ bzw. $x \in (A \cap B) \Leftrightarrow x \in A \textit{ und } x \in B$

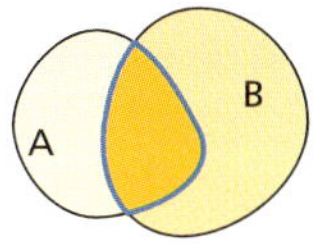

Die Wahrheitswerte der Verneinung der Konjunktion einer Aussage und ihres logischen Gegenteils gibt die folgende Tabelle an:

A	¬A	A ∧ ¬A	¬(A ∧ ¬A)
w	f	f	w
f	w	f	w

Aussagenlogische Verknüpfungen, denen für alle Belegungen der Teilaussagen der Wahrheitswert w zukommt, werden als *aussagenlogisches Gesetz* **(Tautologie)** bezeichnet. Im obigen Beispiel handelt es sich um den **Satz vom ausgeschlossenen Widerspruch,** eine wichtige Schlussregel beim Begründen und Beweisen. Der Sachverhalt lässt sich folgendermaßen inhaltlich interpretieren:

- Eine Aussage kann nicht gleichzeitig wahr oder falsch sein.
- Zwei einander logisch widersprechende Aussagen sind nicht gleichzeitig gültig.
- Aussage und Negation sind nicht gleichzeitig gültig.

ARISTOTELES (450 bis 388 v. Chr.): „Es ist unmöglich, dass demselben dasselbe zugleich und in derselben Hinsicht zukomme und nicht zukomme." Kontradiktorische Sätze können nicht zusammen wahr sein.

Disjunktion (ODER-Verknüpfung) von Aussagen

Definition Die Verknüpfung zweier Aussagen durch „oder" (im Sinne von *„oder auch"*, das sogenannte *einschließende* „oder") heißt **Disjunktion.** Als Zeichen wird der Junktor ∨ verwendet. Man schreibt „A ∨ B" und spricht *„A oder B"*.

A	B	A ∧ B
w	w	w
w	f	w
f	w	w
f	f	f

Die Bezeichnungsweise für diese Aussagenverknüpfung ist nicht einheitlich. Teilweise werden **Disjunktion und Alternative** (oder Adjunktion) genau entgegengesetzt zu dem hier verwendeten Sprachgebrauch genutzt.

Eine Aussagenverknüpfung der Form A ∨ B ist genau dann wahr, wenn mindestens eine der beiden Teilaussagen wahr ist.
Mengentheoretisch ist die Disjunktion mit der Vereinigungsmengenbildung zu vergleichen:
$A \cup B = \{x | x \in A \text{ oder } x \in B\}$ bzw. $x \in (A \cup B) \Leftrightarrow x \in A \text{ oder } x \in B$

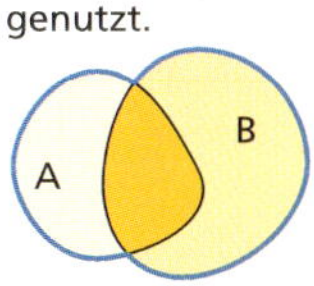

Alternative (ENTWEDER-ODER-Verknüpfung) von Aussagen

Definition Die Verknüpfung zweier Aussagen durch „oder" (im Sinne von „entweder – *oder"*, das sogenannte *ausschließende* „oder") heißt **Alternative.** Als Zeichen wird der Junktor $\dot{\vee}$ verwendet. Man schreibt *„A $\dot{\vee}$ B"* und spricht *„A oder B"*.

A	B	A $\dot{\vee}$ B
w	w	f
w	f	w
f	w	w
f	f	f

Die Wahrheitswertetabelle zeigt: Eine Aussagenverknüpfung der Form $A \dot{\vee} B$ ist genau dann wahr, wenn die beiden Teilaussagen verschiedene Wahrheitswerte besitzen.
Mengentheoretisch kann man die Alternative wie folgt beschreiben:
$(A \cup B)\setminus(A \cap B) = \{x | \text{entweder } x \in A \text{ oder } x \in B\}$

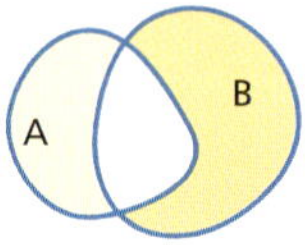

Bedeuten A: Für alle für $m, n \in M$ gilt $m < n$
und B: Für alle für $m, n \in M$ gilt $m \geq n$,
so ist $A \dot{\vee} B$ genau dann wahr, wenn entweder A oder B zutrifft.

Wir betrachten die Alternative einer Aussage und ihrer Verneinung:

A	¬A	A ∨̇ ¬A
w	f	w
f	w	w

Durch obiges Beispiel wird wiederum ein aussagenlogisches Gesetz erfasst. Es handelt sich um den **Satz vom ausgeschlossenen Dritten,** einer weiteren Schlussregel für das Begründen und Beweisen. Inhaltliche Interpretationen sind:

- Eine Aussage ist entweder wahr oder falsch, etwas Drittes gibt es nicht.
- Zwei einander logisch widersprechende Aussagen sind nicht beide ungültig.
- Es gilt entweder die Aussage oder ihre Negation.

Implikation (WENN-DANN-Verknüpfung) von Aussagen

Mitunter bezeichnet man die hier beschriebene Aussagenverknüpfung als **Subjunktion** und verwendet „Implikation" nur für eine Subjunktion zweier Aussageformen, die für alle möglichen der darin auftretenden Variablen wahr ist.

Definition Die Verknüpfung zweier Aussagen A und B durch „wenn A, dann B" heißt **Implikation.** Als Zeichen wird der Junktor ⇒ verwendet. Man schreibt *„A ⇒ B"* und spricht *„aus A folgt B"*.

A	B	A ⇒ B
w	w	w
w	f	f
f	w	w
f	f	w

Der Ausdruck vor dem Pfeil heißt „Vorderglied", „Vordersatz" oder **„Prämisse",** der Ausdruck rechts vom Pfeil heißt „Hinterglied", „Hintersatz" oder **„Konklusion".** Anstelle von „wenn – dann" sagt man auch „wenn – so", „aus – folgt", „falls – dann" u. a.
Mengentheoretisch lässt sich die Implikation durch die Teilmengenbeziehung interpretieren.

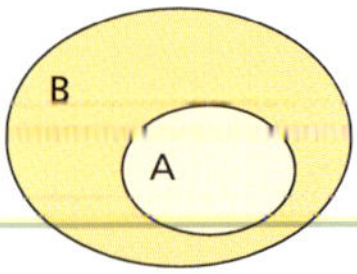

$A \subseteq B = \{x | \text{wenn } x \in A, \text{ dann } x \in B\}$ bzw.
$A \subset B = \{x | \text{wenn } x \in A, \text{ dann } x \in B\} \wedge A \neq B$

Die Wahrheitswertetabelle zeigt: Die Implikation wird per Definition nur falsch, wenn aus etwas Wahrem etwas Falsches folgen soll – aus etwas Falschem kann hingegen sowohl Wahres als auch Falsches folgen, ohne dass die Implikation falsch würde.
Die 3. und 4. Zeile der Wahrheitswertetafel bringt den Unterschied zur umgangssprachlichen Verwendung von „wenn – dann" zum Ausdruck:

In der Umgangssprache wird diese Formulierung ausschließlich unter der Annahme benutzt, dass die Prämisse wahr sei – man geht von einem inhaltlichen Zusammenhang zwischen Voraussetzung und Folgerung aus. In der Aussagenlogik hingegen werden nur die formale Struktur und die Wahrheitswerte der verknüpften Aussagen, nicht aber die inhaltliche Bedeutung betrachtet. Deshalb ist der Satz „Wenn der Mond aus Käse besteht, dann ist $5 \cdot 8 = 40$" im Sinne obiger Wahrheitswertetafel eine wahre Aussage.

In der Praxis treffen wir sowohl auf WENN-DANN-Aussagen, für die unser inhaltliches Verständnis und die formal-logische Interpretation in Übereinstimmung stehen, als auch auf solche Aussagen, bei denen dies nicht der Fall ist.

Es ist die Wahrheitswertetabelle für die Implikation $(A \wedge B) \Rightarrow (A \vee B)$ aufzustellen.

A	B	$A \wedge B$	$A \vee B$	$(A \wedge B) \Rightarrow (A \vee B)$
w	w	w	w	w
w	f	f	w	w
f	w	f	w	w
f	f	f	f	w

Das heißt: Die betrachtete Aussageform ist immer wahr, sie stellt demzufolge eine Tautologie dar.

Äquivalenz (GENAU DANN, WENN-Verknüpfung) von Aussagen

Definition Die Verknüpfung zweier Aussagen A und B in der Form $(A \Rightarrow B) \wedge (B \Rightarrow A)$ heißt **Äquivalenz.** Als Zeichen für die Äquivalenz wird der Junktor $\Leftrightarrow$ verwendet. Man schreibt $A \Leftrightarrow B$ und spricht *„A genau dann, wenn B"*.

A	B	$A \Rightarrow B$
w	w	w
w	f	f
f	w	f
f	f	w

Teilweise bezeichnet man die hier beschriebene Aussagenverknüpfung als **Bijunktion** und verwendet „Äquivalenz" nur für eine allgemeingültige Aussageform in Gestalt einer Bijunktion.

Auch die Äquivalenz wird rein formal betrachtet, inhaltliche Zusammenhänge spielen keine Rolle. Es kommt lediglich auf die Wahrheitswerte an. Die Wahrheitswertetabelle zeigt: Die Äquivalenz ist nur wahr, wenn beide Teilaussagen denselben Wahrheitswert haben.
Mengentheoretisch interpretiert bedeutet die Äquivalenz die Gleichheit von Mengen: $A = B = \{x \mid \text{wenn } x \in A, \text{ dann } x \in B \text{ und umgekehrt}\}$

a) Genau dann ist $8 + 7 = 15$, wenn $49 - 9 = 40$ ist.
b) Genau dann ist $4 \cdot 4 \cdot 3 = 64$, wenn $43 = 63$ ist.
c) Ein Viereck ist genau dann eine Raute (A), wenn seine Diagonalen senkrecht aufeinanderstehen und einander halbieren (B).

Die Äquivalenz „49 ist genau dann eine Quadratzahl, wenn die Sinusfunktion stetig ist" ist in diesem Sinne wahr, obwohl die Stetigkeit der Sinusfunktion mit der Eigenschaft „Quadratzahl" der Zahl 49 inhaltlich nichts zu tun hat.

Weitere Beispiele für Äquivalenzen sind (↗Abschnitt 1.2.4):
- $\neg(\neg A) \Leftrightarrow A$;
- $(A \Rightarrow B) \Leftrightarrow (\neg A) \vee B$;
- $(A \Rightarrow B) \Leftrightarrow \neg B \Rightarrow \neg A)$;
- $(A \vee (A \wedge B)) \Leftrightarrow A$

M

1.2.3 Definitionen

definiens (lat.) – „das Definierende", der definierende Anteil einer (expliziten) Definition; *definiendum* (lat.) – das „zu Definierende", der zu definierende Anteil einer (expliziten) Definition

Definition Als eine Definition bezeichnet man eine Festlegung,
- was ein bestimmtes Objekt (bzw. eine bestimmte Relation) ist, durch welche Merkmale es gekennzeichnet wird oder wie man es erzeugen kann;
- welche Bedeutung ein bestimmtes sprachliches Zeichen (ein Wort, eine Wortgruppe, ein Symbol) besitzt;
- wie ein bestimmtes sprachliches Zeichen zu gebrauchen ist.

Bei einer **expliziten Definition** besteht das Definiens ausschließlich aus Grundbegriffen oder bereits definierten Begriffen. Diese Definitionsform ordnet dann dem Definiendum in Form einer Gleichung ein Definiens zu: *Definiendum* $=_{Def.}$ (oder auch =:) *Definiens.*

Eine **implizite Definition** wird durch ein gewisses System von Axiomen gegeben. Sie dient dazu, die (explizit nicht definierbaren [s. o.]) Grundbegriffe einer Theorie durch Kennzeichnung ihrer wechselseitigen Bezüge formal zu fixieren.

In der Fachliteratur wird teilweise auch 1 als die kleinste natürliche Zahl gewählt.

GIUSEPPE PEANO (1858 bis 1932), italienischer Mathematiker

Der Begriff „natürliche Zahl" wird durch das Axiomensystem von Peano gekennzeichnet:
1. 0 ist eine natürliche Zahl.
2. Jede natürliche Zahl n hat eine bestimmte natürliche Zahl n' als Nachfolger.
3. Es ist stets n' ≠ 0.
   (0 ist nicht Nachfolger einer natürlichen Zahl.)
4. Aus n' = m' folgt n = m.
   (Jede natürliche Zahl ist Nachfolger höchstens einer natürlichen Zahl.)
5. Jede Menge von natürlichen Zahlen, welche die Zahl 0 und welche mit der Zahl n auch deren Nachfolger n' enthält, enthält alle natürlichen Zahlen (Induktionsaxiom).

Beim Definieren eines Begriffs ist insbesondere zu beachten:
- Die Definition darf nicht zu weit sein – sie muss alle wesentlichen Merkmale des Begriffs umfassen.

In der Formulierung
„Unter einem Quadrat versteht man ein Viereck, dessen Seiten die gleiche Länge besitzen"
fehlt die Angabe, dass die Innenwinkel 90° betragen müssen.

- Die Definition darf nicht zu eng sein – sie darf keine Merkmale des Begriffs fordern, die den Umfang des zu definierenden Begriffs unzulässig einschränken.

Primzahlen nennt man genau diejenigen ungeraden natürlichen Zahlen, die nur durch 1 und sich selbst teilbar sind.
Durch diese „Definition" wird die Primzahl 2 nicht erfasst.

- Die zur Definition verwendeten Begriffe müssen bereits „bekannt“ sein und sie dürfen den zu definierenden Begriff nicht (unmittelbar oder mittelbar) enthalten – der „neue“ Begriff darf nicht durch sich selbst erklärt werden (↗ russellsche Paradoxien).

- Die Formulierung „Unter einem Kreis versteht man eine Ellipse mit gleich langen Halbachsen“ setzt die Kenntnis der Begriffe „Ellipse“ und „Halbachse“ voraus, was in der Regel nicht dem Gang der Erkenntnis entspricht.
- Sagt man „Von drei Punkten A_1, A_2 und A_3 einer Geraden g nennt man A_1 einen Zwischenpunkt von A_2 und A_3, wenn A_2 nicht Zwischenpunkt von A_3 und A_1 ist“, so wird „Zwischenpunkt“ durch sich selbst erklärt.

Arten expliziter Definitionen

Sachdefinition	**Rekursive Definition**	**Nominaldefinition**
Ein Begriff wird durch einen *Oberbegriff* und besondere, sogenannte *artbildende Merkmale* erklärt („klassische Definition“).	Durch eine Vorschrift wird eine Klasse von Objekten ausgehend von einem Anfangselement schrittweise und systematisch aufgebaut.	Es wird die Bedeutung eines Zeichens festgelegt bzw. angegeben, wie es zu verwenden ist.
• Eine Funktion mit einer Gleichung des Typs $y = f(x) = \frac{u(x)}{v(x)}$; $u(x)$, $v(x)$ ganzrational, $v(x) \neq 0$ nennt man gebrochenrationale Funktion. • Vektoren $\vec{a}_1, \vec{a}_2, \ldots, \vec{a}_n$ heißen linear unabhängig, wenn sich kein Vektor von ihnen als Linearkombination der übrigen Vektoren darstellen lässt.	• $f^{(n)}(x) = [f^{(n-1)}(x)]'$ $f^{(1)}(x) = f'(x) = \lim\limits_{x \to x_0} \frac{f(x) - f(x_0)}{x - x_0}$ • Eine Folge (a_n) natürlicher Zahlen mit $a_{n+2} = a_{n+1} + a_n$, $a_1 = 1$, $a_2 = 1$ heißt *Fibonacci-Folge*. • Eine Folge mit $a_{n+1} = 1$, falls $a_n = 1$; $a_{n+1} = 3a_n + 1$, falls a_n ungerade; $a_{n+1} = \frac{a_n}{2}$, falls a_n gerade, nennt man *Ulam-Folge*.	• Das Summenzeichen $\sum\limits_{i=1}^{n} a_i$ bedeutet die Summe $a_1 + a_2 + \ldots + a_n$ der Folgenglieder a_i für $i = 1$ bis $i = n$. • Der *Binomialkoeffizient* $\binom{n}{k}$ ($k, n \in \mathbb{N}$, $k \leq n$) steht für $\frac{n!}{k!(n-k)}$.

Die sogenannte *genetische Definition* ist prinzipiell kein anderer Definitionstyp als die Sachdefinition, unterscheidet sich von ihr aber bezüglich der Formulierungsweise. Es wird erklärt, wie das zu definierende Objekt entsteht bzw. erzeugt werden kann.

STAN ULAM
(1909 bis 1984)

Ein *Parallelogramm* entsteht, wenn zwei Streifen einander schneiden.

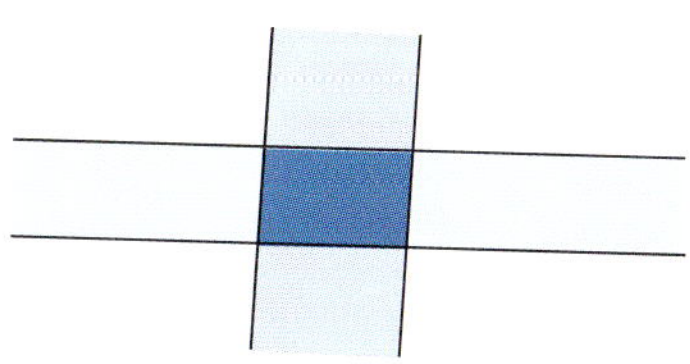

M

1.2.4 Schlussregeln

Das Ausführen von Beweisen und Herleitungen verlangt das Anwenden bestimmter Schlussregeln.
Alle im Folgenden aufgeführten Schlussregeln sind logische Strukturen, die unabhängig von ihrem Inhalt bei jeder Belegung mit den Wahrheitswerten „wahr" oder „falsch" stets zu einer wahren Aussagenverknüpfung führen. Solche Strukturen nennt man logische **Identitäten** oder auch **Tautologien.** Der Nachweis könnte jeweils mit den in Abschnitt 1.1.2 angeführten Wahrheitswertetabellen geführt werden.

Abtrennungsregel

Satz Wenn unter gegebenen Voraussetzungen die Aussage *„Wenn A, so B"* gilt und die Aussage A wahr ist, dann gilt unter diesen Voraussetzungen auch die Aussage B.
Kurzform: $[(A \Rightarrow B) \wedge A] \Rightarrow B$

$A \Rightarrow B$: Wenn die Quersumme einer natürlichen Zahl n durch 9 teilbar ist, so ist n auch durch 9 teilbar.

Gilt diese Implikation (auf deren Beweis hier verzichtet wird), so folgt aus der wahren Aussage
„Die Quersumme von 12510 ist durch 9 teilbar"
auch die Wahrheit der Aussage „12510 ist durch 9 teilbar".

Kettenschluss

Satz Wenn unter gegebenen Voraussetzungen die Aussagen *„Wenn A, so B"* und *„Wenn B, so C"* wahr sind, dann gilt unter diesen Voraussetzungen auch die Aussage *„Wenn A, so C"*.
Kurzform: $[(A \Rightarrow B) \wedge (B \Rightarrow C)] \Rightarrow (A \Rightarrow C)$

Gelten für jede natürliche Zahl a die Aussagen
„Wenn $12|a \Rightarrow 6|a$" und „Wenn $6|a \Rightarrow 3|a$",
so ist auch die Aussage
„Wenn $12|a \Rightarrow 3|a$" für alle $a \in \mathbb{N}$ wahr.

Schluss auf eine Allaussage

Satz Wenn für ein beliebiges a die Aussage A(a) wahr ist, so ist die Aussage „Für jedes (alle) x gilt A(x)" wahr.

Wenn nachgewiesen ist, dass der Lehrsatz des Pythagoras für ein beliebiges rechtwinkliges Dreieck gilt, dann gilt er für alle rechtwinkligen Dreiecke.

Regel der Kontraposition

Satz Wenn die Aussagenverbindung *„Wenn A, so B"* wahr ist, so ist auch *„Wenn nicht B, so nicht A"* wahr (und umgekehrt).
Kurzform: $(A \Rightarrow B) \Leftrightarrow (\neg B \Rightarrow \neg A)$

Nachweis:

A	B	$A \Rightarrow B$	$\neg B$	$\neg A$	$\neg B \Rightarrow \neg A$	$(A \Rightarrow B) \Leftrightarrow (\neg A \Rightarrow \neg B)$
w	w	w	f	f	w	w
w	f	f	w	f	f	w
f	w	w	f	w	w	w
f	f	w	w	w	w	w

Falls die Aussage
„Wenn zwei Dreiecke zueinander kongruent sind, so sind sie auch einander ähnlich" wahr ist, gilt auch:
„Wenn zwei Dreiecke nicht einander ähnlich sind, so sind sie auch nicht zueinander kongruent."

Manchmal lässt sich die Kontraposition eines Satzes leichter beweisen als der eigentliche Satz. Das ist oft der Fall, wenn die Umkehrung eines Satzes bewiesen werden soll.

Regel der Fallunterscheidung

Satz Wenn unter gegebenen Voraussetzungen die Aussage *„A oder B"* gilt und zudem die Aussagen *„Wenn A, so C" und „Wenn B, so C"* gültig sind, dann gilt die Aussage C.
Kurzform: $[(A \vee B) \wedge (A \Rightarrow C) \wedge (B \Rightarrow C)] \Rightarrow C$

Für eine Beweisführung mittels Fallunterscheidung bedeutet das:
Trifft $A \vee B$ zu **und**
(1) man kann zeigen, dass C aus A folgt, **und**
(2) man kann zeigen, dass C aus B folgt,
so ist C auch eine Folge aus der gesamten Disjunktion $A \vee B$.

Wenn eine natürliche Zahl a nicht durch 3 teilbar ist, so lässt a^2 bei Division durch 3 den Rest 1.

Beweis:
Eine natürliche Zahl a ist nicht durch 3 teilbar ist gleichbedeutend mit der Disjunktion
a lässt bei Division durch 3 den Rest 1 (Aussage A) oder
a lässt bei Division durch 3 den Rest 2 (Aussage B).

Fall 1
(Aussage A): $a = 3x + 1 \quad (x \in \mathbb{N})$
$a^2 = (3x + 1)^2 = 9x^2 + 6x + 1$
$= 3(3x^2 + 2x) + 1$
a^2 lässt bei Division durch 3 den Rest 1.

Fall 2
(Aussage B): $a = 3y + 2 \ (y \in \mathbb{N})$
$a^2 = (3y + 2)^2 = 9y^2 + 12y + 4$
$= 3(3y^2 + 4y + 1) + 1$
a^2 lässt bei Division durch 3 den Rest 1.

$A \Rightarrow C$ ist wahr und $B \Rightarrow C$ ist wahr.

Wenn die Fallunterscheidung A oder B gilt und die Implikationen $A \Rightarrow C$ und $B \Rightarrow C$ wahr sind, dann ist C wahr.

Äquivalenzschluss

Satz Wenn unter gegebenen Voraussetzungen die Aussage *„Wenn A, so B"* und auch die Aussage *„Wenn B, so A"* wahr ist, so gilt *„A genau dann, wenn B"* (und umgekehrt) (↗ Abschnitt 1.2).
Kurzform: $[(A \Rightarrow B) \wedge (B \Rightarrow A)] \Leftrightarrow (A \Leftrightarrow B)$

Eine natürliche Zahl a ist genau dann gerade, wenn a^2 gerade ist.
Das heißt:
$A \Rightarrow B$: a gerade $\Rightarrow a^2$ gerade $B \Rightarrow A$: a^2 gerade $\Rightarrow$ a gerade
Es sind also zwei Beweise zu führen.

- Beweis für $A \Rightarrow B$:
  a ist eine gerade Zahl, d.h., $a = 2x$ $(x \in \mathbb{N})$. Dann folgt
  $a^2 = 2x \cdot 2x = 2 \cdot 2x^2$, wobei $2x^2$ wieder eine natürliche Zahl und damit $a^2 = 2 \cdot 2x^2$ eine gerade natürliche Zahl ist. w.z.b.w.
- Beweis für $B \Rightarrow A$ über die Kontraposition $\neg A \Rightarrow \neg B$:
  $\neg A$: a ist ungerade, d.h., $a = 2n + 1$ $(n \in \mathbb{N})$. Daraus folgt
  $a^2 = (2n + 1)^2 = 4n^2 + 4n + 1 = 2(2n^2 + 2n) + 1$,
  also ist a^2 eine ungerade natürliche Zahl $(\neg B)$. w.z.b.w.

Sowohl $A \Rightarrow B$ als auch $B \Rightarrow A$ (hier als Kontraposition $\neg A \Rightarrow \neg B$) sind wahre Aussagen. Damit gilt dies auch für die Äquivalenz $A \Rightarrow B$.

Schluss auf eine bzw. aus einer Negation

Satz Wenn sich aus gegebenen Voraussetzungen und einer Aussage A ein Widerspruch ergibt, so gilt unter den gegebenen Voraussetzungen die Aussage „$\neg A$".

Wenn unter gegebenen Voraussetzungen die Aussage $\neg(\neg A)$ wahr ist, dann ist auch die Aussage A wahr (doppelte Verneinung).

A: Die Geraden mit den Gleichungen g_1: $y = 2x + 3$ und g_2: $y = 2x - 4$ schneiden einander.
Wenn die beiden Geraden einen Schnittpunkt $S(x_s;\ y_s)$ besitzen sollen, so müssen dessen Koordinaten beide Gleichungen erfüllen (↗ Abschnitt 11.1.4). Das heißt, das Gleichungssystem

(I) $y_s = 2xs + 3$
(II) $\underline{y_s = 2xs - 4}$ muss genau eine Lösung $(x_s;\ y_s)$ haben.

Da aber beispielsweise die Umformung (I) – (II) zu dem Widerspruch $0 = 7$ führt, besitzt das Gleichungssystem keine Lösung. Die Aussage A ist also falsch und nach obiger Regel ist demzufolge die Aussage „$\neg A$: Die Geraden mit den Gleichungen g_1: $y = 2x + 3$ und g_2: $y = 2x - 4$ schneiden einander *nicht*" wahr.

M

1.2.5 Beweise

Der **Beweis** einer mathematischen Aussage erfolgt, indem man unter Verwendung von Definitionen und logischen Schlussregeln zeigt, dass der vermutete oder behauptete Zusammenhang aus Axiomen oder bereits bewiesenen Aussagen folgt bzw. aus ihnen ableitbar ist.
Dabei ist zu unterscheiden zwischen dem Beweis einer **Allaussage** und dem einer **Existenzaussage:**

Grundlegende wahre mathematische Aussagen bezeichnet man als **Sätze.**

- Beispiel einer Allaussage
  Für alle ebenen Dreiecke gilt: Die Summe der Innenwinkel beträgt 180°. (Kurzfassung: Die Innenwinkelsumme eines ebenen Dreiecks beträgt 180°.)

- Beispiel einer Existenzaussage
  Es gibt ebene Vektoren $\vec{a}$, $\vec{b}$ mit $\vec{a} \cdot \vec{b} = 0$.

Eine **Allaussage** behauptet das Zutreffen einer Eigenschaft für *alle* Elemente des betreffenden Grundbereichs.
Eine **Existenzaussage** behauptet das Vorhandensein von *(mindestens) einem* Element des jeweiligen Grundbereichs mit der betreffenden Eigenschaft.

Für den Nachweis
- der *Wahrheit einer Allaussage* ist ein Beweis erforderlich, der alle Elemente des Grundbereichs erfasst;
- der *Falschheit einer Allaussage* genügt es, ein Gegenbeispiel zu finden;
- der *Wahrheit einer Existenzaussage* genügt es, ein Element anzugeben, für das diese Aussage zutrifft;
- der *Falschheit einer Existenzaussage* ist ein alle möglichen Fälle erfassender Beweis notwendig.

Jeder Beweis besteht aus drei Schritten, nämlich
Voraussetzung – Behauptung – Beweis(durchführung).

Diese Schrittfolge wurde bereits von **EUKLID** angegeben.

Die Beweisdurchführung verlangt eine endliche Kette wahrer Aussagen, wobei beim Übergang von einem Glied der Folgerungskette zum nächsten nur die Voraussetzungen, bereits bewiesene Sätze, Gesetze der Logik und Regeln für äquivalente Umformungen verwendet werden dürfen. Insbesondere ist streng darauf zu achten, dass nicht die Behauptung des Satzes (u. U. in anderer Formulierung, bereits umgeformt oder anderweitig „versteckt") bei der Beweisdurchführung genutzt wird. Die Behauptung muss sich als letztes Glied in der Folgerungskette ergeben.
Man unterscheidet im Wesentlichen zwei **Beweisverfahren,** den direkten Beweis und den indirekten Beweis.

Für den Beweis einer mathematischen Aussage ist es günstig, diese in „wenn ..., dann ..."-Form anzugeben. Der auf „wenn" folgende Satzteil enthält dann die Voraussetzung, der sich an „dann" anschließende die Behauptung. Die **Umkehrung eines Satzes** lässt sich auf diese Weise ebenfalls leichter formulieren.

Direkter Beweis

Der Ausgangspunkt eines direkten Beweises sind bereits bewiesene Aussagen sowie die jeweiligen Voraussetzungen. Aus diesen wird dann mithilfe gültiger Schlussregeln nach einer endlichen Anzahl von Schritten die Behauptung gewonnen.

- Wenn die Quersumme einer beliebigen fünfstelligen natürlichen Zahl durch 9 teilbar ist, dann gilt dies auch für die natürliche Zahl selbst.

  Voraussetzung:
  Die Quersumme z einer beliebigen fünfstelligen natürlichen Zahl n sei durch 9 teilbar.

M

Behauptung: n ist durch 9 teilbar.

Beweis:

Eine beliebige fünfstellige natürliche Zahl n lässt sich darstellen durch:

$n = 10\,000a + 1\,000b + 100c + 10d + e \quad$ mit $a, b, c, d, e \in \mathbb{N}$

Nach Voraussetzung gilt also $9|(a + b + c + d + e)$. Nun ist
$n = 9(1111a + 111b + 11c + d) + (a + b + c + d + e)$.

Eine Summe natürlicher Zahlen ist genau dann durch eine Zahl $n^* \in \mathbb{N}$ teilbar, wenn jeder Summand durch n^* teilbar ist.

Da $9|9(1111a + 111b + 11c + d)$ und $9|(a + b + c + d + e)$, gilt $9|n$.

w.z.b.w.

Indirekter Beweis

Der indirekte Beweis wird oft zur Erkenntnissicherung bei Existenz- und Eindeutigkeitsaussagen, beim Beweisen von Satzumkehrungen und negierten Aussagen genutzt.

Bei der Durchführung des indirekten Beweises wird angenommen, dass die Negation der Behauptung gilt. Ausgehend von wahren Aussagen schließt man unter Nutzung gültiger Schlussregeln so lange, bis sich ein Widerspruch entweder zur Voraussetzung (zu einer Teilvoraussetzung), zu bereits bewiesenen Sätzen, Definitionen oder zur Annahme (negierte Behauptung) ergibt. Tritt ein solcher Widerspruch ein, dann muss die negierte Behauptung falsch sein und es gilt die eigentliche Behauptung.
Lässt sich die Ausgangsannahme nicht zum Widerspruch führen, dann kann man mit dem indirekten Beweisverfahren die Gültigkeit des betreffenden Satzes nicht nachweisen.

Neben anderen Schlussregeln findet beim **indirekten Beweis** der Schluss auf eine Negation Anwendung.

Man beweise auf indirektem Wege:
Wenn a und b nichtnegative reelle Zahlen sind, dann ist das arithmetische Mittel von a und b größer oder höchstens gleich dem geometrischen Mittel dieser Zahlen.

Behauptung: $\frac{a+b}{2} \geq \sqrt{a \cdot b}$

Beweis (indirekt):

Annahme: $\frac{a+b}{2} < \sqrt{a \cdot b}$, also $a + b < 2\sqrt{a \cdot b}$

Dann würde folgen: $a + b - 2\sqrt{a \cdot b} = (\sqrt{a} - \sqrt{b})^2 < 0$

Da a und b nichtnegative reelle Zahlen sind, kann das Quadrat ihrer Differenz niemals negativ sein. Dieser Widerspruch bestätigt die Richtigkeit der Behauptung.

Das Beweisverfahren der vollständigen Induktion

Der auf dem Prinzip der vollständigen Induktion beruhende Beweis ist seinem Wesen nach ein direkter Beweis.

Soll die Wahrheit von Aussagen nachgewiesen werden, die sich auf *alle* natürlichen Zahlen beziehen, so besteht das Hauptproblem in Folgendem: Da es unendlich viele natürliche Zahlen gibt, ist es unmöglich, die Gültigkeit der betreffenden Aussage für jede einzelne natürliche Zahl zu überprüfen.
Begnügt man sich aber damit, den Nachweis für ein Anfangsstück der Folge der natürlichen Zahlen zu erbringen und daraus induktiv auf die Allgemeingültigkeit zu schließen, sind schnell Trugschlüsse möglich.

Setzt man in den Term $n^2 + n + 41$ für n nacheinander die natürlichen Zahlen 0, 1, 2, 3, …, 39, so erhält man 41, 43, 47, 53, …, 1601, also stets Primzahlen. Schließt man induktiv, so würde man zu der Aussage „Für alle natürlichen Zahlen n ist $n^2 + n + 41$ eine Primzahl" gelangen.

Aufgrund der Überprüfung ist diese Aussage offensichtlich für die Zahlen von 0 bis 39 wahr. Dies trifft jedoch nicht für alle natürlichen Zahlen zu, denn schon für $n = 40$ erhält man $1600 + 40 + 41 = 1681$, und 1681 ist durch 41 teilbar.

Ein Gegenbeispiel reicht aber aus, um die „Falschheit" einer Allaussage zu beweisen bzw. um ihre Gültigkeit zu widerlegen.

inducere (lat.) – hineinführen (von Einzelfällen auf das Allgemeine schließen)
reducere (lat.) – zurückführen (auf eine einfachere Form)
deducere (lat.) – ableiten (vom Allgemeinen auf das Besondere oder Einzelne schließen)

In obigem Beispiel könnte ein Beweis der Allgemeingültigkeit offenbar nur dann gelingen, wenn es möglich wäre, die Induktion gleichsam „zu vervollständigen", also sie auf alle natürlichen Zahlen auszudehnen.
Dies leistet das **Beweisverfahren der vollständigen Induktion** (auch als **„Schluss von n auf (n + 1)"** bezeichnet), das vielfach dann anwendbar ist, wenn die Wahrheit einer Aussage für alle natürlichen Zahlen nachgewiesen werden soll. Der Name *vollständige Induktion* ist nicht ganz zutreffend, denn wie jedem mathematischen Beweisverfahren liegen auch dem hier betrachteten *deduktive* Schlüsse zugrunde. Das Beweisverfahren beruht auf dem folgenden Satz:

Satz Satz der vollständigen Induktion

Wenn
1. A(n) für eine (möglichst kleine) natürliche Zahl $n = n_0$ wahr ist und
2. für eine beliebige natürliche Zahl $n = k$ ($k \geq n_0$) aus der (angenommenen) Gültigkeit von A(k) stets die Gültigkeit von A(k + 1) folgt,

dann ist A(n) für alle natürlichen Zahlen $n \geq n_0$ wahr.

Will man die Gültigkeit einer Aussage A(n) für alle $n \in \mathbb{N}$ nachweisen, so müssen also *zwei Beweise* geführt werden:

1. Es ist zu beweisen, dass die Aussage A(n) für eine bestimmte, möglichst kleine, natürliche Zahl n_0 (meist 0 oder 1) gilt. Man sagt zu diesem Schritt auch **Induktionsanfang** oder Induktionsverankerung. Hier wird aber die Existenz einer natürlichen Zahl nachgewiesen, für die A(n) wahr ist.
2. Es ist zu beweisen, dass die Annahme, A(n) gelte für eine natürliche Zahl k, stets die Gültigkeit der Aussage für den Nachfolger (k + 1) von k nach sich zieht. Man nennt diesen Schritt **Induktionsschluss** oder spricht vom *Nachweis der Nachfolgervererbung*.

A(n) soll kennzeichnen, dass eine Aussage A über eine natürliche Zahl n getroffen wird.

Der **Beweis** dieses Satzes kann gut indirekt geführt werden.

Aufgrund des ersten Teilbeweises gilt z. B. A(1). Daraus folgt wegen des zweiten Teilbeweises die Gültigkeit von A(2), daraus wiederum die Gültigkeit von A(3) usw.
Durch Fortsetzung dieser vollständigen Schlussreihe wird jede natürliche Zahl erreicht und somit ist A(n) für alle natürlichen Zahlen ab $n = 1$ gültig.

M

Zusammenfassung:

„Verankerung“ „Vererbung“

$$\underbrace{\left[\textit{Es gilt } A(n_0) \textit{ und}\right.}_{\substack{\text{Induktionsanfang}\\\text{(Existenzbeweis)}}}\;\underbrace{\left.\begin{matrix}\textit{für ein beliebiges } k \ge n_0\\ \textit{gilt } (A(k) \Rightarrow A(k+1))\end{matrix}\right]}_{\substack{\text{Induktionsschluss}\\\text{(Beweis einer Implikation)}}} \Rightarrow A(n) \textit{ gilt für alle } n \ge n_0$$

Beweis durch vollständige Induktion

Für alle natürlichen Zahlen $n > 0$ gilt $s_n = 1 + 2 + 3 + \ldots + n = \frac{n(n+1)}{2}$.

Voraussetzung: $n \in \mathbb{N}$

Behauptung: Für alle $n > 0$ gilt $s_n = \frac{n(n+1)}{2}$.

Beweis:

I. *Induktionsanfang:* **A(1)**

$n = 1$: $s_1 = 1$ Nach Formel: $s_1 = \frac{1(1+1)}{2} = 1$

Also: Die Formel ist für $n = 1$ richtig.

II. *Induktionsschluss:*

Induktionsvoraussetzung: **A(k)**

Es wird angenommen, dass die Behauptung für $n = k$ wahr ist.

Es gelte also: $s_k = 1 + 2 + 3 + \ldots + k = \frac{k(k+1)}{2}$

Induktionsbehauptung: **A(k + 1)**

Es wird behauptet, dass die Formel auch für den Nachfolger von k, also für $n = k + 1$, gilt:

$s_{k+1} = 1 + 2 + 3 + \ldots + k + (k+1) = \frac{(k+1)(k+2)}{2}$

Induktionsbeweis: **A(k) ⇒ A(k + 1)**

Wir zeigen, dass aus der Gültigkeit von A(k) stets die von A(k + 1) folgt.

„Induktionsbeweis“ soll bedeuten: „Beweis der Induktionsbehauptung unter Verwendung der Induktionsvoraussetzung“.

1. Wegen der Induktionsvoraussetzung gilt:
   $1 + 2 + 3 + \ldots + k = \frac{k(k+1)}{2}$
2. Wir gewinnen aus der Summe s_k die Summe s_{k+1}, indem wir $(k + 1)$ addieren:
   $$\begin{aligned}1 + 2 + 3 + \ldots + k + \mathbf{(k+1)} &= \frac{k(k+1)}{2} + \mathbf{(k+1)}\\ &= \frac{k(k+1)}{2} + \frac{2(k+1)}{2}\\ &= \frac{k(k+1) + 2(k+1)}{2} = \frac{(k+1)(k+2)}{2}\end{aligned}$$

Damit haben wir die in der Induktionsbehauptung aufgestellte Formel erhalten.

Wegen der unter I. und II. geführten Beweise gilt die Formel für alle natürlichen Zahlen $n > 0$ (und trivialerweise auch für 0). w. z. b. w.

2 Zahlenfolgen

2

2.1 Der Begriff *Zahlenfolge*

Wir betrachten die folgenden drei Beispiele:

Den drei Beispielen ist gemeinsam: Durch die angegebenen Vorschriften wird jeweils einer natürlichen Zahl eindeutig eine bestimmte reelle Zahl zugeordnet. Es handelt sich um Funktionen (↗ Abschnitt 3.1).

(1) Mit einem vom Arzt verordneten Arzneimittel nimmt ein Patient täglich 5 mg eines bestimmten Medikaments in Form einer Tablette ein. Im Laufe eines Tages werden davon 40 % vom Körper abgebaut und ausgeschieden. Damit gilt also:

Tag	1	2	3	4	...
Menge des Medikaments in mg	5	8	9,8	10,88	...

(2) Die ganze Zahl 4 wird fortlaufend halbiert und die sich nach n Halbierungen jeweils ergebenden Werte H(n) werden notiert.

n	1	2	3	4	5	6	7	...
H(n)	2	1	$\frac{1}{2}$	$\frac{1}{4}$	$\frac{1}{8}$	$\frac{1}{16}$	$\frac{1}{32}$	...

(3) Für jede natürliche Zahl n mit $0 < n \leq 10$ ist die Anzahl T(n) ihrer Teiler zu ermitteln. Man erhält damit:

n	1	2	3	4	5	6	7	8	9	10
H(n)	1	2	2	3	2	4	2	4	3	4

Definition Eine Funktion, deren Definitionsbereich die Menge $\mathbb{N}$ der natürlichen Zahlen (oder eine Teilmenge der natürlichen Zahlen) ist und die eine Teilmenge der reellen Zahlen als Wertebereich besitzt, heißt **reelle Zahlenfolge.**

Diese Funktion lässt sich jeweils durch eine Menge von geordneten Paaren reeller Zahlen beschreiben (↗ Abschnitt 3.2), und zwar in

Beispiel (1) als {(1; 5), (2; 8), (3; 9,8), (4; 10,88), ...}, in

Beispiel (2) als $\{(1; 2), (2; 1), \left(3; \frac{1}{2}\right), \left(4; \frac{1}{4}\right), \ldots\}$, in

Beispiel (3) als {(1; 1), (2; 2), (3; 2), ..., (10; 4)}.

Kurzschreibweise für Zahlenfolgen: $(a_n) = a_1, a_2, \ldots, a_i, \ldots$
Dabei bedeutet
- n die Platznummer (den Index),
- a_i das i-te Glied der Zahlenfolge.

Da bei Zahlenfolgen als speziellen Funktionen die erste Komponente der Zahlenpaare jeweils eine natürliche Zahl (in deren „natürlicher" Reihenfolge) ist, gibt man als Beschreibung einer solchen Zahlenfolge in der Regel nur die zweite Komponente an, also bei

Beispiel (1): 5; 8; 9,8; 10,88; ..., bei

Beispiel (2): 2; 1; $\frac{1}{2}$; $\frac{1}{4}$; ..., bei

Beispiel (3): 1; 2; 2; ...; 4.

Allgemein schreibt man dann für die Zahlenfolge mit den **Gliedern** $a_1, a_2, a_3, \ldots, a_i, \ldots$ kurz (a_n) – gesprochen „Folge a_n".

Zur Darstellung von Zahlenfolgen lässt sich wie bei Funktionen eine **Gleichung** aufstellen, eine **Wertetabelle** anlegen, ein **Graph** zeichnen oder eine **Wortvorschrift** nutzen.
In Beispiel (1) entstand die angegebene Wertetabelle, indem man aus dem Folgenglied a_n jeweils das nachfolgende Glied a_{n+1} nach folgendem Verfahren berechnete:

$a_{n+1} = a_n - 0{,}4a_n + 5$, also $a_{n+1} = (1 - 0{,}4)\,a_n + 5$ bzw. $a_{n+1} = 0{,}6a_n + 5$

Mit der letzten Gleichung und einer Angabe zu a_1 ist eine **rekursive Bildungsvorschrift** (bzw. eine Rekursionsgleichung) für diese Folge gegeben. Sie gibt an, wie man ein beliebiges Glied a_{k+1} der Folge aus seinem Vorgänger a_k $(k > 1)$ erhält. Rekursive Bildungsvorschriften können sich auch auf zwei oder mehr Vorgänger beziehen.
Die grafische Darstellung der Zahlenfolge aus Beispiel (1) ergibt nebenstehendes Bild, das zugleich Folgendes deutlich macht:

- Der Graph einer Folge besteht im Unterschied zu den bislang betrachteten Funktionsbildern (mit der Menge $\mathbb{R}$ als Definitionsbereich) hier nur aus einzelnen (isolierten) Punkten.
- Bei diesem Wachstumsvorgang stellt sich eine „Sättigungsgrenze" ein. Nach etwa zehn Tagen sind jeweils unmittelbar nach der Einnahme praktisch konstant 12,5 mg des Medikaments im Körper des Patienten enthalten.

recurrere (lat.) – zurücklaufen

Eine rekursive Bildungsvorschrift muss neben der Rekursionsgleichung auch eine Angabe zum Anfangsglied bzw. zu Anfangsgliedern der Folge enthalten.

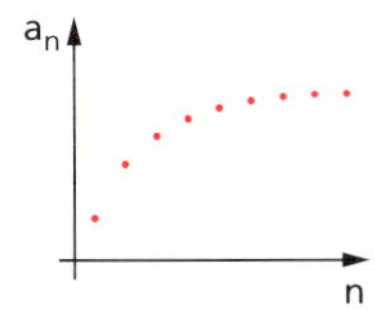

Zahlenfolgen lassen sich auch durch eine **explizite Bildungsvorschrift** darstellen. Hierbei ist die durch das **allgemeine Glied a_n** der Zahlenfolge (a_n) gegebene Vorschrift allein von n abhängig. Jedes Glied a_k lässt sich dann durch Einsetzen der Platznummer k in die explizite Bildungsvorschrift bestimmen.

explicare (lat.) – erklären, entwickeln

Das allgemeine Glied $a_n = \frac{n-1}{n+1}$ stellt eine explizite Bildungsvorschrift für die Zahlenfolge $(a_n) = \left(\frac{n-1}{n+1}\right) = 0; \frac{1}{3}; \frac{2}{4}; \frac{3}{5}; \ldots$ dar.

Auch für die Folge in Beispiel (2) lässt sich eine explizite Bildungsvorschrift angeben. Hier gilt $a_n = 4\left(\frac{1}{2}\right)^n$. Bei Beispiel (3) können wir weder eine rekursive noch eine explizite Bildungsvorschrift angeben. Hier muss der Zusammenhang in Worten beschrieben werden.

Ein Beispiel für eine Folge, deren rekursive Bildungsvorschrift sich auf zwei Vorgänger bezieht, ist die sogenannte Fibonacci-Folge, mit der sich zahlreiche Sachverhalte beschreiben lassen. Für diese Folge gilt:
$a_1 = 1;\ a_2 = 1;\ a_n = a_{n-1} + a_{n-2}$
Die Anfangsglieder der Fibonacci-Folge lauten dementsprechend:
1; 1; 2; 3; 5; 8; 13; 21; 34; 55; 89; 144; …

LEONARDO FIBONACCI VON PISA
(1175 bis ca. 1240)

In Abhängigkeit davon, ob der Definitionsbereich endlich viele oder unendlich viele natürliche Zahlen enthält, spricht man von **endlichen Zahlenfolgen** (Beispiel 3) oder **unendlichen Zahlenfolgen** (Beispiele 1 und 2). Sind alle Glieder einer Zahlenfolge untereinander gleich, so handelt es sich um eine **konstante Zahlenfolge.**

$(a_n) = \left(\frac{2}{1^n}\right) = 2; 2; 2; 2; \ldots$ ist eine konstante Zahlenfolge.

2.2 Eigenschaften von Zahlenfolgen

2.2.1 Monotonie und Beschränktheit

Nachfolgend sind die Zahlenfolgen aus den Beispielen (1), (2) und (3) des Abschnitts 2.1 grafisch dargestellt:

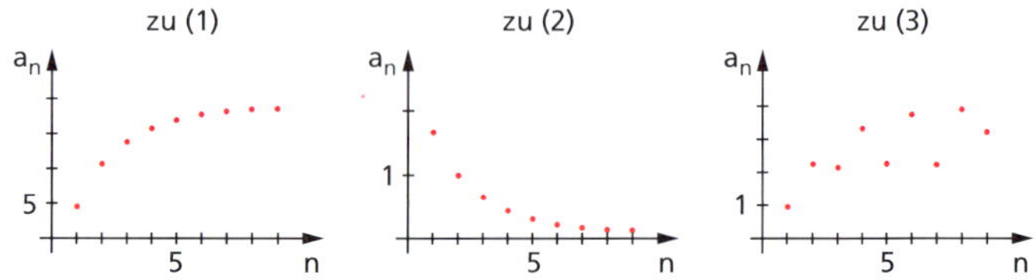

Bei einem Vergleich lassen sich folgende Feststellungen treffen:
Im Beispiel (1) scheinen die Folgenglieder ständig zu wachsen, erreichen aber z. B. nie den Wert 12,5. Im Beispiel (2) werden sie fortgesetzt kleiner, nehmen aber keine negativen Werte an. Die Folgenglieder im Beispiel (3) weisen in dieser Hinsicht keine Regelmäßigkeiten auf.
Das Verhalten der Zahlenfolgen in den Beispielen (1) und (2) wird als *monoton wachsend* bzw. *monoton fallend* und *beschränkt* bezeichnet.

▶ Die Formulierung „genau dann" steht für „dann und nur dann" – es handelt sich um wechselseitig gültige Beziehungen, also:
monoton wachsend $\Leftrightarrow a_{n+1} \geq a_n$ bzw.
monoton fallend $\Leftrightarrow a_{n+1} \leq a_n$.

Definition Eine Zahlenfolge (a_n) heißt genau dann

monoton wachsend,	**monoton fallend,**
wenn für alle natürlichen Zahlen $n \geq 1$ gilt:	
$a_{n+1} \geq a_n$	$a_{n+1} \leq a_n$

Ist jedes Folgeglied tatsächlich größer bzw. kleiner als seine Vorgänger (und nicht gleich), so spricht man von **strenger Monotonie.**

Konstante Zahlenfolgen lassen sich sowohl als monoton wachsend wie auch als monoton fallend auffassen: Mit $a_k = a_{k+1}$ gilt $a_k \geq a_{k+1}$ und ebenso $a_k \leq a_{k+1}$. Es liegt aber keine strenge Monotonie vor.

▶ $\mathbb{N}^*$ ist die Menge der natürlichen Zahlen ohne Null.

Monotoniebetrachtungen von Zahlenfolgen lassen sich einfacher durchführen, wenn man die Ungleichungen aus obiger Definition in Differenzen umformt. Gilt nämlich für alle $n \in \mathbb{N}^*$

$a_{n+1} - a_n \geq 0$, so ist (a_n) monoton wachsend;
$a_{n+1} - a_n > 0$, so ist (a_n) streng monoton wachsend;
$a_{n+1} - a_n \leq 0$, so ist (a_n) monoton fallend;
$a_{n+1} - a_n < 0$, so ist (a_n) streng monoton fallend.

Sind alle $a_n > 0$, so können auch die Quotienten aufeinanderfolgender Glieder der Zahlenfolge (a_n) betrachtet werden. Gilt dann für alle $n \in \mathbb{N}^*$

$\frac{a_{n+1}}{a_n} \geq 1$, so ist (a_n) monoton wachsend;

$\frac{a_{n+1}}{a_n} \leq 1$, so ist (a_n) monoton fallend.

Im Falle strenger Monotonie sind die Quotienten echt größer bzw. kleiner als 1.

- Es ist das Monotonieverhalten der Zahlenfolge $(a_n) = \left(\frac{n+3}{3n+1}\right)$ zu untersuchen.
Aus den Anfangsgliedern $1; \frac{5}{7}; \frac{3}{5}; \frac{7}{13}; \frac{1}{2}; \frac{9}{19}; \ldots$ der Folge lässt sich vermuten, dass die Zahlenfolge streng monoton fallend ist.
Um diese Vermutung zu bestätigen, ist für alle $n \geq 1$ zu zeigen, dass die Ungleichung $a_{n+1} - a_n < 0$ gilt:

$$a_{n+1} - a_n = \frac{n+4}{3n+4} - \frac{n+3}{3n+1}$$
$$= \frac{(n+4)(3n+1) - (n+3)(3n+4)}{(3n+1)(3n+4)} = \frac{3n^2 + 13n + 4 - (3n^2 + 13n + 12)}{(3n+1)(3n+4)}$$
$$= \frac{-8}{(3n+1)(3n+4)}$$

Da der Zähler des erhaltenen Bruchs negativ und der Nenner als Produkt positiver Zahlen positiv ist, gilt: $a_{n+1} - a_n < 0$
Das heißt: Die Folge $(a_n) = \left(\frac{n+3}{3n+1}\right)$ ist **streng monoton fallend.**

> (a_n) symbolisiert eine ganze Zahlenfolge.
> Rechts des Gleichheitszeichens müssen deshalb alle bzw. die Anfangsglieder der Folge oder das allgemeine Glied in Klammern angegeben werden.

- Zu untersuchen ist das Monotonieverhalten der Zahlenfolge $(a_n) = (n^2 - 25n)$.
Die ersten fünf Folgenglieder lauten –24, – 46, – 66, – 84, –100.
Hieraus könnte man vermuten, dass die Folge streng monoton fallend ist. Zur Überprüfung wird untersucht, ob die Ungleichung $a_{n+1} - a_n < 0$ gilt.
$$a_{n+1} - a_n = (n+1)^2 - 25(n+1) - (n^2 - 25n)$$
$$= n^2 + 2n + 1 - 25n - 25 - n^2 + 25n = 2n - 24.$$
$2n - 24 < 0$ trifft nur für $n < 12$ zu, für größere n ist $2n - 24 > 0$.
Das bedeutet: Die Zahlenfolge (a_n) ist also nicht monoton.

> Eine lediglich aus den ersten Folgengliedern bzw. aus einem Teil der Folge gewonnene Vermutung kann falsch sein.

Die Zahlenfolge $(a_n) = ((-1)^n \cdot n)$ besitzt die Anfangsglieder $-1; 2; -3; 4; \ldots$
Es ist festzustellen, dass $a_1 < a_2$, aber $a_2 > a_3$ ist. Schon die ersten Folgenglieder lassen somit erkennen, dass (a_n) nicht monoton sein kann, da ein solches Verhalten allein schon durch die wechselnden Vorzeichen ausgeschlossen ist. Folgen dieser Art nennt man **alternierende Zahlenfolgen.**

Wie oben gezeigt, ist die Zahlenfolge $(a_n) = \left(\frac{n+3}{3n+1}\right)$ streng monoton fallend. Ihre Glieder unterschreiten aber den Wert 0 nicht. Diese Eigenschaft führt zu folgender Begriffsbildung:

Definition Eine Zahlenfolge (a_n) heißt genau dann

nach **oben beschränkt,**	nach **unten beschränkt,**

wenn es eine Zahl $s \in \mathbb{R}$ gibt, sodass für alle Folgenglieder a_n gilt:

$a_n \leq s$	$a_n \geq s$

Man nennt die reelle Zahl s dann

eine **obere Schranke**	eine **untere Schranke**

der Zahlenfolge (a_n).

> Man spricht von einer beschränkten Zahlenfolge, wenn die Werte aller Folgenglieder nicht „unterhalb“ einer bestimmten Zahl s_1 und nicht „oberhalb“ einer bestimmten Zahl s_2 liegen.

2

(Einfach von einer Schranke spricht man, wenn $|a_n| \leq s$, also wenn alle a_n in dem Intervall [–s; s] liegen.)

> **Definition** Eine Zahlenfolge (a_n) heißt genau dann **beschränkt,** wenn sie eine obere **und** eine untere Schranke besitzt.

2.2.2 Partialsummen

Die n-te Partialsumme ist zugleich das allgemeine Glied der Partialsummenfolge.

> **Definition** Es sei (a_n) eine reelle Zahlenfolge $a_1; a_2; a_3; \ldots$
> Dann bezeichnet man $s_1 = a_1; s_2 = a_1 + a_2, \ldots; s_n = a_1 + a_2 + \ldots + a_n$ als **erste, zweite, …, n-te Partialsumme von (a_n).**
> Die Folge $(s_n) = s_1;\ s_2;\ s_3;\ \ldots$ wird **Partialsummenfolge von (a_n)** genannt.

Für die Zahlenfolge $(a_n) = \left((-1)^n \cdot \frac{2}{n}\right) = -2; 1; -\frac{2}{3}; \frac{1}{2}; -\frac{2}{5} \ldots$ gilt:

1. Partialsumme: $s_1 = -2$

2. Partialsumme: $s_2 = (-2) + 1 = -1$

3. Partialsumme: $s_3 = (-2) + 1 + \left(-\frac{2}{3}\right) = -\frac{5}{3}$

…

n-te Partialsumme: $s_n = (-2) + 1 + -\frac{2}{3} + \ldots + \left((-1)^n \cdot \frac{2}{n}\right)$

Partialsummenfolge von $(a_n) = \left((-1)^n \cdot \frac{2}{n}\right)$: $-2; -1; -\frac{5}{3} \ldots$

Das Zeichen Σ ist der griechische Buchstabe Sigma. Es entspricht dem S in der lateinischen Schrift und wurde schon von LEONHARD EULER (1707 bis 1783) als abgekürzte Schreibweise für Summen eingeführt.

Für das Arbeiten mit Summen, die aus vielen Summanden bestehen, wird zur Verkürzung der Schreibweise das Summenzeichen Σ verwendet. Unter Verwendung dieses Symbols schreibt man die n-te Partialsumme $s_n = a_1 + a_2 + \ldots + a_n$ der Folge (a_n) kurz

$\sum_{i=1}^{n} a_k$ (gelesen: *„Summe aller a_i von $i = 1$ bis n"*).

Bei der Arbeit mit dem Summenzeichen ist zu beachten:

- Der Buchstabe für den Laufindex kann beliebig gewählt werden.
  Beispielsweise gilt: $\sum_{i=1}^{n} a_i = \sum_{m=1}^{n} a_m = \sum_{p=1}^{n} a_p$
- Mitunter ist es zweckmäßig, den Laufindex zu verändern. So kann man zum Beispiel anstatt
  $s_n = a_1 + a_2 + \ldots + a_n = \sum_{k=1}^{n} a_k$ auch $\sum_{k=-3}^{n-4} a_{k+4}$ oder $\sum_{k=3}^{n+2} a_{k-2}$ usw. schreiben.
- Ist $c \in \mathbb{R}$ eine konstante Zahl, so gilt:
  $\sum_{i=1}^{n} c = n \cdot c$ und $\sum_{i=1}^{n} c \cdot a_i = c \sum_{i=1}^{n} a_i$
- $\sum_{i=1}^{n} (a_i \pm b_i) = \sum_{i=1}^{n} a_i \pm \sum_{i=1}^{n} b_i$

2.3 Arithmetische und geometrische Zahlenfolgen

Definition Eine Zahlenfolge (a_n) heißt **arithmetische Zahlenfolge,** wenn für jede natürliche Zahl $n \geq 1$ die Differenz zweier aufeinanderfolgender Glieder stets dieselbe reelle Zahl d ergibt:
$a_{n+1} - a_n = d$ für alle $n \in \mathbb{N}$

Aus dieser Festlegung folgt, dass eine arithmetische Zahlenfolge durch den Anfangswert a_1 und die Differenz d eindeutig bestimmt ist. Wir erhalten jedes Glied einer arithmetischen Zahlenfolge aus dem vorhergehenden durch Addition von d:
$a_{n+1} = a_n + d$

Ein Veranstalter von Klassenreisen macht einer Schulklasse für eine Italienreise von mindestens 5 Tagen und höchstens 12 Tagen Dauer folgendes Angebot:
Preis für Hin- und Rückfahrt (je Schüler/-in) 117,00 €
Preis für Unterkunft und Verpflegung (je Schüler und Tag) 25,00 €
Es ist zu untersuchen, wie sich die Kosten in Abhängigkeit von der Zahl der Reisetage verändern.

Anzahl der Tage	5	6	7	8	9	10	11	12
Kosten (in €)	242	267	292	317	342	367	392	417

Für die Kosten K_n je Schüler/-in (in €) für n Reisetage $(5 \leq n \leq 12)$ gilt also:
$K_n = 117\text{ €} + 25\text{ €} \cdot n$

Ist a_1 bekannt, so haben wir mit $a_{n+1} = a_n + d$ eine rekursive Darstellung arithmetischer Zahlenfolgen gefunden.
Es gilt dann: $a_2 = a_1 + d$; $a_3 = a_2 + d = a_1 + 2d$; $a_4 = a_3 + d = a_1 + 3d$;
$a_5 = a_4 + d = a_1 + 4d$; ...; $a_n = a_{n-1} + d$
Durch Verallgemeinern gelangt man hieraus zu der Vermutung
$a_n = a_1 + (n - 1) \cdot d$,
die sich mittels des *Beweisverfahrens der vollständigen Induktion* (↗ Abschnitt 1.2.5) beweisen lässt:

Satz Bildungsvorschrift einer arithmetischen Zahlenfolge
Ist (a_n) eine arithmetische Zahlenfolge, so gilt für alle natürlichen Zahlen $n \geq 1$ und $d \in \mathbb{R}$:
$a_n = a_1 + (n - 1) \cdot d$ (explizite Bildungsvorschrift)

Der Name „arithmetische Zahlenfolge" hat seinen Grund darin, dass das mittlere Glied dreier beliebiger benachbarter Glieder derartiger Folgen stets das arithmetische Mittel der zwei anderen ist. Wenn nämlich
$a_{k-1} = a_1 + (k - 2) \cdot d$, $a_k = a_1 + (k - 1) \cdot d$ und $a_{k+1} = a_1 + k \cdot d$ ist, dann gilt:

$$a_k = \frac{a_{k-1} + a_{k+1}}{2} = \frac{a_1 + (k-2) \cdot d + a_1 + k \cdot d}{2} = \frac{2a_1 + 2k \cdot d - 2d}{2} = a_1 + (k - 1) \cdot d$$

2

Sind (a_n) und (b_n) wachsende (fallende) arithmetische Folgen mit gleicher Gliedanzahl (Mächtigkeit), so ist auch die Folge $(a_n \pm b_n)$ wachsend (fallend).

Aus der rekursiven Darstellung arithmetischer Zahlenfolgen $a_{n+1} = a_n + d$ lässt sich folgern:

Eine arithmetische Zahlenfolge mit
- $d > 0$ ist eine streng monoton wachsende Folge,
- $d < 0$ ist eine streng monoton fallende Folge,
- $d = 0$ (als Spezialfall) ergibt die konstante Folge $a_1; a_1; a_1; \ldots$

$(a_n) = 3 + (n-1) \cdot 4 = 3; 7; 11; \ldots; (b_n) = -4 + (n-1) \cdot 3 = -4; -1; 2; \ldots$

$(a_n + b_n) = -1 + (n-1) \cdot 7 = -1; 6; 13; 20; \ldots$

Man ermittle für eine arithmetische Zahlenfolge mit $a_1 = 4$ und $d = 3$ die Bildungsvorschrift, die ersten fünf Glieder und das 41. Glied.
- Mit $a_1 = 4$ und $d = 3$ lautet nach obigem Satz die Bildungsvorschrift der Zahlenfolge $a_n = 4 + (n-1) \cdot 3 = 3n + 1$.
- Nach dieser Bildungsvorschrift sind 4; 7; 10; 13 und 16 die ersten fünf Glieder der Folge.
- Wegen $a_n = a_1 + (n-1) \cdot d$ heißt das 41. Glied: $a_{41} = 4 + (41-1) \cdot 3 = 124$

Aufgrund von Beobachtungen der Erdwärme stellte man fest, dass die Wärme der Erde in 25 m Tiefe etwa mit der mittleren Jahrestemperatur des Beobachtungsortes übereinstimmt.
Dringt man tiefer in die Erde ein, so erhöht sich auf jeweils 32 m die Temperatur um 1 °C.
a) In welcher Erdtiefe herrschen 25 °C, wenn die mittlere Jahrestemperatur des Beobachtungsortes 10 °C beträgt?
b) Wie hoch ist die Temperatur in 1145 m Tiefe?

Lösung:
a) Eine Lösungsmöglichkeit besteht darin, die Beziehungen 10 °C in 25 m Tiefe, 11 °C in 57 m Tiefe, 12 °C in 89 m Tiefe usw. mittels einer arithmetischen Zahlenfolge zu erfassen.
Dann gilt: $a_1 = 25$, $d = 32$ und $a_n = 25 + 32(n-1) = 32n - 7$, wobei a_n die Tiefe bei einer Temperatur von $(9 + n)$ °C angibt.
Mit anderen Worten: Der um 9 vermehrte Gliedindex entspricht der jeweiligen Temperatur.
Wegen $n + 9 = 25$ erhält man also mit $n = 16$ die Gliednummer und mit $a_{16} = 25 + 15 \cdot 32 = 505$ die zu berechnende Tiefe. In etwa 505 m Tiefe findet man eine Temperatur von 25 °C vor.
b) Wegen $25 + 32(n-1) = 1145$ erhält man $n = 36$. Der um 9 vermehrte Gliedindex ist also $36 + 9 = 45$. Die Temperatur in 1145 m Tiefe beträgt demnach rund 45 °C.

Satz Partialsumme einer arithmetischen Zahlenfolge
Ist $(a_n) = a_1; a_2; a_3; \ldots$ eine arithmetische Zahlenfolge mit der Differenz d, so gilt für deren n-te Partialsumme:

$$s_n = \sum_{k=1}^{n} (a_1 + (k-1) \cdot d) = n\,a_1 + \frac{n(n-1) \cdot d}{2}$$

Die „Strategie“ für die Herleitung dieser Formel soll der deutsche Mathematiker CARL FRIEDRICH GAUSS bereits als neunjähriger Schüler gefunden haben, als ihm sein Lehrer die Aufgabe stellte, die Summe der natürlichen Zahlen von 1 bis 100 zu berechnen.

Zwischen einem Gläubiger und seinem Schuldner wird ein Vertrag mit folgendem Inhalt abgeschlossen: Der Schuldner zahlt seine Schuld von 16 000,00 € in Monatsraten ab. Die erste Rate beträgt 1125,00 €. Jede folgende Rate sei um 250,00 € höher als die vorhergehende.
Wie viele Ratenzahlungen sind zu tätigen, bis die Schuld getilgt ist? Wie groß ist die letzte Rate?

Der Sachverhalt kann als eine arithmetische Folge mit $a_1 = 1125$ und $d = 250$ aufgefasst werden, für welche die Nummer n der Partialsumme s_n mit $s_n = 16\,000$ sowie a_n zu bestimmen ist.

Aus $s_n = na_1 + \frac{n(n-1)\cdot d}{2}$ erhält man mit den angegebenen Werten:

$16\,000 = 1125\,n + \frac{n(n-1)\cdot 250}{2}$ und daraus nach Umformung

$n^2 + 8n - 128 = 0$ mit den Lösungen $n_1 = 8$ und $n_2 = -16$ (nicht verwendbar).
Das heißt: Es sind bis zur Tilgung der Schuld acht Ratenzahlungen zu leisten, wobei die letzte Rate $a_8 = (1125 + 7\cdot 250)\text{ €} = 2875\text{ €}$ beträgt.

Im Unterschied zu den bisher betrachteten arithmetischen Zahlenfolgen wie z. B. 2; 4; 6; 8; … besteht die Besonderheit der Folge 2; 4; 8; 16; … darin, dass hier nicht die Differenz, sondern der Quotient zweier aufeinanderfolgender Glieder konstant ist.

Definition Eine Zahlenfolge (a_n) mit $a_n \neq 0$ heißt **geometrische Zahlenfolge,** wenn für jede natürliche Zahl $n \geq 1$ der Quotient zweier aufeinanderfolgender Glieder stets gleich derselben reellen Zahl $q \neq 0$ ist:

$$\frac{a_{n+1}}{a_n} = q \quad (n \in \mathbb{N}^*,\ a_n \neq 0,\ q \neq 0)$$

Die Glieder einer geometrischen Zahlenfolge entstehen aus dem Anfangsglied a_1 durch fortlaufende Multiplikation mit dem Quotienten q. Unter der Voraussetzung, dass a_1 bekannt ist, erhält man als rekursive Darstellung für geometrische Zahlenfolgen:

$a_{n+1} = a_n \cdot q$

Jede geometrische Folge ist also durch ihren Anfangswert a_1 und den Quotienten q eindeutig bestimmt.

Im Alltagsleben treten geometrische Zahlenfolgen vor allem bei **Wachstums- und Zerfallsproblemen** auf (z. B. Bakterienkulturen, radioaktiver Zerfall, Anwachsen von Sparguthaben durch Verzinsung, also bei sogenannten *dynamischen Prozessen*).

Eine geometrische Zahlenfolge mit dem Anfangsglied $a_1 = 5$ und dem Quotienten $q = 2$ beginnt also mit:

a_1	$a_1 = 5$
$a_2 = a_1 \cdot q$	$a_2 = 5 \cdot 2 = 10$
$a_3 = a_2 \cdot q = a_1 \cdot q^2$	$a_3 = 10 \cdot 2 = 5 \cdot 2^2 = 20$
$a_4 = a_3 \cdot q = a_1 \cdot q^3$	$a_4 = 20 \cdot 2 = 5 \cdot 2^3 = 40$
$\vdots$	

2

Das n-te Glied erhält man, indem man das Anfangsglied a_1 ($a_1 \neq 0$) (n – 1)-mal mit q multipliziert. Als ein einfaches explizites Bildungsgesetz lässt sich daher vermuten: $a_n = a_1 \cdot q^{n-1}$ Der Beweis könnte mithilfe des Beweisverfahrens der vollständigen Induktion erfolgen.

Das **geometrische Mittel** zweier positiver Zahlen a und b ist $\sqrt{a \cdot b}$. Der Name „geometrisches Mittel" erklärt sich aus folgendem Sachverhalt: Wenn a und b Maßzahlen der Länge von Rechteckseiten sind, so ist $\sqrt{a \cdot b}$ die Maßzahl der Seitenlänge eines Quadrats, das den gleichen Flächeninhalt wie das betrachtete Rechteck hat.

Satz Bildungsvorschrift einer geometrischen Zahlenfolge
Ist (a_n) eine geometrische Zahlenfolge, so gilt für alle natürlichen Zahlen $n \geq 1$:
$a_n = a_1 \cdot q^{n-1}$ ($q \in \mathbb{R}$, $q \neq 0$) (explizite Bildungsvorschrift)

Damit gilt: Jede geometrische Zahlenfolge (a_n) ist genau dann

- streng monoton wachsend, wenn $a_1 > 0$ und $q > 1$ oder $a_1 < 0$ und $0 < q < 1$;
- streng monoton fallend, wenn $a_1 > 0$ und $0 < q < 1$ oder $a_1 < 0$ und $q > 1$;
- alternierend, wenn $q < 0$.

Der Name „geometrische Zahlenfolge" ergibt sich daraus, dass das mittlere Glied dreier beliebiger benachbarter Glieder derartiger Folgen stets das geometrische Mittel der zwei anderen ist. Wenn nämlich $a_{k-1} = a_1 \cdot q^{k-2}$, $a_k = a_1 \cdot q^{k-1}$ und $a_{k+1} = a_1 \cdot q^k$ ist, dann gilt:

$$\sqrt{a_{k-1} \cdot a_{k+1}} = \sqrt{(a_1 \cdot q^{k-2}) \cdot (a_1 \cdot q^k)}$$
$$= \sqrt{a_1{}^2 \cdot q^{2(k-1)}} = a_1 \cdot q^{k-1} = a_k \quad (a_1, q > 0)$$

a) Die geometrische Folge (a_n) mit den Anfangsgliedern 2; 6; 18; 54; … ist um drei Glieder fortzusetzen.

Lösung:
Die Division benachbarter Glieder der Zahlenfolge führt zu $q = 3$. Damit erhält man als Fortsetzung der gegebenen Folge: 162; 486; 1 458.

b) Man bestimme die explizite Bildungsvorschrift der geometrischen Folge (a_n) mit $a_2 = 2000$ und $a_5 = 1024$.

Lösung:
Aus $a_5 = a_2 \cdot q^3$ folgt $q^3 = \frac{1024}{2000} = \frac{64}{125}$. Also ist $q = \frac{4}{5}$.
Aus $a_2 = a_1 \cdot q$ ergibt sich $a_1 = a_2 \cdot \frac{1}{q}$, somit also
$a_1 = \frac{2000 \cdot 5}{4} = 2500$ und demnach $a_n = 2500 \cdot \left(\frac{4}{5}\right)^{n-1}$.

Zu einer Formel für die n-te Partialsumme einer (allgemeinen) geometrischen Zahlenfolge (a_n) mit $a_n = a_1 \cdot q^{n-1}$ führt folgende Überlegung:

$$\begin{aligned}
s_1 &= a_1 &&= a_1\\
s_2 &= a_1 + a_2 &&= a_1 + a_1q\\
s_3 &= a_1 + a_2 + a_3 &&= a_1 + a_1q + a_1q^2\\
s_4 &= a_1 + a_2 + a_3 + a_4 &&= a_1 + a_1q + a_1q^2 + a_1q^3\\
&\vdots\\
s_n &= a_1 + a_2 + a_3 + \ldots + a_n\\
&= a_1 + a_1q + a_1q^2 + a_1q^3 + a_1q^4 + \ldots + a_1q^{n-2} + a_1q^{n-1}
\end{aligned}$$

Wir multiplizieren diese n-te Partialsumme s_n mit q und subtrahieren das Produkt $q \cdot s_n$ von s_n. Also:

$$\begin{array}{ll} s_n & = a_1 + a_1q + a_1q^2 + a_1q^3 + a_1q^4 + \ldots + a_1q^{n-2} + a_1q^{n-1} \\ q \cdot s_n & = a_1q + a_1q^2 + a_1q^3 + a_1q^4 + \ldots + a_1q^{n-2} + a_1q^{n-1} + a_1q^n \\ \hline s_n - q \cdot s_n & = a_1 - a_1q^n \\ s_n(1-q) & = a_1(1-q^n) \end{array}$$

Bei Division beider Seiten der Gleichung durch (1 – q) (mit $q \neq 1$) folgt daraus

$s_n = a_1 \cdot \frac{1-q^n}{1-q}$ bzw. bei Erweiterung mit (–1) $s_n = a_1 \cdot \frac{q^n - 1}{q - 1}$.

Satz Partialsumme einer geometrischen Zahlenfolge
Ist $(a_n) = a_1; a_2; a_3; a_4; \ldots$ eine geometrische Zahlenfolge, so gilt für deren n-te Partialsumme: $s_n = \sum_{k=1}^{n} a_1q^{k-1} = a_1 \cdot \frac{q^n - 1}{q - 1} \quad (q \neq 1)$

Die Gültigkeit dieser Summenformel für beliebige natürliche n kann mithilfe des Verfahrens der vollständigen Induktion bewiesen werden.

Man stelle eine Formel für die Summe der ersten n ($n \in \mathbb{N}^*$) Potenzen von 3 auf.

Lösung: $a_1 = 3;\ q = 3 \Rightarrow s_n = 3 \cdot \frac{3^n - 1}{2} = \frac{1}{2}(3^{n+1} - 3)$

Die Erkenntnisse über geometrische Zahlenfolgen lassen sich bei der Bearbeitung vielfältiger praktischer Probleme anwenden.

Banken und Sparkassen gewähren Kapitalanlegern in der Regel ein Mal im Jahr (meist am Jahresende) Zinsen. Diese Zinsen werden in der nächsten Zinsperiode dem Kapital zugeschlagen und mit verzinst. Man spricht von sogenannten Zinseszinsen.

Ein Bankkunde lässt ein Kapital von 5000 € für drei Jahre bei einem Zinssatz von 4 % auf seinem Konto. Auf wie viel Euro ist sein Kapital nach genau drei Jahren angewachsen?

Lösung:

Anfangskapital: $K_0 = 5000$ €

Kapital nach einem Jahr: $K_1 = 5000\text{ €} + \frac{5000 \cdot 4}{100}\text{ €} = 5000\text{ €} + 200\text{ €} = 5200\text{ €}$

Kapital nach zwei Jahren: $K_2 = 5200\text{ €} + \frac{5200 \cdot 4}{100}\text{ €} = 5200\text{ €} + 208\text{ €} = 5408\text{ €}$

Kapital nach drei Jahren: $K_3 = 5408\text{ €} + \frac{5408 \cdot 4}{100}\text{ €} = 5408\text{ €} + 216{,}32\text{ €} = 5624{,}32\text{ €}$

Nach einer Laufzeit von drei Jahren beträgt das Endkapital rund 5624 €.

Auf die obige Art und Weise auch für größere Laufzeiten das Endkapital zu ermitteln, erfordert einen unverhältnismäßig hohen Aufwand. Durch folgende allgemeine Überlegungen gelangt man zu einer einfachen Formel für die Berechnung von Zinseszinsen bei einem Anfangskapital K_0:

Kapital

- nach einem Jahr: $K_1 = K_0 + \frac{K_0 \cdot p}{100} = K_0 \cdot \left(1 + \frac{p}{100}\right) = K_0 \cdot q$
- nach zwei Jahren: $K_2 = K_1 + \frac{K_1 \cdot p}{100} = K_1 \cdot \left(1 + \frac{p}{100}\right) = K_1 \cdot q = K_0 \cdot q^2$
- nach drei Jahren: $K_3 = K_2 + \frac{K_2 \cdot p}{100} = K_2 \cdot \left(1 + \frac{p}{100}\right) = K_2 \cdot q = K_0 \cdot q^3$

  ⋮
- nach n Jahren: $K_n = K_{n-1} + \frac{K_{n-1} \cdot p}{100}$

  $= K_{n-1} \cdot \left(1 + \frac{p}{100}\right) = K_{n-1} \cdot q = K_0 \cdot q^n$

Es entsteht eine geometrische Folge mit dem Anfangsglied $a_1 = K_0$ und dem Quotienten $q = 1 + \frac{p}{100}$ (**Aufzinsfaktor** genannt).

$K_n = K_0 \cdot \left(1 + \frac{p}{100}\right)^n$ heißt die **Zinseszinsformel.**

Bezogen auf das obige Beispiel kann man nun das Endkapital nach z. B. zehn Jahren einfach berechnen:

$K_{10} = 5000\,€ \cdot \left(1 + \frac{4}{100}\right)^{10} = 5000 \cdot 1{,}04^{10}\,€ \approx 7401{,}22\,€$

Neben *Wachstumsprozessen* lassen sich auch *Zerfallsprozesse* mithilfe von Folgen beschreiben und rechnerisch bestimmen.

Durch Kernzerfall verringert sich die Masse des radioaktiven Isotops Iod 131 pro Tag um 8,3 %. Das heißt: Die an einem bestimmten Tag vorhandene Masse beträgt jeweils 91,7 % der Masse des Vortages.

a) Welche Masse an Iod 131 ist nach einem Tag, nach zwei, drei, vier bzw. fünf Tagen von ursprünglich 1 000 mg noch vorhanden?

b) Der Zerfallsprozess lässt sich durch eine geometrische Folge beschreiben. Die rekursive und explizite Darstellung ist anzugeben.

c) Nach wie viel Tagen ist aufgrund des Kernzerfalls nur noch die Hälfte der Ursprungsmasse vorhanden?

▶ Dieser Wert wird *Halbwertszeit* genannt.

Lösung:

zu a): Die vorhandene Masse an den ersten fünf Tagen ist:

$a_1 = 1000\text{ mg};\ a_2 = 1000\text{ mg} \cdot \frac{91{,}7}{100} \approx 917\text{ mg};$

$a_3 = 917\text{ mg} \cdot \frac{91{,}7}{100} \approx 840{,}9\text{ mg};\ a_4 = 840{,}9\text{ mg} \cdot \frac{91{,}7}{100} \approx 771{,}1\text{ mg};$

$a_5 = 771{,}1\text{ mg} \cdot \frac{91{,}7}{100} \approx 707{,}1\text{ mg}$

zu b): Mit $a_1 = 1000$ mg und $q = 0{,}917$ erhält man die

- rekursive Darstellung: $a_{n+1} = 0{,}917 \cdot a_n$;
- explizite Darstellung: $a_n = 1000 \cdot 0{,}917^{n-1}$.

zu c): Zu bestimmen ist n für $a_n = \frac{a_1}{2}$:

Aus $= a_1 \cdot q^{n-1}$ folgt nach Division durch a_1 und Logarithmieren $\ln \frac{1}{2} = \ln q^{n-1}$ bzw. (nach den Logarithmengesetzen) $\ln 0{,}5 = (n-1) \cdot \ln q$.

Also: $n - 1 = \ln \frac{0{,}5}{\ln 0{,}917} \approx 8{,}0$ und damit $n \approx 9$.

Das heißt: Zu Beginn des neunten Tages bzw. nach acht Tagen ist die Ausgangsmasse auf die Hälfte zerfallen. Mit anderen Worten: Die Halbwertszeit von Iod 131 beträgt rund acht Tage.

3 Funktionen und ihre Eigenschaften

3

3.1 Der Begriff *Funktion*

GOTTFRIED WILHELM LEIBNIZ
(1646 bis 1716)

LEONHARD EULER
(1707 bis 1783)

In der Mathematik, insbesondere in der Analysis, kommt dem Begriff **Funktion** zentrale Bedeutung zu. Es hat Jahrhunderte gedauert, bis der Funktionsbegriff in seiner heutigen Form entwickelt worden ist. Die Namen bekannter Mathematiker sind damit verbunden.
LEIBNIZ verwendete erstmals 1692 das Wort „Funktion" als Bezeichnung für Längen, die von einem als beweglich gedachten Punkt einer Kurve abhängen. Von JOHANN BERNOULLI stammt die erste Definition. EULER erklärte im Jahre 1749 eine Funktion als veränderliche Größe, die von einer anderen veränderlichen Größe abhängt. FOURIER und DIRICHLET trugen in der Folge maßgeblich zur weiteren Entwicklung des Funktionsbegriffs bei, wobei vielfältige Anwendungsprobleme schrittweise zu seiner immer weitergehenden Verallgemeinerung führten.

Definition Unter einer **Funktion f** versteht man eine eindeutige Zuordnung der Elemente zweier Mengen. Dabei wird jedem Element x aus einer Menge D_f genau ein Element y aus einer Menge W_f zugeordnet.
Kurzform: $f: x \rightarrow y$ oder $f: x \rightarrow f(x)$

Man nennt
D_f den **Definitionsbereich** (die Definitionsmenge) der Funktion f,
W_f den **Wertebereich** (die Wertemenge) der Funktion f.

Die Elemente $x \in D_f$ heißen Argumente von f, die zugeordneten Elemente $y \in W_f$ heißen **Funktionswerte.**
Durch die Angabe von Zuordnungsvorschrift und Definitionsbereich wird eine Funktion vollständig und korrekt gekennzeichnet.

Um Zusammenstöße von Fahrzeugen zu vermeiden, muss man die Zusammenhänge zwischen Fahrgeschwindigkeit, Reaktionszeit, Reaktionsweg, Bremsweg und Anhalteweg kennen. Faustformeln geben dabei eine gewisse Hilfe.
Für den Mindestanhalteweg (Bremsweg) gilt so bei trockener und ebener Fahrbahn:

$$\text{Mindestanhalteweg} \approx \left(\frac{\text{Zahlenwert der Geschwindigkeit in } \frac{\text{km}}{\text{h}}}{10}\right)^2 \text{m}$$

Damit erhält man folgende Tabelle:

Geschwindigkeit in $\frac{\text{km}}{\text{h}}$	30	40	50	60	70	80	90	100	110
Mindestanhalteweg in m	9	16	25	36	49	64	81	100	121

In Wetterstationen wird täglich unter anderem zu bestimmten Zeiten die Lufttemperatur gemessen und aufgezeichnet. Das Ergebnis einer solchen Messung gibt die nachfolgende Tabelle wieder:

Uhrzeit	4	6	8	10	12	14	16	18	20	22	24
Temperatur in °C	–3	–2	0	1	4	5	3	2	0	–1	–2

In eine „Rechenmaschine" geben wir Zahlen ein.
Die Maschine ist so konstruiert, dass sie zu jeder eingegebenen Zahl genau das Dreifache ausgibt: Aus 2 wird auf diese Weise 6, aus 3 wird 9, aus π wird 3π usw.

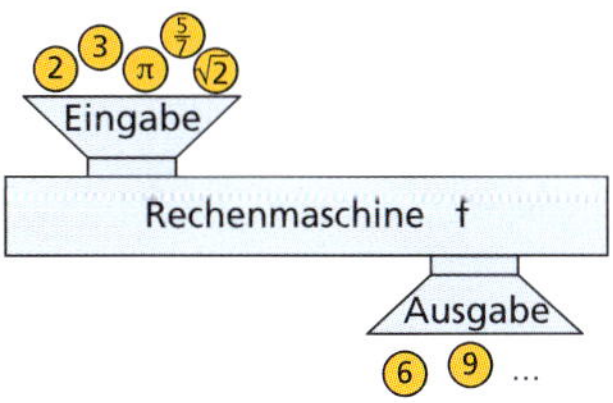

In allen diesen Fällen handelt es sich um Funktionen:
- Jedem Element aus der Menge D der Geschwindigkeiten wird eindeutig ein Mindestanhalteweg aus der Menge W zugeordnet.
- Jedem Element aus der Menge D der Uhrzeiten wird eindeutig eine Temperaturangabe aus der Menge W zugeordnet.
- Jedem Element aus der Zahlenmenge D wird eindeutig ihr Dreifaches aus einer Menge W zugeordnet.

Die genaue Kenntnis funktionaler Zusammenhänge in Natur, Technik und Gesellschaft macht es in vielen Fällen möglich, bestimmte Veränderungen quantitativ zu beschreiben, regulierend in die entsprechenden Prozesse einzugreifen oder einen erwünschten Ablauf herbeizuführen. Ein klassisches Beispiel für die Beschreibung eines Naturvorgangs als Funktion ist das sogenannte Fallgesetz $s = \frac{g}{2}t^2$ für den freien Fall, das im Jahre 1604 von GALILEI entdeckt wurde. Dieses Gesetz stellt einen funktionalen Zusammenhang zwischen der Fallzeit t und dem Fallweg s her, gilt allerdings streng genommen nur im Vakuum.

GALILEO GALILEI
(1564 bis 1642)

Bei Anwendungsproblemen wird als Bezeichnung für die Funktion und die Variablen anstelle von f bzw. x und y mitunter auch ein dem jeweiligen Sachverhalt angepasster Buchstabe verwendet. Im Falle des oben genannten Mindestanhaltewegs also z. B. $s = s(v)$ und für die Lufttemperatur $\vartheta = \vartheta(t)$.

Eine Funktion kann auch zwei oder mehr unabhängige Variablen besitzen. Für den Fall von zwei unabhängigen Variablen besteht der Definitionsbereich aus geordneten Paaren von reellen Zahlen und der Wertevorrat ist $\mathbb{R}$ oder eine Teilmenge von $\mathbb{R}$. Man schreibt in einem solchen Falle z. B. $z = f(x, y)$.

Für den Flächeninhalt A eines Rechtecks mit den Seitenlängen a und b (jeweils auf Maßzahlen bezogen) gilt $A(a, b) = a \cdot b$.
Der Definitionsbereich von A ist die Menge $\{(a, b) \mid a, b \in \mathbb{R}^+\}$, der Wertebereich ist $\mathbb{R}^+$. Jedem Paar von Seitenlängen wird eindeutig ein Flächeninhalt zugeordnet.

$\mathbb{R}^+$ kennzeichnet den Bereich der positiven reellen Zahlen.

3.2 Darstellung von Funktionen

Für die Darstellung oder Beschreibung von Funktionen gibt es verschiedene Möglichkeiten. Sind Definitions- und Wertebereich Mengen reeller Zahlen (handelt es sich also um **reelle Funktionen**), so kommen vor allem folgende Varianten in Frage:

a) Angabe der (geordneten) **Paare** einander zugeordneter Elemente aus Definitions- und Wertebereich (nur möglich bei endlicher Paaranzahl)

b) Beschreibung der Zuordnungsvorschrift in Worten (**Wortvorschrift; verbale Beschreibung**)

c) Angabe einer die Zuordnung vermittelnden Gleichung $y = f(x)$

(In diesem Falle nennt man $y = f(x)$ die **Funktionsgleichung** und $f(x)$ den **Funktionsterm.**)

d) Darstellung der einander zugeordneten Elemente in einer **Wertetabelle** (nur möglich bei endlicher Paaranzahl)

e) Beschreibung durch **grafische Darstellungen,** z. B. durch ein Pfeildiagramm oder durch Deuten der Zahlenpaare als die Koordinaten von Punkten in einem kartesischen Koordinatensystem, wodurch man einen Graphen der Funktion erhält

<table>
<tr><th>Variante</th><th>Beispiel Temperaturmessung (Zahlenwerte)</th><th>Beispiel „Rechenmaschine“</th></tr>
<tr><td>a) Paarangabe</td><td>(4; –3), (6; –2), (8; 0), (10; 1), (22; –1), (24; –2)</td><td>(2; 6), (3; 9), $(\pi; 3\pi)$, $\left(\frac{1}{3}; 1\right)$, $(\sqrt{2}; 3\sqrt{2})$ …</td></tr>
<tr><td>b) Wortvorschrift</td><td>Jedem Messzeitpunkt wird die gemessene Lufttemperatur zugeordnet (jeweils Zahlenwerte).</td><td>Jeder Zahl wird ihr Dreifaches zugeordnet.</td></tr>
<tr><td>c) Funktionsgleichung</td><td>(Angabe ist in diesem Falle nicht möglich.)</td><td>$y = 3 \cdot x$ bzw. $f(x) = 3 \cdot x$; $D_f = \mathbb{R}$</td></tr>
<tr><td>d) Wertetabelle</td><td><table><tr><td>Zahlenwert der Uhrzeit</td><td>4</td><td>6</td><td>8</td><td>…</td><td>20</td><td>22</td><td>24</td></tr><tr><td>Zahlenwert der Temp.</td><td>–3</td><td>–2</td><td>0</td><td>…</td><td>0</td><td>–1</td><td>–2</td></tr></table></td><td><table><tr><td>x</td><td>2</td><td>3</td><td>π</td><td>$\frac{7}{3}$</td><td>$\sqrt{2}$</td></tr><tr><td>y</td><td>6</td><td>9</td><td>3π</td><td>7</td><td>$3\sqrt{2}$</td></tr></table></td></tr>
<tr><td>e) grafische Darstellung; Graph</td><td>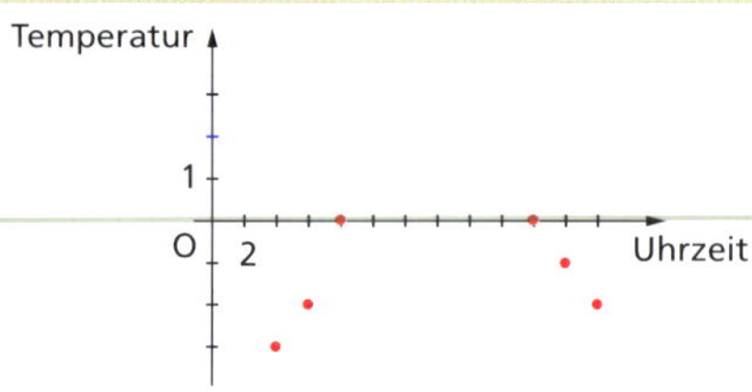</td><td>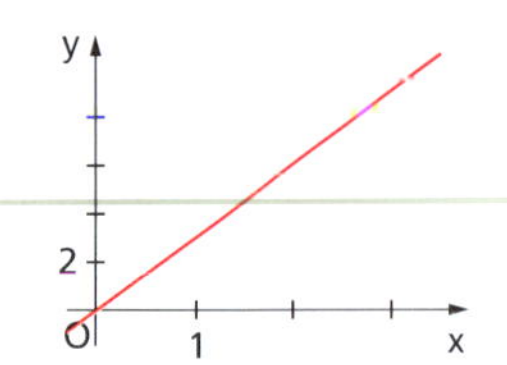</td></tr>
</table>

Variante	Beispiel Temperaturmessung (Zahlenwerte)	Beispiel „Rechenmaschine"
Pfeildiagramm:	(Auszug) 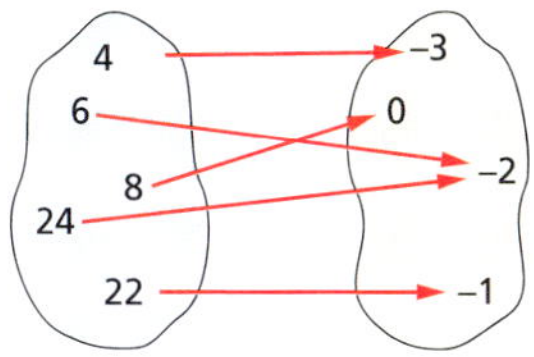	(Auszug) 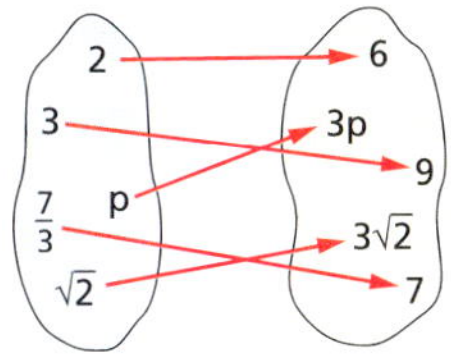

Im Unterschied zur Beschreibung mittels einer Funktionsgleichung wird eine reelle Funktion durch die anderen Darstellungsformen oft nur unvollständig gekennzeichnet. Die Wortvorschrift findet vor allem immer dann Anwendung, wenn sich die Zuordnung nicht oder nur sehr schwer bzw. umständlich durch eine Gleichung ausdrücken lässt.

Neben den oben angeführten Darstellungsarten für Funktionen nutzt man auch die sogenannte **Parameterdarstellung.** Sie ist dadurch charakterisiert, dass sowohl die Variable x als auch die Variable y jeweils für sich durch eine Funktionsgleichung beschrieben wird, die einen (gemeinsamen) Parameter t als unabhängige Variable enthält. In diesem Falle gilt also:
$x = f_1(t)$ und $y = f_2(t)$

Wird nun nach Wahl eines bestimmten Parameters t_0 dem Wert $x_0 = f_1(t_0)$ jeweils der Wert $y_0 = f_2(t_0)$ zugeordnet, so erhält man auf diese Weise eine Abbildung des Wertebereichs von f_1 auf den Wertebereich von f_2 (die u. U. aber nicht eindeutig ist).

- Es sei $x = f_1(t) = \frac{t}{3}$ und $y = f_2(t) = 6t$ mit $D_{f_1} = D_{f_2} =]-\infty; \infty[$ bzw. $-\infty < t < \infty$. Dann erhält man folgende Wertetabellen:

t	−9	−6	−3	0	3	6	9
$x = f_1(t) = \frac{t}{3}$	−3	−2	−1	0	1	2	3
$y = f_2(t) = 6t$	−54	−36	−18	0	18	36	54

Die Zuordnung von x zu y ist im vorliegenden Falle offensichtlich eindeutig. Es gilt: $y = 18x$ Diese Gleichung kann man auch aus den obigen Parametergleichungen durch Elimination von t erhalten: Mit $t = 3x$ gilt: $y = f_2(t(x)) = 6 \cdot 3x = 18x$

- Durch die Gleichungen
$x = f_1(t) = \cos t$ und
$y = f_2(t) = \sin t \ (0 \leq t \leq \pi)$
wird eine Funktion gegeben, deren Graph ein Halbkreis um den Koordinatenursprung mit r = 1 (LE) ist (↗ Abschnitt 11.5.1).

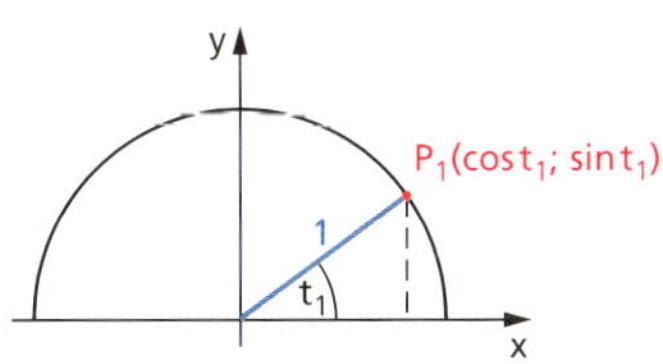

3.3 Eigenschaften von Funktionen

3.3.1 Monotonie und Beschränktheit

Definition Eine Funktion f heißt in einem Intervall I ihres Definitionsbereiches

monoton wachsend,	**monoton fallend,**
wenn für beliebige $x_1, x_2 \in I$ gilt:	
$x_1 < x_2 \Rightarrow f(x_1) \leq f(x_2)$	$x_1 < x_2 \Rightarrow f(x_1) \geq f(x_2)$
Gilt sogar	
$x_1 < x_2 \Rightarrow f(x_1) < f(x_2)$,	$x_1 < x_2 \Rightarrow f(x_1) > f(x_2)$,
so heißt f	
streng monoton wachsend.	**streng monoton fallend.**

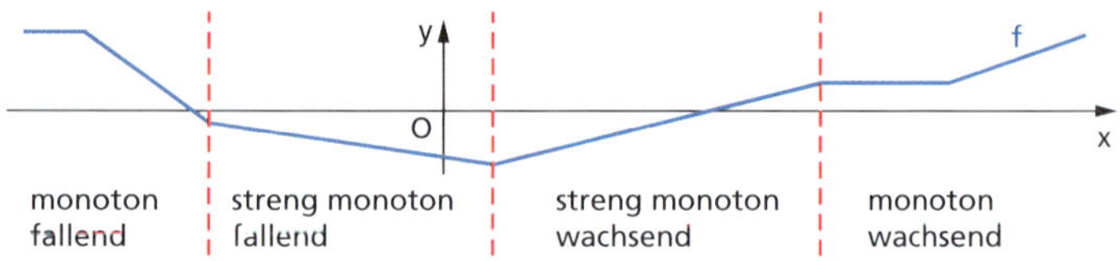

Definition Eine Funktion f heißt

nach oben beschränkt, wenn es eine Zahl $s_o \in \mathbb{R}$ gibt,	**nach unten beschränkt,** wenn es eine Zahl $s_u \in \mathbb{R}$ gibt,
sodass für alle $x \in D_f$ gilt:	
$f(x_1) \leq s_o$	$f(x_1) \geq s_u$
Man nennt dann	
s_o **obere Schranke** von f.	s_u **untere Schranke** von f.

Als obere Schranke ließen sich in diesem Fall natürlich auch alle Zahlen $s_o > 25$ (km) angeben.

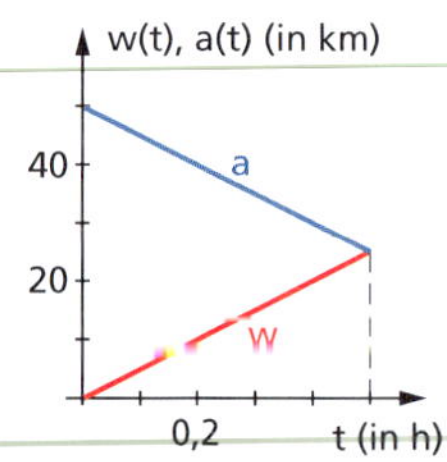

Fährt also beispielsweise ein Auto während einer Zeit von 0,5 h konstant mit einer Geschwindigkeit von 50 $\frac{km}{h}$, so ist die entsprechende Weg-Zeit-Funktion $w(t) = 50t$ in dem Intervall [0; 0,5] streng monoton wachsend mit der unteren Schranke $s_u = 0$ (km) und der oberen Schranke $s_o = 25$ (km). Betrachtet man hingegen die Funktion a, die den Abstand des Autos von einem 50 km entfernten Ort beschreibt, so ergibt sich $a(t) = 50 - 50t$. Diese Funktion ist im Intervall [0; 0,5] streng monoton fallend und sie hat dort die obere Schranke $s_o = 50$ (km) und die untere Schranke $s_u = 25$ (km).

3.3.2 Symmetrie

Definition Eine Funktion f heißt

gerade Funktion,	**ungerade Funktion,**

wenn mit der Zahl x stets auch die zu x entgegengesetzte Zahl –x zum Definitionsbereich D_f von f gehört und wenn gilt:

$f(-x) = f(x)$	$f(-x) = -f(x)$

Um eine Funktion rechnerisch auf **Symmetrie** zu untersuchen, muss man also prüfen, ob das Ersetzen von x durch (–x) im Funktionsterm f(x) wieder zu f(x) oder zu –f(x) oder zu keinem von beiden führt.

Das bedeutet:

- Unterscheiden sich die Argumente nur im Vorzeichen, so sind die Funktionswerte bei einer *geraden Funktion* gleich – die Punkte mit den Abszissen x und –x haben dieselbe Ordinate. Der Graph einer geraden Funktion ist *achsensymmetrisch zur y-Achse*.
- Unterscheiden sich die Argumente nur im Vorzeichen, so sind die Funktionswerte bei einer *ungeraden Funktion* ebenfalls entgegengesetzte Zahlen – die Punkte mit den Abszissen x und –x besitzen Ordinaten, die sich nur im Vorzeichen unterscheiden. Der Graph einer ungeraden Funktion ist *punktsymmetrisch zum Koordinatenursprung*.

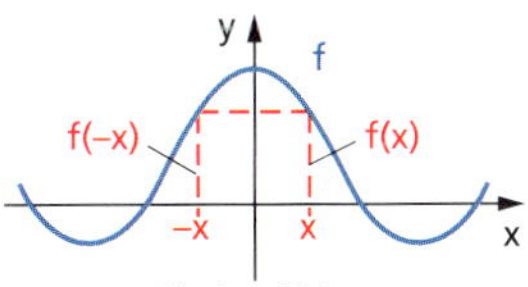

f(–x) = f(x)

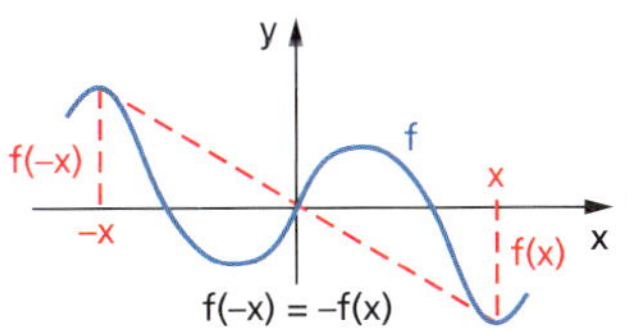

f(–x) = –f(x)

- $f_1(x) = x^2$ ist eine gerade Funktion, denn es gilt:
  $f_1(-x) = (-x)^2 = x^2 = f_1(x)$
- $f_2(x) = x^3$ ist eine ungerade Funktion, denn es gilt:
  $f_2(-x) = (-x)^3 = -x^3 = -f_2(x)$
- $f_3(x) = x^2 - x$ ist weder gerade noch ungerade:
  $f_3(-x) = (-x)^2 - (-x) = x^2 + x$,
  also verschieden von f (x) und –f (x).

3.3.3 Periodizität

Definition Eine Funktion f heißt **periodisch** (periodische Funktion), wenn es eine Zahl $b > 0$ gibt, sodass für jedes $x \in D_f$ gilt:
$f(x + b) = f(x)$ (sofern $x + b \in D_f$)
Die kleinste derartige Zahl b wird **Periode** von f genannt.

Das heißt:
- Im Abstand b wiederholen sich die Funktionswerte von f.
- Die Abschnitte des Graphen von f über den Intervallen $[x; x + b]$, $[x + b; x+ 2b]$, $[x - 3b; x - 2b]$ … aus D_f sind kongruent.

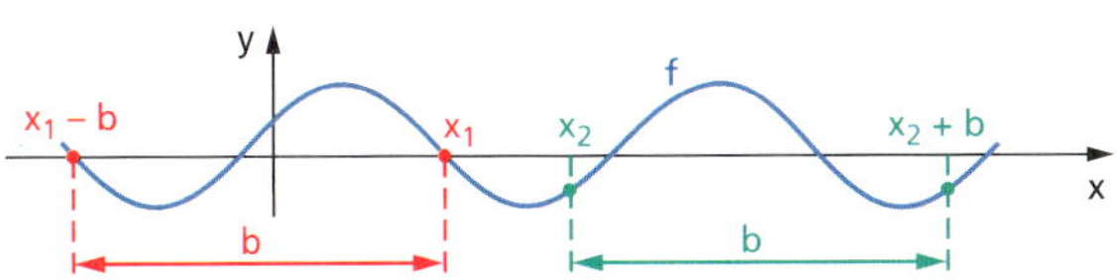

3.3.4 Umkehrbarkeit

Definition Eine Funktion $y = f(x)$ heißt **umkehrbar,** wenn die durch sie vermittelte Zuordnung f umkehrbar eindeutig ist. Die **Umkehrfunktion** (auch **inverse Funktion** von f genannt) wird mit f^{-1} bezeichnet.
Es ist stets $D_{f^{-1}} = W_f$ und $W_{f^{-1}} = D_f$.

Die Gleichung der Umkehrfunktion von f gewinnt man, indem man die Gleichung $y = f(x)$ nach x auflöst (so dies möglich ist) und die Bezeichnungen y und x vertauscht. Die Graphen einer Funktion $y = f(x)$ und ihrer Umkehrfunktion $y = f^{-1}(x)$ liegen spiegelbildlich zur Geraden $y = x$.

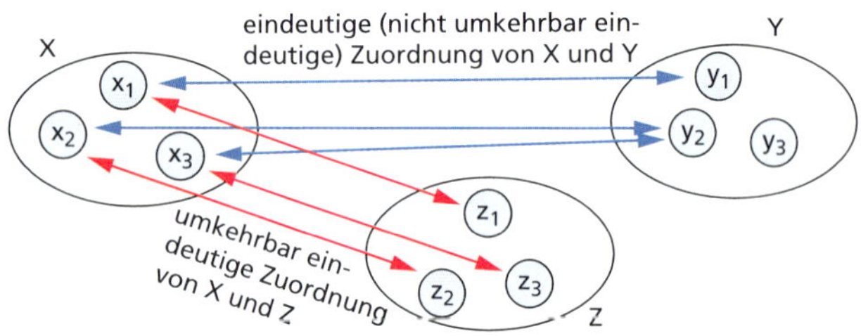

- Die Funktion f mit der Gleichung $y = 3x - 5$, $D_f = \mathbb{R}$ stellt eine umkehrbar eindeutige Zuordnung dar. f_1 ist daher umkehrbar und hat wegen $x = \frac{1}{3}y + \frac{5}{3}$ die Gleichung f^{-1}: $y = \frac{1}{3}x + \frac{5}{3}$.
- Bei der Funktion mit der Gleichung $f(x) = x^2$ handelt es sich nicht um eine eineindeutige Zuordnung: Jedem y-Wert (mit Ausnahme der 0) sind zwei x-Werte zugeordnet.

x	–3	–2	–1	0	1	2	3
y	9	4	1	0	1	4	9

Zerlegt man jedoch f in
f_1: $y = x^2$, $D_{f_1} = \{x | x \in \mathbb{R} \text{ und } x \leq 0\}$, $W_{f_1} = \{y | y \in \mathbb{R} \text{ und } y \geq 0\}$ und
f_2: $y = x^2$, $D_{f_2} = \{x | x \in \mathbb{R} \text{ und } x \geq 0\}$, $W_{f_2} = \{y | y \in \mathbb{R} \text{ und } y \geq 0\}$,

dann existieren deren Umkehrungen.
Aus $y = x^2$ folgt $|x| = \sqrt{y}$,
d.h. für $x \leq 0$:
$-x = \sqrt{y}$, also $x = -\sqrt{y}$,
und für $x \geq 0$: $x = \sqrt{y}$

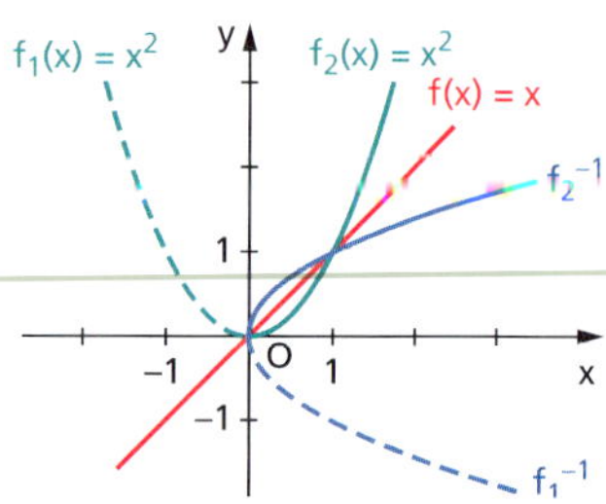

Vertauschen von x und y liefert die Gleichungen der Umkehrfunktionen:
f_1^{-1}: $y = -\sqrt{x}$, f_2^{-1}: $y = \sqrt{x}$

3.3.5 Nullstellen

Definition
Eine Zahl $x_0 \in D_f$ heißt **Nullstelle von f,** wenn gilt: $f(x_0) = 0$

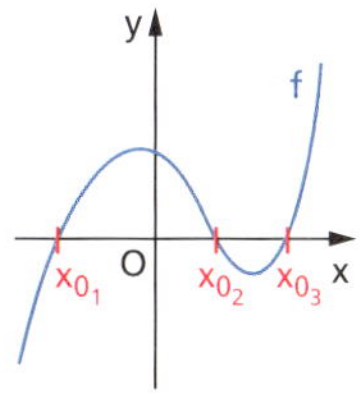

Eine Nullstelle x_0 einer Funktion f ist also ein solches Element des Definitionsbereichs von f, dem das Element 0 aus dem Wertebereich zugeordnet wird. Das Zahlenpaar $(x_0; 0)$ entspricht den Koordinaten eines Schnittpunkts des Graphen von f mit der x-Achse – eine **Nullstelle** einer Funktion ist die **Abszisse** (die x-Koordinate) **eines Schnittpunkts des Funktionsgraphen mit der x-Achse.**

Nullstellen einer Funktion lassen sich rechnerisch ermitteln, indem man den Funktionsterm f(x) gleich null setzt und die entstehende Gleichung $y = f(x) = 0$ löst.
Eine Funktion kann genau eine (f_1), mehrere (f_2) oder keine Nullstelle (f_3) bzw. Schnittpunkte mit der x-Achse besitzen.

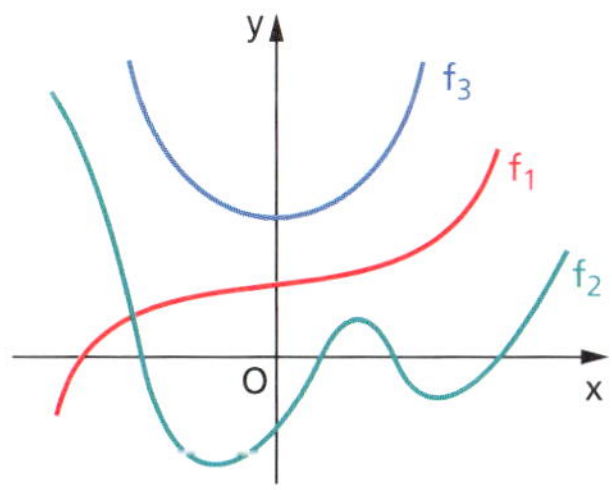

Eine Kurve, die die y-Achse bzw. eine Parallele zur y-Achse mehr als einmal schneidet, kann kein Graph einer Funktion $y = f(x)$ sein.

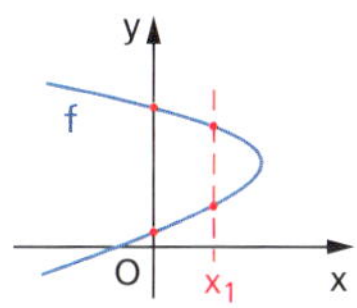

Die Zahl y_S, die durch eine Funktion f dem x-Wert 0 zugeordnet wird, ist die **Ordinate des Schnittpunkts** des Graphen von f **mit der y-Achse.** Diese Schnittpunktordinate y_s kann man bestimmen, indem man in der Funktionsgleichung von f für x die Zahl 0 einsetzt: $y_s = f(0)$

Wegen der Eindeutigkeit der Zuordnung besitzt der Graph einer Funktion $y = f(x)$ höchstens einen Schnittpunkt mit der y-Achse.

3.3.6 Abschnittsweise definierte Funktionen

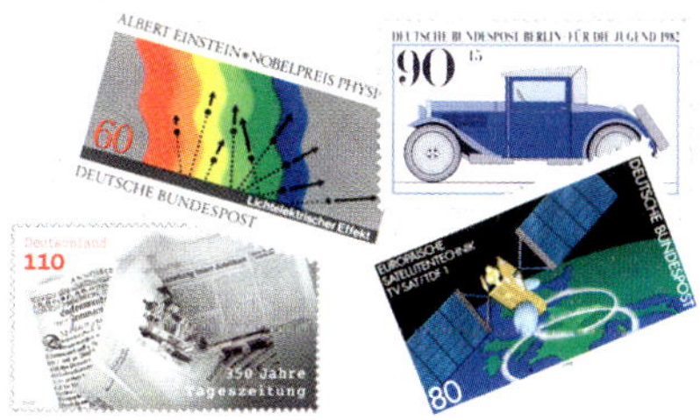

Bei der Deutschen Post AG gilt für die Beförderung von Briefen eine Gebührenordnung.
In Abhängigkeit von der Masse des Briefes wird eine bestimmte Beförderungsgebühr erhoben (siehe nachfolgende Tabelle, Stand Januar 2011).

Briefmasse		Beförderungsgebühr (Porto)
Standardbrief	bis 20 g	0,55 €
Kompaktbrief	bis 50 g	0,90 €
Großbrief	bis 500 g	1,45 €
Maxibrief	bis 1 000 g	2,20 €

Die Zuordnung „Briefmasse → Beförderungsgebühr" ist eine Funktion; bestimmten Masseintervallen wird genau eine Beförderungsgebühr zugeordnet.
Man nennt eine Funktion dieser Art **abschnittsweise definierte Funktion.** Für solche Funktionen ist charakteristisch, dass sie für verschiedene Abschnitte ihres Definitionsbereiches durch unterschiedliche Funktionsterme definiert sind.

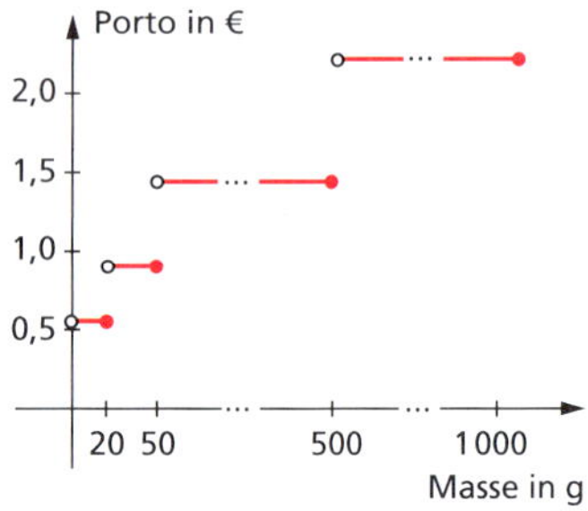

Bezeichnet man die Beförderungsgebühr (Porto) mit p (in Euro) und die Briefmasse mit m (in g), so lässt sich der funktionale Zusammenhang folgendermaßen beschreiben:

$$p(m)\begin{cases} 0{,}55 \text{ für } & 0 < m \leq 20 \\ 1{,}00 \text{ für } & 20 < m \leq 50 \\ 1{,}44 \text{ für } & 50 < m \leq 500 \\ 2{,}20 \text{ für } & 500 < m \leq 1\,000 \end{cases}$$

Für abschnittsweise definierte Funktionen ist charakteristisch, dass ihr Definitionsbereich aus speziellen Teilmengen, aus einem **Intervall** oder aus Abschnitten von $\mathbb{R}$ gebildet wird.
Für die genauere Kennzeichnung von Intervallen werden meist folgende Begriffe bzw. Symbole verwendet:

Sind a und b jeweils die Intervallenden ($a, b \in \mathbb{R}$) und ist $a < b$, so heißt

- $[a; b] = \{x | x \in \mathbb{R} \text{ und } a \leq x \leq b\}$ abgeschlossenes Intervall von a bis b;
- $]a; b[= \{x | x \in \mathbb{R} \text{ und } a < x < b\}$ offenes Intervall von a bis b;
- $]a; b] = \{x | x \in \mathbb{R} \text{ und } a < x \leq b\}$
- $[a; b[= \{x | x \in \mathbb{R} \text{ und } a \leq x < b\}$ halboffenes Intervall von a bis b.

Eng verwandt mit abschnittsweise definierten Funktionen sind die sog. **zusammengesetzten Funktionen.** Diese Funktionen werden durch mehrere verschiedene Abbildungsvorschriften beschrieben, die jeweils für bestimmte, einander nicht überschneidende Teilmengen des Gesamtdefinitionsbereichs zutreffen.

$$f(x) = \begin{cases} x & \text{für } 0 \leq x < 2,\ 4 \leq x < 6,\ 8 \leq x < 10, \ldots,\ 4n \leq x < 4n + 2 \\ -x & \text{für } 2 \leq x < 4,\ 6 \leq x < 8,\ 10 \leq x < 12, \ldots,\ 4n + 2 \leq x < 4n + 2 \end{cases}$$

$n \in \mathbb{N},\ x \in \mathbb{R}^+ \cup \{0\}$

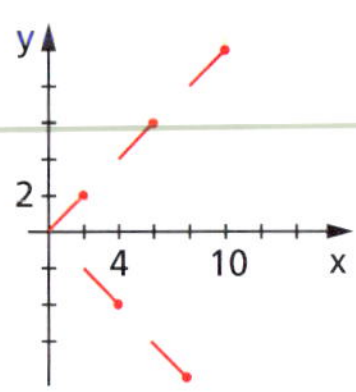

3.4 Verknüpfen und Verketten von Funktionen

Verknüpfen

Aus bekannten Funktionen können auf unterschiedliche Art und Weise neue Funktionen gebildet werden, welche sich häufig erheblich von ihren Ausgangsfunktionen unterscheiden.

Eine erste Möglichkeit ist das **Verknüpfen** der entsprechenden Funktionsgleichungen (kurz: der Funktionen) mithilfe der Grundrechenoperationen Addition, Subtraktion, Multiplikation und Division. So lassen sich die Funktionen $f(x) = 3x + 2$ und $g(x) = -2x - 3$ dadurch verknüpfen, dass man ihre Funktionsterme addiert. Man erhält auf diese Weise die Funktion $s(x) = x - 1$.

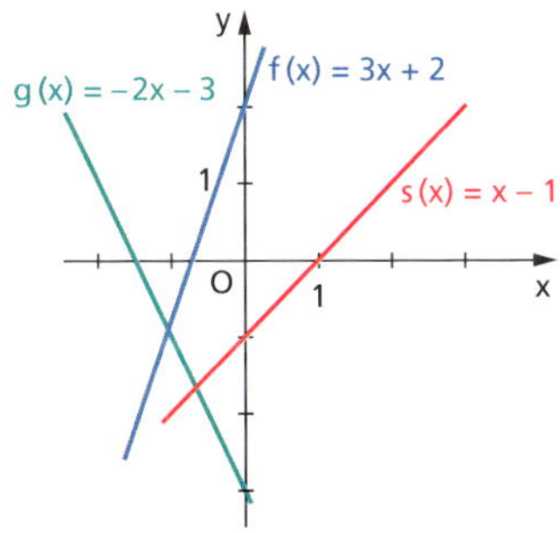

Definition Sind zwei Funktionen f und g mit den Gleichungen $y = f(x)$ bzw. $y = g(x)$ auf den Definitionsmengen D_f bzw. D_g erklärt, so heißt die Verknüpfung

$s = f + g$	mit $s(x) = f(x) + g(x)$,	$D_s = D_f \cap D_g$	**Summe,**
$d = f - g$	mit $d(x) = f(x) - g(x)$,	$D_d = D_f \cap D_g$	**Differenz,**
$p = f \cdot g$	mit $p(x) = f(x) \cdot g(x)$,	$D_p = D_f \cap D_g$	**Produkt** und
$q = \frac{f}{g}$	mit $q(x) = \frac{f(x)}{g(x)}$,	$D_q = D_f \cap D_g \setminus \{x \mid g(x) = 0\}$	**Quotient** der Funktionen f und g.

Der Definitionsbereich einer durch **Verknüpfung** entstandenen Funktion muss in Abhängigkeit von den Definitionsbereichen der Ausgangsfunktion und der Art der Verknüpfung bestimmt werden.

Für die Funktionen $f(x) = x^2$ und $g(x) = x - 1$ mit $D_f = D_g = \mathbb{R}$ wird das Produkt $f \cdot g$ beschrieben durch: $p(x) = x^2 \cdot (x - 1)$, $x \in \mathbb{R}$

Für den Quotienten $\frac{f}{g}$ erhält man: $q(x) = \frac{x^2}{x - 1}$, $x \in \mathbb{R} \setminus \{1\}$

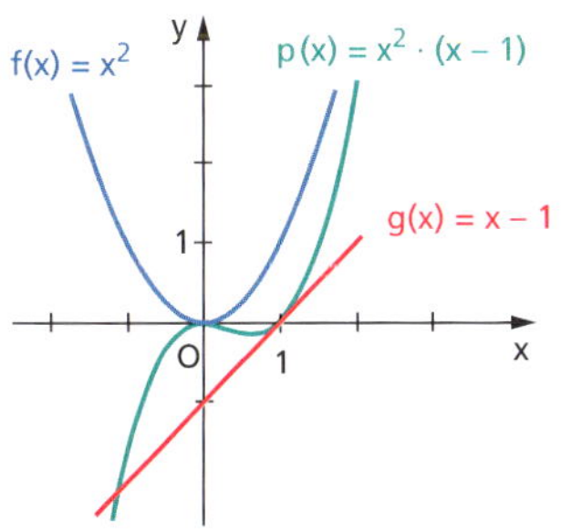

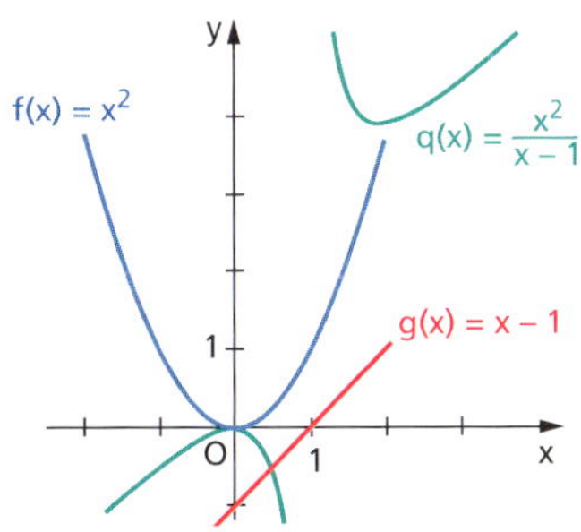

3

Verketten

Eine weitere Möglichkeit, aus gegebenen Funktionen neue Funktionen zu bilden, stellt das **Nacheinanderausführen** bzw. **Verketten** zweier Zuordnungsvorschriften dar.

Betrachtet werden die Funktionen $f(x) = \sin x$ und $g(x) = 2x$.
Wir wenden in einem ersten Schritt auf einen Wert x aus dem Definitionsbereich von g die Zuordnungsvorschrift g an und erhalten so den Funktionswert g(x). Anschließend wird in einem zweiten Schritt auf den Wert g(x) die Zuordnungsvorschrift f angewendet. Also:

erster Schritt: Zuordnungsvorschrift g („Verdopple!"):
Anwendung von g auf x ergibt: $g(x) = 2x$

zweiter Schritt: Zuordnungsvorschrift f („Sinuswert bilden!"):
Anwendung von f auf $g(x) = 2x$ ergibt: $f(2x) = \sin 2x$

Entstanden ist also die neue Funktion v mit $v(x) = \sin 2x$.

Definition Die Funktion v mit $v(x) = f(g(x))$ heißt **Verkettung** von f und g. Man schreibt $v = f \circ g$.
Die Funktion f nennt man **äußere Funktion,** die Funktion g **innere Funktion** der verketteten Funktion v.
Die Verkettung v ist definiert für alle x, für welche die Funktionswerte von g (also g(x)) zum Definitionsbereich von f gehören.

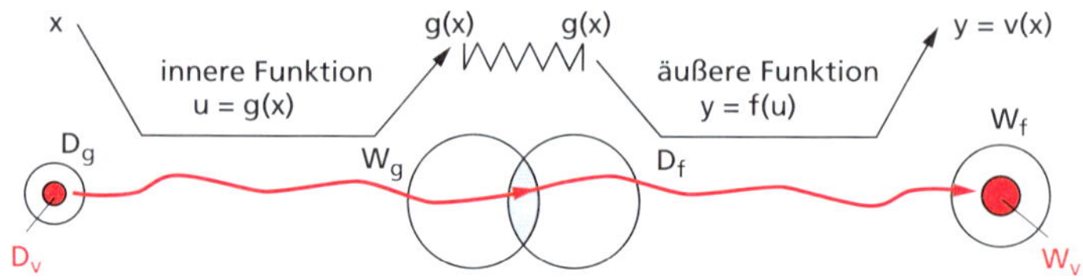

Eine **Verkettung** von Funktionen ist nur dann möglich, wenn die Schnittmenge aus dem Definitionsbereich der äußeren Funktion und dem Wertebereich der inneren Funktion nicht leer ist.

Eine Verkettung der äußeren Funktion f mit der inneren Funktion g zur Funktion $v = f \circ g$ bedeutet demnach, dass man Funktionswerte g(x) der inneren Funktion g zu Argumenten der äußeren Funktion f macht. Der Wertebereich der inneren Funktion g muss daher ganz oder teilweise zum Definitionsbereich der äußeren Funktion f gehören. Für den Definitionsbereich der durch Verkettung von f und g entstandenen Funktion $v = f \circ g$ (gesprochen „f nach g") gilt: $D_v = \{x \mid x \in D_g \text{ und } g(x) \in D_f\}$

Es ist die Verkettung $v = f \circ g$ (f nach g) der Funktionen f mit $f(x) = \sqrt{x}$ $(x \geq 0)$ und g mit $g(x) = x^2 - 1$ $(x \in \mathbb{R})$ zu bilden.
Da f nur für nichtnegative reelle Zahlen definiert ist, muss man den Definitionsbereich von g so einschränken, dass $g(x) \geq 0$ gilt. Es muss also $x \leq -1$ oder $x \geq 1$ sein.
Mit der äußeren Funktion $f(x) = \sqrt{x}$ $(x \geq 0)$ und der inneren Funktion $g(x) = x^2 - 1$ $(x \leq -1$ oder $x \geq 1)$ ergibt sich die Verkettung $v = f \circ g$ als $v(x) = f(g(x)) = \sqrt{g(x)} = \sqrt{x^2 - 1}$.

Definitionsbereich: $D_v = \{x \mid x \leq -1 \text{ oder } x \geq 1\}$; $W_v = \{y \mid y \geq 0\}$

3.5 Funktionenscharen

Werden reelle Zahlen additiv oder multiplikativ mit Funktionstermen f(x) bzw. mit der Funktionsvariablen x verknüpft, so erhält man die Gleichungen neuer Funktionen. Aus einer Funktionsgleichung y = f(x) entstehen so z. B. die Gleichungen

(1) $y = f_c(x) = f(x) + c$,
(2) $y = f_d(x) = f(x + d)$, $c, d, k, m \in \mathbb{R}$
(3) $y = f_k(x) = k \cdot f(x)$,
(4) $y = f_m(x) = f(m \cdot x)$.

Diese Gleichungen beschreiben jeweils eine Menge von Funktionen, eine **Funktionenschar,** wobei die Gleichungen der einzelnen Funktionen von der Wahl der **Parameter** c, d, k bzw. m abhängen. Das Bild einer Funktionenschar ist eine **Graphenschar.** Die Parameter c, d, k, m usw. werden **Scharparameter** genannt.

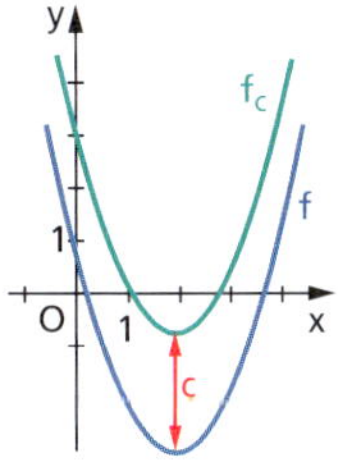

- Geht man wie in (1) von der Funktion y = f(x) zu der Funktionenschar f_c mit der Gleichung y = f(x) + c über, so erhält man die Graphen der einzelnen Funktionen jeweils durch **Verschiebung** des Graphen der Funktion f **in Richtung der y-Achse** um |c| Einheiten.
Die Verschiebung erfolgt für c > 0 in Richtung des positiven Teils, für c < 0 in Richtung des negativen Teils der y-Achse.

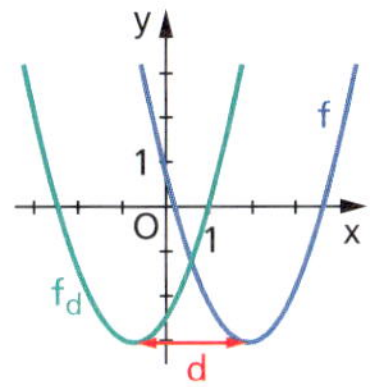

- Addiert man zu jedem Argument x einer Funktion f eine Zahl d ($d \in \mathbb{R}$), so erhält man eine Funktionenschar f_d mit der Gleichung y = f(x + d) und dem Scharparameter d. Die Graphen dieser Funktionen ergeben sich aus dem Graphen der ursprünglichen Funktion f durch **Verschiebung in Richtung der x-Achse** um |d| Einheiten.
Die Verschiebung erfolgt für d > 0 in Richtung des negativen Teils, für d < 0 in Richtung des positiven Teils der x-Achse.

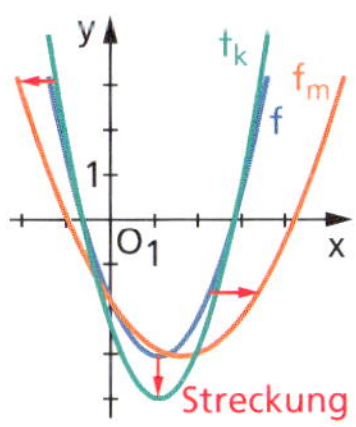

- Multipliziert man den Funktionsterm f(x) oder die Variable x jeweils mit einer reellen Zahl k bzw. m, so erhält man Funktionenscharen f_k bzw. f_m mit den Gleichungen $y = k \cdot f(x)$ bzw. $y = f(m \cdot x)$.
Die zugehörigen Graphenscharen entstehen in diesem Fall aus dem Graphen der Ausgangsfunktion durch **Geradenstreckung.**
Bei $y = k \cdot f(x)$ erfolgt diese Streckung senkrecht zur x-Achse mit dem Faktor |k|; bei $y = f(m \cdot x)$ ergibt sich eine Streckung senkrecht zur y-Achse mit dem Faktor $\frac{1}{|m|}$.

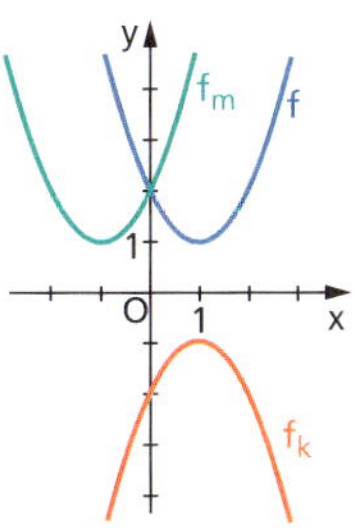

- Wählt man in $y = f_k(x) = k \cdot f(x)$ den Parameter k = –1, so geht der Graph von f_k aus dem von f durch **Spiegelung an der x-Achse** hervor.
Die Wahl von m = –1 in $y = f_m(x) = f(m \cdot x)$ bewirkt eine Spiegelung des Graphen von f an der y-Achse.
Nebenstehende Figur zeigt die Graphen von $f_k(x) = -f(x)$ und $f_m(x) = f(-x)$ für den Fall $y = f(x) = (x - 1)^2 + 1$.

Unter Verwendung von Scharparametern können u. U. bestimmte Eigenschaften der gesamten Funktionenschar ausgedrückt werden.

3.6 Klassen reeller Funktionen

3.6.1 Einteilung

Je nachdem, ob bei der Verknüpfung der Funktionsvariablen im Funktionsterm nur **rationale Rechenoperationen** (also die Grundrechenarten und ihre Umkehrungen) oder darüber hinaus noch **weitere Rechenoperationen** vorkommen, unterscheidet man **rationale** und **nichtrationale Funktionen.** Die rationalen Funktionen werden noch einmal unterteilt in ganzrationale und gebrochenrationale Funktionen.

▶ **Ganzrationale Funktionen** heißen auch **Polynomfunktionen.** Ihr Funktionsterm heißt Polynom n-ten Grades.

Definition Funktionen mit einer Gleichung der Form
$f(x) = a_n x^n + a_{n-1} x^{n-1} + \ldots + a_1 x + a_0$ $(a_i \in \mathbb{R},\ a_n \neq 0,\ n \in \mathbb{N},\ D_f = \mathbb{R})$
nennt man **ganzrationale Funktionen n-ten Grades.**

Definition Eine Funktion f, die sich durch den Quotienten zweier ganzrationaler Funktionsterme beschreiben lässt, heißt **gebrochenrationale Funktion.**
Eine solche Funktion hat demzufolge die Form
$f(x) = \frac{u(x)}{v(x)} = \frac{a_n x^n + a_{n-1} x^{n-1} + \ldots + a_1 x + a_0}{b_k x^k + b_{k-1} x^{k-1} + \ldots + b_1 x + b_0}.$
Sie ist nur für solche reellen Zahlen x definiert, für die $v(x) \neq 0$ gilt.

Gebrochenrationale Funktionen sind beispielsweise:
$f_1(x) = \frac{1}{x-1},\quad f_2(x) = \frac{x-1}{x^2+1}$ oder $f_3(x) = \frac{x^5 - 9x^3}{x^3 + 7x - 6}.$

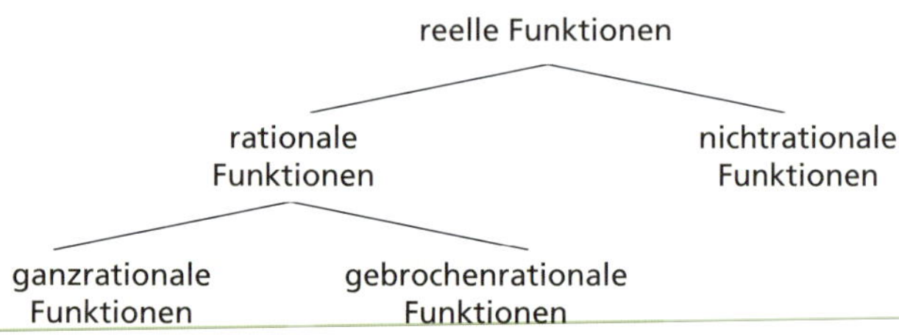

Grundlegende **ganzrationale Funktionen** sind
- die **linearen Funktionen** (↗ Abschnitt 3.6.2),
- die **quadratischen Funktionen** (↗ Abschnitt 3.6.3),
- die **Potenzfunktionen** (↗ Abschnitt 3.6.4).

Zu den elementaren **nichtrationalen Funktionen** gehören
- die **Wurzelfunktionen** (↗ Abschnitt 3.6.4),
- die **trigonometrischen Funktionen** (↗ Abschnitt 3.6.6),
- die **Exponentialfunktionen** (↗ Abschnitt 3.6.7),
- die **Logarithmusfunktionen** (↗ Abschnitt 3.6.8).

Ganzrationale Funktionen

Eine Funktion der Gestalt
$f(x) = a_n x^n + a_{n-1} x^{n-1} + a_{n-2} x^{n-2} + \ldots + a_3 x^3 + a_2 x^2 + a_1 x + a_0$
nennt man **ganzrationale Funktion** oder auch **Polynomfunktion.**

Ihr Funktionsterm heißt **Polynom.**
Der Exponent **n** gibt den **Grad** des Polynoms an.

Typische Funktionsbilder für Funktionen n-ten Grades

Die Lage des Funktionsbildes bezüglich der x-Achse bestimmt die Anzahl der Nullstellen (und umgekehrt).
Der Graph einer Funktion n-ten Grades hat höchstens n Nullstellen.

	n = 2	**n = 3**	**n = 4**	**n = 5**
$a_n > 0$	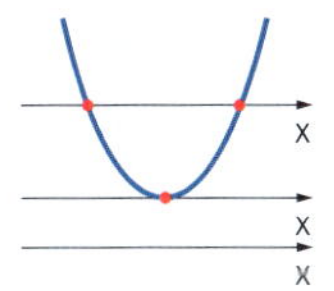	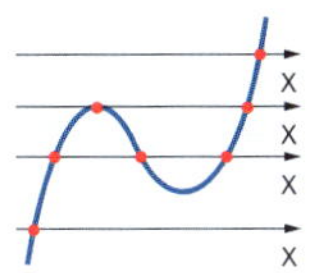	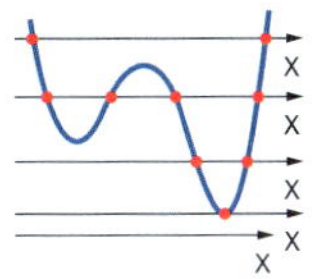	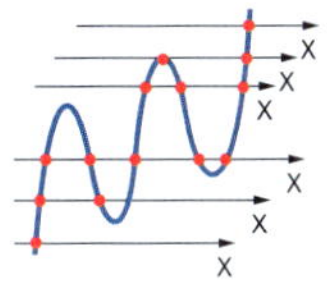
$a_n < 0$	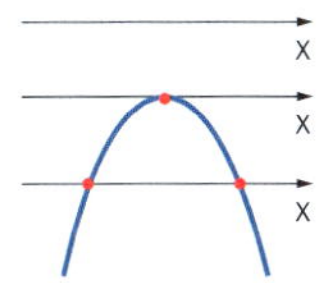	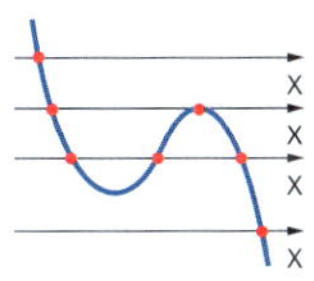	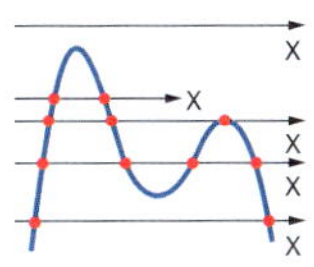	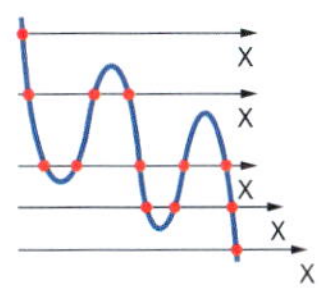
		Durch eine Verflachung einzelner Kurvenbögen können hiervon abweichende Formen entstehen.		

Zwischen zwei aufeinanderfolgenden Nullstellen hat der Graph einen **Extrempunkt,** entweder einen **Hochpunkt** oder einen **Tiefpunkt.**

Zwischen zwei benachbarten Hoch- und Tiefpunkten ändert sich die Krümmung des Graphen. An dieser Stelle liegt der **Wendepunkt.**
Der Graph einer Funktion vom Grad n hat

- höchstens (n – 1) Extrempunkte,
- höchstens (n – 2) Wendepunkte.

Die abgebildete Funktion besitzt drei Nullstellen, zwei Extrempunkte und einen Wendepunkt.

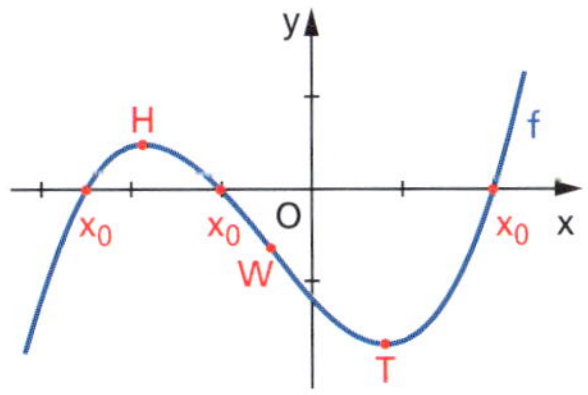

H = Hochpunkt W = Wendepunkt
T = Tiefpunkt x_0 = Nullstelle

3.6.2 Lineare Funktionen

Definition Funktionen mit einer Gleichung der Form $f(x) = mx + n$ $(x, m, n \in \mathbb{R})$ heißen **lineare Funktionen.**

In der Gleichung $f(x) = mx + n$ ist mx das **lineare Glied** und n das **absolute Glied.** Fasst man m und n als Scharparameter auf, so werden durch die Gleichung $f(x) = mx + n$ **Funktionenscharen** beschrieben.

Die Graphen linearer Funktionen sind **Geraden.** Diese werden durch zwei zur Funktion gehörende Zahlenpaare eindeutig bestimmt.

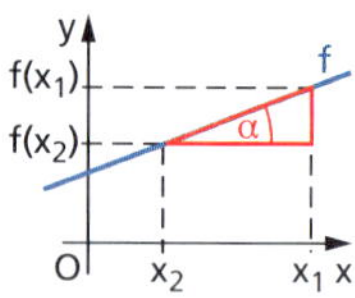

Satz Steigung einer linearen Funktion
Für eine lineare Funktion mit der Gleichung $f(x) = mx + n$ gilt:
$$\frac{f(x_1) - f(x_2)}{x_1 - x_2} = m = \tan\alpha \quad (x_1 \neq x_2)$$

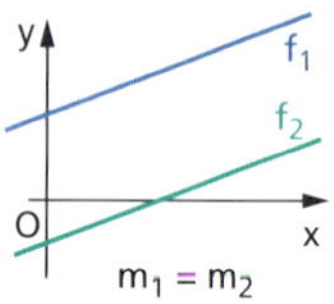

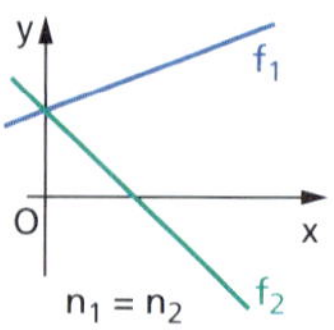

m heißt die *Steigung*, α der *Steigungswinkel* des Graphen, hier also der Geraden. Die Steigung m bestimmt den Verlauf der Geraden im Koordinatensystem. Für $m > 0$ verläuft die Gerade aufsteigend, wachsend, also „von links unten" nach „rechts oben", für $m < 0$ fallend, also von „links oben" nach „rechts unten".
Stimmen die Gleichungen zweier linearer Funktionen in dem Parameter m überein, so sind ihre **Graphen zueinander parallele Geraden.** Das absolute Glied n gibt die Ordinate des Schnittpunkts der Geraden mit der y-Achse an. Bei übereinstimmenden n verlaufen die zugehörigen Geraden durch den gemeinsamen Punkt $P(0; n)$.

Ist der Graph einer linearen Funktion gegeben, so kann man daraus unter Verwendung der Steigung sowie des Schnittpunkts mit der y-Achse oder der Koordinaten von zwei Punkten die **Gleichung der Funktion** (näherungsweise) bestimmen.

Zeichnen der Graphen linearer Funktionen

a) Man bestimmt zwei Punkte (z. B. die Schnittpunkte mit den Achsen), die zum Graphen der Funktion gehören.
b) Man liest aus der Gleichung m und n ab. $S(0; n)$ ist dann der Schnittpunkt der Geraden mit der y-Achse. Mithilfe von m (Steigungsdreieck) wird die Richtung der Geraden festgelegt.

Nullstellenermittlung

Um die Nullstelle einer linearen Funktion $y = f(x) = mx + n$ (mit $m \neq 0$) zu ermitteln, wird für $f(x)$ die Zahl 0 eingesetzt und die Gleichung nach x aufgelöst. $mx + n = 0 \rightarrow x_0 = -\frac{n}{m}$

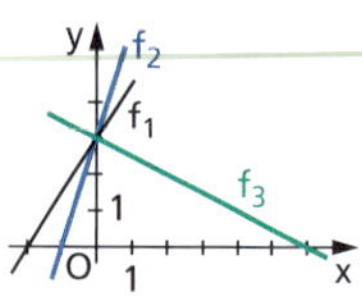

Es sind die Graphen der Funktionen $y = mx + 3$ für $m = 1; 2; -0{,}5$ zu zeichnen und jeweils die Nullstellen der Funktionen zu bestimmen.
Nullstellen:
- für $m_1 = 1$: $x_0 = -3$
- für $m_2 = 2$: $x_0 = -\frac{3}{2}$
- für $m_3 = -0{,}5$: $x_0 = 6$

Lineare Funktionen mit einer Gleichung der Form $f(x) = mx$ beschreiben einen **proportionalen Zusammenhang.** Eine Vervielfachung des Arguments x bewirkt eine ebensolche Vervielfachung des Funktionswertes f(x).
Für $m = 0$ hat die Gleichung der linearen Funktion die Gestalt $f(x) = n$. Die Funktionswerte stimmen also für alle $x \in \mathbb{R}$ überein. Man bezeichnet Funktionen dieses Typs als **konstante Funktionen.** Ihre Graphen sind Parallelen zur x-Achse im Abstand n.

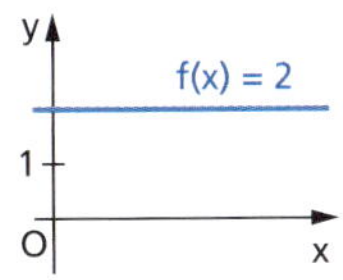

3.6.3 Quadratische Funktionen

Definition Funktionen mit einer Gleichung der Form $f(x) = ax^2 + bx + c$ ($x, a, b, c \in \mathbb{R}$, $a \neq 0$) heißen **quadratische Funktionen.**

In der Gleichung $f(x) = ax^2 + bx + c$ ist ax^2 das **quadratische Glied,** bx das lineare Glied und c das **absolute Glied.**
Die Graphen quadratischer Funktionen sind (quadratische) **Parabeln.** Ihre Symmetrieachsen verlaufen parallel zur y-Achse und schneiden den Graphen der Funktion im Scheitelpunkt (Scheitel) der Parabel. Von besonderem Interesse sind quadratische Funktionen mit $a = 1$, also $f(x) = x^2 + bx + c$, meist geschrieben in der Form $y = f(x) = x^2 + px + q$.

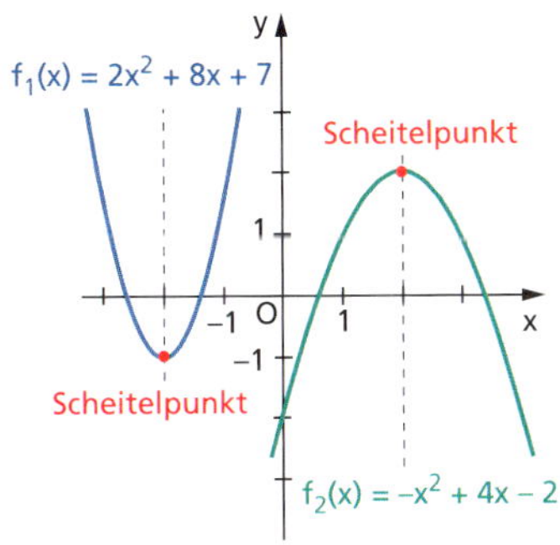

Normalparabel

Aus $y = f(x) = x^2 + px + q$ erhält man mit $p = q = 0$ die einfachste quadratische Funktion $y = f(x) = x^2$.
Definitionsbereich: $\mathbb{R}$ Wertebereich: $y \in \mathbb{R}^+$
Nullstelle: $x_0 = 0$
Der Graph von $y = f(x) = x^2$ wird **Normalparabel** genannt. Ihre Symmetrieachse ist die y-Achse; der Scheitel hat die Koordinaten (0; 0).

Durch **Spiegelung** der Normalparabel an der x-Achse erhält man eine Parabel, die der Graph der Funktion mit der Gleichung $y = f_1(x) = -x^2$ ist (↗ Seite 67).

Verschiebt man die Normalparabel so, dass der Scheitelpunkt die Koordinaten (–d; e) hat, so wird die zugehörige Funktion durch die Gleichung $y = f_2(x) = (x + d)^2 + e$ beschrieben (↗ Seite 67).

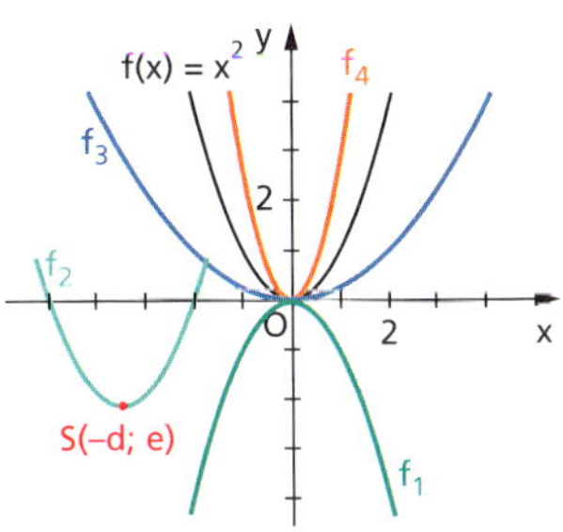

Stauchung oder **Streckung** der Normalparabel ergeben Parabeln, deren zugehörige Funktionen die Gleichungen
$y = f_3(x) = ax^2$ mit $0 < a < 1$ (Stauchung) bzw.
$y = f_4(x) = ax^2$ mit $a > 1$ (Streckung)
beschreiben (↗ Seite 67).

Nullstellen von Funktionen mit $f(x) = x^2 + px + q$

Die Graphen von Funktionen mit $f(x) = x^2 + px + q$ können in Abhängigkeit von der Lage ihres Scheitelpunktes zwei Schnittpunkte, genau einen oder keinen Schnittpunkt mit der x-Achse und demzufolge (↗ Abschnitt 4.1) zwei Nullstellen, genau eine oder keine Nullstelle besitzen.

Der Scheitelpunkt der Parabel mit $f(x) = x^2 + px + q$ besitzt wegen
$x^2 + px + q = \left(x + \frac{p}{2}\right)^2 + \left(-\left(\frac{p}{2}\right)^2 + q\right)$ die Koordinaten $S\left(-\frac{p}{2}; -\left(\frac{p}{2}\right)^2 + q\right)$.
Der Term $\left(\frac{p}{2}\right)^2 - q$ wird **Diskriminante** der quadratischen Funktion
$f(x) = x^2 + px + q$ genannt und mit **D** bezeichnet; also gilt: $S\left(-\frac{p}{2}; -D\right)$
Mittels D lassen sich Aussagen über die Nullstellenanzahl von f treffen.

Für die **Diskriminante** einer quadratischen Funktion gilt:
$D = \left(\frac{p}{2}\right)^2 - q$

Diskriminante D	$D > 0$	$D = 0$	$D < 0$
Anzahl der Nullstellen	zwei Nullstellen	genau eine (doppelte) Nullstelle	keine Nullstelle
Graph	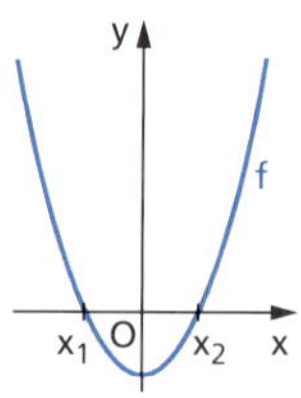	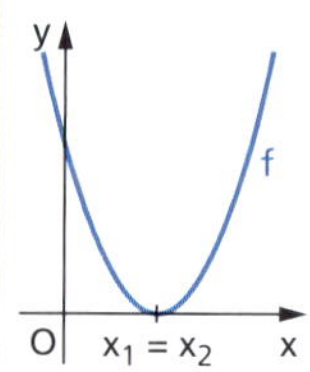	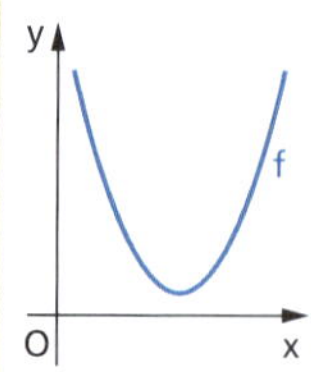

Gleichung	$f(x) = x^2 - 2x - 3$	$f(x) = x^2 - 2x + 1$	$f(x) = x^2 - 2x + 3$
Scheitelpunkt	S(1; −4)	S(1; 0)	S(1; 2)
Diskriminante	D = 4	D = 0	D = −2
Nullstellen	$x_1 = 3;\ x_2 = -1$	$x_{1;2} = 1$	keine
Graph	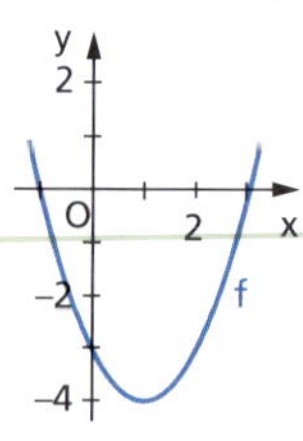	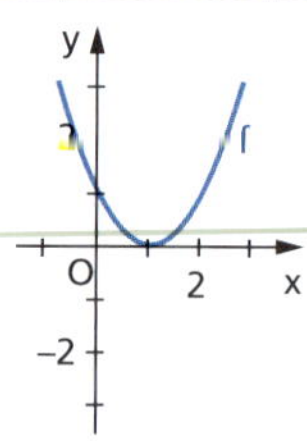	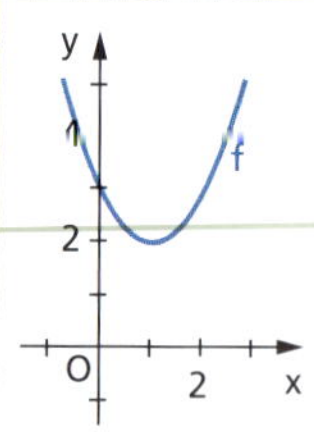

Eigenschaften von Funktionen mit $y = f(x) = ax^2 + bx + c$

Für eine allgemeine quadratische Funktion f mit
$y = f(x) = ax^2 + bx + c$ gilt:

Funktionsgleichung	$y = f(x) = ax^2 + bx + c$	$f(x) = 2x^2 + 8x - 4$
Definitionsbereich	$-\infty < x < \infty$	$-\infty < x < \infty$
Wertebereich	$\frac{4ac - b^2}{4a} \le y < \infty$ für $a > 0$ $-\infty < y \le \frac{4ac - b^2}{4a}$ für $a < 0$	$-12 \le y \le \infty$
Scheitelpunkt der Parabel	$S\left(-\frac{b}{2a}; \frac{4ac - b^2}{4a}\right)$	$S(-2; -12)$
Nullstellen	$x_{1;\,2} = \frac{1}{2a}\left(-b \pm \sqrt{b^2 - 4ac}\right)$	$x_1 \approx 0{,}45;\ x_2 \approx -4{,}45$

3.6.4 Potenzfunktionen und Wurzelfunktionen

Definition Funktionen mit einer Gleichung der Form $f(x) = x^n$ ($n \in \mathbb{Z} \setminus \{0\}$) heißen **Potenzfunktionen.**

Der Exponent n gibt den **Grad** der Potenzfunktion an.

Für den Exponenten n in $f(x) = x^n$ unterscheidet man folgende Fälle:

	$n \in \mathbb{Z};\ n \ge 1$	$n \in \mathbb{Z}$ und $n \le -1$
Definitionsbereich	$\mathbb{R}$	$\mathbb{R} \setminus \{0\}$
Wertebereich	① n gerade: $W_f = [0; \infty[$ ② n ungerade: $W_f = \mathbb{R}$	① n gerade: $W_f = \mathbb{R}^+$ ② n ungerade: $W_f = \mathbb{R} \setminus \{0\}$
Nullstelle	$x_0 = 0$	keine
Beispiele für Graphen	① 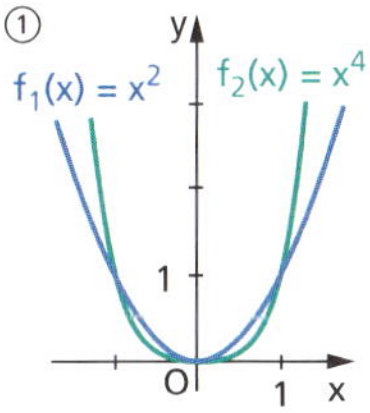 ② 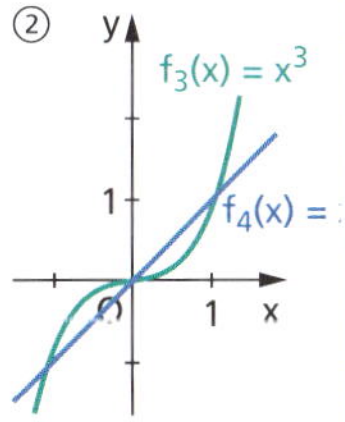	① 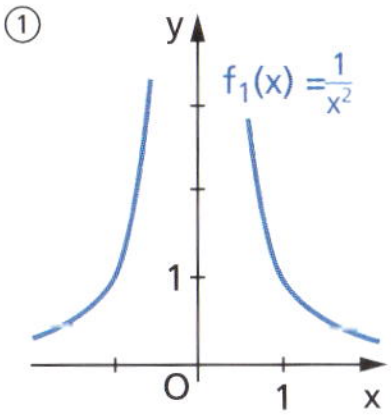 ② 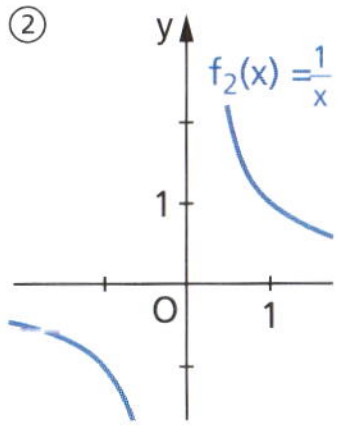
gemeinsame Punkte	① (0; 0), (1; 1), (–1; 1) ② (0; 0), (1; 1), (–1; –1)	① (1; 1), (–1; 1) ② (1; 1), (–1; –1) *Anmerkung:* Die Graphen dieser Funktionen heißen **Hyperbeln.**
Symmetrieverhalten	① symmetrisch zur y-Achse ② zentralsymmetrisch zum Ursprung	① symmetrisch zur y-Achse ② zentralsymmetrisch zum Ursprung

3

Im weiten Sinne spricht man auch von Wurzelfunktionen, wenn man zum Funktionsterm einer Wurzelfunktion eine Zahl addiert, ihn mit einer Zahl $a \neq 0$ multipliziert oder die Variable x durch andere Terme ersetzt.

Definition Funktionen mit einer Gleichung der Form $f(x) = \sqrt[n]{x^m}$ ($x \geq 0$; m, $n \in \mathbb{N}$; $m \geq 1$, $n \geq 2$; $n \nmid m$) heißen **Wurzelfunktionen.**

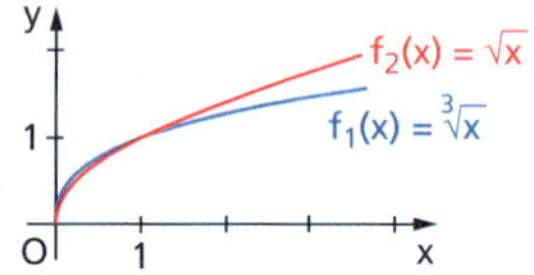

Für Wurzelfunktionen f gilt:
$D_f = [0; \infty[$; $W_f = [0; \infty[$; Nullstelle $x_0 = 0$; gemeinsame Punkte: (0; 0), (1; 1)

Anmerkung: Da $x^{\frac{m}{n}}$ nur für $x > 0$ erklärt ist, hat die Funktion $f(x) = x^{\frac{m}{n}}$ den Definitionsbereich $D_f =]0; \infty[$ und den Wertebereich $W_f =]0; \infty[$.

3.6.5 Gebrochenrationale Funktionen

Die *Nullstellenbestimmung* bei gebrochenrationalen Funktionen $f(x) = \frac{u(x)}{v(x)} = \frac{a_n x^n + a_{n-1} x^{n-1} + \ldots + a_1 x + a_0}{b_k x^k + b_{k-1} x^{k-1} + \ldots + b_1 x + b_0}$, $v(x) \neq 0$ wird auf die Nullstellenbestimmung ganzrationaler Funktionen zurückgeführt.

$f(x) = \frac{u(x)}{v(x)}$ (mit $v(x) \neq 0$) lässt sich als Produkt $f(x) = u(x) \cdot \frac{1}{v(x)}$ schreiben.

Zur Nullstellenbestimmung ist die Gleichung $u(x) \cdot \frac{1}{v(x)} = 0$ zu lösen. Der zweite Faktor kann für endliche Werte v(x) nicht 0 werden. Demzufolge ist das Produkt nur dann gleich 0, wenn der Faktor u(x), also die Zählerfunktion, den Wert 0 annimmt. **Nullstellen einer gebrochenrationalen Funktion** sind deshalb alle Nullstellen der Zählerfunktion, die nicht auch Nullstellen der Nennerfunktion sind.

x_0 ist **Nullstelle** der Funktion $f(x) = \frac{u(x)}{v(x)}$, wenn $u(x_0) = 0$ und $v(x_0) \neq 0$.

Es sind die Nullstellen der Funktion $f(x) = \frac{x-1}{x^2 - 2x - 3}$ zu ermitteln.

Die Zählerfunktion $u(x) = x - 1$ besitzt die Nullstelle $x_1 = 1$, die Nennerfunktion $v(x) = x^2 - 2x - 3$ hat die Nullstellen $x_1 = -1$ und $x_2 = 3$.
Da $v(1) \neq 0$, ist $x_1 = 1$ auch Nullstelle von f.

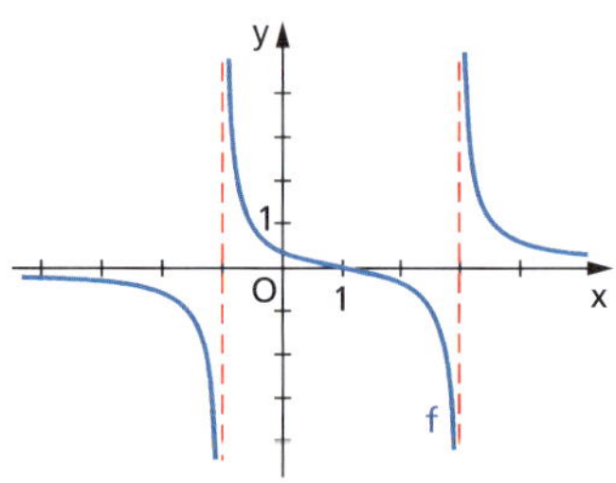

Hat die Nennerfunktion v der Funktion $f(x) = \frac{u(x)}{v(x)}$ an der Stelle $x = x_0$ eine Nullstelle, ist f hier also nicht definiert, so bezeichnet man eine solche Stelle als **Definitionslücke** von f. Dabei werden zwei Fälle unterschieden:

Fall (1): Die Nennerfunktion ist an einer bestimmten Stelle gleich 0, die Zählerfunktion dort jedoch ungleich 0.

Definition x_0 heißt **Polstelle** (oder Pol) der Funktion $f(x) = \frac{u(x)}{v(x)}$, wenn $v(x_0) = 0$ und $u(x_0) \neq 0$ ist.

a) Die Funktion $f(x) = \frac{u(x)}{v(x)} = \frac{2}{x-2}$ besitzt an der Stelle $x_0 = 2$ einen Pol, denn $u(2) = 2 \neq 0$ und $v(2) = 0$.

Die Gerade mit der Gleichung $x = 2$ ist die sogenannte Polgerade. Die beiden „Äste" des Graphen von f liegen auf verschiedenen Seiten der Abszissenachse. Man sagt: Die Funktion hat an der Stelle $x_0 = 2$ einen *Pol mit Vorzeichenwechsel.*

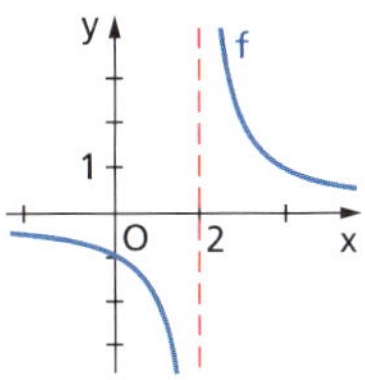

b) Für die Funktion $g(x) = \frac{1}{(x-2)^2}$ ist $x_0 = 2$ ebenfalls eine Polstelle. $x = 2$ ist eine Polgerade, die beiden „Äste" des Graphen von f liegen aber auf derselben Seite der Abszissenachse. Die Funktion f hat an der Stelle $x_0 = 2$ einen *Pol ohne Vorzeichenwechsel.*

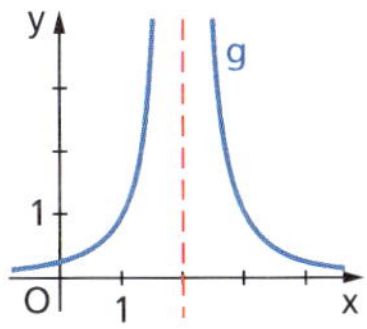

Fall (2): Sowohl Nennerfunktion als auch Zählerfunktion sind an einer Stelle $x = x_0$ gleich 0. In einem solchen Fall kann man in beiden Funktionen den Linearfaktor $(x - x_0)$ abspalten, also die Funktionsgleichung in der Form $f(x) = \frac{u(x)}{v(x)} = \frac{(x - x_0) \cdot u_1}{(x - x_0) \cdot v_1}$ schreiben. Durch Kürzen des Linearfaktors erhält man eine neue Funktion g mit $g(x) = \frac{u_1(x)}{v_1(x)}$, die nunmehr bei x_0 (sofern x_0 eine einfache Nullstelle von v ist) definiert ist. Man sagt auch: Die Stelle $x = x_0$ ist eine **hebbare Definitionslücke** der Funktion f.

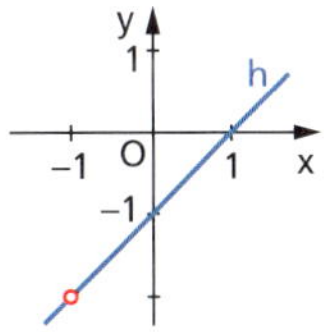

Die Funktion $h(x) = \frac{x^2 - 1}{x + 1}$ hat an der Stelle $x_0 = -1$ eine Definitionslücke, die keine Polstelle ist. Der Funktionsgraph mündet von links und von rechts in das „Loch" beim Punkt P(–1; –2). Kürzt man im Funktionsterm $h(x) = \frac{(x + 1)(x - 1)}{x + 1}$ den Linearfaktor (x + 1) heraus, so ergibt sich eine neue Funktion $k(x) = x - 1$ mit $D_k = \mathbb{R}$.

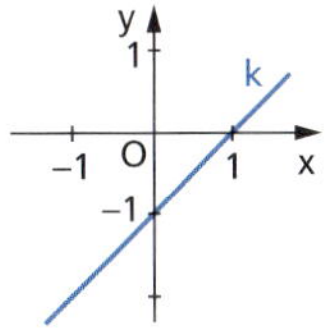

3.6.6 Trigonometrische Funktionen

Sinus, Kosinus und Tangens beliebiger Winkel am Einheitskreis

Definition Die Ordinate v des zum Winkel α gehörenden Punktes P(u; v) auf dem Einheitskreis heißt **Sinus** des Winkels α:

$\sin\alpha = \frac{\overline{PQ}}{\overline{OP}} = \frac{v}{1} = v$, ($\alpha \in W$ = Menge aller Winkel der Ebene)

Die Abszisse u des zum Winkel α gehörenden Punktes P auf dem Einheitskreis heißt **Kosinus** des Winkels α:

$\cos\alpha = \frac{\overline{OQ}}{\overline{OP}} = \frac{u}{1} = u$, ($\alpha \in W$)

Die eindeutige Zuordnung $x \mapsto \sin x$ (x in Bogenmaß, $x \in \mathbb{R}$, ↗ Seite 76) nennt man **Sinusfunktion**, die eindeutige Zuordnung $x \mapsto \cos x$ entsprechend **Kosinusfunktion.**

Für beliebige Winkel x, $x \in \mathbb{R}$ mit $x \neq \frac{\pi}{2} + k \cdot \pi$ ($k \in \mathbb{Z}$) gilt:

Der Quotient aus dem Sinus und dem Kosinus eines Winkels x heißt **Tangens** des Winkels x. Die eindeutige Zuordnung $x \mapsto \tan x$ nennt man **Tangensfunktion.**

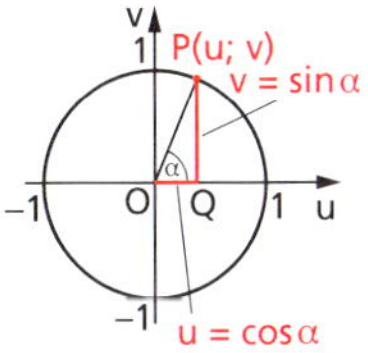

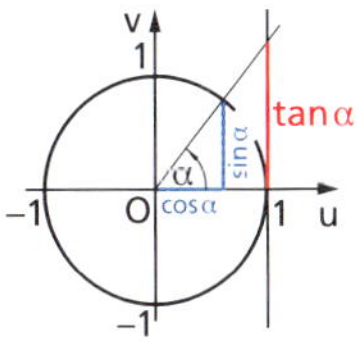

Anmerkung: Der Quotient aus dem Kosinus und dem Sinus eines Winkels x heißt **Kotangens** des Winkels x und die entsprechende Funktion Kotangensfunktion.

Es gilt: $\frac{1}{\tan x} = \cot x$

Ausgehend von obigen Definitionen lassen sich die Graphen von Winkelfunktionen erzeugen:

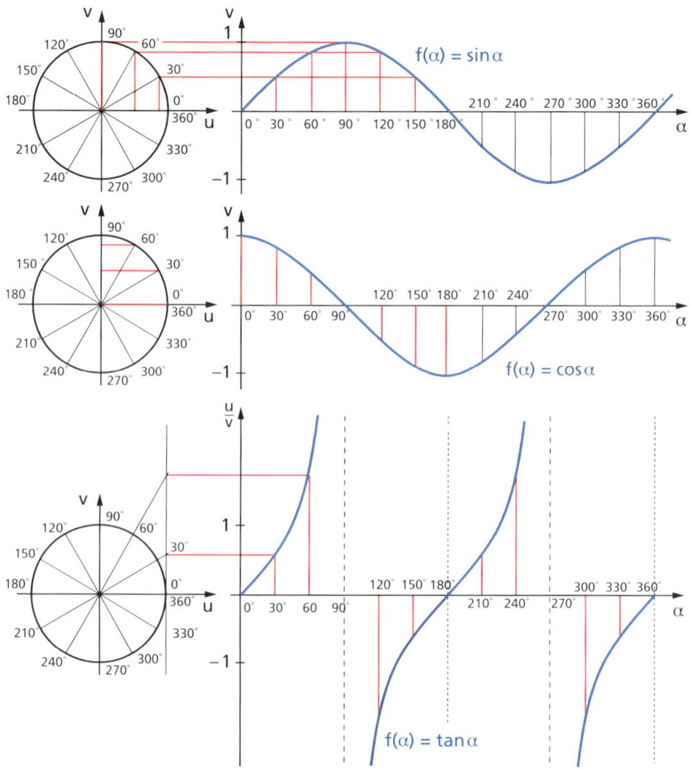

Bogenmaß eines Winkels

Um auch trigonometrische Funktionen als reelle Funktionen (Zahl-Zahl-Funktionen) auffassen zu können, wird ein weiteres Winkelmaß, das **Bogenmaß** des Winkels α, verwendet.

arcus (lat.) – Bogen

Definition Das **Bogenmaß** eines Winkels α ist das Verhältnis aus der zu diesem Winkel gehörenden Kreisbogenlänge b und der Länge r des Radius des Kreises. Es wird mit **arc** α (lies: *arkus alpha*) oder $\widehat{\alpha}$ bezeichnet.

$$\operatorname{arc}\alpha = \frac{b}{r} = \frac{\pi \cdot r \cdot \alpha}{180° \cdot r} = \frac{\pi}{180°} \cdot \alpha \quad \text{bzw.} \quad \alpha = \frac{\operatorname{arc}\alpha \cdot 180°}{\pi}$$

Am Einheitskreis gilt wegen r = 1 LE die Beziehung $\widehat{\alpha} = \mathrm{arc}\,\alpha = b$. Als Einheit des Bogenmaßes verwendet man *1 Radiant (1 rad)*, kurz rad, und legt fest: 1 rad ist die Größe des Winkels α, für den am Einheitskreis $\mathrm{arc}\,\alpha = 1$ gilt.

Aus $\mathrm{arc}\,\alpha = \frac{\alpha \cdot \pi}{180°}$ folgt in diesem Falle $\alpha = 1 \cdot \frac{180°}{\pi} \approx 57{,}29578\,°$. Mit anderen Worten: Der Winkel 57,29578° im Gradmaß hat das Bogenmaß 1 rad.

Auf die Angabe der Einheit rad wird häufig verzichtet.

Einheitskreis

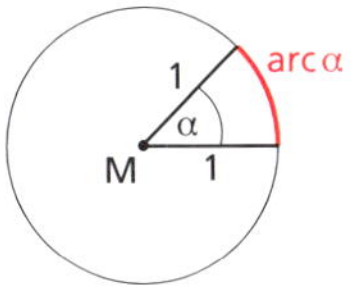

Entsprechend obiger Formeln gilt:

a) Wenn $\alpha = 217°$, dann $\mathrm{arc}\,217° = \frac{\pi}{180°} \cdot 217° = 3{,}787$ (rad).

b) Wenn $\alpha = 2{,}129$ (rad), dann $\alpha = \frac{2{,}129 \cdot 180°}{\pi} = 121{,}98°$.

Häufig werden folgende Werte benutzt:

α	$\mathrm{arc}\,\alpha$
0°	0
30°	$\frac{\pi}{6}$
45°	$\frac{\pi}{4}$
60°	$\frac{\pi}{3}$
90°	$\frac{\pi}{2}$
180°	π
270°	$\frac{3}{2}\pi$
360°	2π

Eigenschaften der Sinus-, Kosinus- und Tangensfunktion

Sinusfunktion

Funktionsgleichung:	$y = f(x) = \sin x$
Definitionsbereich:	$-\infty < x < \infty$
Wertebereich:	$-1 \leq y \leq 1$
Kleinste Periodenlänge:	2π
Nullstellen:	$0 + k\pi \quad (k \in \mathbb{Z})$
Symmetrieeigenschaften:	ungerade Funktion
Monotonie:	für $-\frac{\pi}{2} + 2k\pi \leq x \leq \frac{\pi}{2} + 2k\pi \quad (k \in \mathbb{Z})$ monoton steigend; für $\frac{\pi}{2} + 2k\pi \leq x \leq \frac{\pi}{2} + 2k\pi \quad (k \in \mathbb{Z})$ monoton fallend
Vorzeichen des Funktionswertes:	$f(x) \geq 0$ für $0 + 2k\pi \leq x \leq \pi + 2k\pi \ (k \in \mathbb{Z})$; $f(x) \leq 0$ für $\pi + 2k\pi \leq x \leq 2\pi + 2k\pi \ (k \in \mathbb{Z})$
Besondere Stellen:	$f(x) = 1$ für $x = \frac{\pi}{2} + 2k\pi \quad (k \in \mathbb{Z})$; $f(x) = -1$ für $x = \frac{3\pi}{2} + 2k\pi \quad (k \in \mathbb{Z})$

Kosinusfunktion

Funktionsgleichung:	$y = f(x) = \cos x$
Definitionsbereich:	$-\infty < x < \infty$
Wertebereich:	$-1 \leq y \leq 1$
Kleinste Periodenlänge:	2π
Nullstellen:	$\frac{\pi}{2} + k\pi \quad (k \in \mathbb{Z})$
Symmetrieeigenschaften:	gerade Funktion
Monotonie:	für $\pi + 2k\pi \leq x \leq 2\pi + 2k\pi \quad (k \in \mathbb{Z})$ monoton steigend; für $0 + 2k\pi \leq x \leq \pi + 2k\pi \quad (k \in \mathbb{Z})$ monoton fallend
Vorzeichen des Funktionswertes:	$f(x) \geq 0$ für $-\frac{\pi}{2} + 2k\pi \leq x \leq \frac{\pi}{2} + 2k\pi \ (k \in \mathbb{Z})$; $f(x) \leq 0$ für $\frac{\pi}{2} + 2k\pi \leq x \leq \frac{3\pi}{2} + 2k\pi \ (k \in \mathbb{Z})$
Besondere Stellen:	$f(x) = 1$ für $x = 0 + 2k\pi \quad (k \in \mathbb{Z})$; $f(x) = -1$ für $x = \pi + 2k\pi \quad (k \in \mathbb{Z})$

Tangensfunktion

Funktionsgleichung:	$y = f(x) = \tan x$
Definitionsbereich:	$-\infty < x < \infty,\ x \neq (2k+1)\frac{\pi}{2},\quad (k \in \mathbb{Z})$
Wertebereich:	$-\infty < y < \infty$
Kleinste Periodenlänge:	π
Nullstellen:	$0 + k\pi \quad (k \in \mathbb{Z})$
Symmetrieeigenschaften:	ungerade Funktion
Monotonie:	monoton steigend
Vorzeichen des Funktionswertes:	$f(x) \geq 0$ für $0 + k\pi \leq x < \frac{\pi}{2} + k\pi \quad (k \in \mathbb{Z})$ $f(x) \leq 0$ für $-\frac{\pi}{2} + k\pi < x \leq 0 + k\pi \quad (k \in \mathbb{Z})$
Besondere Stellen:	$f(x) = 0$ für $x = 0 + k\pi \quad (k \in \mathbb{Z})$ $f(x) = 1$ für $x = \frac{\pi}{4} + k\pi \quad (k \in \mathbb{Z})$ $f(x) = -1$ für $x = \frac{3}{4}\pi + k\pi \quad (k \in \mathbb{Z})$

Funktionswerte spezieller Winkel; Beziehungen zwischen Winkelfunktionswerten

Gradmaß	**0°**	**30°**	**45°**	**60°**	**90°**	**120°**	**135°**	**150°**	**180°**
Bogenmaß	0	$\frac{\pi}{6}$	$\frac{\pi}{4}$	$\frac{\pi}{3}$	$\frac{\pi}{2}$	$\frac{2\pi}{3}$	$\frac{3\pi}{4}$	$\frac{5\pi}{6}$	π
f(x) = sin x	0	$\frac{1}{2}$	$\frac{1}{2}\sqrt{2}$	$\frac{1}{2}\sqrt{3}$	1	$\frac{1}{2}\sqrt{3}$	$\frac{1}{2}\sqrt{2}$	$\frac{1}{2}$	0
f(x) = cos x	1	$\frac{1}{2}\sqrt{3}$	$\frac{1}{2}\sqrt{2}$	$\frac{1}{2}$	0	$-\frac{1}{2}$	$-\frac{1}{2}\sqrt{2}$	$-\frac{1}{2}\sqrt{3}$	−1
f(x) = tan x	0	$\frac{1}{3}\sqrt{3}$	1	$\sqrt{3}$	n. d.	$-\sqrt{3}$	−1	$-\frac{1}{3}\sqrt{3}$	0
f(x) = cot x	n. d.	$\sqrt{3}$	1	$\frac{1}{3}\sqrt{3}$	0	$-\frac{1}{3}\sqrt{3}$	−1	$-\sqrt{3}$	n. d.

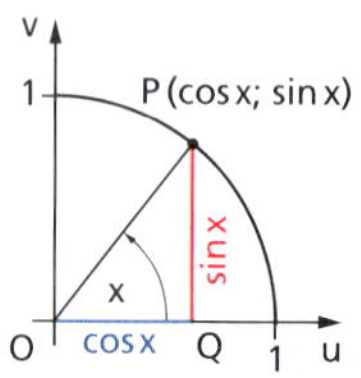

Für alle Winkel x gilt:
$\sin^2 x + \cos^2 x = 1$ („trigonometrischer Pythagoras")

Komplementärwinkelbeziehung:

$\sin x = \cos\left(\frac{\pi}{2} - x\right);\ \cos x = \sin\left(\frac{\pi}{2} - x\right)$

Quadrantenbeziehungen:

Zwischen den Werten einer Winkelfunktion für Argumente aus dem I. und aus dem II. bis IV. Quadranten bestehen folgende Beziehungen:

$\sin(\pi - \alpha) = \sin\alpha$	$\sin(\pi + \alpha) = -\sin\alpha$	$\sin(2\pi - \alpha) = -\sin\alpha$
$\cos(\pi - \alpha) = -\cos\alpha$	$\cos(\pi + \alpha) = -\cos\alpha$	$\cos(2\pi - \alpha) = \cos\alpha$
$\tan(\pi - \alpha) = -\tan\alpha$	$\tan(\pi + \alpha) = \tan\alpha$	$\tan(2\pi - \alpha) = -\tan\alpha$

Die allgemeine Sinusfunktion $f(x) = a \cdot \sin(bx + c) + d$

Für praktische Anwendungen, speziell die Beschreibung periodischer Vorgänge in Natur (z. B. Gezeiten) und Technik (z. B. elektromagnetische Schwingungen), sind insbesondere Sinusfunktionen mit Gleichungen des Typs $f(x) = a \cdot \sin(bx + c) + d$ bedeutsam. Die Graphen dieser Funktionen gehen aus dem von $f(x) = \sin x$ durch Verschiebung, Streckung oder Spiegelung hervor (↗ Seite 67). Speziell gilt:

- Der Faktor a in $g_a(x) = a\sin x$ bewirkt eine **Streckung** ($a > 1$) oder **Stauchung** ($0 < a < 1$) des zugehörigen Graphen in Richtung der y-Achse bzw. eine **Spiegelung** ($a < 0$) an der x-Achse.
  In Analogie zu physikalischen Begriffsbildungen nennt man den maximalen Ordinatenwert a ($a \neq 0$) auch die **Amplitude** der Sinusfunktion $g_a(x) = a\sin x$.

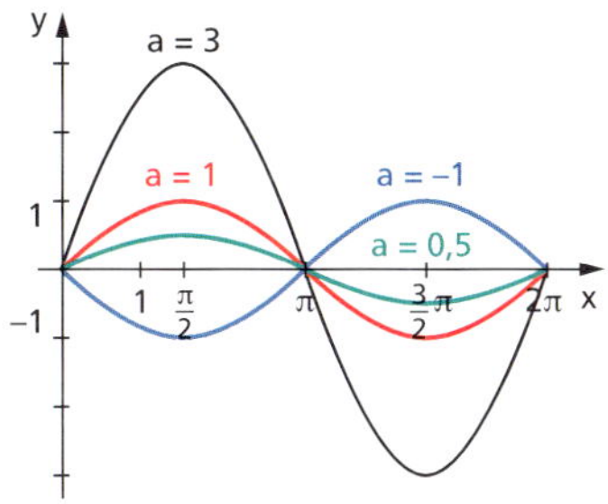

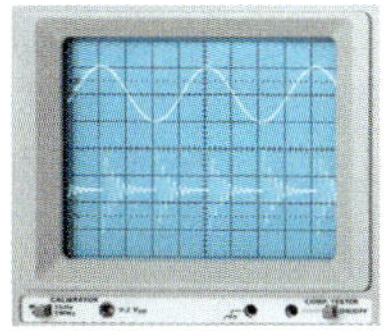

- Der Faktor b in $g_b(x) = \sin bx$ bewirkt eine **Streckung** ($0 < b < 1$) oder **Stauchung** ($b > 1$) des zugehörigen Graphen in Richtung der x-Achse sowie für $b < 0$ zusätzlich eine Spiegelung an der x-Achse. Durch die Streckung bzw. Stauchung verändern sich im Vergleich zu $f(x) = \sin x$ die Nullstellen und die Periodenlänge.
  Nullstellen: $x_k = \frac{k\pi}{b}$
  Periodenlänge: $\frac{2\pi}{|b|}$

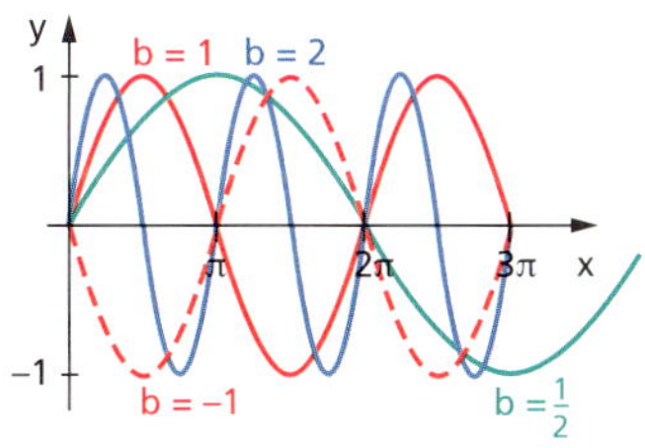

- Der Summand c in $g_c(x) = \sin(x + c)$ bewirkt eine **Verschiebung** des Graphen von $f(x) = \sin x$ in Richtung der x-Achse nach links für $c > 0$ bzw. nach rechts für $c < 0$.
  In Analogie zu physikalischen Begriffsbildungen nennt man c auch die **Phasenverschiebung** der Sinuskurve.
  Nullstellen: $x_k = k\pi - c$
  Periodenlänge: 2π

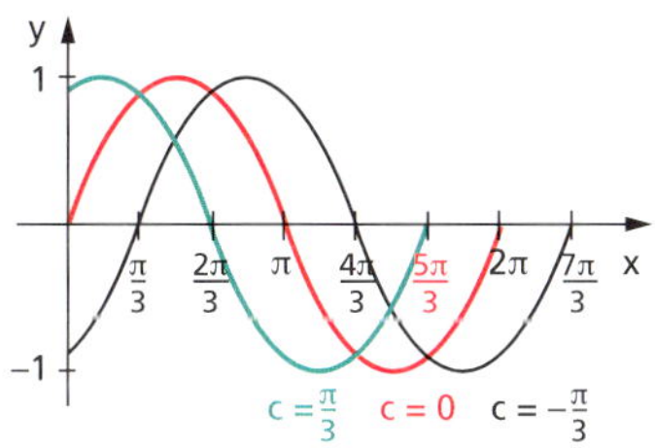

- Bei Graphen der Funktionen mit Gleichungen der Form $f(x) = a \cdot \sin(bx + c)$ verknüpfen sich die o.g. Streckungen/Stauchungen in x- und y-Richtung sowie die Verschiebung.
  Nullstellen: $x_k = \frac{k\pi - c}{b}$
  Periodenlänge: $\frac{2\pi}{|b|}$

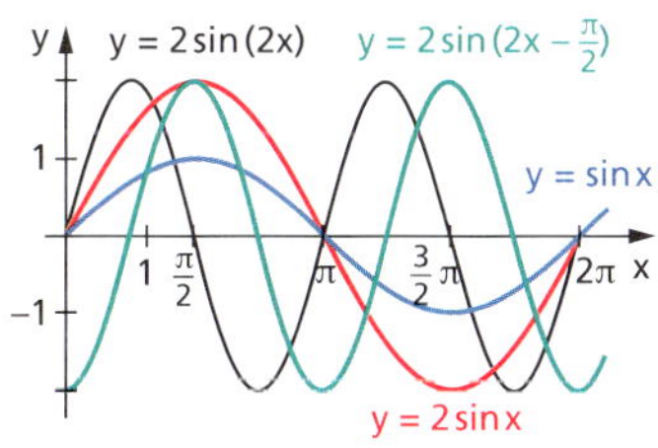

Der Graph von $f(x) = a \cdot \sin(bx + c)$ ist gegenüber dem Graphen von $f(x) = a\sin bx$ um $\frac{c}{b}$ nach links (für $\frac{c}{b} > 0$) bzw. nach rechts (für $\frac{c}{b} < 0$) verschoben.

- Der Summand d in $g_d(x) = \sin x + d$ bewirkt eine Verschiebung des Graphen von $f(x) = \sin x$ um d in Richtung der positiven (für $d > 0$) bzw. der negativen y-Achse (für $d < 0$). Entsprechendes gilt für die Graphen von $f(x) = a\sin(bx + c) + d$ und $f(x) = a\sin(bx + c)$.

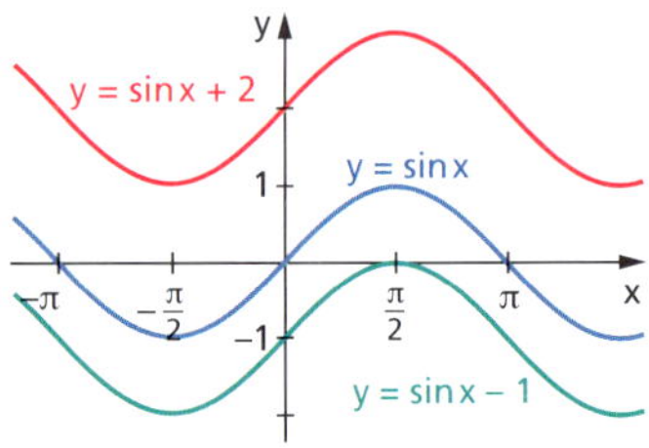

Betrachtet man die trigonometrischen Funktionen über ihren gesamten (maximalen) Definitionsbereich, so beschreiben sie dort *keine eineindeutigen Abbildungen*. Zu jedem Element ihrer Wertebereiche gehören unendlich viele x-Werte. Trigonometrische Funktionen besitzen daher nur für solche Abschnitte ihres Definitionsbereichs eine Umkehrfunktion, in denen sie umkehrbar eindeutig sind. Dies trifft zu für die

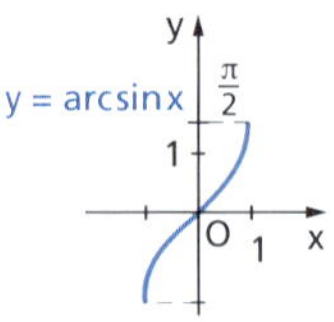

- Sinusfunktion im Intervall $\left[-\frac{\pi}{2}; \frac{\pi}{2}\right]$,
- für die Kosinusfunktion im Intervall $[0; \pi]$,
- für die Tangensfunktion im Intervall $\left]-\frac{\pi}{2}; \frac{\pi}{2}\right[$.

Die Ermittlung der Funktionsgleichung für die Umkehrfunktionen erfolgt in der bekannten Reihenfolge (↗ Abschnitt 3.3.4). Für die Sinusfunktion $y = f(x) = \sin x$ heißt das:

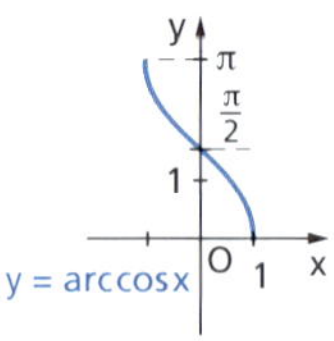

- Auflösen nach x, was zu einer neuen Funktion führt, die einem Sinuswert y den zugehörigen Bogen x (in Bogenmaß) zuordnet, geschrieben: $x = \arcsin y$
- Vertauschen von x und y ergibt $y = \arcsin x$ (gesprochen: *arcus sinus x*). Dabei bedeutet $\arcsin x$ denjenigen Winkel aus $\left[-\frac{\pi}{2}; \frac{\pi}{2}\right]$ (in Bogenmaß), dessen Sinus den Wert x besitzt.

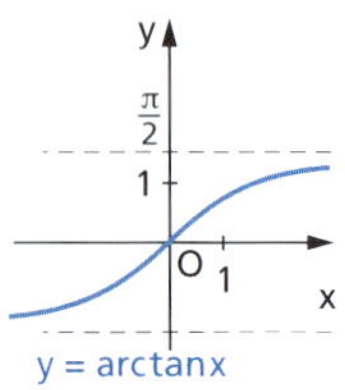

■ $\arcsin 0{,}5$ ist derjenige Winkel y, der den Sinuswert 0,5 besitzt. Also ist $y = \frac{\pi}{6}$, denn $\sin\frac{\pi}{6} = 0{,}5$.

Definition Funktionen mit einer Gleichung der Form

$y = f_1(x) = \arcsin x$ sowie $D_{f_1} = [-1; 1]$; $W_{f_1} = \left[-\frac{\pi}{2}; \frac{\pi}{2}\right]$;

$y = f_2(x) = \arccos x$ sowie $D_{f_2} = [-1; 1]$; $W_{f_2} = [0; \pi]$;

$y = f_3(x) = \arctan x$ sowie $D_{f_3} = \mathbb{R}$; $W_{f_3} = \left]-\frac{\pi}{2}; \frac{\pi}{2}\right[$

heißen **Arkusfunktionen** oder **zyklometrische Funktionen.**

▶ Das Argument x in $f(x) = \sin x$ ist ein Winkel (im Bogenmaß). Das Argument x in $g(x) = \arcsin x$ ist ein Sinuswert.

Die Arkussinus-, Arkuskosinus- bzw. Arkustangensfunktion ist jeweils die Umkehrfunktion der Sinus-, Kosinus- bzw. Tangensfunktion im angegebenen Definitionsbereich.

Wie man bereits aus den Funktionsgraphen entnehmen kann, sind die Arkussinusfunktion und die Arkustangensfunktion jeweils ungerade Funktionen.

Die Arkuskosinusfunktion ist weder gerade noch ungerade.

■ $\arcsin\left(-\frac{1}{2}\sqrt{3}\right) = -\arcsin\left(\frac{1}{2}\sqrt{3}\right) = -\frac{\pi}{3}$, da $\sin(-x) = -\sin x$

3.6.7 Exponentialfunktionen

> **Definition** Funktionen mit einer Gleichung der Form $f(x) = a^x$ ($a \in \mathbb{R}$, $a > 0$, $a \neq 1$) heißen **Exponentialfunktionen.** Ihr Definitionsbereich ist die Menge $\mathbb{R}$ der reellen Zahlen.

Eigenschaften der Exponentialfunktionen:

- Der Wertebereich ist die Menge aller positiven reellen Zahlen: $W_f = \mathbb{R}^+$
- Wegen $f(x) > 0$ für alle $x \in D_f$ besitzen Exponentialfunktionen keine Nullstellen.
- Jede Exponentialfunktion ist eineindeutig, d. h., für $x_1 \neq x_2$ gilt stets auch $f(x_1) \neq f(x_2)$.
- Falls $a > 1$, so folgt aus $x_1 < x_2$ auch $f(x_1) < f(x_2)$ (f ist streng monoton wachsend); falls $a < 1$ und $x_1 < x_2$, so ist $f(x_1) > f(x_2)$ (f ist streng monoton fallend).
- Die Graphen aller Exponentialfunktionen verlaufen wegen $a^0 = 1$ (für $a \neq 0$) durch den Punkt (0; 1) und haben die x-Achse zur Asymptote.
- Die Graphen von $f(x) = a^x$ und $h(x) = \left(\frac{1}{a}\right)^x$ liegen symmetrisch zur y-Achse.
- Die Funktionen $f(x) = a^x$ und $g(x) = \log_a x$ (↗ Abschnitt 3.6.8) sind **Umkehrfunktionen** (↗ Abschnitt 3.4) voneinander.

Die Exponentialfunktionen mit $f(x) = c \cdot a^x$ besitzen dieselben Eigenschaften wie die Funktionen $f(x) = a^x$ mit Ausnahme des Schnittpunktes mit der y-Achse, der für $f(x) = c \cdot a^x$ der Punkt (0; c) ist.

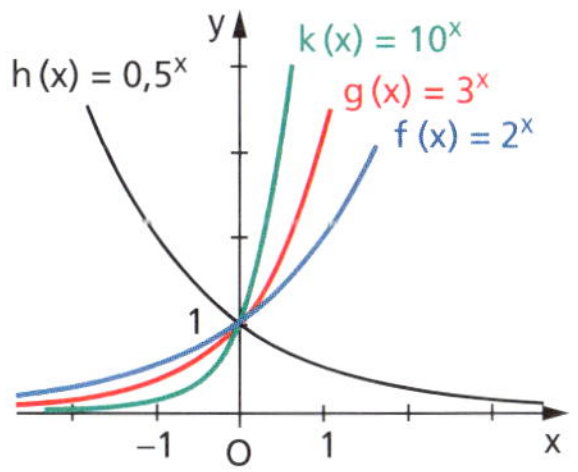

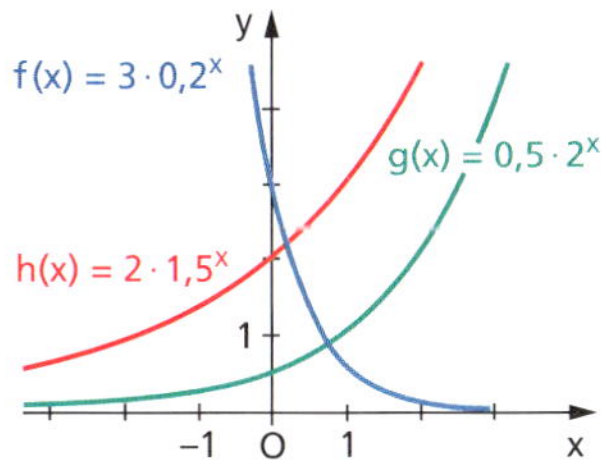

Mithilfe von Exponentialfunktionen lassen sich insbesondere Wachstums- oder Abnahme-(Zerfalls-)Prozesse in Natur, Wissenschaft und Technik beschreiben. Von besonderer Bedeutung ist dabei die Exponentialfunktion mit der **eulerschen Zahl** e = 2,718281828459… als Basis.
Man schreibt dafür auch $\exp(x) = e^x$ und spricht kurz von der (eulerschen) **e-Funktion.**

Um das Argument x_1 zu bestimmen, das dem Wert $f(x_1)$ einer Exponentialfunktion zugeordnet ist, muss die **Exponentialgleichung** $f(x_1) = a^{x_1}$ gelöst werden. Dies kann durch Probieren, mithilfe eines Rechners oder durch Anwenden der Logarithmengesetze (↗ Abschnitt 3.6.8) geschehen:

$$\log_a f(x_1) = \log_a a^{x_1} = x_1 \cdot \log_a a = x_1 \cdot 1 \Rightarrow x_1 = \log_a f(x_1)$$

Die Abhängigkeit des Luftdrucks p von der Höhe h (gemessen in Meter) wird durch die barometrische Höhenformel beschrieben.
Für den Normaldruck $p_0 \approx 101\,325$ Pa und die Luftdichte $\varrho_0 \approx 1{,}29\ \frac{kg}{m^3}$ (bei 0 °C) ergibt sich die Näherungsformel $p_h = p_0 \cdot e^{-0{,}000125 \cdot h}$.
Bei welcher Höhe sinkt der Luftdruck auf 10 % des Drucks p_0 am Erdboden?

$$\frac{p_0}{10} = p_0 \cdot e^{-0{,}000125 \cdot h}$$

$$0{,}1 = e^{-0{,}000125 \cdot h}$$

$$\ln 0{,}1 = -0{,}000125 \cdot h \;\Rightarrow\; h = \frac{\ln 0{,}1}{-0{,}000125} \approx 18{,}42 \text{ (km)}$$

In etwa 18,4 km Höhe ist der Luftdruck auf 10 % des Drucks p_0 gesunken.

3.6.8 Logarithmusfunktionen

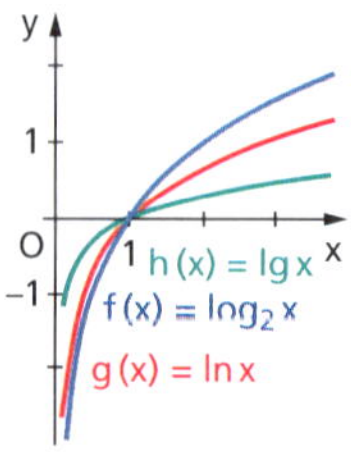

Definition Funktionen mit einer Gleichung der Form $f(x) = \log_a x$ ($a \in \mathbb{R}$, $a > 0$, $a \neq 1$) heißen **Logarithmusfunktionen.** Ihr Definitionsbereich ist die Menge $\mathbb{R}^+$ der positiven reellen Zahlen.

Eigenschaften der Logarithmusfunktionen:

- Der Wertebereich ist die Menge der reellen Zahlen: $W_f = \mathbb{R}$
- Wegen $\log_a 1 = 0$ besitzen alle Logarithmusfunktionen die Nullstelle $x_0 = 1$ (und nur diese); ihre Graphen verlaufen demzufolge durch den Punkt (1; 0).
- Jede Logarithmusfunktion ist eineindeutig, d.h., für $x_1 \neq x_2$ gilt stets auch $f(x_1) \neq f(x_2)$.
- Falls $a > 1$, so folgt aus $x_1 < x_2$ auch $f(x_1) < f(x_2)$ (f ist streng monoton wachsend);
falls $0 < a < 1$ und $x_1 < x_2$, so gilt $f(x_1) > f(x_2)$ (f ist streng monoton fallend).
- Die y-Achse ist Asymptote der Graphen von $f(x) = \log_a x$.
- Die Graphen von $f(x) = \log_a x$ und $k(x) = \log_{\frac{1}{a}} x$ liegen symmetrisch zur x-Achse.

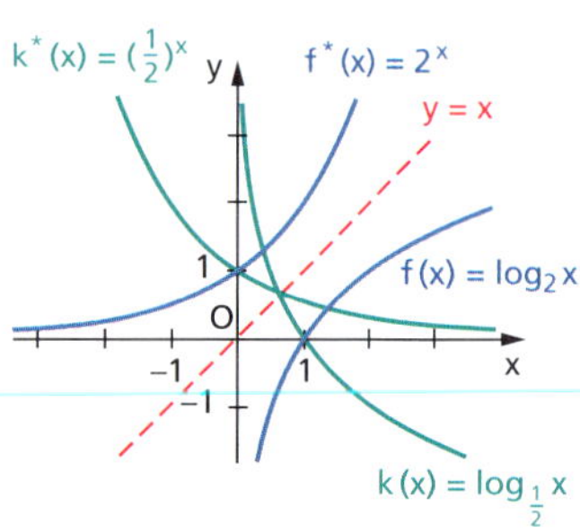

Die Funktionen $f(x) = \log_a x$ und $f^*(x) = a^x$ (↗ Abschnitt 3.6.7) sind **Umkehrfunktionen** (↗ Abschnitt 3.4) voneinander. Ihre Graphen liegen folglich spiegelbildlich zur Geraden $y = x$.

Logarithmusfunktionen finden ebenso wie Exponentialfunktionen in den Naturwissenschaften, der Technik und der Wirtschaft Anwendung. Von besonderer Bedeutung sind dabei die Logarithmusfunktionen mit den Basen e und 10, weshalb diese auch spezielle Bezeichnungen tragen:

$f(x) = \log_e x = \ln x$ **natürliche Logarithmusfunktion**
($\ln x$: natürlicher Logarithmus von x)

$f(x) = \log_{10} x = \lg x$ **dekadische Logarithmusfunktion**
($\lg x$: dekadischer Logarithmus von x)

Für das Rechnen mit Logarithmen gilt eine Reihe von Regeln und Gesetzmäßigkeiten, die aus den Zusammenhängen zwischen Potenzieren und Logarithmieren sowie aus den Potenzgesetzen für Potenzen mit reellen Exponenten resultiert.

Logarithmengesetze
Sind a, x und y positive reelle Zahlen und ist $a \neq 1$, so gilt:

a) $\log_a(a^x) = x$ b) $a^{\log_a y} = y$ c) $\log_a(x \cdot y) = \log_a x + \log_a y$

d) $\log_a\left(\frac{x}{y}\right) = \log_a x - \log_a y$ e) $\log_a x^k = k \cdot \log_a x \quad (k \in \mathbb{R})$

Die Weltbevölkerung umfasste zum Jahreswechsel 2010/11 rund 6,93 Milliarden Menschen. Wann werden voraussichtlich 7 Milliarden Menschen auf der Erde leben?
Geht man davon aus, dass die Erdbevölkerung exponentiell wächst und weltweit jährlich um rund 1,14 % zunimmt, dann lässt sich aus $f(t) = 6{,}93 \cdot 1{,}0114^t$ die Zeit t für $f(t) = 7$ berechnen.

$$7 = 6{,}93 \cdot 1{,}0114^t$$

$$\ln 7 = \ln(6{,}93 \cdot 1{,}0114)^t = \ln 6{,}93 + t \cdot \ln 1{,}0114, \text{ also } t = \frac{\ln 7 - \ln 6{,}93}{\ln 1{,}0114} \approx 0{,}9$$

Das heißt: Bei gleichbleibendem Wachstumstempo wird etwa im Herbst 2011 die 7-Milliarden-Grenze erreicht sein.

Zusammenhänge zwischen Logarithmen unterschiedlicher Basen

Für das Berechnen von Logarithmen für eine beliebige Basis a ist es vorteilhaft, wenn man diese Berechnung auf Logarithmen zurückführt, deren Werte aus Tabellen entnommen bzw. von Computern ermittelt werden können. Derartige „standardisierte" Logarithmen sind die natürlichen Logarithmen (Basis e) und die dekadischen Logarithmen (Basis 10).
Es gilt: $y = \log_a x \Leftrightarrow a^y = x$

Durch Logarithmieren der Gleichung $a^y = x$ erhält man mithilfe des

natürlichen Logarithmus: $y \cdot \ln a = \ln x$, also $\log_a x = \frac{\ln x}{\ln a}$

dekadischen Logarithmus: $y \cdot \lg a = \lg x$, also $\log_a x = \frac{\lg x}{\lg a}$

Für die Spezialfälle a = 10 und a = e ergeben sich die Umrechnungsbeziehungen zwischen dekadischen und natürlichen Logarithmen:

a = 10: $\lg x = \frac{\ln x}{\ln 10} \approx 0{,}43429 \cdot \ln x$

a = e: $\ln x = \frac{\lg x}{\lg 10} \approx 2{,}30259 \cdot \lg x$

Logarithmen verschiedener Basen unterscheiden sich nur durch einen konstanten Faktor.

Allgemein gilt für die Umrechnung von Logarithmen zweier unterschiedlicher Basen a_1 und a_2:

$$\log_{a_1} x = \log_{a_2} x \cdot \frac{\ln a_2}{\ln a_1} \text{ und analog } \log_{a_1} x = \log_{a_2} x \cdot \frac{\lg a_2}{\lg a_1}$$

$$\log_5 7 = \lg 7 \cdot \frac{\ln 10}{\ln 5} \approx 1{,}20906$$

3.6.9 Weitere spezielle reelle Funktionen

Die Betragsfunktion

Die Funktion f, die jedem $x \in \mathbb{R}$ den Betrag von x zuordnet, heißt **Betragsfunktion.**
Kurz: $f(x) = |x|,\ x \in \mathbb{R}$
Ihr Wertebereich ist die Menge aller positiven reellen Zahlen einschließlich der 0. Mithilfe der Definition des absoluten Betrages einer reellen Zahl x

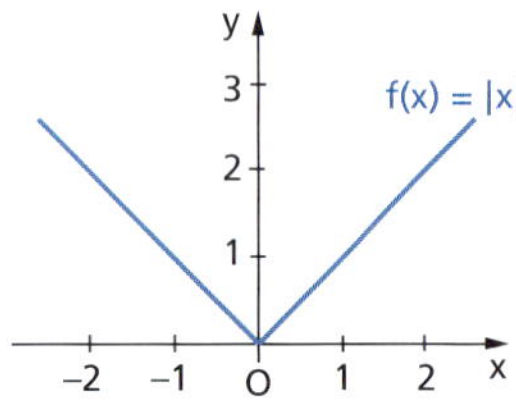

$$|x| = \begin{cases} x & \text{für } x \geq 0; \\ -x & \text{für } x < 0 \end{cases}$$

kann die Funktionsgleichung der Betragsfunktion in die Form

$$f(x) = \begin{cases} x & \text{für } x \geq 0; \\ -x & \text{für } x < 0 \end{cases}$$

gebracht werden.
Man sagt: Die Betragsfunktion wurde abschnittsweise definiert.

Der Graph der Betragsfunktion besteht dementsprechend aus zwei Strahlen, die im Koordinatenursprungspunkt (0; 0) ihren Anfangspunkt haben. Allgemein bezeichnet man jede Funktion als Betragsfunktion, in deren Funktionsgleichung die unabhängige Variable in Betragszeichen steht.

Betrachtet werden die Betragsfunktionen $f_1(x) = |x + 3|$ und $f_2(x) = |x - 2|$. Beide Funktionen sind über der Menge aller reellen Zahlen definiert und besitzen als Wertebereich die Menge aller positiven reellen Zahlen einschließlich der 0.

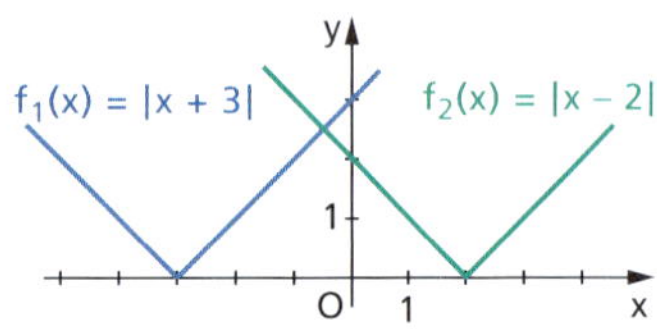

Das Auflösen der Betragszeichen führt zu:

$$f_1(x) = \begin{cases} x + 3 & \text{für } x \geq -3 \\ -x - 3 & \text{für } x < -3 \end{cases} \quad \text{und} \quad f_2(x) = \begin{cases} x - 2 & \text{für } x \geq 2 \\ -x + 2 & \text{für } x < 2 \end{cases}$$

Aufgrund der „Wirkungsweise" des Betrages (es werden stets nichtnegative Zahlen erzeugt) erhält man bei den betrachteten Betragsfunktionen die zugehörigen Graphen aus den entsprechenden Graphen der linearen Funktionen $f_1^*(x) = x + 3$ bzw. $f_2^*(x) = x - 2$, indem man jeweils den unterhalb der x-Achse liegenden Teil der Geraden an der x-Achse spiegelt.

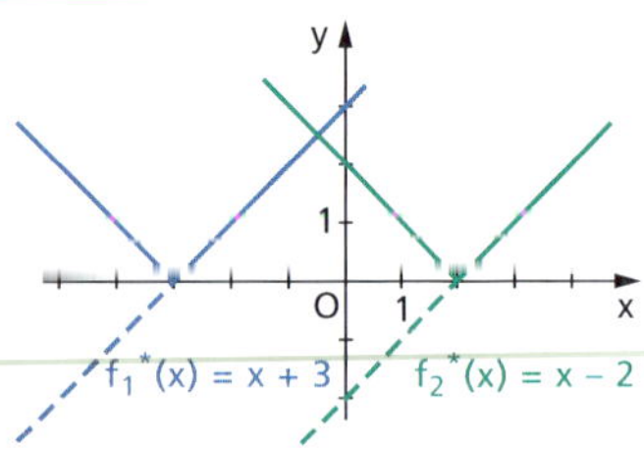

Die Vorzeichenfunktion (Signumfunktion)

Die Funktion f, die jeder positiven reellen Zahl die Zahl 1, der Zahl 0 wiederum die Zahl 0 und jeder negativen reellen Zahl die Zahl –1 zuordnet, heißt **Vorzeichenfunktion** (Signumfunktion). Sie lässt sich durch folgende Funktionsgleichungen abschnittsweise beschreiben:

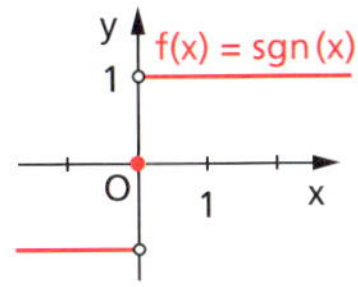

$$f(x) = \operatorname{sgn} x = \begin{cases} 1 & \text{für } x > 0 \\ 0 & \text{für } x = 0 \\ -1 & \text{für } x < 0 \end{cases}$$

Der Definitionsbereich der Vorzeichenfunktion ist $D_f = \mathbb{R}$; ihr Wertebereich besteht nur aus den Elementen 1, 0 und –1. Diese Funktion ordnet gewissermaßen jeder reellen Zahl ihr Vorzeichen zu.

Die Ganzteilfunktion (gaußsche Klammerfunktion)

Im Rahmen von Computerprogrammen oder auch bei anderen mathematischen Anwendungen ist es oft notwendig, als Dezimalbrüche gegebenen reellen Zahlen bestimmte ganze Zahlen zuzuordnen. Dies leistet beispielsweise die **Ganzteilfunktion** f(x) = [x] (auch **gaußsche Klammerfunktion** oder **Integerfunktion** genannt).
Unter dem Term [x] (der sogenannten Gauß-Klammer) versteht man dabei die größte ganze Zahl $k \in \mathbb{Z}$, die kleiner oder gleich x ist. Die Ganzteilfunktion hat den Definitionsbereich $D_f = \mathbb{R}$ sowie den Wertebereich $W_f = \mathbb{Z}$ und wird häufig in folgender Form geschrieben:

$$f(x) = \text{INT}(x) = [x] = \begin{cases} x, & \text{falls } x \text{ ganzzahlig ist} \\ \text{die zu } x \text{ nächstkleinere ganze Zahl,} & \\ \text{falls } x \text{ nicht ganzzahlig ist} & \end{cases}$$

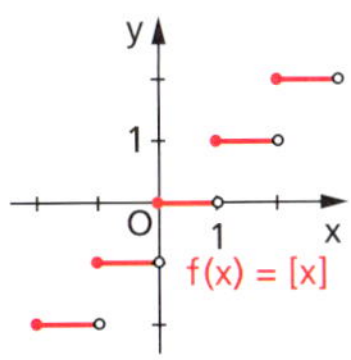

Den Graph von f zeigt nebenstehende Figur. Aufgrund der Ähnlichkeit mit einer Treppe spricht man gelegentlich auch von einer **Treppenfunktion.**

Die dirichletsche Funktion

Die Graphen abschnittsweise definierter Funktionen kann man in den einzelnen Abschnitten als geschlossenen Kurvenzug zeichnen. Für die so genannte **dirichletsche Funktion**

$$f(x) = \begin{cases} 1, & \text{falls } x \text{ rational} \\ 0, & \text{falls } x \text{ irrational,} \end{cases}$$

PETER GUSTAV LEJEUNE DIRICHLET
(1805 bis 1859)

lässt sich der Graph nicht einmal abschnittsweise als geschlossene Linie zeichnen. Die grafische Darstellung dieser Funktion besteht aus der Menge aller Punkte mit irrationaler Abszisse auf der x-Achse und aus der Menge aller Punkte mit rationaler Abszisse auf der Parallelen zur x-Achse durch y = 1. Sie darzustellen ist unmöglich. Eine gewisse Vorstellung der dirichletschen Funktion liefert nachfolgende Figur nur in Verbindung mit der Einsicht, dass die Menge der rationalen Zahlen überall dicht ist, trotzdem aber nicht alle Punkte der Zahlengeraden erfasst. Es treten Lücken auf. Entsprechendes gilt für die Menge der irrationalen Zahlen.

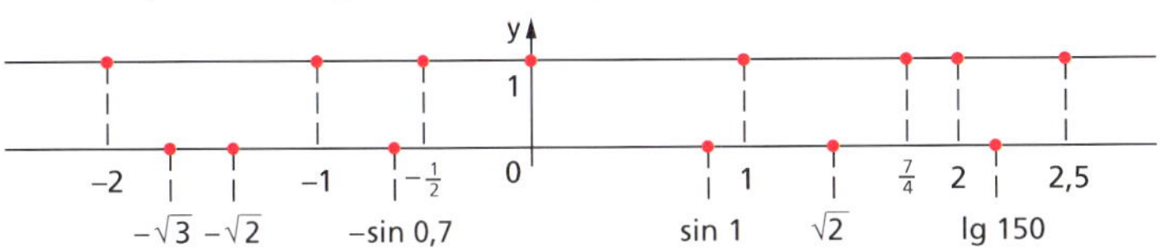

3

Funktionenklassen

Funktionen	Veranschaulichung
Lineare Funktionen Funktionsterm: $f(x) = mx + n$ mit m – Steigung; n – y-Achsenabschnitt Graph: Gerade Eigenschaften: steigend für $m > 0$, fallend für $m < 0$ Nullstelle: $x_0 = -\frac{n}{m}$ für $m \neq 0$	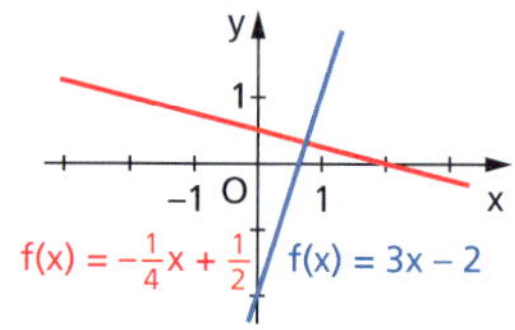
Quadratische Funktionen Normalform: $f(x) = ax^2 + bx + c$ Scheitelpunktform: $f(x) = a(x + d)^2 + e$ Linearform: $f(x) = a(x - x_1)(x - x_2)$ Graph: Parabel mit dem Scheitelpunkt S(–d; e) Nullstellen: · keine, eine (doppelte) oder zwei Nullstellen x_1, x_2 · aus $x^2 + px + q = 0 \Rightarrow x_{1;\,2} = -\frac{p}{2} \pm \sqrt{\frac{p^2}{4} - q}$ · aus $ax^2 + bx + c = 0 \Rightarrow x_{1;\,2} = \frac{-b \pm \sqrt{b^2 - 4ac}}{2a}$	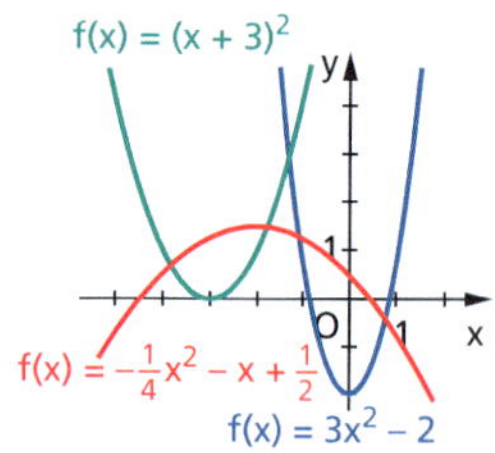
Potenzfunktionen Funktionsterm: $f(x)= x^t$, $t \in \mathbb{R}$: Graph: $f(x) = x^n$: Parabel n-ten Grades für $n \in \mathbb{N}^*$ $f(x) = x^{-n}$: Hyperbel für $n \in \mathbb{N}^*$ $f(x) = x^{\frac{m}{n}}$ für $x \geq 0$: Wurzelfunktion für $m, n \in \mathbb{N}$; $m \geq 1$, $n \geq 2$; $n \nmid m$ Gemeinsamer Punkt: P(1; 1) Nullstelle: $x_0 = 0$ für $f(x) = x^n$ mit $n \in \mathbb{N}^*$ und für $f(x) = x^{\frac{m}{n}}$ mit $\frac{m}{n} > 0$	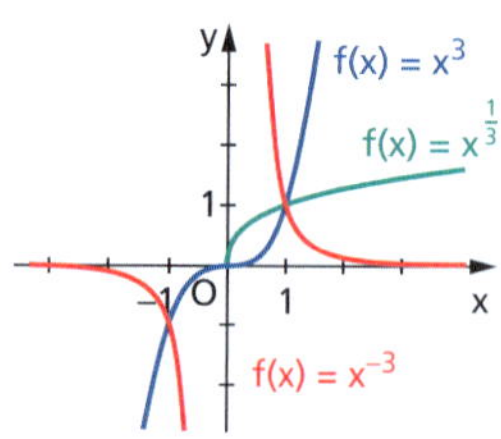
Exponentialfunktionen $f(x) = ab^x$, mit $a, b \in \mathbb{R}$, $a \neq 0$, $b > 0$ und $b \neq 1$ Graph für $b > 1$ steigend, für $0 < b < 1$ fallend Gemeinsamer Punkt: P(0; 1) Nullstellen: keine **Logarithmusfunktionen** $f(x) = \log_b x$, mit $b > 0$, $b \neq 1$ für $x > 0$ Graph für $b > 1$ steigend, für $0 < b < 1$ fallend Gemeinsamer Punkt: P(1; 0) Nullstelle: $x_0 = 1$	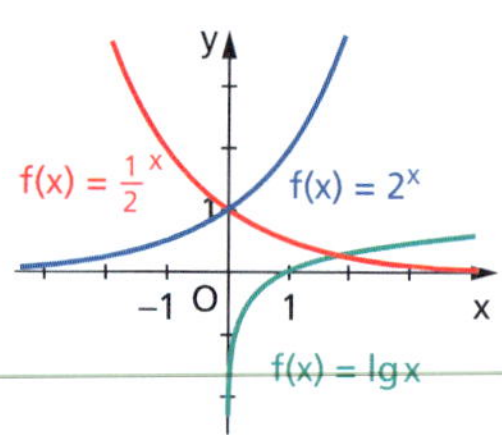
Trigonometrische Funktionen Funktionsterme: Sinusfunktion: $f(x) = \sin x$ Kosinusfunktion: $f(x) = \cos x$ Graphen: 2π-periodisch mit Wertebereich $-1 \leq f(x) \leq 1$ Nullstellen der Sinusfunktion: $x = k\pi$, Nullstellen der Kosinusfunktionen: $x = \frac{\pi}{2} + k\pi$, $k \in \mathbb{Z}$	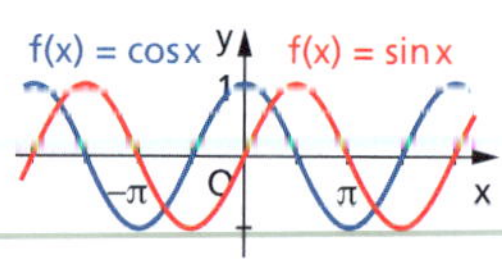

Wissenstest 3 auf **http://wissenstests.schuelerlexikon.de** und auf der DVD

Gleichungen und Gleichungssysteme 4

4

4.1 Lineare, quadratische, biquadratische Gleichungen

Definition Eine Gleichung der Form $a_1x + a_0 = 0$ mit $a_1, a_0 \in \mathbb{R}, a_1 \neq 0$ heißt **lineare Gleichung** oder Gleichung ersten Grades.

Die Gleichung $a_1x + a_0 = 0$ ist eindeutig lösbar. Die Lösung ist $x = -\frac{a_0}{a_1}$.

Die Menge aller Lösungen einer Gleichung (oder eines Gleichungssystems) wird oftmals als sog. Lösungsmenge in der Form L = {...} angegeben.

Um die Gleichung $\frac{2}{3}x - 1 = \frac{x-1}{2}$ zu lösen, ist sie durch äquivalente Umformungen schrittweise zu vereinfachen:

$$\frac{2}{3}x - 1 = \frac{x-1}{2} \quad |\cdot 6 \text{ (Hauptnenner)}$$
$$6\left(\frac{2}{3}x - 1\right) = 3(x-1)$$
$$4x - 6 = 3x - 3 \quad |-3x + 6$$
$$x = 3$$

Probe:

linke Seite: $\frac{2}{3} \cdot 3 - 1 = 1$

rechte Seite: $\frac{3-1}{2} = 1$ Vergleich: $1 = 1$

Die Zahl 3 ist die einzige Lösung der Gleichung x = 3 und damit auch die einzige Lösung der Ausgangsgleichung. Die Lösungsmenge ist demnach L = {3}.

Der Grad einer Gleichung wird durch den Exponenten der höchsten Potenz von x bestimmt.

Definition Eine Gleichung der Form $a_2x^2 + a_1x + a_0 = 0$ mit $a_2, a_1, a_0 \in \mathbb{R}$ und $a_2 \neq 0$ heißt **quadratische Gleichung** oder Gleichung zweiten Grades.
Man bezeichnet a_2x^2 als *quadratisches*, a_1x als *lineares* und a_0 als *absolutes Glied.*

Die Gleichung $a_2x^2 + a_1x + a_0 = 0$, $a_2 \neq 0$ stellt die **allgemeine Form** einer quadratischen Gleichung dar.
Dividiert man die allgemeine Form durch a_2 und führt zur Verkürzung der Schreibweise die Koeffizienten $p = \frac{a_1}{a_2}$ und $q = \frac{a_0}{a_2}$ ein, so erhält man die **Normalform einer quadratischen Gleichung.**

discriminare (lat.) – unterscheiden

Definition Die Gleichung $x^2 + px + q = 0$ mit $p, q \in \mathbb{R}$ heißt **Normalform einer quadratischen Gleichung.**

Ist die Diskriminante negativ (D < 0), so sind die Lösungen komplexe Zahlen (↗ Abschnitt 4.2 und Kapitel 9).

Die *Anzahl* der Lösungen einer quadratischen Gleichung für $x \in \mathbb{R}$ wird von der **Diskriminante** $\mathbf{D = \left(\frac{p}{2}\right)^2 - q}$ bestimmt.

D = 0	D > 0	D < 0
eine (doppelte) Lösung	zwei Lösungen	keine Lösung in $\mathbb{R}$

Mögliche Verfahren zur Lösung einer in Normalform gegebenen quadratischen Gleichung hängen von den Koeffizienten p und q ab:

Koeffizienten		Gleichung	Lösung
$p = 0$	$q \neq 0$	$x^2 + q = 0$	$x_1 = +\sqrt{-q},\ x_2 = -\sqrt{-q},\ q < 0$
$p \neq 0$	$q = 0$	$x^2 + px = 0$ bzw. $x(x + p) = 0$	$x_1 = 0,\ x_2 = -p$
p beliebig	q beliebig	$x^2 + px + q = 0$	$x_{1;\,2} = -\frac{p}{2} \pm \sqrt{\left(\frac{p}{2}\right)^2 - q},\ \left(\frac{p}{2}\right)^2 - q \geq 0$

Einen Zusammenhang zwischen den Koeffizienten p und q und den Lösungen x_1 und x_2 fand der französische Mathematiker FRANÇOIS VIETA.

FRANÇOIS VIETA (1540 bis 1603)

Wurzelsatz von Vieta
x_1 und x_2 sind genau dann Lösungen der Gleichung $x^2 + px + q = 0$, wenn $x_1 + x_2 = -p$ und $x_1 \cdot x_2 = q$.

Um Nullstellen der Funktion $f(x) = 4x^2 + x - \frac{3}{2}$ zu bestimmen, muss die Gleichung $0 = 4\,x^2 + x - \frac{3}{2}$ gelöst werden:
Nach Division durch 4 entsteht die Normalform $0 = x^2 + \frac{1}{4}x - \frac{3}{8}$.
Man liest $p = \frac{1}{4}$ und $q = -\frac{3}{8}$ ab und erhält die Lösungen
$x_{1;\,2} = -\frac{1}{8} \pm \sqrt{\frac{1}{64} + \frac{24}{64}}$, also $x_1 = \frac{1}{2}$ und $x_2 = -\frac{3}{4}$.
Für die Probe kann der Wurzelsatz des Vieta verwendet werden.
Es gilt: $-x_1 - x_2 = -\frac{1}{2} - \left(-\frac{3}{4}\right) = \frac{1}{4} = p$ und $x_1 \cdot x_2 = \frac{1}{2} \cdot \left(-\frac{3}{4}\right) = -\frac{3}{8} = q$
x_1 und x_2 sind die Nullstellen der untersuchten Funktion.

Der Wurzelsatz von Vieta wird vor allem zur Durchführung der Probe verwendet.

Definition Eine Gleichung 4. Grades der Form $a_4x^4 + a_2x^2 + a_0 = 0$, $a_4 \neq 0$ heißt **biquadratische Gleichung.**

Biquadratische Gleichungen lassen sich durch die Substitution $x^2 = t$ in eine quadratische Gleichung überführen und mithilfe der bekannten Lösungsverfahren für quadratische Gleichungen lösen.

Es sind die Nullstellen der Funktion $f(x) = x^4 - 3x^2 - 4$ zu bestimmen.
Da im Funktionsterm nur gerade Potenzen von x auftreten, kann x^2 durch t ersetzt werden. Man erhält:
$0 = t^2 - 3t - 4$

(1) Lösen der transformierten Gleichung:
$0 = t^2 - 3t - 4$, also $t_1 = 4$ und $t_2 = -1$

(2) Rücktransformation: $x^2 = 4 \Rightarrow x_1 = 2;\ x_2 = -2$
$x^2 = -1$ ist in $\mathbb{R}$ nicht lösbar.

(3) Da $D_f = \mathbb{R}$, sind $x_1 = -2$ und $x_2 = 2$ die einzigen beiden Nullstellen der Funktion $f(x) = x^4 - 3x^2 - 4$.

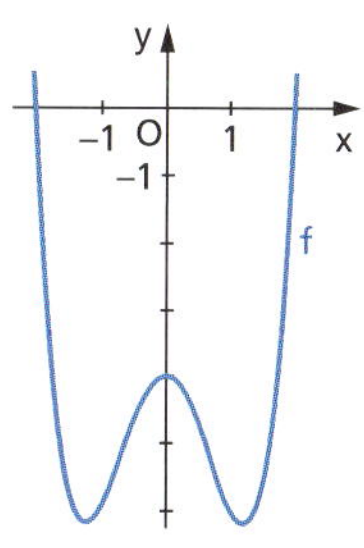

4

4.2 Gleichungen höheren Grades

Definition Ein Term $P_n(x)$ der Form
$a_nx^n + a_{n-1}x^{n-1} + a_{n-2}x^{n-2} + \ldots + a_1x + a_0$ mit $n \in \mathbb{N}$,
$a_0, a_1, \ldots, a_n \in \mathbb{R}$ und $a_n \neq 0$ heißt **Polynom n-ten Grades.**
Der Exponent n bestimmt den **Grad** des Polynoms.
Die Zahlen $a_0, a_1, \ldots, a_n$ heißen **Koeffizienten** des Polynoms.

Definition Eine Gleichung der Form
$P_n(x) = a_nx^n + a_{n-1}x^{n-1} + a_{n-2}x^{n-2} + \ldots + a_1x + a_0 = 0$ mit $n \in \mathbb{N}$, $a_0, a_1, \ldots, a_n \in \mathbb{R}$ und $a_n \neq 0$ heißt **algebraische Gleichung n-ten Grades.**

Die Gleichung $2x^5 - x^2 + 8x - 9 = 0$ ist eine Gleichung fünften Grades ($n = 5$) mit $a_0 = -9$, $a_1 = 8$, $a_2 = -1$, $a_3 = 0$, $a_4 = 0$, $a_5 = 2$.

Lösungsverfahren für Gleichungen n-ten Grades

Einzelne Lösungen lassen sich auch mithilfe des Hornerschemas ermitteln.

Da für Gleichungen höheren Grades in der Regel keine Lösungsformel zur Verfügung steht, wird versucht, eine erste Lösung x_1 durch Probieren oder mithilfe einer grafischen Darstellung zu finden. Weitere Lösungen ergeben sich mithilfe der Polynomdivision.

Satz Ist x_1 eine Lösung der Gleichung
$P_n(x) = a_nx^n + a_{n-1}x^{n-1} + a_{n-2}x^{n-2} + \ldots + a_1x + a_0 = 0$ mit $n \in \mathbb{N}$, $a_0, a_1, \ldots, a_n \in \mathbb{R}$ und $a_n \neq 0$, so kann das Polynom P_n in ein Produkt $P_n(x) = (x - x_1) \cdot P_R(x)$ aus dem Linearfaktor $(x - x_1)$ und dem Restpolynom P_R zerlegt werden. P_R ist dann ein Polynom vom Grade $(n - 1)$.

Zur Ermittlung einer weiteren Lösung ist nun die Gleichung $P_R(x) = 0$ zu untersuchen. Ist auch diese Gleichung mit bekannten Lösungsformeln nicht lösbar, kann man versuchen, $P_R(x)$ in ein Produkt mit dem Faktor $(x - x_2)$ zu zerlegen. Dieses Verfahren kann so lange fortgesetzt werden, bis eine vollständige **Zerlegung in Faktoren** vorliegt.
Aus obigem Satz lässt sich ableiten, dass eine Gleichung n-ten Grades im Bereich der reellen Zahlen *höchstens n Lösungen* besitzt. Besitzt die Gleichung im Bereich der reellen Zahlen *genau n Lösungen*, lässt sie sich ausschließlich als Produkt von Linearfaktoren schreiben:

Da jede ganzzahlige Lösung x ein Teiler von a_0 ist, sollte beim Lösen durch Probieren mit den Teilern des Absolutgliedes begonnen werden.

$$a_nx^n + a_{n-1}x^{n-1} + \ldots + a_1x + a_0 = a_n \cdot (x - x_1) \cdot (x - x_2) \cdot \ldots \cdot (x - x_n) = 0$$

Es sind die Lösungen der Gleichung $x^4 - x^3 - 19x^2 - 11x + 30 = 0$ zu bestimmen.
Da eine Lösungsformel nicht zur Verfügung steht, wird eine erste Lösung durch Probieren ermittelt. Man erhält auf diese Weise $x_1 = 1$. Weitere Lösungen erhält man gegebenenfalls nach Abspalten des Linearfaktors $(x - 1)$. Dazu wird eine Polynomdivision durchgeführt:

$$
\begin{array}{l}
(x^4 - x^3 - 19x^2 - 11x + 30) : (x - 1) = x^3 - 19x - 30 \\
\underline{-(x^4 - x^3)} \\
\quad -19x^2 - 11x + 30 \\
\quad \underline{-(-19x^2 + 19x)} \\
\qquad -30x + 30 \\
\qquad \underline{-(-30x + 30)} \\
\qquad\qquad 0
\end{array}
$$

Damit gilt die Zerlegung:
$x^4 - x^3 - 19x^2 - 11x + 30 = (x - 1) \cdot (x^3 - 19x - 30)$

Weitere Lösungen ergeben sich aus der Gleichung $x^3 - 19x - 30 = 0$. Durch Probieren kann man nun $x_2 = -2$ finden. Die anschließende Polynomdivision liefert $(x^3 - 19x - 30) : (x + 2) = x^2 - 2x - 15$.

Die hieraus folgende Gleichung 2. Grades $x^2 - 2x - 15 = 0$ lässt sich mithilfe der Lösungsformel für quadratische Gleichungen lösen:

Aus $x_{3;\,4} = 1 \pm \sqrt{1 + 15}$ folgen die Lösungen $x_3 = 5$ und $x_4 = -3$.

Die Gleichung $x^4 - x^3 - 19x^2 - 11x + 30 = 0$ hat also die Lösungen $x_1 = 1$, $x_2 = -2$, $x_3 = 5$ und $x_4 = -3$.

Man erhält die Linearfaktorenzerlegung:
$x^4 - x^3 - 19x^2 - 11x + 30 = (x - 1) \cdot (x + 2) \cdot (x - 5) \cdot (x + 3)$

Die Polynomdivision wird in Analogie zum schriftlichen Dividieren bei ganzen Zahlen durchgeführt.

Eine Gleichung dritten Grades kann mithilfe der cardanischen Formel gelöst werden.

Die Lösungen einer Gleichung müssen nicht voneinander verschieden sein. Kommt eine Lösung 2-, 3-, …, n-mal vor, spricht man von einer doppelten, dreifachen, …, n-fachen Lösung.

Wie man durch Ausmultiplizieren erkennen kann, ist die Gleichung $0 = x^5 + 4x^4 + x^3 - 10x^2 - 4x + 8$ identisch mit der Produktdarstellung $0 = (x - 1)(x - 1)(x + 2)(x + 2)(x + 2)$.
Diese Gleichung hat die *doppelte* Lösung $x_{1;\,2} = 1$ und die *dreifache* Lösung $x_{3;\,4;\,5} = -2$.

Lässt sich eine Gleichung nicht durch Zurückführen auf eine bekannte Form lösen, wendet man auch Näherungsverfahren an.

Während quadratische Gleichungen und Gleichungen höheren Grades im Bereich der reellen Zahlen nicht immer oder nicht vollständig lösbar sind, erhält man die Lösung im Bereich der komplexen Zahlen (↗ Kapitel 9) vollständig.

Fundamentalsatz der Algebra
Im Bereich $\mathbb{C}$ der komplexen Zahlen besitzt jede Gleichung der Form $a_n z^n + a_{n-1} z^{n-1} + \ldots + a_1 z + a_0 = 0 \quad (a_i, z \in \mathbb{C}, n \in \mathbb{N}, a_n \neq 0)$ genau n Lösungen, wobei Mehrfachlösungen entsprechend ihrer Vielfachheit gezählt werden.

CARL FRIEDRICH GAUSS gelang es im Jahre 1799 als Erstem, den Fundamentalsatz der Algebra vollständig zu beweisen.

Aus dem Fundamentalsatz der Algebra folgt, dass eine ganzrationale Funktion n-ten Grades im Bereich der komplexen Zahlen genau n Nullstellen besitzt. Wie im Bereich der reellen Zahlen ist eine Zerlegung in **Linearfaktoren** möglich. Bei einer ganzrationalen Funktion n-ten Grades sind es jedoch im Bereich der komplexen Zahlen **genau** n Linearfaktoren.

4

Ist x eine nicht reelle Lösung, dann ist auch die konjugiert komplexe Zahl $\bar{x}$ eine Lösung, das heißt, komplexe Lösungen treten immer paarweise auf.

Die Gleichung $x^3 - x^2 + 4x - 4 = 0$ besitzt die Lösung $x_1 = 1$. Nach Polynomdivision erhält man die Faktorenzerlegung
$x^3 - x^2 + 4x - 4 = (x - 1)(x^2 + 4) = 0$.

Die nun zu lösende Gleichung $x^2 + 4 = 0$ hat im Bereich der reellen Zahlen keine Lösung. Dagegen erhält man für $x \in \mathbb{C}$:

$$x^2 = -4 \quad \Rightarrow \quad x_2 = \sqrt{-4} = \sqrt{4(-1)} = 2\sqrt{-1} = 2i$$
$$x_3 = -\sqrt{-4} = -\sqrt{4(-1)} = -2\sqrt{-1} = -2i$$

Die Gleichung dritten Grades hat im Bereich der komplexen Zahlen die Lösungen $x_1 = 1$, $x_2 = 2i$ und $x_3 = -2i$. Als Linearfaktorenzerlegung erhält man: $x^3 - x^2 + 4x - 4 = (x - 1)(x - 2i)(x + 2i)$

Im Bereich der komplexen Zahlen sind nicht nur alle quadratischen Gleichungen, sondern auch Gleichungen beliebigen höheren Grades lösbar.

Wie viele Nullstellen besitzt die Funktion $f(x) = x^4 - 1$ im Bereich der reellen bzw. im Bereich der komplexen Zahlen – wie viele Lösungen hat also die Gleichung $x^4 - 1 = 0$ in $\mathbb{R}$ bzw. $\mathbb{C}$?

$\mathbf{x} \in \mathbb{R}$	$\mathbf{x} \in \mathbb{C}$
Mit $t = x^2$ ergibt sich die Gleichung $t^2 - 1 = 0$ und damit $t_1 = 1$ und $t_2 = -1$. Wegen $t = x^2$ entfällt die Lösung t_2. Die verbliebene Gleichung $x^2 = t_1 = 1$ liefert die beiden Lösungen $x_1 = 1$ und $x_2 = -1$.	Mit $x = r(\cos\varphi + i\cdot\sin\varphi)$ ergibt sich nach dem Satz von Moivre (↗ Abschnitt 9.3): $x^4 = r^4(\cos 4\varphi + i\cdot\sin 4\varphi) = 1$ $= 1(\cos 0° + i\cdot\sin 0°)$ Durch Vergleich folgt $r^4 = 1$, also $r = 1$ und $\cos 4\varphi = 1$ sowie $\sin 4\varphi = 0$. Daraus folgt: $4\varphi = 0° + k_1\cdot 360°$ und $4\varphi = 0° + k_2\cdot 180°$, also: $\varphi = 0° + k_1\cdot 90°$ und $\varphi = 0° + k_2\cdot 45°$ Da beide Bedingungen gleichzeitig erfüllt sein müssen, kann φ folgende Werte annehmen: $\varphi_1 = 0° + k\cdot 360°$ $\varphi_2 = 90° + k\cdot 360°$ $\varphi_3 = 180° + k\cdot 360°$ $\varphi_4 = 270° + k\cdot 360°$
Nullstellen sind also: $x_1 = 1$ $x_2 = -1$	Nullstellen sind also: $x_1 = 1(\cos 0° + i\cdot\sin 0°) = 1$ $x_2 = 1(\cos 90° + i\cdot\sin 90°) = i$ $x_3 = 1(\cos 180° + i\cdot\sin 180°) = -1$ $x_4 = 1(\cos 270° + i\cdot\sin 270°) = -i$
Es liegen zwei einfache Nullstellen vor.	Die Funktion 4. Grades $f(x) = x^4 - 1$ besitzt im Bereich der komplexen Zahlen vier verschiedene Nullstellen.

4

4.3 Gleichungen mit absoluten Beträgen

Satz Die Gleichung $|x| = a$ hat für $a > 0$ die Lösungen $x_1 = a$ und $x_2 = -a$, für $a = 0$ die Lösung $x = 0$ und für $a < 0$ keine Lösung.

Mithilfe der Definition des absoluten Betrages einer reellen Zahl x

$$|x| = \begin{cases} x, & \text{wenn } x \geq 0 \\ -x, & \text{wenn } x < 0 \end{cases}$$

können Gleichungen, die absolute Beträge von Termen enthalten, häufig (abschnittsweise) betragsfrei dargestellt werden.

Als Rechenhilfe zum **Lösen von Betragsgleichungen** kann ein stark verkürzter Algorithmus aufgestellt werden.

Zum Lösen der Gleichung $2|x - 1| = |x + 4|$ werden die in der Gleichung auftretenden Beträge in betragsfreie Ausdrücke umgeformt:

$$|x - 1| = \begin{cases} x - 1 & \text{für } x \geq 1 \\ -(x - 1) & \text{für } x < 1 \end{cases} \qquad |x + 4| = \begin{cases} x + 4 & \text{für } x \geq -4 \\ -(x + 4) & \text{für } x < -4 \end{cases}$$

Daraus ergibt sich, dass der Definitionsbereich der Gleichung in drei Teilbereiche zu untergliedern ist:

① $x < -4$ ② $-4 \leq x < 1$ ③ $x \geq 1$

Für diese Teilbereiche erhält man dann folgende Gleichungen:

① $2(-(x - 1)) = -(x + 4)$, also $x_1 = 6$

② $2(-(x - 1)) = (x + 4)$, also $x_2 = -\frac{2}{3}$

③ $2(x - 1) = x + 4$, also $x_3 = 6$

Die Gleichung hat die reellen Lösungen $x_{1;\,3} = 6$ und $x_2 = -\frac{2}{3}$.

Man ermittle (falls vorhanden) für die Funktionen

a) $f_1(x) = 2x + |x - 1|$ und b) $f_2(x) = |x^2 - 4|$

die Koordinaten der Schnittpunkte mit der x-Achse.

Zu a):

$$f_1(x) = \begin{cases} ① \; 2x + (x - 1) = 3x - 1 & \text{für } x - 1 \geq 0, \text{ also für } x \geq 1 \\ ② \; 2x - (x - 1) = x + 1 & \text{für } x - 1 < 0, \text{ also für } x < 1 \end{cases}$$

Aus ① ergäbe sich zwar als Lösung der Gleichung $3x - 1 = 0$ und damit als Abszisse des „Schnittpunkts" mit der x-Achse der Wert

$x_1 = \frac{1}{3}$, aber $\frac{1}{3} \notin [1; \infty[$.

Aus ② erhält man als Lösung der Gleichung $x + 1 = 0$ den Wert $x_2 = -1$. Da $-1 \in]-\infty; 1]$, ist $x_2 = -1$ Abszisse des Schnittpunkts mit der x-Achse.

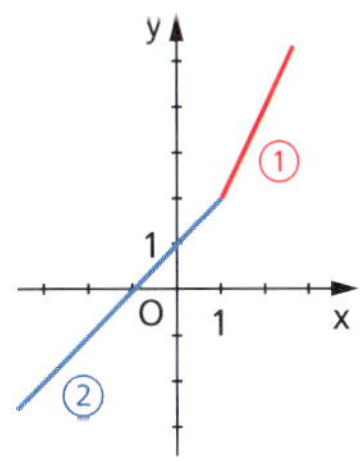

Zu b):

$$f_2(x) = \begin{cases} ① \; x^2 - 4 & \text{für } x^2 - 4 \geq 0, \text{ also für } x \in (]-\infty; -2] \vee [2; \infty[) \\ ② \; -x^2 + 4 & \text{für } x^2 - 4 < 0, \text{ also für } |x| < 2 \\ & \text{und damit } x \in]-2; 2[\end{cases}$$

Bei ① wie ② erhält man als Lösung der Gleichung $x^2 - 4 = 0$ die Werte $x_{1;\,2} = \pm 2$, die beide zum Definitionsbereich von ① gehören. Der Graph von f_2 schneidet (hier: berührt) damit die x-Achse in den Punkten (–2; 0) und (2; 0).

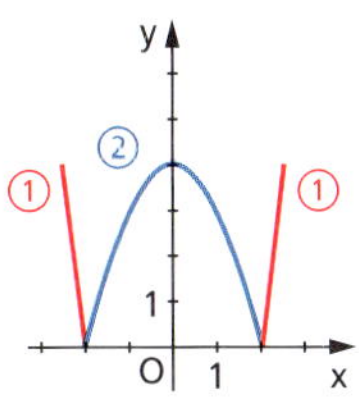

4.4 Wurzelgleichungen

▶ Die Gleichung $\sqrt{2}x = \sqrt{5}$ ist trotz der auftretenden Wurzeln keine Wurzelgleichung, sondern eine lineare Gleichung mit Wurzelkoeffizienten.

Definition Gleichungen, bei denen die Variable im Argument von Wurzelfunktionen auftritt, heißen **Wurzelgleichungen.**

Wurzelgleichungen lassen sich in einfachen Fällen durch Quadrieren in lineare oder quadratische Gleichungen umformen und dann mit den dafür bekannten Methoden lösen.

▶ Enthält die Gleichung *eine* Wurzel mit einem variablen Term als Radikand, so ist die Wurzel zuerst zu isolieren und die Gleichung danach zu quadrieren.

Gesucht sind die Lösungen der Gleichung $1 + \sqrt{x + 5} = x$ $(x \geq -5)$.

Isolieren der Wurzel: $\sqrt{x + 5} = x - 1$

Quadrieren der Gleichung: $\left(\sqrt{x + 5}\right)^2 = (x - 1)^2$

$x + 5 = x^2 - 2x + 1$

Lösen der quadratischen Gleichung: $x^2 - 3x - 4 = 0$

$x_{1;\,2} = \frac{3}{2} \pm \sqrt{\frac{9}{4} + \frac{16}{4}}$

$x_1 = 4;\quad x_2 = -1$

Probe:	linke Seite	rechte Seite	Vergleich
für $x_1 = 4$:	$1 + \sqrt{4 + 5} = 4$;	4	$4 = 4$
für $x_2 = -1$:	$1 + \sqrt{-1 + 5} = 3$;	−1	$3 \neq -1$

Demnach ist nur $x_1 = 4$ eine Lösung der Gleichung.

▶ Nicht jede Lösung einer durch Quadrieren entstandenen Gleichung muss die Wurzelgleichung erfüllen. Beim Quadrieren werden scheinbar Lösungen dazugewonnen. Deshalb ist beim Lösen von Wurzelgleichungen in jedem Fall eine Probe durchzuführen.

Grafische Lösung:
Es werden die Graphen der beiden Funktionen $f_1(x) = 1 + \sqrt{x + 5}$ und $f_2(x) = x$ gezeichnet. Die Abszisse des Schnittpunktes beider Graphen liefert die Lösung der Gleichung $1 + \sqrt{x + 5} = x$.

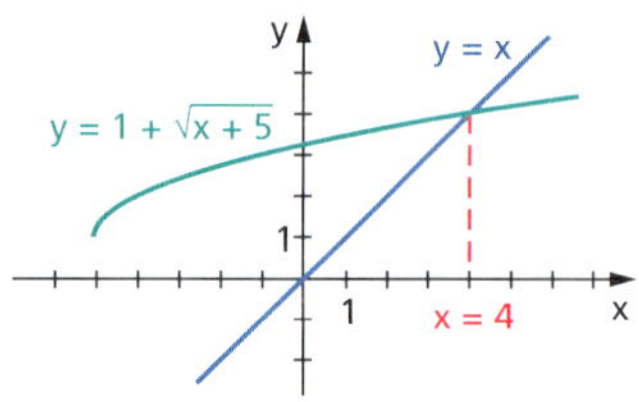

Enthält die Gleichung neben anderen Gliedern mehrere Wurzeln mit variablen Radikanden, so ist mehrmaliges Quadrieren erforderlich.

Gesucht sind die Lösungen der Gleichung $\sqrt{x + 24} + \sqrt{x - 4} = 14$ mit $x \geq -4$.

Isolieren einer Wurzel: $\sqrt{x - 4} = 14 - \sqrt{x + 24}$

Quadrieren der Gleichung: $\left(\sqrt{x - 4}\right)^2 = \left(14 - \sqrt{x + 24}\right)^2$

$x - 4 = 196 - 28\sqrt{x + 24} + x + 24$

Zusammenfassen: $\sqrt{x + 24} = 8$

Nochmaliges Quadrieren: $x + 24 = 64$

Lösen der Gleichung: $x = 40$

Probe: $\sqrt{40 + 24} + \sqrt{40 - 4} = 14$; $14 = 14$

$x = 40$ ist Lösung der Gleichung $\sqrt{x + 24} + \sqrt{x - 4} = 14$.

▶ Das Quadrieren einer Summe erfolgt immer nach der binomischen Formel.

4.5 Goniometrische Gleichungen

Definition Gleichungen, bei denen die Variable im Argument von Winkelfunktionen auftritt, heißen **goniometrische Gleichungen.**

gonia (griech.) – Winkel

Beispiele verschiedener Typen goniometrischer Gleichungen		
Gleichungen mit	*einer* Winkelfunktion	*mehreren* Winkelfunktionen
einem Argument	$\cos x = 0{,}5$ $\tan\left(x - \frac{\pi}{6}\right) = \sqrt{3}$	$\cos x = 0{,}5$ $\tan\left(x - \frac{\pi}{6}\right) = \sqrt{3}$
verschiedenen Argumenten	$\cos 2x + \cos x = 0$	$\sin^2 x = \cos^2 x$ $\sin 2x = \tan x$

Goniometrische Gleichungen können aufgrund der Periodizität trigonometrischer Funktionen unendlich viele Lösungen besitzen. In Aufgaben wird deshalb oftmals ein einschränkendes Lösungsintervall angegeben. Eine erste Lösung erhält man mithilfe eines elektronischen Rechners oder mithilfe einer Tafel. Weitere Lösungen folgen dann aus den Symmetrieeigenschaften bzw. Quadrantenbeziehungen (↗ Abschnitt 3.6.6) der Winkelfunktionen.

Elektronische Rechner geben für Gleichungen der Form $\sin x = a$ und $\tan x = a$ nur eine Lösung für das Intervall $\left[-\frac{\pi}{2}; \frac{\pi}{2}\right]$ und für $\cos x = a$ eine Lösung für das Intervall $[0; \pi]$ an.

Die Gleichung $\sin x = -0{,}5$ hat die erste Lösung $x_1 = -\frac{\pi}{6}$.
Wegen $\sin(\pi - x) = \sin x$ ist

$x_2 = \pi - \left(-\frac{\pi}{6}\right) = \frac{7}{6}\pi$.

x_1 und x_2 werden Basislösungen genannt.
Weitere Lösungen erhält man durch Addition eines Vielfachen der Periode 2π.
So ergeben sich als Gesamtlösung:

$x_1 = -\frac{\pi}{6} + 2k\pi;\ x_2 = \pi + 2k\pi,\ k \in \mathbb{Z}$

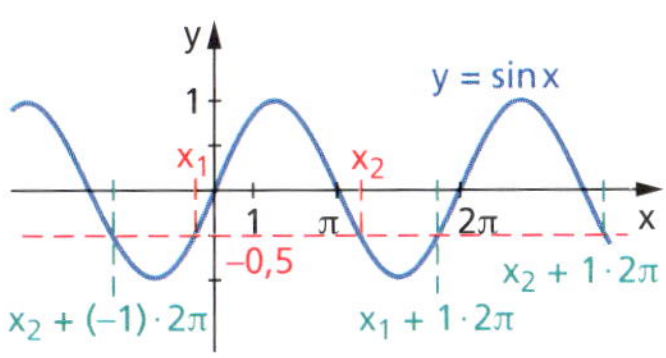

Die Gleichung $\cos x = 0{,}5$ hat die Basislösungen $x_1 = \frac{\pi}{3}$ und $x_2 = -\frac{\pi}{3}$ (wegen $\cos(-x) = \cos x$).
Da die Kosinusfunktion die Periode 2π besitzt, ergeben sich als Gesamtlösungen in $\mathbb{R}$:

$x_1 = \frac{\pi}{3} + 2k\pi;$
$x_2 = -\frac{\pi}{3} + 2k\pi,\ k \in \mathbb{Z}$

Entsprechend erhält man im Gradmaß:
$x_1 = 60° + k \cdot 360°;\ x_2 = -60° + k \cdot 360°,\ k \in \mathbb{Z}$

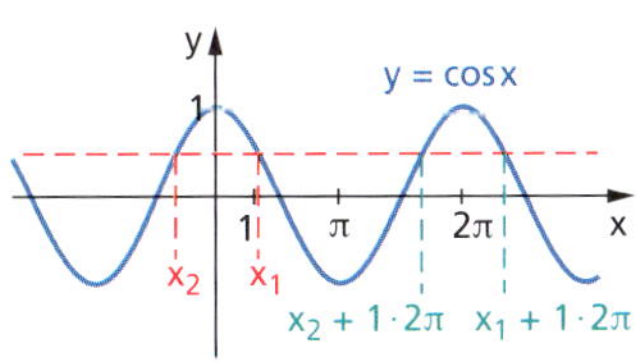

Bei der Verwendung elektronischer Rechner ist auf die entsprechende Moduseinstellung zu achten: Mit RAD wird im Bogenmaß gerechnet und mit DEG im Gradmaß.

Weitere Methoden zum Lösen goniometrischer Gleichungen

Vereinfachen durch Substitution	$\tan\left(x - \frac{\pi}{6}\right) = \sqrt{3}$; Substitution: $x - \frac{\pi}{6} = z$ Aus $\tan z = \sqrt{3}$ folgt $z = \frac{\pi}{6}$ und daraus die Basislösung $x = z + \frac{\pi}{6} = \frac{\pi}{3}$. Da die Tangensfunktion die Periode π hat, erhält man als Gesamtlösung: $x = \frac{\pi}{3} + k\pi,\ k \in \mathbb{Z}$
Umformen der Winkelfunktionen auf ein gleiches Argument	$\cos 2x + \cos x = 0 \quad (0 \le x \le 2\pi)$ Wegen $\cos 2x = 2\cos^2 x - 1$ erhält man: $2\cos^2 x + \cos x - 1 = 0$ Mit der Substitution $\cos x = z$ erhält man die quadratische Gleichung $z^2 + \frac{1}{2}z - \frac{1}{2} = 0$ mit den Lösungen: $z_1 = \frac{1}{2}$; $z_2 = -1$ Wegen $z = \cos x$ ergibt sich (1) $\cos x = \frac{1}{2}$ und damit $x_1 = \frac{\pi}{3}$, $x_2 = \frac{5}{3}\pi$ und (2) $\cos x = -1$ und damit $x_3 = \pi$.
Ausklammern einer Winkelfunktion und Anwenden eines „Nullprodukts“	$\sin x + \cos x \cdot \sin x = 0$ $\sin x(1 + \cos x) = 0$ Fall 1: $\sin x = 0$, also $x_1 = k\pi,\ k \in \mathbb{Z}$ Fall 2: $1 + \cos x = 0$, also $\cos x = -1$ und somit: $x_2 = \pi + k\pi,\ k \in \mathbb{Z}$
Umformen auf die gleiche Winkelfunktion	$3\sin x = \sqrt{3}\cos x \ (0 \le x \le 2\pi)$ Nach Division durch $\cos x \left(x \ne \frac{\pi}{2}; \frac{3\pi}{2}\right)$ erhält man $\frac{3\sin x}{\cos x} = \sqrt{3}$. Wegen $\frac{\sin x}{\cos x} = \tan x$ folgt $\tan x = \frac{1}{3}\sqrt{3}$; also: $x_1 = \frac{\pi}{6}$; $x_2 = \frac{7}{6}\pi$

▶ Winkelfunktionen lassen sich häufig mithilfe einer Doppelwinkelformel, der Beziehungen $\sin^2 x + \cos^2 x = 1$ oder $\tan x = \frac{\sin x}{\cos x}$ oder einem Additionstheorem erfolgreich umformen.

An welchen Stellen des Intervalls $0 \le x \le 2\pi$ verlaufen die Tangenten an den Graphen der Funktion $f(x) = \sin x - \cos 2x$ parallel zur x-Achse?

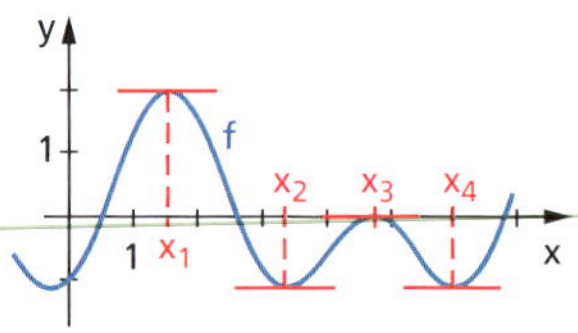

Die Tangente ist an den Stellen x_0 parallel zur x-Achse, wenn $f'(x_0) = 0$ (↗ Kapitel 6).
Da $f'(x) = \cos x + 2\sin 2x$, sind die Lösungen der Gleichung $\cos x + 2\sin 2x = 0$ gesucht.

Aus $\cos x + 2\sin 2x = 0$ und $\sin 2x = 2\sin x \cdot \cos x$ folgt:
$\cos x + 4\sin x \cdot \cos x = 0$, also $\cos x(1 + 4\sin x) = 0$

Aus $\cos x = 0$ folgt: $x_1 = \frac{\pi}{2} \approx 1{,}6$; $x_2 = \frac{3}{2}\pi \approx 4{,}7$

Aus $1 + 4\sin x = 0$ folgt: $\sin x = -\frac{1}{4}$, also $x_3 \approx 3{,}4$; $x_4 \approx 6{,}0$

4.6 Exponential- und Logarithmengleichungen

Definition Gleichungen, bei denen die Variable als Exponent einer Potenz auftritt, heißen **Exponentialgleichungen.**
Gleichungen, bei denen die Variable im Argument einer Logarithmusfunktion auftritt, heißen **Logarithmengleichungen.**

Exponentialgleichungen, logarithmische und goniometrische Gleichungen sind keine algebraischen, sondern **transzendente Gleichungen.**

Methoden zum Lösen von Exponentialgleichungen

Logarithmieren der Gleichung und anschließendes Isolieren der Variablen	$4^x = 8$ $\ln 4^x = \ln 8$ $x \cdot \ln 4 = \ln 8 \Rightarrow x = \frac{\ln 8}{\ln 4} = \frac{3 \ln 2}{2 \ln 2} = 1{,}5$
Gleichung so umformen, dass auf beiden Seiten nur Potenzen mit gleicher Basis stehen	$4^x = 8$ $(2^2)^x = 2^3$ $2^{2x} = 2^3 \Rightarrow 2x = 3 \Rightarrow x = 1{,}5$
Anwenden der Potenzgesetze und anschließendes Isolieren der Variablen	$2^{x+3} + 5 \cdot 2^{x+1} = 144$ $2^x \cdot 2^3 + 5 \cdot 2^x \cdot 2^1 = 144$ $2^x(2^3 + 10) = 144$ $2^x = 8 \Rightarrow x = 3$
Substitution der die Variable enthaltenen Potenzen, Isolieren der Substitutionsvariablen und Resubstitution	$4^x - 5 \cdot 2^x = -4$ $(2^2)^x - 5 \cdot 2^x = -4$ $(2^x)^2 - 5 \cdot 2^x = -4$ Mit $2^x = t$ folgt $t^2 - 5t + 4 = 0$ $\Rightarrow t_1 = 1$, also $2^{x_1} = 1 \Rightarrow x_1 = 0$ $t_2 = 4$, also $2^{x_2} = 4 \Rightarrow x_2 = 2$

Wenn $a^x = b$, so gilt:
$x = \frac{\ln b}{\ln a}$ bzw. $x = \frac{\lg b}{\lg a}$
(↗ Abschnitt 3.6.8)

Potenzen mit gleichen Basen sind gleich, wenn auch ihre Exponenten gleich sind.

Methoden zur Lösung von Logarithmengleichungen (↗ Abschnitt 3.6.8)

Anwenden von $e^{\ln x} = x,\ x > 0$	$\ln x = 10 \Rightarrow x = e^{10} \approx 22\,026{,}5$
Gleichung so umformen, dass auf beiden Seiten nur Logarithmen zur gleichen Basis existieren Aus der Gleichheit der Logarithmusterme folgt dann die Gleichheit der Numeri.	$2 \lg (x-1) - \lg (2x+1) = 0$ $\lg (x-1)^2 - \lg (2x+1) = \lg 1$ $\lg \frac{(x-1)^2}{2x+1} = \lg 1$ Also folgt: $\frac{(x-1)^2}{2x+1} = 1$ $(x-1)^2 = 2x + 1$ $x = 4$
Gleichung ggf. so umformen, dass nur *ein* Logarithmus auftritt, und Logarithmus substituieren	$(\ln x)^2 - \ln\left(\frac{1}{x}\right) = 2$ $(\ln x)^2 - (\ln 1 - \ln x) = 2$ $(\ln x)^2 - 0 + \ln x = 2$ Substitution: $\ln x = t$ $t^2 + t - 2 = 0 \Rightarrow t_1 = 1;\ t_2 = -2$ $t_1 = \ln x_1 = 1 \Rightarrow x_1 = e^1 = e$ $t_2 = \ln x_2 = -2 \Rightarrow x_2 = e^{-2} = \frac{1}{e^2}$

Es gilt: $0 = \lg 1$
$x = 0$ scheidet aus, da $\lg (x-1)$ nur für $x > 1$ definiert ist.

4

4.7 Lineare Gleichungssysteme

4.7.1 Gaußsches Eliminierungsverfahren

▶ Zur Lösung von Systemen aus zwei Gleichungen verwendet man das **Einsetzungsverfahren,** das **Gleichsetzungsverfahren** oder das **Additionsverfahren.**

Das gaußsche **Eliminierungsverfahren** stellt einen *Algorithmus zum Lösen linearer Gleichungssysteme* dar. Er wird vor allem für Systeme von drei und mehr Gleichungen angewandt.
Der Grundgedanke des gaußschen Algorithmus besteht darin, durch *äquivalente Umformungen (Äquivalenzumformungen)* ein zum Ausgangssystem äquivalentes Gleichungssystem zu erzeugen, in dem jede Gleichung gegenüber der darüberstehenden mindestens eine Variable weniger enthält.

Definition Zwei lineare Gleichungssysteme sind genau dann **äquivalent,** wenn sie beide die gleiche Lösungsmenge besitzen.
Im Sonderfall können also auch beide *nicht lösbar* sein, d.h. die leere Menge von Variablenbelegungen als Lösungsmenge haben.

Satz **Äquivalenzumformungen eines linearen Gleichungssystems**
Beim Übergang von einem linearen Gleichungssystem zu einem neuen bewirken folgende Operationen Aquivalenzumformungen:
- Vertauschen von zwei Gleichungen;
- Multiplizieren einer Gleichung mit einer von 0 verschiedenen Zahl;
- Addieren einer anderen Gleichung oder eines Vielfachen einer anderen Gleichung zu einer Gleichung. Dabei ist wesentlich, dass man die „andere Gleichung" in das neue System übernimmt.

Schrittfolge für das Vorgehen beim gaußschen Eliminierungsverfahren:
(0) Gegebenenfalls Gleichungen so vertauschen, dass in der ersten Gleichung die erste Variable vorkommt, dass sie also einen Koeffizienten ungleich null hat.
(1) Die erste Gleichung wird unverändert übernommen.
(2) Mithilfe der ersten Gleichung wird die erste Variable in allen folgenden Gleichungen eliminiert. Dazu wird die erste Gleichung nacheinander geeignet vervielfacht und zu den folgenden Gleichungen addiert.
(3) Die ersten beiden Gleichungen des letzten Systems werden unverändert übernommen. Die zweite Gleichung ist jetzt Eliminationsgleichung (Bezugsgleichung). Mit ihrer Hilfe wird in den folgenden Gleichungen die zweite Variable eliminiert.
(4) Die ersten drei Gleichungen des letzten Systems werden unverändert übernommen. Die dritte Gleichung ist jetzt Eliminationsgleichung für die dritte Variable.
(5) Das Verfahren wird so lange fortgesetzt, bis ein lineares Gleichungssystem entstanden ist, in dem jede Gleichung mindestens eine Variable weniger erhält als die Gleichung darüber. Bei eindeutig lösbaren Gleichungssystemen entsteht eine **Dreiecksform.**

▶ Das Element, welches zur Eliminierung dient, wird auch *Pivot-Element* genannt, die entsprechende Zeile *Pivot-Zeile* und die zugehörige Spalte *Pivot-Spalte*. (*pivot* (frz.) – so viel wie „Dreh- und Angelpunkt")

Das Gleichungssystem

$$\begin{aligned} x_2 - x_3 + 2x_4 &= 8 \\ x_1 + 2x_2 - x_3 + x_4 &= 6 \\ -x_1 + x_2 + 3x_3 + 2x_4 &= -1 \\ x_1 + 5x_2 - 4x_3 + 2x_4 &= 15 \end{aligned}$$

soll nach dem gaußschen Eliminierungsverfahren gelöst werden:

Ordnen des Systems:

$$\begin{array}{lrl} \text{(I)} & x_1 + 2x_2 - x_3 + x_4 = 6 & \text{1. Eliminationszeile} \\ \text{(II)} & -x_1 + x_2 + 3x_3 + 2x_4 = -1 & \\ \text{(III)} & x_1 + 5x_2 - 4x_3 + 2x_4 = 15 & \\ \text{(IV)} & x_2 - x_3 + 2x_4 = 8 & \end{array}$$

Eliminieren von x_1:

$$\begin{array}{lrl} \text{(I)} & x_1 + 2x_2 - x_3 + x4 = 6 & \text{(I) übernommen} \\ \text{(II')} & 3x_2 + 2x_3 + 3x_4 = 5 & \text{(I) + (II)} \\ \text{(III')} & 3x_2 - 3x_3 + x_4 = 9 & (-1)\cdot\text{(I) + (III)} \\ \text{(IV)} & x_2 - x_3 + 2x_4 = 8 & \text{(IV) übernommen} \end{array}$$

Eliminieren von x_2:

$$\begin{array}{lrl} \text{(I)} & x_1 + 2x_2 - x_3 + x_4 = 6 & \text{(I) übernommen} \\ \text{(II')} & 3x_2 + 2x_3 + 3x_4 = 5 & \text{(II') übernommen} \\ \text{(III'')} & -5x_3 - 2x_4 = 4 & (-1)\cdot\text{(II') + (III')} \\ \text{(IV')} & 5x_3 - 3x_4 = -19 & \text{(II')} + (-3)\cdot\text{(IV)} \end{array}$$

Eliminieren von x_3:

$$\begin{array}{rl} x_1 + 2x_2 - x_3 + x_4 = 6 & \text{(I) übernommen} \\ 3x_2 + 2x_3 + 3x_4 = 5 & \text{(II') übernommen} \\ -5x_3 - 2x_4 = 4 & \text{(III') übernommen} \\ -5x_4 = -15 & \text{(III'') + (IV')} \end{array}$$

Durch rückläufige Eliminierung der Variablen erhält man aus der Dreiecksform die Lösung des Gleichungssystems:

$$\begin{array}{rll} -5x_4 = -15, & \text{also:} & x_4 = 3 \\ -5x_3 - 2x_4 = 4, & \text{mit } x_4 = 3 \text{ folgt:} & x_3 = -2 \\ 3x_2 + 2x_3 + 3x_4 = 5, & \text{mit } x_4 = 3,\ x_3 = -2 \text{ folgt:} & x_2 = 0 \\ x_1 + 2x_2 - x_3 + x_4 = 6, & \text{mit } x_4 = 3,\ x_3 = -2,\ x_2 = 0 \text{ folgt:} & x_1 = 1 \end{array}$$

Lösung des Gleichungssystems ist das 4-Tupel (1; 0; –2; 3).

Lineare Gleichungssysteme, die ebenso viele Gleichungen wie Variablen besitzen, werden *quadratische Systeme genannt*.

Mithilfe nummerierter Gleichungen können die Umformungen dokumentiert und nachvollzogen werden.

Eine Lösung aus n Zahlen heißt *n-Tupel*, eine Lösung aus drei Zahlen heißt Tripel.

Diese Eliminierung kann als Fortführung des gaußschen Algorithmus auch ausführlich dargestellt werden:

$$\begin{array}{lrl} \text{(I)} & x_1 + 2x_2 - x_3 + x_4 = 6 & \\ \text{(II)} & 3x_2 + 2x_3 + 3x_4 = 5 & \\ \text{(III)} & -5x_3 - 2x_4 = 44 & \\ \text{(IV)} & x_4 = 3 & \text{1. Eliminationszeile} \end{array}$$

$$\begin{array}{lrl} \text{(I')} & x_1 + 2x_2 - x_3 = 3 & -\text{(IV) + (I)} \\ \text{(II')} & 3x_2 + 2x_3 = -4 & (-3)\cdot\text{(IV) + (II)} \\ \text{(III')} & -5x_3 = 10 & 2\cdot\text{(IV) + (III)} \\ \text{(IV)} & x_4 = 3 & \text{(IV) übernommen} \end{array}$$

$$\begin{array}{lrl} \text{(I'')} & -5x_1 - 10x_2 = -5 & \text{(III')} + (-5)\cdot\text{(I')} \\ \text{(II'')} & 15x_2 = 0 & 2\cdot\text{(III') + (II')} \\ \text{(III')} & -5x_3 = 10 & \text{(III') übernommen} \\ \text{(IV)} & x_4 = 3 & \text{(IV) übernommen} \end{array}$$

▶ Das Ergebnis der Umformungen ist ein Gleichungssystem in **Diagonalform.**

(I''')	$-15x_1$				$=$	-15	$2\cdot(\text{II}'') + 3\cdot(\text{I}'')$
(II'')		$15x_2$			$=$	0	(II') übernommen
(III')			$-5x_3$		$=$	10	(III') übernommen
(IV)				x_4	$=$	3	(IV) übernommen
	x_1				$=$	1	
		x_2			$=$	0	
			x_3		$=$	-2	
				x_4	$=$	3	

▶ Die **Matrizenrechnung** stellt ein eigenständiges Teilgebiet der Mathematik dar (↗ Kapitel 12).

Besonders übersichtlich wird die Darstellung des gaußschen Algorithmus, wenn das Gleichungssystem als Zahlenschema, eine sogenannte *Matrix* der Koeffizienten und Absolutglieder, angegeben wird:

Gleichung		x_1	x_2	x_3	x_4			
$x_2 - x_3 + 2x_4 = 8$		0	1	−1	2	8	Ordnen	
$x_1 + 2x_2 - x_3 + x_4 = 6$	↦	1	2	−1	1	6		
$-x_1 + x_2 + 3x_3 + 2x_4 = -1$		−1	1	3	2	−1		
$x_1 + 5x_2 - 4x_3 + 2x_4 = 15$		1	5	−4	2	15		
		1	2	−1	1	6		$\cdot(-1)$
		−1	1	3	2	−1	+	
		1	5	−4	2	15		+
		0	1	1	2	8		
		1	2	−1	1	6		
		0	3	2	3	5	$\cdot(-1)$	
		0	3	−3	1	9	+	
		0	1	−1	2	8		$\cdot(-3)$ +
		1	2	−1	1	6		
		0	3	2	3	5		
		0	0	−5	−2	4		
		0	0	5	−3	−19	+	
$x_1 + 2x_2 - x_3 + x_4 = 6$		1	2	−1	1	6		
$3x_2 + 2x_3 + 3x_4 = 5$		0	3	2	3	5		
$-5x_3 - 2x_4 = 4$	↤	0	0	−5	−2	4		
$-5x_4 = -15$		0	0	0	−5	−15		

Die letzten vier Zeilen der Tabelle geben das Zahlenschema des in Dreiecksform umgeformten Gleichungssystems an. Durch rückläufige Eliminierung erhält man wieder $x_4 = 3$, $x_3 = -2$, $x_2 = 0$ und $x_1 = 1$.

Die Auflösung erhält man auch durch Fortführen der Eliminierung bis zur Diagonalform:

1	0	0	0	1
0	1	0	0	0
0	0	1	0	−2
0	0	0	1	3

In dieser Form wird die Lösung des Gleichungssystems von verschiedenen grafikfähigen Taschenrechnern angezeigt.

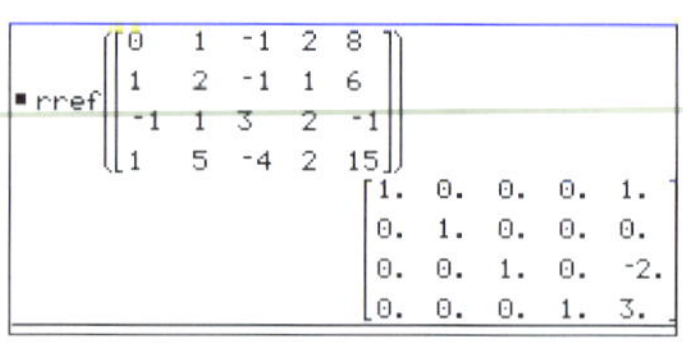

4

4.7.2 Lösbarkeit und Lösungsmenge von Gleichungssystemen

Satz Lösbarkeit eines linearen Gleichungssystems
Ein lineares Gleichungssystem hat entweder
- **keine** Lösung,
- **genau eine** Lösung oder
- **unendlich viele** Lösungen.

Führen die Äquivalenzumformungen des gaußschen Eliminierungsverfahrens auf eine Trapez- oder Dreiecksform des Systems zu keinem Widerspruch, so ist das System *lösbar*. Ergibt sich ein Widerspruch (am Ende $0 = b$ mit $b \neq 0$), so ist das Gleichungssystem *nicht lösbar*.

Ob ein lineares Gleichungssystem lösbar oder nicht lösbar ist, kann in der Regel erst nach einer Rechnung entschieden werden.

Zu untersuchen ist die Lösungsmenge folgender Gleichungssysteme:

$$\begin{aligned} 3x_1 + 2x_2 - 3x_3 &= 4 \\ -x_1 + 2x_2 - 3x_3 &= 2 \\ 3x_1 - 4x_2 + 6x_3 &= -2 \end{aligned} \qquad \begin{aligned} 2x_1 + 3x_2 - x_3 &= 1 \\ x_1 + 3x_2 + x_3 &= 2 \\ -2x_1 - 2x_2 + 4x_3 &= 4 \end{aligned} \qquad \begin{aligned} x_1 + 3x_2 + 2x_3 &= 4 \\ 2x_1 + x_2 + x_3 &= -2 \\ x1 + 2x_2 - x_3 &= 2 \end{aligned}$$

bzw. als Zahlenschemata:

x_1	x_2	x_3	
3	2	−3	4
−1	2	−3	2
3	−4	6	−2

x_1	x_2	x_3	
2	3	−1	1
1	3	1	2
−2	−2	4	4

x_1	x_2	x_3	
1	3	−2	4
2	1	1	−2
1	2	−1	2

Durch Anwendung des gaußschen Algorithmus erhält man:

x_1	x_2	x_3	
1	0	0	0
0	1	−1,5	0
0	0	0	1

x_1	x_2	x_3	
1	0	0	3
0	1	0	−1
0	0	1	2

x_1	x_2	x_3	
1	0	1	−2
0	1	−1	2
0	0	0	0

Bei einem Gleichungssystem mit mehr Variablen als Gleichungen entsteht eine **Trapezform.**

Aus der jeweils letzten Zeile folgt:

$0 \cdot x_1 + 0 \cdot x_2 + 0 \cdot x_3 = 1$

Es gibt kein Tripel $(x_1; x_2; x_3)$, das diese Gleichung erfüllt.

Das Gleichungssystem hat keine Lösung.

$0 \cdot x_1 + 0 \cdot x_2 + 1 \cdot x_3 = 2$

Aus $x_3 = 2$ erhält man durch Rückwärtsrechnen $x_2 = -1$ und $x_1 = 3$.

Das Gleichungssystem hat genau eine Lösung.

$0 \cdot x_1 + 0 \cdot x_2 + 0 \cdot x_3 = 0$

Diese Gleichung ist für alle Tripel $(x_1; x_2; x_3)$ erfüllt. Für ein beliebiges $x_3 \in \mathbb{R}$ folgt aus den ersten beiden Gleichungen genau ein x_2 und genau ein x_1 (aus $\mathbb{R}$).

Das Gleichungssystem hat unendlich viele Lösungen.

Für lösbare Gleichungssysteme gilt:
- Das Gleichungssystem hat *genau eine Lösung*, falls mithilfe des gaußschen Algorithmus eine Dreiecksform erreichbar ist.
- Das Gleichungssystem hat *unendlich viele Lösungen*, falls Äquivalenzumformungen zu einer Trapezform des Systems führen.

Führen Umformungen eines Gleichungssystems mit drei Variablen zu einem System mit zwei Gleichungen in Trapezform (zweite Gleichung: $ax_2 + bx_3 = c$ mit $a \neq 0$), so bedingt jede Zahl x_3 über die zweite Gleichung eine bestimmte reelle Zahl x_2. Mithilfe der ersten Gleichung ergibt sich dann zu jedem Paar $(x_2; x_3)$ reeller Zahlen eine bestimmte reelle Zahl x_1. Für Gleichungssysteme mit drei Variablen erhält man dann Lösungsmengen (Tripel reeller Zahlen), die mithilfe von einem freien Parameter oder von zwei freien Parametern (falls sich das System auf eine einzige Gleichung reduziert) darstellbar sind.

▶ Hat ein lösbares Gleichungssystem mehr Variable als Gleichungen, besitzt es unendlich viele Lösungen.

▶ Die Lösung des **Gleichungssystems in Vektorschreibweise** ist eine Parametergleichung einer Geraden (↗ Abschnitt 11.1):

$$\begin{pmatrix} x_1 \\ x_2 \\ x_3 \end{pmatrix} = \begin{pmatrix} 3 \\ -2 \\ 0 \end{pmatrix} + t\begin{pmatrix} 1 \\ 2 \\ 1 \end{pmatrix}$$

Gesucht ist die Lösungsmenge des folgenden Gleichungssystems:

$$\begin{array}{ll} \text{(I)} & x_1 + x_2 - 3x_3 = 1 \\ \text{(II)} & x_1 + 2x_2 - 5x_3 = -1 \end{array}$$

Umformungen dieses Systems führen zur Trapezform:

$$\begin{array}{ll} \text{(I)} & x_1 + x_2 - 3x_3 = 1 \\ \text{(II')} & - x_2 + 2x_3 = 2 \end{array}$$

Das System hat demzufolge unendlich viele Lösungen.
Für eine frei wählbare Variable wird ein *freier Parameter* t eingeführt. Man schreibt $x_3 = t$ $(t \in \mathbb{R})$ und eliminiert rückläufig:

$$\begin{array}{r} x_1 + x_2 - 3t = 1 \\ -x_2 + 2t = 2 \end{array} \quad \text{bzw.} \quad \begin{array}{rrrcl} x_1 & + x_2 & & = & 1 + 3t \\ & -x_2 & & = & 2 - 2t \\ & & x_3 & = & t \\ \hline x_1 & & & = & 3 + t \\ & x_2 & & = & -2 + 2t \\ & & x_3 & = & t \end{array}$$

Lösungen für das lineare Gleichungssystem sind die Tripel $(3 + t; -2 + 2t; t)$ mit $t \in \mathbb{R}$.

Reduziert sich ein Gleichungssystem (mit drei Variablen) nach Anwendung des Gauß-Verfahrens auf *eine* Gleichung, so kann auch diese mit der beschriebenen Methode gelöst werden.

▶ Die Lösungsmenge in Vektorschreibweise stellt eine Parametergleichung der Ebene dar, welche in parameterfreier Form die Gleichung $\varepsilon: x_1 + 2x_2 - x_3 = 3$ hat.

Gesucht sind Lösungen der Gleichung $x_1 + 2x_2 - x_3 = 3$.
Hier werden *zwei freie Parameter* r und s eingeführt.
Mit $x_2 = r$, $x_3 = s$ und $r, s \in \mathbb{R}$ erhält man: $x_1 = 3 - 2x_2 + x_3 = 3 - 2r + s$
Lösungen des Gleichungssystems sind die Tripel $(3 - 2r + s; r; s)$ mit $r, s \in \mathbb{R}$. Die Lösungsmenge der Gleichung in Vektorschreibweise lautet:

$$\begin{pmatrix} x_1 \\ x_2 \\ x_3 \end{pmatrix} = \begin{pmatrix} 3 \\ 0 \\ 0 \end{pmatrix} + r\begin{pmatrix} -2 \\ 1 \\ 0 \end{pmatrix} + s\begin{pmatrix} 1 \\ 0 \\ 1 \end{pmatrix}$$

Mithilfe des gaußschen Eliminierungsverfahrens sollen die reellen Parameterpaare (a; b) ermittelt werden, für die das folgende lineare Gleichungssystem *genau* eine Lösung, *keine* Lösung oder *unendlich viele* Lösungen hat:

$$\begin{array}{ll} \text{(I)} & x_1 + 3x_2 - 2x_3 = 4 \\ \text{(II)} & 2x_1 + x_2 + x_3 = -2 \\ \text{(III)} & x_1 + 2x_2 - ax_3 = b \end{array}$$

Das gaußsche Eliminierungsverfahren liefert:

x_1	x_2	x_3			
1	3	−2	4	$\cdot(-2)$	$\cdot(-1)$
2	1	1	−2	+	
1	2	−a	b		+
1	3	−2	4		
0	−5	5	−10	$:(-5)$	
0	−1	2 − a	b − 4		
1	3	−2	4		
0	1	−1	2		
0	−1	2 − a	b − 4	+	
1	3	−2	4		
0	1	−1	2		
0	0	1 − a	b − 2		

Die letzten drei Zeilen des Schemas entsprechen dem linearen Gleichungssystem:

$$\begin{aligned} x_1 + 3x_2 - 2x_3 &= 4 \\ x_2 - x_3 &= 2 \\ (1-a)x_3 &= b-2 \end{aligned}$$

Damit ergibt sich:

- Für jede reelle Zahl a mit $a \neq 1$ erhält man (unabhängig vom Wert des Parameters b) eine Dreiecksform des Systems, d.h., für alle Paare (a; b) reeller Zahlen mit $a \neq 1$ ist das System eindeutig lösbar.
- Für $a = 1$ und $b \neq 2$ stellt die letzte Gleichung einen Widerspruch dar; für all diese Paare (a; b) ist das Gleichungssystem nicht lösbar.
- Für $a = 1$ und für $b = 2$ bedeutet die Gleichung (III') $0 = 0$: Genau für (a; b) = (1; 2) hat das System also unendlich viele Lösungen, und zwar alle Tripel (x_1; x_2; x_3) reeller Zahlen, die (I) und (II') erfüllen.

Im nachfolgenden Beispiel wird ein lineares Gleichungssystem, dessen Anzahl an Gleichungen größer ist als die Anzahl der Variablen, nach dem gaußschen Eliminierungsverfahren gelöst.

In einem Unternehmen wird eine Kupferlegierung L benötigt, die 85 % Kupfer, 10 % Zink und 5 % Zinn enthält. Zur Verfügung stehen aber nur Legierungen L_1, L_2 und L_3 mit den in der folgenden Tabelle angegebenen Zusammensetzungen:

	L_1	L_2	L_3
Kupfer	80 %	85 %	95 %
Zink	10 %	15 %	0 %
Zinn	10 %	0 %	5 %

Ob die benötigte Legierung L durch Zusammensetzung aus den Legierungen L_1, L_2 und L_3 hergestellt werden kann, zeigt die Auswertung des folgenden Ansatzes:

Mit x_1, x_2 und x_3 bezeichnen wir die Mengen der Legierungen L_1, L_2 bzw. L_3, die für die Herstellung einer Mengeneinheit der Legierung L benötigt werden, also:

(I) $x_1 + x_2 + x_3 = 1$

▶ Ein System aus vier Gleichungen mit drei Variablen lässt sich auch lösen, indem ein Teilsystem aus drei Gleichungen gelöst wird. Anschließend ist zu überprüfen, ob die ermittelte Lösungsmenge auch die vierte Gleichung erfüllt.

Weitere Gleichungen ergeben sich aus den Anteilen von Kupfer, Zink und Zinn in L_1, L_2 und L_3 einerseits und in L andererseits:

$$\begin{array}{llllll}
\text{(II)} & 0{,}8x_1 & + 0{,}85x_2 & + 0{,}95x_3 & = 0{,}85 \\
\text{(III)} & 0{,}1x_1 & + 0{,}15x_2 & & = 0{,}1 \\
\text{(IV)} & 0{,}1x_1 & & + 0{,}05x_3 & = 0{,}05
\end{array}$$

Das aus den Gleichungen (I) bis (IV) bestehende System wird mithilfe des gaußschen Eliminierungsverfahrens gelöst:

$$\begin{array}{rrrcr|l|l|l}
x_1 + & x_2 + & x_3 & = & 1 & \cdot(-80) & \cdot(-10) & \cdot(-10) \\
80x_1 + & 85x_2 + & 95x_3 & = & 85 & + & & \\
10x_1 + & 15x_2 & & = & 10 & & + & \\
10x_1 + & & 5x_3 & = & 5 & & & + \\
\hline
x_1 + & x_2 + & x_3 & = & 1 & & & \\
& 5x_2 + & & = & 5 & & \cdot 2 & \\
& 5x_2 - & & = & 0 & \cdot(-1)\ + & & \\
& -\ 10x_2 - & 5x_3 & = & -5 & & + & \\
\hline
x_1 + & x_2 + & x_3 & = & 1 & & & \\
& 5x_2 + & 15x_3 & = & 5 & & & \\
& & 25x_3 & = & 5 & & & \\
& & 25x_3 & = & 5 & & &
\end{array}$$

Die letzte Gleichung im abschließend umgeformten System stimmt mit der vorletzten überein. Sie kann gestrichen werden. Aus der Dreiecksform des Systems ergibt sich: $x_1 = \frac{2}{5}$, $x_2 = \frac{2}{5}$ und $x_3 = \frac{1}{5}$

Das heißt: Das Einschmelzen der Legierungen L_1, L_2 und L_3 für die benötigte Kupferlegierung ist im Verhältnis 2 : 2 : 1 vorzunehmen.

4.7.3 Determinanten; Regel von Cramer

▶ Die Indizes der Koeffizienten beschreiben deren Platz im Zahlenschema. Zum Beispiel steht a_{12} in der ersten Zeile und der zweiten Spalte.

Für lineare Gleichungssysteme mit n Variablen und n Gleichungen, die eindeutig lösbar sind, kann man jede einzelne Variable unabhängig von den anderen berechnen.

Beispiel

$$\begin{array}{rcl|l}
3x_1 - x_2 & = & 2 & \cdot(-2) \\
2x_1 + x_2 & = & 8 & \cdot 3 \quad + \\
\hline
5x_2 & = & 20 &
\end{array}$$

Allgemeiner Fall

$$\begin{array}{rcl|l}
a_{11}x_1 + a_{12}x_2 & = & b_1 & \cdot(-a_{21}) \\
a_{21}x_1 + a_{22}x_2 & = & b_2 & \cdot a_{11} \quad + \\
\hline
(a_{11}a_{22} - a_{12}a_{21})\, x_2 & = & a_{11}b_2 - b_1a_{21} &
\end{array}$$

Für das Beispiel ergibt sich sofort die Lösung $x_2 = 4$ und $x_1 = 2$.

Das allgemein notierte Gleichungssystem, von dem $a_{11} \neq 0$ vorausgesetzt werden kann, ist eindeutig lösbar, falls $a_{11}a_{22} - a_{12}a_{21} \neq 0$ ist. Dann folgt:

$$x_2 = \frac{a_{11}b_2 - b_1a_{21}}{a_{11}a_{22} - a_{12}a_{21}} \text{ und analog } x_1 = \frac{b_1a_{22} - a_{12}b_2}{a_{11}a_{22} - a_{12}a_{21}}$$

Man erhält für x_1 und x_2 jeweils Darstellungen, die aus dem Koeffizientenschema $\begin{pmatrix} a_{11} & a_{12} \\ a_{21} & a_{22} \end{pmatrix}$ und den Absolutgliedern $\begin{pmatrix} b_1 \\ b_2 \end{pmatrix}$ des Gleichungssystems „gut strukturiert" aufgebaut sind.

Definition Die Zahl $D = a_{11}a_{22} - a_{12}a_{21}$ heißt die **Determinante** des Koeffizientenschemas $\begin{pmatrix} a_{11} & a_{12} \\ a_{21} & a_{22} \end{pmatrix}$ oder kurz die *Koeffizientendeterminante*.

Man schreibt: $D = a_{11}a_{22} - a_{12}a_{21} = \det\begin{pmatrix} a_{11} & a_{12} \\ a_{21} & a_{22} \end{pmatrix}$ oder auch:

$$D = a_{11}a_{22} - a_{12}a_{21} = \begin{vmatrix} a_{11} & a_{12} \\ a_{21} & a_{22} \end{vmatrix}$$

▶ Man berechnet die Determinante eines zweireihigen Zahlenschemas, indem man vom Produkt der Elemente der Hauptdiagonalen das Produkt der Elemente der Nebendiagonalen subtrahiert.

Die Elemente a_{11} und a_{22} stehen auf der sogenannten *Hauptdiagonalen,* a_{12} und a_{21} auf der *Nebendiagonalen* des Schemas.

Auch die Zähler von x_1 und x_2 können als Determinanten notiert werden:

$$b_1a_{22} - a_{12}b_2 = \det\begin{pmatrix} b_1 & a_{12} \\ b_2 & a_{22} \end{pmatrix} \qquad a_{11}b_2 - b_1a_{21} = \det\begin{pmatrix} a_{11} & b_1 \\ a_{21} & b_2 \end{pmatrix}$$

In Bezug auf das eingangs genannte Gleichungssystem bezeichnet man diese beiden Determinanten als *Zählerdeterminanten* von x_1 und x_2. Man erhält sie, indem man im Koeffizientenschema die erste bzw. zweite Spalte durch die Absolutglieder b_1, b_2 des Gleichungssystems ersetzt und dann die Determinanten bildet.

Mithilfe der definierten Determinanten lassen sich Lösungsformeln für eindeutig lösbare lineare Gleichungssysteme mit zwei und auch drei Variablen aufstellen:

Regel von Cramer (für zwei Variablen)

Das Gleichungssystem $\begin{aligned} a_{11}x_1 + a_{12}x_2 &= b_1 \\ a_{21}x_1 + a_{22}x_2 &= b_2 \end{aligned}$ ist eindeutig lösbar,

falls $\det\begin{pmatrix} a_{11} & a_{12} \\ a_{21} & a_{22} \end{pmatrix} \neq 0$.

Seine Lösung ist dann $(x_1; x_2)$ mit

$$x_1 = \frac{\det\begin{pmatrix} b_1 & a_{12} \\ b_2 & a_{22} \end{pmatrix}}{\det\begin{pmatrix} a_{11} & a_{12} \\ a_{21} & a_{22} \end{pmatrix}}, \quad x_2 = \frac{\det\begin{pmatrix} a_{11} & b_1 \\ a_{21} & b_2 \end{pmatrix}}{\det\begin{pmatrix} a_{11} & a_{12} \\ a_{21} & a_{22} \end{pmatrix}}.$$

GABRIEL CRAMER (1704 bis 1752), Schweizer Mathematiker

Schrittfolge zum Anwenden der cramerschen Regel

(1) Berechnen der Koeffizientendeterminante,
(2) Berechnen der Zählerdeterminante und
(3) Berechnen des Quotienten aus jedem der im 2. Schritt erhaltenen Werte und dem Wert aus Schritt 1. Diese Quotienten sind dann das Lösungspaar des Gleichungssystems.

Die Anwendung der cramerschen Regel auf das Gleichungssystem

$3x_1 - x_2 = 2$

$2x_1 + x_2 = 8$

ergibt:

(1): $\det\begin{pmatrix} 3 & -1 \\ 2 & 1 \end{pmatrix} = 3 \cdot 1 + 1 \cdot 2 = 5$

(2): $\det\begin{pmatrix} 2 & -1 \\ 8 & 1 \end{pmatrix} = 2 \cdot 1 + 1 \cdot 8 = 10$; $\det\begin{pmatrix} 3 & 2 \\ 2 & 8 \end{pmatrix} = 3 \cdot 8 - 2 \cdot 2 = 20$

(3): $x_1 = \frac{10}{5} = 2 \qquad x_2 = \frac{20}{5} = 4$

Für Gleichungssysteme mit drei Variablen und drei Gleichungen geht man analog zum Fall n = 2 vor, verwendet hier aber *dreireihige Determinanten*. Es gilt:

Die **cramersche Regel** lässt sich auch für Systeme mit n Gleichungen und n Variablen, die eindeutig lösbar sind, anwenden. Aber schon bei Systemen aus vier Gleichungen wird die Berechnung der Determinanten sehr aufwendig.

Regel von Cramer (für drei Variablen)

Das Gleichungssystem
$$\begin{aligned} a_{11}x_1 + a_{12}x_2 + a_{13}x_3 &= b_1 \\ a_{21}x_1 + a_{22}x_2 + a_{23}x_3 &= b_2 \\ a_{31}x_1 + a_{32}x_2 + a_{33}x_3 &= b_3 \end{aligned}$$
ist eindeutig lösbar, falls $\det\begin{vmatrix} a_{11} & a_{12} & a_{13} \\ a_{21} & a_{22} & a_{23} \\ a_{31} & a_{32} & a_{33} \end{vmatrix} \neq 0$.

Die Lösung ist dann das Zahlentripel $(x_1; x_2; x_3)$ mit

$$x_1 = \frac{\det\begin{vmatrix} b_1 & a_{12} & a_{13} \\ b_2 & a_{22} & a_{23} \\ b_3 & a_{32} & a_{33} \end{vmatrix}}{\det\begin{vmatrix} a_{11} & a_{12} & a_{13} \\ a_{21} & a_{22} & a_{23} \\ a_{31} & a_{32} & a_{33} \end{vmatrix}}, \quad x_2 = \frac{\det\begin{vmatrix} a_{11} & b_1 & a_{13} \\ a_{21} & b_2 & a_{23} \\ a_{31} & b_3 & a_{33} \end{vmatrix}}{\det\begin{vmatrix} a_{11} & a_{12} & a_{13} \\ a_{21} & a_{22} & a_{23} \\ a_{31} & a_{32} & a_{33} \end{vmatrix}}, \quad x_3 = \frac{\det\begin{vmatrix} a_{11} & a_{12} & b_1 \\ a_{21} & a_{22} & b_2 \\ a_{31} & a_{32} & b_3 \end{vmatrix}}{\det\begin{vmatrix} a_{11} & a_{12} & a_{13} \\ a_{21} & a_{22} & a_{23} \\ a_{31} & a_{32} & a_{33} \end{vmatrix}}.$$

Für das Lösungstripel $(x_1; x_2; x_3)$ eines eindeutig lösbaren Gleichungssystems mit 3 Variablen und 3 Gleichungen bildet die *Koeffizientendeterminante* jeweils den Nenner für x_1, x_2 bzw. x_3. Die *Zählerdeterminanten* von x_1, x_2 bzw. x_3 entstehen, indem man die Spalten 1, 2 bzw. 3 des Koeffizientenschemas durch die Spalte der Absolutglieder ersetzt.

PIERRE-FRÉDÉRIC SARRUS (1798 bis 1861), französischer Mathematiker

Für die Berechnung von dreireihigen Determinanten lässt sich die **Regel von Sarrus** anwenden:

- Füge zum Koeffizientenschema die 1. und 2. Spalte jeweils noch einmal rechts dazu.
- Subtrahiere von der Summe der 3 Produkte der Hauptdiagonalelemente die Summe der 3 Produkte der Nebendiagonalelemente.

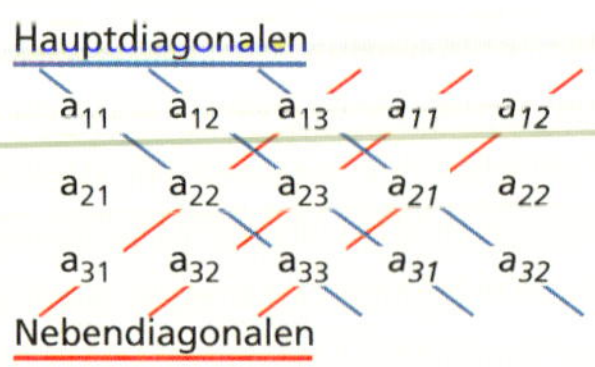

Für die Determinante D gilt:

$(a_{11}a_{22}a_{33} + a_{12}a_{23}a_{31} + a_{13}a_{21}a_{32})$
$- (a_{13}a_{22}a_{31} + a_{11}a_{23}a_{32} + a_{12}a_{21}a_{33})$

Das folgende Gleichungssystem soll mithilfe der Regeln von Cramer und Sarrus gelöst werden:

$$\begin{array}{ll} \text{(I)} & 2x_1 + 3x_2 - x_3 = 1 \\ \text{(II)} & x1 + 3x_2 + x_3 = 2 \\ \text{(III)} & -2x_1 - 2x_2 + 4x_3 = 4 \end{array}$$

(1) Berechnung der Koeffizientendeterminante:
Das Koeffizientenschema wird um die 1. und 2. Spalte ergänzt:

$$\begin{array}{rrr|rr} 2 & 3 & -1 & 2 & 3 \\ 1 & 3 & 1 & 1 & 3 \\ -2 & -2 & 4 & -2 & -2 \end{array}$$

Nach der Regel von Sarrus erhält man:

$$\det\begin{pmatrix} 2 & 3 & -1 \\ 1 & 3 & 1 \\ -2 & -2 & 4 \end{pmatrix} = 2 \cdot 3 \cdot 4 + 3 \cdot 1 \cdot (-2) + (-1) \cdot 1 \cdot (-2) \\ -((-1) \cdot 3 \cdot (-2) + 2 \cdot 1 \cdot (-2) + 3 \cdot 1 \cdot 4) \\ = 20 - 14 = 6$$

(2) Die Berechnung der Zählerdeterminante erfolgt entsprechend:

$$\det\begin{pmatrix} 1 & 3 & -1 \\ 2 & 3 & 1 \\ 4 & -2 & 4 \end{pmatrix} = 1 \cdot 3 \cdot 4 + 3 \cdot 1 \cdot 4 + (-1) \cdot 2 \cdot (-2) \\ -((-1) \cdot 3 \cdot 4 + 1 \cdot 1 \cdot (-2) + 3 \cdot 2 \cdot 4) = 18$$

$$\det\begin{pmatrix} 2 & 1 & -1 \\ 1 & 2 & 1 \\ -2 & 4 & 4 \end{pmatrix} = 2 \cdot 2 \cdot 4 + 1 \cdot 1 \cdot (-2) + (-1) \cdot 1 \cdot 4 \\ -((-1) \cdot 2 \cdot (-2) + 2 \cdot 1 \cdot 4 + 1 \cdot 1 \cdot 4) = -6$$

$$\det\begin{pmatrix} 2 & 3 & 1 \\ 1 & 3 & 2 \\ -2 & -2 & 4 \end{pmatrix} = 2 \cdot 3 \cdot 4 + 3 \cdot 2 \cdot (-2) + 1 \cdot 1 \cdot (-2) \\ -(1 \cdot 3 \cdot (-2) + 2 \cdot 2 \cdot (-2) + 3 \cdot 1 \cdot 4) = 12$$

(3) Als Lösung des Gleichungssystems erhält man nach der Regel von Cramer:

$$x_1 = \frac{18}{6} = 3; \quad x_2 = -\frac{6}{6} = -1; \quad x_3 = \frac{12}{6} = 2$$

4.7.4 Homogene und inhomogene Gleichungssysteme

Untersuchungen der Lösungsmengen linearer Gleichungssysteme führen zur Unterscheidung in *homogene* und *inhomogene* Gleichungssysteme.

Definition Ein lineares Gleichungssystem, bei dem die Absolutglieder alle den Wert 0 haben, heißt **homogen.**
Ist mindestens ein Absolutglied ungleich 0, heißt das Gleichungssystem **inhomogen.**

Beispiel eines homogenen Gleichungssystems

$$\begin{aligned} 10x_1 + 2x_2 + 9x_3 &= 0 \\ -2x_1 + 2x_2 + 3x_3 &= 0 \\ 2x_1 - x_2 - x_3 &= 0 \end{aligned}$$

Beispiel eines inhomogenen Gleichungssystems

$$\begin{aligned} 10x_1 + 2x_2 + 9x_3 &= 21 \\ -2x_1 + 2x_2 + 3x_3 &= 3 \\ 2x_1 - x_2 - x_3 &= 0 \end{aligned}$$

4

Ein homogenes lineares Gleichungssystem hat mindestens eine Lösung, und zwar die aus lauter Nullen bestehende „triviale" Lösung.

Mithilfe des gaußschen Eliminierungsverfahrens ist das folgende homogene lineare Gleichungssystem mit vier Variablen zu lösen:

$$\begin{array}{rcl|l}
x_1 + x_2 - 5x_3 - 3x_4 &=& 0 & \quad | \cdot 2 \quad | \cdot(-1) \\
-x_1 + 2x_3 + 4x_4 &=& 0 & + \\
-2x_1 + x_2 + x_3 + 9x_4 &=& 0 & \quad + \\
x_1 - x_2 + x_3 - 5x_4 &=& 0 & \qquad + \\
\hline
x_1 + x_2 - 5x_3 - 3x_4 &=& 0 & \\
x_2 - 3x_3 + x_4 &=& 0 & \\
3x_2 - 9x_3 + 3x_4 &=& 0 & :3 \\
-2x_2 + 6x_3 - 2x_4 &=& 0 & :(-2) \\
\hline
x_1 + x_2 - 5x_3 - 3x_4 &=& 0 & \\
x_2 - 3x_3 + x_4 &=& 0 & (x_3 = r;\ x_4 = s;\ r, s \in \mathbb{R}) \\
\hline
x_1 + x_2 &=& 5r + 3s & \\
x_2 &=& 3r - s & \cdot(-1) + \\
x_3 &=& r & \\
x_4 &=& s & \\
\hline
\end{array}$$

(Die letzten drei Gleichungen stimmen überein – das System besteht also aus zwei Gleichungen mit vier Variablen. Es können damit zwei freie Parameter eingeführt werden.)

$$\begin{aligned}
x_1 &= 2r + 4s \\
x_2 &= 3r - s \\
x_3 &= r \\
x_4 &= s
\end{aligned}$$

Neben der trivialen Lösung (0; 0; 0; 0) ist z. B. für $r = 1$ und $s = 0$ das 4-Tupel (2; 3; 1; 0) und für $r = 0$ und $s = 1$ das 4-Tupel (4; –1; 0; 1) jeweils eine spezielle Lösung.

Für eine vereinfachte Darstellung der Lösungen eines homogenen linearen Gleichungssystems mit n Variablen kann die *Vervielfachung von n-Tupeln* und die *Addition von n-Tupeln* verwendet werden:

- Für $(a_1; a_2; \ldots; a_n)$ und $r \in \mathbb{R}$ ist $r(a_1; a_2; \ldots; a_n) = (ra_1; ra_2; \ldots; ra_n)$ das *r-Fache von* $(a_1; a_2; \ldots; a_n)$.
- Für $(a_1; a_2; \ldots; a_n)$ und $(b_1; b_2; \ldots; b_n)$ ist $(a_1; a_2; \ldots; a_n) + (b_1; b_2; \ldots; b_n) = (a_1 + b_1; a_2 + b_2; \ldots; a_n + b_n)$ die *Summe der n-Tupel* $(a_1; a_2; \ldots; a_n)$ *und* $(b_1; b_2; \ldots; b_n)$.

Für das Gleichungssystem im letzten Beispiel sind die Lösungen alle 4-Tupel der Form:
$(x_1; x_2; x_3; x_4) = r(2; 3; 1; 0) + s(4; -1; 0; 1)$ mit $r, s \in \mathbb{R}$

Verallgemeinert lässt sich feststellen:

Satz Lösungen eines homogenen linearen Gleichungssystems
Für ein homogenes lineares Gleichungssystem gilt:

- Jedes Vielfache einer Lösung ist wieder eine Lösung des Gleichungssystems.
- Die Summe zweier Lösungen ist wieder eine Lösung des Gleichungssystems.

Die beiden Teilaussagen dieses Satzes können zusammengefasst werden:

Satz Sind $(a_1; a_2; \ldots; a_n)$ und $(b_1; b_2; \ldots; b_n)$ Lösungen eines homogenen linearen Gleichungssystems mit n Variablen, so ist auch $r(a_1; a_2; \ldots; a_n) + s(b_1; b_2; \ldots; b_n)$ für $r, s \in \mathbb{R}$ eine Lösung für dieses System.

Um Aussagen über die *Lösungsmenge eines inhomogenen linearen Gleichungssystems* ① treffen zu können, soll neben einem solchen System mit m Gleichungen und n Variablen das zugehörige homogene lineare Gleichungssystem ② betrachtet werden:

$$\begin{array}{l} a_{11}x_1 + a_{12}x_2 + \ldots + a_{1n}x_n = b_1 \\ a_{21}x_1 + a_{22}x_2 + \ldots + a_{2n}x_n = b_2 \\ \vdots \\ a_{m1}x_1 + a_{m2}x_2 + \ldots + a_{mn}x_n = b_m \end{array} \qquad ①$$

$$\begin{array}{l} a_{11}x_1 + a_{12}x_2 + \ldots + a_{1n}x_n = 0 \\ a_{21}x_1 + a_{22}x_2 + \ldots + a_{2n}x_n = 0 \\ \vdots \\ a_{m1}x_1 + a_{m2}x_2 + \ldots + a_{mn}x_n = 0 \end{array} \qquad ②$$

Beide Gleichungssysteme haben das gleiche Koeffizientenschema für die Variablen $x_1, x_2, \ldots, x_n$. Ist nun $(x_1^*; x_2^*; \ldots; x_n^*)$ eine Lösung des inhomogenen Systems und $(x_1^\circ; x_2^\circ; \ldots; x_n^\circ)$ eine Lösung des zugehörigen homogenen Systems, so stellt
$(x_1^*; x_2^*; \ldots; x_n^*) + (x_1^\circ; x_2^\circ; \ldots; x_n^\circ) = (x_1^* + x_1^\circ; x_2^* + x_2^\circ; \ldots; x_n^* + x_n^\circ)$
eine (weitere) Lösung des inhomogenen Systems dar.

Satz **Lösungen eines inhomogenen linearen Gleichungssystems**
Wenn $(x_1^*; x_2^*; \ldots; x_n^*)$ eine Lösung eines inhomogenen linearen Gleichungssystems mit n Variablen ist, so erhält man alle Lösungen dieses inhomogenen Systems, indem man zu $(x_1^*; x_2^*; \ldots; x_n^*)$ jede Lösung des zugehörigen homogenen Systems addiert.

Für das *inhomogene* lineare Gleichungssystem	Das zugehörige *homogene* lineare Gleichungssystem
$4x_1 + 3x_3 = 12$ $x_2 = 5$	$4x_1 + 3x_3 = 0$ $x_2 = 0$
erhält man mit $x_3 = t$ die Lösung: $x_1 = 3 - \frac{3}{4}t,$ $x_2 = 5,$ $x_3 = t$	besitzt mit $x_3 = t$ die Lösung: $x_1 = -\frac{3}{4}t,$ $x_2 = 0,$ $x_3 = t$

Man erhält die Lösungsmenge des inhomogenen Gleichungssystems, indem man zu jeder Lösung des homogenen Systems die feste Lösung (3; 5; 0) des inhomogenen Systems addiert:
$L = \{(x_1; x_2; x_3) | (3; 5; 0) + t(-\frac{3}{4}; 0; 1)\}$

4.8 Lineare Ungleichungen und Ungleichungssysteme

Eine **Ungleichung** ist ein mathematischer Ausdruck, in dem zwei Terme T_1 und T_2 durch eines der Zeichen „≠“, „<“, „>“, „≤“, „≥“ miteinander verbunden sind.

Definition Ungleichungen der Form $ax + b < 0$ bzw. $ax + b \leq 0$ $(a \neq 0)$ oder solche, die durch äquivalentes Umformen in eine dieser Formen überführt werden können, heißen **lineare Ungleichungen mit einer Variablen.**

Für das Rechnen mit Ungleichungen gelten folgende **Grundeigenschaften (Axiome) der Kleiner-gleich-Relation:**

Die Negation der Aussagenverbindung „$a \leq b$ und $b \leq c$“ ist „$a > b$ oder $b > c$“.

Satz Für alle reellen Zahlen a, b und c gilt stets:

(1) $a \leq a$

(2) *Aus* $a \leq b$ *und* $b \leq c$ *folgt* $a \leq c$.

(3) $a \leq b$ oder $b \leq a$

(4) **Monotoniegesetz der Addition**
Für alle reellen Zahlen a, b und c gilt:
Aus $a \leq b$ *folgt* $a + c \leq b + c$.

(5) **Monotoniegesetz der Multiplikation**
Für alle reellen Zahlen a, b und c gilt:
Aus $a \leq b$ *und* $c \geq 0$ *folgt* $ac \leq bc$.

Aus den Grundeigenschaften (1) bis (5) erhält man für alle reellen Zahlen a, b, c und d:

Aus $a \leq b$ *und* $c \leq d$ *folgt* $a + c \leq b + d$.
Aus $0 \leq a \leq b$ *und* $0 \leq c \leq d$ *folgt* $ac \leq bd$.

Als Ergänzung zum Monotoniegesetz (5) der Multiplikation gilt:
(5') *Aus* $a \leq b$ *und* $c \leq 0$ *folgt* $ac \geq bc$.

Es ist die Lösungsmenge der Ungleichung $2x + 5 \leq 4x + 7$ anzugeben. Analog zur Umformung von Gleichungen wird die Ungleichung mithilfe der Monotoniegesetze (4) und (5) bearbeitet.

$$2x + 5 \leq 4x + 7 \quad | -5 - 4x$$
$$2x - 4x \leq 7 - 5$$
$$-2x \leq 2 \quad | :(-2)$$
$$x \geq -1$$

Die Lösungsmenge der Ungleichung ist das Intervall $[-1, \infty[$.
Grafische Darstellung der Lösungsmenge für $x \in \mathbb{R}$:

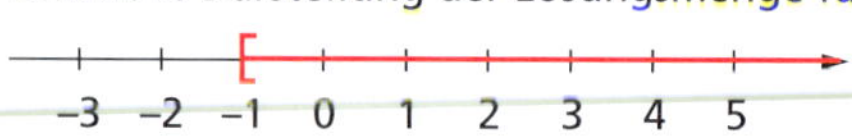

Die häufig anzutreffende Form $a \leq b \leq c$ stellt eine Zusammenfassung von $a \leq b$ und $b \leq c$ dar. Sie wird auch als *fortlaufende Ungleichung* oder *Doppelungleichung* bezeichnet.

- Um die Ungleichung $|x + 2| < 3$ zu lösen, ist eine Fallunterscheidung vorzunehmen:
  (1) Es sei $x + 2 \geq 0$, d.h., $x \geq -2$. Dann gilt $x + 2 < 3$ und folglich $x < 1$. In diesem Fall erhält man $[-2; 1[$ als *Teilintervall* für die Lösungsmenge.
  (2) Es sei $x + 2 < 0$, d.h., $x < -2$. Dann gilt $-(x + 2) < 3$ und somit $x > -5$. Hier ist $]-5; -2[$ das *zweite Teilintervall* für die Lösungsmenge.
  Da ein $x \in \mathbb{R}$ der Fallvoraussetzung (1) *oder* der Fallvoraussetzung (2) genügt, ist die Lösungsmenge die *Vereinigung* der beiden Teilintervalle: $L =]-5; 1[$
  Veranschaulichung:

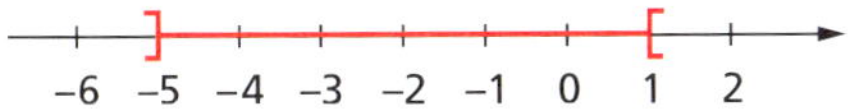

- Die Ungleichung $x^2 - x - 2 > 0$ kann mithilfe der Lösungen $x_1 = -1$ und $x_2 = 2$ der quadratischen Gleichung $x^2 - x - 2 = 0$ in Linearfaktoren zerlegt werden. Es gilt $(x + 1)(x - 2) > 0$. Da das Produkt größer 0 ist, müssen beide Faktoren gleiche Vorzeichen haben. Demnach sind 2 Fälle zu unterscheiden:
  (1) Es kann $x + 1 > 0$ *und* $x - 2 > 0$, also $x > -1$ *und* $x > 2$ gelten. Da beide Bedingungen nur für $x > 2$ erfüllt sind, lautet eine Lösungsmenge $L_1 = \{x \in \mathbb{R} | x > 2\}$.
  (2) Es kann auch $x + 1 < 0$ *und* $x - 2 < 0$, also $x < -1$ *und* $x < 2$ gelten. Diese beiden Ungleichungen sind für die Lösungsmenge $L_2 = \{x \in \mathbb{R} | x < -1\}$ erfüllt.
  Die gesamte Lösungsmenge der Ungleichung erhält man als Vereinigung beider Lösungsteilmengen: $L = \{x \in \mathbb{R} | x < -1 \text{ oder } x > 2\}$
  Veranschaulichung:

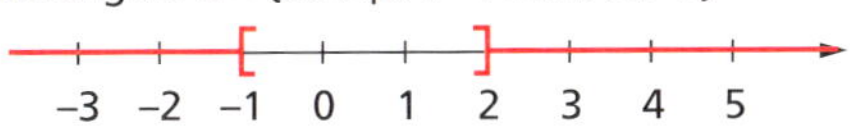

Beim Lösen der verschiedensten Anwendungsprobleme treten häufig Ungleichungen mit zwei oder mehr Variablen auf.

Definition Ungleichungen der Form $ax + by + c < 0$ bzw. $ax + by + c \leq 0$ $(a, b \neq 0)$ oder solche, die durch äquivalentes Umformen in eine dieser Formen überführt werden können, heißen **lineare Ungleichungen mit zwei Variablen.**

Die Lösungsmenge einer linearen Ungleichung mit zwei Variablen besteht aus einer Menge von Zahlenpaaren, die der Ungleichung genügen. Ihre Veranschaulichung im kartesischen Koordinatensystem ergibt eine **Halbebene.**

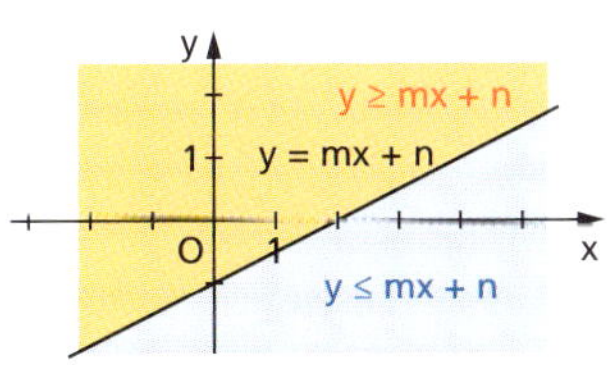

Lineare Ungleichungen können auch in die Form $y \leq mx + n$ (bzw. mit „≥", „<" oder „>" statt „≤") umgeformt werden.

Um alle Zahlenpaare $(x; y)$ darzustellen, die der Ungleichung genügen, wird zunächst der Fall der Gleichheit betrachtet: $y = mx + n$
Nimmt man nun die „≤"-Bedingung hinzu, so erfüllen die Koordinaten x und y aller Punkte *auf* und *unterhalb* der Geraden die Ungleichung $y \leq mx + n$. Entsprechend erfüllen die Koordinaten x und y aller Punkte *auf* und *oberhalb* der Geraden die Ungleichung $y \geq mx + n$.

Definition Zwei oder mehr lineare Ungleichungen bilden ein **lineares Ungleichungssystem.** Die Menge aller Paare (x; y), die allen Ungleichungen des Systems genügen, heißt **Lösungsmenge** des Ungleichungssystems.

Satz Die Lösungsmenge eines linearen Ungleichungssystems ist der Durchschnitt der Lösungsmengen der einzelnen Ungleichungen.

Veranschaulichung von Lösungsmengen linearer Ungleichungssysteme

In einem kartesischen Koordinatensystem soll die gemeinsame Lösungsmenge der drei Ungleichungen $y \geq -2x + 4$, $y \leq x + 1$ und $y \geq 2x - 2$ veranschaulicht werden:

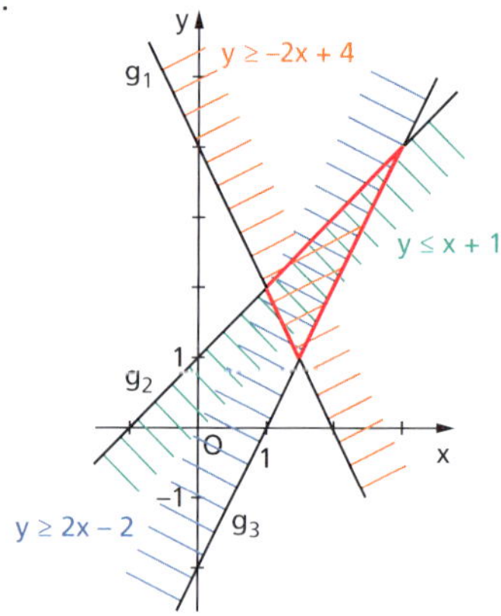

(1) Nachdem die Ungleichheitszeichen durch Gleichheitszeichen ersetzt wurden, können die Gleichungen als Geraden veranschaulicht werden:
g_1: $y = -2x + 4$
g_2: $y = x + 1$
g_3: $y = 2x - 2$

(2) Anhand der Relationszeichen > oder < wird für jede Ungleichung entschieden, welche Fläche zur jeweiligen Geraden hinzukommt.

(3) Die gemeinsame (dreifach schraffierte Dreiecks-)Fläche charakterisiert den Mengendurchschnitt und damit die Lösungsmenge des Ungleichungssystems.

Grafisches Lösen linearer Optimierungsprobleme

Treten Nebenbedingungen ausschließlich in *Gleichungsform* auf, lassen sich die Extremwertaufgaben meist mit Mitteln der Differenzialrechnung bearbeiten (↗ Abschnitt 6.6)

Zahlreiche Probleme volkswirtschaftlicher, betriebswirtschaftlicher oder allgemein organisatorischer Art werden heutzutage mithilfe von Ungleichungssystemen gelöst. Meist geht es darum, bestimmte Zielgrößen wie Stückzahl, Materialverbrauch, Gewinn, Kosten, Weglänge, Arbeitszeit usw. unter Berücksichtigung verschiedener Bedingungen zu maximieren oder zu minimieren.
Lassen sich die zugrunde liegenden Prozesse durch lineare mathematische Beziehungen beschreiben, spricht man von *linearen Optimierungsproblemen* oder auch von der **Methode der linearen Optimierung.**
Für die Beschreibung der einschränkenden Bedingungen wird in der Regel ein System von Ungleichungen oder Gleichungen verwendet.

In den Beispielen werden stark vereinfachte Annahmen zur Modellierung des Optimierungsproblems getroffen. Dies ist aber auch eine zweckmäßige und zum Teil notwendige Verfahrensweise in der Praxis.

Ein Verlag will durch die Produktion von zwei Büchern größtmögliche Einnahmen erzielen. Der Bedarf wird bei Buch B1 auf höchstens 6000 Exemplare und bei Buch B_2 auf höchstens 4000 Exemplare eingeschätzt. Es sollen höchstens 1800 kg Papier verbraucht werden, wobei für ein Buch B_1 0,2 kg und für ein Buch B_2 0,3 kg benötigt werden. Die Einnahme des Verlages beträgt pro Buch B_1 15 € und pro Buch B_2 30 €.
Mit welcher Auflagenhöhe für das Buch B_1 und für das Buch B_2 ist die Einnahme des Verlages maximal? Die Aufgabe ist grafisch zu lösen.

Setzt man x für die gesuchte Anzahl des Buches B_1 und y für die des Buches B_2, so gelangt man zu einem ersten Block von Ungleichungen:

(1) $x \leq 6000$
$y \leq 4000$
$0{,}2x + 0{,}3y \leq 1800$

In einem zweiten Block wird hier grundsätzlich festgestellt, dass x und y nichtnegative (ganze) Zahlen sind:

(2) $x \geq 0,\ y \geq 0$

Und schließlich wird die Einnahme des Verlages in Abhängigkeit von x und y durch eine sogenannte *Zielfunktion* f beschrieben:

(3) $z = f(x, y) = 15x + 30y$

Ein wichtiges numerisches Verfahren der **linearen Optimierung** ist die von G.B. DANTZIG 1947 entwickelte **Simplex-Methode.**

Nach Einführen von Variablen für die gesuchten Größen des Optimierungsproblems wurden unter (1) für ein Maximumproblem einschränkende Bedingungen (auch *Restriktionen* genannt) durch drei Ungleichungen erfasst. Die Bedingungen unter (2) beschreiben sinnvolle Annahmen über die eingeführten Variablen (Anzahlgrößen oder auch in weiteren Beispielen Produktionsmengen), die auch *Nichtnegativitätsbedingungen* heißen. Schließlich sind solche x- und y-Werte zu ermitteln, für die die unter (3) aufgestellte *Zielfunktion* $z = f(x, y)$ maximal wird.
Die linearen Ungleichungen unter (1) (und 2) lassen sich in einer xy-Ebene geometrisch auswerten:

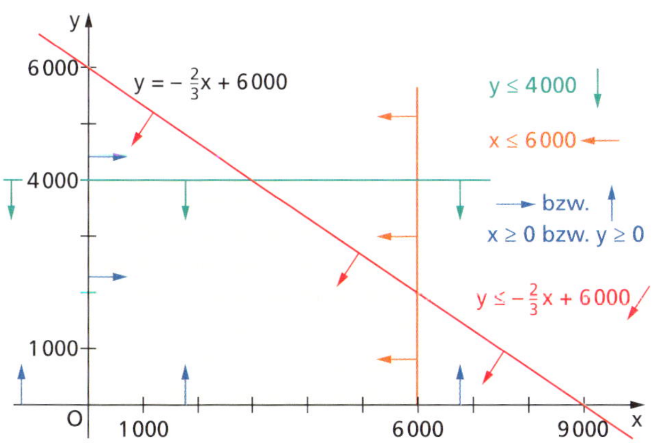

Die Lösungsmenge jeder Ungleichung wird geometrisch durch eine Gerade („=") *und* durch eine ihrer Seiten („<") beschrieben. Die Ungleichungen unter (2) sagen aus, dass die Lösungsmenge eine Teilmenge des I. Quadranten (mit Einschluss der positiven x- und der positiven y-Achse) ist.

Für die dritte Gleichung unter (1) notiert man:

$2x + 3y \leq 18000$ bzw. $y \leq -\frac{2}{3}x + 6000$

bzw. als Achsenabschnittsgleichung der Randgeraden:

$\frac{x}{9000} + \frac{y}{6000} \leq 1$

Die fünf Ungleichungen unter (1) und (2) grenzen den Lösungsbereich in der xy-Ebene auf das in der Abbildung eingezeichnete Rechteck mit einer abgeschnittenen Ecke ein. Dazu wurden zu jeder Ungleichung die zugeordnete Randgerade („=") und für die entsprechende Seite dieser Geraden („<") Pfeile eingezeichnet. Der schraffierte Bereich gibt an, welche Koordinatenpaare (x; y) als mögliche Lösungen des Optimierungsproblems infrage kommen. Um zu klären, für welche Koordinatenpaare (x; y) die Zielfunktion $z = f(x, y)$ einen maximalen Wert annimmt, wird die Gleichung $z = 15x + 30y$ zu einer Geradengleichung mit variablem z-Anteil umgeformt:

$y = -\frac{1}{2}x + \frac{1}{30}z$

Für $z = 0$ wird eine Gerade durch O mit der Steigung $-\frac{1}{2}$ beschrieben.

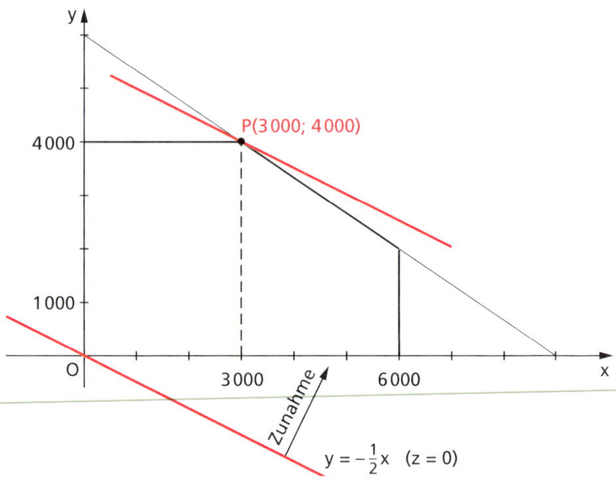

Verschiebt man diese Gerade parallel in Richtung der positiven y-Achse, so nehmen die z-Werte zu. Mit der Geraden durch den Punkt P(3000; 4000) wird für die „zulässigen" Paare (x; y) der maximale Wert z_{max} der Zielfunktion erreicht: Mit 3000 Exemplaren des Buches B_1 und 4000 Exemplaren des Buches B_2 wird unter den gegebenen Bedingungen eine maximale Einnahme erzielt, und zwar:

$z_{max} = 15 \cdot 3000 + 30 \cdot 4000 = 165000$ (in €)

Grenzwerte und Stetigkeit

5

5.1 Grenzwerte und Konvergenz von Zahlenfolgen; Grenzwertsätze

Nachstehende Figuren sind grafische Darstellungen der Anfangsglieder der Folgen $(a_n) = \left(\frac{2n+3}{n}\right)$, $(b_n) = \left(\frac{n-1}{n}\right)$ bzw. $(c_n) = \left((-1)^n \cdot \frac{1}{n}\right)$.

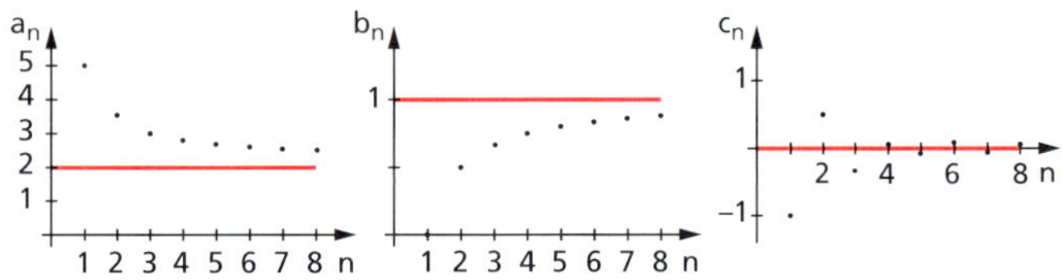

Die Glieder dieser drei Zahlenfolgen kommen für wachsendes n offenbar jeweils einer bestimmten Zahl, einem **Grenzwert,** immer näher – und zwar (a_n) der Zahl 2, (b_n) der Zahl 1 und (c_n) der Zahl 0 (wovon man sich durch Berechnen weiterer Folgenglieder überzeugen kann).
Um diesen Grenzwertbegriff exakt fassen und Grenzwerte berechnen zu können, muss man die der Anschauung entnommene Formulierung „einer bestimmten Zahl beliebig nahe kommen" präzisieren.

Wir betrachten dazu noch einmal die Folge $(b_n) = \left(\frac{n-1}{n}\right)$:

n	1	2	3	4	5	6	7	8	9	10	11
b_n	0	$\frac{1}{2}$	$\frac{2}{3}$	$\frac{3}{4}$	$\frac{4}{5}$	$\frac{5}{6}$	$\frac{6}{7}$	$\frac{7}{8}$	$\frac{8}{9}$	$\frac{9}{10}$	$\frac{10}{11}$

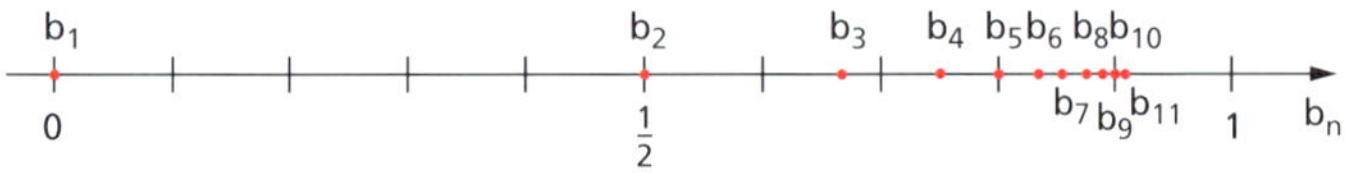

Die „Nähe" eines Zahlenfolgengliedes b_n zum vermutlichen Grenzwert $g = 1$ wird dabei durch den Abstand $|b_n - g|$ bestimmt. Ab $n = 10$ ist dieser Abstand kleiner als $\frac{1}{10}$. Nur die ersten zehn Zahlenfolgenglieder haben einen Abstand von $g = 1$, der größer oder gleich $\frac{1}{10}$ ist. Der Abstand des n-ten Zahlenfolgenglieds von $g = 1$ ist:

$$|b_n - g| = \left|\frac{n-1}{n} - 1\right| = \left|\frac{n-1-n}{n}\right| = \left|-\frac{1}{n}\right| = \frac{1}{n}$$

Damit lässt sich nun bestimmen, welche und wie viele Zahlenfolgenglieder von (b_n) einen Abstand beispielsweise kleiner als $\frac{1}{100}$ von $g = 1$ haben: $|b_n - g| < \frac{1}{100}$ ist für alle $n > 100$ erfüllt. Man sagt: Alle Folgenglieder ab $n = 101$ liegen in einer „$\frac{1}{100}$-Umgebung von 1". Nur die ersten 100 Folgenglieder liegen außerhalb dieser Umgebung.

Wie klein man nun eine positive Zahl ε $\left(\text{z. B. } \frac{1}{100}, \frac{1}{1000}, \frac{1}{10\,000}, \ldots\right)$ auch wählt, stets gibt es unendlich viele Zahlenfolgenglieder, deren Abstand von g kleiner als dieses ε ist. Nur endlich viele Zahlenfolgenglieder haben von g einen größeren Abstand. Man sagt: „In jeder (noch so kleinen) ε-Umgebung von g liegen fast alle Glieder der Zahlenfolge".

„Fast alle" bedeutet für eine unendliche Menge: alle Elemente bis auf endlich viele Ausnahmen.

Definition Ist g eine beliebige reelle Zahl und ε eine beliebige (kleine) positive reelle Zahl, so nennt man das offene Intervall $U_\varepsilon(g) =]g - \varepsilon; g + \varepsilon[$ die **ε-Umgebung** der Zahl g.

Veranschaulicht auf der Zahlengeraden bzw. im rechtwinkligen Koordinatensystem bedeutet dies:

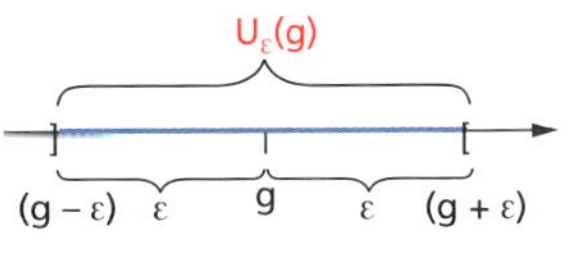

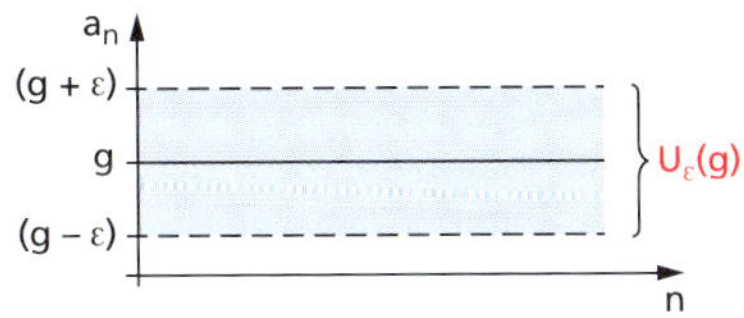

Auf dieser Basis kann man nun den Grenzwertbegriff exakt definieren:

Definition Die Zahl g heißt **Grenzwert der Zahlenfolge (a_n)**, wenn für jede (noch so kleine) positive Zahl ε fast alle Zahlenfolgenglieder a_n in der ε-Umgebung von g – in Kurzform: $U_\varepsilon(g)$ – liegen, wenn also die Ungleichung $|a_n - g| < \varepsilon$ ab einem bestimmten n erfüllt ist.

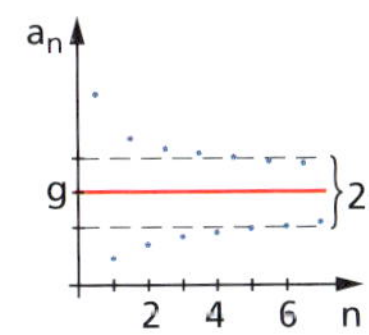

Folgen, die einen Grenzwert besitzen, nennt man **konvergent.** Um auszudrücken, dass „die Folge (a_n) den Grenzwert g hat", verwendet man die Kurzschreibweise $\lim\limits_{n \to \infty} a_n = g$ (gelesen: Limes von (a_n) für n gegen unendlich gleich g).
Existiert der Grenzwert einer Zahlenfolge, so ist er eindeutig bestimmt.

Die Zahlenfolge $\left(\frac{n+3}{2n}\right)$ ist auf Konvergenz zu untersuchen.
Die Konvergenz dieser Folge ist gesichert, weil sie wegen

- $\frac{n+3}{n} = \frac{1}{2} + \frac{3}{2n} > \frac{1}{2}$ beschränkt und wegen
- $a_{n+1} - a_n = \frac{n+1+3}{2(n+1)} - \frac{n+3}{2n} = -\frac{3}{2n(n+1)} < 0$ monoton fallend ist.

Da die Anfangsglieder dieser Zahlenfolge $\frac{4}{2}; \frac{5}{4}; \frac{6}{6}; \frac{7}{8}; \frac{8}{10}; \ldots; \frac{103}{200}; \ldots; \frac{1003}{2000}$ lauten, könnte man den Grenzwert $\frac{1}{2}$ vermuten. Um dies zu bestätigen, muss nach obiger Definition bewiesen werden, dass für fast alle n die Ungleichung $\left|\frac{n+3}{2n} - \frac{1}{2}\right| < \varepsilon$ gilt.

(1) Die Ungleichung wird vereinfacht:
$\left|\frac{n+3}{2n} - \frac{1}{2}\right| = \left|\frac{n+3}{2n} - \frac{n}{2n}\right| = \left|\frac{3}{2n}\right| = \frac{3}{2n}$, denn $n \geq 1$. Die Ungleichungen $\left|\frac{n+3}{2n} - \frac{1}{2}\right| < \varepsilon$ und $\frac{3}{2n} < \varepsilon$ sind also gleichwertig.
Wir formen weiter um und schätzen ab:
$\frac{3}{2n} < \varepsilon \Rightarrow 3 < \varepsilon \cdot 2n$, also $n > \frac{3}{2\varepsilon}$
Wählt man also beispielsweise $\varepsilon = \frac{1}{10}$, so ist $n > 15$. Das bedeutet:
15 Glieder der Zahlenfolge $\left(\frac{n+3}{2n}\right)$ liegen außerhalb $U_{\frac{1}{10}}\left(\frac{1}{2}\right)$,

Für Konvergenzuntersuchungen ist bedeutsam:
Jede monotone und beschränkte Zahlenfolge ist auch konvergent.

5

alle anderen aber innerhalb. Mit anderen Worten:
Nur die ersten 15 Glieder haben von $\frac{1}{2}$ einen Abstand, der größer (oder höchstens gleich) $\frac{1}{10}$ ist; alle folgenden Glieder liegen näher an $\frac{1}{2}$.
Ist $\varepsilon = \frac{1}{100}$, so erhält man $n > 150$. Das heißt: 150 Glieder der Folge liegen außerhalb $U_{\frac{1}{10}}\left(\frac{1}{2}\right)$, aber fast alle innerhalb dieser ε-Umgebung.

(2) Entscheidend ist, ob es zu jedem $\varepsilon > 0$ eine natürliche Zahl n gibt, die größer als $\frac{3}{2\varepsilon}$ ist. Offensichtlich ist das stets der Fall: Auch wenn ε beliebig klein gewählt wird und demzufolge für n ein sehr großer Wert entsteht, erhält man wegen der Unendlichkeit der Folge der natürlichen Zahlen doch stets eine Zahl n, sodass ab dem Glied a_{n+1} alle weiteren Folgenglieder näher als ε an $g = \frac{1}{2}$ liegen.
Damit wurde gezeigt, dass die Zahlenfolge $\left(\frac{n+3}{2}\right)$ konvergent ist und den Grenzwert $\frac{1}{2}$ besitzt.

Folgen ohne Grenzwert heißen **divergent.** Speziell nennt man Zahlenfolgen, deren Glieder bei wachsendem n alle Schranken übertreffen (z. B. $\left(\frac{n^2}{2}\right)$ oder $(4n^2 + 5n + 7)$) oder unter alle Schranken sinken (z. B. $(10 - n^2)$), **bestimmt divergent.** In solchen Fällen schreibt man $\lim\limits_{n \to \infty} a_n = +\infty$ bzw. $\lim\limits_{n \to \infty} a_n = -\infty$ und spricht dann von **uneigentlichen Grenzwerten.**

Definition Eine Zahlenfolge, die den Grenzwert $g = 0$ besitzt, heißt **Nullfolge.**

Nullfolgen sind bespielsweise $\left(\frac{1}{n}\right)$; $\left(\frac{3}{n^2}\right)$; $\left(\frac{4}{\sqrt{n}}\right)$; $\left(\left(\frac{1}{2}\right)^n\right)$; $\left(\frac{3}{2n}\right)$.

Satz Grenzwertkriterium für Zahlenfolgen
Eine Zahlenfolge (a_n) hat genau dann den Grenzwert g, wenn die Zahlenfolge $(a_n - g)$ eine Nullfolge ist.

$$\lim_{n \to \infty} a_n = g \Leftrightarrow (a_n - g) = 0$$

Die Anfangsglieder der Zahlenfolge $\left(\frac{n+3}{2n}\right)$ lauten $\frac{4}{2}; \frac{5}{4}; \frac{6}{6}; \frac{7}{8}; \frac{8}{10}; \ldots; \frac{103}{200}; \ldots; \frac{1003}{2\,000}$, weshalb man vermuten kann, dass diese Folge gegen $\frac{1}{2}$ konvergiert. Wir wenden zur Überprüfung obiges Kriterium an und bilden dazu die Zahlenfolge $(a_n - g) = \left(\frac{n+3}{2n} - \frac{1}{2}\right)$.
Wegen $\lim\limits_{n \to \infty}\left(\frac{n+3}{2n} - \frac{1}{2}\right) = \lim\limits_{n \to \infty}\left(\frac{n+3-n}{2n}\right) = \lim\limits_{n \to \infty}\left(\frac{3}{2n}\right) = 0$ hat die zu untersuchende Folge tatsächlich den Grenzwert $\frac{1}{2}$.

Aus den Zahlenfolgen $(a_n) = \left(\frac{2n+3}{n}\right)$ bzw. $(a_n) = 5; \frac{7}{2}; 3; \frac{11}{4}; \frac{13}{5}; \ldots$ und $(b_n) = \left(\frac{n-1}{n}\right)$ bzw. $(b_n) = 0; \frac{1}{2}; \frac{2}{3}; \frac{3}{4}; \frac{4}{5}; \ldots; \frac{n-1}{n}; \ldots$ erhält man durch gliedweise Addition die Folge $(a_n + b_n) = 5; 4; \frac{11}{3}; \frac{7}{2}; \frac{17}{5}; \ldots; \frac{3n+2}{n}; \ldots$ Die Folgen (a_n) und (b_n) sind konvergent und besitzen die Grenzwerte $g_1 = 2$ bzw. $g_2 = 1$. Da sich zeigen lässt, dass die Folge $(a_n + b_n) = \left(\frac{3n+2}{n}\right)$ den Grenzwert 3 besitzt, liegt die Vermutung nahe, dass sich der Grenzwert g von $(a_n + b_n)$ aus der Addition von g_1 und g_2 ergibt. Analog kann man aus (a_n) und (b_n) durch gliedweise Subtraktion, Multiplikation und Division bei Beachtung der notwendigen Einschränkungen neue Folgen bilden und analoge Betrachtungen durchführen. Über das Konvergenzverhalten von solchen Zahlenfolgen lassen sich folgende Aussagen treffen:

Grenzwertsätze für Zahlenfolgen

Die Zahlenfolge (a_n) konvergiere gegen g_1, die Zahlenfolge (b_n) gegen g_2 (d.h. $\lim\limits_{n \to \infty} a_n = g_1$, $\lim\limits_{n \to \infty} b_n = g_2$). Dann gilt:

$$\lim_{n \to \infty} (a_n \pm b_n) = \lim_{n \to \infty} a_n \pm \lim_{n \to \infty} b_n = g_1 \pm g_2,$$

$$\lim_{n \to \infty} (a_n \cdot b_n) = \lim_{n \to \infty} a_n \cdot \lim_{n \to \infty} b_n = g_1 \cdot g_2,$$

$$\lim_{n \to \infty} \frac{a_n}{b_n} = \frac{\lim\limits_{n \to \infty} a_n}{\lim\limits_{n \to \infty} b_n} = \frac{g_1}{g_2} \quad (\text{sofern } b_n \neq 0 \text{ und } g_2 \neq 0).$$

Die Konvergenz der einzelnen Bestandteile einer zusammengesetzten Zahlenfolge ist eine hinreichende, aber keine notwendige Bedingung für die Konvergenz der Gesamtfolge.

Die Zahlenfolge $\left(\frac{4n^2+5n+7}{5n^2-n+3}\right)$ ist auf Konvergenz zu untersuchen.

Die Folgen $(4n^2 + 5n + 7)$ und $(5n^2 - n + 3)$ divergieren – sie wachsen monoton, ohne beschränkt zu sein.

Die Einzelgrenzwerte $\lim\limits_{n \to \infty} (4n^2 + 5\,n + 7)$ und $\lim\limits_{n \to \infty} (5n^2 - n + 3)$ existieren also nicht.

Daher ist die Anwendung des Grenzwertsatzes nicht möglich. Sinnvoll ist, zu versuchen, den Term $\frac{4n^2+5n+7}{5n^2-n+3}$ so umzuformen, dass im Nenner nur noch konstante Folgen oder Nullfolgen auftreten. Für jede natürliche Zahl $n > 0$ gilt im vorliegenden Fall:

$$\frac{4n^2+5n+7}{5n^2-n+3} = \frac{n^2\left(4+\frac{5}{n}+\frac{7}{n^2}\right)}{n^2\left(5-\frac{1}{n}+\frac{3}{n^2}\right)} = \frac{4+\frac{5}{n}+\frac{7}{n^2}}{5-\frac{1}{n}+\frac{3}{n^2}}$$

Auf diesen umgeformten Quotienten sind die Grenzwertsätze anwendbar. Es gilt:

$$\lim_{n \to \infty} \frac{4n^2+5n+7}{5n^2-n+3} = \lim_{n \to \infty} \frac{4+\frac{5}{n}+\frac{7}{n^2}}{5-\frac{1}{n}+\frac{3}{n^2}} = \frac{\lim\limits_{n \to \infty} 4 + \lim\limits_{n \to \infty} \frac{5}{n} + \lim\limits_{n \to \infty} \frac{7}{n^2}}{\lim\limits_{n \to \infty} 5 - \lim\limits_{n \to \infty} \frac{1}{n} \lim\limits_{n \to \infty} \frac{3}{n^2}} = \frac{4+0+0}{5-0+0} = \frac{4}{5}$$

Damit haben wir nachgewiesen, dass die Zahlenfolge $\left(\frac{4n^2+5n+7}{5n^2-n+3}\right)$ konvergent ist und den Grenzwert $\frac{4}{5}$ besitzt.

5.2 Reihen

Eine Summe mit unendlich vielen Gliedern kann nicht wie eine Summe mit endlich vielen Gliedern behandelt werden. Dies zeigt das folgende Beispiel:

GUIDO GRANDI (1671 bis 1742), italienischer Mathematiker und Theologe. Er nahm an, dass $1 - 1 + 1 - 1 \pm \ldots = \frac{1}{2}$ gilt.

Man berechne

a) $1 + (-1) + 1 + (-1) + 1$ b) $1 + (-1) + 1 + (-1) + 1 + (-1) + \ldots$ (Reihe von G. GRANDI)

Die endliche Summe unter a) kann problemlos ermittelt werden und beträgt 1. Im Unterschied dazu lässt die „unendliche Summe“ unter b) zwei verschiedene Ergebnisse zu. Je nach Klammersetzung von benachbarten Gliedern erhält man

$[1 + (-1)] + [1 + (-1)] + [1 + (-1)] + \ldots = 0 + 0 + 0 + \ldots = \mathbf{0}$ oder

$1 + [(-1) + 1] + [(-1) + 1] + [(-1) + 1] + \ldots = 1 + 0 + 0 + \ldots = \mathbf{1}.$

Die Bemühungen, diese Schwierigkeiten zu umgehen, führten in der Mathematik zur Entstehung des Begriffs **„unendliche Reihe“.** Zu einer unendlichen Reihe kommt man, indem man von einer unendlichen Zahlenfolge $a_1, a_2, a_3, \ldots$ ausgeht. Die Summe aller a_k lässt sich nicht berechnen, da sie unendlich viele „Summanden“ umfasst. Man nutzt für die Lösung dieses Problems Partialsummen (↗ Abschnitt 2.2.2):

$s_1 = a_1 = \sum_{k=1}^{1} a_k;$ $s_2 = a_1 + a_2 = \sum_{k=1}^{2} a_k;$

$s_3 = a_1 + a_2 + a_3 = \sum_{k=1}^{3} a_k;$ $s_4 = a_1 + a_2 + a_3 + a_4 = \sum_{k=1}^{4} a_k; \ldots;$

$s_n = a_1 + a_2 + a_3 + a_4 + \ldots + a_n = \sum_{k=1}^{n} a_k; \ldots$

Das Symbol $\sum_{k=1}^{\infty} a_k$ hat zwei Bedeutungen:
- Es bezeichnet die Reihe, legt also die Bildung der Folge (s_n) der Partialsummen fest.
- Es bezeichnet die „Summe“ dieser Reihe, also den Grenzwert der Partialsummenfolge (s_n) und ist demzufolge keine Summe im üblichen Sinne.

Definition Ist $(a_n) = a_1; a_2; a_3; a_4; \ldots$ eine Zahlenfolge, so heißt $a_1 + a_2 + a_3 + a_4 + \ldots$ **unendliche Reihe** oder kurz **Reihe.**
Man schreibt dafür $\sum_{k=1}^{\infty} a_k$ und versteht darunter die Folge der Partialsummen

$(s_n) = \left(\sum_{k=1}^{\infty} a_k\right) = a_1; a_1 + a_2; a_1 + a_2 + a_3; \ldots$

Für den Fall der Konvergenz der Partialsummenfolge (s_n) heißt ihr Grenzwert g der **Wert** oder die **Summe der Reihe.**
Eine Reihe nennt man konvergent bzw. divergent, je nachdem, ob die entsprechende Partialsummenfolge konvergiert oder divergiert.

Aus der Nullfolge $\left(\frac{1}{2^{n-1}}\right) = 1; \frac{1}{2}; \frac{1}{4}; \frac{1}{8}; \ldots$ wird durch fortgesetzte Addition eine Partialsummenfolge $(s_n) = s_1; s_2; s_3; \ldots$ aufgebaut.
Man erhält:

$$(s_n) = 1; 1 + \frac{1}{2}; 1 + \frac{1}{2} + \frac{1}{4}; 1 + \frac{1}{2} + \frac{1}{4} + \frac{1}{8}; \ldots$$
$$= 1; \frac{3}{2}; \frac{7}{4}; \frac{15}{8}; \frac{31}{16}; \frac{63}{32}; \ldots; 2 - \frac{1}{2^{n-1}}; \ldots$$

Die Partialsummenfolge $\left(2 - \frac{1}{2^{n-1}}\right)$ ist konvergent, denn:

$$\lim_{n \to \infty} \left(2 - \frac{1}{2^{n-1}}\right) = \lim_{n \to \infty} 2 - \lim_{n \to \infty} \frac{1}{2^{n-1}} = 2$$

Dieser Grenzwert der Partialsummenfolge wird nun als „Summe" der unendlich vielen Glieder der Folge $\left(\frac{1}{2^{n-1}}\right)$ bzw. als Summe der Reihe $1 + \frac{1}{2} + \frac{1}{4} + \frac{1}{8} + \ldots + \frac{1}{2^{n-1}} + \ldots$ interpretiert.

- Die Reihe $\sum\limits_{k=1}^{\infty} \frac{1}{(k+1)(k+2)}$ ist auf Konvergenz zu untersuchen.

Man betrachtet dazu die Folge (s_n) der Partialsummen mit
$s_n = \frac{1}{2 \cdot 3} + \frac{1}{3 \cdot 4} + \ldots + \frac{1}{n(n+1)} + \frac{1}{(n+1)(n+2)}$.
Wegen $\frac{1}{(n+1)(n+2)} = \frac{1}{(n+1)} - \frac{1}{(n+2)}$ gilt:
$s_n = \left(\frac{1}{2} - \frac{1}{3}\right) + \left(\frac{1}{3} - \frac{1}{4}\right) + \ldots + \left(\frac{1}{n} - \frac{1}{n+1}\right) + \left(\frac{1}{n+1} - \frac{1}{n+2}\right)$ bzw.
$s_n = \frac{1}{2} - \frac{1}{3} + \frac{1}{3} - \frac{1}{4} + \ldots + \frac{1}{n} - \frac{1}{n+1} + \frac{1}{n+1} - \frac{1}{n+2} = \frac{1}{2} - \frac{1}{n+2}$
Weil $\lim\limits_{n \to \infty} \left(\frac{1}{2} - \frac{1}{n+2}\right) = \frac{1}{2}$, strebt die Partialsummenfolge für $n \to \infty$ also gegen $\frac{1}{2}$. Die Reihe ist konvergent – ihr Wert bzw. ihre Summe ist $\frac{1}{2}$: $\sum\limits_{k=1}^{\infty} \frac{1}{(k+1)(k+2)} = \frac{1}{2}$

- Die Zahlenfolge $\left(\frac{1}{n}\right) = 1; \frac{1}{2}; \frac{1}{3}; \frac{1}{4}; \ldots$, die wegen $\lim\limits_{n \to \infty} \frac{1}{n} = 0$ eine Nullfolge ist, führt durch fortgesetzte Addition zur sogenannten **harmonischen Reihe:**

$$\sum_{k=1}^{\infty} \frac{1}{k} = 1 + \frac{1}{2} + \frac{1}{3} + \frac{1}{4} + \frac{1}{5} + \frac{1}{6} + \frac{1}{7} + \frac{1}{8} + \frac{1}{9} + \frac{1}{10} + \frac{1}{11} + \ldots + \frac{1}{16} + \ldots$$
$$= 1 + \frac{1}{2} + \left(\frac{1}{3} + \frac{1}{4}\right) + \left(\frac{1}{5} + \frac{1}{6} + \frac{1}{7} + \frac{1}{8}\right) + \left(\frac{1}{9} + \ldots + \frac{1}{16}\right) + \ldots$$

Entsprechend den Klammerausdrücken wird eine Vergleichsreihe gebildet, die kleinere Glieder als die harmonischen Reihe besitzt:

$$\sum_{k=1}^{\infty} \frac{1}{k} > 1 + \frac{1}{2} + \left(\frac{1}{4} + \frac{1}{4}\right) + \left(\frac{1}{8} + \frac{1}{8} + \frac{1}{8} + \frac{1}{8}\right) + \left(\frac{1}{16} + \frac{1}{16} + \ldots + \frac{1}{16}\right) + \ldots$$
$$= 1 + \frac{1}{2} + \frac{1}{2} + \frac{1}{2} + \frac{1}{2} + \ldots$$

Da die Vergleichsreihe durch fortlaufende Addition von $\frac{1}{2}$ divergent ist, ist die harmonische Reihe „erst recht" bestimmt divergent.

In obigem Beispiel wurde in spezieller Weise ein sogenanntes **Konvergenzkriterium** angewandt:
Gilt für fast alle Glieder zweier Folgen (a_n) bzw. (b_n) die Beziehung $a_n \le b_n$ $(n = 1, 2, 3, \ldots)$, so nennt man die Reihe $b_1 + b_2 + b_3 + \ldots$ eine **Majorante** der Reihe $a_1 + a_2 + a_3 + \ldots$
Gilt dagegen für *fast alle* Glieder $a_n \ge b_n$ $(n = 1, 2, 3, \ldots)$, so heißt die Reihe $b_1 + b_2 + b_3 + \ldots$ eine **Minorante** der Reihe $a_1 + a_2 + a_3 + \ldots$

Unter **Konvergenzkriterien** versteht man Sätze, die eine Entscheidung über Konvergenz bzw. Divergenz einer Reihe ermöglichen.

Satz Vergleichskriterium

Eine Reihe $\sum\limits_{n=1}^{\infty} a_n$ mit positiven Gliedern konvergiert dann, wenn zu ihr eine konvergente Majorante existiert; sie divergiert, wenn es zu ihr eine divergente Minorante gibt.

Das Vergleichskriterium stellt eine *hinreichende Bedingung* dar.

5

- Die Reihe $\sum\limits_{n=1}^{\infty} \frac{1}{\sqrt{n}} = 1 + \frac{1}{\sqrt{2}} + \frac{1}{\sqrt{3}} + \ldots$ ist auf Konvergenz zu untersuchen. Nach obigem Beispiel ist die harmonische Reihe als divergent bekannt. Für jedes $n \geq 2$ gilt die Ungleichung $\frac{1}{n} < \frac{1}{\sqrt{n}}$.
  Also ist $\sum\limits_{n=1}^{\infty} \frac{1}{n}$ Minorante zu $\sum\limits_{n=1}^{\infty} \frac{1}{\sqrt{n}}$. Da die harmonische Reihe also eine divergente Minorante zu $\sum\limits_{n=1}^{\infty} \frac{1}{\sqrt{n}}$ ist, ist $\sum\limits_{n=1}^{\infty} \frac{1}{\sqrt{n}}$ ebenfalls divergent.

Ist (a_n) eine arithmetische (geometrische) Folge, so nennt man $\sum\limits_{k=1}^{\infty} a_k$ **arithmetische (geometrische) Reihe.**

Arithmetische Reihen $\sum\limits_{k=1}^{\infty} (a_1 + (k-1) \cdot d)$ sind wegen
$\lim\limits_{n \to \infty} \left(n \cdot a_1 + \frac{n(n-1) \cdot d}{2}\right) = \pm\infty$ stets divergent.

Bei **geometrischen Reihen** $\sum\limits_{k=1}^{\infty} a_1 \cdot q^{k-1}$ treten in Abhängigkeit vom Quotienten q alle Fälle des Konvergenzverhaltens auf: Für

- $|q| < 1$ ist die Reihe konvergent, für
- $|q| \geq 1$ ist die Reihe divergent.

Wegen $\lim\limits_{n \to \infty} a_1 \frac{q^n - 1}{q - 1} = \lim\limits_{n \to \infty} \frac{a_1}{q-1}(q^n - 1) = \frac{-a_1}{q-1} = \frac{a_1}{q-1}$ für $|q| < 1$ gilt:

Satz Konvergenzkriterium für geometrische Reihen

Die geometrische Reihe $\sum\limits_{k=1}^{\infty} a_1 \cdot q^{k-1}$ konvergiert genau dann, wenn $|q| < 1$ ist. Sie hat dann die Summe $s = \frac{a_1}{1-q}$.

- Unter Verwendung des obigen Konvergenzkriteriums kann man einen unendlichen periodischen Dezimalbruch als rationale Zahl in der Form $\frac{p}{q}$ ($q \neq 0$, p und q teilerfremd; $p, q \in \mathbb{Z}$) darstellen.

  a) Für den reinperiodischen unendlichen Dezimalbruch $0,\overline{27}$ gilt:

  $$0,\overline{27} = \frac{27}{100} + \frac{27}{10\,000} + \frac{27}{1\,000\,000} + \ldots = \sum_{k=1}^{\infty} \frac{27}{100}\left(\frac{1}{100}\right)^{k-1}$$

  $$0,\overline{27} = \frac{\frac{27}{100}}{1 - \frac{1}{100}} = \frac{\frac{27}{100}}{\frac{99}{100}} = \frac{27}{99} = \frac{3}{11}$$

  b) Der gemischtperiodische unendliche Dezimalbruch $0,47\overline{72}$ lässt sich wie folgt umformen:

  $$0,47\overline{72} = 0,47 + \frac{72}{10\,000} + \frac{72}{1\,000\,000} + \ldots = 0,47 + \sum_{k=1}^{\infty} \frac{72}{10\,000}\left(\frac{1}{100}\right)^{k-1}$$

  $$= 0,47 + \frac{\frac{72}{10\,000}}{\frac{99}{100}} = 0,47 + \frac{72}{9\,900} = \frac{4\,653}{9\,900} + \frac{72}{9\,900} = \frac{4\,725}{9\,900} = \frac{21}{44}$$

5.3 Grenzwerte von Funktionen; Grenzwertsätze

Die Funktion f mit $f(x) = \frac{x+1}{x-2}$ und $D_f = \mathbb{R}\setminus\{2\}$ hat an der Stelle $x_0 = 2$ eine Definitionslücke, d. h., in der Umgebung von $x_0 = 2$ ist f definiert, an der Stelle $x_0 = 2$ selbst jedoch nicht: Wählt man für x Werte, die sich der Definitionslücke $x_0 = 2$ immer mehr von links nähern (1,9; 1,99; 1,999; …), so werden die zugehörigen Funktionswerte f(x) immer kleiner (–29; –299; –2999; …) und streben für x gegen 2 offensichtlich gegen $-\infty$. Nähert man sich der Definitionslücke von rechts (2,1; 2,01; 2,001; …), so wachsen die zugehörigen Funktionswerte f(x) immer mehr (31; 301; 3001, …) und streben für x gegen 2 gegen $+\infty$. Wenn umgekehrt x beliebig große oder beliebig kleine Werte annimmt, also gegen $+\infty$ bzw. $-\infty$ geht, so scheinen sich die Funktionswerte f(x) immer mehr dem Wert 1 zu nähern.

Der in obigem Beispiel erstgenannte Vorgang der Annäherung an die Stelle $x_0 = 2$ führt zu folgender Begriffsfestlegung (↗ Abschnitt 5.2):

Definition Es sei f eine in einer Umgebung der Stelle x_0 (eventuell mit Ausnahme von x_0 selbst) definierte Funktion. Die Zahl g heißt **Grenzwert der Funktion f an der Stelle x_0**, wenn für jede Folge (x_n) mit $x_n \in D_f$ und $x_n \neq x_0$, die den Grenzwert x_0 hat, die Folge der zugehörigen Funktionswerte $(f(x_n))$ gegen den Wert g konvergiert.

Man schreibt $\lim\limits_{x \to x_0} f(x) = g$, wobei wegen $\lim\limits_{n \to \infty} x_n = x_0$ die Formulierung $\lim\limits_{n \to \infty} f(x_n) = g$ dasselbe aussagt.

Anmerkungen:

- Hat die Funktion f an der Stelle x_0 den Grenzwert g, so bedeutet das anschaulich, dass der Graph von f sowohl von links als auch von rechts in den Punkt $(x_0; g)$ „einmündet“, ganz unabhängig davon, ob f an der Stelle x_0 definiert ist oder nicht. Der Wert g kann auch der uneigentliche Grenzwert $+\infty$ oder $-\infty$ sein.
- Ist (h_n) eine beliebige Nullfolge, dann konvergiert die Folge $(x_0 + h_n)$ für wachsendes n gegen x_0. Dies macht man sich gelegentlich bei Grenzwertuntersuchungen zunutze: Statt $\lim\limits_{x \to x_0} f(x)$ bildet man $\lim\limits_{h \to \infty} f(x_0 + h)$ und untersucht, ob sich unabhängig von der Auswahl der Nullfolge (h_n) eine feste Zahl g als Grenzwert ergibt (h-Methode).
- Ist bekannt, dass für eine Funktion f an einer Stelle x_0 ein Grenzwert existiert, und lässt sich eine bestimmte Zahl g als Grenzwert vermuten, dann kann man diese Vermutung bestätigen, indem man zeigt, dass die Folge $(f(x_n) - g)$ eine Nullfolge ist.

Betrachtet man den Graphen der Funktion $f(x) = |x|$, so lässt sich vermuten, dass f an der Stelle $x_0 = 0$ den Grenzwert $g = 0$ besitzt. Zur Bestätigung dieser Vermutung wählen wir eine beliebige Folge (x_n) mit $\lim\limits_{n \to \infty} x_n = 0$ ($x_n \neq 0$ für alle n) und zeigen, dass die Folge

$(f(x_n) - g) = (|x_n| - 0) = (|x_n|)$ eine Nullfolge ist.

▶ Speziell gilt:
$\lim\limits_{x \to x_0} c = c$
$\lim\limits_{x \to x_0} x = x_0$

Da (x_n) nach Voraussetzung eine Nullfolge ist, gilt: $|x_n - 0| = |x_n| < \varepsilon$
Wegen $||x_n| - 0| = x_n = |x_n|$ ist dann aber auch $(|x_n|)$ eine Nullfolge.

Das heißt: $\lim\limits_{n \to \infty} f(x_n) = |x_n| = 0$ bzw. $\lim\limits_{x \to 0} |x| = 0$

▶ Aus der Berechenbarkeit des Funktionswertes $f(x_0)$ darf nicht gefolgert werden, dass auch der Grenzwert $\lim\limits_{x \to x_0} f(x)$ existiert und mit $f(x_0)$ übereinstimmt.

5

Zu untersuchen ist das Verhalten der Funktion f mit

$f(x) = \begin{cases} x^2; & x \leq 0 \\ 1 + x; & x > 0 \end{cases}$ an der Stelle $x_0 = 0$.

a) Wir wählen eine beliebige Folge (x_n) mit $x_n < 0$ und $x_n = 0$.
Dann ergibt sich: $\lim\limits_{n \to \infty} f(x_n) = \lim\limits_{n \to \infty} x_n^2 = 0$

b) Für beliebige Folgen (x_n) mit $x_n > 0$ und $x_n = 0$ erhalten wir:
$\lim\limits_{n \to \infty} f(x_n) = \lim\limits_{n \to \infty} (1 + x_n) = 1$

Aus den beiden Ergebnissen folgt:
Die Funktion f besitzt an der Stelle $x_0 = 0$ keinen Grenzwert.

Nähert man sich einer Stelle x_0 von links (bzw. rechts) und konvergieren dabei die zugehörigen Funktionswertfolgen jeweils gegen einen bestimmten Grenzwert g_l (bzw. g_r), so sagt man: Die Funktion f(x) hat einen linksseitigen (bzw. rechtsseitigen) Grenzwert.

Man schreibt: $\lim\limits_{\substack{x \to x_0 \\ x < x_0}} f(x) = g_l$ bzw. $\lim\limits_{\substack{x \to x_0 \\ x > x_0}} f(x) = g_r$

Die Anwendung der einseitigen Grenzwerte liegt auf der Hand:

(1) Wenn eine Funktion f an einer Stelle x_0 einen linksseitigen und einen rechtsseitigen Grenzwert hat und beide sind gleich einer Zahl g, dann ist f an der Stelle x_0 konvergent zum Grenzwert g.
(2) Sind sie nicht gleich bzw. existiert nur ein einseitiger Grenzwert, dann hat f an der Stelle x_0 einen einseitigen Grenzwert oder keinen.
(3) Existiert weder ein linksseitiger noch ein rechtsseitiger Grenzwert, dann ist f an der Stelle x_0 nicht konvergent.

Mithilfe der Aussagen über Grenzwerte von Zahlenfolgen und die Definition des Grenzwertes einer Funktion gelangt man zu folgendem Satz:

Satz Eindeutigkeit des Grenzwertes einer Funktion
Existiert der Grenzwert einer Funktion, so ist er auch eindeutig bestimmt.

▶ Die Grenzwertsätze sind nur anwendbar, wenn die rechts stehenden Einzelgrenzwerte existieren und endlich sind (im Nenner vorkommende Grenzwerte müssen ungleich 0 sein).

Grenzwertsätze für Funktionen
Besitzen die Funktionen f und g an der Stelle x_0 einen Grenzwert, so gilt:

$$\lim_{x \to x_0} (f(x) \pm g(x)) = \lim_{x \to x_0} f(x) \pm g(x)$$

$$\lim_{x \to x_0} (f(x) \cdot g(x)) = \lim_{x \to x_0} f(x) \cdot g(x)$$

$$\lim_{x \to x_0} \frac{f(x)}{g(x)} = \frac{\lim\limits_{x \to x_0} f(x)}{\lim\limits_{x \to x_0} g(x)} \text{ mit } g(x) \neq 0 \text{ und } g(x) \neq 0$$

Beweis des Grenzwertsatzes für die Summe zweier Funktionen:

Es sei (x_n) eine beliebige Folge, die gegen x_0 konvergiert, für die also $\lim\limits_{n \to \infty} x_n = x_0$ mit $x_n \neq x_0$ ist. Nach Voraussetzung konvergieren dann auch die zugehörigen Funktionswertfolgen $(f(x_n))$ und $(g(x_n))$ und es gilt: $\lim\limits_{n \to \infty} f(x_n) = \lim\limits_{x \to x_0} f(x)$ bzw. $\lim\limits_{n \to \infty} g(x_n) = \lim\limits_{x \to x_0} g(x)$

Nach dem Grenzwertsatz für Zahlenfolgen existiert daher der Grenzwert der Summe der Funktionswertfolgen mit:

$$\lim_{n \to \infty} (f(x_n) + g(x_n)) = \lim_{n \to \infty} f(x_n) + \lim_{n \to \infty} g(x_n)$$

Wegen $\lim\limits_{n \to \infty} (f(x_n) + g(x_n)) = \lim\limits_{x \to x_0} (f(x) + g(x))$ folgt:

$$\lim_{x \to x_0} (f(x) + g(x)) = \lim_{x \to x_0} f(x) + \lim_{x \to x_0} g(x)$$ w. z. b. w.

Die Berechnung mancher Grenzwerte kann bei Beschränkung auf elementare Mittel aufwendig oder sogar unmöglich sein. Die Verwendung eines Rechners mit Computeralgebrasystem stellt dann oftmals eine wesentliche Hilfe dar.

Viele Funktionen haben aber als Definitionsbereich die Menge ℝ bzw. halboffene Intervalle $]-\infty; a]$ oder $[a; +\infty[$. Ihre Definitionsbereiche sind also nach oben bzw. nach unten nicht beschränkt. Daraus ergibt sich die Frage, wie sich die Zahlen f(x) verhalten, wenn x unbeschränkt wächst oder fällt, wenn also x gegen $+\infty$ $(x \to +\infty)$ bzw. x gegen $-\infty$ $(x \to -\infty)$ strebt. Dies führt zu folgender Erweiterung der Grenzwertdefinition für Funktionen:

Definition Es sei f eine nach oben bzw. nach unten unbeschränkte Funktion. Eine Zahl g heißt Grenzwert von f für unbeschränkt wachsendes oder fallendes x $(x \to +\infty$ bzw. $x \to -\infty)$, wenn für jede Folge (x_n) mit dem Grenzwert $+\infty$ bzw. $-\infty$ die Folge der zugehörigen Funktionswerte $(f(x_n))$ gegen den Wert g konvergiert.

Man schreibt: $\lim\limits_{x \to +\infty} f(x) = g$ bzw. $\lim\limits_{x \to -\infty} f(x) = g$

Auch zur Berechnung solcher Grenzwerte gelten die Grenzwertsätze mit den dort genannten Voraussetzungen.

Zu untersuchen ist die Funktion f: $f(x) = \frac{x^2 - 1}{x^2 + 1}$, $x \in \mathbb{R}$, für $x \to \pm\infty$.

Aus $f(x) = \frac{x^2 - 1}{x^2 + 1}$ folgt durch entsprechende Umformung

$$f(x) = \frac{x^2\left(1 + \frac{1}{x^2}\right)}{x^2\left(1 + \frac{1}{x^2}\right)} = \frac{1 - \frac{1}{x^2}}{1 + \frac{1}{x^2}}$$ und damit:

$$\lim_{x \to +\infty} f(x) = \lim_{x \to +\infty} \frac{1 - \frac{1}{x^2}}{1 + \frac{1}{x^2}} = 1, \quad \lim_{x \to -\infty} f(x) = \lim_{x \to -\infty} \frac{1 - \frac{1}{x^2}}{1 + \frac{1}{x^2}} = 1$$

Bezogen auf den Graphen von f bedeutet das:
Für $x \to \pm\infty$ nähert sich der Graph immer mehr der Geraden y = 1. Eine solche Gerade, an die sich der Graph einer Funktion f immer mehr „anschmiegt", wird **Asymptote** des Graphen von f genannt. Dabei kann dieses „Anschmiegen" sowohl für beliebig groß werdende Argumente als auch durch Annäherung an eine bestimmte Stelle, einen bestimmten x-Wert, erfolgen.

In obigem Beispiel ist die Gerade mit der Gleichung y = 1 eine *waagerechte Asymptote*.

5.4 Stetigkeit von Funktionen

Vorstellungen vom Begriff „stetige Funktion" sind gemeinhin darauf gerichtet, dass der Graph einer solchen Funktion keine „Sprünge" macht, dass er keine Lücken aufweist, dass er sich gewissermaßen „in einem Zuge" (ohne den Stift abzusetzen) zeichnen lässt. Diese anschaulichen Vorstellungen allein reichen aber für die Arbeit mit dem fundamentalen Begriff der Stetigkeit in der Mathematik nicht aus. Es ist eine exakte Definition erforderlich.

> **Definition** Die Funktion f heißt **an der Stelle $x_0 \in D_f$ stetig,** wenn der Grenzwert von f an der Stelle x_0 existiert und mit dem Funktionswert an der Stelle x_0 übereinstimmt.
> Die Funktion f heißt **stetig,** wenn sie an *jeder* Stelle ihres Definitionsbereiches stetig ist.

Existiert an einer Stelle $x_0 \in D_f$ einer Funktion kein endlicher Grenzwert bzw. stimmen Grenzwert und Funktionswert von f in x_0 nicht überein, so ist f an der Stelle x_0 **unstetig.** Die folgenden Figuren zu a) bis e) zeigen Graphen von Funktionen, die Unstetigkeitsstellen besitzen:

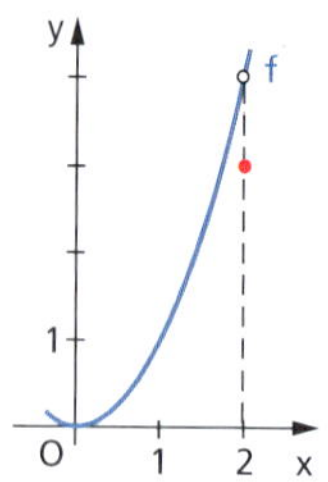

a) f besitzt an der Stelle x_0 einen Grenzwert; Grenzwert für $x \to x_0$ und Funktionswert $f(x_0)$ stimmen nicht überein.
Ein solcher Fall läge beispielsweise vor, wenn f durch
$f(x) = \begin{cases} x^2; & x \neq 2 \\ 3; & x = 2 \end{cases}$ definiert ist, da $\lim\limits_{x \to 2} x^2 = 4 \neq f(2) = 3$.

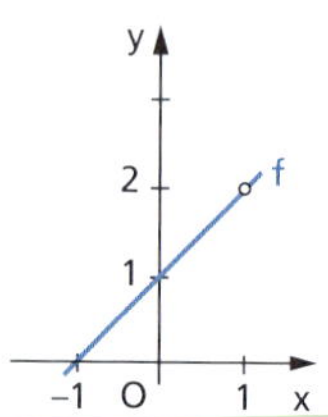

b) f besitzt an der Stelle x_0 einen Grenzwert, ist aber selbst in x_0 nicht definiert.
Ein Beispiel dafür wäre die Funktion $f(x) = \frac{x^2 - 1}{x - 1}$, die für $x_0 = 1$ nicht definiert ist, aber für $x \to 1$ den Grenzwert $\lim\limits_{x \to 1} f(x) = 2$ besitzt. An der Stelle $x_0 = 1$ hat die Funktion f eine **Lücke.**
Anmerkung: Von $\lim\limits_{x \to 1} f(x) = 2$ ausgehend lässt sich eine neue Funktion g „konstruieren" mit:
$g(x) = \begin{cases} \frac{x^2 - 1}{x - 1}; & x \neq 1 \\ 2; & x = 1 \end{cases}$ Für diese Funktion g gilt an der Stelle $x_0 = 1$:
$\lim\limits_{x \to 1} g(x) = g(1) = 2$, d.h., g ist an der Stelle $x_0 = 1$ stetig.
Die Funktion g nennt man **stetige Fortsetzung** der Funktion f an der Stelle x_0. Man sagt auch: Die Definitionslücke von f ist **stetig hebbar** oder **stetig ergänzbar**.

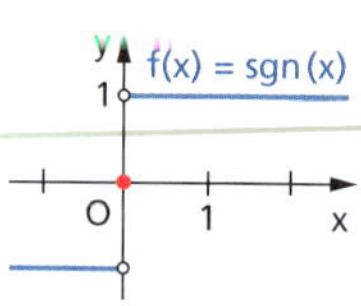

c) f hat an der Stelle x_0 keinen Grenzwert, es existiert jedoch der Funktionswert an der Stelle x_0.

Diese Eigenschaft hat z.B. die Vorzeichenfunktion:
$$\text{sgn}(x) = \begin{cases} 1; & x > 0 \\ 0; & x = 0 \\ -1; & x < 0 \end{cases}$$

An der Stelle $x_0 = 0$ ist $\lim\limits_{\substack{x \to 0 \\ x > 0}} \text{sgn}(x) = 1$ und $\lim\limits_{\substack{x \to 0 \\ x < 0}} \text{sgn}(x) = -1$ verschieden von $\text{sgn}(x_0) = 0$. Die Funktion ist an der Stelle $x_0 = 0$ unstetig. Sie weist einen **endlichen Sprung** auf.

d) Die Funktion $f(x) = \frac{1}{x}$ weist an der Stelle $x_0 = 0$ einen **unendlichen Sprung** auf. Für den rechtsseitigen Grenzwert gilt $\lim\limits_{\substack{x \to 0 \\ x > 0}} f(x) = +\infty$, für den linksseitigen Grenzwert erhält man $\lim\limits_{\substack{x \to 0 \\ x < 0}} f(x) = -\infty$.

Die Funktion f ist an der Stelle $x_0 = 0$ nicht stetig ergänzbar.

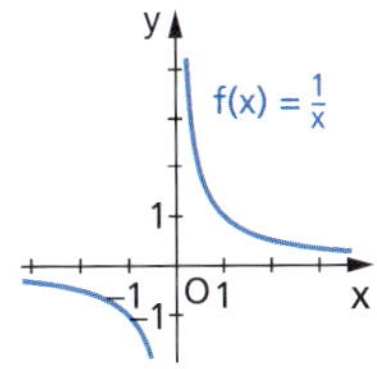

e) Die Funktion f mit $f(x) = \begin{cases} \frac{1}{2}x + 1; & x < 3 \\ \frac{1}{2}x + 2; & x \geq 3 \end{cases}$ hat an der Stelle $x_0 = 3$ den Wert $f(3) = \frac{7}{2}$, aber $\lim\limits_{x \to 3} f(x)$ existiert nicht. Im Sinne obiger Definition ist f also an der Stelle $x_0 = 3$ unstetig.

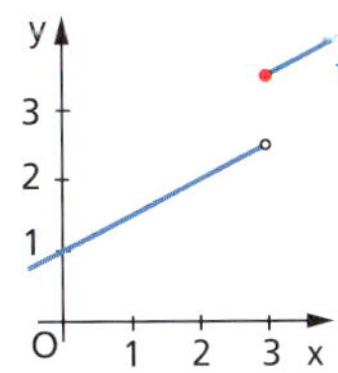

Grenzwert und Stetigkeit einer Funktion sind zwei eng miteinander zusammenhängende Begriffe. Ein wesentlicher Unterschied kommt darin zum Ausdruck, dass für das Grenzverhalten einer Funktion f an einer Stelle x_0 das Vorhandensein des Funktionswertes $f(x_0)$ völlig uninteressant ist (f muss zwar in einer Umgebung von x_0 definiert sein, jedoch nicht notwendig in x_0 selbst), dagegen ist die Existenz von $f(x_0)$ bei Stetigkeitsuntersuchungen eine wesentliche Bedingung.
Ausgehend von den Grenzwertsätzen für Funktionen können entsprechende Sätze über stetige Funktionen formuliert werden.

Von Stetigkeit einer Funktion f an einer Stelle x_0 kann nur dann gesprochen werden, wenn f auch in x_0 definiert ist.

Stetigkeitssätze für Funktionen
Besitzen die Funktionen f und g einen gemeinsamen Definitionsbereich D und sind sie in $x_0 \in D$ stetig, so sind auch die Funktionen
$c \cdot f \; (c \in \mathbb{R})$, $f + g$, $f - g$ und $f \cdot g$
in x_0 stetig. Ist ferner $f(x_0) \neq 0$, so sind außerdem die Funktionen
$h = \frac{1}{f}$ und $k = \frac{g}{f}$ mit $D_h = D_k = D \setminus \{x \mid f(x) = 0\}$ in x_0 stetig.

Die Funktion $f(x) = \frac{x^5 + 3x^2 - 6x + 5}{(x + 1)(x - 2)}$ ist auf Stetigkeit zu untersuchen.
Die Zählerfunktion und die Nennerfunktion sind für alle $x \in \mathbb{R}$ erklärt, jedoch ist der Funktionsterm von f für $x_1 = -1$ und $x_2 = 2$ nicht definiert. Nach den Stetigkeitssätzen ist also f für $x \in \mathbb{R} \setminus \{-1; 2\}$ stetig.

Eine Funktion f heißt **stetig in einem offenen Intervall**]a; b[, wenn sie an jeder Stelle dieses Intervalls stetig ist. Eine Funktion heißt **stetig in einem abgeschlossenen Intervall** [a; b], wenn sie im offenen Intervall]a; b[stetig ist und wenn für die Randstellen gilt:
$\lim\limits_{\substack{x \to a \\ x > a}} f(x) = f(a)$ (rechtsseitige Stetigkeit) bzw.
$\lim\limits_{\substack{x \to b \\ x < b}} f(x) = f(b)$ (linksseitige Stetigkeit)
In abgeschlossenen Intervallen stetige Funktionen haben besondere Eigenschaften, die für zahlreiche Anwendungen bedeutungsvoll sind.

Die Schreibweise $\lim\limits_{\substack{x \to a \\ x > a}}$ bzw. $\lim\limits_{\substack{x \to b \\ x < b}}$ bedeutet:
Man nähert sich dem Intervallende a nur von rechts und dem Intervallende b nur von links.

5

BERNARD BOLZANO (1781 bis 1848), böhmischer Religionsphilosoph und Mathematiker

Nullstellensatz von Bolzano
Ist f eine in einem abgeschlossenen Intervall [a; b] stetige Funktion und gilt $f(a) \cdot f(b) < 0$ (haben also f(a) und f(b) unterschiedliche Vorzeichen), so gibt es wenigstens eine Stelle $x_0 \in]a; b[$ mit $f(x_0) = 0$.

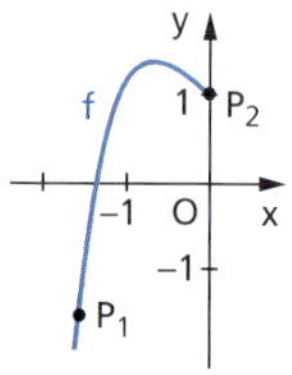

Gegeben sei die Funktion f mit $f(x) = x^3 - x + 1$.
Um zu untersuchen, ob f im Intervall [−1,6; 0] eine Nullstelle besitzt, ermitteln wir zunächst die Funktionswerte an den Intervallenden. Es ist $f(-1{,}6) \approx -1{,}5$ und $f(0) = +1$. Zum Graphen der Funktion gehören demnach die Punkte $P_1(-1{,}6; -1{,}5)$ und $P_2(0; 1)$, wobei P_1 unterhalb der x-Achse und P_2 oberhalb der x-Achse liegt. Da aber f eine über dem Intervall [−1,6; 0] definierte, stetige Funktion ist, muss der Graph von f in diesem Intervall mindestens einmal die x-Achse schneiden, es muss also eine Stelle $x_0 \in]-1{,}6; 0[$ mit $f(x_0) = 0$ geben.

Eine Verallgemeinerung des Nullstellensatzes enthält der nachfolgende „Zwischenwertsatz“:

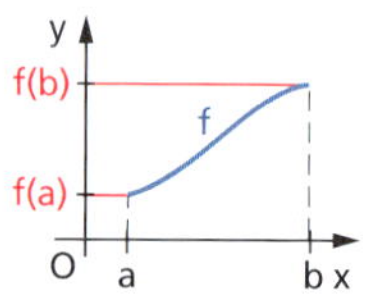

Satz über die Annahme der Zwischenwerte
Wenn f eine über dem abgeschlossenen Intervall [a; b] stetige Funktion mit $f(a) \neq f(b)$ ist, dann nimmt f jeden Wert Z, der zwischen den Funktionswerten f(a) und f(b) in den Endpunkten des Intervalls liegt, mindestens einmal an.

Maximum – die größte Zahl unter den Funktionswerten von f in einem Intervall
Minimum – die kleinste Zahl unter den Funktionswerten von f in einem Intervall

Das heißt also: Es kommt nicht darauf an, dass f(a) und f(b) unterschiedliche Vorzeichen haben, es reicht bereits, wenn $f(a) \neq f(b)$ ist.

Die Funktion $f(x) = \frac{1}{3}x^3 + \frac{1}{2}x^2 - 2x - 2$; $x \in [-3; 3]$ ist im Intervall [−3; 3] stetig. Da $f(-3) = -0{,}5$ und $f(3) = 5{,}5$, nimmt f dort jeden Wert aus [−0,5; 5,5] mindestens einmal an. Beispielsweise gilt:
$f(x_i) = 1$ für $x_1 \approx -2{,}45$, $x_2 = -1{,}5$, $x_3 \approx 2{,}45$
$f(x_i) = 2$ für $x_4 \approx 2{,}59$
Es kann natürlich auch Argumente x_i aus [−3; 3] geben, für die $f(x_i)$ größer oder kleiner als f(−3) bzw. f(3) ist.
Beispielsweise gilt: $f(1) \approx -3{,}17$

KARL THEODOR WEIERSTRASS (1815 bis 1897), deutscher Mathematiker

Eine besonders wichtige Eigenschaft stetiger Funktionen formuliert der nachfolgende Satz:

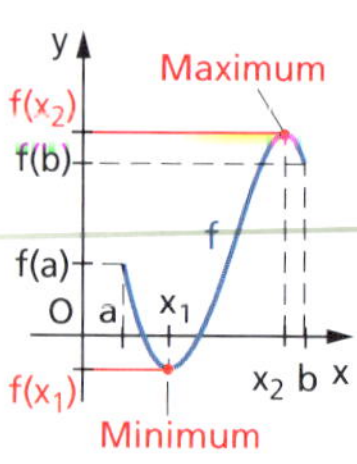

Satz vom Maximum und Minimum (Satz von Weierstrass)
Wenn f eine in einem abgeschlossenen Intervall [a; b] stetige Funktion ist, dann hat f in [a; b] ein Maximum und ein Minimum.

Für die oben angegebene Funktion $f(x) = \frac{1}{3}x^3 + \frac{1}{2}x^2 - 2x - 2$ gilt im Intervall [−3; 3]:
Maximum: $f(-2) = \frac{4}{3}$ Minimum: $f(1) \approx 3{,}17$

Differenzialrechnung 6

6.1 Grundbegriffe der Differenzialrechnung

6.1.1 Ableitung einer Funktion

Differenzial- und Integralrechnung werden zusammenfassend auch als **Infinitesimalrechnung** bezeichnet. Ihre Geschichte ist eng mit dem Wirken von **G. W. LEIBNIZ** und **I. NEWTON** verbunden.

Für die Untersuchung von Funktionen und ihrer Graphen spielt die Analyse von Grenzwertprozessen eine besondere Rolle. Die Steigung eines Funktionsgraphen, das Verhalten einer Kurve in einer „unendlich kleinen" Umgebung eines Punktes, Übergänge von Sekanten zu Tangenten oder das Aufstellen von Tangentengleichungen gehören dabei zu den typischen Problemkreisen.

Die Abbildung zeigt das Höhenprofil der 8. Etappe der Jubiläumstour der Tour de France 2003 von Sallanches nach l'Alpe d'Huez.

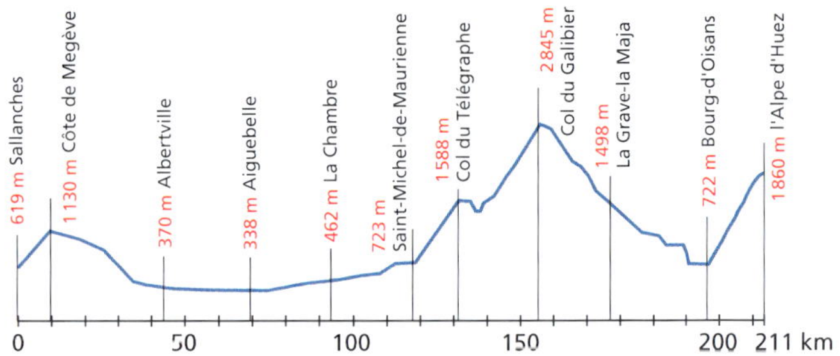

Der steilste Anstieg auf dieser Etappe befindet sich unmittelbar vor dem Ziel in l'Alpe d'Huez. Hier „klettern" die Rennfahrer von Kilometer 197 bis zum Kilometer 211 von 722 m auf 1 850 m.
Der Quotient aus der Differenz der Höhen und der Differenz der Entfernungen, der sogenannte **Differenzenquotient**

$$\frac{1850\text{ m} - 722\text{ m}}{211\text{ km} - 197\text{ km}} = \frac{1128\text{ m}}{14000\text{ m}} \approx 0{,}08,$$

ist ein Maß für die **mittlere Steigung** (durchschnittliche Steigung) der Straße. Sie beträgt in diesem Fall rund 8 %. Das bedeutet: Die Radrennfahrer müssen im Mittel je 100 m, die sie in horizontaler Richtung zurücklegen, 8 m „emporsteigen". Diese mittlere Steigung gibt jedoch noch keine Auskunft über die Steigung an einer bestimmten Stelle.

GOTTFRIED WILHELM LEIBNIZ
(1646 bis 1716)

Definition
Es sei $y = f(x)$ eine auf D_f definierte Funktion und x_0, $x_0 + h \in D_f$.
Die Funktion $d(h) = \frac{f(x_0 + h) - f(x_0)}{h}$ (mit $h \neq 0$) bzw. $d(x) = \frac{f(x) - f(x_0)}{x - x_0}$ (mit $x \neq x_0$) heißt **Differenzenquotient** von f an der Stelle x_0.

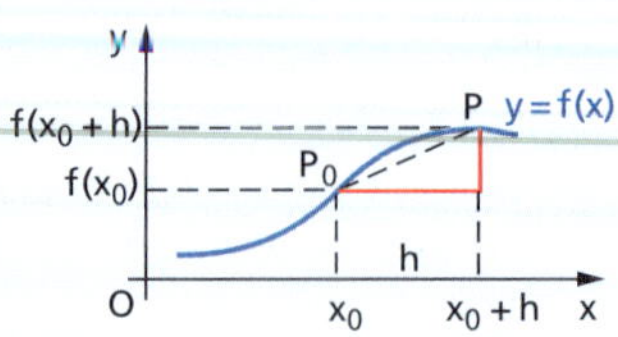

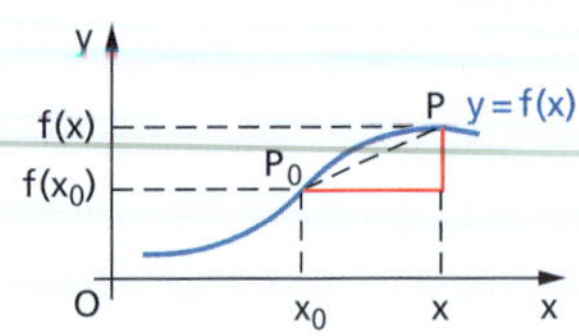

Der Differenzenquotient ist ein Maß für die **mittlere Änderungsrate** der betrachteten Funktion über dem entsprechenden Intervall.
Geometrisch gedeutet, kennzeichnet er die **Steigung der Sekante** des Graphen durch die Punkte $P_0(x_0; f(x_0))$ und $P(x; f(x))$.
Je näher P an P_0 liegt, desto besser beschreibt der Differenzenquotient das Verhalten der Kurve im Punkt P_0. Konvergiert die Differenz $x - x_0$ gegen null, so geht die Sekante in eine Grenzlage über, sie wird Tangente an die Kurve im Punkt P_0. Der Grenzwert des Differenzenquotienten beschreibt dann die **Steigung der Tangente.** Er wird auch als Steigung des Funktionsgraphen an der Stelle x_0 angesehen.

Das sogenannte **Tangentenproblem** ist ein typisches Beispiel für die Anwendung des Differenzialquotienten.

Anstelle von *Steigung* wird oft auch der Begriff **Anstieg** verwendet.

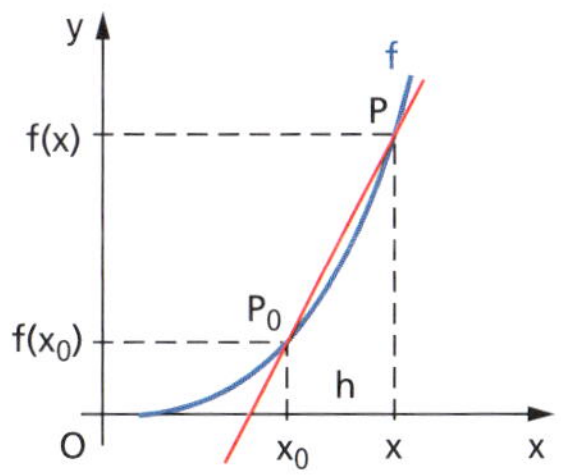

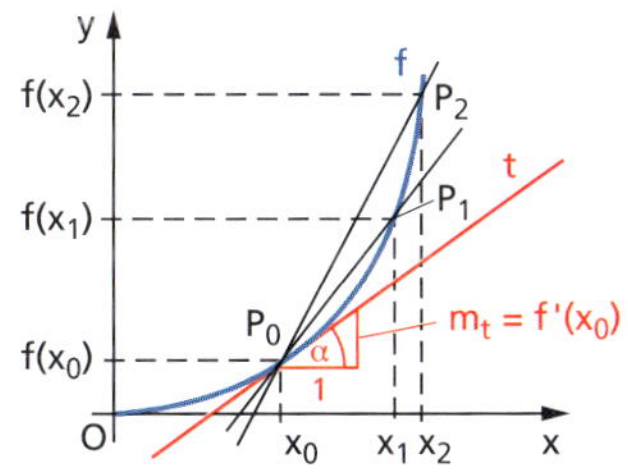

Definition
Es sei f eine auf D_f definierte Funktion und $x_0,\ x_0 + h \in D_f$.
Wir nennen f **an der Stelle x_0 differenzierbar,** wenn der Grenzwert des Differenzenquotienten

$$\lim_{h\to 0} \frac{f(x_0+h) - f(x_0)}{h} \quad \text{bzw.} \quad \lim_{h\to 0} \frac{f(x) - f(x_0)}{x - x_0} \quad \text{in } \mathbb{R} \text{ existiert.}$$

Dieser Grenzwert heißt **Ableitung** oder **Differenzialquotient** der Funktion f an der Stelle x_0.

Man schreibt: $\lim_{h\to 0} \frac{f(x_0+h) - f(x_0)}{h} = f'(x_0)$

(Gesprochen *„f Strich von x_0"*)

Für den angegebenen Grenzwert ist auch die Bezeichnung *1. Ableitung* üblich.

Der Differenzialquotient beschreibt die Änderung einer Funktion an einer bestimmten Stelle. Er kennzeichnet die sogenannte **momentane** oder **punktuelle Änderungsrate.**
Geometrisch gedeutet, ist die Ableitung ein Maß für die Steigung der Tangente im Punkt P_0. Für den Steigungswinkel α der Tangente im Punkt P_0 gilt: $f'(x_0) = \tan\alpha$

Ein Tachometer zeigt die Momentangeschwindigkeit eines Fahrzeugs zu einem Zeitpunkt t_0 an.

Andere Schreib- und Sprechweisen für die Ableitung einer Funktion f an der Stelle x_0 sind

$f'(x_0) = \frac{df(x)}{dx}\Big|_{x_0}$ *„df(x) nach dx an der Stelle x_0",*

$= \frac{dy}{dx}\Big|_{x_0}$ *„dy nach dx an der Stelle x_0",*

$= y'|_{x_0}$ *„y Strich an der Stelle x_0".*

▶ Schrittfolge zum Berechnen der Ableitung:
(1) Differenzenquotient d aufstellen
(2) d vereinfachen
(3) Grenzwert von d für $h \to 0$ ermitteln

Gesucht ist die Ableitung der Funktion $f(x) = 0{,}5x^2$ an der Stelle $x_0 = 1$:

(1) Differenzenquotient von f an der Stelle $x_0 = 1$:
$$d(h) = \frac{f(x_0 + h) - f(x_0)}{h} = \frac{0{,}5(1 + h)^2 - 0{,}5 \cdot 1^2}{h} \quad (\text{mit } h \neq 0)$$

(2) $$d(h) = \frac{0{,}5 + 0{,}5 \cdot 2 \cdot h + 0{,}5h^2 - 0{,}5}{h} = \frac{h + 0{,}5h^2}{h} = 1 + 0{,}5h$$

(3) Als Differenzialquotienten erhält man: $f'(1) = \lim\limits_{h \to 0} (1 + 0{,}5h) = 1$

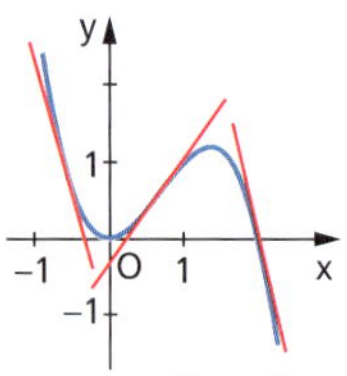

$f(x) = -x^3 + 2x^2$

An welcher Stelle x_0 hat der Graph der Funktion $f(x) = -x^3 + 2x^2$ die Steigung $m = \frac{4}{3}$?
Bilden der Ableitung der Funktion f an einer beliebigen Stelle x_0:
$$\begin{aligned} d(h) &= \frac{f(x_0 + h) - f(x_0)}{h} = \frac{-(x_0 + h)^3 + 2(x_0 + h)^2 - (-x_0^3 + 2x_0^2)}{h} \\ &= \frac{-x_0^3 - 3x_0^2h - 3x_0h^2 - h^3 + 2x_0^2 + 4x_0h + 2h^2 + x_0^3 - 2x_0^2}{h} \\ &= \frac{-3x_0^2h - 3x_0h^2 + 4x_0h - h^3 + 2h^2}{h} \\ &= -3x_0^2 - 3x_0h + 4x_0 - h^2 + 2h \ (h \neq 0). \end{aligned}$$
$$f'(x_0) = \lim_{h \to 0} (-3x_0^2 - 3x_0h + 4x^0 - h^2 + 2h) = -3x_0^2 + 4x_0$$
Da $m = f'(x_0)$, folgt $-3x_0^2 + 4x_0 = \frac{4}{3}$ und weiter $x_0^2 - \frac{4}{3}x_0 + \frac{4}{9} = 0$.
Als Lösung der quadratischen Gleichung erhält man $x_0 = \frac{2}{3}$, d.h., die Steigung ist an der Stelle $x_0 = \frac{2}{3}$ gleich $\frac{4}{3}$.

▶ Die im Satz genannte Bedingung ist notwendig, aber nicht hinreichend.

Satz
Eine Funktion f ist nur dann an einer Stelle x_0 differenzierbar, wenn f an der Stelle x_0 und in einer Umgebung von x_0 definiert ist.

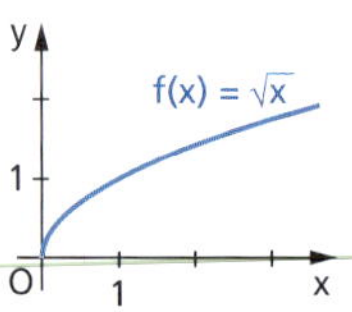

Die Funktion $f(x) = \sqrt{x}$ ist an der Stelle $x_0 = 0$ *nicht differenzierbar*, weil f nur für $x \geq 0$ definiert ist. Wegen $x \geq 0$ kann der Differenzenquotient auch nur für $x_0 \geq 0$ untersucht werden:
$$d(h) = \frac{f(x_0 + h) - f(x_0)}{h} = \frac{\sqrt{x_0 + h} - \sqrt{x_0}}{h} \quad (h \neq 0;\ x_0 + h \geq 0)$$
Erweitern mit $\sqrt{x_0 + h} + \sqrt{x_0}$ ergibt:
$$d(h) = \frac{(\sqrt{x_0 + h} - \sqrt{x_0}) \cdot (\sqrt{x_0 + h} + \sqrt{x_0})}{h \cdot (\sqrt{x_0 + h} + \sqrt{x_0})} = \frac{x_0 + h - x_0}{h \cdot (\sqrt{x_0 + h} + \sqrt{x_0})} = \frac{1}{\sqrt{x_0 + h} + \sqrt{x_0}}$$
Für $x_0 = 0$ und $h > 0$ gilt: $\lim\limits_{h \to 0} \frac{1}{\sqrt{0 + h} + \sqrt{0}} = \lim\limits_{h \to 0} \frac{1}{\sqrt{h}} = +\infty$

▶ Näherungsweise kann die Ableitung auch durch **grafisches Differenzieren** bestimmt werden.

Es existiert kein Grenzwert; die Funktion $f(x) = \sqrt{x}$ ist an der Stelle $x_0 = 0$ nicht differenzierbar. Die Tangente an den Graphen der Funktion an dieser Stelle steht senkrecht zur x-Achse.
Betrachtet man dagegen nur Stellen $x_0 > 0$, dann erhält man:
$$\lim_{h \to 0} \frac{1}{\sqrt{x_0 + h} + \sqrt{x_0}} = \frac{1}{2 \cdot \sqrt{x_0}}$$
Das heißt: Die Quadratwurzelfunktion $f(x) = \sqrt{x}$ ist für beliebige $x_0 > 0$ stets differenzierbar. Ihre Ableitung ist: $f'(x_0) = \frac{1}{2 \cdot \sqrt{x_0}}$

Eine Funktion f ist nur dann an einer Stelle x_0 differenzierbar, wenn der rechtsseitige und der linksseitige Grenzwert (↗ Abschnitte 5.3 und 6.1.2) an der Stelle x_0 existiert und übereinstimmt. Deshalb lassen sich Funktionen, die links bzw. rechts von der betrachteten Stelle x_0 durch unterschiedliche Funktionsterme definiert sind, an dieser Stelle x_0 in der Regel nicht differenzieren.

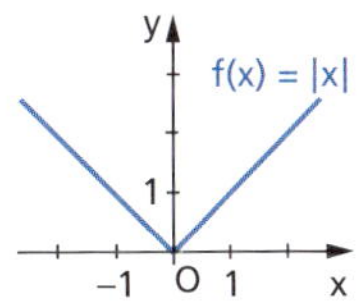

Wir untersuchen die Betragsfunktion $f(x) = |x|$ auf Differenzierbarkeit an der Stelle $x_0 = 0$.

$d(h) = \frac{|0 + h| - |0|}{h} = \frac{|h|}{h}$ (für $h \neq 0$)

Für $h > 0$ ist $d(h) = 1$ und für $h < 0$ ist $d(h) = -1$.

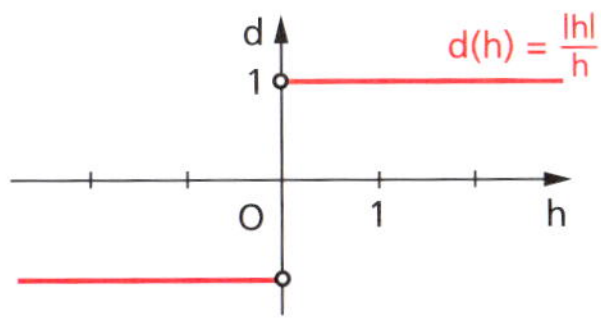

An der Stelle $x_0 = 0$ ist die Differenzenquotientenfunktion d(h) nicht definiert.

Bei der Bildung des Grenzwertes des Differenzenquotienten sind zwei Fälle zu untersuchen:

1. Fall: $h > 0$, d. h., man nähert sich der Stelle $x_0 = 0$ nur mit Nullfolgen (h_n) mit $h_n > 0$, also von rechts.
 Dann gilt $\lim\limits_{h \to 0} d(h) = 1$ (rechtsseitiger Grenzwert).

2. Fall: $h < 0$, d. h., man nähert sich der Stelle $x_0 = 0$ nur mit Nullfolgen (h_n) mit $h_n < 0$, also von links.
 Dann gilt $\lim\limits_{h \to 0} d(h) = -1$ (linksseitiger Grenzwert).

Da der rechtsseitige und der linksseitige Grenzwert nicht übereinstimmt, existiert der Grenzwert des Differenzenquotienten an der Stelle $x_0 = 0$ nicht; die Betragsfunktion ist an der Stelle $x_0 = 0$ nicht differenzierbar.

▶ Sind Funktionen links bzw. rechts von der betrachteten Stelle x_0 durch unterschiedliche Funktionsterme definiert, lassen sie sich an dieser Stelle x_0 in der Regel nicht differenzieren.

Ordnet man allen Stellen x_0, an denen eine Funktion f differenzierbar ist, ihre Ableitung $f'(x_0)$ zu, so stellt diese Zuordnung selbst wieder eine Funktion dar. Sie wird mit f' bezeichnet und heißt **Ableitungsfunktion** der Funktion f.
Es gilt: $f': x \to f'(x)$ mit $D_{f'} = D_{f'}$, wenn f überall in D_f differenzierbar ist, ansonsten ist $D_{f'} \subseteq D_f$. Im Unterschied zu $f'(x)$ ist die Ableitung $f'(x_0)$ an einer beliebigen Stelle x_0 eine Zahl.

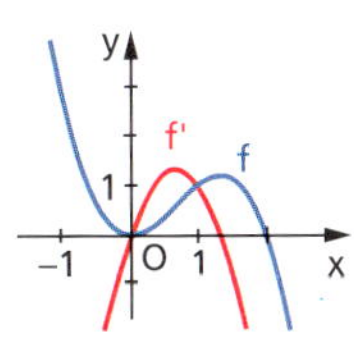

Die Ableitung der Funktion $f(x) = -x^3 + 2x^2$ an einer Stelle x_0 ist gleich $f'(x_0) = -3x_0^2 + 4x_0$ (↗ Seite 132).
Damit ist f an jeder Stelle differenzierbar. Die Tabelle enthält für ausgewählte x_0 die zugeordneten Ableitungswerte $f'(x_0)$:

x_0	−2	−1	−0,5	0	0,5	1	2
$f'(x_0)$	−20	−7	−2,75	0	1,25	1	−4

Da die ermittelte Ableitung für jede beliebige Stelle x_0 zutrifft, gilt für die Ableitungsfunktion f': $f'(x) = -3x^2 + 4x$

6.1.2 Differenzierbarkeit und Stetigkeit

Durch die in der Definition der Ableitung formulierte Voraussetzung, dass die Funktion f an der Stelle x_0 definiert sein muss, d.h., dass auch der Funktionswert an dieser Stelle existiert, ist eine Verbindung zum Stetigkeitsbegriff hergestellt (↗Abschnitt 5.4).

▶ Die Stetigkeit ist eine notwendige, aber keine hinreichende Bedingung für die Differenzierbarkeit.

Anschaulich macht man sich schnell klar, dass eine an der Stelle x_0 nicht stetige Funktion an dieser Stelle auch nicht differenzierbar ist, dass also einerseits die Stetigkeit eine Voraussetzung für die Differenzierbarkeit einer Funktion an einer Stelle x_0 sein muss.
Andererseits gibt es in x_0 stetige Funktionen, die an dieser Stelle nicht differenzierbar sind.

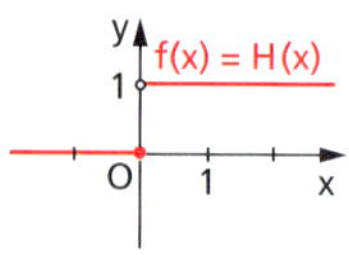

Die **Heavysidefunktion** H mit $H(x) = \begin{cases} 0 & \text{für } x \leq 0 \\ 1 & \text{für } x > 0 \end{cases}$ weist an der Stelle $x_0 = 0$ einen endlichen Sprung auf.

Sie ist an der Stelle x_0 nicht stetig und auch nicht differenzierbar.
Die Funktion $f(x) = -x^3 + 2x^2$ ist im gesamten Definitionsbereich stetig und auch differenzierbar (↗Seite 132).

Die Funktion $f(x) = |x|$ ist an der Stelle $x_0 = 0$ stetig, aber nicht differenzierbar (↗Seite 133).

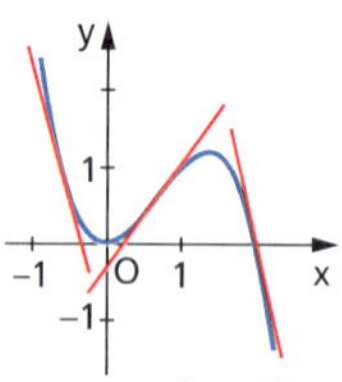

$f(x) = -x^3 + 2x^2$

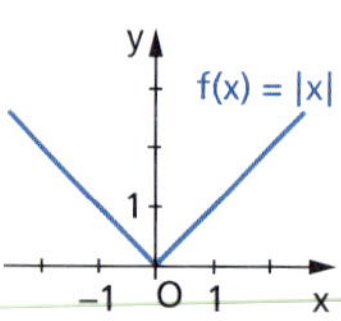

Umgekehrt folgt aus der Existenz des Differenzialquotienten
$f'(x) = \lim\limits_{x \to x_0} \frac{f(x) - f(x_0)}{x - x_0}$, dass die Funktion f an der Stelle x_0 definiert ist und die Stetigkeitsbedingung $\lim\limits_{x \to x_0} f(x) = f(x_0)$ gilt.

Zum Nachweis dieses Zusammenhangs gehen wir von einer Funktion f mit dem Funktionsterm f (x) aus und führen zunächst folgende Umformungen durch:
$f(x) = \frac{f(x) - f(x_0)}{x - x_0} \cdot (x - x_0) + f(x_0)$

Die anschließende Grenzwertbildung ergibt mithilfe der Grenzwertsätze
$\lim\limits_{x \to x_0} f(x) = \lim\limits_{x \to x_0} \frac{f(x) - f(x_0)}{x - x_0} \cdot \lim\limits_{x \to x_0} (x - x_0) + \lim\limits_{x \to x_0} f(x) = f'(x_0) \cdot 0 + f(x_0)$,
also: $\lim\limits_{x \to x_0} f(x) = f(x_0)$ Das heißt:

Satz Ist eine Funktion f an einer Stelle x_0 differenzierbar, so ist sie an dieser Stelle x_0 auch stetig.

▶ Die Differenzierbarkeit ist eine hinreichende, aber keine notwendige Bedingung für die Stetigkeit.

Aus der Differenzierbarkeit in x_0 folgt also zwingend die Stetigkeit der Funktion an dieser Stelle. Dieser Sachverhalt lässt sich für die Untersuchung lokaler Eigenschaften von Funktionen ausnutzen: Gilt die Feststellung, dass eine Funktion an einer Stelle x_0 bzw. über ihrem gesamten Definitionsbereich differenzierbar ist, so ist sie dort auch stetig.
Wie das Beispiel $f(x) = |x|$ zeigt, kann eine an der Stelle x_0 nicht differenzierbare Funktion dort trotzdem stetig sein.

6.1.3 Ableitungen höherer Ordnung

Definition Ist die Ableitungsfunktion f' mit y' = f'(x) einer Funktion f wiederum differenzierbar, so heißt die Funktion f (an einer Stelle x_0 oder im gesamten Definitionsbereich) **zweimal differenzierbar.** Die Ableitung der Ableitungsfunktion f' heißt **zweite Ableitung** von f.
Man schreibt: y" = f"(x) (lies: y zwei Strich gleich f zwei Strich von x) oder $\frac{d^2y}{dx^2}$ (lies: *d zwei y nach dx Quadrat*).

Mit y''' = f'''(x) wird die 3. Ableitung von f bezeichnet.

Die 2. Ableitung und alle weiteren Ableitungen einer Funktion werden auch **höhere Ableitungen** genannt.

Ab der 4. Ableitung schreibt man:
$$y^{(4)} = f^{(4)}(x)$$
$$y^{(5)} = f^{(5)}(x)$$
$$\vdots$$
$$y^{(n)} = f^{(n)}(x)$$

Es sei $f(x) = \frac{1}{3}x^3$. Gesucht sind die ersten vier Ableitungen der Funktion f an einer beliebigen Stelle.

1. Ableitung:
$$d(h) = \frac{f(x_0 + h) - f(x_0)}{h} = \frac{\frac{1}{3}\cdot(x_0 + h)^3 - \frac{1}{3}\cdot x_0^3}{h}$$
$$= \frac{\frac{1}{3}\cdot(x_0^3 + 3x_0^2\cdot h + 3x_0\cdot h^2 + h^3) - \frac{1}{3}x_0^3}{h}$$
$$= x_0^2 + x_0\cdot h + \frac{1}{3}h^2$$
und damit $y' = f'(x_0) = \lim\limits_{h\to 0}(x_0^2 + x_0\cdot h + h^2) = x_0^2$

2. Ableitung:
$$d(h) = \frac{f(x_0 + h) - f(x_0)}{h} = \frac{(x_0 + h)^2 - x_0^2}{h}$$
$$= \frac{(x_0^2 + 2x_0\cdot h + h^2) - x_0^2}{h} = 2x_0 + h$$
und damit $y'' = f''(x) = \lim\limits_{h\to 0}(2x_0 + h) = 2x_0$

3. Ableitung:
$$d(h) = \frac{f(x_0 + h) - f(x_0)}{h} = \frac{2(x_0 + h) - 2x_0}{h} = \frac{2x_0 + 2h - 2x_0}{h} = 2$$
und damit $y''' = f'''(x) = \lim\limits_{h\to 0}(2) = 2$

4. Ableitung:
$$d(h) = \frac{f(x_0 + h) - f(x_0)}{h} = \frac{2 - 2}{h} = \frac{0}{h} = 0$$
und damit $y^{(4)} = f^{(4)}(x) = \lim\limits_{h\to 0}(0) = 0$

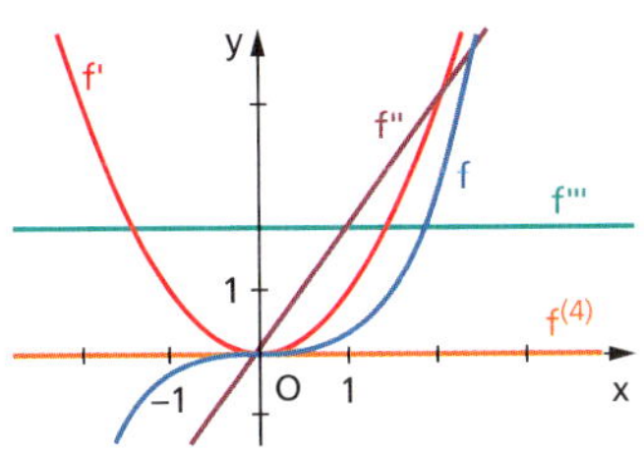

Grundlagen der Differenzialrechnung

Die Funktion $m_s = \frac{\Delta y}{\Delta x} = \frac{f(x) - f(x_0)}{x - x_0}$
mit $x \neq x_0$ heißt **Differenzenquotient** oder **mittlere Änderungsrate.**
Sie ist ein Maß für die Steigung der Sekante durch P und P_0.

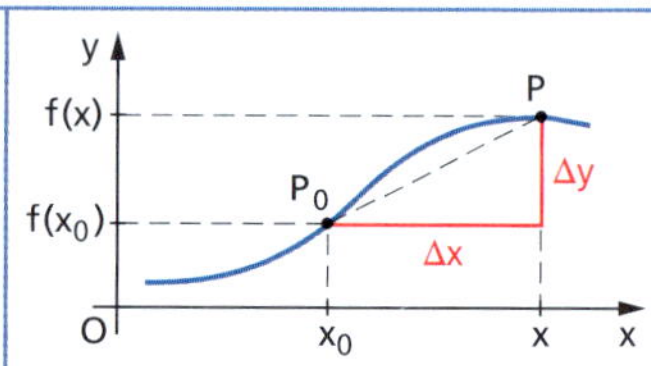

Der Grenzwert des Differenzenquotienten
$\lim\limits_{x \to x_0} \frac{f(x) - f(x_0)}{x - x_0} = f'(x_0)$
heißt **Differenzialquotient** oder **Ableitung von f** an der Stelle x_0.
Die Ableitung ist ein Maß für die **lokale Änderungsrate** der Funktion f. Sie gibt die Steigung der Tangente an den Graph der Funktion f im Punkt $P_0(x_0; f(x_0))$ an.

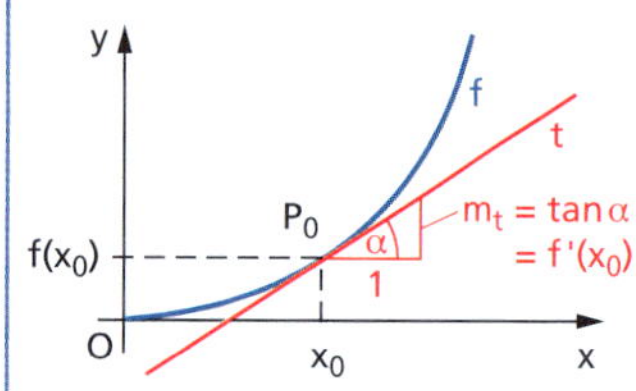

Anwendungen und Interpretationen

Bedeutet	dann bedeutet
• $f(x_0)$ die Ordinate eines Punktes auf dem Graphen einer differenzierbaren Funktion mit der Abszisse x_0,	• $f'(x_0)$ die momentane (lokale) Änderungsrate der Funktion f und die Steigung der Tangente (bzw. die Steigung des Funktionsgraphen) in diesem Punkt.
• $s = f(t)$ den vom Start bis zum Zeitpunkt t zurückgelegten Weg s,	• $f'(t) = \frac{ds}{dt}$ die Momentangeschwindigkeit (bzw. die momentane Änderungsrate des Weges) zum Zeitpunkt t, • $f''(t) = \frac{d^2s}{dt^2} = \frac{dv}{dt}$ die Beschleunigung (bzw. die momentane Änderungsrate der Geschwindigkeit) zum Zeitpunkt t.
• N(t) den Bestand (einer Bakterienkultur, eines Waldes …) zum Zeitpunkt t,	• $N'(t) = \frac{dN}{dt}$ die Wachstumsgeschwindigkeit (bzw. die momentane Änderungsrate des Bestandes) zum Zeitpunkt t.
• S(x) die zu zahlende Einkommensteuer bei einem zu versteuernden Einkommen x,	• S'(x) den Grenzsteuersatz („Steuer für den letzten Euro") bei diesem Einkommen.
• V(h) das Volumen eines Körpers bis zur Höhe h,	• V'(h) den Querschnitt des Körpers in dieser Höhe.

Wissenstest 6 auf **http://wissenstests.schuelerlexikon.de** und auf der DVD

6.2 Regeln zur Ableitung von Funktionen

6.2.1 Konstanten-, Potenz- und Faktorregel

Konstantenregel
Eine konstante Funktion $f(x) = c$ ($c \in \mathbb{R}$, aber fest) besitzt für alle $x \in \mathbb{R}$ die Ableitung $f'(x) = 0$.

Der Graph der konstanten Funktion $f(x) = 3$ ist eine Gerade parallel zur Abszissenachse. Seine Steigung ist an jeder Stelle $x_0 \in D_f$ gleich null, denn $f'(x) = 0$.

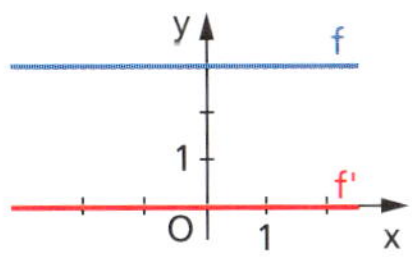

Potenzregel
Die Funktion $f(x) = x^n$, $n \in \mathbb{N}$, $n \geq 1$, ist differenzierbar und es gilt:
$f'(x) = n \cdot x^{n-1}$

Beweis:
Schreibt man den Differenzenquotienten in der Form $d(x) = \frac{f(x) - f(x_0)}{x - x_0}$, so ergibt sich für $f(x) = x^n$: $d(x) = \frac{x^n - x_0^n}{x - x_0}$, $x \neq x_0$.
Wegen $x \neq x_0$ ist die Polynomdivision ausführbar und ergibt:
$(x_n - x_0^n) : (x - x_0) = x^{n-1} + x_0 \cdot x^{n-2} + x_0^2 \cdot x^{n-3} + \ldots + x_0^{n-2} \cdot x + x_0^{n-1}$
Man erhält die Ableitung, indem der Grenzwert für $x \to x_0$ gebildet wird:

$$f'(x) = \lim_{x \to x_0} d(x) = \lim_{x \to x_0} (x^{n-1} + x_0 \cdot x^{n-2} + x_0^2 \cdot x^{n-3} + \ldots + x_0^{n-2} \cdot x + x_0^{n-1})$$
$$= x_0^{n-1} + x_0 \cdot x_0^{n-2} + x_0^2 \cdot x_0^{n-3} + \ldots + x_0^{n-2} \cdot x_0 + x_0^{n-1}$$
$$= x_0^{n-1} + x_0^{n-1} + x_0^{n-1} + \ldots + x_0^{n-1} + x_0^{n-1} = n \cdot x_0^{n-1}$$

w. z. b. w.

Die Ableitungsfunktion f' einer ganzrationalen Funktion f ist wieder eine ganzrationale Funktion mit einem gegenüber f um 1 niedrigeren Grad.

Die Ableitung f' der nachfolgenden Funktionen f erhält man mithilfe der Potenzregel:
$f(x) = x^1$ $f'(x) = 1 \cdot x^{1-1} = 1$
$f(x) = x^2$ $f'(x) = 2 \cdot x^{2-1} = 2 \cdot x$
$f(x) = x^3$ $f'(x) = 3 \cdot x^{3-1} = 3 \cdot x^2$
$f(x) = x^4$ $f'(x) = 4 \cdot x^{4-1} = 4 \cdot x^3$

Es ist die Steigung des Graphen der Funktion $f(x) = x^3$ an der Stelle $x_0 = 2$ zu bestimmen.
Die Ableitung von $f(x) = x^3$ ist $f'(x) = 3x^2$ (Potenzregel).
Für $x_0 = 2$ erhält man $f'(2) = 3 \cdot 2^2 = 12$.
Die Steigung des Graphen der Funktion $f(x) = x^3$ im Punkt $P_0(2; 8)$ ist $m = \tan\alpha = 12$.

Das Verfahren zur Ermittlung der Ableitung von Funktionen bezeichnet man als *Differenziation* oder *Differenzieren*.

Konstantenregel
Die Ableitung einer konstanten Funktion ist null.

Potenzregel
Sie gilt auch für ganzzahlig negative, für rationale und für reelle Exponenten (↗ Abschnitt 6.3.1).

Faktorregel
Ein konstanter Faktor bleibt beim Differenzieren erhalten.

Faktorregel
Ist g eine differenzierbare Funktion, so ist auch die Funktion f mit $f(x) = k \cdot g(x)$ $(k \in \mathbb{R})$ differenzierbar, und es gilt: $f'(x) = k \cdot g'(x)$

Als Ableitung von $f(x) = 8 \cdot x^5$ erhalten wir nach der Faktor- und der Potenzregel:

$f'(x) = 8 \cdot (5 \cdot x^4) = 40 \cdot x^4$

Geometrische Deutung:

Der Graph der Funktion f mit $f(x) = 8x^5$ entsteht durch Streckung des Graphen der Funktion g mit $g(x) = x^5$.
Entsprechend beträgt die Steigung der Tangente in $P(x_0; 8 \cdot g(x_0))$ das 8-Fache der Steigung der Tangente in $Q(x_0; g(x_0))$.

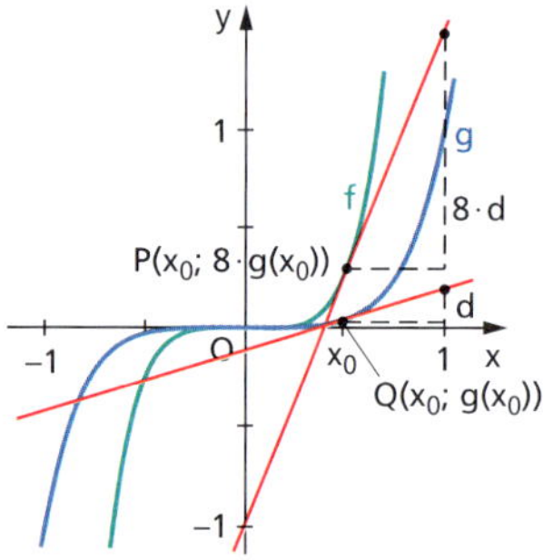

6.2.2 Summen-, Produkt- und Quotientenregel

Summenregel
Eine Summenfunktion wird summandenweise differenziert.

Summenregel
Sind zwei Funktionen u und v in x_0 differenzierbar, so ist an dieser Stelle auch die Summenfunktion s mit $s(x) = u(x) + v(x)$ differenzierbar. Es gilt:
$s'(x_0) = u'(x_0) + v'(x_0)$ (In Kurzform: $s = u + v \Rightarrow s' = u' + v'$)

Die **Beweise der Ableitungsregeln** lassen sich mithilfe der Grenzwerte von Differenzenquotienten oder über vollständige Induktion führen.

Beweis:
Es seien u und v zwei in x_0 differenzierbare Funktionen und es sei s die Summe der Funktionen u und v mit $s(x) = u(x) + v(x)$ für alle $x \in \mathbb{R}$. Dann gilt für eine beliebige Stelle x_0:

$$d(x) = \frac{s(x) - s(x_0)}{x - x_0} = \frac{[u(x) + v(x)] - [u(x_0) + v(x_0)]}{x - x_0}$$

$$= \frac{u(x) - u(x_0) + v(x) - v(x_0)}{x - x_0} = \frac{u(x) - u(x_0)}{x - x_0} + \frac{v(x) - v(x_0)}{x - x_0} \quad \text{(jeweils } x \neq x_0\text{)}$$

Mithilfe der Grenzwertsätze ergibt sich

$$\lim_{x \to x_0} d(x) = \lim_{x \to x_0} \frac{u(x) - u(x_0)}{x - x_0} + \lim_{x \to x_0} \frac{v(x) - v(x_0)}{x - x_0} \quad \text{und damit}$$

$s'(x_0) = u'(x_0) + v'(x_0)$. w. z. b. w.

Zu ermitteln ist die Ableitung der Funktion $f(x) = 8x^3 + 50x^2$.
Setzt man $u(x) = 8x^3$ und $v(x) = 50x^2$ und differenziert summandenweise, so erhält man $u'(x) = 24x^2$ und $v'(x) = 100x$.
Nach der Summenregel folgt $f'(x) = 24x^2 + 100x$.

An welchen Stellen verläuft die Tangente an den Graphen der Funktion $f(x) = 0{,}2x^3 - 0{,}3x^2 - 3{,}6x + 1$ parallel zur x-Achse?
Zu ermitteln sind die Stellen, an denen die Steigung m der Tangente gleich 0 ist:
Da $m = f'(x_0)$ und $f'(x) = 0{,}6x^2 - 0{,}6x - 3{,}6$, ist die Gleichung $0 = 0{,}6x_0^2 - 0{,}6x_0 - 3{,}6$ bzw. $0 = x_0^2 - x_0 - 6$ zu lösen.
Wir erhalten $x_{0_{1;2}} = \frac{1}{2} \pm \sqrt{\frac{1}{4} + \frac{24}{4}} = \frac{1}{2} \pm \frac{5}{2}$, also $x_{0_1} = 3$ und $x_{0_2} = -2$.
Die Tangente an den Graphen der Funktion verläuft an den Stellen $x_{0_1} = 3$ und $x_{0_2} = -2$ parallel zur x-Achse.

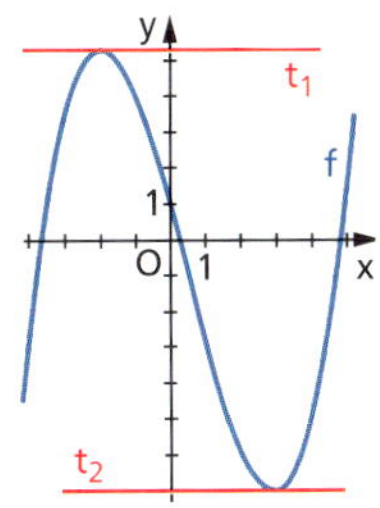

6

Ist eine der Summandenfunktionen eine konstante Funktion, so folgt mit $v(x) = c$ ($c \in \mathbb{R}$, aber fest) als Sonderfall der Summenregel:
$s(x) = u(x) + c$ und $s'(x_0) = u'(x_0)$

$f_1(x) = x^3 - 2x$
$f_2(x) = x^3 - 2x + 1{,}5$
$f_3(x) = x^3 - 2x - 1$
$f_1'(x) = 3x^2 - 2$
$f_2'(x) = 3x^2 - 2$
$f_3'(x) = 3x^2 - 2$

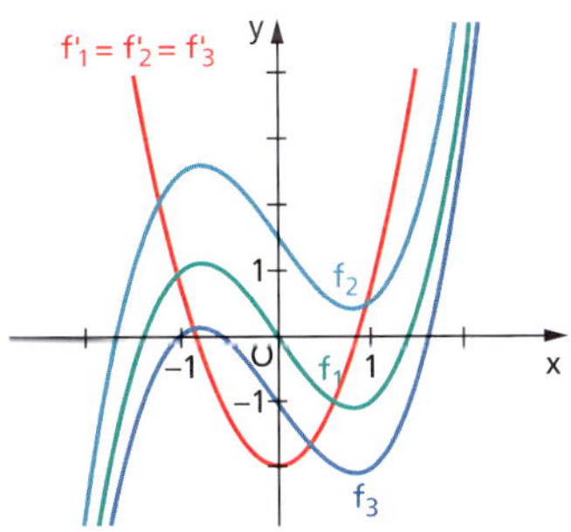

Die Graphen der Funktionen f_1, f_2 und f_3 gehen durch Verschiebung entlang der y-Achse auseinander hervor; ihre Tangenten an ein und derselben Stelle x_0 sind wegen $m_t = f_1'(x_0) = f_2'(x_0) = f_3'(x_0)$ zueinander parallel.

Funktionen, deren Terme sich nur durch eine additive Konstante unterscheiden, haben die gleiche Ableitung.

Produktregel
Sind zwei Funktionen u und v in x_0 differenzierbar, so ist auch die Funktion p mit $p(x) = u(x) \cdot v(x)$ an dieser Stelle differenzierbar.
Es gilt: $p'(x_0) = u'(x_0) \cdot v(x_0) + v'(x_0) \cdot u(x_0)$
(In Kurzform: $p = u \cdot v \Rightarrow p' = u' \cdot v + v' \cdot u$)

Zu ermitteln ist die Ableitung der Funktion $f(x) = x^3 \cdot (x^2 - x + 10)$.

$u(x) = x^3$, also $u'(x) = 3x^2$ $\quad v(x) = x^2 - x + 10$, also $v'(x) = 2x - 1$
Nach Einsetzen in $f'(x) = u'(x) \cdot v(x) + v'(x) \cdot u(x)$ erhält man:
$$f'(x) = 3x^2 \cdot (x^2 - x + 10) + (2x - 1) \cdot x^3 = 3x^4 - 3x^3 + 30x^2 + 2x^4 - x^3$$
$$= 5x^4 - 4x^3 + 30x^2$$

Für Produkte aus drei Faktoren gilt (in Kurzform):
$p = u \cdot v \cdot w \Rightarrow p' = (u \cdot v)' \cdot w + u \cdot v \cdot w' = u' \cdot v \cdot w + u \cdot v' \cdot w + u \cdot v \cdot w'$

Die **Produktregel** lässt sich auf endlich viele Faktoren erweitern.

Abzuleiten ist die Funktion $f(x) = \frac{1}{3}x^3 \cdot \left(\frac{1}{2}x^2 + 2\right) \cdot (5x - 1)$.

Mit	$u(x) = \frac{1}{3}x^3$,	$v(x) = \frac{1}{2}x^2 + 2$	und	$w(x) = 5x - 1$
folgt	$u'(x) = x^2$,	$v'(x) = x$	und	$w'(x) = 5$.

6

Nach der Produktregel erhält man:

$$f'(x) = x^2 \cdot \left(\frac{1}{2}x^2 + 2\right) \cdot (5x - 1) + \frac{1}{3}x^3 \cdot x \cdot (5x - 1) + \frac{1}{3}x^3 \cdot \left(\frac{1}{2}x^2 + 2\right) \cdot 5$$
$$= \left(\frac{5}{2}x^5 - \frac{1}{2}x^4 + 10x^3 - 2x^2\right) + \left(\frac{5}{3}x^5 - \frac{1}{3}x^4\right) + \left(\frac{5}{6}x^5 + \frac{10}{3}x^3\right)$$
$$= 5x^5 - \frac{5}{6}x^4 + \frac{40}{3}x^3 - 2x^2$$

Bei ganzrationalen Funktionen ist es meist einfacher, zuerst das Produkt auszumultiplizieren und dann die Summenregel anzuwenden:

$$f(x) = \frac{1}{3}x^3 \cdot \left(\frac{1}{2}x^2 + 2\right) \cdot (5x - 1) = \frac{5}{6}x^6 - \frac{1}{6}x^5 + \frac{10}{3}x^4 - \frac{2}{3}x^3$$
$$f'(x) = 5x^5 - \frac{5}{6}x^4 + \frac{40}{3}x^3 - 2x^2$$

Beim Anwenden der **Quotientenregel** muss beachtet werden, dass $f(x) = \frac{u(x)}{v(x)}$ nur dort differenzierbar ist, wo $v(x) \neq 0$ gilt.

Quotientenregel

Sind zwei Funktionen u und v in x_0 differenzierbar und ist $v(x_0) \neq 0$, dann ist auch die Funktion q mit $q(x) = \frac{u(x)}{v(x)}$ an der Stelle x_0 differenzierbar.

Es gilt: $q'(x_0) = \frac{u'(x_0) \cdot v(x_0) - v'(x_0) \cdot u(x_0)}{(v(x_0))^2}$

(In Kurzform: $q = \frac{u}{v} \Rightarrow q' = \frac{u'v - v'u}{v^2}$)

Gesucht ist die Ableitung der Funktion $f(x) = \frac{x^2 - 1}{x^2 - 2x - 3}$ $(x \neq -1,\ x \neq 3)$.

Wir wenden die Quotientenregel an und setzen dafür

$u(x) = x^2 - 1$, also $u'(x) = 2x$,
$v(x) = x^2 - 2x - 3$, also $v'(x) = 2x - 2$.

Für $f'(x) = \frac{u'(x) \cdot v(x) - v'(x) \cdot u(x)}{(v(x))^2}$ ergibt sich damit:

$$f'(x) = \frac{2x(x^2 - 2x - 3) - (2x - 2) \cdot (x^2 - 1)}{(x^2 - 2x - 3)^2}$$
$$= \frac{2x^3 - 4x^2 - 6x - (2x^3 - 2x - 2x^2 + 2)}{(x^2 - 2x - 3)^2} = \frac{-2x^2 - 4x - 2}{(x^2 - 2x - 3)^2}$$

An den Stellen $x_1 = -1$ und $x_2 = 3$ ist die Funktion f wegen $v(-1) = 0$ und $v(3) = 0$ nicht differenzierbar.

6.2.3 Kettenregel

Kettenregel
Die Ableitung einer verketteten Funktion ist gleich dem Produkt der Ableitungen von äußerer und innerer Funktion (↗ Abschnitt 3.4).

Satz Es sei die Funktion u an der Stelle x_0 und die Funktion v an der Stelle $u(x_0)$ differenzierbar. Dann ist auch die verkettete Funktion $f = v \circ u$ (gesprochen: *v nach u*) in x_0 differenzierbar und es gilt:
$f'(x_0) = v'(u(x_0)) \cdot u'(x_0)$

Mithilfe der leibnizschen Schreibweise erhält man die Kettenregel in einer sehr übersichtlichen Form:

Ist $y = f(x) = v(z)$ mit $z = u(x)$ und $f'(x) = \frac{dy}{dx}$, $v'(z) = \frac{dy}{dz}$, $u'(x) = \frac{dz}{dx}$,
dann gilt: $\frac{dy}{dx} = \frac{dy}{dz} \cdot \frac{dz}{dx}$

Die Funktion $f(x) = (x^4 - x^3 + 2x^2 - 1)^{25}$ ist die Verkettung f mit $f(x) = v(u(x))$ aus der inneren Funktion $z = u(x) = x^4 - x^3 + 2x^2 - 1$ und der äußeren Funktion $v(z) = z^{25}$, kurz: $f = v \circ u$

Demzufolge ist $u'(x) = \frac{dz}{dx} = 4x^3 - 3x^2 + 4x$ und $v'(z) = \frac{dy}{dz} = 25 \cdot z^{24}$.

$$\text{Dann gilt: } f'(x) = \frac{dy}{dx} = \frac{dy}{dz} \cdot \frac{dz}{dx} = 25 \cdot z^{24} \cdot (4x^3 - 3x^2 + 4x)$$
$$= 25(x^4 - x^3 + 2x^2 - 1)^{24} \cdot (4x^3 - 3x^2 + 4x)$$

Mit einiger Übung im Anwenden der Kettenregel kann auf die Zerlegung in eine innere und eine äußere Funktion verzichtet und die Regel direkt angewandt werden:

$$f(x) = (x^4 - x^3 + 2x^2 - 1)^{25}$$
$$f'(x) = 25(x^4 - x^3 + 2x^2 - 1)^{24} \cdot (4x^3 - 3x^2 + 4x)$$

Ableitung der äußeren Funktion — Ableitung der inneren Funktion

Bei komplizierteren Termstrukturen ist es günstig, erforderliche Differenziationen unter **Verwendung eines Computeralgebrasystems** durchzuführen.

6.2.4 Umkehrregel

Satz Es sei f eine in ihrem Definitionsintervall]a; b[umkehrbare und differenzierbare Funktion mit $f'(x_0) \neq 0$ ($x_0 \in$]a; b[). Dann ist die zu f inverse Funktion f^{-1} an der Stelle $y_0 = f(x_0)$ ebenfalls differenzierbar und es gilt:

$$(f^{-1}(y_0))' = \frac{1}{f'(x_0)} \text{ oder (anders geschrieben) } \left.\frac{dx}{dy}\right|_{y = y_0} = \left.\frac{1}{\frac{dy}{dx}}\right|_{x = x_0}$$

Die **Umkehrregel** wird angewendet, wenn die Ableitung einer Funktion f mithilfe der Ableitung ihrer Umkehrfunktion f^{-1} gebildet werden soll (↗ Abschnitt 3.3.4).

Es sei die Ableitung der Funktion $y = f(x) = \sqrt{x-2}$ $(x \geq 2)$ an einer Stelle $x_0 \in D_f$ zu ermitteln.

(1) f ist eine für $x_0 \geq 2$ umkehrbare Funktion. Die Umkehrfunktion von f ist f^{-1} mit $x = f^{-1}(y) = y^2 + 2$, $y \geq 2$.

(2) f^{-1} ist für alle $y_0 > 2$ differenzierbar.
Es gilt: $(f^{-1}(y_0))' = 2y_0$ und für $y_0 > 2$ ist $(f^{-1}(y_0))' \neq 0$

(3) Dann ist auch f differenzierbar und es folgt:
$$f'(x_0) = \frac{1}{f^{-1}(y_0))'} = \frac{1}{2y_0} = \frac{1}{2 \cdot \sqrt{x_0 - 2}} \quad (x_0 > 2)$$

Geometrische Deutung:

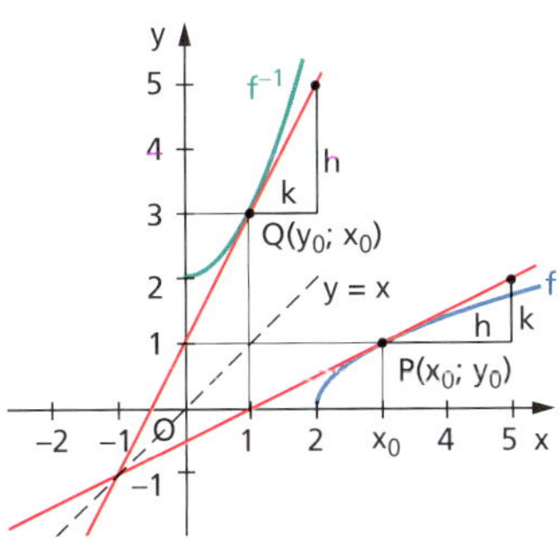

(1) Die Graphen von f und f^{-1} sind axialsymmetrisch zur Geraden y = x.

(2) Die Tangenten beider Graphen in den Punkten $P(x_0; f(x_0))$ bzw. $Q(f(x_0; x_0)$ sind ebenfalls axialsymmetrisch zur Geraden y = x.

(3) Die Steigungen beider Tangenten sind zueinander reziprok:

Aus $m_f = \frac{k}{h}$ und $m_{f^{-1}} = \frac{h}{k}$ folgt $m_{f^{-1}} = \frac{1}{m_f}$.

▶ Mithilfe der Umkehrregel lässt sich die Ableitung von Wurzelfunktionen auf die Ableitung von Potenzfunktionen zurückführen.

Alle Wurzelfunktionen vom Typ $y = f(x) = \sqrt[n]{x}$ $(x \geq 0,\ n \in N^*)$ sind in ihrem gesamten Definitionsbereich umkehrbar und lassen sich dort nach der Umkehrregel differenzieren. Die entsprechenden Umkehrfunktionen sind Potenzfunktionen vom Typ $x = f^{-1}(y) = y^n$ mit $y \geq 0$. Dann gilt $(f^{-1}(y))' = n \cdot y^{n-1}$; für $y > 0$ ist $(f^{-1}(y))' \neq 0$ und man erhält damit:

$$f'(x) = \frac{1}{(f^{-1}(y))'} = \frac{1}{n \cdot y^{n-1}} = \frac{1}{n \cdot (\sqrt[n]{x})^{n-1}} = \frac{1}{n\sqrt[n]{x^{n-1}}} \quad (x > 0)$$

Wegen $f(x) = \sqrt[n]{x} = x^{\frac{1}{n}}$ $(x > 0)$ und $\frac{1}{n\sqrt[n]{x^{n-1}}} = \frac{1}{n} \cdot x^{-\frac{n-1}{n}} = \frac{1}{n} \cdot x^{\frac{1}{n}-1}$ ergibt sich somit auch $\left(x^{\frac{1}{n}}\right)' = \frac{1}{n} \cdot x^{\frac{1}{n}-1}$. Setzt man $\frac{1}{n} = m$, so folgt $(x^m)' = mx^{m-1}$.

Die Ableitung der Funktion $y = f(x) = \sqrt{x-2}$ $(x \geq 2)$ an einer Stelle $x_0 \in D_f$ soll mithilfe der Potenzregel ermittelt werden.

Aus $f(x) = \sqrt{x-2} = (x-2)^{\frac{1}{2}}$ folgt:

$$f'(x) = \frac{1}{2}(x-2)^{\frac{1}{2}-1} = \frac{1}{2}(x-2)^{-\frac{1}{2}} = \frac{1}{2}\frac{1}{(x-2)^{\frac{1}{2}}} = \frac{1}{2}\frac{1}{\sqrt{x-2}} = \frac{1}{2\sqrt{x-2}}$$

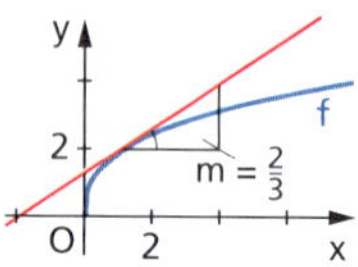

Gesucht ist die Steigung des Graphen der Funktion f mit $f(x) = 2\sqrt[3]{x}$ an der Stelle $x_0 = 1$.

Die Ableitung von $f(x) = 2\sqrt[3]{x} = 2x^{\frac{1}{3}}$ lautet:

$$f'(x) = 2 \cdot \frac{1}{3}x^{\frac{1}{3}-1} = \frac{2}{3}x^{-\frac{2}{3}} = \frac{2}{3}\frac{1}{x^{\frac{2}{3}}} = \frac{2}{3\sqrt[3]{x^2}}$$

Die Steigung an der Stelle $x_0 = 1$ beträgt: $m = f'(1) = \frac{2}{3\sqrt[3]{1^2}} = \frac{2}{3}$

6.2.5 Ableitung von Funktionen in Parameterdarstellung

Satz Eine in Parameterdarstellung gegebene Funktion $y = f(x)$ (↗ Abschnitt 3.2) mit $x = \varphi(t)$ und $y = \psi(t)$ ist differenzierbar, wenn $\varphi(t)$ und $\psi(t)$ nach t differenzierbar sind und $\varphi'(t) \neq 0$ ist.

Die Ableitungsfunktion lautet dann: $f'(x) = \frac{\psi'(t)}{\varphi'(t)}$

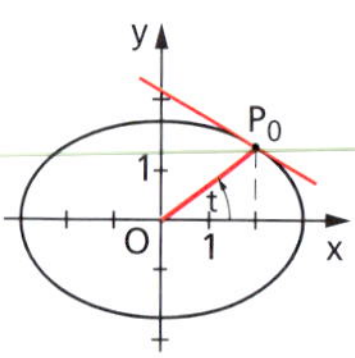

▶ Die y-Werte von Punkten einer Ellipse mit dem Mittelpunkt M(0; 0) erhält man mithilfe zweier Funktionen $y_{1/2} = \pm\frac{b}{a}\sqrt{a^2 - x^2}$.

Eine Ellipse $\frac{x^2}{a^2} + \frac{y^2}{b^2} = 1$ mit den Halbachsen a = 3 und b = 2 hat die Parameterdarstellung $x = 3\cos t$ und $y = 2\sin t$ (↗ Abschnitt 11.6.2).

Gesucht ist die Steigung der Ellipse im Punkt $P_0\left(2; \frac{2}{3}\sqrt{5}\right)$.

Aus $\varphi'(t) = (3\cos t)' = -3\sin t$ und $\Psi'(t) = (2\sin t)' = 2\cos t$ erhält man die Ableitung $f'(x) = \frac{2\cos t}{-3\sin t}$ $(x \neq k \cdot \pi;\ k \in \mathbb{Z})$.

Da $\cos t = \frac{x}{a}$ und $\sin t = \frac{y}{b}$, erhält man als Steigung im Punkt P_0:

$$m = f'(x_0) = \frac{2\cos t}{-3\sin t} = \frac{2\frac{x_0}{3}}{-3\frac{y_0}{2}} = \frac{4x_0}{-9y_0} = -\frac{4}{9} \cdot \frac{2}{\frac{2}{3}\sqrt{5}} = -\frac{4}{3\sqrt{5}} = -\frac{4\sqrt{5}}{15} \approx -0{,}569$$

6.2.6 Partielle Ableitung von Funktionen mit zwei Variablen

Definition Ist eine Funktion $z = f(x; y)$ für ein konstantes $y = y_0$ an einer Stelle x_0 differenzierbar, so heißt $z = f(x, y)$ **partiell nach x differenzierbar.** Die dazugehörige Ableitung $f_x(x; y)$ wird **partielle Ableitung von f nach x** an der Stelle $(x_0; y_0)$ genannt.
Entsprechend heißt die Funktion **partiell nach y differenzierbar,** wenn sie für ein konstantes $x = x_0$ an einer Stelle y_0 nach y differenzierbar ist. Die dazugehörige Ableitung $f_y(x; y)$ wird **partielle Ableitung von f nach y** an der Stelle $(x_0; y_0)$ genannt.

Funktionen mit zwei oder mehr unabhängigen Variablen werden differenziert, indem man **partielle Ableitungen** bildet.

Gesucht sind die partiellen Ableitungen der Funktion $f(x; y) = x^3 + 5x^2y - 2xy^2 + y^5$.
(1) y wird als konstant angesehen; die Differenziation selbst erfolgt nach den bekannten Ableitungsregeln: $f_x(x; y) = 3x^2 + 10xy - 2y^2$
(2) x wird als konstant angesehen: $f_y(x; y) = 5x^2 - 4xy + 5y^4$

Geometrische Deutung der partiellen Ableitung

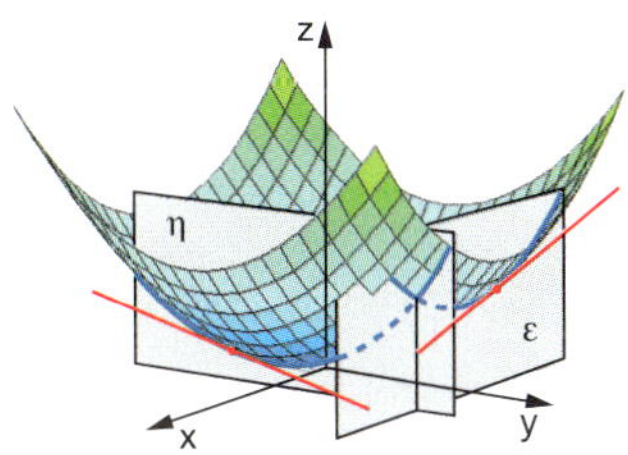

Eine Funktion $z = f(x; y)$ von zwei Variablen beschreibt im Allgemeinen eine Fläche im Raum. Durch die Annahme $y = y_0$ = konstant werden alle die Punkte der betreffenden Fläche herausgegriffen, die zugleich in der zur xz-Ebene parallelen Ebene ε mit $y = y_0$ liegen. Diese Punkte bilden eine Kurve $f(x; y_0)$, die als Schnittkurve der Ebene $y = y_0$ und der Fläche $z = f(x; y)$ gedeutet werden kann. Die Steigung der Tangente an diese Schnittkurve wird durch die partielle Ableitung $f_x(x; y)$ beschrieben. Entsprechend liefert die Annahme $x = x_0$ = konstant eine zur yz-Ebene parallele Ebene η, die die Fläche $z = f(x; y)$ in der Kurve $f(x_0; y)$ schneidet. Die partielle Ableitung $f_y(x; y)$ gibt die Steigung der Tangente an diese Schnittkurve an.

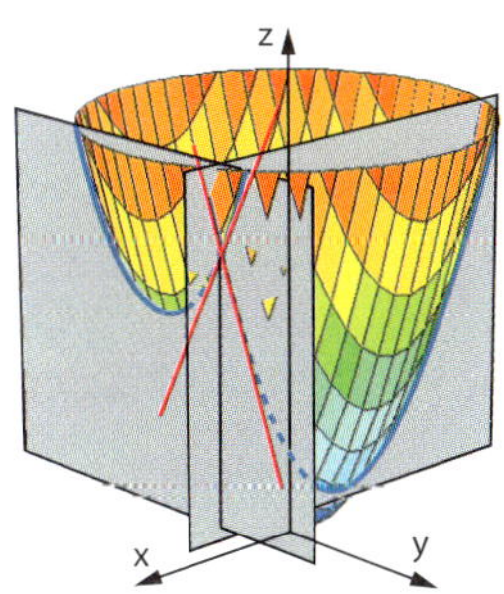

Der Graph der Funktion $z = f(x; y) = x^2 + y^2$ stellt ein Rotationsparaboloid dar. Es entsteht durch Rotation der Parabel $y = x^2$ um die z-Achse. Die partiellen Ableitungen lauten: $f_x(x; y) = 2x + y^2$; $f_y(x; y) = x^2 + 2y$
Mit ihrer Hilfe kann man nun die Steigungen der Tangenten in einem Punkt P_0 berechnen. So erhält man für $P_0(1; 2; z_0)$ die partiellen Ableitungen $f_x(2; 1) = 5$ und $f_y(2; 1) = 6$. Die im Punkt P_0 zur xz-Ebene parallele Tangente hat also eine Steigung von 5, die im selben Punkt zur yz-Ebene parallele Tangente hat die Steigung 6.

6

6.3 Ableitung elementarer Funktionen

6.3.1 Ableitung von Potenzfunktionen

Die Ableitungsregel für Potenzfunktionen mit natürlichen Exponenten $n \geq 1$ (↗ Abschnitt 6.2.1) und gebrochenen Exponenten (Wurzelfunktionen) (↗ Abschnitt 6.2.4) lässt sich auch auf Potenzfunktionen mit negativen ganzzahligen Exponenten erweitern.

Erweiterte Potenzregel
Die Funktion $f(x) = x^g$ ist für jedes $g \in \mathbb{Z}$ sowie alle $x \in D_f$ differenzierbar und besitzt die Ableitung: $f'(x) = g \cdot x^{g-1}$

Es ist die Ableitung der Funktion $f(x) = \frac{2}{3 \cdot x^2}$ $(x \neq 0)$ zu ermitteln.
Da $\frac{2}{3 \cdot x^2} = \frac{2}{3} \cdot x^{-2}$, lässt sich die Potenzregel anwenden.
Man erhält: $f'(x) = \frac{2}{3} \cdot (-2) \cdot x^{-2-1} = -\frac{4}{3} \cdot x^{-3} = \frac{-4}{3 \cdot x^3}$

Die Potenzregel lässt sich darüber hinaus für $x > 0$ auch auf rationale Exponenten bzw. sogar auf beliebige reelle Exponenten erweitern.

Gesucht ist die Ableitung der Funktion $f(x) = \frac{5}{\sqrt[3]{x^2}}$ $(x > 0)$.
Da $\frac{5}{\sqrt[3]{x^2}} = \frac{5}{x^{\frac{2}{3}}} = 5 \cdot x^{-\frac{2}{3}}$, lässt sich auch hier die Potenzregel anwenden.

$$\Rightarrow f'(x) = 5 \cdot \left(-\frac{2}{3}\right) \cdot x^{-\frac{2}{3}-1} = -\frac{10}{3} \cdot x^{-\frac{5}{3}} = \frac{-10}{3 \cdot x^{\frac{5}{3}}} = \frac{-10}{3 \cdot \sqrt[3]{x^5}} = \frac{-10}{3 \cdot \sqrt[3]{x^3 \cdot x^2}} = \frac{-10}{3x \cdot \sqrt[3]{x^2}}$$

6.3.2 Ableitung von trigonometrischen Funktionen

Es ist:
$(\sin x)' = \cos x$
$(\sin x)'' = -\sin x$
$(\sin x)''' = -\cos x$
$(\cos x)' = -\sin x$
$(\cos x)'' = -\cos x$
$(\cos x)''' = \sin x$

Satz
Die **Sinusfunktion** $f(x) = \sin x$ ist im gesamten Definitionsbereich differenzierbar und besitzt die Ableitungsfunktion $f'(x) = \cos x$.

Die **Kosinusfunktion** $f(x) = \cos x$ ist im gesamten Definitionsbereich differenzierbar und besitzt die Ableitungsfunktion $f'(x) = -\sin x$.

Die **Tangensfunktion** $f(x) = \tan x$ ist im gesamten Definitionsbereich differenzierbar und besitzt die Ableitungsfunktion
$f'(x) = \frac{1}{\cos^2 x} = 1 + \tan^2 x$.

Die Ableitung der Funktion $g(x) = \sin^2 x$ erhält man mithilfe der Kettenregel:
Aus $\sin^2 x = (\sin x)^2$ folgt: $g'(x) = \underbrace{2 \cdot \sin x}_{\text{äußere Ableitung}} \cdot \underbrace{\cos x}_{\text{innere Ableitung}}$
Also ist $g'(x) = 2 \sin x \cos x = \cos 2x$.

Es ist die Steigung der Tangente an die Sinuskurve an der Stelle $x_0 = \frac{\pi}{2}$ zu ermitteln.
Die Ableitung von $f(x) = \sin x$ ist $f'(x) = \cos x$.
Da für die Steigung der Tangente $m = \tan\alpha = f'(x_0)$ gilt, ist die gesuchte Steigung $m = \tan\alpha = f'\left(\frac{\pi}{2}\right) = \cos\left(\frac{\pi}{2}\right) = 0$.

Das heißt: Die Tangente an die Sinuskurve an der Stelle $x_0 = \frac{\pi}{2}$ ist eine Parallele zur x-Achse.

Die Tangensfunktion ist an den Stellen $x = \frac{\pi}{2} + k \cdot \pi;\ k \in \mathbb{Z}$ nicht definiert.

Die Ableitung der trigonometrischen Funktionen f_1 bis f_3 erfolgt mithilfe der Produkt-, der Ketten- und der Quotientenregel:

$$f_1(x) = x^2 \cdot \cos x \quad \Rightarrow \quad f_1'(x) = 2x \cdot \cos x - x^2 \cdot \sin x$$

$$f_2(x) = 2\sin\tfrac{1}{2}x \quad \Rightarrow \quad f_2'(x) = 2\cos\tfrac{1}{2}x \cdot \tfrac{1}{2} = \cos\tfrac{1}{2}x$$

$$f_3(x) = \frac{\sin x}{x} \quad \Rightarrow \quad f_3'(x) = \frac{\cos x \cdot x - \sin x \cdot 1}{x^2} = \frac{\cos x}{x} - \frac{\sin x}{x^2}$$

Ableitung von Arkusfunktionen

Arkusfunktionen (zyklometrische Funktionen) sind Umkehrfunktionen von trigonometrischen Funktionen. Ihre Ableitungen lassen sich demzufolge unter Verwendung der Umkehrregel bilden.

Satz Die **Arkussinusfunktion** f mit $y = f(x) = \arcsin x$ und die **Arkuskosinusfunktion** g mit $y = g(x) = \arccos x$ ist für $x \in\ ]-1;\ 1[$ differenzierbar. Ihre Ableitungsfunktionen sind:

$$f'(x) = \frac{1}{\sqrt{1-x^2}}; \qquad g'(x) = -\frac{1}{\sqrt{1-x^2}} \qquad (x \in\ ]-1;\ 1[)$$

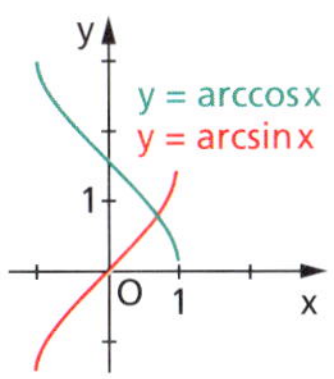

6.3.3 Ableitung von Exponential- und Logarithmusfunktionen

Satz Die Exponentialfunktion $f(x) = a^x$ $(a > 0)$ ist an jeder Stelle ihres Definitionsbereiches differenzierbar. Für ihre Ableitung gilt:
$f'(x) = a^x \cdot \ln a$

Gesucht sind die Ableitungen der Exponentialfunktionen f_1 bis f_4:

$$f_1(x) = 2^x \quad \Rightarrow \quad f_1'(x) = 2^x \cdot \ln 2$$

$$f_2(x) = 3^{-x} \quad \Rightarrow \quad f_2'(x) = 3^{-x} \cdot \ln 3 \cdot (-1) = -3^{-x} \cdot \ln 3$$

$$f_3(x) = \left(\tfrac{1}{2}\right)^{5x} \quad \Rightarrow \quad f_3'(x) = \left(\tfrac{1}{2}\right)^{5x} \cdot \ln \cdot 5 = 5 \cdot \left[\left(\tfrac{1}{2}\right)^5\right]^x \cdot (\ln 1 - \ln 2)$$

$$= 5 \cdot \left(\tfrac{1}{32}\right)^x \cdot (-\ln 2) = -5\ln 2 \cdot \left(\tfrac{1}{32}\right)^x$$

$$f_4(x) = \frac{2^x}{x^2} \quad \Rightarrow \quad \text{nach der Quotientenregel:}$$

$$f_4'(x) = \frac{2^x \cdot \ln 2 \cdot x^2 - 2x \cdot 2^x}{(x^2)^2} = \frac{x \cdot 2^x (\ln 2 \cdot x - 2)}{x^4} = \frac{2^x (\ln 2 \cdot x - 2)}{x^3}$$

Unter den Exponentialfunktionen nimmt die Exponentialfunktion $f(x) = e^x$ aufgrund ihrer Ableitung eine besondere Stellung ein.

Satz
Ist f eine Exponentialfunktion mit der Basis a = e, so stimmt die Funktion $f(x) = e^x$ mit ihrer Ableitungsfunktion $f'(x) = e^x$ überein.
Es gilt: $(e^x)' = e^x$

Exponentialfunktionen mit der **eulerschen Zahl e** als Basis werden kurz e-Funktionen genannt.

6

Gegenüberstellung einer Exponentialfunktion und ihrer Ableitungsfunktion

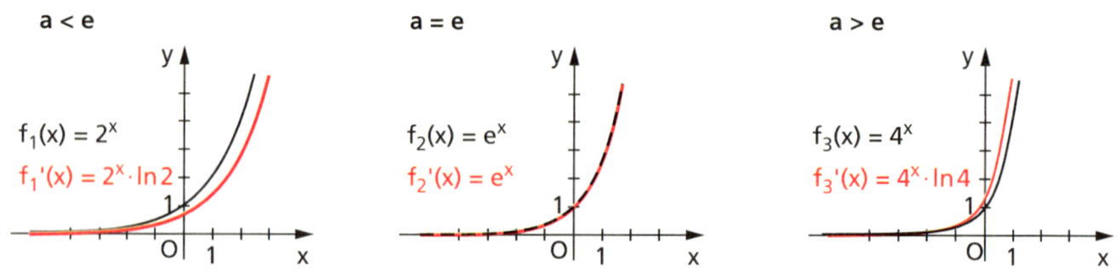

Geometrisch heißt das:
Die momentane Änderungsrate der Funktion $f(x) = e^x$ an einer beliebigen Stelle x ist genauso groß wie der Funktionswert an dieser Stelle.
Es gilt: $f(x_0) = f'(x_0)$

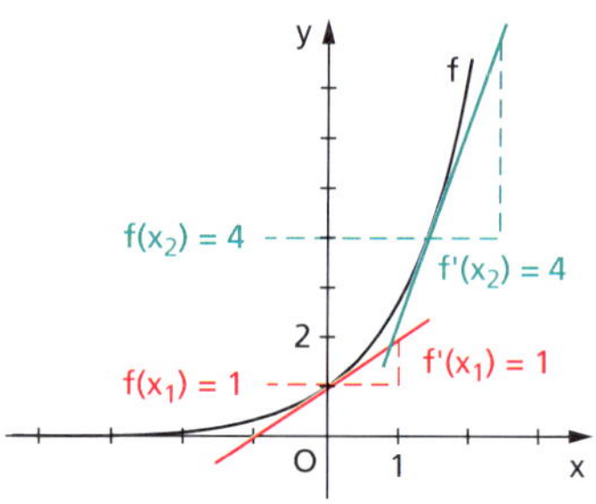

- Von den Funktionen f_1 und f_2 ist jeweils die 2. Ableitung zu bilden:

$$f_1(x) = e^{2x} \quad \Rightarrow \quad f_1'(x) = e^{2x} \cdot 2 = 2e^{2x}$$
$$f_1''(x) = 2e^{2x} \cdot 2 = 4e^{2x}$$

$$f_2(x) = e^x \cdot x^5 \quad \Rightarrow \quad f_2'(x) = e^x \cdot x^5 + 5x^4 \cdot e^x = e^x(x^5 + 5x^4)$$
$$f_2''(x) = e^x(x^5 + 5x^4) + e^x(5x^4 + 20x^3)$$
$$= e^x(x^5 + 10x^4 + 20x^3)$$

- Für $f(x) = e^x \cdot \sin x$ und $g(x) = e^{x \cdot \cos x}$ sollen die Zahlen $f'(\pi)$ und $g'(0)$ verglichen werden. Da
$f'(x) = e^x \cdot \sin x + e^x \cdot \cos x = e^x(\sin x + \cos x)$ und
$f'(\pi) = e^{\pi}(0 - 1) = -e^{\pi} \approx -23{,}14$ sowie
$g'(x) = e^{x \cdot \cos x} \cdot (\cos x - x \cdot \sin x)$ und $g'(0) = e^0 \cdot (1 - 0) = e^0 = 1$,

ist $f'(\pi) < g'(0)$.

Viele in der Natur vorkommende Wachstums- und Zerfallsprozesse lassen sich durch die Exponentialfunktion $f(x) = ae^{kx}$ (a, k konstant) beschreiben. Für die Ableitung dieser Funktion gilt $f'(x) = ae^{kx} \cdot k = k \cdot f(x)$. Die momentane Änderungsrate, die die Wachstums- oder Zerfallsgeschwindigkeit beschreibt, ist demnach proportional zum jeweiligen Funktionswert.

Gleichungen, in denen eine Funktion sowie (mindestens) eine Ableitung dieser Funktion vorkommen, heißen **Differenzialgleichungen** (↗ Kapitel 8).

Eine Bakterienkultur wächst nach der Funktion $N(t) = N_0 e^{kt}$, wobei t die Zeit, N(t) der Bestand an Bakterien zur Zeit t, N_0 der Anfangsbestand für t = 0 und k eine für die Bakterienart typische Konstante ist.
Für $N_0 = 100$ und $k = 0{,}1$ erhält man die Wachstumsfunktion
$N(t) = 100e^{0{,}1t}$ mit der Ableitung $N'(t) = 0{,}1 \cdot 100e^{0{,}1t} = 0{,}1N(t)$.
Die Wachstumsgeschwindigkeit N' ist also abhängig vom jeweiligen Bestand an Bakterien, es gilt: $N' \sim N$

Zeit t	Bestand N	Wachstumsgeschwindigkeit N'
0	100	10
10	271	27,1
20	738	73,8
30	2008	200,8

Die Funktionen $f_1(x) = \frac{1}{2}(e^x - e^{-x})$ und $f_2(x) = \frac{1}{2}(e^x + e^{-x})$ gehören zu den sogenannten hyperbolischen Funktionen. Die Funktion f_1 heißt *sinus hyperbolicus* und die Funktion f_2 *cosinus hyperbolicus*.

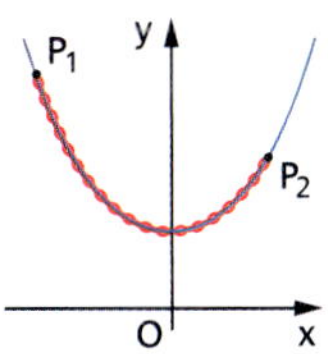

Der Graph der Funktion $f(x) = \frac{1}{2}(e^x + e^{-x})$ wird auch als *Kettenlinie* bezeichnet.

Für beide Funktionen gilt:

$f_1'(x) = f_2(x)$, denn

$$f_1'(x) = \frac{1}{2}(e^x - e^{-x} \cdot (-1)) = (e^x + e^{-x}) = f_2(x)$$

$f_2'(x) = f_1(x)$, denn

$$f_2'(x) = (e^x + e^{-x} \cdot (-1)) = (e^x - e^{-x}) = f_1(x)$$

Gesucht ist die Stelle x_0, an der die Tangente des Graphen der Funktion f mit $f(x) = e^x(x^2 - 2x)$ parallel zur x-Achse verläuft.
Für die gesuchten Stellen x_0 gilt: $f'(x_0) = 0$

$$f'(x) = e^x(x^2 - 2x) + e^x(2x - 2) = e^x(x^2 - 2)$$

$e^x(x^2 - 2) = 0$, wenn $x^2 - 2 = 0$;
also ist $x_1 = \sqrt{2}$ und $x_2 = -\sqrt{2}$.

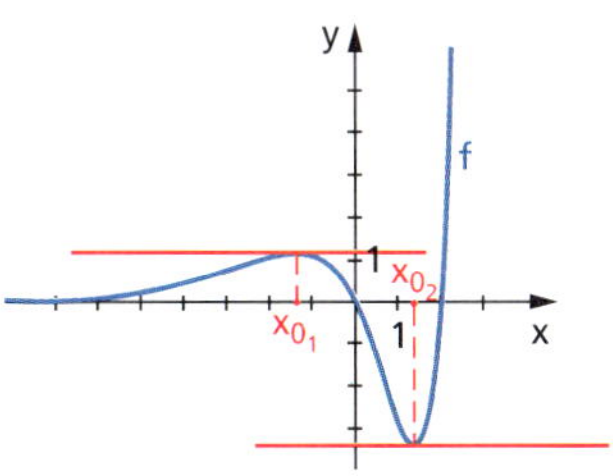

Ableitung von Logarithmusfunktionen

Satz Die Logarithmusfunktion $f(x) = \log_a x$ $(a > 0, a \neq 1)$ ist an jeder Stelle ihres Definitionsbereiches differenzierbar.
Für ihre Ableitung gilt: $f'(x) = \frac{1}{x \cdot \ln a}$

Gesucht sind die Ableitungen der Logarithmusfunktionen f_1 bis f_4:

$f_1(x) = \log_3 x \quad \Rightarrow \quad f_1'(x) = \frac{1}{x \cdot \ln 3}$

$f_2(x) = \log_2 x^3 = 3\log_2 x \quad \Rightarrow \quad f_2'(x) = 3 \cdot \frac{1}{x \cdot \ln 2} = \frac{3}{x \cdot \ln 2}$

oder nach der Kettenregel: $f_2'(x) = \frac{1}{x^3 \cdot \ln 2} \cdot 3x^2 = \frac{3}{x \cdot \ln 2}$

$f_3(x) = \lg \frac{1}{x} = \lg 1 - \lg x = -\lg x \quad \Rightarrow \quad f_3'(x) = -\frac{1}{x \cdot \ln 10}$

oder nach der Kettenregel: $f_3'(x) = \frac{1}{\frac{1}{x} \cdot \ln 10} \cdot \left(-\frac{1}{x^2}\right) = -\frac{1}{x \cdot \ln 10}$

$f_4(x) = \log_{10} \sqrt{x^5} = \log_{10} x^{\frac{5}{2}} \; (x > 0) \quad \Rightarrow \quad f'(x) = \frac{5}{2} \cdot \frac{1}{x \cdot \ln 10} = \frac{5}{2x \cdot \ln 10}$

oder nach der Kettenregel: $f'(x) = \frac{1}{x^{\frac{5}{2}} \cdot \ln 10} \cdot \frac{5}{2} x^{\frac{3}{2}} = \frac{5}{2} \cdot \frac{x^{\frac{3}{2}}}{x^{\frac{5}{2}}} \cdot \frac{1}{\ln 10}$

$= \frac{5}{2x \cdot \ln 10}$

Satz Ist f eine Logarithmusfunktion zur Basis a = e, so ergibt sich für die Funktion $f(x) = \log_e x = \ln x$ die Ableitung $f'(x) = \frac{1}{x}$.

Gesucht sind die Ableitungen der natürlichen Logarithmusfunktionen f_1 bis f_5:

$f_1(x) = \ln 3x \quad \Rightarrow \quad f_1'(x) = \frac{1}{3x} \cdot 3 = \frac{3}{3x} = \frac{1}{x}$

$f_2(x) = \ln(-x) \quad \Rightarrow \quad f_2'(x) = \frac{1}{-x} \cdot (-1) = \frac{1}{x}$

$f_3(x) = \ln(2x + 5) \quad \Rightarrow \quad f_3'(x) = \frac{1}{2x + 5} \cdot 2 = \frac{2}{2x + 5}$

$f_4(x) = \ln x^2 = 2 \cdot \ln x \quad \Rightarrow \quad f_4'(x) = 2 \cdot \frac{1}{x} = \frac{2}{x}$

oder $\quad f_4'(x) = \frac{1}{x^2} \cdot 2x = \frac{2x}{x^2} = \frac{2}{x}$

$f_5(x) = \ln \frac{2}{x - 1} = \ln 2 - \ln(x - 1) \quad \Rightarrow \quad f_5'(x) = 0 - \frac{1}{x - 1} = \frac{-1}{x - 1} = \frac{1}{1 - x}$

An welcher Stelle x_0 haben die Funktionen f und g mit

$f(x) = x \cdot \ln x - 1$ und $g(x) = \frac{\ln x}{x} + 0{,}5 \; (x > 0)$ die gleiche Steigung?

Das Problem kann grafisch gelöst werden. Die gesuchte Steigung ist gleich für $f'(x_0) = g'(x_0)$. Also erhält man x_0 aus dem Schnittpunkt der Graphen der Ableitungsfunktionen f' und g'. Es gilt:

$f'(x) = 1 \cdot \ln x + x \cdot \frac{1}{x} = \ln x + 1; \qquad g'(x) = \frac{\frac{1}{x} \cdot x - \ln x}{x^2} = \frac{1 - \ln x}{x^2}$

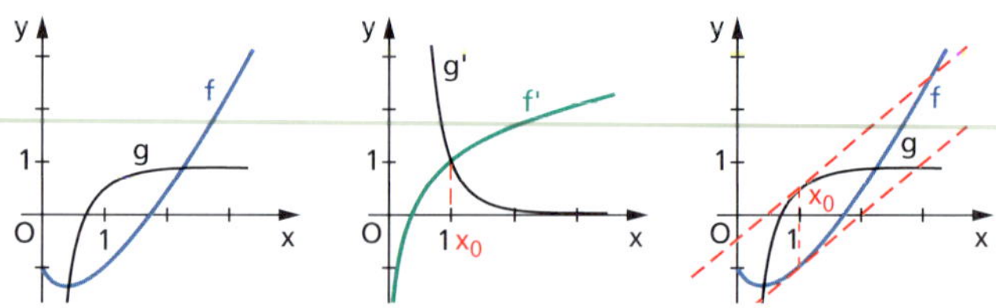

Differenziationsverfahren

Grafisches Differenzieren

Ist der Graph einer Funktion f bekannt, so kann die Ableitung f ' der Funktion an einzelnen Stellen näherungsweise ermittelt werden. Man legt in den jeweiligen Punkten Tangenten an den Graphen von f, zeichnet ein geeignetes Steigungsdreieck und berechnet daraus die Steigung. Diese entspricht der Ableitung an der jeweiligen Stelle.

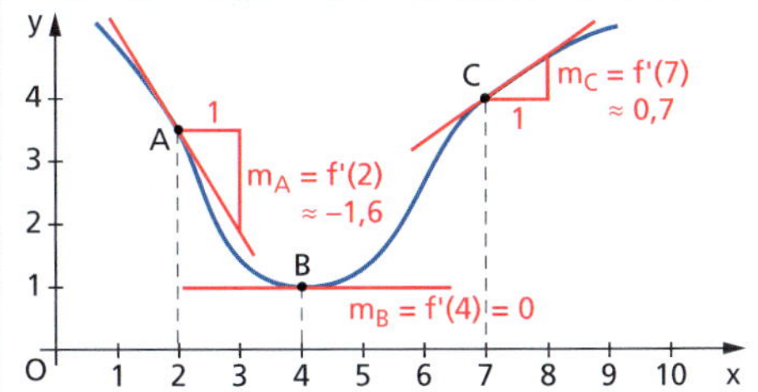

Berechnen des Grenzwertes des Differenzenquotienten nach der h-Methode

$f(x) = 0,6x^2 - 2;\ x_0 = 1$

① Differenzenquotient aufstellen

$$m_s = \frac{f(x_0 + h) - f(x_0)}{h} = \frac{0,6(x_0 + h)^2 - 2 - (0,6x_0^2 - 2)}{h}$$

② Differenzenquotient vereinfachen

$$m_s = \frac{0,6(x_0^2 + 2x_0h + h^2) - 2 - 0,6x_0^2 + 2}{h} = \frac{1,2x_0h + 0,6h^2}{h} = 1,2x_0 + 0,6h$$

③ Grenzwert des Differenzenquotienten ermitteln

$$f'(x_0) = \lim_{h \to 0} (1,2x_0 + 0,6h) = 1,2x_0$$

④ Grenzwert des Differenzenquotienten an der Stelle x_0 bestimmen

$$f'(1) = 1,2 \cdot 1 = 1,2$$

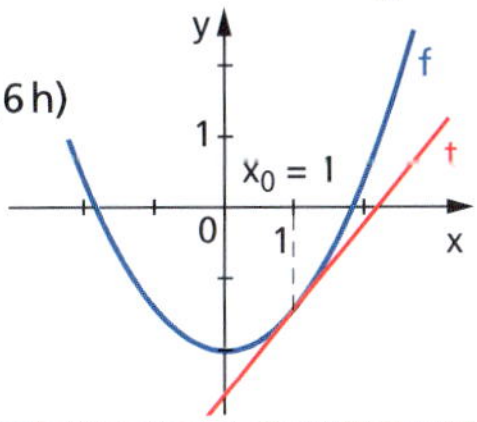

Anwenden der Ableitungsregeln

Potenzregel	$(x^n)' = n \cdot x^{n-1}$ $(n \in \mathbb{N};\ n \geq 1)$	Summenregel	$(u \pm v)' = u' \pm v'$
Konstantenregel	$c' = 0$ $(c \in \mathbb{R})$	Produktregel	$(u \cdot v)' = u' \cdot v + u \cdot v'$
Faktorregel	$(c \cdot v)' = c \cdot v'$ $(c \in \mathbb{R})$	Quotientenregel	$\left(\frac{u}{v}\right)' = \frac{u'v - uv'}{v^2}$ $(v \neq 0)$

Kettenregel: Ist $f(x) = v(u(x))$, so gilt: $f'(x) = v'(u(x)) \cdot u'(x)$

Kenntnis der Ableitung elementarer Funktionen

Potenzfunktionen mit rationalen Exponenten	$\left(x^{\frac{m}{n}}\right)' = \frac{m}{n} \cdot x^{\frac{m}{n} - 1}$ $(m, n \in \mathbb{N};\ n > 0)$
Trigonometrische Funktionen	$(\sin x)' = \cos x;\quad (\cos x)' = -\sin x$
Exponentialfunktionen	$(a^x)' = a^x \cdot \ln a$ $(a \in \mathbb{R};\ a > 0;\ a \neq 1)$ $(e^x)' = e^x$
Logarithmusfunktionen	$(\log_a x)' = \frac{1}{x \cdot \ln a}$ $(a \in \mathbb{R};\ a > 0;\ a \neq 1)$ $(\ln x)' = \frac{1}{x}$

6.4 Sätze über differenzierbare Funktionen

Die Kenntnis der Ableitung f' einer Funktion f ermöglicht oft Schlussfolgerungen über das Verhalten der Funktion f selbst. Als sehr hilfreich erweisen sich dabei zwei Sätze, die für die Anwendung der Differenzialrechnung insgesamt große Bedeutung besitzen.

▶ MICHEL ROLLE (1652 bis1719), französischer Mathematiker

Satz von Rolle
Ist eine Funktion f
- im abgeschlossenen Intervall [a; b] stetig,
- im offenen Intervall]a; b[differenzierbar und gilt
- f(a) = f(b),

dann existiert mindestens eine Stelle c zwischen a und b (also c ∈]a; b[), sodass f'(c) = 0 ist.

Geometrische Deutung:
Wenn die Randpunkte A, B des abgeschlossenen Intervalls [a; b] gleiche y-Werte besitzen, dann gibt es zwischen A und B mindestens einen Punkt C des Graphen der Funktion f, in dem die Tangente parallel zur x-Achse verläuft.

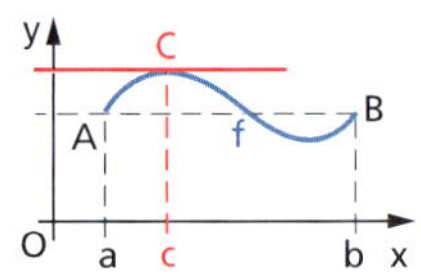

Gibt es (mindestens) ein Intervall [a; b], in dem der Graph der Funktion $f(x) = -\frac{1}{4}x^3 + x^2$ eine zur x-Achse parallele Tangente besitzt?

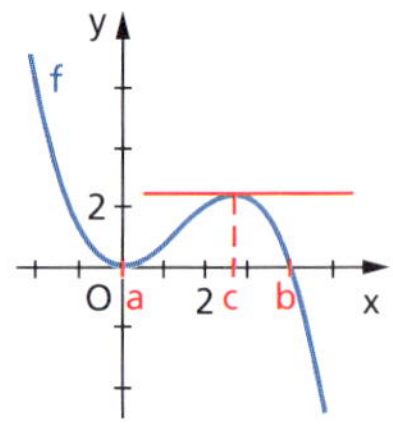

Da die Funktion im gesamten Definitionsbereich stetig und differenzierbar ist, muss untersucht werden, ob es (mindestens) zwei Stellen a und b mit f(a) = f(b) gibt. Oftmals genügt es dazu, die Nullstellen von f zu ermitteln.

Aus $-\frac{1}{4}x^3 + x^2 = x^2\left(-\frac{1}{4}x + 1\right) = 0$ folgt $x_1 = 0$ und $x_2 = 4$. Demnach ist f(0) = f(4) (= 0) und im Intervall [0; 4] existiert nach dem Satz von Rolle eine Stelle c, für die f'(c) = 0 ist. An dieser Stelle c ist die Tangente an den Graphen von f parallel zur x-Achse.

Eine Erweiterung des Satzes von Rolle stellt der folgende Satz dar:

▶ Für den Fall f(a) = f(b) folgt der Satz von Rolle aus dem Mittelwertsatz. Der Satz von Rolle ist also ein Spezialfall des Mittelwertsatzes.

Mittelwertsatz der Differenzialrechnung
Ist eine Funktion f
- im abgeschlossenen Intervall [a; b] stetig und
- im offenen Intervall]a; b[differenzierbar,

dann existiert mindestens eine Stelle c zwischen a und b, sodass

$$\frac{f(b) - f(a)}{b - a} = f'(c) \quad (c \in\,]a; b[).$$

Ist die durch einen Graphen dargestellte Funktion für a < x < b differenzierbar, so muss es mindestens einen Punkt C(c; f(c)) geben, in dem die Tangente parallel zur Sekante durch die Punkte A(a; f(a)) und B(b; f(b)) verläuft.

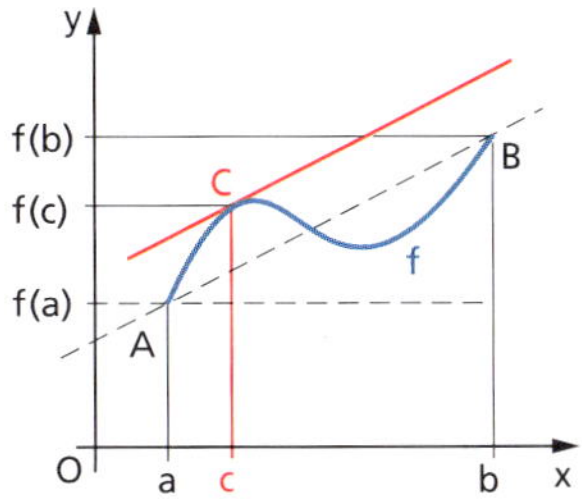

Der Mittelwertsatz und der Satz von Rolle stellen jeweils nur fest, dass wenigstens eine solche Stelle c mit der angeführten Eigenschaft existiert. Aber bereits die Kenntnis der Existenz einer solchen Stelle leistet bei der Untersuchung von Funktionen nützliche Dienste.

6

Betrachtet wird die Funktion $f(x) = \sqrt{x}$ auf dem abgeschlossenen Intervall [0; 4]. Die Funktion $y = \sqrt{x}$ erfüllt die Voraussetzungen des Mittelwertsatzes – sie ist in [0; 4] stetig und in]0; 4[differenzierbar. Bestimmt werden soll nun eine Stelle c zwischen 0 und 4, sodass die Tangente in (c; f(c)) an den Graphen von f parallel zur Sekante durch (0; 0) und (4; 2) verläuft.

Für die Steigung der Sekante gilt:

$$m_s = \frac{f(4) - f(0)}{4 - 0} = \frac{2 - 0}{4} = \frac{1}{2}$$

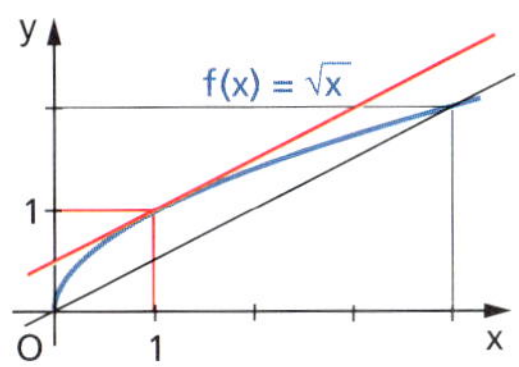

Die Steigung der Tangente an einer bestimmten Stelle $x_0 = c$ ist durch die 1. Ableitung der Funktion an dieser Stelle gegeben und diese Steigung soll gleich der der o.g. Sekante sein.

Wegen $f'(x_0) = \frac{1}{2 \cdot \sqrt{x_0}}$ muss also gelten: $f'(c) = \frac{1}{2 \cdot \sqrt{c}} = \frac{1}{2}$

Daraus folgt $\sqrt{c} = 1$ und damit $c = 1$.

Das heißt: Im Punkt (1; 1) des Graphen der Funktion $f(x) = \sqrt{x}$ ist die Tangente parallel zur Sekante durch die Punkte (0; 0) und (4; 2).

G. F. A. MARQUIS DE L'HOSPITAL (1661 bis 1704)

Aus dem Mittelwertsatz der Differenzialrechnung lässt sich eine Regel herleiten, die bei Grenzwertberechnungen sehr hilfreich sein kann. So führt die formale Anwendung der Grenzwertsätze oftmals zu unbestimmten Ausdrücken der Form $\frac{0}{0}$, $\frac{\infty}{\infty}$, $0 \cdot \infty$, $\infty - \infty$, 0^0, 1^∞ oder ∞^0.

Abhilfe schafft in vielen Fällen die **Regel von de l'Hospital:**

Satz

Es seien die Funktionen u(x) und v(x) in einer Umgebung von x_0 differenzierbar und ihre Ableitungsfunktionen in x_0 stetig. Ist nun $u(x_0) = v(x_0) = 0$ sowie $v'(x) \neq 0$ in einer Umgebung von x_0, so gilt

$$\lim_{x \to x_0} \frac{u(x)}{v(x)} = \lim_{x \to x_0} \frac{u'(x)}{v'(x)}, \text{ falls } \lim_{x \to x_0} \frac{u'(x)}{v'(x)} \text{ existiert.}$$

Entdeckt wurde dieser Zusammenhang von **JOHANN BERNOULLI** (1667 bis 1748), benannt wird er nach G. F. A. MARQUIS DE L'HOSPITAL.

6

- Die Anwendung der Grenzwertsätze zur Berechnung von $\lim\limits_{x \to 3} \frac{2x^2 - 2x - 12}{x - 3}$ und $\lim\limits_{x \to 0} \frac{\sin x}{x}$ führt in beiden Fällen auf den unbestimmten Ausdruck $\frac{0}{0}$.

  Mithilfe der Regel von de l'Hospital erhält man:

  $\lim\limits_{x \to 3} \frac{(2x^2 - 2x - 12)'}{(x - 3)'} = \lim\limits_{x \to 3} \frac{4x - 2}{1} = 10$ bzw.

  $\lim\limits_{x \to 0} \frac{\sin x}{x} = \lim\limits_{x \to 0} \frac{(\sin x)'}{(x)'} = \lim\limits_{x \to 0} \frac{\cos x}{1} = 1$

Die Regel von de l'Hospital lässt sich auch auf Grenzwerte für $x \to \infty$ (bzw. $x \to -\infty$) übertragen:

> **Satz** Es seien die Funktionen u und v für alle $x > a$ $(a \in \mathbb{R}^+)$ differenzierbar. Ist nun $\lim\limits_{x \to \infty} u(x) = \lim\limits_{x \to \infty} v(x) = 0$ sowie $v'(x) \neq 0$, so gilt
>
> $\lim\limits_{x \to \infty} \frac{u(x)}{v(x)} = \lim\limits_{x \to \infty} \frac{u'(x)}{v'(x)}$, falls $\lim\limits_{x \to \infty} \frac{u'(x)}{v'(x)}$ existiert.

- Während die Berechnung von $\lim\limits_{x \to \infty} \frac{2x}{e^x}$ mithilfe der Grenzwertsätze auf den unbestimmten Ausruck $\frac{\infty}{\infty}$ führt, erhält man durch Anwenden der Regel von de l'Hospital:

  $\lim\limits_{x \to \infty} \frac{2x}{e^x} = \lim\limits_{x \to \infty} \frac{(2x)'}{(e^x)'} = \lim\limits_{x \to \infty} \frac{2}{e^x} = 0$

Ergibt sich beim Anwenden der Regeln von de l'Hospital erneut ein unbestimmter Ausdruck der Form $\frac{0}{0}$ bzw. $\frac{\infty}{\infty}$, so kann man diese Regeln mehrfach nutzen, bis man gegebenenfalls einen eigentlichen oder uneigentlichen Grenzwert erhält.

- Bei der Bestimmung von $\lim\limits_{x \to 0} \frac{x^2}{1 - \cos x}$ ergibt sich nach der ersten Anwendung der Regel von de l'Hospital mit $\lim\limits_{x \to 0} \frac{2x}{\sin x}$ erneut ein unbestimmter Ausdruck $\left(\frac{0}{0}\right)$. Erst die zweite Anwendung der Regel ergibt den gesuchten Grenzwert:

  $\lim\limits_{x \to 0} \frac{x^2}{1 - \cos x} = \lim\limits_{x \to 0} \frac{(x^2)'}{(1 - \cos x)'} = \lim\limits_{x \to 0} \frac{2x}{\sin x} = \lim\limits_{x \to 0} \frac{(2x)'}{(\sin x)'} = \lim\limits_{x \to 0} \frac{2}{\cos x} = 2$

Unbestimmte Ausdrücke der Form $0 \cdot \infty$, $\infty - \infty$, 0^0, 1^∞ oder ∞^0 lassen sich häufig auf die Form $\frac{0}{0}$ oder $\frac{\infty}{\infty}$ bringen, sodass man die Regel von de l'Hospital anwenden kann.

- a) Während $\lim\limits_{x \to \infty} \frac{1}{x} \cdot \ln x$ auf den unbestimmten Ausdruck $0 \cdot \infty$ führt, erhält man nach Umformen des Funktionsterms $\lim\limits_{x \to \infty} \frac{\ln x}{x}$ und damit einen unbestimmten Ausdruck der Form $\frac{\infty}{\infty}$.

  Nun kann die Regel von de l'Hospital angewandt werden:

  $\lim\limits_{x \to \infty} \frac{1}{x} \cdot \ln x = \lim\limits_{x \to \infty} \frac{\ln x}{x} = \lim\limits_{x \to \infty} \frac{(\ln x)'}{x'} = \lim\limits_{x \to \infty} \frac{\frac{1}{x}}{1} = \frac{0}{1} = 0$

b) $\lim\limits_{x \to 0}\left(\frac{1}{x} - \frac{1}{\sin x}\right)$ führt auf den unbestimmten Ausdruck $\infty - \infty$.

$$\begin{aligned}\lim_{x \to 0}\left(\frac{1}{x} - \frac{1}{\sin x}\right) &= \infty - \infty \\ &= \lim_{x \to 0}\frac{\sin x - x}{x \cdot \sin x} = \frac{0}{0} \\ &= \lim_{x \to 0}\frac{(\sin x - x)'}{(x \cdot \sin x)'} = \lim_{x \to 0}\frac{\cos x - 1}{\sin x + x \cdot \cos x} = \frac{0}{0} \\ &= \lim_{x \to 0}\frac{(\cos x - 1)'}{(\sin x + x \cdot \cos x)'} = \lim_{x \to 0}\frac{-\sin x}{2\cos x + x \cdot \sin x} = \frac{0}{2} = 0\end{aligned}$$

c) $\lim\limits_{\substack{x \to 0 \\ x > 0}} x^x$ führt auf den unbestimmten Ausdruck 0^0.

Hier, wie auch bei Ausdrücken der Form 1^∞ und ∞^0, ist es meist angebracht, den Term zu logarithmieren.
Mit $\ln x^x = x \cdot \ln x$ und $x^x = e^{x \cdot \ln x}$ erhält man:

$$\begin{aligned}\lim_{\substack{x \to 0 \\ x > 0}} x \cdot \ln x &= 0 \cdot (-\infty) \\ &= \lim_{\substack{x \to 0 \\ x > 0}}\frac{\ln x}{\frac{1}{x}} = -\frac{\infty}{\infty} \\ &= \lim_{\substack{x \to 0 \\ x > 0}}\frac{(\ln x)'}{\left(\frac{1}{x}\right)'} = \lim_{\substack{x \to 0 \\ x > 0}}\frac{\frac{1}{x}}{-\frac{1}{x^2}} = \lim_{\substack{x \to 0 \\ x > 0}}(-x) = 0\end{aligned}$$

und somit $\lim\limits_{\substack{x \to 0 \\ x > 0}} x^x = \lim\limits_{\substack{x \to 0 \\ x > 0}} e^{x \cdot \ln x} = \lim\limits_{\substack{x \to 0 \\ x > 0}} e^0$, also $\lim\limits_{\substack{x \to 0 \\ x > 0}} x^x = 1$

Bei dieser Grenzwertberechnung wurde stillschweigend davon ausgegangen, dass die Regel von de l'Hospital auch für einseitige Grenzwerte gilt.

Die Anwendung des Grenzwertsatzes für Quotienten auf die Funktion $f(x) = \frac{\tan x}{\tan 3x}$ für $x \to \frac{\pi}{2}$ führt auf den unbestimmten Ausdruck $\frac{\infty}{\infty}$.
Auch hier ist die Regel von de l'Hospital anwendbar:

$$\begin{aligned}\lim_{x \to \frac{\pi}{2}}\frac{\tan x}{\tan 3x} &= \lim_{x \to \frac{\pi}{2}}\frac{(\tan x)'}{(\tan 3x)'} = \lim_{x \to \frac{\pi}{2}}\frac{\frac{1}{(\cos x)^2}}{\frac{1}{(\cos 3x)^2}} = \lim_{x \to \frac{\pi}{2}}\frac{(\cos 3x)^2}{3(\cos x)^2} \\ &= \lim_{x \to \frac{\pi}{2}}\frac{-6\cos 3x \sin 3x}{-6\cos x \sin x} = \lim_{x \to \frac{\pi}{2}}\frac{\cos 3x \sin 3x}{\cos x \sin x} \\ &= \lim_{x \to \frac{\pi}{2}}\frac{-(3\sin 3x)^2 + 3(\cos 3x)^2}{-(\sin x)^2 + (\cos x)^2} = \frac{-3}{-1} = 3\end{aligned}$$

Die Funktion $f(x) = \frac{\tan x}{\tan 3x}$ besitzt an der Stelle $x_0 = \frac{\pi}{2}$ den Grenzwert 3.

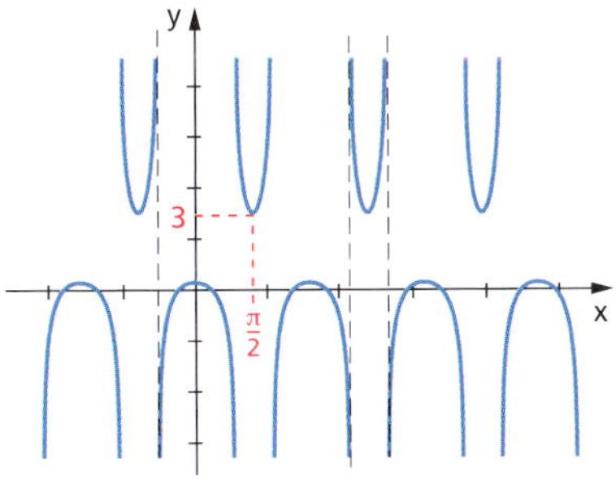

6.5 Untersuchung von Funktionseigenschaften

6.5.1 Monotonieverhalten

Die Differenzialrechnung liefert Untersuchungsmethoden für eine schnelle, exakte und umfassende Analyse von Funktionen.

6

Satz Zusammenhang zwischen Monotonie und 1. Ableitung an einer Stelle

Ist eine Funktion f an einer Stelle x_0 differenzierbar und

monoton wachsend,	**monoton fallend,**
so gilt:	
$f'(x_0) \geq 0$	$f'(x_0) \leq 0$

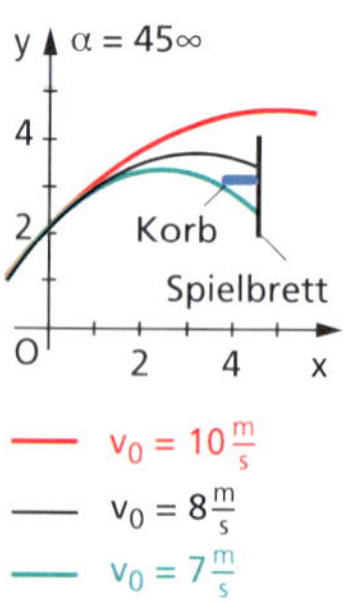

Die Funktion f ist monoton wachsend.

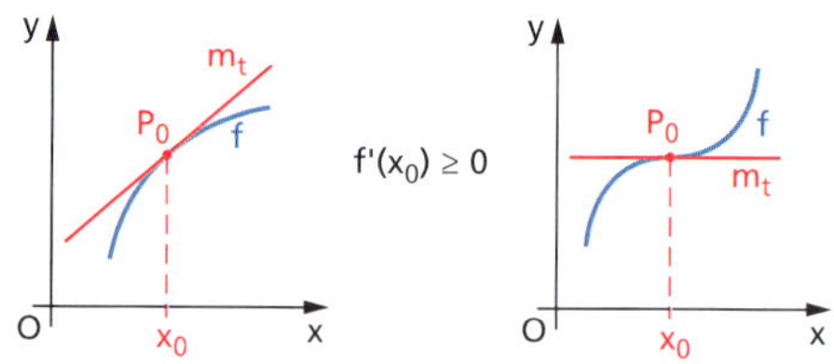

Die Steigung m_t der Tangente an den Graphen von f im Punkt $P_0(x_0; f(x_0))$ ist nicht negativ.

Die Funktion f ist monoton fallend.

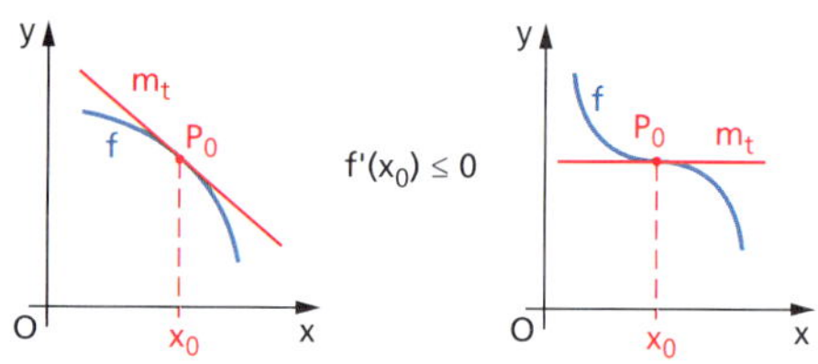

Die Steigung m_t der Tangente an den Graphen von f im Punkt $P_0(x_0; f(x_0))$ ist nicht positiv.

Beschränkt man die Monotonieuntersuchung von Funktionen auf offene Intervalle, in denen die gegebene Funktion differenzierbar ist, so kann der Zusammenhang zwischen der 1. Ableitung der Funktion und der Monotonie folgendermaßen angegeben werden:

Satz Zusammenhang zwischen Monotonie und 1. Ableitung

Eine im offenen Intervall I differenzierbare Funktion f ist in diesem Intervall genau dann

monoton wachsend,	**monoton fallend,**
wenn für alle $x \in I$ gilt:	
$f'(x) \geq 0$	$f'(x) \leq 0$

Ist $f'(x_0) = 0$, kann nicht auf das Wachsen oder Fallen der Funktion an der Stelle x_0 geschlossen werden.

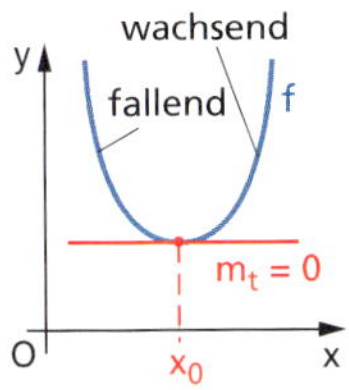

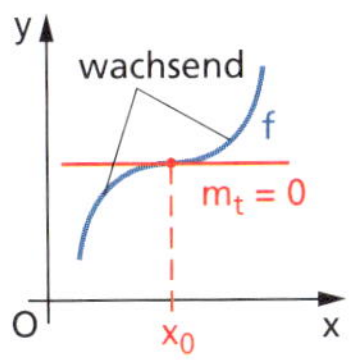

Zu untersuchen ist das Monotonieverhalten der Funktion f mit $f(x) = \frac{1}{3}x^3 - \frac{1}{2}x^2 - 2x + 1$:

Wegen $f'(x) = x^2 - x - 2$
$= (x + 1)(x - 2)$ gilt:

- $f'(x) > 0$ für $x + 1 > 0$ und $x - 2 > 0$, also $x > 2$, oder $x + 1 < 0$ und $x - 2 < 0$, also $x < -1$;
- $f'(x) < 0$ für $x + 1 > 0$ und $x - 2 < 0$, also $x \in\ ]-1; 2[$, oder $x + 1 < 0$ und $x - 2 > 0$, was für kein $x \in \mathbb{R}$ möglich ist.

f(x) ist also streng monoton wachsend für $x < -1$ oder $x > 2$ sowie streng monoton fallend für $x \in\ ]-1; 2[$.

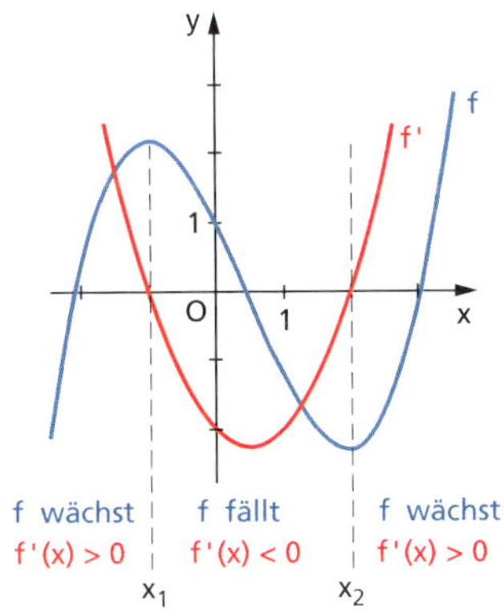

6.5.2 Extrema

Maximum und Minimum einer Funktion (↗ Abschnitt 5.4) werden auch als *Extremwerte* bezeichnet. Neben den *globalen* Extrema, bei denen verlangt wird, dass sie den jeweils absolut größten bzw. kleinsten Funktionswert in [a; b] annehmen, werden *lokale* Extrema $f(x_E)$ unterschieden, die in einer *Umgebung* von x_E am größten bzw. kleinsten sind.

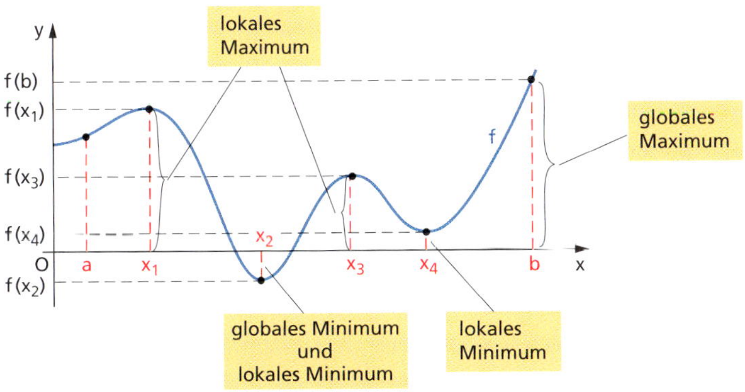

Im vorgegebenen Intervall [a; b] hat f bei x_1 und x_3 lokale Maxima, die jedoch nicht global sind. Das globale Maximum wird am rechten Intervallrand bei b angenommen, weil f(b) der absolut größte Funktionswert in [a; b] ist. Betrachtet man den Verlauf des Graphen über die Stelle b hinaus, so wird deutlich, dass der Funktionsgraph in der unmittelbaren Umgebung von b stets monoton steigend ist, bei b also kein lokales Maximum vorliegt. An den Stellen x_2 und x_4 hat f lokale Minima, wobei in x_2 der absolut kleinste Funktionswert – das globale Minimum – angenommen wird.

Definition Ist eine Funktion f in einem offenen Intervall I definiert und x_E ein innerer Punkt von I, dann heißt $f(x_E)$ ein

lokales Minimum	**lokales Maximum**
der Funktion f, wenn es ein $\varepsilon > 0$ gibt, sodass für jedes $x \in I$ gilt:	
$x_E - \varepsilon < x < x_E + \varepsilon \Rightarrow f(x) < f(x_E)$	$x_E - \varepsilon < x < x_E + \varepsilon \Rightarrow f(x) > f(x_E)$

x_E nennt man **lokale Extremstelle** (Maximum- bzw. Minimumstelle) von f, den Punkt E $(x_E; f(x_E))$ **lokaler Extrempunkt** (Maximum- bzw. Minimumpunkt oder Hoch- bzw. Tiefpunkt) des Graphen von f.

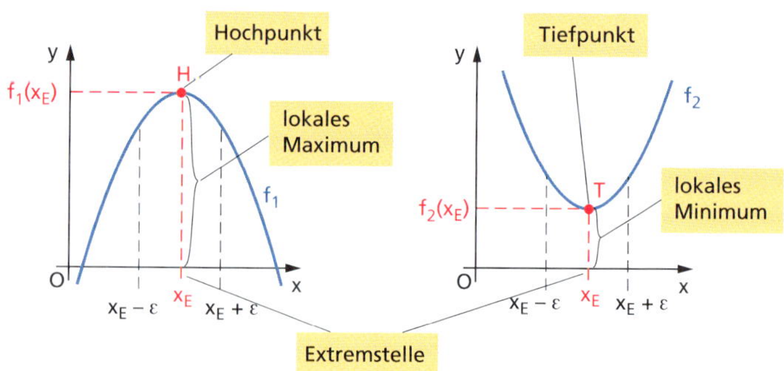

Häufig wird bei dieser Definition nur $f(x) \leq f(x_E)$ (bzw. $f(x) \geq f(x_E)$) gefordert, manchmal auch zwischen lokalen Extrema im engeren Sinne (ohne Gleichheitszeichen) und weiteren Sinne (mit Gleichheitszeichen) unterschieden.

Charakteristisches Merkmal eines *lokalen* Extremums ist die Änderung des Monotonieverhaltens der Funktion. Während beim lokalen Maximum ein Wechsel des Monotonieverhaltens von „monoton wachsend" in „monoton fallend" typisch ist, erfolgt er beim lokalen Minimum von „monoton fallend" zu „monoton wachsend". An den lokalen Extremstellen selbst gilt demzufolge $f'(x_0) = 0$, die Tangenten an den Graphen von f verlaufen hier parallel zur x-Achse.

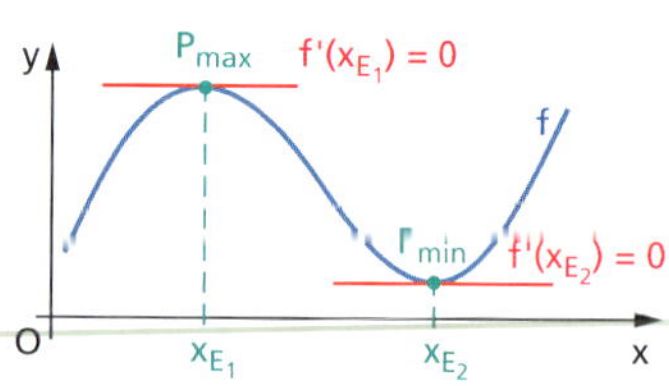

Satz Notwendige Bedingung für lokale Extremstellen
Ist die Funktion f in ihrem Definitionsbereich D_f differenzierbar und $x_E \in D_f$ eine lokale Extremstelle von f, so gilt: $f'(x_E) = 0$

Die Bedingung $f'(x_E) = 0$ ist *notwendig*, d.h., für differenzierbare Funktionen kann es *nur* an diesen Stellen x_E lokale Extrema geben. Die Bedingung ist aber *nicht hinreichend* – sie kann an einer Stelle x_E erfüllt sein, ohne dass dort ein Extremum vorliegt. Als Beispiel sei die Funktion $f(x) = x^3$ genannt. Für sie gilt zwar $f'(0) = 0$, die Funktion besitzt aber bekanntlich an der Stelle 0 *kein* lokales Extremum.

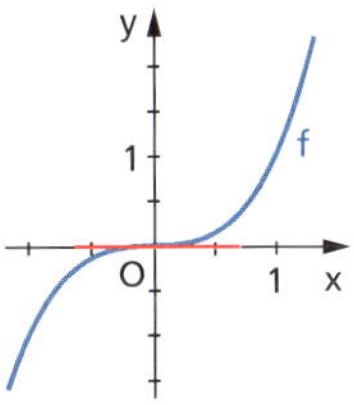

6

Die Funktion $f(x) = \frac{1}{6}x^3 - \frac{1}{2}x^2 - \frac{3}{2}x + \frac{17}{6}$ ist auf mögliche lokale Extremstellen zu untersuchen.

- Wir bilden die erste Ableitung $f'(x) = \frac{1}{2}x^2 - x - \frac{3}{2}$ und ermitteln die Werte von x_E, für die $f'(x_E)$ gleich 0 ist.
  Also: $\frac{1}{2}x_E^2 - x_E - \frac{3}{2} = 0$ bzw. $x_E^2 - 2x_E - 3 = 0$ und damit
  $x_{E_1} = 3$, $x_{E_2} = -1$ und $f(3) = -\frac{5}{3}$, $f(-1) = \frac{11}{3}$.
- Die Punkte $P_1\left(3; -\frac{5}{3}\right)$ und $P_2\left(-1; \frac{11}{3}\right)$ *können* also Extrempunkte sein.

Für die Entscheidung, ob an den „extremwertverdächtigen" Stellen einer differenzierbaren Funktion tatsächlich Extrema vorliegen, müssen weitere Bedingungen erfüllt sein.

So wie die Funktion an den lokalen Extremstellen ihr Monotonieverhalten ändert, wechselt die 1. Ableitung an den lokalen Extremstellen ihr Vorzeichen, beim lokalen Maximum von „+" zu „–" und beim lokalen Minimum von „–" zu „+".

Die Ableitungsfunktion f' ist an einer lokalen Minimumstelle monoton wachsend. Das bedeutet, dass $f''(x) \geq 0$ sein muss. Bei einer lokalen Maximumstelle ist die Ableitungsfunktion hingegen monoton fallend, weshalb in diesem Falle $f''(x) \leq 0$ sein muss. Demzufolge hat die zweite Ableitung an einer lokalen Maximumstelle einen negativen Wert und an einer lokalen Minimumstelle einen positiven Wert.

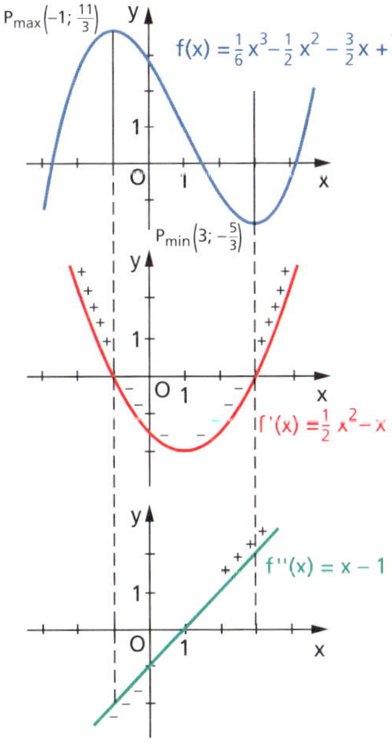

Satz Vorzeichenwechselkriterium (VZW-Kriterium)

Die Funktion f sei in D_f differenzierbar.
Gilt $f'(x) = 0$ und liegt an der Stelle x_0 ein

(+/–)-VWZ	(–/+)-VWZ

von $f'(x)$ vor, so hat die Funktion an der Stelle x_0 ein

lokales Maximum.	lokales Minimum.

▶ Diese Bedingung für lokale Extremstellen ist hinreichend, aber nicht notwendig.

Satz Hinreichende Bedingung für lokale Extremstellen

Die Funktion f sei in D_f zweimal differenzierbar. Gilt für $x_E \in D_f$

$f'(x_E) = 0$ und $f''(x_E) < 0$,	$f'(x_E) = 0$ und $f''(x_E) < 0$,

so hat die Funktion f an der Stelle x_E ein

lokales Maximum.	lokales Minimum.

Diese Bedingung ist *hinreichend*, weil an der Stelle x_E mit Sicherheit ein lokaler Extremwert vorliegt, wenn die Bedingung an dieser Stelle erfüllt ist. Sie ist aber *nicht notwendig*, denn es kann ein Extremwert vorliegen, obwohl die zweite Ableitung an der betreffenden Stelle auch null wird.

▶ Hilfreich ist z. B. die Berechnung von Funktionswerten in einer Umgebung von x_E.

Die Potenzfunktion $f(x) = x^4$ besitzt an der Stelle $x_E = 0$ ein lokales Minimum, aber für sie gilt:
$f(x) = x^4$ $\quad f'(x) = 4x^3;\ f'(0) = 0$ $\quad f''(x) = 12x^2;\ f''(0) = 0$
Hier sind zusätzliche Überlegungen erforderlich, um auf die Existenz und die Art des Extremums zu schließen.

Hilfe bietet auch eine Erweiterung der hinreichenden Bedingung:

▶ Also: Die erste von null verschiedene Ableitung an der Stelle x_E muss eine *gerade* Ableitung sein.
Angewandt auf die Funktion $f(x) = x^4$ ergibt sich:
$f'''(x) = 24x$
$f'''(0) = 0$
$f^{(4)}(x) = 24 > 0$
Also ist $x_E = 0$ lokale Minimumstelle.

Satz Notwendige und hinreichende Bedingung für lokale Extremstellen

Die Funktion f sei in D_f n-mal differenzierbar. Gilt für $x_E \in D_f$ und n gerade, $n \geq 2$,
$f'(x_E) = f''(x_E) = f'''(x_E) = \ldots = f^{(n-1)}(x_E) = 0$ und $f^{(n)}(x_E) \neq 0$, so hat die Funktion an der Stelle x_E ein lokales Extremum, und zwar
für $f^{(n)}(x_E) > 0$ ein lokales Minimum,
für $f^{(n)}(x_E) < 0$ ein lokales Maximum.

Man untersuche die Funktion $f(x) = \frac{1}{3}x^3 + \frac{1}{2}x^2 - 2x$ auf lokale Extremstellen und ermittle die Extrempunkte ihres Graphen.

- Wir bilden die Ableitungen (f ist zweimal differenzierbar):
  $f'(x) = x^2 + x - 2$ $\quad f''(x) = 2x + 1$
- Wir ermitteln die Stellen, für die $f'(x) = 0$ als *notwendige* Bedingung für die Existenz einer Extremstelle der Funktion f erfüllt ist:
  Da die quadratische Gleichung $x^2 + x - 2 = 0$ die Lösungen $x_1 = 1$ und $x_2 = -2$ hat, *kann* an diesen Stellen eine Extremstelle vorliegen.

- Wir überprüfen, ob die ermittelten Stellen tatsächlich Extremstellen sind, ob dort also die *hinreichende* Bedingung für die Existenz einer Extremstelle erfüllt ist.
  Unter Verwendung von $f''(x) = 2x + 1$ erhalten wir $f''(1) = 3 > 0$, d. h.:
  $x_1 = 1$ ist eine Minimumstelle von f;
  $f''(-2) = -3 < 0$, d. h.:
  $x_2 = -2$ ist eine Maximumstelle von f.

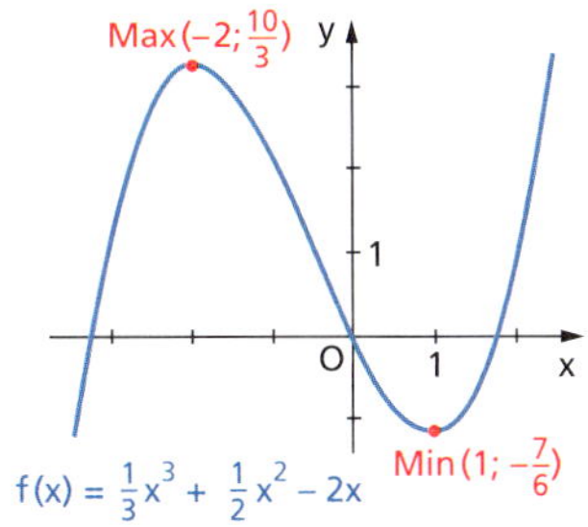

- Wir ermitteln die Funktionswerte der Extremstellen:
  $f(1) = -\frac{7}{6}$, $f(-2) = \frac{10}{3} \Rightarrow$ Min$\left(1; -\frac{7}{6}\right)$, Max$\left(-2; \frac{10}{3}\right)$

Für die Funktion $f(x) = \frac{1}{3}x^3 - x^2 - 3x + 2$ sollen die Graphen von f, f' und f" in einem Koordinatensystem dargestellt werden. Davon ausgehend ist die Funktion f bezüglich lokaler Extremstellen zu diskutieren.

- Das lokale Maximum von f liegt bei $x_{E_1} = -1$.
  Es gilt $f'(-1) = 0$; die 1. Ableitung ändert mit wachsendem x bei x_{E_1} ihr Vorzeichen von + nach –.
  Die 2. Ableitung ist an der Stelle $x_{E_1} = -1$ kleiner als 0 ($f''(-1) = -4$).
- Das lokale Minimum von f liegt bei $x_{E_2} = 3$.
  Es gilt $f'(3) = 0$; die 1. Ableitung ändert mit wachsendem x an der Stelle $x_{E_2} = 3$ ihr Vorzeichen von – nach +.
  Die 2. Ableitung ist an der Stelle $x_{E_2} = 3$ größer als 0 ($f''(3) = +4$).

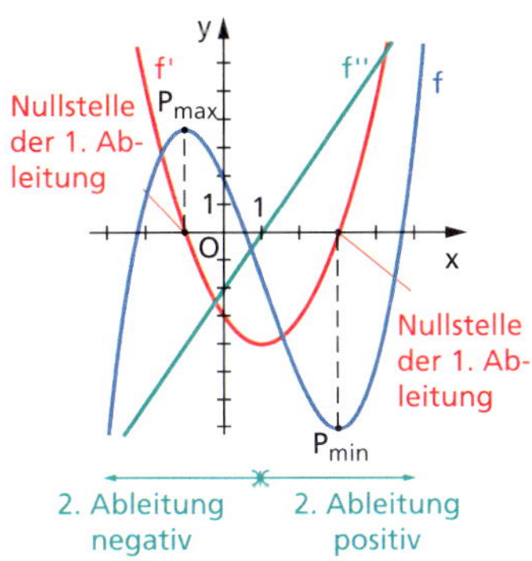

Gegeben ist die Funktion $f(x) = \frac{6x}{x^2 + 4}$ $(x \in \mathbb{R})$.
Man untersuche den Graphen von f auf lokale Extrempunkte und ermittle gegebenenfalls die Art der Extrema.

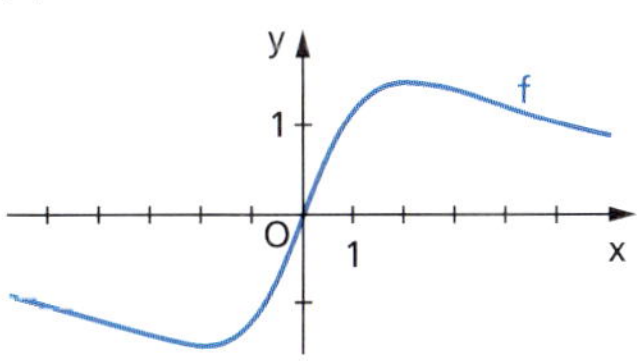

- $f'(x) = \frac{-6x^2 + 24}{(x^2 + 4)^2}$
  $f''(x) = \frac{12x^3 - 144x}{(x^2 + 4)^3}$
- Notwendige Bedingung für Extremstellen:
  $f'(x) = 0$; d. h. $0 = -6x^2 + 24 \Rightarrow x_1 = -2$; $x_2 = 2$
  (Die Nennerfunktion ist an den Stellen x_1 und x_2 ungleich 0.)

- Überprüfen der hinreichenden Bedingung:
  $f'(-2) = \frac{12 \cdot (-8) - 144 \cdot (-2)}{((-2)^2 + 4)^3} = 0{,}375 > 0$,
  d. h., x = –2 ist eine Minimumstelle von f.
  $f''(2) = \frac{12 \cdot 8 - 144 \cdot 2}{(2^2 + 4)^3} = -0{,}375 < 0$,
  d. h., x = 2 ist eine Maximumstelle von f.
- Ermitteln der Extrempunkte:
  $f(-2) = -1{,}5$; $P_{min}(-2; -1{,}5)$; $f(2) = 1{,}5$; $P_{max}(2; 1{,}5)$

Die Kurve, auf der alle Extrempunkte einer Funktionenschar liegen, nennt man *Ortskurve* oder *Ortslinie* der Extrempunkte.

Häufig betrachtet man Funktionen, die außer der unabhängigen Variablen x noch eine weitere Variable, einen Parameter, enthalten. Untersucht werden dann die lokalen Extrema einer Funktionenschar (↗ Abschnitt 3.5) und nicht die einer speziellen Funktion.

Die Extrempunkte aller Funktionen einer Schar liegen jeweils auf dem Graphen einer neuen Funktion, der sogenannten **Ortskurve** oder **Ortslinie** der Hochpunkte oder der Tiefpunkte.
So liegen die Maximumpunkte der Schar $f_k(x) = \frac{1}{6k}x^3 - x^2 + \frac{3}{2}kx$ auf der Parabel $p(x) = \frac{2}{3}x^2$, die Minimumpunkte auf der Geraden $g(x) = 0$.

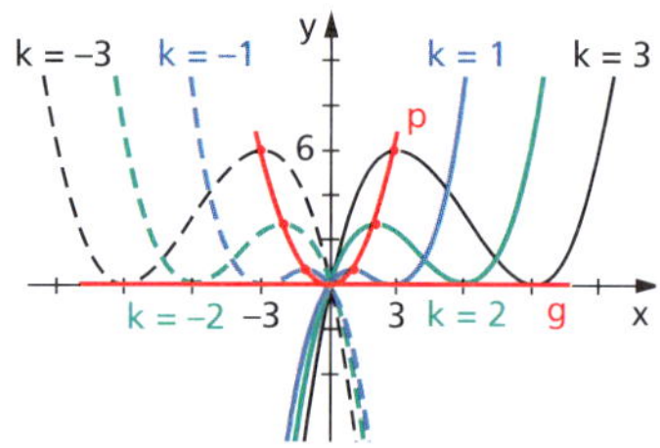

Mögliche Schrittfolge für das Aufstellen der Gleichung einer Ortskurve der Maximum-(Minimum-)Punkte einer Graphenschar:

(1) Eine Funktionenschar sei durch ihre Gleichung $y = f_k(x)$ gegeben.
(2) Bilden der 1. und 2. Ableitung $y' = f_k'(x)$ und $y'' = f_k''(x)$
(3) Koordinaten des Maximumpunktes (Minimumpunktes) in Abhängigkeit vom Scharparameter k bestimmen:
$P_{max}(x_E(k); y_E(k))$; $(P_{min}(x_E(k); y_E(k)))$
(4) $x_E(k)$ nach k auflösen; man erhält: $k = k(x_E)$
(5a) In $y_E(k)$ die Variable k durch k(x) ersetzen; man erhält: $y = f(x)$
(5b) Oder: In $y = f_k(x)$ die Variable k durch k(x) ersetzen.

Es soll gezeigt werden, dass die lokalen Extrempunkte der Funktionenschar $f_k(x) = x^2 + kx + 2$ auf der Parabel $p(x) = -x^2 + 2$ liegen.
- $f_k'(x) = 2x + k$ $f''(x) = 2$
- Notwendige Bedingung für Extremstellen:
  $f_k'(x_E) = 0$; d. h., $0 = 2x_E + k$
  $\Rightarrow x_E = -\frac{1}{2}k$
- Überprüfen der hinreichenden Bedingung:
  $f_k''(-k) = 2 > 0$,
  d. h., $x_E = -\frac{1}{2}k$ ist eine Minimumstelle von f_k.

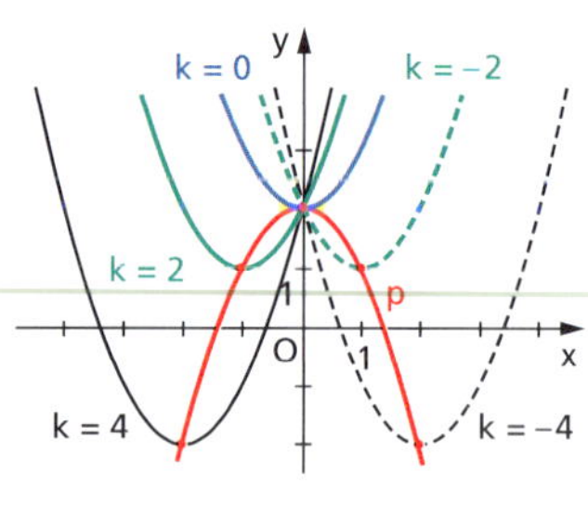

- Ermitteln der Extrempunkte:

  $y_E = f_k\left(-\frac{1}{2}k\right) = \frac{1}{4}k^2 - \frac{1}{2}k^2 + 2 = -\frac{1}{4}k^2 + 2$

  $P_{min}\left(-\frac{1}{2}k;\ -\frac{1}{4}k^2 + 2\right)$

Für ausgewählte Parameter k erhält man:

	Funktion	Tiefpunkt
$k = -4$	$f_{-4}(x) = x^2 - 4x + 2$	$P_{min}(2; -2)$
$k = -2$	$f_{-2}(x) = x^2 - 2x + 2$	$P_{min}(1; 1)$
$k = 0$	$f_0(x) = x^2 + 2$	$P_{min}(0; 2)$
$k = 2$	$f_2(x) = x^2 + 2x + 2$	$P_{min}(-1; 1)$
$k = 4$	$f_4(x) = x^2 + 4x + 2$	$P_{min}(-2; -2)$

- Ermitteln der Ortskurve der Tiefpunkte:

  $x_E = -\frac{1}{2}k$ nach k auflösen: $k = -2x_E$

  $k = -2x_E$ in $y_E = -\frac{1}{4}k^2 + 2$ einsetzen: $y_E = -\frac{1}{4}(-2x_E)^2 + 2 = -x_E^2 + 2$

Damit ist gezeigt, dass alle Tiefpunkte der Funktionenschar auf der Parabel $y = -x^2 + 2$ liegen.

Eine Funktion kann auch an Stellen x_E lokale Extrema besitzen, an denen sie *nicht* differenzierbar ist. Die Entscheidung über das Vorhandensein lokaler Extrema muss dann mithilfe der Definition lokaler Extrema geschehen.

Man ermittle die lokalen Extrempunkte des Graphen der Funktion $f(x) = |x^3 - 4x|$ mit $D_f = \mathbb{R}$, $x \geq 0$.

(1) Wir zerlegen den Funktionsterm:

$$f(x) = |x^3 - 4x| = |x(x^2 - 4)| = \begin{cases} x^3 - 4x & \text{für } x \geq 2 \text{ (da } x^3 - 4x \geq 0) \\ -x^3 + 4x & \text{für } x < 2 \text{ (da } x^3 - 4x < 0) \end{cases}$$

(2) In der Umgebung von $x_1 = 2$ ändert sich die Funktionsgleichung. Deshalb ist diese Stelle bei den Untersuchungen besonders zu beachten.

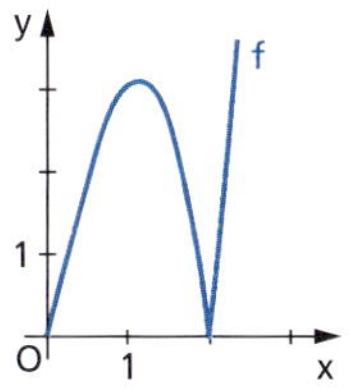

$x > 2$	$x < 2$
$f'(x) = 3x^2 - 4$	$f'(x) = -3x^2 + 4$
$\lim\limits_{\substack{x \to 2 \\ x > 2}} f'(x) = 3 \cdot 4 - 4 = 8$	$\lim\limits_{\substack{x \to 2 \\ x < 2}} f'(x) = -3 \cdot 4 + 4 = -8$

Da der rechtsseitige und der linksseitige Grenzwert nicht übereinstimmen, ist die Funktion an der Stelle $x_1 = 2$ nicht differenzierbar.

Da f eine Betragsfunktion ist, gilt $f(x) \geq 0$ für alle $x \in D_f$. Die Nullstellen der Funktion liegen bei $x_1 = 0$ und $x_2 = 2$ ($-2 \notin D_f$), Schnittpunkte mit der x–Achse sind also $P_{x_1}(0;\ 0)$ und $P_{x_2}(2;\ 0)$. Für alle Funktionswerte in der Umgebung von $x_2 = 2$, wo f nicht differenzierbar ist, gilt $f(x) > 0$, d. h., $P_{x_2}(2;\ 0)$ ist lokaler Minimumpunkt. $P_{x_1}(0;\ 0)$ ist als Randpunkt kein lokaler Minimumpunkt.

(3) Untersuchung der differenzierbaren Abschnitte der Funktion f:

x > 2	**x < 2**
$f'(x) = 3x_3^2 - 4 = 0$ $x_3^2 = \frac{4}{3}$ (entfällt, da $\frac{4}{3} < 2$)	$f'(x) = -3x_3^2 + 4 = 0$ $x_3^2 = \frac{4}{3}$ $x_3 = \frac{2}{3}\sqrt{3} < 2,\ \left(-\frac{2}{3}\sqrt{3} \notin D_f\right)$
$f''(x) = 6x$	$f''(x) = -6x$ $f''\left(\frac{2}{3}\sqrt{3}\right) = -6 \cdot \frac{2}{3}\sqrt{3} = -4\sqrt{3} < 0$, also lokale Maximumstelle. $f\left(\frac{2}{3}\sqrt{3}\right) = -\left(\frac{2}{3}\sqrt{3}\right)^3 + 4 \cdot \frac{2}{3}\sqrt{3}$ $= \frac{16}{9}\sqrt{3}$

Der Graph der Funktion $f(x) = \lvert x^3 - 4x \rvert$ mit $x \geq 0$ besitzt also einen (lokalen) Maximumpunkt $\text{Max}\left(\frac{2}{3}\sqrt{3};\ \frac{16}{9}\sqrt{3}\right)$ und einen (lokalen) Minimumpunkt Min(2; 0).

6.5.3 Krümmungsverhalten und Wendestellen

Funktionsgraphen können bei gleichem Monotonieverhalten unterschiedlich gekrümmt sein. So „durchfährt“ man in Richtung steigender x-Werte bei den Bildern ① und ③ eine **Rechtskurve** und bei den Bildern ② und ④ eine **Linkskurve.**

f ist monoton wachsend.	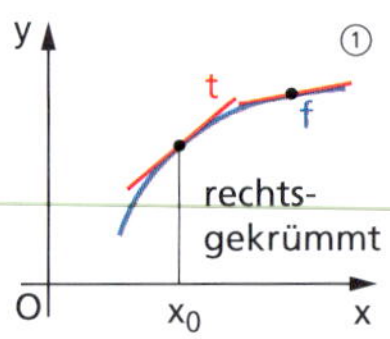	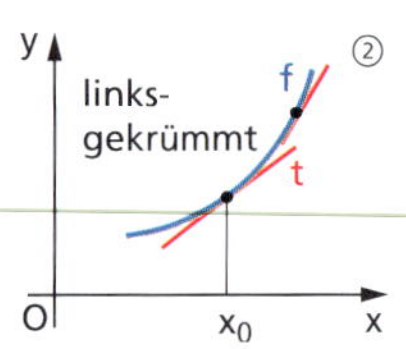
f ist monoton fallend.	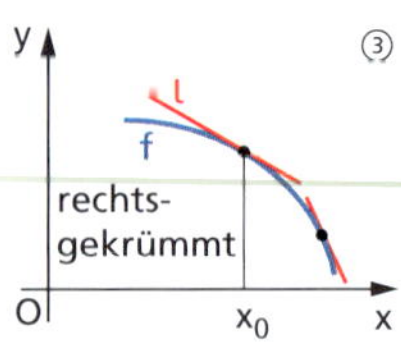	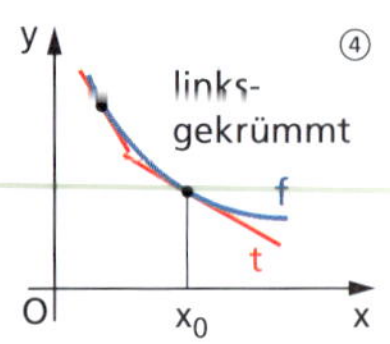

Tangenten in einer hinreichend kleinen Umgebung von x_0 liegen	**oberhalb** des Graphen.	**unterhalb** des Graphen.
Tangentensteigungen $f'(x_0)$ werden mit wachsendem x_0	**immer kleiner.**	**immer größer.**

Definition
Ist f eine im Intervall I differenzierbare Funktion und ist f' in I

streng monoton fallend,	streng monoton wachsend,

dann bezeichnet man den Graphen von f in I als

rechtsgekrümmt.	**linksgekrümmt.**

▶ Rechtsgekrümmte Kurven nennt man auch „konkav", linksgekrümmte Kurven „konvex".

Für die Analyse des Krümmungsverhaltens eines Funktionsgraphen nutzt man den Zusammenhang zwischen Monotonie und Ableitung einer Funktion.

- $f''(x) < 0$ ist hinreichend dafür, dass $f'(x)$ streng monoton fällt und f rechtsgekrümmt ist.
- $f''(x) > 0$ ist hinreichend dafür, dass $f'(x)$ streng monoton wächst und f deshalb linksgekrümmt ist.

Die Stellen, an denen der Graph sein Krümmungsverhalten ändert, nennt man **Wendestellen x_W** und die dazugehörigen Punkte **Wendepunkte $W(x_W;\ f(x_W))$.**
Wie die Abbildung zeigt, ändert die 1. Ableitung an der Wendestelle x_W ihr Monotonieverhalten, das heißt, sie besitzt an den Wendestellen ein lokales Extremum.

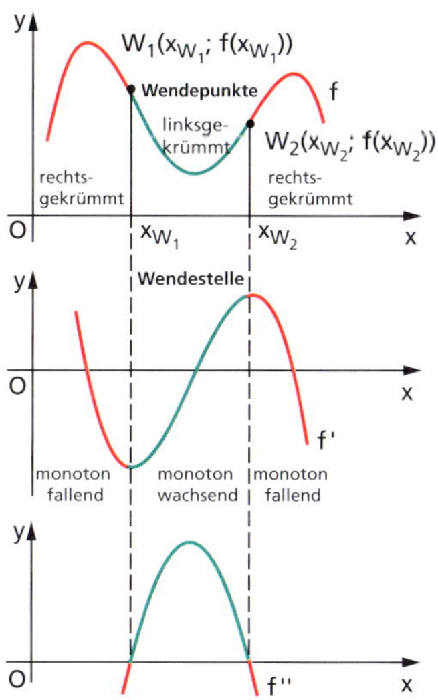

- Hat die 1. Ableitung f' in x_W ein lokales Minimum, so erfolgt beim Graphen von f der Wechsel von rechtsgekrümmt nach linksgekrümmt; tritt beim Graphen von f ein Wechsel von linksgekrümmt nach rechtsgekrümmt ein, so hat die 1. Ableitung f' in x_W ein lokales Maximum.
- Ändert der Graph von f an einer Stelle x_W sein Krümmungsverhalten, so wechselt die 2. Ableitung an dieser Stelle ihr Vorzeichen.

Definition Ist die Funktion f in D_f differenzierbar und besitzt f' an der Stelle $x_W \in D_f$ ein lokales Extremum, so nennt man **x_W Wendestelle** von f und $W(x_W;\ f(x_W))$ **Wendepunkt** des Graphen von f.

Satz Notwendige Bedingung für eine Wendestelle
Ist die Funktion f in ihrem Definitionsbereich D_f zweimal differenzierbar und $x_W \in D_f$ eine Wendestelle von f, so gilt: $f''(x_W) = 0$

Satz Hinreichende Bedingung für eine Wendestelle
Die Funktion f sei in D_f dreimal differenzierbar. Gilt für $x_W \in D_f$
$f''(x_W) = 0$ und $f'''(x_W) \neq 0$,
so hat die Funktion f an der Stelle x_W eine Wendestelle.

Diese Bedingung ist *hinreichend*, weil an der Stelle x_W mit Sicherheit ein Wendepunkt vorliegt, wenn die Bedingungen an dieser Stelle erfüllt sind. Diese Bedingung ist aber *nicht notwendig*, denn es kann ein Wendepunkt vorliegen, obwohl die dritte Ableitung an der betreffenden Stelle auch null wird.

- Die Potenzfunktion $f(x) = x^5$ hat an der Stelle $x_W = 0$ eine Wendestelle, aber für sie gilt:
$f(x) = x^5$; $f'(x) = 5x^4$; $f''(x) = 20x^3$; $f''(0) = 0$; $f'''(x) = 60x^2$; $f'''(0) = 0$

Also: Die erste von null verschiedene Ableitung an der Stelle x_W muss eine *ungerade* Ableitung sein.

Satz
Notwendige und hinreichende Bedingung für eine Wendestelle
Die Funktion f sei in D_f n-mal differenzierbar.
Gilt für $x_W \in D_f$, n ungerade und $n \geq 3$,
$f''(x_W) = f'''(x_W) = \ldots = f^{(n-1)}(x_W) = 0$ und $f^{(n)}(x_W) \neq 0$, so hat die Funktion an der Stelle x_W einen Wendepunkt. Gilt $f^{(n)}(x_W) > 0$, ist also $f'(x_W)$ lokales Minimum der 1. Ableitung, so wechselt f an der Wendestelle von rechtsgekrümmt zu linksgekrümmt.
Gilt $f^{(n)}(x_W) < 0$, ist also $f'(x_W)$ ein lokales Maximum, so wechselt f an der Wendestelle von linksgekrümmt zu rechtsgekrümmt.

Auf die Funktion $f(x) = x^5$ angewendet, ergibt sich:
$f^{(4)}(x) = 120x$; $f^{(4)}(0) = 0$; $f^{(5)}(x) = 120 \neq 0 \Rightarrow$ f hat in $x_W = 0$ eine Wendestelle.

Ein **Sattelpunkt** ist ein Wendepunkt mit einer waagerechten Wendetangente.

Die Funktion $f(x) = x^5$ zeigt auch, dass es Wendestellen x_W gibt, für die außerdem $f'(x_W) = 0$ gilt, wo also die Tangente an den Graphen von f parallel zur x-Achse verläuft. Man nennt solche Wendepunkte *Sattelpunkte*, *Terrassenpunkte* oder *Horizontalwendepunkte*.

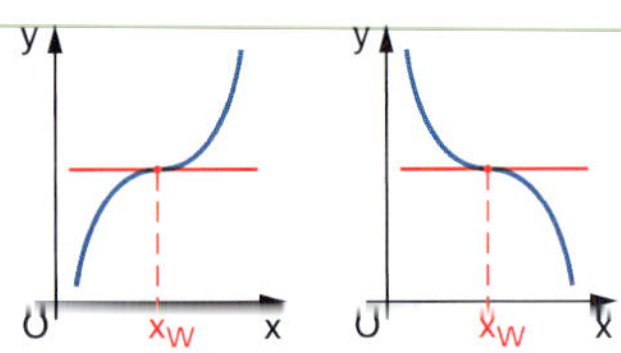

- Die Funktion $f(x) = x^4 - 6x^3 + 12x^2 - 8x + 1$ ist auf Wendepunkte zu untersuchen. Falls Wendepunkte existieren, sind auch die Gleichungen der Tangenten in den Wendepunkten zu ermitteln.

Diese **Wendetangenten** schneiden die Kurve im Wendepunkt und trennen somit Kurventeile mit unterschiedlichem Krümmungssinn.

- Bilden der ersten drei Ableitungen:
  $f'(x) = 4x^3 - 18x^2 + 24x - 8$; $f''(x) = 12x^2 - 36x + 24$;
  $f'''(x) = 24x - 36$
- Die Nullstellen der 2. Ableitung sind die vermutlichen Wendestellen: $12x^2 - 36x + 24 = 0$, also $x^2 - 3x + 2 = 0 \Rightarrow x_1 = 1,\ x_2 = 2$
- Prüfen, ob die 3. Ableitung an der Wendestelle ungleich 0 ist:
  $f'''(1) = -12 \neq 0,\ f'''(2) = 12 \neq 0,$
  $\Rightarrow W_1(1;\,0)$ und $W_2(2;\,1)$ sind Wendepunkte.
- Für die Steigung $m = f'(x_W)$ der Wendetangenten t_1 und t_2 an den Wendestellen x_W gilt:
  $m_1 = f'(1) = 2 \quad \Rightarrow t_1$ hat die Steigung 2.
  $m_2 = f'(2) = 0 \quad \Rightarrow t_2$ hat die Steigung 0.
  W_2 ist demnach ein Sattelpunkt (Horizontalwendepunkt).
- Mithilfe von $y = mx + n$ erhält man die Tangentengleichungen.
  t_1: Nach Einsetzen der Koordinaten des Wendepunktes W_1 in $y = 2x + n$ ergibt sich: $y = h(x) = 2x - 2$
  t_2: $y = g(x) = 1$

▶ Die Tangenten in den Wendepunkten heißen **Wendetangenten.**

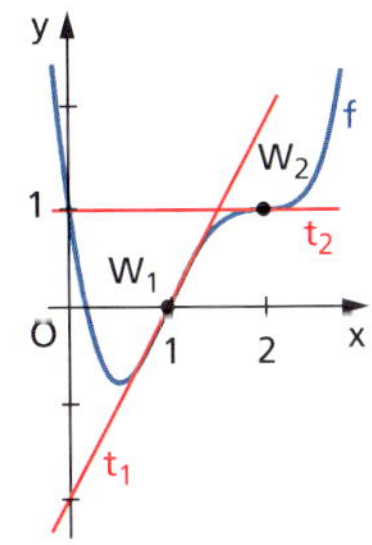

Die Funktionenschar $f_k(x) = \frac{1}{6k}x^3 - x^2 + \frac{3}{2}kx$ $(x \in \mathbb{R};\ k \in \mathbb{R};\ k \neq 0)$ soll auf Wendepunkte untersucht werden. Gegebenenfalls ist die Gleichung der **Ortskurve der Wendepunkte** aufzustellen.

- Bilden der ersten drei Ableitungen:
  $f_k'(x) = \frac{1}{2k}x^2 - 2x + \frac{3}{2}k \quad f_k''(x) = \frac{1}{k}x - 2 \quad f_k'''(x) = \frac{1}{k}$
- Berechnen der Nullstellen der 2. Ableitung:
  $0 = \frac{1}{k}x - 2 \Rightarrow x_W = 2k$
- Prüfen, ob die 3. Ableitung an der Wendestelle ungleich 0 ist:
  $f'''(2k) = \frac{1}{k} \neq 0 \Rightarrow x_W = 2k$ ist Wendestelle.
- Berechnen des Funktionswertes an der Wendestelle:
  $y = f_k(x) = \frac{1}{6k}(2k)^3 - (2k)^2 + \frac{3}{2}k(2k) = \frac{1}{3}k^2$
  $\Rightarrow W\left(2k;\ \frac{1}{3}k^2\right)$ ist Wendepunkt.
- Ermitteln der Ortskurve:
  Der Wendepunkt W hat die x-Koordinate $x = 2k$, woraus $k = \frac{1}{2}x$ folgt. Setzt man diesen Wert in die y-Koordinate von W ein, ergibt sich als Gleichung der Ortskurve der Wendepunkte:
  $y = \frac{1}{3}\left(\frac{1}{2}x\right)^2 = \frac{1}{12}x^2$

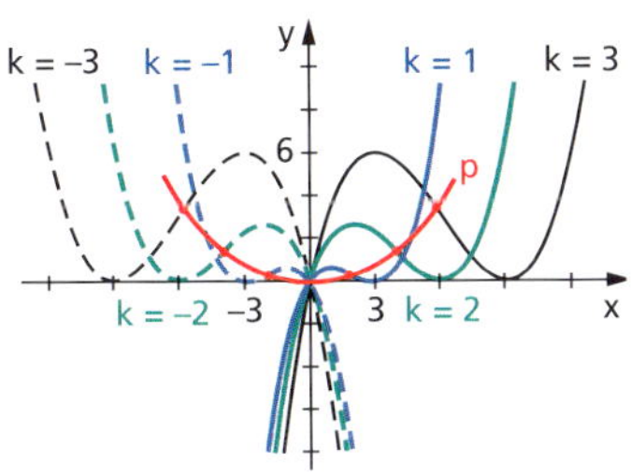

Man erhält die Gleichung der Ortskurve auch, wenn man $k = \frac{1}{2}x$ in die Ausgangsgleichung für f_k einsetzt:

$y = f_k(x) = \frac{1}{6 \cdot \frac{1}{2}x}x^3 - x^2 + \frac{3}{2} \cdot \frac{1}{2}x \cdot x = \frac{1}{12}x^2$

6

6.5.4 Verhalten im Unendlichen

Für die grafische Darstellung einer Funktion ist auch die Frage von Interesse, wie sich die Funktionswerte bei unbeschränkt wachsenden bzw. fallenden Argumenten verhalten, vorausgesetzt, der Definitionsbereich ist wenigstens nach einer Seite unbeschränkt. Man spricht vom Verhalten der Kurve im Unendlichen.

(1) *Ganzrationale* Funktionen

$f(x) = a_n x^n + a_{n-1} x^{n-1} + a_{n-2} x^{n-2} + \ldots + a_2 x^2 + a_1 x + a_0$
$(n \in \mathbb{N},\ a_n \neq 0)$

Nach Ausklammern der höchsten Potenz von x gilt

$$\lim_{x \to \pm\infty} x^n \left(a_n + \frac{a_{n-1}}{x} + \frac{a_{n-2}}{x^2} + \ldots + \frac{a_2}{x^{n-2}} + \frac{a_1}{x^{n-1}} + \frac{a_0}{x^n}\right) = a_n \cdot \lim_{x \to \pm\infty} x_n,$$

denn mit Ausnahme des ersten Gliedes besitzen alle anderen Summanden in der Klammer den Grenzwert 0. Für das Verhalten im Unendlichen sind also der Grenzwert $\lim\limits_{x \to \pm\infty} x_n$ und das Vorzeichen von a_n entscheidend. Die folgende Tabelle gibt einen systematischen Überblick über dieses Verhalten in Abhängigkeit von n und a_n:

$n \in \mathbb{N}$	gerade	gerade	ungerade	ungerade
$a_n \in \mathbb{R}$	$a_n > 0$	$a_n < 0$	$a_n > 0$	$a_n < 0$
$\lim\limits_{x \to -\infty} f(x)$	$+\infty$	$-\infty$	$-\infty$	$+\infty$
$\lim\limits_{x \to \infty} f(x)$	$+\infty$	$-\infty$	$+\infty$	$-\infty$
Beispiel	$f(x) = \frac{1}{2}x^2 - 2$	$g(x) = -1x^4 + 4x - 2$	$h(x) = \frac{1}{2}x^3 - 1$	$k(x) = -1x^3 + 4x$
	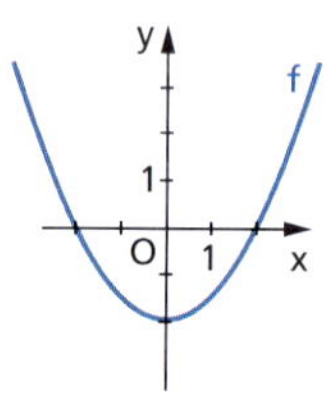	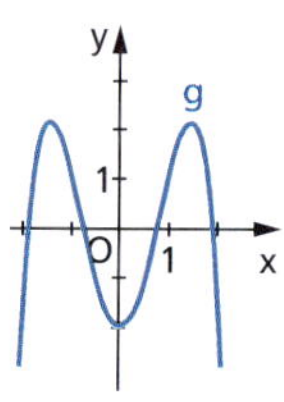	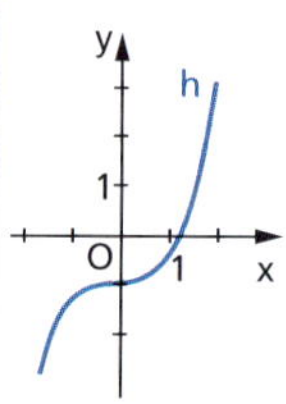	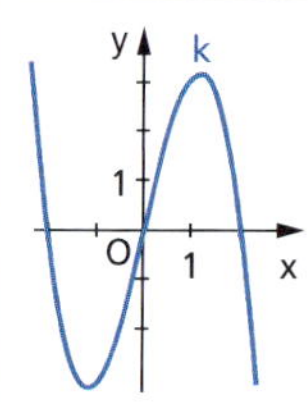

(2) Gebrochenrationale Funktionen

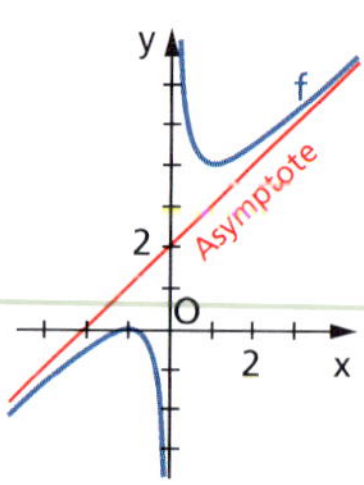

$$f(x) = \frac{u(x)}{v(x)} = \frac{a_n x^n + a_{n-1} x^{n-1} + \ldots + a_2 x^2 + a_1 x + a_0}{b_m x^m + b_{m-1} x^{m-1} + \ldots + b_2 x^2 + b_1 x + b_0} \quad (a_n \neq 0;\ b_m \neq 0)$$

Der Graph einer gebrochenrationalen Funktion nähert sich immer mehr einer bestimmten Geraden oder Kurve, ohne sie jedoch zu erreichen.

Man nennt eine Funktion g **Asymptote** von f, falls gilt:

$\lim\limits_{x \to \infty} |f(x) - g(x)| = 0$ bzw. $\lim\limits_{x \to -\infty} |f(x) - g(x)| = 0$ Der Graph von g kann eine Gerade sein, als Spezialfall eine Parallele zur x-Achse (y = c) oder die x-Achse selbst (y = 0) oder auch eine Kurve (z. B. Parabel).

In Abhängigkeit vom Grad n des Zählerpolynoms und vom Grad m des Nennerpolynoms sind bei der Grenzwertbetrachtung folgende drei Fälle zu unterscheiden:

n < m

Es gilt: $\lim\limits_{x \to \pm\infty} f(x) = 0$

Der Graph der Funktion nähert sich der Geraden y = 0, die x-Achse ist Asymptote.

$f(x) = \frac{x}{x^2 + 1}$.

$$\lim_{x \to \pm\infty} \frac{x}{x^2 + 1} = \lim_{x \to \pm\infty} \frac{x^2\left(\frac{1}{x}\right)}{x^2\left(1 + \frac{1}{x^2}\right)} = 0$$

Die Gleichung der Asymptote ist y = 0.

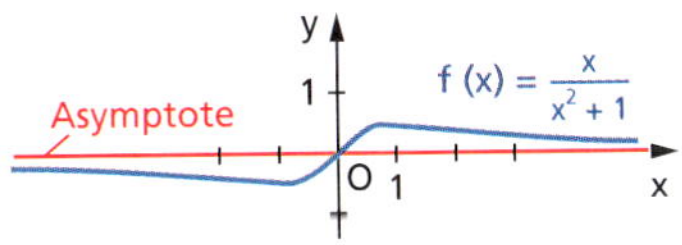

n = m

Es gilt: $\lim\limits_{x \to \pm\infty} f(x) = \frac{a_n}{b_m}$

Die Gerade mit der Gleichung $y = \frac{a_n}{b_m}$ ist Asymptote des Graphen von f.

$h(x) = \frac{2x^2 + 4}{x^2 + 1}$

$$\lim_{x \to \pm\infty} \frac{2x^2 + 4}{x^2 + 1} = \lim_{x \to \pm\infty} \frac{x^2\left(2 + \frac{4}{x^2}\right)}{x^2\left(1 + \frac{1}{x^2}\right)} = 2$$

Die Gerade mit der Gleichung y = 2 ist Asymptote des Graphen von h.

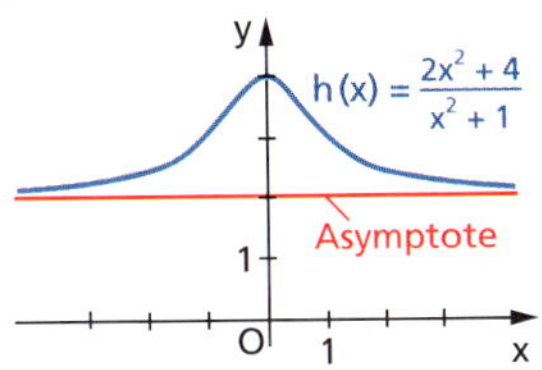

n > m

Es gilt: $\lim\limits_{x \to \pm\infty} f(x) = \pm\infty$ oder $\mp\infty$ oder $+\infty$ oder $-\infty$

Der Funktionsterm kann durch Ausführen der Division in einen ganzrationalen Anteil g(x) und in einen echt gebrochenrationalen Anteil e(x) zerlegt werden. Es gilt also f(x) = g(x) + e(x), wobei, $\lim\limits_{x \to \pm\infty} |f(x) - g(x)| = 0$ ist und y = g(x) die Grenzkurve darstellt.

$k(x) = \frac{x^3 + 1}{x^2 + 1}$

$$\lim_{x \to \pm\infty} \frac{x^3 + 1}{x^2 + 1} = \lim_{x \to \pm\infty} \frac{x^2\left(x + \frac{1}{x^2}\right)}{x^2\left(1 + \frac{1}{x^2}\right)} = \pm\infty$$

Die Division $(x^3 + 1) : (x^2 + 1)$ liefert $x + \frac{1 - x}{x^2 + 1}$, also ist die Gerade mit der Gleichung y = x Asymptote des Graphen von k.

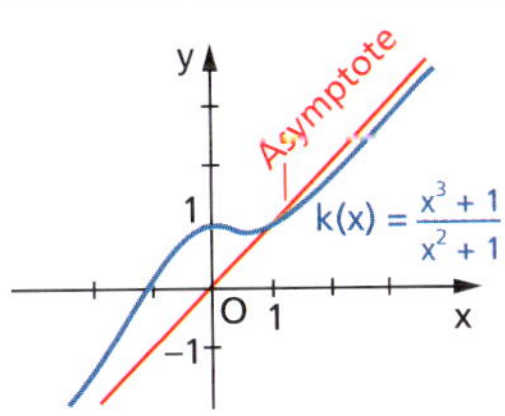

Die Funktion $f(x) = \frac{x^4 + 1}{x^2}$ besitzt die Asymptote $y = x^2$, denn nach Division $(x^4 + 1) : x^2 = x^2 + \frac{1}{x^2}$ erhält man den ganzrationalen Anteil x^2. Der gebrochenrationale Rest $\frac{1}{x^2}$ stellt eine gute Näherung des Funktionsgraphen von f für $x \to 0$ dar.

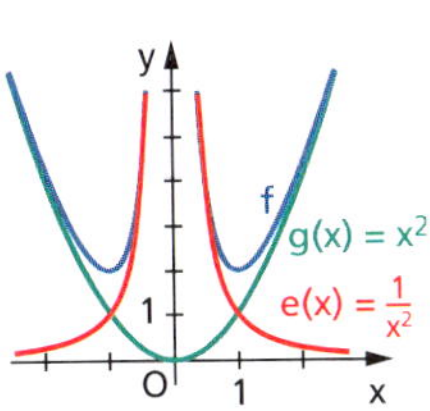

(3) *Nichtrationale* Funktionen

Für Grenzwertbetrachtungen zum Verhalten im Unendlichen bei nichtrationalen Funktionen lässt sich keine einheitliche Vorgehensweise angeben. Man hilft sich mit inhaltlichen Überlegungen, mit Umformen des Funktionsterms und der Regel von de l'Hospital.

Für folgende Funktionen ist das Verhalten im Unendlichen zu ermitteln:

a) $f(x) = \sqrt{\frac{3x}{x-2}}$; D_f: $x \in \mathbb{R}$, $x > 2$

$\lim\limits_{x \to \infty} f(x) = \sqrt{\frac{3x}{x-2}} = \lim\limits_{x \to \infty} \sqrt{\frac{3}{1 - \frac{2}{x}}} = \sqrt{3}$,

also ist $y = \sqrt{3}$ Asymptote.

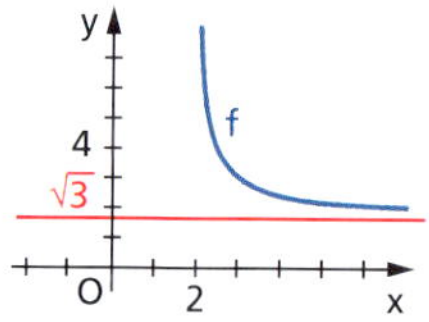

b) $f(x) = \frac{x}{e^x}$;

$\lim\limits_{x \to -\infty} f(x) = \lim\limits_{x \to -\infty} x \cdot e^{-x} = -\infty$

Die Untersuchung für $x \to +\infty$ erfolgt mithilfe der Regel von de l'Hospital:

$\lim\limits_{x \to +\infty} f(x) = \lim\limits_{x \to +\infty} \frac{x}{e^x} = \lim\limits_{x \to +\infty} \frac{1}{e^x} = 0$

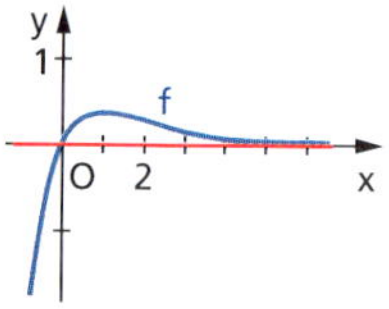

c) $f(x) = \frac{x^2}{e^x}$; $\lim\limits_{x \to -\infty} f(x) = \infty$

Für $x \to +\infty$ ist die Regel von de l'Hospital zweimal anzuwenden:

$\lim\limits_{x \to +\infty} \frac{x^2}{e^x} = \lim\limits_{x \to +\infty} \frac{2x}{e^x} = \lim\limits_{x \to +\infty} \frac{2}{e^x} = 0$

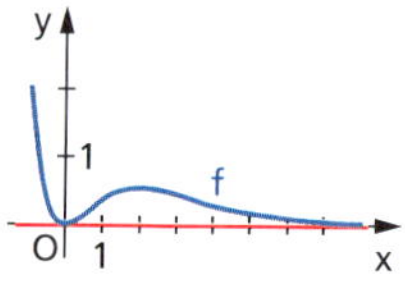

6.5.5 Unstetigkeitsstellen

Für den Graphen einer Funktion ist es von Bedeutung, ob die Funktion im betrachteten Intervall stetig ist und ihr Graph folglich „in einem Zug" gezeichnet werden kann. Während ganzrationale Funktionen über ganz $\mathbb{R}$ stetig sind, weisen gebrochenrationale und nichtrationale Funktionen sowie bestimmte abschnittsweise definierte Funktionen häufig Unstetigkeitsstellen auf.

Eine Stelle x_0 nennt man *Unstetigkeitsstelle* einer Funktion f (wobei f zumindest in einer Umgebung von x_0 definiert sei), wenn f in x_0 nicht definiert ist oder f zwar in x_0 definiert, aber dort nicht stetig ist.

Dabei unterscheidet man zwischen Polstellen, endlichen Sprungstellen und Lücken (↗ Abschnitt 5.4).

Polstellen

Die Gerade $x = x_0$, an die sich der Graph der Funktion f in unmittelbarer Umgebung von x_0 „anschmiegt", heißt **Polasymptote**.

Gebrochenrationale Funktionen $f(x) = \frac{u(x)}{v(x)}$ sind an den Stellen x_0 nicht definiert, an denen die Nennerfunktion v den Wert 0 annimmt. An diesen Stellen besitzt f eine **Definitionslücke**.

Ist zusätzlich $u(x_0) \neq 0$, so nennt man x_0 eine **Polstelle** von f (↗ Abschnitt 3.6.5). Es gilt: $\lim\limits_{x \to x_0} |f(x)| = \infty$

Es ist das Verhalten der Funktion $f(x) = \frac{1}{x-2}$ in der Umgebung ihrer Polstelle zu untersuchen.

Polstelle ist $x_0 = 2$, denn $v(2) = 0$ und $u(2) \neq 0$.

(1) Bei Annäherung von links an die Polstelle $x_0 = 2$ erhält man:

x	$f(x) = \frac{1}{x-2}$
1,9	$\frac{1}{-0{,}1} = 10$
1,99	$\frac{1}{-0{,}01} = 100$
1,999	$\frac{1}{-0{,}001} = 1000$
1,9999	$\frac{1}{-0{,}0001} = 10\,000$
… → 2	Vermutung: $f(x) \to -\infty$

Beweis:

$(x_n) = (2 - h_n)$ mit $\lim\limits_{n \to \infty} h_n = 0$ und $h_n > 0$;

$$\lim_{\substack{x \to 2 \\ x < 2}} \frac{1}{x-2} = \lim_{n \to \infty} \frac{1}{2 - h_n - 2} = \lim_{n \to \infty} \frac{1}{-h_n} = -\infty$$

(2) Bei Annäherung von rechts an die Polstelle $x_0 = 2$ erhält man:

x	$f(x) = \frac{1}{x-2}$
2,1	$\frac{1}{0{,}1} = 10$
2,01	$\frac{1}{0{,}01} = 100$
2,001	$\frac{1}{0{,}001} = 1000$
2,0001	$\frac{1}{0{,}0001} = 10\,000$
… → 2	Vermutung: $f(x) \to +\infty$

Beweis mithilfe einer von rechts gegen 2 konvergierenden Folge:

$(x_n) = (2 + h_n)$ mit $\lim\limits_{n \to \infty} h_n = 0$ und $h_n > 0$;

$$\lim_{\substack{x \to 2 \\ x > 2}} \frac{1}{x-2} = \lim_{n \to \infty} \frac{1}{2 + h_n - 2} = \lim_{n \to \infty} \frac{1}{h_n} = \infty$$

Das Verhalten einer Funktion in einer hinreichend kleinen Umgebung ihrer Polstellen kann mithilfe des links- und rechtsseitigen Grenzwerts von f für $x \to x_0$ ermittelt werden.

Zum Beweis definiert man eine von links gegen 2 konvergierende Folge und berechnet den zugehörigen Grenzwert der Funktionswerte.

Anhand des obigen Beispiels lassen sich folgende typische Annäherungen einer gebrochenrationalen Funktion an eine Polstelle unterscheiden:

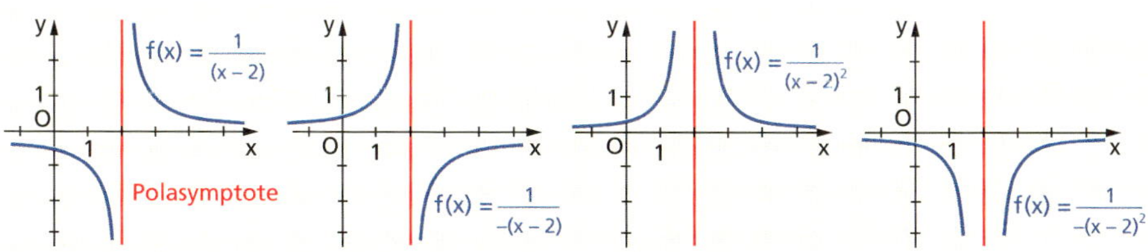

Sprünge

Eine Funktion hat an einer Stelle x_0 eine „endliche Sprungstelle", wenn bei der Annäherung an x_0 die links- bzw. rechtsseitigen Grenzwerte der Funktionswerte endliche Werte annehmen, aber nicht übereinstimmen.

Man untersuche das Verhalten der Funktion $f(x) = \frac{u(x)}{v(x)} = \frac{x}{|x|}$ an der Stelle $x_0 = 0$.
Für $x_0 = 0$ gilt: $u(x_0) = v(x_0) = 0$
Somit ist die Funktion f an der Stelle $x_0 = 0$ nicht definiert. Für die Umgebung der Unstetigkeitsstelle gilt:

$$\lim_{\substack{x \to 0 \\ x < 0}} \frac{x}{|x|} = \lim_{\substack{x \to 0 \\ x < 0}} \frac{x}{-x} = -1$$

$$\lim_{\substack{x \to 0 \\ x > 0}} \frac{x}{|x|} = \lim_{\substack{x \to 0 \\ x > 0}} \frac{x}{x} = 1$$

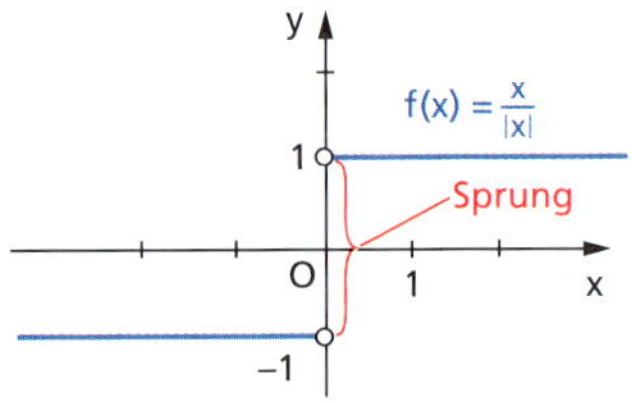

Folglich befindet sich an der Stelle $x_0 = 0$ eine endliche Sprungstelle.

Polstellen und Sprünge gehören zu den nicht hebbaren Unstetigkeitsstellen.

Lücken

Sind bei einer gebrochenrationalen Funktion $f(x) = \frac{u(x)}{v(x)}$ an einer Stelle x_0 sowohl die Zähler- als auch die Nennerfunktion gleich 0, so liegt ebenfalls eine **Definitionslücke** vor. Der Funktionsgraph mündet in diesem Fall an der Stelle x_0 von links und von rechts in ein „Loch". In einem solchen Fall können die Zähler- und die Nennerfunktion jeweils in ein Produkt aus dem Faktor $(x - x_0)^n$ (wenn x_0 eine genau n-fache Nullstelle von u und v ist) und einer Restfunktion $u_1(x)$ bzw. $v_1(x)$ zerlegt werden. Es gilt: $f(x) = \frac{u(x)}{v(x)} = \frac{(x - x_0)^n \cdot u_1(x)}{(x - x_0)^n \cdot v_1(x)}$ $(n \in \mathbb{N}, n \geq 1)$, woraus man für $x \neq x_0$ durch Kürzen eine neue Funktion $f^*(x) = \frac{u_1(x)}{v_1(x)}$ mit $v_1(x_0) \neq 0$ erhält.
Der Graph von f ist mit dem von f* identisch – mit Ausnahme der Stelle x_0, wo der Graph von f eine Lücke aufweist. Die Stelle x_0 wird in diesem Falle **hebbare Definitionslücke** oder hebbare **Unstetigkeitsstelle** von f genannt. Definiert man $f(x_0)$ als $f^*(x_0)$, so wird die Lücke gleichsam „geschlossen", die Funktion f wird **stetig ergänzt.**

Die Funktion $f(x) = \frac{x^3 + 2x^2 - 4x - 8}{x^2 + 4x + 4} = \frac{(x-2)(x+2)^2}{(x+2)^2}$ ist an der Stelle $x_0 = -2$ nicht definiert. Sie ist an dieser Stelle unstetig. Durch Kürzen des Funktionsterms erhält man für $x \neq -2$ die Funktion $f^*(x) = x - 2$.
Da für die Umgebung der Lücke $x_0 = -2$ der Grenzwert

$$\lim_{x \to -2} f(x) = \lim_{x \to -2} (x - 2) = -4$$

existiert, ist es sinnvoll, den fehlenden Funktionswert durch diesen Grenzwert zu ersetzen. Mit $f(-2) = -4$ ist die Lücke geschlossen und die so ergänzte Funktion ist stetig.

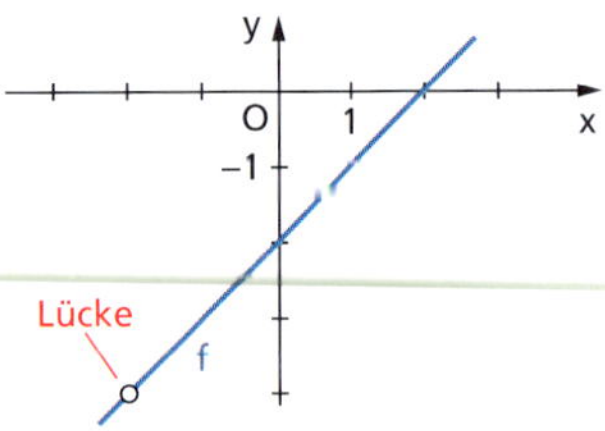

6.5.6 Beispiele für Funktionsuntersuchungen

Das Ermitteln der charakteristischen Stellen und das Auffinden der typischen Eigenschaften einer durch eine Gleichung gegebenen Funktion wird auch als Kurvendiskussion bezeichnet. Meist dienen die gefundenen Merkmale dazu, die Funktion anschließend grafisch darzustellen.
Eine ausführliche Diskussion einer Funktion bzw. ihres Graphen sollte in der Regel in folgender Weise vorgenommen werden:

▶ Mithilfe eines Funktionenplotters oder eines grafikfähigen Taschenrechners (↗ Kapitel 15) ist man in der Lage, den Funktionsgraphen auch ohne Kurvendiskussion zu zeichnen.

(1) Bestimmen des (größtmöglichen) Definitionsbereiches,
(2) Untersuchen auf Symmetrieeigenschaften,
(3) Untersuchen des Verhaltens im Unendlichen,
(4) Untersuchen auf Stetigkeit/Unstetigkeit,
(5) Bestimmen der Nullstellen,
(6) Ermitteln der Schnittpunkte mit der y-Achse,
(7) Berechnen der lokalen Extrempunkte,
(8) Ermitteln der Wendepunkte, ggf. auch der Wendetangenten,
(9) Zeichnen des Graphen.

Ein lückenloses Abarbeiten aller neun Kriterien ist nicht immer notwendig.

Vollständige Diskussion einer ganzrationalen Funktion	
Allgemeiner Fall: $f(x) = a_n x^n + a_{n-1} x^{n-1} + \ldots + a_1 x + a_0$ Ableitungen: $f'(x) = n \cdot a_n x^{n-1} + (n-1)a_{n-1} x^{n-2} + \ldots + a_1$ usw.	Spezielles Beispiel: $f(x) = x^4 - 2x^2 + 1$ Ableitungen: $f'(x) = 4x^3 - 4x$; $f''(x) = 12x^2 - 4$; $f'''(x) = 24x$
(1) Definitionsbereich: $D_f = \mathbb{R}$	$D_f = \mathbb{R}$
(2) Symmetrieeigenschaften: Gilt $f(x) = f(-x)$ für alle $x \in D_f$, so ist f achsensymmetrisch zur y-Achse. Gilt $f(-x) = -f(x)$ für alle $x \in D_f$, so ist f punktsymmetrisch zu P(0; 0).	$f(-x) = (-x)^4 - 2(-x)^2 + 1$ $= x^4 - 2x^2 + 1 = f(x)$ f ist eine gerade Funktion. Der Graph von f ist symmetrisch zur y-Achse.
(3) Verhalten im Unendlichen: Wir untersuchen $\lim\limits_{x \to \pm\infty} f(x)$.	$\lim\limits_{x \to \pm\infty} (x^4 - 2x^2 + 1) = +\infty$
(4) Stetigkeit/Unstetigkeit: Ganzrationale Funktionen sind in $D_f = \mathbb{R}$ stetig.	
(5) Nullstellen: Wir ermitteln die Lösungen x_0 der Gleichung $f(x_0) = 0$. Die Schnittpunkte mit der x-Achse sind dann $P_x(x_0; 0)$.	$x^4 - 2x^2 + 1 = 0$ Substitution $u = x^2$ liefert $u^2 - 2u + 1 = 0$ mit der Lösung $u_{1;2} = 1$. Also: $x^2 = 1$ und damit $x_1 = 1$, $x_2 = -1$. f hat die Nullstellen $x_1 = 1$, $x_2 = -1$. Die Schnittpunkte mit der x-Achse sind $P_1(1; 0)$ und $P_2(-1; 0)$.

(6) Schnittpunkte mit der y-Achse: Wir bestimmen $y_s = f(0)$. Dann ist $P_y(0;\, y_s)$ der Schnittpunkt mit der y-Achse.	$f(0) = 0^4 - 2\cdot 0^2 + 1 = 1$ Schnittpunkt mit der y-Achse: $P_3(0;\, 1)$
(7) Lokale Extremstellen: a) Es ist die Gleichung $f'(x) = 0$ zu lösen. b) Ist x_E Lösung, dann berechnet man $f''(x_E)$. c) Entscheidung: $f''(x_E) < 0$: x_E ist Maximumstelle. $f''(x_E) > 0$: x_E ist Minimumstelle. $f''(x_E) = 0$: Entscheidung über VZW-Kriterium oder höhere Ableitungen oder Monotonieverhalten von f.	a) $4x^3 - 4x = 0$, also $x\cdot(4x^2 - 4) = 0$ und damit $x_4 = 0$ sowie wegen $4x^2 - 4 = 0$ $x^2 = 1$, also $x_5 = 1$, $x_6 = -1$. b), c) $f''(0) = -4 < 0 \Rightarrow x^4 = 0$ ist Maximumstelle. $f''(1) = 8 > 0 \Rightarrow x^5 = 1$ ist Minimumstelle, wegen Symmetrie auch x_6. $P_3(0;\, 1) = P_4(0;\, 1)$ ist Maximumpunkt. Da P_5 und P_1 bzw. P_6 und P_2 übereinstimmen, liegen die Minimumpunkte $P_5(1;\, 0)$ und $P_6(-1;\, 0)$ auf der x-Achse.
(8) Wendepunkte: a) Es ist die Gleichung $f''(x) = 0$ zu lösen. b) Ist x_W Lösung, dann Berechnung von $f'''(x_W)$. c) Entscheidung: $f'''(x_W) \neq 0$: x_W ist Wendestelle. $f'''(x_W) = 0$: Entscheidung über VZW-Kriterium oder höhere Ableitungen oder Monotonieverhalten von f' **Wendetangenten:** a) Steigung der Wendetangente: $m = f'(x_W)$ b) Gleichung der Wendetangente: $m = \frac{y - y_W}{x - x_W}$	a) $12x^2 - 4 = 0$, also $x^2 - \frac{1}{3} = 0$ und damit: $x_7 = \sqrt{\frac{1}{3}} = \frac{1}{3}\sqrt{3}$, $x_8 = -\sqrt{\frac{1}{3}} = -\frac{1}{3}\sqrt{3}$ b), c) $f'''\left(\frac{1}{3}\sqrt{3}\right), = 8\sqrt{3} \neq 0$, d. h., $x_7 = \frac{1}{3}\sqrt{3}$ ist Wendestelle und wegen Symmetrie auch x_8. $P_7\left(\frac{1}{3}\sqrt{3};\, \frac{4}{9}\right)$ und $P_8\left(-\frac{1}{3}\sqrt{3};\, \frac{4}{9}\right)$ sind Wendepunkte. a) $m_7 = f'\left(\frac{1}{3}\sqrt{3}\right) = 4\cdot\left(\frac{1}{3}\sqrt{3}\right)^3 - 4\cdot\left(\frac{1}{3}\sqrt{3}\right)$ $= -\frac{8}{9}\sqrt{3}$ $m_8 = f'\left(-\frac{1}{3}\sqrt{3}\right) = 4\cdot\left(-\frac{1}{3}\sqrt{3}\right)^3 - 4\cdot\left(-\frac{1}{3}\sqrt{3}\right)^3$ $= \frac{8}{9}\sqrt{3}$ b) t_7: $-\frac{8}{9}\sqrt{3} = \frac{y - \frac{4}{9}}{x - \frac{1}{3}\sqrt{3}}$; t_8: $\frac{8}{9}\sqrt{3} = \frac{y - \frac{4}{9}}{x + \frac{1}{3}\sqrt{3}}$ $y = -\frac{8}{9}\sqrt{3}x + \frac{4}{3}$ und $y = \frac{8}{9}\sqrt{3}x + \frac{4}{3}$ sind die Gleichungen der Wendetangenten.
(9) Graph:	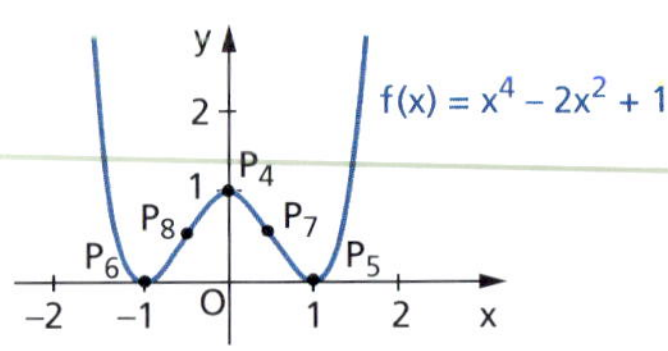

Vollständige Diskussion einer gebrochenrationalen Funktion

Allgemeiner Fall:	Spezielles Beispiel:
$f(x) = \frac{u(x)}{v(x)}$ $= \frac{a_n x^n + a_{n-1} x^{n-1} + \ldots + a_1 x + a_0}{b_m x^m + b_{m-1} x^{m-1} + \ldots + b_1 x + b_0}$	$f(x) = \frac{2x-1}{x^2}$ Ableitungen (nach Quotientenregel): $f'(x) = \frac{2-2x}{x^3}$; $f''(x) = \frac{4x-6}{x^4}$; $f'''(x) = \frac{24-12x}{x^5}$
(1) Definitionsbereich: $D_f = \mathbb{R} \setminus \{x \mid v(x) = 0\}$	$D_f = \mathbb{R} \setminus \{0\}$
(2) Symmetrieeigenschaften: Gilt $f(x) = f(-x)$ für alle $x \in D_f$, so ist f achsensymmetrisch zur y-Achse. Gilt $f(-x) = -f(x)$ für alle $x \in D_f$, so ist f punktsymmetrisch zu P(0; 0).	$f(-x) = \frac{-2x-1}{(-x)^2} = \frac{-2x-1}{x^2} \neq f(x)$; $f(-x) \neq -f(x)$ Es liegt keine Symmetrie vor.
(3) Verhalten im Unendlichen: Zu untersuchen ist $\lim\limits_{x \to \pm\infty} f(x)$. Für $n < m$ ist $y = 0$ die Gleichung der Asymptote. Für $n = m$ ist $y = \frac{a_n}{b_n}$ die Gleichung der Asymptote. Für $n > m$ ist $f(x) = g(x) + e(x)$ und der Graph von g ist Asymptote.	$\lim\limits_{x \to \pm\infty} \frac{2x-1}{x^2} = \lim\limits_{x \to \pm\infty} \frac{x^2\left(\frac{2}{x} - \frac{1}{x^2}\right)}{x^2} = 0$ Da $n < m$, ist $y = 0$ Asymptote.
(4) Stetigkeit / Unstetigkeit: f(x) hat an der Stelle x_0 eine Polstelle, wenn $v(x_0) = 0$ und $u(x_0) \neq 0$.	Nur für $x_1 = 0$ ist $v(x_1) = 0$ und $u(x_1) \neq 0$. $x_1 = 0$ ist Polstelle.
(5) Nullstellen: Lösungen x_0 der Gleichung $u(x) = 0$, wenn $v(x_0) \neq 0$.	$\frac{2x-1}{x^2} = 0$, also $2x - 1 = 0$ und $x_2 = \frac{1}{2}$; x_2 ist Nullstelle, weil $v\left(\frac{1}{2}\right) = \frac{1}{4} \neq 0$. $P_2\left(\frac{1}{2}; 0\right)$ ist Schnittpunkt mit der x-Achse.
(6) Schnittpunkte mit der y-Achse: $y_s = f(0)$ Schnittpunkt mit der y-Achse: $P_y(0; y_s)$	$x = 0$ gehört nicht zu D_f. Das bedeutet: Der Graph von f hat keinen Schnittpunkt mit der y-Achse.
(7) Lokale Extremstellen: a) Lösen der Gleichung $f'(x) = 0$, d.h., Zähler von f' muss 0 und Nenner von f' muss ungleich 0 sein. b) Ist x_E Lösung, dann berechnet man $f''(x_E)$. c) Entscheidung: $f''(x_E) < 0$: x_E ist Maximumstelle. $f''(x_E) > 0$: x_E ist Minimumstelle. $f''(x_E) = 0$: Entscheidung über VZW-Kriterium, höhere Ableitungen oder Monotonieverhalten von f	a) $\frac{2-2x}{x^3} = 0$, also $2x = 2$ und $x_3 = 1$. b) $f''(1) = -2$ c) $f''(1) = -2 < 0$ $\Rightarrow$ $x_3 = 1$ ist Maximumstelle und $P_3(1; 1)$ Maximumpunkt.

(8) Wendepunkte: a) Lösen der Gleichung $f''(x) = 0$ (Zähler = 0, Nenner $\neq$ 0) b) Ist x_W Lösung, dann Berechnung von $f'''(x_W)$. c) Entscheidung: $f'''(x_W) \neq 0$: x_W ist Wendestelle $f'''(x_W) = 0$: Entscheidung über VZW-Kriterium, höhere Ableitungen oder Monotonieverhalten von f'	a) $\frac{4x-6}{x^4} = 0$, also $4x = 6$ und $x_4 = \frac{3}{2}$. b) $f'''\left(\frac{3}{2}\right) = \frac{24-18}{3^5} \cdot 2^5 = \frac{6 \cdot 2^5}{3^5} \approx 0{,}79$ c) $f'''\left(\frac{3}{2}\right) \neq 0 \quad \Rightarrow x_4 =$ ist Wendestelle und $P_4\left(\frac{3}{2}; \frac{8}{9}\right)$ ist Wendepunkt.
Wendetangenten: a) Steigung: $m = f'(x_W)$ b) Gleichung: $m = \frac{y - y_W}{x - x_W}$	a) $m = f'\left(\frac{3}{2}\right) = \frac{2 - \frac{6}{2}}{\frac{27}{8}} = \frac{-1}{\frac{27}{8}} = -\frac{8}{27}$ b) $-\frac{8}{27} = \frac{y - \frac{8}{9}}{x - \frac{3}{2}}$, also $-\frac{8}{27}x + \frac{4}{9} = y - \frac{8}{9}$. Tangentengleichung: $y = -\frac{8}{27}x + \frac{4}{3}$
(9) Graph:	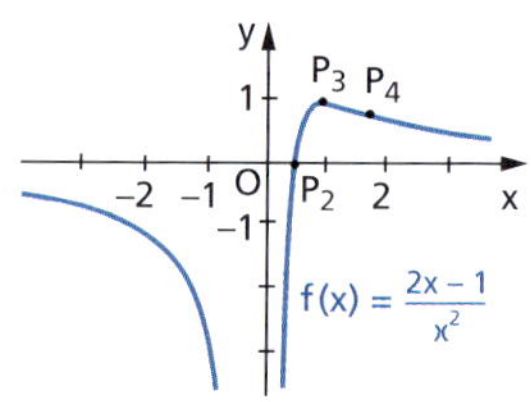

Diskussion einer nichtrationalen Funktion

	Spezielles Beispiel: $f(x) = \frac{x-1}{e^x}$ Ableitungen: $f'(x) = \frac{2-x}{e^x}$, $f''(x) = \frac{x-3}{e^x}$, $f'''(x) = \frac{4-x}{e^x}$
(1) Definitionsbereich:	Wegen $e^x \neq 0$ für alle $x \in \mathbb{R}$ gilt: $D_f = \mathbb{R}$
(2) Symmetrieeigenschaften:	$f(-x) = \frac{-x-1}{e^{-x}} \neq f(x)$; $f(-x) \neq -f(x)$: Es liegt keine Symmetrie vor.
(3) Verhalten im Unendlichen:	$\lim\limits_{x \to \infty} \frac{x-1}{e^x} = 0$ (Regel von de l'Hospital) $\lim\limits_{x \to -\infty} \frac{x-1}{e^x} = -\infty$, denn für negative x ist $x - 1 < 0$, jedoch $e^x > 0$.
(4) Stetigkeit/Unstetigkeit:	Wegen $e^x \neq 0$ gibt es keine Unstetigkeitsstellen.
(5) Nullstellen:	Da $e^x \neq 0$ für alle $x \in \mathbb{R}$ und $x - 1 = 0$ für $x_1 = 1$, ist x_1 eine Nullstelle von f und $P_1(1; 0)$ der Schnittpunkt mit der x-Achse.

(6) Schnittpunkte mit der y-Achse:	$f(0) = \frac{-1}{e^x} = -1$; $P_2(0; -1)$ ist Schnittpunkt mit der y-Achse.
(7) Lokale Extremstellen:	$\frac{2-x}{e^x} = 0$, also $x_3 = 2$; $f''(2) = \frac{2-3}{e^2} = \frac{-1}{e^2} < 0 \Rightarrow x_3 = 2$ ist Maximumstelle und $P_3\left(2; \frac{1}{e^2} \approx 0{,}14\right)$ Maximumpunkt.
(8) Wendepunkte:	a) $\frac{x-3}{e^x} = 0$, also $x_4 = 3$. b) $f'''(3) = \frac{4-3}{e^3} = \frac{1}{e^3} \neq 0 \Rightarrow x_4 = 3$ ist Wendestelle und $P_4\left(3; \frac{2}{e^3} \approx 0{,}1\right)$ Wendepunkt.
Wendetangenten:	a) $f'(3) = \frac{2-3}{e^2} = \frac{1}{e^2} \approx -0{,}05$ b) $-0{,}05 = \frac{y-0{,}1}{x-3} \Rightarrow -0{,}05x + 0{,}15 = y - 0{,}1$ $y = -0{,}05x + 0{,}25$ ist die Gleichung der Wendetangente.

(9) Graph:
(Darstellung im Intervall $0{,}5 \leq x \leq 5$)

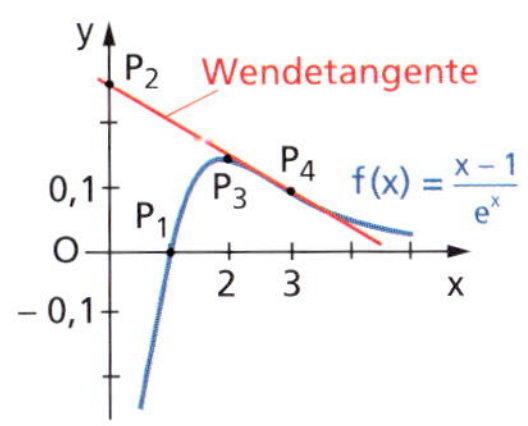

Diskussion einer Funktionenschar

Bei der Diskussion einer Funktionenschar wird die Fragestellung gewöhnlich erweitert, z. B. nach der Kurve, auf der alle Extrempunkte bzw. Wendepunkte der Kurvenschar liegen, oder danach, für welchen Wert des Parameters die Steigung der Kurve in der Nullstelle am größten ist.

Gegeben ist die Funktionenschar mit der Funktionsgleichung
$f_t(x) = x^3 - 6t^2x \quad (t \in \mathbb{R}, t \geq 0)$.

a) Die Funktionen sind auf Nullstellen, lokale Extrema und Wendepunkte zu untersuchen.
b) Es ist die Gleichung der Kurve zu ermitteln, auf der die lokalen Extrempunkte der Graphen aller Funktionen der Schar liegen.
c) Es ist der Wert t_i für den Scharparameter t zu ermitteln, sodass der Graph der Funktion mit
   - $t = t_1$ durch den Punkt A(2; 2) verläuft;
   - $t = t_2$ eine Wendetangente mit der Gleichung $y = -x$ besitzt;
   - $t = t_3$ die positive Abszissenachse unter einem Winkel von 45° schneidet.

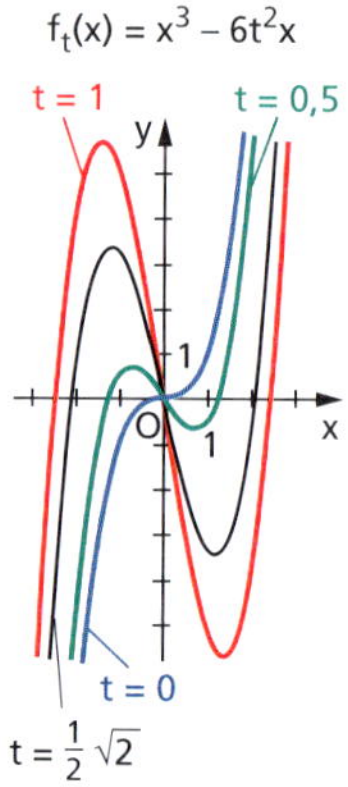

Zu a)

- Berechnung der Nullstellen:

  $f_t(x) = x^3 - 6t^2x = x(x^2 - 6t^2) = 0,$

  also: $x_1 = 0,\ x_2 = -\sqrt{6}\,t,\ x_3 = +\sqrt{6}\,t$

- Berechnung der lokalen Extrempunkte:

  $f_t'(x) = 3x^2 - 6t^2;\ f_t''(x) = 6x;\ f_t'''(x) = 6 \neq 0$

  $f_t'(x) = 0 \Rightarrow 3x^2 - 6t^2 = 0,$ also: $x_4 = \sqrt{2}\,t,\ x_5 = -\sqrt{2}\,t$

  $f_t''(\sqrt{2}\,t) = 6 \cdot \sqrt{2}\,t > 0$ für $t \neq 0$;

  $f_t(\sqrt{2}\,t) = -4\sqrt{2}\,t^3,$ also: $\mathrm{Min}(\sqrt{2}\,t;\ -4\sqrt{2}\,t^3)$

  $f_t''(-\sqrt{2}\,t) = -6\sqrt{2}\,t < 0$ für $t \neq 0$;

  $f_t(-\sqrt{2}\,t) = 4\sqrt{2}\,t^3,$ also: $\mathrm{Max}(-\sqrt{2}\,t;\ +4\sqrt{2}\,t^3)$

  Für $t = 0$ ergibt sich $f_0(x) = x^3$. Diese Funktion hat keine lokalen Extrema.

- Berechnung der Wendepunkte:

  $f_t''(x) = 6x = 0 \Rightarrow x_6 = x_1 = 0;$

  $f_t'''(x_6) \neq 0 \Rightarrow W(0;\ 0)$ ist Wendepunkt für alle Scharkurven.

Zu b)

Um die Gleichung der Kurve zu erhalten, muss der Parameter t aus den Koordinaten der Extrempunkte $\mathrm{Max}(-\sqrt{2}\,t;\ 4\sqrt{2}\,t^3)$ bzw. $\mathrm{Min}(\sqrt{2}\,t;\ -4\sqrt{2}\,t^3)$ eliminiert werden. Die x-Koordinate $x = -\sqrt{2}\,t$ der Maxima nach t aufgelöst ergibt $t = -\frac{x}{\sqrt{2}}$. Setzt man diesen Wert in die Beziehung $y = 4\sqrt{2}\,t^3$ für die y-Koordinate ein, so ergibt sich $y = 4\sqrt{2}\left(-\frac{x}{\sqrt{2}}\right)^3 = -2x^3$.

Zum gleichen Resultat gelangt man, wenn man die Koordinaten der lokalen Minimumpunkte verwendet. Das heißt: Die lokalen Extrempunkte der Graphen der Funktionenschar liegen auf dem Graphen der Funktion $f(x) = -2x^3$.

Zu c)

- t_1: Einsetzen von A(2; 2) in die Funktionsgleichung führt zu

  $2 = 2^3 - 6{t_1}^2 \cdot 2$, also $12{t_1}^2 = 6$ und damit: $t_1 = \frac{1}{2}\sqrt{2}$, da $t \geq 0$

- t_2: Für alle t haben die Graphen der Funktionen den Wendepunkt (0; 0). Da für die Tangente die Gleichung $y = -x$ gelten soll, beträgt die Steigung der Wendetangente –1.

  $f_{t_2}'(0) = -6{t_2}^2 = -1$, also: $t_2 = \sqrt{\frac{1}{6}} = \frac{1}{6}\sqrt{6}$, da $t \geq 0$

- t_3: Die positive Abszissenachse wird im Punkt $P_x(\sqrt{6}\,t;\ 0)$ geschnitten. Der Schnittwinkel soll 45° betragen, d. h., es gilt:

  $m = \tan 45° = 1$

  Aus $f_{t_3}'(\sqrt{6}\,t_3) = 3(\sqrt{6}\,t_3)^2 - 6{t_3}^2 = 12{t_3}^2 = 1$ erhält man:

  $t_3 = \sqrt{\frac{1}{12}} = \frac{\sqrt{3}}{6}$, da $t \geq 0$

6.6 Extremwertprobleme

Beim Lösen von Extremwertaufgaben geht es – vereinfacht ausgedrückt – um das Ermitteln *derjenigen* Lösung aus der Menge *aller* Lösungen für ein bestimmtes (praktisches) Problem, die unter Berücksichtigung vorgegebener Bedingungen die *optimale Variante* darstellt.

Rechtecke mit gleichem Umfang

Bei welchen Seitenlängen ist der Flächeninhalt am größten?

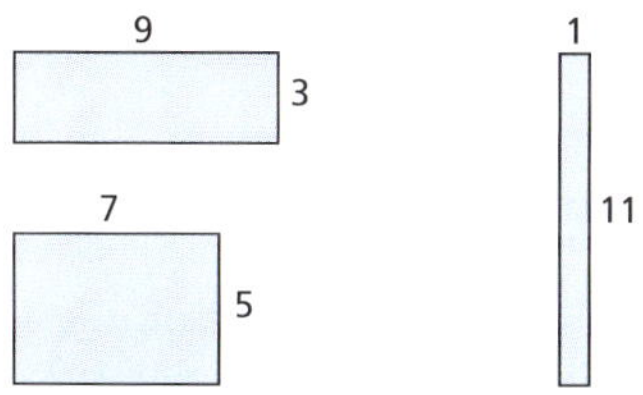

$u = 2(a + b) = 24$ $\qquad A = a \cdot b$

a	1	3	5	7	9	11
b	11	9	7	5	3	1
A	11	27	35	35	27	11

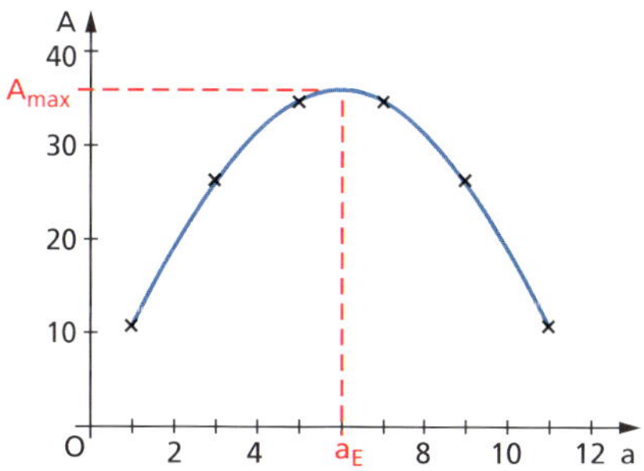

Zylinder mit gleichem Volumen

Bei welchen Abmessungen ist die Oberfläche am kleinsten?

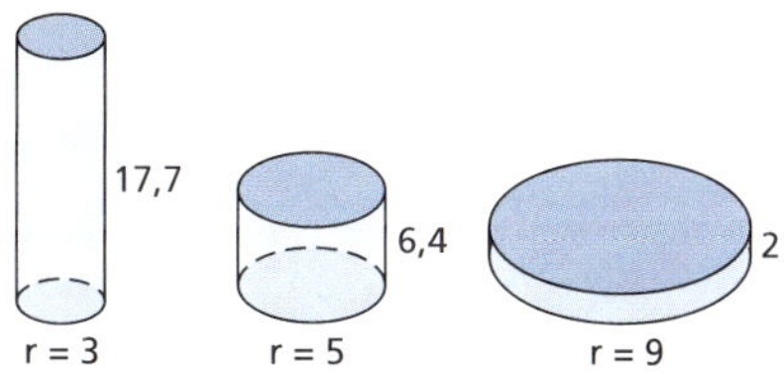

$V = \pi r^2 \cdot h = 500$ $\qquad A_O = 2\pi r^2 + 2\pi r \cdot h$

r	1	3	5	7	9
h	159	17,7	6,4	3,2	2,0
A_O	1005	390	358	449	622

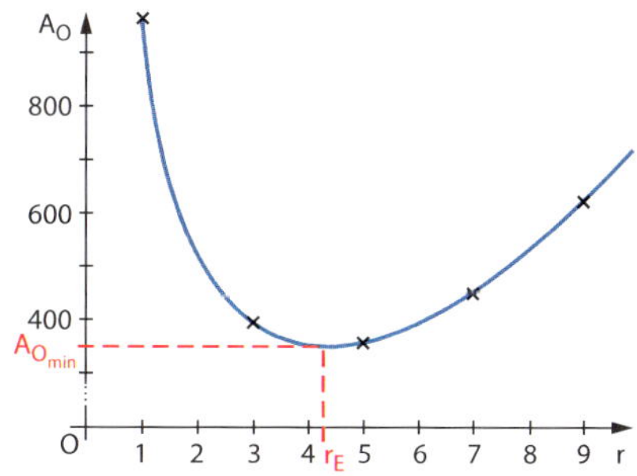

Die Lösungsstrategie nutzt die Mittel der Differenzialrechnung zum Bestimmen lokaler Extremstellen. Zunächst beschreibt man die den jeweiligen Sachverhalt kennzeichnenden Zusammenhänge mittels einer Funktion (*Zielfunktion*), in der als *abhängige* Variable gerade *diejenige Größe* auftritt, welche einen *Extremwert* annehmen soll. Enthält diese Zielfunktion *mehrere unabhängige* Variablen, dann versucht man, deren Anzahl durch Verwendung weiterer sich aus der Aufgabe ergebender Bedingungen (Nebenbedingungen) bis auf *eine Variable* zu reduzieren, und bestimmt ein für die Lösung sinnvolles abgeschlossenes Intervall. Die Lösung des Ausgangsproblems wird dann durch das *globale Extremum* der Zielfunktion im genannten Intervall angegeben.

Die anschließenden Beispiele verdeutlichen eine zweckmäßige Schrittfolge für die Umsetzung der vorher skizzierten Lösungsstrategie.

▶ Das Anfertigen einer Skizze stellt für den mathematischen Modellierungsprozess in den meisten Fällen einen ersten wichtigen Arbeitsschritt dar.

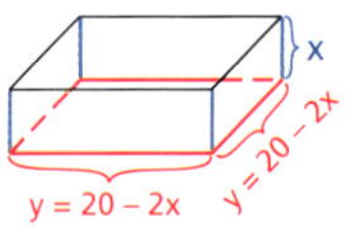

6

Aus einem quadratischen Stück Blech mit der Seitenlänge a = 20,0 cm werden an den Enden Quadrate herausgeschnitten und die verbleibenden Rechteckflächen so nach oben gebogen, dass eine nach oben geöffnete Schachtel entsteht. Wie ist die Seitenlänge der herauszuschneidenden Quadrate zu wählen, damit auf diese Weise eine Schachtel mit maximalem Volumen hergestellt werden kann? (Die Blechstärke bleibt unberücksichtigt.)

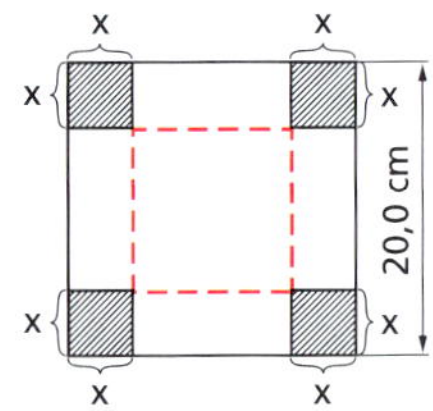

Allgemeine Schrittfolge	Beispielaufgabe
(1) Analyse der Aufgabe:	Gegeben: Seitenlänge des Quadrates a = 20,0 (cm) Gesucht: x so, dass das Volumen der Schachtel maximal wird
(2) Aufstellen der Funktion mit Extremalbedingung (Zielfunktion):	$V(x, y) = x \cdot y \cdot y = x \cdot y^2$
(3) Angabe von Nebenbedingungen:	Anhand der Skizze erkennt man, dass $y = 20 - 2x$ ist.
(4) Einsetzen der Nebenbedingung in die Zielfunktion:	$V(x) = x \cdot (20 - 2x)^2$ $= x \cdot (400 - 80x + 4x^2)$, also $V(x) = 4x^3 - 80x^2 + 400x$
(5) Festlegen des Definitionsbereiches:	Die Seitenlänge x der Quadrate kann nur zwischen 0 cm und 10 cm liegen. Ein sinnvoller Definitionsbereich ist also $D_V =]0; 10[$. 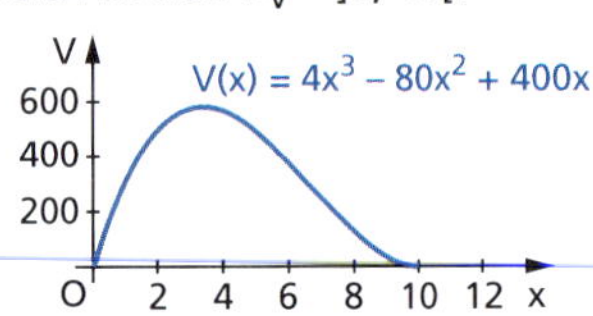
(6) Ableitungen der Zielfunktion:	$V'(x) = 12x^2 - 160x + 400$ $V''(x) = 24x - 160$
(7) Bestimmen des lokalen Extremums:	$V'(x) = 0 \Rightarrow 0 = 12x^2 - 160x + 400$, d.h., $x_{E_1} = 3,\overline{3}$. ($x_{E_2} = 10 \notin D_V$) $V''(3,\overline{3}) = -80 < 0$; d.h., $x = 3,\overline{3}$ ist eine lokale Maximumstelle von V(x).

Allgemeine Schrittfolge	Beispielaufgabe
(8) Ermitteln des globalen Extremums:	Die lokale Extremstelle ist auch die globale Extremstelle im Definitionsbereich, weil die Zielfunktion V(x) dort stetig ist und keine weiteren Extremstellen existieren. Erst bei Existenz einer zweiten Extremstelle (hier einer Minimumstelle) innerhalb des Definitionsintervalls könnten die Funktionswerte an den Intervallgrenzen u. U. größer als das ermittelte lokale Maximum sein.
(9) Interpretieren der errechneten Werte:	Für $x = 3,\overline{3}$ (cm) ist das Volumen der nach oben offenen Schachtel maximal. Die Schachtel hat die Abmessungen: Höhe ≈ 3,3 cm; Breite ≈13,3 cm; Länge ≈ 13,3 cm Damit beträgt das maximale Volumen ca. 584 cm^3.

Die Gerade $x = u$ mit $0 < u < 3$ ($u \in \mathbb{R}$) schneidet den Graphen der Funktion $f(x) = 2x^3 - 12x^2 + 18x$ im Punkt Q und die x-Achse im Punkt P. Man ermittle den Wert von u so, dass der Flächeninhalt des Dreiecks OPQ maximal ist, und berechne diesen Inhalt.

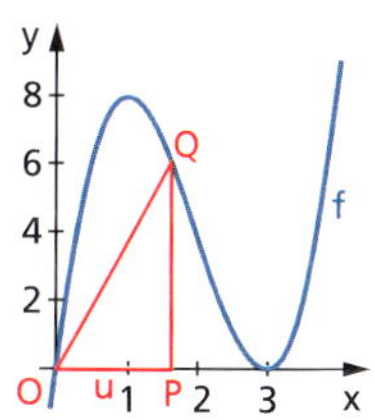

(1) Gegeben: $f(x) = 2x^3 - 12x^2 + 18x$
Gesucht: u so, dass der Flächeninhalt des Dreiecks OPQ maximal ist

(2) $A(u, y) = \frac{1}{2} \cdot u \cdot y = \frac{1}{2} \cdot x \cdot f(x)$

(3) $y = f(u) = 2u^3 - 12u^2 + 18u$

(4) $A(u) = \frac{1}{2} \cdot u(2u^3 - 12u^2 + 18u) = u^4 - 6u^3 + 9u^2$

(5) $D_f = \{u;\ u \in \mathbb{R};\ 0 < u < 3\}$

(6) $A'(u) = 4u^3 - 18u^2 + 18u;\quad A''(u) = 12u^2 - 36u + 18$

(7) $A'(u) = 0 \Rightarrow 0 = 4u^3 - 18u^2 + 18u = 4u \cdot (u^2 - 4{,}5u + 4{,}5)$

$u_{E_1} = 0 \notin D_f;\ u_{E_2} = 1{,}5;\ u_{E_3} = 3 \notin D_f$

$A''(1{,}5) = -9 < 0$, d. h.: u_{E_2} ist eine lokale Maximumstelle von A(u).

(8) $u_{E_2} = 1{,}5$ ist im Intervall (0; 3) auch gleichzeitig das globale Maximum, weil die Zielfunktion A(u) im untersuchten Intervall stetig ist und keine weiteren Extremstellen existieren.

(9) Für u = 1,5 hat das Dreieck OPQ den maximalen Flächeninhalt.
$f(u) = f(1{,}5) = 6{,}75;\ A_{max} = \frac{1}{2} u \cdot f(u) = \frac{1}{2} \cdot 1{,}5 \cdot 6{,}75 = 5{,}0625$ (FE)

6.7 Bestimmen von Funktionsgleichungen

6.7.1 Approximation durch Polynomfunktionen

▶ *approximare* (lat.) – sich annähern
interpolare (lat.) – (eigentlich:) zurichten, umgestalten
regressio (lat.) – Rückgang

Bei vielen Anwendungen der Mathematik ist man darauf angewiesen, möglichst gute, dem jeweiligen Verwendungszweck genügende *Näherungslösungen* für das zugrunde liegende mathematische Problem zu finden bzw. zu nutzen. So kann es sich als erforderlich erweisen, rationale Gleichungen höheren Grades ($n > 2$) durch Probieren, auf grafischem Wege oder durch Nutzen spezieller Verfahren „näherungsweise" zu lösen. Oftmals sind insbesondere nichtrationale Funktionen durch einfachere, in der Regel ganzrationale Funktionen zu ersetzen, die sich den gegebenen Funktionen möglichst gut annähern (sie möglichst gut *approximieren*) und deren Graphen dann mit denen der Ausgangsfunktion möglichst gut übereinstimmen. Die Auswertung von Messwertpaaren verschiedenster praktischer, insbesondere technischer und naturwissenschaftlicher Untersuchungen verlangt nach Funktionen, die den vorliegenden Sachverhalt näherungsweise beschreiben, deren Gleichungen also von den Wertepaaren hinreichend gut erfüllt werden. Die eigentliche Rechenarbeit wird in der Regel von Computern zu realisieren sein.

Approximationsverfahren in Abhängigkeit von Bedingungen und „Gütekriterien"

Interpolation	**Taylor-Entwicklung**	**Regression**
Die zu bestimmende Näherungsfunktion soll mit einer Reihe vorhandener *Stützpunkte* übereinstimmen.	Die Näherungsfunktion und eine Ausgangsfunktion sollen *in der Umgebung einer Stelle x_0* möglichst gut übereinstimmen.	Die Näherungsfunktion soll den durch eine *Vielzahl von Messpunkten (Punktwolke)* erfassten Zusammenhang von Größen möglichst gut beschreiben.
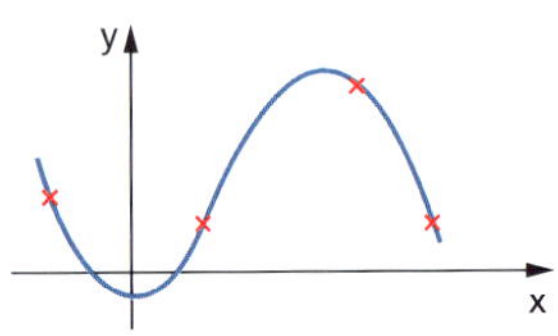	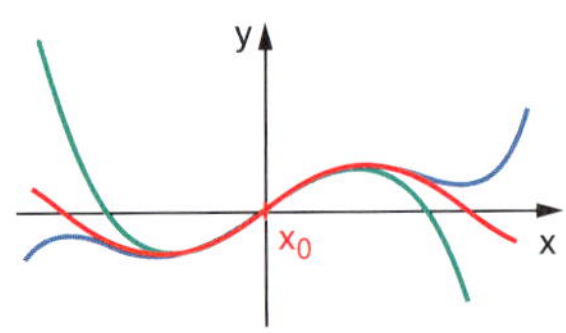	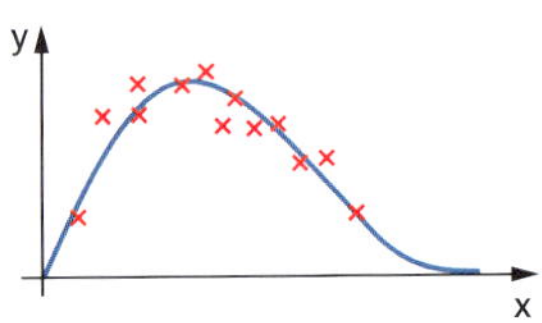

Da ein Term der Form $a_nx^n + a_{n-1}x^{n-1} + a_{n-2}x^{n-2} + \ldots + a_1x + a_0$ ein **Polynom n-ten Grades** genannt wird, bezeichnet man die ganzrationale Funktion (↗ Abschnitt 3.6.1)

▶ Lässt sich eine rationale Funktion f als Polynom darstellen, dann ist f ganzrational.

$$f(x) = a_nx^n + a_{n-1}x^{n-1} + a_{n-2}x^{n-2} + \ldots + a_1x + a_0 = \sum_{i=0}^{n} a_ix^i$$

auch als **Polynomfunktion vom Grade n.**

Eine ganzrationale Funktion f mit der Nullstelle x_0 lässt sich in ein Produkt $f(x) = (x - x_0)\, f_R(x)$ aus dem Linearfaktor $(x - x_0)$ und der Restfunktion f_R zerlegen. Die Restfunktion f_R ist dann eine ganzrationale Funktion vom Grade $(n - 1)$.

Satz Nullstellenanzahl für ganzrationale Funktionen
Eine ganzrationale Funktion n-ten Grades besitzt im Bereich der reellen Zahlen höchstens n verschiedene Nullstellen.

Satz Eine ganzrationale Funktion n-ten Grades ist durch (n + 1) geordnete Paare (x_i; $f(x_i)$) eindeutig bestimmt.

Geometrisch bedeutet der letzte Satz, dass durch (n + 1) Punkte mit verschiedenen Abszissen genau eine Parabel n-ter Ordnung festgelegt ist.

Die Flugweite eines geworfenen oder gestoßenen Gegenstandes hängt von der Anfangsgeschwindigkeit, dem Abwurfwinkel und der Abwurfhöhe ab. Vernachlässigt man den Luftwiderstand, dann lässt sich die Flugbahn einer Kugel näherungsweise durch eine Parabel beschreiben.

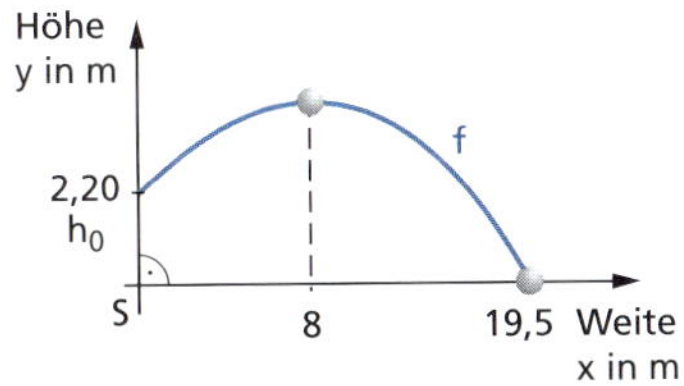

Bestimmt werden soll eine Funktion 2. Grades $f(x) = ax^2 + bx + c$, welche die Flugbahn näherungsweise beschreibt.

Dabei soll gelten:

- Die Abflughöhe h_0 beträgt 2,20 m, d. h., f(0) = 2,20.
- Der höchste Punkt der Flugbahn wird nach 8 m erreicht, also ist f'(8) = 0.
- Die Kugel landet bei 19,5 m, d. h., f(19,5) = 0.

Daraus ergeben sich folgende Beziehungen zur Bestimmung von a, b und c in der Gleichung $f(x) = ax^2 + bx + c$:

(1) $f(0) = 2{,}20 \Rightarrow$ (I) $0a + 0b + 220 = c \Rightarrow c = 2{,}20$
(2) $f'(8) = 0$ und
$f'(x) = 2ax + b \Rightarrow$ (II) $16a + b = 0 \Rightarrow b = -16a$
(3) $f(19{,}5) = 0 \Rightarrow$ (III) $19{,}5^2a + 19{,}5b + 2{,}20 = 0$

Wegen $b = -16a$ erhält man aus (III) die Gleichung
$380{,}25a - 312a + 2{,}20 = 0$ mit der Lösung $a \approx -0{,}032$ und daraus dann $b \approx 0{,}52$.

Die Flugbahn der Kugel lässt sich also durch die Funktion
$f(x) = -0{,}032x^2 + 0{,}52x + 2{,}20$ (näherungsweise) beschreiben.

Der Graph einer ganzrationalen Funktion 3. Grades verlaufe durch die Punkte $P_1(1; -17)$, $P_2(0; 3)$, $P_3(-1; 29)$ und $P_4(2; -25)$.

Die Funktionsgleichung ist zu bestimmen.

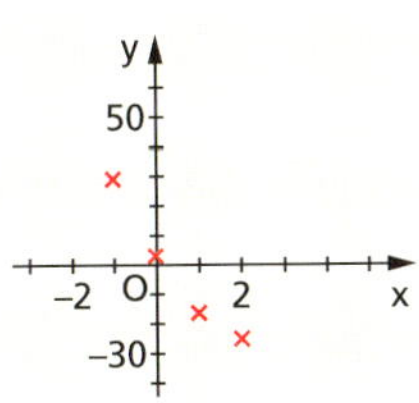

Die Anzahl der Nullstellen ergibt sich aus dem Fundamentalsatz der Algebra (↗ Abschnitt 4.2).

Eine ganzrationale Funktion wird auch als Polynomfunktion bezeichnet.

Mit Parabel bezeichnet man allgemein die Graphen ganzrationaler Funktionen.

6

Die allgemeine Gleichung einer Polynomfunktion 3. Grades lautet:
$f(x) = a_3x^3 + a_2x^2 + a_1x + a_0$

Das Einsetzen der gegebenen Wertepaare $(x_i; f(x_i))$ führt auf das zu lösende Gleichungssystem:

$$\begin{array}{lrcl} \text{(I)} & -17 = & a_3 + & a_2 + a_1 + a_0 \\ \text{(II)} & 3 = & & a_0 \\ \text{(III)} & 29 = & -a_3 + & a_2 - a_1 + a_0 \\ \text{(IV)} & -25 = & 8a_3 + & 4a_2 + 2a_1 + a_0 \end{array}$$

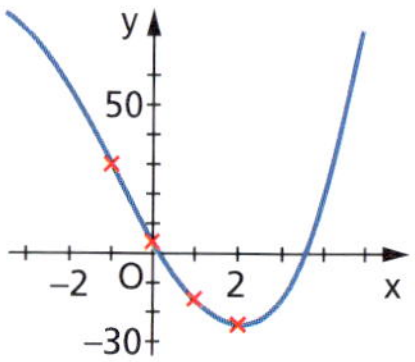

Das Gleichungssystem wird schrittweise gelöst:
Unmittelbar ergibt sich $a_0 = 3$.
Die Addition von (I) und (III) führt auf $12 = 2a_2 + 2a_0$.
Damit ist $a_2 = 3$.
Durch Multiplikation von (III) mit 2 und Addition der neu entstandenen Gleichung zu (IV) erhält man:
$33 = 6a_3 + 6a_2 + 3a_0$ bzw. $33 = 6a_3 + 27$ und somit $a_3 = 1$.
Aus (I) folgt $-17 = 1 + 3 + a_1 + 3$ bzw. $a_1 = -24$.

Damit sind die Koeffizienten a_3, a_2, a_1 und a_0 bestimmt.
Die gesuchte Funktionsgleichung lautet: $f(x) = x^3 + 3x^2 - 24x + 3$

Interpolation

Häufig sind von einer beliebigen Funktion nur die Werte an bestimmten Stellen $x_1, x_2, \ldots x_n$, den sogenannten **Stützstellen,** bekannt. Die entsprechenden Funktionswerte $f(x_1), f(x_2), \ldots, f(x_n)$ werden demzufolge **Stützwerte** genannt.

Grundaufgaben der Interpolation: Man bestimme ein möglichst einfaches Polynom, das an den Stützstellen die Stützwerte annimmt.

Die Aufgabe besteht nun darin, für eine beliebige Stelle x, die zwischen zwei benachbarten Stützstellen liegt, den Funktionswert f(x) zu berechnen. Ist die exakte Berechnung von f(x) mit elementaren Mitteln nicht möglich oder mit einem übermäßigen Rechenaufwand verbunden, so versucht man, den Funktionswert f(x) näherungsweise zu bestimmen (ihn zu approximieren). Ein solches Verfahren wird schlechthin als **Interpolation** bezeichnet.
Allgemein geht es bei der Interpolation darum, *Näherungsfunktionen* zu finden, die an den Stützstellen x_i genau die Stützwerte $f(x_i)$ annehmen. Da Polynome einerseits die einfachsten Funktionsterme sind und andererseits sich jede stetige Funktion beliebig gut durch Polynome annähern lässt, versucht man, die Funktion f durch ein Polynom zu **approximieren.**

Die lineare Interpolation ermöglicht die Berechnung von Zwischenwerten in Zahlentafeln, z. B. bei Winkelfunktionen oder Logarithmen.

Das einfachste Interpolationsverfahren ist die sogenannte *lineare Interpolation*.
Man benötigt dazu nur zwei Stützstellen x_1 und x_2 mit den Stützwerten $f(x_1)$ und $f(x_2)$. Bei diesem Verfahren wird die Funktion f durch eine lineare Funktion ersetzt, deren Graph durch die Punkte $(x_1; f(x_1))$ und $(x_2; f(x_2))$ verläuft.

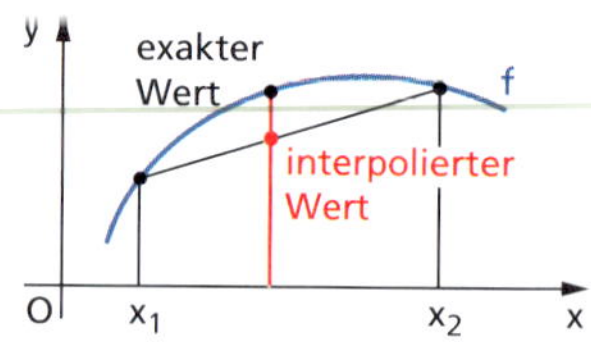

Zur **Bestimmung des Interpolationspolynoms** gibt es verschiedene Methoden, die aber alle wegen der Eindeutigkeit der Polynomdarstellung zu demselben Polynom führen. Eine mögliche und sichere Methode ist der **Polynomansatz:**

Man setzt das Polynom in der allgemeinen Form
$p(x) = a_n x^n + a_{n-1} x^{n-1} + \ldots + a_1 x + a_0$ mit den unbestimmten Koeffizienten $a_0, a_1, \ldots, a_n$ an und fordert, dass der zugehörige Graph durch die (n + 1) Punkte mit den Koordinaten $(x_i; f(x_i))$ $(i = 0, 1, \ldots, n)$ verläuft. Damit erhält man (n + 1) Gleichungen zum Bestimmen der Koeffizienten $a_0, a_1, \ldots, a_n$:

$$f(x_0) = a_n \cdot x_0^n + a_{n-1} x_0^{n-1} + \ldots + a_1 \cdot x_0 + a_0$$
$$f(x_1) = a_n \cdot x_1^n + a_{n-1} x_1^{n-1} + \ldots + a_1 \cdot x_1 + a_0$$
$$\vdots$$
$$f(x_n) = a_n \cdot x_n^n + a^{n-1} x_n^{n-1} + \ldots + a_1 \cdot x_n + a_0$$

Wenn alle Stützstellen x_i voneinander verschieden sind, dann ist das Gleichungssystem eindeutig lösbar.

Die nichtrationale Funktion $f(x) = \sqrt{x}$, $x \geq 0$ ist durch ein Polynom 2. Grades zu approximieren, das durch die Punkte $P_1(1; 1)$, $P_2(1,21; 1,1)$ und $P_3(1,44; 1,2)$ verläuft.

Der Polynomansatz $p(x) = a_2 \cdot x^2 + a_1 x + a_0$ liefert mit den Koordinaten der gegebenen Punkte das Gleichungssystem:

$$\begin{aligned} &(I) & 1 &= a_2 + a_1 + a_0 \\ &(II) & 1{,}1 &= 1{,}4641 a_2 + 1{,}21 a_1 + a_0 \\ &(III) & 1{,}2 &= 2{,}0736 a_2 + 1{,}44 a_1 + a_0 \end{aligned}$$

Dieses Gleichungssystem besitzt (gerundet) die Lösung $a_2 = -0{,}0941$, $a_1 = 0{,}6842$ sowie $a_0 = 0{,}4099$.
Das Näherungspolynom p für $f(x) = \sqrt{x}$ hat demzufolge die Gestalt $p(x) = -0{,}0941x^2 + 0{,}6842x + 0{,}4099$.

Ein derartiges Gleichungssystem lässt sich mit einem CAS relativ leicht lösen.

Die näherungsweise Berechnung des Funktionswerts z. B. an der Stelle $x_1 = 1{,}3$ ergibt $\sqrt{1{,}3} \approx 1{,}1403$ – der Taschenrechnerwert für $\sqrt{1{,}3}$ ist mit 1,14018 geringfügig kleiner.
Bereits für $x_2 = 2$ und mehr noch für den Wert $x_3 = 3$, der außerhalb des „Stützstellenbereichs" liegt, ist die Differenz zu den Taschenrechnerwerten jedoch schon wesentlich größer.
Für etwa [1; 1,4] stimmen die Graphen von f und p gut überein, dann aber laufen sie schnell auseinander.

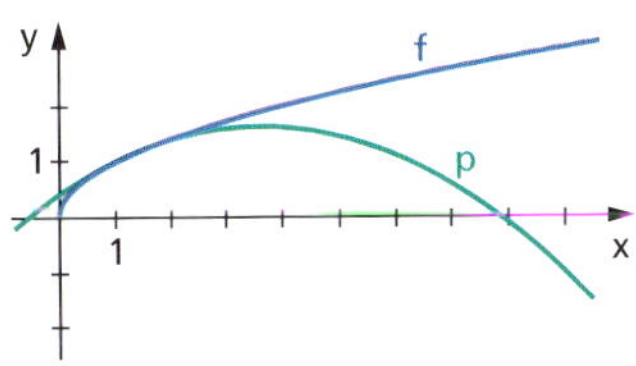

JOSEPH LOUIS LAGRANGE
(1736 bis 1813)

Grundsätzlich lässt sich jedes Interpolationsproblem durch den Polynomansatz lösen:
Der Ansatz ist relativ einfach, die Bestimmung der Koeffizienten des Interpolationspolynoms zum Teil jedoch mit erheblichem Rechenaufwand verbunden, vor allem, wenn eine größere Zahl von Stützwerten zu berücksichtigen ist.

Einfachere Berechnungen erhält man mithilfe der **Interpolationspolynome von LAGRANGE und NEWTON.**

6

Lineare Approximation

▶ Die Tangentenfunktion f_t ist in einer Umgebung von x_0 eine **lineare Näherungsfunktion** von f. Man sagt, die Funktion f wird *linearisiert*.

In einer hinreichend kleinen Umgebung einer Stelle x_0 liefert die zu einer differenzierbaren Funktion f gehörende Tangentenfunktion f_t mit $f_t(x) = f'(x_0) \cdot (x - x_0) + f(x_0)$ gute Näherungen der Funktionswerte von f.

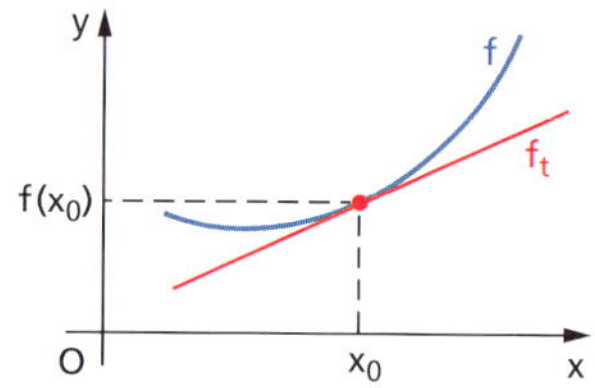

Für eine solche Umgebung von x_0 gilt damit: $f(x) \approx f'(x_0) \cdot (x - x_0) + f(x_0)$

Für $x = x_0 + h$ ergibt sich daraus die Näherungsbeziehung
$f(x_0 + h) \approx f'(x_0) \cdot h + f(x_0)$.

Die Anwendung der obigen Näherungsbeziehung auf die Funktion $f(x) = \sqrt{x}$ ergibt:

$$f(x_0 + h) = \sqrt{x_0 + h} \approx \frac{1}{2\sqrt{x_0}} \cdot h + \sqrt{x_0}$$

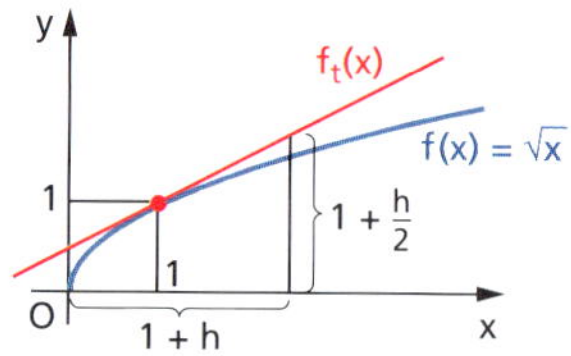

Für eine Umgebung von $x_0 = 1$ erhält man somit: $\sqrt{1 + h} \approx \frac{1}{2}h + 1$

Damit lassen sich Wurzelwerte in der Umgebung von $x_0 = 1$ näherungsweise berechnen:

h	$\sqrt{1 + h}$	Näherungswert $1 + \frac{h}{2}$	Taschenrechnerwert
0,5	$\sqrt{1,5}$	$1 + \frac{1}{2} \cdot 0,5 = 1,25$	1,2247
0,3	$\sqrt{1,3}$	$1 + \frac{1}{2} \cdot 0,3 = 1,15$	1,1401
0,2	$\sqrt{1,2}$	$1 + \frac{1}{2} \cdot 0,2 = 1,1$	1,0954
−0,2	$\sqrt{0,8}$	$1 - \frac{1}{2} \cdot 0,2 = 0,9$	0,8944
−0,5	$\sqrt{0,5}$	$1 - \frac{1}{2} \cdot 0,5 = 0,75$	0,7071

Will man eine genauere Approximation erreichen, müsste man die Gerade „verbiegen", damit sie sich noch besser an den Graphen der betrachteten Funktion „anschmiegt". Das heißt aber: Man müsste ganzrationale Funktionen höheren Grades zu Hilfe nehmen.

6.7.2 Die taylorsche Formel für ganzrationale Funktionen

Bereits in der Näherungsfunktion 1. Grades (Tangentenfunktion) tritt die 1. Ableitung als Koeffizient auf. Dies gibt zu der Vermutung Anlass, dass ein Zusammenhang zwischen den Koeffizienten des Näherungspolynoms und den Ableitungen der gegebenen Funktion bestehen könnte.

Betrachtet man eine beliebige ganzrationale Funktion n-ten Grades $f(x) = a_0 + a_1x + a_2x^2 + \ldots + a_nx^n$ mit den Koeffizienten $a_n, a_{n-1}, \ldots, a_2, a_1, a_0$, so erhält man folgende Ableitungen:

$$\begin{aligned}
f'(x) &= a_1 + 2a_2x + \ldots + n \cdot a_n \cdot x^{n-1} \\
f''(x) &= 2 \cdot a_2 + 2 \cdot 3a_3x + \ldots + (n-1) \cdot n \cdot a_n \cdot x^{n-2} \\
f'''(x) &= 1 \cdot 2 \cdot 3a_3 + 2 \cdot 3 \cdot 4a_4 \cdot x + \ldots + (n-2)(n-1) \cdot n \cdot a_n \cdot x^{n-3} \\
&\vdots \\
f^{(n)}(x) &= 1 \cdot 2 \cdot 3 \cdot 4 \cdot \ldots (n-2)(n-1) \cdot n \cdot a_n = n! \cdot a_n
\end{aligned}$$

Alle höheren Ableitungen sind identisch gleich 0.
Für die Stelle $x_0 = 0$ gilt dann:
$f(0) = a_0;\; f'(0) = a_1;\; f''(0) = 2! \cdot a_2;\; f'''(0) = 3! \cdot a_3;\; \ldots;\; f^{(n)}(0) = n! \cdot a_n$

und damit: $a_0 = f(0);\; a_1 = f'(0);\; a_2 = \frac{f''(0)}{2!};\; a_3 = \frac{f'''(0)}{3!};\; \ldots;\; a_n = \frac{f^{(n)}(0)}{n!}$

▶ Die Koeffizienten einer Polynomfunktion sind durch die Ableitungen des Polynoms an der Stelle 0 bestimmt.

Satz **Taylorsche Formel für ganzrationale Funktionen**
Ist eine (ganzrationale) Funktion $y = f(x)$ in einer Umgebung von $x_0 = 0$ n-mal differenzierbar, so existiert das Polynom

$$T_n(x) = f(0) + \frac{f'(0)}{1!}x + \frac{f''(0)}{2!}x^2 + \ldots + \frac{f^{(n)}(0)}{n!}x^n. \qquad (1)$$

Es wird das *n-te taylorsche Polynom* von $y = f(x)$ genannt.
Man sagt auch: *Die Funktion y = f(x) ist an der Stelle 0 nach TAYLOR entwickelt* und schreibt für (1) abkürzend: $T_n(x) = \sum_{i=1}^{n} \frac{f^{(i)}(0)}{i!} \cdot x_i$ (1')

BROOK TAYLOR (1685 bis 1731)

Für die ganzrationale Funktion $f(x) = 5x^4 + 8x^3 - 2x^2 + 4x + 7$ sollen die ersten vier taylorschen Näherungspolynome an der Stelle $x_0 = 0$ bestimmt werden:
Es gilt: $a_0 = f(0) = 7$
Mithilfe der Ableitungen erhält man die Koeffizienten a_1 bis a_3:

$f'(x) = 20x^3 + 24x^2 - 4x + 4 \quad \Rightarrow a_1 = f'(0) = 4$

$f''(x) = 60x^2 + 48x - 4 \quad \Rightarrow f''(0) = -4 \quad$ bzw. $a_2 = \frac{f''(0)}{2} = -2;$

$f'''(x) = 120x + 48 \quad \Rightarrow f'''(0) = 48 \quad$ bzw. $a_3 = \frac{f'''(0)}{6} = 8;$

Das ergibt die Näherungspolynome:

$$\begin{aligned}
T_0(x) &= a_0 &&= 7 \\
T_1(x) &= a_0 + a_1x &&= 7 + 4x \\
T_2(x) &= a_0 + a_1x + a_2x^2 &&= 7 + 4x - 2x^2 \\
T_3(x) &= a_0 + a_1x + a_2x^2 + a_3x^3 &&= 7 + 4x - 2x^2 + 8x^3 \\
T_4(x) &= a_0 + a_1x + a_2x^2 + a_3x^3 + a_4x^4 &&= 7 + 4x - 2x^2 + 8x^3 + 5x^4.
\end{aligned}$$

Für die gegebene ganzrationale Funktion 4. Grades gilt offensichtlich: $T_4(x) = f(x)$

▶ Ist f eine ganzrationale Funktion n-ten Grades, so gilt: $f(x) = T_n(x)$

Statt 0 als Entwicklungsstelle zu wählen, kann man die Funktion $f(x) = a_0 + a_1x + a_2x^2 + \ldots + a_nx^n$ auch an jeder anderen Stelle $x_0 \in D_f$ nach TAYLOR entwickeln. Dazu ersetzt man zweckmäßigerweise zunächst x durch $(x - x_0) + x_0$ und ordnet das Polynom dann nach steigenden Potenzen von $(x - x_0)$. Durch diese Transformation ergibt sich:
$f(x) = b_0 + b_1(x - x_0) + b_2(x - x_0)^2 + \ldots + b_n(x - x_0)^n$

6

Differenziert man f(x) jetzt n-mal, so erhält man:

$f'(x) = b_1 + 2b_2(x - x_0) + \ldots + n \cdot b_n(x - x_0)^{n-1}$

$f''(x) = 2b_2 + \ldots + (n-1) \cdot n \cdot b_n(x - x_0)^{n-1}$

$\vdots$

$f(n) = n! \cdot b^n$

Für $x = x_0$ gilt somit:

$f(x_0) = b_0$ bzw. $b_0 = f(x_0)$; $f'(x_0) = b_1$ bzw. $b_1 = f(x_0)$;

$f''(x_0) = 2! \cdot b_2$ bzw. $b_2 = \frac{f''(x_0)}{2!}$; …; $f^{(n)}(x_0) = n! \cdot b_n$ bzw. $b_n = \frac{f^{(n)}(x_0)}{n!}$

Damit geht f(x) über in:

$$T_n(x) = f(x_0) + \frac{f'(x_0)}{1!}(x - x_0) + \frac{f''(x_0)}{2!}(x - x_0)^2 + \ldots + \frac{f^{(n)}(x_0)}{n!}(x - x_0)^n \quad (2)$$

$$\text{bzw. } T_n(x) = \sum_{i=0}^{n} \frac{f^{(i)}(x_0)}{i!}(x - x_0)^i \quad (2')$$

Setzt man $x - x_0 = h$ bzw. $x = x_0 + h$, so erhält man aus (2):

$$T_n(x_0 + h) = f(x_0) + \frac{f'(x_0)}{1!} \cdot h + \frac{f''(x_0)}{2!} \cdot h^2 + \ldots + \frac{f^{(n)}(x_0)}{n!} \cdot h^n = \sum_{i=0}^{n} \frac{f^{(i)}(x_0)}{i!} \cdot h^i$$

Die ganzrationale Funktion $f(x) = 5 + 7x + 12x^2 - 2x^3 + 5x^4$ ist an der Stelle $x_0 = -1$ nach TAYLOR zu entwickeln.

Es gilt:

$f(-1) = 17$ $\Rightarrow a_0 = 17$

$f'(x) = 7 + 24x - 6x^2 + 20x^3$ $\Rightarrow a_1 = f'(-1) = -43$

$f''(x) = 24 - 12x + 60x^2$ $\Rightarrow f''(-1) = 96$ bzw. $a_2 = \frac{f''(-1)}{2} = 48$

$f'''(x) = -12 + 120x$ $\Rightarrow f'''(-1) = -132$ bzw. $a_3 = \frac{f'''(-1)}{6} = -22$

$f^{(4)}(x) = 120$ $\Rightarrow f^{(4)}(-1) = 120$ bzw. $a_4 = \frac{f^{(4)}(-1)}{24} = 5$

Demzufolge erhält man als Taylor-Polynom von f(x):

$T_n(x) = 17 - 43(x + 1) + 48(x + 1)^2 - 22(x + 1)^3 + 5(x + 1)^4$

Ausrechnen der Potenzen und Zusammenfassen zeigt, dass $T_n(x)$ und f(x) übereinstimmen.

6.7.3 Der Satz von Taylor

Approximationen nichtrationaler Funktionen durch Taylor-Polynome sind eine wichtige Grundlage für entsprechende Rechenprozesse in Taschenrechnern und Computern.

Ist f eine *nichtrationale Funktion* mit der Gleichung y = f(x), dann ist es nicht möglich, zur Annäherung von y = f(x) ein Polynom n-ter Ordnung zu verwenden, dessen Koeffizienten mit den Ableitungen von y = f(x) an der Stelle $x = x_0$ in derselben Weise gebildet werden wie die Koeffizienten der Taylor-Entwicklung einer ganzrationalen Funktion. Dies ergibt sich bereits daraus, dass im Unterschied zu ganzrationalen Funktionen n-ten Grades die (n + 1)-te und alle weiteren Ableitungen einer nichtrationalen Funktion im Allgemeinen nicht identisch gleich 0 sind. Das heißt aber: Die Entwicklung einer solchen Funktion an einer Stelle $x = x_0$ „bricht nicht ab“, sondern würde zu einer Summe mit unendlich vielen Summanden (Reihe) führen. Man spricht deshalb auch von der Entwicklung einer Funktion in eine **Taylor-Reihe.**

In Analogie zu den Polynomfunktionen ließe sich für nichtrationale Funktionen also nur schreiben:

$$f(x) = f(x_0) + \frac{f'(x_0)}{1!}(x - x_0) + \frac{f''(x_0)}{2!}(x - x_0)^2 + \ldots + \frac{f^{(n)}(x_0)}{n!}(x - x_0)^n + \frac{f^{(n-1)}(x_0)}{(n+1)!}(x - x_0)^{n+1} \ldots$$

Die ersten n Glieder dieser Reihe stellen das bekannte Taylor-Polynom dar, die „restlichen" und hier nur durch Punkte angedeuteten Glieder lassen sich zu einem Restglied $R_{n+1}(x)$ zusammenfassen:

$$\underbrace{f(x)}_{\text{beliebige Funktion}} = \underbrace{f(x_0) + \frac{f'(x_0)}{1!}(x - x_0) + \ldots + \frac{f^{(n)}(x_0)}{n!}(x - x_0)^n}_{\text{Taylor-Polynom } T_n(x)} + \underbrace{R_{n+1}(x)}_{\text{Restglied}}$$

Die **Taylor-Entwicklung** einer linearen Funktion approximiert die Funktion nur so gut, wie es das Restglied zulässt. Von praktischer Bedeutung ist deshalb die **Restgliedabschätzung.**

Für die Funktion $f(x) = e^x$ sind die ersten vier taylorschen Näherungspolynome an der Stelle x = 0 zu bestimmen.

Da alle Ableitungen der Funktion $f(x) = e^x$ mit der Funktion selbst übereinstimmen, also $f(x) = f'(x) = f''(x) = \ldots = e^x$ gilt, erhält man für die Stelle x = 0: $f(0) = f'(0) = f''(0) = \ldots = e^0 = 1$

Demnach haben die taylorschen Näherungspolynome die Gestalt:

$$T_0(x) = 1 \qquad = 1$$
$$T_1(x) = 1 + \frac{1}{1!}x \qquad = 1 + x$$
$$T_2(x) = 1 + \frac{1}{1!}x + \frac{1}{2!}x^2 \qquad = 1 + x + \frac{1}{2}x^2$$
$$T_3(x) = 1 + \frac{1}{1!}x + \frac{1}{2!}x^2 + \frac{1}{3!}x^3 = 1 + x + \frac{1}{2}x^2 + \frac{1}{6}x^3$$

Mit zunehmender Ordnung nähern die Schmiegparabeln T_0 bis T_3 den Graphen von $f(x) = e^x$ in der Umgebung der Stelle $x_0 = 0$ immer besser an.

Die Graphen der Taylor-Polynome $T_n(x)$ werden allgemein als **Schmiegparabeln** bezeichnet.

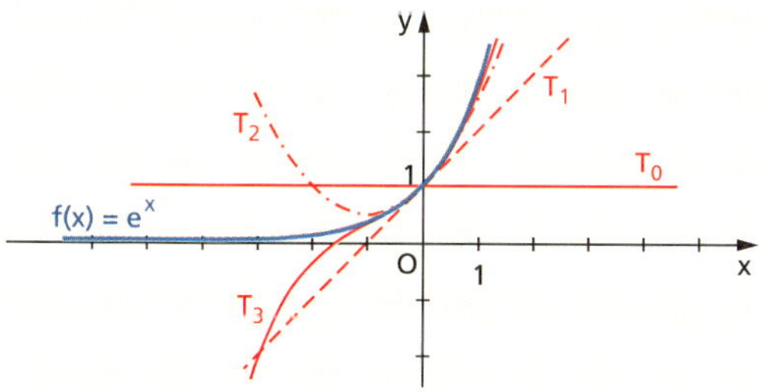

Es sind die ersten drei taylorschen Näherungspolynome der Funktion $f(x) = \cos x$ an der Stelle $x_0 = 0$ zu ermitteln.

Für die Ableitungen von f(x) an der Stelle $x_0 = 0$ ergibt sich:

$f(x) = \cos x$	$f(0) = 1$	$f'(x) = -\sin x$	$f'(0) = 0$
$f''(x) = -\cos x$	$f''(0) = -1$	$f'''(x) = \sin x$	$f'''(0) = 0$
$f^{(4)}(x) = \cos x$	$f^{(4)}(0) = 1$		

Damit erhält man die taylorschen Näherungspolynome:

$T_0(x) = 1$

$T_1(x) = 1 + 0 \cdot x = T_0$

$T_2(x) = 1 + 0 \cdot x - \frac{x^2}{2} = 1 - \frac{x^2}{2}$

$T_3(x) = 1 + 0 \cdot x - \frac{x^2}{2} + 0 \cdot x^3 = T_2$

$T_4(x) = 1 + 0 \cdot x - \frac{x^2}{2} + 0 \cdot x^3 + \frac{1}{24}x^4 = 1 - \frac{x^2}{2} + \frac{x^4}{24}$

Wieder wird deutlich, dass die Schmiegparabeln mit zunehmender Ordnung die gegebene Funktion in der Umgebung der betrachteten Stelle $x_0 = 0$ immer besser annähern. (Dargestellt sind die Schmiegparabeln nullter, zweiter und vierter Ordnung, denn die Kosinusfunktion ist eine gerade Funktion.)

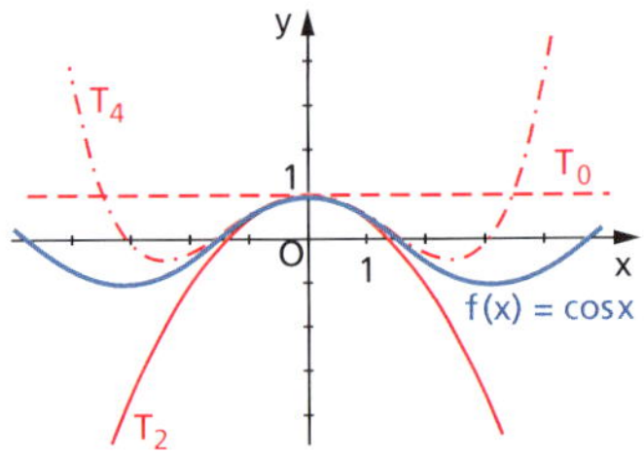

▶ Wenn das Restglied (für $n \to \infty$) gegen 0 konvergiert, spricht man von der Entwicklung der Funktion in eine Taylor-Reihe.

Die Beispiele zeigen, dass sich auch beliebige Funktionen y = f(x) in einer Umgebung der Stelle x_0 näherungsweise durch Taylor-Polynome

$$T_n(x) = f(x_0) + \frac{f'(x_0)}{1!}(x - x_0) + \frac{f''(x_0)}{2!}(x - x_0)^2 + \ldots + \frac{f^{(n)}(x_0)}{n!}(x - x_0)^n$$

darstellen lassen. Die Güte dieser Annäherung nimmt mit dem Grad n des Taylor-Polynoms zu. Entscheidend für die Qualität der Approximation ist darüber hinaus das Restglied $R_{n+1}(x)$, für das mit Mitteln der Differenzialrechnung verschiedene Darstellungen möglich sind.

Satz von Taylor

Für eine beliebige Funktion y = f (x), die in einer Umgebung von $x = x_0$ mindestens (n + 1)-mal stetig differenzierbar ist, gilt:

$$f(x) = f(x_0) + \frac{f'(x_0)}{1!}(x-x_0) + \frac{f''(x_0)}{2!}(x-x_0)^2 + \ldots + \frac{f^{(n)}(x_0)}{n!}(x-x_0)^n + R_{n+1}(x)$$

$$\text{mit } R_{n+1}(x) = \frac{f^{(n+1)}(x_0 + \vartheta(x - x_0))}{(n+1)!}(x - x_0)^{n+1}, \quad 0 < \vartheta < 1 \qquad (1)$$

(Allgemeine taylorsche Formel einer Funktion y = f(x) mit dem Restglied $R_{n+1}(x)$ in lagrangescher Form)

Für x = 0 ergibt sich der Spezialfall:

$$f(x) = f(0) + f'(0) \cdot x + \frac{f''(0)}{2!}x^2 \ldots + \frac{f^n(0)}{n!}x^n + \frac{f^{(n+1)}(\vartheta \cdot x)}{(n+1)!}x^{n+1}$$

mit $0 < \vartheta < 1$

Diese Beziehung wird auch als **Formel von MacLaurin** bezeichnet.

Aus (1) erhält man mit $x - x_0 = h$ bzw. $x = x_0 + h$ eine andere häufig verwendete Schreibweise der allgemeinen taylorschen Formel einer Funktion f:

$$f(x_0 + h) = f(x_0) + \frac{f'(x_0)}{1!}h + \frac{f''(x_0)}{2!}h^2 + \ldots + \frac{f^{(n)}(x_0)}{n!}h^n + \frac{f^{(n+1)}(x_0 + \vartheta \cdot h)}{(n+1)!}h^{n+1}$$

$(0 < \vartheta < 1)$

COLIN MACLAURIN (1698 bis 1746), schottischer Mathematiker

6.7.4 Das Verfahren der linearen Regression

Die grafische Darstellung und Auswertung von Messwertpaaren $(x_i; y_i)$ zweier Größen X und Y, die möglichst unter gleichen Bedingungen zustande gekommen sind, führt häufig zu einer Menge von Punkten, die nicht ohne Weiteres einer Funktion bzw. einer Kurve zugeordnet werden können. Eine solche Menge von Punkten wird häufig als *Punktwolke* bezeichnet. Gesucht ist dann eine Funktion, deren Graph *möglichst nahe an allen Punkten* liegt. Eine solche Funktion nennt man **Regressionsfunktion,** das Verfahren zu ihrer Ermittlung **Regression.**
Ist die Regressionsfunktion eine lineare Funktion, so spricht man von **linearer Regression.** Der dazugehörige Graph heißt dann **Regressionsgerade.**

regressio (lat.) – Rückgang (hier im Sinne von: Rückrechnung; aus vorgegebenen Punkten einen funktionalen Zusammenhang gewinnen)

6

Grafische Bestimmung der Regressionsgeraden

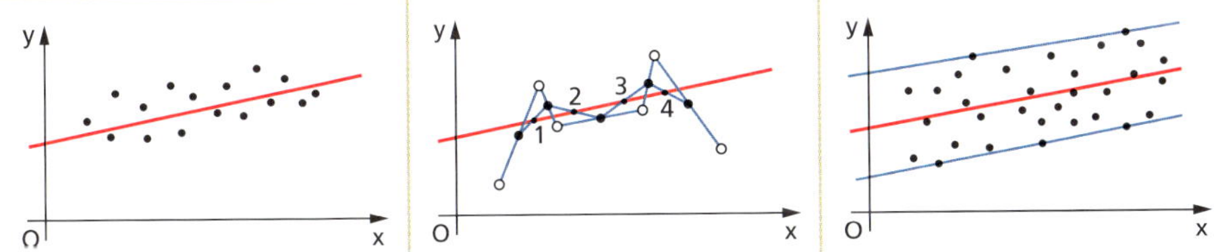

Grundsätzlich trägt man die gewonnenen Wertepaare in ein Koordinatensystem ein und legt in die entstandene Punktwolke eine Gerade, sodass die einzelnen Punkte möglichst gleichmäßig „oberhalb" und „unterhalb" der Regressionsgeraden verteilt sind.

Bei starker Streuung der Punkte kann man zu der Ausgleichsgeraden kommen, indem man die Punkte paarweise geradlinig verbindet, die Strecken halbiert und mit den benachbarten Mittelpunkten genauso verfährt. Durch fortgesetzte Anwendung dieses Verfahrens reduziert sich die Anzahl der Punkte bis auf wenige, durch die man dann die Ausgleichsgerade zeichnen kann.

Liegen sehr viele Messpunkte vor, so lässt sich die sogenannte „Kanalmethode" anwenden. Man verbindet jeweils die nach oben und unten am weitesten „außen" liegenden Punkte durch eine Gerade. Die Mittellinie dieses „Kanals" bzw. „Streifens" wird als Ausgleichsgerade genommen.

Die rechnerische Anpassung der Regressionsgeraden an die vorgegebenen Punkte erfolgt durch eine sogenannte **Ausgleichsrechnung,** die im Wesentlichen auf C. F. GAUSS zurückgeht.
Grundlage der Ausgleichsrechnung bildet die **Methode der kleinsten Quadrate,** durch die Beobachtungs- oder Messfehler mehr oder weniger „ausgeglichen" werden.
Ursprünglich für astronomische und geodätische Messung entwickelt, lässt sich die Methode der kleinsten Quadrate überall dort anwenden, wo Beobachtungs- oder Messergebnisse mathematisch exakt auszuwerten sind.
Die Ausgleichsrechnung ermöglicht es, für fehlerbehaftete Messwerte Näherungswerte mit klar definierter Genauigkeit festzulegen.

Gegeben sind n Messwertpaare:

x_i	x_1	x_2	x_3	…	x_n
y_i	y_1	y_2	y_3	…	y_n

Gesucht ist eine lineare Funktion $\hat{y} = ax + b$, deren Graph (eine Gerade) möglichst nahe an allen Punkten vorbeigeht.

Als Fehler bezeichnet man die Abweichung eines Messwertes vom wahren Wert. Dementsprechend befasst sich die **Fehlerrechnung** mit der Genauigkeit von Zahlen und Resultatsangaben.

Die Methode der kleinsten Quadrate verlangt nun, dass die Summe der Quadrate der Abstände (Abweichungen/Fehler) zwischen den Messpunkten $(x_i; y_i)$ und den entsprechenden Punkten $(x_i; \hat{y}_i)$ auf der Regressionsgeraden möglichst klein wird.

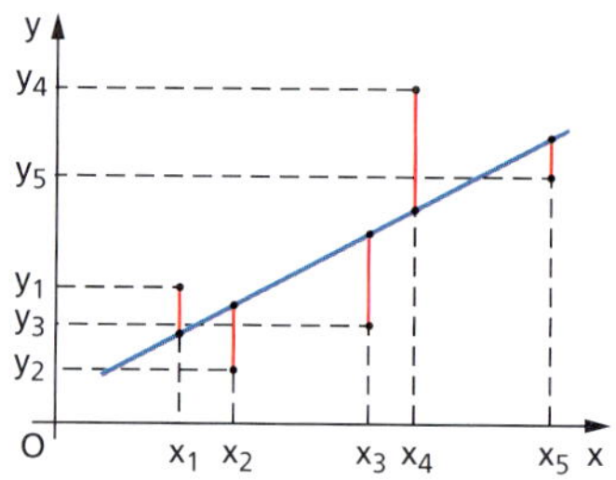

Bezeichnet man mit $\hat{y}_i$ den mithilfe der Regressionsfunktion *errechneten* Wert und ist y_i der jeweils *gemessene* Wert, dann ergibt sich für die Fehler v_i:

$$v_1 = y_1 - \hat{y}_1 = y_1 - ax_1 - b; \quad v_2 = y_2 - \hat{y}_2 = y_2 - ax_2 - b; \ldots$$

$$v_n = y_n - \hat{y}_n = y_n - ax_n - b$$

Für die Summe der Fehlerquadrate s gilt somit

$s = v_1^2 + v_2^2 + \ldots + v_n^2$ bzw. $s(a, b) = \sum_{i=1}^{n} (y_i - ax_i - b)^2$ – ein Ausdruck, der sowohl von a als auch von b abhängt. Diese Summe soll nach der Methode der kleinsten Quadrate ein Minimum sein. Das heißt: Es werden die partiellen Ableitungen (↗ Abschnitt 6.2.6) $\frac{\delta s}{\delta a}$ (b wird als konstant betrachtet) und $\frac{\delta s}{\delta b}$ (a wird als konstant betrachtet) gebildet und gleich 0 gesetzt.

Es gilt:

$$\frac{\delta s}{\delta a} = \sum_{i=1}^{n} [2(y_i - ax_i - b) \cdot (-x_i)] = 0 \quad \text{und} \quad \frac{\delta s}{\delta b} = \sum_{i=1}^{n} [2(y_i - ax_i - b) \cdot (-1)] = 0$$

Durch Ausmultiplizieren und Umformen erhält man:

$$\sum_{i=1}^{n} [-2(y_i \cdot x_i) + 2ax_i^2 + 2bx_i] = -2\sum_{i=1}^{n} x_i y_i + 2a\sum_{i=1}^{n} x_i^2 + 2b\sum_{i=1}^{n} x_i = 0 \quad \text{bzw.}$$

$$\sum_{i=1}^{n} [-2y_i + 2ax_i + 2b] = -2\sum_{i=1}^{n} y_i + 2a\sum_{i=1}^{n} x_i + 2b \cdot n = 0$$

Als Lösung dieses Gleichungssystems für a und b ergibt sich:

$$a = \frac{n \cdot \sum_{i=1}^{n} x_i \cdot y_i - \sum_{i=1}^{n} x_i \sum_{i=1}^{n} y_i}{n\sum_{i=1}^{n} x_i^2 - \left(\sum_{i=1}^{n} x_i\right)^2} \quad \text{und} \quad b = \frac{\sum_{i=1}^{n} x_i^2 \cdot \sum_{i=1}^{n} y_i - \sum_{i=1}^{n} x_i \cdot \sum_{i=1}^{n} x_i \cdot y_i}{n\sum_{i=1}^{n} x_i^2 - \left(\sum_{i=1}^{n} x_i\right)^2}$$

Für Berechnungen wird demnach benötigt:

$\sum x_i$, $(\sum x_i)^2$, $\sum x_i^2$, $\sum y_i$, $\sum x_i \cdot y_i$ (mit jeweils i = 1, … , n)

Gegeben sei die Messwertreihe

x_i	10	13	17	20
y_i	5,1	5,5	6,6	6,9

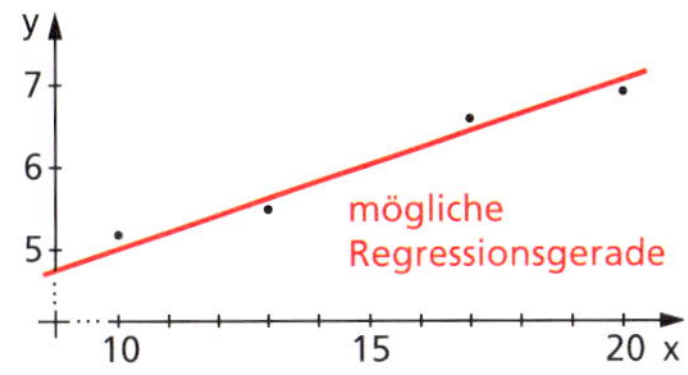

Vermutet wird ein linearer Zusammenhang. Die Regressionsfunktion ist zu bestimmen.

Berechnung:

Nr.	x_i	y_i	x_i^2	x_iy_i
1	10	5,1	100	51
2	13	5,5	169	71,5
3	17	6,6	289	112,2
4	20	6,9	400	138,0
Σ	$\sum_{i=1}^{4} x_i = 60$	$\sum_{i=1}^{4} y_i = 24{,}1$	$\sum_{i=1}^{4} x_i^2 = 958$	$\sum_{i=1}^{4} x_iy_i = 372{,}7$

Aus der Tabelle folgt für die Steigung a der Regressionsgeraden

$$a = \frac{4 \cdot 372{,}7 - 60 \cdot 24{,}1}{4 \cdot 958 - 3600} = \frac{44{,}8}{232} \approx 0{,}193$$

und für die Verschiebung b

$$b = \frac{958 \cdot 24{,}1 - 60 \cdot 327{,}7}{232} = \frac{725{,}8}{232} \approx 3{,}128.$$

Damit erhält man als Gleichung für die Regressionsfunktion, die den in der Messreihe dargestellten Zusammenhang näherungsweise beschreibt: $\hat{y} = 0{,}193x + 3{,}128$
Nunmehr lassen sich die $\hat{y}_i$-Werte berechnen sowie die Abweichungsquadrate d_i^2 und damit lässt sich die Summe der Abweichungsquadrate ermitteln:

Nr.	x_i	y_i	$\hat{y}_i = ax_i + b$	$d_i^2 = (y_i - \hat{y}_i)^2$
1	10	5,1	5,058	0,0018
2	13	5,5	5,637	0,0188
3	17	6,6	6,409	0,0365
4	20	6,9	6,988	0,0077
Σ	$\sum_{i=1}^{4} x_i = 60$	$\sum_{i=1}^{4} y_i = 24{,}1$		$\sum_{i=1}^{4} d_i^2 = 0{,}065$

Bei einem linearen Zusammenhang der Form $\hat{y} = a \cdot x$ vereinfacht sich die Regressionsrechnung wesentlich.
Es ist dann:

$$a = \frac{\sum_{i=1}^{n} x_i \cdot y_i}{\sum_{i=1}^{n} x_i^2}$$

Damit ist ein erstes Maß für die Güte der Näherung durch die Regressionsfunktion gegeben. Mit 0,065 erreicht diese Summe tatsächlich nur einen sehr kleinen Wert, sodass man davon ausgehen kann, dass es sich bei dem in der Messreihe dargestellten Sachverhalt wirklich um einen linearen Zusammenhang handelt, der durch die Funktion $\hat{y} = 0{,}193x + 3{,}128$ annähernd gut beschrieben wird. Weiterhin kann man nun hinreichend genau für weitere x-Werte zwischen $x_1 = 10$ und $x_2 = 20$ die entsprechenden Näherungswerte angeben.

Funktionsanpassungen mithilfe von Aussagen der 1. und 2. Ableitung einer Funktion

Beispiele für Informationen, die der 1. Ableitung entnommen werden

„Der Extrempunkt ist E(4; 5)“ bedeutet:
Punkteigenschaft: $f(4) = 5$
Extremstelleneigenschaft: $f'(4) = 0$

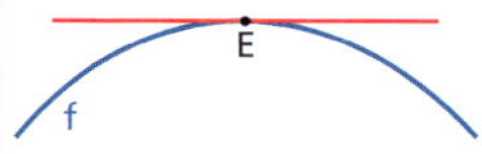

„Der Graph berührt die x-Achse an der Stelle 5“ bedeutet:
Punkteigenschaft: $f(5) = 0$
horizontale Berührung: $f'(5) = 0$

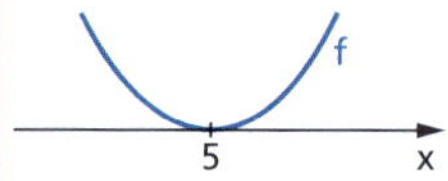

„Der Graph berührt bei x = 2 die Winkelhalbierende des 1. Quadranten“ bedeutet:
Punkteigenschaft: $f(2) = 2$
Berührung der Tangente
$y = x$ mit der Steigung 1: $f'(2) = 1$

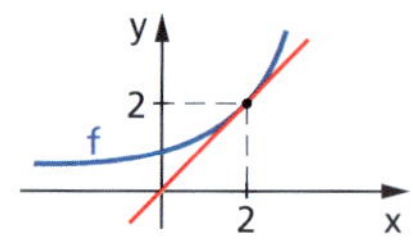

„Der Graph schneidet an der Stelle x = –1 die x-Achse im Winkel von 30°“ bedeutet:
Punkteigenschaft: $f(-1) = 0$
Anstieg aus Winkel: $f'(-1) = \tan 30°$
oder $f'(-1) = -\tan 30°$

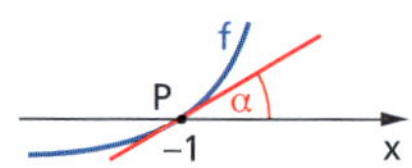

Beispiele für Informationen, die der 2. Ableitung entnommen werden

„Der Wendepunkt ist W(4; 5)“ bedeutet:
Punkteigenschaft: $f(4) = 5$
Wendeeigenschaft: $f''(4) = 0$

„Im Punkt P(0; 1) wechselt das Wachstum von progressiv nach degressiv“ bedeutet:
Punkteigenschaft: $f(0) = 1$
Art des Wachstums wechselt
im Wendepunkt P: $f''(0) = 0$

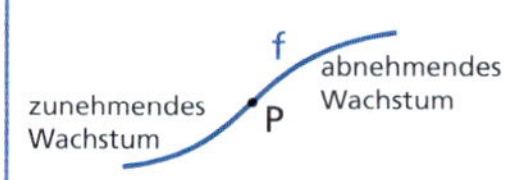

„Die Wendetangente im Punkt P(1; 1) hat die Steigung 4“ bedeutet:
Punkteigenschaft: $f(1) = 1$
P ist Wendepunkt: $f''(1) = 0$
Tangentensteigung: $f'(1) = 4$

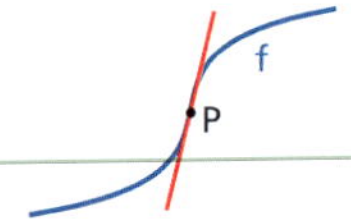

„Der Koordinatenursprung O ist Sattelpunkt“ bedeutet:
Punkteigenschaft: $f(0) = 0$
Sattelpunkt
- Steigung null: $f'(0) = 0$
- Wendeeigenschaft: $f''(0) = 0$

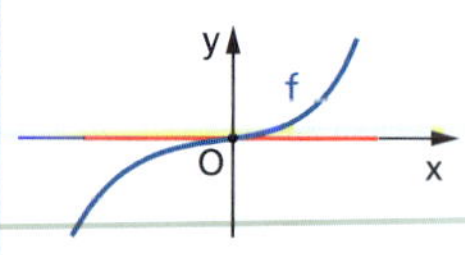

6.8 Näherungsverfahren zum Lösen von Gleichungen

6.8.1 Grafische Suche von Nullstellen

Da die Lösungen einer Gleichung $f(x) = 0$ mit den Nullstellen der Funktion $y = f(x)$ identisch sind, findet man sie als Abszissenwerte der Schnitt- oder Berührungspunkte des Funktionsgraphen mit der Abszissenachse.

Gleichungen, für die exakte Lösungsverfahren nicht bekannt oder zu aufwendig sind, lassen sich oft mit hinreichender Genauigkeit näherungsweise lösen.

Die Gleichung $x^3 - x^2 - 3x + 2 = 0$ kann näherungsweise gelöst werden, indem die Nullstellen der Funktion $f(x) = x^3 - x^2 - 3x + 2$ der grafischen Darstellung entnommen werden.

Intervall [– 5; 5]	**Intervall [– 2; –1]**	**Intervall [0; 1]**
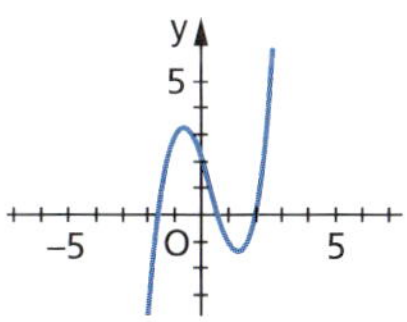	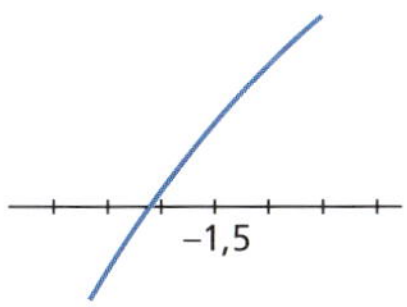	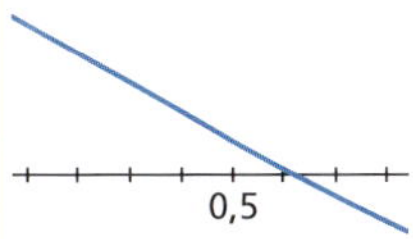
$x_1 \approx -1{,}6$; $x_2 \approx 0{,}6$; $x_3 \approx 2$	$x_1 \approx -1{,}62$	$x_2 \approx 0{,}62$

Durch weitere Einschachtelung mithilfe eines grafikfähigen Taschenrechners oder eines Computerprogramms lassen sich folgende Näherungswerte ermitteln:

$x_1 \approx -1{,}61803$ mit $f(x_1) \approx 0{,}00003227$;
$x_2 \approx 0{,}61803$ mit $f(x_2) \approx 0{,}00001233$;
$x_3 \approx 2{,}0000$ mit $f(x_3) \approx 0{,}00000000$

Die Genauigkeit beim Ablesen lässt sich erhöhen, indem die Funktion in einem immer engeren Intervall um die Nullstelle herum dargestellt wird.

Lässt sich die Ausgangsfunktion in zwei bequem darstellbare Funktionen zerlegen, bietet sich folgendes Verfahren an:

Um die Nullstellen der Funktion $f(x) = x^3 + x^2 - 2$ zu ermitteln, kann die Gleichung $x^3 + x^2 - 2 = 0$ zu $x^3 = -x^2 + 2$ umgeformt werden.
Die Lösungen der Ausgangsgleichung ergeben sich hier als Abszissenwerte der Schnittpunkte der Graphen der beiden Funktionen $h(x) = x^3$ und $g(x) = -x^2 + 2$.
Die beiden Graphen schneiden einander im Punkt P(1; 1). Die x-Koordinate dieses Punktes, also $x_s = 1$, ist Nullstelle der Funktion f.

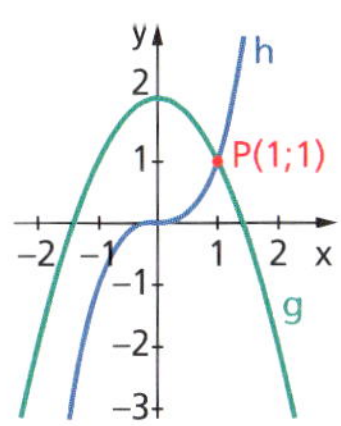

Verfahren, bei denen durch *wiederholte Anwendung* eines Algorithmus eine immer genauere Lösung für die jeweilige Gleichung gefunden werden kann, werden als **iterative Verfahren** oder **Iteration** bezeichnet.
Das Prinzip besteht darin, dass einer *Anfangsnäherung* x_1, die man durch Abschätzen oder aus der grafischen Darstellung der zugehörigen Funktion erhält, und einer *Vorschrift* zur Verbesserung dieser Näherung eine *Folge von Näherungen* (x_i) erzeugt wird, für die $\lim\limits_{i \to \infty} x_i = x_0$ gilt. Hat man die geforderte Genauigkeit erreicht, wird die Iteration abgebrochen.

Iterative Prozesse bilden eine wichtige Grundlage für **chaotisches Verhalten und fraktale Geometrie.**

6.8.2 Bisektionsverfahren

▶ Da meist Teilungen in zwei Teilintervalle erfolgen, wird dieses Näherungsverfahren **Halbierungs-** oder **Bisektionsverfahren** genannt.

Ist ein Intervall [a; b] bekannt, in dem sich eine Nullstelle befindet, so kann die Genauigkeit durch **Intervallschachtelung** schrittweise erhöht werden. Das Verfahren führt zu einer guten Näherung, wenn f(a) und f(b) verschiedene Vorzeichen haben oder einer der beiden Funktionswerte selbst null ist. Es sollte also gelten: $f(a) \cdot f(b) \le 0$
In einem solchen Fall wird das Intervall in n gleiche Teilintervalle zerlegt. Für alle Intervallendpunkte berechnet man den Funktionswert. Ist ein Wert gleich 0, so ist eine Nullstelle gefunden. Ansonsten wird das erste Intervall ausgewählt, in dem sich das Vorzeichen ändert. Dieses übernimmt die Rolle des eingangs genannten Intervalls [a; b]. Die genannten Schritte werden so lange wiederholt, bis eine Nullstelle direkt gefunden oder eine vorgegebene Genauigkeit, erreicht wurde.

▶ Eine wirksame Hilfe zur Anwendung der **Intervallschachtelung** auf ganzrationale Funktionen bietet das **Hornerschema.**

Algorithmus für eine Intervallschachtelung

(1) Ermittle ein Intervall [a; b] mit $f(a) \cdot f(b) \le 0$.
(2) Teile [a; b] in n gleiche Teilintervalle mit den Endpunkten t_0 bis t_n.
(3) Berechne alle $f(t_i)$.
(4) Ist einer der $f(t_i) = 0$, so ist das Ziel erreicht.
(5) Andernfalls wähle das erste Intervall $[t_i; t_{i+1}]$ mit $f(t_i) \cdot f(t_{i+1}) \le 0$.
(6) Ist $t_{i+1} - t_i \le g$ (g – Genauigkeit), so ist t_i eine Näherung für x_0. Andernfalls wähle $a = t_i$ und $b = t_{i+1}$ und gehe zu (2).

■ Es soll die Nullstelle der Funktion $f(x) = x^3 - 3x^2 + 1$, die im Intervall [0; 1] liegt, mit der Bisektionsmethode ermittelt werden.

Schritt		**Intervall**		
Start	x	0	1	
	y	1	–1	
1	x	0	0,5	1
	y	1	0,375	–1
2	x	0,5	0,75	1
	y	0,375	–0,265625	–1
3	x	0,5	0,625	0,75
	y	0,375	0,0722656	–0,265625
4	x	0,625	0,6875	0,75
	y	0,0722656	–0,0930176	–0,265625
5	x	0,625	0,65625	0,6875
	y	0,0722656	–0,0093689	–0,0930176
6	x	0,625	0,640625	0,65625
	y	0,0722656	0,0317116	–0,0093689
7	x	0,640625	0,6484375	0,65625
	y	0,0317116	0,0112357	–0,0093689
8	x	0,6484375	0,65234375	0,65625
	y	0,0112357	0,0009493	–0,0093689

$\Rightarrow \underline{x_2 \approx 0{,}652}$

6.8.3 Newtonsches Näherungsverfahren

Beim newtonschen Näherungsverfahren wird der Graph der Funktion f in der Nähe der Nullstelle x_0 durch eine Tangente ersetzt. Das Verfahren heißt deshalb auch **Tangentennäherungsverfahren.** Hat man eine *Anfangsnäherung x_1*, so kann man den Funktionswert $f(x_1)$ berechnen und die Tangente im Punkt $B_1(x_1; f(x_1))$ an den Graphen von f legen.

▶ *iterare* (lat.) – wiederholen

ISAAC NEWTON (1643 bis 1727)

Die Tangente hat die Steigung f' und die Gleichung:
$y - f(x_1) = f'(x_1) \cdot (x - x_1)$
Die Abszisse des Schnittpunktes $(x_2; 0)$ der Tangente mit der x-Achse ist eine weitere Näherung für die gesuchte Nullstelle von f.
Aus $0 - f(x_1) = f'(x_1) \cdot (x_2 - x_1)$ folgt:
$x_2 = x_1 - \frac{f(x_1)}{f'(x_1)}$
Nun kann x_2 als neuer Startwert verwendet werden. Also ist in $B_2(x_2; f(x_2))$ eine Tangente anzulegen und als neue Näherung
$x_3 = x_2 - \frac{f(x_2)}{f'(x_2)}$ zu berechnen.

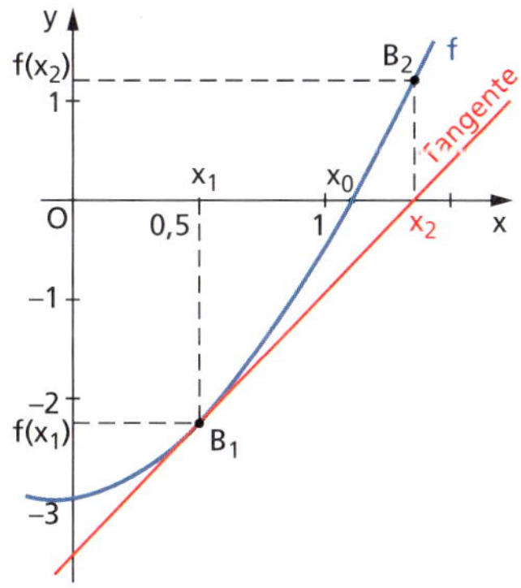

▶ Ein weiteres Verfahren ist die **regula falsi,** das Sekantennäherungsverfahren.

Dieses Vorgehen kann beliebig oft wiederholt werden. Man erhält eine Folge von Näherungswerten, die gegen x_0 konvergieren.

Definition Iterationsvorschrift zum Bestimmen einer Nullstelle

1. Festlegen einer geeigneten Startnäherung x_1
2. Aus einem bereits bekannten x_i mit $i \in \mathbb{N}$, $i > 0$, $f'(x_i) \neq 0$ wird der nächste Näherungswert $x_{i+1} = x_i - \frac{f(x_i)}{f'(x_i)}$ berechnet.

Das Verfahren liefert für $f'(x_i) \neq 0$ und $f'(x_0) \neq 0$ einen jeweils besseren Näherungswert, wenn für alle x des x_0 enthaltenen Intervalls $\frac{f(x) \cdot f''(x)}{[f'(x)]^2} < 1$ gilt.

Für die Funktion $y = f(x) = x^3 - 3x^2 + 1$ und die Startwerte $x_1 = 0{,}6$ und $x_1 = 3$ sollen nach dem newtonschen Näherungsverfahren Nullstellen ermittelt werden. Der Rekursionsschritt nach Einsetzen der konkreten Funktion lautet:

$$x_{i+1} = x_i - \frac{x_i^3 - 3x_i^2 + 1}{3x_i^2 - 6x_i} = \varphi(x_i)$$

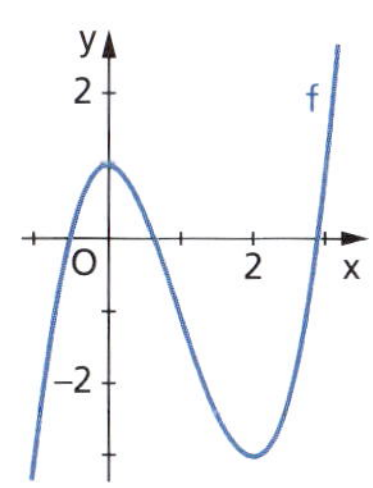

Iteration	Kontrolle
1. Start x_1 = **0,6**	$f(x_1) = 0{,}136$
$x_2 = \varphi(x_1)$ = **0,65396825**	$f(x_2) = -0{,}0033379$
$x_3 = \varphi(x_2)$ = **0,65270427**	$f(x_3) = -1{,}6605E-06$
$x_4 = \varphi(x_3)$ = **0,65270364**	$f(x_4) = -4{,}1278E-13$
$x_5 = \varphi(x_4)$ = **0,65270364**	$f(x_5) = 0$
$x_6 = \varphi(x_5)$ = **0,65270364**	$f(x_6) = 0$

6

Iteration	Kontrolle
2. Start $x_1 = \mathbf{3}$	$f(x_1) = 1$
$x_2 = \varphi(x_1) = \mathbf{2{,}8}8888889$	$f(x_2) = 0{,}07270233$
$x_3 = \varphi(x_2) = \mathbf{2{,}879}45157$	$f(x_3) = 0{,}00050385$
$x_4 = \varphi(x_3) = \mathbf{2{,}87938524}$	$f(x_4) = 2{,}4801\text{E}-08$
$x_5 = \varphi(x_4) = \mathbf{2{,}87938524}$	$f(x_5) = -3{,}5527\text{E}-15$
$x_6 = \varphi(x_5) = \mathbf{2{,}87938524}$	$f(x_6) = 0$

▶ Die Wahl einer geeigneten Startnäherung ist ausschlaggebend für den Erfolg der Näherung.

Mit dem Startwert $x_1 = 0{,}6$ wird schon mit dem 3. Iterationsschritt eine Näherung erreicht, die bis zur achten Stelle nach dem Komma stabil ist. Als Näherungswert kann $x_0 \approx 0{,}652704$ angegeben werden. Der Start mit der Anfangsnäherung $x_1 = 3$ führt auch zu einem stabilen Ergebnis, allerdings wurde mit der hier gewählten Startnäherung eine andere Nullstelle der gleichen Funktion gefunden.

6.8.4 Allgemeines Iterationsverfahren

▶ Die Iteration lässt sich sowohl numerisch als auch grafisch durchführen.

▶ Die Funktion φ erhält man aus der Ausgangsgleichung $f(x) = 0$, indem man diese Gleichung nach x umstellt.

Wird eine zu lösende Gleichung $f(x) = 0$ auf eine iterierfähige Form $x = \varphi(x)$ gebracht, so kann diese als Bestimmungsgleichung für die Koordinaten des Schnittpunktes S zweier Graphen mit den Gleichungen $y = x$ und $y = \varphi(x)$ verstanden werden.
Ausgehend von einem beliebigen Startwert x_1 kann nun ein Näherungswert $x_2 = \varphi(x_1)$ berechnet werden. Aus x_2 erhält man einen Näherungswert $x_3 = \varphi(x_2)$ usw.

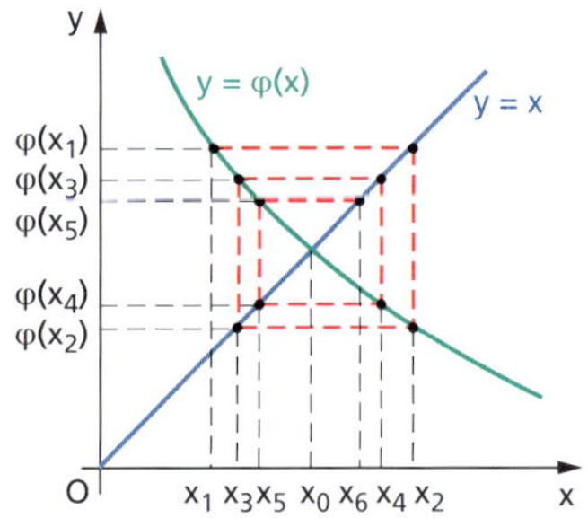

Definition Allgemeines Iterationsverfahren
(1) Festlegen einer geeigneten Startnäherung x_1 für eine Nullstelle
(2) Aus einem bekannten x_i ($i \in \mathbb{N}$; $i > 0$) berechnet man: $x_{i+1} = \varphi(x_i)$

Dadurch entsteht eine Folge von Näherungswerten (x_i), die unter bestimmten Bedingungen gegen x_0 konvergiert.

▶ Um die Chancen für eine Konvergenz abzuschätzen, sollte für jeden Näherungswert x_i die Ableitung $\varphi'(x_i)$ mit berechnet werden.

Definition Hinreichendes Konvergenzkriterium
Wenn die Gleichung $x = \varphi(x)$ in einem Intervall $[a; b]$ eine Lösung besitzt, φ in $[a; b]$ differenzierbar ist und eine reelle Zahl k existiert mit $|\varphi'(x)| < k < 1$ für alle $x \in [a; b]$, dann konvergiert die Folge (x_i) mit $x_{i+1} = \varphi(x_i)$, $i \in \mathbb{N}$; $i > 0$ für alle Startwerte x_1 aus $[a; b]$.

Da das Kriterium hinreichend, aber nicht notwendig ist, kann das allgemeine Iterationsverfahren auch konvergieren, wenn für ein x_i die Ableitung $\varphi'(x_i)$ betragsmäßig größer als 1 ist.

Für die Funktion $f(x) = x^3 - 3x^2 + 1$ ist mittels des allgemeinen Iterationsverfahrens eine Nullstelle auf fünf Stellen genau zu bestimmen. Durch Abschätzen ergibt sich als erste grobe Näherung der gesuchten Nullstelle der Wert 0,5, denn $f(0{,}5) = 0{,}375$. Für die Anwendung des allgemeinen Iterationsverfahrens muss die Gleichung $0 = x^3 - 3x^2 + 1$ zunächst in die Form $x = \varphi(x)$ gebracht werden. Von den verschiedenen möglichen Wegen seien zwei hier angegeben:

$$x = \varphi(x) = \frac{x^2}{3} + \frac{1}{3x} \quad (1) \qquad \text{oder} \qquad x = \varphi(x) = 3 - \frac{1}{x^2} \quad (2)$$

mit $\varphi'(x) = \frac{2x}{3} - \frac{1}{3x^2}$

Da die Werte von φ' in einer Umgebung der Nullstelle betragsmäßig kleiner als 1 sind, konvergiert die durch die Iteration erzeugte Folge gegen die betrachtete Nullstelle.

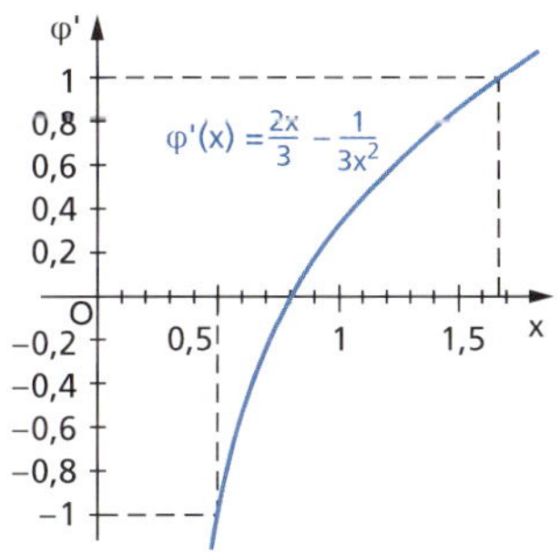

i	x_i	$f(x_i)$	$\varphi'(x_i)$
1	0,500000	0,750000	−1,00000
2	0,750000	−0,265625	−0,09259
3	**0,6**31944	0,054308	−0,41339
4	**0,6**60590	−0,020871	−0,32347
5	**0,65**0059	0,006970	−0,35544
6	**0,65**3633	−0,002452	−0,34445
7	**0,652**382	0,000848	−0,34828
8	**0,652**815	−0,000295	−0,34695
9	**0,652**665	0,000102	−0,34742
10	**0,652**717	−0,000036	−0,34726
11	**0,652**699	0,000012	−0,34731
12	**0,6527**05	−0,000004	−0,34729
13	**0,6527**03	0,000001	−0,34730
14	**0,652704**	−0,000001	−0,34730
15	**0,652704**	0,000000	−0,34730
16	**0,652704**	−0,000000	−0,34730

mit $\varphi'(x) = \frac{2}{x^3}$

Da die Werte von φ' in einer Umgebung der Nullstelle betragsmäßig größer als 1 sind, ist durch das Verfahren der allgemeinen Iteration keine sinnvolle Näherung für die betrachtete Nullstelle $x_0 \approx 0{,}5$ zu erwarten.

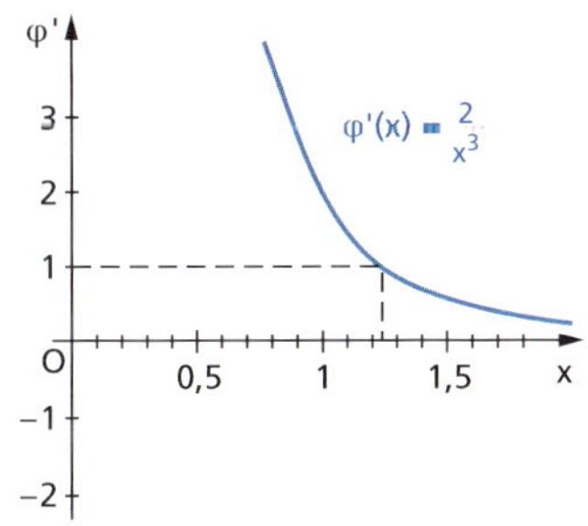

i	x_i	$f(x_i)$	$\varphi'(x_i)$
1	1,000000	−1,000000	2,00000
2	2,000000	−3,000000	0,25000
3	2,750000	−0,890625	0,09617
4	**2,8**67769	−0,087484	0,08480
5	**2,87**8406	−0,007432	0,08386
6	**2,879**303	−0,000623	0,08379
7	**2,8793**78	−0,000052	0,08378
8	**2,879385**	−0,000004	0,08378
9	**2,879385**	−0,000000	0,08378
10	**2,879385**	−0,000000	0,08378

Für beide Ansätze für $x = \varphi(x)$ konvergiert das allgemeine Iterationsverfahren, aber nur der Ansatz (1) liefert eine Näherungslösung für die eingangs betrachtete Nullstelle. Es gilt: $x_0 \approx 0{,}65270$

Ansatz (2) führt zu einer zweiten Nullstelle: $x_0 \approx 2{,}87939$

Näherungsverfahren zum Berechnen von Nullstellen

Verfahren	Veranschaulichung

Bisektionsverfahren (Halbierungsverfahren)

Durch Halbierung des Intervalls [a; b] entstehen die Teilintervalle [a; x] und [x; b] mit $x = \frac{a+b}{2}$.

Es ist $x_0 \in [a; x]$,
wenn $f(a) \cdot f(x) \leq 0$,
bzw. $x_0 \in [x; b]$,
wenn $f(x) \cdot f(b) \leq 0$.

Die Halbierung wird fortgesetzt, bis |a – b| kleiner als eine vorgegebene Genauigkeit ist.

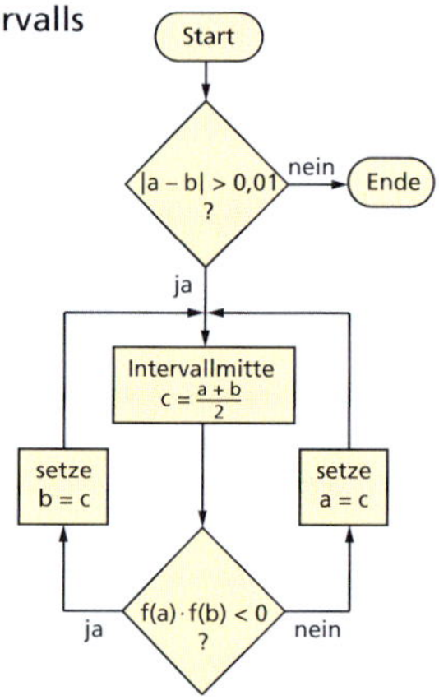

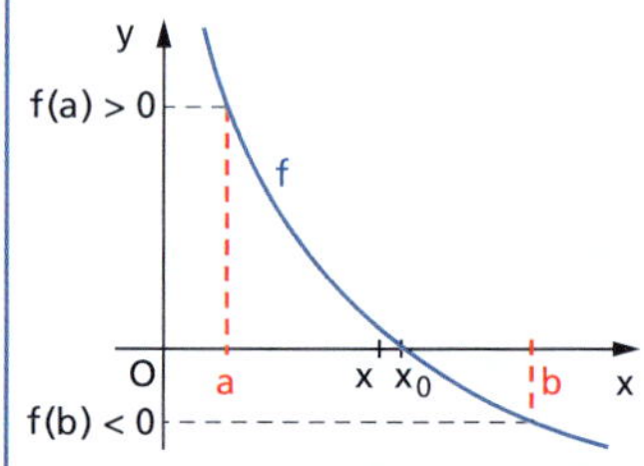

Sekantennäherungsverfahren (regula falsi)

Aus zwei Näherungswerten x_1 und x_2 für die gesuchte Nullstelle x_0 von f mit $f(x_1) < 0$ und $f(x_2) > 0$ (oder umgekehrt) bestimmt man einen genaueren Näherungswert x_3 mit:

$$x_3 = x_1 - \frac{x_2 - x_1}{f(x_2) - f(x_1)} \cdot f(x_1)$$

Das Verfahren wird mit x_1 und x_3 (bzw. x_2 und x_3) fortgesetzt.

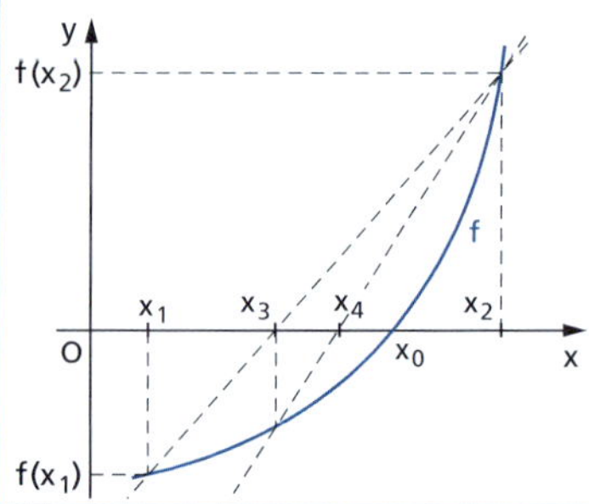

Tangentennäherungsverfahren (newtonsches Näherungsverfahren)

Aus einem (hinreichend guten) Näherungswert x_1 für die gesuchte Nullstelle x_0 bestimmt man einen genaueren Näherungswert x_2 mit:

$$x_2 = x_1 - \frac{f(x_1)}{f'(x_1)}$$

Das Verfahren wird unter Verwendung von x_2 fortgesetzt.

Bedingung:

$f'(x_i) \neq 0$ und $f'(x_0) \neq 0$ sowie $\frac{f(x) \cdot f''(x)}{[f'(x)]^2} < 1$

für alle x des x_0 enthaltenden Intervalls

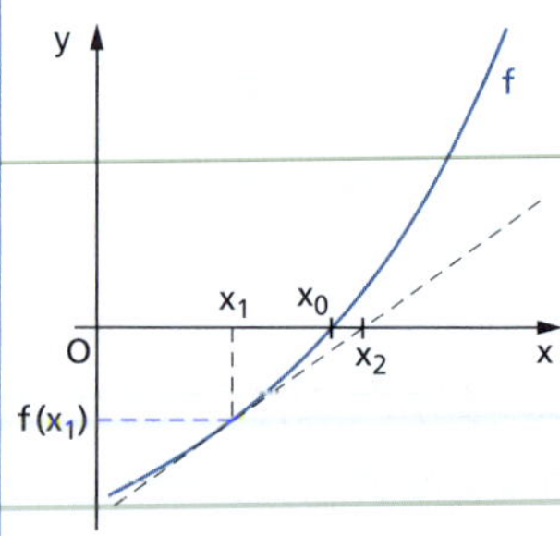

Wissenstest 6 auf **http://wissenstests.schuelerlexikon.de** und auf der DVD

Integralrechnung

7

7.1 Das unbestimmte Integral

7.1.1 Die Begriffe *Stammfunktion* und *unbestimmtes Integral*

integratio (lat.) – Wiederherstellen eines Ganzen; *integrare* (lat.) – wiederherstellen

Als das Grundproblem der Integralrechnung kann die Aufgabe angesehen werden, *zu einer gegebenen Funktion f eine Funktion F zu bestimmen, deren Ableitung gleich f ist*. Eine solche Funktion F wird Stammfunktion von f genannt.

Definition Die Funktion F heißt eine **Stammfunktion** der Funktion f, wenn die Funktionen f und F einen gemeinsamen Definitionsbereich D_f besitzen und für alle $x \in D_f$ gilt: $F'(x) = f(x)$

Mit den Mitteln der Differenzialrechnung wurde gezeigt, dass sich die Geschwindigkeit als Ableitung des Weges nach der Zeit berechnen lässt. Es gilt $v = s'(t) = \frac{ds}{dt}$ (↗ Abschnitt 6.1.1). Oft ist aber das umgekehrte Problem zu lösen: Die Geschwindigkeit-Zeit-Funktion ist bekannt und zu berechnen ist der zurückgelegte Weg s in Abhängigkeit von der Zeit. Gesucht ist also eine Funktion $s = s(t)$, deren Ableitung die Funktion v ist.

Das Integrieren ist die Umkehrung des Differenzierens.

Der Vorgang des Aufsuchens einer Stammfunktion zu einer gegebenen Funktion wird als *Integration* oder *Integrieren* bezeichnet. So wie man beim Differenzieren auch vom Ableiten spricht, bezeichnet man das Integrieren auch als *Aufleiten*.

Funktion f	Stammfunktion F	Kontrolle
$f(x) = 6x$	$F(x) = 3x^2$	$F'(x) = 2 \cdot 3x = f(x)$ und $D_f = D_F$
$f(x) = x^2$	$F(x) = \frac{1}{3}x^3$	$F'(x) = 3 \cdot \frac{1}{3}x^2 = x^2 = f(x)$ und $D_f = D_F$
$f(x) = 7$	$F(x) = 7x$	$F'(x) = 7 = f(x)$ und $D_f = D_F$
$f(x) = \sin x$	$F(x) = -\cos x$	$F'(x) = \sin x = f(x)$ und $D_f = D_F$

Gibt es zu einer Funktion f eine Stammfunktion F, so existieren unendlich viele weitere Stammfunktionen, die sich nur um eine additive Konstante unterscheiden.

Satz Es sei F_1 eine Stammfunktion von f in D. F_2 ist genau dann eine Stammfunktion von f, wenn es eine Zahl C ($C \in \mathbb{R}$) gibt, sodass $F_2(x) = F_1(x) + C$ für alle $x \in D$ gilt.

Zur Funktion $f(x) = \frac{1}{2}x^2 - x$ sind drei Stammfunktionen anzugeben und grafisch darzustellen.
Stammfunktionen sind z. B. die Funktionen

$F_1(x) = \frac{1}{6}x^3 - x^2$, denn $F_1'(x) = \frac{1}{2}x^2 - x$;

$F_2(x) = \frac{1}{6}x^3 - x^2 + 2$, denn $F_2'(x) = \frac{1}{2}x^2 - x$;

$F_3(x) = \frac{1}{6}x^3 - x^2 - 2$, denn $F_3'(x) = \frac{1}{2}x^2 - x$.

Es entsteht eine Schar von Kurven, die durch Verschiebung in Richtung der Ordinatenachse um C auseinander hervorgehen.

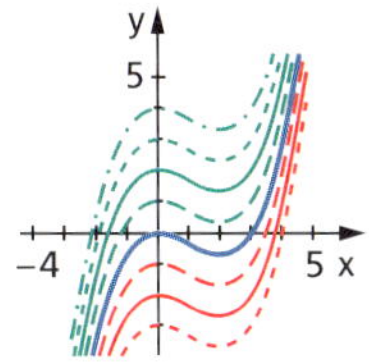

Kurvenschar für $C \in \{-3; -2; -1; 0; 1; 2; 3; 4\}$

Die Lösung(en) der Gleichung $F'(x) = f(x)$ (↗ *Differenzialgleichungen*) lassen sich in einem Koordinatensystem gut veranschaulichen: Zu jedem Abszissenwert x mit $x \in [a; b]$ lässt sich nämlich $f(x) = F'(x)$, also der Anstieg von F in jedem Punkt P(x; y), berechnen und durch ein entsprechend gerichtetes Streckenstück darstellen. Dieses Streckenstück kann man als Teil der Tangente an den Graphen von F im Punkt P(x; y) auffassen. Da die Ordinate y frei wählbar ist, ergibt sich ein Richtungsfeld. Jede Stammfunktion F_i erscheint dort als Pfad.

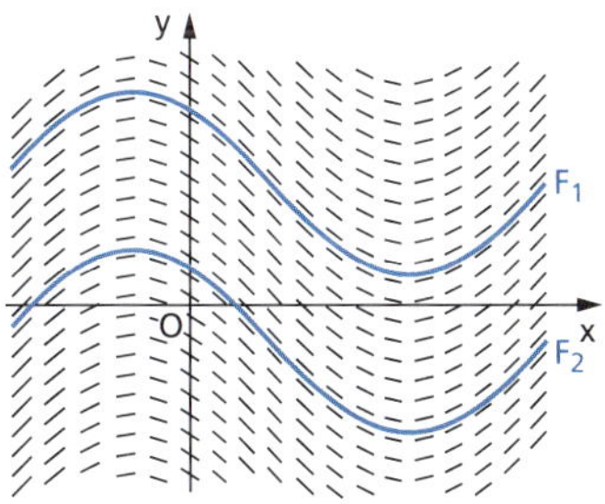

Definition
Die Menge aller Stammfunktionen einer Funktion f heißt **unbestimmtes Integral** von f. Man schreibt: $\int f(x)\,dx = \{F(x) \mid F'(x) = f(x)\}$

Das Integralzeichen $\int$ wurde 1675 von GOTTFRIED WILHELM LEIBNIZ (1646 bis 1716) als Symbol für eine Summe eingeführt. Das Wort *Integral* geht auf die Brüder JAKOB und JOHANN BERNOULLI (1654 bis 1705 bzw. 1667 bis 1748) zurück.

Im Allgemeinen verzichtet man auf die Mengenschreibweise und schreibt:

$\int f(x)\,dx = F(x) + C \quad (F'(x) = f(x),\ C \in \mathbb{R})$

Dabei bedeuten f(x) – *Integrandenfunktion* – kurz: *Integrand*, x – *Integrationsvariable*, C – *Integrationskonstante*, dx – *Differenzial* des unbestimmten Integrals $\int f(x)\,dx$ – gelesen: *Integral über f von x dx*

Das unbestimmte Integral $\int 3x^2\,dx$ ist zu ermitteln.

(1) Es ist $f(x) = 3x^2$ der Integrand und x die Integrationsvariable, d. h., es soll nach x integriert werden.

(2) Da die Funktion $F(x) = x^3$ die Ableitung $3x^2$ besitzt, ist $F(x) = x^3$ eine Stammfunktion von $f(x) = 3x^2$.

(3) Somit ergibt sich die Lösung: $\int 3x^2\,dx = x^3 + C \quad (C \in \mathbb{R})$

(4) Probe: $F(x) = x^3 + C \Rightarrow F'(x) = 3x^2 = f(x)$

Zu jedem Integral gehört eine Integrationsvariable, die angibt, „wonach" zu integrieren ist. Variablen, die nicht im Differenzial auftreten, sind als Konstanten anzusehen.

Die Integrandenfunktion $f(x) = ax$ soll nach verschiedenen Variablen integriert werden. Es gilt:

$\int ax\,dx = \frac{a}{2}x^2 + C \qquad \int ax\,da = \frac{x}{2}a^2 + C \qquad \int ax\,dv = ax \cdot v + C \quad (C \in \mathbb{R})$

7

Die Tatsache, dass aus der Differenzialrechnung die Ableitung vieler elementarer Funktionen bekannt ist, kann dazu genutzt werden, von solchen „elementaren" Funktionen Stammfunktionen zu bilden. Ist also bekannt, dass F die Ableitung einer Funktion f ist, dann ist für alle x eines gemeinsamen Definitionsbereichs $F(x) + C = \int f(x)\,dx$.

Übersicht über einige Grundintegrale:

$\int 0\,dx = C$		$\int dx = x + C$	
$\int a\,dx = ax + C$	$(a \neq 0)$	$\int x\,dx = \frac{1}{2}x^2 + C$	
$\int x^2\,dx = \frac{1}{3}x^3 + C$		$\int x^3\,dx = \frac{1}{4}x^4 + C$	
$\int \frac{1}{x^2}\,dx = -\frac{1}{x} + C$	$(x \neq 0)$	$\int \frac{1}{x}\,dx = \ln\|x\| + C$	$(x \neq 0)$
$\int \sqrt{x}\,dx = \frac{2}{3}\sqrt{x^3} + C$	$(x \geq 0)$	$\int \frac{1}{\sqrt{x}}\,dx = 2\sqrt{x} + C$	$(x > 0)$
$\int \sin x\,dx = -\cos x + C$		$\int \cos x\,dx = \sin x + C$	
$\int a^x\,dx = \frac{1}{\ln a}a^x + C$		$\int e^x\,dx = e^x + C$	

7.1.2 Regeln für das Ermitteln von unbestimmten Integralen

Mithilfe der Grundintegrale und weniger Regeln können unbestimmte Integrale ganzrationaler Funktionen, einfacher gebrochenrationaler Funktionen und einfacher Wurzelfunktionen berechnet werden.

Die Potenzregel gilt nicht für $n = -1$. Hier gilt:
$\int x^{-1}\,dx = \int \frac{1}{x}\,dx = \ln|x| + C$

Potenzregel

$\int x^n\,dx = \frac{1}{n+1}x^{n+1} + C$ mit $n \in \mathbb{Z}$, $n \neq -1$ (und zusätzlich $x \neq 0$, falls $n < -1$), $C \in \mathbb{R}$

Erweiterte Potenzregel

Für die Potenzfunktion $f(x) = x^q$ mit $q \in \mathbb{R}$, $q \neq -1$ und $x > 0$ gilt:
$\int x^q\,dx = \frac{1}{q+1}x^{q+1} + C \quad (C \in \mathbb{R})$

Es ist:

$$\int x^5\,dx = \frac{1}{5+1}x^{5+1} + C = \frac{1}{6}x^6 + C$$

$$\int \frac{1}{x^2}\,dx = \int x^{-2}\,dx = \frac{1}{-2+1}x^{-2+1} + C = -x^{-1} + C = -\frac{1}{x} + C$$

$$\int \sqrt[3]{x^2}\,dx = \int x^{\frac{2}{3}}\,dx = \frac{1}{\frac{2}{3}+1}x^{\frac{2}{3}+1} + C = \frac{1}{\frac{5}{3}}x^{\frac{5}{3}} + C = \frac{3}{5}\sqrt[3]{x^5} + C = \frac{3}{5}x\sqrt[3]{x^2} + C$$

$$\int \frac{1}{\sqrt{x}}\,dx = \int \frac{1}{x^{\frac{1}{2}}}\,dx = \int x^{-\frac{1}{2}}\,dx = \frac{1}{-\frac{1}{2}+1}x^{-\frac{1}{2}+1} + C = \frac{1}{\frac{1}{2}}x^{\frac{1}{2}} + C = 2\sqrt{x} + C$$

Satz Es seien f und g stetige Funktionen. Dann gilt:

$\int k \cdot f(x)\,dx = k \cdot \int f(x)\,dx \quad (k \in \mathbb{R})$ **Faktorregel**

$\int [f(x) \pm g(x)]\,dx = \int f(x)\,dx \pm \int g(x)\,dx$ **Summenregel**

Faktorregel
Konstante Faktoren bleiben beim Integrieren erhalten.

Summenregel
Summen und Differenzen können gliedweise integriert werden.

Man ermittle das unbestimmte Integral $\int \left(3x^7 + \frac{1}{2}x - \frac{2}{x^2} + 4\sqrt{x}\right) dx$.

Der Integrand besteht aus einer Summe von Funktionen, die man nach der Summenregel gliedweise integrieren kann, wobei die konstanten Faktoren in jedem Summanden vor das Integral gesetzt werden sollten (Faktorregel). Man erhält:

$$\begin{aligned}\int \left(3x^7 + \frac{1}{2}x - \frac{2}{x^2} + 4\sqrt{x}\right) dx &= \int 3x^7\,dx + \int \frac{1}{2}x\,dx - \int 2x^{-2}\,dx + \int 4x^{\frac{1}{2}}\,dx \\ &= 3\int x^7\,dx + \frac{1}{2}\int x\,dx - 2\int x^{-2}\,dx + 4\int x^{\frac{1}{2}}\,dx\end{aligned}$$

Und nach Anwenden der Potenzregel:

$$\begin{aligned}&= 3 \cdot \frac{1}{8}x^8 + \frac{1}{2} \cdot \frac{1}{2}x^2 - 2(-x^{-1}) + 4 \cdot \frac{2}{3}x^{\frac{3}{2}} + C \\ &= \frac{3}{8}x^8 + \frac{1}{4}x^2 + \frac{2}{x} + \frac{8}{3}\sqrt{x^3} + C\end{aligned}$$

Die Integrationskonstante C ist hierbei als Summe der Integrationskonstanten der einzelnen Integrale aufzufassen.
Probe durch Differenziation:

$$\left[\frac{3}{8}x^8 + \frac{1}{4}x^2 + \frac{2}{x} + \frac{8}{3}\sqrt{x^3} + C\right]' = 3x^7 + \frac{1}{2}x - \frac{2}{x^2} + 4\sqrt{x}$$

Es ist günstig, Faktoren vor das Integralzeichen zu ziehen sowie Wurzelausdrücke und Brüche mit Variablen in Potenzschreibweise darzustellen.

Zu ermitteln ist das unbestimmte Integral der Funktion:
$f(x) = 3\sin x - 2\cos x$
Unter Anwendung der Summen- und der Faktorregel erhält man:
$\int (3\sin x - 2\cos x)\,dx = 3\int \sin x\,dx - 2\int \cos x\,dx = -3\cos x - 2\sin x + C$

Oft kommt es darauf an, den Integranden systematisch so umzuformen, dass Ausdrücke entstehen, die mithilfe von Grundintegralen und Integrationsregeln integriert werden können.

Zur Berechnung von $\int (t^2 - 3)^2\,dt$ muss der Integrand erst in eine Summe umgeformt werden.

$$\begin{aligned}\int (t^2 - 3)^2\,dt &= \int (t^4 - 6t^2 + 9)\,dt \\ &= \int t^4\,dt - 6\int t^2\,dt + \int 9\,dt = \frac{1}{5}t^5 - 2t^3 + 9t + C\end{aligned}$$

Das Integral $\int \frac{3x - 4}{5x^3}\,dx$ ist in der vorliegenden Form des Integranden mit den bekannten Regeln nicht zu berechnen.

Dividiert man aber die Zählerfunktion gliedweise durch den Nenner, erhält man eine bekannte Form:

$$\begin{aligned}\int \frac{3x - 4}{5x^3}\,dx &= \int \left(\frac{3x}{5x^3} - \frac{4}{5x^3}\right) dx = \frac{3}{5}\int \frac{1}{x^2}\,dx - \frac{4}{5}\int \frac{1}{x^3}\,dx \\ &= \frac{3}{5}\int x^{-2}\,dx - \frac{4}{5}\int x^{-3}\,dx = -\frac{3}{5}x^{-1} + \frac{2}{5}x^{-2} + C = -\frac{3}{5x} + \frac{2}{5x^2} + C\end{aligned}$$

7

7.2 Das bestimmte Integral

7.2.1 Flächeninhalt unter der Normalparabel

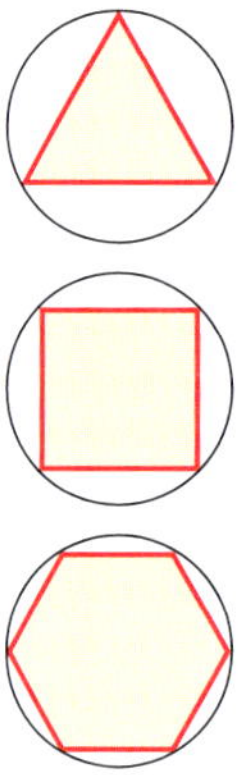

Die Bemühungen, den Flächeninhalt krummlinig begrenzter Figuren zu ermitteln, reichen mathematikgeschichtlich sehr weit zurück.
Um 260 v. Chr. gelang es ARCHIMEDES (287 bis 212 v. Chr.), Parabelsegmente zu berechnen. Er entwickelte die sogenannte Exhaustionsmethode, d. h., er „schöpfte" die unbekannte Fläche durch eine Folge berechenbarer Flächen aus. So konnte auch die Kreisfläche bestimmt werden.

Die Berechnung des Inhalts der Fläche, die der Graph der Funktion $f(x) = x^2$, die x-Achse und die Geraden $x = a$ und $x = b$ begrenzen, d. h. des Inhalts der Fläche unter der Normalparabel im Intervall [a; b], kann erfolgen, indem die Fläche durch Rechtecke „ausgefüllt" wird. Das „Ausfüllen" erfolgt durch „Einbeschreiben" oder „Umbeschreiben" der zu berechnenden Fläche.

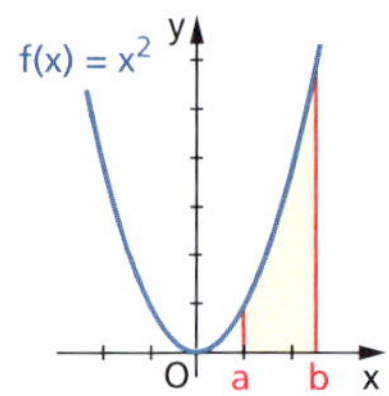

▶ Je größer die Anzahl der verwendeten Rechtecke wird, umso näher kommt die Summe der Rechteckflächeninhalte dem genauen Inhalt der zu berechnenden Fläche.

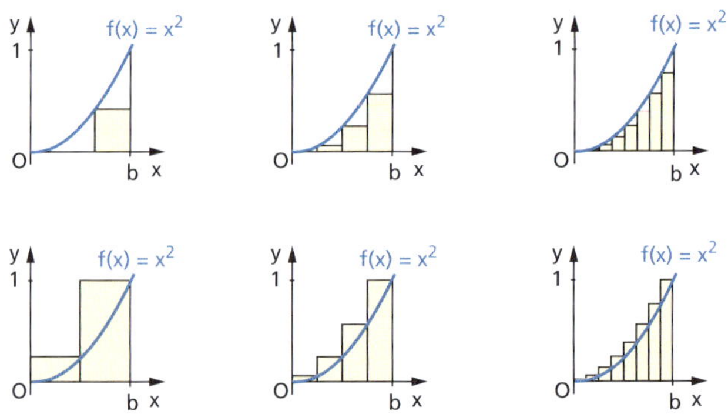

▶ Um 450 v. Chr. berechnete der griechische Gelehrte HIPPOKRATES verschiedene möndchenartig geformte Flächenstücke, die sogenannten **Möndchen des Hippokrates.**

Zunächst soll ein Intervall [0; b] mit $b > 0$ betrachtet werden:

(1) Teilen des Intervalls [0; b] in n gleich lange Teilintervalle der Länge $\frac{b}{n}$

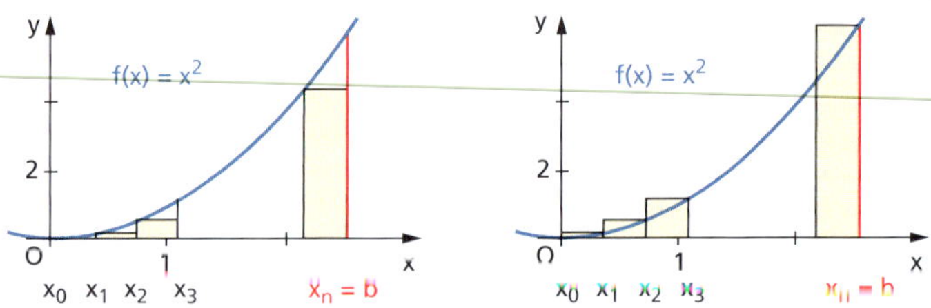

(2) Bestimmen der zu den Teilpunkten x_i zugehörigen Funktionswerte:

$f(x_0) = f(0) = 0^2$ $\qquad f(x_1) = f\left(1 \cdot \frac{b}{n}\right) = \left(1 \cdot \frac{b}{n}\right)^2$

$f(x_2) = f\left(2 \cdot \frac{b}{n}\right) = \left(2 \cdot \frac{b}{n}\right)^2 \quad \ldots$ $\qquad f(x_n) = f\left(n \cdot \frac{b}{n}\right) = \left(n \cdot \frac{b}{n}\right)^2$

(3) Berechnen der unteren Rechtecksumme s_n und der oberen Rechtecksumme S_n aus der Breite der Rechtecke $\frac{b}{n}$ und dem kleinsten bzw. größten Funktionswert im jeweiligen Intervall:

$$s_n = \frac{b}{n}\left[f(0) + f\left(1 \cdot \frac{b}{n}\right) + \ldots + f\left((n-1)\cdot\frac{b}{n}\right)\right] \qquad S_n = \frac{b}{n}\left[f\left(1 \cdot \frac{b}{n}\right) + f\left(2 \cdot \frac{b}{n}\right) + \ldots + f\left(n \cdot \frac{b}{n}\right)\right]$$

$$s_n = \frac{b}{n}\sum_{i=1}^{n}\left[\frac{(i-1)\cdot b}{n}\right]^2 = \frac{b^3}{n^3}\sum_{i=1}^{n}(i-1)^2 \qquad S_n = \frac{b}{n}\sum_{i=1}^{n}\left[\frac{i \cdot b}{n}\right]^2 = \frac{b^3}{n^3}\sum_{i=1}^{n} i^2$$

Einsetzen der Summenformel für Quadratzahlen und umformen:

$$s_n = \frac{b^3}{n^3}\left(\frac{n^3}{3} - \frac{n^2}{2} + \frac{n}{6}\right) = \frac{b^3}{3} - \frac{b^3}{2n} + \frac{b^3}{6n^2} \qquad S_n = \frac{b^3}{n^3}\left(\frac{n^3}{3} + \frac{n^2}{2} + \frac{n}{6}\right) = \frac{b^3}{3} + \frac{b^3}{2n} + \frac{b^3}{6n^2}$$

(4) Berechnen der Grenzwerte für $n \to \infty$:

$$\lim_{n \to \infty} s_n = \frac{b^3}{3} \qquad \lim_{n \to \infty} S_n = \frac{b^3}{3}$$

(5) Ergebnis: Der Inhalt A der Fläche unter der Normalparabel im Intervall [0; b] beträgt: $A = \frac{b^3}{3}$

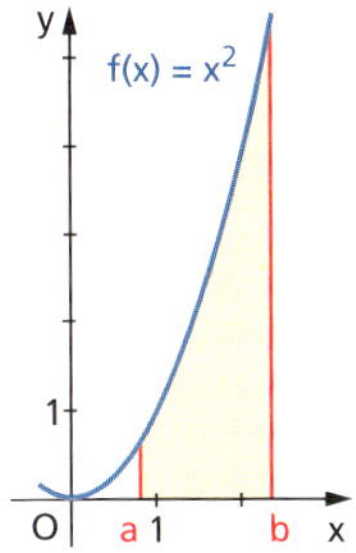

Mit diesem Ergebnis lässt sich nun jeder beliebige Flächeninhalt unter der Normalparabel im Intervall [a; b] bestimmen:

(1) Für das Intervall [0; a] gilt: $A_1 = \frac{a^3}{3}$

(2) Für das Intervall [0; b] gilt: $A_2 = \frac{b^3}{3}$

(3) Für das Intervall [a; b] mit $a < b$ ergibt sich: $A = A_2 - A_1 = \frac{b^3}{3} - \frac{a^3}{3}$

Für den Inhalt der Fläche unter der Normalparabel im Intervall [1; 3] erhält man: $A = A_2 - A_1 = \frac{b^3}{3} - \frac{a^3}{3} = \frac{27}{3} - \frac{1}{3} = \frac{26}{3}$

7.2.2 Der Begriff *bestimmtes Integral*

Definition Es sei f eine im Intervall [a; b] definierte Funktion, die in jedem abgeschlossenen Teilintervall von [a; b] einen kleinsten und einen größten Funktionswert besitzt. Haben die beiden Folgen

$(s_n) = \sum_{i=1}^{n} f(\underline{x}_i) \cdot \Delta x$ und $(S_n) = \sum_{i=1}^{n} f(\overline{x}_i) \cdot \Delta x$ einen gemeinsamen Grenzwert, so heißt dieser gemeinsame Grenzwert das **bestimmte Integral** der Funktion f im Intervall [a; b].

In Kurzform: $\lim_{n \to \infty} s_n = \lim_{n \to \infty} S_n = \int_a^b f(x)\,dx$

(Gelesen: *Integral über f(x) dx von a bis b*)

Diese Integraldefinition stammt von BERNHARD RIEMANN (1826 bis 1866). Deshalb nennt man die Summen s_n und S_n auch Riemann-Summen und das so definierte Integral auch Riemann-Integral.

Man bezeichnet

- a und b als *Integrationsgrenzen*,
- [a; b] als *Integrationsintervall*,
- x als *Integrationsvariable*,
- f(x) als *Integrand*,
- dx als *Differenzial*.

Das bestimmte Integral $\int_a^b f(x)\,dx$ ist eine *eindeutig festgelegte Zahl*, die nur von der Funktion f und den Integrationsgrenzen abhängt. Man erhält sie nach folgendem Verfahren:

(1) Das Intervall [a; b] wird in n ($n \in \mathbb{N}$, $n \geq 1$) gleich lange Teilintervalle zerlegt. Die Endpunkte der Teilintervalle seien $a = x_0; x_1; x_2; \ldots; x_{n-1}; x_n = b$.
Jedes Teilintervall hat die Länge $\frac{b-a}{n} = \Delta x$.
Für die Endpunkte der Teilintervalle werden die Funktionswerte berechnet: $f(a = x_0)$; $f(x_1)$; $f(x_2)$; …; $f(x_{n-1})$; $f(x_n = b)$

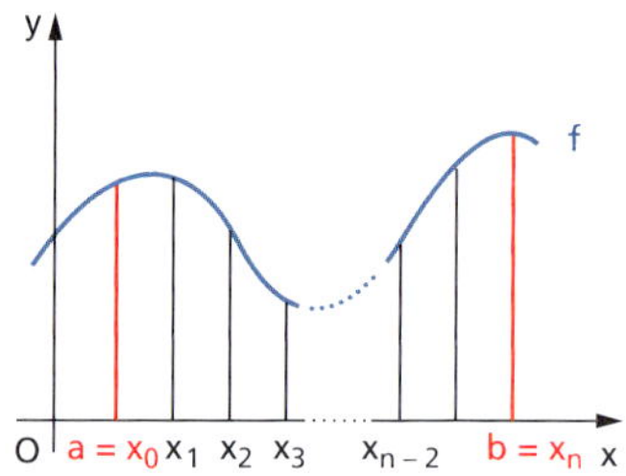

(2) Für jedes Teilintervall werden die Produkte $f(\underline{x}_i) \cdot \Delta x$ und $f(\overline{x}_i) \cdot \Delta x$ gebildet, wobei $f(\underline{x}_i)$ der kleinste und $f(\overline{x}_i)$ der größte Funktionswert im i-ten Teilintervall ist.

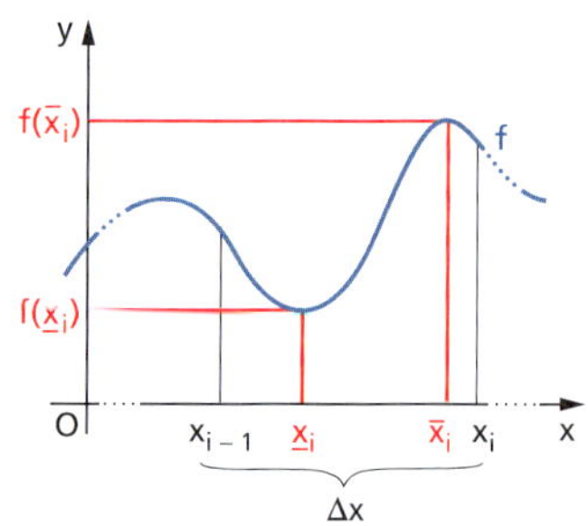

(3) Bilden der Summen
$s_n = \sum_{i=1}^{n} f(\underline{x}_i) \cdot \Delta x$ (Untersumme)
und
$S_n = \sum_{i=1}^{n} f(\overline{x}_i) \cdot \Delta x$ (Obersumme)

Auf diese Weise werden jeder natürlichen Zahl n, $n \geq 1$, die zwei Zahlen s_n und S_n zugeordnet, d. h., man erhält zwei Zahlenfolgen (s_n) und (S_n).

Diese Folgen besitzen nachstehende Eigenschaften:

- Weil im Intervall [a; b] stets $f(\underline{x}_i) \cdot (b-a) \leq s_n \leq S_n \leq f(\overline{x}_i) \cdot (b-a)$ gilt, ist (s_n) nach oben beschränkt und (S_n) nach unten beschränkt.
- Beim Übergang von der n-ten zur (n + 1)-ten Zerlegung des Intervalls kann die zugehörige Summe s_{n+1} nicht kleiner sein als die Summe s_n bzw. die Summe S_{n+1} nicht größer als die Summe S_n.
  Daraus folgt:
  (s_n) ist monoton wachsend, (S_n) ist monoton fallend.
  Da jede monoton wachsende (fallende) und nach oben (unten) beschränkte Folge konvergiert, existieren die beiden Grenzwerte $\lim\limits_{n \to \infty} s_n$ und $\lim\limits_{n \to \infty} S_n$.
- Stimmen beide Grenzwerte überein, so existiert das bestimmte Integral der Funktion f im Intervall [a; b].
  Es gilt: $\lim\limits_{n \to \infty} s_n = \lim\limits_{n \to \infty} s_n = \int_a^b f(x)\,dx$

Es ist das bestimmte Integral $\int_0^3 x^3\,dx$ zu berechnen.

Die Funktion f mit der Gleichung $f(x) = x^3$ ist stetig und hat damit in jedem abgeschlossenen Teilintervall einen kleinsten und einen größten Funktionswert. Die Berechnung erfolgt mithilfe der Definition des bestimmten Integrals:

(1) Zerlegen des Intervalls [0; 3] in n gleich lange Teilintervalle der Länge Δx: $\Delta x = \frac{3}{n}$.

(2) Bilden der Summen s_n und S_n; das i-te Teilintervall ist $[x_{i-1}; x_i]$.

$x_{i-1} = (i-1)\,\Delta x = (i-1)\frac{3}{n}$ $\qquad f(x_{i-1}) = \left[(i-1)\frac{3}{n}\right]^3$

$x_i = i \cdot \frac{3}{n}$ $\qquad f(x_i) = \left[i \cdot \frac{3}{n}\right]^3$

$s_n = \sum_{i=1}^{n} f(\underline{x}_i) \cdot \Delta x$ $\qquad S_n = \sum_{i=1}^{n} f(\overline{x}_i) \cdot \Delta x$

$s_n = \sum_{i=1}^{n} (i-1)^3 \cdot \frac{3^3}{n^3} \cdot \frac{3}{n} = \frac{3^4}{n^4} \sum_{i=1}^{n} (i-1)^3$ $\qquad S_n = \sum_{i=1}^{n} i^3 \cdot \frac{3^3}{n^3} \cdot \frac{3}{n} = \frac{3^4}{n^4} \sum_{i=1}^{n} i^3$

Für die Summe der ersten k Kubikzahlen gilt: $\sum_{i=1}^{k} i^3 = \frac{k^2(k+1)^2}{4}$

Also:

$s_n = \frac{3^4}{n^4}\,\frac{(n-1)^2 n^2}{4} = \frac{3^4}{4}\,\frac{n^2-2n+1}{n^2} = \frac{3^4}{4} \cdot \left(1 - \frac{2}{n} + \frac{1}{n^2}\right)$

$S_n = \frac{3^4}{n^4}\,\frac{n^2(n+1)^2}{4} = \frac{3^4}{4}\,\frac{n^2+2n+1}{n^2} = \frac{3^4}{4} \cdot \left(1 + \frac{2}{n} + \frac{1}{n^2}\right)$

(3) Berechnen der Grenzwerte

$\lim_{n \to \infty} s_n = \frac{3^4}{4} = \frac{81}{4}$ $\qquad \lim_{n \to \infty} S_n = \frac{3^4}{4} = \frac{81}{4}$

Da $\lim_{n \to \infty} s_n = \lim_{n \to \infty} S_n = \frac{81}{4}$, gilt: $\int_0^3 x^3\,dx = \frac{81}{4}$

Die übereinstimmende Vorgehensweise beim Bilden des Begriffs *bestimmtes Integral* und beim Zerlegen einer Fläche in untere und obere Rechtecksummen lässt eine **geometrische Deutung** des bestimmten Integrals zu:

Definition Es sei f eine im Intervall [a; b] definierte und dort nichtnegative Funktion, die in jedem abgeschlossenen Teilintervall von [a; b] einen kleinsten und einen größten Funktionswert besitzt.

Dann ist das bestimmte Integral $\int_a^b f(x)\,dx$ diejenige positive Zahl, die den Inhalt A der Fläche angibt, welche vom Graphen der Funktion f, der x-Achse und den Geraden x = a und x = b begrenzt wird.

Es gilt: $A = \int_a^b f(x)\,dx$

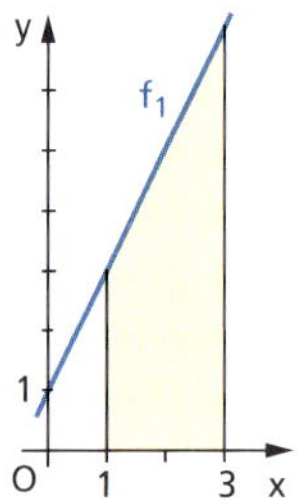

Es ist zu untersuchen, ob sich die folgenden bestimmten Integrale als Flächeninhalte deuten lassen:

a) $\int_1^3 (2x + 1)\,dx$ b) $\int_{-1}^2 (x^2 + 1)\,dx$ c) $\int_{0,5}^3 (x - 1{,}5)\,dx$

a) Das bestimmte Integral $\int_1^3 (2x + 1)\,dx$ lässt sich als Inhalt der Trapezfläche deuten, die vom Graphen der Funktion $f_1(x) = 2x + 1$, der x-Achse und den Geraden $x = 1$ und $x = 3$ begrenzt wird.

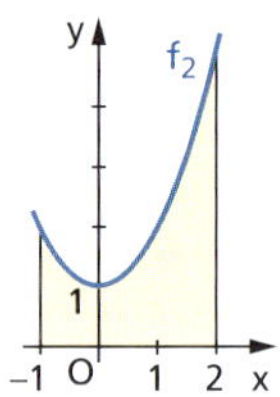

b) Das bestimmte Integral $\int_{-1}^2 (x^2 + 1)\,dx$ ist gleich dem Inhalt der Fläche, die vom Graphen der Funktion $f_2(x) = x^2 + 1$, der x-Achse und den Geraden $x = -1$ und $x = 2$ begrenzt wird.

c) Das bestimmte Integral $\int_{0,5}^3 (x - 1{,}5)\,dx$ kann nicht als Flächeninhalt gedeutet werden, da nicht für alle $x \in [0{,}5;\ 3]$ die Bedingung $f_3(x) \geq 0$ erfüllt ist.

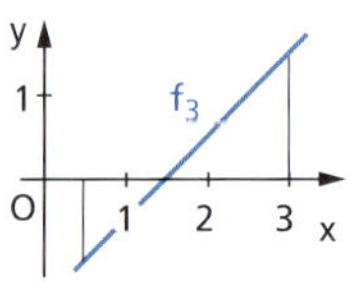

Die Inhalte der markierten Flächen sind mithilfe bestimmter Integrale anzugeben.

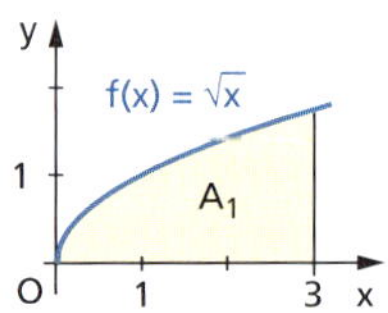

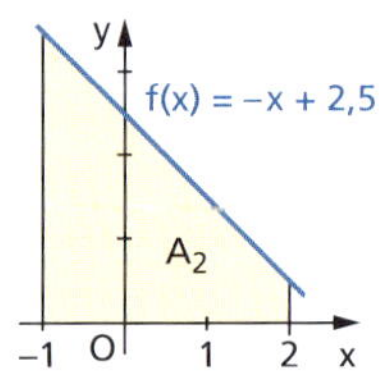

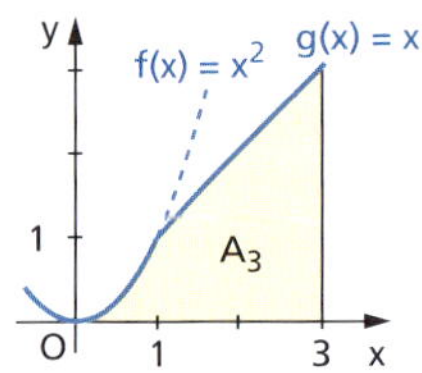

Die Funktionen erfüllen die in der Definition geforderten Bedingungen. Also gilt:

$A_1 = \int_0^3 \sqrt{x}\,dx$ $A_2 = \int_{-1}^2 (-x + 2{,}5)\,dx$ $A_3 = \int_0^1 x^2\,dx + \int_1^3 x\,dx$

▶ Liegt eine stetige oder eine monotone Funktion vor, so ist die Existenz des bestimmten Integrals gesichert und es braucht nur der *Grenzwert einer Folge* bestimmt zu werden.

Zwei Eigenschaften, die die Existenz des bestimmten Integrals sichern, sind Monotonie und Stetigkeit der Integrandenfunktion im jeweiligen Intervall, denn für monotone bzw. stetige Funktionen existiert in jedem abgeschlossenen Teilintervall ein kleinster und ein größter Funktionswert.

Außerdem lässt sich zeigen, dass $\lim_{n \to \infty} s_n = \lim_{n \to \infty} S_n$ gilt, sodass folgende Sätze formuliert werden können:

Satz Existenz des bestimmten Integrals einer monotonen Funktion

Ist f eine im Intervall [a; b] monotone Funktion, so existiert $\int_a^b f(x)\,dx$.

Satz Existenz des bestimmten Integrals einer stetigen Funktion

Ist f eine im Intervall [a; b] stetige Funktion, so existiert $\int_a^b f(x)\,dx$.

Monotonie und *Stetigkeit* sind *hinreichende Bedingungen für die Integrierbarkeit* einer Funktion. Sie sind aber *nicht notwendig*, denn es gibt auch Funktionen, die zwar integrierbar, aber nicht monoton, nicht stetig oder weder monoton noch stetig sind.

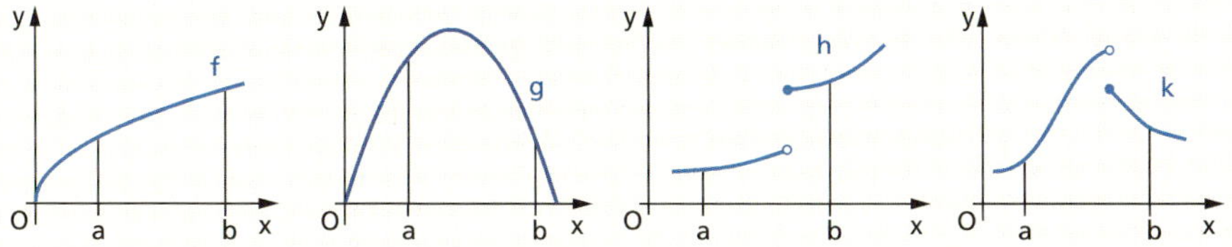

stetig und monoton | stetig und nicht monoton | nicht stetig und monoton | nicht stetig und nicht monoton

7.2.3 Begriffserweiterung und Eigenschaften bestimmter Integrale

Bei der Definition des bestimmten Integrals $\int_a^b f(x)\,dx$ wurde vorausgesetzt, dass $a < b$ ist. Für manche Anwendungen ist es aber notwendig, den Begriff des bestimmten Integrals auch zur Verfügung zu haben, wenn die obere Integrationsgrenze kleiner als die untere ist oder wenn beide Integrationsgrenzen übereinstimmen.

Definition Existiert für die Funktion f im Intervall [a; b] das bestimmte Integral $\int_a^b f(x)\,dx$, so wird festgelegt: $\int_a^b f(x)\,dx = -\int_b^a f(x)\,dx$

Definition $\int_a^a f(x)\,dx = 0$

Aus der Definition des bestimmten Integrals lässt sich eine für Anwendungen oft benötigte Eigenschaft ableiten:

Satz **Additivität des bestimmten Integrals**
Es sei die Funktion f im Intervall [a; b] integrierbar und c eine beliebige Zahl aus dem Intervall [a; b]. Dann gilt:

$$\int_a^b f(x)\,dx = \int_a^c f(x)\,dx + \int_c^b f(x)\,dx$$

Diese Eigenschaft nennt man Additivität des bestimmten Integrals.

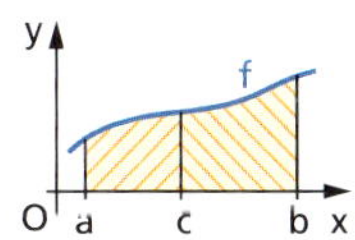

$$\int_1^3 (5x-1)\,dx + \int_3^7 (5x-1)\,dx + \int_7^1 (5x-1)\,dx = \int_1^7 (5x-1)\,dx - \int_1^7 (5x-1)\,dx = 0$$

$$\int_0^{0,5} x^3\,dx + \int_{0,5}^2 x^3\,dx = \int_0^2 x^3\,dx = \frac{2^4}{4} = 4$$

Die Zahl

$f(x_0) = \frac{1}{b-a}\int_a^b f(x)\,dx$

wird auch *Mittelwert der Funktion f über dem Integral [a; b]* genannt.

Mittelwertsatz der Integralrechnung
Ist f eine im Intervall [a; b] stetige Funktion, dann gibt es mindestens eine Zahl x_0 mit $a < x_0 < b$, für deren Funktionswert $f(x_0)$ gilt:

$$\int_a^b f(x)\,dx = f(x_0)\cdot(b-a)$$

Geometrische Deutung

Es sei f eine stetige Funktion mit $f(x) \geq 0$ im Intervall [a; b]. Die markierte Figur hat den Flächeninhalt $\int_a^b f(x)\,dx$. Dann gibt es eine solche Stelle x_0, dass das Rechteck über dem Intervall [a; b] und mit der Ordinate $f(x_0)$ als zweiter Seite flächengleich mit der markierten Figur ist. Der Flächeninhalt des Rechtecks ist dann $A = f(x_0)\cdot(b-a)$. Die Zahl $f(x_0)$ heißt *Integralmittelwert*.

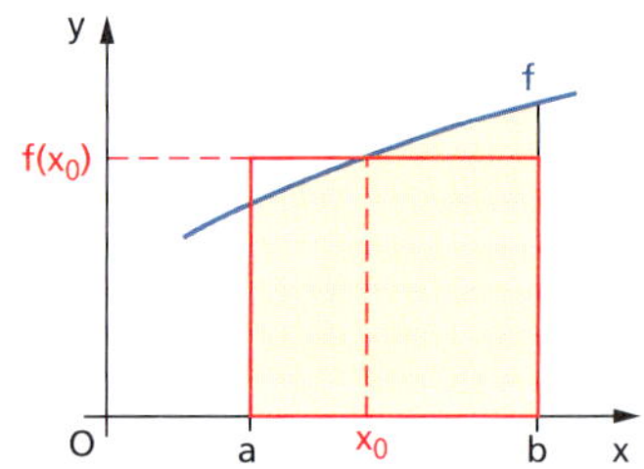

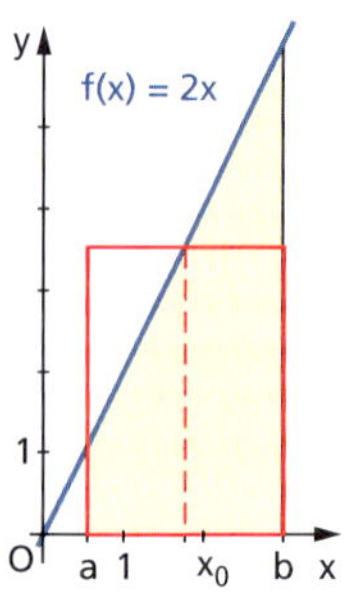

Gesucht ist die Zahl x_0 aus dem Intervall [a; b], für die $\int_a^b 2x\,dx = f(x_0)\cdot(b-a)$ ist.

(1) Für das bestimmte Integral erhält man: $\int_a^b 2x\,dx = b^2 - a^2$

(2) Nach dem Mittelwertsatz der Integralrechnung gilt
$b^2 - a^2 = f(x_0)\cdot(b-a)$, woraus $(b-a)\cdot(b+a) = f(x_0)\cdot(b-a)$ folgt.
Da $b \neq a$, ergibt sich: $(b+a) = f(x_0)$

Wegen $f(x) = 2x$ gilt $f(x_0) = 2x_0$, also $2x_0 = b + a$ und damit:

$x_0 = \frac{b+a}{2}$

Geometrisch gedeutet heißt das:

Da $x_0 = \frac{b+a}{2}$ der Mittelwert von a und b ist, stellt $f(x_0)$ die Länge der Mittelparallelen des nebenstehenden (blau gefärbten) Trapezes dar.

Für die Funktion $f(x) = x^2$ sind im Intervall [0; 4] der Mittelwert $f(x_0)$ und das zugehörige Argument x_0 zu berechnen.

Nach dem Mittelwertsatz gilt: $\int_0^4 x^2\,dx = f(x_0)\cdot 4$

Da außerdem $\int_0^4 x^2\,dx = \frac{4^3}{3}$ gilt, folgt: $\frac{64}{3} = f(x_0)\cdot 4$

Damit ergibt sich $f(x_0) = \frac{16}{3}$, also: $x_0 = \sqrt{\frac{16}{3}} \approx 2{,}31$

7.3 Beziehung zwischen bestimmtem und unbestimmtem Integral

7.3.1 Das bestimmte Integral als Funktion der oberen Grenze

Lässt man bei der Berechnung von $\int_0^b f(x)\,dx$ die untere Grenze 0 fest und verändert die obere Grenze b, so erhält man für jede Zahl b ($b \geq 0$) eine eindeutig bestimmte Zahl $\int_0^b f(x)\,dx$. Es entsteht eine Menge geordneter Paare $(b; \int_0^b f(x)\,dx)$, die wegen der Eindeutigkeit von $\int_0^b f(x)\,dx$ eine Funktion ist. Man bezeichnet die Funktion mit $\Phi(b)$ und schreibt $\Phi(b) = \int_0^b f(x)\,dx$. Bezeichnet man das Argument – wie üblich – mit x und wählt für die Integrationsvariable die Bezeichnung t, so erhält man $\Phi(x) = \int_0^x f(t)\,dt$ mit $x \geq 0$.

Das bestimmte Integral ist von der oberen Grenze abhängig – es ist eine *Funktion der oberen Integrationsgrenze*.

Definition Gegeben sei eine Funktion f. Die Funktion Φ, die jedem x den Wert des Integrals $\int_a^x f(t)\,dt$ zuordnet, heißt **Integralfunktion** von f mit der unteren Grenze a. Der Definitionsbereich der Integralfunktion ist die Menge aller x, für die das Integral $\int_a^x f(t)\,dt$ existiert.

Beachte den Unterschied: $\Phi(x) = \int_a^x f(t)\,dt$ ist die **Integralfunktion,** f(t) die **Integrandenfunktion** (kurz: der **Integrand).**

Lässt man bei der Berechnung von $\int_0^b x^2\,dx$ die untere Grenze 0 fest und verändert die obere Grenze b, so erhält man für ausgewählte b:

b	0	1	2	4	100	0,5
$\int_0^b x^2\,dx$	0	$\frac{1}{3}$	$\frac{8}{3}$	$\frac{64}{3}$	$\frac{10^6}{3}$	$\frac{1}{24}$

Die entstehende Menge geordneter Paare $(b; \int_0^b x^2\,dx)$ stellt eine Funktion dar. Es gilt $\Phi(b) = \int_0^b x^2\,dx = \frac{b^3}{3}$ bzw. nach Umbenennung der Integrationsvariablen $\Phi(x) = \int_0^x t^2\,dt = \frac{x^3}{3}$ mit $x \geq 0$.

Bildet man die Ableitung der Integralfunktion Φ, so erhält man den Integranden f. Dieser Zusammenhang zwischen dem bestimmten Integral und der Stammfunktion gilt für beliebige stetige Funktionen.

Die Integralfunktion ist eine Stammfunktion des Integranden.

Satz Für eine im Intervall [a; b] stetige Funktion f ist die Funktion Φ mit $\Phi(x) = \int_a^x f(t)\,dt$ eine Stammfunktion von f im Intervall [a; b].

7

7.3.2 Hauptsatz der Differenzial- und Integralrechnung

Wenn die Funktion Φ mit $\Phi(x) = \int_a^x f(t)\,dt$ eine Stammfunktion von f im Intervall [a; b] und F eine beliebige Stammfunktion zu f ist, gilt:

$\Phi(x) = F(x) + C$ bzw. $\int_a^x f(t)\,dt = F(x) + C$

Für x = a erhält man daraus $\int_a^a f(t)\,dt = 0 = F(a) + C$ und somit $C = -F(a)$.

Für x = b folgt $\int_a^b f(t)\,dt = F(b) + C$. Ersetzt man in dieser Gleichung C, dann ergibt sich $\int_a^b f(t)\,dt = F(b) - F(a)$. Bei Umbenennung der Integrationsvariablen erhält man schließlich $\int_a^b f(x)\,dx = F(b) - F(a)$.

Mit diesen Überlegungen ist nachfolgender Satz bewiesen:

▶ Der Hauptsatz wird manchmal auch als Formel nach NEWTON-LEIBNIZ bezeichnet.

Hauptsatz der Differenzial- und Integralrechnung
Ist f eine im Intervall [a; b] stetige Funktion und F eine zu f gehörende Stammfunktion, so gilt:

$$\int_a^b f(x)\,dx = F(b) - F(a)$$

Der Hauptsatz stellt den Zusammenhang zwischen der Differenzialrechnung und der Integralrechnung her. Er ermöglicht eine effektive Berechnung bestimmter Integrale mithilfe von Stammfunktionen.
Es ist der Verdienst von ISAAC NEWTON und GOTTFRIED WILHELM LEIBNIZ, den im Hauptsatz hergestellten Zusammenhang erstmals erkannt und angewendet zu haben.

Schrittfolge zur Berechnung eines bestimmten Integrals:

(1) Ermittle eine Stammfunktion F zu f.
(2) Setze die obere und die untere Integrationsgrenze für x in diese Stammfunktion ein, bilde also F(b) und F(a).
(3) Berechne die Differenz F(b) – F(a).

Üblicherweise schreibt man: $\int_a^b f(x)\,dx = [F(x)]_a^b = F(b) - F(a)$

Das bestimmte Integral $\int_1^5 x^3\,dx$ ist zu berechnen.

(1) Eine Stammfunktion ist $F(x) = \frac{x^4}{4}$.

(2) $F(b) = F(5) = \frac{5^4}{4} = \frac{625}{4}$; $F(a) = F(1) = \frac{1^4}{4} = \frac{1}{4}$

(3) $F(b) - F(a) = \frac{625}{4} - \frac{1}{4} = 156$

Man schreibt kürzer: $\int_1^5 x^3\,dx = \left[\frac{x^4}{4}\right]_1^5 = \frac{625}{4} - \frac{1}{4} = 156$

7.4 Weitere Integrationsmethoden

7.4.1 Integration durch lineare Substitution

Satz Es sei f eine verkettete Funktion mit $f(x) = v(u(x))$ und $z = u(x) = mx + n$ sowie F eine Stammfunktion der äußeren Funktion v. Dann gilt: $\int f(x)\,dx = \int v(mx + n)\,dx = \frac{1}{m}F(mx + n) + C$

Durch Differenziation kann man sich sofort von der Richtigkeit dieses Satzes überzeugen:

Es gilt nämlich: $\left[\frac{1}{m}\cdot F(mx + n) + C\right]' = \frac{1}{m}\cdot F'(mx + n) = \frac{1}{m}v(u(x))\cdot m = f(x)$

▶ Mithilfe von Grundintegralen und elementaren Integrationsregeln lassen sich bei Weitem nicht alle Funktionen integrieren. Abhilfe schaffen speziellere Integrationsmethoden oder elektronische Hilfsmittel.

7

■ Die verkettete Funktion $f(x) = (3x - 5)^7$ soll integriert werden.
Bei der Integration von Quadraten oder dritten Potenzen einer linearen Funktion kann zunächst ausmultipliziert und dann gliedweise integriert werden. Bei höheren Potenzen führt der Weg über die Substitution der linearen Funktion wesentlich schneller zum Ergebnis.
Mit der Substitution $z = 3x - 5$ erhält man:

$$\int (3x - 5)^7\,dx = \frac{1}{3}\int z^7\,dz = \frac{1}{3}\cdot\frac{1}{8}z^8 = \frac{1}{24}(3x - 5)^8 + C$$

▶ Eine **lineare Substitution** wird angewandt bei verketteten Funktionen $v(u(x))$, bei denen die innere Funktion u eine lineare Funktion ist.

Mit einiger Übung kann man auf die ausführliche Substitution und „Re-Substitution" verzichten und sofort eine kürzere Schreibweise wählen:

■ a) $\int (3x - 5)^7\,dx = \frac{1}{3}\cdot\frac{1}{8}(3x - 5)^8 = \frac{1}{24}(3x - 5)^8 + C$

b) $\int \sin\left(2x + \frac{\pi}{2}\right)dx = -\frac{1}{2}\cos\left(2x + \frac{\pi}{2}\right) + C$

c) $\int_1^2 \sqrt[3]{(4x + 2)^5}\,dx = \int_1^2 (4x + 2)^{\frac{5}{3}}\,dx = \left[\frac{1}{4}\cdot\frac{3}{8}(4x + 2)^{\frac{8}{3}}\right]_1^2$

$= \frac{3}{32}\sqrt[3]{10^8} - \frac{3}{32}\sqrt[3]{6^8} \approx 43{,}5 - 11{,}1 = 32{,}4$

7.4.2 Integration durch nichtlineare Substitution

Eine Substitutionsregel, die für beliebig verkettete Funktionen gilt, kann durch Umkehrung der Kettenregel (↗Abschnitt 6.2.3) gewonnen werden. Wenn im Integranden eines Integrals die verkettete Funktion $f(x) = v(u(x))$ und außerdem noch als Faktor die Ableitungsfunktion $u'(x)$ auftritt, dann führt die Substitution $u(x) = z$ mit $u'(x) = \frac{dz}{dx}$, also $dx = \frac{dz}{u'(x)}$ auf ein einfacheres Integral: $\int v(u(x))\cdot u'(x)\,dx = \int v(z)\,dz$

▶ Die Regel zur Integration durch lineare Substitution ist ein Spezialfall der allgemeinen Substitutionsregel.

Satz Es sei $f(x) = v(u(x))\cdot u'(x)$ und V eine Stammfunktion von v. Dann ist F mit $F(x) = V(u(x))$ eine Stammfunktion von f:

$$\int f(x)\,dx = \int v(u(x))\cdot u'(x)\,dx = V(u(x)) + C = F(x) + C$$

- Zu berechnen ist das unbestimmte Integral $\int 2x\sqrt{x^2-3}\,dx$.

  Man substituiert $z = u(x) = x^2 - 3$.
  Dann ist $\frac{dz}{dx} = u'(x) = 2x$ und damit $dx = \frac{dz}{2x}$.
  Ersetzt man nun $x^2 - 3$ durch z und dx durch $\frac{dz}{2x}$, so folgt:

  $$\int 2x\sqrt{x^2-3}\,dx = \int 2x\sqrt{z}\,\frac{dz}{2x} = \int \sqrt{z}\,dz$$
  $$= \frac{2}{3}\sqrt{z^3} + C = \frac{2}{3}\sqrt{(x^2-3)^3} + C$$

Bei der Berechnung von *bestimmten* Integralen der Form $\int_a^b v(u(x)) \cdot u'(x)\,dx$ kann man anstelle der Stammfunktion $V(u(x))$ auch die Stammfunktion $V(z)$ mit $z = u(x)$ verwenden, wenn gleichzeitig die Integrationsgrenzen a und b durch $u(a)$ und $u(b)$ ersetzt werden. Es braucht also nicht wieder „re-substituiert" zu werden.

Es gilt: $\int_a^b v(u(x)) \cdot u'(x)\,dx = \int_{u(a)}^{u(b)} v(z)\,dz$

- Zu berechnen ist das Integral $\int_0^1 \frac{x}{\sqrt{2+x^2}}\,dx$.

  (1) Da sich der Integrand $\frac{x}{\sqrt{2+x^2}}$ auch derart als Produkt schreiben lässt, dass ein Faktor die Ableitungsfunktion $u'(x)$ ist, kann die Integration mithilfe der Substitutionsregel erfolgen. Es gilt:

  $$\int_0^1 \frac{x}{\sqrt{2+x^2}}\,dx = \int_0^1 \frac{1}{2} \cdot \frac{1}{\sqrt{2+x^2}} \cdot 2x\,dx$$

  (2) Substitution: $z = u(x) = 2 + x^2$
  Daraus folgt: $\frac{dz}{dx} = 2x$ bzw. $dx = \frac{dz}{2x}$
  Für das unbestimmte Integral ergibt sich dann:

  (3) $\int \frac{x}{\sqrt{2+x^2}}\,dx = \frac{1}{2}\int \frac{1}{\sqrt{z}}\,dz = \sqrt{z} + C = \sqrt{2+x^2} + C.$

  (4) Zur Ermittlung des bestimmten Integrals kann nun entweder mit der Stammfunktion $V(z)$ oder mit der Stammfunktion $V(u(x))$ weitergearbeitet werden:

  $V(z) = \sqrt{z} + C$

  Die Grenzen folgen aus $u(x) = 2 + x^2$:
  $u(0) = 2$ und $u(1) = 3$

  $$\int_0^1 \frac{x}{\sqrt{2+x^2}}\,dx = \frac{1}{2}\int_2^3 \frac{1}{\sqrt{z}}\,dz$$
  $$= [\sqrt{z}]_2^3 = \sqrt{3} - \sqrt{2} \approx 0{,}318$$

  Durch „Re-Substituieren" erhält man $V(u(x)) = \sqrt{2+x^2} + C$.
  Als Grenzen werden hier 0 und 1 eingesetzt.

  $$\int_0^1 \frac{x}{\sqrt{2+x^2}}\,dx = \left[\sqrt{2+x^2}\right]_0^1$$
  $$= \sqrt{3} - \sqrt{2} \approx 0{,}318$$

7.4.3 Partielle Integration

Ein Verfahren zur *Integration eines Produktes* von Funktionen erhält man aus der Produktregel der Differenzialrechnung.

> **Satz Partielle Integration**
> Sind u und v im Intervall [a; b] differenzierbare Funktionen sowie u' und v' im Intervall [a; b] stetig, so gilt:
> $\int u(x) \cdot v'(x)\,dx = u(x) \cdot v(x) - \int u'(x) \cdot v(x)\,dx$

Das unbestimmte Integral $\int x \cdot \cos x\,dx$ kann partiell integriert werden:

Man setzt: $u(x) = x$ und $v'(x) = \cos x$
Daraus folgt: $u'(x) = 1$ und $v(x) = \sin x$
Nach Anwenden des Satzes zur partiellen Integration erhält man:

$\int x \cdot \cos x\,dx = x \cdot \sin x - \int \sin x\,dx = x \cdot \sin x - (-\cos x) + C = x \cdot \sin x + \cos x + C$

Der Name *partielle Integration* soll andeuten, dass ein *Restintegral* bleibt. Man integriert nur teilweise – also *partiell*. Dieses Restintegral ist entweder ein bekanntes Grundintegral oder es muss weiter bearbeitet werden.

Auch das Integral $\int_0^1 x^2 \cdot e^x\,dx$ kann durch partielle Integration berechnet werden.

(1) Ermittlung des *unbestimmten* Integrals:
Man setzt: $u(x) = x^2$ und $v'(x) = e^x$
Daraus folgt: $u'(x) = 2x$ und $v(x) = e^x$
Die Anwendung des Satzes zur partiellen Integration ergibt:

$\int x^2 \cdot e^x\,dx = x^2 \cdot e^x - \int 2x \cdot e^x\,dx$

Das Restintegral wird noch einmal partiell integriert:
Man setzt $u(x) = 2x$ und $v'(x) = e^x$
und erhält $u'(x) = 2$ und $v(x) = e^x$. Somit ergibt sich:

$$\begin{aligned}\int x^2 \cdot e^x\,dx = x^2 \cdot e^x - \int 2x \cdot e^x\,dx &= x^2 \cdot e^x - \left(2x \cdot e^x - \int 2e^x\,dx\right)\\ &= x^2 \cdot e^x - 2x \cdot e^x + 2e^x + C\end{aligned}$$

(2) Berechnung des *bestimmten* Integrals:

$$\begin{aligned}\int_0^1 x^2 \cdot e^x\,dx &= [x^2 \cdot e^x - 2x \cdot e^x + 2e^x]_0^1\\ &= (e - 2e + 2e - (0 + 0 + 2e^0) = e - 2 \approx 0{,}718\end{aligned}$$

7.4.4 Integration durch Partialbruchzerlegung

Integrale gebrochenrationaler Funktionen f können durch Zerlegung der Funktionsterme f(x) in einfachere Teilbrüche auf bekannte Integrale zurückgeführt werden. Die Teilbrüche heißen auch **Partialbrüche,** die Zerlegung nennt man **Partialbruchzerlegung.**

Es ist das Integral $\int \frac{5x - 17}{(x-3)(x-5)}\,dx$ zu ermitteln.

(1) Finden eines Ansatzes für die Partialbruchzerlegung:
Besteht die Funktion im Nenner aus einem Produkt von Linearfaktoren, bietet sich sofort folgender Ansatz an:

$\frac{5x - 17}{(x-3)(x-5)} = \frac{A}{x-3} + \frac{B}{x-5}$

(2) Bestimmen der Koeffizienten A und B:

Da $\frac{A}{x-3} + \frac{B}{x-5} = \frac{A(x-5) + B(x-3)}{(x-3)(x-5)} = \frac{Ax - 5A + Bx - 3B}{(x-3)(x-5)}$

$= \frac{(A+B)x + (-5A - 3B)}{(x-3)(x-5)}$,

erhält man durch Koeffizientenvergleich mit $\frac{5x-17}{(x-3)(x-5)}$ das Gleichungssystem

$$\begin{aligned} A + B &= 5 \\ -5A - 3B &= -17 \end{aligned}$$

mit den Lösungen A = 1 und B = 4.

Es ist also: $\frac{5x-17}{(x-3)(x-5)} = \frac{1}{x-3} + \frac{4}{x-5}$

7

(3) Berechnen des Integrals:

$$\int \frac{5x-17}{(x-3)(x-5)}\,dx = \int \frac{1}{x-3}\,dx + \int \frac{4}{x-5}\,dx$$

$$= \ln|x-3| + 4\ln|x-5| + C, \text{ denn:}$$

$(\ln|x-3|)' = \frac{1}{x-3}$ und $(4\ln|x-5|)' = \frac{4}{x-5}$ (↗ Abschnitt 6.3.3)

- Um das Integral $\int \frac{x^3 - 5x^2 + x + 4}{x^2 - 7x + 10}\,dx$ zu berechnen, ist die unecht gebrochenrationale Funktion $f(x) = \frac{x^3 - 5x^2 + x + 4}{x^2 - 7x + 10}$ vor der Partialbruchzerlegung in eine ganzrationale Funktion und eine echt gebrochenrationale Funktion zu zerlegen. Das geschieht durch Partialdivision:

$$\frac{x^3 - 5x^2 + x + 4}{x^2 - 7x + 10} = x + 2 + \frac{5x - 16}{x^2 - 7x + 10}$$

Für die echt gebrochenrationale Funktion wird nun eine Partialbruchzerlegung vorgenommen:

(1) Finden eines Ansatzes:

Die quadratische Funktion im Nenner kann mithilfe ihrer Nullstellen $x_1 = 2$ und $x_2 = 5$ in ein Produkt aus Linearfaktoren zerlegt werden: $x^2 - 7x + 10 = (x-2)(x-5)$

Daraus entsteht der Ansatz:

$$\frac{5x-16}{x^2 - 7x + 10} = \frac{A}{x-2} + \frac{B}{x-5}$$

(2) Bestimmen der Koeffizienten A und B:

Da $\frac{A}{x-2} + \frac{B}{x-5} = \frac{A(x-5) + B(x-2)}{(x-2)(x-5)} = \frac{(A+B)x + (-5A - 2B)}{(x-2)(x-5)}$ ist,

erhält man durch Koeffizientenvergleich mit $\frac{5x-16}{x^2 - 7x + 10}$ das Gleichungssystem

$$\begin{aligned} A + B &= 5 \\ -5A - 2B &= -16 \end{aligned}$$

mit den Lösungen A = 2 und B = 3.

Es ist also $\frac{5x-16}{x^2 - 7x + 10} = \frac{2}{x-2} + \frac{3}{x-5}$ bzw.

$$f(x) = \frac{x^3 - 5x^2 + x + 4}{x^2 - 7x + 10} = x + 2 + \frac{2}{x-2} + \frac{3}{x-5}.$$

(3) Berechnen des Integrals:

$$\int \frac{x^3 - 5x^2 + x + 4}{x^2 - 7x + 10}\,dx = \int (x+2)\,dx + \int \frac{2}{x-2}\,dx + \int \frac{3}{x-5}\,dx$$

$$= \frac{x^2}{2} + 2x + 2\ln|x-2| + 3\ln|x-5| + C$$

7.5 Berechnen bestimmter Integrale; Anwendungen

7.5.1 Integrationsregeln

Aus dem Hauptsatz der Differenzial- und Integralrechnung und den Regeln für unbestimmte Integrale lassen sich für bestimmte Integrale folgende Regeln folgern:

Satz Sind f und g in [a; b] stetige Funktionen, so gilt:

$$\int_a^b k \cdot f(x)\,dx = k \cdot \int_a^b f(x)\,dx \quad (k \in \mathbb{R})$$ **Faktorregel**

$$\int_a^b [f(x) \pm g(x)]\,dx = \int_a^b f(x)\,dx \pm \int_a^b g(x)\,dx$$ **Summenregel**

Zur Berechnung bestimmter Integrale stehen somit verschiedene Grundintegrale (↗ Abschnitt 7.1.1) und folgende Regeln zur Verfügung:

Es seien f und g in [a; b] stetige Funktionen. Dann gilt:

- $\int_a^a f(x)\,dx = 0$ *Übereinstimmung der Integrationsgrenzen*
- $\int_b^a f(x)\,dx = -\int_a^b f(x)\,dx$ *Vertauschung der Integrationsgrenzen*
- $\int_a^c f(x)\,dx + \int_c^b f(x)\,dx = \int_a^b f(x)\,dx$ *Intervalladditivität*
- $\int_a^b k \cdot f(x)\,dx = k \cdot \int_a^b f(x)\,dx$ *Faktorregel*
- $\int_a^b [f(x) \pm g(x)]\,dx = \int_a^b f(x)\,dx \pm \int_a^b g(x)\,dx$ *Summenregel*

$$\int_1^3 (-x^2 + 4x + \sqrt{x})\,dx$$
$$= \left[-\frac{x^3}{3} + 2x^2 + \frac{2}{3}\sqrt{x^3}\right]_1^3 = \left(-\frac{3^3}{3} + 2 \cdot 3^2 + \frac{2}{3}\sqrt{3^3}\right) - \left(-\frac{1^3}{3} + 2 \cdot 1^2 + \frac{2}{3}\sqrt{1^3}\right)$$
$$\approx -9 + 18 + 3{,}46 - \left(-\frac{1}{3} + 2 + \frac{2}{3}\right) \approx 12{,}46 - 2{,}33 = 10{,}13$$

$$\int_0^2 \left(1 - \frac{1}{\sqrt{x}}\right)dx = [x - 2\sqrt{x}]_0^2 = (2 - 2\sqrt{2}) - (0 - 2\sqrt{0}) \approx -0{,}83$$

7.5.2 Ermitteln von Flächeninhalten

Die grundlegende Anwendung der Integralrechnung, die Flächeninhaltsberechnung (vorrangig krummlinig begrenzter Flächen), resultiert aus der geometrischen Deutung des bestimmten Integrals als Inhalt einer Fläche. Dabei erfordern Unterschiede in Form und Lage der jeweiligen Flächen im Koordinatensystem spezifische Vorgehensweisen.

- *Flächen unter Funktionsgraphen, die oberhalb der x-Achse liegen*

Satz Ist f eine über dem Intervall [a; b] stetige nichtnegative Funktion, so ist die Maßzahl des Inhalts der Fläche zwischen dem Graphen der Funktion f, der x-Achse sowie den Geraden x = a und x = b gleich dem bestimmten Integral der Funktion f über dem Intervall [a; b].

Es ist $A = \int_a^b f(x)\,dx$.

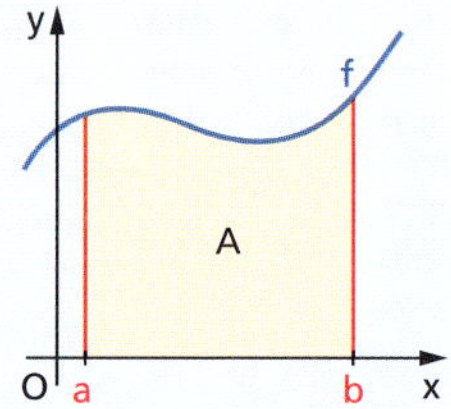

Es ist der Inhalt der Fläche zu berechnen, den der Graph der Funktion $f(x) = x^3 + 3x^2 - 2x + 3$, die x-Achse und die Geraden $x = -3$ und $x = 1$ einschließen.

$$A = \int_{-3}^{1} (x^3 + 3x^2 - 2x + 3)\,dx$$
$$= \left[\frac{x^4}{4} + x^3 - x^2 + 3x\right]_{-3}^{1}$$
$$= \left(\frac{1}{4} + 1 - 1 + 3\right) - \left(\frac{81}{4} - 27 - 9 - 9\right)$$
$$= 3{,}25 - (-24{,}75) = 28$$

Als Maßeinheit führen wir Flächeneinheiten (FE) ein (A steht hier und im Folgenden immer nur für die Maßzahl des Flächeninhalts). Der gesuchte Flächeninhalt beträgt 28 FE.

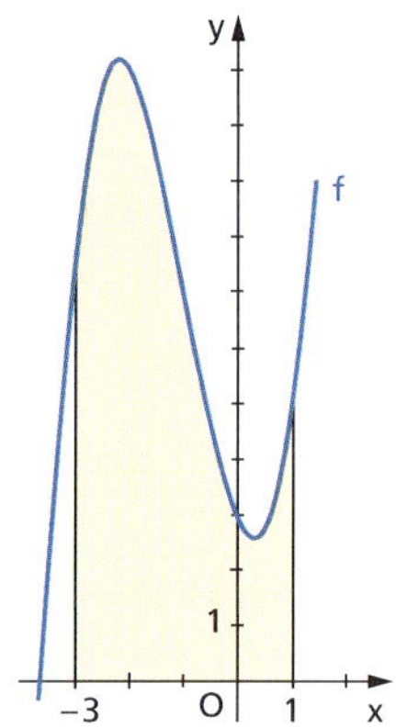

▶ Sind Flächeninhalt und eine Integrationsgrenze bekannt, kann die zweite Grenze berechnet werden.

Der Graph der Funktion $f(x) = -x^3 + 4x$, die x-Achse und die Geraden $x = 0$ und $x = b$ begrenzen eine Fläche. Die Integrationsgrenze b soll so bestimmt werden, dass der Flächeninhalt A = 3 (FE) beträgt und b > 0 ist.

Gesucht ist also die Lösung der Gleichung:

$$3 = \int_0^b (-x^3 + 4x)\,dx$$

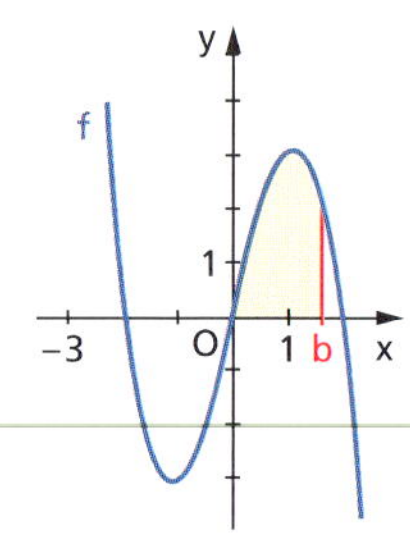

Durch Ermitteln einer Stammfunktion und Einsetzen der Grenzen 0 und b erhält man:

$$3 - \left[-\frac{1}{4}x^4 + 2x^2\right]_0^b = -\frac{1}{4}b^4 + 2b^2$$
$$0 = -\frac{1}{4}b^4 + 2b^2 - 3$$
$$0 = b^4 - 8b^2 + 12$$

Die entstandene biquadratische Gleichung hat die Lösungen $b_1 = \sqrt{6}$ und $b_2 = \sqrt{2}$. Da die obere Grenze kleiner als die Nullstelle x = 2 sein muss, ist $b = \sqrt{2}$ die gesuchte Lösung.

- *Flächen unter Funktionsgraphen, die unterhalb der x-Achse liegen*

Bei der Berechnung des Inhalts von Flächen, die von Funktionsgraphen und der x-Achse vollständig oder in gegebenen Grenzen eingeschlossen werden, sind zunächst die Nullstellen dieser Funktionen zu berechnen. So erhält man Aussagen über die Lage der Flächen bezüglich der x-Achse.

Satz
Es sei f eine im Intervall [a; b] stetige nichtpositive Funktion. Der Graph dieser Funktion begrenzt zusammen mit der x-Achse sowie den Geraden x = a und x = b eine Fläche, die unterhalb der x-Achse liegt.

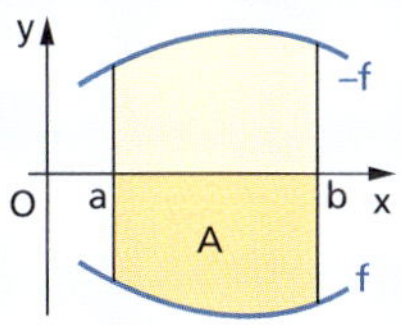

Es ist $A = \left| \int_a^b f(x)\,dx \right|$.

Bildet man zu einer im Intervall [a; b] nichtpositiven Funktion f die Funktion –f, so ist diese im Intervall [a; b] positiv. Das bestimmte Integral $\int_a^b [-f(x)]\,dx$ stellt dann den Flächeninhalt zwischen dem Graphen der Funktion –f und der x-Achse im Intervall [a; b] dar. Diese Fläche ist flächengleich der Fläche zwischen dem Graphen der Funktion f und der x-Achse – beide Flächen liegen symmetrisch zur x-Achse. Nach der Faktorregel für bestimmte Integrale folgt $\int_a^b [-f(x)]\,dx = -\int_a^b f(x)\,dx$, d.h., das bestimmte Integral von f und das bestimmte Integral von –f unterscheiden sich nur durch das Vorzeichen. Um aber stets positive Maßzahlen für den Flächeninhalt zu erhalten, schreibt man: $A = \left| \int_a^b f(x)\,dx \right|$

Es ist der Inhalt der Fläche zwischen dem Graphen der Funktion $f(x) = (x-3)^2 - 4$ und der x-Achse im Intervall [2; 4] zu berechnen.
Da die Fläche unterhalb der x-Achse liegt, muss der Betrag des entsprechenden bestimmten Integrals berechnet werden.

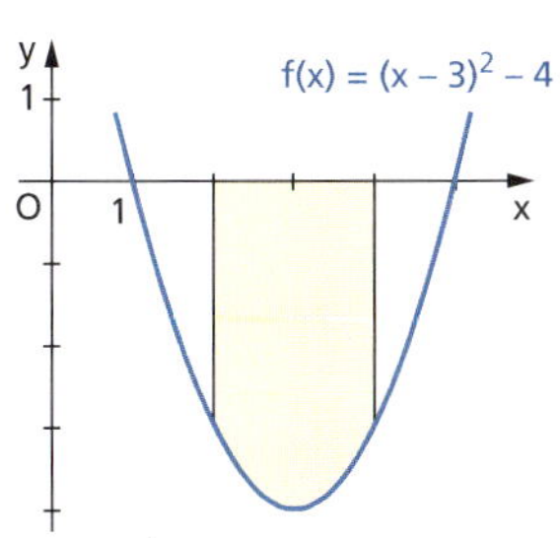

▶ Besitzt die Funktion f im Intervall [a; b] keine Nullstelle, sind die Intervallgrenzen gleichzeitig die Integrationsgrenzen.

$$A = \left| \int_2^4 [(x-3)^2 - 4]\,dx \right| = \left| \int_2^4 (x^2 - 6x + 5)\,dx \right| = \left| \left[\frac{x^3}{3} - 3x^2 + 5x \right]_2^4 \right|$$

$$= \left| \left(\frac{64}{3} - 48 + 20\right) - \left(\frac{8}{3} - 12 + 10\right) \right| = \left| -\frac{22}{3} \right| \approx 7{,}3$$

Der Flächeninhalt beträgt rund 7,3 FE.

▶ Wird eine Fläche vom Graphen der Funktion und von der x-Achse **vollständig begrenzt,** so bilden die Nullstellen der Funktion die Integrationsgrenzen.

Der Graph der Funktion $f(x) = x^2 - 7x + 10$ und die x-Achse begrenzen eine Fläche vollständig. Der Inhalt dieser Fläche ist zu berechnen.

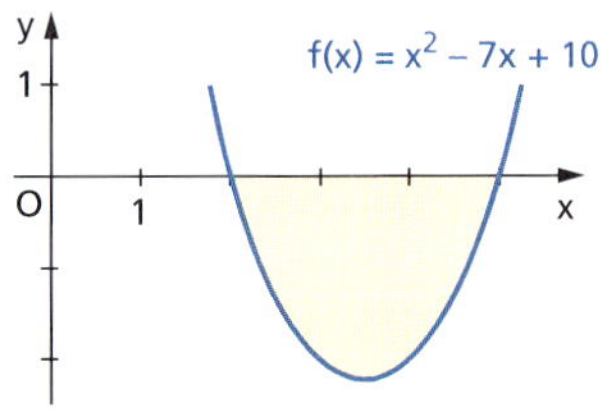

(1) Um die Integrationsgrenzen zu ermitteln, zwischen denen das bestimmte Integral zu berechnen ist, müssen die Nullstellen der Funktion f bestimmt werden.
Aus $f(x) = 0 = x^2 - 7x + 10$ erhält man hierfür mittels Lösungsformel für quadratische Gleichungen (oder im vorliegenden einfachen Fall auch nach dem vietaschen Wurzelsatz): $x_1 = 5$ und $x_2 = 2$

(2) Flächenberechnung:

$$A = \left| \int_2^5 (x^2 - 7x + 10)\,dx \right| = \left| \left[\frac{x^3}{3} - \frac{7}{2}x^2 + 10x \right]_2^5 \right|$$

$$= \left| \left(\frac{125}{3} - \frac{175}{2} + 50 \right) - \left(\frac{8}{3} - \frac{28}{2} + 20 \right) \right| = |-4{,}5| = 4{,}5$$

Der Flächeninhalt beträgt 4,5 FE.

▶ Liegt die gesuchte **Fläche zum Teil oberhalb und zum Teil unterhalb der x-Achse,** so müssen die Teilflächen einzeln berechnet werden.

Liegt die gesuchte Fläche sowohl unterhalb als auch oberhalb der x-Achse, wäre es falsch, über das gesamte Intervall zu integrieren. Man erhielte dann nämlich als Resultat die Summe aus einem „positiven" und einem „negativen" Flächeninhalt. Die beiden Teilflächen müssen in einem solchen Fall einzeln berechnet werden.

Es ist der Inhalt der Fläche zwischen dem Graphen der Funktion $f(x) = x^2 + 2x$ und der x-Achse in den Grenzen –1 und 1 zu berechnen.

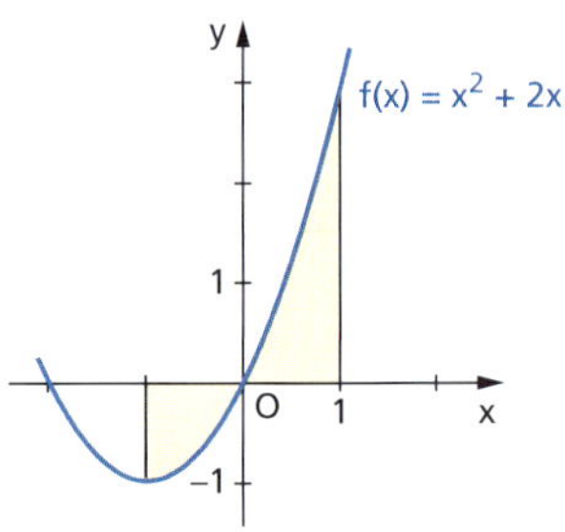

Die Funktion f hat im Intervall [–1; 1] eine Nullstelle. Der Graph der Funktion f schneidet in diesem Intervall die x-Achse – die gesuchte Fläche besteht aus einer Teilfläche unterhalb und aus einer Teilfläche oberhalb der x-Achse.

$$A = \left| \int_{-1}^{0} (x^2 + 2x)\,dx \right| + \int_0^1 (x^2 + 2x)\,dx$$

$$= \left| \left[\frac{x^3}{3} + x^2 \right]_{-1}^{0} \right| + \left[\frac{x^3}{3} + x^2 \right]_0^1 = \left| -\frac{2}{3} \right| + \frac{4}{3} = 2$$

Der Flächeninhalt beträgt 2 FE.

Die Beispiele zeigen: Bei der Berechnung des Inhalts von Flächen, die von Graphen stetiger Funktionen und der x-Achse vollständig oder in gegebenen Grenzen eingeschlossen werden, sind zunächst die Nullstellen dieser Funktion zu berechnen, um dann entscheiden zu können, welche Lage die Flächen beziehungsweise die Teilflächen bezüglich der x-Achse haben. Liegen Nullstellen im Intervall, so erfolgt ein Lagewechsel der Flächenstücke hinsichtlich der x-Achse und die Gesamtfläche muss „stückweise" berechnet werden.

· *Flächen, die zwischen zwei Funktionsgraphen liegen*

Satz Es seien f und g zwei stetige Funktionen mit $f(x) > g(x)$ für alle x zwischen x_1 und x_2 sowie $f(x_1) \geq g(x_1)$, $f(x_2) \geq g(x_2)$.

Dann gilt für die Inhaltsmaßzahl der von den Graphen beider Funktionen im Intervall $[x_1; x_2]$ eingeschlossenen Fläche:

$$A = A_1 - A_2 = \int_{x_1}^{x_2} f(x)\,dx - \int_{x_1}^{x_2} g(x)\,dx = \int_{x_1}^{x_2} [f(x) - g(x)]\,dx$$

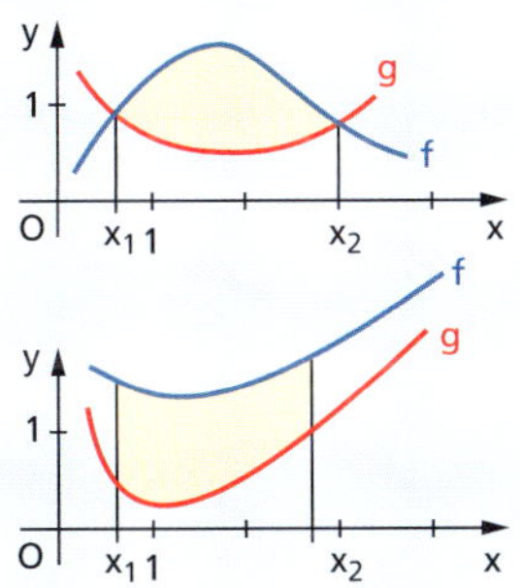

▶ Der Inhalt der **Fläche zwischen den Graphen zweier Funktionen** f und g ist also die Differenz der Inhalte der Flächen unter den Graphen der Funktionen g bzw. f.

Dieser Satz zur Berechnung von Flächenstücken zwischen Funktionsgraphen ist unabhängig von deren Lage bezüglich der x-Achse.

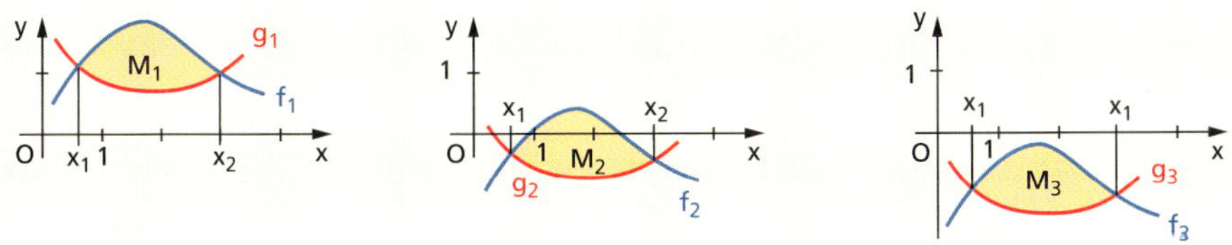

Liegt die Fläche teilweise oder vollständig unterhalb der x-Achse, kann durch eine Verschiebung in Richtung der y-Achse die Fläche M_2 oder M_3 mit M_1 zur Deckung gebracht werden. Diese Verschiebung lässt die Schnittpunktabszissen (Integrationsgrenzen) x_1 und x_2 unverändert. Die Gleichungen der Funktionen g_i unterscheiden sich untereinander um denselben konstanten Summanden wie die der entsprechenden Funktionen f_i. Dieser Summand hebt sich dann bei der Differenzbildung im Integranden auf. Deshalb gilt:

$$\int_{x_1}^{x_2} [f_1(x) - g_1(x)]\,dx = \int_{x_1}^{x_2} [f_2(x) - g_2(x)]\,dx = \int_{x_1}^{x_2} [f_3(x) - g_3(x)]\,dx$$

Gilt für das gesamte Intervall $[x_1; x_2]$ $f_i(x) < g_i(x)$, so ist das Integral $\int_{x_1}^{x_2} [f(x) - g(x)]\,dx$ negativ. Zur Bestimmung des Flächeninhalts ist dann der Betrag des Integrals zu bilden: $A = \left| \int_{x_1}^{x_2} [f(x) - g(x)]\,dx \right|$

Die Graphen der Funktionen $f(x) = (x - 4)^2 + 1$ und $g(x) = -x + 7$ schließen ein Flächenstück ein. Der Inhalt dieser Fläche soll ermittelt werden.

(1) Bestimmen der Integrationsgrenzen:

Die Integrationsgrenzen ergeben sich hier aus den Schnittpunkten der Graphen der Funktionen f und g. Die Abszissen der Schnittpunkte sind die Integrationsgrenzen.

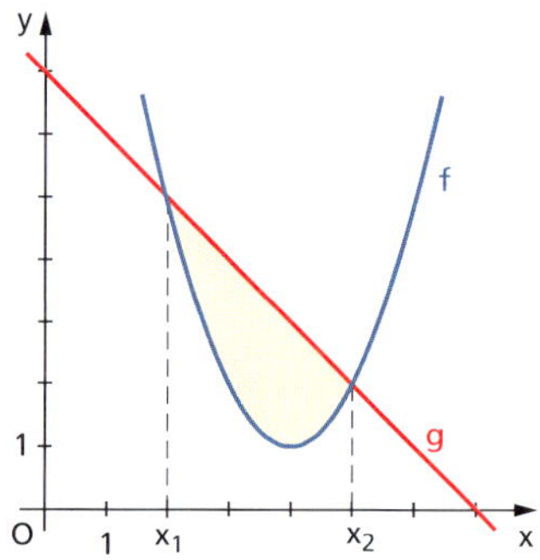

Bestimmen der Abszissen:
$f(x) = g(x)$, also:
$(x - 4)^2 + 1 = -x + 7$

Daraus folgt:
$x^2 - 8x + 17 = -x + 7$ bzw. $x^2 - 7x + 10 = 0$
Diese Gleichung hat die Lösungen $x_1 = 2$ und $x_2 = 5$.

(2) Ermitteln des Flächeninhaltes:

Aus der grafischen Darstellung ist zu ersehen, dass die Funktionen f und g für alle x zwischen x_1 und x_2 nichtnegative Funktionen mit $g(x) > f(x)$ sind. Es gilt:

$$A = \int_2^5 [g(x) - f(x)]\,dx = \int_2^5 [(-x + 7) - ((x - 4)^2 + 1)]\,dx$$ Und damit:

$$A = \int_2^5 (-x^2 + 7x - 10)\,dx = \left[-\frac{x^3}{3} + \frac{7}{2}x^2 - 10x\right]_2^5 = \frac{9}{2}$$

Die Fläche zwischen den beiden Graphen hat einen Inhalt von 4,5 FE.

Die Größe der Funktionswerte von f und g bzw. die gegenseitige Lage ihrer Graphen kann unberücksichtigt bleiben, wenn mit dem Betrag des Differenzintegrals gerechnet wird. Es gilt:

$$A = \left|\int_{x_1}^{x_2} [f(x) - g(x)]\,dx\right| = \left|\int_{x_1}^{x_2} [g(x) - f(x)]\,dx\right|$$

Der Inhalt der in der Abbildung markierten Fläche soll berechnet werden.

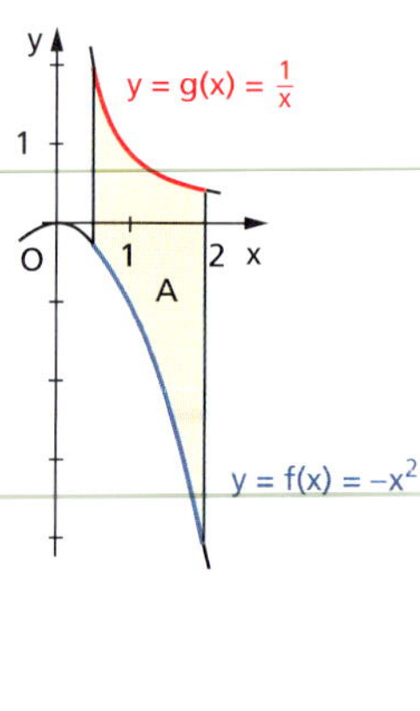

Da für das gesamte Intervall [0,5; 2] $g(x) > f(x)$ ist, gilt:

$$A = \int_{0,5}^{2} [g(x) - f(x)]\,dx$$

$$= \int_{0,5}^{2} \left(\frac{1}{x} - (-x^2)\right)dx$$

$$= \left[\ln x + \frac{x^3}{3}\right]_{0,5}^{2}$$

$$\approx 3{,}36 - (-0{,}65) = 4{,}01$$

Der Flächeninhalt beträgt rund 4 FE.

Für den Inhalt der markierten Fläche gilt:

$$A = \int_{\frac{\pi}{4}}^{\frac{5\pi}{4}} (\sin x - \cos x)\,dx$$

$$= \left[-\cos x - \sin x\right]_{\frac{5\pi}{4}}^{\frac{\pi}{4}}$$

$$\approx 1{,}41 - (-1{,}41) = 2{,}82$$

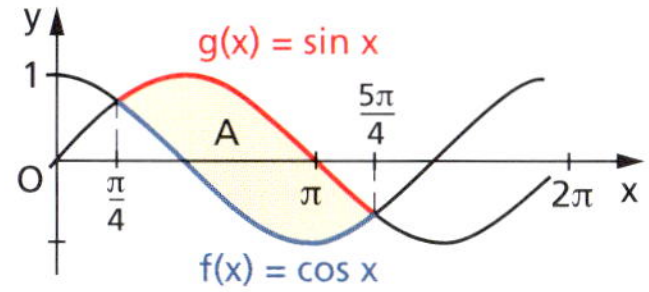

Die Fläche hat einen Inhalt von rund 2,8 FE.

Die von den Graphen der Funktionen $f(x) = \frac{1}{3}x^3 - \frac{4}{3}x$ und $g(x) = \frac{1}{3}x^2 + \frac{2}{3}x$ eingeschlossene Fläche ist zu berechnen.

(1) Bestimmen der Integrationsgrenzen:

$$f(x) = g(x),\text{ also}$$

$$\frac{1}{3}x^3 - \frac{4}{3}x = \frac{1}{3}x^2 + \frac{2}{3}x$$

$$x^3 - x^2 - 6x = x(x^2 - x - 6) = 0$$

$$\Rightarrow x_1 = 0,\ x_2 = -2 \text{ und } x_3 = 3$$

Die Graphen der beiden Funktionen schneiden einander in mehreren Punkten. Es entstehen zwischen den Graphen mehrere Teilflächen, die einzeln zu berechnen sind.

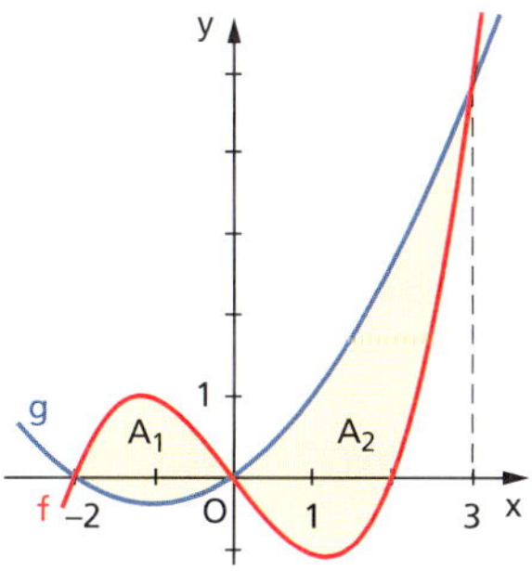

(2) Ermitteln des Flächeninhaltes:

Für das Teilintervall [–2; 0] gilt f(x) > g(x) und für das Teilintervall [0; 3] gilt f(x) < g(x). Um für die Berechnung der zweiten Teilfläche das Differenzintegral nicht ändern zu müssen, wird hier mit dem Betrag des Integrals gearbeitet.

$$A = A_1 + A_2,\text{ also } A = \int_{-2}^{0} [f(x) - g(x)]\,dx + \left|\int_{0}^{3} [f(x) - g(x)]\,dx\right|$$

$$A_1 = \int_{-2}^{0} \left(\frac{1}{3}x^3 - \frac{4}{3}x - \frac{1}{3}x^2 - \frac{2}{3}x\right)dx \qquad A_2 = \left|\int_{0}^{3} \left(\frac{1}{3}x^3 - \frac{4}{3}x - \frac{1}{3}x^2 - \frac{2}{3}x\right)dx\right|$$

$$A_1 = \int_{-2}^{0} \left(\frac{1}{3}x^3 - \frac{1}{3}x^2 - 2x\right)dx \qquad A_2 = \left|\int_{0}^{3} \left(\frac{1}{3}x^3 - \frac{1}{3}x^2 - 2x\right)dx\right|$$

$$= \left[\frac{1}{12}x^4 - \frac{1}{9}x^3 - x^2\right]_{-2}^{0} \qquad = \left|\left[\frac{1}{12}x^4 - \frac{1}{9}x^3 - x^2\right]_{0}^{3}\right|$$

$$= \left(0 - \left(\frac{16}{12} + \frac{8}{9} - 4\right)\right) \qquad = \left|\left(\frac{81}{12} - \frac{27}{9} - 9\right) - 0\right|$$

$$= \frac{16}{9} \qquad = \left|-\frac{21}{4}\right| = \frac{21}{4}$$

$$A = \frac{16}{9} + \frac{21}{4} = \frac{253}{36}$$

Der Flächeninhalt beträgt rund 7 FE.

- Die abgebildete Montagehalle kann als zusammengesetzter Körper aufgefasst werden, der näherungsweise aus
  (1) einem quaderförmigen Sockel (Volumen V_1),
  (2) zwei Viertelkugeln an den Stirnseiten (Volumen jeweils V_2) und
  (3) dem eigentlichen Hallenkörper (Volumen V_3) besteht.

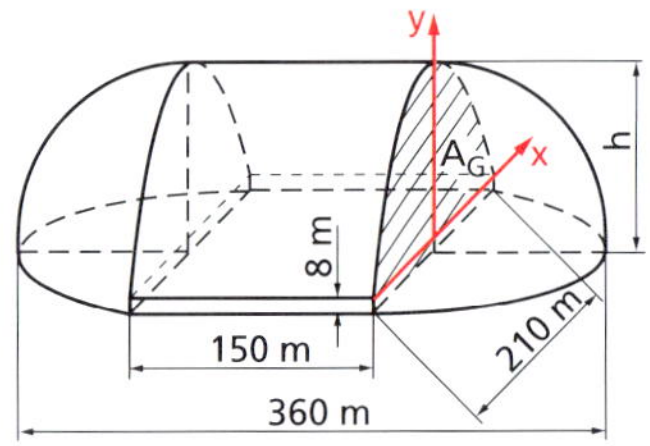

Das Gesamtvolumen dieser Halle ist zu berechnen.

Zu (1): Es gilt: $V_1 = 8\text{ m} \cdot 210\text{ m} \cdot 150\text{ m} = 252\,000\text{ m}^3$

Zu (2): Die Annahme, dass es sich bei den Körpern an den Stirnseiten näherungsweise um Viertelkugeln handelt, ist nur wegen $\frac{210\text{ m}}{2} \approx 107\text{ m}$ sinnvoll. Wegen $\frac{210\text{ m}}{2} = 105\text{ m}$ und der Hallenhöhe von $h = 107\text{ m}$ wählen wir als Näherungswert für den Kugelradius $r_1 = 106\text{ m}$. Dann gilt: $V_2 = 2 \cdot \frac{1}{3}\pi \cdot 106^3\text{ m}^3 \approx 2\,494\,000\text{ m}^3$

Zu (3): Aus dem gleichen Grunde wie unter (2) könnte man den Hallenkörper als Halbzylinder mit einem Radius $(107\text{ m} - 8\text{ m}) = 99\text{ m} < r_2 < 105\text{ m}$, also z. B. $r_2 = 102\text{ m}$, und der Höhe $h = 150\text{ m}$ auffassen. Dann ergäbe sich:

$V_3 = \frac{1}{2} \cdot \pi \cdot 102^2 \cdot 150\text{ m}^3 \approx 2\,451\,000\text{ m}^3$

Freilich handelt es sich dabei nur um eine sehr grobe Näherung. Günstiger ist es, den Hallenkörper als einen „parabolischen Zylinder" anzusehen, der die Grundfläche A_G und die Höhe h besitzt. Fasst man die begrenzende Kurve von A_G als Parabel auf, so hat diese in einem Koordinatensystem (Scheitelpunkt (0; 99), $P_{1;\,2}(\pm 105;\, 0)$) die Gleichung: $y = f(x) = -\frac{99}{105^2}x^2 + 99$

Dann gilt:

$$V_3 = h \cdot A_G = 150 \cdot \int_{-105}^{105} \left(-\frac{99}{105^2}x^2 + 99\right)dx = 150 \cdot \left[-\frac{99}{105^2} \cdot \frac{1}{3}x^3 + 99x\right]_{-105}^{105}$$

$$\approx 2\,079\,000\ (\text{m}^3)$$

Damit ergäbe sich als Gesamtvolumen $V \approx 4\,825\,000\text{ m}^3$.

▸ Beim Rechnen mit realitätsnahen Zahlenwerten empfiehlt sich der **Einsatz von Rechenhilfsmitteln.**

7.5.3 Physikalische Probleme

In den Naturwissenschaften findet die Integralrechnung vor allem als Grundlage für das Lösen von Differenzialgleichungen Anwendung (↗ Kapitel 8). Bedeutsam sind aber auch Probleme, die sich durch das Deuten physikalischer Größen als Flächeninhalte bearbeiten lassen.

- *Die physikalische Arbeit*

Wird ein Körper längs eines Weges s von s_1 nach s_2 (also um das Wegstück Δs) unter Einwirkung einer konstanten Kraft F bewegt, so gilt für die verrichtete Arbeit W:

$W = F \cdot \Delta s$, falls Kraft- und Wegrichtung übereinstimmen (denn Kraft und Weg sind gerichtete Größen), und

$W = F \cdot \Delta s \cdot \cos\alpha$, falls die Kraft- und die Wegrichtung den Winkel α einschließen.

Betrachtet man die Kraft F als Funktion des Weges s, so stellt das Diagramm diesen Zusammenhang dar:

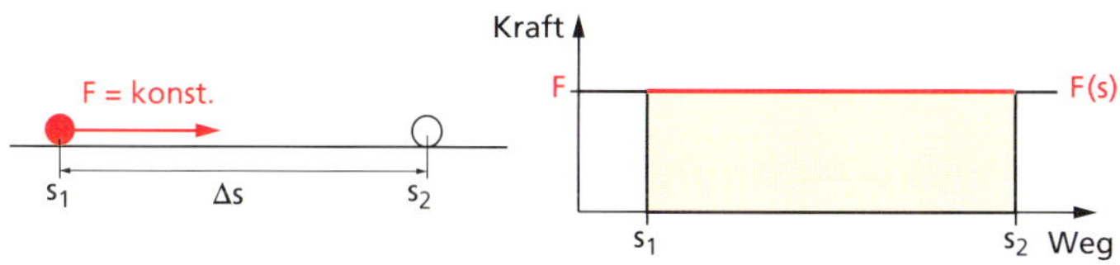

Die Funktion F = F(s) ist eine konstante Funktion – ihr Graph verläuft demzufolge parallel zur s-Achse.
Die verrichtete Arbeit kann nun als Inhalt der Fläche unter dem Graphen der Funktion F(s) interpretiert werden, d.h., die Maßzahlen von W und vom Flächeninhalt des gekennzeichneten Rechtecks sind gleich.
Bei vielen physikalischen Vorgängen bleibt die Kraft aber nicht konstant, sondern sie verändert sich sprunghaft oder auch kontinuierlich – Letzteres z.B. beim Spannen einer Schraubenfeder.

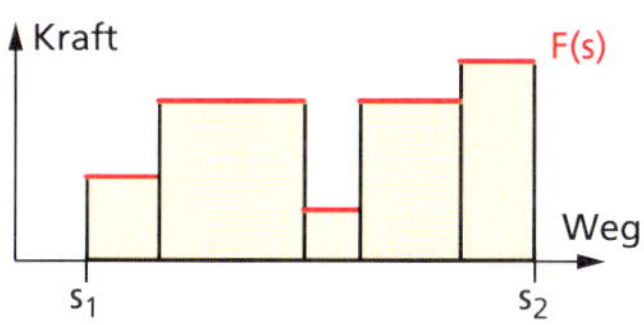

Ändert sich die Kraft, die an dem Körper angreift, „sprunghaft“, d.h., ist sie stückweise konstant, so entsteht als Graph des funktionalen Zusammenhangs zwischen Kraft und Weg eine Treppenkurve. In diesem Fall wäre die Arbeit gleich dem Inhalt der Fläche unter der Treppenkurve im Intervall $[s_1; s_2]$ und sie könnte als Summe der Teilflächen (Streifen) berechnet werden.

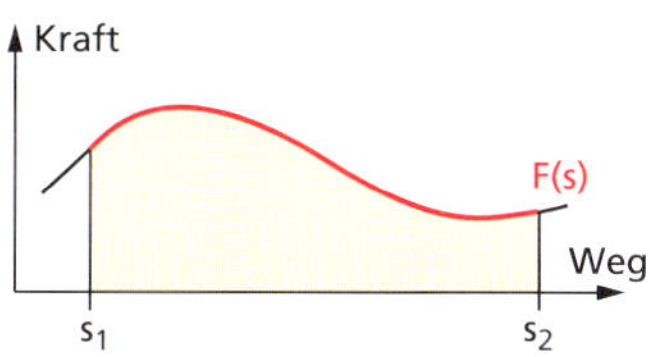

Verändert sich die Kraft F längs des Weges s ständig, d.h., ist die Funktion F(s) nicht einmal stückweise konstant, sondern nur stetig, so kann die physikalische Arbeit nicht mehr elementar berechnet werden. Aber auch in diesem Fall wird sie geometrisch als Inhalt der Fläche gedeutet, die der Graph der Funktion F(s) mit der s-Achse in den Grenzen s_1 und s_2 einschließt. Mit den Mitteln der Integralrechnung kann diese Fläche berechnet werden.

Es gilt:
Wird ein Körper von einer Kraft F längs des Weges s von s_1 nach s_2 bewegt und stimmen die Kraft- und die Wegrichtung überein, so beträgt die verrichtete physikalische Arbeit:

$$W = \int_{s_1}^{s_2} F(s)\,ds$$

Das Integral $W = \int_{s_1}^{s_2} F(s)\,ds$ nennt man **Wegintegral der Kraft.**

Das bestimmte Integral gibt dabei nur die Maßzahl der physikalischen Arbeit an – die Einheit ist gesondert zu überlegen.

An einer Schraubenfeder sei ein Körper befestigt. Es ist die Arbeit zu berechnen, die verrichtet werden muss, wenn der Körper von s_1 nach s_2 bewegt werden soll.

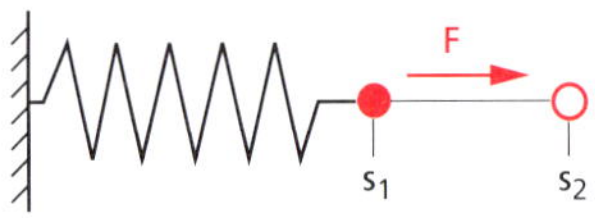

Die Feder wird bei diesem Vorgang gespannt. Die dazu erforderliche Kraft, die der Zugkraft der Feder entgegenwirkt, ist dem zurückgelegten Weg proportional:
$F(s) = D \cdot s$ (hookesches Gesetz; D heißt hier Federkonstante.)

Die aufzuwendende Arbeit $W = \int_{s_1}^{s_2} F(s)\,ds$ beträgt für diesen Fall:

$$W = \int_{s_1}^{s_2} D \cdot s\,ds = \left[\frac{D}{2}s^2\right]_{s_1}^{s_2} = \frac{D}{2}(s_2{}^2 - s_1{}^2)$$

(Vereinbart sei, dass beim Auftreten von Größensymbolen innerhalb von Differenziationen oder Integrationen stets nur die jeweiligen Maßzahlen gemeint sind.)
Für eine Schraubenfeder mit der Federkonstanten $D = 10\ \text{Nm}^{-1}$ und einer Ausdehnung von 0 auf 20 cm gilt dann:
$W = \frac{10}{2}\ \text{Nm}^{-1}(0{,}2^2 - 0^2)\ \text{m}^2 = 0{,}2\ \text{Nm}$

Für $s_1 = 0$ erhält man die Formel für die Federspannarbeit.
Es gilt: $W = \frac{1}{2}\Delta s^2$

· *Bewegungsabläufe*

Auch der **Schwerpunkt von Flächen** lässt sich mithilfe des bestimmten Integrals ermitteln.

Bei jeder Bewegung (im physikalischen Sinn) ist die Geschwindigkeit-Zeit-Funktion v(t) die Ableitung der Weg-Zeit-Funktion s(t) und die Beschleunigung-Zeit-Funktion a(t) die Ableitung der Geschwindigkeit-Zeit-Funktion v(t) (↗ Abschnitt 6.1.1).
Der Fahrtenschreiber eines Lkw zeichnet das Geschwindigkeit-Zeit-Diagramm eines Bewegungsablaufes auf. Ein Ausschnitt dieses Diagramms ist in einem rechtwinkligen Koordinatensystem dargestellt.

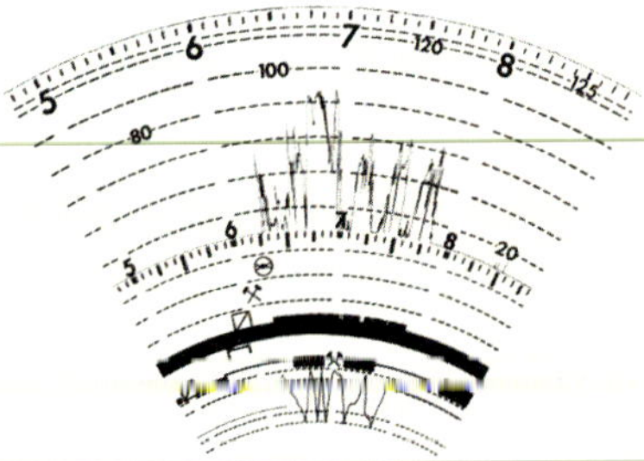

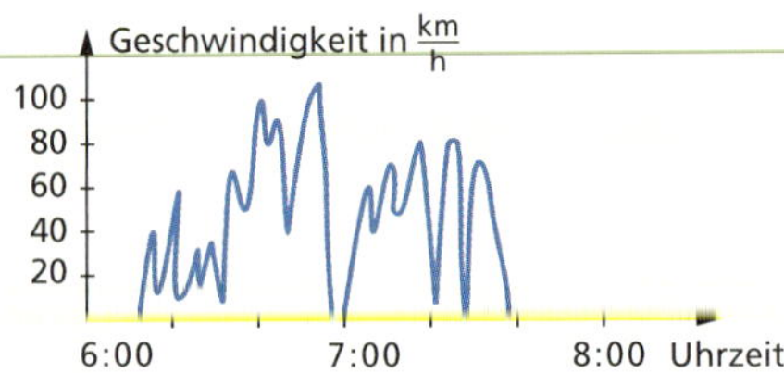

Mithilfe der Integralrechnung lassen sich aus diesem Geschwindigkeit-Zeit-Diagramm Angaben über Wege gewinnen, die in bestimmten Zeitintervallen zurückgelegt wurden. Der Flächeninhalt unter der Kurve ist hier ein Maß für den zurückgelegten Weg.

Ist die Geschwindigkeit v konstant, so gilt für den in der Zeit t zurückgelegten Weg $s = v \cdot t$.

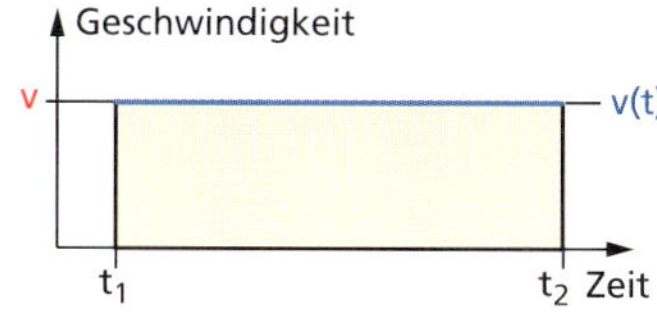

Bei geometrischer Interpretation ist die Maßzahl des Weges also gleich dem Inhalt der Fläche unter dem Graphen der konstanten Funktion $v(t)$ im Intervall $[t_1;\ t_2]$, d. h. gleich dem Flächeninhalt des Rechtecks mit den Seiten $t_2 - t_1 = \Delta t$ und $v(t_1) = v(t_2)$.

Verallgemeinert man dieses Vorgehen auf eine beliebige (stetige) Geschwindigkeit-Zeit-Funktion v(t), so kann festgelegt werden:

$$s = \int_{t_1}^{t_2} v(t)\,dt$$

Aus dem Fahrtenschreiberdiagramm ließe sich somit durch Bestimmen des Inhalts der Fläche unter dem Graphen der Geschwindigkeit-Zeit-Funktion (z. B. durch Auszählen) der in einem Zeitintervall zurückgelegte Weg ermitteln.

Ein analoger Zusammenhang besteht zwischen der Beschleunigung-Zeit-Funktion a(t) und der Geschwindigkeit-Zeit-Funktion v(t):

$$v = \int_{t_1}^{t_2} a(t)\,dt$$

Unter Verwendung der Gleichungen für den Weg und die Geschwindigkeit können die Formeln für den freien Fall eines Körpers gewonnen werden.

Zum Zeitpunkt $t = 0$ seien die Geschwindigkeit des betrachteten Körpers $v = 0$ und die bislang zurückgelegte Fallstrecke $s = 0$. Beim freien Fall eines Körpers ist die Beschleunigung konstant: Es gilt: $a(t) = g$

Daraus folgt dann

- für die Geschwindigkeit zum Zeitpunkt t_0:

$$v = \int_0^{t_0} g\,dt = [g \cdot t]_0^{t_0} = g \cdot t_0$$

- für den in der Zeit t_0 zurückgelegten Fallweg:

$$s = \int_0^{t_0} g \cdot t\,dt = \left[\frac{g}{2} \cdot t^2\right]_0^{t_0} = t_0^2$$

Da diese Aussage für eine beliebige Zeitdauer t gilt, kann man auch $v = g \cdot t$ und $s = \frac{g}{2} \cdot t^2$ schreiben.

- *Die elektrische Ladung*

Die elektrische Ladung Q ist eine weitere physikalische Größe, die mittels der Integralrechnung besser gefasst werden kann.

Wenn ein Strom mit der konstanten Stromstärke I_0 während der Zeit t fließt, so wird die elektrische Ladung $Q = I_0 \cdot t$ transportiert.

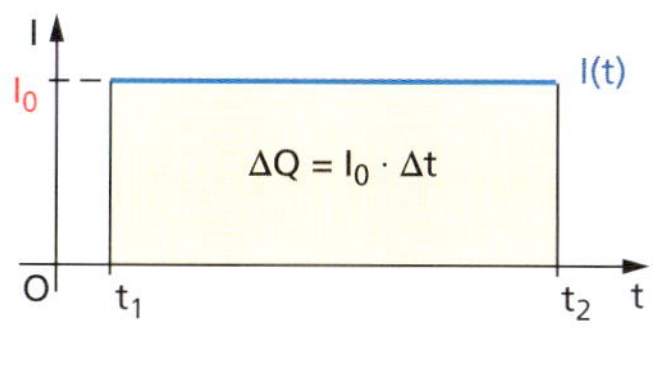

7

Treten zeitlich veränderliche Ströme auf, kann die Ladungsberechnung über die Berechnung des Inhalts der Fläche zwischen der Kurve und der x-Achse erfolgen.

Es gilt: $\Delta Q = \int_{t_1}^{t_2} I(t)\,dt$

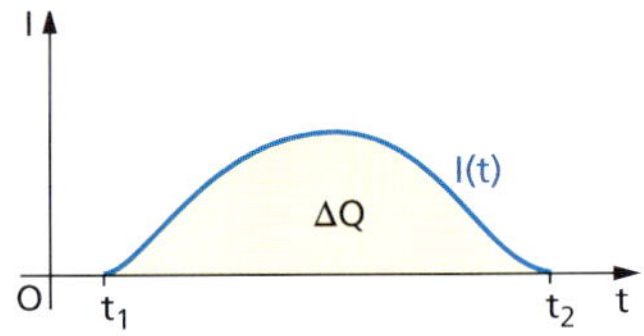

Der Strom-Zeit-Verlauf sei durch die Funktionsgleichung $I(t) = 0{,}5t^3$ gegeben. Es ist zu ermitteln, welche Ladung während der zweiten Sekunde fließt.

$$Q = \int_1^2 0{,}5t^3\,dt = \left[\frac{1}{8}t^4\right]_1^2 = 2 - \frac{1}{8} = \frac{15}{8}$$

Das heißt: Die Ladung beträgt rund 1,9 As = 1,9 C.

7.5.4 Volumen und Mantelfläche von Rotationskörpern; Bogenlänge von Kurven

· *Berechnung des Volumens von Rotationskörpern*

Durch Rotation eines Flächenstückes unter einer Kurve um eine Achse entstehen sogenannte **Rotationskörper.** Das Kurvenstück selbst erzeugt dabei den Mantel dieses Körpers. Die jeweilige Kurve bezeichnet man als *erzeugende Kurve*, die Achse als *Rotationsachse*.

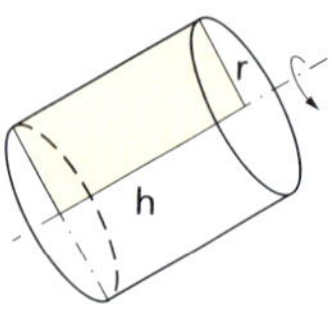

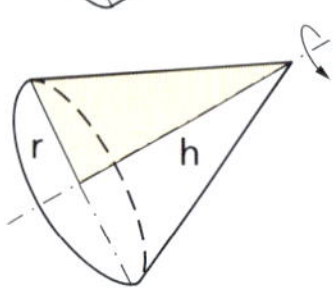

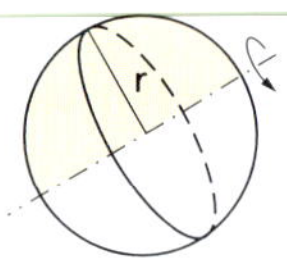

Wir betrachten eine beliebige stetige Funktion f im Intervall [a; b] und lassen die Fläche unter dem zu f gehörenden Graphen um die x-Achse rotieren. Es entsteht ein Rotationskörper. Das Volumen dieses Rotationskörpers kann mithilfe der Integralrechnung berechnet werden. Die Vorgehensweise ist analog zur Flächeninhaltsberechnung (↗ Abschnitt 7.5.2):

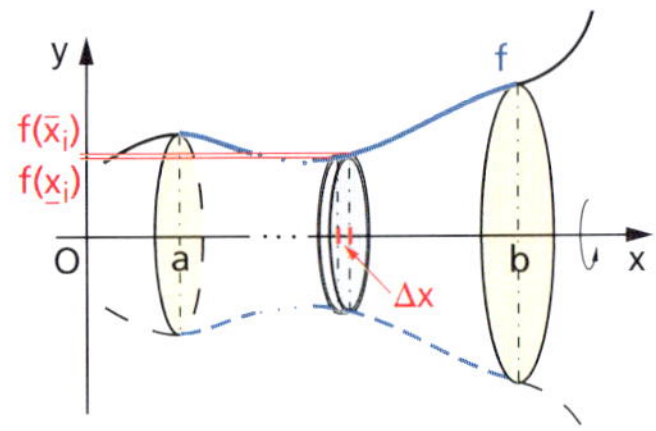

Das Intervall [a; b] wird in n gleich lange Teilintervalle zerlegt. Jedes Teilintervall hat dann die Länge $\Delta x = \frac{b-a}{n}$. Legt man durch die Intervallendpunkte Schnitte senkrecht zur x-Achse, so wird der Rotationskörper auf diese Weise in „Scheiben" der Höhe Δx zerlegt.

Im k-ten Teilintervall sei $f(\underline{x}_k)$ der kleinste und $f(\overline{x}_k)$ der größte Funktionswert. Jeder der entstandenen „Scheiben" kann dann ein (Kreis-)Zylinder mit der Höhe Δx und dem Grundkreisradius $f(\underline{x}_k)$ (Grundflächeninhalt $\pi[f(\underline{x}_k)]^2$) *ein*beschrieben und ein Zylinder mit der Höhe Δx und dem Grundkreisradius $f(\overline{x}_k)$ (Grundflächeninhalt $\pi[f(\overline{x}_k)]^2$) *um*beschrieben werden. Setzt man die Zylinder jeweils zusammen, so liegt das Volumen des Rotationskörpers zwischen den Volumina der beiden zusammengesetzten Körper, die sich als Summe der Zylindervolumina ergeben (Untersumme und Obersumme).

Es gilt: $s_n = \sum_{i=1}^{n} \pi \cdot (f(\underline{x}_i))^2 \cdot \Delta x$ und $S_n = \sum_{i=1}^{n} \pi \cdot (f(\overline{x}_i))^2 \cdot \Delta x$ mit $s_n \leq V \leq S_n$

Je feiner man die Zerlegung wählt, je größer also n und je kleiner demzufolge Δx wird, desto besser nähern sich die Summe der Volumina der einbeschriebenen Zylinder und die Summe der Volumina der umbeschriebenen Zylinder dem gesuchten Volumen an.

Die Folgen (s_n) und (S_n) sind monoton und beschränkt und besitzen somit jeweils einen Grenzwert. Die beiden Grenzwerte stimmen überein. Da die Funktion f stetig ist, ist auch die Funktion $g(x) = \pi \cdot (f(x))^2$ stetig und somit integrierbar.
Nach der Definition des bestimmten Integrals (↗ Abschnit 7.2) gilt dann:

$$\lim_{n \to \infty} s_n = \lim_{n \to \infty} S_n = \int_a^b \pi \cdot (f(x))^2 \, dx$$

Das gesuchte Volumen ist also: $V = \pi \cdot \int_a^b (f(x))^2 \, dx$

Definition **Volumen eines Rotationskörpers**
Es sei f eine über dem Intervall [a; b] stetige Funktion. Dann besitzt der Körper, der durch Rotation der Fläche unter dem Graphen der Funktion f über dem Intervall [a; b] um die x-Achse entsteht, das Volumen:

$$V = \pi \cdot \int_a^b (f(x))^2 \, dx = \pi \cdot \int_a^b y^2 \, dx$$

- Die Fläche unter dem Graphen der Funktion $f(x) = r$ rotiere im Intervall [0; h] um die x-Achse. Es ist das Volumen des entstehenden Rotationskörpers zu berechnen.

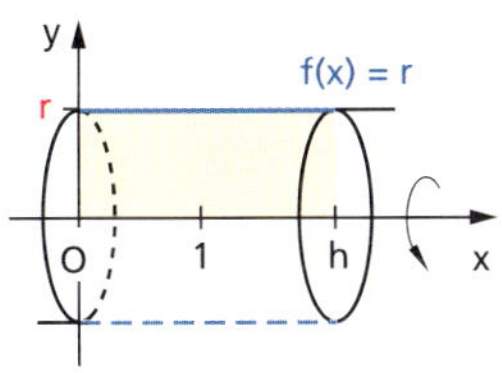

Wegen $f(x) = r$, also $f^2(x) = r^2$,

gilt: $V = \pi \cdot \int_0^h r^2 \, dx = \pi \cdot [r^2 \cdot x]_0^h$

Daraus folgt: $V = \pi \cdot r^2 \cdot h$
Das ist die uns bekannte Formel für das Volumen eines Zylinders, den der Rotationskörper hier darstellt.

- Die Fläche unter dem Graphen der Funktion $f(x) = \sqrt{x}$ rotiert im Intervall [0; 5] um die x-Achse. Für das Volumen des entstehenden Rotationskörpers erhält man:

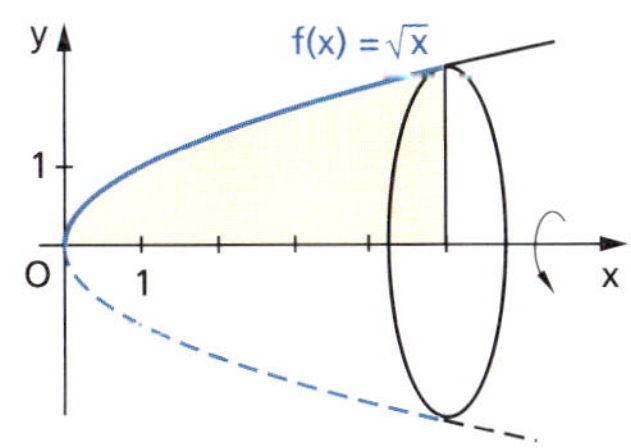

$$V = \pi \cdot \int_0^5 (\sqrt{x})^2 \, dx = \pi \cdot \int_0^5 x \, dx$$

$$= \pi \cdot \left[\frac{x^2}{2}\right]_0^5 = \pi \cdot \frac{25}{2} \approx 39{,}27$$

Das Volumen beträgt rund 39,3 VE.

Da in der Formel x^2 benötigt wird, ist es bei Berechnungen häufig einfacher, $y = f(x)$ nach x^2 aufzulösen und nicht nach x.

Erfolgt die Rotation um die y-Achse, so kann durch analoge Überlegungen die folgende Formel für im Intervall [a; b] eineindeutige Funktionen gewonnen werden:

$$V = \pi \cdot \int_c^d x^2\, dy \quad \text{mit} \quad c = f(a) \text{ und } d = f(b)$$

Dabei ist $x = g(y)$ die Umkehrfunktion zu $y = f(x)$.

Die vom Graphen der Funktion $f(x) = \frac{1}{2}x^2$ und der y-Achse eingeschlossene Fläche rotiere im Intervall [f(1); f(4)] um die y-Achse. Das Volumen des entstehenden Rotationskörpers ist zu berechnen.

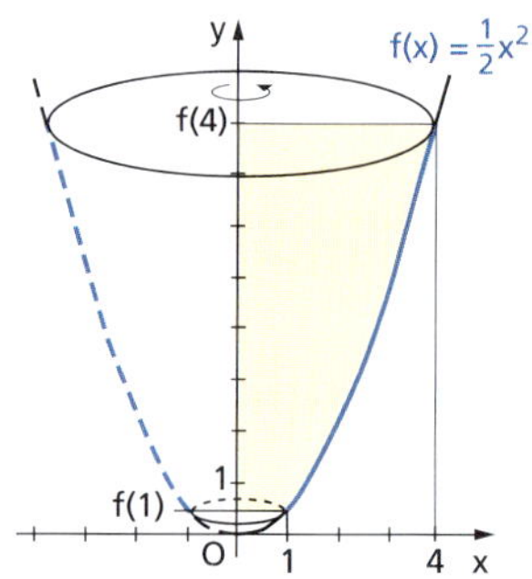

Weil $f(x) = \frac{1}{2}x^2$ eine im Intervall [1; 4] eineindeutige Funktion ist, existiert dort die Umkehrfunktion. Sie hat die Gleichung: $x = g(y) = \sqrt{2y}$

Die Integrationsgrenzen für die Berechnung des Rotationskörpers ergeben sich aus $c = f(1) = \frac{1}{2}$ und $d = f(4) = 8$.

Für das Volumen des Rotationskörpers gilt dann:

$$V = \pi \cdot \int_{\frac{1}{2}}^{8} 2y\, dy = \pi \cdot [y^2]_{\frac{1}{2}}^{8} = \pi \cdot \left(64 - \frac{1}{4}\right) = \pi \cdot \frac{255}{4} \approx 200{,}3 \text{ (VE)}$$

· *Berechnung der Bogenlänge ebener Kurven*

Eine Kurve sei in einem Intervall [a; b] als Graph einer Funktion f mit der Gleichung $y = f(x)$ gegeben. Es soll die Länge s des Kurvenbogens zwischen den Punkten P und Q berechnet werden.

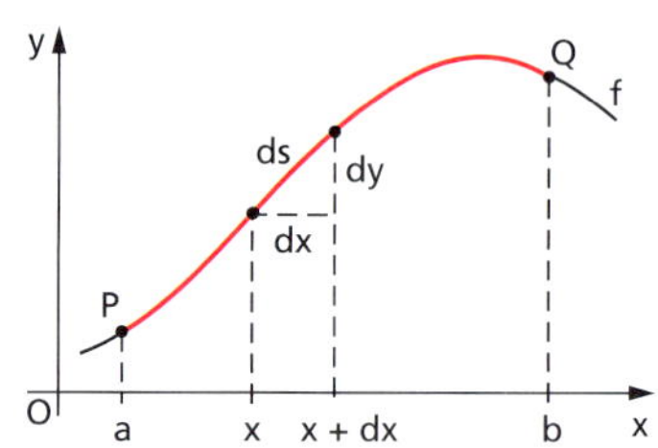

Für ein Bogenelement ds gilt

$(ds)^2 \approx (dx)^2 + (dy)^2$,

also $ds \approx \sqrt{1 + \left(\frac{dy}{dx}\right)^2}\, dx$.

Bildet man die Summe aller zwischen P und Q liegenden Bogenelemente und lässt ihre Anzahl durch immer feinere Unterteilung gegen ∞ gehen, *integriert* man also, so erhält man die Bogenlänge der Kurve der Funktion mit der Gleichung $y = f(x)$ im Intervall [a; b].

Satz Bogenlänge

Es sei f eine über dem Intervall [a; b] differenzierbare Funktion. Dann besitzt der Bogen des Graphen von f im Intervall [a; b] die

Länge: $s = \int_a^b \sqrt{1 + y'^2}\, dx = \int_a^b \sqrt{1 + [f'(x)]^2}\, dx$

Zu berechnen ist die Länge der Kettenlinie über dem Intervall [–2; 2]. Als Kettenlinie bezeichnet man den Graph der Funktion $f(x) = \frac{1}{2}(e^x + e^{-x})$. Aufgrund der Symmetrie genügt es, die doppelte Bogenlänge über dem Intervall [0; 2] zu berechnen.

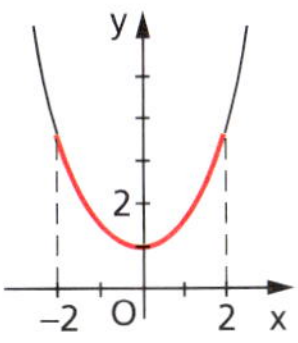

Mit $f'(x) = \frac{1}{2}\left(e^x - e^{-x}\right)$ und

$$\sqrt{1 + [f'(x)]^2} = \sqrt{1 + \frac{1}{4}\left(e^x - e^{-x}\right)^2} = \sqrt{1 + \frac{1}{4}e^{2x} - \frac{1}{2}e^{-2x}}$$

$$= \sqrt{\frac{1}{4}\left(e^{2x} + 2 + e^{-2x}\right)} = \frac{1}{2}\sqrt{\left(e^x + e^{-x}\right)^2} = \frac{1}{2}\left(e^x + e^{-x}\right)$$

folgt:

$$s = 2 \cdot \frac{1}{2}\int_0^2 (e^x + e^{-x})\,dx = [e^x - e^{-x}]_0^2 = e^2 - e^{-2} - (e^0 - e^{-0})$$

$$= e^2 - e^{-2} \approx 7{,}25 \text{ (LE)}$$

Gesucht ist die Länge einer Asteroide (Sternkurve) mit der Gleichung $x^{\frac{2}{3}} + y^{\frac{2}{3}} = a^{\frac{1}{2}}$ bzw. $y = \left(a^{\frac{2}{3}} - x^{\frac{2}{3}}\right)^{\frac{3}{2}}$.

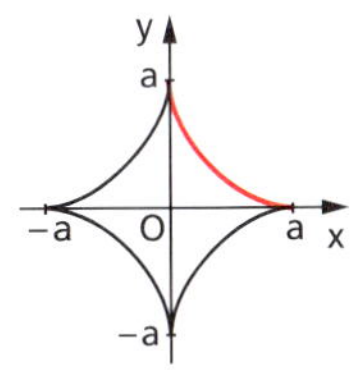

Damit gilt: $y' = \frac{3}{2}\left(a^{\frac{2}{3}} - x^{\frac{2}{3}}\right)^{\frac{1}{2}} \cdot \left(-\frac{2}{3}x^{-\frac{1}{3}}\right) = -x^{-\frac{1}{3}}\left(a^{\frac{2}{3}} - x^{\frac{2}{3}}\right)^{\frac{1}{2}}$

Durch Einsetzen in die Formel zur Berechnung der Bogenlänge ergibt sich für ein Kurvenviertel:

$$\frac{s}{4} = \int_0^a \sqrt{1 + x^{-\frac{2}{3}}\left(a^{\frac{2}{3}} - x^{\frac{2}{3}}\right)}\,dx = \int_0^a \sqrt{1 + a^{\frac{2}{3}}x^{-\frac{2}{3}} - 1}\,dx$$

$$= \int_0^a a^{\frac{1}{3}}x^{-\frac{1}{3}}\,dx = \left[\frac{3}{2}a^{\frac{1}{3}}x^{\frac{2}{3}}\right]_0^a = \frac{3}{2}a$$

Für die gesamte Kurve erhält man somit s = 6a.

- *Berechnung der Mantel- bzw. der Oberfläche von Rotationskörpern*

Rotiert eine als Graph einer Funktion f mit der Gleichung y = f(x) gegebene Kurve im Intervall [a; b] um die x-Achse, so überstreicht sie dabei die Mantelfläche des entstehenden Rotationskörpers.

Wird das Kurvenstück (der Kurvenbogen) im Intervall [a; b] in Bogenelemente ds zerlegt, dann überstreicht jedes dieser Bogenelemente für sich betrachtet einen Teil der Mantelfläche. Es handelt sich um ein schmales reifenförmiges Band, aufgeschnitten näherungsweise ein Rechteck mit den Seitenlängen $2\pi y$ und ds, das demzufolge den Flächeninhalt $dA \approx 2\pi y \cdot ds$ besitzt.

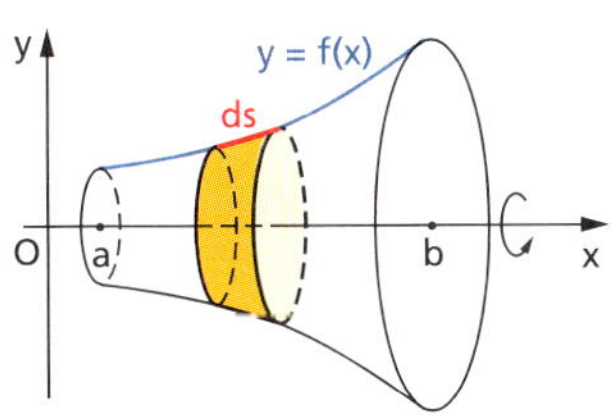

Durch Integration ergibt sich als Mantelfläche des Rotationskörpers im Intervall [a; b]: $A_M = 2\pi\int_a^b y\,ds$

Wegen $ds = \sqrt{1 + y'^2}\,dx$ (↗ Bogenlänge) folgt: $A_M = 2\pi\int_a^b y\sqrt{1 + y'^2}\,dx$

Satz Mantelflächeninhalt eines Rotationskörpers
Es sei f eine über dem Intervall [a; b] differenzierbare Funktion. Dann besitzt der Körper, der durch Rotation der Fläche unter dem Graphen der Funktion f über dem Intervall [a; b] um die x-Achse entsteht, den Mantelflächeninhalt:

$$A_M = 2\pi \int_a^b y\sqrt{1 + y'^2}\,dx$$

Soll die *Oberfläche* eines Rotationskörpers berechnet werden, so sind die Flächeninhalte der Grund- und der Deckfläche zur Mantelfläche zu addieren, falls die erzeugende Kurve nicht mit einer Nullstelle von f beginnt oder endet.

- Gesucht ist der Mantelflächeninhalt eines Rotationsparaboloids, der durch Rotation des Graphen von $f(x) = \sqrt{x}$ im Intervall [0; 2] um die x-Achse entsteht.

Durch Einsetzen von $y = \sqrt{x}$ und $y'^2 = \frac{1}{4x}$ in die Gleichung für die Mantelfläche folgt:

$$A_M = 2\pi \cdot \int_0^2 \sqrt{x} \cdot \sqrt{1 + \frac{1}{4x}}\,dx$$
$$= 2\pi \int_0^2 \sqrt{x + \frac{1}{4}}\,dx$$
$$= \frac{4\pi}{3}\left[\sqrt{\left(x + \frac{1}{4}\right)^3}\,\right]_0^2$$
$$= \frac{4\pi}{3}\left(\sqrt{\left(\frac{9}{4}\right)^3} - \sqrt{\left(\frac{1}{4}\right)^3}\right)$$
$$= \frac{4\pi}{3}\left(\sqrt{\frac{729}{64}} - \sqrt{\frac{1}{64}}\right)$$
$$= \frac{4\pi}{3}\left(\frac{27}{8} - \frac{1}{8}\right) = \frac{13}{3}\pi$$

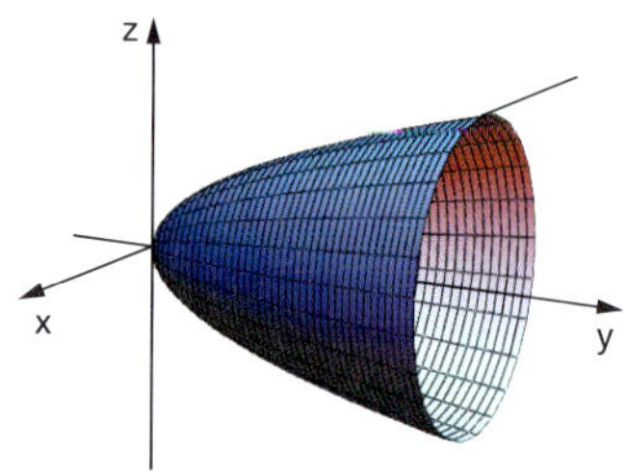

So erhält man den Mantelflächeninhalt $A_M \approx 13{,}61$ FE.

- Die Gleichung für den **Oberflächeninhalt einer Kugel** kann durch Integration hergeleitet werden.

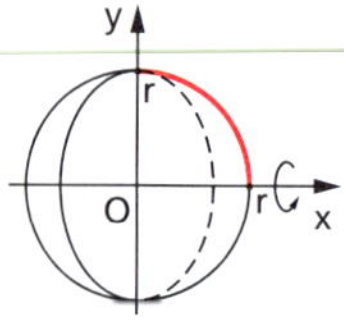

Die Oberfläche einer Halbkugel wird erzeugt durch die Drehung eines Viertelkreises um die x-Achse.
Gleichung: $x^2 + y^2 = r^2 \;\; (0 \le x \le r)$

Durch Umformen folgt: $y = \sqrt{r^2 - x^2}$ und $y' = \frac{-x}{\sqrt{r^2 - x^2}}$ Also:

$$\sqrt{1 + y'^2} = \sqrt{1 + \frac{x^2}{r^2 - x^2}} = \frac{r}{\sqrt{r^2 - x^2}}$$

Für die Oberfläche der Halbkugel ergibt sich damit:

$$A_H = 2\pi \int_0^r \sqrt{r^2 - x^2}\,\frac{r}{\sqrt{r^2 - x^2}}\,dx = 2\pi \int_0^r r\,dx = 2\pi r^2$$

Für die Oberfläche der Kugel folgt daraus die bekannte Formel

$A_O = 4\pi r^2$.

Flächeninhaltsberechnungen

Wenn die Funktionen f und g im Intervall [a; b] stetig sind, kann der Inhalt der Fläche zwischen dem Graphen einer Funktion und der x-Achse und der Inhalt der Fläche zwischen beiden Funktionsgraphen mithilfe bestimmter Integrale berechnet werden.

Fläche zwischen dem Graphen einer Funktion und der x-Achse	
$f(x) \geq 0$ für alle $x \in [a;\, b]$ $g(x) \leq 0$ für alle $x \in [a;\, b]$	$A_1 = \int_a^b f(x)\,dx$ $A_2 = \left\| \int_a^b g(x)\,dx \right\|$ $= -\int_a^b g(x)\,dx$ 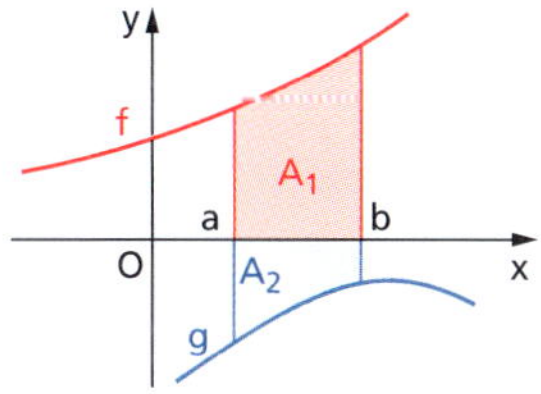
f besitzt in [a; b] Nullstellen $x_1, x_2, \ldots, x_{n-1}$.	$A = A_1 + A_2 + \ldots + A_n$ $= \left\| \int_a^{x_1} f(x)\,dx \right\| + \left\| \int_{x_1}^{x_2} f(x)\,dx \right\| + \ldots + \left\| \int_{x_{n-1}}^{b} f(x)\,dx \right\|$ 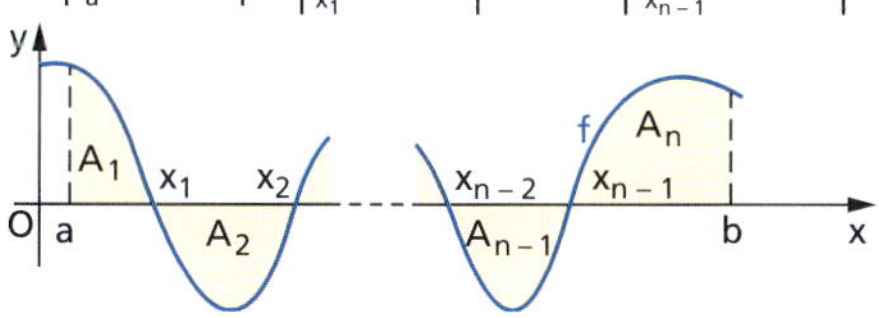
Fläche zwischen den Graphen zweier Funktionen	
$f(x) \geq g(x)$ für alle $x \in [a;\, b]$	$A = A_1 + A_2 = \int_a^b [f(x) - g(x)]\,dx$ (unabhängig davon, ob f oder g in [a; b] Nullstellen besitzt) 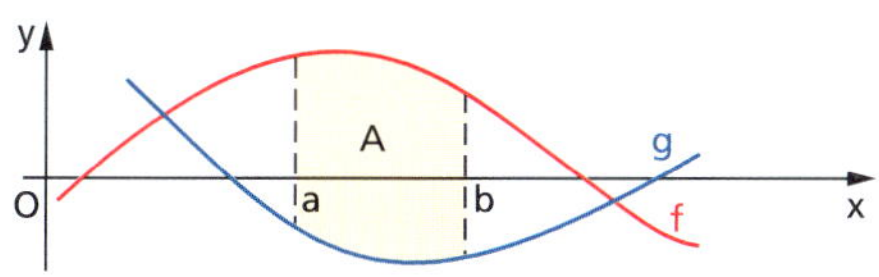
Die Graphen schneiden einander in [a; b].	$A = A_1 + A_2 = \left\| \int_a^{x_1} [f(x) - g(x)]\,dx \right\| + \left\| \int_{x_1}^{b} [f(x) - g(x)]\,dx \right\|$ 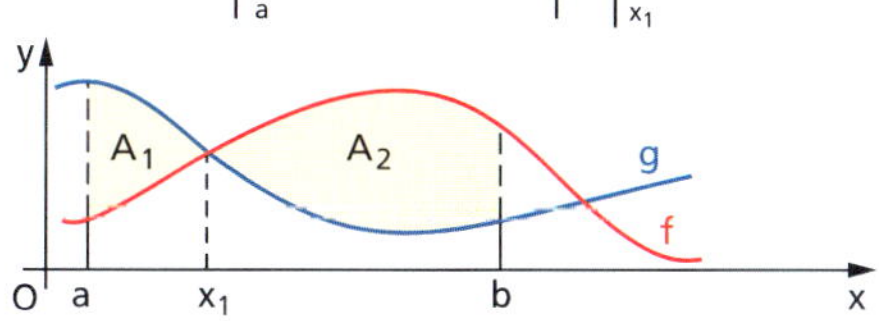

7.6 Uneigentliche Integrale und nicht elementar integrierbare Funktionen

Das bestimmte Integral einer Funktion f über einem Intervall [a; b] kann nur gebildet werden, wenn
- der Integrationsbereich (das Integrationsintervall) [a; b] endlich und
- der Integrand f(x) in diesem Intervall [a; b] beschränkt ist.

Ist mindestens eine der beiden Voraussetzungen nicht erfüllt, gelangt man zum sogenannten *uneigentlichen Integral.*

Dabei ist zu unterscheiden zwischen uneigentlichen Integralen
(1) mit unbeschränktem Integrationsintervall und
(2) mit unbeschränktem Integranden.
Beide Fälle können auch gemeinsam auftreten.

(1) *Uneigentliche Integrale mit unbeschränktem Integrationsintervall*

Wird das beschränkte Integrationsintervall „geöffnet", so entstehen die Integrale $\int_a^{\infty} f(x)\,dx$, $\int_{-\infty}^{b} f(x)\,dx$ und $\int_{-\infty}^{\infty} f(x)\,dx$, wobei f eine stetige Funktion sei.

Definition Ist f eine in jedem Intervall [a; b] (mit $b < \infty$) stückweise stetige Funktion und existiert der Grenzwert $\lim\limits_{b \to \infty} \int_a^b f(x)\,dx$, so bezeichnet man diesen als **uneigentliches Integral** von f im Intervall $[a; \infty[$.
Man schreibt: $\int_a^{\infty} f(x)\,dx = \lim\limits_{b \to \infty} \int_a^b f(x)\,dx$

Analog kann man mit den anderen beiden Integralen verfahren.

Mit dieser Definition ist auch die Berechnung von uneigentlichen Integralen vorgegeben: Zunächst wird das Integral $\int_a^b f(x)\,dx$ für einen endlichen Bereich [a; b] berechnet. Anschließend bildet man den Grenzwert für $b \to \infty$. Existiert dieser Grenzwert, so ist er der Wert des uneigentlichen Integrals.

Man berechne das uneigentliche Integral $\int_1^{\infty} \frac{dx}{\sqrt{x^3}}$.

Es ist:
$$\int_1^{\infty} \frac{dx}{\sqrt{x^3}} = \lim_{b \to \infty} \int_1^b \frac{dx}{\sqrt{x^3}}$$
$$= \lim_{b \to \infty} \left[-\frac{2}{\sqrt{x}}\right]_1^b$$
$$= \lim_{b \to \infty} \left(-\frac{2}{\sqrt{b}} + 2\right)$$
$$= -0 + 2 = 2$$

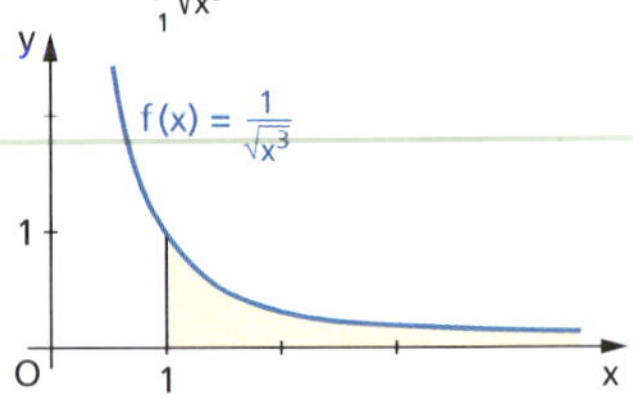

(2) *Uneigentliche Integrale mit unbeschränktem Integranden*

Liegen im Integrationsintervall [a; b] Unstetigkeitsstellen, an denen die Funktion f nicht definiert ist, so kann hier ebenfalls untersucht werden, ob sich das Integral einem Grenzwert nähert, wenn sich die Integrationsgrenzen der Polstelle nähern. Diese Grenzwerte werden dann auch hier zur Definition dieser uneigentlichen Integrale verwendet.

Definition Ist die Funktion f außer an der Polstelle x = c in den Teilintervallen [a; c – ε] sowie [c + δ; b] stückweise stetig und existieren die Grenzwerte

$$\lim_{\varepsilon \to +0} \int_a^{c-\varepsilon} f(x)\,dx \quad \text{und} \quad \lim_{\delta \to +0} \int_{c+\delta}^{b} f(x)\,dx,$$

so bezeichnet man die Summe dieser Grenzwerte als **uneigentliches Integral** von f. Man schreibt:

$$\int_a^b f(x)\,dx = \lim_{\varepsilon \to +0} \int_a^{c-\varepsilon} f(x)\,dx + \lim_{\delta \to +0} \int_{c+\delta}^{b} f(x)\,dx$$

Man berechne das uneigentliche Integral $\int_0^1 \frac{dx}{\sqrt{1-x}}$.

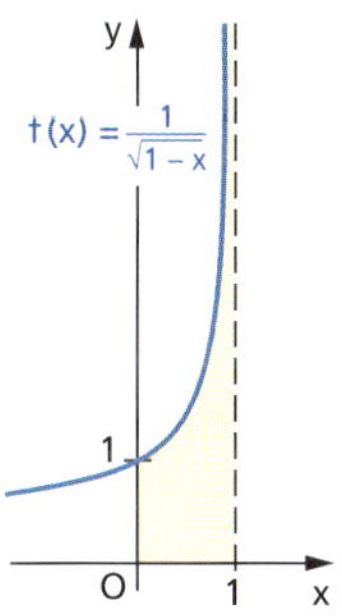

Der Integrand ist bei x = 1 nicht definiert. Da die Polstelle mit der oberen Integrationsgrenze zusammenfällt, gilt:

$$\int_0^1 \frac{dx}{\sqrt{1-x}} = \lim_{\varepsilon \to +0} \int_0^{1-\varepsilon} \frac{dx}{\sqrt{1-x}} = \lim_{\varepsilon \to +0} \left[-2\sqrt{1-x}\right]_0^{1-\varepsilon}$$

$$= \lim_{\varepsilon \to +0} \left(-2\sqrt{\varepsilon} + 2\sqrt{1}\right) = 2$$

· *Beispiele für nicht elementar integrierbare Funktionen*

Es gibt eine große Anzahl elementarer Funktionen, deren unbestimmte Integrale sich nicht durch elementare Funktionen ausdrücken lassen. Oft führen scheinbar geringfügige Veränderungen in den Funktionen zu völlig anderen Lösungswegen oder zu nicht mehr elementar integrierbaren Funktionen.

Typische Vertreter sind die Funktionen $f(x) = x \sin x$ und $g(x) = \frac{\sin x}{x}$.

Die Funktion f lässt sich nach der Methode der partiellen Integration integrieren:

Man setzt z. B. $u(x) = x$ und $v'(x) = \sin x$ und erhält damit:

$$\int x \cdot \sin x\,dx = -x \cdot \cos x + \sin x + C$$

Das Integral der Funktion g hingegen ist mit elementaren Hilfsmitteln nicht berechenbar.

Weitere Beispiele für nicht elementar integrierbare Funktionen sind:

$f(x) = e^{-x^2}$ $g(x) = \frac{e^x}{x}$ $h(x) = \sqrt{1 + x^4}$

Funktionen, deren Integrale sich nicht durch elementare Funktionen ausdrücken lassen, werden *nicht geschlossen integrierbar* genannt. Für solche Funktionen können bestimmte Integrale dann nur mithilfe von Näherungsverfahren ermittelt werden.

7.7 Numerische Integration

Sind Funktionen nicht elementar integrierbar oder ist das Ermitteln von Stammfunktionen zu aufwendig, kann die Berechnung bestimmter Integrale mithilfe von Näherungsformeln erfolgen.

Ist f eine in einem Intervall [a; b], a, b $\in \mathbb{R}$, b > a nichtnegative Funktion, dann gibt das Integral $\int_a^b f(x)\,dx$ den Inhalt der Fläche an, die vom Graphen der Funktion f, der x-Achse und den Geraden x = a und x = b begrenzt wird. Zerlegt man diese Fläche in n Streifen, so ist die Summe der Flächen dieser Streifen eine Näherungslösung für das bestimmte Integral. Die dabei erreichte Genauigkeit hängt maßgeblich davon ab, wie genau sich das obere Ende des Streifens dem Funktionsverlauf anpassen lässt, wie gut also die Streifenfläche mit der Fläche unter dem Graphen im betrachteten Intervall zur Übereinstimmung gebracht werden kann.

Durch den heute üblichen Einsatz elektronischer Rechner bleibt der Rechenaufwand bei numerischen Verfahren überschaubar.

- *Rechteckmethode:*

Die Streifen sind Rechtecke mit der Breite $\Delta x = \frac{b-a}{n}$. Ihre Höhe wird bestimmt durch den Funktionswert y_{i-1} am linken (bzw. y_i am rechten) Intervallende. Daraus ergibt sich die Näherungsformel:

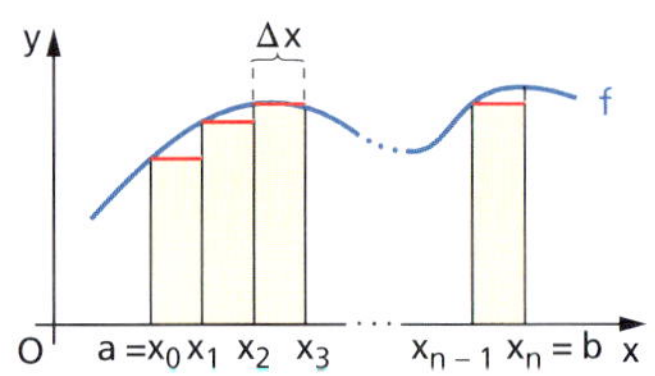

$$\int_a^b f(x)\,dx \approx \sum_{i=1}^{n} y_{i-1}\Delta x = \Delta x \cdot \sum_{i=1}^{n} y_{i-1}$$
$$= \frac{b-a}{n} \cdot (y_0 + y_1 + \ldots + y_{i-1})$$

- *Trapezmethode:*

Die Streifen sind Trapeze mit der Breite Δx. Als Höhe wird der Mittelwert der Funktionswerte y_{i-1} und y_i am linken und am rechten Intervallende benutzt. Daraus ergibt sich die Näherungsformel:

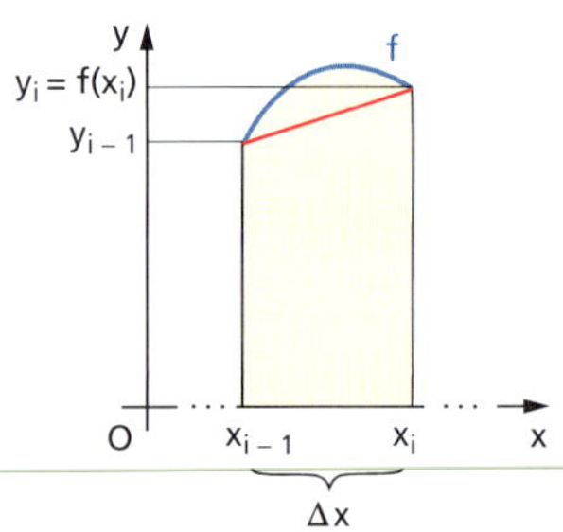

$$\int_a^b f(x)\,dx \approx \sum_{i=1}^{n} \frac{y_{i-1} + y_i}{2}\Delta x$$
$$= \frac{1}{2}\Delta x \cdot \left[\sum_{i=1}^{n} y_{i-1} + \sum_{i=1}^{n} y_i\right]$$

Die erste Summe in der eckigen Klammer addiert alle Funktionswerte von y_0 bis y_{n-1}, die zweite Summe alle Funktionswerte von y_1 bis y_n. In der eckigen Klammer entsteht daher die Summe S, in der y_0 und y_n einmal, alle anderen Funktionswerte jedoch zweimal auftreten:
$S = y_0 + 2y_1 + \ldots + 2y_{n-1} + y_n$

Zusammengefasst ergibt das:

$$\int_a^b f(x)\,dx \approx \Delta x\left[\frac{y_0}{2} + y_1 + y_2 + \ldots + y_{n-1} + \frac{y_n}{2}\right] \qquad \text{(Trapezformel)}$$

- *Simpsonsche Regel:*

Im Allgemeinen wird die Näherung besser, wenn der Funktionsgraph nicht durch Geradenstücke, sondern durch Parabelbögen approximiert wird („Parabelmethode“). Dazu wird das Intervall [a; b] in eine gerade Zahl 2k von Teilintervallen zerlegt. Je zwei benachbarte Streifen werden zu einem Streifenpaar zusammengefasst. Es entstehen k Streifenpaare. In jedem Streifenpaar gibt es drei Stützpunkte, deren x-Werte x_L, x_M, x_R den gleichen Abstand Δx haben. Durch diese drei Punkte wird als Näherung für den exakten Verlauf der Funktion f und als obere Begrenzung des Streifenpaares eine quadratische Parabel gelegt. Als Näherung für das bestimmte Integral ergibt sich dadurch:

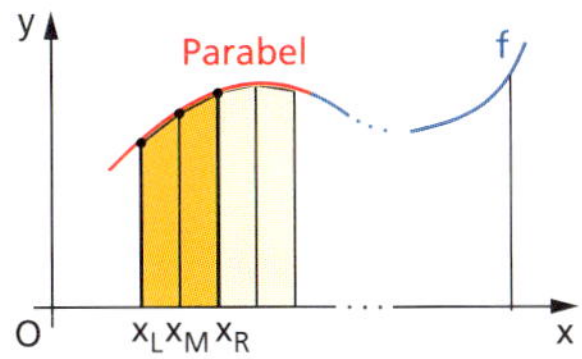

THOMAS SIMPSON (1710 bis 1761), englischer Mathematiker

$$\int_a^b f(x)\,dx \approx \frac{\Delta x}{3}(y_0 + y_{2k} + 2(y_2 + y_4 + \ldots + y_{2k-2}) + 4(y_1 + y_3 + \ldots + y_{2k-1}))$$

Diese Näherungsformel für bestimmte Integrale wird nach dem englischen Mathematiker THOMAS SIMPSON als **simpsonsche Regel** bezeichnet.

▶ Bei nur zwei Teilintervallen ist diese Näherungsformel auch als **keplersche Fassregel** bekannt.

Mithilfe der Rechteckmethode soll ein Näherungswert für das bestimmte Integral $\int_1^2 \frac{e^x}{x}\,dx$ ermittelt werden.

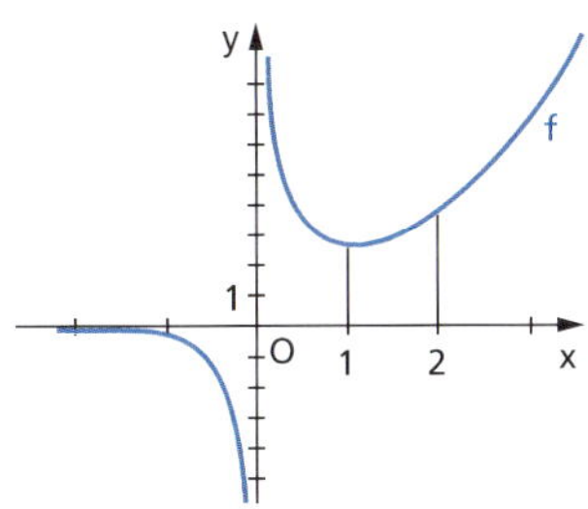

Anlegen einer Tabelle mit:

(1) Anzahl der Teilintervalle

(2) Ermitteln der x-Werte am jeweils linken Intervallende: $x_{i-1} = a + (i-1)\frac{b-a}{n}$

(3) Berechnen der Funktionswerte am jeweils linken Intervallende: $x_{i-1} = \frac{e^{x_{i-1}}}{x_{i-1}}$

(4) Ermitteln der Summe aller Funktionswerte

(5) Berechnen des Integrals nach der Näherungsformel:

$$\int_a^b f(x)\,dx \approx \frac{b-a}{n}\cdot(y_0 + y_1 + \ldots + y_{i-1})$$

	A	B	C
3	Untere Integrationsgrenze a		1
4	Obere Integrationsgrenze b		2
5	Anzahl der Teilintervalle n		10
6			
7	i	x	y
8	1	1	2,718281828
9	2	1,1	2,731060022
10	3	1,2	2,766764102
11	4	1,3	2,822535898
12	5	1,4	2,896571405
13	6	1,5	2,987792714
14	7	1,6	3,095645265
15	8	1,7	3,219969054
16	9	1,8	3,360915258
17	10	1,9	3,518891812
18	Summe der Funktionswerte		30,11842736
19			
20	Näherungswert I		3,011842736

▶ **Numerische Integrationen** können mithilfe einer **Tabellenkalkulation** durchgeführt werden.

Für nur zehn Teilintervalle erhält man mit diesem Verfahren den Näherungswert $\int_1^2 \frac{e^x}{x}\,dx \approx 3{,}0118$.

(Der „genaue“ Wert kann mit 3,0591 angegeben werden.)

7

Numerische Integration

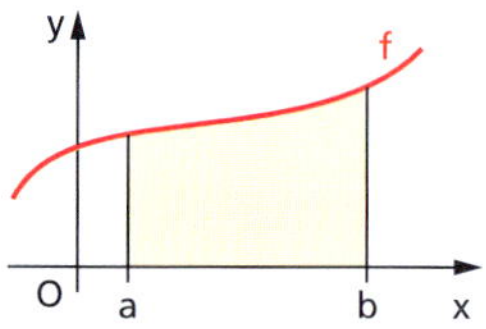

Ist f eine in einem Intervall [a; b] mit a, b $\in \mathbb{R}$, b > a nichtnegative Funktion, dann gibt das Integral $\int_a^b f(x)\,dx$ den Inhalt der Fläche an, die vom Graphen der Funktion f, der x-Achse und den Geraden x = a und x = b begrenzt wird. Zerlegt man diese Fläche in n Streifen der Breite $\Delta x = \frac{b-a}{n}$, so ist die Summe der Flächen dieser Streifen eine Näherungslösung für das bestimmte Integral. Die Summation bezeichnet man als numerische Integration.

Rechteckregel

$$\int_a^b f(x)\,dx \approx \Delta x \cdot (y_0 + y_1 + \ldots + y_{n-1})$$

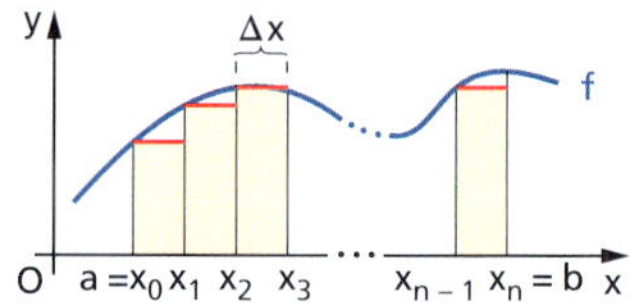

(Zerlegung in n Rechtecke)

Trapezregel

$$\int_a^b f(x)\,dx \approx \Delta x \cdot \left(\frac{1}{2}y_0 + y_1 + y_2 + \ldots + y_{n-1} + \frac{1}{2}y_n\right)$$

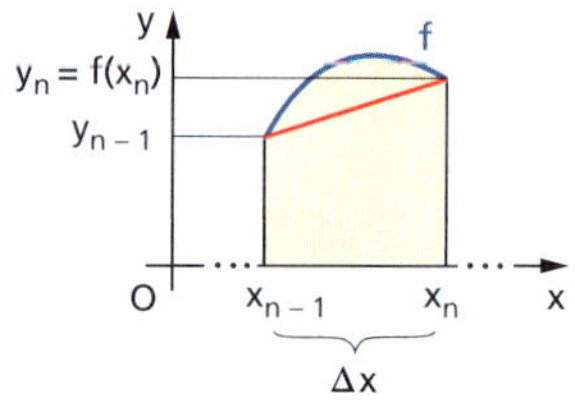

(Zerlegung in n Trapeze)

Keplersche Fassregel

$$\int_a^b f(x)\,dx \approx \frac{\Delta x}{3} \cdot (y_0 + 4y_1 + y_2)$$

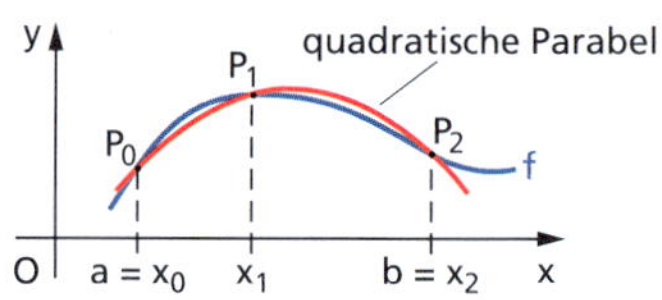

(Zerlegung in zwei parabelförmig begrenzte Streifen)

Simpsonsche Regel

$$\int_a^b f(x)\,dx \approx \frac{\Delta x}{3} \cdot (y_0 + y_{2k} + 4(y_1 + y_3 + \ldots + y_{2k-1}) + 2(y_2 + y_4 + \ldots + y_{2k-2}))$$

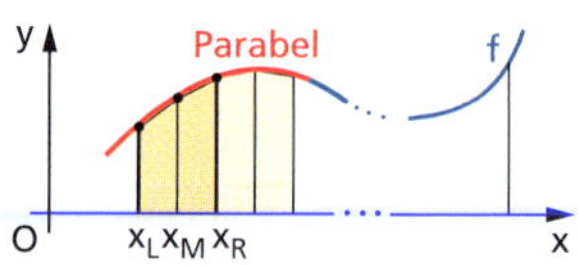

(Zerlegung in geradzahlig viele parabelförmig begrenzte Streifen)

Wissenstest 7 auf **http://wissenstests.schuelerlexikon.de** und auf der DVD

8 Differenzen- und Differenzialgleichungen

8.1 Differenzengleichungen

8.1.1 Die Begriffe *Differenzengleichung* und *Lösung einer Differenzengleichung*

Die Theorie der **Differenzengleichungen** ist ein eigenständiges Teilgebiet der Mathematik.

Einfache Differenzengleichungen treten im Zusammenhang mit Folgen und Reihen auf. So kann eine geometrische Folge explizit durch $a_i = s \cdot q^i$, $i \in \mathbb{N}$, q, $s \in \mathbb{R}$ beschrieben werden, aber auch durch die rekursive Bildungsvorschrift $a_0 = s$ und $a_{i+1} = q \cdot a_i$, $i \in \mathbb{N}$.
Die Gleichung $a_{i+1} = q \cdot a_i$ bzw. die umgestellte Form $a_{i+1} - a_i = (q - 1)a_i$ ist eine einfache *Differenzengleichung:* Sie beschreibt die Änderung des Wertes der Folgenglieder in Abhängigkeit vom Index i und von anderen Folgengliedern.
Eine Lösung dieser Gleichung ist die Folge (a_i) mit $a_i = s \cdot q^i$, was man durch Einsetzen in die Differenzengleichung überprüfen kann.
Da die rekursiven Bildungsvorschriften als Differenzen von Folgengliedern geschrieben werden können, werden sie auch *Differenzengleichungen* genannt.

Differenzen- und Differenzialgleichungen besitzen als Lösungen Folgen bzw. Funktionen.

Definition (y_i) sei eine Zahlenfolge. Jede Gleichung $y_{i+n} = H(y_{i+n-1}; y_{i+n-2}; \ldots; y_{i+1}; y_i)$ mit $i \in V$, $V \subseteq \mathbb{N}$, $n \in \mathbb{N}$, $n > 0$, die eine Beziehung zwischen Gliedern ein und derselben Zahlenfolge (y_i) angibt, heißt (explizite) **Differenzengleichung.**

Für weitere Überlegungen wird vereinbart, dass $V = \mathbb{N}$ und $n \in \{1; 2\}$ gilt.

Die *Ordnung* einer Differenzengleichung ist gleich der Differenz des höchsten und des tiefsten auftretenden Index (hier: von y) in der Gleichung. Die in der Definition angegebene Differenzengleichung hat die Ordnung n.
Unter den expliziten Differenzengleichungen sind diejenigen besonders hervorzuheben, deren rechte Seite ein linearer Ausdruck ist. Sie heißen **lineare Differenzengleichungen.** Ist das Absolutglied gleich 0, so spricht man von *homogenen*, sonst von *inhomogenen linearen Differenzengleichungen*.

Differenzengleichung	Ordnung	linear
$y_{i+1} = (1 + p)y_i$	1	linear
$y_{i+1} = 0{,}5y_i + 1$	1	linear
$y_{i+2} = y_{i+1} + y_i$	2	linear
$y_{i+1} = (k + 1)y_i - \frac{k}{G}y_i^2$, k, $G \in \mathbb{R}$, $G \neq 0$	1	nicht linear

Die Linearität einer Differenzengleichung erster Ordnung kann grafisch anhand des y_{i+1}/y_i-Diagramms festgestellt werden. Hier werden auf der Abszissenachse die y_i-Werte, auf der Ordinatenachse die jeweiligen

Nachfolger y_{i+1} abgetragen. Liegen alle Punkte auf einer Geraden, so handelt es sich um eine lineare Differenzengleichung.
Ein y_{i+1}/y_i-Diagramm beruht auf der Kenntnis der Lösungsfunktion y_i. Ist diese nicht bekannt, so kann eine *numerische Lösung* der Differenzengleichung verwendet werden. Diese erhält man ausgehend von einem ersten Folgenglied y_0 (*Anfangswert*), aus dem alle weiteren Folgenglieder nach der Differenzengleichung (rekursive Bildungsvorschrift) schrittweise berechnet werden.

Für die Differenzengleichung $y_{i+1} = (k+1)y_i - \frac{k}{G}y_i^2$ mit dem Anfangswert $y_0 = 4$, $k = 1$ und $G = 100$ sind das y_i/i- und das y_{i+1}/y_i-Diagramm anzugeben.

i	0	1	2	3	4
y_i (num. Lösung)	4	7,840	15,065	27,861	47.960
$y_{i+1} = 2y_i - 0{,}01y_i^2$	7,840	15,065	27,861	47.960	72,918

i	5	6	7	8	9
y_i (num. Lösung)	72,918	92,666	99,462	99,997	100,000
$y_{i+1} = 2y_i - 0{,}01y_i^2$	92,666	99,462	99,997	100,000	100,000

y_{i+1}/y_i-Diagramm

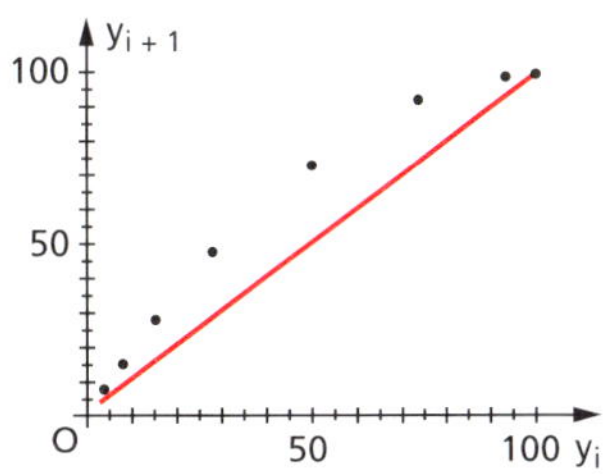

y_i/i-Diagramm

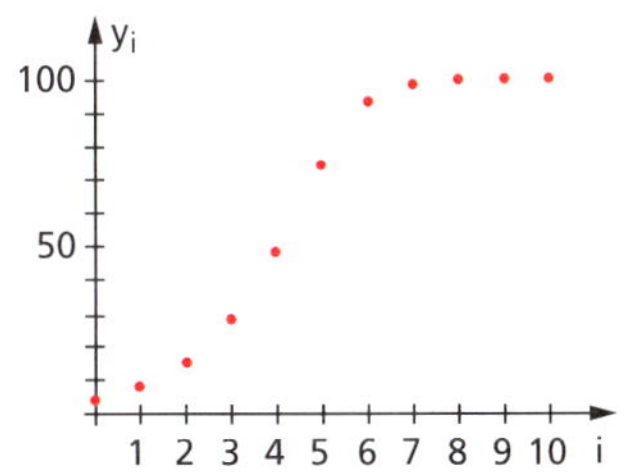

Die Punkte des y_{i+1}/y_i-Diagramms liegen nicht auf einer Geraden. Also ist die Differenzengleichung nicht linear. Berechnet man weitere Wertepaare über i = 9, so ergibt sich stets $y_i = 100$, denn mit $y_i = 100$ erhält man $y_{i+1} = 2 \cdot 100 - 0{,}01 \cdot 100^2 = 100$. Der Wert y = 100 ist ein *Fixpunkt* der Differenzengleichung. Man erkennt ihn im y_{i+1}/y_i-Diagramm daran, dass er auf der Geraden $y_{i+1} = y_i$ liegt.
Eine numerische Lösung der Differenzengleichung zeigt das y_i/i-Diagramm.

Definition Eine Folge (y_i) ist eine **Lösung einer Differenzengleichung** über dem Variablengrundbereich V, wenn für jedes $i \in V$ die Differenzengleichung zu einer wahren Aussage wird.

Es ist zu untersuchen, ob die Funktion
a) $y_i = 2i$, b) $y_i = 2^i$, c) $y_i = c \cdot 2^i$
eine Lösung der Differenzengleichung $y_{i+1} = 2y_i$, $i \in \mathbb{N}$ darstellt.

Zu a):
1. Einsetzen der Lösung in die Differenzengleichung:
   linke Seite (LS): $y_{i+1} = 2(i+1)$; rechte Seite (RS): $2y_i = 4i$,
   also: $\mathbf{2i + 2 = 4i}$
2. Auswertung: Die Gleichung $2i + 2 = 4i$ ist nur wahr für $i = 1$, also nicht für *alle* $i \in \mathbb{N}$.
3. Schlussfolgerung:
   Die Funktion $y_i = 2i$ ist *keine Lösung* von $y_{i+1} = 2y_i$.

Zu b):
1. LS: $y_{i+1} = 2^{i+1}$, RS: $2y_i = 2 \cdot 2^i$, also: $\mathbf{2^{i+1} = 2 \cdot 2^i = 2^{i+1}}$
2. Die Gleichung $2^{i+1} = 2 \cdot 2^i = 2^{i+1}$ ist wahr für alle $i \in \mathbb{N}$.
3. Die Funktion $y_i = 2^i$ ist *eine Lösung* von $y_{i+1} = 2y_i$.

Zu c):
1. LS: $y_{i+1} = c \cdot 2^{i+1}$, RS: $2y_i = 2 \cdot c \cdot 2^i$, also: $\mathbf{c \cdot 2^{i+1} = c \cdot 2 \cdot 2^i = c \cdot 2^{i+1}}$
2. Die Gleichung $c \cdot 2^{i+1} = c \cdot 2 \cdot 2^i = c \cdot 2^{i+1}$ ist wahr für alle $i \in \mathbb{N}$ und $c \in \mathbb{R}$.
3. Alle Funktionen $y_i = c \cdot 2^i$ ($c \in \mathbb{R}$ bel.) sind *Lösungen* von $y_{i+1} = 2y_i$.

Die Differenzengleichung $y_{i+1} = 2y_i$ hat nicht nur eine Lösung, sondern *unendlich viele* – ausgedrückt durch die Lösungsschar $y_i = c \cdot 2^i$ mit dem Scharparameter c, der einen beliebigen reellen Wert annehmen kann. Für $c = 0$ enthält die Lösungsschar die triviale Lösung $y_i = 0$ und für $c = 1$ die spezielle Lösung $y_i = 2^i$.

Die Aufgabenstellung, Lösungen einer Differenzen- oder Differenzialgleichung zu finden, die einen gegebenen Anfangswert annehmen, heißt ***Anfangswertproblem.***

Das Auftreten einer *Lösungsschar* ist typisch für alle Differenzengleichungen und diesbezüglich vergleichbar mit dem unbestimmten Integrieren. Eine Lösungsschar, die die Menge *aller* Lösungen einer Differenzengleichung ausschöpft, heißt die **allgemeine Lösung** dieser Differenzengleichung. Ersetzt man den Parameter c durch einen speziellen Wert, so erhält man eine **partikuläre Lösung.** Durch eine gezielte Auswahl des Parameters c wird sogar erreicht, dass das erste (oder ein anderes) Folgenglied y_0 einen vorgegebenen Wert s – den *Anfangswert* – annimmt. Ein solches **Anfangswertproblem** kann ausgehend von einer Lösungsschar gelöst werden.

Die Differenzengleichung $y_{i+1} = 2y_i$ besitzt die Lösungsschar $y_i = c \cdot 2^i$.

Gesucht ist diejenige Lösung, die die Bedingung $y_0 = 3$ erfüllt.

Aus dem Anfangswert $y_0 = 3 = c \cdot 2^0 = c$ folgt $c = 3$.
$y_i = 3 \cdot 2^i$ ist die partikuläre Lösung der Differenzengleichung $y_{i+1} = 2y_i$, die den Anfangswert $y_0 = 3$ liefert.

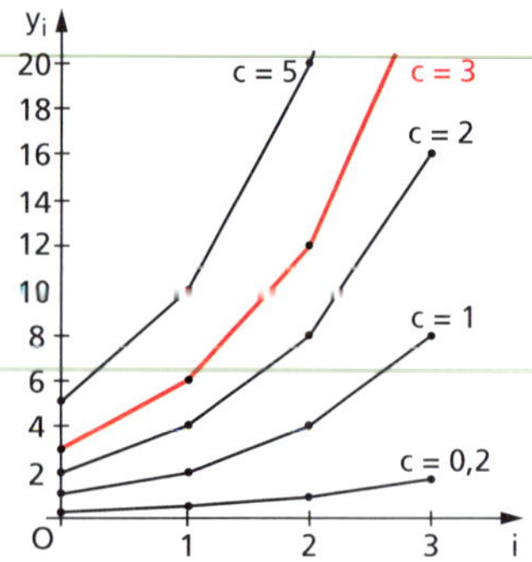

Für die Klasse der *linearen Differenzengleichungen* ist die *Struktur ihrer allgemeinen Lösung* bekannt. Sie ergibt sich aus folgenden Sätzen:

Satz Lösung homogener linearer Differenzengleichungen

(1) Ist die Funktion y_i eine Lösung einer homogenen linearen Differenzengleichung, dann ist auch die Funktion $c \cdot y_i$ mit $c \in \mathbb{R}$ eine Lösung der angegebenen Differenzengleichung.

(2) Sind die Funktionen y_{1_i} und y_{2_i} Lösungen einer homogenen linearen Differenzengleichung, so ist auch die Funktion $y_i = c_1 \cdot y_{1_i} + c_2 \cdot y_{2_i}$ mit $c_1, c_2 \in \mathbb{R}$ eine Lösung der angegebenen Differenzengleichung.

Folgerungen:

- Ist y_i eine partikuläre Lösung einer linearen homogenen Differenzengleichung 1. Ordnung, dann ist $\mathbf{c \cdot y_i}$ mit $c \in \mathbb{R}$ die **allgemeine Lösung** dieser Differenzengleichung.
- Sind y_{1_i} und y_{2_i} partikuläre Lösungen einer linearen homogenen Differenzengleichung 2. Ordnung, *die sich nicht nur durch einen Zahlenfaktor unterscheiden*, dann ist $\mathbf{c_1 \cdot y_{1_i} + c_2 \cdot y_{2_i}}$ mit $c_1, c_2 \in \mathbb{R}$ die **allgemeine Lösung** dieser Differenzengleichung.

Für inhomogene lineare Differenzengleichungen gilt:

Satz Allgemeine Lösung inhomogener linearer Differenzengleichungen
Die allgemeine Lösung einer inhomogenen linearen Differenzengleichung ist die Summe aus einer partikulären Lösung der inhomogenen und der allgemeinen Lösung der zugehörigen homogenen linearen Differenzengleichung.

8.1.2 Lineare Differenzengleichungen 1. Ordnung mit konstanten Koeffizienten

Eine Lösung für die Differenzengleichung $y_{i+1} = a \cdot y_i + b$ mit $a, b \in \mathbb{R}$, $i \in \mathbb{N}$ liegt vor, wenn eine *explizite Bildungsvorschrift* der Folge (y_i) bekannt ist. Um diese zu finden, werden durch schrittweises Einsetzen in die Differenzengleichung Folgenglieder errechnet. Man beginnt dabei mit dem ersten Folgenglied y_0, das den Start- oder Anfangswert $y_0 = s$ (mit $s \in \mathbb{R}$ bel.) besitzt.

$$
\begin{aligned}
y_0 &= s\\
y_1 &= a \cdot y_0 + b = a \cdot s + b\\
y_2 &= a \cdot y_1 + b = a \cdot (a \cdot s + b) + b = a^2 \cdot s + ab + b = a^2 \cdot s + b(a+1)\\
y_3 &= a \cdot y_2 + b = a \cdot (a^2 \cdot s + ab + b) + b = a^3 \cdot s + a^2 b + ab + b\\
&= a^3 \cdot s + b(a^2 + a + 1)\\
y_4 &= a \cdot y_3 + b = a \cdot (a^3 \cdot s + a^2 \cdot b + ab + b) + b = a^4 \cdot s + a^3 b + a^2 b + ab + b\\
&= a^4 \cdot s + b(a^3 + a^2 + a + 1)
\end{aligned}
$$

Aus den vier berechneten Gliedern kann für das allgemeine Glied y_i verallgemeinert werden:

$$y_i = a^i \cdot s + b \cdot (a^{i-1} + \ldots + a^2 + a + 1) = a^i \cdot s + b \sum_{k=1}^{i} a^{k-1};\ i \in \mathbb{N},\ i \geq 1$$

Eine Fallunterscheidung ($a = 1$; $a \neq 1$) liefert die allgemeine Lösung:

Satz Lösung der linearen Differenzengleichung 1. Ordnung mit konstanten Koeffizienten

Die allgemeine Lösung der Differenzengleichung $y_{i+1} = a \cdot y_i + b$, $i \in \mathbb{N}$, $a, b \in \mathbb{R}$, ist die Funktion

$$y_i = \begin{cases} c + ib, & \text{wenn } a = 1 \\ c \cdot a^i - \frac{b}{a-1}, & \text{wenn } a \neq 1 \end{cases} \quad \text{mit } i \in \mathbb{N},\ c \in \mathbb{R}.$$

8

Vielfache **Anwendungen von Differenzialgleichungen** findet man in der Wirtschaftsmathematik.

Für die Differenzengleichung $y_{i+1} = y_i + 0{,}5$, $i \in \mathbb{N}$, sind die allgemeine Lösung und die partikuläre Lösung für $y_0 = 0$ anzugeben.
In diesem Falle gilt $a = 1$ und $b = 0{,}5$ und demzufolge ist die *allgemeine Lösung* $y_i = c + 0{,}5i$ und die *partikuläre Lösung* $y_0 = c + 0{,}5 \cdot 0 = c = 0$, also $y_i = 0{,}5i$.
Figur ① zeigt Funktionen aus der Lösungsschar und die partikuläre Lösung mit $y_0 = 0$. Figur ② enthält die Darstellung des zugehörigen y_{i+1}/y_i-Diagramms – es deutet sich kein Fixpunkt an.

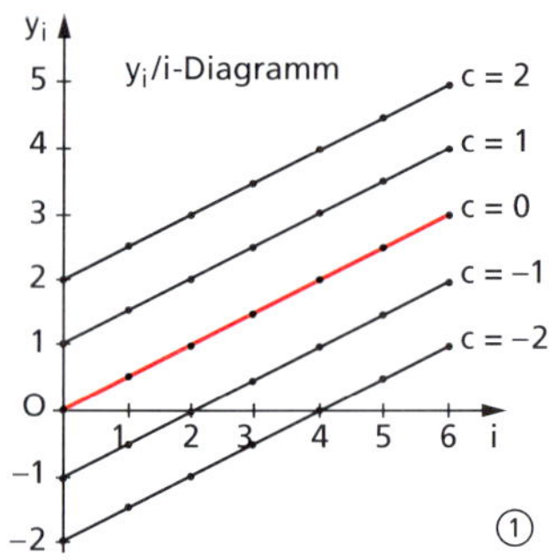

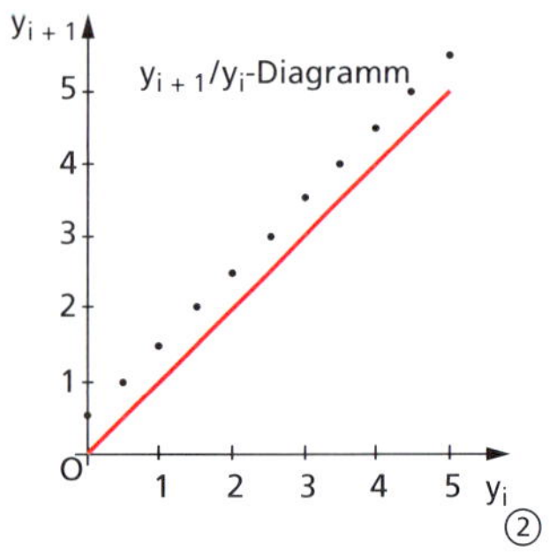

Für die Differenzengleichung $y_{i+1} = 2y_i - 1$ sind die allgemeine Lösung und die partikuläre Lösung für $y_0 = 2$ anzugeben.
Mit $a = 2$ und $b = -1$ ergibt sich als

- *allgemeine Lösung:*
  $y_i = c \cdot 2^i - \frac{-1}{2-1} = c \cdot 2^i + 1$
  $i \in \mathbb{N}$, $c \in \mathbb{R}$ bel.
- *partikuläre Lösung:*
  $y_0 = 2 = c \cdot 2^0 + 1 = c + 1$, also $c = 1$ und damit
  $y_i = 2^i + 1$, $i \in \mathbb{N}$

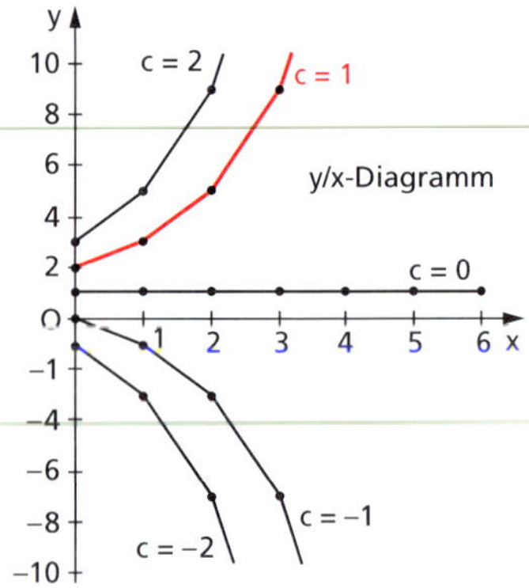

Für die Differenzengleichung $y_{i+1} = 0{,}5y_i + 1$, $i \in \mathbb{N}$, sind die allgemeine Lösung und die partikuläre Lösung für $y_0 = 1$ anzugeben.

Mit $a = \frac{1}{2}$ und $b = 1$ erhält man als

- *allgemeine Lösung:* $y_i = c \cdot 0{,}5^i - \frac{1}{0{,}5 - 1} = c \cdot 0{,}5^i + 2$
- *partikuläre Lösung:* $y_0 = c \cdot 0{,}5^0 + 2 = 1$, also $c = -1$ und damit $y_i = -0{,}5^i + 2$

Figur ① zeigt Funktionen aus der Lösungsschar und die partikuläre Lösung mit $y_0 = 1$. Figur ② enthält das zugehörige y_{i+1}/y_i-Diagramm, das einen Fixpunkt bei $y = 2$ vermuten lässt. Einsetzen von $y_i = 2$ in die Gleichung $y_{i+1} = 0{,}5y_i + 1$ liefert tatsächlich den gleichen Wert $y_{i+1} = 2$.

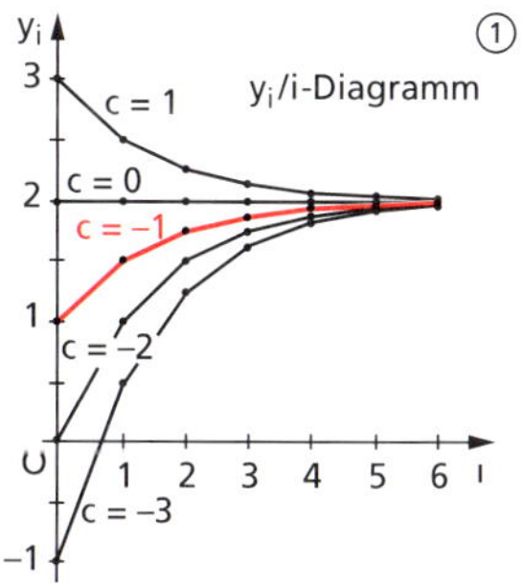

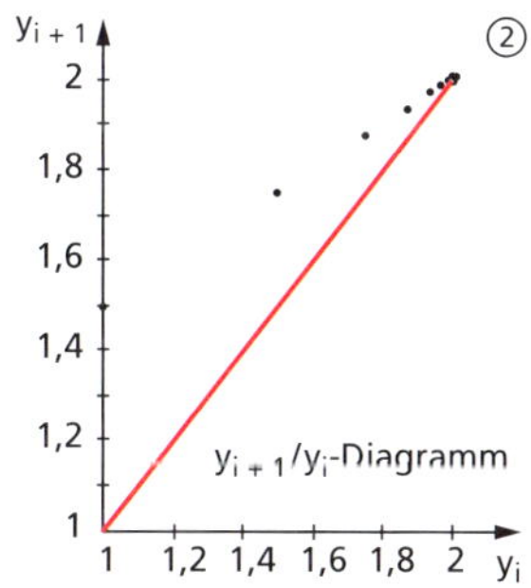

Lösungen linearer Differenzialgleichungen 1. Ordnung mit konstanten Koeffizienten weisen einen großen Variantenreichtum auf.

Überblick über das Lösungsverhalten linearer Differenzengleichungen in Abhängigkeit von den Parametern a und b:

a	b	Differenzen-gleichung	Lösung	Bedingung	Lösungsverhalten ($c \in \mathbb{R}$, $c \neq 0$)
0	b	$y_{i+1} = b$	$y_i = b$ konst. Folge		Folgenglieder konstant
1	b	$y_{i+1} = y_i + b$	$y_i = c + ib$ arithm. Folge	$b > 0$ $b < 0$ $b = 0$	monoton wachsend, monoton fallend $y_i = c$ *konstante Folge*
$a \neq 0$ $a \neq 1$	0	$y_{i+1} = a \cdot y_i$ homogen	$y_i = c \cdot a^i$ geom. Folge	$\|a\| < 1$ $\|a\| > 1$ $a > 0$ $a < 0$	beschränkt, konvergent gegen 0; Fixpunkt $y = 0$ unbeschränkt monoton alternierend
$a \neq 0$ $a \neq 1$	$b \neq 0$	$y_{i+1} = a \cdot y^i + b$ inhomogen	$y_i = c \cdot a^i - \frac{b}{a-1}$	$\|a\| < 1$ $\|a\| > 1$ $a > 0$ $a < 0$	beschränkt, konvergent gegen $-\frac{b}{a-1}$; $y = -\frac{b}{a-1}$ ist Fixpunkt unbeschränkt monoton alternierend

8

8.2 Differenzialgleichungen

8.2.1 Arten von Differenzialgleichungen

Definition Jede Gleichung über einer Variablen $x \in V$, mit der eine Funktion $y = f(x)$ gesucht wird und die mindestens eine Ableitung der Funktion f nach der Variablen x enthält, heißt **Differenzialgleichung.**

Hängt die gesuchte Funktion f nur von *einer* Variablen ab, so spricht man von einer **gewöhnlichen Differenzialgleichung.** Sind mehrere unabhängige Variablen vorhanden, so handelt es sich um eine **partielle Differenzialgleichung.**

Steht die höchste in der Gleichung vorkommende Ableitung $f^{(n)}(x)$ allein auf einer Seite, nennt man diese Form der Gleichung die **explizite Darstellung** der Differenzialgleichung, andernfalls eine **implizite Darstellung.**

$f(x) = f'(x) \cdot x$ ist eine implizite und $f'(x) = \frac{f(x)}{x}$ die explizite Darstellung derselben Differenzialgleichung.

Folgende Gleichungen sind Differenzialgleichungen, da mit jeder Gleichung eine Funktion f gesucht wird und jede Gleichung eine Ableitung der gesuchten Funktion f enthält.

$f'(x) = 3x^2$ mit $x \in \mathbb{R}$

$f'(x) - r \cdot f(x) = 0$ mit $x, r \in \mathbb{R}$

$f'(x) = -\frac{x}{f(x)}$ mit $x \in \mathbb{R}$ und $f(x) \neq 0$

$f'(x) + f(x) - 2 = 0$ mit $x \in \mathbb{R}$

$f''(x) + 4f(x) = 0$ mit $x \in \mathbb{R}$

Ein grundlegendes Unterscheidungsmerkmal von Differenzialgleichungen ist ihre *Ordnung*.

Definition Unter der **Ordnung einer Differenzialgleichung** versteht man die Ordnung der höchsten auftretenden Ableitung der gesuchten Funktion in der Differenzialgleichung.

In Differenzialgleichungen schreibt man statt f(x) häufig auch y. Die Differenzialgleichung $f'(x) = \frac{f(x)}{x}$ lautet dann kürzer: $y' = \frac{y}{x}$

Eine Differenzialgleichung ist linear, wenn die enthaltenen Ausdrücke $f(x)$, $f'(x)$, $f''(x)$ bis $f^{(n)}(x)$ nur in erster Potenz vorkommen und wenn sie lediglich durch Addition oder Subtraktion miteinander verknüpft sind. Bis zur zweiten Ordnung bedeutet das:

Ein wichtiges Einstellungsmerkmal ist die **Linearität** einer Differenzialgleichung.

Definition Eine Differenzialgleichung
- 1. Ordnung ist linear, wenn sie sich in der Form $f'(x) + Q \cdot f(x) = S$,
- 2. Ordnung ist linear, wenn sie sich in der Form $f''(x) + Q \cdot f'(x) + R \cdot f(x) = S$ schreiben lässt.

Dabei seien Q, R und S Funktionen von x oder auch Zahlen. Die jeweils rechte Seite der obigen Gleichungen – also S – wird als die **Inhomogenität** der linearen Differenzialgleichung bezeichnet.

Bei den linearen Differenzialgleichungen unterscheidet man zwischen *homogenen* und *inhomogenen* Differenzialgleichungen.

Definition Eine lineare Differenzialgleichung 1. oder 2. Ordnung heißt **homogen,** wenn ihre Inhomogenität identisch 0 ist. Anderenfalls heißt die lineare Differenzialgleichung **inhomogen.**

Ordnung, Linearität und Homogenität von Differenzialgleichungen

	Differenzial-gleichung	Ordnung	linear/ nicht linear	homogen/ inhomogen
a)	$f'(x) - r f(x) = 0$	1	linear	homogen
b)	$f'(x) + f(x) = 2$	1	linear	inhomogen
c)	$f''(x) + 4f(x) = 0$	2	linear	homogen
d)	$f'(x) = -\frac{x}{f(x)}$	1	nicht linear	–

Die Ordnung der einzelnen Differenzialgleichungen ergibt sich aus den höchsten Ableitungen. Differenzialgleichung b) enthält die Inhomogenität 2; Differenzialgleichung d) ist nicht linear, da die Funktion f(x) auf der rechten Seite den Exponenten –1 besitzt.

8

8.2.2 Lösungsverhalten von Differenzialgleichungen

Definition Eine Funktion f_L mit der Gleichung $y = f_L(x)$ heißt **Lösung einer Differenzialgleichung** mit dem Grundbereich V, wenn sie die Differenzialgleichung für alle $x \in V$ zu einer wahren Aussage macht.

Es soll überprüft werden, ob die Funktion
a) $f_1(x) = 2x$, b) $f_2(x) = e^{2x}$, c) $f_3(x) = c \cdot e^{2x}$
eine Lösung der Differenzialgleichung $f'(x) = 2f(x)$, $x \in \mathbb{R}$, ist.

Zu a):
(1) Einsetzen: *LS:* $f_1'(x) = 2$, *RS:* $2f_1(x) = 4x$, also $2 = 4x$
(2) Auswertung: Die Gleichung ist nur wahr für $x = 0{,}5$, also nicht für alle $x \in \mathbb{R}$.
(3) Schlussfolgerung: Die Funktion $f_1(x) = 2x$ ist keine Lösung von $f'(x) = 2f(x)$.

Zu b):
(1) *LS:* $f_2'(x) = 2e^{2x}$, *RS:* $2f_2(x) = 2e^{2x}$, also $2e^{2x} = 2e^{2x}$
(2) Die erhaltene Gleichung ist wahr für alle $x \in \mathbb{R}$.
(3) Die Funktion $f_2(x) = e^{2x}$ ist eine Lösung von $f'(x) = 2f(x)$.

Zu c):
(1) *LS:* $f'(x) = c \cdot 2 \cdot e^{2x}$,
RS: $2f(x) = 2 \cdot c \cdot e^{2x}$, also
$2c \cdot e^{2x} = 2c \cdot e^{2x}$
(2) Die erhaltene Gleichung ist wahr für alle x, $c \in \mathbb{R}$.
(3) Alle Funktionen $y = f(x) = c \cdot e^{2x}$, $c \in \mathbb{R}$ bel., sind Lösungen von $f'(x) = 2f(x)$.

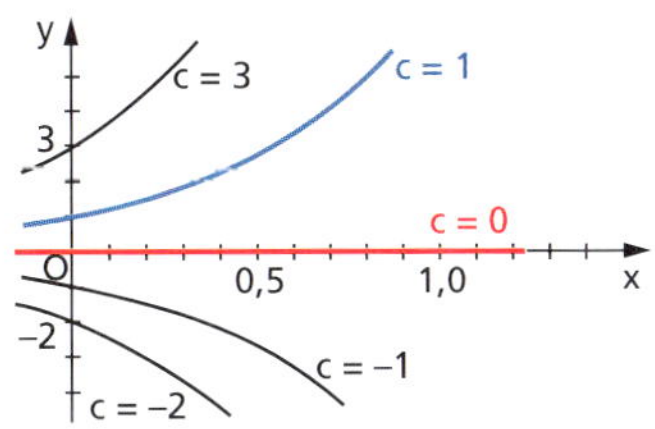

Differenzialgleichungen – so sie überhaupt lösbar sind – besitzen eine Schar von Lösungsfunktionen, die der gleichen Grundgleichung gehorchen, sich aber durch einen (oder mehrere) Scharparameter voneinander unterscheiden.

8

Die durch $f(x) = c \cdot e^{2x}$ charakterisierte *Lösungsschar* der Differenzialgleichung enthält für $c = 0$ die Lösung $f(x) = 0$ und für $c = 1$ die Lösung $f(x) = e^{2x}$. Durch die Wahl des Wertes von c bleibt der exponentielle Verlauf der jeweiligen Lösungsfunktion unberührt. Der Wert von c bestimmt aber, durch welche Punkte P(x; y) der Graph der Lösungsfunktion verläuft. Damit ist die Möglichkeit gegeben, aus der Lösungsschar eine spezielle Lösung auszuwählen, die durch einen vorgegebenen Punkt $P_0(x_0; y_0)$ verläuft.

▸ Anfangsbedingungen können sowohl die Funktion selbst als auch eine Ableitung der Funktion betreffen.

Eine Aufgabenstellung, aus der Lösungsschar einer Differenzialgleichung die spezielle Lösung auszuwählen, die durch einen vorgegebenen Punkt $P_0(x_0; y_0)$ verläuft, heißt **Anfangswertproblem.**

Gesucht ist eine Lösung der Differenzialgleichung $f'(x) = 2f(x)$ unter der Bedingung $y_0 = f(1) = 3$.
Da $f(x) = c \cdot e^{2x}$ eine Lösungsschar der Differenzialgleichung ist, folgt aus der Anfangsbedingung:
$y_0 = 3 = c \cdot e^{2 \cdot 1} = c \cdot e^2$, also:
$c = \frac{3}{e^2} \approx 0{,}406$

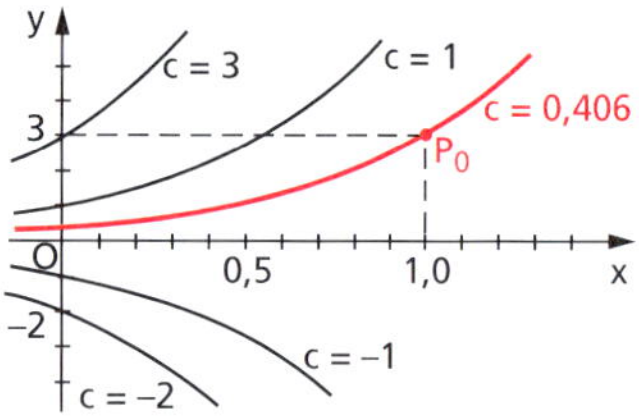

Demnach ist die Funktion $y = f(x) = \frac{3}{e^2} \cdot e^{2x} = 3 \cdot e^{2x-2}$ diejenige Lösung der Differenzialgleichung $f'(x) = 2f(x)$, die durch den Punkt P_0 geht, also der Anfangsbedingung $f(1) = 3$ genügt.

▸ Da die Lösungsschar einer *Differenzialgleichung 2. Ordnung zwei* Parameter besitzen kann, werden dann *zwei* Anfangsbedingungen vorliegen. Das führt beim Lösen des Anfangswertproblems auf ein Gleichungssystem mit zwei Unbekannten.

Es soll geprüft werden, ob die Funktion $y = f(x) = c_1 \cos 2x + c_2 \sin 2x$ $(c_1, c_2 \in \mathbb{R})$ eine Lösung der Differenzialgleichung $f''(x) + 4f(x) = 0$ ist.

(1) $f''(x) = (c_1 \cos 2x + c_2 \sin 2x)'' = (-2c_1 \sin 2x + 2c_2 \cos 2x)'$
$= -4c_1 \cos 2x - 4c_2 \sin 2x$
$f''(x) + 4f(x) = -4c_1 \cos 2x - 4c_2 \sin 2x + 4c_1 \cos 2x + 4c_2 \sin 2x$
$= 0 \sin 2x + 0 \cos 2x = 0$

(2) Die Gleichung ist wahr für alle $x \in \mathbb{R}$, $c_1, c_2 \in \mathbb{R}$.

(3) Alle Funktionen $y = f(x) = c_1 \cos 2x + c_2 \sin 2x$, $c_1, c_2 \in \mathbb{R}$, sind Lösungen von $f''(x) + 4f(x) = 0$.
Die für $c_1, c_2 \in \mathbb{R}$ durch $y = f(x) = c_1 \cos 2x + c_2 \sin 2x$, charakterisierte Lösungsschar enthält z. B. die Funktionen $f_1(x) = \cos 2x$ $(c_1 = 1, c_2 = 0)$ und $f_2(x) = \sin 2x$ $(c_1 = 0, c_2 = 1)$ als Lösungen.

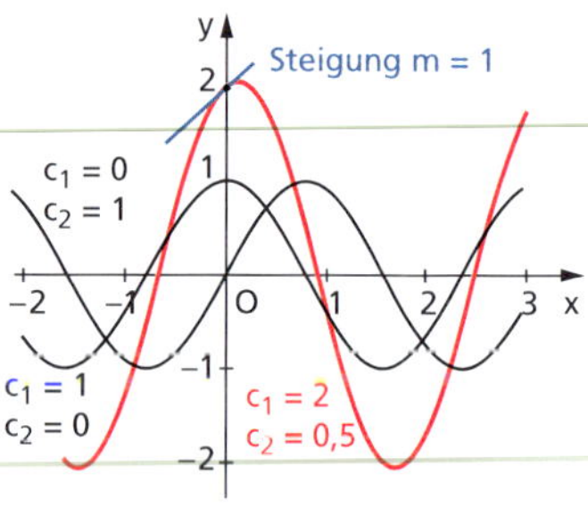

Aus der Lösungsschar der Differenzialgleichung $f''(x) + 4f(x) = 0$ ist nun diejenige Lösung zu ermitteln, für die $y_0 = f(0) = 2$ und $y_0' = f'(0) = 1$ gilt.

Aus den Anfangsbedingungen ergibt sich für c_1 und c_2:
(I) $2 = f(0) = c_1 \cos 0 + c_2 \sin 0 = c_1$, also: $c_1 = 2$
(II) $1 = f'(0) = -2c_1 \sin 0 + 2c_2 \cos 0 = 2c_2$, also: $c_2 = 0{,}5$
Die Funktion $y = f(x) = 2\cos 2x + 0{,}5\sin 2x$ löst die Differenzialgleichung $f''(x) + 4f(x) = 0$ und erfüllt die Anfangsbedingungen $f(0) = 2$ und $f'(0) = 1$.

Wie die Beispiele belegen, unterscheidet man Lösungsfunktionen

- *ohne* frei veränderlichen Parameter (z. B. die Funktionen $y = f(x) = e^{2x}$ oder $y = f(x) = 2\cos 2x + 0{,}5\sin 2x$),
- *mit einem oder mehreren* frei veränderlichen Parametern, wie z. B. $y = f(x) = ce^{2x}$, $c \in \mathbb{R}$ bel., und $y = f(x) = c_1 \cos 2x + c_2 \sin 2x$, $c_1, c_2 \in \mathbb{R}$ bel.

Lösungen ohne frei veränderlichen Parameter nennt man **partikuläre Lösungen.** Schöpft eine Lösungsschar die Menge aller Lösungen einer Differenzialgleichung aus, so heißt diese Lösungsschar die **allgemeine Lösung der Differenzialgleichung.**

▶ Lösungsfunktionen mit einem oder mehreren frei veränderlichen Parametern repräsentieren jeweils eine Lösungsschar mit unendlich vielen Elementen.

Ein wichtiges Hilfsmittel beim Aufbau der allgemeinen Lösung aus bekannten partikulären Lösungen stellen folgende Aussagen dar:

Satz Lösungen homogener linearer Differenzialgleichungen
Ist die Funktion $y = f(x)$ eine Lösung einer homogenen linearen Differenzialgleichung, dann ist auch die Funktion $c \cdot f(x)$ mit $c \in \mathbb{R}$ eine Lösung der angegebenen Differenzialgleichung.
Sind die Funktionen $y = f_1(x)$ und $y = f_2(x)$ Lösungen einer homogenen linearen Differenzialgleichung, so ist auch die Funktion $y = f_k(x) = c_1 \cdot f_1(x) + c_2 \cdot f_2(x)$ mit $c_1, c_2 \in \mathbb{R}$ eine Lösung dieser Differenzialgleichung.

Berücksichtigt man, dass die allgemeine Lösung einer Differenzialgleichung 1. Ordnung einen und die allgemeine Lösung einer Differenzialgleichung 2. Ordnung zwei Parameter enthält, so lässt sich feststellen:

- Ist $y = f(x)$ eine *partikuläre Lösung* einer homogenen linearen Differenzialgleichung 1. Ordnung, dann ist $y = c \cdot f(x)$ mit $c \in \mathbb{R}$ die *allgemeine Lösung* dieser Differenzialgleichung.
- Sind $y = f_1(x)$ und $y = f_2(x)$ *partikuläre Lösungen* einer homogenen linearen Differenzialgleichung 2. Ordnung, *die sich nicht nur durch einen Zahlenfaktor unterscheiden*, dann ist $y = f(x) = c_1 \cdot f_1(x) + c_2 \cdot f_2(x)$ mit $c_1, c_2 \in \mathbb{R}$, die *allgemeine Lösung* dieser Differenzialgleichung.

Für inhomogene lineare Differenzialgleichungen gilt:

Satz Allgemeine Lösung inhomogener linearer Differenzialgleichungen
Die *allgemeine Lösung* einer inhomogenen linearen Differenzialgleichung ist die Summe aus einer *partikulären Lösung* dieser inhomogenen Differenzialgleichung und der *allgemeinen Lösung* der zugehörigen homogenen linearen Differenzialgleichung.

Veranschaulichung von Differenzialgleichungen 1. Ordnung

Setzt man in die explizite Differenzialgleichung $f'(x) = G(x; f(x))$ statt des Funktionsterms $f(x)$ (für jedes $x \in V$) den Wert y der Funktion $y = f(x)$ ein, so erhält man die Gleichung $f'(x) = G(x; y)$.
Sie gibt für jeden Punkt P(x; y) im kartesischen Koordinatensystem (für den sich G(x; y) berechnen lässt) die Steigung derjenigen Lösungsfunktion an, die durch diesen Punkt verläuft. Zeichnet man eine kurze Strecke so in das Koordinatensystem ein, dass der Mittelpunkt der Strecke in P liegt, und wählt die Steigung der Strecke gleich G(x; y), so erhält man ein **Richtungsfeld** der Differenzialgleichung.

▶ Einen Weg zur geometrischen Lösung von Anfangswertproblemen beschreibt das **euler-cauchysche Polygonzugverfahren.**

Abgebildet ist das Richtungsfeld der Differenzialgleichung:
$f'(x) = -\frac{x}{f(x)} = -\frac{x}{y}$ $(x \in \mathbb{R},\ f(x) \neq 0)$

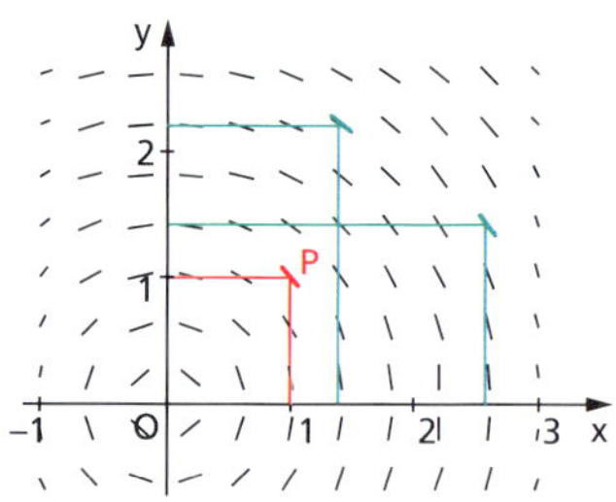

Die Steigung im Punkt P(1; 1) beträgt $m = -\frac{1}{1} = -1$. Die Steigung in den anderen Punkten werden analog ermittelt. Für Punkte mit der Ordinate $y = 0$ lassen sich bei dieser Differenzialgleichung keine Steigungen berechnen.

8.2.3 Lösungsverfahren für Differenzialgleichungen 1. Ordnung

· *Lösen durch direktes Integrieren*

▶ Einfache Differenzialgleichungen der Form $f'(x) = g(x)$ lassen sich sofort durch Integration lösen. Hierbei stellt g eine gegebene und f eine gesuchte Funktion dar.

Die Differenzialgleichung $f'(x) = 3x^2$, $x \in \mathbb{R}$, lässt sich sofort durch Integration lösen. Aus $\int f'(x)\,dx = \int 3x^2\,dx$ erhält man $f(x) + c_1 = x^3 + c_2$, nach Zusammenfassen der Integrationskonstanten $f(x) = x^3 + c$, $c \in \mathbb{R}$. Die Differenzialgleichung $f'(x) = 3x^2$ besitzt also als allgemeine Lösung die Funktionenschar $f(x) = x^3 + c$.

Andere Typen von Differenzialgleichungen können durch geschickte Umformungen in eine direkt integrierbare Form gebracht werden.

· *Lösen durch Trennen der Variablen*

▶ Die Zählerfunktion enthält nur die unabhängige und die Nennerfunktion nur die abhängige Variable – oder umgekehrt.

Explizite Differenzialgleichungen 1. Ordnung, die sich in der Form $f'(x) = \frac{g(x)}{h(f(x))}$ bzw. $f'(x) = \frac{g(x)}{h(y)}$ schreiben lassen, werden als Differenzialgleichung mit trennbaren Variablen bezeichnet. Bei diesem Gleichungstyp lässt sich eine Seite der Gleichung als *Quotient zweier Funktionen* schreiben.

Vertreter dieses Gleichungstyps sind:

$f'(x) = -\frac{x}{f(x)} = -\frac{x}{y}$ mit $g(x) = (-x)$ und $h(y) = y$

$f'(x) - r \cdot f(x) = 0$ bzw. $f'(x) = r \cdot y$ mit $g(x) = r$ und $h(y) = \frac{1}{y}$

$f'(x) + f(x) - 2 = 0$ bzw. $f'(x) = 2 + y$ mit $g(x) = 1$ und $h(y) = \frac{1}{2 + y}$

Allgemeine Schrittfolge der Lösungsmethode:
Gesucht ist eine Funktion $y = f(x)$, die der Gleichung $f'(x) = \frac{g(x)}{h(x)}$ genügt.

(1) Trennen der Variablen:
$f'(x) = \frac{dy}{dx}$ wird als ein Bruch mit dem Zähler dy und dem Nenner dx verstanden und die Gleichung $f'(x) = \frac{dy}{dx} = \frac{g(x)}{h(x)}$ in $h(y)\,dy = g(x)\,dx$ umgeformt. Man fasst also alle Terme der Differenzialgleichung, die die Variable x enthalten, auf der einen und alle die Variable y enthaltenden Terme auf der anderen Seite der Gleichung zusammen.

(2) Integrieren:
Man erhält $\int h(y)\,dy = \int g(x)\,dx$ und somit $H(y) = G(x) + c$. H ist eine Stammfunktion von h und G eine Stammfunktion von g. Die Integrationskonstanten wurden auf der rechten Seite zusammengefasst.

(3) Umstellen der erhaltenen Gleichung nach $y = f(x)$

▶ Das **Trennen der Variablen** als Lösungsmethode wurde 1694 von JOHANN BERNOULLI veröffentlicht.

JOHANN BERNOULLI (1667 bis 1748)

Zu lösen ist die Differenzialgleichung $f'(x) - r f(x) = 0$, $r \in \mathbb{R}$.
Man schreibt die Gleichung in der Form $\frac{dy}{dx} = ry$. Eine triviale Lösung dieser Gleichung stellt die konstante Funktion $y = f(x) = 0$ dar.
Von größerem Interesse ist jedoch der Fall $y = f(x) \neq 0$:

(1) Trennen der Variablen: Aus $\frac{dy}{dx} = ry$ ergibt sich $\frac{dy}{y} = r\,dx$.

(2) Integrieren: $\int \frac{dy}{y} = \int r\,dx \Rightarrow \ln|y| = rx + c,\; c \in \mathbb{R}$

(3) Umstellen nach y: $e^{\ln|y|} = |y| = e^{rx + c} = e^c \cdot e^{rx} = d \cdot e^{rx}$ mit $e^c = d,\; d \in \mathbb{R},\; d > 0$

Fallunterscheidung:

1. Fall:	$y > 0$	$\lvert y\rvert = y = d\,e^{rx}$,	also: $y = f_1(x) = d\,e^{rx}$, $d \in \mathbb{R}$, $d > 0$
2. Fall:	$y < 0$	$\lvert y\rvert = -y = d\,e^{rx}$,	also: $y = f_2(x) = -d\,e^{rx}$, $d \in \mathbb{R}$, $d > 0$

Die beiden Fälle werden durch $k = \pm d$ zu einer einheitlichen Lösung zusammengefasst. Bezieht man noch die triviale Lösung ein, für die $k = 0$ gilt, so ergibt sich als allgemeine Lösung die Funktionenschar $y = f(x) = k\,e^{rx}$, $k \in \mathbb{R}$, mit k als Scharparameter.
Ist $r = 1$, so lautet die Differenzialgleichung $f'(x) - f(x) = 0$ bzw. $f'(x) = f(x)$. Sie besitzt die Lösung $y = f(x) = k\,e^x$.

▶ Die Gleichung $f(x) = f(x)$ wird aufgrund ihrer Lösung $f(x) = k\,e^x$ als **Differenzialgleichung der Exponentialfunktion** bezeichnet.

- *Lösen linearer Differenzialgleichungen mit konstanten Koeffizienten*

Eine lineare Differenzialgleichung 1. Ordnung mit konstanten Koeffizienten hat die Form $f'(x) + q f(x) = s$ mit $q, s \in \mathbb{R}$.

Satz Lösung der linearen Differenzialgleichung 1. Ordnung mit konstanten Koeffizienten
Die Differenzialgleichung $f'(x) + qf(x) = s$ mit $x, q, s \in \mathbb{R}$, besitzt die allgemeine Lösung

$$y = f(x) = \begin{cases} k + sx, & \text{wenn } q = 0 \\ k \cdot e^{-qx} + \frac{s}{q}, & \text{wenn } q \neq 0 \end{cases} \qquad \text{mit } k \in \mathbb{R} \text{ bel.}$$

▶ $k \in \mathbb{R}$ ist der Scharparameter und kann durch eine Anfangsbedingung bestimmt werden.

Zu lösen ist die Differenzialgleichung $f'(x) + f(x) = 2$ mit $x \in \mathbb{R}$ unter Beachtung der Anfangsbedingung $y_0 = f(0) = 0$.

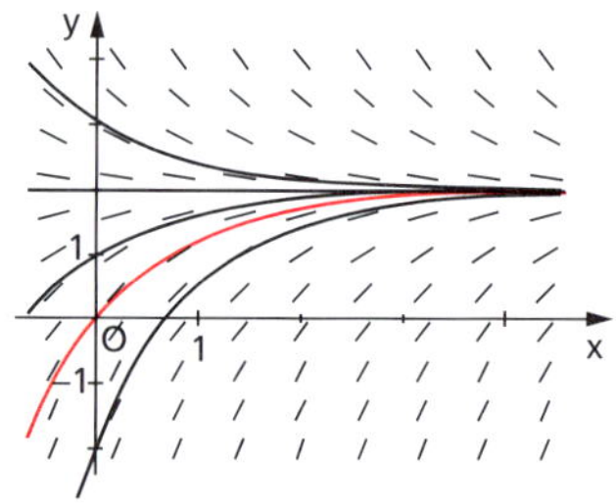

Allgemeine Lösung:
Die lineare Differenzialgleichung hat die Koeffizienten $q = 1$ und $s = 2$. Da $q \neq 0$, lautet die allgemeine Lösung:
$y = f(x) = \frac{2}{1} + k\,e^{-x} = 2 + k\,e^{-x},\ k \in \mathbb{R}$

Partikuläre Lösung:
Aus dem Ansatz $y_0 = f(0) = 2 + k\,e^0 = 2 + k = 0$ ergibt sich für den Scharparameter $k = -2$. Die der gegebenen Anfangsbedingung genügende partikuläre Lösung ist also: $y = f(x) = 2 - 2\,e^{-x}$
Die Abbildung zeigt das Richtungsfeld der Differenzialgleichung sowie mehrere Lösungsfunktionen. Die ermittelte partikuläre Lösung ist rot hervorgehoben. Mit wachsendem x nähern sich alle Lösungsfunktionen asymptotisch der konstanten Funktion $y = \frac{s}{q} = 2$.

Lösungsverhalten linearer Differenzialgleichungen 1. Ordnung mit konstanten Koeffizienten $f'(x) + qf(x) = s$ in Abhängigkeit von den Parametern q und s (Zusammenfassung)

q	s	Differenzialgleichung	Lösung	Lösungsverlauf ($c \in \mathbb{R}$; $c \neq 0$)	
0	s	$f'(x) = s$	$y = c + sx$ lineare Funktion	Geraden, in Abhängigkeit vom Vorzeichen von s fallend oder steigend	
$q \neq 0$	0	$f'(x) = -qf(x)$ homogen	$y = c \cdot e^{-qx}$ Exponentialfunktion	$q > 0$ 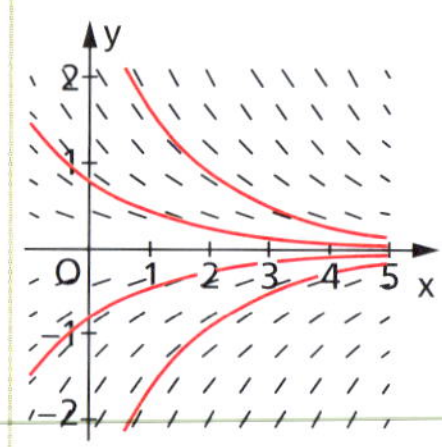	$q < 0$ 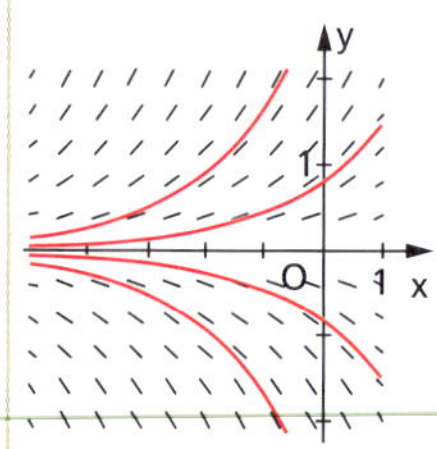
$q \neq 0$	$s \neq 0$	$f'(x) + qf(x) = s$ inhomogen	$y = c \cdot e^{-qx} + \frac{s}{q}$	$q > 0$ 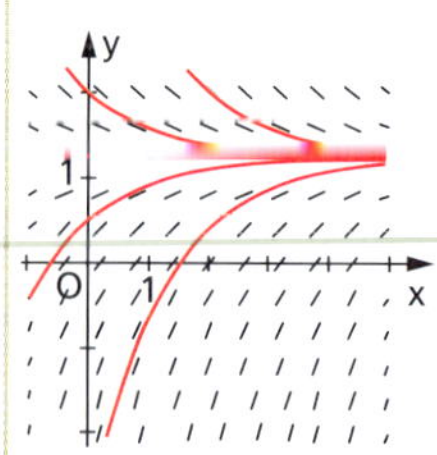	$q < 0$ 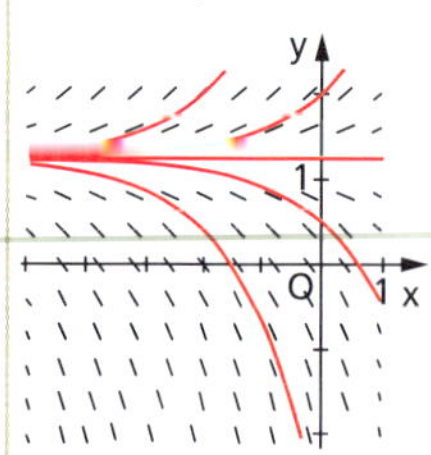

8.2.4 Näherungsverfahren zur Lösung von Differenzialgleichungen 1. Ordnung

Ersetzt man in einer *Differenzialgleichung* 1. Ordnung $f'(x) = G(x; f(x))$ den Differenzialquotienten $f'(x) = \lim\limits_{h \to 0} \frac{f(x+h) - f(x)}{h}$ bei hinreichend klein festgelegtem h näherungsweise durch den Differenzenquotienten $\frac{f(x+h) - f(x)}{h}$, dann gilt $G(x; f(x)) = f'(x) \approx \frac{f(x+h) - f(x)}{h}$ bzw.
$h \cdot G(x; f(x)) \approx f(x+h) - f(x)$. Damit folgt auch: $f(x+h) \approx f(x) + h \cdot G(x; f(x))$
Setzt man statt des „ungefähr gleich" ein „ist gleich", so ergibt sich eine Gleichung für eine neue Funktion $\overline{f}$, die eine *Näherung* für f ist. Es gilt:
$\overline{f}(x+h) = \overline{f}(x) + h \cdot G(x; (x))$ ①

Die Näherung $\overline{f}$ stimmt umso genauer mit der gesuchten Funktion f überein, je kleiner h gewählt wird. Nach ① lässt sich nun aus $\overline{f}(x+h)$ weiter $\overline{f}(x+2h) = \overline{f}(x+h) + h \cdot G(x+h; \overline{f}(x+h))$ berechnen.
Auf diesem Wege erhält man ausgehend von der Anfangsbedingung $y_0 = f(x_0) = \overline{f}(x_0)$ eine Folge von Näherungswerten $y_i = \overline{f}(x_i)$ für die gesuchte Funktion, die jeweils an den Stellen
$x_1 = x_0 + h,\ x_2 = x_1 + h = x_0 + 2h,\ \ldots,\ x_i = x_0 + ih$ berechnet werden.

> Da sich viele Differenzialgleichungen nicht oder nur aufwendig exakt lösen lassen, ist es wichtig, auch über *numerische Lösungsverfahren* zu verfügen, die *Näherungslösungen* für Anfangswertprobleme liefern.

Ist eine Differenzialgleichung der Form $f'(x) = G(x; y)$ mit der Anfangsbedingung $y_0 = f(x_0)$ zu lösen, so liefern die Bildungsvorschriften $x_i = x_0 + ih$ und $y_{i+1} = y_i + h \cdot G(x_i; y_i)$, $i \in \mathbb{N}$, $h \neq 0$, eine Folge von Punkten $P_i(x_i; y_i)$, die eine Näherungslösung für die gesuchte Funktion $y = f(x)$ darstellen.

> Die Grundidee der meisten numerischen Lösungsverfahren für Differenzialgleichungen besteht im **Polygonzugverfahren.**
> Eine weitverbreitete Variante davon stellt das **Runge-Kutta-Verfahren** dar.

Die Differenzialgleichung $f'(x) = r \cdot \left(1 - \frac{f(x)}{G}\right) f(x)$ mit $r = 0{,}5$; $G = 100$ und der Anfangsbedingung $f(0) = 4$ ist im Intervall von $x = 0$ bis $x = 20$ mit einer Schrittweite von $h = 2$ näherungsweise zu lösen.
Aus $G(x; y) = 0{,}5 \cdot \left(1 - \frac{y}{100}\right) y$ erhält man für die Funktionswerte y_i die rekursive Bildungsvorschrift
$y_{i+1} = y_i + hr \cdot \left(1 - \frac{y_i}{G}\right) y_i = y_i + \left(1 - \frac{y_i}{100}\right) y_i = 2y_i - \frac{y_i^2}{100}$ oder kurz:
$y_{i+1} = 2y_i - 0{,}01 y_i^2$
Die Folge der Argumente x_i besitzt die explizite Bildungsvorschrift $x_i = x_0 + ih = 2i$.

i	x	y
0	0	4
1	2	7,84
2	4	15,07
3	6	27,86
4	8	47,96
5	10	72,92

i	x	y
6	12	92,67
7	14	99,46
8	16	100
9	18	100
10	20	100

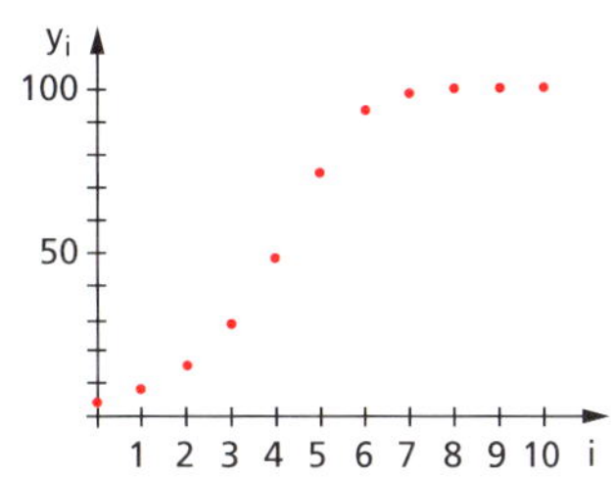

> Mit der Anfangsbedingung $f(0) = 4\ (x_0 = 0,\ y_0 = 4)$ ergeben sich Wertetabelle und grafische Darstellung der Näherungslösung.

Wachstums- und Zerfallsprozesse

Wachstums- und Zerfallsprozesse lassen sich durch Differenzialgleichungen beschreiben.
Bei den folgenden Modellen bezeichnet N die Bestandsgröße, N_0 den Anfangswert, G eine Wachstumsgrenze, λ die Wachstumsrate und t die Zeit.

Wachstum	Gleichungen	Veranschaulichung
Lineares Wachstum $N'(t) = m$	Differenzialgleichung: $N'(t) = m$ allgemeine Lösung: (Wachstumsfunktion) $N(t) = N_0 + m \cdot t$	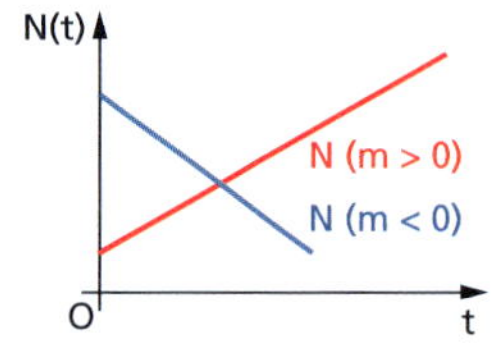
Exponentielles (natürliches) Wachstum $N'(t) \sim N(t)$	Differenzialgleichung: $N'(t) = \lambda \cdot N(t)$ allgemeine Lösung: (Wachstumsfunktion) $N(t) = N_0 \cdot e^{\lambda \cdot t}$	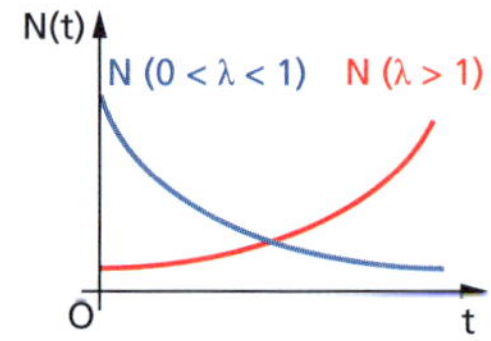
Beschränktes Wachstum $N'(t) \sim (G - N(t))$	Differenzialgleichung: $N'(t) = \lambda \cdot (G - N(t))$ allgemeine Lösung: (Wachstumsfunktion) $N(t) = G - (G - N_0) \cdot e^{-\lambda \cdot t}$	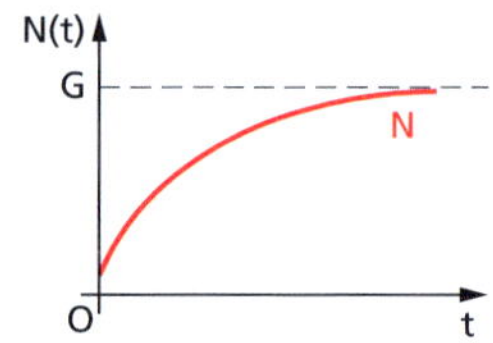
Logistisches Wachstum $N'(t) \sim N(t)$ und $N'(t) \sim (G - N(t))$	Differenzialgleichung: $N'(t) = \lambda \cdot N(t) \cdot (G - N(t))$ allgemeine Lösung: (Wachstumsfunktion) $N(t) = \frac{N_0 \cdot G}{N_0 + (G - N_0) \cdot e^{-\lambda G t}}$	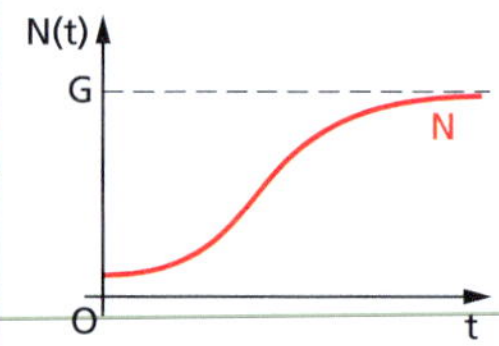
Hyperbolisches Wachstum $N'(t) \sim N(t)^2$	Differenzialgleichung: $N'(t) = \lambda \cdot N(t)^2$ allgemeine Lösung: (Wachstumsfunktion) $N(t) = \frac{N_0}{1 - N_0 \lambda t}$	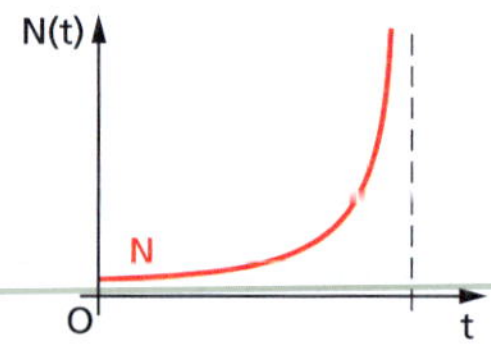

Komplexe Zahlen

9

9

9.1 Komplexe Zahlen als geordnete Paare reeller Zahlen

Die Gleichung $x^2 = -1$ ist im Bereich der reellen Zahlen nicht lösbar, denn $\sqrt{-1}$ ist keine reelle Zahl. Quadratwurzeln aus negativen Zahlen werden aber u. a. zum Lösen von Gleichungen 3. Grades durch die **cardanische Formel** benötigt.

Die komplexen Zahlen bilden einen Zahlenbereich, der durch Erweiterung des Bereichs der reellen Zahlen entsteht. Diese Zahlenbereichserweiterung wird notwendig, da sich die Gleichung $b^n = a$ für negatives a und gerades n im Bereich der reellen Zahlen nicht lösen lässt. Für eine reelle Zahl $a < 0$ und gerades n gibt es keine reelle Zahl b, für die $b^n = a$ ist.

Die quadratische Gleichung $0 = x^2 - 2x + q_i$ soll für $q_i = -3; 5$ und $x \in \mathbb{R}$ gelöst werden:

Gleichung	$0 = x^2 - 2x - 3$	$0 = x^2 - 2x + 5$
p; q	$p = -2; q = -3$	$p = -2; q = 5$
Einsetzen in die Lösungsformel	$x_1 = 1 + \sqrt{4}$; $x_2 = 1 - \sqrt{4}$	$x_1 = 1 + \sqrt{-4}$; $x_2 = 1 - \sqrt{-4}$
Reelle Lösungen	$x_1 = 3; x_2 = -1$	keine
Probe nach dem Satz von Vieta $x_1 + x_2 = -p$ $x_1 \cdot x_2 = q$	$(1 + \sqrt{4}) + (1 - \sqrt{4}) = 2 = -p$; $(1 + \sqrt{4}) \cdot (1 - \sqrt{4}) = 1 - \sqrt{4}^2 = -3 = q$	

An der Ausarbeitung der Theorie der komplexen Zahlen waren bedeutende Mathematiker wie JOHANN BERNOULLI (1667 bis 1748), LEONHARD EULER (1707 bis 1783) und CARL FRIEDRICH GAUSS (1777 bis 1855) beteiligt.

Für q = 5 ist die Gleichung nicht lösbar. Der Rechenweg, der bei der Probe nach dem Satz von Vieta für q = – 3 eingeschlagen wurde, lässt jedoch vermuten, dass auch im Falle der Gleichung $0 = x^2 - 2x + 5$ die Probe formal stimmen würde, wenn man den Umgang mit Wurzeln aus negativen Zahlen zulässt und mit ihnen dann „wie gewohnt" rechnet:

$$(1 + \sqrt{-4}) + (1 - \sqrt{-4}) = 2 = -p;$$
$$(1 + \sqrt{-4}) \cdot (1 - \sqrt{-4}) = 1 - (\sqrt{-4})^2 = 1 - (-4) = 5 = q$$

Die erste geschlossene Theorie imaginärer Zahlen stellte der italienische Mathematiker RAFFAEL BOMBELLI (1526 bis 1572) in seinem 1572 erschienenen Buch *„Algebra"* vor.

Die Lösungen der Gleichung $0 = x^2 - 2x + 5$ wären dann $x_1 = 1 + \sqrt{-4}$ und $x_2 = 1 - \sqrt{-4}$. Trennt man den Faktor 4 im Radikanden ab und verwendet die aus dem Bereich der reellen Zahlen bekannten Wurzelgesetze, so ergäben sich als Lösungen $x_1 = 1 + 2 \cdot \sqrt{-1}$ und $x_2 = 1 - 2 \cdot \sqrt{-1}$.

Für die „nur in der Vorstellung existierenden" Zahlen der Form $\sqrt{-d}$, $d \in \mathbb{R}$, $d > 0$, entstand der Name **„imaginäre Zahlen"**.

Die durch die imaginären Zahlen ergänzten reellen Zahlen werden als **komplexe Zahlen** bezeichnet.

Die Menge aller komplexen Zahlen wird mit $\mathbb{C}$ bezeichnet – es gilt: $\mathbb{C} = \{(a; b) | a, b \in \mathbb{R}\}$

Definition
Jedes geordnete Paar (a; b) mit $a, b \in \mathbb{R}$ ist eine **komplexe Zahl.**

Zur Angabe einer komplexen Zahl sind jeweils zwei reelle Zahlen erforderlich, z. B.: (1; 2), (1; –2), (0; 1), (1; 0), $(\sqrt{3{,}2}; 0{,}5)$

Zwei komplexe Zahlen werden als gleich bezeichnet, wenn sie in beiden Komponenten übereinstimmen.

Definition **Gleichheit komplexer Zahlen**
(a; b) und (c; d) seien komplexe Zahlen.
Es gilt genau dann (a; b) = (c; d), wenn a = c und b = d.

Definition **Addition zweier komplexer Zahlen**
(a; b) und (c; d) seien komplexe Zahlen. Dann gilt:
(a; b) + (c; d) = (a + c; b + d)

Die **Addition komplexer Zahlen** erfolgt elementweise. Deshalb übertragen sich die aus dem Bereich $\mathbb{R}$ bekannten Gesetzmäßigkeiten der Addition auf die komplexen Zahlen.

(1; 2) + (1; –2) = (2; 0) bzw. $(1 + 2 \cdot i) + (1 - 2 \cdot i) = 1 + 1 + 2 \cdot i - 2 \cdot i = 2$

Satz Die Addition komplexer Zahlen ist kommutativ, assoziativ und (eindeutig) umkehrbar.

Die Definition der Multiplikation muss so erfolgen, dass das Quadrat einer komplexen Zahl auch eine negative reelle Zahl werden kann:

Definition **Multiplikation zweier komplexer Zahlen**
(a; b) und (c; d) seien komplexe Zahlen. Dann gilt:
$(a; b) \cdot (c; d) = (a \cdot c - b \cdot d; a \cdot d + b \cdot c)$

Die **Multiplikation komplexer Zahlen** erfolgt nicht elementweise.

a) $(0; 1) \cdot (0; 1) = (0 \cdot 0 - 1 \cdot 1; 0 \cdot 1 + 1 \cdot 0) = (-1; 0)$
b) $(1; 2) \cdot (1; -2) = (1 \cdot 1 - 2 \cdot (-2); 1 \cdot (-2) + 2 \cdot 1) = (5; 0)$

Satz Die Multiplikation komplexer Zahlen ist kommutativ, assoziativ und umkehrbar. Außerdem gilt für die Multiplikation einer Summe mit einer Zahl das Distributivgesetz.

- **Komplexe Zahlen der Form (a ; 0)** zeigen in Rechnungen ein besonders einfaches Verhalten:
  (a; 0) + (c; 0) = (a + c; 0); $(a; 0) \cdot (c; 0) = (a \cdot c; 0)$;
  (a; 0) – (c; 0) = (a – c; 0); (a; 0) : (c; 0) = (a : c; 0);

  Alle komplexen Zahlen der Form (a; 0), $a \in \mathbb{R}$ verhalten sich wie reelle Zahlen. Deshalb darf auch statt (a; 0) die reelle Zahl a verwendet werden. Somit sind die **reellen Zahlen eine Teilmenge der komplexen Zahlen.** Es gilt also: $\mathbb{R} \subset \mathbb{C}$

Die Zahl (0; 1) heißt **imaginäre Einheit** und wird mit dem Symbol i bezeichnet. Es gilt: **i = (0; 1)** und $i^2 = i \cdot i = -1$

- **Komplexe Zahlen der Form (0; b)** können geschrieben werden als $(0; b) = b \cdot (0; 1)$, denn es gilt:
  $b \cdot (0; 1) = (b; 0) \cdot (0; 1) = (b \cdot 0 - 0 \cdot 1; b \cdot 1 + 0 \cdot 0) = (0; b)$

9.2 Algebraische Darstellung komplexer Zahlen

Komplexe Zahlen der Form z = (a; b) können als Summe einer reellen und einer imaginären Zahl dargestellt werden:
$\mathbf{z = (a; b)} = (a; 0) + (0; b) = (a; 0) + (b; 0) \cdot (0; 1) = a + b \cdot (0; 1) = \mathbf{a + b \cdot i}$
Dabei wird **a** als **Realteil** und **b** als **Imaginärteil** der Zahl z bezeichnet.

▶ Auf das eine Vervielfachung kennzeichnende Multiplikationszeichen kann verzichtet werden.

Satz Algebraische Darstellung komplexer Zahlen
Für jede komplexe Zahl z = (a; b) mit $a, b \in \mathbb{R}$ gilt:
$z = (a; b) = a + b \cdot i$ mit $i^2 = -1$

Algebraische Darstellung der komplexen Zahlen (1; 2) und (1; –2):
$(1; 2) = 1 + 2i$
$(1; -2) = 1 + (-2)i = 1 - 2i$

Geometrische Veranschaulichung komplexer Zahlen

▶ Die Pfeildarstellung wird auch als Zeigerdiagramm bezeichnet.

▶ Die Länge eines Pfeiles gibt den **Betrag der komplexen Zahl z = a + bi** an. Es gilt:
$|z| = \sqrt{a^2 + b^2}$

Komplexe Zahlen werden in einer Ebene abgebildet, die von zwei zueinander senkrecht stehenden Zahlengeraden aufgespannt wird. Auf der ersten Zahlengeraden (reelle Achse) wird der Realteil, auf der zweiten Zahlengeraden (imaginäre Achse) der Imaginärteil einer komplexen Zahl dargestellt. Eine solche Ebene heißt **gaußsche Zahlenebene.** Jeder komplexen Zahl entspricht genau ein Punkt der Zahlenebene und umgekehrt.

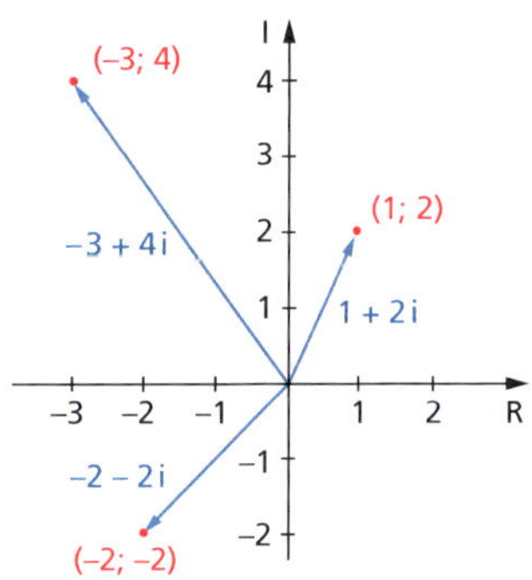

Zu jedem Punkt verläuft genau ein vom Ursprung der gaußschen Zahlenebene ausgehender Pfeil. Deshalb ist auch jeder komplexen Zahl genau ein vom Ursprung ausgehender Pfeil zugeordnet und umgekehrt.

▶ Die zur komplexen Zahl z konjugiert komplexe Zahl wird mit $\bar{z}$ bezeichnet.

Definition Komplexe Zahlen, die sich nur im Vorzeichen ihres Imaginärteils unterscheiden, nennt man **konjugiert komplexe Zahlen.**

▶ Für konjugiert komplexe Zahlen gilt:
$z \cdot \bar{z} = (a + bi)(a - bi)$
$= a^2 + b^2$
$= |z|^2 = |\bar{z}|^2$

1 + 2i und 1 – 2i sind konjugiert komplexe Zahlen. Da sie sich nur im Vorzeichen ihres Imaginärteils unterscheiden, liegen ihre Abbildungen symmetrisch zur reellen Achse. Die Beträge der beiden Zahlen sind gleich:

$|(1; 2)| = \sqrt{1 + 4} = \sqrt{5}$

$|(1; -2)| = \sqrt{1 + 4} = \sqrt{5}$

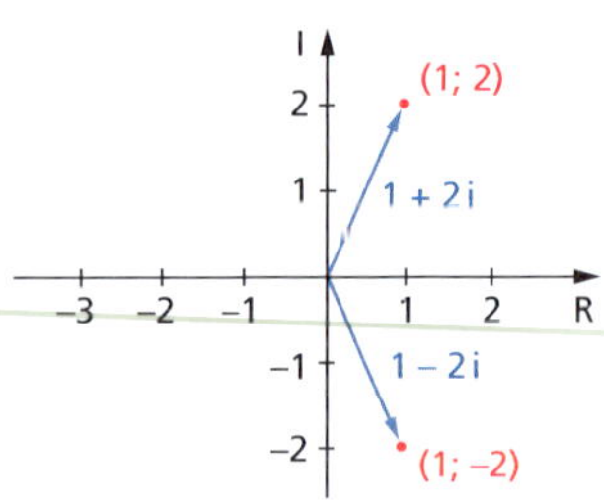

Rechenregeln für komplexe Zahlen in algebraischer Schreibweise

Es gelten dieselben Rechenregeln wie für Binome reeller Zahlen. Zu beachten ist die Beziehung $i^2 = i \cdot i = -1$.

Satz
$$(a + b \cdot i) + (c + d \cdot i) = (a + c) + (b + d) \cdot i$$
$$(a + b \cdot i) - (c + d \cdot i) = (a - c) + (b - d) \cdot i$$
$$(a + b \cdot i) \cdot (c + d \cdot i) = (a \cdot c - b \cdot d) + (a \cdot d + b \cdot c) \cdot i$$

$$(-0{,}5 + 1{,}5i) - (2{,}7 - 0{,}8i) = -0{,}5 - 2{,}7 + 1{,}5i + 0{,}8i = -3{,}2 + 2{,}3i$$
$$(1 + 2i) \cdot (1 - 2i) = 1 \cdot 1 - 1 \cdot 2i + 2i \cdot 1 - 2i \cdot 2i$$
$$= 1 \cdot 1 - 2 \cdot 2i^2 - 1 \cdot 2i + 2i \cdot 1 = 1 - 4 \cdot (-1) = 5$$
$$(-0{,}5 + 1{,}5i) \cdot (2{,}7 - 0{,}8\,i) = -0{,}5 \cdot 2{,}7 - 1{,}5 \cdot 0{,}8i^2 + (0{,}5 \cdot 0{,}8 + 1{,}5 \cdot 2{,}7)i$$
$$= -0{,}15 + 4{,}45i$$

Die Darstellung komplexer Zahlen als Pfeile erlaubt eine einfache Interpretation der Addition komplexer Zahlen als ein Aneinandersetzen der Pfeile. Der Summe entspricht dann der Pfeil vom Ursprung zum Endpunkt der Konstruktion. Diese Addition ist analog der bekannten Addition von Kräften mittels Kräfteparallelogramm und findet sich in der Mathematik als Addition von Vektoren wieder.

Addition der komplexen Zahlen (–3; 1) und (1; 2):
$(-3 + 1i) + (1 + 2i) = -2 + 3i$

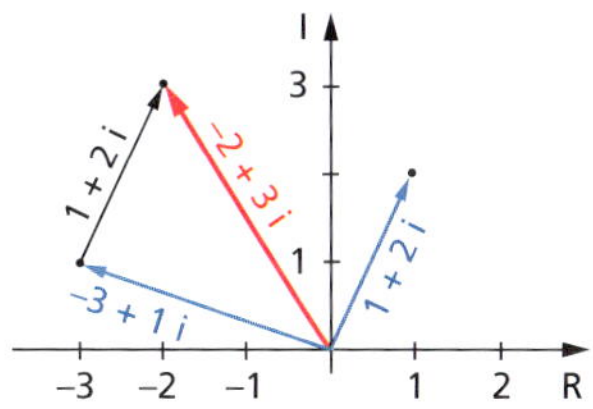

Addition, Subtraktion und Multiplikation von komplexen Zahlen in algebraischer Darstellung liefern stets wieder eine komplexe Zahl in algebraischer Darstellung. Um auch bei der Division eine komplexe Zahl in algebraischer Darstellung zu erhalten, muss der Nenner des Quotienten reell werden. Dazu ist der Quotient mit der zum Nenner konjugiert komplexen Zahl zu erweitern.

Satz Sind $z_1 = a + bi$ und $z_2 = c + di$ zwei komplexe Zahlen und $\bar{z}_2$ die zu z_2 konjugiert komplexe Zahl, dann gilt für die Division von z_1 durch z_2:
$$\frac{z_1}{z_2} = \frac{z_1}{z_2} \cdot \frac{\bar{z}_2}{\bar{z}_2} = \frac{a \cdot c + b \cdot d + (b \cdot c - a \cdot d) \cdot i}{c^2 + d^2}, \; z_2 \neq 0 + 0i$$

Um durch eine von 0 verschiedene komplexe Zahl zu dividieren, kann mit ihrer konjugiert komplexen Zahl multipliziert und anschließend das Ergebnis durch das Quadrat ihres Betrages dividiert werden.

Für $z_1 = 2 + 3i$ und $z_2 = 1 - 2i$ lautet der Quotient $\frac{z_1}{z_2}$:
$$\frac{z_1}{z_2} = \frac{2 \cdot 1 + 3(-2) + (3 \cdot 1 - 2(-2))i}{1^2 + (-2)^2} = \frac{-4 + 7i}{5} = -0{,}8 + 1{,}4i$$
Probe: $(-0{,}8 + 1{,}4i) \cdot (1 - 2i) = -0{,}8 + 2{,}8 + (1{,}6 + 1{,}4)i = 2 + 3i$

9.3 Trigonometrische Darstellung komplexer Zahlen

Jede komplexe Zahl z lässt sich durch die Länge r und den Drehwinkel φ des ihr zugeordneten Pfeiles darstellen:

▸ Die **trigonometrische Darstellung komplexer Zahlen** bezeichnet man auch als **Polarform** komplexer Zahlen.

Satz Trigonometrische Darstellung komplexer Zahlen
Aus $a = r \cdot \cos\varphi$ und $b = r \cdot \sin\varphi$
$(a, b, \varphi \in \mathbb{R})$ folgt:
$z = a + b \cdot i = r \cdot (\cos\varphi + i \cdot \sin\varphi)$
(r ist der Betrag der komplexen Zahl z.)

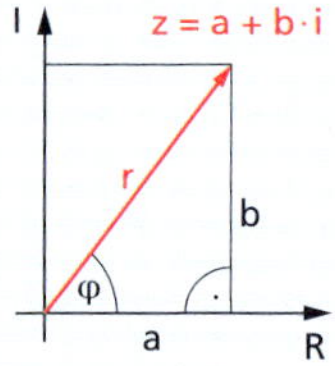

Der Drehwinkel φ wird – vor allem bei Anwendungen in der Elektrotechnik – auch als **Phasenwinkel** oder **Phase der komplexen Zahl** bezeichnet.

▸ Umrechnungen:
$a = r\cos\varphi$
$b = r\sin\varphi$
$\cos\varphi = \frac{a}{r}$
$\sin\varphi = \frac{b}{r}$, $(\varphi \in \mathbb{R})$
$r^2 = a^2 + b^2$

■ Für die komplexen Zahlen $z_1 = 1 + 2i$ und $z_2 = 1 - 2i$ ist die jeweils zugehörige trigonometrische Darstellung zu ermitteln.

z_1: $a = 1$; $b = 2$, also: $r = \sqrt{1^2 + 2^2} = \sqrt{5}$; $\cos\varphi = \frac{1}{\sqrt{5}} \approx 0{,}447$
$\varphi_1 \approx 63{,}4° + k \cdot 360°$, $\varphi_2 \approx 296{,}6° + k \cdot 360°$ $(k \in \mathbb{Z})$
Wegen $\sin\varphi = \frac{2}{\sqrt{5}} > 0$ scheidet φ_2 aus.
Demnach gilt: $z_1 = \sqrt{5} \cdot (\cos 63{,}4° + i \cdot \sin 63{,}4°)$

z_2: $a = 1$; $b = -2$, also: $r = \sqrt{1^2 + (-2)^2} = \sqrt{5}$; $\cos\varphi = \frac{1}{\sqrt{5}} \approx 0{,}447$
$\varphi_1 \approx 63{,}4° + k \cdot 360°$, $\varphi_2 \approx 296{,}6° + k \cdot 360°$ $(k \in \mathbb{Z})$
Wegen $\sin\varphi = \frac{-2}{\sqrt{5}} < 0$ scheidet φ_1 aus.
Demnach gilt: $z_2 = \sqrt{5} \cdot (\cos 296{,}6° + i \cdot \sin 296{,}6°)$

■ Eine komplexe Zahl z mit dem Betrag $r = 1$ und dem Drehwinkel $\varphi = 90°$ soll in algebraischer Darstellung angegeben werden.

Es gilt: $a = r \cdot \cos\varphi = 1 \cdot \cos 90° = 0$ und $b = r \cdot \sin\varphi = 1 \cdot \sin 90° = 1$
Also ist $z = a + b \cdot i = 0 + 1 \cdot i = i$.

▸ Die in der trigonometrischen Darstellung einer komplexen Zahl bei sin und cos auftretenden Winkel müssen gleich sein.

■ Die zur komplexen Zahl $z = 2 \cdot (\cos 50° + i \cdot \sin 50°)$ konjugiert komplexe Zahl $\overline{z}$ erhält man, indem das Vorzeichen des Imaginärteils geändert wird. Man erhält sofort $\overline{z} = 2 \cdot (\cos 50° - i \cdot \sin 50°)$.
Wegen $\cos(-\varphi) = \cos\varphi$ und $\sin(-\varphi) = -\sin\varphi$ kann man auch $\overline{z} = 2 \cdot (\cos(-50°) + i \cdot \sin(-50°))$ schreiben.
Beim Übergang von einer komplexen Zahl zu ihrer konjungiert komplexen muss also lediglich das Vorzeichen des Drehwinkels geändert werden.

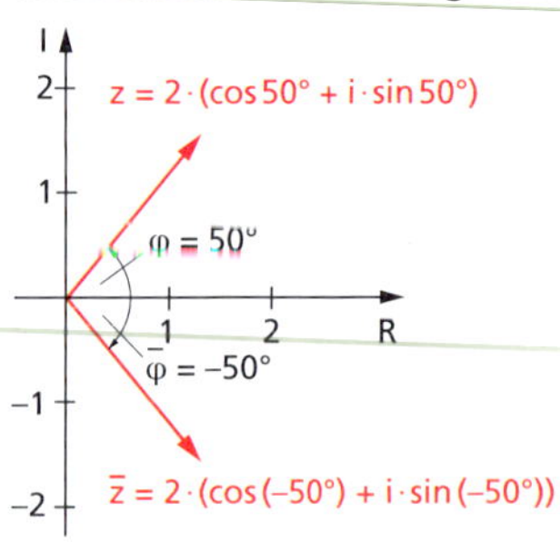

Rechenregeln für komplexe Zahlen in trigonometrischer Schreibweise

Für die Addition und Subtraktion komplexer Zahlen in trigonometrischer Darstellung gibt es keine Regeln. Man wandelt sie einfach in die algebraische Form um. Für die Multiplikation gilt:

Definition Sind $z_1 = r_1(\cos\varphi_1 + i \cdot \sin\varphi_1)$ und $z_2 = r_2(\cos\varphi_2 + i \cdot \sin\varphi_2)$ zwei komplexe Zahlen, dann gilt:
$z_1 \cdot z_2 = r_1 \cdot r_2\,[\cos(\varphi_1 + \varphi_2) + i \cdot \sin(\varphi_1 + \varphi_2)]$

Das **Produkt** zweier komplexer Zahlen **in trigonometrischer Darstellung** erhält man, indem man ihre Beträge multipliziert und ihre Winkel addiert.

$z_1 = \sqrt{5}(\cos 63{,}4° + i \cdot \sin 63{,}4°)$; $z_2 = \sqrt{5}(\cos 296{,}6° + i \cdot \sin 296{,}6°)$
$z_1 \cdot z_2 = 5(\cos(63{,}4° + 296{,}6°) + i \cdot \sin(63{,}4° + 296{,}6°))$
$= 5(\cos 360° + i \cdot \sin 360°) = 5(1 + i \cdot 0) = 5$

9

Für die Multiplikation von zwei gleichen komplexen Zahlen $z_1 = z_2 = z$ ergibt sich $z^2 = r^2 \cdot (\cos 2\varphi + i \cdot \sin 2\varphi)$.
Die Verallgemeinerung auf n Faktoren führt zu einer Regel für das Potenzieren von komplexen Zahlen in trigonometrischer Darstellung:

Satz von Moivre
Ist $z = r \cdot [\cos\varphi + i \cdot \sin\varphi]$ eine komplexe Zahl und n eine natürliche Zahl, dann gilt: $\mathbf{z^n = r^n \cdot [\cos(n \cdot \varphi) + i \cdot \sin(n \cdot \varphi)]}$

ABRAHAM DE MOIVRE (1667 bis 1754), französischer Mathematiker

Da dieser Satz sogar für beliebige $n \in \mathbb{R}$ gilt, kann mit ihm nicht nur potenziert, sondern auch radiziert werden.

a) $z_1 = 1(\cos 90° + i \cdot \sin 90°) = i$
$z_1{}^2 = 1^2(\cos 180° + i \cdot \sin 180°) = -1 + i \cdot 0 = -1$

b) $z_2 = 1(\cos 180° + i \cdot \sin 180°) = -1$
$z_2{}^{\frac{1}{2}} = \sqrt{1}(\cos 90° + i \cdot \sin 90°) = i$
Da $z_2 = 1(\cos(180° + 360°) + i \cdot \sin(180° + 360°))$ gilt, folgt:
$z_2{}^{\frac{1}{2}} = \sqrt{1}(\cos 270° + i \cdot \sin 270°) = -i$

Satz Für die Division zweier komplexer Zahlen
$z_1 = r_1(\cos\varphi_1 + i \cdot \sin\varphi_1)$ und $z_2 = r_2(\cos\varphi_2 + i \cdot \sin\varphi_2)$ mit $r_2 \neq 0$ gilt:
$\frac{z_1}{z_2} = \frac{r_1}{r_2} \cdot [\cos(\varphi_1 - \varphi_2) + i \cdot \sin(\varphi_1 - \varphi_2)]$

Für $z_1 = 4(\cos 300° + i \cdot \sin 300°)$ und $z_2 = 2(\cos 30° + i \cdot \sin 30°)$ soll der Quotient $\frac{z_1}{z_2}$ berechnet werden:
Mit $r_1 = 4$, $r_2 = 2$, $\varphi_1 = 300°$ und $\varphi_2 = 30°$ folgt:
$\frac{z_1}{z_2} = \frac{4}{2} \cdot [\cos(300° - 30°) + i \cdot \sin(300° - 30°)] = 2 \cdot (\cos 270° + i \cdot \sin 270°)$
$= -2i$

9.4 Komplexe Zahlen in Exponentialform

$e^{i \cdot \varphi}$ ist ein in φ periodischer Ausdruck mit der Periode 2π, es gilt:
$e^{i \cdot (\varphi + 2\pi)} = e^{i \cdot \varphi}$
φ wird i. d. R. in Bogenmaß angegeben.

Durch Anwenden der **eulerschen Formel** $\cos\varphi + i \cdot \sin\varphi = e^{i \cdot \varphi}$ entsteht aus der trigonometrischen Form die **Exponentialform einer komplexen Zahl.** Es gilt: $z = z(r;\ \varphi) = r(\cos\varphi + i \cdot \sin\varphi) = r e^{i \cdot \varphi}$

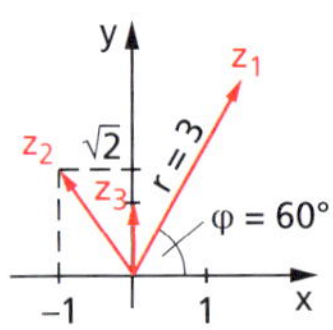

Die komplexen Zahlen $z_1 = 3(\cos 60° + i \cdot \sin 60°)$, $z_2 = -1 + \sqrt{2}i$ und $z_3 = i$ sollen in Exponentialform dargestellt werden.

- Mit $r = 3$ und $\varphi = 60° = \frac{\pi}{3}$ erhält man $z_1 = 3 e^{i \cdot 60°}$ bzw. $z_1 = 3 e^{i \cdot \frac{\pi}{3}}$.
- Für z_2 gilt $r = \sqrt{(-1)^2 + 2} = \sqrt{3}$ und $\cos\varphi = \frac{a}{r} = \frac{-1}{\sqrt{3}} = -\frac{1}{3}\sqrt{3}$, also: $\varphi \approx 125{,}3°. \Rightarrow z_2 \approx e^{i \cdot 125{,}3°}$
- $z_3 = i = z_3(1;\ 90°) = 1 \cdot e^{i \cdot \frac{\pi}{2}} = e^{i \cdot \frac{\pi}{2}}$

Rechenvorschriften für komplexe Zahlen in Exponentialform

$e^{i \cdot \varphi}$ und $e^{i \cdot (-\varphi)}$ sind konjungiert komplex.

Wird die Geltung der Potenzgesetze auf Ausdrücke der Art $e^{i \cdot \varphi}$ übertragen, so sind die in den Rechenregeln für komplexe Zahlen beschriebenen Eigenschaften auch bei Verwendung der Exponentialschreibweise erfüllt.

Auch in Exponentialform lassen sich komplexe Zahlen nicht nach Regeln addieren oder subtrahieren. Sie müssen wiederum in die algebraische Form umgewandelt werden.

Satz

- $z_1 \cdot z_2 = z_1(r_1;\ \varphi_1) \cdot z_2(r_2;\ \varphi_2) = r_1 e^{i \cdot \varphi_1} \cdot r_2 e^{i \cdot \varphi_2} = r_1 \cdot r_2 \cdot e^{i \cdot \varphi_1 + i \cdot \varphi_2}$
  $= r_1 \cdot r_2 \cdot e^{i \cdot (\varphi_1 + \varphi_2)} = z(r_1 \cdot r_2;\ \varphi_1 + \varphi_2)$
- $z_1 : z_2 = z_1(r_1;\ \varphi_1) : z_2(r_2;\ \varphi_2) = r_1 e^{i \cdot \varphi_1} : (r_2 e^{i \cdot \varphi_2}) = (r_1 : r_2) \cdot e^{i \cdot \varphi_1 - i \cdot \varphi_2}$
  $= (r_1 : r_2) \cdot e^{i \cdot (\varphi_1 - \varphi_2)} = z(r_1 : r_2;\ \varphi_1 - \varphi_2)$
- $z^n = [z(r;\ \varphi)]^n = [r e^{i \cdot \varphi}]^n = r^n [e^{i \cdot \varphi}]^n = r^n e^{i \cdot n \cdot \varphi} = z(r^n;\ n \cdot \varphi)$ mit $n \in \mathbb{R}$

Typische **Anwendungen komplexer Zahlen** findet man z. B. in der Beschreibung von Wechselstromgrößen.

Für die in algebraischer Schreibweise gegebenen komplexen Zahlen $z_1 = 1 + 2i$, $z_2 = 1 - 2i$ und $z_3 = -1$ sollen nach Umwandlung in Exponentialform $z_1 \cdot z_2$, $z_1 : z_2$ und $\sqrt{z_3}$ berechnet werden.

Es ist: $z_1 = 1 + 2i = \sqrt{5}(\cos 63{,}4° + i \cdot \sin 63{,}4°) = e^{i \cdot 63{,}4°}$;

$z_2 = 1 - 2i = \sqrt{5}(\cos 296{,}6° + i \cdot \sin 296{,}6°)$
$= \sqrt{5}(\cos(-63{,}4°) + i \cdot \sin(-63{,}4°)) = \sqrt{5} e^{-i \cdot 63{,}4°}$

$z_3 = -1 = z_3(1;\ 180°) = 1 \cdot e^{i\pi} = e^{i\pi}$

Es gilt aber auch:
$\sqrt{z_3} = z_3^{\frac{1}{2}} = (-1)^{\frac{1}{2}}$
$= [z_3(1;\ 180° + 360°)]^{\frac{1}{2}}$
$= [1 \cdot e^{i \cdot 3\pi}]^{\frac{1}{2}} = e^{i \cdot \frac{3\pi}{2}}$
$= z(1;\ 270°) = -i$

Damit ergibt sich:

$z_1 \cdot z_2 = \sqrt{5} \cdot \sqrt{5} \cdot e^{i \cdot 63{,}4°} \cdot e^{-i \cdot 63{,}4°} = 5 \cdot e^{i \cdot 63{,}4° - i \cdot 63{,}4°} = 5e^0 = 5$

$z_1 : z_2 = \sqrt{5} : \sqrt{5} \cdot e^{i \cdot 63{,}4°} : e^{-i \cdot 63{,}4°} = 1 \cdot e^{i \cdot 63{,}4° + i \cdot 63{,}4°} = e^{i \cdot 126{,}8°}$
$= \cos 126{,}8° + i \cdot \sin 126{,}8° = -0{,}6 + 0{,}8i$

$\sqrt{z_3} = z_3^{\frac{1}{2}} = (-1)^{\frac{1}{2}} = [z_3(1;\ 180°)]^{\frac{1}{2}} = [1 \cdot e^{i \cdot \pi}]^{\frac{1}{2}} = e^{i \cdot \frac{\pi}{2}} = z(1;\ 90°) = i$

10 Vektoren und Vektorräume

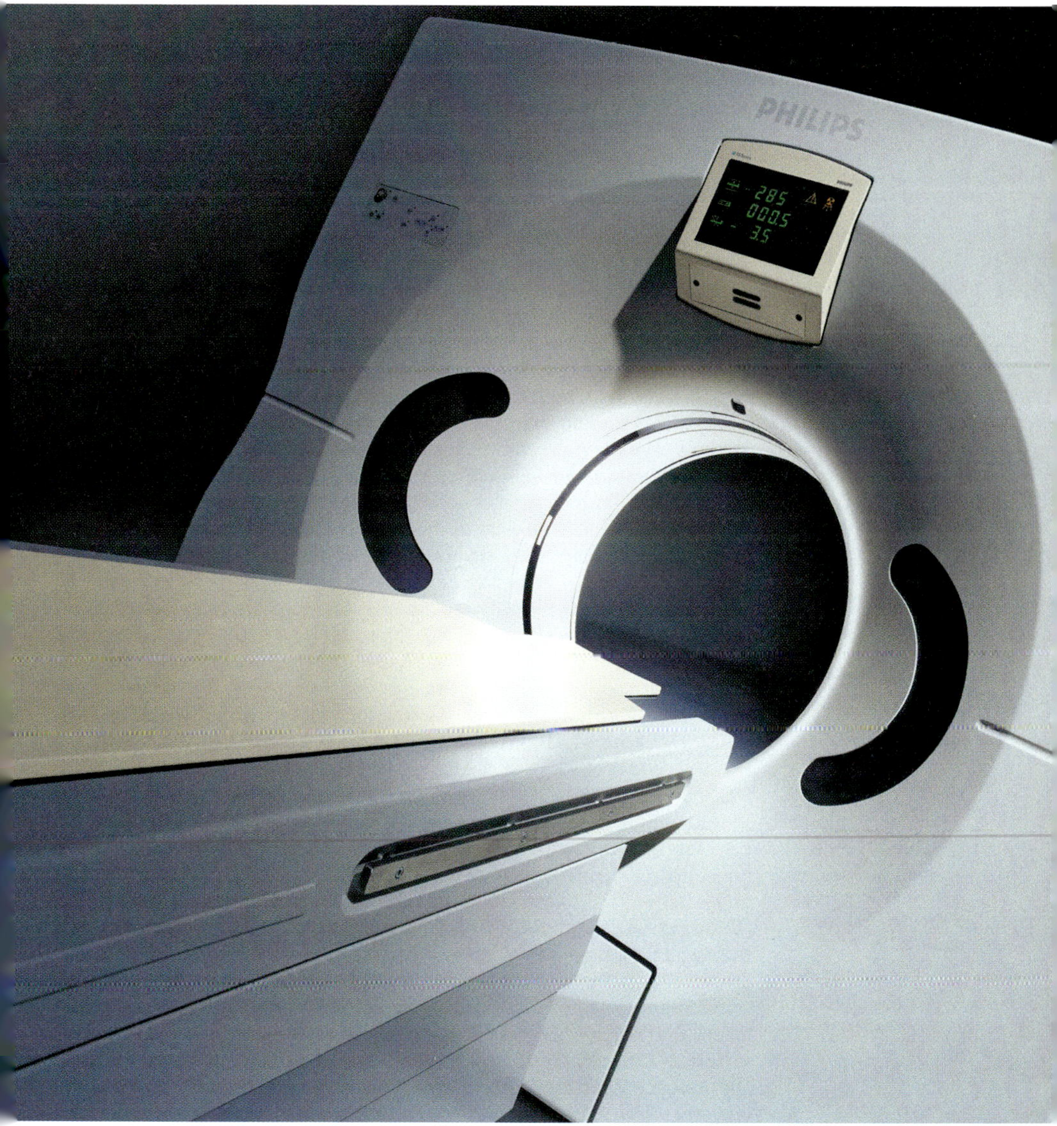

10

10.1 Zur Entwicklung der analytischen Geometrie

PIERRE DE FERMAT
(1607 bis 1665)

RENÉ DESCARTES
(1596 bis 1650)

Weitere grundlegende Strukturbegriffe sind beispielsweise **Gruppe, Ring** und **Körper**.

Kennzeichnend für die analytische Geometrie sind das Bearbeiten geometrischer Probleme mittels Rechnungen und (allgemeiner) algebraischer Methoden sowie umgekehrt auch das weitere Untersuchen und Interpretieren gewisser Terme und Gleichungen auf geometrischem Wege, durch Anwenden geometrischer Verfahren.
Gerade diese Einheit geometrischer und algebraischer Arbeitsweisen stand erstmals bei PIERRE DE FERMAT (1607 bis 1665) und RENÉ DESCARTES (1596 bis 1650) im Zentrum der Überlegungen, weshalb beide auch als Begründer der analytischen Geometrie gelten. Historische Quellen waren dabei vor allem die zu dieser Zeit stark bearbeitete antike Kegelschnittslehre (APOLLONIOS VON PERGE, um 200 v. Chr.) in Verbindung mit einer symbolischen Algebra („Buchstabenrechnen"), die Variablen und auch Parameter in Gleichungen benutzte (FRANÇOIS VIETA, 1540 bis 1603; u. a.).
Den entscheidenden Gedanken, in dem das Prinzip der analytischen Geometrie erstmals ausgesprochen wurde, fasste FERMAT in seiner Abhandlung *„Ad locos planos et solidos isagoge"* („Einführung in die ebenen und körperlichen [geometrischen] Örter"; 1679) in die Worte:
„Sobald in einer Schlussgleichung zwei unbekannte Größen auftreten, hat man einen Ort, und der Endpunkt der einen Größe beschreibt eine gerade oder krumme Linie ... Die Gleichungen kann man aber bequem versinnlichen, wenn man die beiden unbekannten Größen in einem gegebenen Winkel (den wir meist gleich einem Rechten nehmen) aneinandersetzt und von der einen die Lage und den einen Endpunkt gibt."
DESCARTES widmete einen der drei Anhänge zu seiner „Abhandlung über die Methode" (*„Discours de la méthode"*, 1637), die den Nutzen seiner philosophischen Methode am konkreten Gegenstand demonstrieren sollten, der Geometrie. Er entwickelte dort eine geometrische Basis für die Lösung algebraischer Probleme, die weit über die Antike hinausging.

Die weitere Entwicklung der analytischen Geometrie im 18. und 19. Jahrhundert wurde entscheidend bestimmt durch die Tätigkeit solcher herausragender Mathematiker und Naturwissenschaftler wie LEONHARD EULER (1707 bis 1783), CARL FRIEDRICH GAUSS (1777 bis 1855), WILLIAM ROWAN HAMILTON (1805 bis 1865), HERMANN GRASSMANN (1809 bis 1877) und HERMANN WEYL (1885 bis 1955).

Determinanten, Matrizen, Vektoren und Gruppen als grundlegende algebraische Begriffe und Arbeitsmittel bewirkten eine Bereicherung der analytischen Geometrie – sowohl die breite Anwendbarkeit der Vektorrechnung in der Physik als auch ihre Bedeutung in der gesamten Mathematik ließen den Begriff des Vektorraumes zu einem fundamentalen Strukturbegriff in der modernen Mathematik und zu einem wichtigen Instrument der gesamten Naturwissenschaften werden.
Heute finden als Aspekt einer allgemeinen Mathematisierung Denk- und Arbeitsweisen der analytischen Geometrie und linearen Algebra in allen Naturwissenschaften, in der Technik und auch in wirtschafts- und geisteswissenschaftlichen Bereichen Anwendung.

10.2 Vektoren; Gleichheit, Addition und Vervielfachung

In den Naturwissenschaften und in der Technik arbeitet man unter anderem mit Größen, die nicht allein durch die Angabe einer *Maßzahl* erfasst werden können, sondern zu deren Beschreibung zusätzlich noch die Angabe einer *Richtung* (im Sinn von *parallel zu einer Geraden*) und eines Richtungssinns (Orientierung) erforderlich ist. Zur Veranschaulichung solcher **vektorieller Größen** werden *gerichtete Strecken* (auch Pfeile genannt) verwendet. Über das betreffende Symbol wird ein *Pfeil* gesetzt.

Beispiele für *vektorielle Größen* sind etwa Kraft, Geschwindigkeit und Beschleunigung. Bezeichnung: $\vec{F}$, $\vec{v}$, $\vec{a}$

Die Oberleitung einer Straßenbahn soll an einer Straßengabelung durch eine Dreipunktaufhängung gehalten werden.

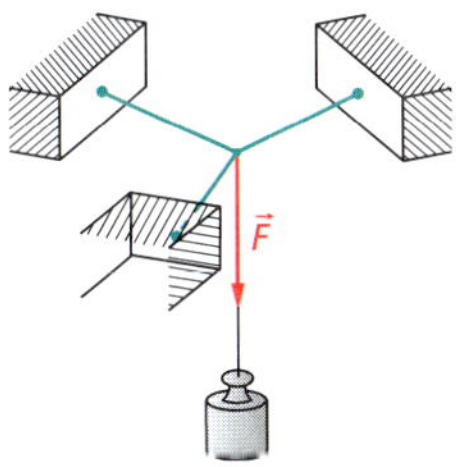

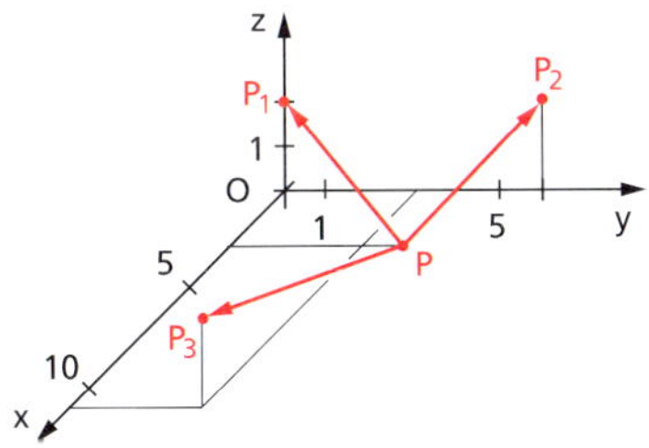

Die linke Figur stellt den Sachverhalt schematisch dar: Durch eine Gewichtskraft $\vec{F}$ wirken auf die drei Seile Zugkräfte. Ordnet man die Aufhängepunkte P_1, P_2 und P_3 sowie den Angriffspunkt P der vorgegebenen Gewichtskraft $\vec{F}$ überdies in ein geeignet gewähltes Koordinatensystem ein (s. rechte Figur), so erhält man ein mathematisches Modell für die Berechnung der auf die Aufhängepunkte P_1, P_2 bzw. P_3 wirkenden Kräfte $\vec{F}_1$, $\vec{F}_2$ und $\vec{F}_3$.

Um mit gerichteten Strecken (Pfeilen) rechnen zu können, ist es nützlich, Verschiebungen in der Ebene oder im Raum genauer zu betrachten.
Man erkennt an der nebenstehenden Figur, dass alle Verschiebungspfeile ein und derselben Verschiebung, also alle Elemente einer bestimmten Pfeilklasse,

- gleich lang sind,
- parallel zueinander verlaufen und
- in dieselbe Richtung zeigen, also gleich orientiert sind.

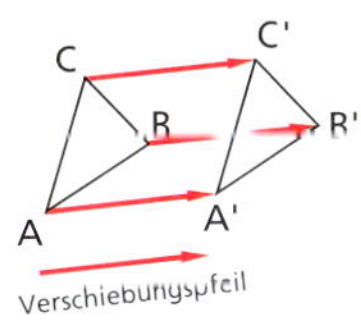

Jede Verschiebung ist demzufolge bereits durch einen ihrer Verschiebungspfeile eindeutig bestimmt. Vom Anfangspunkt (bei Kräften also ihrem Angriffspunkt) wird dabei abstrahiert. Dieser hier anschaulich gefasste Vektorbegriff prägt wesentlich die analytische Geometrie und ist nützlich für das Modellieren und Lösen praktischer Probleme.

Definition Unter einem **Vektor** versteht man die Menge aller Pfeile, die gleich lang, zueinander parallel und gleich orientiert sind. Ein einzelner Pfeil aus dieser Menge heißt ein *Repräsentant* des Vektors.

10

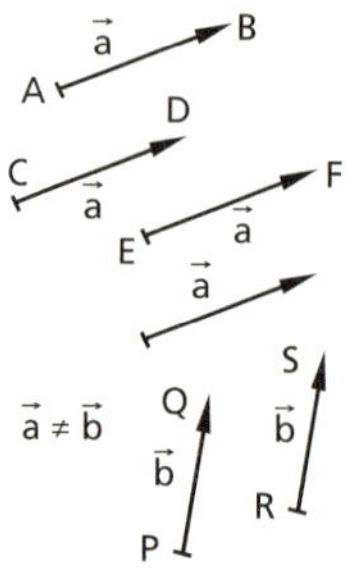

Genau wie bei den oben betrachteten physikalischen Größen Kraft, Geschwindigkeit und Beschleunigung bezeichnet man Vektoren mit kleinen, mit Pfeilen versehenen lateinischen Buchstaben: $\vec{a}$, $\vec{b}$, $\vec{c}$, …, $\vec{u}$, $\vec{v}$, $\vec{w}$, $\vec{x}$ …, Pfeile, wie nebenstehend dargestellt, stellen Vektoren dar, repräsentieren sie. Der Vektor $\vec{a}$ beschreibt also die Menge aller Pfeile $\overrightarrow{AB}$, $\overrightarrow{CD}$ …, bzw. die Verschiebung, die A in B, C in D … überführt. Man unterscheidet daher häufig nicht zwischen dem Vektor $\vec{a}$ und einem seiner Repräsentanten und setzt: $\vec{a} = \overrightarrow{AB} = \overrightarrow{CD} = \ldots$, $\vec{b} = \overrightarrow{PQ} = \ldots$

Als Folgerung aus obiger Definition und aus der Kennzeichnung eines Vektors durch einen Pfeil (Repräsentant) ergibt sich:

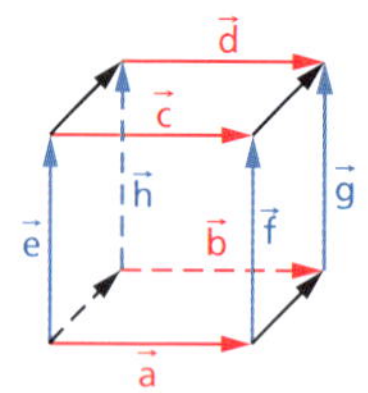

Für die Vektoren in diesem Würfel gilt:
$\vec{a} = \vec{b} = \vec{c} = \vec{d}$
$\vec{e} = \vec{f} = \vec{g} = \vec{h}$

Satz Gleichheit von Vektoren
Zwei Vektoren sind genau dann gleich, wenn sie durch ein und denselben Pfeil beschrieben werden können. Genau dann stimmen die zugehörigen Pfeilklassen überein.

Um mit Vektoren rechnen zu können, müssen die erforderlichen Operationen definiert und dafür Rechengesetze angegeben werden.
Das bekannte Kräfteparallelogramm, nach dem aus zwei Kräften $\vec{F}_1$ und $\vec{F}_2$ die resultierende Kraft $\vec{F}$ konstruiert wird, lässt sich als Muster für die *Addition von Vektoren* allgemein ansehen. Dabei könnte man die Addition zweier Kräfte auch so verstehen, dass diese beiden Kräfte „nacheinander wirken".
Ausgehend davon, dass Verschiebungen in der Ebene bzw. im Raum Vektoren sind, wird festgelegt:

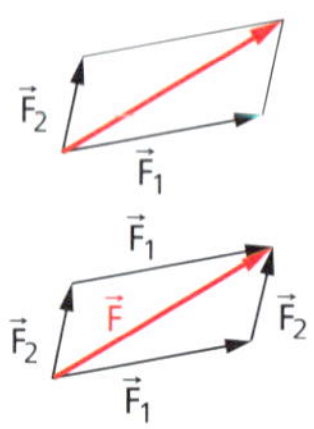

Definition Die **Addition zweier Vektoren** bedeutet die Nacheinanderausführung der sie beschreibenden Verschiebungen. Das Resultat ist stets wieder durch eine Verschiebung beschreibbar.
In der angegebenen Figur ist die Summe der Vektoren $\vec{a}$ und $\vec{b}$ der Vektor $\vec{c}$, also $\vec{a} + \vec{b} = \vec{c}$, und mit $\vec{a} = \overrightarrow{AB}$, $\vec{b} = \overrightarrow{CD}$ gilt für den Summenvektor: $\vec{c} = \overrightarrow{AP}$ mit $\overrightarrow{BP} = \overrightarrow{CD}$

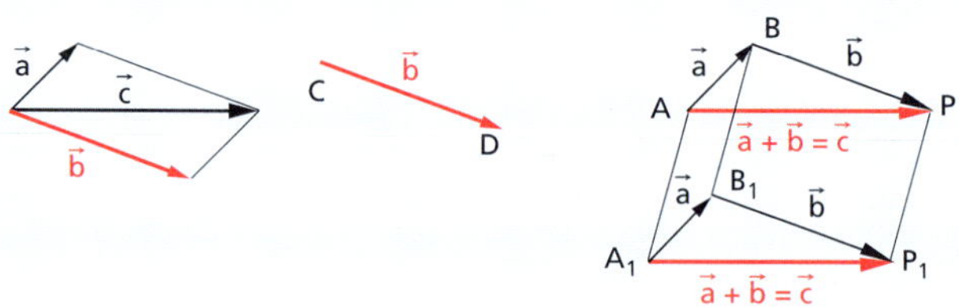

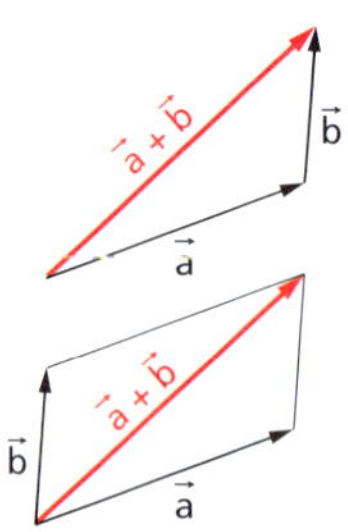

Die Definition der Addition zweier Vektoren ist unabhängig von der Wahl der konkreten Pfeile (der Repräsentanten der Vektoren).
Die Addition zweier Vektoren kann mithilfe der Dreiecksregel (Aneinanderlegen der Vektoren, obere Figur) oder mithilfe der Parallelogrammregel ($\vec{a}$ und $\vec{b}$ spannen ein Parallelogramm auf, untere Figur) erfolgen.

Rechengesetze für die Vektoraddition lassen sich wegen der beliebigen Wahl der Pfeilrepräsentanten leicht geometrisch begründen. Die nachfolgenden Figuren zeigen zu den folgenden Regeln die Gleichheit zweier Rechenwege anhand von Repräsentanten.

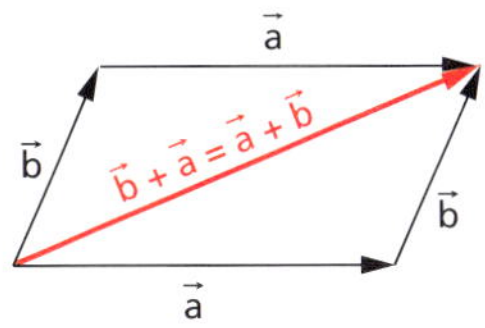

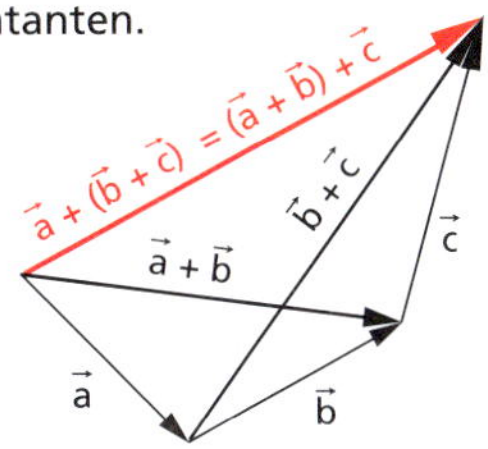

Satz Kommutativgesetz der Addition von Vektoren
Für alle Vektoren $\vec{a}$ und $\vec{b}$ gilt: $\vec{a}+\vec{b}=\vec{b}+\vec{a}$

Satz Assoziativgesetz der Addition von Vektoren
Für alle Vektoren $\vec{a}$, $\vec{b}$ und $\vec{c}$ gilt: $(\vec{a}+\vec{b})+\vec{c}=\vec{a}+(\vec{b}+\vec{c})$

Wegen der Assoziativität der Vektoraddition ist die Summe dreier Vektoren von der Reihenfolge der schrittweisen Addition unabhängig. Deshalb setzt man kurz
$(\vec{a}+\vec{b})+\vec{c}=\vec{a}+(\vec{b}+\vec{c}) = \vec{a}+\vec{b}+\vec{c}$,
lässt also gegebenenfalls Klammern weg (bzw. fügt diese zwecks einer Strukturierung sinnvoll ein).

Wie bei der Addition von Zahlen existiert auch für die Vektoraddition ein neutrales Element, der Nullvektor:

Definition Nullvektor $\vec{o}$ nennt man denjenigen Vektor, der durch die identische Abbildung in der Menge der Verschiebungen beschrieben wird. Für jeden Vektor $\vec{a}$ gilt: $\vec{a}+\vec{o}=\vec{o}+\vec{a}=\vec{a}$

Der Nullvektor ist ebenfalls eine Menge von Pfeilen, die hier aber die Länge 0 besitzen. Die „Pfeile" entarten zu Punkten – die durch sie bewirkte „Verschiebung" überführt jeden Punkt in sich selbst.
Man kann sich den Nullvektor auch dadurch erzeugt denken, dass zu einem Vektor $\vec{a}$ der zu ihm entgegengesetzte Vektor $-\vec{a}$ addiert wird:
$\vec{a}+(-\vec{a})=\vec{o}$

Greift an einem Punkt P eine Kraft $\vec{F}$ an, so erhält man ein Kräftegleichgewicht, wenn zugleich eine gleich große, aber entgegengesetzt gerichtete Kraft $-\vec{F}$ (die Gegenkraft) wirkt.
Kraft und Gegenkraft ergeben zusammen den Nullvektor:
$\vec{F}+(-\vec{F})=\vec{o}$

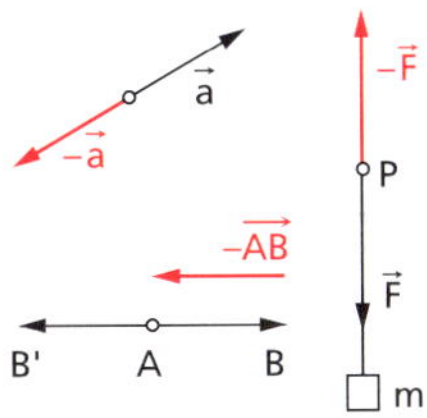

Den zu $\vec{a}$ entgegengesetzten Vektor $-\vec{a}$ erhält man also, indem man die Orientierung von $\vec{a}$ umkehrt: Wenn $\vec{a}=\overrightarrow{AB}$, dann ist $-\vec{a}=\overrightarrow{BA}=\overrightarrow{AB'}$, wobei B und B' symmetrisch zu A liegen.

Definition Unter dem **entgegengesetzten Vektor $-\vec{a}$ eines Vektors $\vec{a}$** versteht man denjenigen Vektor, dessen Pfeile im Vergleich zu denen von $\vec{a}$ gleich lang, parallel, aber entgegengesetzt orientiert sind.

Mithilfe eines entgegengesetzten Vektors wird nun die Subtraktion von Vektoren erklärt:

Definition Ein Vektor $\vec{b}$ wird von einem Vektor $\vec{a}$ **subtrahiert,** indem man den zu $\vec{b}$ entgegengesetzten Vektor $-\vec{b}$ zu $\vec{a}$ addiert: $\vec{a} - \vec{b} = \vec{a} + (-\vec{b})$

Die Differenz zweier Vektoren $\vec{a}$ und $\vec{b}$ ist gleichbedeutend mit der Lösung der Gleichung $\vec{b} + \vec{x} = \vec{a}$. Nachfolgende Figur zeigt die Vektoren $\vec{a} + \vec{b}$ und $\vec{a} - \vec{b}$ in einem von $\vec{a}$ und $\vec{b}$ aufgespannten Parallelogramm:

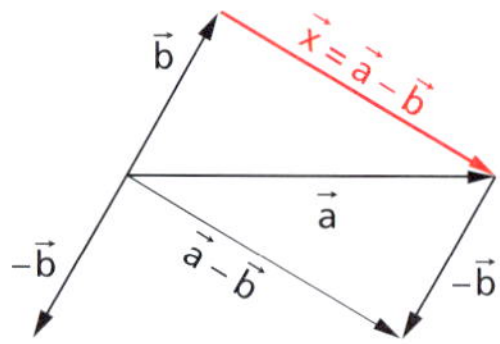

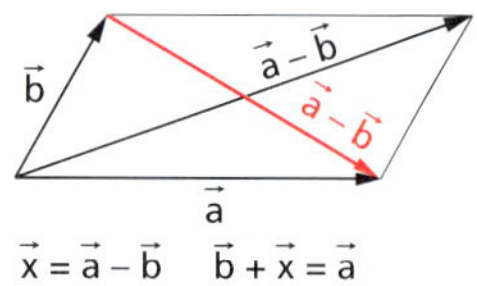

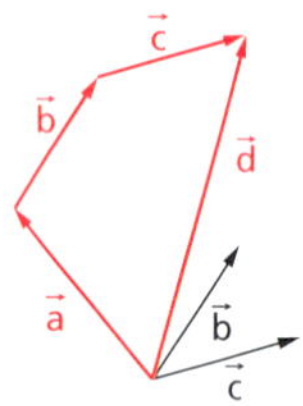

Verbunden mit der anschaulichen Erfassung des Begriffs „Vektor" ist die Beschreibung und Veranschaulichung der Addition von mehr als zwei Vektoren durch eine **Vektorkette.** So nennt man den geschlossenen Streckenzug, den beispielsweise in nebenstehender Figur die Vektoren $\vec{a}$, $\vec{b}$, $\vec{c}$ und $\vec{d}$ bilden. Es gilt: $\vec{a} + \vec{b} + \vec{c} + (-\vec{d}) = \vec{o}$

Für die Darstellung eines Vektors aus der (geschlossenen) Vektorkette ist zu beachten: Man durchläuft vom Anfangspunkt dieses Vektors (Pfeils) den Streckenzug unter Berücksichtigung der Vorzeichen der durchlaufenden Vektoren der Kette bis zu seinem Endpunkt; beispielsweise ergibt sich dann (↗ Figur): $\vec{d} = \vec{a} + \vec{b} + \vec{c}$ bzw. $\vec{a} = \vec{d} + (-\vec{c}) + (-\vec{b}) = \vec{d} - \vec{c} - \vec{b}$

▶ Gleiche Richtung und gleiche Orientierung von zwei Vektoren bzw. Pfeilen werden im Folgenden mit „gleich gerichtet" und gleiche Richtung und entgegengesetzte Orientierung mit „entgegengesetzt gerichtet" zusammengefasst.

Die Addition mehrerer gleicher Zahlen führt in der Arithmetik zur *Vervielfachung*. Diese Vorgehensweise kann man auf Vektoren übertragen, wobei auch physikalische Sachverhalte die nachfolgende Definition motivieren. Man denke z. B. an die Verdopplung einer Geschwindigkeit, an die Halbierung einer Kraft oder an die Gegenkraft zu einer Kraft.

Definition Die **Vervielfachung $r\vec{a}$ eines Vektors $\vec{a}$ mit einer reellen Zahl r** ist ein Vektor mit folgenden (in Bezug auf $\vec{a}$ formulierten) Eigenschaften:

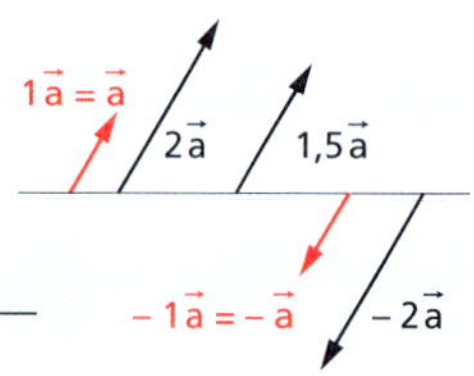

	$r\vec{a}$ im Vergleich zu $\vec{a}$
$r > 0$	gleich gerichtet, r-fache Länge
$r < 0$	entgegengesetzt gerichtet, $\lvert r\rvert$-fache Länge
$r = 0$	$0\vec{a} = \vec{o}$ (Für r = 1 erhält man $1\vec{a} = \vec{a}$.)

Da bei einer Vervielfachung von Vektoren eine Multiplikation mit einer reellen Zahl, einem Skalar, erfolgt, nennt man sie auch S-Multiplikation von Vektoren.

Betrachtet wird eine zentrische Streckung mit dem Zentrum Z und einem Streckungsfaktor $k \in \mathbb{R}$. Im Ergebnis der zentrischen Streckung erhalten wir aus dem Vektor $\vec{a} = \overrightarrow{AB}$ den Vektor $k\vec{a} = \overrightarrow{A'B'}$.

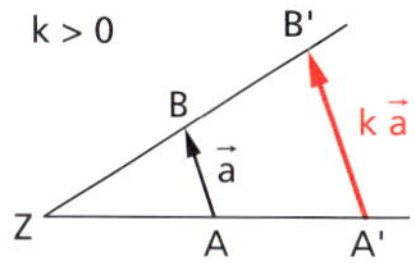

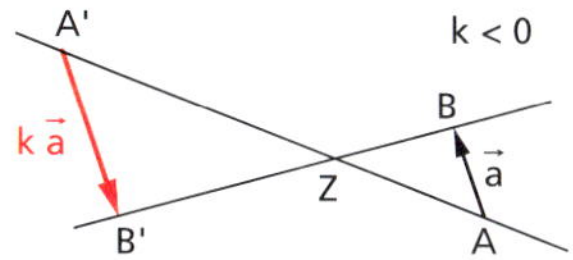

Satz **Rechnen mit Vervielfachungen von Vektoren**
Für alle reellen Zahlen r und s sowie für alle Vektoren $\vec{a}$ und $\vec{b}$ gilt:
$r(s\vec{a}) = (rs)\vec{a}$ $\quad (r + s)\vec{a} = r\vec{a} + s\vec{a}$ $\quad r(\vec{a} + \vec{b}) = r\vec{a} + r\vec{b}$

Ergänzende Regeln sind:
- Aus $r\vec{a} = \vec{o}$ folgt $r = 0$ oder $\vec{a} = \vec{o}$
- $r(-\vec{a}) = (-r)\vec{a} = (-r\vec{a})$

Die folgenden Summen sind zu vereinfachen:
a) $3(2\vec{a} + \vec{b}) + 3\vec{b} - 2((\vec{a} + \vec{b}) + \vec{a})$
b) $r(\vec{a} + \vec{b}) + (r + t)\vec{b} + 3(r\vec{b}) + (r2\vec{a}) - \vec{a} \quad (r, t \in \mathbb{R})$

Lösung:
a) $3(2\vec{a} + \vec{b}) + 3\vec{b} - 2((\vec{a} + \vec{b}) + \vec{a}) = 6\vec{a} + 3\vec{b} + 3\vec{b} - 2(2\vec{a} + \vec{b})$
$= 6\vec{a} + 6\vec{b} - 4\vec{a} - 2\vec{b}$
$= 2\vec{a} + 4\vec{b} = 2(\vec{a} + 2\vec{b})$

b) $r(\vec{a} + \vec{b}) + (r + t)\vec{b} + 3(r\vec{b}) + (r2\vec{a}) - \vec{a}$
$= r\vec{a} + r\vec{b} + r\vec{b} + t\vec{b} + 3r\vec{b} + 2r\vec{a} - \vec{a}$
$= 3r\vec{a} - 1\vec{a} + 5r\vec{b} + t\vec{b}$
$= (3r - 1)\vec{a} + (5r + t)\vec{b}$

Aus den Gleichungen
a) $\vec{a} - 2\vec{b} - (\vec{b} - \vec{x}) = 2(\vec{a} - \vec{b})$, $\quad$ b) $3\vec{a} + \vec{b} - 2(\vec{b} + \vec{x}) = \vec{b} - \vec{a}$
soll jeweils der Vektor $\vec{x}$ berechnet werden.

Lösung:
a) $\vec{a} - 2\vec{b} - (\vec{b} - \vec{x}) = 2(\vec{a} - \vec{b})$
$\vec{a} - 2\vec{b} - \vec{b} + \vec{x} = 2\vec{a} - 2\vec{b}$
$\vec{a} - \vec{b} + \vec{x} = 2\vec{a}$
$\vec{x} = \vec{a} + \vec{b}$

b) $3\vec{a} + \vec{b} - 2(\vec{b} + \vec{x}) = \vec{b} - \vec{a}$
$3\vec{a} + \vec{b} - 2\vec{b} - 2\vec{x} = \vec{b} - \vec{a}$
$3\vec{a} - \vec{b} - 2\vec{x} = \vec{b} - \vec{a}$
$-2\vec{x} = -2(2\vec{a} - \vec{b})$
$\vec{x} = 2\vec{a} - \vec{b}$

Im Dreieck OAB sei $\overrightarrow{OA} = \vec{a}$ und $\overrightarrow{OB} = \vec{b}$ sowie M der Mittelpunkt der Strecke $\overline{AB}$. M stellt dann zugleich auch den Mittelpunkt des durch $\vec{a}$ und $\vec{b}$ aufgespannten Parallelogramms dar. Der Vektor $\overrightarrow{OM}$ ist somit ein halber „Diagonalenvektor“, also gilt: $\overrightarrow{OM} = \frac{1}{2}(\vec{a} + \vec{b})$

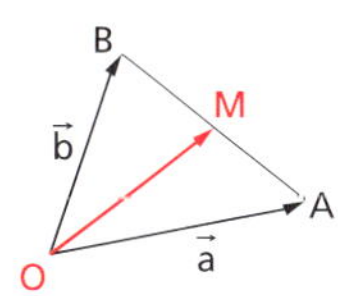

Nutzt man nun die Addition, die Subtraktion und die Vervielfachung von Vektoren in Verbindung mit den Rechenregeln, so kann man auf einem zweiten Weg ebenfalls zu der obigen Darstellung von $\overrightarrow{OM}$ gelangen:

Es gilt $\overrightarrow{OM} = \overrightarrow{OA} + \overrightarrow{AM}$, wobei $\overrightarrow{AM} = \frac{1}{2}\overrightarrow{AB}$ und $\overrightarrow{AB} = \vec{b} - \vec{a}$ ist.
Folglich ergibt sich: $\overrightarrow{OM} = \overrightarrow{OA} + \frac{1}{2}\overrightarrow{AB} = \vec{a} + \frac{1}{2}(\vec{b} - \vec{a}) = \frac{1}{2}(\vec{a} + \vec{b})$
Ergebnis: Sind $\vec{a} = \overrightarrow{OA}$ und $\vec{b} = \overrightarrow{OB}$ Vektoren (Pfeile) mit gemeinsamem Anfangspunkt O und ist M der Mittelpunkt von $\overline{AB}$, so ist der (im Dreieck OAB seitenhalbierende) Vektor $\overrightarrow{OM} = \frac{1}{2}(\vec{a} + \vec{b})$ das arithmetische Mittel von $\vec{a}$ und $\vec{b}$.

Die bei Vielfachen eines Vektors herangezogene Eigenschaft der Länge bezog sich genau genommen auf die Länge eines Pfeiles bzw. einer gerichteten Strecke, also auf eine *Streckenlänge*. Bei Vektoren spricht man in diesem Zusammenhang vom *Betrag*.

Definition Der **Betrag $|\vec{a}|$ eines Vektors $\vec{a}$** ist gleich der Länge der Strecke $\overline{AB}$ für einen beliebigen Repräsentanten $\overrightarrow{AB}$ von $\vec{a}$. Gilt also $\vec{a} = \overrightarrow{AB}$, so ist $|\vec{a}| = |\overline{AB}|$. Im Fall $|\vec{a}| = 1$ nennt man $\vec{a}$ einen **Einheitsvektor.**

10

Mithilfe dieser Definition und der Ungleichung für die Seitenlängen eines Dreiecks erhält man:

Satz Rechnen mit Beträgen von Vektoren

Für beliebige Vektoren $\vec{a}$ und $\vec{b}$ gilt:

- $|\vec{a}| \geq 0$
- $|r\vec{a}| = |r| \cdot |\vec{a}|$
- $|\vec{a} + \vec{b}| \leq |\vec{a}| + |\vec{b}|$

Entsprechend obiger Definition muss für die Berechnung des Betrages eines Vektors $\vec{a}$ ein Pfeil $\overrightarrow{AB}$ mit $\vec{a} = \overrightarrow{AB}$ gegeben sein. Unter Verwendung der Koordinaten der Punkte A und B ergibt sich nach dem Satz des Pythagoras:

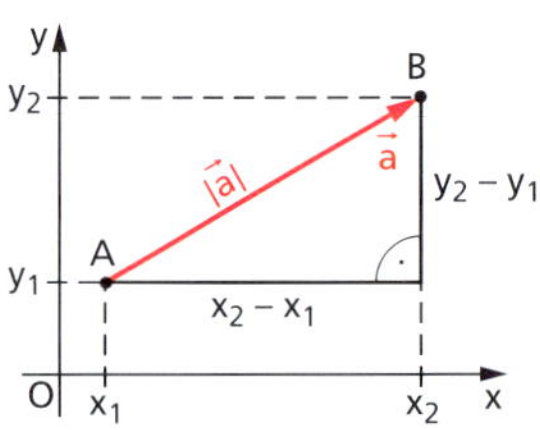

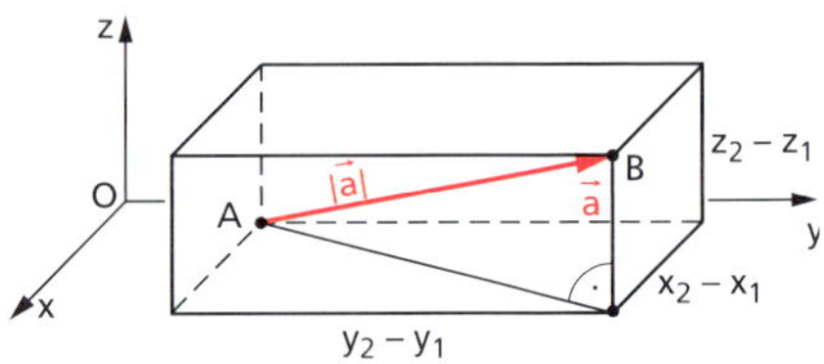

$A(x_1; y_1)$, $B(x_2; y_2)$

$|\vec{a}| = |\overline{AB}|$

$|\vec{a}| = \sqrt{(x_2 - x_1)^2 + (y_2 - y_1)^2}$

$A(x_1; y_1; z_2)$, $B(x_2; y_2; z_2)$

$|\vec{a}| = |\overline{AB}|$

$|\vec{a}| = \sqrt{(x_2 - x_1)^2 + (y_2 - y_1)^2 + (z_2 - z_1)^2}$

10.3 Parallelität, Kollinearität und Komplanarität von Vektoren

Definition Ein Vektor $\vec{a}$ ist genau dann zu einem Vektor $\vec{b}$ **parallel** ($\vec{a} \parallel \vec{b}$), wenn es eine reelle Zahl r oder eine reelle Zahl s gibt, sodass $\vec{a} = r\vec{b}$ oder $\vec{b} = s\vec{a}$ gilt.

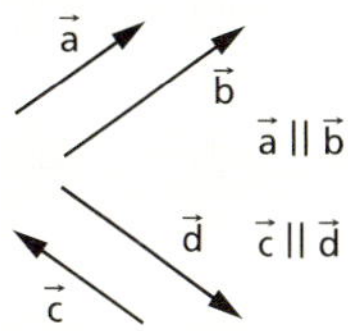

Durch Bilden aller Vielfachen von $\vec{a} \neq \vec{o}$ werden alle zum Vektor $\vec{a}$ parallelen Vektoren $\vec{x}$ erzeugt: $\vec{x} = r\vec{a},\ r \in \mathbb{R}$

Der Nullvektor $\vec{o}$ ist zu allen Vektoren parallel.

Die nachfolgende Übersicht führt zu weiteren grundlegenden Begriffen, die für Vektoren des Anschauungsraumes (und teilweise für Vektoren einer Ebene) bedeutsam sind. Dabei ist zu beachten:

- Es werden Eigenschaften gekennzeichnet, die sich auf jeweils *mindestens zwei* Vektoren beziehen.
- Erfasst werden Vektoren,
  - von denen jeweils Pfeile auf *ein und derselben Geraden* liegen *oder*
  - von denen jeweils Pfeile in *ein und derselben Ebene* liegen *oder*
  - deren sämtliche repräsentierenden Pfeile mit einem gemeinsamen Anfangspunkt jeweils *ein räumliches Pfeilsystem* bilden (also *nicht* in einer gemeinsamen Ebene liegen).

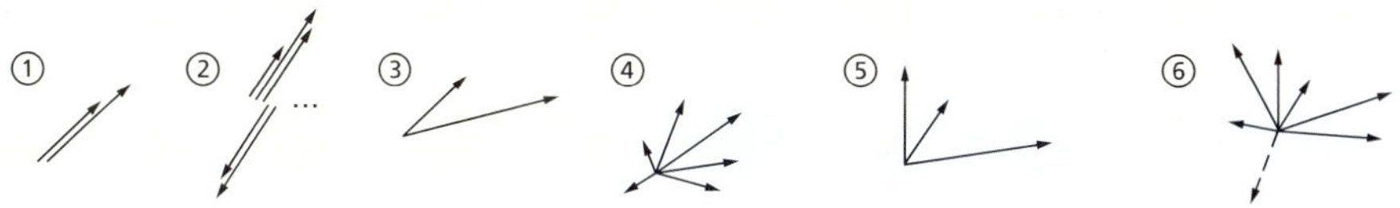

Dann gelten folgende Festlegungen:

Definition Vektoren, deren Pfeile (Repräsentanten) auf einer Geraden liegen können, heißen **kollineare Vektoren.** Solche Vektoren sind somit paarweise parallel (Fig. ① und ②).

Definition Vektoren, die durch Pfeile ein und derselben Ebene beschrieben werden, heißen **komplanare Vektoren.** Kurz: Komplanare Vektoren sind Vektoren einer Ebene (Fig. ① bis ④).

Ebenso bedeutsam wie die Eigenschaften „kollinear" bzw. „komplanar" von Vektoren sind ihre *Negationen:*

- Vektoren sind genau dann **nicht kollinear,** wenn es keine Gerade gibt, die von *jedem* dieser Vektoren einen Pfeil enthält (Fig ③ bis ⑥).
- Vektoren sind genau dann **nicht komplanar**, wenn ihre beschreibenden (repräsentierenden) Pfeile mit einem gemeinsamen Anfangspunkt nicht in einer Ebene liegen. Nicht komplanare Vektoren treten demzufolge allein im Anschauungsraum auf (Fig. ⑤ und ⑥).

10.4 Linearkombination von Vektoren; Basen in der Ebene und im Raum

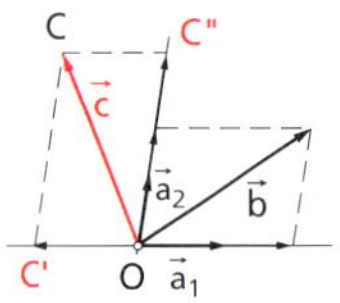

In der Ebene seien zwei nicht parallele Vektoren $\vec{a}_1$ und $\vec{a}_2$ gegeben und durch Pfeile mit einem gemeinsamen Anfangspunkt O veranschaulicht (↗ Figur). Bildet man den Vektor $\vec{b}$ als Summe eines Vielfachen von $\vec{a}_1$ und eines Vielfachen von $\vec{a}_2$, also $\vec{b} = r_1\vec{a}_1 + r_2\vec{a}_2$, so ist $\vec{b}$ ein Vektor der Ebene.

Es sei jetzt ein Vektor $\vec{c} = \overrightarrow{OC}$ in dieser Ebene gegeben. Auf Parallelen in Richtung von $\vec{a}_1$ bzw. in Richtung von $\vec{a}_2$ durch C erhalten wir Punkte C' und C" so, dass OC'CC" ein Parallelogramm, $\overrightarrow{OC'}$ ein Vielfaches von $\vec{a}_1$ und $\overrightarrow{OC''}$ ein Vielfaches von $\vec{a}_2$ ist. Das heißt aber: Zu den Vektoren $\vec{a}_1$, $\vec{a}_2$ und einem gegebenen Vektor $\vec{c}$ gibt es reelle Zahlen s_1 und s_2 mit $c = \overrightarrow{OC} = \overrightarrow{OC'} + \overrightarrow{OC''} = s_1\vec{a}_1 + s_2\vec{a}_2$. Man sagt: $\vec{c}$ ist eine Linearkombination von $\vec{a}_1$ und $\vec{a}_2$.

▶ Sind zwei Vektoren nicht parallel, so sind sie stets auch beide vom Nullvektor verschieden. Daher kennzeichnet allein schon die Gültigkeit der Implikation „$r_1\vec{a}_1 + r_2\vec{a}_2 = \vec{o} \Rightarrow r_1 = r_2 = 0$" die Nichtparallelität von $\vec{a}_1$ und $\vec{a}_2$.

Definition Der Vektor $\vec{b}$ heißt **Linearkombination der Vektoren $\vec{a}_1$ und $\vec{a}_2$,** wenn es reelle Zahlen r_1 und r_2 gibt, sodass $\vec{b} = r_1\vec{a}_1 + r_2\vec{a}_2$ gilt.

Allgemein (und unabhängig von besonderen Eigenschaften der Vektoren $\vec{a}_i$):
Der Vektor $\vec{b}$ heißt **Linearkombination der Vektoren $\vec{a}_1, \vec{a}_2, \ldots, \vec{a}_n$,** wenn es reelle Zahlen $r_1, r_2, \ldots, r_n$ gibt, sodass gilt:
$\vec{b} = r_1\vec{a}_1 + r_2\vec{a}_2 + \ldots + r_n\vec{a}_n$

$r_1, r_2, \ldots, r_n$ nennt man die **Koeffizienten der Linearkombination.**

Satz Nichtparallelität von Vektoren
Zwei Vektoren sind genau dann nicht parallel ($\vec{a}_1 \nparallel \vec{a}_2$), wenn
- $\vec{a}_1 \neq \vec{o}$ und $\vec{a}_2 \neq \vec{o}$ und
- aus $r_1\vec{a}_1 + r_2\vec{a}_2 = \vec{o}$ folgt, dass $r_1 = 0$ und $r_2 = 0$.

Die Nichtparallelität von zwei Vektoren $\vec{a}_1$ und $\vec{a}_2$ erfasst genau das eine Ebene „aufspannende" Verhalten dieser Vektoren (↗ obige Figur).

Mittels zweier nicht paralleler Vektoren $\vec{a}_1$ und $\vec{a}_2$ können alle Vektoren der Ebene linear kombiniert werden.

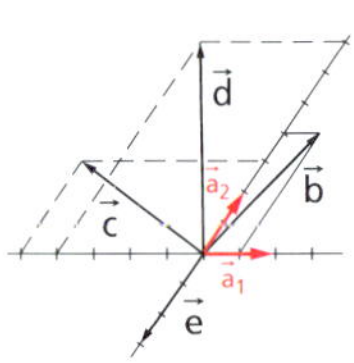

Gegeben seien in der Ebene zwei nicht parallele Vektoren $\vec{a}_1$ und $\vec{a}_2$. Der in nebenstehender Figur durch einen Pfeil angegebene Vektor $\vec{b}$ kann dann nach Einzeichnen von Parallelen in Richtung von $\vec{a}_1$ bzw. $\vec{a}_2$ als Linearkombination von $\vec{a}_1$ und $\vec{a}_2$ geschrieben werden:
$\vec{b} = 0{,}5\vec{a}_1 + 2\vec{a}_2$

Analog erkennt man:
$\vec{c} = -2{,}5\vec{a}_1 + 1{,}5\vec{a}_2$ $\quad$ $\vec{d} = -2\vec{a}_1 + 3{,}5\vec{a}_2$
Der Vektor $\vec{e}$ ist allein ein Vielfaches des Vektors $\vec{a}_2$: $\vec{e} = -1{,}5\vec{a}_2$

Die Darstellung (Zerlegung) eines Vektors der Ebene als Linearkombination von zwei nicht parallelen Vektoren $\vec{a}_1$ und $\vec{a}_2$ ist *eindeutig*, was sich geometrisch sofort aus der eindeutigen Ausführbarkeit der Konstruktionsschritte ergibt.
Als Rechtfertigungssatz für die nachfolgende Definition kann nunmehr festgehalten werden:

Satz Darstellungssatz für Vektoren der Ebene
Sind $\vec{a}_1$ und $\vec{a}_2$ nicht parallele Vektoren in der Ebene, so gibt es für jeden Vektor $\vec{b}$ der Ebene eindeutig bestimmte reelle Zahlen x und y mit $\vec{b} = x\vec{a}_1 + y\vec{a}_2$.

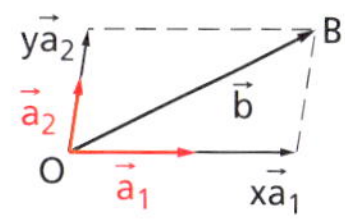

Definition Sind $\vec{a}_1$ und $\vec{a}_2$ nicht parallele Vektoren der Ebene, so heißt die Menge $\{\vec{a}_1, \vec{a}_2\}$ eine **Basis** für die Vektoren der Ebene.
In der Darstellung $\vec{b} = x\vec{a}_1 + y\vec{a}_2$ eines Vektors $\vec{b}$ bezeichnet man

- die reellen Zahlen x und y als die **Koordinaten von $\vec{b}$ bezüglich $\{\vec{a}_1, \vec{a}_2\}$** und
- die Vektoren $x\vec{a}_1$ und $y\vec{a}_2$ als die **Komponenten von $\vec{b}$ bezüglich $\{\vec{a}_1, \vec{a}_2\}$.**

Für Vektoren $\vec{b}$ und $\vec{c}$, die bezüglich einer Basis $\{\vec{a}_1, \vec{a}_2\}$ in der Form
$\vec{b} = x_1\vec{a}_1 + y_1\vec{a}_2$; $\vec{c} = x_2\vec{a}_1 + y_2\vec{a}_2$ dargestellt sind, gilt:
$\vec{b} + \vec{c} = (x_1\vec{a}_1 + y_1\vec{a}_2) + (x_2\vec{a}_1 + y_2\vec{a}_2) = (x_1 + x_2)\vec{a}_1 + (y_1 + y_2)\vec{a}_2$
$t\vec{b} = t(x_1\vec{a}_1 + y_1\vec{a}_2) = (t \cdot x_1)\vec{a}_1 + (t \cdot y_1)\vec{a}_2$

Das heißt: Ermittelt man die Summe $\vec{b} + \vec{c}$, so addieren sich die Koordinaten bezüglich einer Basis; bildet man die Vervielfachung $t\vec{b}$ $(t \in \mathbb{R})$, so werden die Koordinaten mit t multipliziert.
Im Hinblick auf die Darstellung von Vektoren im Raum betrachtet man drei nicht komplanare Vektoren $\vec{a}_1 = \overrightarrow{OA_1}$, $\vec{a}_2 = \overrightarrow{OA_2}$ und $\vec{a}_3 = \overrightarrow{OA_3}$. Die Punkte O, A_1, A_2 und A_3 bilden also ein Tetraeder $OA_1A_2A_3$.

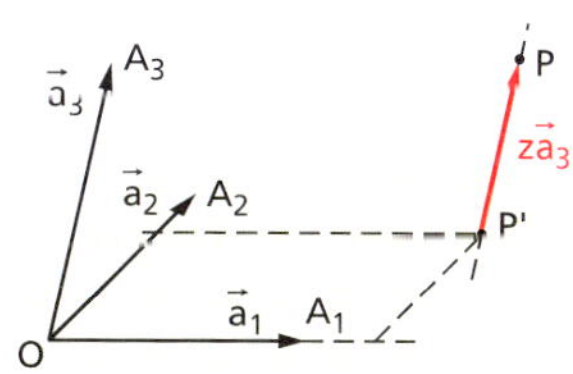

Ein beliebiger Vektor $\vec{b}'$ der Ebene ε durch O, A_1 und A_2 besitzt die eindeutige Darstellung
$\vec{b}' = x\vec{a}_1 + y\vec{a}_2 + 0\vec{a}_3$.

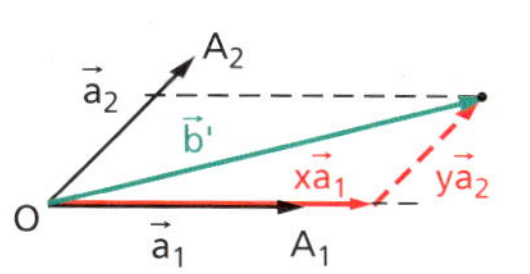

Für einen Vektor $\vec{b} = \overrightarrow{OP}$, der nicht in der Ebene ε liegt, schneidet die Parallele zur Geraden $g(OA_3)$ durch P die Ebene ε in einem Punkt P'.
Für $\overrightarrow{OP'}$ gibt es eindeutig bestimmte reelle Zahlen x und y mit
$\overrightarrow{OP'} = x\vec{a}_1 + y\vec{a}_2 + 0\vec{a}_3$ und für $\overrightarrow{P'P}$ genau eine reelle Zahl z mit $\overrightarrow{P'P} = z\vec{a}_3$.
Damit gilt: $\vec{b} = \overrightarrow{OP} = \overrightarrow{OP'} + \overrightarrow{P'P} = x\vec{a}_1 + y\vec{a}_2 + z\vec{a}_3$

10

Satz **Darstellungssatz für Vektoren im Raum**

Sind $\vec{a}_1$, $\vec{a}_2$ und $\vec{a}_3$ nicht komplanare Vektoren des Raumes, so gibt es für jeden Vektor $\vec{b}$ eindeutig bestimmte reelle Zahlen x, y und z mit
$\vec{b} = x\vec{a}_1 + y\vec{a}_2 + z\vec{a}_3$.

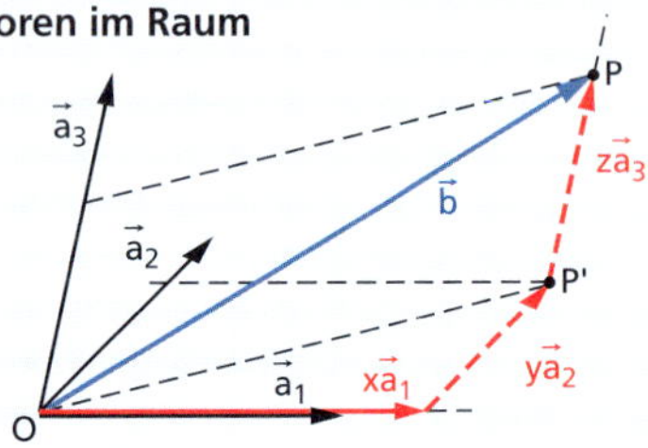

Definition Sind $\vec{a}_1$, $\vec{a}_2$ und $\vec{a}_3$ nicht komplanare Vektoren, so heißt $\{\vec{a}_1, \vec{a}_2, \vec{a}_3\}$ eine **Basis** für die Vektoren des Raumes.
In der Darstellung $\vec{b} = x\vec{a}_1 + y\vec{a}_2 + z\vec{a}_3$ eines Vektors $\vec{b}$ bezeichnet man

- die reellen Zahlen x, y und z als die **Koordinaten von $\vec{b}$ bezüglich $\{\vec{a}_1, \vec{a}_2, \vec{a}_3\}$** und
- die Vektoren $x\vec{a}_1$, $y\vec{a}_2$ und $z\vec{a}_3$ als die **Komponenten von $\vec{b}$ bezüglich $\{\vec{a}_1, \vec{a}_2, \vec{a}_3\}$**.

▶ Kurzschreibweise für Vektoren
- in der Ebene: $\vec{b} = \begin{pmatrix} x \\ y \end{pmatrix}$
- im Raum: $\vec{b} = \begin{pmatrix} x \\ y \\ z \end{pmatrix}$

Rechenregeln vgl. Abschnitt 12.2.1

Ist mit $\{\vec{a}_1, \vec{a}_2\}$ in der Ebene bzw. mit $\{\vec{a}_1, \vec{a}_2, \vec{a}_3\}$ im Raum jeweils eine feste Basis vorgegeben, so kann man jeden Vektor der Ebene bzw. des Raumes durch seine Koordinaten beschreiben. Sie stellen für einen ebenen Vektor ein geordnetes Paar und für einen räumlichen Vektor ein geordnetes Tripel dar. Man notiert diese Koordinaten vorzugsweise in Spaltenform.

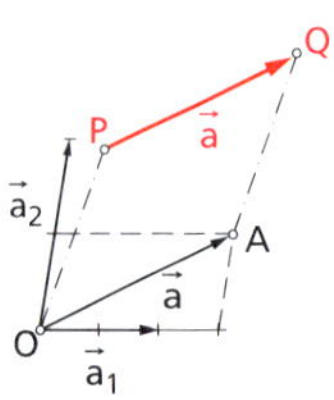

Gegeben seien zwei nicht parallele Vektoren $\vec{a}_1$ und $\vec{a}_2$ in der Ebene; $\{\vec{a}_1, \vec{a}_2\}$ ist also eine Basis der Vektoren der Ebene. Wir veranschaulichen beide Basisvektoren durch Pfeile mit einem gemeinsamen Anfangspunkt O und betrachten weiterhin einen Vektor $\vec{a} = \overrightarrow{PQ}$. Nach dem Darstellungssatz für Vektoren der Ebene gibt es reelle Zahlen x und y mit $\vec{a} = x\vec{a}_1 + y\vec{a}_2$.
Für die Zerlegung von $\vec{a}$ in die beiden Komponenten $x\vec{a}_1$ und $y\vec{a}_2$ wird der Pfeil so verschoben, dass P in O übergeht; das Bild von Q sei der Punkt A. Mittels paralleler Geraden durch A in Richtung von $\vec{a}_1$ bzw. in Richtung von $\vec{a}_2$ erhält man die beiden Komponenten. Aus der Figur ist ablesbar:
$\vec{a} = 1{,}5\vec{a}_1 + 0{,}5\vec{a}_2$ bzw. $\vec{a} = \begin{pmatrix} 1{,}5 \\ 0{,}5 \end{pmatrix}$

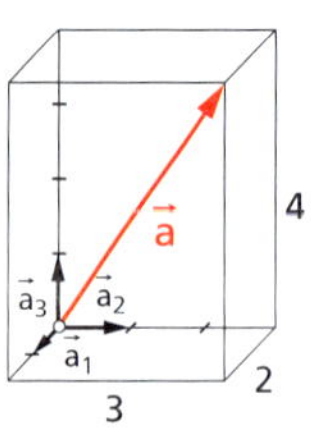

Gegeben sei ein Quader mit den Kantenlängen 3, 2 und 4. Von einem Eckpunkt seien die Einheitsvektoren $\vec{a}_1$, $\vec{a}_2$ und $\vec{a}_3$ in Richtung der drei Kanten eingezeichnet.
Der Pfeil, der diesen Eckpunkt als Anfangspunkt hat und eine Raumdiagonale beschreibt, besitzt als Vektor $\vec{a}$ bezüglich der Basis $\{\vec{a}_1, \vec{a}_2, \vec{a}_3\}$ des Raumes folgende Darstellung:
$\vec{a} = 2\vec{a}_1 + 3\vec{a}_2 + 4\vec{a}_3$ bzw. $\vec{a} = \begin{pmatrix} 2 \\ 3 \\ 4 \end{pmatrix}$

Satz Prinzip des Koordinatenvergleichs

Zwei Vektoren

$\vec{a} = \begin{pmatrix} a_x \\ a_y \end{pmatrix}$, $\vec{b} = \begin{pmatrix} b_x \\ b_y \end{pmatrix}$	$\vec{a} = \begin{pmatrix} a_x \\ a_y \\ a_z \end{pmatrix}$, $\vec{b} = \begin{pmatrix} b_x \\ b_y \\ b_z \end{pmatrix}$
der Ebene	des Raumes

sind genau dann gleich, wenn sie jeweils in ihren Koordinaten übereinstimmen:

$\vec{a} = \vec{b} \Leftrightarrow a_x = b_x;\ a_y = b_y$	$\vec{a} = \vec{b} \Leftrightarrow a_x = b_x;\ a_y = b_y;\ a_z = b_z$

Es ist zu untersuchen, ob es Zahlen u, $t \in \mathbb{R}$ gibt, sodass die beiden Vektoren $\vec{a} = \begin{pmatrix} 2t-1 \\ 4u+1 \end{pmatrix}$ und $\vec{b} = \begin{pmatrix} 4u-1 \\ -2t+5 \end{pmatrix}$ gleich sind.

Koordinatenvergleich ergibt das Gleichungssystem

(I) $2t - 1 = 4u - 1$
(II) $4u + 1 = -2t + 5$,

das die Lösung $t = 1$, $u = 0{,}5$ besitzt.
Für diese Werte von u und t sind also die Vektoren $\vec{a}$ und $\vec{b}$ gleich.

Betrachtet wird das Dreieck OA_1A_2 der Ebene. Die Punkte M, N und P seien die Mittelpunkte der Seiten von OA_1A_2. Es ist zu untersuchen, welche Beziehung zwischen Mittellinie $\overline{MN}$ und Seite $\overline{OA_1}$ besteht.
Die Vektoren $\vec{a}_1 = \overrightarrow{OA_1}$ und $\vec{a}_2 = \overrightarrow{OA_2}$ stellen eine Basis $\{\vec{a}_1, \vec{a}_2\}$ für die Vektoren der Ebene dar.

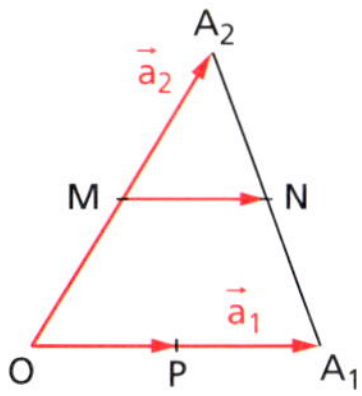

Dann gilt:
$\overrightarrow{OA_1} = 1\vec{a}_1 + 0\vec{a}_2 = \begin{pmatrix} 1 \\ 0 \end{pmatrix}$ bzw. $\overrightarrow{OA_2} = 0\vec{a}_1 + 1\vec{a}_2 = \begin{pmatrix} 0 \\ 1 \end{pmatrix}$

Stellt man den Vektor $\overrightarrow{MN}$ bezüglich der Basis $\{\vec{a}_1, \vec{a}_2\}$ dar, so ergibt sich:

$\overrightarrow{MN} = \overrightarrow{ON} - \overrightarrow{OM} = \overrightarrow{OA_1} + \frac{1}{2}\overrightarrow{A_1A_2} - \overrightarrow{OM} = \vec{a}_1 + \frac{1}{2}(\vec{a}_2 - \vec{a}_1) - \frac{1}{2}\vec{a}_2$

Die zur Vereinfachung dieses Terms erforderliche Rechnung kann auf zweierlei Weisen erfolgen:

- $\overrightarrow{MN} = \vec{a}_1 - \frac{1}{2}\vec{a}_2 - \frac{1}{2}\vec{a}_1 - \frac{1}{2}\vec{a}_2 = \frac{1}{2}\vec{a}_1$
- $\overrightarrow{MN} = \begin{pmatrix} 1 \\ 0 \end{pmatrix} + \frac{1}{2}\left(\begin{pmatrix} 0 \\ 1 \end{pmatrix} - \begin{pmatrix} 1 \\ 0 \end{pmatrix}\right) - \frac{1}{2}\begin{pmatrix} 0 \\ 1 \end{pmatrix} = \begin{pmatrix} 1 \\ 0 \end{pmatrix} + \begin{pmatrix} -\frac{1}{2} \\ \frac{1}{2} \end{pmatrix} + \begin{pmatrix} 0 \\ -\frac{1}{2} \end{pmatrix} = \begin{pmatrix} \frac{1}{2} \\ 0 \end{pmatrix}$

Für den Mittelpunkt P von OA_1 gilt: $\overrightarrow{OP} = \frac{1}{2}\vec{a}_1 = \begin{pmatrix} \frac{1}{2} \\ 0 \end{pmatrix}$

Nach dem Prinzip des Koordinatenvergleichs folgt somit:

$\overrightarrow{MN} = \frac{1}{2}\vec{a}_1 = \begin{pmatrix} \frac{1}{2} \\ 0 \end{pmatrix} = \overrightarrow{OP}$

Diese Gleichung – die analog für die anderen Mittellinien aufgestellt werden könnte – sagt aus:
Die Verbindungsstrecke der Mittelpunkte zweier Dreiecksseiten ist zur dritten Seite parallel und halb so lang wie diese.

10.5 Koordinatensysteme

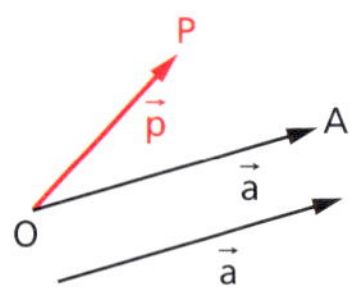

Für analytisch-geometrische Untersuchungen in der Ebene bzw. im Anschauungsraum ist es erforderlich, einen Zusammenhang zwischen Punkten und Vektoren herzustellen (↗ Abschnitt 10.4).

Ist $\{\vec{a}_1, \vec{a}_2\}$ eine Basis für die Vektoren der Ebene, so lässt sich jeder Vektor $\vec{b} = x\vec{a}_1 + y\vec{a}_2$ durch seine Koordinaten x und y beschreiben. Man kann nun durch Auszeichnung eines beliebigen Punktes O, der als (Koordinaten-)*Ursprung* bezeichnet wird, jedem Punkt P der Ebene eindeutig den Vektor $\vec{p} = \overrightarrow{OP}$ und umgekehrt jedem Vektor $\vec{a}$ eindeutig den Punkt A mit $\vec{a} = \overrightarrow{OA}$ zuordnen.

▶ Vektoren, die zur Beschreibung von Punkten bezüglich eines Ursprungs O benutzt werden, nennt man **Ortsvektoren** dieser Punkte bezüglich O.

Die Verbindung der Begriffe „Basis für die Vektoren der Ebene (des Raumes)" und „Ursprung" führt zum Begriff des *Koordinatensystems*.

Definition Ein **Koordinatensystem der Ebene** besteht aus einem fest gewählten Punkt O als Ursprung und einer Basis $\{\vec{a}_1, \vec{a}_2\}$ für die Vektoren der Ebene. Es wird mit $(O; \vec{a}_1, \vec{a}_2)$ bezeichnet.
Im **Raum** liegt mit $(O; \vec{a}_1, \vec{a}_2, \vec{a}_3)$ ein **Koordinatensystem** vor, falls $\{\vec{a}_1, \vec{a}_2, \vec{a}_3\}$ eine Basis für die Vektoren des Raumes bildet, d.h., falls diese drei Vektoren nicht komplanar sind.

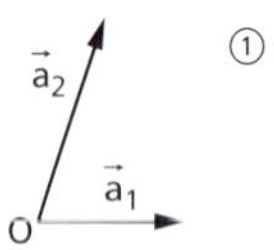

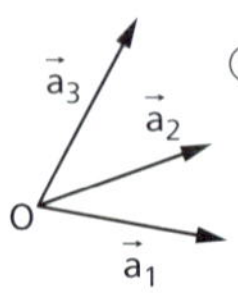

Zur Erläuterung dieser Definition stellen wir fest:

Es sei $(O; \vec{a}_1, \vec{a}_2)$ ein Koordinatensystem der Ebene (①).	Es sei $(O; \vec{a}_1, \vec{a}_2, \vec{a}_3)$ ein Koordinatensystem des Raumes (②).

Dann ist jedem Punkt P umkehrbar eindeutig

a) der Ortsvektor $\vec{p} = \overrightarrow{OP}$ und	a) der Ortsvektor $\vec{p} = \overrightarrow{OP}$ und
b) ein Zahlenpaar (x; y) mit $\overrightarrow{OP} = \vec{p} = x\vec{a}_1 + y\vec{a}_2$	b) ein Zahlentripel (x; y; z) mit $\overrightarrow{OP} = \vec{p} = x\vec{a}_1 + y\vec{a}_2 + z\vec{a}_3$

zugeordnet.

Das Zahlenpaar (x; y) bzw. das Zahlentripel (x; y; z) nennt man die **Koordinaten** des Punktes P und schreibt: P(x; y) bzw. P(x; y; z)

▶ $\vec{a}_1, \vec{a}_2$ heißen **orthogonal,** falls mit $\vec{a}_1 = \overrightarrow{OA_1}$, $\vec{a}_2 = \overrightarrow{OA_2}$ der Winkel $\sphericalangle A_1OA_2$ ein rechter Winkel ist.

orthogonal (gr.) – rechtwinklig

Definition Ein Koordinatensystem

$(O; \vec{a}_1, \vec{a}_2)$ der Ebene heißt	$(O; \vec{a}_1, \vec{a}_2, \vec{a}_3)$ des Raumes heißt

kartesisches Koordinatensystem,

falls die Basisvektoren $\vec{a}_1, \vec{a}_2$ orthogonal $(\vec{a}_1 \perp \vec{a}_2)$	falls die Basisvektoren $\vec{a}_1, \vec{a}_2, \vec{a}_3$ paarweise orthogonal $(\vec{a}_1 \perp \vec{a}_2, \vec{a}_2 \perp \vec{a}_3, \vec{a}_3 \perp \vec{a}_1)$

und wie in nachstehender Figur $(\vec{a}_i = \vec{e}_i)$ angeordnete Einheitsvektoren sind:

$\lvert\vec{e}_1\rvert = \lvert\vec{e}_2\rvert = 1$	$\lvert\vec{e}_1\rvert = \lvert\vec{e}_2\rvert = \lvert\vec{e}_3\rvert = 1$

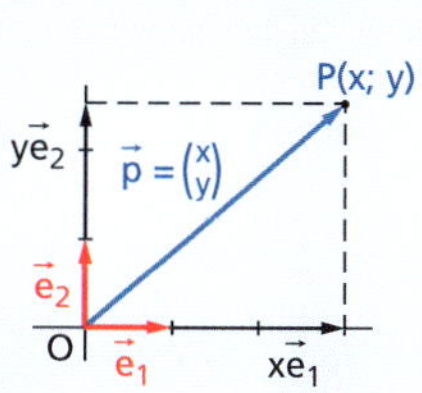

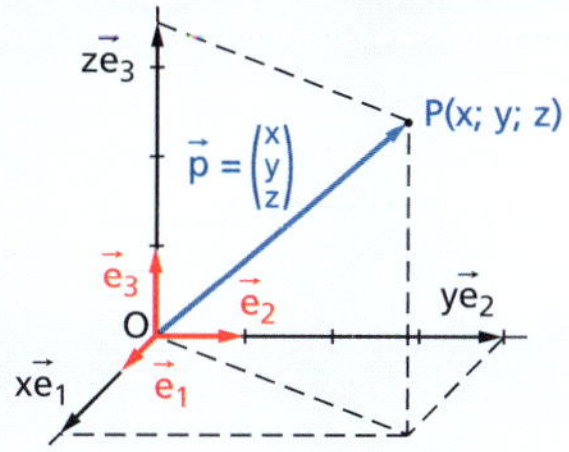

In der Ebene sind die Vektoren $\vec{e}_1$ und $\vec{e}_2$ so angeordnet, dass $\vec{e}_1$ entgegen dem Uhrzeigersinn (mathematisch positiver Drehsinn) „auf kürzestem Weg" in $\vec{e}_2$ gedreht werden kann. Im Raum soll die gleiche Überführung von $\vec{e}_1$ in $\vec{e}_2$ bei einer gedachten Rechtsschraube ein Herausdrehen in die $\vec{e}_3$-Richtung bewirken.

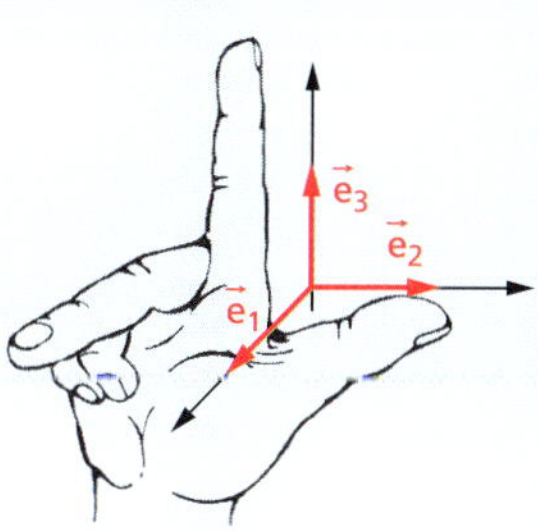

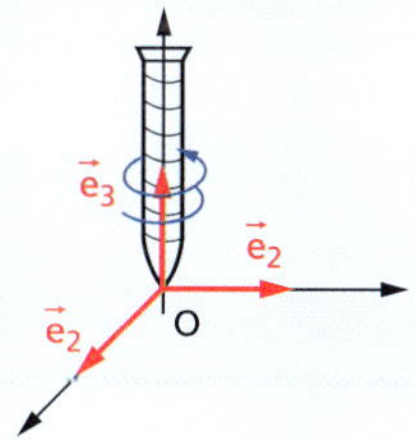

Schreibweisen: $\vec{p} = \binom{x}{y}$ bedeutet: $\vec{p} = \begin{pmatrix} x \\ y \\ z \end{pmatrix}$ bedeutet:

$\vec{p} = x\vec{e}_1 + y\vec{e}_2$ $\vec{p} = x\vec{e}_1 + y\vec{e}_2 + z\vec{e}_3$

Bezeichnung eines kartesischen Koordinatensystems
- in der Ebene: $(O; \vec{e}_1, \vec{e}_2)$
- im Raum: $(O; \vec{e}_1, \vec{e}_2, \vec{e}_3)$

Mitunter werden die Einheitsvektoren in der Ebene und im dreidimensionalen Raum auch mit $\vec{i}, \vec{j}$ bzw. $\vec{i}, \vec{j}, \vec{k}$ bezeichnet.

Mathematisch positiver Drehsinn – entgegengesetzt dem Uhrzeigersinn; mathematisch negativer Drehsinn – im Uhrzeigersinn

Bezeichnet man in nebenstehender Figur den gemeinsamen Anfangspunkt aller Vektoren mit O, so ist $(O; \vec{e}_1, \vec{e}_2)$ ein Koordinatensystem der Ebene. Nun kann zum Beispiel der Vektor $\vec{a}$ allein durch seine Koordinaten 2 und –3 bezüglich der Basis $\{\vec{e}_1, \vec{e}_2\}$ gekennzeichnet werden.

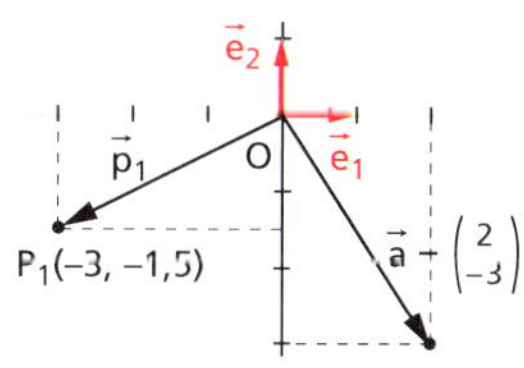

Es gilt: $\vec{a} = \binom{2}{-3}$ oder $\vec{a} = (2; -3)$

Notiert man die eingezeichneten Ortsvektoren von P_1 und P_2 bezüglich der kartesischen Koordinatensysteme $(O; \vec{e}_1, \vec{e}_2)$ bzw. $(O; \vec{e}_1, \vec{e}_2, \vec{e}_3)$ als Spaltenvektoren, so ergibt sich:

$\vec{p}_1 = \binom{-3}{-1{,}5}$ bzw. $\vec{p}_2 = \begin{pmatrix} 2 \\ 1{,}5 \\ 2 \end{pmatrix}$

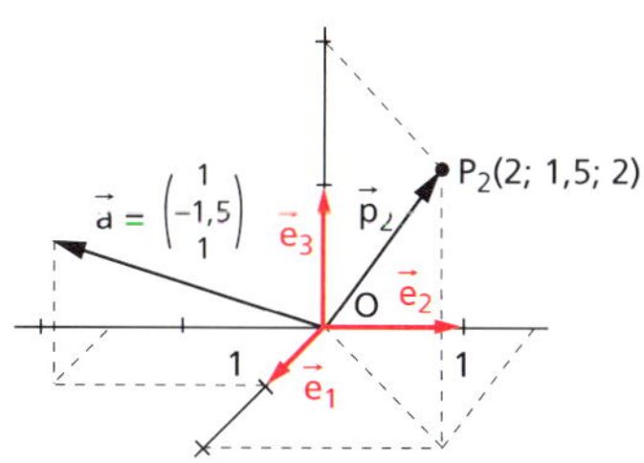

Zeilenvektor: $(a_1; a_2)$;
Spaltenvektor: $\binom{a_1}{a_2}$

Der Vektor $\vec{c} = \overrightarrow{AB}$ in der Ebene kann durch die Ortsvektoren $\overrightarrow{OA}$ und $\overrightarrow{OB}$ für den Anfangspunkt bzw. Endpunkt des Pfeils $\overrightarrow{AB}$ bestimmt werden:

$\vec{c} = \overrightarrow{AB} = \overrightarrow{OB} - \overrightarrow{OA}$

Gilt $\vec{a} = \overrightarrow{OA} = \begin{pmatrix} a_x \\ a_y \end{pmatrix}$ und $\vec{b} = \overrightarrow{OB} = \begin{pmatrix} b_x \\ b_y \end{pmatrix}$, so ist

$\vec{c} = \overrightarrow{AB} = \begin{pmatrix} b_x \\ b_y \end{pmatrix} - \begin{pmatrix} a_x \\ a_y \end{pmatrix} = \begin{pmatrix} b_x - a_x \\ b_y - a_y \end{pmatrix}.$

Das Tetraeder ABCD mit den angegebenen Koordinaten wird durch den Verschiebungsvektor $\vec{v} = \overrightarrow{AA'}$ in das Tetraeder A'B'C'D' verschoben. Mit

$$\vec{v} = \overrightarrow{AA'} = \overrightarrow{OA'} - \overrightarrow{OA} = \begin{pmatrix} 0 \\ 0 \\ 3 \end{pmatrix} - \begin{pmatrix} 5 \\ 6 \\ 0 \end{pmatrix} = \begin{pmatrix} -5 \\ -6 \\ 3 \end{pmatrix}$$

werden die Koordinaten von B', C' und D' bestimmt und dazu die Ortsvektoren $\overrightarrow{OB'}$, $\overrightarrow{OC'}$ und $\overrightarrow{OD'}$ dieser Punkte berechnet.

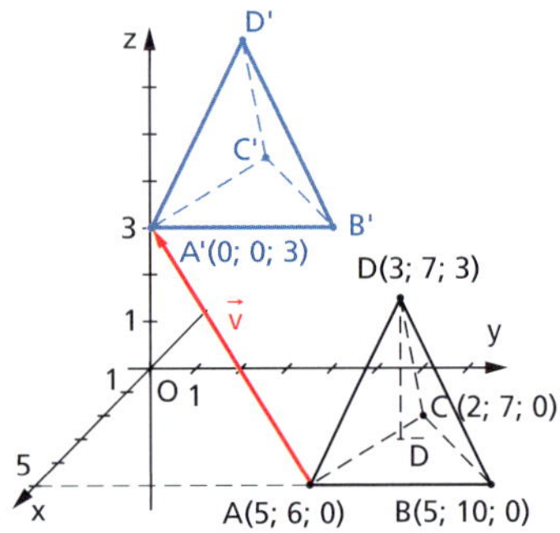

Für den Ortsvektor $\overrightarrow{OB'}$ erhält man:

$$\overrightarrow{OB'} = \overrightarrow{OB} + \overrightarrow{BB'} = \overrightarrow{OB} + \overrightarrow{AA'} = \begin{pmatrix} 5 \\ 10 \\ 0 \end{pmatrix} + \begin{pmatrix} -5 \\ -6 \\ 3 \end{pmatrix} = \begin{pmatrix} 0 \\ 4 \\ 3 \end{pmatrix} \quad (\text{da } \overrightarrow{BB'} = \overrightarrow{AA'})$$

Ferner gilt: $\overrightarrow{OC'} = \overrightarrow{OC} + \overrightarrow{AA'} = \begin{pmatrix} 2 \\ 7 \\ 0 \end{pmatrix} + \begin{pmatrix} -5 \\ -6 \\ 3 \end{pmatrix} = \begin{pmatrix} -3 \\ 1 \\ 3 \end{pmatrix} \qquad \overrightarrow{OD'} = \begin{pmatrix} -2 \\ 1 \\ 6 \end{pmatrix}$

Die Koordinaten der Eckpunkte des Bildtetraeders sind A'(0; 0; 3), B'(0; 4; 3), C'(–3; 1; 3) und D'(–2; 1; 6).

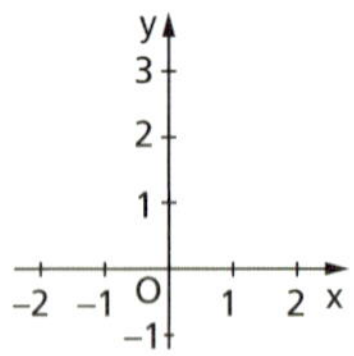

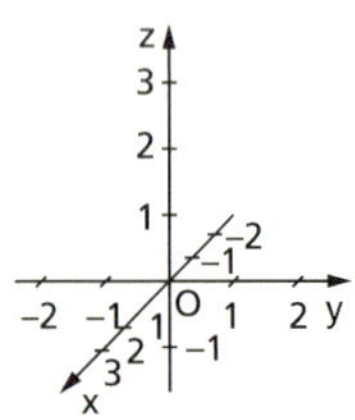

Für ein kartesisches Koordinatensystem in der Ebene bzw. im Raum sind mit den Einheitsvektoren $\vec{e}_i$ sowohl Einheitspunkte $E_1(1;\ 0)$ und $E_2(0;\ 1)$ bzw. $E_1(1;\ 0;\ 0)$, $E_2(0;\ 1;\ 0)$ und $E_3(0;\ 0;\ 1)$ wie auch Koordinatenachsen als Verbindungsgeraden von O mit den Einheitspunkten festgelegt. Jede Koordinatenachse kann als Zahlengerade aufgefasst werden.
Die Koordinatenachsen werden einzeln als x-, y- und z-Koordinatenachse (kurz: x-Achse usw.) bezeichnet, wobei in der Ebene ebenfalls die Bezeichnungen *Abszissenachse* für die x-Achse und *Ordinatenachse* für die y-Achse gebräuchlich sind. Im Raum wird durch je zwei Koordinatenachsen genau eine *Koordinatenebene* festgelegt: Es entstehen die xy-, yz- und xz-Koordinatenebene (kurz: xy-Ebene usw.).

Durch ein Koordinatensystem erfolgt eine Zerlegung der Ebene bzw. des Raumes. Neben den Koordinatenachsen und im Raum zusätzlich den Koordinatenebenen ergeben sich in der Ebene vier **Quadranten** und im Raum acht **Oktanten.**

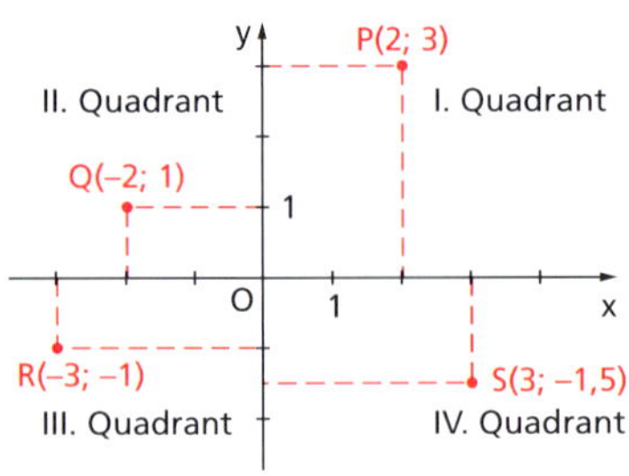

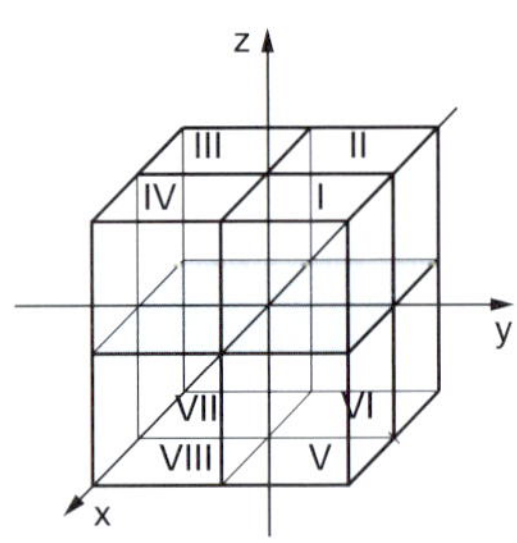

Nebenstehende Figur veranschaulicht den räumlichen Sachverhalt für einen Punkt P im I. Oktanten. P hat die Koordinaten x = 3, y = 4 und z = 3,5. Aus der Darstellung ist zu erkennen, wie man in einem Schrägbild des Koordinatensystems von den Koordinaten zur Einzeichnung des Punktes kommt und wie man umgekehrt von einem Punkt P durch orthogonale Projektionen zu den Abschnitten auf den Achsen geführt wird.

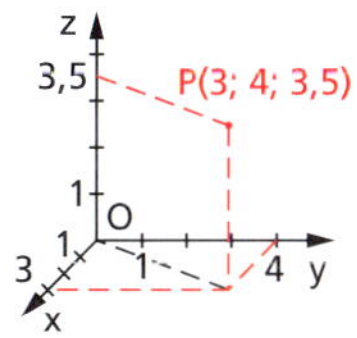

Andere Arten der Beschreibung von Punkten in der Ebene bzw. im Raum mithilfe von Zahlen werden durch vielfältige Anwendungsmöglichkeiten in den Naturwissenschaften und der Technik angeregt. Sie erlauben auch in der Mathematik eine bessere Beschreibung von Zusammenhängen und sind dadurch dann oft geeignet, Erkenntnisse klarer und übersichtlicher zu erfassen sowie Anwendungsfelder zu erweitern. Als Beispiel seien ebene und räumliche Polarkoordinatensysteme genannt.

▶ Neben kartesischen Koordinatensystemen werden gelegentlich auch **schiefwinklige Koordinatensysteme** genutzt.

Zu einem ebenen *Polarkoordinatensystem* führt der folgende Gedanke: Bewegt man einen Massenpunkt P auf einer Kreisbahn, so kann die Lage dieses Punktes in der Ebene der Bahn durch den Abstand r vom Mittelpunkt O des Kreises und den Winkel zwischen dem Strahl $\overrightarrow{OP}$ und einem festen Strahl mit Anfangspunkt O beschrieben werden.

Definition Ein Punkt O *(Ursprung)* und ein Strahl a *(Achse)* mit Anfangspunkt O in der Ebene stellen ein **ebenes Polarkoordinatensystem** dar.
Die Lage eines Punktes P in der Ebene wird dann durch zwei Koordinaten, den Abstand des Punktes P von O und das Maß des gerichteten Winkels α zwischen den Strahlen a und $\overrightarrow{OP}$ beschrieben, wobei $0^\circ \leq \alpha < 360^\circ$ festgelegt werden kann.

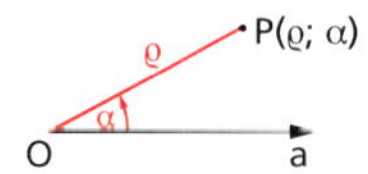

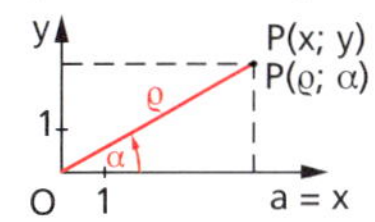

Jedem von O verschiedenen Punkt P wird eineindeutig ein Zahlenpaar $(\varrho; \alpha)$ zugeordnet. Für den Punkt O gilt $\varrho = 0$. Die Unbestimmtheit von α für O bzw. das Einsetzen eines beliebigen Wertes dafür stört im Weiteren nicht. Das zeigen auch die Umrechnungsformeln zwischen kartesischen Koordinaten (x; y) und Polarkoordinaten $(\varrho; \alpha)$ eines Punktes.
In obigem kartesischen Koordinatensystem gilt $\cos\alpha = \frac{x}{\varrho}$ sowie $\sin\alpha = \frac{y}{\varrho}$ $(\varrho \neq 0)$ und damit:

$$x = \varrho\cos\alpha \qquad \text{und} \qquad y = \varrho\sin\alpha \qquad (1)$$

Die erhaltenen Gleichungen sind auch für r = 0 richtig.

Umgekehrt gilt stets $\varrho = \sqrt{x^2 + y^2}$ (2a)

und damit (falls $x^2 + y^2 > 0$, also $P(x; y) \neq O$)

$$\cos\alpha = \frac{x}{\sqrt{x^2 + y^2}} \qquad \text{bzw.} \qquad \sin\alpha = \frac{y}{\sqrt{x^2 + y^2}} \qquad (2b)$$

Für die Beschreibung der Kreisbahn eines Massenpunktes wird ein Kreis um den Koordinatenursprung O mit dem Radius r betrachtet.
In kartesischen Koordinaten hat dieser die Gleichung $x^2 + y^2 = r^2$ (↗ Abschnitt 11.5.1).
Sehr häufig nutzt man auch die folgende **Parameterdarstellung** eines Kreises (mit Radius r und Mittelpunkt O):
$x = r\cos t;\ y = r\sin t$

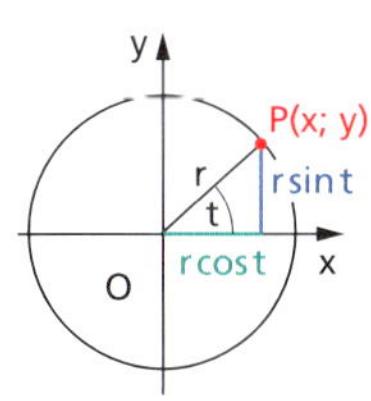

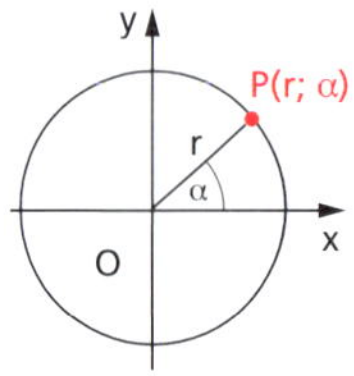

(Es wurde t = α gesetzt, da man bei der Parameterdarstellung einer Kurve den Parameter vielfach mit t bezeichnet. Für den Kreis wäre $t \in [0; 2\pi[$, ansonsten für einen beliebigen Kreisbogen $t \in [\alpha_0; \beta_0]$.)
Unter Verwendung von **Polarkoordinaten** erhält der Kreis um O mit dem Radius r die im Vergleich zu $x^2 + y^2 = r^2$ einfachere Gleichung $\varrho = r$ (r = konst.).
Durch diese werden alle Punkte $P(\varrho; \alpha)$ mit gleicher erster Koordinate r und beliebiger zweiter Koordinate α ($\alpha \in [0; 2\pi[$) erfasst – also gerade die Punkte eines Kreises mit dem Radius r.

Definition Durch einen Punkt O (*Ursprung*) und zwei zueinander senkrechte Strahlen u, v mit dem Anfangspunkt O kann ein **räumliches Polarkoordinatensystem** beschrieben werden. Die uv-Ebene heißt die *Äquatorebene* des Systems.
Die Lage eines beliebigen Punktes P im Raum (mit P' als Bildpunkt bei senkrechter Parallelprojektion auf die uv-Ebene) wird dann durch drei Koordinaten beschrieben, und zwar durch

- den Abstand ϱ des Punktes P von O,
- das Maß des gerichteten Winkels λ ($-180° < \lambda \leq 180°$) zwischen den Strahlen u und $\overrightarrow{OP'}$ sowie
- das Maß des gerichteten Winkels ($-90° \leq \varphi \leq 90°$) zwischen $\overrightarrow{OP'}$ und $\overrightarrow{OP}$.

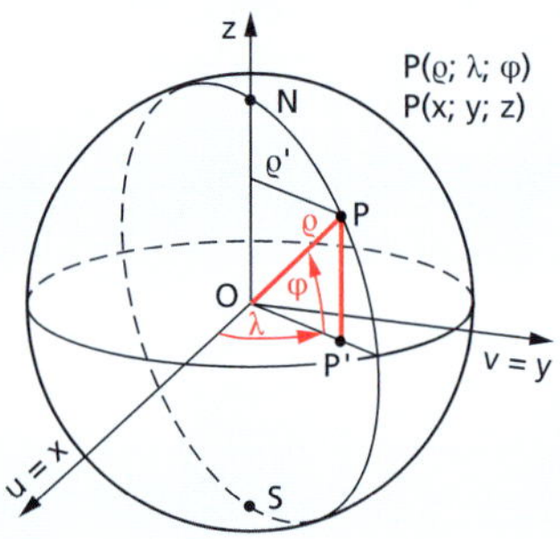

10

Polarkoordinaten λ und φ eines Kugelpunktes P stimmen mit der **geografischen Länge** bzw. der **geografischen Breite** von P überein.

Für die Punkte einer *Kugel*, deren Mittelpunkt im Koordinatenursprung O liegt, ist der Abstand r gleich dem Radius der Kugel. Diese Punkte werden damit durch die beiden (Kugel-)Koordinaten λ und φ beschrieben.
Der Punkt P = O wird allein durch $\varrho = 0$ erfasst; alle Punkte der senkrechten Geraden zur uv-Ebene durch O werden durch ϱ sowie $\varphi = 90°$ oder $\varphi = -90°$ beschrieben. Für alle übrigen Punkte des Raumes ist die Zuordnung Punkt $\rightarrow$ Tripel $(\varrho; \lambda; \varphi)$ eineindeutig.
Für die Beschreibung des Zusammenhangs zwischen den kartesischen Koordinaten (x; y; z) und den Polarkoordinaten $(\varrho; \lambda; \varphi)$ eines Punktes geht man von der Lage der Koordinatensysteme zueinander wie in obiger Figur aus. Das heißt: Der Strahl u fällt mit der positiven x-Achse, der Strahl v mit der positiven y-Achse zusammen und auf diesen Achsen werden gleiche Einheiten gewählt.
Der Punkt P habe die Polarkoordinaten $P(\varrho; \lambda; \varphi)$. Für die weitere Beschreibung stelle man sich die Kugel um O mit dem Radius r vor. Auf dieser Kugel liegt P. Mit dem Radius ϱ' des Breitenkreises durch den Punkt P gilt zunächst $\varrho' = \varrho \cos\varphi$ und $x = \varrho' \cdot \cos\lambda$, $y = \varrho' \cdot \sin\lambda$, $z = \varrho \cdot \sin\varphi$.
Es folgen daraus die Formeln
$x = \varrho \cdot \cos\varphi \cdot \cos\lambda, \ \ y = \varrho \cdot \cos\varphi \cdot \sin\lambda, \ \ z = \varrho \cdot \sin\varphi,$
mit deren Hilfe man die Polarkoordinaten eines Punktes in seine kartesischen Koordinaten umrechnen kann.

Umgekehrt gilt $\varrho = \sqrt{x^2 + y^2 + z^2}$
und weiter (für $x^2 + y^2 > 0$ bzw. $x^2 + y^2 + z^2 > 0$):

$$\sin\lambda = \frac{y}{\sqrt{x^2 + y^2}} \quad \text{bzw.} \quad \sin\varphi = \frac{z}{\sqrt{x^2 + y^2 + z^2}}$$

Unter Berücksichtigung der vorgegebenen Intervalle für λ bzw. φ und der Lage von P(x; y; z) in einem der Oktanten oder in einer Koordinatenebene sind neben ϱ auch λ und φ aus x, y, z (bis auf x = y = 0) eindeutig bestimmt.

Archimedische Spirale

Wird ein Strahl um seinen Anfangspunkt O in der Ebene gedreht und bewegt sich dabei auf diesem Strahl ein Punkt P von O immer weiter weg, so beschreibt dieser Punkt eine *Spirale* um O.
Legt man nun den Punkt O in den Ursprung eines kartesischen Koordinatensystems und misst den Drehwinkel φ des Strahls gegenüber der positiven x-Achse (Bezugsstrahl für Polarkoordinaten, ↗ Fig. ①), so lässt sich der Abstand $|\overline{OP}|$ als eine streng monoton wachsende Funktion des Drehwinkels φ (in Bogenmaß) beschreiben.

ARCHIMEDES
(287 bis 212 v. Chr.)
beschrieb die nach ihm benannte Kurve in seiner Schrift „Über die Schneckenlinie".

①

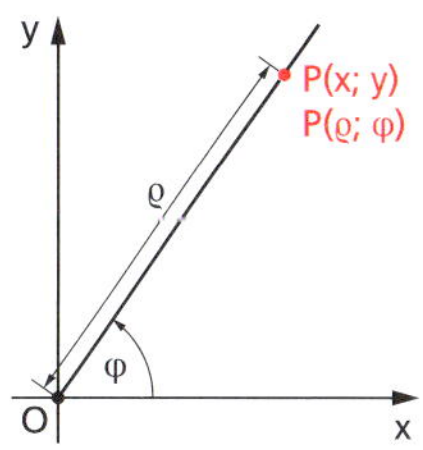

②

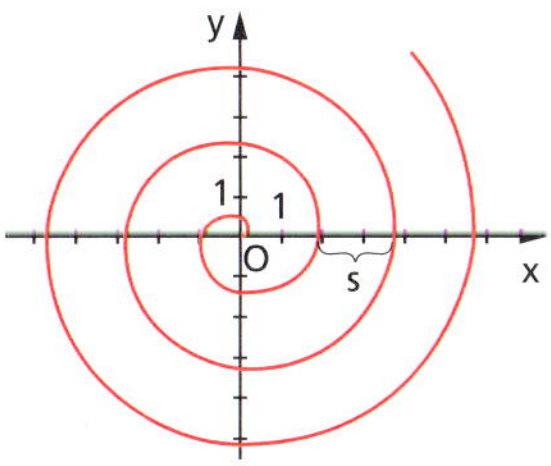

Der Winkel φ und der Abstand $\varrho = |\overline{OP}| = f(\varphi)$ als Funktion des Drehwinkels φ sind die Polarkoordinaten des Punktes P, also $P(\varrho; \varphi)$.
Speziell eine **archimedische Spirale** liegt vor, wenn der funktionale Zusammenhang zwischen Winkel φ und Abstand ϱ durch die Gleichung
$\varrho = f(\varphi) = a \cdot \varphi$ (mit $a \in \mathbb{R}$, $a > 0$ und $\varphi \geq 0$) bestimmt ist (↗ Fig. ②).
Die Spirale entsteht dann als Bahn eines Punktes auf einem Strahl, wenn der Strahl mit konstanter Winkelgeschwindigkeit um seinen Anfangspunkt rotiert und der Punkt sich in Bezug auf den Strahl mit konstanter Geschwindigkeit bewegt.
Es lässt sich zeigen, dass die Bahnen bei zwei aufeinanderfolgenden Durchläufen auf jedem Strahl von O gleich große Abschnitte markieren. Das heißt: Zwei aufeinanderfolgende „Schneckengänge" einer archimedischen Spirale haben immer den gleichen Abstand s.

▶ Eine solche Eigenschaft besitzen auch benachbarte Rillen (-Abschnitte) einer Schallplatte.

Beschreibt man eine archimedische Spirale in einem kartesischen Koordinatensystem, so lässt sich analog zur Parameterdarstellung eines Kreises eine *Parameterdarstellung einer archimedischen Spirale* angeben.

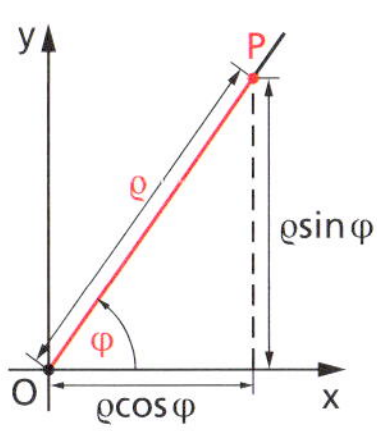

Mit $x = \varrho\cos\varphi$ gilt $x = a \cdot \varphi \cdot \cos\varphi$
$y = \varrho\sin\varphi$ $\quad y = a \cdot \varphi \cdot \sin\varphi$,
wobei für φ in der Regel ein Intervall angegeben ist: $\varphi \in [\alpha_1; \alpha_2]$ oder $\varphi \in [\alpha_1; \infty[$.

10.6 Punkte, Strecken und Dreiecke in einem Koordinatensystem

10.6.1 Mittelpunkt einer Strecke in der Ebene und im Raum

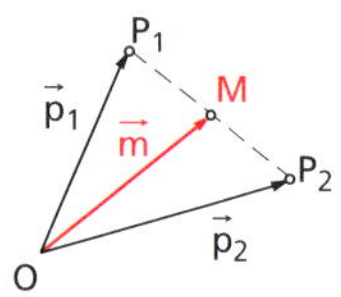

Ein wesentlicher **Vorzug vektorieller Arbeitsweise** besteht darin, dass Betrachtungen für die Ebene und den Raum häufig zunächst einheitlich durchgeführt werden können.

Eine Strecke $\overline{P_1P_2}$ sei durch die Koordinaten ihrer Endpunkte $P_1(x_1;\ y_1)$ und $P_2(x_2;\ y_2)$ (in der Ebene) bzw. $P_1(x_1;\ y_1,\ z_1)$ und $P_2(x_2;\ y_2;\ z_2)$ (im Raum) gegeben. Um die Koordinaten des Mittelpunkts dieser Strecke zu bestimmen, werden die Punkte P_1 und P_2 durch ihre Ortsvektoren $\vec{p}_1$ bzw. $\vec{p}_2$ beschrieben. Für den Mittelpunkt M bzw. für seinen Ortsvektor $\vec{m}$ gilt stets: $\vec{m} = \frac{1}{2}(\vec{p}_1 + \vec{p}_2)$ (↗ Seite 269). Durch Koordinatenvergleich erhält man

- im ebenen Fall mit
  $\vec{p}_1 = \begin{pmatrix} x_1 \\ y_1 \end{pmatrix},\ \vec{p}_2 = \begin{pmatrix} x_2 \\ y_2 \end{pmatrix}:\ \vec{m} = \begin{pmatrix} x_m \\ y_m \end{pmatrix}$ mit $x_m = \frac{x_1 + x_2}{2}$ und $y_m = \frac{y_1 + y_2}{2}$
- im räumlichen Fall mit
  $\vec{p}_1 = \begin{pmatrix} x_1 \\ y_1 \\ z_1 \end{pmatrix},\ \vec{p}_2 = \begin{pmatrix} x_2 \\ y_2 \\ z_2 \end{pmatrix}:\ \vec{m} = \begin{pmatrix} x_m \\ y_m \\ z_m \end{pmatrix}$ mit $x_m = \frac{x_1 + x_2}{2},\ y_m = \frac{y_1 + y_2}{2}$ und $z_m = \frac{z_1 + z_2}{2}$

Satz Streckenmittelpunkt
Für den Mittelpunkt M der Strecke $\overline{P_1P_2}$

- in der Ebene mit den Endpunkten $P_1(x_1;\ y_1)$ und $P_2(x_2;\ y_2)$ gilt:
  $M\left(\frac{x_1 + x_2}{2};\ \frac{y_1 + y_2}{2}\right)$;
- im Raum mit den Endpunkten $P_1(x_1;\ y_1;\ z_1)$ und $P_2(x_2;\ y_2;\ z_2)$ gilt:
  $M\left(\frac{x_1 + x_2}{2};\ \frac{y_1 + y_2}{2};\ \frac{z_1 + z_2}{2}\right)$

Gegeben sind die Punkte $P_1(1;\ 1)$ und $M(3;\ 2)$. Man bestimme die Koordinaten des Punktes P_2 so, dass M Mittelpunkt von $\overline{P_1P_2}$ ist.

Aus $x_m = \frac{x_1 + x_2}{2}$ folgt: $2x_m = x_1 + x_2$ bzw. $x_2 = 2x_m - x_1$

Entsprechend gilt: $y_2 = 2y_m - x_1$

Also: $x_2 = 2 \cdot 3 - 1 = 5;\ y_2 = 2 \cdot 2 - 1 = 3$

10.6.2 Schwerpunkt eines Dreiecks

Die Koordinaten des Schwerpunktes S eines Dreiecks $P_1P_2P_3$ sind das arithmetische Mittel der entsprechenden Koordinaten der drei Eckpunkte.

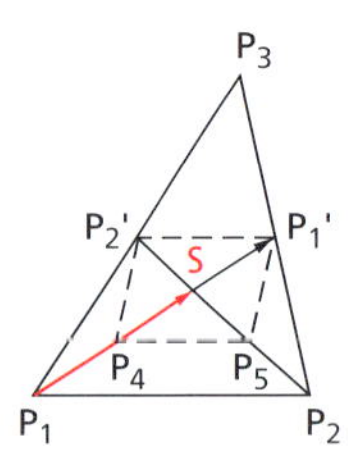

Die Seitenhalbierenden eines Dreiecks schneiden einander in einem Punkt, der *Schwerpunkt S des Dreiecks* genannt wird und der jede Seitenhalbierende im Verhältnis 2 : 1 teilt.
Ist ein Dreieck $P_1P_2P_3$ durch die Koordinaten seiner Eckpunkte $P_1(x_1;\ y_1)$, $P_2(x_2;\ y_2)$ und $P_3(x_3;\ y_3)$ gegeben, so gilt für den Schwerpunkt:

$$\vec{s} = \vec{p}_1 + \frac{2}{3}(\vec{p}_1{}' - \vec{p}_1) = \begin{pmatrix} x_1 \\ y_1 \end{pmatrix} + \frac{2}{3}\left(\frac{1}{2}\begin{pmatrix} x_2 + x_3 \\ y_2 + y_3 \end{pmatrix} - \begin{pmatrix} x_1 \\ y_1 \end{pmatrix}\right)$$

$$\vec{s} = \frac{1}{3}\begin{pmatrix} x_1 + x_2 + x_3 \\ y_1 + y_2 + y_3 \end{pmatrix} \text{ bzw. } x_s = \frac{x_1 + x_2 + x_3}{3} \text{ und } y_s = \frac{y_1 + y_2 + y_3}{2}$$

10.6.3 Betrag eines Vektors; Länge einer Strecke

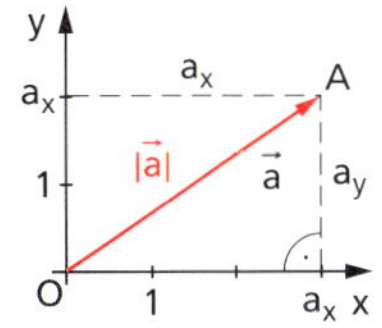

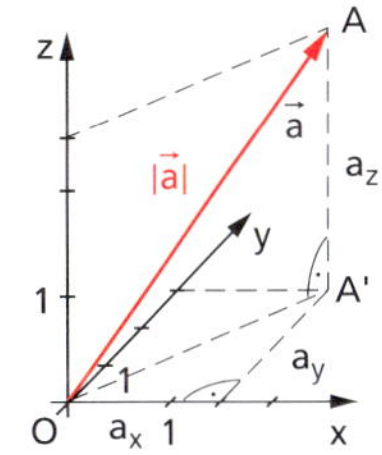

Es ist die Länge s der durch die Koordinaten ihrer Endpunkte gegebenen Strecke $\overline{P_1P_2}$ zu bestimmen.
Die Aufgabe kann rein koordinatengeometrisch unter Verwendung des Lehrsatzes des Pythagoras gelöst werden, jedoch ist dies auch auf vektoriellem Wege möglich: Die Länge der Strecke $\overline{P_1P_2}$ entspricht dem Betrag des Vektors $\vec{p}_2 - \vec{p}_1$.
Deshalb betrachten wir zunächst den Betrag $|\vec{a}|$ eines Vektors $\vec{a}$ in der Ebene bzw. im Raum. Wird der Vektor $\vec{a}$ als Ortsvektor bezüglich des Koordinatenursprungs O dargestellt, so ist mit

$\vec{a} = \overrightarrow{OA} = \begin{pmatrix} a_x \\ a_y \end{pmatrix}$ bzw. $\vec{a} = \overrightarrow{OA} = \begin{pmatrix} a_x \\ a_y \\ a_z \end{pmatrix}$ eine gerichtete Strecke $\overrightarrow{OA}$ gegeben,

deren Länge man zu bestimmen hat.
Durch Anwendung des Satzes des Pythagoras im ebenen Fall und zweimalige Anwendung dieses Satzes im räumlichen Fall
$\left(|\overrightarrow{OA}|^2 = a_x^2 + a_y^2 \text{ bzw. } |\overrightarrow{OA}| = \sqrt{|\overrightarrow{OA'}|^2 + a_z^2}\right)$ erhält man:

10

Satz Betrag eines Vektors
Es sei $\vec{a} = \begin{pmatrix} a_x \\ a_y \end{pmatrix}$ bzw. $\vec{a} = \begin{pmatrix} a_x \\ a_y \\ a_z \end{pmatrix}$ ein Vektor der Ebene bzw. des Raumes

mit Koordinaten bezüglich eines kartesischen Koordinatensystems.
Dann gilt für den Betrag
- des ebenen Vektors $\vec{a}$: $|\vec{a}| = \sqrt{a_x^2 + a_y^2}$
- des räumlichen Vektors $\vec{a}$: $|\vec{a}| = \sqrt{a_x^2 + a_y^2 + a_z^2}$

Soll die Länge einer Strecke $\overline{P_1P_2}$ auf vektoriellem Wege ermittelt werden, so bestimmt man analog den Betrag des Vektors $\vec{p}_2 - \vec{p}_1$.

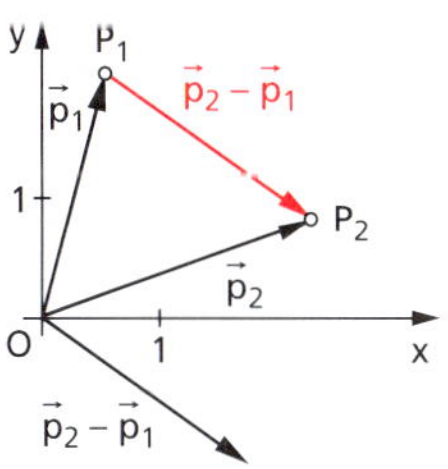

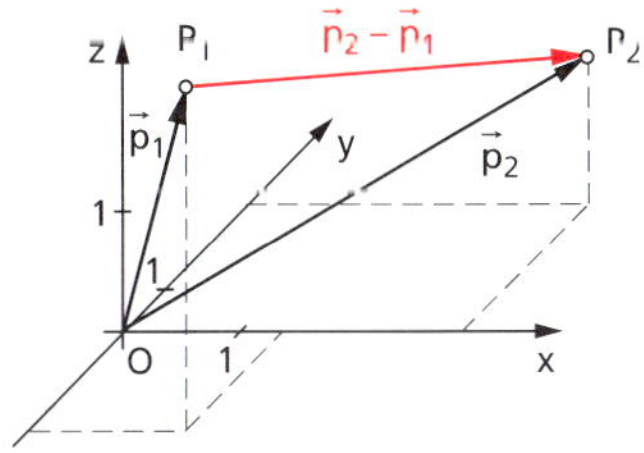

Satz Länge einer Strecke
Für die Länge s einer Strecke $\overline{P_1P_2}$
- in der Ebene mit den Endpunkten $P_1(x_1; y_1)$ und $P_2(x_2; y_2)$ gilt:
  $s = |\overline{P_1P_2}| = \sqrt{(x_2 - x_1)^2 + (y_2 - y_1)^2}$
- im Raum mit den Endpunkten $P_1(x_1; y_1; z_1)$ und $P_2(x_2; y_2; z_2)$ gilt:
  $s = |\overline{P_1P_2}| = \sqrt{(x_2 - x_1)^2 + (y_2 - y_1)^2 + (z_2 - z_1)^2}$

10.6.4 Flächeninhalt eines Dreiecks

Wie man für ein im Raum liegendes Dreieck den Flächeninhalt aus den Koordinaten der Eckpunkte ermittelt, wird im Abschnitt 10.9.1 gezeigt.

Ist ein ebenes Dreieck durch die Koordinaten seiner Eckpunkte in einem kartesischen Koordinatensystem gegeben, so erfordert die Berechnung seines Flächeninhaltes mit der Inhaltsformel $A = \frac{1}{2}gh$ erst das Ermitteln von g und h. Mit elementargeometrischen Überlegungen in dem Koordinatensystem lässt sich jedoch eine Flächenformel ableiten, die direkt die Koordinaten der Eckpunkte benutzt:

Gegeben sei ein Dreieck $P_1P_2P_3$ in der Ebene mit $P_1(x_1; y_1)$, $P_2(x_2; y_2)$ und $P_3(x_3; y_3)$.
Durch die Projektion von P_1, P_2 und P_3 auf die x-Achse entstehen drei Trapeze mit den Inhalten A_1, A_2 und A_3.

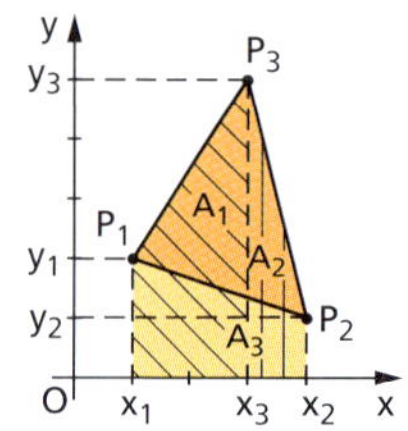

Für den Inhalt A des Dreiecks gilt:
$A = A_1 + A_2 - A_3$ mit $A_1 = \frac{1}{2}(y_3 + y_1)(x_3 - x_1)$;
$A_2 = \frac{1}{2}(y_2 + y_3)(x_2 - x_3)$; $A_3 = (y_2 + y_1)(x_2 - x_1)$.

Folglich ist $A = \frac{1}{2}[(y_3 + y_1)(x_3 - x_1) + (y_2 + y_3)(x_2 - x_3) - (y_2 + y_1)(x_2 - x_1)]$

und nach Vereinfachung $A = \frac{1}{2}[x_1(y_2 - y_3) + x_2(y_3 - y_1) + x_3(y_1 - y_2)]$.

Die obige Formel für den Inhalt A gibt einen vorzeichenbehafteten Flächeninhalt in Abhängigkeit von der Reihenfolge der Eckpunkte an. Setzt man den rechten Term in Betragsstriche, so besteht Übereinstimmung mit dem Resultat nach $A = \frac{1}{2}gh$.

Satz Flächeninhalt eines Dreiecks in der Ebene
Für den Flächeninhalt A des Dreiecks $P_1P_2P_3$ mit den Eckpunkten $P_1(x_1; y_1)$, $P_2(x_2; y_2)$ und $P_3(x_3; y_3)$ gilt:

$$A = \frac{1}{2}|x_1(y_2 - y_3) + x_2(y_3 - y_1) + x_3(y_1 - y_2)|$$

Die Flächeninhaltsformel gilt auch, wenn nicht alle Dreieckspunkte im ersten Quadranten liegen.

Mithilfe dieses Satzes kann auch rechnerisch ermittelt werden, ob drei in einem kartesischen Koordinatensystem gegebene Punkte auf ein und derselben Geraden liegen (also kollinear sind) oder nicht.
Da bei einem nicht entarteten Dreieck $P_1P_2P_3$ für den Flächeninhalt A stets $A > 0$ gilt, folgt nämlich aus obigem Satz:

Drei Punkte $P_1(x_1; y_1)$, $P_2(x_2; y_2)$ und $P_3(x_3; y_3)$ sind genau dann kollinear, wenn $x_1(y_2 - y_3) + x_2(y_3 - y_1) + x_3(y_1 - y_2) = 0$.

Die Punkte $P_1(-2; 1)$, $P_2(4; 3)$ und $P_3(-5; 0)$ liegen auf ein und derselben Geraden (sind also kollinear), da:

$$A = \frac{1}{2}|x_1(y_2 - y_3) + x_2(y_3 - y_1) + x_3(y_1 - y_2)|$$
$$= (-2)(3 - 0) + 4(0 - 1) + (-5)(1 - 3)$$
$$= -2 \cdot 3 + 4 \cdot (-1) - 5 \cdot (-2)$$
$$= -6 - 4 + 10 = 0$$

Rechnen mit Vektoren

Begriff des Vektors	
Ein Vektor $\vec{a}$ ist die Menge aller Pfeile, die gleich lang, zueinander parallel und gleich gerichtet sind. Ein einzelner Pfeil $\overrightarrow{PQ}$ dieser Menge wird als Repräsentant des Vektors bezeichnet.	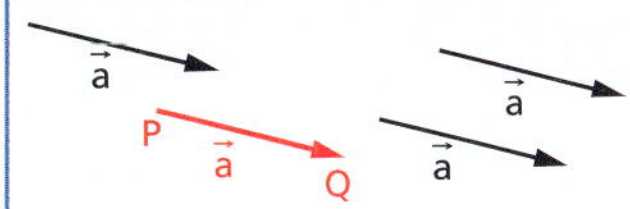
Für den Ortsvektor eines Punktes P(x; y; z) gilt: $\vec{p} = \overrightarrow{OP} = \begin{pmatrix} x \\ y \\ z \end{pmatrix}$	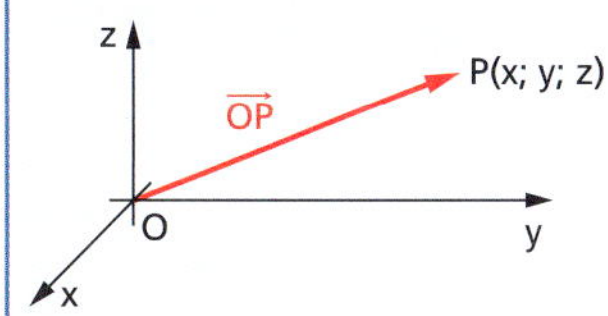

Rechnen mit Vektoren		
Addition	$\vec{a} + \vec{b} = \begin{pmatrix} a_x \\ a_y \\ a_z \end{pmatrix} + \begin{pmatrix} b_x \\ b_y \\ b_z \end{pmatrix} = \begin{pmatrix} a_x + b_x \\ a_y + b_y \\ a_z + b_z \end{pmatrix}$	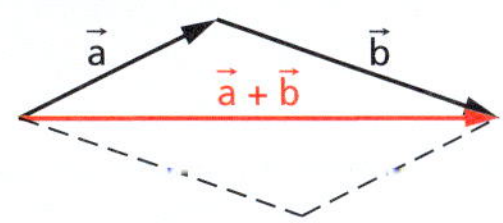 Pfeile aneinanderlegen
Subtraktion	$\vec{a} + (-\vec{b}) = \begin{pmatrix} a_x \\ a_y \\ a_z \end{pmatrix} + \begin{pmatrix} -b_x \\ -b_y \\ -b_z \end{pmatrix} = \begin{pmatrix} a_x - b_x \\ a_y - b_y \\ a_z - b_z \end{pmatrix}$	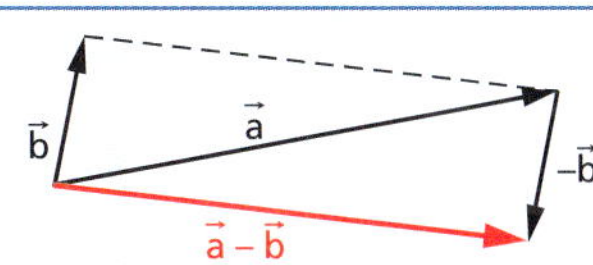
Vielfachbildung (Multiplikation mit einem Skalar)	$r\vec{a} = r\begin{pmatrix} a_x \\ a_y \\ a_z \end{pmatrix} = \begin{pmatrix} ra_x \\ ra_y \\ ra_z \end{pmatrix}$ $(r \in \mathbb{R})$	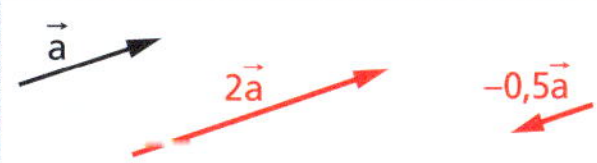 Pfeile strecken bzw. stauchen
Linearkombination von Vektoren	Sind $\vec{a}_1, \vec{a}_2, \ldots, \vec{a}_n$ Vektoren und $r_1, r_2, \ldots, r_n$ reelle Zahlen, so heißt jeder Vektor der Form $\vec{b} = r_1\vec{a}_1 + r_2\vec{a}_2 + \ldots + r_n\vec{a}_n$ Linearkombination der Vektoren $\vec{a}_1, \vec{a}_2, \ldots, \vec{a}_n$.	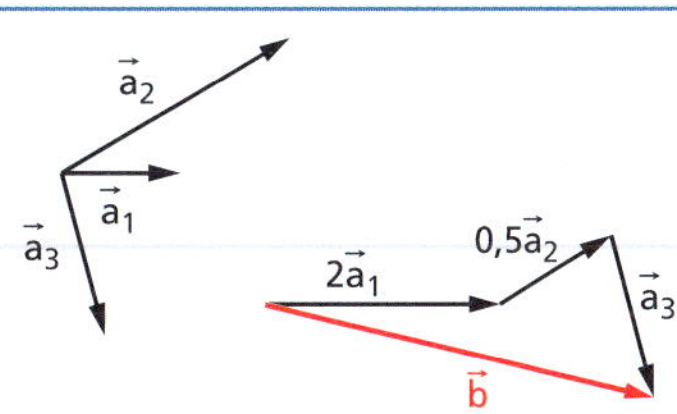
Betrag eines Vektors	$\lvert\vec{a}\rvert = \sqrt{a_x^2 + a_y^2 + a_z^2}$	entspricht der Länge des Vektorpfeils

10

10.7 Lineare Abhängigkeit und lineare Unabhängigkeit

Eine Vektormenge, die nur aus dem Element $\vec{a}$ besteht, wird mit eingeordnet: Man betrachtet $\vec{a} \neq \vec{o}$ als linear unabhängig und $\vec{a} = \vec{o}$ als linear abhängig.

Definition Vektoren $\vec{a}_1, \vec{a}_2, \ldots, \vec{a}_n$ heißen **linear unabhängig,** falls sich *kein* Vektor von ihnen als Linearkombination (↗ Abschnitt 10.4) der übrigen Vektoren darstellen lässt.
Kann man *wenigstens einen* der Vektoren $\vec{a}_1, \vec{a}_2, \ldots, \vec{a}_n$ als Linearkombination der übrigen Vektoren darstellen, so heißen die Vektoren **linear abhängig.**

Gegeben sei der dargestellte Quader ABCDEFGH mit den Vektoren $\vec{a}, \vec{b}, \vec{c}, \vec{x}, \vec{y}$ und $\vec{z}$.
Für die Vektoren $\vec{x}$ bzw. $\vec{y}$ gilt:
$\vec{x} = \vec{c} = \overrightarrow{AE} = \overrightarrow{BF} = \overrightarrow{CG} = \overrightarrow{DH}$;
$\vec{y} = \overrightarrow{BG} = \overrightarrow{AH}$

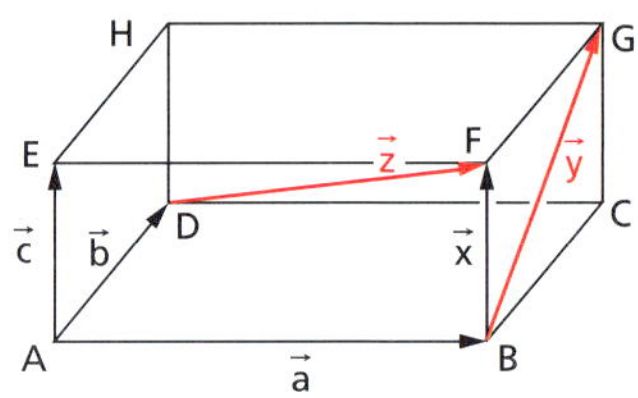

Der Vektor y lässt sich nicht als Linearkombination der Vektoren $\vec{a}$ und $\vec{b}$ darstellen, da alle solche Linearkombinationen (als Ortsvektoren bzgl. A aufgefasst) in der Ebene durch A, B und D liegen.
Ebenso ist $\vec{a}$ keine Linearkombination von $\vec{b}$ und $\vec{y}$ sowie $\vec{b}$ keine Linearkombination von $\vec{a}$ und $\vec{y}$. Nach obiger Definition sind daher $\vec{a}$, $\vec{b}$ und $\vec{y}$ linear unabhängig.
Klar ist nun auch, dass die Vektoren $\vec{a}$, $\vec{b}$ und $\vec{c}$ linear unabhängig sind.
Die Vektoren $\vec{b}$, $\vec{c}$ und $\vec{y}$ sind dagegen linear abhängig, weil sich beispielsweise $\vec{y}$ als Linearkombination von $\vec{b}$ und $\vec{c}$ darstellen lässt:
$\vec{y} = \vec{b} + \vec{c}$

Das obige Beispiel zeigt: Keiner der (drei nicht komplanaren) Vektoren $\vec{a}$, $\vec{b}$ und $\vec{c}$ lässt sich als Linearkombination der übrigen beiden Vektoren darstellen. Ersetzt man einen der drei Vektoren $\vec{a}$, $\vec{b}$ oder $\vec{c}$ durch $\vec{z}$, so hat die neue Menge von drei Vektoren ebenfalls diese Eigenschaft.

Aus der oben angeführten Definition ergibt sich: Was in Abschnitt 10.3 für zwei Vektoren mit „nicht parallel" und für drei Vektoren mit „nicht komplanar" gekennzeichnet wurde, lässt sich durch den Begriff „linear unabhängig" einheitlich und für Verallgemeinerungen offen definieren.
Weiter folgt:
Sind die Vektoren $\vec{a}_1, \vec{a}_2, \ldots, \vec{a}_n$ linear unabhängig, so lässt sich der Nullvektor $\vec{o}$ nur durch $0\vec{a}_1 + 0\vec{a}_2 + \ldots + 0\vec{a}_n$ (durch die sogenannte *triviale Linearkombination des Nullvektors*) darstellen, d. h.:

Aus $r_1\vec{a}_1 + r_2\vec{a}_2 + \ldots + r_n\vec{a}_n = \vec{o}$ folgt: $r_1 = r_2 = \ldots = r_n = 0$

Denn gäbe es ein $r_i \neq 0$ in der Linearkombination von $\vec{o}$, so könnte durch Umstellung der Gleichung nach $r_i\vec{a}_i$ und Division durch r_i der Vektor $\vec{a}_i$ als Linearkombination der übrigen Vektoren dargestellt werden, was aber bei linear unabhängigen Vektoren unmöglich ist.

Sind die Vektoren $\vec{a}_1, \vec{a}_2, \ldots, \vec{a}_n$ hingegen linear abhängig, so existiert ein Vektor, z. B. $\vec{a}_1$, der sich mithilfe der übrigen darstellen lässt: $\vec{a}_1 = r_2\vec{a}_2 + \ldots + r_n\vec{a}_n$. Daraus folgt $\vec{o} = (-1)\vec{a}_1 + r_2\vec{a}_2 + \ldots + r_n\vec{a}_n$, also eine *nichttriviale Linearkombination* des Nullvektors.

Zusammenfassend lässt sich feststellen:

Satz Lineare Unabhängigkeit und lineare Abhängigkeit
Vektoren $\vec{a}_1, \vec{a}_2, \ldots, \vec{a}_n$ sind *linear unabhängig*, wenn aus $r_1\vec{a}_1 + r_2\vec{a}_2 + \ldots + r_n\vec{a}_n = \vec{o}$ stets $r_1 = r_2 = \ldots = r_n = 0$ folgt.
Gibt es dagegen reelle Zahlen $r_1, r_2, \ldots, r_n$, die *nicht alle* gleich 0 sind, sodass $r_1\vec{a}_1 + r_2\vec{a}_2 + \ldots r_n\vec{a}_n = \vec{o}$ gilt, so sind die Vektoren $\vec{a}_1, \vec{a}_2, \ldots, \vec{a}_n$ *linear abhängig*.

In der **Ebene** können maximal **jeweils zwei Vektoren** linear unabhängig sein – jeder hinzukommende Vektor der Ebene lässt sich aus diesen beiden linear kombinieren.
Im **Raum** können maximal **jeweils drei Vektoren** linear unabhängig sein – jeder hinzukommende Vektor des Raumes lässt sich hier aus diesen drei linear kombinieren.

(1) Die drei Vektoren $\vec{e}_1 = \begin{pmatrix}1\\0\\0\end{pmatrix}$, $\vec{e}_2 = \begin{pmatrix}0\\1\\0\end{pmatrix}$ und $\vec{e}_3 = \begin{pmatrix}0\\0\\1\end{pmatrix}$ sind linear unabhängig, denn keiner von ihnen ist eine Linearkombination der übrigen beiden. Beispielsweise kann die erste Koordinate von $\vec{e}_1$ niemals aus einer Linearkombination der ersten Koordinaten von $\vec{e}_2$ und $\vec{e}_3$ entstehen.

(2) Man weise nach, dass

- $\vec{a}_1 = \begin{pmatrix}2\\1\\-2\end{pmatrix}$, $\vec{a}_2 = \begin{pmatrix}3\\3\\-2\end{pmatrix}$ und $\vec{a}_3 = \begin{pmatrix}-1\\1\\4\end{pmatrix}$ linear unabhängige Vektoren sind,
- $\vec{b}_1 = \begin{pmatrix}3\\1\\5\end{pmatrix}$, $\vec{b}_2 = \begin{pmatrix}7\\-1\\7\end{pmatrix}$ und $\vec{b}_3 = \begin{pmatrix}1\\2\\4\end{pmatrix}$ linear abhängige Vektoren sind.

Außerdem soll einer der drei Vektoren $\vec{b}_i$ als Linearkombination der anderen zwei dargestellt werden.

Aus der unbestimmten Linearkombination des Nullvektors

$$r_1\vec{a}_1 + r_2\vec{a}_2 + r_3\vec{a}_3 = \vec{o} \qquad \Big| \qquad s_1\vec{b}_1 + s_2\vec{b}_2 + s_3\vec{b}_3 = \vec{o}$$

ergibt sich das lineare Gleichungssystem:

$$\begin{aligned} 2r_1 + 3r_2 - r_3 &= 0 \\ r_1 + 3r_2 + r_3 &= 0 \\ -2r_1 - 2r_2 + 4r_3 &= 0 \end{aligned} \qquad \Bigg| \qquad \begin{aligned} 3s_1 + 7s_2 + s_3 &= 0 \\ s_1 - s_2 + 2s_3 &= 0 \\ 5s_1 + 7s_2 + 4s_3 &= 0 \end{aligned}$$

Um den verlangten Nachweis zu erbringen, muss die Rechnung für das linke Gleichungssystem zu der eindeutigen Lösung $r_1 = r_2 = r_3 = 0$ führen, für das rechte Gleichungssystem aber neben $s_1 = s_2 = s_3 = 0$ auch eine Lösung mit einem von null verschiedenen Wert für mindestens ein s_i ($i = 1, 2, 3$) ergeben.
Das Gleichungssystem mit den s_i-Variablen hat mit $s_1 = -3$, $s_2 = 1$ und $s_3 = 2$ eine weitere Lösung, wie man sich durch Einsetzen dieser Werte überzeugen kann.
Somit ergibt sich beispielsweise $\vec{b}_2 = 3\vec{b}_1 - 2\vec{b}_3$, eine Gleichung, die man mit den konkreten Spaltenvektoren $\vec{b}_i$ überprüfen kann.

Allgemeine Erörterungen zu einem Lösungsalgorithmus erfolgen im Abschnitt 4.7.

10.8 Skalarprodukt von Vektoren

10.8.1 Definition und Eigenschaften

Eisenbahnwagen auf kurzen Rangierstrecken, Lastkähne auf schmalen Kanälen u.Ä. werden gelegentlich z.B. von Traktoren oder früher auch Pferdegespannen parallel zu den Schienen bzw. dem Kanal gezogen. Ein solches Gespann ist dann mit dem Lastkahn über ein starkes Stahlseil verbunden. Die Zugkraft F_T des Gespanns oder Traktors kann jedoch nicht vollständig zur Fortbewegung des Kahns genutzt werden:

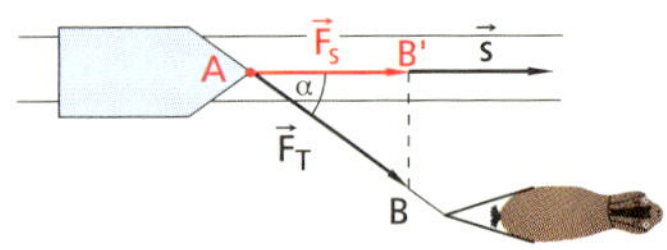

Dafür wird nur der Teil F_s der Zugkraft F_T wirksam, der in Richtung des Weges s wirkt.
Weil sowohl Kräfte als auch der Weg gerichtete Größen sind, fassen wir diese als Vektoren $\vec{F}_T$, $\vec{F}_s$ und s auf. Der Zahlenwert der Zugkraft des Gespanns ist dann der Betrag des Vektors $\vec{F}_T$, also $|\vec{F}_T|$.

Für die mechanische Arbeit W, die vom Gespann an dem Kahn verrichtet wird, gilt $W = |\vec{F}_s| \cdot |\vec{s}|$. Weil $\vec{F}_T$ und $\vec{F}_s$ den Winkel α einschließen, erhält man daraus wegen $\cos\alpha = \frac{|\vec{F}_s|}{|\vec{F}_T|}$ schließlich $W = |\vec{F}_T| \cdot |\vec{s}| \cdot \cos\alpha$ oder allgemeiner $W = |\vec{F}| \cdot |\vec{s}| \cdot \cos\alpha$. Die mechanische Arbeit ist also eine ungerichtete Größe (ein Skalar), die sich aus dem Produkt der Beträge zweier Vektoren ($\vec{F}$, $\vec{s}$) und dem Kosinus des eingeschlossenen Winkels α berechnen lässt. Für dieses Produkt schreibt man auch kurz $\vec{F} \cdot \vec{s}$.

Zur Unterscheidung von der Vervielfachung eines Vektors mit einer reellen Zahl kennzeichnen wir das **Skalarprodukt** zweier Vektoren durch den Mal-Punkt.

Definition Sind $\vec{a}$ und $\vec{b}$ zwei Vektoren, so nennt man $\vec{a} \cdot \vec{b} = |\vec{a}| \cdot |\vec{b}| \cdot \cos\alpha$ das **Skalarprodukt** der Vektoren $\vec{a}$ und $\vec{b}$, wobei α den von $\vec{a}$ und $\vec{b}$ eingeschlossenen Winkel bezeichnet.

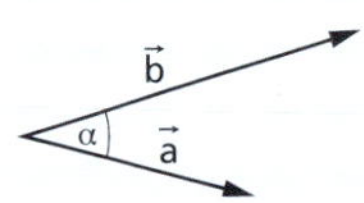

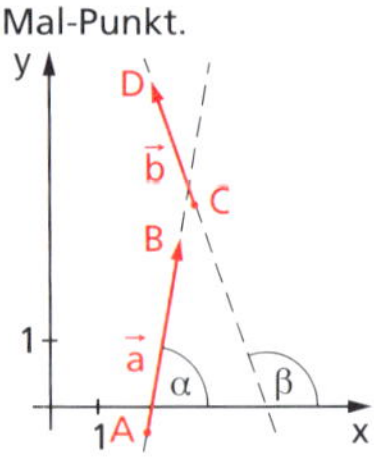

Zwei Vektoren $\vec{a}$ und $\vec{b}$ seien durch die Pfeile $\overline{AB}$ und $\overline{CD}$ mit $|\overline{AB}| = 3$ und $|\overline{CD}| = 2$ gegeben. Außerdem schließen $\vec{a}$ und $\vec{b}$ mit der (positiven) x-Achse den Winkel $\alpha = 80°$ bzw. $\vec{b} = 110°$ ein.
Damit ist $\sphericalangle(\vec{a}, \vec{b}) = 30°$ und es gilt für das Skalarprodukt:
$\vec{a} \cdot \vec{b} = |\vec{a}| \cdot |\vec{b}| \cdot \cos\alpha = 3 \cdot 2 \cdot \cos 30° = 3 \cdot 2 \cdot \frac{1}{2}\sqrt{3} = 3\sqrt{3}$

Weil in der Definition des Skalarprodukts der Faktor $\cos\alpha$ in Abhängigkeit von α positiv, null oder negativ sein kann, gilt dasselbe auch für das Skalarprodukt zweier Vektoren. Die folgende Tabelle gibt einen Überblick über alle Möglichkeiten:

	$\alpha = 0°$ $\cos\alpha = 1$	$0° < \alpha < 90°$ $\cos\alpha > 0$	$\alpha = 90°$ $\cos\alpha = 0$	$90° < \alpha < 180°$ $\cos\alpha < 0$	$\alpha = 180°$ $\cos\alpha = -1$
$\vec{a} \neq \vec{o}$ **und** $\vec{b} \neq \vec{o}$	 $\vec{a} \cdot \vec{b} = \lvert\vec{a}\rvert \cdot \lvert\vec{b}\rvert > 0$	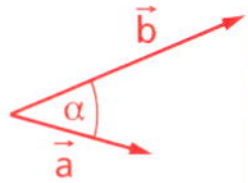 $\vec{a} \cdot \vec{b} > 0$	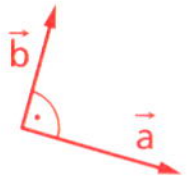 $\vec{a} \cdot \vec{b} = 0$	 $\vec{a} \cdot \vec{b} < 0$	 $\vec{a} \cdot \vec{b} = -\lvert\vec{a}\rvert \cdot \lvert\vec{b}\rvert < 0$
$\vec{a} = \vec{o}$ **oder** $\vec{b} = \vec{o}$	$\vec{a} \cdot \vec{b} = 0$ (Damit wird auch die Definition des Skalarprodukts ergänzt.)				

Dieser Tabelle kann man insbesondere entnehmen: Das Skalarprodukt zweier Vektoren $\vec{a}$ und $\vec{b}$ ist genau dann 0, wenn (mindestens) einer der beiden Vektoren $\vec{a}$, $\vec{b}$ mit dem Nullvektor $\vec{o}$ übereinstimmt oder wenn die beiden Vektoren $\vec{a}$, $\vec{b}$ senkrecht zueinander sind. Wird nun vereinbart, dass der Nullvektor senkrecht zu jedem anderen Vektor ist, so können wir formulieren:

▶ Der Nullvektor $\vec{o}$ ist senkrecht zu jedem anderen Vektor.

Satz Orthogonalität von Vektoren
Das Skalarprodukt zweier Vektoren ist genau dann 0, wenn die beiden Vektoren senkrecht aufeinanderstehen.

▶ Im Unterschied zur Eigenschaft des Produkts zweier reeller Zahlen kann das Skalarprodukt zweier Vektoren auch dann gleich 0 sein, wenn beide Vektoren vom Nullvektor verschieden sind.

Zwei beliebige Vektoren $\vec{a}$ und $\vec{b}$ seien durch die Pfeile $\overrightarrow{OA}$ bzw. $\overrightarrow{OB}$ repräsentiert. Dann gilt:

$\vec{a} \cdot \vec{b} = \lvert\vec{a}\rvert \cdot \lvert\vec{b}\rvert \cdot \cos\alpha = \lvert\overrightarrow{OA}\rvert \cdot \lvert\overrightarrow{OB}\rvert \cdot \cos\alpha$

Projiziert man nun den Pfeil $\overrightarrow{OB}$ senkrecht auf die Gerade, die durch $\overrightarrow{OA}$ bestimmt ist, so erhält man b' = m(OB'), die vorzeichenbehaftete Länge der Projektion von $\vec{b}$ auf $\vec{a}$, deren Vorzeichen von der Lage der Projektion OB' bezüglich der Richtung von $\vec{a}$ abhängt. Damit ergibt sich:

Satz
Sind $\vec{a}$ und $\vec{b}$ zwei Vektoren und bezeichnet b' die vorzeichenbehaftete Länge der Projektion von $\vec{b}$ auf $\vec{a}$, so gilt: $\vec{a} \cdot \vec{b} = \lvert\vec{a}\rvert \cdot b'$

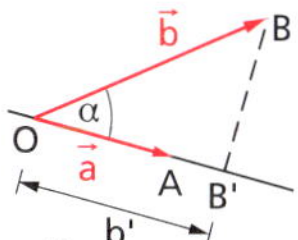

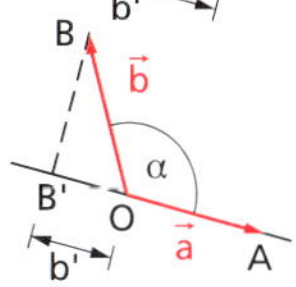

Satz Eigenschaften des Skalarprodukts
Für beliebige Vektoren $\vec{a}$, $\vec{b}$ und $\vec{c}$ sowie für jede reelle Zahl t gilt:

- $\vec{a} \cdot \vec{b} = \vec{b} \cdot \vec{a}$ (Kommutativität)
- $\vec{a} \cdot (\vec{b} + \vec{c}) = \vec{a} \cdot \vec{b} + \vec{a} \cdot \vec{c}$ (Distributivität)
- $(t\vec{a} \cdot \vec{b}) = t(\vec{a} \cdot \vec{b})$
- $\vec{a}^2 \geq 0$ (wobei $\vec{a}^2 = 0$ genau dann, wenn $\vec{a} = \vec{o}$)

Um das Skalarprodukt zweier Vektoren aus deren Koordinaten zu berechnen, gehen wir von der eindeutigen Zerlegbarkeit jedes Vektors in Komponenten bezüglich des Koordinatensystems aus (↗ Abschnitt 10.4):

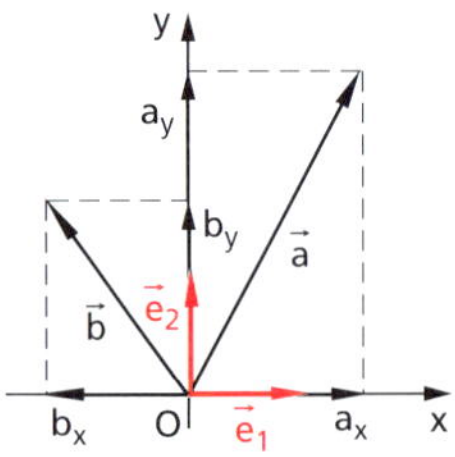

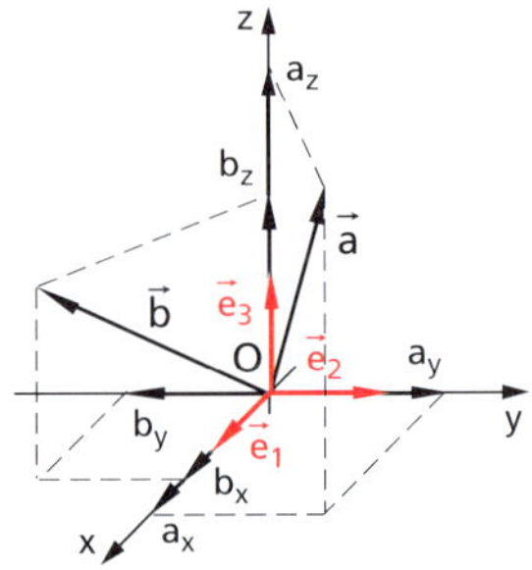

Für $\vec{a} = \begin{pmatrix} a_x \\ a_y \end{pmatrix} = a_x \vec{e}_1 + a_y \vec{e}_2$

und $\vec{b} = \begin{pmatrix} b_x \\ b_y \end{pmatrix} = b_x \vec{e}_1 + b_y \vec{e}_2$

Für $\vec{a} = \begin{pmatrix} a_x \\ a_y \\ a_z \end{pmatrix} = a_x \vec{e}_1 + a_y \vec{e}_2 + a_z \vec{e}_3$

und $\vec{b} = \begin{pmatrix} b_x \\ b_y \\ b_z \end{pmatrix} = b_x \vec{e}_1 + b_y \vec{e}_2 + b_z \vec{e}_3$

gilt dann:

$\vec{a} \cdot \vec{b} = (a_x \vec{e}_1 + a_y \vec{e}_2) \cdot (b_x \vec{e}_1 + b_y \vec{e}_2)$

$\vec{a} \cdot \vec{b} = (a_x \vec{e}_1 + a_y \vec{e}_2 + a_z \vec{e}_3) \cdot (b_x \vec{e}_1 + b_y \vec{e}_2 + b_z \vec{e}_3)$

Unter Verwendung des Distributivgesetzes des Skalarprodukts erhält man:

$$\vec{a} \cdot \vec{b} = a_x b_x \vec{e}_1 \cdot \vec{e}_1 + a_x b_y \vec{e}_1 \cdot \vec{e}_2 + a_y b_x \vec{e}_2 \cdot \vec{e}_1 + a_y b_y \vec{e}_2 \cdot \vec{e}_2$$

$$\begin{aligned} \vec{a} \cdot \vec{b} = \; & a_x b_x \vec{e}_1 \cdot \vec{e}_1 + a_x b_y \vec{e}_1 \cdot \vec{e}_2 + a_x b_z \vec{e}_1 \cdot \vec{e}_3 \\ & + a_y b_x \vec{e}_2 \cdot \vec{e}_1 + a_y b_y \vec{e}_2 \cdot \vec{e}_2 + a_y b_z \vec{e}_2 \cdot \vec{e}_3 \\ & + a_z b_x \vec{e}_3 \cdot \vec{e}_1 + a_z b_y \vec{e}_3 \cdot \vec{e}_2 + a_z b_z \vec{e}_3 \cdot \vec{e}_3 \end{aligned}$$

Weil $\vec{e}_1 \cdot \vec{e}_1 = |\vec{e}_1|^2 = 1$,
$\vec{e}_2 \cdot \vec{e}_2 = |\vec{e}_2|^2 = 1$

und $\vec{e}_1 \cdot \vec{e}_2 = \vec{e}_2 \cdot \vec{e}_1 = 0$ ist, ergibt sich:
$\vec{a} \cdot \vec{b} = a_x b_x + a_y b_y$

Weil $\vec{e}_1 \cdot \vec{e}_1 = |\vec{e}_1|^2 = 1$, $\vec{e}_2 \cdot \vec{e}_2 = |\vec{e}_2|^2 = 1$,
$\vec{e}_3 \cdot \vec{e}_3 = |\vec{e}_3|^2 = 1$

und $\vec{e}_1 \cdot \vec{e}_2 = \vec{e}_1 \cdot \vec{e}_3 = \vec{e}_2 \cdot \vec{e}_3 = 0$ ist, ergibt sich:
$\vec{a} \cdot \vec{b} = a_x b_x + a_y b_y + a_z b_z$

Satz Berechnung des Skalarprodukts aus den Koordinaten der Vektoren

Sind bezüglich eines kartesischen Koordinatensystems

die beiden Vektoren der Ebene	die beiden Vektoren des Raumes
$\vec{a} = \begin{pmatrix} a_x \\ a_y \end{pmatrix}$ und $\vec{b} = \begin{pmatrix} b_x \\ b_y \end{pmatrix}$	$\vec{a} = \begin{pmatrix} a_x \\ a_y \\ a_z \end{pmatrix}$ und $\vec{b} = \begin{pmatrix} b_x \\ b_y \\ b_z \end{pmatrix}$

gegeben, dann ist:

$\vec{a} \cdot \vec{b} = a_x b_x + a_y b_y$	$\vec{a} \cdot \vec{b} = a_x b_x + a_y b_y + a_z b_z$

Betrachtet man den Spezialfall $\vec{a} = \vec{b}$, so ergibt sich:

- $\vec{a} \cdot \vec{a} = |\vec{a}| \cdot |\vec{a}| \cdot \cos 0° = |\vec{a}|^2$
- In der Ebene: $\vec{a} \cdot \vec{a} = a_x^2 + a_y^2$, also: $|\vec{a}| = \sqrt{a_x^2 + a_y^2}$ oder $|\vec{a}| = \sqrt{\vec{a}^2}$
- Im Raum: $\vec{a} \cdot \vec{a} = a_x^2 + a_y^2 + a_z^2$, also: $|\vec{a}| = \sqrt{a_x^2 + a_y^2 + a_z^2}$ oder $|\vec{a}| = \sqrt{\vec{a}^2}$

Gegeben sind im Raum die zwei Vektoren $\vec{a} = \begin{pmatrix} 2 \\ 3 \\ -1 \end{pmatrix}$ und $\vec{b} = \begin{pmatrix} 4 \\ -2 \\ 3 \end{pmatrix}$.

Es ist das Skalarprodukt dieser beiden Vektoren zu berechnen.

Nach obigem Satz gilt: $\vec{a} \cdot \vec{b} = \begin{pmatrix} 2 \\ 3 \\ -1 \end{pmatrix} \cdot \begin{pmatrix} 4 \\ -2 \\ 3 \end{pmatrix} = 2 \cdot 4 + 3 \cdot (-2) + (-1) \cdot 3 = -1$

10.8.2 Anwendungen des Skalarprodukts

Der Satz auf Seite 290 ermöglicht es, die Orthogonalitätsbedingung für zwei Vektoren für den Fall neu zu formulieren, dass die beiden Vektoren durch ihre Koordinaten gegeben sind.

Satz Orthogonalitätsbedingung für Vektoren

Sind bezüglich eines Koordinatensystems die beiden Vektoren

$\vec{a} = \begin{pmatrix} a_x \\ a_y \end{pmatrix}$ und $\vec{b} = \begin{pmatrix} b_x \\ b_y \end{pmatrix}$ (in der Ebene)	$\vec{a} = \begin{pmatrix} a_x \\ a_y \\ a_z \end{pmatrix}$ und $\vec{b} = \begin{pmatrix} b_x \\ b_y \\ b_z \end{pmatrix}$ (im Raum)

gegeben, dann gilt $\vec{a} \perp \vec{b}$ genau dann, wenn

$a_x b_x + a_y b_y = 0.$	$a_x b_x + a_y b_y + a_z b_z = 0.$

Es ist ein Vektor $\vec{b} = \begin{pmatrix} -2 \\ y \\ 3 \end{pmatrix}$ anzugeben, der zu dem Vektor $\vec{a} = \begin{pmatrix} 3 \\ 5 \\ -1 \end{pmatrix}$ orthogonal ist.

Aus $\vec{a} \cdot \vec{b} = -2 \cdot 3 + 5y + 3 \cdot (-1) = -6 + 5y - 3 = 0$ folgt $y = 1{,}8$.

Also ist $\vec{b} = \begin{pmatrix} -2 \\ 1{,}8 \\ 3 \end{pmatrix}$.

Gegeben seien im Raum die drei Punkte A(2; –1; 2), B(1; 1; 1) und C(0; 3; 2). Es sind die Innenwinkel des Dreiecks ABC zu bestimmen.
Zu den Punkten A, B und C gehören die eindeutig bestimmten Ortsvektoren

$\vec{a} = \begin{pmatrix} 2 \\ -1 \\ 2 \end{pmatrix}$, $\vec{b} = \begin{pmatrix} 1 \\ 1 \\ 1 \end{pmatrix}$ bzw. $\vec{c} = \begin{pmatrix} 0 \\ 3 \\ 2 \end{pmatrix}$.

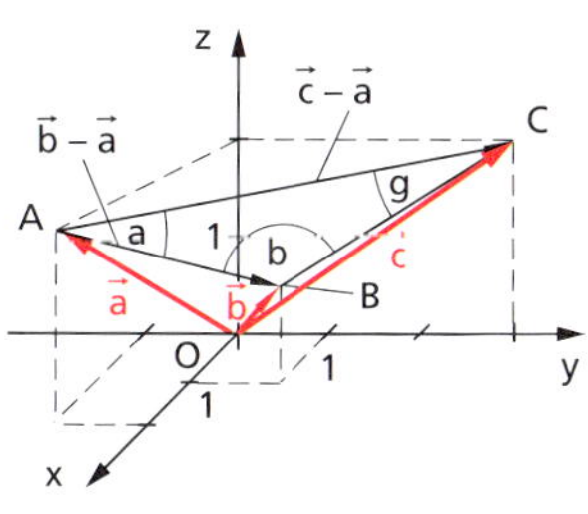

Wir berechnen zuerst den Winkel α, der durch die Vektoren $\overrightarrow{AB} = \vec{b} - \vec{a}$ und $\overrightarrow{AC} = \vec{c} - \vec{a}$ eingeschlossen wird.

Aus der Definition des Skalarprodukts folgt

$$\cos a = \frac{(\vec{b}-\vec{a})\cdot(\vec{c}-\vec{a})}{|\vec{b}-\vec{a}|\cdot|\vec{c}-\vec{a}|} = \frac{\begin{pmatrix}-1\\2\\-1\end{pmatrix}\cdot\begin{pmatrix}-2\\4\\0\end{pmatrix}}{\sqrt{(-1)^2+2^2+(-1)^2}\cdot\sqrt{(-2)^2+4^2+0^2}}$$

$$= \frac{2+8+0}{\sqrt{6}\cdot\sqrt{20}} \approx 0{,}9129,$$

woraus sich $\alpha \approx 24{,}09°$ ergibt. Auf analogem Wege erhält man $\beta \approx 131{,}81°$ und $\gamma \approx 24{,}09°$.

Als weiteres Beispiel sei ein physikalisches Problem gewählt:

Eine Kraft $\vec{F}$ mit dem Betrag 4400 N, die in Richtung der positiven z-Achse wirkt, bewegt einen Körper von A(2; 1; –4) nach B (2; 4; 0). Die Punktkoordinaten sind bezüglich eines kartesischen Koordinatensystems angegeben, in dem auf jeder Achse eine Einheit 1 m entspricht. Es ist die bei dieser Bewegung verrichtete Arbeit zu berechnen. In nebenstehender Figur wird neben den Punkten A und B auch die Kraft $\vec{F}$ veranschaulicht, und zwar so, dass eine Einheit auf der z-Achse gerade 1 kN entspricht.

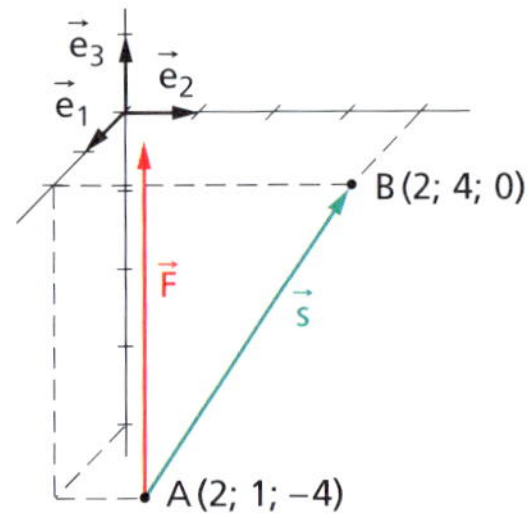

Für die mechanische Arbeit $W = \vec{F}\cdot\vec{s} = |\vec{F}|\cdot|\vec{s}|\cos\sphericalangle(\vec{F},\vec{s})$, die die Kraft $\vec{F} = \begin{pmatrix}0\\0\\4{,}4\end{pmatrix}$ längs des Weges $\vec{s} = \overrightarrow{AB} = \begin{pmatrix}0\\3\\4\end{pmatrix}$ leistet, gilt:

$$W = \begin{pmatrix}0\\0\\4{,}4\end{pmatrix}\cdot\begin{pmatrix}0\\3\\4\end{pmatrix} = 4{,}4\cdot 4 = 17{,}6$$

Da die Einheiten in Kilonewton bzw. Meter festgelegt waren, beträgt die verrichtete Arbeit also 17,6 kNm.

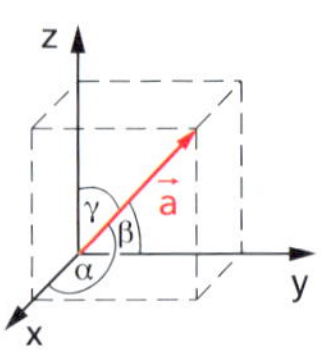

Satz Richtungskosinuswerte eines Vektors

Schließt ein Vektor $\vec{a} = \begin{pmatrix}a_x\\a_y\\a_z\end{pmatrix}$ mit den drei Koordinatenachsen die Winkel α, β und γ ein, so gilt:

$$\cos\alpha = \frac{a_x}{|\vec{a}|},\ \cos\beta = \frac{a_y}{|\vec{a}|} \text{ und } \cos\gamma = \frac{a_z}{|\vec{a}|} \text{ sowie } \cos^2\alpha + \cos^2\beta + \cos^2\gamma = 1$$

Unter Verwendung eines Richtungsvektors $\vec{e}_1 = \begin{pmatrix}1\\0\\0\end{pmatrix}$ der x-Achse erhält man z. B.: $\cos\alpha = \frac{\vec{a}\cdot\vec{e}_1}{|\vec{a}|\cdot|\vec{e}_1|} = \frac{\begin{pmatrix}a_x\\a_y\\a_z\end{pmatrix}\cdot\begin{pmatrix}1\\0\\0\end{pmatrix}}{|\vec{a}|} = \frac{a_x}{|\vec{a}|}$

10.9 Vektorprodukt und Spatprodukt von Vektoren

10.9.1 Vektorprodukt

Im Unterschied zu der multiplikativen Verknüpfung reeller Zahlen werden für Vektoren $\vec{a}$ und $\vec{b}$ im Raum zwei Arten der Produktbildung definiert: Neben dem Skalarprodukt (↗ Abschnitt 10.8), bei dem $\vec{a} \cdot \vec{b}$ eine reelle Zahl ist, gibt es das Vektorprodukt $\vec{a} \times \vec{b}$, dessen Resultat – wie der Name sagt – ein Vektor $\vec{v}$ ist.

Das **Vektorprodukt** $\vec{a} \times \vec{b}$ wird gesprochen: „Vektor a Kreuz Vektor b"

Definition Unter dem **Vektorprodukt $\vec{a} \times \vec{b}$** zweier Vektoren $\vec{a}$ und $\vec{b}$ versteht man den im Raum durch die folgenden drei Bedingungen charakterisierten Vektor $\vec{v}$:

(1) $|\vec{v}| = |\vec{a}| \cdot |\vec{b}| \cdot |\sin \sphericalangle(\vec{a}, \vec{b})|$ (2) $\vec{v} \perp \vec{a}$ und $\vec{v} \perp \vec{b}$.

(3) Sind $\vec{a}$ und $\vec{b}$ linear unabhängig, so bildet $(\vec{a}, \vec{b}, \vec{v})$ ein Rechtssystem.

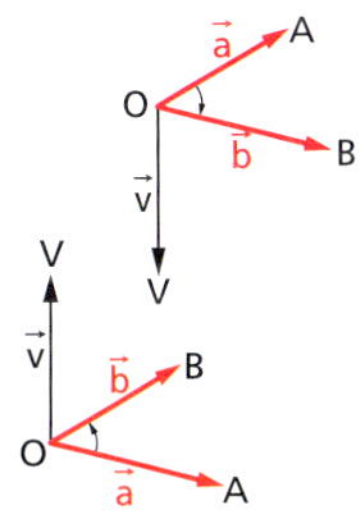

Für den Vektor $\vec{v} = \vec{a} \times \vec{b}$ gilt also:

- Der Betrag des Vektors $\vec{v}$ ist gleich der Inhaltsmaßzahl des von $\vec{a}$ und $\vec{b}$ gebildeten Parallelogramms.
- $\vec{v}$ verläuft senkrecht zu der durch $\vec{a}$ und $\vec{b}$ ($\vec{a} \nparallel \vec{b}$) bestimmten Ebene.
- Das Vektorsystem $\{\vec{a}, \vec{b}, \vec{v}\}$ bildet für $\vec{a} \nparallel \vec{b}$ ein Rechtssystem. Das bedeutet: Dreht man $\vec{a}$ um O auf kürzestem Weg in $\vec{b}$, so muss sich eine entsprechend gedrehte Rechtsschraube in Richtung von $\vec{v}$ bewegen.

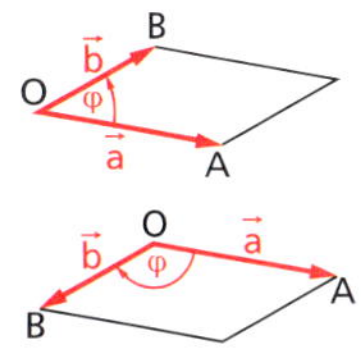

Aufgrund obiger Definition gilt $\vec{a} \times \vec{b} = \vec{o}$ genau dann, wenn $\vec{a}$ und $\vec{b}$ linear abhängig sind. Ferner gelten für das Vektorprodukt folgende **Rechengesetze:**

- $\vec{a} \times \vec{b} = -(\vec{b} \times \vec{a})$ bzw. $\vec{a} \times \vec{b} = -\vec{b} \times \vec{a}$ — Alternativgesetz
- $(\vec{a} + \vec{b}) \times \vec{c} = \vec{a} \times \vec{c} + \vec{b} \times \vec{c}$ — Distributivgesetz
- $\lambda(\vec{a} \times \vec{b}) = (\lambda\vec{a}) \times \vec{b} = \vec{a} \times (\lambda\vec{b})$ $(\lambda \in \mathbb{R})$ — Vervielfachung mit einer reellen Zahl

Speziell gilt für die *Vektorprodukte der Einheitsvektoren in Richtung der Koordinatenachsen:*

$\vec{e}_1 \times \vec{e}_1 = \vec{e}_2 \times \vec{e}_2 = \vec{e}_3 \times \vec{e}_3 = \vec{o}$;

$\vec{e}_1 \times \vec{e}_2 = \vec{e}_3$, $\vec{e}_2 \times \vec{e}_3 = \vec{e}_1$, $\vec{e}_3 \times \vec{e}_1 = \vec{e}_2$;

$\vec{e}_2 \times \vec{e}_1 = -\vec{e}_3$, $\vec{e}_3 \times \vec{e}_2 = -\vec{e}_1$, $\vec{e}_1 \times \vec{e}_3 = -\vec{e}_2$

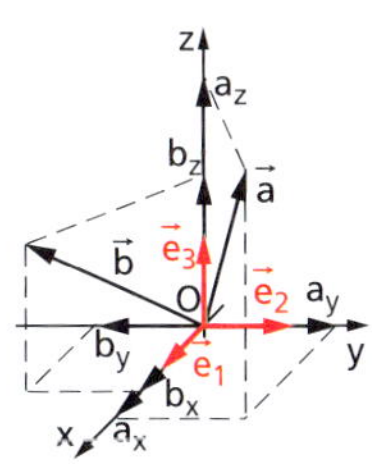

Das Assoziativgesetz trifft im Allgemeinen nicht zu.

Sind die beiden Vektoren $\vec{a}$ und $\vec{b}$ durch ihre Koordinaten bezüglich eines räumlichen kartesischen Koordinatensystems, also in der Form

$$\vec{a} = \begin{pmatrix} a_x \\ a_y \\ a_z \end{pmatrix} = a_x\vec{e}_1 + a_y\vec{e}_2 + a_z\vec{e}_3 \quad \text{und} \quad \vec{b} = \begin{pmatrix} b_x \\ b_y \\ b_z \end{pmatrix} = b_x\vec{e}_1 + b_y\vec{e}_2 + b_z\vec{e}_3,$$

gegeben, so gilt:

$$\vec{a} \times \vec{b} = (a_x\vec{e}_1 + a_y\vec{e}_2 + a_z\vec{e}_3) \times (b_x\vec{e}_1 + b_y\vec{e}_2 + b_z\vec{e}_3)$$

Mithilfe des Distributivgesetzes des Vektorprodukts erhält man

$$\begin{aligned}\vec{a}\times\vec{b} &= a_x b_x \vec{e}_1\times\vec{e}_1 + a_x b_y \vec{e}_1\times\vec{e}_2 + a_x b_z \vec{e}_1\times\vec{e}_3\\ &+ a_y b_x \vec{e}_2\times\vec{e}_1 + a_y b_y \vec{e}_2\times\vec{e}_2 + a_y b_z \vec{e}_2\times\vec{e}_3\\ &+ a_z b_x \vec{e}_3\times\vec{e}_1 + a_z b_y \vec{e}_3\times\vec{e}_2 + a_z b_z \vec{e}_3\times\vec{e}_3\end{aligned}$$

und daraus unter Verwendung obiger Rechenregeln für $\vec{e}_i \times \vec{e}_j$

$$\vec{a}\times\vec{b} = (a_y b_z - a_z b_y)\vec{e}_1 + (a_z b_x - a_x b_z)\vec{e}_2 + (a_x b_y - a_y b_x)\vec{e}_3.$$

In Determinantenschreibweise lässt sich dieses Ergebnis folgendermaßen zusammenfassen:

Satz Vektorprodukt

Sind $\vec{a} = \begin{pmatrix} a_x \\ a_y \\ a_z \end{pmatrix}$ und $\vec{b} = \begin{pmatrix} b_x \\ b_y \\ b_z \end{pmatrix}$ zwei Vektoren im Raum, so gilt:

$$\vec{a}\times\vec{b} = \begin{vmatrix} \vec{e}_1 & \vec{e}_2 & \vec{e}_3 \\ a_x & a_y & a_z \\ b_x & b_y & b_z \end{vmatrix} = (a_y b_z - a_z b_y)\vec{e}_1 + (a_z b_x - a_x b_z)\vec{e}_2 + (a_x b_y - a_y b_x)\vec{e}_3 = \begin{pmatrix} a_y b_z - a_z b_y \\ a_z b_x - a_x b_z \\ a_x b_y - a_y b_x \end{pmatrix}$$

10

Es ist das Vektorprodukt der beiden Vektoren $\vec{a} = \begin{pmatrix} 2 \\ 1 \\ 5 \end{pmatrix}$ und $\vec{b} = \begin{pmatrix} -2 \\ 3 \\ -1 \end{pmatrix}$ zu bilden und das Ergebnis geometrisch zu interpretieren.

$$\vec{a}\times\vec{b} = \begin{vmatrix} \vec{e}_1 & \vec{e}_2 & \vec{e}_3 \\ 2 & 1 & 5 \\ -2 & 3 & -1 \end{vmatrix} = -16\vec{e}_1 - 8\vec{e}_2 + 8\vec{e}_3 = \begin{pmatrix} -16 \\ -8 \\ 8 \end{pmatrix}$$

Der Vektor $\begin{pmatrix} -16 \\ -8 \\ 8 \end{pmatrix}$ steht senkrecht zu den Vektoren $\vec{a}$ und $\vec{b}$. Er ist ein **Normalenvektor** einer von $\vec{a}$ und $\vec{b}$ aufgespannten Ebene. Sein Betrag gibt die Inhaltsmaßzahl des von $\vec{a}$ und $\vec{b}$ im Raum aufgespannten Parallelogramms an: $A = \left|\begin{pmatrix} -16 \\ -8 \\ 8 \end{pmatrix}\right| = \sqrt{(-16)^2 + (-8)^2 + 8^2} \approx 19{,}6$ (FE)

Zum **Normalenvektor** und seiner Verwendung ↗ Abschnitte 11.1.3 und 11.2.3, 11.3.2.

10.9.2 Spatprodukt

Drei Vektoren $\vec{a}, \vec{b}, \vec{c}$ im Raum bestimmen im Allgemeinen ein Parallelepiped (Spat). Für dessen Volumen gilt $V(\vec{a}, \vec{b}, \vec{c}) = A_G \cdot h_c$. Dabei ist A_G die Fläche des von $\vec{a}$ und $\vec{b}$ aufgespannten Parallelogramms, also $A_G = |\vec{a}\times\vec{b}|$, und h_c die Höhe von C über dieser Grundfläche, also $h_c = |\vec{c}|\cos\varphi$.

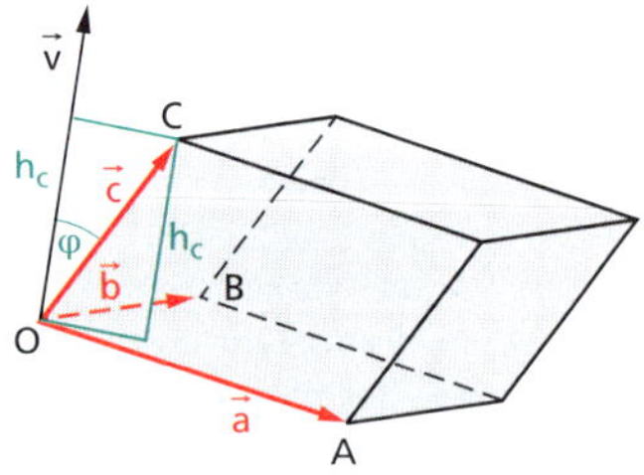

Demzufolge gilt: $V(\vec{a}, \vec{b}, \vec{c}) = |\vec{a}\times\vec{b}|\,|\vec{c}|\cos\varphi$

Da φ der Winkel zwischen $\vec{v} = \vec{a}\times\vec{b}$ und $\vec{c}$ ist, ergibt sich hieraus nach der Definition des Skalarprodukts:

$$V(\vec{a}, \vec{b}, \vec{c}) = (\vec{a}\times\vec{b})\cdot\vec{c}$$

Mit $\vec{a} = \begin{pmatrix} a_x \\ a_y \\ a_z \end{pmatrix}$, $\vec{b} = \begin{pmatrix} b_x \\ b_y \\ b_z \end{pmatrix}$ und $\vec{c} = \begin{pmatrix} c_x \\ c_y \\ c_z \end{pmatrix}$ erhält man nach dem Satz über die Berechnung des Vektorprodukts aus den Koordinaten der Vektoren (↗ Abschnitt 10.9.1) hierfür:

$$(\vec{a} \times \vec{b}) \cdot \vec{c} = \begin{pmatrix} a_y b_z - a_z b_y \\ a_z b_x - a_x b_z \\ a_x b_y - a_y b_x \end{pmatrix} \cdot \begin{pmatrix} c_x \\ c_y \\ c_z \end{pmatrix}$$

$$= c_x(a_y b_z - a_z b_y) + c_y(a_z b_x - a_x b_z) + c_z(a_x b_y - a_y b_x) = \begin{vmatrix} a_x & a_y & a_z \\ b_x & b_y & b_z \\ c_x & c_y & c_z \end{vmatrix}$$

Definition Das Produkt $(\vec{a} \times \vec{b}) \cdot \vec{c}$ dreier Vektoren $\vec{a}$, $\vec{b}$, $\vec{c}$ im Raum heißt **Spatprodukt** dieser Vektoren.
In Abhängigkeit davon, ob $\vec{a}$, $\vec{b}$ und $\vec{c}$ ein Rechtssystem bilden (oder nicht), ist das Spatprodukt positiv (oder negativ).

- Im Spatprodukt können die skalare und die vektorielle Multiplikation miteinander vertauscht werden. Deshalb schreibt man das Spatprodukt auch in der Kurzform $[\vec{a}, \vec{b}, \vec{c}]$.
- Zyklische Vertauschung der Faktoren lässt das Produkt unverändert.

Satz Volumen eines Parallelepipeds (Spat)
Sind $\vec{a} = \begin{pmatrix} a_x \\ a_y \\ a_z \end{pmatrix}$, $\vec{b} = \begin{pmatrix} b_x \\ b_y \\ b_z \end{pmatrix}$ und $\vec{c} = \begin{pmatrix} c_x \\ c_y \\ c_z \end{pmatrix}$ drei Vektoren, die ein Parallelepiped bestimmen, so gilt für die Maßzahl des Volumens dieses Körpers:

$$V(\vec{a}, \vec{b}, \vec{c}) = |(\vec{a} \times \vec{b})| \cdot \vec{c} = \left\| \begin{matrix} a_x & a_y & a_z \\ b_x & b_y & b_z \\ c_x & c_y & c_z \end{matrix} \right\|$$

Durch ||...|| soll der Betrag des Determinatenwertes bezeichnet werden.

Obiger Satz lässt sich als ein Komplanaritätskriterium für vier Punkte verwenden. Es gilt:

Satz Komplanarität von vier Punkten im Raum
Sind A, B, C und D vier Punkte im Raum, so liegen diese vier Punkte genau dann in einer gemeinsamen Ebene, wenn gilt:
$(\overrightarrow{AB} \times \overrightarrow{AC}) \cdot \overrightarrow{AD} = 0$

Es ist zu untersuchen, ob die Punkte A(–3; 0; 1), B(4; 2; –1), C(0; 0; 1) und D(6; –3; 1) in einer gemeinsamen Ebene liegen.

$\vec{a} = \overrightarrow{AB} = \begin{pmatrix} 7 \\ 2 \\ -2 \end{pmatrix}$, $\vec{b} = \overrightarrow{AC} = \begin{pmatrix} 3 \\ 0 \\ 0 \end{pmatrix}$, $\vec{c} = \overrightarrow{AD} = \begin{pmatrix} 9 \\ -3 \\ 0 \end{pmatrix}$

Anwendung der Regel von Sarrus (↗ Abschnitt 4.7.3) ergibt:

$$\begin{vmatrix} 7 & 2 & -2 \\ 3 & 0 & 0 \\ 9 & -3 & 0 \end{vmatrix} = 18 \neq 0$$

Die Punkte liegen also nicht in einer gemeinsamen Ebene.

Eine physikalische Bedeutung des Vektorproduktes zeigt die nebenstehende Darstellung des Drehmoments:

$\vec{M} = \vec{F} \times \vec{r}$

Greifen z. B. an zwei konzentrischen Rädern zwei Kräfte an, so wirkt in der Achse ein Drehmoment.

Sind $\vec{M}_1 = \vec{F}_1 \times \vec{r}_1$ und $\vec{M}_2 = \vec{F}_2 \times \vec{r}_2$ die einzelnen Drehmomente, die durch die Kräfte $\vec{F}_1$ bzw. $\vec{F}_2$ erzeugt werden, so ergibt sich das resultierende Drehmoment als (vektorielle) Summe der beiden Teildrehmomente: $\vec{M} = \vec{M}_1 + \vec{M}_2$

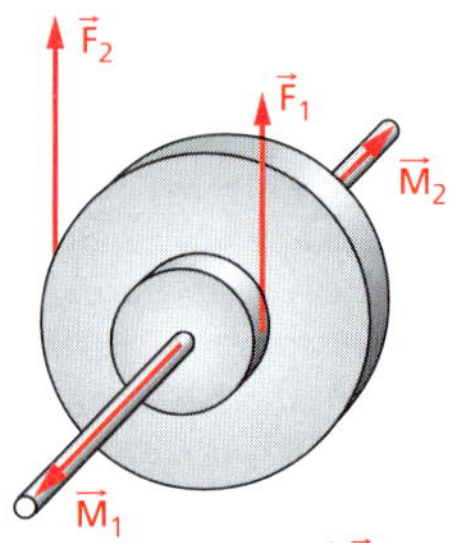

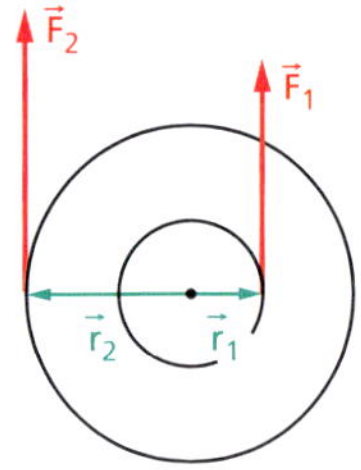

10

Neben dem Spatprodukt gibt es noch *weitere multiplikative Verknüpfungen* von mehr als zwei Vektoren.

Das Produkt ist in diesem Fall ein **Vektor.**

Für das **doppelte Vektorprodukt** gilt folgender Entwicklungssatz:

$\vec{a} \times (\vec{b} \times \vec{c}) = (\vec{a} \cdot \vec{c})\vec{b} - (\vec{a} \cdot \vec{b})\vec{c}$

$(\vec{a} \times \vec{b}) \times \vec{c} = (\vec{a} \cdot \vec{c})\vec{b} - (\vec{b} \cdot \vec{c})\vec{a}$

Das **vierfache Produkt** von Vektoren verknüpft Vektoren $\vec{a}$, $\vec{b}$, $\vec{c}$, $\vec{d}$ in folgenden Formen:

$(\vec{a} \times \vec{b}) \times (\vec{c} \times \vec{d}) = [\vec{a}\vec{b}\vec{d}]\vec{c} - [\vec{a}\vec{b}\vec{c}]\vec{d} = [\vec{a}\vec{c}\vec{d}]\vec{b} - [\vec{b}\vec{c}\vec{d}]\vec{a}$

Das Produkt ist in diesem Fall ein **Skalar.**

$(\vec{a} \times \vec{b}) \cdot (\vec{c} \times \vec{d}) = (\vec{a} \cdot \vec{c})(\vec{b} \cdot \vec{d}) - (\vec{a} \cdot \vec{d})(\vec{b} \cdot \vec{c})$ (lagrangesche Identität)

Sonderfall: $(\vec{a} \times \vec{b})^2 = \vec{a}^{\,2}\vec{b}^{\,2} - (\vec{a} \cdot \vec{b})^2$

Da $|\vec{a} \times \vec{b}|$ gleich der Inhaltsmaßzahl A des von $\vec{a}$ und $\vec{b}$ gebildeten Parallelogramms ist, gilt auch: $A = \sqrt{\vec{a}^{\,2}\vec{b}^{\,2} - (\vec{a} \cdot \vec{b})^2}$

Es ist der Flächeninhalt des Dreiecks ABC mit A(1; 0; 0), B(0; 1; 0) und C(0; 0; 1) zu ermitteln.

Aus $\vec{a} = \overrightarrow{AB} = \begin{pmatrix} -1 \\ 1 \\ 0 \end{pmatrix}$ und

$\vec{b} = \overrightarrow{AC} = \begin{pmatrix} -1 \\ 0 \\ 1 \end{pmatrix}$ erhält man:

$$A = \frac{1}{2}\sqrt{\begin{pmatrix} -1 \\ 1 \\ 0 \end{pmatrix}^2 \begin{pmatrix} -1 \\ 0 \\ 1 \end{pmatrix}^2 - \left(\begin{pmatrix} -1 \\ 1 \\ 0 \end{pmatrix} \cdot \begin{pmatrix} -1 \\ 0 \\ 1 \end{pmatrix}\right)^2}$$

$$= \frac{1}{2}\sqrt{2 \cdot 2 - 1^2} = \frac{1}{2}\sqrt{3} \text{ (FE)}$$

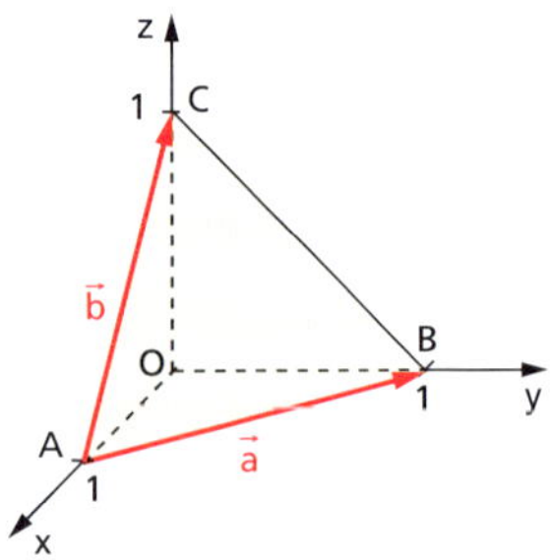

Produkte von Vektoren

Skalarprodukt von Vektoren

Unter dem **Skalarprodukt** $\vec{a} \cdot \vec{b}$ (gesprochen: a punkt b) zweier Vektoren $\vec{a}$ und $\vec{b}$ versteht man eine reelle Zahl c, für die gilt:

$c = \vec{a} \cdot \vec{b} = |\vec{a}| \cdot |\vec{b}| \cdot \cos \sphericalangle(\vec{a}, \vec{b})$

Sind $\vec{a}$ und $\vec{b}$ Vektoren des Raumes, so gilt in Koordinatenform:

$$\vec{a} \cdot \vec{b} = \begin{pmatrix} a_x \\ a_y \\ a_z \end{pmatrix} \cdot \begin{pmatrix} b_x \\ b_y \\ b_z \end{pmatrix} = a_x b_x + a_y b_y + a_z b_z$$

Anwendungen

① Zwei Vektoren $\vec{a} \neq \vec{o}$ und $\vec{b} \neq \vec{o}$ sind zueinander **orthogonal,** wenn $\vec{a} \cdot \vec{b} = 0$.

② Für den **Winkel zwischen zwei Vektoren** gilt:

$$\cos \sphericalangle(\vec{a}, \vec{b}) = \frac{\vec{a} \cdot \vec{b}}{|\vec{a}| \cdot |\vec{b}|}$$

Vektorprodukt von Vektoren

Unter dem **Vektorprodukt** $\vec{a} \times \vec{b}$ (gesprochen: a kreuz b) zweier Vektoren $\vec{a}$ und $\vec{b}$ versteht man einen Vektor $\vec{c}$ mit folgenden Eigenschaften:

- $|\vec{c}| = |\vec{a}| \cdot |\vec{b}| \cdot |\sin \sphericalangle(\vec{a}, \vec{b})|$
- $\vec{c} \perp \vec{a}$ und $\vec{c} \perp \vec{b}$
- Sind $\vec{a}$ und $\vec{b}$ linear unabhängig, dann bilden $\vec{a}$, $\vec{b}$ und $\vec{c}$ ein Rechtssystem.

Sind $\vec{a}$ und $\vec{b}$ Vektoren des Raumes, dann gilt in Koordinatenform:

$$\vec{a} \times \vec{b} = \begin{pmatrix} a_x \\ a_y \\ a_z \end{pmatrix} \times \begin{pmatrix} b_x \\ b_y \\ b_z \end{pmatrix} = \begin{pmatrix} a_y b_z - a_z b_y \\ a_z b_x - a_x b_z \\ a_x b_y - a_y b_x \end{pmatrix}$$

Anwendungen

① $A_{Parallelogramm} = |\vec{a} \times \vec{b}|$

$A_{Dreieck} = \frac{1}{2} |\vec{a} \times \vec{b}|$

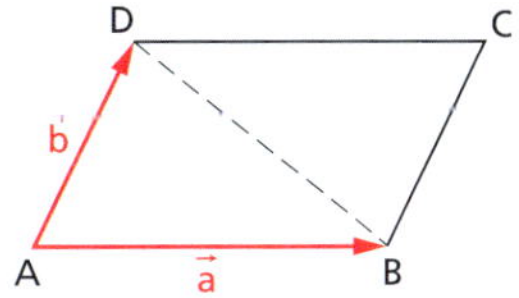

② Normalenvektor einer Ebene

$\vec{n} = \vec{a} \times \vec{b}$

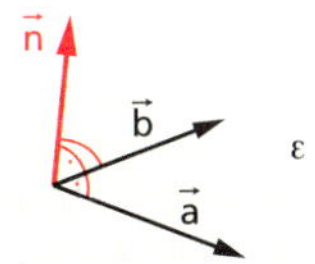

Spatprodukt von Vektoren

Unter dem **Spatprodukt** versteht man das folgende Produkt dreier Vektoren $\vec{a}$, $\vec{b}$ und $\vec{c}$:

$(\vec{a} \times \vec{b}) \cdot \vec{c} = \vec{a} \cdot (\vec{b} \times \vec{c})$

Das Spatprodukt ist eine reelle Zahl. Sind die Vektoren $\vec{a}$, $\vec{b}$ und $\vec{c}$ komplanar, so ist es gleich null.

Das Spatprodukt ist dem Betrag nach gleich dem Volumen des von den Vektoren $\vec{a}$, $\vec{b}$ und $\vec{c}$ aufgespannten Spates (Parallelepipeds).

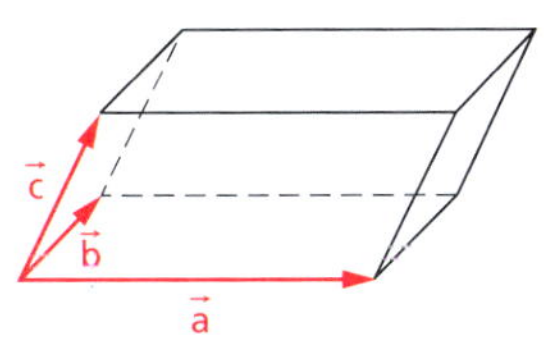

10.10 Beweise unter Verwendung von Vektoren

Mithilfe von Vektoren lassen sich Beweise mathematischer Aussagen häufig sehr knapp und übersichtlich führen.

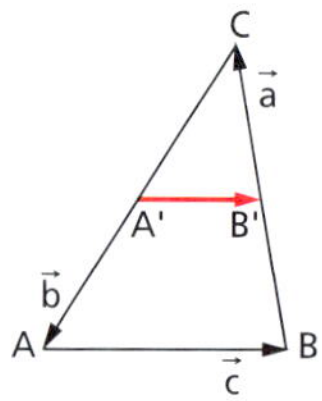

- Man beweise: Die Verbindungsstrecke der Mittelpunkte zweier Dreiecksseiten ist zur dritten Seite parallel und halb so lang wie diese.

  Voraussetzungen:
  $\vec{a} + \vec{b} + \vec{c} = \vec{o}$; $\overrightarrow{BB'} = \overrightarrow{B'C} = \frac{1}{2}\vec{a}$; $\overrightarrow{CA'} = \overrightarrow{A'A} = \frac{1}{2}\vec{b}$

  Behauptung: $\overrightarrow{A'B'} = \frac{1}{2}\vec{c}$

  Beweis: $\overrightarrow{A'B'} = -\frac{1}{2}\vec{b} + \left(-\frac{1}{2}\vec{a}\right) = -\frac{1}{2}(\vec{b} + \vec{a}) = -\frac{1}{2}(\vec{a} + \vec{b})$

  Mit $\vec{a} + \vec{b} = -\vec{c}$ folgt $\overrightarrow{A'B'} = -\frac{1}{2}(-\vec{c}) = \frac{1}{2}\vec{c}$. w. z. b. w.

Neben der Kennzeichnung von Vektoren in einer Figur kann auch die Methode benutzt werden, Punkte einer Figur mithilfe von Ortsvektoren zu beschreiben.

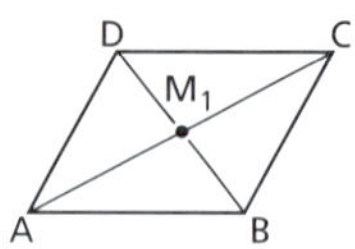

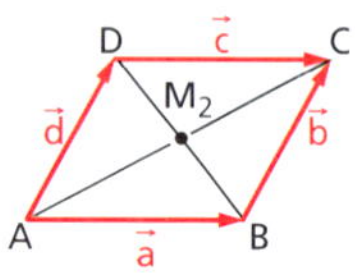

- Es ist zu beweisen: Die Diagonalen eines Parallelogramms halbieren einander.

  Wir zeichnen zur Veranschaulichung ein allgemeines Parallelogramm (also keinen Spezialfall), betrachten die Seiten als Vektoren und bezeichnen diese wie aus nebenstehender Figur ersichtlich.

  Vorauss.: $\vec{a} + \vec{b} - \vec{c} - \vec{d} = \vec{o}$; $\vec{a} = \vec{c}$; $\vec{b} = \vec{d}$

  Behaupt.: Bezeichnen M_1 und M_2 die Mittelpunkte von $\overline{AC}$ bzw. $\overline{BD}$, so gilt $M_1 = M_2$.

  Beweis: $\overrightarrow{AM_1} = \frac{1}{2}\overrightarrow{AC} = \frac{1}{2}(\vec{a} + \vec{b})$ und $\overrightarrow{BM_2} = \frac{1}{2}\overrightarrow{BD}$

  Für den Vektor $\overrightarrow{AM_2}$ erhält man dann:

  $$\overrightarrow{AM_2} = \overrightarrow{AB} + \overrightarrow{BM_2} = \vec{a} + \frac{1}{2}(-\vec{a} + \vec{d})$$
  $$= \left(\vec{a} - \frac{1}{2}\vec{a}\right) + \frac{1}{2}\vec{b} = \frac{1}{2}(\vec{a} + \vec{b})$$

  Folglich gilt $\overrightarrow{AM_1} = \overrightarrow{AM_2}$ und somit $M_1 = M_2$. w. z. b. w.

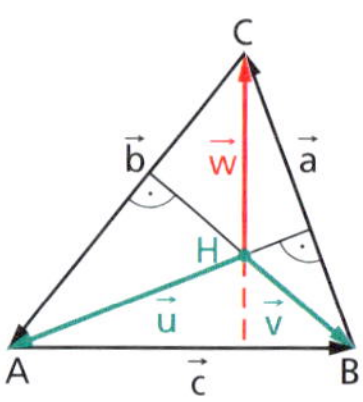

- Die Höhen eines Dreiecks ABC schneiden einander in einem Punkt H. Es seien $\overrightarrow{BC} = \vec{a}$, $\overrightarrow{CA} = \vec{b}$ und $\overrightarrow{AB} = \vec{c}$ sowie H der Schnittpunkt der Lote von A auf BC und von B auf CA. Dann bezeichnen $\vec{u} = \overrightarrow{HA}$ und $\vec{v} = \overrightarrow{HB}$ zwei weitere Vektoren, für die $\vec{a} \cdot \vec{u} = 0$ und $\vec{b} \cdot \vec{v} = 0$ gilt.
  Betrachtet man nun zusätzlich den Vektor $\vec{w} = \overrightarrow{HC}$, so muss zum Beweis der Behauptung gezeigt werden, dass $\vec{c} \cdot \vec{w} = 0$ gilt.

  Weil $\vec{u} = \vec{w} + \vec{b}$ und $\vec{v} = \vec{w} - \vec{a}$ ist, folgt:
  $\vec{a} \cdot \vec{u} = \vec{a} \cdot (\vec{w} + \vec{b}) = \vec{a} \cdot \vec{w} + \vec{a} \cdot \vec{b} = 0$ und
  $\vec{b} \cdot \vec{v} = \vec{b} \cdot (\vec{w} - \vec{a}) = \vec{b} \cdot \vec{w} - \vec{b} \cdot \vec{a} = 0$

  Addiert man die letzten beiden Gleichungen, so ergibt sich
  $\vec{a} \cdot \vec{w} + \vec{b} \cdot \vec{w} = 0$, also $(\vec{a} + \vec{b}) \cdot \vec{w} = 0$, woraus wegen $\vec{a} + \vec{b} = -\vec{c}$ folgt:
  $-\vec{c} \cdot \vec{w} = 0$ bzw. $\vec{c} \cdot \vec{w} = 0$ w. z. b. w.

10.11 Vektorräume

10.11.1 Der Begriff *Vektorraum*

Beim Arbeiten mit Vektoren stellen die Addition zweier Vektoren und die Vervielfachung eines Vektors mit einer reellen Zahl grundlegende Verknüpfungen dar. Sowohl in der analytischen Geometrie der Ebene und des Raumes als auch bei den Lösungen eines homogenen linearen Gleichungssystems werden diese Verknüpfungen verwendet (↗Abschnitt 4.7).

Für Vektoren $\vec{a}$ und $\vec{b}$ sind die Verknüpfungen $\vec{a} + \vec{b}$ und $r\vec{a}$ über Pfeile geometrisch (etwa als Kräfteparallelogramm bzw. als Nacheinanderausführung von Verschiebungen oder Vervielfachung) realisierbar. Sind $\vec{a} = \begin{pmatrix} a_1 \\ a_2 \end{pmatrix}$ und $\vec{b} = \begin{pmatrix} b_1 \\ b_2 \end{pmatrix}$ Spaltenvektoren und damit beschrieben bezüglich eines Koordinatensystems, so gilt:

$\vec{a} + \vec{b} = \begin{pmatrix} a_1 \\ a_2 \end{pmatrix} + \begin{pmatrix} b_1 \\ b_2 \end{pmatrix} = \begin{pmatrix} a_1 + b_1 \\ a_2 + b_2 \end{pmatrix}$, $\quad r\vec{a} = r\begin{pmatrix} a_1 \\ a_2 \end{pmatrix} = \begin{pmatrix} r a_1 \\ r a_2 \end{pmatrix}$

Geht man nun allein vom Bereich $\mathbb{R}$ der reellen Zahlen aus, so lassen sich die Menge aller Paare $\begin{pmatrix} x \\ y \end{pmatrix}$ reeller Zahlen und die Menge aller Tripel $\begin{pmatrix} x \\ y \\ z \end{pmatrix}$ reeller Zahlen (jeweils mit einer koordinatenweisen Addition und Vervielfachung von reellen Zahlen als Verknüpfungen) als neue Mengen von Vektoren ansehen.

In allen genannten Fällen – ob nun Verschiebungen, Kräfte, Zahlenpaare oder -tripel usw. – führen Addition und Vervielfachung nicht aus der jeweiligen Menge hinaus und es gelten die gleichen Rechengesetze. Darin kommt eine **Strukturgleichheit** der betrachteten Mengen zum Ausdruck, die zu folgender Definition führt:

In einem **Vektorraum** wird also
- durch + je zwei Vektoren $\vec{a}$ und $\vec{b}$ ein Vektor $\vec{c} = \vec{a} + \vec{b}$
- durch · einem Vektor $\vec{a}$ und einer reellen Zahl r ein Vektor $r \cdot \vec{a}$

eindeutig zugeordnet.

Definition Eine nichtleere Menge V, für deren Elemente eine Addition + und eine Vervielfachung · mit reellen Zahlen definiert sind (Symbol: (V, +, ·)), nennt man **Vektorraum** und ihre Elemente **Vektoren** genau dann, wenn für alle $\vec{a}$, $\vec{b}$ und $\vec{c}$ aus V sowie für alle reellen Zahlen r und s gilt:

(1) $\vec{a} + \vec{b} = \vec{b} + \vec{a}$	(Kommutativgesetz)
(2) $(\vec{a} + \vec{b}) + \vec{c} = \vec{a} + (\vec{b} + \vec{c})$	(Assoziativgesetz)
(3) Es gibt ein solches Element $\vec{o}$ in V, dass für alle $\vec{a} \in V$ gilt: $\vec{a} + \vec{o} = \vec{a}$	(Existenz eines Nullelements)
(4) Zu jedem Element $\vec{a} \in V$ gibt es in V ein Element $-\vec{a}$ mit $\vec{a} + (-\vec{a}) = \vec{o}$.	(Existenz eines entgegengesetzten Elements)
(5) $r \cdot (s \cdot \vec{a}) = (rs) \cdot \vec{a}$	
(6) $(r + s) \cdot \vec{a} = r \cdot \vec{a} + s \cdot \vec{a}$	(Rechenregeln für die
(7) $r \cdot (\vec{a} + \vec{b}) = r \cdot \vec{a} + r \cdot \vec{b}$	Vielfachenbildung)
(8) $1 \cdot \vec{a} = \vec{a}$	

Die Bedingung (8) sichert zusammen mit (6) beispielsweise ab, dass man das mehrfache Addieren eines Vektors zu sich selbst als Vervielfachung ansehen kann:

$$\vec{a} + \vec{a} = 1 \cdot \vec{a} + 1 \cdot \vec{a} = (1 + 1) \cdot \vec{a} = 2 \cdot \vec{a}$$

Im Sinne obiger Definition kann man also sprechen von

- den Vektorräumen V_2 und V_3 der Verschiebungen der Ebene bzw. des Raumes,
- den Vektorräumen $\mathbb{R}^2$ und $\mathbb{R}^3$ der Paare bzw. Tripel reeller Zahlen,
- dem Vektorraum L der Lösungen (kurz: Lösungsraum) eines homogenen linearen Gleichungssystems.

Auch in den Rechenregeln für die Addition von Matrizen gleichen Typs und für die Vervielfachung einer Matrix mit einer reellen Zahl (↗ Abschnitt 12.2) findet man genau die acht Eigenschaften wieder, welche oben als die definierenden Eigenschaften (1) bis (8) eines Vektorraumes genannt wurden. Das heißt: Bezeichnet man mit $M_{(m,\,n)}$ die Menge aller $(m \times n)$-Matrizen, so bildet diese Menge verbunden mit der Matrizenaddition und der Matrizenvervielfachung einen Vektorraum. $(M_{(m,\,n)}, +, \cdot)$ ist der *Vektorraum der Matrizen gleichen Typs.*

Weitere **Beispiele für Vektorräume** wären folgende:

- die Menge der stetigen Funktionen mit dem Definitionsbereich $\mathbb{R}$ bei Definition die Addition und die Vervielfachung von solchen Funktionen in der üblichen Form (↗ Abschnitt 3.4):
  $s = f + g$ mit $s(x) = f(x) + g(x)$ $\quad$ $p = r \cdot g$ mit $p(x) = r \cdot g(x)$;
- die Mengen der auf ganz $\mathbb{R}$ bzw. auf dem Intervall $[a; b]$ differenzierbaren Funktionen;
- die Menge P_3 der Polynome höchstens dritten Grades (mit analoger Definition von Addition und Vervielfachung wie oben);
- die Menge $\mathbb{R}^n$ der n-Tupel reeller Zahlen mit:
  $(a_1; a_2; \ldots; a_n) + (b_1; b_2; \ldots; b_n) = (a_1 + b_1; a_2 + b_2; \ldots; a_n + b_n)$
  $r \cdot (a_1; a_2; \ldots; a_n) = (r a_1; r a_2; \ldots; r a_n)$

Ein Gegenbeispiel bezüglich des Begriffs „Vektorraum“ stellt die Menge $\mathbb{Z}$ der ganzen Zahlen dar. Die übliche Addition in $\mathbb{Z}$ ist kommutativ und assoziativ, 0 ist das Nullelement sowie $-g$ das zu g entgegengesetzte Element in $\mathbb{Z}$. $(\mathbb{Z}, +)$ erfüllt die Bedingungen (1) bis (4) der Vektorraumdefinition. Allerdings ist $\mathbb{Z}$ bezüglich der Vervielfachung mit reellen Zahlen nicht abgeschlossen:
Die Vervielfachung mit reellen Zahlen führt aus dem Bereich der ganzen Zahlen heraus.

10.11.2 Unterräume und Erzeugendensysteme

> **Definition** Eine Teilmenge U eines Vektorraumes V, die selbst bezüglich der Addition und der Vervielfachung in V ein Vektorraum ist, heißt **Unterraum U des Vektorraumes V.**

Um festzustellen, ob eine Teilmenge M eines Vektorraumes V ein Unterraum von V ist, hat man nur zu prüfen, ob M bezüglich + und · abgeschlossen ist:
Dies ist schon gewährleistet, wenn man für beliebige $\vec{a}$, $\vec{b} \in M$ und $r \in \mathbb{R}$ zeigt, dass $\vec{a} + \vec{b} \in M$ und $r \cdot a \in M$ gilt (hinreichende Bedingungen). Speziell gilt dann $\vec{o} \in M$, da $0 \cdot \vec{a} = \vec{o}$, und mit $\vec{a} \in M$ ist auch $-\vec{a} \in M$, da $-\vec{a} = (-1) \cdot \vec{a}$.
Die beiden Bedingungen sind auch notwendig, sodass sich das folgende Kriterium ergibt:

Satz Unterraumkriterium
Eine nichtleere Teilmenge U eines Vektorraumes V ist genau dann ein Unterraum von V, wenn für alle Vektoren $\vec{a}$, $\vec{b}$ aus U und für alle reellen Zahlen r gilt:
- $\vec{a}, \vec{b} \in U \Rightarrow \vec{a} + \vec{b} \in U$
- $\vec{a} \in U, r \in \mathbb{R} \Rightarrow r \cdot \vec{a} \in U$

Der Vektorraum der auf dem Intervall [a; b] differenzierbaren Funktionen ist ein **Unterraum** des in Abschnitt 10.11.1 genannten Vektorraumes der dort stetigen Funktionen – und beide sind **Unterräume** der auf [a; b] definierten Funktionen.

Der Vektorraum $\mathbb{R}^3$ lässt sich geometrisch als Vektorraum der Verschiebungen des Anschauungsraumes deuten. Man kann diese Vektoren auch durch alle Ortsvektoren des Raumes bezüglich eines festen Punktes O (Koordinatenursprung) veranschaulichen.
Unterräume des $\mathbb{R}^3$ (und zwar alle möglichen) sind dann folgende:

- der Vektorraum, der nur aus dem Nullvektor $\vec{o}$ besteht;
- alle Ortsvektoren, die Punkte einer festen Geraden g durch O beschreiben;
- alle Ortsvektoren, die Punkte in einer festen Ebene ε durch O beschreiben;
- der ganze Vektorraum $\mathbb{R}^3$ selbst.

Zu gegebenen Vektoren $\vec{a}_1, \vec{a}_2, \ldots \vec{a}_m$ eines Vektorraumes V ist die Menge aller Linearkombinationen dieser Vektoren bezüglich der Addition und Vervielfachung in V ein Unterraum von V. Für diesen Unterraum sind folgende Benennungen üblich:

Definition Der durch alle Linearkombinationen der Vektoren $\vec{a}_1, \vec{a}_2, \ldots \vec{a}_m$ gebildete Unterraum U heißt

- die **lineare Hülle U der Vektoren $\vec{a}_1, \vec{a}_2, \ldots, \vec{a}_m$** bzw.
- der **von $\vec{a}_1, \vec{a}_2, \ldots, \vec{a}_m$ erzeugte Unterraum U** bzw.
- der **von $\vec{a}_1, \vec{a}_2, \ldots, \vec{a}_m$ aufgespannte Unterraum U.**

Die Menge $\{\vec{a}_1, \vec{a}_2, \ldots, \vec{a}_m\}$ wird ein **Erzeugendensystem des Unterraumes U** genannt.

10.11.3 Basen und Dimension von Unterräumen

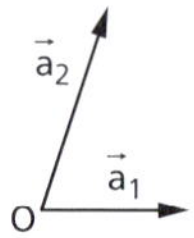

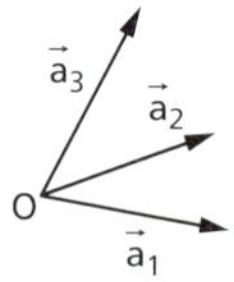

In der Ebene (V_2, $\mathbb{R}^2$) bilden je zwei nicht parallele Vektoren (also zwei linear unabhängige Vektoren) eine Basis des Vektorraumes V_2 ($\mathbb{R}^2$) (↗ Abschnitt 10.4). Im Vektorraum V_3, dessen Vektoren durch Tripel reeller Zahlen beschrieben werden ($\mathbb{R}^3$), stellen je drei nicht komplanare, d. h. je drei linear unabhängige Vektoren, eine Basis dar. Da über diese konkreten Beispiele hinaus alle Basen eines Vektorraumes gleich viele Vektoren enthalten, wird die Anzahl der Vektoren einer Basis – als eine Invariante eines Vektorraumes – die Dimension des Vektorraumes genannt.

Definition Es sei U ein vom Nullraum $\{\vec{o}\}$ verschiedener Unterraum des Vektorraumes V.
Ein Erzeugendensystem $\{\vec{a}_1, \vec{a}_2, \ldots, \vec{a}_m\}$ von U heißt genau dann eine **Basis** von U, wenn die Vektoren $\vec{a}_1, \vec{a}_2, \ldots, \vec{a}_m$ linear unabhängig sind. Die Anzahl der Vektoren einer Basis von U nennt man die **Dimension von U.**

(Da V Unterraum von sich selbst ist, sind durch obige Formulierung auch die Begriffe Basis von V und Dimension von V mit erfasst.)

Die folgende Übersicht zum Begriff „Basis B von U" enthält neben den definierenden Eigenschaften für eine Teilmenge B von U weitere kennzeichnende Bedingungen:

B ⊆ U ist genau dann eine Basis von U, wenn eines der folgenden drei Bedingungspaare gilt:		
(1) B ist ein *Erzeugendensystem von U* (d. h., die lineare Hülle von B ist U; B spannt U auf; jeder Vektor von U ist eine Linearkombination von Vektoren aus B). (2) B ist *linear unabhängig.*	(1) B ist ein *Erzeugendensystem von U.* (2') *Keine echte Teilmenge von B spannt U auf.* Mit anderen Worten: Eine Basis von U ist ein *minimales Erzeugendensystem in U.*	(2) B ist *linear unabhängig.* (2") *Jede echte Obermenge von B ist linear abhängig.* Mit anderen Worten: Eine Basis von U ist *eine maximale linear unabhängige Menge (System) in U.*

- Basen im Vektorraum $\mathbb{R}^n$

$$B = \{\vec{e}_1, \vec{e}_2, \ldots, \vec{e}_n\} \text{ mit } \vec{e}_1 = \begin{pmatrix}1\\0\\0\\\vdots\\0\end{pmatrix}, \ \vec{e}_2 = \begin{pmatrix}0\\1\\0\\\vdots\\0\end{pmatrix}, \ \ldots, \ \vec{e}_n = \begin{pmatrix}0\\0\\\vdots\\0\\1\end{pmatrix} \text{ heißt}$$

die natürliche Basis des n-dimensionalen Vektorraumes $\mathbb{R}^n$. Je n linear unabhängige Vektoren des $\mathbb{R}^n$ bilden eine Basis von $\mathbb{R}^n$. Somit stellen die Spaltenvektoren einer regulären $(n \times n)$-Matrix A (und ebenso ihre Zeilenvektoren) eine Basis von $\mathbb{R}^n$ dar.

Als Standardmodell $\mathbb{R}^n$ für einen n-dimensionalen reellen Vektorraum (reell bezieht sich dabei auf den Skalarbereich) finden sich auch die Vektorräume V_2 und V_3 mit ihrer natürlichen Basis $\{\vec{e}_1, \vec{e}_2\}$ bzw. $\{\vec{e}_1, \vec{e}_2, \vec{e}_3\}$ wieder.

Analytische Geometrie der Ebene und des Raumes

11

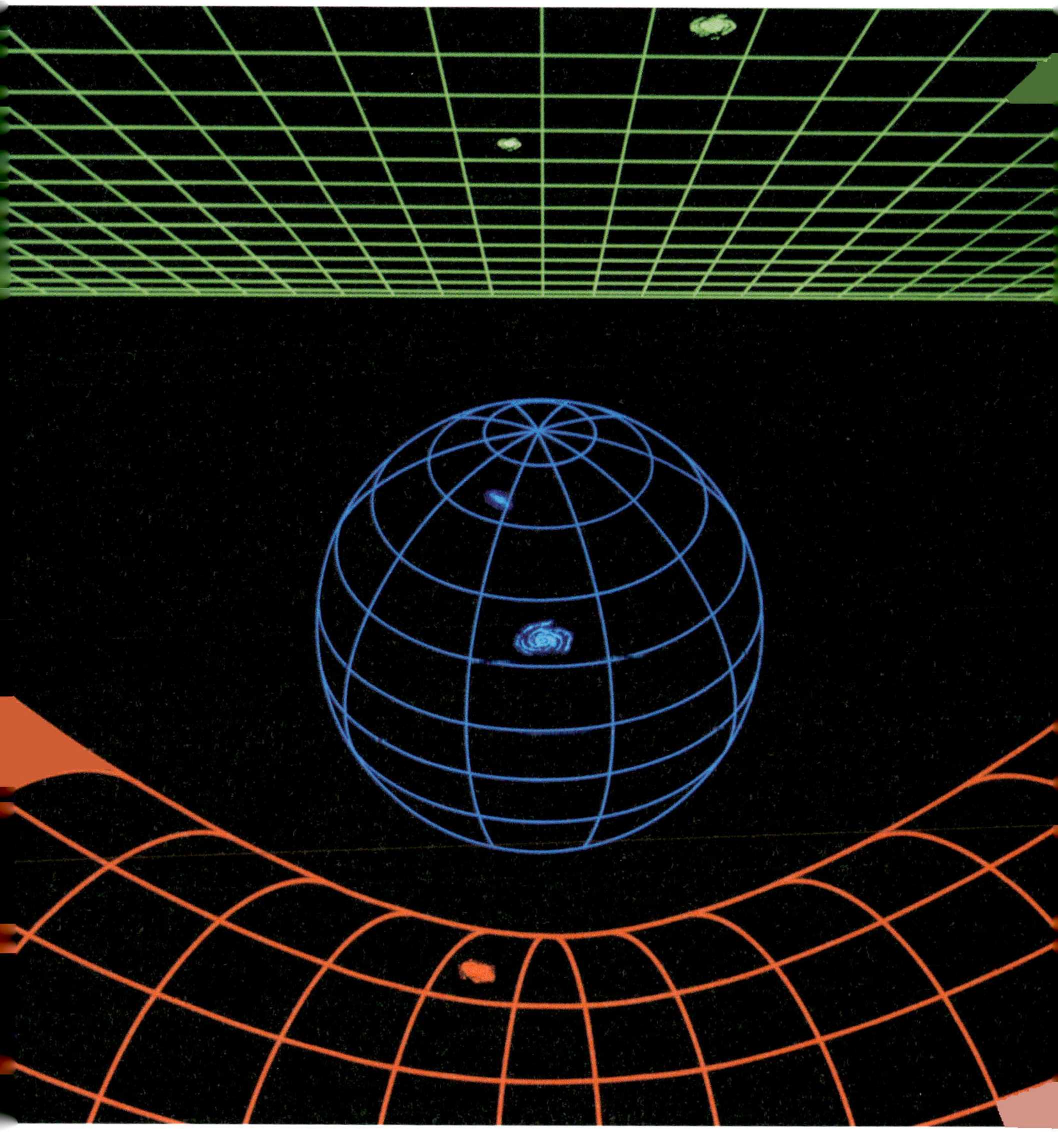

11.1 Geraden in der Ebene und im Raum

11.1.1 Punktrichtungsgleichung einer Geraden

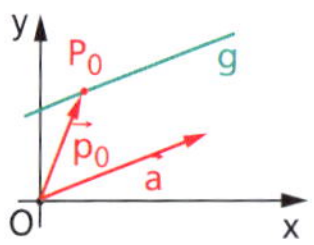

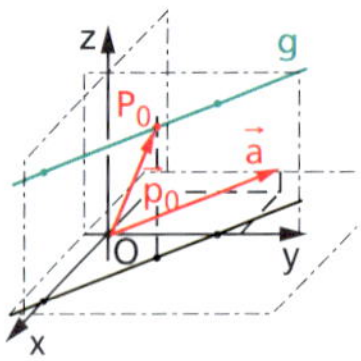

Sind in der Ebene oder im Raum ein Punkt P_0 und ein Vektor $\vec{a} \neq \vec{o}$ gegeben, so ist dadurch eine Gerade g durch P_0 mit der Richtung von $\vec{a}$ eindeutig bestimmt. Der Vektor $\vec{a}$ heißt dementsprechend Richtungsvektor der Geraden g. Den Punkt P_0 nennt man Stützpunkt (oder auch Trägerpunkt) von g und den zugehörigen Ortsvektor $\vec{p}_0$ dann Stützvektor der Geraden g.

Da sich bei der Vervielfachung eines Vektors $\vec{a}$ mit einer reellen Zahl t zwar dessen Betrag, aber nicht seine Richtung ändert, liegen alle Punkte X mit dem Ortsvektor $\vec{x}$, für den

$\vec{x} = \vec{p}_0 + t\vec{a}$ $(t \in \mathbb{R})$

gilt, auf der durch P_0 und $\vec{a}$ bestimmten Geraden. $\vec{p}_0 = \overrightarrow{OP_0}$ bezeichnet dabei den Ortsvektor des Punktes P_0. Umgekehrt gehört zu jedem Punkt X von g eine solche eindeutig bestimmte Zahl t, dass $\vec{x}$ nach obiger Gleichung der Ortsvektor dieses Punktes X ist. Die nachfolgenden Figuren zeigen die entsprechenden Situationen für verschiedene t:

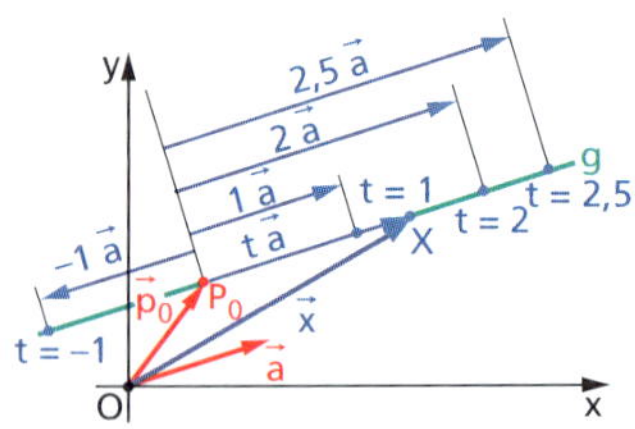

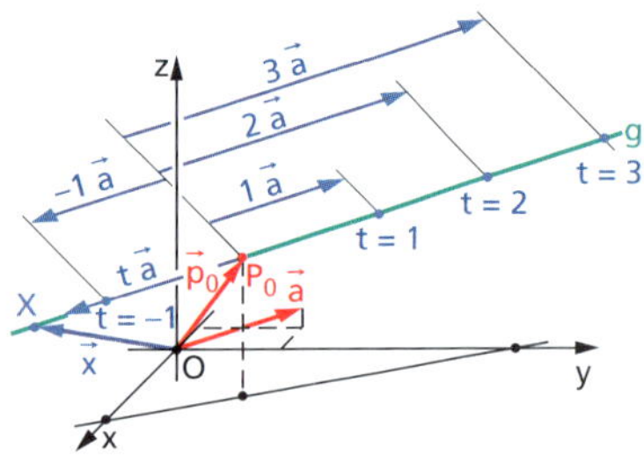

> **Satz Punktrichtungsgleichung einer Geraden (Vektorform)**
> Die Gerade g, die durch den Punkt P_0 mit dem Ortsvektor $\vec{p}_0 = \overrightarrow{OP_0}$ und den Richtungsvektor $\vec{a}$ $(\vec{a} \neq \vec{o})$ bestimmt ist, kann durch die Gleichung $\vec{x} = \vec{p}_0 + t\vec{a}$ $(t \in \mathbb{R})$ beschrieben werden.

▶ Die reelle Zahl t wird als **Parameter** und die Gleichung in der angegebenen Form mitunter auch als „**Parameterform** der Punktrichtungsgleichung" bezeichnet.

Gegeben sei in der Ebene eine Gerade g durch den Punkt $P_0(-1; 3)$ mit dem Richtungsvektor $\vec{a} = \begin{pmatrix}-1\\-2\end{pmatrix}$.

Dann ist $\vec{x} = \begin{pmatrix}-1\\3\end{pmatrix} + t\begin{pmatrix}-1\\-2\end{pmatrix}$ die Punktrichtungsgleichung von g.

Für $t_1 = 2{,}4$ erhält man: $\vec{x}_1 = \begin{pmatrix}-1\\3\end{pmatrix} + 2{,}4\begin{pmatrix}-1\\-2\end{pmatrix} = \begin{pmatrix}-1\\3\end{pmatrix} + \begin{pmatrix}-2{,}4\\-4{,}8\end{pmatrix}$, also $\vec{x}_1 = \begin{pmatrix}-3{,}4\\-1{,}8\end{pmatrix}$

Damit ist $X_1(-3{,}4; -1{,}8)$ ein Punkt von g.

Umgekehrt lässt sich für einen Punkt X_2 das zugehörige t bestimmen, falls X_2 zu g gehört. Unter der Annahme, dass z. B. $X_2(1; 7) \in g$, gilt:

$\begin{pmatrix}1\\7\end{pmatrix} = \begin{pmatrix}-1\\3\end{pmatrix} + t_2\begin{pmatrix}-1\\-2\end{pmatrix}$, also $\begin{pmatrix}2\\4\end{pmatrix} = \begin{pmatrix}-1t_2\\-2t_2\end{pmatrix}$

Weil zwei Vektoren genau dann gleich sind, wenn sie in ihren Koordinaten übereinstimmen (↗ Prinzip des Koordinatenvergleichs, Abschnitt 10.5), erhält man hieraus das folgende Gleichungssystem:

(I) $2 = -1t_2$
(II) $4 = -2t_2$

Aus (I) folgt $t_2 = -2$. Da dieser Wert auch die Gleichung (II) erfüllt, ist $X_2(1; 7)$ ein Punkt von g.

- Gegeben sei im Raum eine Gerade h durch den Punkt $P_0(-1; 3; 2)$ und den Richtungsvektor $\vec{a} = \begin{pmatrix} 2 \\ -1 \\ -2 \end{pmatrix}$. Dann ist $\vec{x} = \begin{pmatrix} -1 \\ 3 \\ 2 \end{pmatrix} + t\begin{pmatrix} 2 \\ -1 \\ -2 \end{pmatrix}$ die Punktrichtungsgleichung von h.

Für $t_1 = -0{,}7$ erhält man:

$\vec{x}_1 = \begin{pmatrix} -1 \\ 3 \\ 2 \end{pmatrix} - 0{,}7\begin{pmatrix} 2 \\ -1 \\ -2 \end{pmatrix} = \begin{pmatrix} -1 \\ 3 \\ 2 \end{pmatrix} - \begin{pmatrix} 1{,}4 \\ -0{,}7 \\ -1{,}4 \end{pmatrix}$, also $\vec{x}_1 = \begin{pmatrix} -2{,}4 \\ 3{,}7 \\ 3{,}4 \end{pmatrix}$

Somit ist $X_1(-2{,}4; 3{,}7; 3{,}4)$ ein Punkt von h.

Nun sei ein weiterer Punkt $X_2(1; 2; 1)$ gegeben und es soll das zugehörige t_2 bestimmt werden.

Wenn X_2 auf h liegt, so muss

$\begin{pmatrix} 1 \\ 2 \\ 1 \end{pmatrix} = \begin{pmatrix} -1 \\ 3 \\ 2 \end{pmatrix} + t_2\begin{pmatrix} 2 \\ -1 \\ -1 \end{pmatrix}$ bzw. $\begin{pmatrix} 2 \\ -1 \\ -1 \end{pmatrix} = \begin{pmatrix} 2t_2 \\ -1t_2 \\ -2t_2 \end{pmatrix}$ gelten.

Analog zu dem obigen Beispiel erhält man hier drei Gleichungen mit der Unbekannten t_2:

(I) $2 = 2t_2$
(II) $-1 = -1t_2$
(III) $-1 = -2t_2$

Aus (I) ergibt sich $t_2 = 1$. Dieser Wert erfüllt auch die Gleichung (II), nicht aber Gleichung (III). Damit gibt es keinen Parameter t_2, der die Gleichung $\vec{x}_2 = \vec{p}_0 + t_2\vec{a}$ erfüllt, und folglich ist X_2 kein Punkt von h.

Betrachtet man allgemein eine Gerade g in der Ebene, die durch einen Punkt $P_0(x_0; y_0)$ und einen Richtungsvektor $\vec{a} = \begin{pmatrix} a_x \\ a_y \end{pmatrix}$ bestimmt ist, so hat g die Gleichung $\vec{x} = \begin{pmatrix} x_0 \\ y_0 \end{pmatrix} + t\begin{pmatrix} a_x \\ a_y \end{pmatrix}$. Für einen beliebigen Punkt X(x; y) von g gilt dann: $\begin{pmatrix} x \\ y \end{pmatrix} = \begin{pmatrix} x_0 \\ y_0 \end{pmatrix} + t\begin{pmatrix} a_x \\ a_y \end{pmatrix}$

Daraus ergibt sich: $\begin{pmatrix} x \\ y \end{pmatrix} - \begin{pmatrix} x_0 \\ y_0 \end{pmatrix} = t\begin{pmatrix} a_x \\ a_y \end{pmatrix}$, also $\begin{pmatrix} x - x_0 \\ y - y_0 \end{pmatrix} = \begin{pmatrix} t\,a_x \\ t\,a_y \end{pmatrix}$

Durch Anwendung des Prinzips des Koordinatenvergleichs (↗ Abschnitt 10.5) erhält man zwei Gleichungen

(I) $x - x_0 = t\,a_x$
(II) $y - y_0 = t\,a_y$,

die nach Elimination von t auf die Gleichung $(x - x_0)\,a_y - (y - y_0)\,a_x = 0$ führen.

▶ Man bezeichnet solche Gleichungen auch als Gleichungen in **Koordinatenschreibweise.**

Damit haben wir eine Punktrichtungsgleichung der Geraden g durch den Punkt P_0 mit dem Richtungsvektor $\vec{a} = \begin{pmatrix} a_x \\ a_y \end{pmatrix}$ (in der Ebene) erhalten, die keinen Parameter t mehr enthält, also eine parameterfreie Gleichung der Geraden ist.

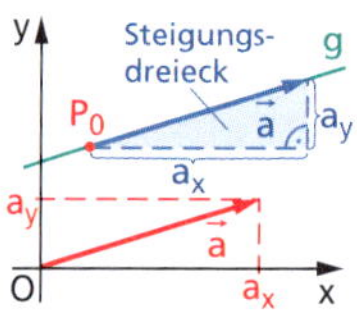

Sofern die Gerade g nicht parallel zur y-Achse verläuft und damit $a_x \neq 0$ ist, kann man diese Gleichung auch wie folgt umformen:

$$(y - y_0)\, a_x = a_y(x - x_0)$$

$$y - y_0 = \frac{a_y}{a_x}(x - x_0) \quad \text{bzw.} \quad y = \frac{a_y}{a_x}x - \frac{a_y}{a_x}x_0 + y_0$$

Dies entspricht aber der bekannten Form $y = mx + n$ der Gleichung einer linearen Funktion bzw. der Gleichung einer Geraden in der Ebene, wobei $m = \frac{a_y}{a_x}$ die Steigung von g ist.

Satz Punktrichtungsgleichung einer Geraden in der Ebene (Koordinatenschreibweise)

Die Gerade g der Ebene, die durch den Punkt $P_0(x_0;\ y_0)$ und den Richtungsvektor $\vec{a} = \begin{pmatrix} a_x \\ a_y \end{pmatrix}$ bestimmt ist, lässt sich durch die parameterfreie Gleichung $(x - x_0)\, a_y - (y - y_0)\, a_x = 0$ beschreiben.

Diese Gleichung nimmt für $a_x \neq 0$ die Form $y - y_0 = (x - x_0)$ bzw. $y - y_0 = m(x - x_0)$ an. m ist dabei die Steigung der Geraden.

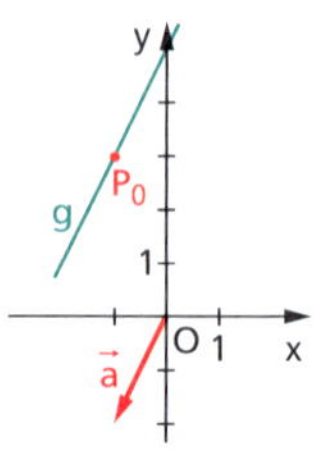

Für eine Gerade g der Ebene, die durch $P_0(-1;\ 3)$ und $\vec{a} = \begin{pmatrix} -1 \\ -2 \end{pmatrix}$ bestimmt wird, ist $\vec{x} = \begin{pmatrix} -1 \\ 3 \end{pmatrix} + t\begin{pmatrix} -1 \\ -2 \end{pmatrix}$ eine Punktrichtungsgleichung in Parameterform. Unter Anwendung obigen Satzes erhält man eine parameterfreie Punktrichtungsgleichung von g:

$(x + 1) \cdot (-2) - (y - 3) \cdot (-1) = 0$, also $-2(x + 1) + (y - 3) = 0$ bzw.
$y = 2x + 5$.

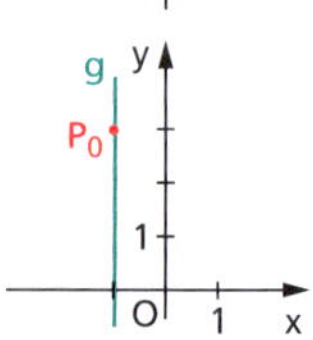

Eine Gerade h, die ebenfalls durch den Punkt P_0 geht, aber den Richtungsvektor $\vec{u} = \begin{pmatrix} 0 \\ 2 \end{pmatrix}$ hat, besitzt in Parameterform die Punktrichtungsgleichung $\vec{x} = \begin{pmatrix} -1 \\ 3 \end{pmatrix} + t\begin{pmatrix} 0 \\ 2 \end{pmatrix}$. Daraus erhält man eine parameterfreie Gleichung von h:

$(x + 1) \cdot 2 - (y - 3) \cdot 0 = 0$, also $2(x + 1) = 0$ bzw. $x = -1$
Durch diese Gleichung wird die zur y-Achse parallele Gerade durch P_0 beschrieben.

Ersetzt man in $(x - x_0)\, a_y - (y - y_0)\, a_x = a_y x - a_x y - a_y x_0 + a_x y_0 = 0$ den Term a_y durch a, $-a_x$ durch b und $(-a_y x_0 + a_x y_0)$ durch d, so erhält man die **allgemeine parameterfreie Gleichung einer Geraden in der Ebene:**

$ax + by + d = 0$

▶ Aufgrund der Voraussetzung $\vec{a} \neq \vec{o}$ können in dieser Gleichung a und b nicht gleichzeitig 0 werden (d. h., es muss $a^2 + b^2 > 0$ gelten).

Aus dieser Gleichung lässt sich sofort ein Richtungsvektor der Geraden ablesen:

Satz Richtungsvektor einer Geraden der Ebene
Hat eine Gerade g der Ebene die allgemeine parameterfreie Gleichung $ax + by + d = 0$, so ist $\vec{a} = \begin{pmatrix} -b \\ a \end{pmatrix}$ ein Richtungsvektor von g.

a) Von der Geraden mit der Gleichung $y = \frac{2}{3}x + 5$ soll ein Richtungsvektor bestimmt werden.
Wegen $m = \frac{2}{3}$ kann man entsprechend der Figur auf Seite 306 diesen Richtungsvektor aus der gegebenen Gleichung unmittelbar ablesen: $\vec{a} = \begin{pmatrix} 3 \\ 2 \end{pmatrix}$ ist ein Richtungsvektor von g.
Ein anderer Lösungsweg bestände darin, die gegebene Gleichung in die allgemeine Form $-2x + 3y - 15 = 0$ umzuformen und dann nach obigem Satz einen Richtungsvektor $\vec{a}_1 = \begin{pmatrix} -3 \\ -2 \end{pmatrix}$ abzulesen.

b) Gegeben ist eine Gerade g in der Ebene durch die Gleichung $y = 2x + 3$. Gesucht ist eine Parametergleichung dieser Geraden.
Aus $y = 2x + 3$ erhält man $2x - 1y + 3 = 0$, woraus nach obigem Satz ein Richtungsvektor $\vec{a} = \begin{pmatrix} 1 \\ 2 \end{pmatrix}$ von g abgelesen werden kann. Außerdem ist z. B. S(0; 3) ein Punkt von g, womit sich $\vec{x} = \begin{pmatrix} 0 \\ 3 \end{pmatrix} + t\begin{pmatrix} 1 \\ 2 \end{pmatrix}$, $t \in \mathbb{R}$, als Parametergleichung von g ergibt.

Obwohl die beiden Vektoren $\vec{a} = \begin{pmatrix} 3 \\ 2 \end{pmatrix}$ und $\vec{a}_1 = \begin{pmatrix} -3 \\ -2 \end{pmatrix}$ verschieden voneinander sind, stellen doch beide einen Richtungsvektor der Geraden g dar: Wegen $\vec{a}_1 = -\vec{a}$ sind nämlich beide Vektoren parallel und beschreiben damit die gleiche Richtung.

Die Betrachtungen zu parameterfreien Geradengleichungen gelten nur für Geraden in der Ebene. Für Geraden im Raum lässt sich keine parameterfreie Gleichung angeben. Hier sind wir auf das Arbeiten mit Gleichungen in Vektorschreibweise angewiesen.

11.1.2 Zweipunktegleichung einer Geraden

Es soll die Gleichung einer Geraden g ermittelt werden, die durch zwei verschiedene Punkte P_1 und P_2 in der Ebene bzw. im Raum gegeben ist. Weil durch $\vec{a} = \overrightarrow{P_1P_2} = \vec{p}_2 - \vec{p}_1$ ein Richtungsvektor dieser Geraden g bestimmt ist, lässt sich die Gleichung von g unter Verwendung der Punktrichtungsgleichung einer Geraden in Vektorform notieren:

Satz Zweipunktegleichung einer Geraden (Vektorform)
Die Gerade g, die durch die beiden Punkte P_1 und P_2 ($P_1 \neq P_2$) mit den Ortsvektoren $\vec{p}_1$ und $\vec{p}_2$ bestimmt ist, kann durch die Gleichung $\vec{x} = \vec{p}_1 + t(\vec{p}_2 - \vec{p}_1)$ ($t \in \mathbb{R}$) beschrieben werden.

In nebenstehender Figur ist ein Quader mit den Kantenlängen 3, 2 und 5 (LE) bezüglich eines Koordinatensystems dargestellt. Es ist die Gleichung der Geraden g zu ermitteln, die die Diagonale $\overline{P_1P_2}$ mit $P_1(3; 2; 0)$ und $P_2(0; 0; 5)$ enthält.
Für die Gleichung der Diagonalen gilt:
$\vec{x} = \begin{pmatrix} 3 \\ 2 \\ 0 \end{pmatrix} + t\left[\begin{pmatrix} 0 \\ 0 \\ 5 \end{pmatrix} - \begin{pmatrix} 3 \\ 2 \\ 0 \end{pmatrix}\right]$, also $\vec{x} = \begin{pmatrix} 3 \\ 2 \\ 0 \end{pmatrix} + t\begin{pmatrix} -3 \\ -2 \\ 5 \end{pmatrix}$

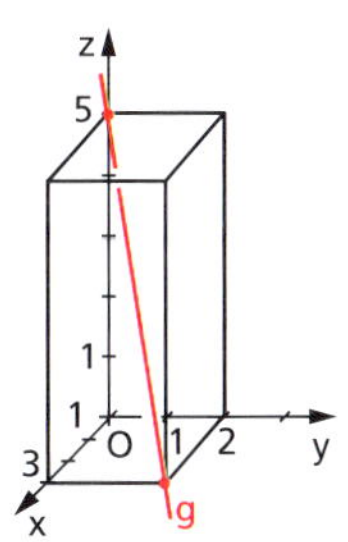

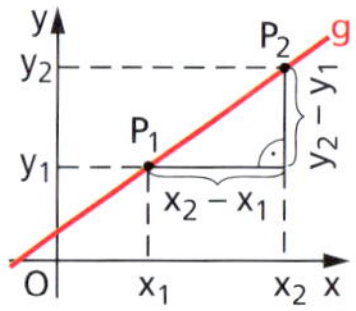

Wie bei der Punktrichtungsgleichung einer Geraden kann analog für eine durch zwei Punkte gegebene Gerade eine parameterfreie Gleichung in Koordinatenschreibweise hergeleitet werden. Auch hier ist dies allerdings nur für eine Gerade in der Ebene möglich. Man erhält:

Satz Zweipunktegleichung einer Geraden in der Ebene (Koordinatenschreibweise)
Die Gerade g der Ebene, die durch die zwei verschiedenen Punkte $P_1(x_1;\, y_1)$ und $P_2(x_2;\, y_2)$ bestimmt ist, lässt sich durch die parameterfreie Gleichung $(x - x_1)(y_2 - y_1) - (y - y_1)(x_2 - x_1) = 0$ beschreiben. Diese Gleichung nimmt für $x_2 - x_1 \neq 0$ die Form $y - y_1 = \frac{y_2 - y_1}{x_2 - x_1} \cdot (x - x_1)$ an. $\frac{y_2 - y_1}{x_2 - x_1}$ ist dabei die Steigung der Geraden g.

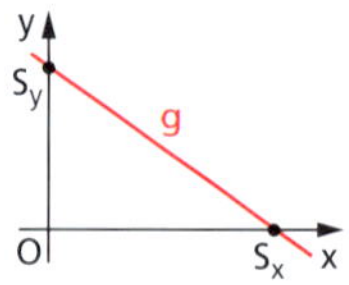

Eine besondere Form der parameterfreien Zweipunktegleichung einer Geraden g in der Ebene erhält man, wenn man die Schnittpunkte von g mit den Koordinatenachsen zugrunde legt. Schneidet die Gerade g die x-Achse im Punkt $S_x(s_x;\, 0)$, $s_x \neq 0$, und die y-Achse in $S_y(0;\, s_y)$, $s_y \neq 0$, so ist $(x - s_x)(s_y - 0) - (y - 0)(0 - s_y) = 0$, also $(x - s_x)\,s_y + y s_x = 0$, die Gleichung der Geraden g. Dividiert man diese Gleichung durch $s_x \cdot s_y$, dann ergibt sich: $\frac{x}{s_x} - 1 + \frac{y}{s_y} = 0$ bzw. $\frac{x}{s_x} + \frac{y}{s_y} = 1$

Satz Achsenabschnittsgleichung einer Geraden in der Ebene
In der Ebene ist $\frac{x}{s_x} + \frac{y}{s_y} = 1$ ($s_x \neq 0$ und $s_y \neq 0$) die Achsenabschnittsgleichung einer Geraden mit den Achsenschnittpunkten $S_x(s_x;\, 0)$ und $S_y(0;\, s_y)$.

Gegeben sei eine Gerade g, die die x-Achse bei $s_x = 3$ und die y-Achse bei $s_y = -4$ schneidet. Dann ist $\frac{x}{3} - \frac{y}{4} = 1$ eine Gleichung von g.
Eine Umformung liefert $4x - 3y = 12$ bzw. $y = \frac{4}{3}x - 4$.

11.1.3 Normalform der Gleichung einer Geraden in der Ebene

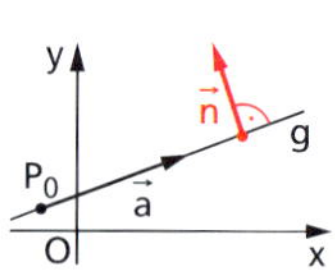

Definition Einen zum Richtungsvektor $\vec{a}$ einer Geraden g orthogonalen Vektor $\vec{n}$ ($\vec{n} \neq \vec{o}$) nennt man **Normalenvektor** dieser Geraden. Der zugehörige Einheitsvektor heißt **Normaleneinheitsvektor** und wird mit $\vec{n}^0$ bezeichnet.

Aufgrund der Orthogonalität von $\vec{a}$ und $\vec{n}$ gilt: $\vec{a} \cdot \vec{n} = 0$

Mit $\vec{n}$ ist auch jedes Vielfache $r\vec{n}$ ($r \neq 0$) Normalenvektor von g.

Satz Normalenvektor einer Geraden der Ebene
Ist $ax + by + d = 0$ die allgemeine parameterfreie Gleichung einer Geraden g in der Ebene, so ist $\vec{n} = \binom{a}{b}$ ein Normalenvektor von g.

Beweis:

Für die Gerade g: $ax + by + d = 0$ ist $\vec{a} = \begin{pmatrix} -b \\ a \end{pmatrix}$ ein Richtungsvektor (↗ Abschnitt 11.1.1). Betrachtet man den Vektor $\vec{n} = \begin{pmatrix} a \\ b \end{pmatrix}$, so gilt

$\vec{a} \cdot \vec{n} = \begin{pmatrix} -b \\ a \end{pmatrix} \cdot \begin{pmatrix} a \\ b \end{pmatrix} = -ba + ab = 0$, d.h. $\vec{n} \perp \vec{a}$ $(\vec{n} \neq \vec{o})$. Folglich ist $\vec{n}$ senkrecht zur Geraden g und damit ein Normalenvektor von g. w.z.b.w.

Unter Verwendung eines Normalenvektors kann man eine spezielle Vektorgleichung einer Geraden aufstellen, die für Abstandsberechnungen von Nutzen ist (↗ Abschnitt 11.4).

Mit den Bezeichnungen aus nebenstehender Figur gilt:

g: $\overrightarrow{P_0X} \cdot \vec{n} = 0$, also $(\vec{x} - \vec{p}_0) \cdot \vec{n} = 0$

Verwendet man anstelle eines beliebigen Normalenvektors einen Normaleneinheitsvektor $\vec{n}^0 = \frac{\vec{n}}{|\vec{n}|}$, so ergibt sich g: $(\vec{x} - \vec{p}_0) \cdot \frac{\vec{n}}{|\vec{n}|} = 0$

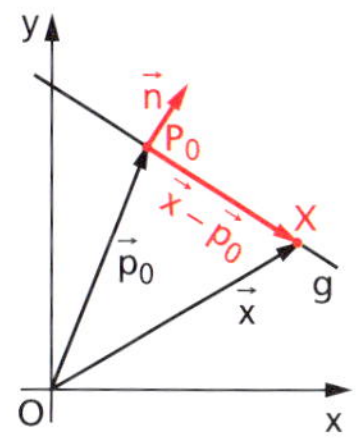

Satz Hessesche Normalform der Gleichung einer Geraden in der Ebene (Vektorform)

Eine Gerade g der Ebene, die durch den Punkt P_0 und einen Normaleneinheitsvektor $\vec{n}^0$ bestimmt ist, kann durch die Gleichung $(\vec{x} - \vec{p}_0) \cdot \vec{n}^0 = 0$ beschrieben werden.

LUDWIG OTTO HESSE (1811 bis 1874), deutscher Mathematiker

Die obigen Überlegungen lassen sich nicht direkt auf eine Gerade im Raum übertragen (↗ Abschnitt 11.2.3).

In Koordinatenschreibweise notiert erhält man aus der oben in Vektorform angegebenen Gleichung mit $\vec{x} = \begin{pmatrix} x \\ y \end{pmatrix}$, $\vec{p}_0 = \begin{pmatrix} x_0 \\ y_0 \end{pmatrix}$ und $\vec{n} = \begin{pmatrix} x_n \\ y_n \end{pmatrix}$ $\left(\text{also } |\vec{n}| = \sqrt{x_n^2 + y_n^2}\right)$:

$$\left[\begin{pmatrix} x \\ y \end{pmatrix} - \begin{pmatrix} x_0 \\ y_0 \end{pmatrix}\right] \cdot \frac{1}{\sqrt{x_n^2 + y_n^2}} \begin{pmatrix} x_n \\ y_n \end{pmatrix} = 0$$

Durch Ausmultiplizieren und Zusammenfassen ergibt sich:

$$\frac{x_n \cdot x + y_n \cdot y - (x_n \cdot x_0 + y_n \cdot y_0)}{\sqrt{x_n^2 + y_n^2}} = 0$$

Setzt man $x_n = a$, $y_n = b$, $x_n \cdot x_0 + y_n \cdot y_0 = -d$, so erhält man die **hessesche Normalform** der Gleichung einer Geraden in der Ebene in **Koordinatenschreibweise:**

g: $\frac{ax + by + d}{\sqrt{a^2 + b^2}} = 0$

Ist umgekehrt die Gleichung einer Geraden in der Ebene in der Form $ax + by + d = 0$ gegeben, so lässt sich daraus mittels Division durch $\sqrt{a^2 + b^2}$ deren hessesche Normalform bestimmen.

Ist φ der Winkel, den $\vec{n}$ mit der positiven x-Achse bildet, so gilt:

$\cos\varphi = \frac{a}{\pm\sqrt{a^2 + b^2}}$ $\qquad \sin\varphi = \frac{b}{\pm\sqrt{a^2 + b^2}}$

Das Vorzeichen der Wurzel ist entgegengesetzt zu dem von d zu wählen.

Eine Gerade g der Ebene sei durch die Gleichung $y = 3x - 2$ gegeben. Es ist die hessesche Normalform dieser Gleichung in Vektor- und in Koordinatenschreibweise anzugeben.

- Aus $3x - y - 2 = 0$ liest man $\vec{n} = \begin{pmatrix} 3 \\ -1 \end{pmatrix}$ ab. Mit $\vec{n}^0 = \frac{1}{\sqrt{10}}\begin{pmatrix} 3 \\ -1 \end{pmatrix}$ und (beispielsweise) $\vec{p}_0 = \begin{pmatrix} 3 \\ 7 \end{pmatrix}$ als Ortsvektor eines beliebigen Punktes von g ergibt sich daraus als hessesche Normalform dieser Gleichung in Vektorschreibweise g: $\frac{1}{\sqrt{10}}\left(\vec{x} - \begin{pmatrix} 3 \\ 7 \end{pmatrix}\right) \cdot \begin{pmatrix} 3 \\ -1 \end{pmatrix} = 0$
- Mit $\sqrt{a^2 + b^2} = \sqrt{10}$ erhält man als hessesche Normalform in Koordinatenschreibweise: $\frac{3x - y - 2}{\sqrt{10}} = 0$

①
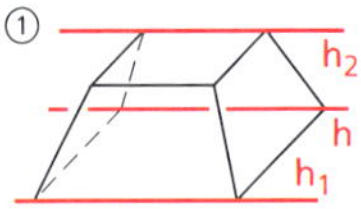

②
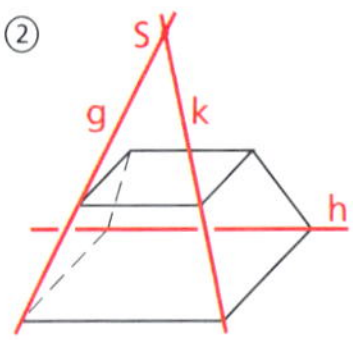

11.1.4 Lagebeziehungen von Geraden

Wie zwei Geraden der Ebene, so können auch zwei Geraden des Raumes zunächst erst einmal

- **parallel zueinander** (oder im Spezialfall gleich) sein oder
- **einander schneiden.**

Nebenstehende Darstellung eines Pyramidenstumpfs ① veranschaulicht diese beiden Lagebeziehungen. Es gilt hier $h_1 \parallel h$ und $h \parallel h_2$. Man erkennt, dass dann auch $h_1 \parallel h_2$ sein muss (die Parallelität ist in der Menge der Geraden eine transitive Relation). Die Geraden g und k in Fig. ② schneiden einander im Punkt S.
Während in einer Ebene nichtparallele Geraden einander immer in genau einem Punkt schneiden, kommt aber im Raum noch eine dritte Lagemöglichkeit hinzu:
So haben g und h keinen gemeinsamen Punkt, sie schneiden einander also nicht, obwohl beide Geraden nicht parallel zueinander sind. Man sagt, dass g und h **windschief zueinander** sind.
In der folgenden Tabelle sind die Lagemöglichkeiten von zwei Geraden g_1 und g_2 zusammengestellt:

$h_1 \parallel h_2$, h_1/g_1, h_3/g_3 schneiden einander
h_2/g_2 windschief

g_1, g_2	In der Ebene		Im Raum	
Richtungsvektoren sind parallel.	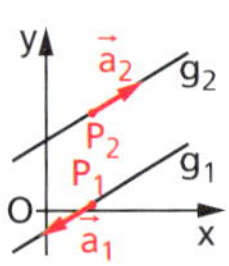	g_1 und g_2 sind parallel zueinander. $g_1 \parallel g_2$	$g_1 \parallel g_2$	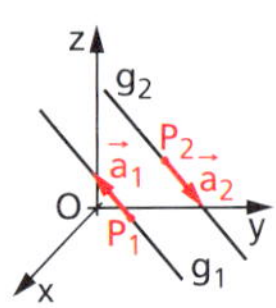
Richtungsvektoren sind nicht parallel.	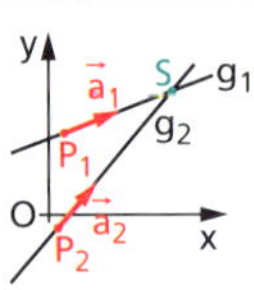	g_1 und g_2 schneiden einander in genau einem Punkt. $g_1 \cap g_2 = \{S\}$	• g_1 und g_2 schneiden einander in genau einem Punkt. $g_1 \cap g_2 = \{S\}$ • g_1 und g_3 sind windschief zueinander. $g_1 \cap g_3 = \emptyset$ mit $g_1 \nparallel g_3$	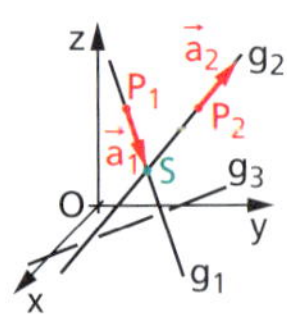

Obige Aussagen zu Lagebeziehungen lassen sich unter Verwendung der Erkenntnisse über Richtungsvektoren von Geraden weiter präzisieren:

Satz Parallelität von Geraden
Zwei Geraden g_1 und g_2 der Ebene oder des Raumes sind genau dann **parallel zueinander,** wenn die zugehörigen Richtungsvektoren $\vec{a}_1$ und $\vec{a}_2$ linear abhängig (also parallel) sind.

Dieser Satz schließt ein, dass auch zwei zusammenfallende Geraden parallel zueinander sind.

Es ist die Lagebeziehung der beiden Geraden g_1 und g_2 zu untersuchen, die durch $\vec{x} = \begin{pmatrix}1\\1\\0\end{pmatrix} + s\begin{pmatrix}2\\-1\\1\end{pmatrix}$ und $\vec{x} = \begin{pmatrix}1\\2\\2\end{pmatrix} + t\begin{pmatrix}4\\-2\\2\end{pmatrix}$ gegeben sind.

Die Richtungsvektoren $\vec{a}_1 = \begin{pmatrix}2\\-1\\1\end{pmatrix}$ und $\vec{a}_2 = \begin{pmatrix}4\\-2\\2\end{pmatrix}$ sind wegen $\vec{a}_2 = 2\vec{a}_1$ linear abhängig, woraus nach obigem Satz die Parallelität von g_1 und g_2 folgt.

Es ist nun noch zu untersuchen, ob die beiden Geraden zusammenfallen. Dazu überprüfen wir, ob ein beliebiger Punkt von g_1, etwa $P_0(1;\ 1;\ 0)$, auch ein Punkt von g_2 ist **(„Punktprobe“).**
Wäre dies der Fall, so müsste es eine reelle Zahl t_0 geben, sodass $\begin{pmatrix}1\\1\\0\end{pmatrix} = \begin{pmatrix}1\\2\\2\end{pmatrix} + t_0\begin{pmatrix}4\\-2\\2\end{pmatrix}$ ist.

Aus dieser Beziehung ergibt sich ein Gleichungssystem mit drei Gleichungen und der Unbekannten t_0:

(I) $1 = 1 + 4t$
(II) $1 = 2 - 2t_0$
(III) $0 = 2 + 2t_0$

Aus Gleichung (I) erhält man $t_0 = 0$. Dieser Wert erfüllt aber nicht die beiden anderen Gleichungen, sodass das gegebene Gleichungssystem keine Lösung hat. Folglich liegt der Punkt P_0 von g_1 nicht auf g_2 und die beiden Geraden fallen nicht zusammen.

Betrachtet man dagegen die beiden Geraden h_1 und h_2 der Ebene, die durch $\vec{x} = \begin{pmatrix}1\\1\end{pmatrix} + s\begin{pmatrix}2\\1\end{pmatrix}$ und $\vec{x} = \begin{pmatrix}-1\\2\end{pmatrix} + t\begin{pmatrix}1\\1\end{pmatrix}$ gegeben sind, so lässt sich feststellen, dass die zugehörigen Richtungsvektoren $\vec{a}_1 = \begin{pmatrix}2\\1\end{pmatrix}$ und $\vec{a}_2 = \begin{pmatrix}1\\1\end{pmatrix}$ linear unabhängig und die beiden Geraden daher nicht parallel sind. Weil es sich bei h_1 und h_2 um Geraden in der Ebene handelt, folgt sofort, dass beide Geraden einander in einem Punkt schneiden müssen.

Sind zwei Geraden der Ebene durch parameterfreie Gleichungen (also durch Gleichungen in Koordinatenschreibweise) gegeben, so dient zur Untersuchung der Lagebeziehung folgende Überlegung:
Wenn g_1: $y = m_1x + n_1$ und g_2: $y = m_2x + n_2$, so gilt $g_1 \parallel g_2$ genau dann, wenn die beiden Steigungen m_1 und m_2 übereinstimmen ($m_1 = m_2$).
Ist darüber hinaus $n_1 = n_2$, so fallen diese beiden Geraden zusammen.

Für je zwei der vier Geraden g_1, g_2, g_3 und g_4 mit

g_1: $y = 2x - 1$, g_2: $y = \frac{1}{3}x - 1$,

g_3: $3x + y - 9 = 0$, g_4: $3x + y + 1 = 0$

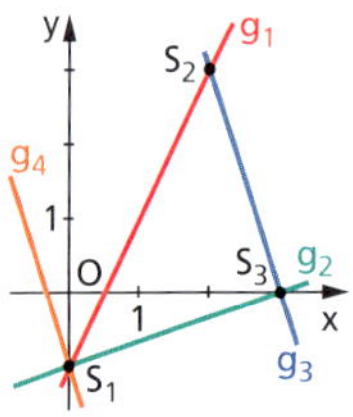

ist die gegenseitige Lage zu untersuchen und das erhaltene Resultat durch Darstellung der Geraden in einem gemeinsamen Koordinatensystem zu überprüfen.
Wir notieren zunächst die Gleichungen von g_3 und g_4 in expliziter Form, um die Steigungen $m_1, \ldots, m_4$ besser vergleichen zu können:

g_3: $y = -3x + 9$, g_4: $y = -3x - 1$

Es kann festgestellt werden:
- Wegen $m_1 \neq m_2$, $m_1 \neq m_3$, $m_1 \neq m_4$, $m_2 \neq m_3$ und $m_2 \neq m_4$ schneiden die jeweils zugehörigen zwei Geraden einander.
- Allein die Geraden g_3 und g_4 sind wegen $m_3 = m_4$ und $n_3 \neq n_4$ ($n_3 = 9$ und $n_4 = -1$) „echt" parallel zueinander.

Das folgende Beispiel zeigt exemplarisch die Untersuchung der Lagebeziehung von zwei Geraden im Raum sowie die Bestimmung des Schnittpunktes:

Es ist die Lagebeziehung der Geraden g_1 und g_2 zu untersuchen, die jeweils durch folgende Gleichungen gegeben sind:

a) g_1: $\vec{x} = \begin{pmatrix} 2 \\ -1 \\ 1 \end{pmatrix} + t\begin{pmatrix} -2 \\ 1{,}5 \\ 1 \end{pmatrix}$ und g_2: $\vec{x} = \begin{pmatrix} 3 \\ 5 \\ 2 \end{pmatrix} + t\begin{pmatrix} 5 \\ 3 \\ -1 \end{pmatrix}$

b) g_1: $\vec{x} = \begin{pmatrix} 2 \\ -1 \\ 0 \end{pmatrix} + t\begin{pmatrix} -2 \\ 1{,}5 \\ 1 \end{pmatrix}$ und g_2: $\vec{x} = \begin{pmatrix} 3 \\ 5 \\ 2 \end{pmatrix} + t\begin{pmatrix} 2 \\ 4 \\ -1 \end{pmatrix}$

c) g_1: $\vec{x} = \begin{pmatrix} 2 \\ -1 \\ 1 \end{pmatrix} + t\begin{pmatrix} -2 \\ 1{,}5 \\ 1 \end{pmatrix}$ und g_2: $\vec{x} = \begin{pmatrix} 3 \\ 5 \\ 2 \end{pmatrix} + t\begin{pmatrix} 4 \\ -3 \\ -2 \end{pmatrix}$

Lösung:

a) $\vec{a}_1 = \begin{pmatrix} -2 \\ 1{,}5 \\ 1 \end{pmatrix}$ und $\vec{a}_2 = \begin{pmatrix} 5 \\ 3 \\ -1 \end{pmatrix}$ sind Richtungsvektoren von g_1 bzw. g_2.

Weil die Gleichung $\vec{a}_1 = r\vec{a}_2$ keine Lösung für r besitzt, sind $\vec{a}_1$ und $\vec{a}_2$ linear unabhängig, d. h., g_1 und g_2 sind **nicht parallel zueinander.** Folglich schneiden die beiden Geraden einander oder sie sind zueinander windschief. Wir nehmen an, dass g_1 und g_2 einen gemeinsamen Punkt, also einen Schnittpunkt S besitzen. Bezeichnet man dann den Ortsvektor zum Punkt S mit $\vec{x}_s$, so muss es in den Gleichungen von g_1 und g_2 eine reelle Zahl t_1 bzw. t_2 so geben, dass

$\vec{x}_s = \begin{pmatrix} 2 \\ -1 \\ 1 \end{pmatrix} + t_1\begin{pmatrix} -2 \\ 1{,}5 \\ 1 \end{pmatrix}$ und $\vec{x}_s = \begin{pmatrix} 3 \\ 5 \\ 2 \end{pmatrix} + t_2\begin{pmatrix} 5 \\ 3 \\ -1 \end{pmatrix}$ ist.

Dann folgt aber $\begin{pmatrix} 2 \\ -1 \\ 1 \end{pmatrix} + t_1\begin{pmatrix} -2 \\ 1{,}5 \\ 1 \end{pmatrix} = \begin{pmatrix} 3 \\ 5 \\ 2 \end{pmatrix} + t_2\begin{pmatrix} 5 \\ 3 \\ -1 \end{pmatrix}$,

woraus man durch Koordinatenvergleich (↗ Abschnitt 10.4) erhält:

(I) $-2t_1 - 5t_2 = 1$
(II) $1{,}5t_1 - 3t_2 = 6$
(III) $1t_1 + 1t_2 = 1$

Dieses Gleichungssystem besitzt die eindeutig bestimmte Lösung $t_1 = 2$ und $t_2 = -1$, d. h.: Es gibt **genau einen gemeinsamen Punkt S** von g_1 und g_2. Die Koordinaten dieses Schnittpunktes S lassen sich z. B. mit $t_1 = 2$ aus der Gleichung für g_1 bestimmen.
Wir erhalten S(–2; 2; 3).

b) Auch in diesem Falle verlaufen die Geraden g_1 und g_2 nicht parallel zueinander, da die zugehörigen Richtungsvektoren

$\vec{a}_1 = \begin{pmatrix}-2\\1{,}5\\1\end{pmatrix}$ und $\vec{a}_2 = \begin{pmatrix}2\\4\\-1\end{pmatrix}$ linear unabhängig sind.

(I) $2t_1 + 2t_2 = -1$
(II) $1{,}5t_1 - 4t_2 = 6$
(III) $1t_1 + 1t_2 = 2$

Bei gleichem Vorgehen wie im Fall a) erhält man das nebenstehende Gleichungssystem, das keine Lösung besitzt. Das heißt: g_1 und g_2 haben keinen gemeinsamen Punkt – sie sind **windschief zueinander.**

c) Weil $\vec{a}_1 = \begin{pmatrix}-2\\1{,}5\\1\end{pmatrix}$ und $\vec{a}_2 = \begin{pmatrix}4\\-3\\-2\end{pmatrix}$ die Gleichung $\vec{a}_1 = -\frac{1}{2}\vec{a}_2$ erfüllen, sind $\vec{a}_1$ und $\vec{a}_2$ linear abhängig und folglich g_1 und g_2 parallel zueinander. Es ist noch zu untersuchen, ob g_1 und g_2 ggf. zusammenfallen. Dazu kann man eine Punktprobe durchführen oder auch zunächst annehmen, dass die beiden Geraden einen gemeinsamen Punkt besitzen. Wir erhalten damit das nachfolgende Gleichungssystem:

(I) $2t_1 + 4t_2 = -1$
(II) $1{,}5t_1 + 3t_2 = 6$
(III) $1t_1 + 2t_2 = 1$

Da dieses Gleichungssystem keine Lösung besitzt, haben g_1 und g_2 keinen Punkt gemeinsam. Die beiden Geraden sind also **„echt" parallel zueinander.**

11.1.5 Orthogonalität und Schnittwinkel von Geraden der Ebene

Definition Schneiden zwei Geraden g_1 und g_2 einander in einem Punkt S, so entstehen zwei Paare jeweils kongruenter Scheitelwinkel ψ bzw. ψ'. Der kleinere der beiden Winkel heißt **Schnittwinkel** von g_1 und g_2.

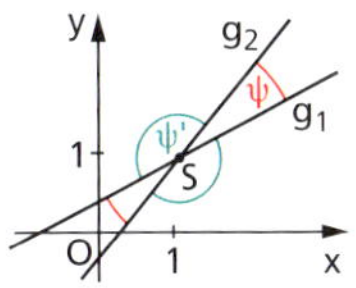

Sind also g_1 und g_2 zwei Geraden der Ebene, so kann ihr Schnittwinkel ψ höchstens 90° betragen. Es gilt also stets $\psi \leq 90°$. Wenn $\psi = 90°$ ist, so heißen die Geraden g_1 und g_2 orthogonal zueinander ($g_1 \perp g_2$).

Sind die Gleichungen der beiden Geraden in Vektorschreibweise durch g_1: $\vec{p}_1 + r\vec{a}$ bzw. g_2: $\vec{p}_2 + t\vec{b}$ gegeben, so gilt mit $\vec{a} = \begin{pmatrix}a_x\\a_y\end{pmatrix}$ und $\vec{b} = \begin{pmatrix}b_x\\b_y\end{pmatrix}$ im Falle ihrer Orthogonalität $a_xb_x + a_yb_y = 0$ (↗Abschnitt 10.9.2) bzw. $\frac{a_y}{a_x} = -\frac{b_x}{b_y}$. Bezogen auf die Geradengleichung in der Koordinatenschreibweise $y = mx + n$ erhält man hieraus wegen $m_{g_1} = \frac{a_y}{a_x}$ und $m_{g_2} = \frac{b_y}{b_x}$ mit a_x, a_y, b_x, $b_y \neq 0$:

Satz Orthogonalitätsbedingung für Geraden der Ebene
Für Geraden g_1 und g_2 mit den Gleichungen $y = m_1x + n_1$ bzw. $y = m_2x + n_2$ (m_1, $m_2 \neq 0$) gilt $g_1 \perp g_2$ genau dann, wenn $m_1 \cdot m_2 = -1$.

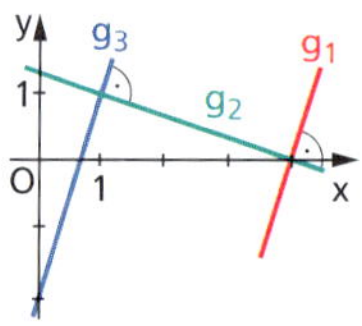

Gegeben seien Geraden g_1, g_2, g_3 mit den Gleichungen
g_1: $y = 3x - 12$, g_2: $y = -\frac{1}{3}x + \frac{4}{3}$, g_3: $y = 3x - 2$.

Aus diesen Gleichungen kann man die Steigungen m_1, m_2 und m_3 unmittelbar entnehmen und auf diese Weise sofort paarweise besondere Lagebeziehungen zwischen den Geraden feststellen.
Mit $m_1 = 3$, $m_2 = -\frac{1}{3}$ und $m_3 = 3$ gilt:

a) g_1 und g_2 sind orthogonal, da $m_1 \cdot m_2 = 3 \cdot \left(-\frac{1}{3}\right) = -1$.

b) g_1 und g_3 sind parallel, da $m_1 = m_3$.

c) g_2 und g_3 sind orthogonal. Dies folgt sowohl geometrisch begründet aus den in a) und b) ermittelten Beziehungen als auch analytisch aus $m_2 \cdot m_3 = -1$.

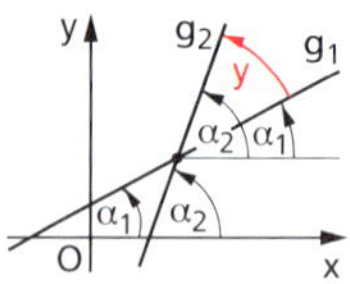

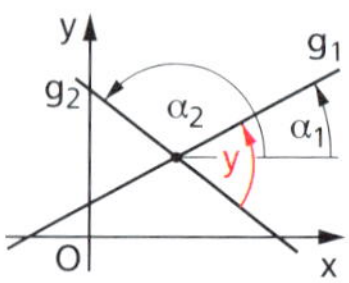

Eine allgemeine Formel für die Berechnung des Schnittwinkels ψ zweier Geraden g_1 und g_2 aus den Steigungen m_1 und m_2 kann man aus der Schnittwinkelformel $\cos\psi = \frac{\vec{a} \cdot \vec{b}}{|\vec{a}| \cdot |\vec{b}|}$ oder unter Anwendung eines Additionstheorems für $\tan\psi = \tan(\alpha_1 - \alpha_2)$ gewinnen, wobei
$\psi = |\alpha_2 - \alpha_1|$ für $|\alpha_2 - \alpha_1| \leq 90°$ bzw.
$\psi = 180° - |\alpha_2 - \alpha_1|$ für $|\alpha_2 - \alpha_1| > 90°$ ist.

Satz Schnittwinkel von Geraden der Ebene
Ist ψ der Schnittwinkel der Geraden g_1 und g_2 mit den Gleichungen $\psi = m_1x + n_1$ und $y = m_2x + n_2$ ($m_1 \neq m_2$, $m_1 \cdot m_2 \neq -1$), so gilt:

$$\tan\psi = \left|\frac{m_2 - m_1}{1 + m_1 \cdot m_2}\right|$$

Es ist der Schnittwinkel ψ der Geraden g_1 und g_2 mit den Gleichungen g_1: $y = 0{,}5x - 11$ bzw. g_2: $4y + 3x + 2 = 0$ zu berechnen.

a) Es gilt: $m_1 = 0{,}5$ sowie $m_2 = -\frac{3}{4}$ $\left(\text{wegen } g_2\text{: } y = -\frac{3}{4}x - \frac{1}{2}\right)$
Daraus folgt nach obigem Satz:

$$\tan\psi = \left|\frac{-\frac{3}{4} - 0{,}5}{1 + 0{,}5 \cdot \left(-\frac{3}{4}\right)}\right| = \left|\frac{-\frac{5}{4}}{\frac{5}{8}}\right| = 2, \text{ also } \psi \approx 63{,}4°$$

b) Die Berechnung des Schnittwinkels kann auch mithilfe der Definitionsgleichung für das Skalarprodukt (↗Abschnitte 10.8.1, 10.8.2) erfolgen.
Aus $\vec{a} \cdot \vec{b} = |\vec{a}| \cdot |\vec{b}| \cdot \cos\sphericalangle(\vec{a}, \vec{b})$ erhält man unter Verwendung der Richtungsvektoren $\vec{a}_{g_1} = \binom{2}{1}$ und $\vec{a}_{g_2} = \binom{-4}{3}$:

$$\cos\sphericalangle(g_1, g_2) = \frac{\vec{a}_{g_1} \cdot \vec{a}_{g_2}}{|\vec{a}_{g_1}||\vec{a}_{g_2}|} = \frac{\binom{2}{1}\binom{-4}{3}}{\sqrt{5} \cdot 5} = -\frac{\sqrt{5}}{5}$$

Daraus folgt $\sphericalangle(g_1, g_2) \approx 116{,}6°$ bzw. wegen der Definition der Schnittwinkel: $\psi \approx 63{,}4°$

Diese Vorgehensweise ist auch für einander schneidende Geraden des Raumes anwendbar (↗Abschnitt 11.3.1).

Lagebeziehungen von Geraden

Sind zwei Geraden g_1 und g_2 **im Raum** durch ihre Gleichung
g_1: $\vec{x} = \vec{p}_1 + r\vec{a}_1$ und g_2: $\vec{x} = \vec{p}_2 + r\vec{a}_2$ ($r, t \in \mathbb{R}$) gegeben, so gibt es für die Untersuchung der Lagebeziehungen von g_1 und g_2 zwei Möglichkeiten und daraus resultierend zwei Entscheidungsschemata:

Möglichkeit (1): Untersuchung unter Verwendung der Richtungsvektoren

Sind die Richtungsvektoren $\vec{a}_1$ und $\vec{a}_2$ parallel zueinander?
Ist also $\vec{a}_1 = k\vec{a}_2$, $k \in \mathbb{R}$?

- **Ja** → Ist $P_1 \in g_2$? (Punktprobe)
  - **Ja** → g_1 und g_2 sind gleich: $g_1 = g_2$
  - **Nein** → g_1 und g_2 sind „echt" parallel: $g_1 \| g_2$, $g_1 \neq g_2$
- **Nein** → Untersuche das Gleichungssystem: $\vec{p}_1 + r\vec{a}_1 = \vec{p}_2 + t\vec{a}_2$ bzw. $r\vec{a}_1 - t\vec{a}_2 = \vec{p}_2 - \vec{p}_1$
  → Hat dieses Gleichungssystem genau eine Lösung t^*, r^* für t, r?
  - **Ja** → Es gibt genau einen Schnittpunkt S von g_1 und g_2: $g_1 \cap g_2 = \{S\}$; $\vec{s} = \vec{p}_1 + r^*\vec{a}_1$, $\vec{s} = \vec{p}_2 + t^*\vec{a}_2$
  - **Nein** → Es gibt keinen Schnittpunkt von g_1 und g_2: $g_1 \cap g_2 = \emptyset$; g_1 und g_2 sind windschief zueinander.

Möglichkeit (2): Untersuchung durch Lösen des Gleichungssystems

(I) $\vec{x} = \vec{p}_1 + r\vec{a}_1$
(II) $\vec{x} = \vec{p}_2 + t\vec{a}_2$

Das Gleichungssystem mit den Gleichungen (I) und (II) hat für t, r

- **keine Lösung.** → g_1 und g_2 haben keine gemeinsamen Punkte: $g_1 \cap g_2 = \emptyset$
  → Sind die Richtungsvektoren $\vec{a}_1$ und $\vec{a}_2$ parallel zueinander? Ist $\vec{a}_1 = k\vec{a}_2$, $k \in \mathbb{R}$?
  - **Ja** → g_1 und g_2 sind „echt" parallel zueinander: $g_1 \| g_2$; $g_1 \neq g_2$
  - **Nein** → g_1 und g_2 sind windschief zueinander.
- **genau eine Lösung.** → Es gibt genau einen Schnittpunkt S von g_1 und g_2: $g_1 \cap g_2 = \{S\}$; $\vec{s} = \vec{p}_1 + r^*\vec{a}_1$ bzw. $\vec{s} = \vec{p}_2 + t^*\vec{a}_2$
- **unendlich viele Lösungen.** → g_1 und g_2 sind gleich: $g_1 = g_2$

11.2 Ebenen im Raum

11.2.1 Gleichung einer Ebene in Vektorform

Die nichtparallelen Vektoren $\vec{u}$ und $\vec{v}$ sind damit auch linear unabhängig (↗ Abschnitt 10.8).

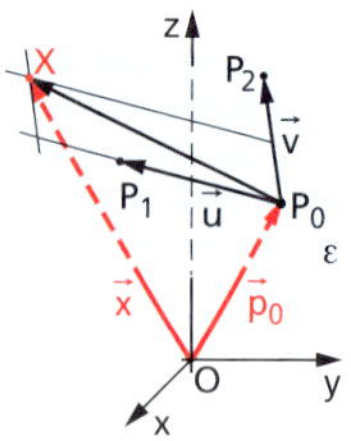

Eine Ebene ε des Raumes wird durch einen ihrer Punkte P_0 und zwei nicht parallele, die Ebene gleichsam „aufspannende" Vektoren $\vec{u}$ und $\vec{v}$ eindeutig bestimmt. P_0 bezeichnet man als *Trägerpunkt*, die Vektoren $\vec{u}$ und $\vec{v}$ als *Richtungsvektoren* (oder auch *Spannvektoren*) von ε.
Zu jedem beliebigen Punkt X von ε lässt sich nun eindeutig der Vektor $\overrightarrow{P_0X}$ als Linearkombination der Vektoren $\vec{u}$ und $\vec{v}$ bestimmen:
$\overrightarrow{P_0X} = r\vec{u} + s\vec{v}$ (r, s ∈ ℝ)
Bezeichnet O den Ursprung des Koordinatensystems, so ist
$\vec{x} = \overrightarrow{OX} = \overrightarrow{OP_0} + \overrightarrow{P_0X} = \vec{p}_0 + r\vec{u} + s\vec{v}$, also: $\vec{x} = \vec{p}_0 + r\vec{u} + s\vec{v}$ (r, s ∈ ℝ)
Durchlaufen nun r und s unabhängig voneinander alle reellen Zahlen, so beschreibt die erhaltene Gleichung die Ebene ε.

Wir fassen diese Überlegungen zusammen:

11

Man nennt diese vektorielle Gleichung auch die *Parameterform* der Punktrichtungsgleichung einer Ebene.

Satz Punktrichtungsgleichung einer Ebene (Vektorform)
Ist P_0 ein Punkt des Raumes mit dem zugehörigen Ortsvektor $\vec{p}_0$ und sind $\vec{u}$ und $\vec{v}$ zwei nicht parallele Vektoren, so wird die dadurch eindeutig bestimmte Ebene ε durch folgende Gleichung beschrieben:
$\vec{x} = \vec{p}_0 + r\vec{u} + s\vec{v}$ (r, s ∈ ℝ)

In obiger Figur sind die beiden Vektoren $\vec{u}$ und $\vec{v}$ auch durch drei nicht auf einer Geraden liegende Punkte P_0, P_1, P_2 von ε bestimmt:
$\vec{u} = \vec{p}_1 - \vec{p}_0$ und $\vec{v} = \vec{p}_2 - \vec{p}_0$
Deshalb lässt sich die Gleichung von ε auch in der Form schreiben:
$\vec{x} = \vec{p}_0 + r(\vec{p}_1 - \vec{p}_0) + s(\vec{p}_2 - \vec{p}_0)$ (r, s ∈ ℝ)

Somit erhält man:

In der Punktrichtungsgleichung einer Ebene heißen r und s *Parameter*.

Satz Dreipunktegleichung einer Ebene (Vektorform)
Sind P_0, P_1 und P_2 drei Punkte des Raumes, die nicht auf derselben Geraden liegen, und bezeichnen $\vec{p}_0$, $\vec{p}_1$ und $\vec{p}_2$ die zugehörigen Ortsvektoren, so wird die dadurch eindeutig bestimmte Ebene ε durch folgende Gleichung beschrieben:
$\vec{x} = \vec{p}_0 + r(\vec{p}_1 - \vec{p}_0) + s(\vec{p}_2 - \vec{p}_0)$ (r, s ∈ ℝ)

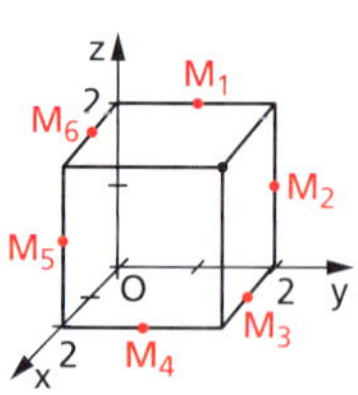

Gegeben sei ein Würfel mit der Kantenlänge 2, der wie in nebenstehender Figur in ein Koordinatensystem eingefügt ist. Es ist rechnerisch zu überprüfen, ob die Kantenmittelpunkte M_1, M_2, …, M_6 in einer gemeinsamen Ebene liegen.
Die Koordinaten dieser Mittelpunkte sind (↗ Abschnitt 10.6):
$M_1(0; 1; 2)$, $M_2(0; 2; 1)$, $M_3(1; 2; 0)$, $M_4(2; 1; 0)$, $M_5(2; 0; 1)$ und $M_6(1; 0; 2)$.

Bei Verwendung von (beispielsweise) M_1 als Trägerpunkt P_0 ergibt sich mit $\vec{u} = \overrightarrow{M_1M_2} = \begin{pmatrix} 0 \\ 1 \\ -1 \end{pmatrix}$ und $\vec{v} = \overrightarrow{M_1M_3} = \begin{pmatrix} 1 \\ 1 \\ -2 \end{pmatrix}$ nach obiger Dreipunktegleichung als Gleichung der gesuchten Ebene:

$$\varepsilon\colon \vec{x} = \begin{pmatrix} 0 \\ 1 \\ 2 \end{pmatrix} + r\begin{pmatrix} 0 \\ 1 \\ -1 \end{pmatrix} + s\begin{pmatrix} 1 \\ 1 \\ -2 \end{pmatrix} \quad (r, s \in \mathbb{R})$$

Es ist nun zu untersuchen, ob auch die Punkte M_4, M_5 und M_6 zu ε gehören *(Punktprobe)*. Dazu setzen wir der Reihe nach die Ortsvektoren dieser Punkte für $\vec{x}$ ein und ermitteln ggf. die zugehörigen Parameter r und s.

- Für M_4: $\begin{pmatrix} 2 \\ 1 \\ 0 \end{pmatrix} = \begin{pmatrix} 0 \\ 1 \\ 2 \end{pmatrix} + r\begin{pmatrix} 0 \\ 1 \\ -1 \end{pmatrix} + s\begin{pmatrix} 1 \\ 1 \\ -2 \end{pmatrix}$ Ein Koordinatenvergleich ergibt:

$$\begin{array}{lcll} 2 = 0 + 0\cdot r + 1\cdot s & & \text{(I)} & 1\cdot s = 2 \\ 1 = 1 + 1\cdot r + 1\cdot s & \text{bzw.} & \text{(II)} & 1\cdot r + 1\cdot s = 0 \\ 0 = 2 - 1\cdot r - 2\cdot s & & \text{(III)} & -1\cdot r - 2\cdot s = -2 \end{array}$$

  Aus (I) folgt s = 2 und mit (II) dann r = −2. Diese beiden Werte erfüllen auch (III). Damit sind r = −2 und s = 2 Parameter in der Ebenengleichung, die den Punkt M_4 beschreiben.
  M_4 liegt also in ε, d.h., $M_4 \in \varepsilon$.

- Für M_5: $\begin{pmatrix} 2 \\ 0 \\ 1 \end{pmatrix} = \begin{pmatrix} 0 \\ 1 \\ 2 \end{pmatrix} + r\begin{pmatrix} 0 \\ 1 \\ -1 \end{pmatrix} + s\begin{pmatrix} 1 \\ 1 \\ -2 \end{pmatrix}$ bzw. $\begin{array}{ll} \text{(I)} & 1s = 2 \\ \text{(II)} & 1r + 1s = -1 \\ \text{(III)} & -1r - 2s = -1 \end{array}$

  Das Gleichungssystem hat die Lösung s = 2 und r = −3.
  Also ist $M_5 \in \varepsilon$.

- Für M_6: $\begin{pmatrix} 1 \\ 0 \\ 2 \end{pmatrix} = \begin{pmatrix} 0 \\ 1 \\ 2 \end{pmatrix} + r\begin{pmatrix} 0 \\ 1 \\ -1 \end{pmatrix} + s\begin{pmatrix} 1 \\ 1 \\ -2 \end{pmatrix}$ bzw. $\begin{array}{ll} \text{(I)} & 1s = 1 \\ \text{(II)} & 1r + 1s = -1 \\ \text{(III)} & -1r - 2s = 0 \end{array}$

  Daraus folgt s = 1 und r = −2. Also ist $M_6 \in \varepsilon$.

Damit sind M_4, M_5 und M_6 Punkte von ε. Alle sechs betrachteten Kantenmittelpunkte liegen in dieser Ebene.

▶ Unter Verwendung dieser Überlegungen lässt sich zeigen:
Man kann einen Würfel so mit einer Ebene schneiden, dass die Schnittfigur ein regelmäßiges Sechseck ist.

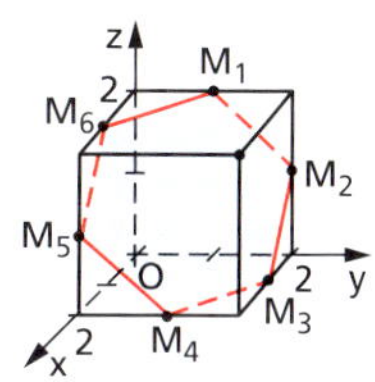

11.2.2 Gleichung einer Ebene in Koordinatenschreibweise

Es wird eine Ebene ε betrachtet, die durch den Punkt $P_0(x_0;\, y_0;\, z_0)$ und die beiden linear unabhängigen Vektoren

$\vec{u} = \begin{pmatrix} u_x \\ u_y \\ u_z \end{pmatrix}$ und $\vec{v} = \begin{pmatrix} v_x \\ v_y \\ v_z \end{pmatrix}$ gegeben ist.

Dann beschreibt die vektorielle Gleichung

$$\begin{pmatrix} x \\ y \\ z \end{pmatrix} = \begin{pmatrix} x_0 \\ y_0 \\ z_0 \end{pmatrix} + r\begin{pmatrix} u_x \\ u_y \\ u_z \end{pmatrix} + s\begin{pmatrix} v_x \\ v_y \\ v_z \end{pmatrix} \quad (r, s \in \mathbb{R})$$

alle Punkte X(x; y; z) der Ebene ε (↗ Abschnitt 11.2.1). Man kann hieraus eine Gleichung in Koordinatenschreibweise erhalten, indem man durch Koordinatenvergleich aus der vektoriellen Gleichung ein Gleichungs-

▶ Eine Gleichung in Koordinatenschreibweise wird auch als *parameterfreie Gleichung* bezeichnet.

system gewinnt, in dem die Koordinaten x, y und z mittels der Parameter r und s beschrieben sind. Die Parameter werden dann schrittweise eliminiert. Das folgende Beispiel verdeutlicht das Vorgehen:

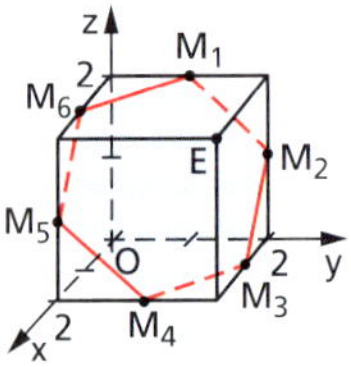

Eine Ebene durch die sechs Kantenmittelpunkte eines Würfels mit der Kantenlänge 2 LE hat die Parametergleichung

$\vec{x} = \begin{pmatrix}0\\1\\2\end{pmatrix} + r\begin{pmatrix}0\\1\\-1\end{pmatrix} + s\begin{pmatrix}1\\1\\-2\end{pmatrix}$, $r, s \in \mathbb{R}$ (↗ Abschnitt 11.2.1).

Diese soll in die Koordinatenschreibweise überführt werden.

Aus der Gleichung $\begin{pmatrix}x\\y\\z\end{pmatrix} = \begin{pmatrix}0\\1\\2\end{pmatrix} + r\begin{pmatrix}0\\1\\-1\end{pmatrix} + s\begin{pmatrix}1\\1\\-2\end{pmatrix}$

folgt durch Koordinatenvergleich:

(I)	$x = 0 + 0\cdot r + 1\cdot s$		(I)	$1\cdot s = x$
(II)	$y = 1 + 1\cdot r + 1\cdot s$	bzw.	(II)	$1\cdot r + 1\cdot s = y - 1$
(III)	$z = 2 - 1\cdot r - 2\cdot s$		(III)	$-1\cdot r - 2\cdot s = z - 2$

Aus (I) lesen wir $s = x$ ab und erhalten mit (II) $r = y - 1 - x$.

Setzt man die beiden Werte in die Gleichung (III) ein, so ergibt sich:

$-1(y - 1 - x) - 2x = z - 2$ bzw.
$-y + 1 + x - 2x = z - 2$ oder auch
$x + y + z - 3 = 0$

Damit haben wir eine parameterfreie Gleichung der gegebenen Ebene ε erhalten.

Mit dieser Ebenengleichung kann man leicht ermitteln, ob z. B. die Punkte M_1, M_2, ..., M_6 oder ein Punkt E(2; 2; 2) zu ε gehören. Wir müssen nur die Koordinaten des jeweiligen Punktes in die Ebenengleichung einsetzen und überprüfen, ob diese Koordinaten die Gleichung erfüllen. Beispielsweise erhält man:

- für $M_6(1; 0; 2)$: $1 + 0 + 2 - 3 = 0$, d. h., $M_6 \in \varepsilon$
- für E(2; 2; 2): $2 + 2 + 2 - 3 = 3 \neq 0$, d. h., $E \notin \varepsilon$

Die drei Koeffizienten a, b und c sind nicht gleichzeitig 0, d. h., es gilt: $a^2 + b^2 + c^2 > 0$

Würden wir das Verfahren aus obigem Beispiel für eine Ebene durchführen, die allgemein durch einen Punkt $P_0(x_0; y_0; z_0)$ und zwei Spannvektoren $\vec{u} = \begin{pmatrix}u_x\\u_y\\u_z\end{pmatrix}$, $\vec{v} = \begin{pmatrix}v_x\\v_y\\v_z\end{pmatrix}$ gegeben ist, so ergäbe sich (nach entsprechenden Zusammenfassungen) als **Koordinatenschreibweise** (bzw. als parameterfreie Form) der Gleichung dieser Ebene im Raum $ax + by + cz + d = 0$.
Diese allgemeine Form der Gleichung einer Ebene im Raum entspricht der Gleichung einer Geraden in der Ebene in Koordinatenschreibweise: $ax + by + d = 0$ (↗ Abschnitt 11.1.1)

Es ist auch möglich, die Gleichung der Ebene in x, y und z als ein besonderes Gleichungssystem aufzufassen und dieses zu lösen (↗ Abschnitt 4.7.2).

Um eine Gleichung einer Ebene in Koordinatenschreibweise in eine Vektorgleichung umzuwandeln, kann man drei Punkte der Ebene bestimmen und anschließend die Dreipunktegleichung einer Ebene (↗ Abschnitt 11.2.1) anwenden.

Sehr einfach lässt sich eine parameterfreie Gleichung einer Ebene bestimmen, wenn die Koordinaten der Schnittpunkte dieser Ebene mit den Achsen des Koordinatensystems bekannt sind.

Satz Achsenabschnittsgleichung einer Ebene
Schneidet eine Ebene ε die Achsen eines Koordinatensystems in den Punkten $S_x(x_s;\ 0;\ 0)$, $S_y(0;\ y_s;\ 0)$ und $S_z(0;\ 0;\ z_s)$ (mit $x_s \neq 0$, $y_s \neq 0$, $z_s \neq 0$), so besitzt sie die Koordinatengleichung:

$$\frac{x}{x_s} + \frac{y}{y_s} + \frac{z}{z_s} = 1$$

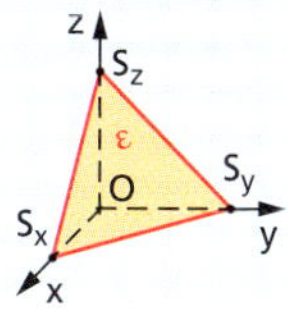

Die Ebene darf in diesem Fall nicht durch den Koordinatenursprung verlaufen.

a) Für die nebenstehend dargestellte Ebene ε_1 lässt sich als Koordinatengleichung ablesen:
ε_1: $\frac{x}{2} + \frac{y}{3} + \frac{z}{0{,}5} = 1$ bzw. ε_1: $3x + 2y + 12z - 6 = 0$

b) Umgekehrt kann man feststellen:
Die Ebene ε_2 mit der Gleichung $\frac{1}{3}x - 2y + 6z + 4 = 0$ schneidet wegen ε_2: $-\frac{x}{12} + \frac{y}{2} - \frac{z}{\frac{2}{3}} = 1$ die drei Koordinatenachsen in den Punkten $S_x(-12;\ 0;\ 0)$, $S_y(0;\ 2;\ 0)$ bzw. $S_z\left(0;\ 0;\ -\frac{2}{3}\right)$.

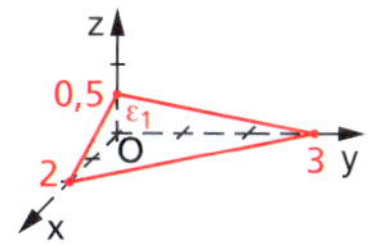

Die Möglichkeiten zur analytischen Beschreibung einer Ebene sind nachfolgend zusammengefasst:

	Punktrichtungsgleichung	**Dreipunktegleichung**
X(x; y; z) ist ein beliebiger Punkt der Ebene ε. $\vec{x} = \begin{pmatrix} x \\ y \\ z \end{pmatrix} = \overrightarrow{OX}$	$P_0(x_0;\ y_0;\ z_0)$ $\vec{p}_0 = \begin{pmatrix} x_0 \\ y_0 \\ z_0 \end{pmatrix}$ $\vec{u} = \begin{pmatrix} u_x \\ u_y \\ u_z \end{pmatrix}$ $\vec{v} = \begin{pmatrix} v_x \\ v_y \\ v_z \end{pmatrix}$ $\vec{u}$, $\vec{v}$ nicht parallel 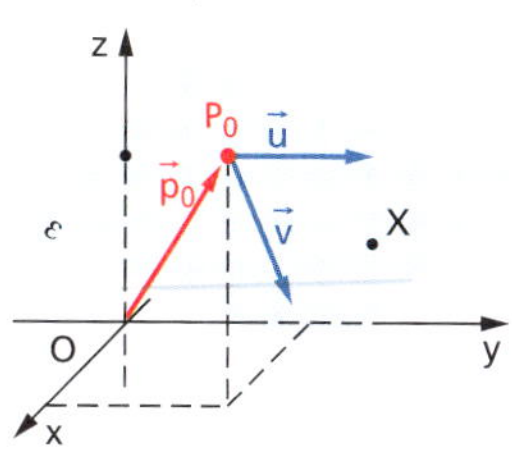	$P_1(x_1;\ y_1;\ z_1)$ $P_2(x_2;\ y_2;\ z_2)$ $P_3(x_3;\ y_3;\ z_3)$ $\vec{p}_1 = \begin{pmatrix} x_1 \\ y_1 \\ z_1 \end{pmatrix}$ $\vec{p}_2 = \begin{pmatrix} x_2 \\ y_2 \\ z_2 \end{pmatrix}$ $\vec{p}_3 = \begin{pmatrix} x_3 \\ y_3 \\ z_3 \end{pmatrix}$ 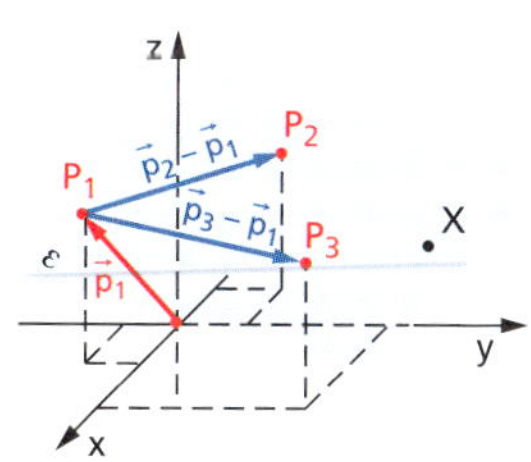 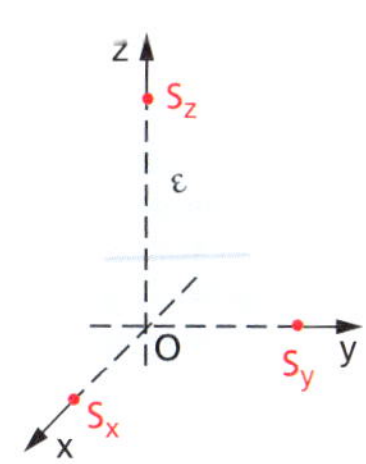
Vektorschreibweise	$\vec{x} = \vec{p}_0 + r\vec{u} + s\vec{v};\ r, s \in \mathbb{R}$	$\vec{x} = \vec{p}_1 + r(\vec{p}_2 - \vec{p}_1) + s(\vec{p}_3 - \vec{p}_1);\ r, s \in \mathbb{R}$
Koordinatenschreibweise	$ax + by + cz + d = 0$ mit $a^2 + b^2 + c^2 > 0$ $\frac{x}{s_x} + \frac{y}{s_y} + \frac{z}{s_z} = 1$ mit $s_x, s_y, s_z \neq 0$	

11.2.3 Hessesche Normalform der Ebenengleichung

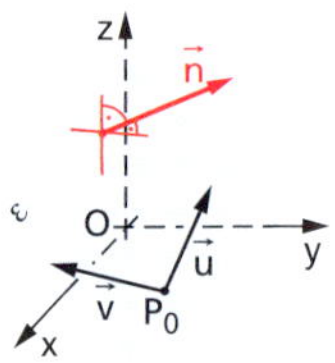

Definition Einen zu den Spannvektoren $\vec{u}$ und $\vec{v}$ einer Ebene ε orthogonalen Vektor $\vec{n}$ ($\vec{n} \neq \vec{o}$) nennt man **Normalenvektor** von ε. Der zugehörige Einheitsvektor heißt **Normaleneinheitsvektor** und wird mit $\vec{n}^{\,0}$ bezeichnet.

$\vec{n}$ ist senkrecht zu jedem Vektor, der sich als Linearkombination aus $\vec{u}$ und $\vec{v}$ ergibt, d. h., $\vec{n}$ ist senkrecht zu jedem Vektor der Ebene ε.
Zur Ermittlung eines Normalenvektors einer Ebene nutzt man die Eigenschaften des Vektorprodukts (↗ Abschnitt 10.9):

Es ist der Normaleneinheitsvektor der Ebene

ε: $\vec{x} = \begin{pmatrix} 2 \\ -1 \\ 3 \end{pmatrix} + r\begin{pmatrix} 2 \\ 1 \\ 5 \end{pmatrix} + s\begin{pmatrix} -2 \\ 3 \\ -1 \end{pmatrix}$ zu ermitteln.

Wir bilden dazu das Vektorprodukt der beiden Richtungsvektoren $\vec{u} = \begin{pmatrix} 2 \\ 1 \\ 5 \end{pmatrix}$ und $\vec{v} = \begin{pmatrix} -2 \\ 3 \\ -1 \end{pmatrix}$ von ε und dividieren den so erhaltenen Vektor (der senkrecht zu ε steht) durch seinen Betrag:

$$\vec{u} \times \vec{v} = \begin{vmatrix} \vec{e}_1 & \vec{e}_2 & \vec{e}_3 \\ 2 & 1 & 5 \\ -2 & 3 & -1 \end{vmatrix} = -16\vec{e}_1 - 8\vec{e}_2 + 8\vec{e}_3 = \begin{pmatrix} -16 \\ -8 \\ 8 \end{pmatrix}$$

$$\vec{n}^{\,0} = \frac{\vec{u} \times \vec{v}}{|\vec{u} \times \vec{v}|} = \frac{1}{\sqrt{384}}\begin{pmatrix} -16 \\ -8 \\ 8 \end{pmatrix} = \frac{1}{6}\sqrt{6}\begin{pmatrix} -2 \\ -1 \\ 1 \end{pmatrix}$$

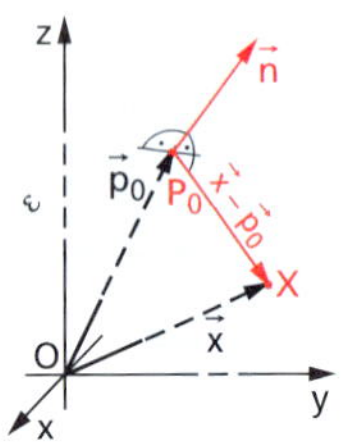

Überlegungen und Formeln sind analog denen für die Geraden in der Ebene (↗ Abschnitt 11.1.3).

Unter Verwendung eines Normalenvektors kann man eine spezielle Vektorgleichung einer Ebene aufstellen, die für Abstandsberechnungen von Nutzen ist (↗ Abschnitt 11.4).
Mit den Bezeichnungen aus nebenstehender Figur gilt:
ε: $\overrightarrow{P_0X} \cdot \vec{n} = 0$, also $(\vec{x} - \vec{p}_0) \cdot \vec{n} = 0$

Verwendet man anstelle eines beliebigen Normalenvektors einen Normaleneinheitsvektor, so ergibt sich: ε: $(\vec{x} - \vec{p}_0) \cdot \frac{\vec{n}}{|\vec{n}|} = 0$

Satz **Hessesche Normalform der Gleichung einer Ebene im Raum (Vektorform)**
Eine Ebene ε, die durch den Punkt P_0 und ihren Normaleneinheitsvektor $\vec{n}^{\,0}$ bestimmt ist, kann durch die Gleichung $(\vec{x} - \vec{p}_0) \cdot \vec{n}^{\,0} = 0$ beschrieben werden.

In Koordinatenschreibweise notiert, erhält man aus dieser Gleichung mit

$\vec{x} = \begin{pmatrix} x \\ y \\ z \end{pmatrix}$, $\vec{p}_0 = \begin{pmatrix} x_0 \\ y_0 \\ z_0 \end{pmatrix}$ und $\vec{n} = \begin{pmatrix} x_n \\ y_n \\ z_n \end{pmatrix}$ $\left(\text{also } |\vec{n}| = \sqrt{x_n^2 + y_n^2 + z_n^2}\right)$:

$$\left[\begin{pmatrix} x \\ y \\ z \end{pmatrix} - \begin{pmatrix} x_0 \\ y_0 \\ z_0 \end{pmatrix}\right] \cdot \frac{1}{\sqrt{x_n^2 + y_n^2 + z_n^2}}\begin{pmatrix} x_n \\ y_n \\ z_n \end{pmatrix} = 0$$

Durch Ausmultiplizieren und Zusammenfassen ergibt sich:

$$\frac{x_n \cdot x + y_n \cdot y + z_n \cdot z - (x_n \cdot x_0 + y_n \cdot y_0 + z_n \cdot z_0)}{\sqrt{{x_n}^2 + {y_n}^2 + {z_n}^2}} = 0$$

Setzt man $x_n = a$, $y_n = b$, $z_n = c$, $x_n \cdot x_0 + y_n \cdot y_0 + z_n \cdot z_0 = -d$, so erhält man die **hessesche Normalform** der Gleichung einer Ebene im Raum in **Koordinatenschreibweise**: $\varepsilon\colon \frac{ax + by + cz + d}{\sqrt{a^2 + b^2 + c^2}} = 0$

Ist umgekehrt die Gleichung einer Ebene im Raum in der Form $ax + by + cz + d = 0$ gegeben, so lässt sich daraus durch Division durch $\sqrt{a^2 + b^2 + c^2}$ deren hessesche Normalform bestimmen. Außerdem gilt:

Satz Normalenvektor einer Ebene
Ist $ax + by + cz + d = 0$ die allgemeine parameterfreie Gleichung einer Ebene ε, so ist $\vec{n} = \begin{pmatrix} a \\ b \\ c \end{pmatrix}$ ein Normalenvektor von ε.

Eine Ebene ε sei durch die Gleichung $3x - 2y + 5z + 2 = 0$ gegeben. Es ist die hessesche Normalform dieser Gleichung in Vektor- und in Koordinatenschreibweise anzugeben.

- Aus $3x - 2y + 5z + 2 = 0$ liest man $\vec{n} = \begin{pmatrix} 3 \\ -2 \\ 5 \end{pmatrix}$ ab. Mit $\vec{n}^0 = \frac{1}{\sqrt{38}}\begin{pmatrix} 3 \\ -2 \\ 5 \end{pmatrix}$ und (beispielsweise) $\vec{p}_0 = \begin{pmatrix} 4 \\ 2 \\ -2 \end{pmatrix}$ als Ortsvektor eines beliebigen Punktes P_0 von ε ergibt sich daraus als hessesche Normalform dieser Gleichung in Vektorschreibweise: $\varepsilon\colon \frac{1}{\sqrt{38}}\left(\vec{x} - \begin{pmatrix} 4 \\ 2 \\ -2 \end{pmatrix}\right) \cdot \begin{pmatrix} 3 \\ -2 \\ 5 \end{pmatrix} = 0$
- Mit $\sqrt{a^2 + b^2 + c^2} = \sqrt{38}$ erhält man als hessesche Normalform dieser Gleichung in Koordinatenschreibweise: $\frac{3x - 2y + 5z + 2}{\sqrt{38}} = 0$

11.2.4 Spezielle Ebenen

Ausgehend von der allgemeinen parameterfreien Gleichung einer Ebene

$\varepsilon\colon ax + by + cz + d = 0 \quad \text{mit} \quad a^2 + b^2 + c^2 > 0$

werden nachfolgend Sonderfälle für die Koeffizienten a, b, c untersucht und die Lage der entsprechenden Ebene im Raum wird veranschaulicht.

- Für $d = 0$ verläuft die Ebene ε durch den Koordinatenursprung. In diesem Fall wird die zugehörige Gleichung $ax + by + cz = 0$ nämlich von den Koordinaten des Koordinatenursprungs O(0; 0; 0) erfüllt.
- Für $c = 0$ und $a, b \neq 0$ besitzt die zu betrachtende Ebene die Gleichung $ax + by + d = 0$. Diese Gleichung wird von allen Punkten X(x'; y'; z') des Raumes erfüllt, für die $ax' + by' + d = 0$ gilt, wobei z' jeden beliebigen Wert annehmen kann.
  Das heißt aber: ε ist eine Ebene, die auf der xy-Ebene senkrecht steht.

11

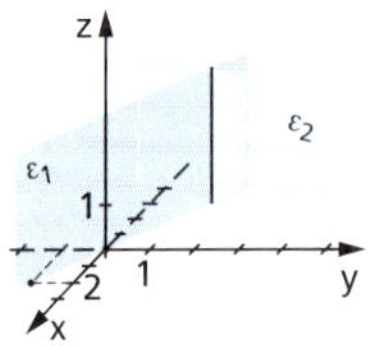

Für $z = 0$ beschreibt $ax + by + d = 0$ eine Gerade in der xy-Ebene.

In nebenstehender Figur sind zwei konkrete Beispiele dargestellt:

ε_1: $x + 2y = 0$

ε_2: $5x - 4y + 20 = 0$

Dieser und weitere Spezialfälle werden in der folgenden Tabelle zusammengefasst:

a	b	c	d ≠ 0	d = 0
≠ 0	≠ 0	≠ 0	$ax + by + cz + d = 0$ 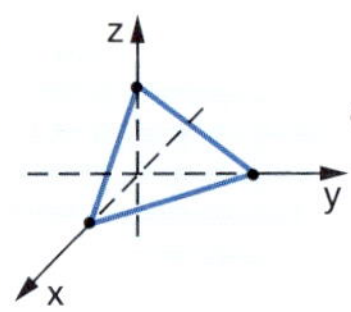 ε in beliebiger Lage ε enthält nicht den Koordinatenursprung.	$ax + by + cz = 0$ 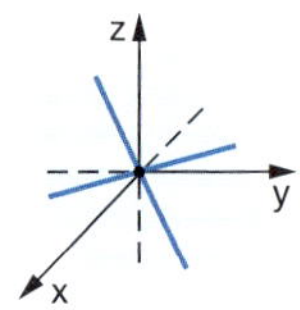 ε enthält den Koordinatenursprung.
≠ 0	≠ 0	= 0	$ax + by + d = 0$ 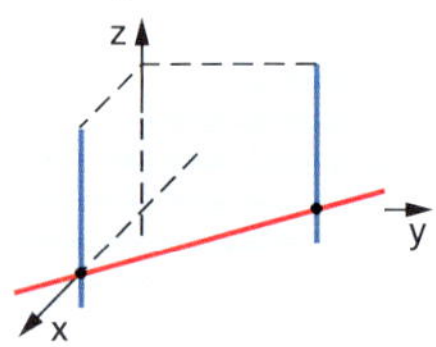 ε ⊥ xy-Ebene ε enthält nicht die z-Achse.	$ax + by = 0$ 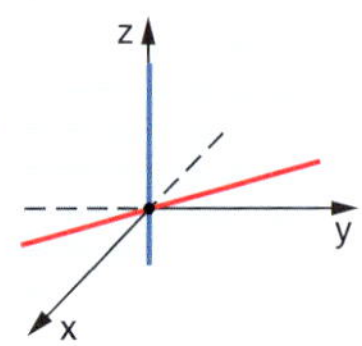 ε enthält die z-Achse.
≠ 0	= 0	≠ 0	$ax + cz + d = 0$ 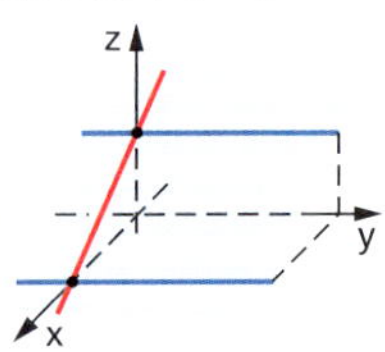 ε ⊥ xz-Ebene ε enthält nicht die y-Achse.	$ax + cz = 0$ 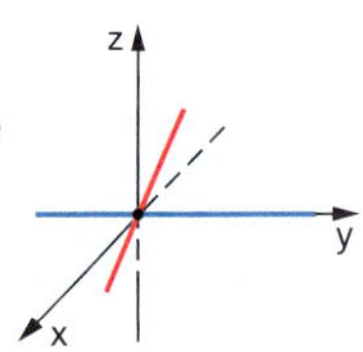 ε enthält die y-Achse.
= 0	≠ 0	≠ 0	$by + cz + d = 0$ 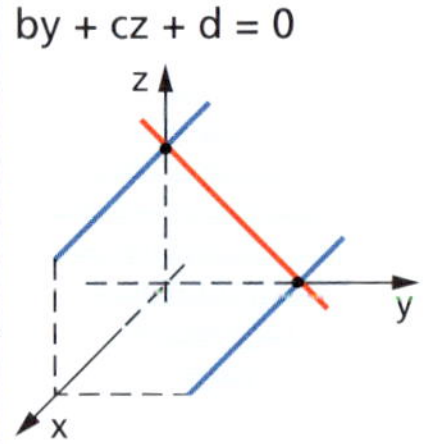 ε ⊥ yz-Ebene ε enthält nicht die x-Achse.	$by + cz = 0$ 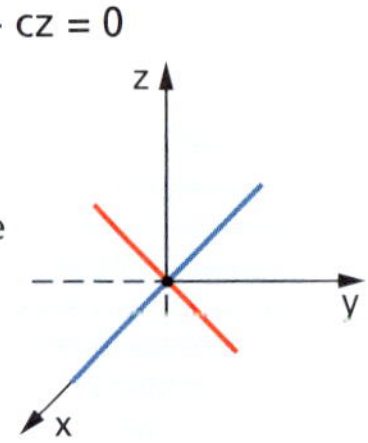 ε enthält die x-Achse.

a	b	c	d ≠ 0	d = 0
= 0	= 0	≠ 0	$cz + d = 0$ 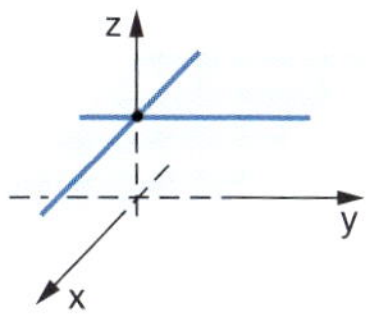 ε ist parallel zur xy-Ebene.	$cz = 0$ ($z = 0$) 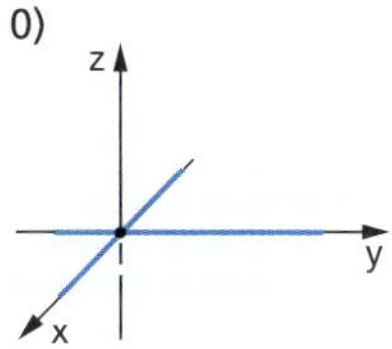 ε ist die xy-Ebene.
			ε ⊥ z-Achse	
= 0	≠ 0	= 0	$by + d = 0$ 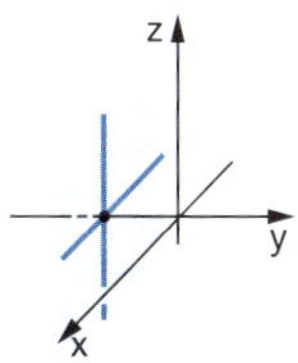 ε ist parallel zur xz-Ebene.	$by = 0$ ($y = 0$) 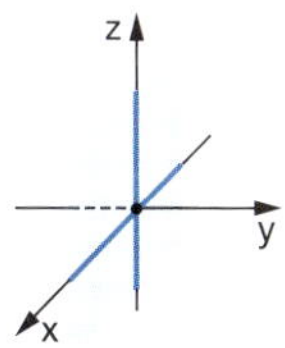 ε ist die xz-Ebene.
			ε ⊥ y-Achse	
≠ 0	= 0	= 0	$ax + d = 0$ 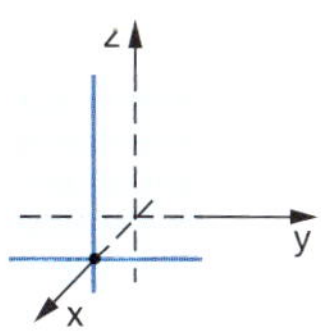 ε ist parallel zur yz-Ebene.	$ax = 0$ ($x = 0$) 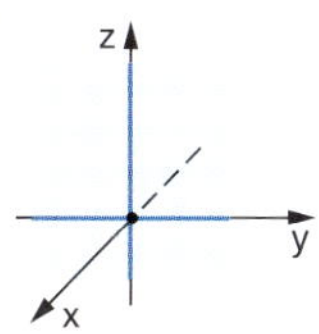 ε ist die yz-Ebene.
			ε ⊥ x-Achse	

11.2.5 Lagebeziehungen von Gerade und Ebene

Aus der Anschauung lässt sich entnehmen, dass zwischen einer Geraden g_i und einer Ebene ε die folgenden Lagebeziehungen bestehen können:

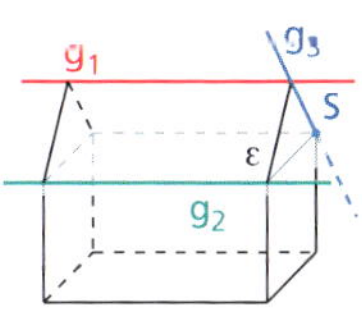

g_1 und ε haben keinen Punkt gemeinsam; g_1 ist „echt" parallel zu ε.	g_2 liegt in ε; auch in diesem Fall ist g_2 parallel zu ε.	g_3 und ε haben genau einen Punkt gemeinsam; sie schneiden einander.
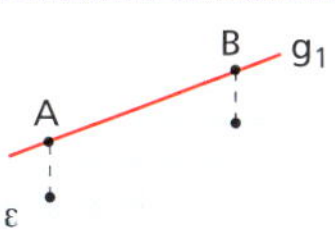		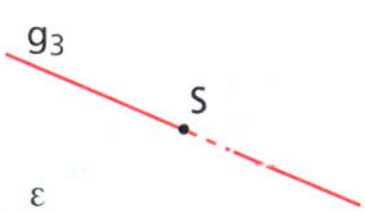

Geraden und Ebenen im Raum können mithilfe von Richtungsvektoren beschrieben werden. Dies führt zu einem Kriterium dafür, ob eine Gerade g mit dem Richtungsvektor $\vec{a}$ zu einer Ebene mit den Richtungsvektoren

$\vec{u}$ und $\vec{v}$ parallel ist oder diese in genau einem Punkt schneidet. Man muss nur feststellen, ob das Vektorsystem $\{\vec{a}, \vec{u}, \vec{v}\}$ linear abhängig oder linear unabhängig ist. Die nachfolgenden Figuren verdeutlichen diesen Zusammenhang:

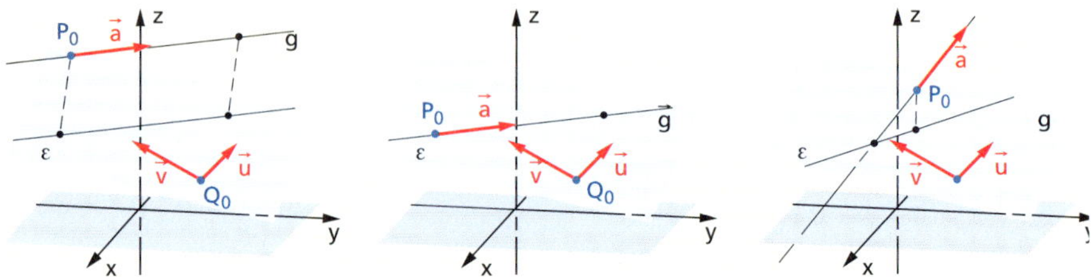

Die Tabelle gibt einen Überblick über die möglichen Fälle:

Richtungsvektoren von g, ε		g: $\vec{x} = \vec{p}_0 + t\vec{a}$; ε: $\vec{x} = \vec{q}_0 + r\vec{u} + s\vec{v}$
Richtungsvektor $\vec{a}$ von g ist linear abhängig von zwei Richtungsvektoren $\vec{u}, \vec{v}$ von ε.	g ‖ ε · g ∩ ε = , d. h.: g hat mit ε keinen gemeinsamen Punkt. *Oder:* · g ∩ ε = g, d. h.: g liegt in ε.	$\vec{p}_0 + t_1\vec{a} = \vec{q}_0 + r_1\vec{u} + s_1\vec{v}$ · hat für die unbekannten Parameter t_1, r_1 und s_1 keine Lösung (g ∩ ε = ∅). *Oder:* · hat unendlich viele Lösungen (g ∩ ε = g).
Richtungsvektor $\vec{a}$ von g ist linear unabhängig von zwei Richtungsvektoren $\vec{u}, \vec{v}$ von ε.	g ∦ ε g ∩ ε = {S}, d. h.: g hat mit ε genau einen Punkt S gemeinsam.	$\vec{p}_0 + t_1\vec{a} = \vec{q}_0 + r_1\vec{u} + s_1\vec{v}$ · hat für die unbekannten Parameter t_1, r_1 und s_1 genau eine Lösung (g ∩ ε = {S}).

Neben der Untersuchung eines Vektorsystems $\{\vec{a}, \vec{u}, \vec{v}\}$ auf lineare Abhängigkeit kann man zur Ermittlung der gegenseitigen Lage einer Ebene ε und einer Geraden g auch folgendermaßen vorgehen:

Es wird angenommen, dass g: $\vec{x} = \vec{p}_0 + t\vec{a}$ und ε: $\vec{x} = \vec{q}_0 + r\vec{u} + s\vec{v}$ einen Punkt S gemeinsam haben. In diesem Fall muss es drei reelle Zahlen t_1, r_1 und s_1 so geben, dass $\vec{p}_0 + t_1\vec{a} = \vec{q}_0 + r_1\vec{u} + s_1\vec{v}$ gilt. Nach dem Prinzip des Koordinatenvergleichs erhält man aus dieser Vektorgleichung ein Gleichungssystem aus drei Gleichungen und mit den drei Unbekannten t_1, r_1 und s_1. Interpretation der Lösung dieses Gleichungssystems führt dann zu einer Aussage über die zu untersuchende Lagebeziehung.

Gegeben seien eine Ebene ε und drei Geraden g, h und i durch ihre Gleichungen:

$$\varepsilon: \quad \vec{x} = \begin{pmatrix} 1 \\ 1 \\ 1 \end{pmatrix} + r\begin{pmatrix} -0,5 \\ 1 \\ -0,5 \end{pmatrix} + s\begin{pmatrix} 0 \\ 0,5 \\ 1,5 \end{pmatrix} \qquad g: \quad \vec{x} = \begin{pmatrix} 3 \\ 4 \\ 1 \end{pmatrix} + t\begin{pmatrix} 1 \\ 1 \\ -1,5 \end{pmatrix}$$

$$h: \quad \vec{x} = \begin{pmatrix} 2 \\ -1 \\ 2 \end{pmatrix} + t\begin{pmatrix} -1 \\ 3 \\ 2 \end{pmatrix} \qquad i: \quad \vec{x} = \begin{pmatrix} 2 \\ -1 \\ 3 \end{pmatrix} + t\begin{pmatrix} 1 \\ -3 \\ -2 \end{pmatrix}$$

Es ist die Lagebeziehung von g, h bzw. i bezüglich ε zu bestimmen.

a) Nimmt man an, dass g und ε gemeinsame Punkte haben, so muss es in der Gleichung von ε reelle Zahlen s_1 und r_1 und in der Gleichung von g eine reelle Zahl t_1 geben, dass gilt:

$$\begin{pmatrix} 3 \\ 4 \\ 1 \end{pmatrix} + t_1 \begin{pmatrix} 1 \\ 1 \\ -1{,}5 \end{pmatrix} = \begin{pmatrix} 1 \\ 1 \\ 1 \end{pmatrix} + r_1 \begin{pmatrix} -0{,}5 \\ 1 \\ -0{,}5 \end{pmatrix} + s_1 \begin{pmatrix} 0 \\ 0{,}5 \\ 1{,}5 \end{pmatrix}$$

Aus dieser Gleichung erhält man folgendes Gleichungssystem:

$$\begin{aligned} &(\mathrm{I}) & 2 &= -1t_1 - 0{,}5r_1 + 0s_1 \\ &(\mathrm{II}) & 3 &= -1t_1 + 1r_1 + 0{,}5s_1 \\ &(\mathrm{III}) & 0 &= 1{,}5t_1 - 0{,}5r_1 + 1{,}5s_1 \end{aligned}$$

Dieses Gleichungssystem besitzt die Lösungen $t_1 = -2$, $r_1 = 0$ und $s_1 = 2$. Folglich hat g mit ε genau einen Punkt S gemeinsam. Diesen Schnittpunkt S können wir aus der Gleichung für g bestimmen, wenn wir $t = -2$ wählen. Es ergibt sich $S(1;\, 2;\, 4)$.

b) Unter der Annahme, dass h und ε gemeinsame Punkte haben, erhält man die Gleichung:

$$\begin{pmatrix} 2 \\ -1 \\ 2 \end{pmatrix} + t_2 \begin{pmatrix} -1 \\ 3 \\ 2 \end{pmatrix} = \begin{pmatrix} 1 \\ 1 \\ 1 \end{pmatrix} + r_2 \begin{pmatrix} -0{,}5 \\ 1 \\ -0{,}5 \end{pmatrix} + s_2 \begin{pmatrix} 0 \\ 0{,}5 \\ 1{,}5 \end{pmatrix}$$

Daraus ergibt sich durch Koordinatenvergleich das folgende Gleichungssystem:

$$\begin{aligned} &(\mathrm{I}) & 1t_2 - 0{,}5r_2 + 0s_2 &= 1 \\ &(\mathrm{II}) & -3t_2 + 1r_2 + 0{,}5s_2 &= -2 \\ &(\mathrm{III}) & -2t_2 - 0{,}5r_2 + 1{,}5s_2 &= 1 \end{aligned}$$

Mithilfe des gaußschen Eliminierungsverfahrens (↗ Abschnitt 4.7.1) erhält man:

$$\begin{aligned} &(\mathrm{I'}) & t_2 &= 0{,}5\,t \\ &(\mathrm{II'}) & r_2 &= -2 + t \\ &(\mathrm{III'}) & s_2 &= t, \quad t \in \mathbb{R} \end{aligned}$$

Das bedeutet: Das Ausgangsgleichungssystem besitzt unendlich viele Lösungen. Folglich liegt h in ε.

c) Nimmt man an, dass die Gerade i und die Ebene ε gemeinsame Punkte besitzen, so ergibt sich das folgende Gleichungssystem:

$$\begin{aligned} &(\mathrm{I}) & 1t_3 + 0{,}5r_3 + 0s_3 &= -1 \\ &(\mathrm{II}) & 3t_3 + 1r_3 + 0{,}5s_3 &= -2 \\ &(\mathrm{III}) & -2t_3 + 0{,}5r_3 - 1{,}5s_3 &= -2 \end{aligned}$$

Nach Umformung nach dem gaußschen Eliminierungsverfahren erhält man:

$$\begin{aligned} &(\mathrm{I'}) & t_3 + 0{,}5r_3 + 0s_3 &= -1 \\ &(\mathrm{II'}) & -0{,}5r_3 + 0{,}5s_3 &= 1 \\ &(\mathrm{III'}) & 0 &= -1 \end{aligned}$$

Das Ausgangssystem hat also keine Lösung – kein Punkt von i gehört auch zu ε. Damit ist die Gerade i „echt" parallel zur Ebene ε.

11.2.6 Lagebeziehungen von zwei Ebenen

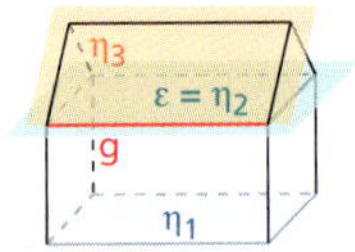

Zwei Ebenen ε und η_i können sich in folgenden Lagebeziehungen zueinander befinden:

ε und η_1 haben keinen Punkt gemeinsam; ε ist „echt" parallel zu η_1.	ε fällt mit η_2 zusammen; auch in diesem Fall ist ε parallel zu η_2.	ε und η_3 haben genau eine Gerade gemeinsam; sie schneiden einander.
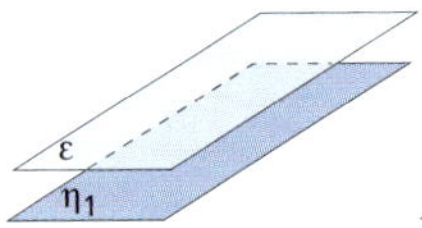	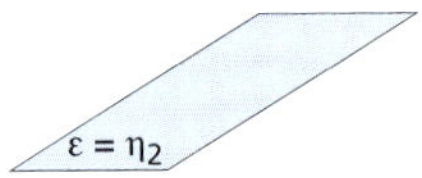	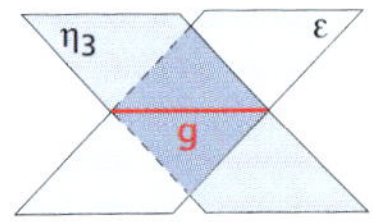

Sind $\vec{u}$ und $\vec{v}$ zwei Richtungsvektoren von ε sowie $\vec{c}$ und $\vec{d}$ zwei Richtungsvektoren von η, so ist das Vektorsystem $\{\vec{u}, \vec{v}, \vec{c}, \vec{d}\}$ *immer* linear abhängig (↗Abschnitt 10.7). Man muss die zwei Vektorsysteme $\{\vec{u}, \vec{v}, \vec{c}\}$ und $\{\vec{u}, \vec{v}, \vec{d}\}$ betrachten. Sind diese beiden Systeme gleichzeitig linear abhängig, so liegen die beiden betrachteten Ebenen ε und η parallel zueinander (Fig. ① und ②). Im anderen Fall (wenigstens eines der beiden Systeme ist linear unabhängig) schneiden beide Ebenen einander in einer Geraden (Fig. ③).

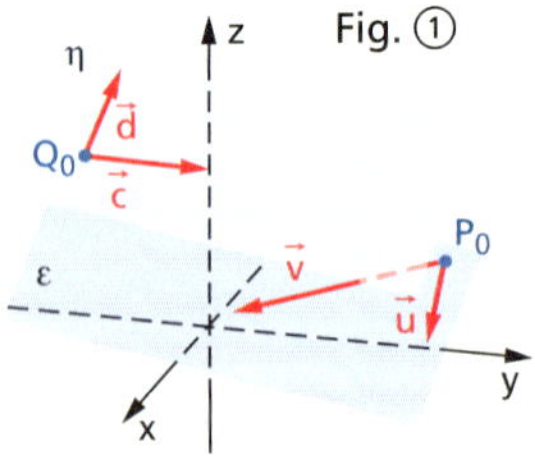

Fig. ①

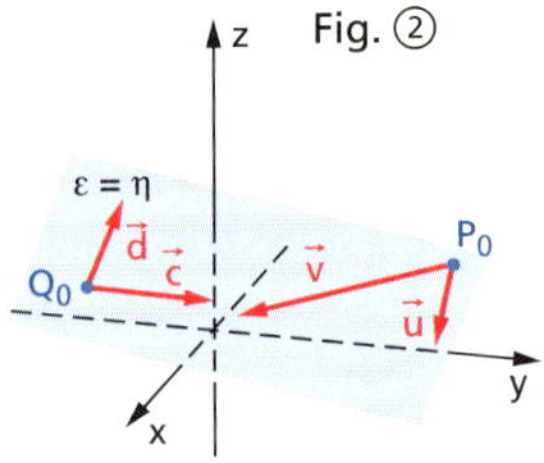

Fig. ②

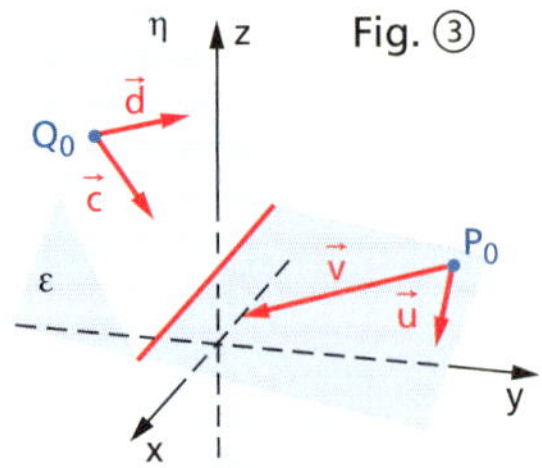

Fig. ③

Die folgende Tabelle gibt einen Überblick über die möglichen Fälle:

<table>
<tr><td></td><td></td><td>ε: $\vec{x} = \vec{p}_0 + r\vec{u} + s\vec{v}$
η: $\vec{x} = \vec{q}_0 + r\vec{c} + s\vec{d}$</td><td>$\varepsilon$: $a_1x + b_1y + c_1z + d_1 = 0$
η: $a_2x + b_2y + c_2z + d_2 = 0$</td></tr>
<tr><td rowspan="4">Beide Vektorsysteme $\{\vec{u}, \vec{v}, \vec{c}\}$ und $\{\vec{u}, \vec{v}, \vec{d}\}$ sind lin. abhängig.</td><td rowspan="2">$\varepsilon \parallel \eta$</td><td>$\vec{p}_0 + r_1\vec{u} + s_1\vec{v}$
$= \vec{q}_0 + r_2\vec{c} + s_2\vec{d}$</td><td>$a_1x_s + b_1y_s + c_1z_s + d_1 = 0$
$a_2x_s + b_2y_s + c_2z_s + d_2 = 0$</td></tr>
<tr><td colspan="2">Das Gleichungssystem
<table><tr><td>mit den Unbekannten r_1, s_1, r_2, s_2</td><td>mit den Unbekannten x_s, y_s, z_s</td></tr></table></td></tr>
<tr><td>• $\varepsilon \cap \eta = \emptyset$ (Fig. ①) ε und η haben keinen gemeinsamen Punkt.</td><td colspan="2">hat keine Lösung.</td></tr>
<tr><td>• $\varepsilon = \eta$ (Fig. ②) ε und η fallen zusammen.</td><td colspan="2">hat eine Lösung mit genau zwei Parametern.</td></tr>
</table>

Wenigstens eines der Vektorsysteme $\{\vec{u}, \vec{v}, \vec{c}\}$, $\{\vec{u}, \vec{v}, \vec{d}\}$ ist lin. abhängig.	$\varepsilon \nparallel \eta$ · $\varepsilon \cap \eta = g$ (Fig. ③) ε und η schneiden einander in einer Geraden g.	hat eine Lösung mit genau einem Parameter.

Zur Untersuchung der Lagebeziehung zweier Ebenen ε und η wäre es auch möglich anzunehmen, dass diese Ebenen gemeinsame Punkte besitzen (↗ Abschnitt 11.2.5). Man erhält dann Gleichungssysteme, aus deren Lösungsmenge sich jeweils Rückschlüsse auf die Lagebeziehung der untersuchten Ebenen ziehen lassen. In Abhängigkeit von der Schreibweise können dabei folgende drei Fälle auftreten:

(1) Die Gleichungen der beiden Ebenen sind in Vektorform gegeben:
$\varepsilon\colon \vec{x} = \vec{p}_0 + r\vec{u} + s\vec{v}$ und $\eta\colon \vec{x} = \vec{q}_0 + r\vec{c} + s\vec{d}$
Bezeichnet S in diesem Falle einen gemeinsamen Punkt, so gibt es Zahlen r_1, s_1 bzw. r_2, s_2, sodass $\vec{p}_0 + r_1\vec{u} + s_1\vec{v} = \vec{q}_0 + r_2\vec{c} + s_2\vec{d}$ gilt. Diese Beziehung führt auf ein lineares Gleichungssystem mit *drei* Gleichungen und den *vier* Unbekannten r_1, s_1, r_2 und s_2.

Gegeben sind die beiden Ebenen ε und η mit den Gleichungen:

$$\varepsilon\colon \vec{x} = \begin{pmatrix}3\\4\\-2\end{pmatrix} + r\begin{pmatrix}-1\\-1\\3\end{pmatrix} + s\begin{pmatrix}-0{,}5\\-2{,}5\\2\end{pmatrix} \qquad \eta\colon \vec{x} = \begin{pmatrix}1\\1\\1\end{pmatrix} + r\begin{pmatrix}-0{,}5\\1\\-0{,}5\end{pmatrix} + s\begin{pmatrix}0\\0{,}5\\1{,}5\end{pmatrix}$$

Wenn beide Ebenen gemeinsame Punkte haben, dann muss es reelle Zahlen r_1, s_1, r_2 und s_2 geben, sodass gilt:

$$\begin{pmatrix}3\\4\\-2\end{pmatrix} + r_1\begin{pmatrix}-1\\-1\\3\end{pmatrix} + s_1\begin{pmatrix}-0{,}5\\-2{,}5\\2\end{pmatrix} = \begin{pmatrix}1\\1\\1\end{pmatrix} + r_2\begin{pmatrix}-0{,}5\\1\\-0{,}5\end{pmatrix} + s_2\begin{pmatrix}0\\0{,}5\\1{,}5\end{pmatrix}$$

Ein Koordinatenvergleich führt zu dem Gleichungssystem:

$$\begin{array}{lrcl}
\text{(I)} & 2 &=& 1r_1 + 0{,}5s_1 - 0{,}5r_2 + 0s_2\\
\text{(II)} & 3 &=& 1r_1 + 2{,}5s_1 + 1r_2 + 0{,}5s_2\\
\text{(III)} & -3 &=& -3r_1 - 2s_1 - 0{,}5r_2 + 1{,}5s_2
\end{array}$$

Unter Verwendung des gaußschen Eliminierungsverfahrens und $s_2 = t$ erhält man daraus:

$$\begin{array}{llcl}
\text{(I')} & r_1 &=& t\\
\text{(II')} & s_1 &=& 2 - t\\
\text{(III')} & r_2 &=& -2 + t\\
\text{(IV')} & s_2 &=& t \quad (t \in \mathbb{R})
\end{array}$$

Verwendet man nur r_2 und s_2 in der Gleichung von η, so ergibt sich

$$\vec{x} = \begin{pmatrix}1\\1\\1\end{pmatrix} + (-2 + t)\begin{pmatrix}-0{,}5\\1\\-0{,}5\end{pmatrix} + t\begin{pmatrix}0\\0{,}5\\1{,}5\end{pmatrix}$$
$$= \begin{pmatrix}1+1\\1-2\\1+1\end{pmatrix} + t\begin{pmatrix}-0{,}5+0\\1+0{,}5\\-0{,}5+1\end{pmatrix}$$

$\vec{x} = \begin{pmatrix}2\\-1\\2\end{pmatrix} + t\begin{pmatrix}-0{,}5\\1{,}5\\1\end{pmatrix}$ als Lösung für die gemeinsamen Punkte von ε und η.

Diese Gleichung beschreibt eine Gerade, nämlich die **Schnittgerade** der beiden betrachteten Ebenen.

11

(2) Die Gleichungen der beiden Ebenen sind in Koordinatenschreibweise gegeben:
ε: $a_1x + b_1y + c_1z + d_1 = 0$ und
η: $a_2x + b_2y + c_2z + d_2 = 0$
Aus der zunächst angenommenen Existenz eines gemeinsamen Punktes $S(s_x; s_y; s_z)$ folgt ein lineares Gleichungssystem mit *zwei* Gleichungen und den *drei* Unbekannten s_x, s_y und s_z.

Gegeben sind die Ebenen τ und μ mit den Gleichungen
τ: $11x + 1y + 4z - 29 = 0$ und
μ: $3x - 2y - 58z - 58 = 0$.

Gibt es einen Punkt $S(s_x; s_y; s_z)$, der zu beiden Ebenen gehört, so erhält man ein lineares Gleichungssystem mit zwei Gleichungen und den drei Unbekannten s_x, s_y, s_z:

(I) $11s_x + 1s_y + 4s_z - 29 = 0$
(II) $3s_x - 2s_y - 58s_z - 58 = 0$

Dieses Gleichungssystem hat die Lösung (↗ Abschnitt 4.7.2):

$s_x = \frac{116}{25} + 2t \qquad s_y = -\frac{551}{25} - 26t \qquad s_z = t,\ t \in \mathbb{R}$

Damit **schneiden** die beiden Ebenen **einander** in einer **Geraden** mit der Gleichung:

$$\vec{x} = \begin{pmatrix} \frac{116}{25} \\ -\frac{551}{25} \\ 0 \end{pmatrix} + t\begin{pmatrix} 2 \\ -26 \\ 1 \end{pmatrix}$$

(3) Die Gleichung der Ebene ε ist in Vektorschreibweise und die Gleichung von η in Koordinatenschreibweise gegeben. Man erhält eine Gleichung mit den *zwei* Unbekannten r_1 und s_1.

Gegeben sind die Ebenen ε und τ mit den Gleichungen

ε: $\vec{x} = \begin{pmatrix} 3 \\ 4 \\ -2 \end{pmatrix} + r\begin{pmatrix} -1 \\ -1 \\ 3 \end{pmatrix} + s\begin{pmatrix} -0{,}5 \\ -2{,}5 \\ 2 \end{pmatrix}$ und τ: $11x + 1y + 4z - 29 = 0$.

ε und τ mögen einen Punkt $S(s_x; s_y; s_z)$ gemeinsam haben.

Aus der Vektorgleichung aus ε erhält man die folgenden drei Gleichungen für die Koordinaten von S:

$x_s = 3 - 1r_1 - 0{,}5s_1$
$y_s = 4 - 1r_1 - 2{,}5s_1$
$z_s = -2 + 3r_1 + 2s_1$

Durch Einsetzen in die Gleichung für die Ebene τ ergibt sich die folgende Gleichung mit den Unbekannten r_1 und s_1:

$11(3 - 1r_1 - 0{,}5s_1) + 1(4 - 1r_1 - 2{,}5s_1) + 4(-2 + 3r_1 + 2s_1) - 29 = 0$

Durch Umformen der linken Seite dieser Gleichung erhält man $0 = 0$. Folglich erfüllen alle reellen Zahlen r_1 und s_1 diese Gleichung, das heißt, ε und τ **fallen zusammen.**

Ebenen im Raum

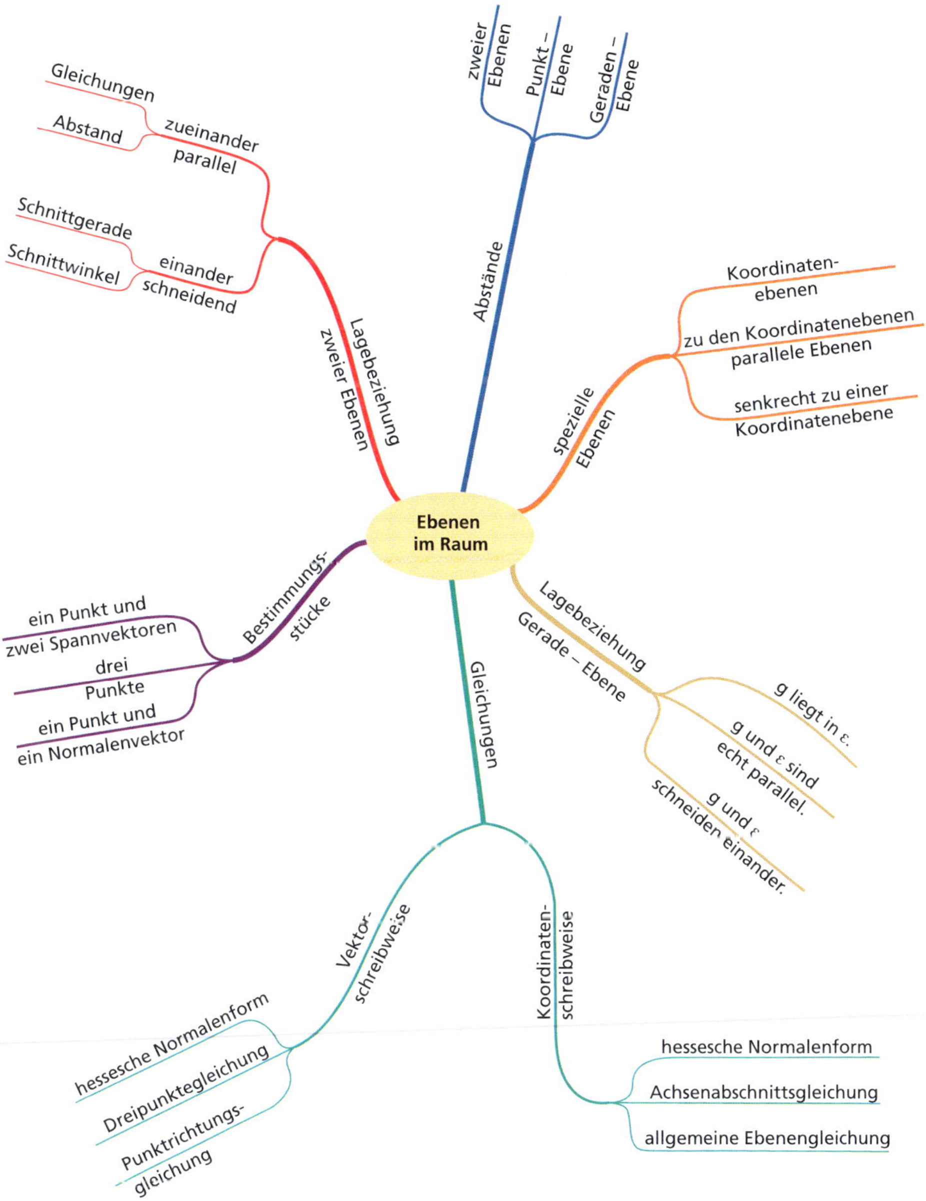

11

11.3 Schnittwinkelberechnungen

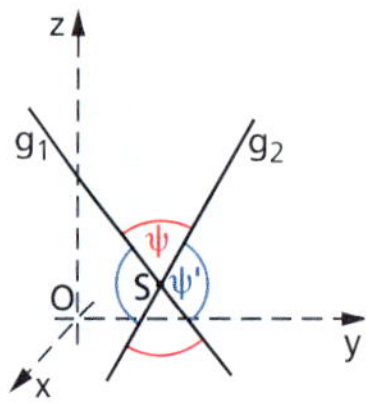

11.3.1 Schnittwinkel zweier Geraden im Raum

Schneiden zwei Geraden g_1 und g_2 des Raumes einander in einem Punkt S, so bilden sie in der von ihnen aufgespannten Ebene zwei Paar kongruenter Scheitelwinkel ψ bzw. ψ'. Den kleineren dieser beiden Winkel nennt man den **Schnittwinkel** von g_1 und g_2 (↗ Abschnitt 11.1.5).
Der Schnittwinkel ψ kann also höchstens 90° betragen. In diesem Grenzfall heißen g_1 und g_2 orthogonal bzw. senkrecht zueinander. Sind die Gleichungen der Geraden in Vektorform durch g_1: $\vec{x} = \vec{p}_1 + r\vec{a}$ bzw. g_2: $\vec{x} = \vec{p}_2 + t\vec{b}$ gegeben, so gilt

mit $\vec{a} = \begin{pmatrix} a_x \\ a_y \\ a_z \end{pmatrix}$ und $\vec{b} = \begin{pmatrix} b_x \\ b_y \\ b_z \end{pmatrix}$ in diesem Falle: $a_xb_x + a_yb_y + a_zb_z = 0$

Vor der Schnittwinkelbestimmung muss zunächst ermittelt werden, ob die Geraden einander schneiden.

In jedem Fall kann man den Schnittwinkel zweier Geraden g_1 und g_2 des Raumes unter Verwendung der Definitionsgleichung für das Skalarprodukt als Winkel zwischen den Richtungsvektoren der beiden Geraden berechnen.

- Wir betrachten im Raum die beiden Geraden
g_1: $\vec{x} = \begin{pmatrix} 1 \\ 2 \\ 3 \end{pmatrix} + t\begin{pmatrix} 1 \\ -2 \\ 2 \end{pmatrix}$ und g_2: $\vec{x} = \begin{pmatrix} 1 \\ 2 \\ 3 \end{pmatrix} + t\begin{pmatrix} 1 \\ 2 \\ 2 \end{pmatrix}$,
die einander im Punkt S(1; 2; 3) schneiden.
Wegen $\vec{a}_1 = \begin{pmatrix} 1 \\ -2 \\ 2 \end{pmatrix}$ und $\vec{a}_2 = \begin{pmatrix} 1 \\ 2 \\ 2 \end{pmatrix}$ gilt $\cos\psi = \frac{\vec{a}_1 \cdot \vec{a}_2}{|\vec{a}_1| \cdot |\vec{a}_2|} = \frac{\begin{pmatrix} 1 \\ -2 \\ 2 \end{pmatrix} \cdot \begin{pmatrix} 1 \\ 2 \\ 2 \end{pmatrix}}{3 \cdot 3} = \frac{1}{9}$,
woraus sich $\psi = 83{,}62°$ als Schnittwinkel von g_1 und g_2 ergibt.

- Gegeben sei der achsenparallele Quader ABCDEFGH in einem kartesischen Koordinatensysten mit der Ecke D im Koordinatenursprung und der gegenüberliegenden Ecke im Punkt F(4; 5; 3).
Es ist die Größe der Winkel α, β und γ zu berechnen.

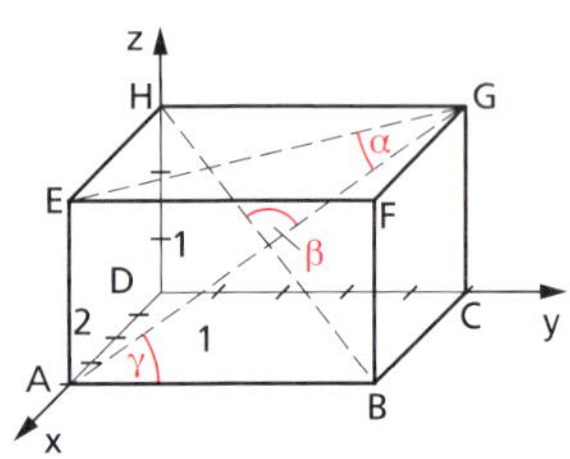

Die für die Winkelberechnung interessierenden Eckpunkte haben die Koordinaten A(4; 0; 0), B(4; 5; 0), E(4; 0; 3), G(0; 5; 3) und H(0; 0; 3). Für den Mittelpunkt der Raumdiagonalen $\overline{AG}$ und $\overline{BH}$ gilt M(2; 2,5; 1,5).
Wegen $\overrightarrow{GE} = \begin{pmatrix} 4 \\ -5 \\ 0 \end{pmatrix}$, $\overrightarrow{GA} = \begin{pmatrix} 4 \\ -5 \\ -3 \end{pmatrix}$, $\overrightarrow{BH} = \begin{pmatrix} -4 \\ -5 \\ 3 \end{pmatrix}$ folgt damit:

$$\cos\alpha = \frac{\overrightarrow{GE} \cdot \overrightarrow{GA}}{|\overrightarrow{GE}| \cdot |\overrightarrow{GA}|} = \frac{1}{\sqrt{41} \cdot \sqrt{50}} \begin{pmatrix} 4 \\ -5 \\ 0 \end{pmatrix} \cdot \begin{pmatrix} 4 \\ -5 \\ -3 \end{pmatrix} = \frac{41}{\sqrt{41} \cdot \sqrt{50}} \approx 0{,}9055; \quad \alpha \approx 25{,}1°$$

Wegen $\overrightarrow{GA} \cdot \overrightarrow{BH} = 0$ stehen die beiden Raumdiagonalen senkrecht aufeinander, also gilt $\beta = 90°$. Da M der Mittelpunkt von $\overline{AG}$ und $\overline{BH}$ und damit $\triangle ABM$ rechtwinklig-gleichschenklig ist, folgt $\gamma = 45°$.

11.3.2 Schnittwinkel einer Geraden mit einer Ebene

Der Schnittwinkel φ ($\varphi \leq 90°$) einer Ebene ε mit einer Geraden g wird unter Verwendung eines Normalenvektors $\vec{n}$ von ε und eines Richtungsvektors $\vec{a}$ von g bestimmt. Mit den Bezeichnungen aus nebenstehender Figur gilt: $\varphi = 90° - \alpha$

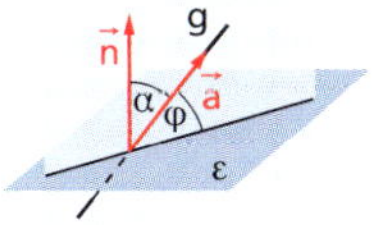

Hat ε die Gleichung $\vec{x} = \vec{p}_0 + r\vec{u} + s\vec{v}$, so ist $\vec{n} = \vec{u} \times \vec{v}$ ein Normalenvektor von ε (↗ Abschnitt 10.9). Unter Verwendung der Definition des Skalarprodukts zweier Vektoren (↗ Abschnitt 10.8) erhält man folgende Formel für den Schnittwinkel zwischen $\vec{n}$ und g: $\vec{x} = \vec{p}_1 + t\vec{a}$:

$$\cos\alpha = \frac{\vec{n} \cdot \vec{a}}{|\vec{n}| \cdot |\vec{a}|} = \frac{|(\vec{u} \times \vec{v}) \cdot \vec{a}|}{|\vec{u} \times \vec{v}| \cdot |\vec{a}|}$$

Da $\alpha = 90° - \varphi$, kann man auch schreiben:

$$\sin\varphi = \frac{|(\vec{u} \times \vec{v}) \cdot \vec{a}|}{|\vec{u} \times \vec{v}| \cdot |\vec{a}|} \quad (\text{mit } 0° \leq \varphi \leq 90°)$$

Man ermittle den Schnittwinkel φ zwischen der Ebene ε und der Geraden g mit den Gleichungen

$$\varepsilon\colon \vec{x} = \begin{pmatrix} 6 \\ 0 \\ 0 \end{pmatrix} + r\begin{pmatrix} -4 \\ 0 \\ 2 \end{pmatrix} + s\begin{pmatrix} -6 \\ 3 \\ 2 \end{pmatrix} \text{ und } g\colon \vec{x} = \begin{pmatrix} 4 \\ 7 \\ 5 \end{pmatrix} + t\begin{pmatrix} -1 \\ -2 \\ -2 \end{pmatrix}.$$

Wegen $\vec{n} = \begin{pmatrix} -4 \\ 0 \\ 2 \end{pmatrix} \times \begin{pmatrix} -6 \\ 3 \\ 2 \end{pmatrix} = \begin{pmatrix} -6 \\ -4 \\ -12 \end{pmatrix}$ erhält man nach obiger Formel

$$\cos\alpha = \frac{\left|\begin{pmatrix} -6 \\ -4 \\ -12 \end{pmatrix} \cdot \begin{pmatrix} -1 \\ -2 \\ -2 \end{pmatrix}\right|}{14 \cdot 3} = \frac{38}{42} \approx 0{,}9048,$$

woraus $\alpha \approx 25{,}2°$ und schließlich $\varphi \approx 64{,}8°$ folgt.

Die Absolutbeträge wurden hier verwendet, um bei einem stumpfen Winkel α zwischen $\vec{n}$ und $\vec{a}$ sofort den Ergänzungswinkel zu 180° zu erhalten. Für den Schnittwinkel φ gilt dann: $\varphi = 90° - \alpha$

11

11.3.3 Schnittwinkel zweier Ebenen

Schneiden zwei Ebenen ε_1 und ε_2 einander in einer Geraden g, so bilden sie einen Schnittwinkel φ. Wir wählen nun einen beliebigen Punkt P_0 der Schnittgeraden g und betrachten diejenige Gerade g_1 aus ε_1 und diejenige Gerade g_2 aus ε_2, die jeweils durch P_0 verläuft und senkrecht zu g ist. Da diese beiden Geraden durch den Punkt P_0 gehen, liegen sie auch in einer Ebene und bestimmen einen Schnittwinkel (↗ Abschnitte 11.1.5 und 11.3.1).
Dieser (spitze) Winkel ist der Schnittwinkel φ von ε_1 und ε_2.

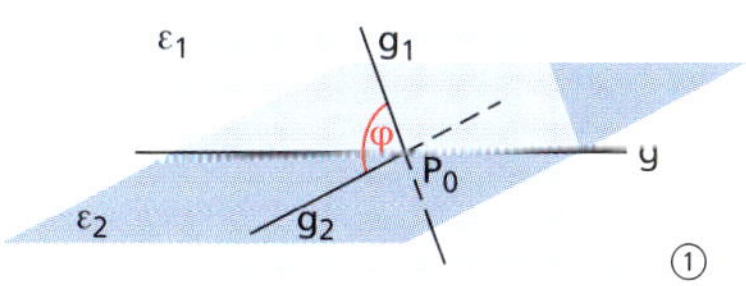

①

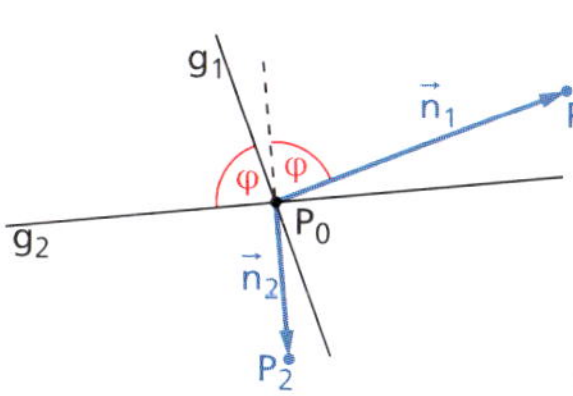

②

Zur rechnerischen Bestimmung dieses Schnittwinkels betrachtet man zwei Normalenvektoren $\vec{n}_1$ und $\vec{n}_2$ der beiden Ebenen ε_1 bzw. ε_2.

11

Da $\vec{n}_1$ senkrecht zu ε_1 und $\vec{n}_2$ senkrecht zu ε_2 verläuft, ist der von $\vec{n}_1$ und $\vec{n}_2$ gebildete Winkel gleich dem Schnittwinkel φ oder $180° - \varphi$. Figur ② von Seite 331 zeigt die (ebene) Situation in der durch g_1 und g_2 bestimmten Ebene, die auch die beiden Repräsentanten $\overrightarrow{P_0P_1}$ und von $\vec{n}_1$ und $\vec{n}_2$ enthält. Der Schnittwinkel φ von ε_1 und ε_2 kann folglich über das Skalarprodukt zweier zugehöriger Normalenvektoren $\vec{n}_1$ und $\vec{n}_2$ bestimmt werden.

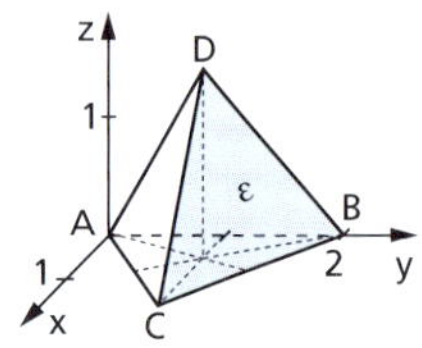

Es sei der Schnittwinkel der Seitenflächen ACB und CBD des nebenstehend dargestellten regelmäßigen Tetraeders mit der Kantenlänge 2 zu bestimmen.

$\vec{n}_1 = \begin{pmatrix} 0 \\ 0 \\ 1 \end{pmatrix}$ ist ein Normalenvektor der xy-Ebene und deshalb auch der Fläche ACB.

Unter Verwendung der Eckpunktskoordinaten $C(\sqrt{3};\ 1;\ 0)$, $B(0;\ 2;\ 0)$ und $D\left(\frac{1}{3}\sqrt{3};\ 1;\ \frac{2}{3}\sqrt{6}\right)$ erhält man

$\vec{x} = \begin{pmatrix} \frac{1}{3}\sqrt{3} \\ 1 \\ \frac{2}{3}\sqrt{6} \end{pmatrix} + r\begin{pmatrix} \frac{2}{3}\sqrt{3} \\ 0 \\ -\frac{2}{3}\sqrt{6} \end{pmatrix} + s\begin{pmatrix} -\frac{1}{3}\sqrt{3} \\ 1 \\ -\frac{2}{3}\sqrt{6} \end{pmatrix}$ als eine Gleichung der Ebene CBD.

▶ $\vec{n}_2$ kann auch über das Vektorprodukt von zwei Spannvektoren der Ebene CBD ermittelt werden.

Da $\sqrt{3}\cdot x + 3\cdot y + \frac{1}{2}\sqrt{6}\cdot z - 6 = 0$ die parameterfreie Form dieser Ebenengleichung ist, lässt sich daraus $\vec{n}_2 = \begin{pmatrix} \sqrt{3} \\ 3 \\ \frac{1}{2}\sqrt{6} \end{pmatrix}$ (↗Abschnitt 11.2.3) ablesen.

Nun ist $\vec{n}_1 \cdot \vec{n}_2 = |\vec{n}_1| \cdot |\vec{n}_2| \cdot \cos\sphericalangle(\vec{n}_1, \vec{n}_2) = \frac{1}{2}\sqrt{6}$, woraus mit $|\vec{n}_1| = 1$ und $|\vec{n}_2| = \frac{1}{2}\sqrt{54}$ folgt:

$\cos\sphericalangle(\vec{n}_1, \vec{n}_2) = \sqrt{\frac{3}{27}} = \frac{1}{3}$ bzw. $\sphericalangle(\vec{n}_1, \vec{n}_2) \approx 70{,}53°$

Da dieser Winkel spitz ist, hat der gesuchte Schnittwinkel eine Größe von rund 70,53°.

▶ Weil der ermittelte Schnittwinkel kein Teiler von 360° ist, kann man mit regelmäßigen Tetraedern den Raum nicht schlicht und lückenlos ausfüllen.

Es soll der Schnittwinkel φ der beiden Ebenen

$\varepsilon\colon \vec{x} = \begin{pmatrix} 6 \\ 0 \\ 0 \end{pmatrix} + u\begin{pmatrix} -4 \\ 0 \\ 2 \end{pmatrix} + v\begin{pmatrix} -6 \\ 3 \\ 2 \end{pmatrix}$ und $\eta\colon \vec{x} = \begin{pmatrix} 1 \\ 3 \\ -2 \end{pmatrix} + r\begin{pmatrix} 2 \\ 1 \\ 3 \end{pmatrix} + s\begin{pmatrix} 0 \\ 2 \\ -1 \end{pmatrix}$

berechnet werden.

Entsprechend den obigen Ausführungen wird dafür zunächst mittels des Vektorprodukts je ein Normalenvektor $\vec{n}_1$ von ε sowie ein Normalenvektor $\vec{n}_2$ von η bestimmt.
Es gilt (↗Abschnitt 10.9.1):

$\vec{n}_1 = \begin{pmatrix} -4 \\ 0 \\ 2 \end{pmatrix} \times \begin{pmatrix} -6 \\ 3 \\ 2 \end{pmatrix} = \begin{pmatrix} -6 \\ -4 \\ -12 \end{pmatrix}$ und $\vec{n}_2 = \begin{pmatrix} 2 \\ 1 \\ 3 \end{pmatrix} \times \begin{pmatrix} 0 \\ 2 \\ -1 \end{pmatrix} = \begin{pmatrix} -7 \\ 2 \\ 4 \end{pmatrix}$

Daraus folgt:

$\cos\sphericalangle(\vec{n}_1, \vec{n}_2) = \frac{\vec{n}_1 \cdot \vec{n}_2}{|\vec{n}_1| \cdot |\vec{n}_2|} = \frac{-14}{14\sqrt{69}} = \frac{-\sqrt{69}}{69} \approx -0{,}1204$

Der (spitze) Winkel zwischen den Normalenvektoren $\vec{n}_1$ und $\vec{n}_2$ ist der gesuchte Schnittwinkel φ der Ebenen ε und η:
$\varphi \approx 180° - 96{,}9144° \approx 83{,}09°$

Schnittwinkel

Der Schnittwinkel φ zwischen zwei geometrischen Objekten ist jeweils der kleinere von zwei Winkeln, die beim Schnitt dieser Objekte gebildet werden. Demnach ist: $0° \leq \varphi \leq 90°$

Schnittwinkel zwischen zwei Geraden in der Ebene und im Raum		
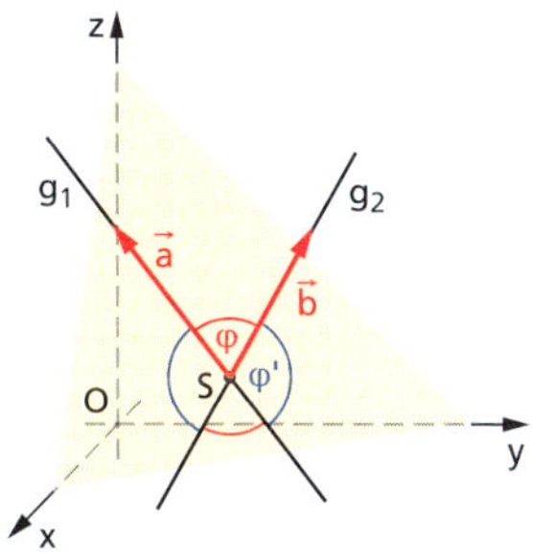	$\cos\sphericalangle(g_1, g_2) = \lvert\cos\sphericalangle(\vec{a}, \vec{b})\rvert = \left\lvert\frac{\vec{a}\cdot\vec{b}}{\lvert\vec{a}\rvert\cdot\lvert\vec{b}\rvert}\right\rvert$ ($\vec{a}$, $\vec{b}$ Richtungsvektoren von g_1, g_2)	$g_1\colon \vec{x} = \begin{pmatrix}-2\\-4\\3\end{pmatrix} + t\begin{pmatrix}1\\2\\1\end{pmatrix}$ $g_2\colon \vec{x} = \begin{pmatrix}-1\\-2\\4\end{pmatrix} + s\begin{pmatrix}0\\3\\-4\end{pmatrix}$ $\cos\sphericalangle(g_1, g_2) = \left\lvert\frac{2}{\sqrt{6}\cdot\sqrt{25}}\right\rvert \approx 0{,}1633$ $\Rightarrow \sphericalangle(g_1, g_2) \approx 80{,}6°$
Nur in der Ebene gilt zusätzlich:	$\tan\sphericalangle(g_1, g_2) = \frac{m_2 - m_1}{1 + m_1\cdot m_2}$ mit $m_1\cdot m_2 \neq -1$ (m_1, m_2 Steigungen von g_1, g_2)	$g_1\colon y = -2x - 2$ $g_2\colon y = x - 3$ $\tan\sphericalangle(g_1, g_2) = \frac{3}{1-2} = -3$ $\Rightarrow \sphericalangle(g_1, g_2) \approx 71{,}6°$
Schnittwinkel zwischen einer Geraden und einer Ebene im Raum		
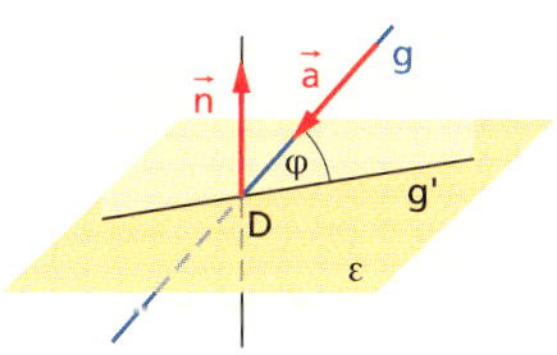	$\sin\sphericalangle(g, \varepsilon) = \left\lvert\frac{\vec{a}\cdot\vec{n}}{\lvert\vec{a}\rvert\cdot\lvert\vec{n}\rvert}\right\rvert$ ($\vec{a}$ Richtungsvektor von g, $\vec{n}$ Normalenvektor von ε)	$g\colon \vec{x} = \begin{pmatrix}-2\\1\\0\end{pmatrix} + t\begin{pmatrix}4\\3\\2\end{pmatrix}$ $\varepsilon\colon 3x - y - z = 1 \Rightarrow \vec{n} = \begin{pmatrix}3\\-1\\-1\end{pmatrix}$ $\sin\sphericalangle(g, \varepsilon) = \left\lvert\frac{7}{\sqrt{29}\cdot\sqrt{11}}\right\rvert \approx 0{,}3919$ $\Rightarrow \alpha \approx 23{,}1°$
Schnittwinkel zwischen zwei Ebenen im Raum		
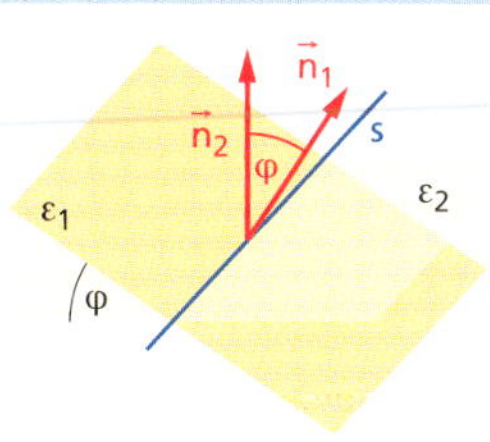	$\cos\sphericalangle(\varepsilon_1, \varepsilon_2) = \lvert\cos\sphericalangle(\vec{n}_1, \vec{n}_2)\rvert = \left\lvert\frac{\vec{n}_1\cdot\vec{n}_2}{\lvert\vec{n}_1\rvert\cdot\lvert\vec{n}_2\rvert}\right\rvert$ ($\vec{n}_1$, $\vec{n}_2$ Normalenvektoren von ε_1, ε_2)	$\varepsilon_1\colon 2x - y + 4z = 6$ $\varepsilon_2\colon x + y + z = 0$ $\cos\sphericalangle(\varepsilon_1, \varepsilon_2) = \left\lvert\frac{5}{\sqrt{21}\cdot\sqrt{3}}\right\rvert \approx 0{,}6299$ $\Rightarrow \sphericalangle(\varepsilon_1, \varepsilon_2) \approx 51{,}0°$

11.4 Abstandsberechnungen

11.4.1 Abstand eines Punktes von einer Geraden in der Ebene und von einer Ebene im Raum

Es soll der Abstand eines Punktes P_1 von einer Geraden g in der Ebene bzw. von einer Ebene ε im Raum bestimmt werden. Dazu wird das Lot von P_1 auf die Gerade g bzw. auf die Ebene ε gefällt. Man erhält jeweils den Lotfußpunkt L. Die Länge $|\overline{P_1L}|$ dieses eindeutig bestimmten Lots bezeichnet man als den **Abstand** des Punktes P_1 von g bzw. von ε.

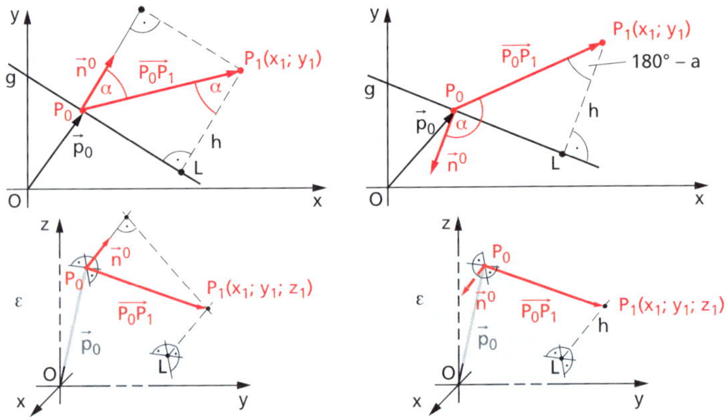

$\vec{n}_0$ ist ein Normaleneinheitsvektor (↗ Abschnitte 11.1.3, 11.2.3) von g bzw. ε.

Zur Ermittlung dieses Abstands wird das Skalarprodukt $\overrightarrow{P_0P_1} \cdot \vec{n}^0$ verwendet, wobei nach Definition des Skalarprodukts gilt:

$\overrightarrow{P_0P_1} \cdot \vec{n}^0 = |\overrightarrow{P_0P_1}| \cdot |\vec{n}^0| \cdot \cos\alpha = |\overrightarrow{P_0P_1}| \cdot \cos\alpha$ (da $|\vec{n}^0| = 1$)

Für das Produkt $|\overrightarrow{P_0P_1}| \cdot \cos\alpha$ sind zwei Fälle zu unterscheiden:

- Zeigt $\vec{n}^0$ wie in obigen Figuren in die Halbebene bezüglich g (bzw. in den Halbraum bezüglich ε), die P_1 ($P_1 \notin g$ bzw. $P_1 \notin \varepsilon$) enthält, so gilt $\sphericalangle P_0P_1L = \alpha$ und damit: $|\overrightarrow{P_0P_1}| \cdot \cos\alpha = |\overline{LP_1}|$
- Würde P_1 in der Halbebene bzw. dem Halbraum liegen, in die $\vec{n}^0$ nicht zeigt, so ergäbe sich: $|\overrightarrow{P_0P_1}| \cdot \cos\alpha = -|\overline{LP_1}|$

Diese Formel ist nicht zur Bestimmung des Abstands eines Punktes P_1 von einer Geraden g im Raum verwendbar (↗ Abschnitt 11.4.2).

Wegen $\overrightarrow{P_0P_1} = \vec{p}_1 - \vec{p}_0$ ist $h = (\vec{p}_1 - \vec{p}_0) \cdot \frac{\vec{n}}{|\vec{n}|}$ eine Formel zur Berechnung des (vorzeichenbehafteten) Abstandes eines Punktes P_1 von einer Geraden g in der Ebene bzw. einer Ebene ε im Raum. Diese Formel stimmt mit der hesseschen Normalform der Gleichung von g bzw. ε für $\vec{x} = \vec{p}_1$ überein.

Für $P_1 \in g$ bzw. $P_1 \in \varepsilon$ erhält man wegen $(\vec{p}_1 - \vec{p}_0) \cdot \vec{n} = 0$ folgerichtig $h = 0$.

Satz Abstand Punkt – Gerade bzw. Punkt – Ebene

Ist $(\vec{x} - \vec{p}_0) \cdot \vec{n} = 0$ die Gleichung einer Geraden g in der Ebene bzw. die Gleichung einer Ebene ε im Raum und P_1 ein Punkt der Ebene bzw. des Raumes, so gibt $h = (\vec{p}_1 - \vec{p}_0) \cdot \frac{\vec{n}}{|\vec{n}|}$ den vorzeichenbehafteten Abstand des Punktes P_1 von g bzw. von ε an.

Verwendet man parameterfreie Geraden- bzw. Ebenengleichungen, so gilt analog:

Satz Abstand Punkt – Gerade bzw. Punkt – Ebene

a) Ist $ax + by + d = 0$ die Gleichung einer Geraden g in der Ebene und $P_1(x_1; y_1)$ ein Punkt dieser Ebene, so gibt $h = \frac{ax_1 + by_1 + d}{\sqrt{a^2 + b^2}}$ den Abstand des Punktes P_1 von der Geraden g an.

b) Ist $ax + by + cz + d = 0$ die Gleichung einer Ebene ε im Raum und $P_1(x_1; y_1; z_1)$ ein Punkt, so gibt $h = \frac{ax_1 + by_1\ cz_1 + d}{\sqrt{a^2 + b^2 + c^2}}$ den Abstand des Punktes P_1 von der Ebene ε an.

h ist immer ein **vorzeichenbehafteter** Abstand, wobei das Vorzeichen von h davon abhängt, wie P_1 bezüglich der Richtung von $\vec{n}$ liegt.

Es sind die Abstände der drei Punkte P(4; 6), Q(6; –3) und R(2; 1,5) von der Geraden g: $\frac{x}{4} + \frac{y}{3} = 1$ zu bestimmen.

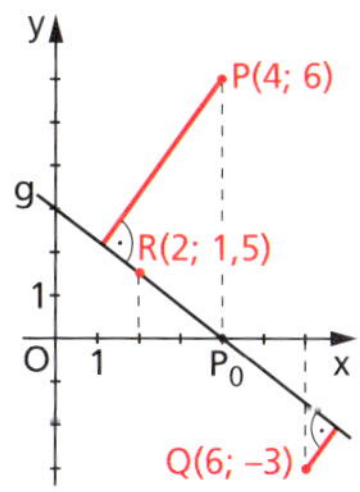

a) Abstand des Punktes P von g:
Durch Umformen der Geradengleichung in $3x + 4y = 12$ erhält man einen Normalenvektor $\vec{n} = \begin{pmatrix} 3 \\ 4 \end{pmatrix}$ der Geraden g (↗ Abschnitt 11.1.3). Verwendet man $P_0(4; 0)$ als einen zu g gehörenden Punkt, so gilt nach obigem Satz für den Abstand des Punktes P von g:

$$h_1 = (\vec{p} - \vec{p}_0) \cdot \frac{\vec{n}}{|\vec{n}|} = \frac{\left(\begin{pmatrix} 4 \\ 6 \end{pmatrix} - \begin{pmatrix} 4 \\ 0 \end{pmatrix}\right) \cdot \begin{pmatrix} 3 \\ 4 \end{pmatrix}}{\sqrt{3^2 + 4^2}} = \frac{\begin{pmatrix} 0 \\ 6 \end{pmatrix} \cdot \begin{pmatrix} 3 \\ 4 \end{pmatrix}}{\sqrt{25}} = \frac{0 + 24}{5} = \frac{24}{5} = 4{,}80$$

Beträgt die Koordinateneinheit 1 cm, so ist P von der Geraden 4,8 cm entfernt.

b) Für den Abstand des Punktes Q von der Geraden g erhält man analog $h_2 = -1{,}2$, d. h.: Q ist von der Geraden 1,2 cm entfernt.

Die unterschiedlichen Vorzeichen von h_1 und h_2 besagen, dass P und Q auf verschiedenen Seiten der Geraden g liegen.

c) Abstand des Punktes R von g:

$$h = (\vec{r} - \vec{p}_0) \cdot \frac{\vec{n}}{|\vec{n}|} = \frac{\left(\begin{pmatrix} 2 \\ 1{,}5 \end{pmatrix} - \begin{pmatrix} 4 \\ 0 \end{pmatrix}\right) \cdot \begin{pmatrix} 3 \\ 4 \end{pmatrix}}{\sqrt{3^2 + 4^2}} = \frac{\begin{pmatrix} -2 \\ 1{,}5 \end{pmatrix} \cdot \begin{pmatrix} 3 \\ 4 \end{pmatrix}}{\sqrt{25}} = \frac{-6 + 6}{5} = 0$$

Das bedeutet: Der Punkt R liegt auf der Geraden g.

Gegeben sei im Raum eine Ebene ε mit der Gleichung:
ε: $3x - 2y + z - 9 = 0$
Es sind die Abstände h_i der Punkte P(1; 2; 3), Q(3; 1; 2) und R(2; –4; 1) von ε zu bestimmen.
Unter Verwendung der hesseschen Normalform $\frac{3x - 2y + z - 9}{\sqrt{3^2 + 2^2 + 1^2}} = 0$ von ε erhält man für

a) Punkt P:
$$h_1 = \frac{3 \cdot 1 - 2 \cdot 2 + 3 - 9}{\sqrt{3^2 + 2^2 + 1^2}} = \frac{-7}{\sqrt{14}} \approx -1{,}87$$
Beträgt die Koordinateneinheit 1 cm, so hat P von ε einen Abstand von rund 1,87 cm.

b) Punkt Q:

$$h_2 = \frac{3 \cdot 3 - 2 \cdot 1 + 2 - 9}{\sqrt{3^2 + 2^2 + 1^2}} = \frac{0}{\sqrt{14}} = 0$$

Q liegt folglich in ε.

c) Punkt R:

$$h_3 = \frac{3 \cdot 2 + 2 \cdot 4 + 1 - 9}{\sqrt{3^2 + 2^2 + 1^2}} = \frac{6}{\sqrt{14}} \approx 1{,}60$$

R hat von ε einen Abstand von rund 1,6 cm.

P und R liegen im Raum auf verschiedenen Seiten von ε.

11.4.2 Abstand eines Punktes von einer Geraden im Raum

Es ist der Abstand eines Punktes P_0 von einer Geraden g im Raum zu ermitteln. Die Gerade g sei dabei durch einen Punkt P_1 und einen Richtungsvektor $\vec{a}$ gegeben.
Der Abstand des Punktes P_0 von der Geraden g ist dann gleich der Länge des Lotes von P_0 auf g. Zur Bestimmung dieser Lotlänge ist es zuerst notwendig, auf g einen Punkt L_1 so zu bestimmen, dass $\overline{P_0L_1} \perp g$ ist. Es gilt dann $\overrightarrow{P_0L_1} \cdot \vec{a} = 0$, was man zur Abstandsbestimmung nutzen kann:

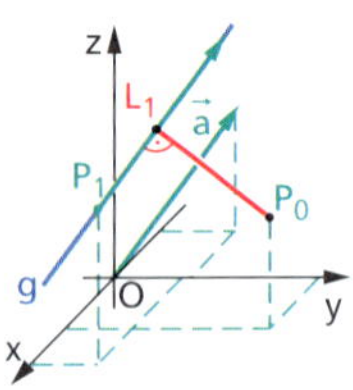

Es soll der Abstand des Punktes $P_0\left(\frac{5}{6}; 6; 10\right)$ von einer Geraden g bestimmt werden, die durch den Punkt $P_1(2; 3; 5)$ und den Richtungsvektor $\vec{a} = \begin{pmatrix} -3 \\ 2 \\ 2 \end{pmatrix}$ bestimmt ist.

g: $\vec{x} = \begin{pmatrix} 2 \\ 3 \\ 5 \end{pmatrix} + t\begin{pmatrix} -3 \\ 2 \\ 2 \end{pmatrix}$ ist die Gleichung von g. Bezeichnet L_1 den Fußpunkt des Lotes von P_0 auf g, so muss es eine reelle Zahl t_1 so geben, sodass $\vec{l}_1 = \begin{pmatrix} 2 \\ 3 \\ 5 \end{pmatrix} + t_1\begin{pmatrix} -3 \\ 2 \\ 2 \end{pmatrix}$ der Ortsvektor zu L_1 ist. Um diese Zahl t_1 zu bestimmen, betrachten wir zunächst den Vektor $\overrightarrow{L_1P_0} = \vec{p}_0 - \vec{l}_1$ und bedenken, dass $\overrightarrow{L_1P_0} \cdot \vec{a} = 0$ gelten muss.

Man erhält damit $(\vec{p}_0 - \vec{l}_1) \cdot \vec{a} = 0$, also:

$$\left[\begin{pmatrix} \frac{5}{3} \\ 6 \\ 10 \end{pmatrix} - \begin{pmatrix} 2 \\ 3 \\ 5 \end{pmatrix} - t_1\begin{pmatrix} -3 \\ 2 \\ 2 \end{pmatrix}\right] \cdot \begin{pmatrix} -3 \\ 2 \\ 2 \end{pmatrix} = \left[\begin{pmatrix} -\frac{1}{3} \\ 3 \\ 5 \end{pmatrix} - t_1\begin{pmatrix} -3 \\ 2 \\ 2 \end{pmatrix}\right] \cdot \begin{pmatrix} -3 \\ 2 \\ 2 \end{pmatrix} = 0$$

Damit gilt

$\begin{pmatrix} -\frac{1}{3} \\ 3 \\ 5 \end{pmatrix} \cdot \begin{pmatrix} -3 \\ 2 \\ 2 \end{pmatrix} - t_1\begin{pmatrix} -3 \\ 2 \\ 2 \end{pmatrix} \cdot \begin{pmatrix} -3 \\ 2 \\ 2 \end{pmatrix} = 0$, woraus $17 - t_1 \cdot 17 = 0$, also $t_1 = 1$ folgt.

Mithilfe dieses Wertes erhält man: $\vec{l}_1 = \begin{pmatrix} 2 \\ 3 \\ 5 \end{pmatrix} + 1\begin{pmatrix} -3 \\ 2 \\ 2 \end{pmatrix} = \begin{pmatrix} -1 \\ 5 \\ 7 \end{pmatrix}$

Der Fußpunkt des Lotes von P_0 auf g ist also $L_1(-1; 5; 7)$.

Damit gilt: $|\overline{P_0L_1}| = \sqrt{\left(-1 - \frac{5}{3}\right)^2 + (5 - 6)^2 + (7 - 10)^2} = \frac{1}{3}\sqrt{154} \approx 4{,}14$

Der Abstand des Punktes P_0 von g beträgt etwa 4,14 LE.

11.4.3 Abstand von Geraden im Raum

Definition Unter dem **Abstand zweier Geraden** g_1 und g_2 im Raum versteht man die Länge der kürzesten Verbindungsstrecke $\overline{L_1L_2}$ unter allen Strecken, die einen beliebigen Punkt $P_1 \in g_1$ mit einem beliebigen Punkt $P_2 \in g_2$ verbinden.

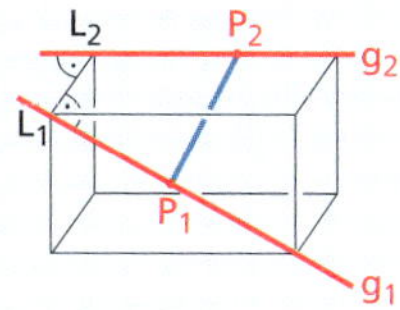

Zwei Geraden g_1 und g_2 im Raum können entweder einander schneiden oder parallel zueinander oder windschief zueinander sein (↗Abschnitt 11.1.4). Daraus ergeben sich die folgenden drei Fälle der Abstandsberechnung:

(1) g_1 und g_2 schneiden einander in genau einem Punkt S.
In diesem Fall gilt für $P_1 \in g_1$ und $P_2 \in g_2$ stets $|\overrightarrow{P_1P_2}| \geq 0$. Gleichheit trifft genau dann zu, wenn $P_1 = P_2 = S$ gilt. Die Länge der kürzesten Verbindungsstrecke und damit der Abstand einander schneidender Geraden ist 0.

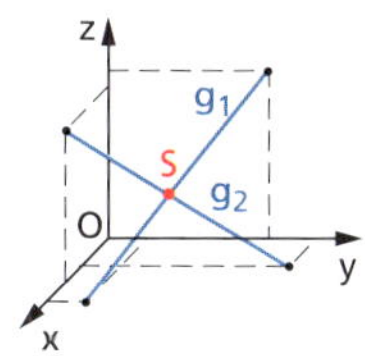

(2) g_1 und g_2 sind parallel zueinander.
Für zwei parallele Geraden g_1 und g_2 lässt sich eine gemeinsame Ebene ε angeben. Sind P_1 und P_2 beliebige Punkte von g_1 bzw. g_2, so ist $\overline{P_1P_2}$ am kürzesten, wenn P_2 der Fußpunkt L_2 des Lotes von P_1 auf g_2 ist.

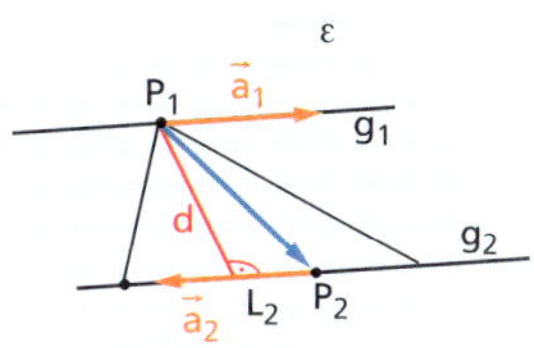

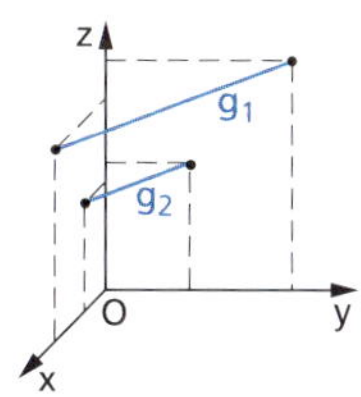

Da $|\overrightarrow{P_1L_2}|$ nicht von der Wahl des Punktes P_1 abhängt, ist $d = |\overrightarrow{P_1L_2}|$ der Abstand von g_1 und g_2 gemäß der Abstandsdefinition. Fallen g_1 und g_2 zusammen, so ist ihr Abstand 0.

Wenn die beiden Geraden nicht zusammenfallen, so bestimmen der Richtungsvektor $\vec{a}_1$ von g_1 und $\overrightarrow{P_1P_2}$ ein Parallelogramm in der Ebene ε mit der Höhe $d = |\overrightarrow{P_1L_2}|$. Für seinen Flächeninhalt gilt demnach $A = |\vec{a}_1| \cdot d$. Nach der Definition des Vektorprodukts (↗Abschnitt 10.9) gibt aber auch $|\vec{a}_1 \times \overrightarrow{P_1P_2}|$ diesen Flächeninhalt an, womit $|\vec{a}_1| \cdot d = |\vec{a}_1 \times \overrightarrow{P_1P_2}|$ folgt. Somit gilt: $d = \frac{|\vec{a}_1 \times \overrightarrow{P_1P_2}|}{|\vec{a}_1|}$

▶ In jedem Dreieck liegt dem größten Winkel auch die größte Seite gegenüber.

Satz Abstand zweier paralleler Geraden im Raum
Sind zwei parallele Geraden g_1 und g_2 im Raum durch ihre Gleichungen $g_1\colon \vec{x} = \vec{p}_1 + r\vec{a}_1$ und $g_2\colon \vec{x} = \vec{p}_2 + t\vec{a}_2$ gegeben, so ist

$d = \frac{|\vec{a}_1 \times \overrightarrow{P_1P_2}|}{|\vec{a}_1|}$ der Abstand dieser beiden Geraden.

▶ Diese Formel ist auch zur Berechnung des Abstands eines Punktes P_2 von einer Geraden $g_1\colon \vec{x} = \vec{p}_1 + r\vec{a}_1$ im Raum gültig.

Man ermittle den Abstand der beiden Geraden
$g_1: \vec{x} = \begin{pmatrix}1\\2\\3\end{pmatrix} + r\begin{pmatrix}1\\1\\2\end{pmatrix}$ und $g_2: \vec{x} = \begin{pmatrix}2\\2\\0\end{pmatrix} + t\begin{pmatrix}2\\2\\4\end{pmatrix}$.

Wegen $\begin{pmatrix}2\\2\\4\end{pmatrix} = 2\begin{pmatrix}1\\1\\2\end{pmatrix}$ sind g_1 und g_2 parallel zueinander.

Nach obigem Satz gilt damit für ihren Abstand:

$$d = \frac{\left|\begin{pmatrix}1\\1\\2\end{pmatrix} \times \left(\begin{pmatrix}2\\2\\0\end{pmatrix} - \begin{pmatrix}1\\2\\3\end{pmatrix}\right)\right|}{\left|\begin{pmatrix}1\\1\\2\end{pmatrix}\right|} = \frac{\left|\begin{pmatrix}1\\1\\2\end{pmatrix} \times \begin{pmatrix}1\\0\\-3\end{pmatrix}\right|}{\left|\begin{pmatrix}1\\1\\2\end{pmatrix}\right|} \approx 2{,}42$$

Ist die Einheit auf den Achsen des Koordinatensystems 1 cm, so haben g_1 und g_2 einen Abstand von rund 2,42 cm.

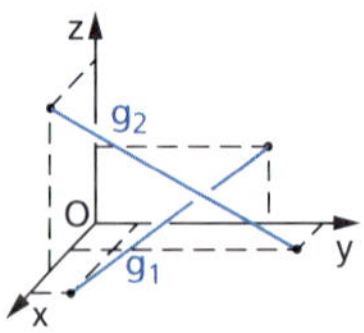

(3) g_1 und g_2 sind windschief zueinander.
In diesem Fall gibt es auf g_1 genau einen Punkt L_1 und auf g_2 genau einen Punkt L_2, sodass $\overline{L_1L_2}$ sowohl zu g_1 als auch zu g_2 senkrecht ist.

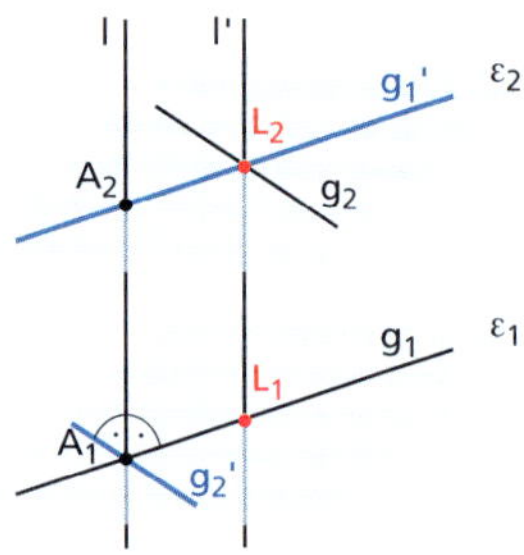

Zur Begründung wählt man auf g_1 einen beliebigen Punkt A_1 und betrachtet die Gerade g_2', die durch A_1 und parallel zur Geraden g_2 verläuft. Weil g_1 und g_2 windschief zueinander sind, bestimmen g_1 und g_2' genau eine Ebene ε_1.
ε_2 sei ferner die eindeutig bestimmte Ebene, die g_2 enthält und parallel zu ε_1 ist.
Betrachtet wird nun die Gerade l, die durch A_1 geht und senkrecht zu ε_1 ist. Insbesondere verläuft l dann auch senkrecht zu g_1 und g_2'.

Weil ε_1 und ε_2 parallel zueinander sind, ist l auch senkrecht auf ε_2.
A_2 sei der Schnittpunkt von l und ε_2. Mit g_1' bezeichnen wir nun die eindeutig bestimmte Gerade durch A_2, die parallel zu g_1 ist (und in ε_2 liegt). g_1' schneidet g_2 in genau einem Punkt L_2. Weil die parallelen Geraden g_1 und g_1' in einer Ebene liegen, schneidet die Parallele l' zu l durch L_2 die Gerade g_1 in genau einem Punkt L_1.
$\overline{L_1L_2}$ ist damit senkrecht zu g_1 und zu g_2 und auch eindeutig bestimmt. Damit gilt:

▶ Zudem ließe sich zeigen, dass $\overline{L_1L_2}$ die kürzeste Strecke unter allen Strecken ist, die einen Punkt $P_1 \in g_1$ mit einem Punkt $P_2 \in g_2$ verbinden.

Satz Abstand zweier windschiefer Geraden
Sind g_1 und g_2 zwei windschiefe Geraden, so gibt es genau einen Punkt $L_1 \in g_1$ und genau einen Punkt $L_2 \in g_2$ mit der Eigenschaft, dass $\overline{L_1L_2}$ sowohl senkrecht zu g_1 als auch zu g_2 ist. $|\overline{L_1L_2}|$ ist dann der Abstand von g_1 und g_2.

Für die rechnerische Bestimmung des Abstands zweier windschiefer Geraden betrachtet man die beiden Geraden
$g_1: \vec{x} = \vec{p}_1 + r\vec{a}_1$ und $g_2: \vec{x} = \vec{p}_2 + t\vec{a}_2$,
wobei $\vec{a}_1$ und $\vec{a}_2$ linear unabhängig sind.

Durch P_1, $\vec{a}_1$ und $\vec{a}_2$ wird folglich genau eine Ebene ε_1 und durch $\vec{a}_1$, $\vec{a}_2$ und $\overrightarrow{P_1P_2}$ genau ein Parallelepiped bestimmt.
Für das Volumen $V(\vec{a}_1, \vec{a}_2, \overrightarrow{P_1P_2})$ dieses Parallelepipeds gilt einerseits nach Abschnitt 10.9.2 $V(\vec{a}_1, \vec{a}_2, \overrightarrow{P_1P_2}) = |(\vec{a}_1 \times \vec{a}_2) \cdot \overrightarrow{P_1P_2}|$.
Andererseits ist dieses Volumen gleich dem Produkt aus dem Inhalt der Grundfläche und der Höhe des Körpers über dieser Grundfläche. Diese Höhe stimmt mit $|\overline{L_1L_2}|$ überein, womit
$|(\vec{a}_1 \times \vec{a}_2) \cdot \overrightarrow{P_1P_2}| = |\vec{a}_1 \times \vec{a}_2|\,|\overline{L_1L_2}|$, also $|\overline{L_1L_2}| = \frac{|(\vec{a}_1 \times \vec{a}_2) \cdot \overrightarrow{P_1P_2}|}{|\vec{a}_1 \times \vec{a}_2|}$ folgt.

▶ Wir verwenden die Absolutbeträge, da der Abstand laut Definition von Seite 337 eine nichtnegative Zahl ist.

Satz Abstand zweier windschiefer Geraden
Sind zwei windschiefe Geraden g_1 und g_2 durch ihre Gleichungen $g_1\colon \vec{x} = \vec{p}_1 + r\vec{a}_1$ und $g_2\colon \vec{x} = \vec{p}_2 + t\vec{a}_2$ gegeben, so ist

$d = \frac{|(\vec{a}_1 \times \vec{a}_2) \cdot \overrightarrow{P_1P_2}|}{|\vec{a}_1 \times \vec{a}_2|}$ der Abstand von g_1 und g_2.

▶ Sind g_1 und g_2 zwei einander schneidende Geraden, so erhält man für d den Wert 0. In diesem Fall ist nämlich das Volumen des Parallelepipeds 0. Auf diese Weise lässt sich für zwei Geraden mit linear unabhängigen Richtungsvektoren entscheiden, ob sie einander schneiden oder windschief zueinander sind.

Die Richtungsvektoren $\vec{a}_1$ und $\vec{a}_2$ zweier zueinander windschiefer Geraden g_1 und g_2 sind linear unabhängig. Für ihren Abstand gilt stets $d \neq 0$.

Es ist jeweils die gegenseitige Lage der Geraden g_1 und g_2 zu untersuchen und ihr Abstand zu ermitteln:

a) $g_1\colon \vec{x} = \begin{pmatrix} -7 \\ 5 \\ -1 \end{pmatrix} + r\begin{pmatrix} 4 \\ 0 \\ -3 \end{pmatrix}$; $g_2\colon \vec{x} = \begin{pmatrix} -1 \\ 2 \\ 7 \end{pmatrix} + t\begin{pmatrix} 8 \\ 1 \\ -6 \end{pmatrix}$

Weil $\vec{a}_1 = \begin{pmatrix} 4 \\ 0 \\ -3 \end{pmatrix}$ und $\vec{a}_2 = \begin{pmatrix} 8 \\ 1 \\ -6 \end{pmatrix}$ linear unabhängig sind, verlaufen g_1 und g_2 nicht parallel zueinander. Wir berechnen den Abstand beider Geraden:

Mit $\overrightarrow{P_1P_2} = \vec{p}_2 - \vec{p}_1 = \begin{pmatrix} -1 \\ 2 \\ 7 \end{pmatrix} - \begin{pmatrix} -7 \\ 5 \\ -1 \end{pmatrix} = \begin{pmatrix} 6 \\ -3 \\ 8 \end{pmatrix}$ und $\vec{a}_1 \times \vec{a}_2 = \begin{pmatrix} 3 \\ 0 \\ 4 \end{pmatrix}$,
also $|\vec{a}_1 \times \vec{a}_2| = 5$, ergibt sich nach obigem Satz:

$$d = \frac{|(\vec{a}_1, \vec{a}_2) \cdot \overrightarrow{P_1P_2}|}{|\vec{a}_1 \times \vec{a}_2|} = \frac{\left|\begin{vmatrix} 4 & 0 & -3 \\ 8 & 1 & -6 \\ 6 & -3 & 8 \end{vmatrix}\right|}{5} = \frac{50}{5} = 10$$

g_1 und g_2 sind windschief zueinander. Ihr Abstand beträgt 10 cm.

▶ Würde man nur die Nummerierung der Geraden vertauschen, so ergäbe sich $(\vec{a}_1 \times \vec{a}_2) \cdot \overrightarrow{P_1P_2} = -50$, was den Sinn der Verwendung von Absolutbeträgen belegt.

b) $g_1\colon \vec{x} = \begin{pmatrix} 12 \\ -1 \\ -9 \end{pmatrix} + r\begin{pmatrix} -3 \\ 2 \\ 5 \end{pmatrix}$; $g_2\colon \vec{x} = \begin{pmatrix} 1 \\ 9 \\ 2 \end{pmatrix} + t\begin{pmatrix} -1 \\ 2 \\ -2 \end{pmatrix}$

Weil die Richtungsvektoren der beiden Geraden linear unabhängig sind, verlaufen g_1 und g_2 nicht parallel zueinander. Wir können daher den Abstand der Geraden wie folgt berechnen:

$$d = \frac{|(\vec{a}_1, \vec{a}_2) \cdot \overrightarrow{P_1P_2}|}{|\vec{a}_1 \times \vec{a}_2|} = \frac{\left|\begin{vmatrix} -3 & 2 & 5 \\ 1 & 2 & -2 \\ -11 & 10 & 11 \end{vmatrix}\right|}{\left|\begin{pmatrix} -14 \\ -11 \\ -4 \end{pmatrix}\right|} = 0$$

Folglich schneiden die Geraden g_1 und g_2 einander in einem Punkt S. (Dieser Punkt besitzt die Koordinaten (3; 5; 6).)

11.4.4 Abstand von Ebenen

Definition Unter dem **Abstand zweier Ebenen** ε_1 und ε_2 im Raum versteht man die Länge der kürzesten Verbindungsstrecke $\overline{L_1L_2}$ unter allen Strecken, die einen beliebigen Punkt $P_1 \in \varepsilon_1$ mit einem beliebigen Punkt $P_2 \in \varepsilon_2$ verbinden.

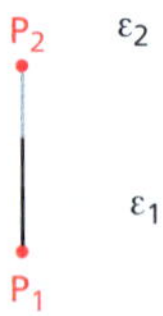

Zwei Ebenen ε_1 und ε_2 haben keinen Punkt gemeinsam (sind also „echt" parallel) oder sie fallen zusammen oder sie schneiden einander in einer Geraden (↗ Abschnitt 11.2.6). Im Sinne obiger Definition haben zwei einander schneidende Ebenen den Abstand 0, da jeder Punkt der Schnittgeraden beiden Ebenen angehört und folglich eine „Verbindungsstrecke" die Länge 0 hat.
Den Abstand (echt) paralleler Ebenen ermittelt man durch Rückführung auf ein bereits gelöstes Abstandsproblem: Sind zwei Ebenen ε_1 und ε_2 parallel zueinander, so stimmt ihr Abstand mit dem Abstand eines beliebigen Punktes $P_1 \in \varepsilon_1$ von der Ebene ε_2 überein. Sind die Ebenen durch ihre Gleichungen gegeben, so ermittelt man diesen Abstand dann durch Einsetzen der Koordinaten von P_1 (bzw. des Ortsvektors $\vec{p}_1$) in die hessesche Normalform der Gleichung von ε_2 (↗ Abschnitt 11.4.2).

11

▶ Die Ebenen ε_1 und ε_2 sind parallel, da:

$$\vec{n}_1 = \begin{pmatrix} -1 \\ -1 \\ 3 \end{pmatrix} \times \begin{pmatrix} -0{,}5 \\ -2{,}5 \\ 2 \end{pmatrix} = \frac{1}{2}\begin{pmatrix} 11 \\ 1 \\ 4 \end{pmatrix}$$

■ Man ermittle den Abstand der parallelen Ebenen ε_1 und ε_2 mit:

$$\varepsilon_1\colon\ \vec{x} = \begin{pmatrix} 3 \\ 4 \\ -2 \end{pmatrix} + r_1\begin{pmatrix} -1 \\ -1 \\ 3 \end{pmatrix} + s_1\begin{pmatrix} -0{,}5 \\ -2{,}5 \\ 2 \end{pmatrix}; \qquad \varepsilon_2\colon\ \vec{x} = \begin{pmatrix} 3 \\ 4 \\ 5 \end{pmatrix} + r_2\begin{pmatrix} 2 \\ 2 \\ -6 \end{pmatrix} + s_2\begin{pmatrix} -2 \\ -10 \\ 8 \end{pmatrix}$$

Für einen Normalenvektor $\vec{n}_2$ von ε_2 gilt: $\vec{n}_2 = \begin{pmatrix} 2 \\ 2 \\ -6 \end{pmatrix} \times \begin{pmatrix} -2 \\ -10 \\ 8 \end{pmatrix} = 4\begin{pmatrix} -11 \\ -1 \\ -4 \end{pmatrix}$

Damit lautet die Gleichung von ε_2 in hessescher Normalform:

$$\varepsilon_2\colon\ \left(\vec{x} - \begin{pmatrix} 3 \\ 4 \\ 5 \end{pmatrix}\right) \cdot \frac{1}{\sqrt{138}}\begin{pmatrix} -11 \\ -1 \\ -4 \end{pmatrix} = 0$$

Hieraus erhält man für den gesuchten Abstand:

$$d = \left|\left(\begin{pmatrix} 3 \\ 4 \\ -2 \end{pmatrix} - \begin{pmatrix} 3 \\ 4 \\ 5 \end{pmatrix}\right) \cdot \frac{1}{\sqrt{138}}\begin{pmatrix} -11 \\ -1 \\ -4 \end{pmatrix}\right| = \left|\begin{pmatrix} 0 \\ 0 \\ 7 \end{pmatrix} \cdot \begin{pmatrix} -11 \\ -1 \\ -4 \end{pmatrix} \cdot \frac{1}{\sqrt{138}}\right| \approx 2{,}38 \text{ (LE)}$$

▶ Der Abstand einer Geraden g zu einer parallelen Ebene ε entspricht dem Abstand eines beliebigen Punktes P_1 von g zur Ebene.

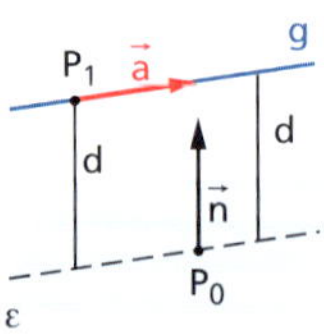

■ Die Gerade g: $\vec{x} = \begin{pmatrix} 3 \\ 2 \\ 5 \end{pmatrix} + s\begin{pmatrix} -3 \\ 1 \\ 1 \end{pmatrix}$ verläuft parallel zur Ebene ε:

$\vec{x} = \begin{pmatrix} 4 \\ 3 \\ 11 \end{pmatrix} + t\begin{pmatrix} 2 \\ 2 \\ -4 \end{pmatrix} + r\begin{pmatrix} -6 \\ 2 \\ 2 \end{pmatrix}$, denn der Spannvektor $\vec{v} = \begin{pmatrix} -6 \\ 2 \\ 2 \end{pmatrix}$ ist ein Vielfaches vom Richtungsvektor $\vec{a} = \begin{pmatrix} -3 \\ 1 \\ 1 \end{pmatrix}$ der Geraden.

Ein Normalenvektor der Ebene ε ist wegen $\begin{pmatrix} 2 \\ 2 \\ -4 \end{pmatrix} \times \begin{pmatrix} -6 \\ 2 \\ 2 \end{pmatrix} = 4 \cdot \begin{pmatrix} 3 \\ 5 \\ 4 \end{pmatrix}$ z. B. $\vec{n} = \begin{pmatrix} 3 \\ 5 \\ 4 \end{pmatrix}$,

ein Normaleneinheitsvektor demzufolge: $\vec{n}^0 = \dfrac{\begin{pmatrix} 3 \\ 5 \\ 4 \end{pmatrix}}{\left|\begin{pmatrix} 3 \\ 5 \\ 4 \end{pmatrix}\right|} = \dfrac{1}{\sqrt{50}}\begin{pmatrix} 3 \\ 5 \\ 4 \end{pmatrix} = \dfrac{1}{5\sqrt{2}}\begin{pmatrix} 3 \\ 5 \\ 4 \end{pmatrix}$

Als Abstand $d(g, \varepsilon) = |(\vec{p}_1 - \vec{p}_0) \cdot \vec{n}^0|$ erhält man damit:

$$d(g, \varepsilon) = \left|\left[\begin{pmatrix} 3 \\ 2 \\ 5 \end{pmatrix} - \begin{pmatrix} 4 \\ 3 \\ 11 \end{pmatrix}\right] \cdot \frac{1}{5\sqrt{2}}\begin{pmatrix} 3 \\ 5 \\ 4 \end{pmatrix}\right| = \left|\begin{pmatrix} -1 \\ -1 \\ -6 \end{pmatrix} \cdot \begin{pmatrix} 3 \\ 5 \\ 4 \end{pmatrix} \cdot \frac{1}{5\sqrt{2}}\right| = \left|\frac{-32}{5\sqrt{2}}\right| = \frac{16\sqrt{2}}{5} \approx 4{,}53 \text{ (LE)}$$

Abstände

Abstand zweier Punkte

In der Ebene: $d(P_1, P_2) = |\overline{P_1P_2}| = \sqrt{(x_2 - x_1)^2 + (y_2 - y_1)^2}$

Im Raum: $d(P_1, P_2) = |\overline{P_1P_2}| = \sqrt{(x_2 - x_1)^2 + (y_2 - y_1)^2 + (z_2 - z_1)^2}$

Abstand Punkt–Gerade (in der Ebene) bzw. Punkt–Ebene

Ist $(\vec{x} - \vec{p}_0) \cdot \vec{n} = 0$ die …	… Gleichung einer Geraden g in der Ebene und P_1 ein Punkt der Ebene bzw. des Raumes, …	… Gleichung einer Ebene ε im Raum und P_1 ein Punkt des Raumes, …
… so gibt $d = \left\|(\vec{p}_1 - \vec{p}_0) \cdot \frac{\vec{n}}{\|\vec{n}\|}\right\|$ den Abstand des Punktes P_1 von g bzw. von ε an.	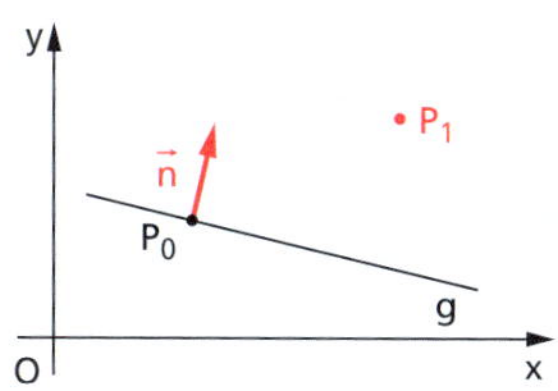	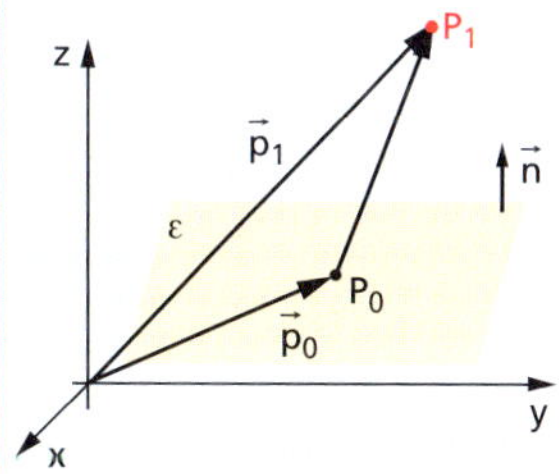
Sind Gerade bzw. Ebene in Koordinatenform gegeben, so gilt:	$ax + by = d$ bzw. $d(g, P_1) = \left\|\frac{ax_1 + by_1 - d}{\sqrt{a^2 + b^2}}\right\|$	$ax + by + cy = d$ $d(\varepsilon, P_1) = \left\|\frac{ax_1 + by_1 + cz_1 - d}{\sqrt{a^2 + b^2 + c^2}}\right\|$

Abstand Punkt–Gerade im Raum

Ist g: $\vec{x} = \vec{p}_0 + s\vec{a}$ eine Gerade im Raum und P_1 ein Punkt des Raumes, so gilt:

$d(P_1, g) = \frac{|(\vec{p}_1 - \vec{p}_0) \times \vec{a}|}{|\vec{a}|}$

Abstand zueinander windschiefer Geraden

Sind g und h windschiefe Geraden mit g: $\vec{x} = \vec{p}_0 + s\vec{a}$ und h: $\vec{x} = \vec{p}_1 + t\vec{b}$,

so gilt: $d(g, h) = \frac{|(\vec{p}_1 - \vec{p}_0) \cdot \vec{n}|}{|\vec{n}|}$ mit $\vec{n} = \vec{a} \times \vec{b}$

Abstand zweier zueinander paralleler Geraden im Raum

Sind g: $\vec{x} = \vec{p}_0 + s\vec{a}$ und h: $\vec{x} = \vec{p}_1 + t\vec{b}$ Gleichungen zweier zueinander paralleler Geraden im Raum, so gilt für den Abstand von g und h: $d(g, h) = \frac{|(\vec{p}_1 - \vec{p}_0) \times \vec{a}|}{|\vec{a}|}$

Abstand zweier Ebenen

Sind zwei Ebenen (echt) parallel zueinander, so stimmt ihr Abstand mit dem Abstand eines beliebigen Punktes $P_1 \in \varepsilon_1$ von der Ebene ε_2 überein (siehe oben).

11.5 Kreise und Kugeln

11.5.1 Gleichungen von Kreis und Kugel

Definition Die Menge der Punkte P

der Ebene,	des Raumes,

die von einem Punkt M denselben Abstand r haben, heißt

Kreis	**Kugel**

mit dem *Mittelpunkt M* und dem *Radius r*.

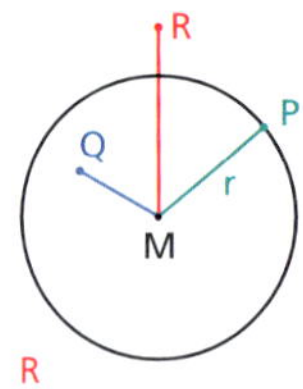

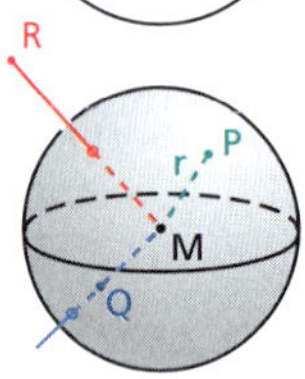

Ist ein Kreis (in der Ebene) oder eine Kugel (im Raum) mit dem Mittelpunkt M und dem Radius r gegeben, so nennt man

- einen Punkt Q **inneren Punkt** des Kreises bzw. der Kugel, wenn sein Abstand zum Mittelpunkt M kleiner als der Radius r ist, wenn also $|\overline{MQ}| < r$ gilt;
- einen Punkt R **äußeren Punkt** des Kreises bzw. der Kugel, wenn sein Abstand zum Mittelpunkt M größer als der Radius r ist, wenn also $|\overline{MQ}| > r$ gilt.

Bezeichnet man mit X (Ortsvektor $\vec{x}$) einen beliebigen Punkt des Kreises bzw. der Kugel in einem kartesischen Koordinatensystem, so gilt $\overrightarrow{MX} = \vec{x} - \vec{m}$. Wegen $|\overrightarrow{MX}| = r$ ist $|\overrightarrow{MX}|^2 = r^2$. Da aber das Quadrat des Betrages eines Vektors gleich dem Quadrat des Vektors ist, kann man anstelle von $|\overrightarrow{MX}|^2 = r^2$ ebenso $\overrightarrow{MX}^2 = r^2$ schreiben. Mit $\overrightarrow{MX} = \vec{x} - \vec{m}$ gilt dann: $(\vec{x} - \vec{m})^2 = r^2$

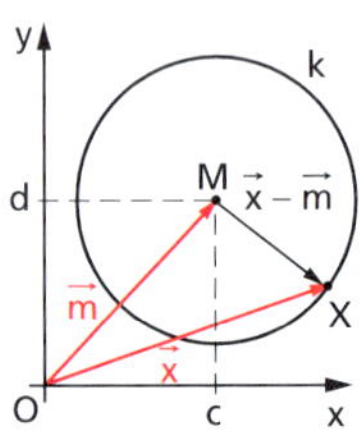

Satz Kreis- und Kugelgleichung in Vektorschreibweise (vektorielle Gleichung)
Es seien $\vec{m}$ der Ortsvektor des Mittelpunktes M und $\vec{x}$ der Ortsvektor zu einem beliebigen Punkt X eines Kreises in der Ebene bzw. einer Kugel im Raum mit dem Radius r. Dann ist $(\vec{x} - \vec{m})^2 = r^2$ eine **vektorielle Gleichung dieses Kreises bzw. dieser Kugel.**

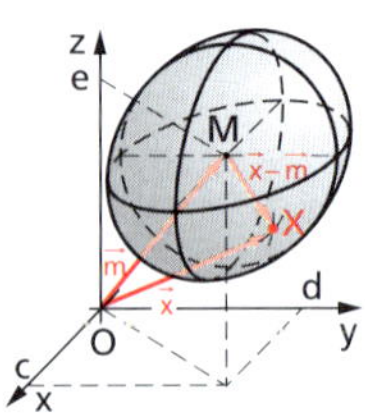

Durch Koordinatenvergleich erhält man aus obiger vektorieller Gleichung eines Kreises bzw. einer Kugel die entsprechenden Gleichungen in Koordinatenschreibweise:

Ist

in der Ebene	im Raum
$\vec{m} = \begin{pmatrix} c \\ d \end{pmatrix}$ und $\vec{x} = \begin{pmatrix} x \\ y \end{pmatrix}$	$\vec{m} = \begin{pmatrix} c \\ d \\ e \end{pmatrix}$ und $\vec{x} = \begin{pmatrix} x \\ y \\ z \end{pmatrix}$

gegeben, so erhält man für die Gleichung

eines Kreises	einer Kugel

$\left[\begin{pmatrix}x\\y\end{pmatrix}-\begin{pmatrix}c\\d\end{pmatrix}\right]^2 = r^2$ bzw. $\begin{pmatrix}x-c\\y-d\end{pmatrix}^2 = r^2.$	$\left[\begin{pmatrix}x\\y\\z\end{pmatrix}-\begin{pmatrix}c\\d\\e\end{pmatrix}\right]^2 = r^2$ bzw. $\begin{pmatrix}x-c\\y-d\\z-e\end{pmatrix}^2 = r^2.$

Durch Ausrechnen des Skalarprodukts auf der linken Seite der beiden Gleichungen ergibt sich

$(x-c)^2 + (y-d)^2 = r^2$ als eine Gleichung des Kreises mit dem Mittelpunkt M(c; d)	$(x-c)^2 + (y-d)^2 + (z-e)^2 = r^2$ als eine Gleichung der Kugel mit dem Mittelpunkt M(c; d; e)

und dem Radius r in Koordinatenschreibweise.

Die beiden Gleichungen kann man auch elementargeometrisch (also ohne vektorielle Beschreibung eines Kreises bzw. einer Kugel) – unter Verwendung des Lehrsatzes des Pythagoras – herleiten, wie aus den folgenden Figuren zu entnehmen ist:

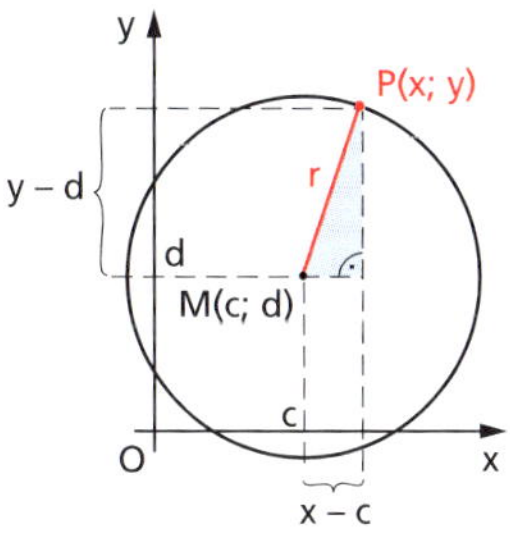

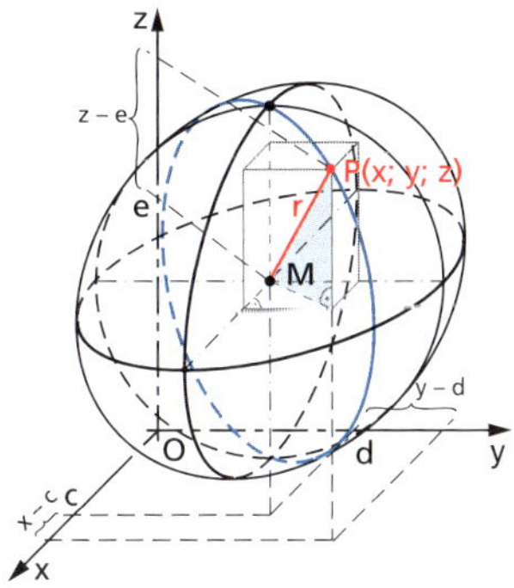

Satz Koordinatengleichung eines Kreises
In einem ebenen kartesischen Koordinatensystem wird der Kreis k mit dem Mittelpunkt M(c; d) und dem Radius r durch die Gleichung $(x-c)^2 + (y-d)^2 = r^2$ beschrieben.

Satz Koordinatengleichung einer Kugel
In einem räumlichen kartesischen Koordinatensystem wird die Kugel k mit dem Mittelpunkt M(c; d; e) und dem Radius r durch die Gleichung $(x-c)^2 + (y-d)^2 + (z-e)^2 = r^2$ beschrieben.

Es ist zu untersuchen, ob die quadratische Gleichung
a) $x^2 + y^2 - 4x - 2y - 20 = 0$ einen Kreis in der Ebene,
b) $x^2 + y^2 + z^2 - 4x + 6y + 14 = 0$ eine Kugel im Raum
beschreibt.

Zu a):
Aus der gegebenen Gleichung erhält man $(x^2 - 4x) + (y^2 - 2y) = 20$.
Eine quadratische Ergänzung liefert

$(x^2 - 4x + 4) + (y^2 - 2y + 1) = 20 + 4 + 1$, also: $(x-2)^2 + (y-1)^2 = 25$

Das heißt: Die Gleichung in a) beschreibt den Kreis mit dem Mittelpunkt M(2; 1) und dem Radius 5 in der Ebene.

Zu b):

Die Summe dreier nichtnegativer reeller Zahlen kann nicht negativ sein.

Auf gleichem Wege wie bei a) erhält man
$(x^2 - 4x) + (y^2 + 6y) + z^2 = -14$, woraus sich
$(x^2 - 4x + 4) + (y^2 + 6y + 9) + z^2 = -14 + 4 + 9$ bzw.
$(x - 2)^2 + (y + 3)^2 + z^2 = -1$ ergibt.
Da r^2 keine negative Zahl sein kann, wird durch die gegebene Gleichung keine Kugel im Raum beschrieben.

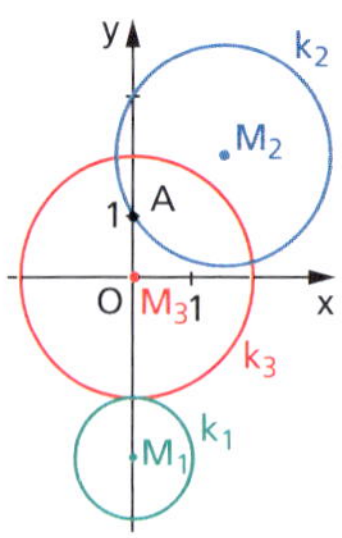

Gegeben seien drei Kreise k_1, k_2 und k_3 durch ihre Mittelpunkte und Radien:
k_1: $M_1(0; -3)$, $r_1 = 1$; k_2: $M_2(\sqrt{2}; 2)$, $r_2 = \sqrt{3}$; k_3: $M_3(0; 0)$, $r_3 = 2$
Dann lauten die zugehörigen Gleichungen:
k_1: $x^2 + (y + 3)^2 = 1$; k_2: $(x - \sqrt{2})^2 + (y - 2)^2 = 3$; k_3: $x^2 + y^2 = 4$
Es ist die Lage des Punktes A(0; 1) bezüglich der drei gegebenen Kreise zu untersuchen.
Wir setzen dazu die Koordinaten von A(0; 1) in die „linken" Seiten der zugehörigen Kreisgleichungen ein und vergleichen mit den „rechten" Seiten dieser Gleichungen. Es ergibt sich:
für k_1: $0^2 + (1 + 3)^2 = 0 + 16 = 16$; $16 > 1$
für k_2: $(0 - \sqrt{2})^2 + (1 - 2)^2 = 2 + 1 = 3$; $3 = 3$
für k_3: $0^2 + 1^2 = 0 + 1 = 1$; $1 < 4$

Da die „linke Seite" der Kreisgleichung das Quadrat des Abstandes des Punktes A vom Kreismittelpunkt M und die „rechte Seite" das Quadrat des Kreisradius darstellt, lässt sich folgern:

- A ist ein äußerer Punkt von k_1, denn sein Abstand von M_1 ist größer als r_1.
- A ist ein Punkt von k_2, denn sein Abstand von M_2 ist gleich r_2.
- A ist ein innerer Punkt von k_3, denn sein Abstand von M_3 ist kleiner als r_3.

Satz Lage eines Punktes bezüglich eines Kreises in der Ebene
Ein Punkt $P_1(x_1; y_1)$ gehört genau dann zu *dem* Kreis k mit der Gleichung $(x - c)^2 + (y - d)^2 = r^2$, wenn die Koordinaten des Punktes P_1 die Kreisgleichung erfüllen, d. h., wenn $(x_1 - c)^2 + (y_1 - d)^2 = r^2$ ist.
Gilt dagegen $(x_1 - c)^2 + (y_1 - d)^2 < r^2$ oder $(x_1 - c)^2 + (y_1 - d)^2 > r^2$, so liegt $P_1(x_1; y_1)$ *innerhalb* bzw. *außerhalb* des betrachteten Kreises.

Satz Lage eines Punktes bezüglich einer Kugel
Ein Punkt $P_1(x_1; y_1; z_1)$ gehört genau dann *zur* Kugel k mit der Gleichung $(x - c)^2 + (y - d)^2 + (z - e)^2 = r^2$, wenn die Koordinaten des Punktes die Kugelgleichung erfüllen, d. h., wenn
$(x_1 - c)^2 + (y_1 - d)^2 + (z_1 - e)^2 = r^2$ ist. Gilt dagegen
$(x_1 - c)^2 + (y_1 - d)^2 + (z_1 - e)^2 < r^2$ oder
$(x_1 - c)^2 + (y_1 - d)^2 + (z_1 - e)^2 > r^2$, so liegt $P_1(x_1; y_1; z_1)$ *innerhalb* bzw. *außerhalb* der betrachteten Kugel.

Für die Erarbeitung von Parametergleichungen als einer weiteren analytischen Beschreibung werden nun Kreis und Kugel getrennt betrachtet.

Gegeben sei in einem kartesischen Koordinatensystem ein Kreis k mit dem Mittelpunkt M(c; d) und dem Radius r. Durch den Mittelpunkt wird eine zur x-Achse parallele Gerade gelegt. Rotiert nun ein von M ausgehender Strahl um M, so beschreibt ein Punkt X dieses Strahls, für den $|\overline{MX}| = r$ gilt, den Kreis k. Der Winkel φ, den dieser Strahl mit der Parallelen zur x-Achse durch M einschließt, wird als Parameter benutzt.

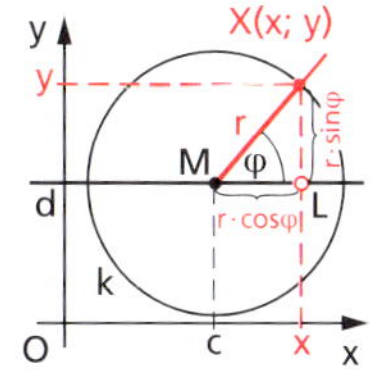

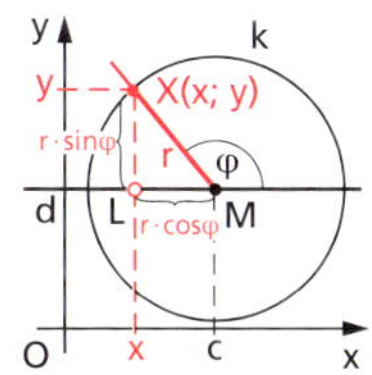

Die nebenstehenden Figuren zeigen für zwei verschiedene Werte von φ die zugehörige Lage des Punktes X auf k.
Ist L der Fußpunkt des Lotes von X auf die Parallele durch M zur x-Achse, so können die vorzeichenbehafteten Abstände von X zu L und von L zu M berechnet werden.
Mit den Bezeichnungen aus nebenstehenden Figuren gilt für X(x; y):
$x = c + r\cos\varphi$
$y = d + r\sin\varphi$
Der Winkel φ ist Parameter. Für $0° \leq \varphi < 360°$ wird der ganze Kreis beschrieben.

Betrachtet man nun umgekehrt einen Punkt P(x; y) der Ebene, für dessen Koordinaten $x = c + r\cos\varphi$ und $y = d + r\sin\varphi$ für ein φ gilt, dann folgt aus diesen Beziehungen:

$$(x - c)^2 + (y - d)^2 = r^2\cos^2\varphi + r^2\sin^2\varphi$$
$$= r^2(\cos^2\varphi + \sin^2\varphi) = r^2$$ (↗ Abschnitt 3.6.6)

Damit ist aber P ein Punkt des Kreises k.

Satz Parametergleichungen eines Kreises
In einem kartesischen Koordinatensystem wird der Kreis k mit dem Mittelpunkt M(c; d) und dem Radius r durch folgende Parametergleichungen beschrieben:
$x = c + r \cdot \cos\varphi;$ $(0° \leq \varphi < 360°)$
$y = d + r \cdot \sin\varphi$

Auch für eine Kugel lassen sich Parametergleichungen herleiten. Mit analogen Überlegungen wie beim Kreis müssen hier zwei Parameter φ und λ eingeführt werden. λ wird gegenüber der positiven x-Achse gemessen und φ gegenüber der Äquatorebene.
Es gilt:

Satz Parametergleichungen einer Kugel
In einem kartesischen Koordinatensystem wird die Kugel k mit dem Mittelpunkt M(c; d; e) und dem Radius r durch folgende Parametergleichungen beschrieben:

$x = c + r\cos\varphi\cos\lambda;$
$y = d + r\cos\varphi\sin\lambda;$ $(0° \leq \lambda < 360°, -90° \leq \varphi \leq 90°)$
$z = e + r\sin\varphi$

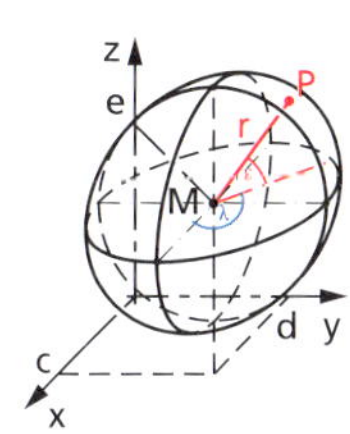

11.5.2 Kreis und Gerade

Ein Kreis und eine Gerade haben *keinen* gemeinsamen Punkt oder *genau einen* gemeinsamen Punkt oder *genau zwei* gemeinsame Punkte.

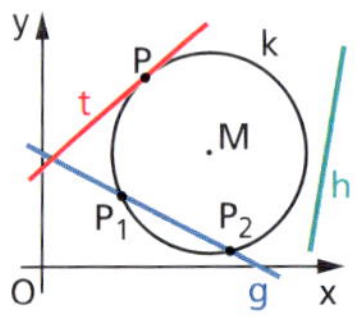

Definition Wenn eine Gerade t und ein Kreis k genau einen Punkt P gemeinsam haben, dann heißt die Gerade t die **Tangente an k im Punkt P.**
Eine Gerade g, die mit k genau zwei verschiedene Punkte gemeinsam hat, nennt man **Sekante** von k; eine Gerade h, die mit k keinen Punkt gemeinsam hat, heißt **Passante.**

Welche der drei Lagemöglichkeiten im konkreten Fall vorliegt, kann man rechnerisch untersuchen, indem man die zugehörigen Gleichungen von Kreis und Gerade als ein (hier freilich nicht lineares) Gleichungssystem mit zwei Unbekannten auffasst und dieses löst.

Es ist die gegenseitige Lage der Geraden g: $y = -\frac{1}{2}x + 1$ und des Kreises k: $(x-3)^2 + (y-2)^2 = 6{,}25$ zu untersuchen.
$P_s(x_s; y_s)$ sei ein eventuell vorhandener gemeinsamer Punkt von g und k. Das zugehörige Gleichungssystem lautet dann:

(I) $y_s = -\frac{1}{2}x_s + 1$

(II) $(x_s - 3)^2 + (y_s - 2)^2 = 6{,}25$

Setzt man den Ausdruck für y_s aus (I) in (II) ein, so ergibt sich:
$(x_s - 3)^2 + \left(-\frac{1}{2}x_s - 1\right)^2 = 6{,}25$ bzw. $x_s^2 - 4x_s + 3 = 0$

Diese quadratische Gleichung hat genau zwei voneinander verschiedene Lösungen, nämlich $x_{s_1} = 1$ und $x_{s_2} = 3$. Durch Einsetzen dieser Werte in (I) erhalten wir $y_{s_1} = \frac{1}{2}$ und $y_{s_2} = -\frac{1}{2}$. Eine Probe zeigt, dass die beiden Punkte $P_{s_1}\left(1; \frac{1}{2}\right)$ und $P_{s_2}\left(3; -\frac{1}{2}\right)$ die Schnittpunkte der Geraden g mit dem Kreis k sind. Die Gerade g ist also eine Sekante des Kreises k.

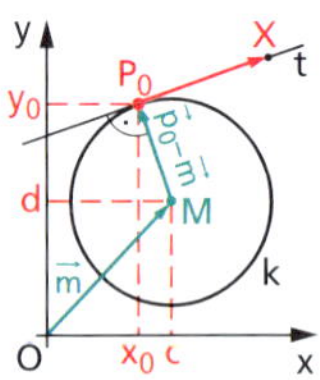

Um die Gleichung der Tangente t an einen Kreis k im Kreispunkt P_0 zu bestimmen, verwenden wir eine vektorielle Betrachtungsweise.
Hat der Kreis k den Mittelpunkt M und den Radius r, dann gilt für jeden Punkt X der Tangente t die Gleichung $\overrightarrow{P_0X} \cdot \overrightarrow{MP_0} = 0$, da diese beiden Vektoren senkrecht zueinander sind. Notiert man die Gleichung mithilfe der zugehörigen Ortsvektoren, so ergibt sich mit $(\vec{x} - \vec{p}_0) \cdot (\vec{p}_0 - \vec{m}) = 0$ eine Gleichung für die Tangente in einem Kreispunkt an einen Kreis.

Aus dieser Gleichung erhält man eine Gleichung in Koordinatenschreibweise, wenn man die entsprechenden Vektoren mit ihren Koordinaten einsetzt.
Aus $\left[\begin{pmatrix} x \\ y \end{pmatrix} - \begin{pmatrix} x_0 \\ y_0 \end{pmatrix}\right] \cdot \left[\begin{pmatrix} x_0 \\ y_0 \end{pmatrix} - \begin{pmatrix} c \\ d \end{pmatrix}\right] = 0$ folgt $\begin{pmatrix} x - x_0 \\ y - y_0 \end{pmatrix} \cdot \begin{pmatrix} x_0 - c \\ y_0 - d \end{pmatrix} = 0$,
also: $(x - x_0) \cdot (x_0 - c) + (y - y_0) \cdot (y_0 - d) = 0$

Dies ist bereits eine Gleichung der Tangente an k in Koordinatenschreibweise. Addiert man auf beiden Seiten dieser Gleichung noch
$r^2 = (x_0 - c)^2 + (y_0 - d)^2$ (denn $P_0(x_0;\, y_0)$ ist ja Kreispunkt), so ergibt sich
$(x - x_0)(x - c) + (y - y_0)(y_0 - d) + (x_0 - c)^2 + (y_0 - d)^2 = r^2$, woraus
$(x_0 - c)(x - c) + (y_0 - d)(y - d) = r^2$ folgt.

Satz Gleichungen einer Kreistangente
Ist k ein Kreis mit dem Mittelpunkt M(c; d) und dem Radius r sowie $P_0(x_0;\, y_0)$ ein Punkt von k, dann ist $(\vec{x} - \vec{p}_0)(\vec{p}_0 - \vec{m}) = 0$ die vektorielle Gleichung und $(x_0 - c)(x - c) + (y_0 - d)(y - d) = r^2$ die Koordinatengleichung der Tangente an k im Punkt P_0.

Die Tangente in jedem Punkt eines Kreises ist eindeutig bestimmt.

Gegeben seien der Kreis k mit der Gleichung $(x - 3)^2 + (y - 2)^2 = 6{,}25$ und die Punkte A (5; 3,5), B (3; – 0,5) und C (5,5; 2) von k. Zu bestimmen ist die jeweils zugehörige Tangentengleichung.
Nach Überprüfung, ob A, B, C wirklich Punkte von k sind, erhält man:

t_A: $(5 - 3)(x - 3) + (3{,}5 - 2)(y - 2) = 6{,}25$ oder $y = -\frac{4}{3}x + \frac{61}{6}$

t_B: $(3 - 3)(x - 3) + (-0{,}5 - 2)(y - 2) = 6{,}25$ oder $y = -\frac{1}{2}$
(eine Parallele zur x-Achse im Abstand 0,5)

t_C: $(5{,}5 - 3)(x - 3) + (2 - 2)(y - 2) = 6{,}25$ oder $x = \frac{11}{2}$
(eine Parallele zur y-Achse im Abstand 5,5)

11

11.5.3 Lagebeziehungen von Kreisen

Zwei voneinander verschiedene Kreise haben *keinen* gemeinsamen Punkt oder *genau einen* gemeinsamen Punkt oder *genau zwei* gemeinsame Punkte. Welche der drei Lagemöglichkeiten im konkreten Fall vorliegt, kann man rechnerisch untersuchen, indem man die zugehörigen Kreisgleichungen als ein (hier nichtlineares) Gleichungssystem mit zwei Unbekannten auffasst und dieses löst.

Es sind die Lagebeziehungen der Kreise k_1: $x^2 + (y - 3)^2 = 1$, k_2: $x^2 + y^2 = 4$ und k_3: $(x - 3)^2 + y^2 = 7$ zu untersuchen.

a) Betrachtet werden die Kreise k_1 und k_2. Haben diese beiden Kreise einen Punkt $P(x_s;\, y_s)$ gemeinsam, so müssen die Koordinaten dieses Punktes die beiden Kreisgleichungen erfüllen. Wir erhalten damit folgendes Gleichungssystem:

(I) $x_s^2 + (y_s - 3)^2 = 1$

(II) $x_s^2 + y_s^2 = 4$

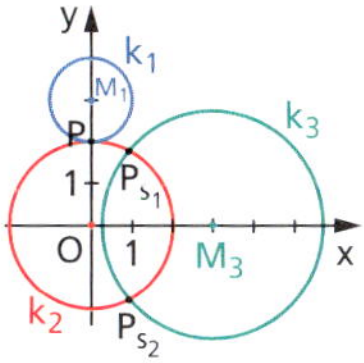

Aus (I) folgt $x_s^2 = 1 - (y_s - 3)^2$. Setzt man in (II) ein, so ergibt sich $1 - (y_s - 3)^2 + y_s^2 = 4$, also $1 - y_s^2 + 6y_s - 9 + y_s^2 = 4$ und damit $6y_s = 12$ bzw. $y_s = 2$. Einsetzen von $y_s = 2$ in Gleichung (I) liefert $x_s = 0$.

Das Gleichungssystem hat also genau eine Lösung $x_s = 0$, $y_s = 2$. Folglich haben die beiden Kreise k_1 und k_2 genau einen Punkt P gemeinsam; k_1 und k_2 berühren einander in P(0; 2).

b) Kreise k_2 und k_3:
Das Gleichungssystem (I) $x_s^2 + y_s^2 = 4$
(II) $(x_s - 3)^2 + y_s^2 = 7$
hat die Lösungen $x_{s_1} = 1$; $y_{s_1} = +\sqrt{3}$ sowie $x_{s_2} = 1$; $y_{s_2} = -\sqrt{3}$.
Da sowohl $P_{s_1}(1;\ \sqrt{3})$ als auch $P_{s_2}(1;\ -\sqrt{3})$ mit ihren Koordinaten beide Kreisgleichungen erfüllen, sind dies die gesuchten gemeinsamen Punkte, also die Schnittpunkte der beiden Kreise k_2 und k_3.

Da der Abstand der beiden Mittelpunkte $|\overline{M_1M_2}| = \sqrt{3^2 + 3^2} = 3\sqrt{2} \approx 4{,}2$ (LE) größer als $r_1 + r_3 = 1 + \sqrt{7} \approx 3{,}6$ (LE) ist, kann auch auf diese Weise geschlossen werden, dass k_1 und k_3 einander nicht schneiden.

c) Kreise k_1 und k_3:
Es ergibt sich das Gleichungssystem (I) $x_s^2 + (y_s - 3)^2 = 1$
(II) $(x_s - 3)^2 + y_s^2 = 7$.
Für dessen Lösung verwenden wir in diesem Fall ein allgemein nutzbares Verfahren:
Die Klammern in den beiden Gleichungen werden aufgelöst und dann wird die zweite von der ersten Gleichung subtrahiert. Man erhält: $x_s - y_s = -1$ bzw. $y_s = x_s + 1$
Setzt man diesen Ausdruck in (I) ein, so ergibt sich für x_s eine quadratische Gleichung in Normalform $x_s^2 - 2x_s + \frac{3}{2} = 0$, die die Diskriminante $D = (1)^2 - \frac{3}{2} < 0$ hat. Folglich besitzt diese Gleichung keine reelle Lösung – die beiden Kreise k_1 und k_3 haben also keinen gemeinsamen Punkt.

11

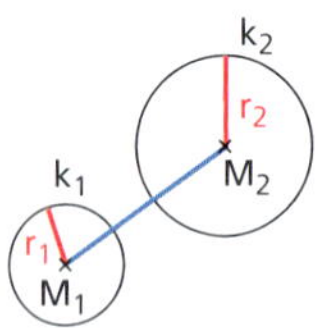

Bedingungen für die Lagebeziehung zweier Kreise k_1 und k_2 mit den Mittelpunkten M_1 bzw. M_2 und den Radien r_1 bzw. r_2 lassen sich auch allgemein formulieren. Gilt

- $|\overline{M_1M_2}| > r_1 + r_2$ oder $0 \leq |\overline{M_1M_2}| < |r_1 - r_2|$, so besitzen k_1 und k_2 keinen gemeinsamen Punkt;
- $|\overline{M_1M_2}| = r_1 + r_2$ oder $0 < |\overline{M_1M_2}| = |r_1 - r_2|$, so berühren k_1 und k_2 einander;
- $|r_1 - r_2| < |\overline{M_1M_2}| < r_1 + r_2$, so schneiden k_1 und k_2 einander in zwei Punkten;
- $0 = |\overline{M_1M_2}| = r_1 - r_2$, so haben k_1 und k_2 alle Punkte gemeinsam – sie sind identisch.

11.5.4 Lagebeziehungen von Kugeln, Geraden und Ebenen

- Eine **Kugel und eine Gerade** haben *keinen* gemeinsamen Punkt oder *genau einen* gemeinsamen Punkt oder *genau zwei* gemeinsame Punkte.

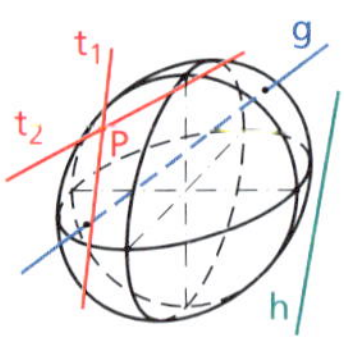

Definition Wenn eine Gerade t und eine Kugel k genau einen Punkt P gemeinsam haben, denn heißt die Gerade t eine **Tangente** an k in P.
Eine Gerade g, die mit k genau zwei verschiedene Punkte gemeinsam hat, nennt man **Sekante** von k; eine Gerade h, die mit k keinen Punkt gemeinsam hat, heißt **Passante**.

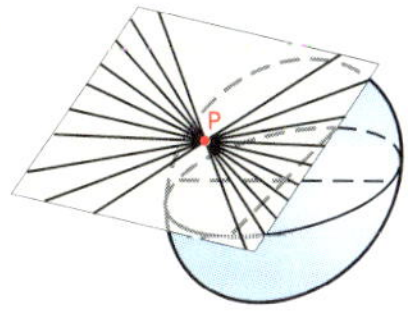

Im Unterschied zum Kreis in der Ebene (↗ Abschnitt 11.5.2) gibt es im Raum in jedem Kugelpunkt unendlich viele Tangenten an die Kugel. Diese Tangenten in einem Kugelpunkt P bilden die *Tangentialebene* an k in P (↗ unten).

Gegeben seien eine Kugel k mit dem Mittelpunkt M(1; 2; 2) und dem Radius r = 3 sowie eine Gerade g mit der Gleichung $\vec{x} = \begin{pmatrix}1\\1\\1\end{pmatrix} + t\begin{pmatrix}2\\1\\2\end{pmatrix}$, $t \in \mathbb{R}$. Es sollen die Lagebeziehung von g bezüglich k untersucht und gegebenenfalls Schnittpunkte bestimmt werden.
$(x-1)^2 + (y-2)^2 + (z-2)^2 = 9$ ist die Gleichung von k (↗ Abschnitt 11.5.1) und
$x = 1 + 2t,\ y = 1 + 1t,\ z = 1 + 2t$ die durch Koordinatenvergleich gewonnene Koordinatendarstellung von g. Durch Einsetzen der Koordinaten von g in die Gleichung von k erhält man:
$((1+2t)-1)^2 + ((1+1t)-2)^2 + ((1+2t)-2)^2 = 9$, also
$4t^2 + (t-1)^2 + (2t-1)^2 - 9 = 0$, woraus $9t^2 - 6t - 7 = 0$ folgt.
Diese quadratische Gleichung besitzt die Lösungen $t_{1;\,2} = \frac{1}{3} \pm \frac{2}{3}\sqrt{2}$.
Folglich hat g mit k genau zwei Punkte S_1 und S_2 gemeinsam, ist also eine Sekante von k:
$\vec{s}_1 = \begin{pmatrix}1\\1\\1\end{pmatrix} + t_1\begin{pmatrix}2\\1\\2\end{pmatrix}$, $\vec{s}_2 = \begin{pmatrix}1\\1\\1\end{pmatrix} + t_2\begin{pmatrix}2\\1\\2\end{pmatrix}$, bzw.

$S_1(3{,}55;\ 2{,}28;\ 3{,}55)$, $S_2(-0{,}22;\ 0{,}39;\ -0{,}22)$

Betrachtet man eine Kugel k und einen Punkt P_0 außerhalb von k, so gibt es unendlich viele Tangenten durch P_0 an k. Die Menge dieser Tangenten bildet einen (doppelten) Kreiskegel (**Tangentialkegel** von P_0 an k).

11

- Eine **Kugel und eine Ebene** haben *keinen Punkt* oder *genau einen Punkt* oder *einen Kreis* gemeinsam.

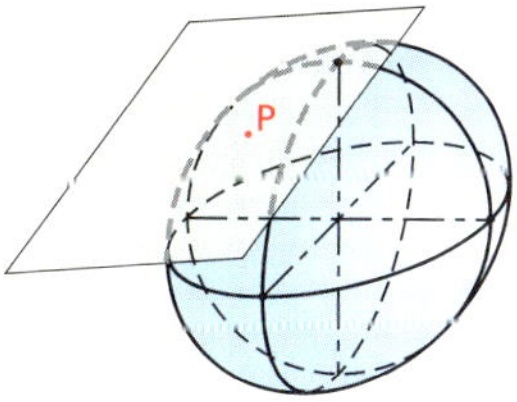

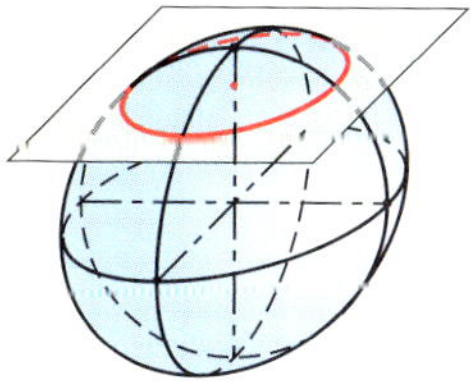

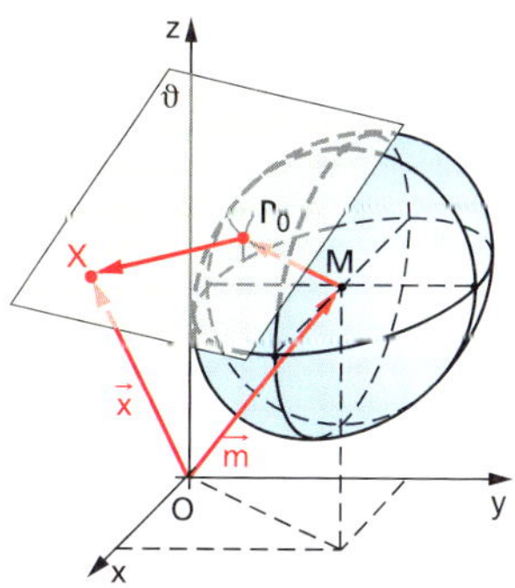

Definition Haben eine Ebene ϑ und eine Kugel k genau einen Punkt P gemeinsam, dann heißt die Ebene ϑ **Tangentialebene** an die Kugel k in P.

Die Tangentialebene in jedem Punkt einer Kugel ist eindeutig bestimmt.

Für die Herleitung einer Gleichung der Tangentialebene an eine Kugel k in einem Kugelpunkt P_0 wird vektoriell vorgegangen (↗ Abschnitt 11.5.2):

P_0 sei ein Punkt der Kugel k mit dem Mittelpunkt M und dem Radius r. Wenn ϑ die Tangentialebene in P_0 an k ist, dann verläuft $\overrightarrow{MP_0}$ senkrecht zu ϑ (↗ Figur Seite 349 rechts). Folglich gilt $\overrightarrow{P_0X} \cdot \overrightarrow{MP_0} = 0$, wobei X ein beliebiger Punkt von ϑ ist. Unter Verwendung der zugehörigen Ortsvektoren erhält man $(\vec{x} - \vec{p}_0) \cdot (\vec{p}_0 - \vec{m}) = 0$ als vektorielle Gleichung der Tangentialebene von k in P_0.

Werden in dieser Gleichung die Vektoren mit ihren Koordinaten verwendet, so ergibt sich

$$\left[\begin{pmatrix} x \\ y \\ z \end{pmatrix} - \begin{pmatrix} x_0 \\ y_0 \\ z_0 \end{pmatrix}\right] \cdot \left[\begin{pmatrix} x_0 \\ y_0 \\ z_0 \end{pmatrix} - \begin{pmatrix} c \\ d \\ e \end{pmatrix}\right] = 0, \text{ also } \begin{pmatrix} x - x_0 \\ y - y_0 \\ z - z_0 \end{pmatrix} \cdot \begin{pmatrix} x_0 - c \\ y_0 - d \\ z_0 - e \end{pmatrix} = 0,$$

woraus $(x - x_0)(x_0 - c) + (y - y_0)(y_0 - d) + (z - z_0)(z_0 - e) = 0$ folgt.

Addiert man auf beiden Seiten dieser Gleichung
$r^2 = (x_0 - c)^2 + (y_0 - d)^2 + (z_0 - e)^2$ (P_0 ist Punkt von k),
so erhält man nach Umformung:
$(x_0 - c)(x - c) + (y_0 - d)(y - d) + (z_0 - e)(z - e) = r^2$

Satz Gleichungen einer Tangentialebene

Ist k eine Kugel mit dem Mittelpunkt M(c; d; e) und dem Radius r sowie $P_0(x_0; y_0; z_0)$ ein Punkt von k, dann ist
$(\vec{x} - \vec{p}_0) \cdot (\vec{p}_0 - \vec{m}) = 0$ die vektorielle Gleichung und
$(x_0 - c)(x - c) + (y_0 - d)(y - d) + (z_0 - e)(z - e) = r^2$
die *Koordinatengleichung* der **Tangentialebene** an k im Punkt P_0.

Die analytische Beschreibung des **Schnittkreises** einer Ebene mit einer Kugel (falls ein solcher Kreis existiert) ist in diesem Rahmen nicht möglich, da dann eine ebene Kurve im Raum beschrieben werden müsste. Man kann jedoch den Mittelpunkt und den Radius eines solchen Schnittkreises ermitteln.

Gegeben seien eine Ebene $\varepsilon\colon \vec{x} = \begin{pmatrix} 2 \\ 3 \\ 5 \end{pmatrix} + r\begin{pmatrix} -2 \\ 1 \\ 2 \end{pmatrix} + s\begin{pmatrix} 2 \\ 2 \\ 1 \end{pmatrix}$ und eine Kugel k mit dem Mittelpunkt M(2; 1; 3) und dem Radius r = 3.

Gesucht sind die beiden Tangentialebenen ϑ_1 und ϑ_2 an k, die parallel zu ε verlaufen.

In parameterfreier Form hat ε die Gleichung $-x + 2y - 2z + 6 = 0$, woraus sich $\vec{n} = \begin{pmatrix} -1 \\ 2 \\ -2 \end{pmatrix}$ als ein Normalenvektor bzw. $\vec{n}^0 = \frac{1}{3}\begin{pmatrix} -1 \\ 2 \\ -2 \end{pmatrix}$ als Normaleneinheitsvektor von ε ergibt.

Mit $\vec{t}_1 = \vec{m} + r\vec{n}^0 = \begin{pmatrix} 2 \\ 1 \\ 3 \end{pmatrix} + \begin{pmatrix} -1 \\ 2 \\ -2 \end{pmatrix} = \begin{pmatrix} 1 \\ 3 \\ 1 \end{pmatrix}$ und

$\vec{t}_2 = \vec{m} - r\vec{n}^0 = \begin{pmatrix} 2 \\ 1 \\ 3 \end{pmatrix} - \begin{pmatrix} -1 \\ 2 \\ -2 \end{pmatrix} = \begin{pmatrix} 3 \\ -1 \\ 5 \end{pmatrix}$

erhält man die Ortsvektoren zu den Berührungspunkten der beiden Tangentialebenen ϑ_1 und ϑ_2 mit der Kugel k.

Folglich sind
$\vartheta_1\colon (\vec{x} - \vec{t}_1) \cdot \vec{n} = 0$ und $\vartheta_2\colon (\vec{x} - \vec{t}_2) \cdot \vec{n} = 0$ die gesuchten Gleichungen.
In parameterfreier Form lauten diese:
$\vartheta_1\colon -x + 2y - 2z - 3 = 0$ und $\vartheta_2\colon -x + 2y - 2z + 15 = 0$

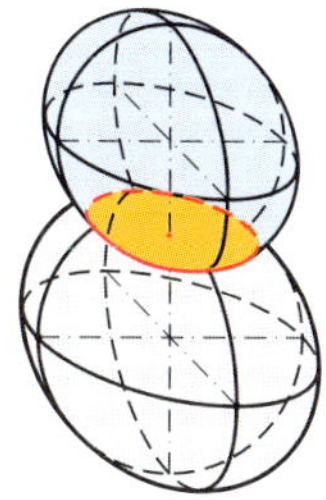

- **Zwei Kugeln** haben *keinen gemeinsamen Punkt* oder *genau einen gemeinsamen Punkt* oder einen Kreis gemeinsam.

Zu untersuchen ist die Lagebeziehung der beiden Kugeln
k_1: $(x-2)^2 + (y-3)^2 + (z-2)^2 = 9$ und
k_2: $(x-3)^2 + (y-5)^2 + (z+1)^2 = 25$.

$M_1(2; 3; 2)$, $r_1 = 3$, und $M_2(3; 5; -1)$, $r_2 = 5$, sind die Mittelpunkte bzw. Radien dieser Kugeln.

Wegen $|\overline{M_1M_2}| = \sqrt{(2-3)^2 + (3-5)^2 + (2+1)^2} = \sqrt{14} \approx 3{,}7416 < r_1 + r_2$
und $|\overline{M_1M_2}| = \sqrt{14} > |r_1 - r_2|$
besitzen die beiden Kugeln einen Schnittkreis.

Um dessen Durchmesser zu bestimmen, werden die beiden Kugeln mit einer Ebene geschnitten, die die beiden Kugelmittelpunkte enthält. Die Strecke $\overline{AB}$ ist der gesuchte Durchmesser (↗ nebenstehende Figur).

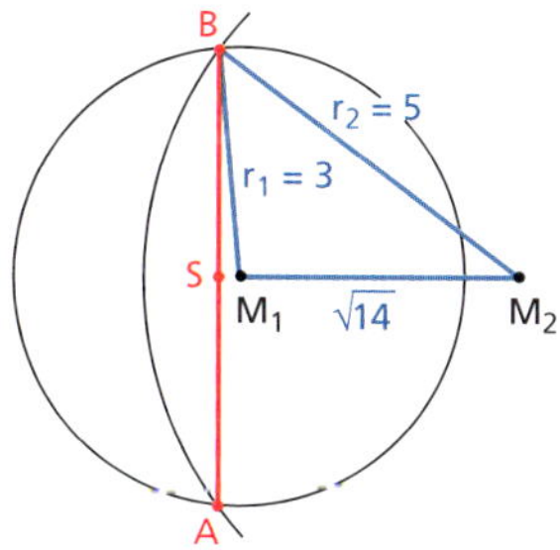

Zur Berechnung von $|\overline{AB}|$ bezeichnen wir den Schnittpunkt von $|\overline{AB}|$ mit der Geraden durch M_1 und M_2 mit S und den Schnittkreisradius $|\overline{BS}|$ mit r. Dann gilt

- im Dreieck SM_1B: $3^2 = r^2 + |\overline{SM_1}|^2$, (1)
- im Dreieck SM_2B: $5^2 = r^2 + (\sqrt{14} + |\overline{SM_1}|)^2$. (2)

(1) in (2) eingesetzt liefert:

$5^2 = r^2 + (\sqrt{14} + \sqrt{3^2 - r^2})^2$, also

$25 = r^2 + 14 + 2\sqrt{14} \cdot \sqrt{9 - r^2} + 9 - r^2$ und damit

$1 = \sqrt{14} \cdot \sqrt{9 - r^2}$ bzw. $1 = 14 \cdot (9 - r^2)$.

Daraus folgt $r^2 = \frac{125}{14}$, also $r = 5 \cdot \sqrt{\frac{5}{14}} \approx 2{,}9881$.

Der Radius des Schnittkreises hat also eine Länge von rund 2,99 LE.

Die Bestimmung des Schnittes zweier Kugeln spielt beim Satellitennavigationssystem GPS eine wichtige Rolle. Dieses System besteht aus 24 Satelliten, die die Erde in einer Höhe von 20 200 km über der Erdoberfläche umkreisen. Dabei sind die Positionen der Satelliten so eingerichtet, dass von jedem Punkt der Erdoberfläche immer mindestens drei dieser Satelliten zu „sehen“ sind.

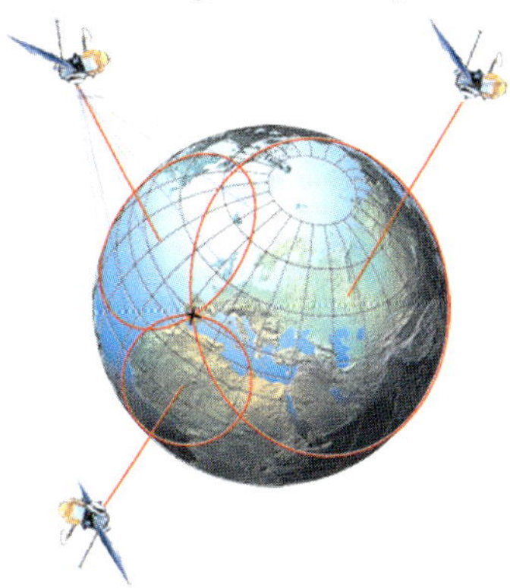

Kreis und Kugel

Für Kreis und Kugel mit dem Mittelpunkt M und einem Radius r (r > 0) gilt:

Kreis	Mittelpunktslage M(0; 0)	Allgemeine Lage M(c; d)
Kreisgleichung	Mittelpunktslage M(0; 0) 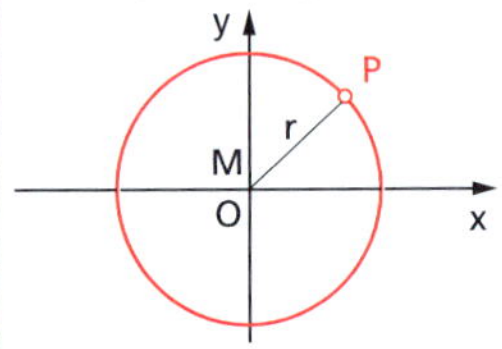 $x^2 + y^2 = r^2$ bzw. $\vec{x} \cdot \vec{x} = r^2$	allgemeine Lage M(c; d) 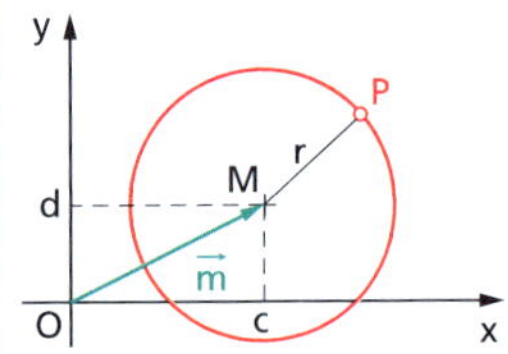 $(x - c)^2 + (y - d)^2 = r^2$ bzw. $(\vec{x} - \vec{m}) \cdot (\vec{x} - \vec{m}) = r^2$
Tangente t im Punkt $P_1(x_1; y_1)$	Mittelpunktslage M(0; 0): 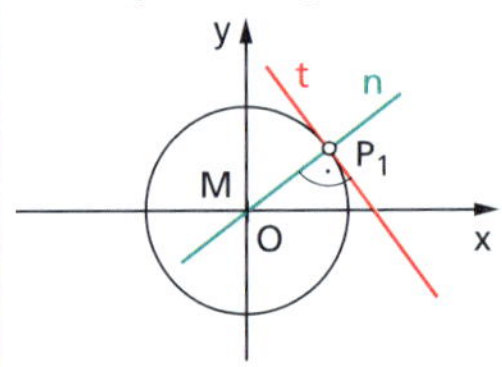 $x \cdot x_1 + y \cdot y_1 = r^2$	allgemeine Lage M(c; d): 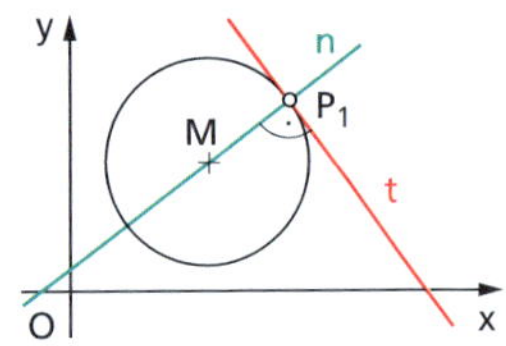 $(x - c)(x_1 - c) + (y - d)(y_1 - d) = r^2$

Kugel	Mittelpunktslage M(0; 0; 0)	Allgemeine Lage M(c; d; e)
Kugelgleichung	$x^2 + y^2 + z^2 = r^2$ bzw. $\vec{x} \cdot \vec{x} = r^2$	$(x - c)^2 + (y - d)^2 + (z - e)^2 = r^2$ bzw. $(\vec{x} - \vec{m}) \cdot (\vec{x} - \vec{m}) = r^2$
Tangentialebene ϑ im Punkt $P_1(x_1; y_1; z_1)$	$x \cdot x_1 + y \cdot y_1 + z \cdot z_1 = r^2$ bzw. $\vec{x} \cdot \vec{p}_1 = r^2$ 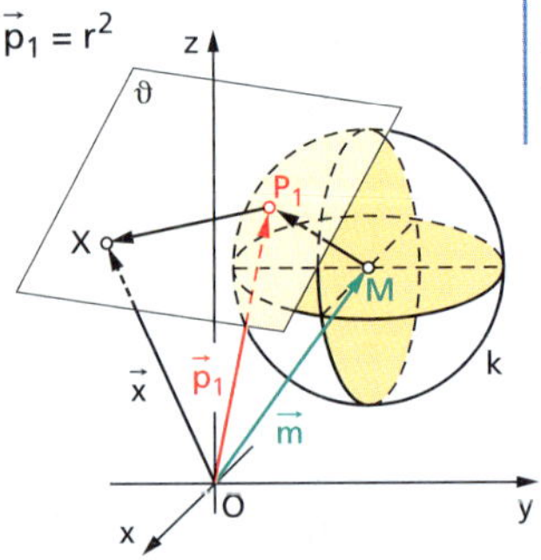	$(x - c)(x_1 - c) + (y - d)(y_1 - d) + (z - e)(z_1 - e) = r^2$ bzw. $(\vec{x} - \vec{m}) \cdot (\vec{p}_1 - \vec{m}) = r^2$

Wissenstest 11 auf **http://wissenstests.schuelerlexikon.de** und auf der DVD

11.6 Kegelschnitte

11.6.1 Schnittfiguren eines Kegels

Ein Rotationskegel werde von einer Ebene ε geschnitten, die nicht durch die Spitze S des Kegels geht. In der nachfolgenden Figur werden nun drei Fälle unterschieden:

(1) ε ist zu keiner Mantellinie des Kegels parallel.
(2) ε ist zu genau einer Mantellinie des Kegels parallel.
(3) ε ist zu genau zwei Mantellinien des Kegels parallel.

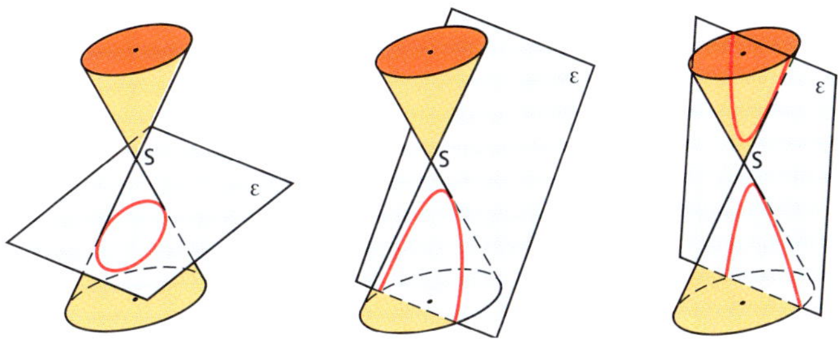

▶ Kegelschnitte wurden zuerst von dem griechischen Mathematiker und Astronomen APOLLONIUS VON PERGE (ca. 262 bis 109 v. Chr.) untersucht, der ihnen auch diese Bezeichnung gab.

Die entstehenden Schnittfiguren werden **Kegelschnitte** genannt. Im Fall (1) handelt es sich um eine *Ellipse* (↗ Abschnitt 11.6.2), im Fall (2) um eine *Parabel* (↗ Abschnitt 11.6.3) und im Fall (3) um eine *Hyperbel* (↗ Abschnitt 11.6.4). Kreise ordnen sich in diese Unterscheidung als Spezialfälle von Ellipsen ein.
Es lässt sich zeigen, dass die obigen Schnittfiguren mit den aufgrund der Definitionen in den folgenden Abschnitten erzeugten Kurven übereinstimmen. Für den Nachweis betrachtet man Kugeln, die sowohl den Kegel von innen als auch die Schnittebene ε berühren. Diese Kugeln heißen nach dem belgischen Mathematiker G. P. DANDELIN **dandelinsche Kugeln**.

GEMINAL PIERRE DANDELIN (1794 bis 1847), belgischer Mathematiker; Professor der Bergbaukunst an der Universität Lüttich, Professor der Physik in Namur, dann belgischer Ingenieur-Oberst.

Verläuft die Schnittebene ε durch die Spitze S des Kegels, so nennt man die entstehenden Schnittfiguren **entartete Kegelschnitte.** In Analogie zu den oben genannten drei Lagen der Schnittebene erhält man jetzt als Schnittfiguren (genau) *einen Punkt*, (genau) *eine Gerade* bzw. *zwei einander schneidende Geraden*.

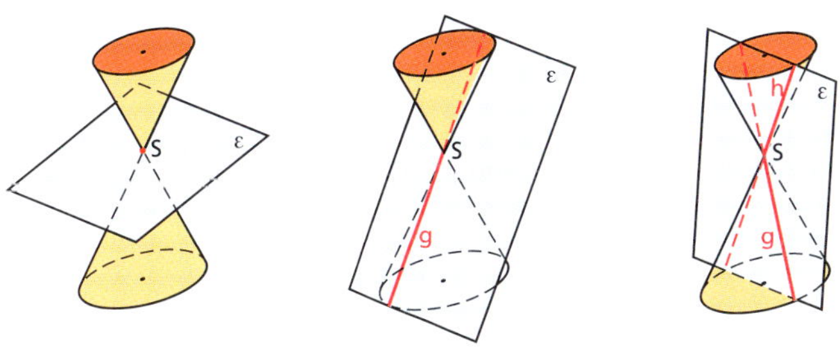

11.6.2 Ellipse

Definition und Eigenschaften einer Ellipse

Definition Gegeben seien in der Ebene zwei Punkte F_1 und F_2. Die Menge aller Punkte P der Ebene, für die die Summe $|\overline{PF_1}| + |\overline{PF_2}|$ ihrer Abstände zu den beiden Punkten F_1 und F_2 denselben Wert hat, heißt **Ellipse** mit den *Brennpunkten* F_1 und F_2.

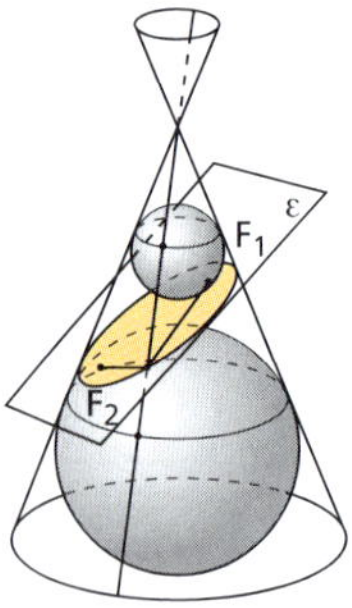

Die obige Definition liefert eine Konstruktionsmöglichkeit für Ellipsen:

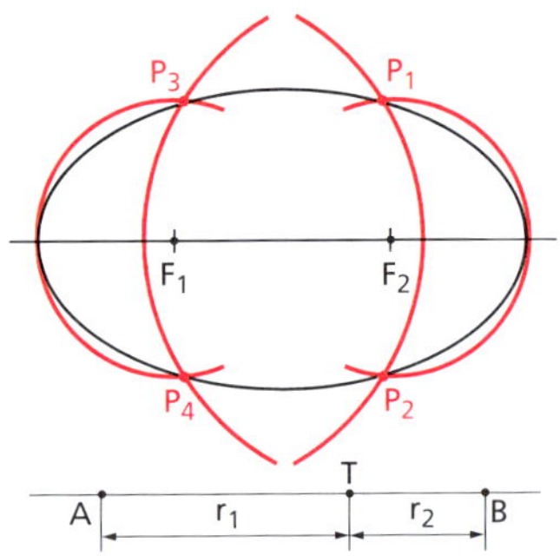

Gegeben seien die beiden Brennpunkte F_1 und F_2 sowie eine Strecke $\overline{AB}$, deren Länge gleich der Summe $|\overline{PF_1}| + |\overline{PF_2}|$ ist. Natürlich ist $|\overline{F_1F_2}| < |\overline{AB}|$. Nun sei T ein beliebiger Punkt von $\overline{AB}$.
Wir zeichnen um F_1 einen Kreis mit dem Radius $r_1 = |\overline{AT}|$ und um F_2 einen Kreis mit dem Radius $r_2 = |\overline{BT}|$. Wenn diese beiden Kreise einander in zwei Punkten P_1 und P_2 schneiden, dann sind P_1 und P_2 zwei Ellipsenpunkte. Wiederholt man dieses Verfahren, indem man um F_1 einen Kreis mit dem Radius r_2 und um F_2 einen Kreis mit dem Radius r_1 zeichnet, so erhält man zwei weitere Ellipsenpunkte P_3 und P_4. Durch die Wahl verschiedener Punkte auf $\overline{AB}$ können wir beliebig viele Ellipsenpunkte konstruieren.

▶ Die Definition führt auch zu einer „technischen" Realisierung der Konstruktion: Zwei Nägel werden in eine mit einem Zeichenblatt bedeckte Holzplatte geschlagen und ein zu einer Schlinge geknoteter Faden wird lose um die beiden Nägel gelegt. Wenn man nun mit einem Bleistift diese lose Schlinge spannt und den Stift um die beiden Nägel bewegt, so entsteht auf dem Zeichenblatt eine Ellipse. Ein solches Vorgehen wird mitunter z. B. auch von Gärtnern beim Anlegen ellipsenförmiger Beete verwendet und heißt deshalb auch Gärtnerkonstruktion.

Aufgrund ihrer Definition weist jede Ellipse gewisse Symmetrien auf:

Satz Symmetrieeigenschaften einer Ellipse
Jede Ellipse ist zu der Geraden durch ihre Brennpunkte F_1 und F_2, zu der Mittelsenkrechten der Strecke $\overline{F_1F_2}$ und damit auch zu deren Schnittpunkt O symmetrisch.

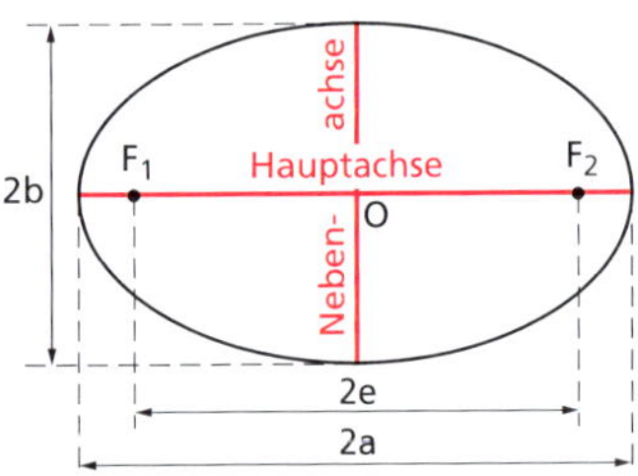

Bezogen auf die dargestellte Ellipse nennt man

- den Punkt O den *Mittelpunkt der Ellipse*;
- die Schnittpunkte der Ellipse mit den beiden Symmetrieachsen ihre *Scheitel*;
- speziell die Scheitel, die auf der Geraden durch F_1 und F_2 liegen, *Hauptscheitel*, die anderen beiden *Nebenscheitel* der Ellipse;
- die Strecke zwischen den beiden Hauptscheiteln *Hauptachse* der Ellipse (Länge 2a), entsprechend die Strecke zwischen den Nebenscheiteln ihre *Nebenachse* (Länge 2b);

- die Länge der Strecke $|\overline{OF_1}| = |\overline{OF_2}| = \frac{1}{2}|\overline{F_1F_2}|$ *lineare Exzentrizität* der Ellipse (Länge e).

Zwischen den Größen a, b, e einer Ellipse und der Summe $|\overline{PF_1}| + |\overline{PF_2}|$ besteht folgender Zusammenhang:

> **Satz** Besitzt die Hauptachse einer Ellipse die Länge 2a, ihre Nebenachse die Länge 2b und ist $|\overline{F_1F_2}| = 2e$ der Abstand ihrer beiden Brennpunkte F_1 und F_2, dann gilt
> - für jeden Punkt P der Ellipse $|\overline{PF_1}| + |\overline{PF_2}| = 2a$,
> - $e^2 = a^2 - b^2$.

▶ Ellipsen sind insbesondere als Bahnen der Planeten unseres Sonnensystems bekannt. JOHANNES KEPLER (1571 bis 1630) entdeckte dies mithilfe von astronomischen Beobachtungen und ISAAC NEWTON (1643 bis 1727) führte hierfür einen physikalischen Nachweis.

Gleichung einer Ellipse

Eine Ellipse, deren Hauptachse auf der x-Achse und deren Nebenachse auf der y-Achse eines kartesischen Koordinatensystems liegt, soll analytisch beschrieben werden. Für die Koordinaten der Brennpunkte gilt dann $F_1(-e; 0)$ und $F_2(e; 0)$. Außerdem ist a > b und a > e. Da nach obigem Satz für jeden Punkt P(x; y) dieser Ellipse $|\overline{PF_1}| + |\overline{PF_2}| = 2a$ gilt, folgt wegen $|\overline{PF_1}|^2 = (e + x)^2 + y^2$ und $|\overline{PF_2}|^2 = (e - x)^2 + y^2$

$$\sqrt{(e + x)^2 + y^2} + \sqrt{(e - x)^2 + y^2} = 2a.$$

Durch Quadrieren ergibt sich

$$(e + x)^2 + y^2 + 2 \cdot \sqrt{(e + x)^2 + y^2} \cdot \sqrt{(e - x)^2 + y^2} + (e - x)^2 + y^2 = 4a^2$$

bzw. nach Zusammenfassen und Umordnen

$$2a^2 - e^2 - x^2 - y^2 = \sqrt{[(e + x)^2 + y^2][(e - x)^2 + y^2]}, \text{ also}$$

$$(a^2 - e^2)\,x^2 + a^2y^2 = a^2(a^2 - e^2).$$

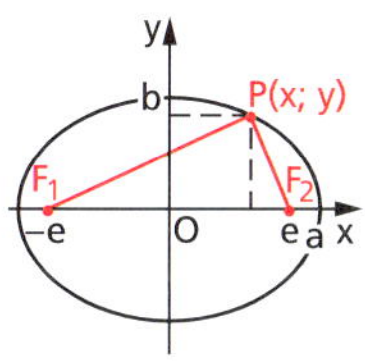

Wegen $a^2 - e^2 = b^2$ erhält man $b^2x^2 + a^2y^2 = a^2b^2$ bzw. nach Division durch a^2b^2 ($\neq 0$) die Gleichung $\frac{x^2}{a^2} + \frac{y^2}{b^2} = 1$. Für a > b > 0 ist dies die Gleichung einer Ellipse, deren Hauptachse auf der x-Achse und deren Nebenachse auf der y-Achse liegt. Setzt man darin Werte für a und b mit b > a > 0 ein, so wird durch die entstehende Gleichung eine Ellipse beschrieben, deren Hauptachse (und damit auch die Brennpunkte) auf der y-Achse und deren Nebenachse auf der x-Achse liegt.

> **Satz** **Ellipsengleichung**
> Jede Ellipse, deren Achsen auf den Achsen eines Koordinatensystems liegen und deren Mittelpunkt sich in dessen Ursprung befindet, kann durch die Gleichung $\frac{x^2}{a^2} + \frac{y^2}{b^2} = 1$ beschrieben werden, wobei a und b die Längen der halben Achsen der Ellipse sind.

Für a = b = r ergibt sich $\frac{x^2}{a^2} + \frac{y^2}{b^2} = 1$ bzw. $x^2 + y^2 = r^2$, also die Gleichung eines Kreises mit dem Radius r und dem Mittelpunkt M(0; 0).

▶ Kreise lassen sich als spezielle Ellipsen auffassen (↗ Figuren in Abschnitt 11.6.1)

Auch für eine Ellipse lassen sich Parametergleichungen herleiten.

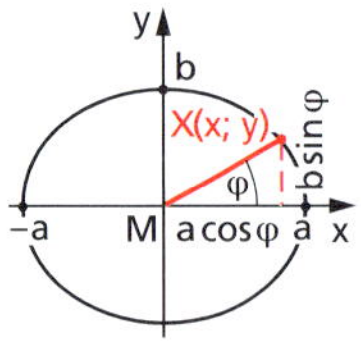

Satz Parametergleichungen einer Ellipse
In einem kartesischen Koordinatensystem wird eine Ellipse mit dem Mittelpunkt M(0; 0) und den Halbachsen a und b durch die Parametergleichungen
$x = a\cos\varphi, \quad y = b\sin\varphi \quad \text{mit } 0° \le \varphi < 360°$
beschrieben.

Verschiebt man den Mittelpunkt einer Ellipse aus dem Koordinatenursprung hinaus, so gilt:

▶ Für $a = b = r$ erhält man die Gleichung $(x - c)^2 + (y - d)^2 = r^2$ eines Kreises mit dem Radius r und dem Mittelpunkt M(c; d).

Satz Gleichung einer Ellipse in allgemeiner Lage
Jede Ellipse, deren Achsen parallel zu den Achsen eines Koordinatensystems liegen, kann durch die Gleichung
$$\frac{(x-c)^2}{a^2} + \frac{(y-d)^2}{b^2} = 1$$
beschrieben werden, wobei M(c; d) der Mittelpunkt der Ellipse ist und a und b die Längen der beiden halben Ellipsenachsen sind.

11

Tangenten an eine Ellipse

▶ Um die Eindeutigkeit der Zuordnung zu sichern, fasst man den „oberen" und den „unteren" Teil der Ellipse als Graphen von jeweils einer Funktion auf.

Eine Gerade, die mit einer Ellipse genau einen Punkt P gemeinsam hat, heißt Tangente an die Ellipse im Punkt P (↗ Abschnitt 11.5.2).
Unter Verwendung der Steigung m_t der Tangente t in einem Punkt $P_1(x_1; y_1)$ an eine Ellipse (als Ableitung der zugehörigen Funktion im betrachteten Punkt P_1) kann die Gleichung dieser Tangente bestimmt werden:

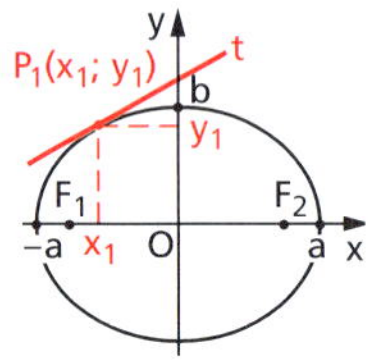

Satz Gleichung einer Ellipsentangente
Die Tangente in einem Punkt $P_1(x_1; y_1)$ an eine Ellipse, deren Achsen auf den Koordinatenachsen liegen, hat die Gleichung:
$$\frac{xx_1}{a^2} + \frac{yy_1}{b^2} = 1$$

Um die Tangente in einem Punkt einer gegebenen Ellipse an diese auch konstruktiv zu ermitteln, geht man nach folgendem Satz vor:

Satz Konstruktion einer Ellipsentangente
Gegeben seien eine Ellipse mit den Brennpunkten F_1 und F_2 sowie eine Gerade t, die durch den Ellipsenpunkt P geht. Die Gerade t ist genau dann Tangente an die Ellipse in P, wenn die Senkrechte m auf t in P den Winkel $\sphericalangle F_2PF_1 = \alpha$ halbiert.

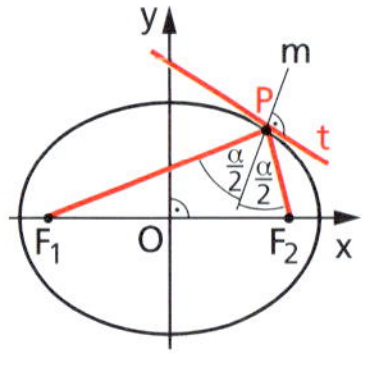

Denkt man sich in obiger Figur einen Lichtstrahl in der Ebene der Ellipse, der durch F_1 geht und die Ellipse in P trifft, dann wird dieser Lichtstrahl an der Tangente t in P so reflektiert, dass er weiter durch F_2 verläuft. Dies nennt man auch die *Brennpunkteigenschaft* der Ellipse.

11.6.3 Hyperbel

Definition und Eigenschaften einer Hyperbel

> **Definition** Gegeben seien in der Ebene zwei Punkte F_1 und F_2. Die Menge aller Punkte P der Ebene, für die der Absolutbetrag der Differenz $||\overline{PF_1}| - |\overline{PF_2}||$ ihrer Abstände zu den beiden Punkten F_1 und F_2 denselben Wert hat, heißt **Hyperbel** mit den *Brennpunkten* F_1 und F_2.

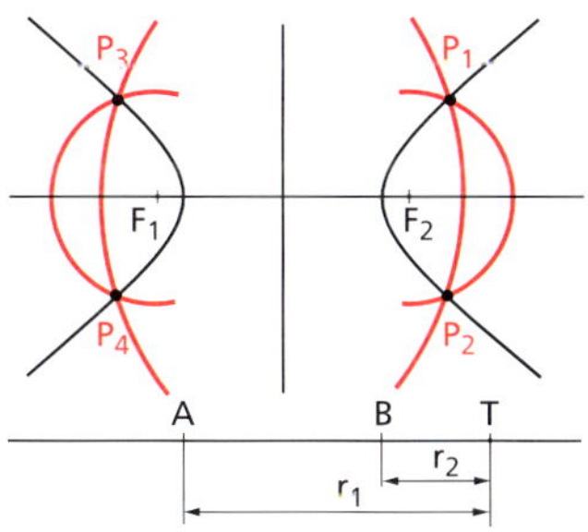

Aus dieser Definition ergibt sich eine Konstruktionsmöglichkeit für Hyperbeln: Gegeben seien die beiden Brennpunkte F_1 und F_2 sowie eine Strecke $\overline{AB}$, deren Länge dem Absolutbetrag der Differenz $||\overline{PF_1}| - |\overline{PF_2}||$ entspricht. Natürlich ist hier $|\overline{AB}| < |\overline{F_1F_2}|$. Nun sei T ein Punkt der Geraden durch A und B, der außerhalb der Strecke $\overline{AB}$ liegt. Wir zeichnen um F_1 einen Kreis mit dem Radius $r_1 = |\overline{AT}|$ und um F_2 einen Kreis mit dem Radius $r_2 = |\overline{BT}|$. Wenn diese beiden Kreise einander in zwei Punkten P_1 und P_2 schneiden, so sind dies zwei Punkte der Hyperbel. Wiederholt man dieses Verfahren, indem man um F_1 einen Kreis mit dem Radius r_2 und um F_2 einen Kreis mit dem Radius r_1 zeichnet, so erhält man zwei weitere Hyperbelpunkte P_3 und P_4. Durch die Wahl verschiedener Punkte auf der Geraden durch A und B können beliebig viele Hyperbelpunkte konstruiert werden.

> **Satz** **Symmetrieeigenschaften einer Hyperbel**
> Jede Hyperbel ist zu der Geraden durch ihre Brennpunkte F_1 und F_2, zu der Mittelsenkrechten der Strecke $\overline{F_1F_2}$ und damit auch zu deren Schnittpunkt O symmetrisch.

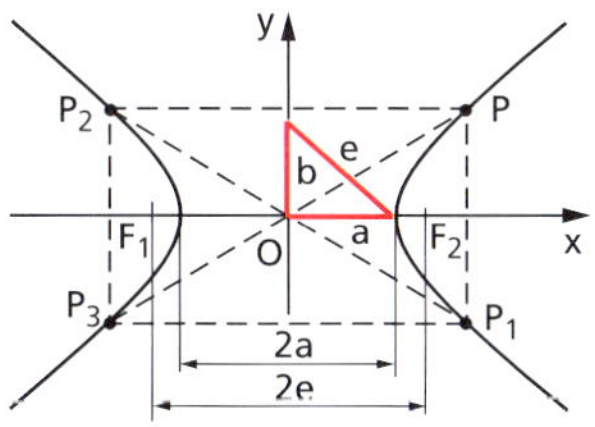

Bezogen auf die nebenstehend dargestellte Hyperbel nennt man

- den Punkt O auch den *Mittelpunkt der Hyperbel*;
- die Schnittpunkte der Hyperbel mit der Symmetrieachse durch die Punkte F_1 und F_2 ihre *Scheitel*;
- die Strecke zwischen den beiden Scheiteln *Hauptachse* der Hyperbel (Länge 2a);
- die Länge der Strecke $|\overline{OF_1}| = |\overline{OF_2}| = \frac{1}{2}|\overline{F_1F_2}|$ *lineare Exzentrizität* der Hyperbel (Länge e);
- die Strecke, die symmetrisch zu O auf der Mittelsenkrechten von $\overline{F_1F_2}$ liegt und die Länge 2b mit $b^2 = e^2 - a^2$ hat, *Nebenachse* der Hyperbel.

Gleichung einer Hyperbel

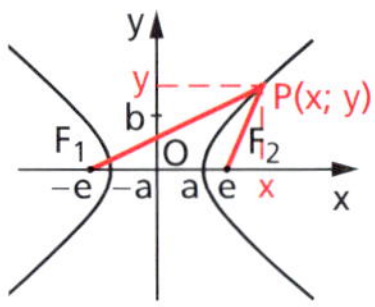

Betrachtet werden Hyperbeln, die sich in Mittelpunktslage befinden, d.h., deren Achsen mit den Koordinatenachsen zusammenfallen. Vorausgesetzt sei ferner, dass die Hauptachse auf der x-Achse und die Nebenachse auf der y-Achse des Koordinatensystems liegt. Ist P(x; y) ein beliebiger Punkt der Hyperbel, so gilt für diesen Punkt nach Definition:

$||\overline{PF_1}| - |\overline{PF_2}|| = 2a$

Mit $|\overline{PF_1}| = \sqrt{y^2 + (x + e)^2}$ und $|\overline{PF_2}| = \sqrt{y^2 + (e - x)^2}$ erhält man:

$|\sqrt{y^2 + (x + e)^2} - \sqrt{y^2 + (e - x)^2}| = 2a$

Durch Quadrieren, Zusammenfassen und Umordnen ergibt sich hieraus die Gleichung: $\frac{x^2}{a^2} - \frac{y^2}{b^2} = 1$

In Parameterform lautet die Hyperbelgleichung $x = a\cosh\varphi$ $y = b\sinh\varphi$, wobei hier die Hyperbelfunktionen (hyperbolische Funktionen) $\sinh\varphi = \frac{1}{2}(e^{\varphi} - e^{-\varphi})$, $\cosh\varphi = \frac{1}{2}(e^{\varphi} + e^{-\varphi})$, mit $0 \le \varphi \le 2\pi$ Verwendung finden.

Satz Hyperbelgleichung

Jede Hyperbel, deren Achsen auf den Achsen eines Koordinatensystems liegen und deren Mittelpunkt sich in dessen Ursprung befindet, kann durch die Gleichung $\frac{x^2}{a^2} - \frac{y^2}{b^2} = 1$ beschrieben werden, wobei a und b die Längen der halben Achsen der Hyperbel sind.

11

Tangenten und Asymptoten einer Hyperbel

Um die Eindeutigkeit der Zuordnung zu sichern, kann die Hyperbel in vier Teile zerlegt werden, die sich jeweils als Funktion beschreiben lassen.

Eine Gerade, die mit einer Hyperbel genau einen Punkt gemeinsam hat, heißt **Tangente** an die Hyperbel. Betrachten wir wieder eine Hyperbel in Mittelpunktslage und bezeichnen mit $P_1(x_1; y_1)$ einen Hyperbelpunkt, so lässt sich die Steigung m_t der Tangente t in diesem Punkt an die Hyperbel als Ableitung der zugehörigen Funktion an der Stelle x_1 ermitteln. Unter Verwendung der Punktrichtungsgleichung (↗ Abschnitt 11.1.1) erhält man dann:

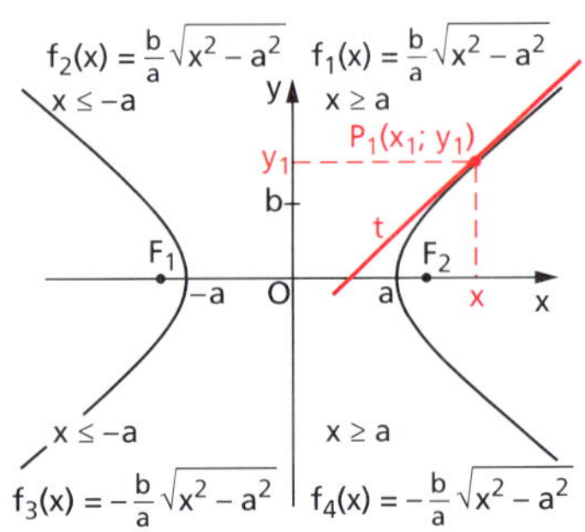

In dieser Gleichung sind auch die beiden Sonderfälle t_1: $x = -a$ und t_2: $x = a$ enthalten.

Satz Gleichung einer Hyperbeltangente

Ist $P_1(x_1; y_1)$ ein Punkt der Hyperbel mit der Gleichung $\frac{x^2}{a^2} - \frac{y^2}{b^2} = 1$, so wird die Tangente an die Hyperbel in P_1 durch die Gleichung $\frac{xx_1}{a^2} - \frac{yy_1}{b^2} = 1$ beschrieben.

Die Asymptotengleichungen lassen sich durch Grenzwertuntersuchungen herleiten.

Neben Achsen und Tangenten gibt es weitere Geraden, die für eine Hyperbel charakteristisch sind. Es existieren nämlich zu jeder Hyperbel zwei Geraden mit der Eigenschaft, dass sich die Punkte P(x; y) der Hyperbel für $|x| \to \infty$ diesen Geraden immer mehr annähern, die also **Asymptoten** der Hyperbel sind (↗ Abschnitt 6.5.4).

> **Satz** **Gleichungen der Hyperbelasymptoten**
> Für die Hyperbel mit der Gleichung $\frac{x^2}{a^2} - \frac{y^2}{b^2} = 1$ sind $y = \frac{b}{a}x$ und $y = -\frac{b}{a}x$ die Gleichungen der zugehörigen Asymptoten

Konstruktion der Tangente an eine Hyperbel in einem Hyperbelpunkt P_1:

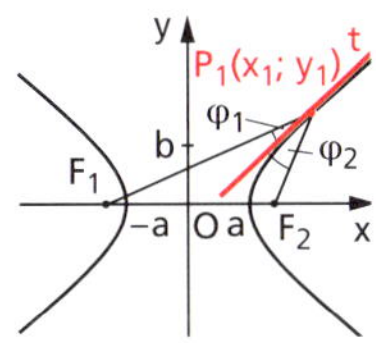

Sind von einer Hyperbel die Brennpunkte F_1, F_2 und ein Hyperbelpunkt P_1 gegeben, so ist die Tangente t in P_1 an die Hyperbel die Winkelhalbierende des Innenwinkels bei P_1 im Dreieck $F_1P_1F_2$.
Diese Tangentenkonstruktion kann man mithilfe des Reflexionsgesetzes physikalisch interpretieren: Geht ein Lichtstrahl in der Ebene einer Hyperbel durch einen Brennpunkt, so wird er beim Auftreffen auf die Hyperbel so reflektiert, dass die rückwärtige Verlängerung des reflektierten Strahls durch den anderen Brennpunkt der Hyperbel verläuft. Dies nennt man die *Brennpunkteigenschaft* der Hyperbel.

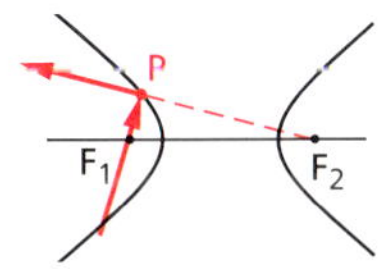

11.6.4 Parabel

Definition und Eigenschaften einer Parabel

> **Definition** Gegeben seien in der Ebene ein Punkt F und eine Gerade *l*, die nicht durch F geht. Die Menge aller Punkte P der Ebene, deren Abstand zur Geraden *l* gleich der Entfernung $|\overline{PF}|$ ist, heißt **Parabel** mit dem *Brennpunkt* F und der *Leitlinie l*.

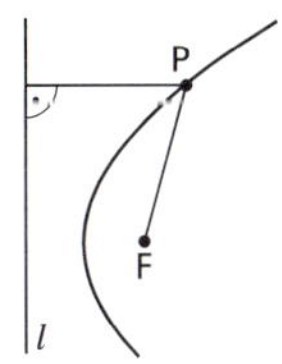

Aus der Definition ergibt sich eine Konstruktionsmöglichkeit für eine Parabel, von welcher der Brennpunkt F und die Leitlinie *l* gegeben sind: Durch Fällen des Lotes von F auf *l* erhält man den Lotfußpunkt L. O bezeichne den Mittelpunkt von $\overline{LF}$. Nun zeichnet man eine Parallele g zu *l*, welche den Strahl schneidet, der in O beginnt und den Punkt F enthält. Diese Parallele habe von *l* den Abstand r. Der Kreis um F mit dem Radius r schneidet die Parallele g in zwei Parabelpunkten P_1 und P_2. Die Verwendung weiterer Parallelen zu *l* liefert weitere Parabelpunkte.
Die Konstruktion zeigt: Jede Parabel ist symmetrisch zu ihrer Achse.

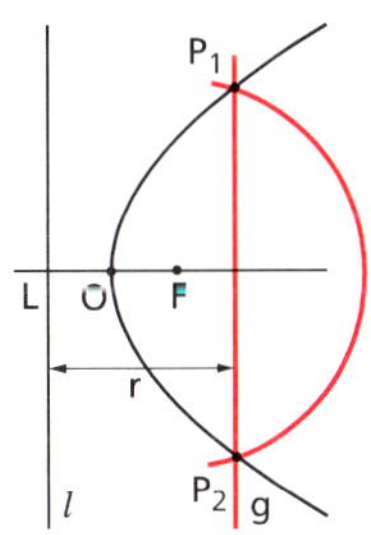

Bezogen auf die nebenstehende Figur nennt man
- den Punkt O den Scheitel der Parabel;
- die Gerade durch O und F die Achse der Parabel.

Der Abstand $|\overline{LF}| = p$ wird als *Parameter* der Parabel bezeichnet.

Gleichung einer Parabel

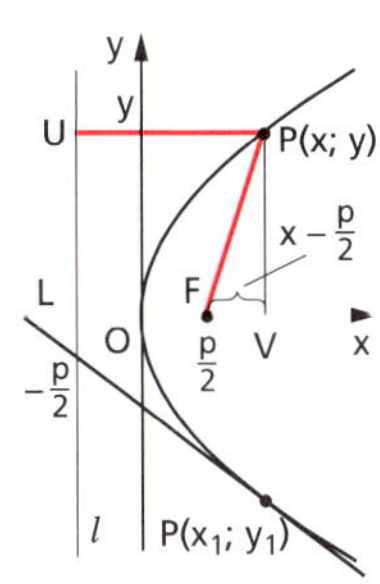

Betrachtet wird eine Parabel, deren Scheitelpunkt sich im Ursprung O des Koordinatensystems und deren Brennpunkt F sich auf der positiven x-Achse befindet. F hat dann die Koordinaten $F\left(\frac{p}{2}; 0\right)$. Ist P(x; y) ein beliebiger Punkt der Parabel, so bezeichnet U den Fußpunkt des Lotes von P auf *l* und mit V den Fußpunkt des Lotes von P auf die x-Achse.
Es gilt: $|\overline{PU}| = x + \frac{p}{2}$ und $|\overline{FV}| = \left|x - \frac{1}{2}\right|$

Damit folgt im rechtwinkligen Dreieck FVP wegen $|\overline{UP}| = |\overline{PF}|$:

$$\sqrt{\left(x - \frac{p}{2}\right)^2 + y^2} = x + \frac{p}{2}$$

Durch Quadrieren und Zusammenfassen erhält man schließlich: $y^2 = 2px$

Satz Parabelgleichung
Ist in einem Koordinatensystem eine Parabel so gegeben, dass der Scheitel im Ursprung liegt und $F\left(\frac{p}{2}; 0\right)$ ihr Brennpunkt ist, so kann man diese Parabel durch die Gleichung $y^2 = 2px$ beschreiben.

Tangenten an eine Parabel

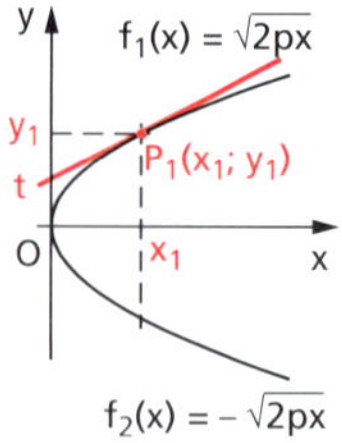

Eine Gerade, die mit einer Parabel genau einen Punkt gemeinsam hat, heißt Tangente an die Parabel. Betrachtet wird eine Parabel mit der Gleichung $y^2 = 2px$. Die Steigung m der Tangente t in $P_1(x_1; y_1)$ an eine solche Parabel entspricht der Ableitung der entsprechenden Funktion an der Stelle x_1. Damit diese Ableitung ermittelt werden kann, zerlegt man die gegebene Parabel in zwei Teile, die Bilder von Funktionen mit den Gleichungen $y = f_1(x) = \sqrt{2px}$ bzw. $y = f_2(x) = -\sqrt{2px}$ mit $x \geq 0$ sind. Für die Herleitung der Tangentengleichung sind bezüglich $P_1(x_1; y_1)$ zunächst die drei Fälle $y_1 = 0$, $y_1 > 0$ und $y_1 < 0$ zu unterscheiden, die allerdings zu einem einheitlichen Resultat führen:

Im Spezialfall $P_1(0; 0)$ hat die Tangente die Gleichung $x = 0$.

Satz Gleichung der Parabeltangente
Ist $P_1(x_1; y_1)$ ein Punkt der Parabel mit der Gleichung $y^2 = 2px$, so wird die Tangente an die Parabel in diesem Punkt durch die Gleichung $yy_1 = p(x + x_1)$ beschrieben.

Tangentenkonstruktion:

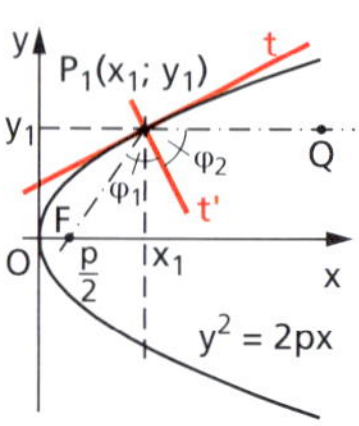

Gegeben seien eine Parabel mit dem Brennpunkt F und der Symmetrieachse a sowie ein Parabelpunkt P_1. Eine Gerade t durch P_1 ist genau dann Tangente an die Parabel, wenn die Senkrechte t' zu t in P_1 den Winkel $\sphericalangle FP_1Q$ halbiert, wobei P_1Q parallel zur Parabelachse ist und Q im „Innern" der Parabel liegt.

Aus nebenstehender Figur ist zu erkennen, dass wegen $\varphi_1 = \varphi_2$ auf die Gerade durch Q und P_1 das Reflexionsgesetz aus der Optik bezüglich der Geraden t Anwendung findet: Fällt ein Lichtstrahl in der Ebene der Parabel mit der Richtung $\overrightarrow{OP_1}$ ein, so wird dieser Strahl an der Parabel (genauer: an der Tangente im Auftreffpunkt P_1) reflektiert und geht weiter durch den Brennpunkt F der Parabel. Diese Eigenschaft nennt man auch die *Brennpunkteigenschaft* der Parabel.

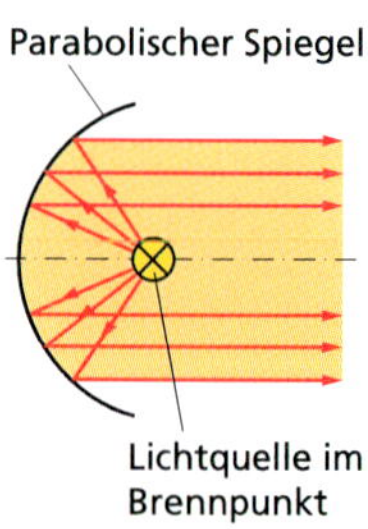

In der Praxis wird diese Eigenschaft z. B. bei Scheinwerfern ausgenutzt: Lässt man eine Parabel um ihre Achse rotieren, so entsteht ein Rotationsparaboloid. Verspiegelt man diesen Körper von innen und bringt im Brennpunkt eine Lampe an, so verlässt paralleles Licht das Rotationsparaboloid. Fällt umgekehrt paralleles Licht parallel zur Achse in das Rotationsparaboloid, so gehen die reflektierten Lichtstrahlen durch den Brennpunkt des Spiegels.

Matrizen

12

12.1 Der Begriff *Matrix*

Eine Matrix vom Typ (m; n) wird auch als (m × n)-Matrix (gelesen: *m Kreuz n*) bezeichnet.

Definition Eine rechteckige Anordnung von m · n Zahlen a_{ik} in m Zeilen und n Spalten wird **Matrix** (Plural: Matrizen) vom Typ (m; n) bzw. **(m; n)-Matrix** genannt. Man schreibt:

$$\mathbf{A}_{(m,\,n)} = \begin{pmatrix} a_{11} & a_{12} & a_{13} & \cdots & a_{1n} \\ a_{21} & a_{22} & a_{23} & \cdots & a_{2n} \\ \cdots & \cdots & \cdots & \cdots & \cdots \\ a_{m1} & a_{m2} & a_{m3} & \cdots & a_{mn} \end{pmatrix}$$

Die Zahlen a_{ik} heißen *Elemente* (oder *Komponenten*) von **A.** Matrizen vom Typ (1; n) heißen **Zeilenvektoren** und (m; 1)-Matrizen **Spaltenvektoren.**

Der *Doppelindex beim Element a_{ik}* gibt an, dass das betreffende Element in der i-ten Zeile und der k-ten Spalte steht. (Wenn nicht anders vereinbart, gilt i, k ≥ 1.)

12

Matrizen und Vektoren können als Bausteine linearer Gleichungssysteme angesehen werden.

Zu beschreibendes Gleichungssystem:

$$\begin{aligned} 2x + 3y - z &= 1 \\ x + 3y + z &= 2 \\ -2x - 2y + 4z &= 4 \end{aligned}$$

$$\mathbf{A} = \begin{pmatrix} 2 & 3 & -1 \\ 1 & 3 & 1 \\ -2 & -2 & 4 \end{pmatrix}$$

Die aus drei Spalten bestehende Matrix A enthält lediglich die Koeffizienten der Variablen und heißt deshalb **Koeffizientenmatrix** des Gleichungssystems.

$$\vec{b} = \begin{pmatrix} 1 \\ 2 \\ 4 \end{pmatrix}$$

Die Absolutglieder des Gleichungssystems bilden einen **Spaltenvektor $\vec{b}$** mit drei Elementen, also eine (3; 1)-Matrix.

$$(\mathbf{A}, \vec{b}) = \begin{pmatrix} 2 & 3 & -1 & 1 \\ 1 & 3 & 1 & 2 \\ -2 & -2 & 4 & 4 \end{pmatrix}$$

Die aus Koeffizienten und Absolutgliedern bestehende Matrix heißt **erweiterte Koeffizientenmatrix (A, $\vec{b}$).**

Das Element a_{24} der Matrix (**A**, $\vec{b}$) ist die Zahl 2.

Bereits das Aufstellen von Tabellen und Matrizen aus oftmals komplizierten anwendungsbezogenen Texten kann für das Erfassen und Lösen des mathematischen Problems sehr hilfreich sein.

Bildet man das Produkt **T · P** (↗ Abschnitt 12.2.2) dieses **Anwendungsproblems,** so kann man aus den vier Zeilen dieser Matrix quartalsweise die nach den Anbietern geordneten Gesamtkosten zum Vergleich ablesen.

Ein Betrieb benötigt für eine Produktion 2 Rohstoffe. Für beide Rohstoffe gibt es 5 Anbieter. Die erforderlichen Mengen sollen quartalsweise von dem Anbieter bezogen werden, der den günstigsten Preis fordert. Der Bedarf an Rohstoffen pro Quartal sowie die Preise der einzelnen Anbieter für die beiden Rohstoffe seien gegeben.
Die *Bedarfsmatrix* **T** gibt den Bedarf an den beiden Rohstoffen R_1 und R_2 quartals- und hier zeilenweise an. In der *Preismatrix* **P** sind spaltenweise die von den einzelnen Anbietern für die Rohstoffe R_1 und R_2 pro Mengeneinheit (ME) geforderten Preise erfasst:

$$\mathbf{T} = \begin{pmatrix} 5 & 20 \\ 20 & 30 \\ 15 & 10 \\ 30 & 5 \end{pmatrix} \begin{matrix} \text{I} \\ \text{II} \\ \text{III} \\ \text{IV} \end{matrix} \text{ Quartal} \qquad (\text{Spalten: } R_1, R_2)$$

$$\mathbf{P} = \begin{pmatrix} 9 & 8 & 7 & 6 & 6 \\ 5 & 6 & 6 & 7 & 8 \end{pmatrix} \begin{matrix} R_1 \\ R_2 \end{matrix} \text{ Preise} \qquad (\text{5 Anbieter})$$

Definition Stimmen die Anzahl der Zeilen und Spalten einer Matrix $\mathbf{A} = \mathbf{A}_{(m;\,n)}$ überein, ist also m = n, so heißt diese Matrix **quadratische Matrix** vom Typ (n; n) oder **n-reihige Matrix.**

$$\mathbf{A}_{(n,\,n)} = \begin{pmatrix} a_{11} & a_{12} & \dots & a_{1n} \\ a_{21} & a_{22} & \dots & a_{2n} \\ \dots & \dots & \dots & \dots \\ a_{n1} & a_{n2} & \dots & a_{nn} \end{pmatrix}$$

Die Elemente $a_{11}, a_{22}, a_{33}, \dots, a_{nn}$ bilden die **Hauptdiagonale** der Matrix.

Aufgrund ihrer Gestalt sind einige **spezielle Formen quadratischer Matrizen** besonders hervorzuheben:

Diagonalmatrix	
Es gilt $a_{ik} = 0$ für $i \neq k$, d. h., alle Elemente außerhalb der Hauptdiagonalen sind gleich 0. ($a_{ii} = d_{ii}$)	$\mathbf{D} = \begin{pmatrix} d_{11} & 0 & \dots & 0 \\ 0 & d_{22} & \dots & 0 \\ \dots & \dots & \dots & \dots \\ 0 & 0 & \dots & d_{nn} \end{pmatrix}$
Einheitsmatrix	
Es gilt $a_{ik} = 1$ für $i = k$ und $a_{ik} = 0$ für $i \neq k$, d. h., alle Elemente in der Hauptdiagonalen sind gleich 1.	$\mathbf{E} = \begin{pmatrix} 1 & 0 & \dots & 0 \\ 0 & 1 & \dots & 0 \\ \dots & \dots & \dots & \dots \\ 0 & 0 & \dots & 1 \end{pmatrix}$
Obere Dreiecksmatrix	
Es gilt $a_{ik} = 0$ für $i > k$, d. h., alle Elemente unterhalb der Hauptdiagonalen sind gleich 0.	$\mathbf{A}_o = \begin{pmatrix} a_{11} & a_{12} & \dots & a_{1n} \\ 0 & a_{22} & \dots & a_{2n} \\ \dots & \dots & \dots & \dots \\ 0 & 0 & \dots & a_{nn} \end{pmatrix}$
Untere Dreiecksmatrix	
Es gilt $a_{ik} = 0$ für $i < k$, d. h., alle Elemente oberhalb der Hauptdiagonalen sind gleich 0.	$\mathbf{A}_u = \begin{pmatrix} a_{11} & 0 & \dots & 0 \\ a_{21} & a_{22} & \dots & 0 \\ \dots & \dots & \dots & \dots \\ a_{n1} & a_{n2} & \dots & a_{nn} \end{pmatrix}$

Ohne Beschränkung auf einen bestimmten Typ von Matrizen unterscheidet man außerdem:

Nullmatrix	
Es gilt $a_{ik} = 0$ für alle i, k, d. h., alle Elemente sind gleich 0.	$\mathbf{O} = \begin{pmatrix} 0 & 0 & \dots & 0 \\ 0 & 0 & \dots & 0 \\ \dots & \dots & \dots & \dots \\ 0 & 0 & \dots & 0 \end{pmatrix}$

12

Transponierte Matrix
Schreibt man die Zeilen einer Matrix **A** vom Typ (m; n) als Spalten einer Matrix $\mathbf{A}^T$, so nennt man $\mathbf{A}^T$ die zu **A** transponierte Matrix.

$$\mathbf{A} = \begin{pmatrix} a_{11} & a_{12} & \dots & a_{1n} \\ a_{21} & a_{22} & \dots & a_{2n} \\ a_{31} & a_{32} & \dots & a_{3n} \\ \dots & \dots & \dots & \dots \\ a_{m1} & a_{m2} & \dots & a_{mn} \end{pmatrix} \qquad \mathbf{A}^T = \begin{pmatrix} a_{11} & a_{21} & \dots & a_{m1} \\ a_{21} & a_{22} & \dots & a_{m2} \\ a_{31} & a_{23} & \dots & a_{m3} \\ \dots & \dots & \dots & \dots \\ a_{1n} & a_{2n} & \dots & a_{mn} \end{pmatrix}$$

Eine quadratische Matrix heißt **symmetrisch,** wenn sie mit ihrer Transponierten übereinstimmt; sie heißt **schiefsymmetrisch,** wenn die Elemente ihrer Transponierten entgegengesetzte Vorzeichen haben.

▶ Bei quadratischen Matrizen entsteht die transponierte Matrix durch Spiegelung an der Hauptdiagonalen.

Zu den Matrizen A, B und C sollen die transponierten Matrizen $\mathbf{A}^T$, $\mathbf{B}^T$ und $\mathbf{C}^T$ ermittelt werden.

$$\mathbf{A} = \begin{pmatrix} 2 & 3 & -5 & 0 \\ 1 & 0 & -2 & 7 \\ 0 & -1 & 4 & 6 \end{pmatrix} \qquad \mathbf{A}^T = \begin{pmatrix} 2 & 1 & 0 \\ 3 & 0 & -1 \\ -5 & -2 & 4 \\ 0 & 7 & 6 \end{pmatrix}$$

$$\mathbf{B} = \begin{pmatrix} 2 & 3 & 0 \\ 3 & 5 & 2 \\ 0 & 2 & 1 \end{pmatrix} \qquad \mathbf{B}^T = \begin{pmatrix} 2 & 3 & 0 \\ 3 & 5 & 2 \\ 0 & 2 & 1 \end{pmatrix}$$

$$\mathbf{C} = \begin{pmatrix} 0 & 2 & -1 \\ -2 & 0 & 3 \\ 1 & -3 & 0 \end{pmatrix} \qquad \mathbf{C}^T = \begin{pmatrix} 0 & -2 & 1 \\ 2 & 0 & -3 \\ -1 & 3 & 0 \end{pmatrix}$$

B ist eine symmetrische Matrix, denn es gilt: $\mathbf{B} = \mathbf{B}^T$
C ist eine schiefsymmetrische Matrix, denn es gilt: $\mathbf{C} = -\mathbf{C}^T$

Die Elemente einer Matrix können als dreidimensionale Daten aufgefasst werden. Die Zeilennummer der jeweiligen Matrix stellt die x-Werte und die Spaltennummer die y-Werte der abzubildenden Zahlentripel dar. Die Matrixelemente selbst bilden die z-Werte. Auf diese Art können die Daten einer Matrix **M** als Punktdiagramm oder – wie hier – als Säulen- oder Flächendiagramm grafisch dargestellt werden.

$$\mathbf{M} = \begin{pmatrix} -3 & 0 & 8 & 6 & -9 & 5 \\ 2 & -1 & 0 & 4 & -4 & -1 \\ 10 & 2 & 7 & 3 & -7 & 2 \\ 9 & 3 & 1 & 7 & -8 & 6 \\ -3 & -6 & -10 & -1 & -4 & -8 \\ 2 & 9 & 5 & 6 & 10 & 0 \end{pmatrix}$$

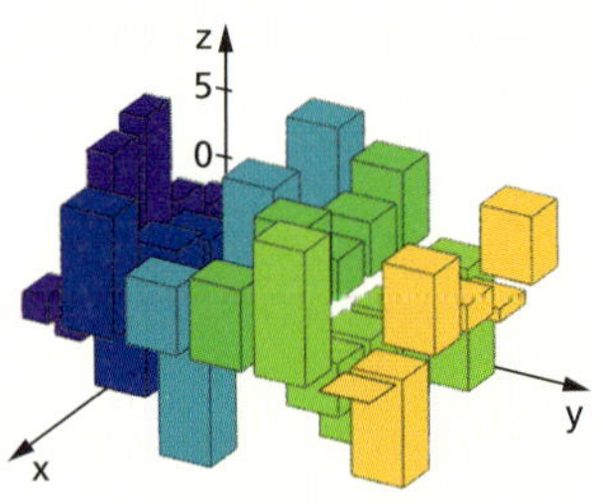

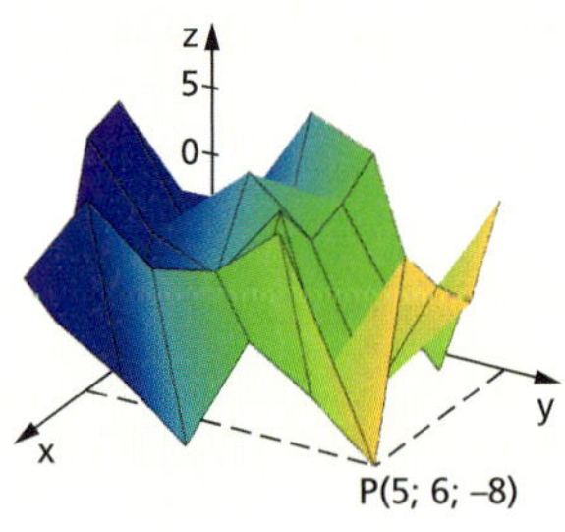

12.2 Rechnen mit Matrizen

12.2.1 Addition und skalare Vervielfachung von Matrizen

Die Addition zweier Matrizen gleichen Typs (also Matrizen gleicher Zeilen- und gleicher Spaltenzahl) erfolgt durch die Addition entsprechender Elemente. Analog erhält man das skalare Vielfache einer Matrix, indem man jedes Element der Matrix mit dem betreffenden Skalar (also einer reellen Zahl) multipliziert.

Definition **Addition von Matrizen gleichen Typs**
$\mathbf{A} = (a_{ik})$ und $\mathbf{B} = (b_{ik})$ seien $(m \times n)$-Matrizen.
Dann versteht man unter ihrer Summe $\mathbf{A} + \mathbf{B}$ eine Matrix $\mathbf{C}$ mit der Eigenschaft:

$$\mathbf{A} + \mathbf{B} = \mathbf{C} = \begin{pmatrix} a_{11} & a_{12} & \dots & a_{1n} \\ a_{21} & a_{22} & \dots & a_{2n} \\ \dots & \dots & \dots & \dots \\ a_{m1} & a_{m2} & \dots & a_{mn} \end{pmatrix} + \begin{pmatrix} b_{11} & b_{12} & \dots & b_{1n} \\ b_{21} & b_{22} & \dots & b_{2n} \\ \dots & \dots & \dots & \dots \\ b_{m1} & b_{m2} & \dots & b_{mn} \end{pmatrix}$$

$$= \begin{pmatrix} a_{11} + b_{11} & a_{12} + b_{12} & \dots & a_{1n} + b_{1n} \\ a_{21} + b_{21} & a_{22} + b_{22} & \dots & a_{2n} + b_{2n} \\ \dots & \dots & & \\ a_{m1} + b_{m1} & a_{m2} + b_{m2} & \dots & a_{mn} + b_{mn} \end{pmatrix}$$

Die **Summe** $\mathbf{A} + \mathbf{B} = \mathbf{C} = (c_{ik})$ ist eine Matrix vom Typ (m, n) mit $c_{ik} = a_{ik} + b_{ik}$.

Definition **Skalare Vervielfachung einer Matrix (Multiplikation mit einer reellen Zahl)**
$\mathbf{A} = (a_{ik})$ sei eine $(m \times n)$-Matrix und r eine reelle Zahl.
Dann versteht man unter dem Vielfachen $r\mathbf{A}$ von Matrix $\mathbf{A}$ eine Matrix $\mathbf{C}$ mit der Eigenschaft:

$$r\mathbf{A} = \mathbf{C} = r\begin{pmatrix} a_{11} & a_{12} & \dots & a_{1n} \\ a_{21} & a_{22} & \dots & a_{2n} \\ \dots & \dots & \dots & \dots \\ a_{m1} & a_{m2} & \dots & a_{mn} \end{pmatrix} = \begin{pmatrix} ra_{11} & ra_{12} & \dots & ra_{1n} \\ ra_{21} & ra_{22} & \dots & ra_{2n} \\ \dots & \dots & \dots & \dots \\ ra_{m1} & ra_{m2} & \dots & ra_{mn} \end{pmatrix}$$

Das **Vielfache** $r\mathbf{A} = \mathbf{C} = (c_{ik})$ ist eine Matrix vom Typ (m, n) mit $c_{ik} = r\,a_{ik}$.

▶ Die skalare Vervielfachung einer Matrix wird auch **S-Multiplikation** genannt.

· *Rechenregeln für die Addition und die Vervielfachung von Matrizen*

In der Menge aller $(m \times n)$-Matrizen, also aller Matrizen gleichen Typs, gilt für beliebige $(m \times n)$-Matrizen **A, B** und **C** sowie $r, s \in \mathbb{R}$:

(1) $\mathbf{A} + \mathbf{B} = \mathbf{B} + \mathbf{A}$

(2) $(\mathbf{A} + \mathbf{B}) + \mathbf{C} = \mathbf{A} + (\mathbf{B} + \mathbf{C})$

(3) Es gibt eine Matrix **O** mit $\mathbf{A} + \mathbf{O} = \mathbf{A}$.

(4) Zu **A** gibt es eine Matrix $-\mathbf{A}$ mit $\mathbf{A} + (-\mathbf{A}) = \mathbf{O}$.

(5) $r(s\mathbf{A}) = (r\,s)\mathbf{A}$

(6) $(r + s)\mathbf{A} = r\mathbf{A} + s\mathbf{A}$

(7) $r(\mathbf{A} + \mathbf{B}) = r\mathbf{A} + r\mathbf{B}$

(8) $1\mathbf{A} = \mathbf{A}$

Addition zweier Matrizen $\mathbf{A} = \begin{pmatrix} 2 & 0 & -1 \\ 1 & -2 & 3 \end{pmatrix}$ und $\mathbf{B} = \begin{pmatrix} 1 & 2 & -1 \\ 0 & 2 & 3 \end{pmatrix}$

$$\mathbf{A} + \mathbf{B} = \begin{pmatrix} 2+1 & 0+2 & -1-1 \\ 1+0 & -2+2 & 3+3 \end{pmatrix} = \begin{pmatrix} 3 & 2 & -2 \\ 1 & 0 & 6 \end{pmatrix}$$

Die Matrix $\mathbf{M} = \begin{pmatrix} 0 & 2 & 4 \\ -3 & 1 & 0 \\ 1 & 0 & -2 \end{pmatrix}$ soll mit der Zahl (–2) vervielfacht werden:

$$(-2)\mathbf{M} = (-2)\begin{pmatrix} 0 & 2 & 4 \\ -3 & 1 & 0 \\ 1 & 0 & -2 \end{pmatrix} = \begin{pmatrix} -2\cdot 0 & -2\cdot 2 & -2\cdot 4 \\ -2\cdot(-3) & -2\cdot 1 & -2\cdot 0 \\ -2\cdot 1 & -2\cdot 0 & -2\cdot(-2) \end{pmatrix} = \begin{pmatrix} 0 & -4 & -8 \\ 6 & -2 & 0 \\ -2 & 0 & 4 \end{pmatrix}$$

12.2.2 Multiplikation von Matrizen

· *Multiplikation Matrix · Vektor*

Für die Produktbildung $\mathbf{A}\cdot\vec{c}$ muss vorausgesetzt werden, dass die Anzahl der Spalten in der Matrix **A** mit der Anzahl der Koordinaten des Vektors $\vec{c}$ übereinstimmt.
Die Koordinaten des neuen Spaltenvektors, der durch die Multiplikation $\mathbf{A}\cdot\vec{c}$ entsteht, erhält man jeweils als Summe der Koordinatenprodukte eines Zeilenvektors von **A** und des Spaltenvektors $\vec{c}$.

12

Die Zeilenvektoren werden mit dem Spaltenvektor **skalar multipliziert** (↗ Abschnitt 10.8).

Definition **Multiplikation einer Matrix mit einem Vektor**
$\mathbf{A} = (a_{ik})$ sei eine $(m \times n)$-Matrix und $\vec{c}$ ein Vektor aus n Koordinaten. Dann versteht man unter ihrem Produkt $\mathbf{A}\cdot\vec{c}$ einen Vektor **B** mit der Eigenschaft:

$$\mathbf{A}\cdot\vec{c} = \mathbf{B} = \begin{pmatrix} a_{11} & \cdots & a_{1n} \\ \vdots & & \\ a_{m1} & \cdots & a_{mn} \end{pmatrix} \cdot \begin{pmatrix} c_1 \\ \vdots \\ c_n \end{pmatrix} = \begin{pmatrix} a_{11}c_1 + a_{12}c_2 + & \cdots & + a_{1n}c_n \\ & \vdots & \\ a_{m1}c_1 + a_{m2}c_2 + & \cdots & + a_{mn}c_n \end{pmatrix}$$

Die **Multiplikation einer Matrix mit einem Vektor** erfolgt in der Form *„Zeile mal Spalte“*. Das Ergebnis ist ein Vektor, dessen Koordinatenanzahl mit der Zeilenanzahl der Matrix übereinstimmt.

Multiplikation einer Matrix mit einem Vektor

$$\begin{pmatrix} a & b & c & d \\ e & f & g & h \end{pmatrix} \cdot \begin{pmatrix} k_1 \\ k_2 \\ k_3 \\ k_4 \end{pmatrix} = \begin{pmatrix} ak_1 + bk_2 + ck_3 + dk_4 \\ ek_1 + fk_2 + gk_3 + hk_4 \end{pmatrix}$$

$$\begin{pmatrix} 2 & 3 & 1 \\ 2 & 1 & 0 \\ 1 & 1 & 1 \\ 0 & -4 & 1 \end{pmatrix} \cdot \begin{pmatrix} 2 \\ 1 \\ 4 \end{pmatrix} = \begin{pmatrix} 2\cdot 2 + 3\cdot 1 + 1\cdot 4 \\ 2\cdot 2 + 1\cdot 1 + 0\cdot 4 \\ 1\cdot 2 + 1\cdot 1 + 1\cdot 4 \\ 0\cdot 2 + (-4)\cdot 1 + 1\cdot 4 \end{pmatrix} = \begin{pmatrix} 11 \\ 5 \\ 7 \\ 0 \end{pmatrix}$$

Fasst man Matrix und Vektor als Bausteine eines linearen Gleichungssystems auf, so ordnet die Multiplikation *„Matrix · Vektor“* den Elementen der Koeffizientenmatrix die Variablen des Variablenvektors zu:

$$\begin{pmatrix} 2 & 3 & -1 \\ 1 & 3 & 1 \\ -2 & -2 & 4 \end{pmatrix} \cdot \begin{pmatrix} x \\ y \\ z \end{pmatrix} = \begin{pmatrix} 1 \\ 2 \\ 4 \end{pmatrix} \qquad \begin{pmatrix} 2x + 3y - z \\ x + 3y + z \\ -2x - 2y + 4z \end{pmatrix} = \begin{pmatrix} 1 \\ 2 \\ 4 \end{pmatrix}$$

Bei der Herstellung von Produkten aus bestimmten Rohstoffen sollen die Kosten je Produkt aus den Rohstoffkosten möglichst *rationell* berechnet werden.
Werden z. B. drei Produkte P_1, P_2 und P_3 zu 40 %, 20 %, 30 %, 10 % bzw. zu 10 %, 10 %, 30 %, 50 % bzw. zu 20 %, 10 %, 10 %, 60 % aus den Rohstoffen R_1, R_2, R_3, R_4 hergestellt, so lässt sich die Zusammensetzung einer ME je Produkt bereits durch folgende Tabelle (in Mengeneinheiten ME) beschreiben:

	R_1	R_2	R_3	R_4
P_1	0,4	0,2	0,3	0,1
P_2	0,1	0,1	0,3	0,5
P_3	0,2	0,1	0,1	0,6

Das Zahlenschema dieser Tabelle kann man als (technologische) Matrix **T** des Herstellungsverfahrens ansehen.
Werden die Rohstoffkosten (in Geldeinheiten GE) je ME mit $K_1 = 15$, $K_2 = 12$, $K_3 = 10$ und $K_4 = 8$ veranschlagt, so lassen sich durch Multiplikation von Matrix **T** mit dem Spaltenvektor $\vec{k}$ der Kosten (Kostenvektor) die Einzelkosten für jedes der Produkte P_1, P_2, P_3 je ME in dem zugehörigen Ergebnisvektor erfassen:

$$\mathbf{T} \cdot \vec{k} = \begin{pmatrix} 0,4 & 0,2 & 0,3 & 0,1 \\ 0,1 & 0,1 & 0,3 & 0,5 \\ 0,1 & 0,1 & 0,1 & 0,6 \end{pmatrix} \cdot \begin{pmatrix} 15 \\ 12 \\ 10 \\ 8 \end{pmatrix} = \begin{pmatrix} 12,2 \\ 9,7 \\ 10,0 \end{pmatrix}$$

Die Kosten für 1 ME z. B. des Produkts P_1 ergeben sich durch Multiplikation des obersten Zeilenvektors von **T** mit dem Vektor $\vec{k}$:
$(0,4 \cdot 15 + 0,2 \cdot 12 + 0,3 \cdot 10 + 0,1 \cdot 8)$ GE = 12,2 GE

Das **Rechnen mit Matrizen** kann den Rechenaufwand deutlich verringern.

- *Multiplikation Matrix · Matrix*

Die Multiplikation zweier Matrizen $\mathbf{A}_{(m;\,n)}$ und $\mathbf{B}_{(p;\,q)}$ ist ausführbar, wenn die **Verknüpfungsbedingung** erfüllt ist:
Das Produkt **A** · **B** existiert, wenn n = p ist, wenn also die Anzahl der Spalten von **A** mit der Anzahl der Zeilen von **B** übereinstimmt. **A** und **B** heißen dann (in dieser Reihenfolge!) *verkettet*.

Definition Es sei **A** eine (m × n)-Matrix und **B** eine (p × q)-Matrix. Das Produkt **A** · **B** existiert, falls n = p ist.
Die **Produktmatrix A · B = C** ist dann eine Matrix von Typ (m; q). Sie wird wie folgt gebildet:

$$\mathbf{A} \cdot \mathbf{B} = \begin{pmatrix} a_{11} & a_{12} & \dots & a_{1p} \\ a_{21} & a_{22} & \dots & a_{2p} \\ \dots & \dots & \dots & \dots \\ a_{i1} & a_{i2} & \dots & a_{ip} \\ \dots & \dots & \dots & \dots \\ a_{m1} & a_{m2} & \dots & a_{mp} \end{pmatrix} \cdot \begin{pmatrix} b_{11} & b_{12} & \dots & b_{1k} & \dots & b_{1n} \\ b_{21} & b_{22} & \dots & b_{1k} & \dots & b_{1n} \\ \dots & \dots & \dots & \dots & \dots & \dots \\ b_{p1} & b_{p2} & \dots & b_{pk} & \dots & b_{pn} \end{pmatrix}$$

$$= (\mathbf{c_{ik}}) \text{ mit } c_{ik} = a_{i1}b_{1k} + a_{i2}b_{2k} + \dots + a_{in}b_{nk}$$

Die Multiplikation zweier Matrizen **A, B** ist nur möglich, wenn die Spaltenzahl von **A** mit der Zeilenzahl von **B** übereinstimmt.

Man ermittelt das Produkt **A·B** zweier Matrizen, indem man die Matrix **A** (zeilenweise) mit jeder Spalte (jedem Spaltenvektor) der Matrix **B** multipliziert. Die Summe der Koordinatenprodukte eines Zeilenvektors von **A** und eines Spaltenvektors von **B** bildet jeweils ein Element der Produktmatrix **A·B.**

Ein Hilfsmittel zur Berechnung des Produktes zweier Matrizen stellt das **falksche Schema** dar:

$$
\begin{array}{ccc|ccccc}
 & & & b_{11} & \cdots & \boxed{b_{1k}} & \cdots & b_{1n} \\
 & \mathbf{A}\cdot\mathbf{B} & & \cdots & & \cdots & & \cdots \\
 & & & b_{p1} & \cdots & \boxed{b_{pk}} & \cdots & b_{pn} \\
\hline
a_{11} & \cdots & a_{1p} & c_{11} & \cdots & c_{1k} & \cdots & c_{1n} \\
\cdots & & \cdots & \cdots & & \cdots \downarrow & & \cdots \\
\boxed{a_{i1}} & \cdots & \boxed{a_{ip}} & c_{i1} & \cdots \rightarrow & \boxed{c_{ik}} & \cdots & c_{in} \\
\cdots & & \cdots & \cdots & & \cdots & & \cdots \\
a_{m1} & \cdots & a_{mp} & c_{m1} & \cdots & c_{mk} & \cdots & c_{mn}
\end{array}
$$

Zu berechnen ist das Produkt **A·B** für

$$\mathbf{A} = \begin{pmatrix} 3 & 2 \\ 2 & 0 \\ 0 & 1 \end{pmatrix} \quad \text{und} \quad \mathbf{B} = \begin{pmatrix} 2 & 0 & 5 & 3 & 1 \\ 3 & 4 & 2 & 0 & 1 \end{pmatrix}.$$

Verknüpfungsbedingung für **A·B**:	Anzahl der Spalten von **A**	ist gleich der	Anzahl der Zeilen von **B**.

Die Produktmatrix wird mithilfe des falkschen Schemas elementeweise erstellt.

$$
\begin{array}{cc|ccccc}
\multicolumn{2}{c|}{\mathbf{A}\cdot\mathbf{B}} & 2 & 0 & 5 & 3 & 1 \\
 & & 3 & 4 & 2 & 0 & 1 \\
\hline
3 & 2 & 12 & & & & \\
2 & 0 & & & & & \\
0 & 1 & & & & &
\end{array}
$$

$3\cdot 2 + 2\cdot 3 = 12$

$$
\begin{array}{cc|ccccc}
\multicolumn{2}{c|}{\mathbf{A}\cdot\mathbf{B}} & 2 & 0 & 5 & 3 & 1 \\
 & & 3 & 4 & 2 & 0 & 1 \\
\hline
3 & 2 & 12 & & & & \\
2 & 0 & 4 & & & & \\
0 & 1 & & & & &
\end{array}
$$

$2\cdot 2 + 0\cdot 3 = 4$

$$
\begin{array}{cc|ccccc}
\multicolumn{2}{c|}{\mathbf{A}\cdot\mathbf{B}} & 2 & 0 & 5 & 3 & 1 \\
 & & 3 & 4 & 2 & 0 & 1 \\
\hline
3 & 2 & 12 & & & & \\
2 & 0 & 4 & & & & \\
0 & 1 & 3 & & & &
\end{array}
$$

$0\cdot 2 + 1\cdot 3 = 3$

$$
\begin{array}{cc|ccccc}
\multicolumn{2}{c|}{\mathbf{A}\cdot\mathbf{B}} & 2 & 0 & 5 & 3 & 1 \\
 & & 3 & 4 & 2 & 0 & 1 \\
\hline
3 & 2 & 12 & 8 & & & \\
2 & 0 & 4 & & & & \\
0 & 1 & 3 & & & &
\end{array}
$$

$3\cdot 0 + 2\cdot 4 = 8$

…

$$
\begin{array}{cc|ccccc}
\multicolumn{2}{c|}{\mathbf{A}\cdot\mathbf{B}} & 2 & 0 & 5 & 3 & 1 \\
 & & 3 & 4 & 2 & 0 & 1 \\
\hline
3 & 2 & 12 & 8 & 19 & 9 & 5 \\
2 & 0 & 4 & 0 & 10 & 6 & 2 \\
0 & 1 & 3 & 4 & 2 & 0 & 1
\end{array}
$$

$0\cdot 1 + 1\cdot 1 = 1$

Die Produktmatrix lautet: $\mathbf{A}\cdot\mathbf{B} = \begin{pmatrix} 12 & 8 & 19 & 9 & 5 \\ 4 & 0 & 10 & 6 & 2 \\ 3 & 4 & 2 & 0 & 1 \end{pmatrix}$

- *Rechenregeln für die Multiplikation von Matrizen*

Aus der Verbindung von Addition und Vervielfachung mit der Multiplikation von Matrizen ergeben sich folgende Eigenschaften der Matrizenverknüpfung:
$\mathbf{A}$, $\mathbf{A_1}$, $\mathbf{A_2}$ seien $(m \times n)$-Matrizen, $\mathbf{B}$, $\mathbf{B_1}$, $\mathbf{B_2}$ seien $(n \times q)$-Matrizen und $\mathbf{C}$ sei eine $(q \times t)$-Matrix. Dann gilt:

(1) $(\mathbf{A_1} + \mathbf{A_2}) \cdot \mathbf{B} = \mathbf{A_1} \cdot \mathbf{B} + \mathbf{A_2} \cdot \mathbf{B}$; $\quad \mathbf{A} \cdot (\mathbf{B_1} + \mathbf{B_2}) = \mathbf{A} \cdot \mathbf{B_1} + \mathbf{A} \cdot \mathbf{B_2}$

(2) $r(\mathbf{A} \cdot \mathbf{B}) = (r\mathbf{A}) \cdot \mathbf{B} = \mathbf{A} \cdot (r\mathbf{B}) \quad (r \in \mathbb{R})$

(3) $\mathbf{A} \cdot (\mathbf{B} \cdot \mathbf{C}) = (\mathbf{A} \cdot \mathbf{B}) \cdot \mathbf{C}$

Selbst bei existierenden Produkten $\mathbf{A} \cdot \mathbf{B}$ und $\mathbf{B} \cdot \mathbf{A}$ gilt im Allgemeinen $\mathbf{A} \cdot \mathbf{B} \neq \mathbf{B} \cdot \mathbf{A}$, d.h., die Matrizenmultiplikation ist nicht kommutativ.

In einem Produktionsablauf werden aus drei Rohstoffen zwei Zwischenprodukte erzeugt, aus denen dann direkt drei verschiedene Endprodukte entstehen. In der Abbildung ist die Zusammensetzung je einer Einheit des Zwischenproduktes Z_1 bzw. des Endproduktes E_1 dargestellt. Die anschließenden Tabellen a) und b) komplettieren die Daten für die restlichen Produkte.

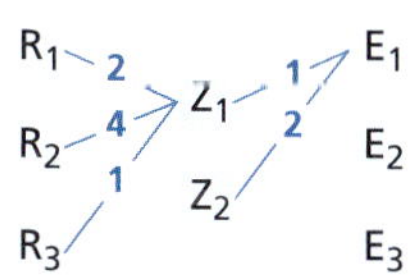

Die Tabelle c) ist die Umsetzung der Frage:
Wie viel Rohstoffeinheiten werden zur Herstellung von je einer Einheit des Endproduktes E_1, E_2 bzw. E_3 benötigt?

Das Problem der **Materialverflechtung** von Ausgangsstoffen über Zwischenprodukte hin zu Endprodukten führt zu sogenannten **Verflechtungsmatrizen.**

a)

	R_1	R_2	R_3
Z_1	2	4	1
Z_2	3	1	4

b)

	Z_1	Z_2
E_1	1	2
E_2	2	1
E_3	3	1

c)

	R_1	R_2	R_3
E_1	a_1	b_1	c_1
E_2	a_2	b_2	c_2
E_3	a_3	b_3	c_3

Für das Produkt E_1 *allein* lässt sich nun ermitteln:

$$E_1 = 1 \cdot Z_1 + 2 \cdot Z_2 = 1 \cdot (2R_1 + 4R_2 + 1R_3) + 2 \cdot (3R_1 + 1R_2 + 4R_3)$$
$$= 8R_1 + 6R_2 + 9R_3$$

Die Gesamtzusammenhänge zwischen End- und Zwischenprodukten sowie zwischen Roh- und Zwischenprodukten hingegen lassen sich nur beschreiben, wenn man Gleichungssysteme (ggf. in Matrizendarstellung) verwendet:

$$\begin{array}{l} 1Z_1 + 2Z_2 = E_1 \\ 2Z_1 + 1Z_2 = E_2 \\ 3Z_1 + 1Z_2 = E_3 \end{array} \quad \text{bzw.} \quad \begin{pmatrix} 1 & 2 \\ 2 & 1 \\ 3 & 1 \end{pmatrix} \cdot \begin{pmatrix} Z_1 \\ Z_2 \end{pmatrix} = \begin{pmatrix} E_1 \\ E_2 \\ E_3 \end{pmatrix} \qquad ①$$

$$\begin{array}{l} 2R_1 + 4R_2 + 1R_3 = Z_1 \\ 3R_1 + 1R_2 + 4R_3 = Z_2 \end{array} \quad \text{bzw.} \quad \begin{pmatrix} 2 & 4 & 1 \\ 3 & 1 & 4 \end{pmatrix} \cdot \begin{pmatrix} R_1 \\ R_2 \\ R_3 \end{pmatrix} = \begin{pmatrix} Z_1 \\ Z_2 \end{pmatrix} \qquad ②$$

Unter einer **Matrizengleichung** soll eine Gleichung verstanden werden, bei der die Elemente einer unbekannten Matrix zu bestimmen sind.

Durch Einsetzen von $\begin{pmatrix} Z_1 \\ Z_2 \end{pmatrix}$ aus der Matrizengleichung ② in die Gleichung ① ergibt sich:

$$\begin{pmatrix} 1 & 2 \\ 2 & 1 \\ 3 & 1 \end{pmatrix} \cdot \begin{pmatrix} 2 & 4 & 1 \\ 3 & 1 & 4 \end{pmatrix} \cdot \begin{pmatrix} R_1 \\ R_2 \\ R_3 \end{pmatrix} = \begin{pmatrix} E_1 \\ E_2 \\ E_3 \end{pmatrix} \qquad ③$$

Wegen $1 \cdot 2 + 2 \cdot 3 = 8$ (also „1. Zeile · 1. Spalte"); $2 \cdot 2 + 1 \cdot 3 = 7$ (also „2. Zeile · 1. Spalte"); …; $1 \cdot 4 + 2 \cdot 1 = 6$ (also „1. Zeile · 2. Spalte"); …; $3 \cdot 1 + 1 \cdot 4 = 7$ (also: „3. Zeile · 3. Spalte") erhält man:

$$\begin{pmatrix} 1 & 2 \\ 2 & 1 \\ 3 & 1 \end{pmatrix} \cdot \begin{pmatrix} 2 & 4 & 1 \\ 3 & 1 & 4 \end{pmatrix} = \begin{pmatrix} 8 & 6 & 9 \\ 7 & 9 & 6 \\ 9 & 13 & 7 \end{pmatrix} \quad \text{bzw.} \quad \begin{pmatrix} 8 & 6 & 9 \\ 7 & 9 & 6 \\ 9 & 13 & 7 \end{pmatrix} \cdot \begin{pmatrix} R_1 \\ R_2 \\ R_3 \end{pmatrix} = \begin{pmatrix} E_1 \\ E_2 \\ E_3 \end{pmatrix} \qquad ④$$

Daraus lassen sich die Gleichungen

$8R_1 + 6R_2 + 9R_3 = E_1$, $7R_1 + 9R_2 + 6R_3 = E_2$ und $9R_1 + 13R_2 + 7R_3 = E_3$ ablesen: Die Produktmatrix in ④ gibt also gerade den Zusammenhang zwischen Endprodukten und Rohstoffen wieder und stellt somit die ausgerechnete Tabelle c) dar.

12.2.3 Bilden inverser Matrizen

Nur quadratische Matrizen können eine **Inverse** besitzen.

Definition Sind $\mathbf{A}$ und $\mathbf{A}^{-1}$ quadratische Matrizen und gilt $\mathbf{A} \cdot \mathbf{A}^{-1} = \mathbf{A}^{-1} \cdot \mathbf{A} = \mathbf{E}$ (**E** Einheitsmatrix), so heißt $\mathbf{A}^{-1}$ die zu **A** **inverse Matrix**.

$\mathbf{A}^{-1} = \begin{pmatrix} 1 & \frac{1}{2} \\ 0 & \frac{1}{2} \end{pmatrix}$ ist die inverse Matrix zu $\mathbf{A} = \begin{pmatrix} 1 & -1 \\ 0 & 2 \end{pmatrix}$, denn es gilt

$\mathbf{A} \cdot \mathbf{A}^{-1} = \mathbf{A}^{-1} \cdot \mathbf{A} = \mathbf{E}$:

$\mathbf{A} \cdot \mathbf{A}^{-1}$		1	$\frac{1}{2}$
		0	$\frac{1}{2}$
1	−1	1	0
0	2	0	1

bzw.

$\mathbf{A} \cdot \mathbf{A}^{-1}$		1	−1
		0	2
1	$\frac{1}{2}$	1	0
0	$\frac{1}{2}$	0	1

· *Berechnung der inversen Matrix mittels gaußschem Algorithmus*

Existiert zu einer quadratischen Matrix **A** eine inverse Matrix **X**, so gilt $\mathbf{A} \cdot \mathbf{X} = \mathbf{E}$. Die inverse Matrix $\mathbf{X} = (\vec{x}_1, \vec{x}_2, \ldots, \vec{x}_n)$ lässt sich bestimmen, indem man die n Gleichungssysteme $(\mathbf{A} \cdot \vec{x}_1, \mathbf{A} \cdot \vec{x}_2, \ldots, \mathbf{A} \cdot \vec{x}_n) = (\vec{e}_1, \vec{e}_2, \ldots, \vec{e}_n)$ mithilfe des gaußschen Algorithmus löst. Dazu kann ein Schema verwendet werden, das als Ausgang die Koeffizientenmatrix **A** und rechts davon die entsprechende Einheitsmatrix enthält. Wendet man auf das gesamte Schema so lange den gaußschen Algorithmus an, bis auf der linken Seite die Einheitsmatrix entstanden ist, dann enthält die rechte Seite des Endschemas die gesuchte inverse Matrix.

Ausgangsmatrix A	**Einheitsmatrix** $(\vec{e}_1, \vec{e}_2, \ldots, \vec{e}_n)$
$\begin{matrix} a_{11} & a_{12} & \ldots & a_{1n} \\ a_{21} & a_{22} & \ldots & a_{2n} \\ \ldots & \ldots & \ldots & \ldots \\ a_{n1} & a_{n2} & \ldots & a_{nn} \end{matrix}$	$\begin{matrix} 1 & 0 & \ldots & 0 \\ 0 & 1 & \ldots & 0 \\ \ldots & \ldots & \ldots & \ldots \\ 0 & 0 & \ldots & 1 \end{matrix}$
⋮	
$\begin{matrix} 1 & 0 & \ldots & 0 \\ 0 & 1 & \ldots & 0 \\ \ldots & \ldots & \ldots & \ldots \\ 0 & 0 & \ldots & 1 \end{matrix}$	$\begin{matrix} x_{11} & x_{12} & \ldots & x_{1n} \\ x_{21} & x_{22} & \ldots & x_{2n} \\ \ldots & \ldots & \ldots & \ldots \\ x_{n1} & x_{n2} & \ldots & x_{nn} \end{matrix}$
Einheitsmatrix	**inverse Matrix** $\mathbf{A}^{-1}$

Für die 3-reihige Matrix **A** ist die inverse Matrix $\mathbf{A}^{-1}$ zu ermitteln:

$$\mathbf{A} = \begin{pmatrix} 5 & -2 & 1 \\ 2 & 1 & 1 \\ -4 & 2 & -1 \end{pmatrix}$$

Gesucht: $\mathbf{A}^{-1}$

A	E
⋮	
E	$\mathbf{A}^{-1}$

5	−2	1	1	0	0	·(−2) ↓	·4 ↓
2	−1	1	0	1	0	·5	
−4	2	−1	0	0	1		·5
5	−2	1	1	0	0		
0	−1	3	−2	5	0	·2 ↓	
0	2	−1	4	0	5		:5
5	−2	1	1	0	0		↑
0	−1	3	−2	5	0	↑	
0	0	1	0	2	1	·(−3)	·(−1)
5	−2	0	1	−2	−1	↑	
0	1	0	2	1	3	·2	
0	0	1	0	2	1		
5	0	0	5	0	5	:5	

bzw.

$$\begin{matrix} 1 & 0 & 0 \\ 0 & 1 & 0 \\ 0 & 0 & 1 \end{matrix} \quad \begin{pmatrix} 1 & 0 & 1 \\ 2 & 1 & 3 \\ 0 & 2 & 1 \end{pmatrix} = \mathbf{A}^{-1}$$

Zur Kontrolle kann das Produkt $\mathbf{A} \cdot \mathbf{A}^{-1}$ gebildet werden. Es entsteht die Einheitsmatrix **E**.

Der Einsatz eines grafikfähigen Taschenrechners oder eines CAS vereinfacht den Rechenaufwand erheblich. Man gibt die Matrix ein und potenziert mit (−1).

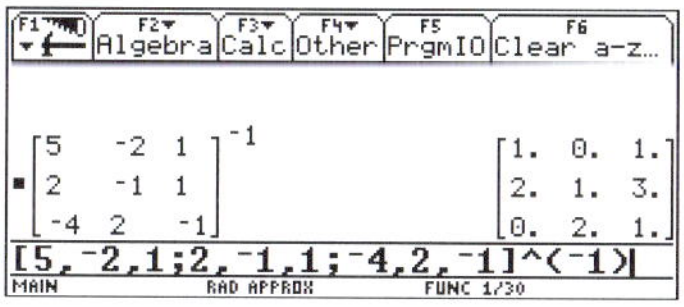

Wenn $\mathbf{A}^{-1}$ zu **A** existiert, so ergibt sich aus der letzten Umformung, dass für *jeden* n-gliedrigen Spaltenvektor (der Absolutglieder) das Gleichungssystems stets eindeutig lösbar sein muss. Das heißt, die Äquivalenzumformungen nach dem gaußschen Algorithmus überführen **A** in eine Dreiecksform und weiter (nach rückläufiger Eliminierung) in die Diagonalform mit der Zahl 1 auf den Diagonalplätzen (sonst 0). Diese Eigenschaft ist unabhängig vom Vektor der Absolutglieder, sie ist lediglich eine Eigenschaft von **A**:

Definition Eine quadratische Matrix **A** heißt **regulär,** falls alle Gleichungssysteme mit **A** als Koeffizientenmatrix eindeutig lösbar sind.

Eine nicht reguläre quadratische Matrix heißt **singulär.**

Zur Matrix $\mathbf{B} = \begin{pmatrix} 1 & 0 & 1 \\ 2 & 1 & 3 \\ 0 & 1 & 1 \end{pmatrix}$ existiert keine inverse Matrix, denn Äquivalenzumformungen überführen diese Matrix lediglich in eine Trapezform, nicht aber in eine Dreiecksform. Demzufolge ist mindestens ein Gleichungssystem $\mathbf{B} \cdot \vec{x} = \vec{e}_i$, (i = 1, 2, 3) nicht lösbar.
B ist eine singuläre Matrix.

1	0	1	1	0	0
2	1	3	0	1	0
0	1	1	0	0	1
	…			…	
1	0	1	1	0	0
0	1	1	−2	1	1
0	0	0	2	−1	1

12.3 Rang einer Matrix; Hauptsatz über lineare Gleichungssysteme

Der **Rang einer Matrix** ist gleich der Anzahl der von null verschiedenen Diagonalelemente einer auf Dreiecksform nach dem Gauß-Algorithmus umgeformeten Matrix.

Definition Unter dem **Rang r** einer Matrix **A** versteht man die maximale Anzahl linear unabhängiger Zeilen- bzw. Spaltenvektoren. Man schreibt auch: $r = \text{rg}(\mathbf{A})$

Eine zentrale Rolle besitzt der Rang einer Matrix bei Untersuchungen von linearen Gleichungssystemen $\mathbf{A} \cdot \vec{x} = \vec{b}$ (↗Abschnitt 4.7). Dabei hat man den Rang der Koeffizientenmatrix **A** und den Rang der erweiterten Koeffizientenmatrix $(\mathbf{A}, \vec{b})$ zu berücksichtigen. Mit den beiden Rangzahlen $\text{rg}(\mathbf{A})$ und $\text{rg}(\mathbf{A}, \vec{b})$ sowie der Anzahl n der Variablen erhält man eine vollständige Übersicht über die Lösbarkeit linearer Gleichungssysteme:

Satz Hauptsatz über lineare Gleichungssysteme

I. Ein inhomogenes Gleichungssystem $\mathbf{A} \cdot \vec{x} = \vec{b}$ $(\vec{b} \neq \vec{o})$ mit n Variablen ist genau dann lösbar, wenn $\text{rg}(\mathbf{A}, \vec{b}) = \text{rg}(\mathbf{A})$ gilt.
Für $\mathbf{A} \cdot \vec{x} = \vec{b}$ mit $\vec{b} \neq \vec{o}$ können drei Fälle unterschieden werden:
(1) $\text{rg}(\mathbf{A}) + 1 = \text{rg}(\mathbf{A}, \vec{b})$: System ist nicht lösbar.
(2) $\text{rg}(\mathbf{A}) = \text{rg}(\mathbf{A}, \vec{b}) = n$: System ist eindeutig lösbar.
(3) $\text{rg}(\mathbf{A}) = \text{rg}(\mathbf{A}, \vec{b}) < n$: Das System besitzt unendlich viele Lösungen. Die Anzahl der freien Parameter in einer Lösungsdarstellung ist dann $s = n - \text{rg}(\mathbf{A})$.

II. Ein homogenes Gleichungssystem $\mathbf{A} \cdot \vec{x} = \vec{o}$ mit n Variablen hat immer die triviale Lösung $\vec{x} = \vec{o}$ als eine Lösung.
Es gilt:
$\text{rg}(\mathbf{A}) = n \Leftrightarrow \mathbf{A} \cdot \vec{x} = \vec{o}$: ist nur trivial lösbar
$\text{rg}(\mathbf{A}) < n \Leftrightarrow \mathbf{A} \cdot \vec{x} = \vec{o}$: hat nichttriviale Lösungen
Im letzten Fall ist die Anzahl s der freien Parameter in einer Lösungsdarstellung gleich $n - \text{rg}(\mathbf{A})$.

Die drei Fälle der Lösbarkeit inhomogener Gleichungssysteme werden durch folgende Beispiele repräsentiert:

① Das Gleichungssystem ist eindeutig lösbar:

$$\begin{aligned} 2x + 3y - z &= 1 \\ x + 3y + z &= 2 \\ -2x - 2y + 4z &= 4 \end{aligned}$$

Um den Rang der Koeffizientenmatrix $\mathbf{A} = \begin{pmatrix} 2 & 3 & -1 \\ 1 & 3 & 1 \\ -2 & -2 & 4 \end{pmatrix}$ zu ermitteln, wird diese auf Trapezform gebracht:

Dreiecks- oder Trapezform erhält man mithilfe des gaußschen Algorithmus.

x	y	z		
2	3	−1	1	· (−2) +
1	3	1	2	
−2	−2	4	4	+

2	3	–1	1	
	–3	–3	–3	
	1	3	5	·3 +
2	3	–1	1	
	–3	–3	–3	
		6	12	

$\text{rg}(\mathbf{A}) = \text{rg}(\mathbf{A}, \vec{b}) = 3$

Da r = n = 3, ist das Gleichungssystem eindeutig lösbar.
Das Lösungstripel ist (3; –1; 2).

② Das Gleichungssystem hat unendlich viele Lösungen:

$$\begin{aligned} x + y + z &= 1 \\ 2x - y + 4z &= 5 \\ x + 4y - z &= -2 \end{aligned}$$

Durch Anwendung des gaußschen Algorithmus auf die Koeffizientenmatrix erhält man:

x	y	z			
1	1	1	1	·(–2)	·(–1)
2	–1	4	5	+	
1	4	–1	–2		+
1	1	1	1		
0	–3	2	3		
0	3	–2	–3	+	
1	1	1	1		
0	–3	2	3		
0	0	0	0		

$\text{rg}(\mathbf{A}) = \text{rg}(\mathbf{A}, \vec{b}) = 2$

Wegen 2 < n = 3 existieren unendlich viele Lösungen.
Die Lösungstripel lauten $\left(2 - \frac{5}{3}a; -1 + \frac{2}{3}a; a\right)$.

③ Das Gleichungssystem ist nicht lösbar:

$$\begin{aligned} x + y + z &= 1 \\ 2x - y + 4z &= 5 \\ x + 4y - z &= 2 \end{aligned}$$

x	y	z			
1	1	1	1	·(–2)	·(–1)
2	–1	4	5	+	
1	4	–1	2		+
1	1	1	1		
0	–3	2	3		
0	3	–2	1	+	
1	1	1	1		
0	–3	2	3		
0	0	0	2		

$\text{rg}(\mathbf{A}) = 2 \quad \text{rg}(\mathbf{A}, \vec{b}) = 3$

Die sich aus der letzten Zeile ergebende Gleichung
$0x + 0y + 0z = 2$ ist für kein Tripel reeller Zahlen (x; y; z) erfüllt;
das System hat also keine Lösung in $\mathbb{R}$.

12.4 Lineare Abbildungen

Spezielle Abbildungen vom reellen Vektorraum $\mathbb{R}^n$ in den reellen Vektorraum $\mathbb{R}^m$ lassen sich durch Gleichungen der Form $\vec{x}' = \mathbf{A} \cdot \vec{x}$, also durch $(m \times n)$-Matrizen, beschreiben:

$$\begin{pmatrix} x_1' \\ \vdots \\ x_m' \end{pmatrix} = \begin{pmatrix} a_{11} & \dots & a_{1n} \\ \dots & & \dots \\ a_{m1} & \dots & a_{mn} \end{pmatrix} \begin{pmatrix} x_1 \\ \vdots \\ x_n \end{pmatrix}$$

Definition Eine Abbildung f vom Vektorraum $\mathbb{R}^n$ in den Vektorraum $\mathbb{R}^m$ heißt genau dann linear, wenn für alle $\vec{a}, \vec{b} \in \mathbb{R}^n$ und $r \in \mathbb{R}$ gilt:

(1) $f(\vec{a} + \vec{b}) = f(\vec{a}) + f(\vec{b})$, d.h., f ist **additiv,**

(2) $f(r\vec{a}) = r f(\vec{a})$, d.h., f ist **homogen.**

Das Wesen einer linearen Abbildung f ($\mathbb{R}^n \to \mathbb{R}^m$) wird auch dadurch beschrieben, dass eine Gerade (im $\mathbb{R}^n$)
g: $\vec{x} = \vec{p} + t\vec{a}$, $t \in \mathbb{R}$ auf g': $\vec{x}' = f(\vec{x}) = f(\vec{p} + t\vec{a}) = f(\vec{p}) + t f(\vec{a}) = \vec{p}' + t\vec{a}'$
abgebildet wird.
Man erkennt: Ist $f(\vec{a}) = \vec{a}'$ verschieden vom Nullvektor $\vec{o}$ (im $\mathbb{R}^m$), so ist g' wieder eine Gerade; gilt $f(\vec{a}) = \vec{o}$, so ist das Bild von g ein Punkt.

Satz Ist f eine lineare Abbildung vom Vektorraum $\mathbb{R}^n$ in den Vektorraum $\mathbb{R}^m$, dann gibt es eine $(m \times n)$-Matrix **A** so, dass gilt:
$f(\vec{x}) = \mathbf{A} \cdot \vec{x}$
Die Matrix **A** heißt **Abbildungsmatrix** der linearen Abbildung.

Durch Anwenden der Abbildungsgleichungen
$x' = 2x - y$
$y' = -x$
auf die Punkte A(–3; –2) und B(4; 3) erhält man die Bildpunkte A'(–4; 4) und B'(5; –4).

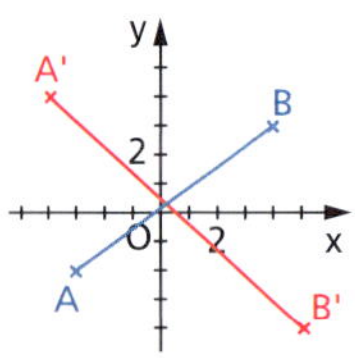

Unter Verwendung der aus dem Gleichungssystem abzulesenden Abbildungsmatrix $\mathbf{M} = \begin{pmatrix} 2 & -1 \\ -1 & 0 \end{pmatrix}$ erhält man die Koordinaten der Bildpunkte auch durch Multiplikation der Matrix mit dem Ortsvektor von A bzw. B:

$\mathbf{M} \cdot \vec{a}$		–3 –2
2	–1	–4
–1	0	4

bzw.

$\mathbf{M} \cdot \vec{b}$		4 3
2	–1	5
–1	0	–4

Die Anwendung der Matrix **M** auf die Punkte A und B bewirkt die linearen Abbildungen
A(–3; –2) → A'(–4; 4);
B(4; 3) → B'(5; –4)
und die Abbildung der Strecke $\overline{AB}$ auf die Strecke $\overline{A'B'}$.

Lineare Abbildungen für n = m = 2 (Auswahl)

Lineare Abbildung	Darstellung	Abbildungsgleichungen	Abbildungsmatrix
Spiegelung an der x-Achse	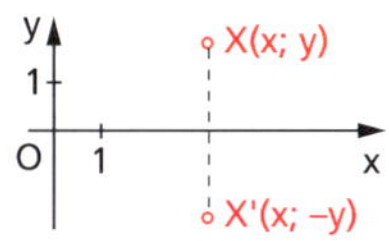	$x' = x = 1x + 0y$ $y' = -y = 0x + (-1)y$	$\begin{pmatrix} 1 & 0 \\ 0 & -1 \end{pmatrix}$
Spiegelung an der y-Achse	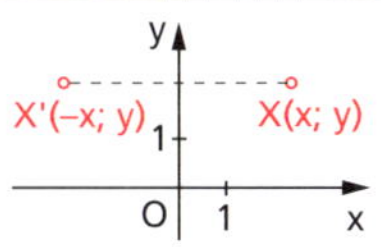	$x' = -x = (-1)x + 0y$ $y' = y = 0x + 1y$	$\begin{pmatrix} -1 & 0 \\ 0 & 1 \end{pmatrix}$
Spiegelung am Koordinatenursprung	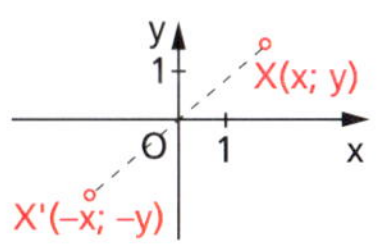	$x' = -x = (-1)x + 0y$ $y' = -y = 0x + (-1)y$	$\begin{pmatrix} -1 & 0 \\ 0 & -1 \end{pmatrix}$
90°-Drehung um den Koordinatenursprung	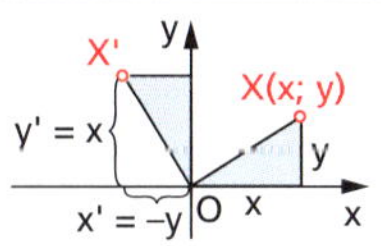	$x' = -y = 0x + (-1)y$ $y' = x = 1x + 0y$	$\begin{pmatrix} 0 & -1 \\ 1 & 0 \end{pmatrix}$
Drehung um einen beliebigen Winkel α um den Koordinatenursprung	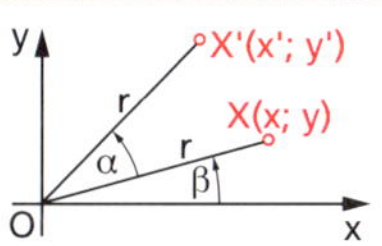	$x' = x\cos\alpha - y\sin\alpha$ $y' = x\sin\alpha + y\cos\alpha$	$\begin{pmatrix} \cos\alpha & -\sin\alpha \\ \sin\alpha & \cos\alpha \end{pmatrix}$
Orthogonale Projektion auf die x-Achse	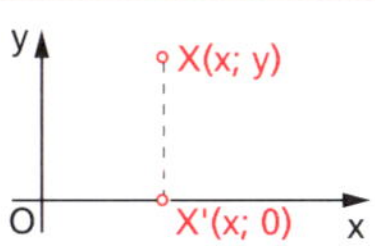	$x' = x = 1x + 0y$ $y' = 0 + 0x + 0y$	$\begin{pmatrix} 1 & 0 \\ 0 & 0 \end{pmatrix}$
Orthogonale Projektion auf die y-Achse	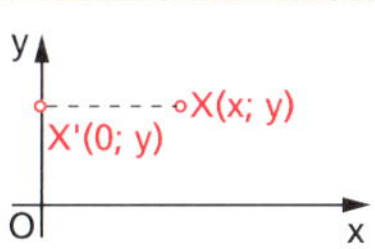	$x' = 0 = 0x + 0y$ $y' = y = 0x + 1y$	$\begin{pmatrix} 0 & 0 \\ 0 & 1 \end{pmatrix}$
Identische Abbildung	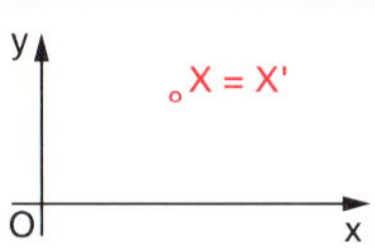	$x' = x = 1x + 0y$ $y' = y = 0x + 1y$	$\begin{pmatrix} 1 & 0 \\ 0 & 1 \end{pmatrix}$
Zentrische Streckung mit Streckungszentrum O und Faktor k	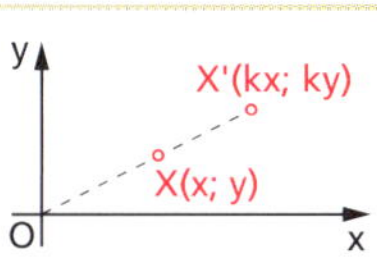	$x' = kx = kx + 0y$ $y' = ky = 0x + ky$	$\begin{pmatrix} k & 0 \\ 0 & k \end{pmatrix}$

Eine Zuordnung mit Abbildungsgleichungen der Form
$x' = a_1x + b_1y + c_1$
$y' = a_2x + b_2y + c_2$
heißt **affine Abbildung.**

Gesucht sind die Bildpunkte von A(3; 2) und B(x; y), wenn die lineare Abbildung durch die Matrix $\begin{pmatrix} 1 & 2 \\ 3 & -2 \end{pmatrix}$ gegeben ist.

Als Koordinaten von A' erhält man: $x' = 1 \cdot 3 + 2 \cdot 2 = 7$
$y' = 3 \cdot 3 + (-2) \cdot 2 = 5$

Analog erhält man für B': $x' = x + 2y$
$y' = 3x - 2y$

Ein Dreieck ABC soll um 270° um den Koordinatenursprung gedreht werden.
Die Abbildungsmatrix lautet dann:

$$\begin{pmatrix} \cos 270° & -\sin 270° \\ \sin 270° & \cos 270° \end{pmatrix} = \begin{pmatrix} 0 & 1 \\ -1 & 0 \end{pmatrix}$$

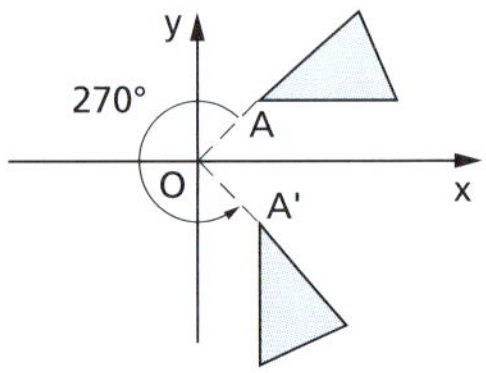

Abbildungsmatrizen *räumlicher* linearer Abbildungen			
Spiegelung an der x-Achse	$\begin{pmatrix} 1 & 0 & 0 \\ 0 & -1 & 0 \\ 0 & 0 & -1 \end{pmatrix}$	Spiegelung am Koordinatenursprung	$\begin{pmatrix} -1 & 0 & 0 \\ 0 & -1 & 0 \\ 0 & 0 & -1 \end{pmatrix}$
Spiegelung an der xy-Ebene	$\begin{pmatrix} 1 & 0 & 0 \\ 0 & 1 & 0 \\ 0 & 0 & -1 \end{pmatrix}$	Spiegelung an der xz-Ebene	$\begin{pmatrix} 1 & 0 & 0 \\ 0 & -1 & 0 \\ 0 & 0 & 1 \end{pmatrix}$
Spiegelung an der yz-Ebene	$\begin{pmatrix} -1 & 0 & 0 \\ 0 & 1 & 0 \\ 0 & 0 & 1 \end{pmatrix}$		
Drehung um die x-Achse, um α	$\begin{pmatrix} 1 & 0 & 0 \\ 0 & \cos\alpha & -\sin\alpha \\ 0 & \sin\alpha & \cos\alpha \end{pmatrix}$	Drehung um die y-Achse, um α	$\begin{pmatrix} \cos\alpha & 0 & -\sin\alpha \\ 0 & 1 & 0 \\ \sin\alpha & 0 & \cos\alpha \end{pmatrix}$
Drehung um die z-Achse, um α	$\begin{pmatrix} \cos\alpha & -\sin\alpha & 0 \\ \sin\alpha & \cos\alpha & 0 \\ 0 & 0 & 1 \end{pmatrix}$		

Ein sehr moderner Anwendungsbereich der Abbildungsgeometrie ist die **Computergrafik.**

Der Punkt P(3; 2; 3) soll zuerst an der xz-Ebene und danach an der x-Achse gespiegelt werden.

Für den durch Spiegelung an der xz-Ebene entstandenen Punkt P' gilt:

$$\begin{pmatrix} x' \\ y' \\ z' \end{pmatrix} = \begin{pmatrix} 1 & 0 & 0 \\ 0 & -1 & 0 \\ 0 & 0 & 1 \end{pmatrix} \begin{pmatrix} 3 \\ 2 \\ 3 \end{pmatrix} = \begin{pmatrix} 3 \\ -2 \\ 3 \end{pmatrix}$$

Wird der Punkt P' an der x-Achse gespiegelt, entsteht der Punkt P" mit:

$$\begin{pmatrix} x'' \\ y'' \\ z'' \end{pmatrix} = \begin{pmatrix} 1 & 0 & 0 \\ 0 & -1 & 0 \\ 0 & 0 & -1 \end{pmatrix} \begin{pmatrix} 3 \\ -2 \\ 3 \end{pmatrix} = \begin{pmatrix} 3 \\ 2 \\ -3 \end{pmatrix}$$

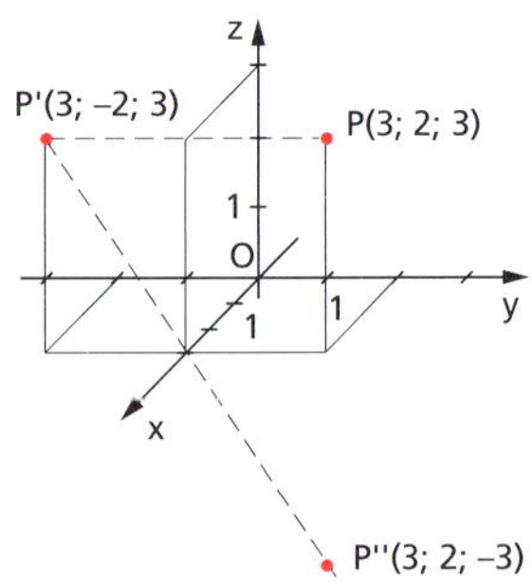

Wahrscheinlichkeitstheorie

13

13

13.1 Zufallsexperimente

13.1.1 Ein- und mehrstufige Zufallsexperimente; Ergebnismengen

Die Wahrscheinlichkeitstheorie untersucht Vorgänge, deren Ausgang jeweils vom Zufall abhängt und demzufolge nicht mit Sicherheit vorhersagbar ist. Derartige Vorgänge werden (im Gegensatz zu deterministischen Vorgängen) als *Zufallsexperimente, zufällige Vorgänge* oder auch als *Vorgänge mit zufälligem Ergebnis* bezeichnet.

Definition Einen Vorgang nennt man **Zufallsexperiment**, wenn dabei mindestens zwei Ergebnisse möglich sind und es vor Ablauf des Vorganges nicht vorhersagbar ist, welches der möglichen Ergebnisse eintreten wird. Außerdem kann ein Zufallsexperiment (wenigstens prinzipiell) beliebig oft und in gleicher Weise (d.h. unter einem bestimmten Komplex von Bedingungen) ablaufen.

Bei solchen vom Zufall abhängigen Vorgängen kann das Eintreten von möglichen Ergebnissen also nur mehr oder weniger „wahr scheinen", mehr oder weniger wahrscheinlich sein.

Damit die Wahrscheinlichkeitstheorie als *mathematische Theorie* des sinnvollen Vermutens Zufallsexperimente untersuchen kann, muss man den Vorgang mathematisch beschreiben. Zu diesem Zweck werden in einem mathematischen Modell die für die Untersuchung wesentlichen Eigenschaften des realen Vorgangs erfasst und die unwesentlichen unberücksichtigt gelassen. Bei dieser Modellbildung fasst man in einem ersten Schritt alle möglichen interessierenden Ergebnisse des Zufallsexperiments zu einer Menge (im Sinne der Mathematik) zusammen. Es ist üblich, diese Menge als Ergebnismenge zu bezeichnen und mit Ω zu symbolisieren.

Definition Eine Menge Ω heißt **Ergebnismenge** eines Zufallsexperiments, wenn jedem für die Beobachtung möglichen Ergebnis genau ein Element aus Ω zugeordnet wird.

Bei der Angabe der **Ergebnismenge** Ω gehen wir von idealisierten (modellhaften) Bedingungen aus.

Es darf kein Ergebnis eintreten können, das nicht in Ω erfasst ist oder das durch *zwei* oder *mehrere* Elemente von Ω beschrieben wird.

Ω kann ein Ergebnis enthalten, das niemals auftritt.

Zufallsexperiment:
einmaliges Werfen eines Tetraeders mit den Augenzahlen 1 bis 4
Beobachtungsziel:
- Welche Augenzahl wird geworfen?
  Geeignete Ergebnismengen: $\Omega_1 = \{1; 2; 3; 4\}$; $\Omega_2 = \{1; 2; 3; 4; 5\}$
- Wird eine 4 geworfen?
  Geeignete Ergebnismenge: $\Omega_3 = \{4; \text{keine } 4\}$
- Wird eine 1 oder eine 3 geworfen?
  $\Omega_4 = \{1; 3; \text{weder eine 1 noch eine } 3\}$
  Ungeeignete Ergebnismengen:
  $\Omega_5 = \{1; \text{gerade Zahl}\}$ (Ergebnis „3" wäre nicht erfasst.)
  $\Omega_6 = \{1; 3; \text{keine } 3\}$ („1" wäre durch „1" und „keine 3" erfasst.)

Bei der Konstruktion einer geeigneten Ergebnismenge W ist darauf zu achten, dass sie einerseits möglichst klein ist, also keine unnötigen Elemente enthält, und dass sie andererseits hinreichend groß, hinreichend fein ist, d. h. alle dem Beobachtungsziel entsprechenden Ergebnisse umfasst.

Definition Besteht ein zufälliger Vorgang aus mehreren, nacheinander ablaufenden Teilvorgängen, so spricht man von einem **mehrstufigen Zufallsexperiment,** bei k Teilvorgängen ($k \in \mathbb{N} \setminus \{0\}$) von einem **k-stufigen Zufallsexperiment.**

Die Ergebnisse eines k-stufigen Zufallsexperiments lassen sich in einem **Baumdiagramm der Ergebnisse** erfassen, woraus man ihre Darstellung als k-Tupel leicht ablesen kann.

- **A**xel und **B**ernd spielen gegeneinander. Sieger ist derjenige, der zuerst zwei Spiele gewonnen hat. Von jedem Spiel wird der Gewinner notiert; ein Remis gibt es nicht.

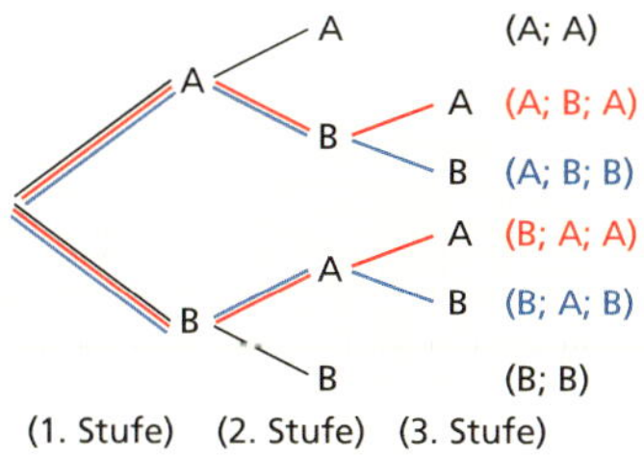

$\Omega = \{(A; A), (A; B; A), (A; B; B), (B; A; A), (B; A; B), (B; B)\}$

Interpretation	Baumdiagramm der Ergebnisse	k-Tupel
Gewinner des ersten Spiels	erste Stufe	erste Koordinate
Gewinner des zweiten Spiels	zweite Stufe	zweite Koordinate
Gewinner des dritten Spiels (wenn ausgetragen)	dritte Stufe (wenn vorhanden)	dritte Koordinate (wenn vorhanden)

- Zufallsexperiment:
  Ein normaler Spielwürfel wird so lange geworfen, bis zum ersten Mal die Augenzahl 3 erscheint, höchstens aber viermal.
  Beobachtungsziel:
  Beobachtet wird bei jedem Wurf, ob die Augenzahl 3 fällt oder eine von 3 verschiedene Augenzahl.
  Ergebnismenge:
  $\Omega = \{3, (\bar{3}; 3), (\bar{3}; \bar{3}; 3), (\bar{3}; \bar{3}; \bar{3}; 3), (\bar{3}; \bar{3}; \bar{3}; \bar{3})\}$

Für k = 1 entarten k-Tupel zu „Eintupeln", die i. Allg. ohne Klammern geschrieben werden.

Im obigen Beispiel handelt es sich um eine **endliche Ergebnismenge.** Würde man den Spielwürfel so lange werfen, bis erstmalig die Augenzahl 3 erscheint, so ergäbe sich bei sonst gleichem Beobachtungsziel die Ergebnismenge $\Omega = \{3, (\bar{3}; 3); (\bar{3}; \bar{3}; 3) \ldots\}$ mit (abzählbar) unendlich vielen Elementen.
Eine Ergebnismenge mit endlich vielen oder höchstens abzählbar unendlich vielen Ergebnissen heißt **diskrete Ergebnismenge.**

Umfasst die Ergebnismenge sehr viele Elemente, so verwendet man häufig nicht die aufzählende Schreibweise.

Zufallsexperiment:
Ein normaler Spielwürfel wird fünfmal hintereinander geworfen.
Beobachtungsziel:
Beobachtet wird bei jedem Wurf die gefallene Augenzahl.
Ergebnismenge:
$\Omega = \{(w_1; w_2; w_3; w_4; w_5) \mid w_1, w_2, \ldots, w_5 \in \{1; 2; 3; 4; 5; 6\}\}$
Ω ist also die Menge aller 5-Tupel $(w_1; w_2; w_3; w_4; w_5)$, wobei jede Koordinate w_i die Zahlen 1 bis 6 annehmen kann. Die Anzahl der Elemente von Ω beträgt daher $|\Omega| = 6^5 = 7776$.

13.1.2 Zufällige Ereignisse; Verknüpfen von Ereignissen

Der Begriff ***Ereignisraum*** wird statt des näherliegenden Begriffs Ereignis*menge* verwendet, weil im Ereignisraum noch Operationen (z. B. $\cap$ und $\cup$) zwischen seinen Ereignissen erklärt sind. Analogien hierzu sind die Begriffe Vektor*raum* und Zahlenbereich (mit den Operatoren Addition, Multiplikation usw.) statt der Begriffe Vektor*menge* und Zahlen*menge*.

Beim Beobachten eines Zufallsexperiments interessiert man sich meist nicht nur dafür, *welches* Ergebnis eintritt, sondern auch, *ob* ein Ergebnis mit einer bestimmten Eigenschaft festzustellen ist.
Besitzt ein Ergebnis die Eigenschaft A, so sagt man, das **Ereignis** A ist eingetreten. Für die Kennzeichnung eines Ereignisses A verwendet man neben der verbalen Darstellung auch *die Menge aller der Ergebnisse aus Ω, welche die Eigenschaft A besitzen*. Damit muss einerseits jedes Ereignis als Teilmenge von Ω darstellbar und andererseits jede Teilmenge von Ω als Ereignis interpretierbar sein.

13

Definition
(1) Jede Teilmenge A der endlichen Ergebnismenge Ω heißt **Ereignis A.**
(2) Stellt sich das Ergebnis e ein und gilt $e \in A$, so sagt man, das **Ereignis A ist eingetreten.**
(3) Die Menge aller Teilmengen von Ω nennt man **Ereignisraum** und bezeichnet sie mit 2^Ω (oder in Anlehnung an *Potenzmenge* mit $\wp(\Omega)$).

Der Beweis könnte mittels der Methode der vollständigen Induktion erbracht werden.

Satz Besitzt Ω genau n Elemente ($|\Omega| = n$, $n \in \mathbb{N} \setminus \{0; 1\}$), so gibt es 2^n verschiedene Teilmengen von Ω, d. h. 2^n unterschiedliche Ereignisse in 2^Ω. Damit gilt also: $|2^\Omega| = 2^{|\Omega|}$

Ereignisse werden hier *definiert*, was man häufig durch die Bezeichnung „A := {Augenzahl nicht 3}" (also durch die Verwendung von „:=" im Sinne von *„sei definiert als"*) kennzeichnet. In diesem Buch wird auf eine solche Schreibweise verzichtet.

Zufallsexperiment:
einmaliges Werfen eines Tetraeders mit den Augenzahlen 1; 2; 3; 4
Ergebnismenge:
$\Omega = \{1; 2; 3; 4\}$ mit $|\Omega| = 4$
Einige Ereignisse:
A = {Augenzahl ist weder prim noch ungerade} = {4}
B = {Augenzahl ist gerade oder prim} = {2; 3; 4}
C = {Augenzahl ist kein Teiler von 12} = ∅
D = {Augenzahl ist nicht größer als 4} = Ω

Ereignisraum:

$2^\Omega = \{\emptyset, \{1\}, \{2\}, \{3\}, \{4\}, \{1; 2\}, \{1; 3\}, \{1; 4\}, \{2; 3\}, \{2; 4\}, \{3; 4\},$
$\{1; 2; 3\}, \{1; 2; 4\}, \{1; 3; 4\}, \{2; 3; 4\}, \Omega\}$

$|2^\Omega| = 2^{|\Omega|} = 2^4 = 16$

Wird eine 3 geworfen, so treten die folgenden acht Ereignisse ein, die alle dadurch gekennzeichnet sind, dass sie das Fallen der Augenzahl 3 – ggf. kombiniert mit anderen Augenzahlen – umfassen:
$\{3\}, \{1; 3\}, \{2; 3\}, \{3; 4\}, \{1; 2; 3\}, \{1; 3; 4\}, \{2; 3; 4\}, \{1; 2; 3; 4\} = \Omega$

Definition Die n einelementigen Teilmengen der n-elementigen Ergebnismenge Ω heißen **Elementarereignisse** oder auch **atomare Ereignisse.**

A nennt man **unmögliches Ereignis,** wenn $A = \emptyset$ gilt, und **sicheres Ereignis,** wenn $A = \Omega$ gilt. Es seien $A, B \in 2^\Omega$.

Symbol:	Sprechweise:	Mengenbild:
$\overline{A}$	Das **Gegenereignis (komplementäres Ereignis)** $\overline{A}$ (lies: *A quer*) tritt genau dann ein, wenn A nicht eintritt.	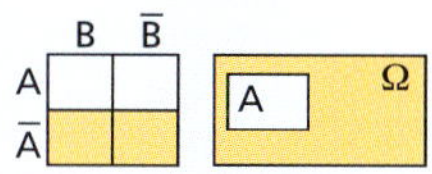
$B \subseteq A$	Das Ereignis B **zieht** das Ereignis A **nach sich.** Das heißt: Immer wenn B eintritt, tritt auch A ein.	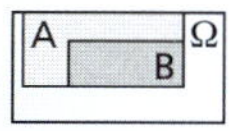
$A \cap B$	Das Ereignis **A und B** (A geschnitten [mit] B) tritt genau dann ein, wenn *sowohl* A *als auch* B eintritt.	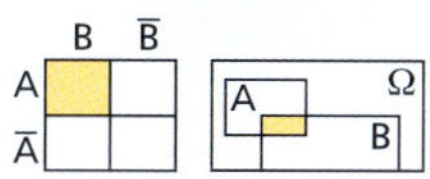
$A \cup B$	Das Ereignis **A oder B** (A vereinigt [mit] B) tritt genau dann ein, wenn *mindestens eines* der Ereignisse A, B eintritt.	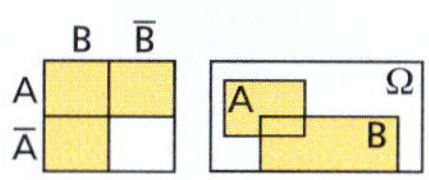
$A \setminus B$	Das Ereignis **A und nicht B** (A ohne B) tritt genau dann ein, wenn A *eintritt* und *gleichzeitig* B *nicht eintritt.* $A \setminus B = A \cap \overline{B}$	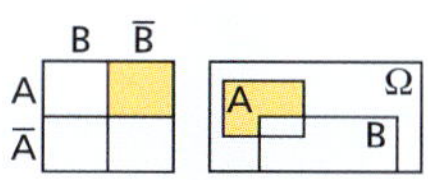
$\overline{A \cap B}$	**Höchstens eines** der Ereignisse A, B tritt ein, wenn *entweder* A *oder* B oder *keines von beiden* eintritt. $\overline{A \cap B} = \overline{A} \cup \overline{B}$	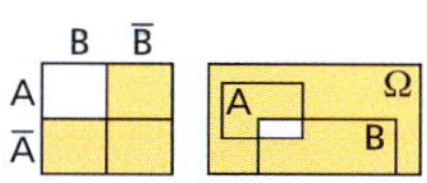

Die in der nebenstehenden Definition jeweils links stehenden Mengenbilder bezeichnet man als **Vierfeldertafeln** und die rechts stehenden als **Venn-Diagramme** (↗ Abschnitt 1.1.3).

▸ $\overline{A \cap B} = \overline{A} \cup \overline{B}$ und $\overline{A \cup B} = \overline{A} \cap \overline{B}$ werden als de morgansche Regeln bezeichnet.

AUGUSTUS DE MORGAN (1806 bis 1871), britischer Mathematiker und Logiker

Symbol:	Sprechweise:	Mengenbild:
$\overline{A \cup B}$	Das Ereignis **weder A noch B** tritt genau dann ein, wenn *keines der beiden* Ereignisse A, B eintritt. $\overline{A \cup B} = \overline{A} \cap \overline{B}$	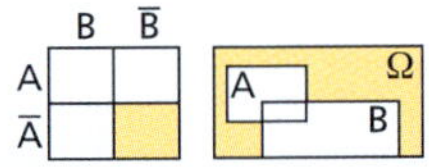
$(A \cap \overline{B}) \cup (\overline{A} \cap B)$	Das Ereignis **entweder A oder B** tritt genau dann ein, wenn *genau eines* der Ereignisse A, B eintritt.	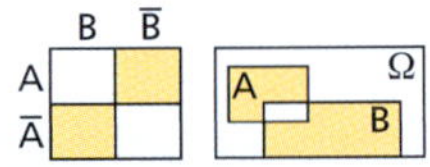
$A \cap B = \emptyset$	Die Ereignisse A und B sind **unvereinbar.** Das heißt: A und B können *nicht gleichzeitig* eintreten.	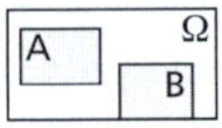

13.1.3 Absolute und relative Häufigkeiten; empirisches Gesetz der großen Zahlen

Bei der mathematischen Beschreibung eines Zufallsexperiments durch eine angemessene Ergebnismenge Ω und einen entsprechenden Ereignisraum 2^{Ω} fehlt noch ein *Maß für die jeweilige Gewissheit, für das „Wahr-Scheinen", für die Zufälligkeit des Eintretens eines Ereignisses* aus 2^{Ω}.
Im alltäglichen Sprachgebrauch gibt es ein solches „Maß" in einer gefühlsmäßig mehr oder weniger fest verankerten Form. Dabei reicht die zugehörige nichtnumerische Messskala von „unmöglich" bis „sicher" und weist viele (sich teilweise überlappende) Messbereiche wie „gewiss", „ziemlich sicher", „zweifelhaft", „wahrscheinlich", „höchst unwahrscheinlich" usw. auf. Dieses im Alltagsleben häufig hinreichend nützliche Maß der Zufälligkeit trägt stark subjektiven, meist nur qualitativen sowie oft intuitiven Charakter, wobei Erfahrungen eine wesentliche Rolle spielen. Ein solcher *subjektiver* Wahrscheinlichkeitsbegriff ist somit für eine *mathematische* Charakterisierung stochastischer Vorgänge ungeeignet.

Zu verlässlicheren Aussagen über den Grad der *Zufälligkeit des Eintretens eines Ereignisses* kann man gelangen, wenn man entsprechende Zufallsexperimente vielfach beobachtet und analysiert. Dies führt zu folgender Begriffsbildung:

Definition Die Zahl $H_n(A)$, die angibt, wie oft bei n-maligem Realisieren eines Zufallsexperiments das Ereignis A eingetreten ist, heißt die **absolute Häufigkeit** von A.

Absolute Häufigkeiten erhalten erst einen gewissen Informationswert, wenn man sie im Vergleich zur Gesamtzahl n der Realisierungen des Zufallsexperiments betrachtet:

> **Definition** Ist $H_n(A)$ die absolute Häufigkeit eines Ereignisses A bei n-maligem Realisieren eines Zufallsexperiments, so heißt
> $h_n(A) = \frac{H_n(A)}{n}$ die **relative Häufigkeit** des Ereignisses A.

Bei verschiedenen Realisierungsreihen eines Zufallsexperiments erhält man trotz jeweils gleichen n und A in der Regel verschiedene $H_n(A)$ und demzufolge ebenfalls verschiedene $h_n(A)$. Erfahrungen besagen jedoch, dass die relativen Häufigkeiten mit zunehmender Anzahl der Realisierungen des zufälligen Vorgangs in der Tendenz immer weniger schwanken, dass sie sich stabilisieren, wenngleich (im Unterschied zu Grenzwerten) auch immer wieder einmal etwas größere Abweichungen auftreten können. Diese Erkenntnisse über das Stabilisieren von relativen Häufigkeiten und damit die *abnehmenden* Raten des Informationsgewinns bei *größer werdenden* Realisierungsanzahlen des Zufallsexperiments fasst man in folgenden Satz:

Dieses **Stabilwerden von relativen Häufigkeiten** lässt sich beispielsweise durch Serien von Münzwürfen leicht veranschaulichen. Dafür kann auch die RANDOM-Funktion von Taschenrechnern Verwendung finden.

> **Satz Empirisches Gesetz der großen Zahlen**
> Ist A ein Ereignis, das bei einem zufälligen Vorgang beobachtet werden kann, dann stabilisieren sich die relativen Häufigkeiten $h_n(A)$ mit wachsender Anzahl n von Vorgangsrealisierungen jeweils gegen einen bestimmten Wert.

RICHARD VON MISES (1883 bis 1953), österreichischer Mathematiker

RICHARD VON MISES (1883 bis 1953) versuchte 1918, das empirische Gesetz der großen Zahlen mathematisch über den Grenzwertbegriff zu beschreiben, um auf diesem Weg eine Grundlage für eine mathematische Theorie des Zufalls zu legen. Dieser Theorieansatz von R. V. MISES wurde kontrovers diskutiert. Er fand Zustimmung bei den Anwendern, wurde jedoch von Mathematiktheoretikern aufgrund von innermathematischen Widersprüchen in seinen Grundannahmen abgelehnt.

13.1.4 Wahrscheinlichkeitsverteilung; Rechenregeln für Wahrscheinlichkeiten

Der Wert, gegen den sich die relativen Häufigkeiten $h_n(A)$ eines Zufallsexperiments stabilisieren, ist nur abhängig vom Ereignis A und scheint daher geeignet zu sein als ein *Maß* für die Zufälligkeit, für das „Wahr-Scheinen" des Eintretens von A, als ein Maß für seine **Wahrscheinlichkeit**. Es stellt sich aber nun die Frage, wie dieser stabile Wert (der zwar existiert, aber unbekannt ist) bestimmt werden kann, wenn es nicht möglich ist, bei hinreichend vielen Realisierungen des Zufallsexperiments das Eintreten bzw. Nichteintreten von A zu beobachten. Einen Ausweg fanden Mathematiker dadurch, dass sie aufhörten, ein Maß für die Zufälligkeit

Man spricht in diesem Zusammenhang auch vom *frequentistischen Wahrscheinlichkeitsbegriff* oder vom *statistischen Wahrscheinlichkeitsbegriff.*

frequens (lat.) – häufig, wiederholt

„explizit" durch eine umgangssprachliche Bedeutungsangabe exakt definieren zu wollen. Vielmehr versuchten sie, eine Definition *„implizit"* zu geben, indem sie – ähnlich wie bei der Charakterisierung der Schachfiguren – die Gültigkeit gewisser Regeln fordern für die Beziehungen zwischen dem Maß der Zufälligkeit und den Ereignissen, deren Zufälligkeit gemessen werden soll.

▶ Das Symbol P wird gewählt in Anlehnung an das lateinische Wort *probabilitas*, das *Wahrscheinlichkeit* bedeutet.

Solche *„normativen"* Festlegungen, die in diesem mathematischen System nicht zu beweisen sind, werden als **Axiome** (↗ Kapitel 1) bezeichnet. Ein (möglichst kleines und in sich widerspruchsfreies) System von Axiomen sollte einerseits einen bestimmten Teil der Realität modellhaft widerspiegeln und andererseits jene mathematiktypische begriffliche Exaktheit aufweisen, die für logisch zwingende Schlussfolgerungen, für mathematische Beweisführungen notwendig ist.

▶ Wahrscheinlichkeiten und relative Häufigkeiten sind *prinzipiell verschiedenartige* Begriffe: Relative Häufigkeiten machen Aussagen über bereits *durchgeführte* Zufallsexperimente, Wahrscheinlichkeiten dagegen über Chancen bei zukünftigen Experimenten.

Um einen **axiomatischen Wahrscheinlichkeitsbegriff** zu finden, um das Maß der Zufälligkeit implizit durch Axiome sinnvoll zu charakterisieren, werden – unter Berücksichtigung des empirischen Gesetzes der großen Zahlen (↗ Abschnitt 13.1.3) – einige Eigenschaften der relativen Häufigkeiten $h_n(A)$ betrachtet. Diese müssten nämlich beim Übergang zu ihren stabilen Werten, d. h. beim Übergang zu den Wahrscheinlichkeiten P(A), erhalten bleiben.

Für $\mathbf{h_n}$ gilt:	Für **P** müsste dann gelten:
Wenn A, $B \in 2^\Omega$, so	Wenn A, $B \in 2^\Omega$, so
1) $0 \le h_n(A)$,	1) $0 \le P(A)$,
2) $h_n(A) \le 1$,	2) $P(A) \le 1$,
3) $h_n(\Omega) = 1$,	3) $P(\Omega) = 1$,
4) $h_n(\emptyset) = 0$,	4) $P(\emptyset) = 0$,
5) $h_n(A \cup B) = h_n(A) + h_n(B)$ für $A \cap B = \emptyset$,	5) $P(A \cup B) = P(A) + P(B)$ für $A \cap B = \emptyset$,
6) $h_n(A \cup B) = h_n(A) + h_n(B) - h_n(A \cap B)$,	6) $P(A \cup B) = P(A) + P(B) - P(A \cap B)$,
7) $h_n(\overline{A}) = 1 - h_n(A)$,	7) $P(\overline{A}) = 1 - P(A)$,
8) $A \subseteq B \Rightarrow h_n(A) \le h_n(B)$.	8) $A \subseteq B \Rightarrow P(A) \le P(B)$.

ANDREI NIKOLAJEWITSCH KOLMOGOROW (1903 bis 1987)

Der russische Mathematiker ANDREI NIKOLAJEWITSCH KOLMOGOROW (1903 bis 1987) fand im Jahre 1933, dass bereits drei dieser acht Regeln für ein entsprechendes Axiomensystem genügen. Eingeschränkt auf endliche Ergebnismengen lautet das **Axiomensystem der Wahrscheinlichkeitstheorie von Kolmogorow:**

▶ Die Aussage des Axioms 3 bezeichnet man als speziellen Additionssatz.

Definition Eine Funktion P, die jeder Teilmenge A einer endlichen (Ergebnis-)Menge Ω eine reelle Zahl P(A) zuordnet, heißt **Wahrscheinlichkeitsverteilung** (Wahrscheinlichkeitsfunktion oder auch Wahrscheinlichkeitsmaß), wenn sie folgenden drei Bedingungen genügt:

Axiom 1 (Nichtnegativität): $P(A) \ge 0$

Axiom 2 (Normiertheit): $P(\Omega) = 1$

Axiom 3 (Additivität): $P(A \cup B) = P(A) + P(B)$, falls $A \cap B = \emptyset$

Aus den drei kolmogorowschen Axiomen lässt sich für die Wahrscheinlichkeitsverteilung P eine Reihe von Folgerungen gewinnen, die alle den Eigenschaften der relativen Häufigkeit entsprechen.

Satz Rechenregeln für Wahrscheinlichkeiten

Regel 1: Wahrscheinlichkeit des unmöglichen Ereignisses	Die Wahrscheinlichkeit des unmöglichen Ereignisses beträgt null, d. h., $\mathbf{P(\emptyset) = 0}$.
Regel 2: Wahrscheinlichkeit des sicheren Ereignisses	Die Wahrscheinlichkeit des sicheren Ereignisses beträgt eins, d. h., $\mathbf{P(\Omega) = 1}$.
Regel 3: Wahrscheinlichkeit eines Ereignisses	Die Wahrscheinlichkeit eines Ereignisses ist gleich der Summe der Wahrscheinlichkeiten all seiner Elementarereignisse. Das heißt: Umfasst A genau die Ergebnisse e_1 bis e_m, so gilt $\mathbf{P(A) = P(\{e_1\}) + P(\{e_2\}) + \ldots + P(\{e_m\})}$ und stets $\mathbf{0 \leq P(A) \leq 1}$.
Regel 4: Wahrscheinlichkeit des Gegenereignisses	Die Summe der Wahrscheinlichkeit eines Ereignisses und der ihres Gegenereignisses beträgt stets 1, d. h., $\mathbf{P(\overline{A}) = 1 - P(A)}$.
Regel 5: Additionsgesetz für zwei Ereignisse	Um die Wahrscheinlichkeit, dass A oder B eintritt, zu berechnen, addiert man die Wahrscheinlichkeit von A und die von B und subtrahiert von dieser Summe die Wahrscheinlichkeit dafür, dass sowohl A als auch B eintreten, d. h., $\mathbf{P(A \cup B) = P(A) + P(B) - P(A \cap B)}$.
Regel 6: Addition für zwei unvereinbare Ereignisse	Sind die Ereignisse A und B unvereinbar, so ist die Wahrscheinlichkeit, dass A oder B eintritt, gleich der Summe der Wahrscheinlichkeit von A und der von B, d. h., $\mathbf{P(A \cup B) = P(A) + P(B)}$ **für** $\mathbf{P(A \cap B) \neq \emptyset}$.

Die grundlegende Beweisidee zu den einzelnen Regeln liegt wegen des Axioms 3 in der Zerlegung eines Ereignisses in zwei geeignete (unvereinbare) Ereignisse. Zum Finden einer geeigneten Zerlegung können entsprechende Venn-Diagramme oder Vierfelder-Tafeln hilfreich sein.
Am Beweis für die **Regel 1** soll dies im Folgenden illustriert werden.

Beweis:

$1 = P(\Omega)$	nach Axiom 2
$1 = P(\Omega \cup \emptyset)$ mit $\Omega \cap \emptyset = \emptyset$	eine mögliche Zerlegung von Ω in die zwei unvereinbaren Ereignisse Ω und $\emptyset$
$1 = P(\Omega) + P(\emptyset)$	nach Axiom 3
$1 = 1 + P(\emptyset)$	nach Axiom 2
$0 = P(\emptyset)$	w. z. b. w.

Die Beweise zu den anderen Aussagen über **Eigenschaften einer Wahrscheinlichkeitsverteilung** können analog geführt werden.

Liegen die Wahrscheinlichkeiten P({e}) aller n atomaren Ereignisse $\{e\} \in 2^{\Omega}$ vor, so kann man insbesondere unter Verwendung des obigen Satzes die Wahrscheinlichkeiten aller zugehörigen 2^n Ereignisse ermitteln.

- Zufallsexperiment:
  dreistufiger Materialtest auf Reißfestigkeit (stufenweise Erhöhung der Belastung bis zum Zerreißen)

  Ergebnis i ($i \in \{1; 2; 3\}$): Material reißt bei Belastungsstufe (Bst.) i.
  Ergebnis 4: Material hält den Belastungsstufen 1 bis 3 stand.

  Wahrscheinlichkeitsverteilung:

e	1	3	4
P({e})	0,07	0,62	0,09

$P(\{2\}) = 1 - P(\{1\}) - P(\{3\}) - P(\{4\}) = 1 - 0{,}07 - 0{,}62 - 0{,}09 = 0{,}22$
$P(\{\text{hält der Bst. 2 stand}\}) = P(\{3; 4\}) = 0{,}62 + 0{,}09 = 0{,}71$
$P(\{\text{ist auf Bst. 2 zu testen}\}) = P(\{2; 3; 4\}) = 0{,}22 + 0{,}62 + 0{,}09 = 0{,}93$
oder
$= P(\overline{\{1\}}) = 1 - 0{,}07 = 0{,}93$

13.1.5 Vier- und Mehrfeldertafeln; Zerlegungen der Ergebnismenge

Beim Berechnen der Wahrscheinlichkeiten von Ereignissen ist es oft zweckmäßig, sich die entsprechenden Wahrscheinlichkeiten mittels einer Vier- oder Mehrfeldertafel zu veranschaulichen. In diesem Zusammenhang geht es immer um eine *Zerlegung* der Ergebnismenge W in Ereignisse, von denen bei jeder Realisierung des entsprechenden zufälligen Vorganges stets *genau eines* eintritt.

Definition Ereignisse $A_1, A_2, \ldots, A_m$ aus 2^{Ω} mit den folgenden drei Eigenschaften bilden eine **Zerlegung** der Ergebnismenge Ω:

(1) Jedes der Ereignisse besitzt eine positive Wahrscheinlichkeit, d.h., $P(A_i) > 0$ für alle $i \in \{1; 2; \ldots; m\}$.

(2) Die Ereignisse sind paarweise unvereinbar, d.h., $A_i \cap A_j = \emptyset$ für $i \neq j$.

(3) Die Vereinigung aller Ereignisse ist das sichere Ereignis, d.h., $A_1 \cup A_2 \cup \ldots \cup A_m = \Omega$.

Sind E und F zwei Ereignisse aus 2^{Ω}, so lässt sich Ω grob zerlegen in $\Omega = E \cup \overline{E}$ bzw. $\Omega = F \cup \overline{F}$ oder feiner in $\Omega = (E \cap F) \cup (\overline{E} \cap F) \cup (E \cap \overline{F}) \cup (\overline{E} \cap \overline{F})$:

E	$\overline{E}$

F	
$\overline{F}$	

	E	$\overline{E}$
F	$E \cap F$	$\overline{E} \cap F$
$\overline{F}$	$E \cap \overline{F}$	$\overline{E} \cap \overline{F}$

Trägt man im Innern und an den Rändern der Felder die entsprechenden Wahrscheinlichkeiten ein, so ergibt sich unter Anwendung des Additionssatzes die folgende Wahrscheinlichkeitsverteilung für die verfeinerte Zerlegung von Ω, die man als **Vierfeldertafel** bezeichnet:

	E	$\overline{E}$	
F	$P(E \cap F) = p_1$	$P(\overline{E} \cap F) = p_2$	$P(F) = p_1 + p_2$
$\overline{F}$	$P(E \cap \overline{F}) = p_3$	$P(\overline{E} \cap \overline{F}) = p_4$	$P(\overline{F}) = p_3 + p_4$
	$P(E) = p_1 + p_3$	$P(\overline{E}) = p_2 + p_4$	$1 = p_1 + p_2 + p_3 + p_4$

Aufgrund von Beobachtungen weiß man, dass beim Einschalten einer Anlage das Bauteil A mit der Wahrscheinlichkeit 0,070 und das Bauteil B mit der Wahrscheinlichkeit 0,10 ausfällt. Dass A und B ausfallen, tritt mit der Wahrscheinlichkeit 0,022 ein. Mit welcher Wahrscheinlichkeit fällt wenigstens eines dieser beiden Bauteile beim Einschalten der Anlage aus?

Um diese Aufgabe zu lösen, trägt man zuerst die gegebenen Wahrscheinlichkeiten $P(A) = 0{,}070$; $P(B) = 0{,}10$ und $P(A \cap B) = 0{,}022$ in eine Vierfeldertafel (I) ein und vervollständigt dann diese Tafel (II):

(I)

	B	$\overline{B}$	
A	0,022		0,07
$\overline{A}$			
	0,10		

(II)

	B	$\overline{B}$	
A	0,022	0,07 – 0,022 = 0,048	0,07
$\overline{A}$	0,10 – 0,022 = 0,078	0,93 – 0,078 = 0,852	1 – 0,07 = 0,93
	0,10	1 – 0,10 = 0,90	

Kann man aufgrund der gegebenen Werte in die Vierfeldertafel nur die Wahrscheinlichkeiten an den Rändern eintragen, so belegt man eine der Wahrscheinlichkeiten im Inneren mit einem Parameter, um die weiteren Wahrscheinlichkeiten dann in Abhängigkeit von diesem Parameter zu bestimmen **(Vierfeldertafel mit Parametern).**

Berechnen der gesuchten Wahrscheinlichkeit:

$P(A \cup B) = 0{,}078 + 0{,}022 + 0{,}048 = 0{,}148$ *oder*

$P(A \cup B) = 1 - 0{,}852 = 0{,}148$ *oder*

$P(A \cup B) = 0{,}07 + 0{,}10 - 0{,}022 = 0{,}148$

Das folgende Beispiel führt auf eine **Mehrfeldertafel:**

Die Ereignisse E_1, E_2 und E_3 mögen eine Zerlegung der Ergebnismenge Ω bilden. Mittels der vervollständigten Sechsfeldertafel sind die Wahrscheinlichkeiten P({E_1 oder E_2 tritt ein}), P({E_2 und E_3 treten ein}) und P({es tritt E_3 oder nicht A ein}) zu berechnen.

	E_1	E_2	E_3	
A	0,10	p_1	0,30	0,80
$\overline{A}$	p_2	p_3	0,01	p_4
	p_5	0,50	p_6	

$p_1 = 0{,}80 - 0{,}10 - 0{,}30 = 0{,}40$
$p_4 = 1 - 0{,}80 = 0{,}20$
$p_3 = 0{,}50 - p_1 = 0{,}10$
$p_2 = p_4 - 0{,}01 - p3 = 0{,}09$
$p_5 = 0{,}10 + p_2 = 0{,}19$
$p_6 = 1 - p_5 - 0{,}50 = 0{,}31$

P({E_1 oder E_2 tritt ein}) $= P(E_1 \cup E_2) = p_5 + 0{,}50 = 0{,}69$
P({E_2 und E_3 treten ein}) $= P(E_2 \cap E_3) = P(\emptyset) = 0$
P({E_3 oder nicht A tritt ein}) $= P(E_3 \cup \overline{A}) = 0{,}30 + 0{,}01 + p_3 + p_2$
$= 0{,}30 + p_4 = 0{,}50$

13

13.2 Gleichverteilung (Laplace-Experimente)

13.2.1 Der Begriff *Gleichverteilung*

Zufallsexperimente, bei denen eine Gleichverteilung sinnvollerweise angenommen werden kann, wurden insbesondere von dem französischen Mathematiker Marquis PIERRE SIMON DE LAPLACE untersucht. Ihm zu Ehren wurden sie deshalb als **Laplace-Experimente** bezeichnet.

SIMON DE LAPLACE (1749 bis 1827)

Zum **Beweis des Satzes über die Wahrscheinlichkeit bei Laplace-Experimenten** folgt man der Grundidee, ein geeignetes Ereignis (hier Ω) in geeignete (unvereinbare) Ereignisse (hier atomare Ereignisse) zu zerlegen.

Definition Die Wahrscheinlichkeitsverteilung eines Zufallsexperiments (mit endlicher Ergebnismenge) heißt **Gleichverteilung,** wenn alle zugehörigen atomaren Ereignisse die gleiche Wahrscheinlichkeit besitzen, also **gleichwahrscheinlich** sind. Diese Bedingung nennt man **Laplace-Annahme.** Kann man bei einem Zufallsexperiment von der Gültigkeit der Laplace-Annahme ausgehen, so spricht man von einem **Laplace-Experiment.**

Wenn also $\Omega = \{e_1; e_2; \ldots; e_n\}$ die Ergebnismenge eines zufälligen Vorganges ist, so heißt die Wahrscheinlichkeitsverteilung P dann Gleichverteilung, falls $P(\{e_1\}) = \ldots = P(\{e_n\}) = p$ gilt. Diese Bedingung wird erfüllt, wenn die Wahrscheinlichkeit p den Wert $\frac{1}{n}$ hat. Ein einfaches Beispiel ist das Zufallsexperiment *„einmaliges Werfen eines normalen (nicht gezinkten) Würfels"* mit der Ergebnismenge $\Omega = \{1; 2; 3; 4; 5; 6\}$, für das dann $p = \frac{1}{6}$ gelten würde. $p = \frac{1}{n}$ ist aber auch die einzige Möglichkeit, um der genannten Forderung zu genügen, und stellt deshalb nicht nur eine hinreichende, sondern auch eine notwendige Bedingung für das Vorliegen einer Gleichverteilung dar.

Satz **Wahrscheinlichkeit bei Laplace-Experimenten**
Für jedes Laplace-Experiment gilt: Besteht $\Omega = \{e_1; e_2; \ldots; e_n\}$ aus n Ergebnissen, so tritt jedes Ergebnis e_i ($i \in \{1; 2; \ldots; n\}$) mit der Wahrscheinlichkeit $P(\{e_i\}) = \frac{1}{n} = \frac{1}{|\Omega|}$ ein.

Die Modellannahme „Gleichverteilung" bei einem Zufallsexperiment (mit endlicher Ergebnismenge) kann mit sehr unterschiedlichen sprachlichen Wendungen „signalisiert" werden – z. B.:

- „Man kann auf jedes Ergebnis des Zufallsexperiments *mit der gleichen Chance* setzen."
- „*Keines* der möglichen Ergebnisse des Zufallsexperiments ist hinsichtlich seines Eintretens *bevorzugt.*"
- „Es wird mit einem idealen (*symmetrischen, fairen, einwandfreien, ungezinkten, homogenen, nicht manipulierten, Laplace-, L-*) Würfel geworfen."
- Vier äußerlich gleiche Kugeln werden *„auf gut Glück" („blind", „rein zufällig", „wahllos")* einer Urne entnommen usw.

Wenn man keinen Grund hat, das Eintreten irgendeines der Ergebnisse eines Zufallsexperiments für wahrscheinlicher als das der anderen Ergebnisse zu halten, dann geht man von der Gültigkeit der Laplace-Annahme aus. Dieses von LAPLACE angegebene *Prinzip des unzureichenden Grundes* sollte vor allem durch geometrische oder physikalische Symmetrien objektiviert werden.

a) Werfen einer „idealen" Münze:
$\Omega = \{W; Z\}$; $|\Omega| = 2$; $P(\{W\}) = P(\{Z\}) = \frac{1}{2}$

b) Inge entnimmt einer Urne mit vier gleichartigen von 1 bis 4 nummerierten Kugeln „auf gut Glück" zwei Kugeln gleichzeitig:
$\Omega = \{(1; 2), (1; 3), (1; 4), (2; 3), (2; 4), (3; 4)\}$; $|\Omega| = 6$;
$P(\{(1; 2)\}) = P(\{(1; 3)\}) = \ldots = P(\{(3; 4)\}) = \frac{1}{6}$

c) Jörn dreht zwei Mal ein Glücksrad mit drei gleich großen und mit 1, 2, 3 durchnummerierten Sektoren:
$\Omega = \{(1; 1), (1; 2), (1; 3), (2; 1), (2; 2), (2; 3), (3; 1), (3; 2), (3; 3)\}$;
$|\Omega| = 9$; $P(\{(1; 1)\}) = P(\{(1; 2)\}) = \ldots = P(\{(3; 3)\}) = \frac{1}{9}$

13.2.2 Rechenregel für die Gleichverteilung (Laplace-Regel)

Tritt jedes der n Ergebnisse aus $\Omega = \{e_1; e_2; \ldots; e_n\}$ mit derselben Wahrscheinlichkeit $\frac{1}{n}$ ein, so berechnet sich die Wahrscheinlichkeit P(A) eines beliebigen Ereignisses $A \subseteq \Omega$ nach den Rechenregeln für Wahrscheinlichkeiten (↗Abschnitt 13.1.4) als Summe der Wahrscheinlichkeiten seiner |A| atomaren Ereignisse, die aber alle gleich $\frac{1}{n}$ sind:
$P(A) = |A| \cdot \frac{1}{n} = \frac{|A|}{n} = \frac{|A|}{|\Omega|}$

Satz Laplace-Regel
Für jedes Ereignis $A \in 2^{\Omega}$ gilt die Rechenregel:
$P(A) = \frac{|A|}{|\Omega|}$ bzw. $P(A) = \frac{\text{Anzahl der für A günstigsten Ergebnisse}}{\text{Anzahl aller möglichen Ergebnisse}}$.

▶ 1812 hielt LAPLACE den Begriff *Wahrscheinlichkeit* in dieser ersten formalen, aber eingeschränkten Form fest.

Den mit obiger Rechenregel aufgrund der Laplace-Annahme ermittelten Wert $P(A) = \frac{|A|}{|\Omega|}$ nennt man häufig **Laplace-Wahrscheinlichkeit** von A oder auch **klassische Wahrscheinlichkeit** von A.

Für das einmalige Werfen eines idealen Würfels gilt:
$\Omega = \{1, 2, 3, 4, 5, 6\}$; $|\Omega| = 6$ sowie $P(\{1\}) = P(\{2\}) = \ldots = P(\{6\}) = \frac{1}{6}$
Daraus folgt beispielsweise:
$P(\{\text{Augenzahl ist 2 oder 3}\}) = P(\{2; 3\}) = \frac{2}{6} = 0{,}\overline{3}$
$P(\{\text{Augenzahl ist ungerade}\}) = P(\{1; 3; 5\}) = \frac{3}{6} = 0{,}5$
$P(\{\text{Augenzahl ist 7}\}) = P(\emptyset) = \frac{0}{6} = 0$
$P(\{\text{Augenzahl ist kleiner als 10}\}) = P(\Omega) = \frac{6}{6} = 1$

Gegeben sei ein vierreihiges Galton-Brett. Dieses besteht aus vier Reihen von Hindernissen, wobei sich in der k-ten Reihe genau k ($k \in \{1; 2; 3; 4\}$) Hindernisse befinden. Unter der vierten Reihe sind fünf Fächer angebracht. Wir lassen nun eine Kugel geeigneter Größe von oben durch alle Reihen herunterrollen. An jedem Hindernis hat die Kugel dieselbe Chance, nach rechts (r) bzw. nach links (l) (aus der Sicht der rollenden Kugel) abgelenkt zu werden. Wie groß ist die Wahrscheinlichkeit dafür, dass die Kugel in das Fach II fällt?

FRANCIS GALTON (1822 bis 1911), englischer Naturforscher und Schriftsteller

Lösung:

I	II	III	IV	V
		(r; r; l; l) (r; l; r; l)		
	(r; r; r; l) (r; r; l; r) (r; l; r; r)	(l; r; r; l) (r; l; l, r) (l; r; l; r)	(r; l; l; l) (l; r; l; l) (l; l; r; l)	
(r; r; r; r)	(l; r; r; r)	(l; l; r; r)	(l; l; l; r)	(l; l; l; l)

Die zugehörige Ergebnismenge Ω enthält genau 16 Elemente ($|\Omega| = 16$). Für den Weg der Kugel gibt es also insgesamt 16 Möglichkeiten, wobei jeder dieser Wege dieselbe Chance hat, von der Kugel eingeschlagen zu werden. Damit gilt die Laplace-Annahme.

Für das Ereignis, dass die Kugel in das Fach II fällt, sind alle *die* Ergebnisse günstig, die *genau eine* Linksablenkung (l) beschreiben:
P({die Kugel fällt ins Fach II})
$= P(\{(r; r; r; l), (r; r; l; r), (r; l; r; r), (l; r; r; r)\}) = \frac{4}{16} = 0{,}25$

▶ Nicht immer ist die Annahme der Gleichverteilung so offensichtlich oder direkt möglich, wie z. B. das sog. **d'alambertsche Paradoxon** zeigt. Es kann sich ggf. als günstig erweisen, für eine Wahrscheinlichkeitsverteilung, die keine Gleichverteilung ist, durch Vergrößerung („Verfeinerung") von Ω eine andere Ergebnismenge Ω_L so zu ermitteln, dass alle neuen atomaren Ereignisse von Ω_L tatsächlich gleichverteilt sind.

Die mathematische Untersuchung von Laplace-Experimenten erweist sich nicht nur für Glücksspiele als nützlich, sondern viele reale zufällige Vorgänge lassen sich – zumindest angenähert – als Laplace-Experimente auffassen: Fällt beim einmaligen Münzwurf „Zahl" oder „Wappen"? Wird das zu erwartende Kind ein Mädchen oder ein Junge? Beide zufälligen Vorgänge können – zumindest angenähert (es gibt einen Überschuss an Jungengeburten von etwa 51 : 49) – durch dasselbe stochastische Modell, nämlich eine zweielementige Ergebnismenge $\Omega = \{1; 0\}$ und die Gleichverteilung mit $P(\{1\}) = P(\{0\}) = \frac{1}{2}$, beschrieben werden.

13.2.3 Pfadregeln

Kann man bei einem Zufallsexperiment davon ausgehen, dass alle seine atomaren Ereignisse gleichverteilt sind, so lassen sich die gesuchten Wahrscheinlichkeiten $P(A) = \frac{|A|}{|\Omega|}$ durch Abzählen der „für A günstigen" und der „möglichen" Ergebnisse bestimmen. Damit man sich auch bei etwas komplizierteren, mehrstufigen Laplace-Experimenten nicht verzählt, d. h. einerseits *wirklich alle* Möglichkeiten zählt und andererseits auch *keine* Möglichkeit *mehrfach* zählt, lässt sich ein **Baumdiagramm** nutzen. Um daraus auch die entsprechende Wahrscheinlichkeitsverteilung ablesen zu können, schreibt man an jede Verzweigung die Wahrscheinlichkeit, mit der das entsprechende Ergebnis bzw. Ereignis dieser Stufe eintritt.

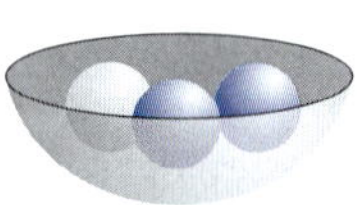

Zufallsexperiment:
Aus einer Urne mit genau drei Kugeln (zwei blauen und einer weißen) werden nacheinander, ohne Zurücklegen und „auf gut Glück" zwei Kugeln entnommen.
Gesucht:
P(A) = P({die weiße Kugel wird als zweite Kugel entnommen})

Baumdiagramm:

Da die Laplace-Annahme für Ω_L gerechtfertigt ist, tritt jedes seiner Ergebnisse mit der Wahrscheinlichkeit

$\frac{1}{|\Omega_L|} = \frac{1}{6} = 0{,}1\overline{6}$ ein.

Nach der Laplace-Regel erhält man somit für die gesuchte Wahrscheinlichkeit

$P(A) = P(\{(b_1; w), (b_2; w)\})$

$= \frac{|A|}{|\Omega_L|} = \frac{2}{6} = \frac{1}{3}.$

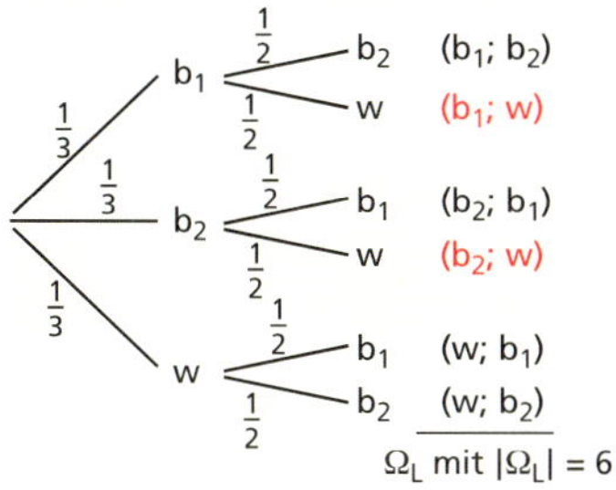

Generell (und unabhängig vom Zutreffen der Laplace-Annahme im jeweiligen Fall) gelten folgende Regeln für Baumdiagramme von mehrstufigen Zufallsexperimenten:

Satz **Erste Pfadregel (Produktregel):**
Die Wahrscheinlichkeit eines atomaren Ereignisses ist gleich seiner Pfadwahrscheinlichkeit (d. h. gleich dem Produkt der Wahrscheinlichkeiten entlang des Pfades, der dem zugehörigen Ergebnis entspricht).

Zweite Pfadregel (Summenregel):
Die Wahrscheinlichkeit eines Ereignisses ist gleich der Summe aller Pfadwahrscheinlichkeiten seiner zugehörigen atomaren Ereignisse.

Verzweigungsregel:
Die Summe aller Wahrscheinlichkeiten an den Ästen, die von ein und demselben Verzweigungspunkt ausgehen, ist stets 1.

▶ Die exakten Beweise der beiden Pfadregeln ergeben sich aus der Herleitung der Sätze im Abschnitt 13.3.2.

13.2.4 Zählprinzip bei k-Tupeln

Ein Zufallsexperiment bestehe darin, dass zuerst eine L-Münze, dann ein L-Würfel, anschließend ein L-Tetraeder und zum Schluss nochmals eine L-Münze geworfen wird. Wie groß ist die Wahrscheinlichkeit des Ereignisses

A = {mit den beiden Münzen das Gleiche, mit dem Würfel eine gerade und mit dem Tetraeder eine Primzahl werfen}?

Es handelt sich um ein vierstufiges Zufallsexperiment, das auf jeder Stufe die Laplace-Annahme erfüllt. Deshalb ist die Wahrscheinlichkeit von A nach der Laplace-Regel $P(A) = \frac{|A|}{|\Omega|}$ zu bestimmen. Das Problem des Berechnens von P(A) reduziert sich somit auf das Bestimmen der Anzahlen $|\Omega|$ und $|A|$.

Im vorliegenden Fall lässt sich jedes Ergebnis des Zufallsexperiments als ein 4-Tupel darstellen, wobei

- die erste Koordinate des 4-Tupels mit den möglichen Ergebnissen der *ersten Stufe*, d. h. mit den Ergebnissen W oder Z des ersten Münzwurfes,

▶ Solche mehr oder weniger komplizierten Anzahlbestimmungen sind Gegenstand der **Kombinatorik,** der Kunst des geschickten und teilweise trickreichen Abzählens.
combinare (lat.) – zusammenstellen, verbinden

- die zweite Koordinate mit den möglichen Ergebnissen der *zweiten Stufe*, d. h. mit den Augenzahlen 1, 2, 3, 4, 5, 6 des Würfelwurfes,
- die *dritte* Koordinate mit den möglichen Ergebnissen der *dritten Stufe*, d.h. mit den Augenzahlen 1, 2, 3, 4 des Tetraederwurfes,
- die *vierte* Koordinate mit den möglichen Ergebnissen der *vierten Stufe*, d.h. mit den Ergebnissen W oder Z des zweiten Münzwurfes

belegt werden kann. Den Sachverhalt veranschaulicht nachfolgendes (hier allerdings nur teilweise ausgeführtes) Baumdiagramm:

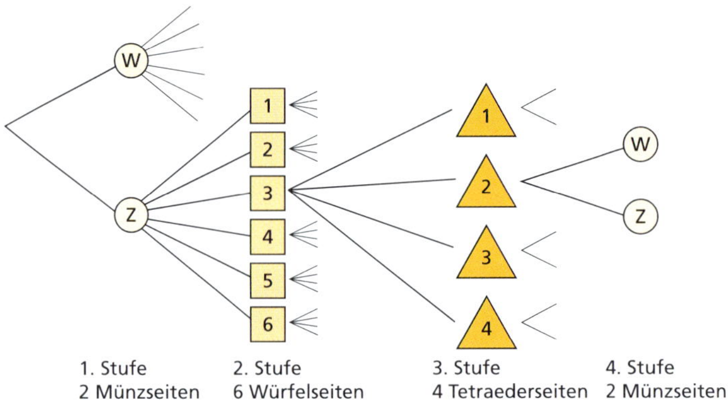

Als Ergebnismenge erhält man somit:
$\Omega = \{(m_1; w; t; m_2) \mid m_1, m_2 \in \{W; Z\}, w \in \{1; 2; 3; 4; 5; 6\}, t \in \{1; 2; 3; 4\}\}$ mit $|\Omega| = 2 \cdot 6 \cdot 4 \cdot 2$

Interessiert nun z.B., wie viele Ergebnisse zu dem eingangs genannten Ereignis $A \in 2^{\Omega}$ gehören, so zählt man analog ab:

$$|A| = |\{(m_1; w; t; m_2) \in \Omega \mid m_1 \in \{W; Z\}, w \in \{2; 4; 6\}, t \in \{2; 3\}, m_2 = m_1\}|$$
$$= 2 \cdot 3 \cdot 2 \cdot 1$$

Als Wahrscheinlichkeit von A ergibt sich:

$$P(A) = \frac{|A|}{|\Omega|} = \frac{2 \cdot 3 \cdot 2 \cdot 1}{2 \cdot 6 \cdot 4 \cdot 2} = \frac{1}{8} = 0{,}125$$

Satz Zählprinzip für k-Tupel
Wenn ein Ereignis A aus den k-Tupeln $(a_1; a_2; \ldots; a_k)$ besteht, wobei
- für das 1. Tupelelement a_1 genau n_1 Auswahlmöglichkeiten,
- für das 2. Tupelelement a_2 genau n_2 Auswahlmöglichkeiten,

…
- für das k-te Tupelelement a_k genau n_k Auswahlmöglichkeiten

existieren, so gibt es $\mathbf{n_1 \cdot n_2 \cdot \ldots \cdot n_k}$ verschiedene solcher k-Tupel, d.h. $n_1 \cdot n_2 \cdot \ldots \cdot n_k$ verschiedene Ergebnisse in A.

Man kann auch sagen:

Die Anzahl der
- k-Tupel, für deren Koordinaten es n_1, n_2 … bzw. n_k Auswahlmöglichkeiten gibt,

- Möglichkeiten, aus jeder der k Mengen mit n_1, n_2, ... bzw. n_k Elementen genau ein Element auszuwählen,
- Ergebnisse eines k-stufigen Zufallsexperiments mit n_1, n_2, ... bzw. n_k (unabhängig voneinander eintretenden) Ergebnissen auf den einzelnen Stufen

beträgt stets $\mathbf{n_1 \cdot n_2 \cdot \ldots \cdot n_k}$.

Es ist zu untersuchen, wie viele Ergebnisse beim gleichzeitigen Werfen von fünf verschiedenfarbigen Laplace-Würfeln möglich sind.

Sinnvollerweise stellt man jedes mögliche Ergebnis dieses Zufallsexperiments als 5-Tupel $(w_1; w_2; w_3; w_4; w_5)$ dar, bei dem jeweils die erste Koordinate w_1 angibt, welche Augenzahl mit dem ersten Würfel geworfen wird, die zweite Koordinate w_2, welche Augenzahl mit dem zweiten Würfel geworfen wird usw. bis zur fünften Koordinate w_5. Als Ergebnismenge W ergibt sich dann:
$\Omega = \{(w_1; w_2; w_3; w_4; w_5) \mid w_1, w_2, w_3, w_4, w_5 \in \{1; 2; 3; 4; 5; 6\}\}$
Nach dem Zählprinzip für n-Tupel erhalten wir
$|\Omega| = 6 \cdot 6 \cdot 6 \cdot 6 \cdot 6 = 6^5$, da alle Koordinaten w_1 bis w_5 jeweils die sechs Belegungsmöglichkeiten 1, 2, 3, 4, 5, 6 besitzen.

Das Zählprinzip für k-Tupel wird nun auf den speziellen Fall angewendet, dass die einzelnen k-Tupel sich lediglich durch die *Anordnung* der zur Verfügung stehenden k Elemente unterscheiden. Das heißt: Für jedes der k-Tupel wird die gesamte Menge „aufgebraucht".
In einem solchen Fall stehen k Auswahlmöglichkeiten für die Koordinate a_1, für a_2 noch (k – 1) Möglichkeiten, für a_3 noch (k – 2) Möglichkeiten usw. und schließlich für a_k nur noch 1 „Auswahl"-Möglichkeit zur Verfügung. Die Gesamtzahl der Anordnungsmöglichkeiten oder **Permutationen** beträgt damit insgesamt $k \cdot (k-1) \cdot (k-2) \cdot \ldots \cdot 1$. Man schreibt für ein solches Produkt $k \cdot (k-1) \cdot (k-2) \cdot \ldots \cdot 1$ auch **k!** (gesprochen *„k Fakultät"*).
Für den obigen Sachverhalt gibt es folgende Formulierungsvarianten:

Spezialfall:
Die k-Tupel $(a_1; a_2; \ldots; a_k)$ mit $|\{a_1; a_2; \ldots; a_k\}| = k$ werden aus den Elementen einer k-elementigen Menge gebildet.

Die Anzahl der
- k-Tupel, deren Koordinaten verschiedene Elemente aus einer k-elementigen Menge sind;
- Möglichkeiten, die Elemente einer k-elementigen Menge anzuordnen; oder (in der Sprechweise der Kombinatorik)
- die Anzahl der verschiedenen **Permutationen von k Elementen (ohne Wiederholung)**

beträgt jeweils $\mathbf{k \cdot (k-1) \cdot (k-2) \cdot \ldots \cdot 1 = k!}$ $(k \in \mathbb{N} \setminus \{0\})$.

Wie viele verschiedene Tipps gibt es beim Fußballtoto (13er-Wette)?

Zufallsexperiment:
13-stufiges Zufallsexperiment, bei dem auf der i-ten Stufe der zufällige Ausgang des i-ten Spiels $(i \in \{1; 2; \ldots; 13\})$ registriert wird.

Ergebnismenge:
$\Omega = \{(s_1; s_2; \ldots; s_{13}) \mid s_1, s_2, \ldots, s_{13} \in \{0; 1; 2\}\}$ und für $i \in \{1; 2; \ldots; 13\}$

$$s_i = \begin{cases} 0, & \text{wenn das i-te Spiel unentschieden endet;} \\ 1, & \text{wenn beim i-ten Spiel die Heimmannschaft gewinnt;} \\ 2, & \text{wenn beim i-ten Spiel die Gastmannschaft gewinnt.} \end{cases}$$

TOTO · *Ergebniswette*

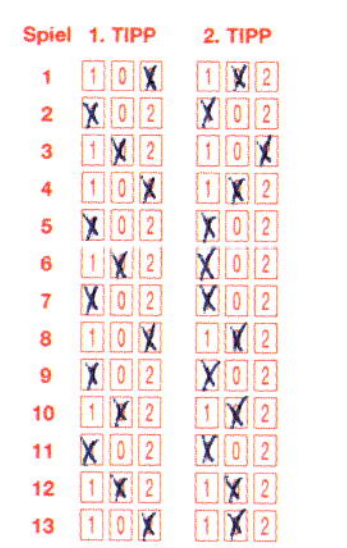

Anzahl der möglichen Ergebnisse, der *Variationen mit Wiederholung:*
$|\Omega| = 3 \cdot 3 \cdot \ldots \cdot 3 = 3^{13} = 1\,594\,323$, da alle Koordinaten s_1 bis s_{13} jeweils die drei Belegungsmöglichkeiten 0, 1, 2 besitzen.
Interpretation:
Es gibt 1 594 323 verschiedene Fußballtoto-Tipps.

13.2.5 Zählprinzip bei n-elementigen Mengen

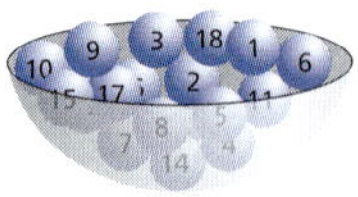

In einer Urne mögen sich genau 18 von 1 bis 18 durchnummerierte Kugeln befinden. Dieser Urne werden nacheinander „auf gut Glück" genau fünf Kugeln entnommen, ohne dass man dabei eine Kugel wieder zurücklegt. Es ist die Wahrscheinlichkeit für das Ereignis A = {es werden genau drei Kugeln mit Primzahlnummern entnommen} zu bestimmen.

Es wird zuerst eine geeignete Ergebnismenge Ω ermittelt. Da man die fünf Kugeln nacheinander entnimmt, ist jedes Ergebnis als ein 5-Tupel $(k_1;\ k_2;\ k_3;\ k_4;\ k_5)$ zu schreiben, wobei jedes k_i die Nummer der i-ten gezogenen Kugel angibt. Außerdem ist zu beachten, dass die Kugeln ohne Zurücklegen entnommen werden, d.h., die k_1 bis k_5 müssen jeweils fünf verschiedene Zahlen sein. Damit wäre folgende Ergebnismenge geeignet:

$$\Omega_T = \{(k_1;\ k_2;\ k_3;\ k_4;\ k_5) \mid k_1;\ k_2;\ k_3;\ k_4;\ k_5 \in \{1;\ 2;\ \ldots\ 17;\ 18\} \text{ und } |\{k_1;\ k_2;\ k_3;\ k_4;\ k_5\}| = 5\} \text{ mit } |\Omega_T| = 18 \cdot 17 \cdot 16 \cdot 15 \cdot 14$$

Weil im vorliegenden Fall für das Ereignis A die Reihenfolge der herausgenommenen Kugeln uninteressant ist, wäre es sinnvoller, statt der 5-Tupel als Ergebnisse fünfelementige Mengen zu wählen:

$$\Omega_M = \{\{k_1;\ k_2;\ k_3;\ k_4;\ k_5\} \mid k_1;\ k_2;\ k_3;\ k_4;\ k_5 \in \{1;\ 2;\ \ldots\ 17;\ 18\} \text{ und } |\{k_1;\ k_2;\ k_3;\ k_4;\ k_5\}| = 5\}$$

▶ Im Unterschied zu Ω_T ist hier k_i nicht mehr die Nummer der als i-te gezogenen Kugel, sondern die Nummer einer beliebigen Kugel aus allen gezogenen (mit $k_i \neq k_j$; $i, j \in \{1; \ldots; 5\}$).

Diese Ergebnismenge Ω_M hat weniger Elemente als Ω_T. Da all den 5! Stück von 5-Tupeln aus Ω_T, die sich nur in der Reihenfolge ihrer Koordinatenbelegung unterscheiden, genau ein Element in Ω_M entspricht, gilt:

$$|\Omega_M| = \frac{|\Omega_T|}{5!} = \frac{18 \cdot 17 \cdot 16 \cdot 15 \cdot 14}{5!} = \frac{18 \cdot 17 \cdot 16 \cdot 15 \cdot 14 \cdot 13!}{5! \cdot 13!} = \frac{18!}{5! \cdot 13!} = \binom{18}{5}$$

Um die Wahrscheinlichkeit P(A) bestimmen zu können, wird noch die Anzahl |A| der für A „günstigen" Ergebnisse benötigt, die sich analog zu $|\Omega_M|$ berechnen lässt. Die Anzahl |A| ist gleich dem Produkt aus

▶ Die als **Binomialkoeffizient** bezeichnete Kurzschreibweise $\binom{n}{k}$ (gesprochen n über k) bedeutet: $\binom{n}{k} = \frac{n!}{k! \cdot (n-k)!}$ für $n, k \in \mathbb{N}$ und $k \leq n$ sowie $0! = 1$.

- der Anzahl $\binom{7}{3}$ der Möglichkeiten, aus 7 Primzahlen genau 3 auszuwählen, und
- der Anzahl $\binom{11}{2}$ der Möglichkeiten, aus 11 Nichtprimzahlen genau 2 auszuwählen.

Somit ergibt sich: $P(A) = \dfrac{\binom{7}{3} \cdot \binom{11}{2}}{\binom{18}{5}} \approx 0{,}22$

Beim Berechnen der Wahrscheinlichkeit P(A) wurde – ausgehend vom Zählprinzip für (geordnete) k-Tupel – ein Zählprinzip für (nicht geordnete) Mengen verwendet:

Satz Zählprinzip für Mengen
Die Anzahl der k-elementigen Teilmengen einer n-elementigen Menge ($k \leq n$) ist $\binom{n}{k}$.

Man kann auch sagen: Die Anzahl
- aller Möglichkeiten, k Elemente aus einer n-elementigen Menge auszuwählen;
- der **ungeordneten Stichproben ohne Zurücklegen** vom Umfang k aus einer n-elementigen Menge;
- der Möglichkeiten, in einem n-Tupel genau k Plätze zu reservieren;

oder (in der Sprechweise der Kombinatorik) die Anzahl
- der **Kombinationen ohne Wiederholung von n Elementen zur k-ten Klasse**

beträgt jeweils $\binom{n}{k} = \frac{n!}{k! \cdot (n-k)!}$ (für $n, k \in \mathbb{N}$, $k \leq n$).

Es ist die Wahrscheinlichkeit P(A) dafür zu bestimmen, dass beim Zahlenlotto „6 aus 49" (ohne Zusatzzahl) die Zahl 40 als größte der sechs Gewinnzahlen gezogen wird.

Ergebnismenge:
$\Omega = \{\{z_1; \ldots; z_6\} \mid z_1, \ldots, z_6 \in \{1; \ldots; 49\}$ und $z_1 < z_2 < \ldots < z_6\}$
$|\Omega| = \binom{49}{6} = 13\,983\,816$ ist die Anzahl der Möglichkeiten, aus den 49 Kugeln die sechs verschiedenen Gewinnkugeln auszuwählen.

Ereignis:
$A = \{\{z_1; \ldots; z_5; 40\} \mid z_1, \ldots, z_5 \in \{1; \ldots; 39\}$ und $z_1 < z_2 < \ldots < z_5\}$
$|A| = \binom{39}{5} = 575\,757$ ist die Anzahl der Möglichkeiten, aus den 39 Kugeln mit einer Nummer kleiner als 40 die fünf verschiedenen noch auszuwählenden Kugeln „auf gut Glück" zu ziehen.

Wahrscheinlichkeit:
$P(A) = \frac{|A|}{|\Omega|} = \frac{\binom{39}{5}}{\binom{49}{6}} \approx 0{,}041$ (da die Laplace-Annahme hier gerechtfertigt ist)

Wäre die *Reihenfolge* der k Elemente zu berücksichtigen, so entständen aus jeder k-elementigen Teilmenge dann k! von k-Tupeln. Ihre Gesamtzahl wäre:
$\frac{n!}{k! \cdot (n-k)!} \cdot k!$
$= \frac{n!}{(n-k)!}$
$= n \cdot (n-1) \cdot \ldots$
$\cdot \ldots \cdot (n-k+1)$

In der Kombinatorik spricht man dann von **Variationen ohne Wiederholung.**

Um richtig zu entscheiden, welche der genannten Zählprinzipien einzusetzen sind, muss man jeweils prüfen, ob
- ein Auswahlproblem vorliegt,
- die Anordnung/Reihenfolge der ausgewählten Elemente zu beachten ist,
- Elemente mehrfach auftreten können.

13

13.2.6 Urnenmodelle; Ziehen mit und ohne Zurücklegen; hypergeometrische Verteilung

Besteht die Möglichkeit, zu einem praktischen zufälligen Vorgang ein Urnenmodell mit *derselben Struktur* (also z. B. mit einem völlig analogen Baumdiagramm beschreibbar) zu konstruieren, so können solche realen Vorgänge **nachgespielt,** sie können **simuliert** und interessierende Wahrscheinlichkeiten von Ereignissen unter Verwendung von relativen Häufigkeiten mit hinreichender Genauigkeit experimentell ermittelt werden.

Simulationen sind besonders dann von großem Wert, wenn sich die realen Zufallsexperimente gar nicht bzw. nur mit sehr hohem Kosten- oder Zeitaufwand hinreichend oft realisieren lassen.

simulare (lat.) – nach-, abbilden, nachahmen

Zufallsexperiment:
In einem Aufnahmetest sind zu jeder der genau vier Mathematikfragen jeweils genau fünf Antworten (zwei richtige und drei falsche) vorgegeben. Bei jeder Frage sind genau zwei dieser fünf

vorgegebenen Antworten anzukreuzen, und zwar möglichst die beiden richtigen Antworten. Schüler A verlässt sich auf den Zufall und setzt die jeweils zwei Kreuze „auf gut Glück".

Mit welcher Wahrscheinlichkeit beantwortet er Frage 3 in folgender Weise:

	×			×

Mögliches Urnenmodell
Aus einer Urne mit genau fünf Kugeln (zwei weißen für die als richtig anzukreuzenden Teilantworten und drei schwarzen für die als falsch einzustufenden Teilantworten) wird fünfmal nacheinander eine Kugel „auf gut Glück" entnommen, ohne dass eine Kugel wieder in die Urne zurückgelegt wird. Es handelt sich hierbei um ein fünfmaliges Ziehen ohne Zurücklegen und mit Beachtung der Reihenfolge. Nach dem *Zählprinzip für k-Tupel* ergibt sich:

3 Möglichkeiten, aus 3 schwarzen Kugeln *eine* auszuwählen
2 Möglichkeiten, aus 2 weißen Kugeln *eine* auszuwählen
2 Möglichkeiten, aus noch 2 schwarzen Kugeln *eine* auszuwählen
1 Möglichkeit, aus noch 1 schwarzen Kugel *diese* auszuwählen
1 Möglichkeit, aus noch 1 weißen Kugel *diese* auszuwählen

$$P(\{(s;\ w;\ s;\ s;\ w)\}) = \frac{3 \cdot 2 \cdot 2 \cdot 1 \cdot 1}{5 \cdot 4 \cdot 3 \cdot 2 \cdot 1} = 0{,}1$$

▶ Zu einem Zufallsexperiment kann es u. U. mehrere **Urnenmodelle** geben, die nicht nur triviale Unterschiede aufweisen (z. B. lediglich die Veränderung der Gesamtanzahl der Kugeln in der Urne bei Beibehaltung des Verhältnisses der Anzahl der verschiedenfarbigen Kugeln).

Beim Übergang zum Urnenmodell ist zu beachten, dass ein solches nur dann nutzbar ist, wenn

- der zu simulierende zufällige Vorgang lediglich endlich viele mögliche Ergebnisse aufweist bzw. durch diese sinnvoll zu charakterisieren ist,
- die Wahrscheinlichkeitstabelle jedes einfachen (Teil-)Zufallsexperiments bekannt ist.

Hinweise für die ***Suche nach einem geeigneten Urnenmodell***

- Bei einstufigen Zufallsexperimenten können die (endlich vielen) Ergebnisse durch die **Kugelfarben** (einschließlich Weiß und Schwarz) und die (rationalwertigen) Wahrscheinlichkeiten ihres Eintretens durch den jeweiligen **Farbenanteil** beschrieben werden.
- Bei mehrstufigen Zufallsexperimenten kann sich die Füllung der Urne von Stufe zu Stufe ändern.
- Das Ziehen der Kugeln aus der Urne kann entweder **mit Zurücklegen** oder **ohne Zurücklegen** der jeweils gezogenen Kugel vor der nächsten Kugelentnahme erfolgen.
- Das Ziehen einer Kugel aus der Urne geschieht jeweils **„auf gut Glück"**, d. h., jede noch in der Urne liegende Kugel besitzt die gleiche Wahrscheinlichkeit, entnommen zu werden.
- Erfolgt das Ziehen der Kugeln nacheinander **unter Beachtung der Reihenfolge,** so nutzt man zum Berechnen der Wahrscheinlichkeiten das Zählprinzip für k-Tupel, erfolgt dagegen das Ziehen der Kugeln *mit einem Griff* **ohne Beachtung der Reihenfolge,** so nutzt man das Zählprinzip für Mengen.

Häufig sind Zufallsexperimente zu untersuchen, deren Urnenmodelle dadurch gekennzeichnet sind, dass die entsprechenden Urnen *nur Kugeln zweier Farben* enthalten, aus denen mit einem Griff (ohne Beachtung der Reihenfolge und ohne Zurücklegen) Kugeln entnommen werden. Die Wahrscheinlichkeit, dass sich unter den so entnommenen Kugeln eine gewisse Anzahl der einen der beiden Farben befindet, berechnet sich aufgrund des Zählprinzips für Mengen nach folgendem Satz:

Satz Hypergeometrische Verteilung
Werden einer Urne mit genau N Kugeln (M weiße, N – M schwarze) genau n Kugeln „auf gut Glück" und ohne Zurücklegen entnommen, dann gilt:

$$P(\{\text{genau } m \text{ weiße Kugeln entnommen}\}) = \frac{\binom{M}{m}\binom{N-M}{n-m}}{\binom{N}{n}}$$

$(N, M, n, m \in \mathbb{N};\ 0 \leq m \leq n;\ m \leq M;\ n - m \leq N - M;\ M \leq N;\ n \leq N)$

Diese Wahrscheinlichkeitsverteilung für die Anzahl der weißen gezogenen Kugeln nennt man **hypergeometrische Verteilung.**

Zufallsexperiment:
Lottoziehung „6 aus 49" (ohne Zusatzzahl)
Urnenmodell:
Aus einer Urne mit genau 49 Kugeln (sechs goldenen für die Gewinnzahlen und 43 schwarzen für die Nichtgewinnzahlen) werden gleichzeitig „auf gut Glück" genau sechs Kugeln entnommen.
Wie groß ist die Wahrscheinlichkeit für genau zwei Richtige?
Lösung:

$$P(\{\text{genau zwei Richtige}\}) = \frac{\binom{6}{2}\cdot\binom{49-6}{6-2}}{\binom{49}{6}} = \frac{\binom{6}{2}\cdot\binom{43}{4}}{\binom{49}{6}} \approx 0{,}13$$

Lassen sich die gewählten Urnenmodelle auch *praktisch* realisieren, so nennt man diese *reale* Urnenmodelle.
Urnenmodelle können aber auch hilfreich sein, wenn für ein reales Zufallsexperiment ein geeignetes *mathematisches Modell* gesucht wird. Beim „Übersetzen" des realen Zufallsexperiments in ein Urnenexperiment erkennt man vielfach leichter die meist einfachen Strukturen des realen Zufallsexperiments, das oft nur aufgrund seiner komplizierten (und nicht immer eindeutig interpretierbaren Beschreibung) in Worten recht kompliziert erscheint. Mitunter sind so auch leichter Analogien zu bereits früher modellierten Zufallsexperimenten festzustellen. Man spricht in diesem Zusammenhang von einem *gedanklichen* Urnenmodell.

Heinz und Ingo betreten am ersten Schultag nach den Sommerferien ihren Klassenraum, in dem die drei Sitzbänke mit je zwei Sitzplätzen der letzten Reihe noch frei sind. Beide Schüler setzen sich rein zufällig hin. Mit welcher Wahrscheinlichkeit p setzen sie sich beide auf dieselbe Bank?

Lösung:

1 | 2	3 | 4	5 | 6
I	II	III

Variante 1: Zuerst wählt Heinz eine *Bank* aus und dann entscheidet sich Ingo für eine *Bank*, und zwar jeweils „auf gut Glück".

Ergebnismenge: $\Omega_1 = \{(I; I), (I; II), (I; III), (II; I), (II; II), (II; III), (III; I)$ $(III; II), (III; III)\}$

$|\Omega_1| = 3 \cdot 3 = 9$

$p = P(\{(I; I), (II; II), (III; III)\})$

$= \frac{3}{9} = \frac{1}{3}$

Variante 2: Zuerst wählt Heinz einen *Sitzplatz* aus und dann entscheidet sich Ingo für einen der noch freien *Sitzplätze* – jeweils „auf gut Glück".

Ergebnismenge: $\Omega_2 = \{(i; j) \mid i, j \in \{1; 2; 3; 4; 5; 6\} \text{ und } i \neq j\}$

$|\Omega_2| = 6 \cdot 5 = 30$

$p = P(\{(1; 2), (2; 1), (3; 4), (4; 3), (5; 6), (6; 5)\})$

$= \frac{6}{30} = \frac{1}{5}$

Beide Ergebnismengen scheinen sinnvoll gewählt zu sein, für beide ist auch die Laplace-Annahme gerechtfertigt, aber die errechneten Werte für die Wahrscheinlichkeit p widersprechen einander.

13

Zur Ermittlung des eventuellen Fehlers und der richtigen Lösungsvariante wird ein Urnenmodell konstruiert. Hierfür ist zunächst zu entscheiden, wie der Vorgang „setzen sich rein zufällig" modelliert werden soll. Dafür gibt es zwei Möglichkeiten, nämlich

- zweimaliges Ziehen mit Zurücklegen aus einer Urne mit genau den drei Kugeln I, II und III oder
- zweimaliges Ziehen ohne Zurücklegen aus einer Urne mit genau den sechs Kugeln 1, 2, 3, 4, 5, 6.

Entscheidet man sich für das erste Urnenmodell, so bestätigt die Simulation den Wert $p = \frac{1}{3}$, beim zweiten Urnenmodell dagegen $p = \frac{1}{5}$. Somit wurde die Frage nach dem richtigen Wert für p noch immer nicht beantwortet. Aber beim Übergang zum Urnenmodell konnte man erkennen, dass das reale Zufallsexperiment ungenau beschrieben ist, dass die Formulierung „setzen sich rein zufällig" auf zweierlei Weise interpretierbar ist und damit zwei verschiedene Urnenmodelle sowie zwei verschiedene Wahrscheinlichkeitswerte p zulässt.

13.2.7 Simulation mithilfe von Zufallszahlen

Das Durchführen von umfangreichen Zufallsexperimenten *„Ziehen von Kugeln aus Urnen"* zur Simulation praktischer zufälliger Vorgänge bleibt trotz der in Abschnitt 13.2.6 genannten Vorzüge zeitaufwendig und mühsam. Daher liegt es nahe, diese Zufallsexperimente nochmals – teilweise oder vollständig – zu simulieren, und zwar durch „schnelle Rechner", durch Computer. Für derartige Simulationen werden *Zufallszahlen* (genauer: Pseudozufallszahlen) genutzt.

Zufallszahlen gibt man als Folge der „auf gut Glück" aus der Menge {0; 1; 2; 3; 4; 5; 6; 7; 8; 9} ausgewählten Ziffern an, z. B.:

45566 18378 06086 79200 57766 72496 11419 81216 71452 73138
02620 63166 64032 54967 41605 93052 54432 89511 77634 50363
26772 81040 51060 18604 05609 15110 75197 42443 57202 83173
45917 60183 08511 63926 40226 66838 60523 82145 79492 66375
42130 89137 76338 44861 44227 27900 85568 34373 61283 68232
...

Die hier aufgeführten **Zufallszahlen** sind mit einem regulären Ikosaeder „erwürfelt", das die Augenzahlen 1 bis 20 trägt, wobei jeweils nur die Ziffer der Einerstelle registriert wurde.

Ein Ehepaar wünscht sich, eine Familie mit wenigstens einem Mädchen und wenigstens einem Jungen zu werden – freilich einerseits nur mit so vielen Kindern, wie für die Erfüllung ihres Wunsches notwendig sind, und andererseits mit höchstens fünf Kindern, auch wenn dabei ihr Hauptwunsch nach einem Pärchen nicht erfüllt sein sollte.

Das Umsetzen dieser Familienplanung lässt sich aus stochastischer Sicht als das Durchführen eines fünfstufigen Zufallsexperiments auffassen, das durch das nebenstehende Baumdiagramm sinnvoll modelliert werden kann. Dasselbe Baumdiagramm würde aber auch das folgende Zufallsexperiment charakterisieren:

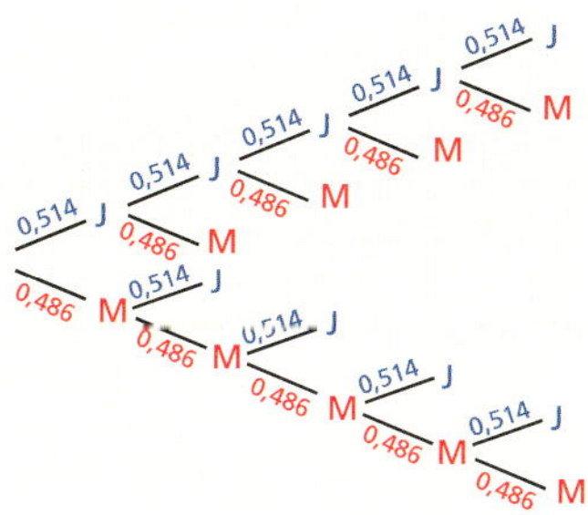

Dem dargestellten Zufallsexperiment liegt die *Modellannahme* zugrunde, dass keine Mehrlingsgeburten auftreten und dass – wie Geburtsstatistiken zu entnehmen ist – die Wahrscheinlichkeit einer Jungengeburt $p_J = 0{,}514$ und die einer Mädchengeburt $p_M = 0{,}486$ beträgt.

In einer Urne befinden sich genau 1 000 Kugeln (514 hellblaue und 486 rosafarbene). Dieser Urne werden „auf gut Glück" und mit Zurücklegen so viele Kugeln entnommen, bis erstmalig Kugeln beider Farben oder bis fünf Kugeln entnommen worden sind.
Mithilfe o. g. Zufallszahlen lässt sich nun dieses Urnenmodell des Zufallsexperiments „Familienplanung" seinerseits folgendermaßen simulieren:

Man fasst die Zufallszahlen als Folge von Zifferntripeln auf, indem man in den 5-Tupeln jeweils die beiden rechten Ziffern (also die 4. und 5. Ziffer) ignoriert. Diese Folge der Zifferntripel ist dann eine Folge aus den 1 000 Zahlen 000 bis 999, von denen man die 514 Zahlen von 000 bis 513 als Jungengeburten und die 486 Zahlen von 514 bis 999 als Mädchengeburten interpretiert.

Beginnt man mit dem aus 45 566 entstandenen Tripel 455 in der ersten Zeile und setzt dann in der normalen Leserichtung fort, so würde man in der angegebenen Interpretation folgende Gruppierungen erhalten (die immer enden, wenn sich ein „Pärchen" oder ein 5-Tupel gleicher Elemente M bzw. J ergeben hat):

JJJM MMJ MMMJ MMMJ MMMMJ JM JJJM JM MJ
MJ MMMMM JM MJ JJM ...

Zufallszahlen können auf sehr unterschiedliche Art und Weise erzeugt werden, z. B.

- durch Ziehen jeweils einer Kugel „auf gut Glück“ und mit Zurücklegen aus einer Urne mit genau zehn von 0 bis 9 durchnummerierten Kugeln;
- durch Ziehen jeweils einer Kugel „auf gut Glück“ und ohne Zurücklegen aus einer Urne mit genau zehn Kugeln (neun schwarzen und einer weißen) bis zur Ziehung der weißen Kugel;
- durch Drehen eines Glücksrades bzw. -kreisels, dessen zehn gleich große (Sektoren-)Felder mit den zehn Ziffern durchnummeriert sind;
- durch Werfen eines regulären Ikosaeders (Zwanzigflachs), bei dem jeweils genau zwei der 20 kongruenten Dreiecksflächen dieselbe Ziffer tragen;
- durch Werfen einer ungezinkten Münze – wobei man jeweils durch vier Münzwürfe die Dualdarstellung der Ziffern erzeugt und die sich dabei ergebenden Zahlen 10 bis 15 ignoriert;
- durch Beobachten geeigneter physikalischer Vorgänge, wie beispielsweise des radioaktiven Zerfalls (oder früher auch des Rauschens von Elektronenröhren).

Um die „Güte“ von solchen **Pseudozufallszahlen** einschätzen zu können, wurden verschiedene Gütekriterien entwickelt.

Beim Erzeugen von Zufallszahlen mit einem mechanischen Zufallsgenerator wie einem Würfel bleibt ein hoher Aufwand, der dem Aufwand einer Simulation mittels Urnenmodell gleicht. Die Suche nach einer Vereinfachungsmöglichkeit führte zu **Pseudozufallsgeneratoren:** Man erkannte, dass es deterministische Algorithmen gibt, die Ziffernfolgen – sogenannte **Pseudozufallszahlen** – mit weitgehend denselben Eigenschaften wie echte Zufallszahlen liefern.
Bei „guten“ Zufallszahlen müssen die relativen Häufigkeiten des Eintretens von k-Tupeln (k-elementige Teilfolgen der Zufallszahl für alle möglichen positiven natürlichen Zahlen k) mit einer bestimmten Eigenschaft stabil werden gegen die Wahrscheinlichkeiten dieser Ereignisse.
Die Randomfunktion (*RND* bzw. *rand*( ) oder *rand*(n)) als Zufallsgenerator von Taschenrechnern und Computern benutzt derartige deterministische Algorithmen und liefert Pseudozufallszahlen (zwischen 0 und 1 oder 1 und der natürlichen Zahl n).

Zufallsexperiment: Werfen eines L-Tetraeders

a) Simulation von 7 Realisierungen des Zufallsexperiments mit einem TI-voyage und Ausgabe der Einzelwerte.
Es wird 7-mal die *rand(4)*-Funktion mit dem Wertebereich {1, 2, 3, 4} genutzt.

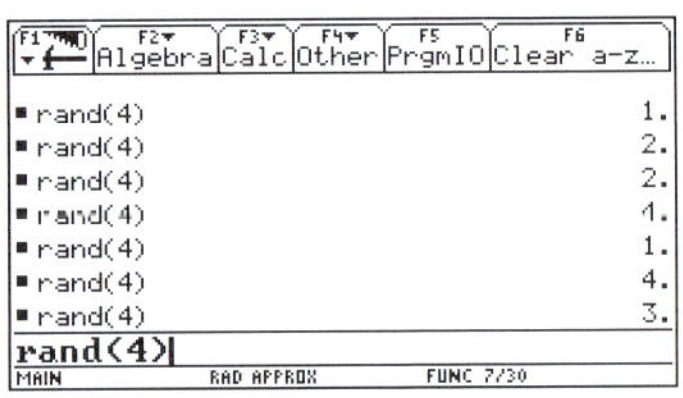

b) Simulation von 9 Realisierungen des Zufallsexperiments mit einem TI-voyage und Ausgabe als Liste.
Es wird die seq*(rand(4))*-Funktion mit i = 1, 2, …, 9 verwendet.

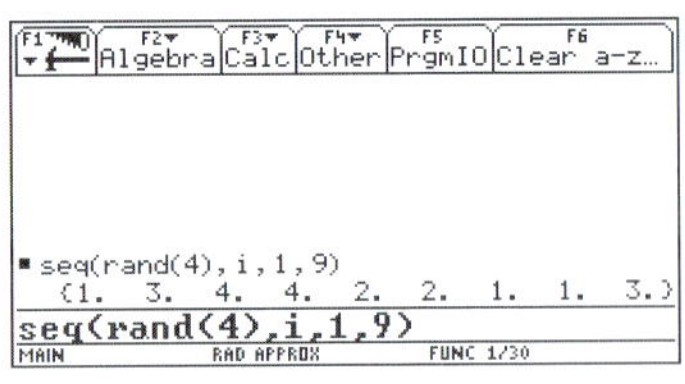

13.3 Bedingte Wahrscheinlichkeiten

13.3.1 Der Begriff *bedingte Wahrscheinlichkeit*

Das Problem, die Wahrscheinlichkeit für das Eintreten eines Ereignisses A unter der Bedingung B zu bestimmen, also für den Fall, dass ein gewisses (jedoch nicht sicheres) Indiz für das Eintreten von A bereits beobachtet worden ist, führt zum Begriff der *bedingten Wahrscheinlichkeit:*

Definition Sind A und B zwei Ereignisse mit $A \subseteq \Omega$ und $B \subseteq \Omega$ sowie $P(B) > 0$, so nennt man $P_B(A) = \frac{P(A \cap B)}{P(B)}$ die **bedingte Wahrscheinlichkeit** des Ereignisses A unter der Bedingung B. Die hierdurch definierte Funktion P_B heißt **bedingte Wahrscheinlichkeitsverteilung** unter der Bedingung B.

Die ältere Schreibweise $P(A|B)$ ist schreibtechnisch vorteilhafter als $P_B(A)$, jedoch hebt die Schreibweise $P_B(A)$ stärker die veränderte Wahrscheinlichkeitsfunktion P_B hervor.

Die bedingte Wahrscheinlichkeit $P_B(A)$ ist also als das Verhältnis der Wahrscheinlichkeit für das Eintreten von A *und* B zur Wahrscheinlichkeit für das Eintreten von B zu verstehen.
Jede bedingte Wahrscheinlichkeitsverteilung P_B ist wie P selbst auch eine Wahrscheinlichkeitsverteilung. Insbesondere gilt also:

$$P_B(\emptyset) = 0, \quad P_B(\overline{A}) = 1 - P_B(A), \quad P_B(A \cup C) = P_B(A) + P_B(C) - P_B(A \cap C)$$

Zum Nachweis der Aussage *„P_B ist eine Wahrscheinlichkeitsverteilung"* muss man zeigen, dass P_B den drei kolmogorowschen Axiomen genügt.

Bringt man die definierende Gleichung bedingter Wahrscheinlichkeiten in die Produktform, so gibt man dieser einen gesonderten Namen:

Satz **Allgemeiner Produkt-** oder **Multiplikationssatz**
Für zwei Ereignisse A und B mit $P(B) > 0$ gilt stets:
$P(A \cap B) = P_B(A) \cdot P(B)$

Aufgrund dieses Satzes ist es gestattet, das **Baumdiagramm** auch in allgemeinerer Struktur zu verwenden.

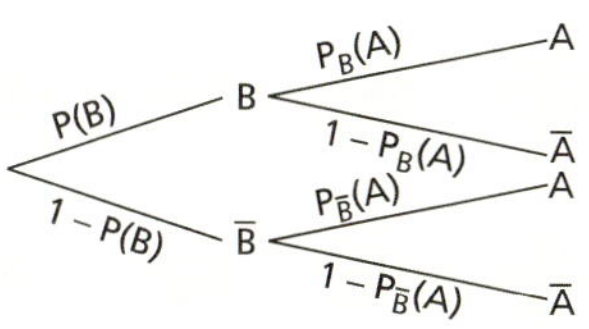

$$\begin{aligned} P(B \cap A) &= P(B) \cdot P_B(A) \\ P(B \cap \overline{A}) &= P(B) \cdot (1 - P_B(A)) \\ &= P(B) \cdot P_B(\overline{A}) \\ P(\overline{B} \cap A) &= (1 - P(B)) \cdot P_{\overline{B}}(A) \\ &= P(\overline{B}) \cdot P_{\overline{B}}(A) \\ P(\overline{B} \cap \overline{A}) &= (1 - P(B)) \cdot (1 - P_{\overline{B}}(A)) \\ &= P(\overline{B}) \cdot P_{\overline{B}}(\overline{A}) \end{aligned}$$

Jede Datensammlung, die sich als Vierfeldertafel darstellen lässt, kann man in die Form eines zweistufigen Baumdiagramms bringen. Dabei wird auf der einen Stufe die eine und auf der anderen Stufe die andere Zerlegung von Ω betrachtet.

Der allgemeine Produktsatz ist damit eine Verallgemeinerung der ersten *Pfadregel* (↗ Abschnitt 13.2.3) im zweistufigen Baumdiagramm.

Die nachfolgende Vierfeldertafel soll das Wahlverhalten zweier Altersgruppen gegenüber der A-Partei bei der Abgabe der Zweitstimme widerspiegeln.

		Wähler bis 45 J. B	Wähler über 45 J. $\overline{B}$	
A-Partei	A	14,5 %	27,0 %	41,5 %
Sonstige Parteien	$\overline{A}$	30,4 %	28,1 %	58,5 %
		44,9 %	55,1 %	

▸ Zu jeder Vierfeldertafel gehören zwei verschiedene Baumdiagramme.

Presseartikel 1:
„Die A-Partei erreichte **41,5 %** der abgegebenen gültigen Zweitstimmen. Diese Stimmen kamen überwiegend (zu **65,1 %**) von Wählerinnen und Wählern über 45 Jahre. Bei den Wählern der übrigen Parteien macht diese Altersgruppe im Mittel nur **48,0 %** des Stimmenanteils aus."

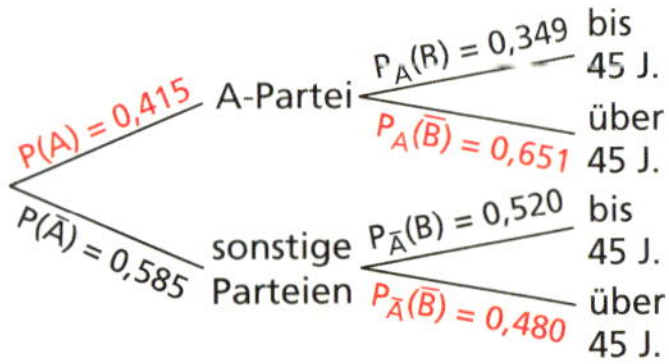

$P(A) = 0{,}415 \quad (41{,}5\,\%)$
$P(A) \cdot P_A(\overline{B}) = 0{,}415 \cdot 0{,}651 \approx 0{,}270 \quad (27{,}0\,\%)$
$P(\overline{A}) \cdot P_{\overline{A}}(\overline{B}) = (1 - 0{,}415) \cdot 0{,}48 \approx 0{,}281 \quad (28{,}1\,\%)$

Presseartikel 2:
„Besäßen nur Bürgerinnen und Bürger bis zum Alter von 45 Jahren das Wahlrecht, hätte die A-Partei noch nicht einmal ein Drittel der Stimmen erreicht (nämlich **32,3 %**). Unter den Wählerinnen und Wählern über 45, die **55,1 %** der Wählerschaft stellen, verpasste sie mit **49,0 %** knapp die absolute Mehrheit."

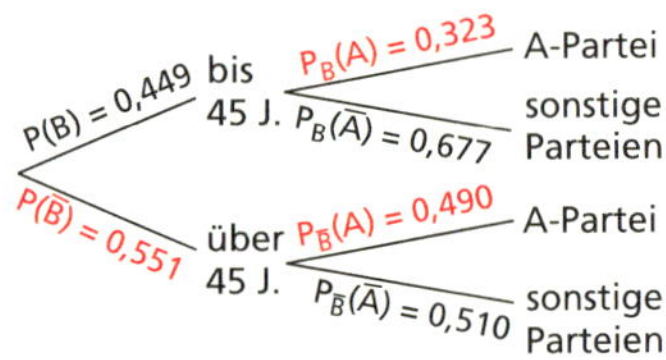

$P(\overline{B}) = 0{,}551 \quad (55{,}1\,\%)$
$P(\overline{B}) \cdot P_{\overline{B}}(A) = 0{,}551 \cdot 0{,}490 \approx 0{,}270 \quad (27{,}0\,\%)$
$P(B) \cdot P_B(A) = (1 - 0{,}551) \cdot 0{,}323 \approx 0{,}145 \quad (14{,}5\,\%)$

13.3.2 Rechnen mit bedingten Wahrscheinlichkeiten

- Regeln für das Rechnen mit bedingten Wahrscheinlichkeiten:

Erste Pfadregel (auch **allgemeiner Produktsatz** genannt):
$P(A \cap B_1) = P(B_1) \cdot P_{B_1}(A)$

Zweite Pfadregel (auch **Satz von der totalen Wahrscheinlichkeit** genannt):
$P(A) = P(B_1) \cdot P_{B_1}(A) + P(B_2) \cdot P_{B_2}(A) + \ldots + P(B_n) \cdot P_{B_n}(A)$

Bayessche Formel (auch **Satz von Bayes**)

$$P_A(B_i) = \frac{P(A \cap B_i)}{P(A)} \quad \text{(Definition)}$$

$$= \frac{P(B_i) \cdot P_{B_i}(A)}{P(B_1) \cdot P_{B_1}(A) + \ldots + P(B_n) \cdot P_{B_n}(A)} \quad \text{(1. Pfadregel) (2. Pfadregel)}$$

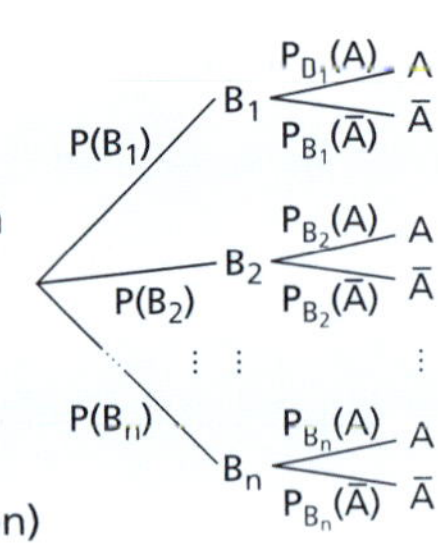

THOMAS BAYES (1702 bis 1761), englischer Pastor und Mathematiker

Ein Wanderer gehe vom Ort O aus und schlage an den Weggabelungen jeweils „auf gut Glück“ eine der möglichen Richtungen ein. Zu ermitteln ist die Wahrscheinlichkeit dafür, dass der Wanderer zum Punkt A gelangt, wenn folgendes Wegeschema zugrunde liegt:

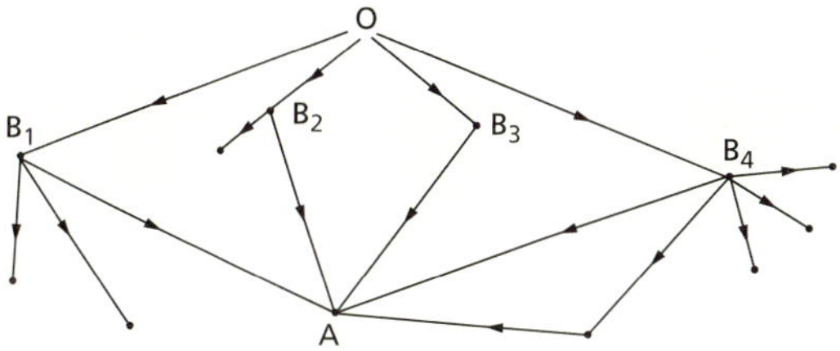

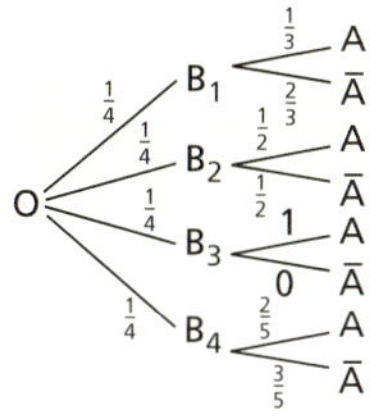

Lösung:

A $=$ {Wanderer kommt zum Punkt A}

B_i = {Wanderer kommt zum Punkt B_i} für $i \in \{1; 2; 3; 4\}$

Die Ereignisse B_1, B_2, B_3 und B_4 bilden eine Zerlegung (↗ Abschnitt 13.1.5) der zugehörigen Ergebnismenge Ω. Somit gilt nach dem Satz von der totalen Wahrscheinlichkeit für P(A):

$$P(A) = \frac{1}{4} \cdot \frac{1}{3} + \frac{1}{4} \cdot \frac{1}{2} + \frac{1}{4} \cdot 1 + \frac{1}{4} \cdot \frac{2}{5} = \frac{67}{120} \approx 0{,}56$$

Man wird den Satz der totalen Wahrscheinlichkeit vor allem dann anzuwenden versuchen, wenn eine „unbedingte“ Wahrscheinlichkeit für ein Ereignis A, das im Zusammenhang mit n verschiedenen Ereignissen B_i auftritt, zu berechnen ist. In der Praxis können die Ereignisse B_i z. B. verschiedene Fälle (im obigen Beispiel: mögliche Wege, „nach A zu gelangen“) oder Ursachen von A sein.

13

In einem Gerätesystem seien die Geräte A, B, C in Reihe geschaltet, d. h., das Gerätesystem fällt genau dann aus, wenn eines der Geräte A, B, C ausfällt. Es sei nicht möglich, dass zwei oder mehr Geräte gleichzeitig ausfallen. Langzeiterfahrungen besagen nun sowohl, dass das System wegen eines Defekts von A mit einer Wahrscheinlichkeit von 0,50 ausfällt, wegen B mit 0,30 und wegen C mit 0,20, als auch, dass die Sicherung beim Ausfallen von A mit einer Wahrscheinlichkeit von 0,20 durchschlägt, beim Ausfallen von B im Prinzip immer und von C im Prinzip nie. (Ohne dass *eines* der Geräte ausfällt, schlage die Sicherung nicht durch.)
In welcher Reihenfolge sollte man zweckmäßigerweise die Geräte kontrollieren (um sie ggf. auszuwechseln), wenn das Gerätesystem ausgefallen und die Sicherung durchgeschlagen ist?

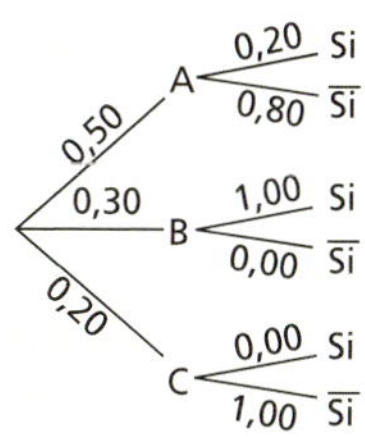

Lösung:

S $=$ {Gerätesystem fällt aus} $= \Omega$

A $=$ {Gerät A ist defekt}

B $=$ {Gerät B ist defekt}

C $=$ {Gerät C ist defekt}

mit $A \cup B \cup C = W$ und $A \cap B = \emptyset$, $A \cap C = \emptyset$, $B \cap C = \emptyset$

Si $=$ {Sicherung ist durchgeschlagen} mit $Si \cap S = Si$

Das Beispiel zeigt: Mithilfe des Satzes von Bayes ist es möglich, aus einem stattgefundenen Ereignis (im Beispiel: „das Gerätesystem ist ausgefallen und die Sicherung ist durchgeschlagen") auf die Wahrscheinlichkeit seiner „Gründe", seiner „Ursachen" zurückzuschließen.

P({die Ursache für das Ausfallen des Systems und das Durchschlagen der Sicherung ist der Defekt von Gerät A})

$$= P_{S \cap Si}(A) = P_{Si}(A) = \frac{P(A) \cap Si)}{P(Si)} = \frac{P(A) \cdot P_A(Si)}{P(A) \cdot P_A(Si) + P(B) \cdot P_B(Si) + P(C) \cdot P_C(Si)}$$

$$= \frac{0{,}50 \cdot 0{,}20}{0{,}50 \cdot 0{,}20 + 0{,}30 \cdot 1{,}00 + 0{,}20 \cdot 0{,}00} = 0{,}25 \quad \text{(nach Satz von Bayes)}$$

Analog berechnen sich $P_{S \cap Si}(B) = 0{,}75$ sowie $P_{S \cap Si}(C) = 0{,}00$.

Da die Ursachenwahrscheinlichkeit für B größer als die für A und die wiederum größer als die für C ist, würde es (statistisch gesehen) sinnvoll sein, die Geräte in der Reihenfolge B, A, C zu kontrollieren.

13.3.3 Unabhängigkeit von Ereignissen

Außerdem lässt sich zeigen: Wenn $P_B(A) = P(A)$ mit $P(A) > 0$, so ist auch $P_A(B) = P(B)$.

Definition Zwei Ereignisse A und B des Ereignisraumes 2^{Ω} mit $P(B) > 0$ heißen genau dann **voneinander** (stochastisch) **unabhängig**, wenn $P_B(A) = P(A)$ gilt.

Für unabhängige Ereignisse vereinfacht sich der allgemeine Multiplikationssatz:

13

Satz Spezieller Multiplikationssatz
Zwei Ereignisse A und B mit $P(A) > 0$ und $P(B) > 0$ sind genau dann voneinander unabhängig, wenn $P(A \cap B) = P(A) \cdot P(B)$ gilt.

Zu unterscheiden sind die *lineare* Unabhängigkeit (von Vektoren) (↗Abschnitt 10.7) und die stochatsische Unabhängigkeit (von Ereignissen).

Beim Gebrauch des Begriffes der (stochastischen) Unabhängigkeit von Ereignissen A, B, C mit $P(A) > 0$, $P(B) > 0$, $P(C) > 0$ ist zu beachten:

(1) Sind A und B *unvereinbar*, so gilt: $P(A \cup B) = P(A) + P(B)$
Sind A und B *unabhängig*, so gilt: $P(A \cap B) = P(A) \cdot P(B)$

(2) Wenn A und B unabhängig sind, dann sind dies auch A und $\overline{B}$, $\overline{A}$ und B sowie $\overline{A}$ und $\overline{B}$ (vgl. nachfolgende Vierfeldertafel).

	B	$\overline{B}$	
A	$P(A) \cdot P(B)$	$P(A) \cdot (1 - P(B))$	$P(A)$
$\overline{A}$	$(1 - P(A)) \cdot P(B)$	$(1 - P(A)) \cdot (1 - P(B))$	$1 - P(A)$
	$P(B)$	$1 - P(B)$	

(3) Drei Ereignisse A, B, C heißen **paarweise (stochastisch) unabhängig,** wenn
$P(A \cap B) = P(A) \cdot P(B)$ und $P(A \cap C) = P(A) \cdot P(C)$ und
$P(B \cap C) = P(B) \cdot P(C)$.

(4) Drei Ereignisse A, B, C heißen **(stochastisch) unabhängig,** wenn sie sowohl paarweise (stochastisch) unabhängig sind als auch der Gleichung $P(A \cap B \cap C) = P(A) \cdot P(B) \cdot P(C)$ genügen.

Ein „Wetterprophet", der sich in 20 % aller Fälle irrt, möge für morgen schönes Wetter voraussagen. Ein zweiter „Wetterprophet" sage dasselbe voraus und die Wahrscheinlichkeit seines Irrtums sei ebenfalls 0,20. Schließt man nun daraus, dass die Wahrscheinlichkeit für einen Irrtum beider $0{,}20 \cdot 0{,}20 = 0{,}040$ betrage, so ist genau das im Allgemeinen falsch. Man muss nämlich davon ausgehen, dass die beiden übereinstimmenden Wetterprognosen auf denselben Beobachtungsdaten basieren und deshalb *nicht voneinander (stochastisch) unabhängig*, sondern im Extremfall *identisch* sind. Gäbe nämlich der zweite Wetterprophet statt einer eigenen Wetterprognose nur das Zitat des ersten Wetterpropheten bekannt, so bliebe die Wahrscheinlichkeit für einen Irrtum gleich 0,20.

Die Übereinstimmung zweier Vorhersagen u. Ä. verringert nicht zwingend die Wahrscheinlichkeit eines Irrtums.

In einer Urne befinden sich genau vier Kugeln – zwei weiße und zwei rote. Dieser Urne werden nacheinander
a) mit Zurücklegen, b) ohne Zurücklegen
genau zwei Kugeln entnommen.

Sind die beiden Ereignisse A = {die erste gezogene Kugel ist weiß} und B = {die zweite gezogene Kugel ist weiß} voneinander (stochastisch) unabhängig?

Lösung:
Zu a): Nachstehendem Baumdiagramm sind die folgenden Wahrscheinlichkeiten zu entnehmen:

$P(A) = \frac{2}{4} = \frac{1}{2}$

$P(B) = \frac{2}{4} \cdot \frac{2}{4} + \frac{2}{4} \cdot \frac{2}{4} = \frac{1}{2}$

$P(A \cap B) = \frac{2}{4} \cdot \frac{2}{4} = \frac{1}{4}$

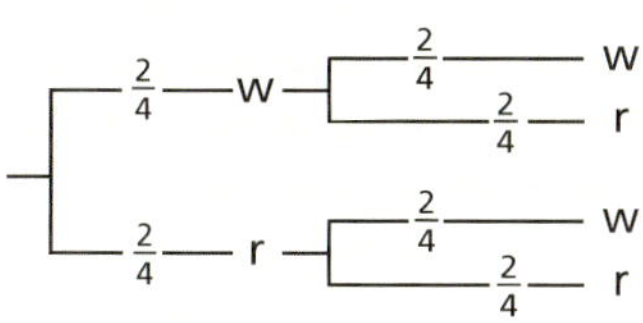

Folglich gilt
$P(A \cap B) = P(A) \cdot P(B)$, d. h.,
A und B sind *voneinander (stochastisch) unabhängig*.

Zu b): Dem Baumdiagramm ist zu entnehmen:

$P(A) = \frac{2}{4} = \frac{1}{2}$

$P(B) = \frac{2}{4} \cdot \frac{1}{3} + \frac{2}{4} \cdot \frac{2}{3} = \frac{1}{2}$

$P(A \cap B) = \frac{2}{4} \cdot \frac{1}{3} = \frac{1}{6}$

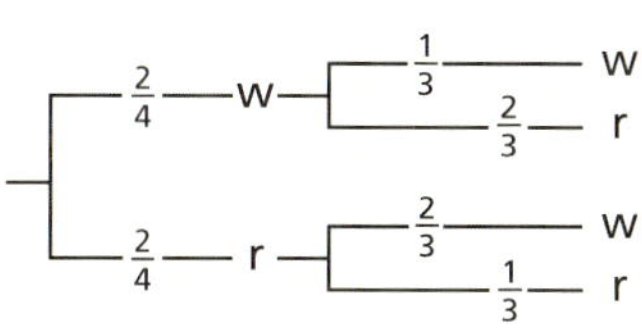

Folglich gilt $P(A \cap B) \neq P(A) \cdot P(B)$, d. h., A und B sind *nicht voneinander unabhängig*.
Mit anderen Worten: Das Ereignis B = {die *zweite* gezogene Kugel ist weiß} ist im Fall b) von dem Ereignis A = {die *erste* gezogene Kugel ist weiß} stochastisch abhängig, was man ggf. erwartet hat, da zwischen dem zuerst eingetretenen Ereignis A und dem danach eintretenden Ereignis B infolge des Nichtzurücklegens der zuerst gezogenen Kugel auch eine kausale Abhängigkeit besteht. Hingegen ist doch erstaunlich, dass auch A von B stochastisch abhängt, dass also ein *späteres* Ereignis zur Beurteilung eines *früheren* herangezogen wird, obwohl es offensichtlich keine kausale Abhängigkeit geben kann.

Das Fehlen kausaler Abhängigkeit muss nicht stochastische Unabhängigkeit nach sich ziehen.

13.4 Zufallsgrößen

13.4.1 Endliche Zufallsgrößen

Andreas wird zu einem Würfelspiel eingeladen. Dazu liegen zwei ungezinkte Würfel bereit, von denen der Würfel W1 die Augenzahlen 1, 4, 4, 4, 4, 6 trägt und der Würfel W2 die Augenzahlen 2, 2, 3, 5, 5, 5.
In jeder Spielrunde würfelt jeder der beiden Spieler genau einmal mit seinem Würfel.
Danach zahlt der Spieler, der die niedrigere Augenzahl hat, an seinen Spielpartner die (positive) Differenz der Augenzahlen in Cent.
Für welchen der Würfel sollte sich Andreas entscheiden, um zu gewinnen?

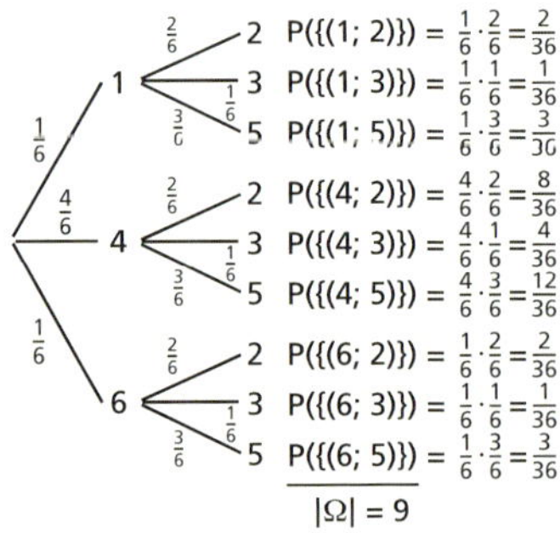

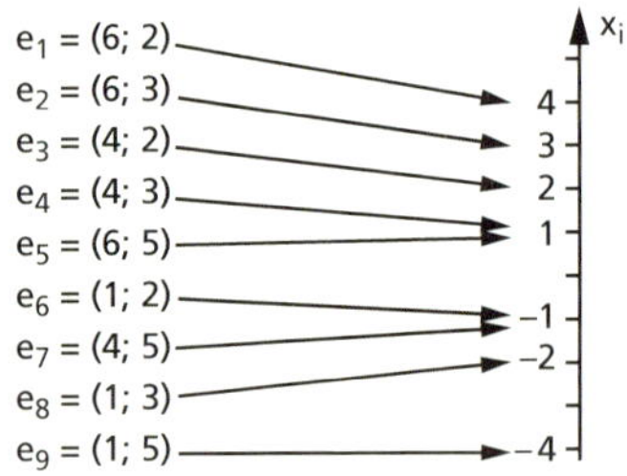

▶ Andreas entscheidet sich für Würfel 1.

Das Werfen der beiden Würfel ist ein zweistufiges Zufallsexperiment, das durch das nebenstehende Baumdiagramm dargestellt werden kann.
Daraus ist die 9-elementige Ergebnismenge $\Omega = \{(w_1; w_2) \mid w_1 \in \{1; 4; 6\}, w_2 \in \{2; 3; 5\}\}$ ablesbar. Die Wahrscheinlichkeiten ihrer atomaren Ereignisse ergeben sich nach der ersten Pfadregel. Um seine Entscheidung zu treffen, interessiert sich Andreas jedoch weniger für die neun möglichen Ergebnisse und die zugehörige Wahrscheinlichkeitsverteilung als vielmehr für den Gewinn bzw. Verlust, den er durch die Wahl des einen bzw. des anderen Spielwürfels zu erwarten hat.
Die Spielregeln ordnen jedem zufälligen Ergebnis einen positiven bzw. negativen Gewinn, seinen Wert in Cent zu. Mit anderen Worten: Jedem möglichen Ergebnis $e \in \Omega$ wird (sieht man von der Maßeinheit ab) eine reelle Zahl zugeordnet.

Definition Eine Funktion $X: \Omega \to \mathbb{R}$, die jedem Ergebnis $e \in \Omega$ eines Zufallsexperiments eine reelle Zahl x zuordnet, heißt **Zufallsgröße** X. Die Elemente des Wertebereichs von X nennt man Werte der Zufallsgröße X. Zufallsgrößen mit endlich vielen Werten $x_1, x_2, \ldots, x_n$ bezeichnet man als **endliche Zufallsgrößen.** Eine Zufallsgröße X, die höchstens abzählbar unendlich viele verschiedene (Funktions-) Werte $x_1, x_2, \ldots, x_n, \ldots$ besitzt, heißt **diskrete Zufallsgröße.**

Zufallsgrößen werden i. Allg. mit den Großbuchstaben X, Y, Z bzw. X_i, Y_i, Z_i oder mit einem dem jeweiligen praktischen Problem angepassten Großbuchstaben bezeichnet. In obigem Würfelspielbeispiel wurde die Bewertung der Ergebnisse $e \in \Omega$ mithilfe der Zufallsgröße X beschrieben, die der nebenstehenden Funktionsgleichung genügt:

$$X(e) = \begin{cases} -4 & \text{für } e = (1;5) \\ -2 & \text{für } e = (1;3) \\ -1 & \text{für } e \in \{(4;5), (1;2)\} \\ +1 & \text{für } e \in \{(6;5), (4;3)\} \\ +2 & \text{für } e = (4;2) \\ +3 & \text{für } e = (6;3) \\ +4 & \text{für } e = (6;2) \end{cases}$$

Anstatt der in der Analysis üblichen Gleichungen verwendet man in der Stochastik für Funktionswerte wie z. B. X(e) = –1 meist nur die Kurzschreibweise X = –1.

In obigem Beispiel gilt X = –1 genau dann, wenn das Ereignis A = {(4; 5), (1; 2)} eintritt. Dies erfolgt – nach der zweiten Pfadregel – mit der Wahrscheinlichkeit $\frac{12}{36} + \frac{2}{36} = \frac{14}{36}$. Dafür sagt man auch kürzer: Die Zufallsgröße X nimmt den Wert –1 mit der Wahrscheinlichkeit $\frac{14}{36}$ an und schreibt $P(X = -1) = \frac{14}{36}$ oder $PX(\{-1\}) = \frac{14}{36}$.

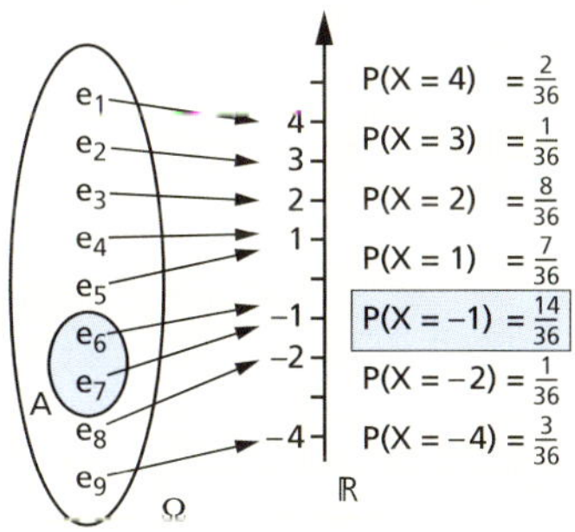

Auf diese Weise ordnet man jedem Wert x_i der Zufallsgröße X die Wahrscheinlichkeit $P(X = x_i)$ zu. Dabei ist $P(X = x_i)$ gleich der Wahrscheinlichkeit P(A) des Ereignisses $A \in 2^{\Omega}$, das all die Ergebnisse umfasst, denen die Zufallsgröße X den Wert x_i zuordnet.

Gewinn	Zugehörige Ergebnisse	Wahrscheinlichkeit
+4	(6; 2)	$P(X = +4) = \frac{2}{36}$
+3	(6; 3)	$P(X = +3) = \frac{1}{36}$
+2	(4; 2)	$P(X = +2) = \frac{8}{36}$
+1	(6; 5), (4; 3)	$P(X = +1) = \frac{3}{36} + \frac{4}{36} = \frac{7}{36}$
–1	(4; 5), (1; 2)	$P(X = -1) = \frac{12}{36} + \frac{2}{36} = \frac{14}{36}$
–2	(1; 3)	$P(X = -2) = \frac{1}{36}$
–4	(1; 5)	$P(X = -4) = \frac{3}{36}$

Definition Eine Funktion, die jedem Wert x_i einer diskreten Zufallsgröße X eine Wahrscheinlichkeit $P(X = x_i)$ zuordnet, heißt **Wahrscheinlichkeitsverteilung** der Zufallsgröße X. Die Funktion F mit $F(x) = P(X \leq x)$ nennt man **Verteilungsfunktion** der Zufallsgröße X. Ihre Funktionswerte sind die **kumulierten (summierten) Wahrscheinlichkeiten** für $X \leq x$.

Als Darstellungsmöglichkeiten der Wahrscheinlichkeitsverteilung einer endlichen Zufallsgröße werden neben Wertetabellen auch Stab- oder Säulendiagramme und insbesondere zweizeilige Matrizen genutzt. Die Daten aus obigem Würfelspiel ließen sich also folgendermaßen darstellen:

Wertetabelle

x_i	-4	-2	-1	$+1$	$+2$	$+3$	$+4$
$P(X = x_i)$	$\frac{3}{36}$	$\frac{1}{36}$	$\frac{14}{36}$	$\frac{7}{36}$	$\frac{8}{36}$	$\frac{1}{36}$	$\frac{2}{36}$
$P(X \leq x_i)$	$\frac{3}{36}$	$\frac{4}{36}$	$\frac{18}{36}$	$\frac{25}{36}$	$\frac{33}{36}$	$\frac{34}{36}$	$\frac{36}{36} = 1$

Zweizeilige Matrix: $X \mathrel{\hat{=}} \begin{pmatrix} -4 & -2 & -1 & 1 & 2 & 3 & 4 \\ \frac{3}{36} & \frac{1}{36} & \frac{14}{36} & \frac{7}{36} & \frac{8}{36} & \frac{1}{36} & \frac{2}{36} \end{pmatrix}$

▶ Bei der Veranschaulichung als Säulendiagramm (häufig als **Histogramm** bezeichnet) werden die Wahrscheinlichkeiten $P(X = x_i)$ $(i \in \{1; 2; \ldots; n\})$ durch je eine Rechteckfläche dargestellt. In der Regel wählt man für diese Rechtecke einheitlich die Breite 1, sodass die Rechteckshöhe gleich $P(X = x_i)$ ist. Entscheidend ist aber nur, dass die Rechtecke eines Histogramms alle dieselbe Breite und jeweils den Flächeninhalt $P(X = x_i)$ aufweisen.

Stabdiagramm

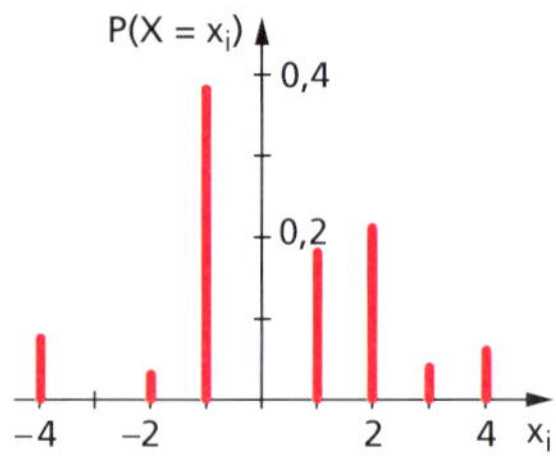

Histogramm

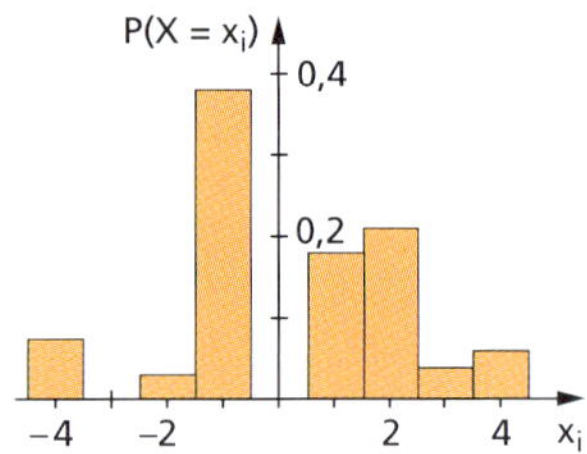

Mit dieser Wahrscheinlichkeitsverteilung bzw. mit der zugehörigen *Verteilungsfunktion* F lässt sich nun die Wahrscheinlichkeit bestimmen, mit der Andreas im einleitenden Beispiel bei der Wahl des Würfels W1 das Spiel, an dem er sich beteiligt, auch gewinnt.

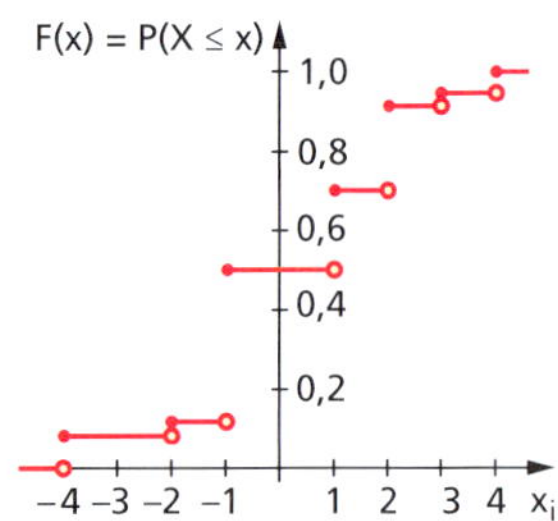

$P(\{\text{Andreas gewinnt}\}) = P(X > 0)$

$= P(X = 1) + P(X = 2) + P(X = 3) + P(X = 4)$

$= \frac{7}{36} + \frac{8}{36} + \frac{1}{36} + \frac{2}{36} = \frac{18}{36} = 0{,}5$ bzw.

$P(X > 0) = 1 - P(X \leq 0) = 1 - F(0) = 1 - 0{,}5 = 0{,}5$

Eine Gewinnwahrscheinlichkeit von 0,5 zu haben, ist eine recht schwache Information, um sich für oder gegen eine Wahl des Spielwürfels W1 zu entscheiden. Fundierter könnte man seine Entscheidung treffen, wenn man berücksichtigt, welcher Gewinn bzw. Verlust bei der Wahl des Würfels W1 zu erwarten ist.

▶ Ist der Erwartungswert für den Gewinn eines Spielers gleich 0, so spricht man von einem **fairen Spiel.**

13.4.2 Erwartungswert

Multipliziert man alle möglichen *Werte* x_i der Zufallsgröße X jeweils mit der Wahrscheinlichkeit $P(X = x_i)$ ihres Eintretens (d.h. mit unserer *Erwartung* ihres Eintretens) und addiert diese Produkte, so erhält man den *Erwartungswert* der Zufallsgröße X.

Definition X sei eine endliche Zufallsgröße, die genau die Werte x_i ($i \in \{1; 2; \ldots; n\}$) annehmen kann, und zwar jeweils mit der Wahrscheinlichkeit $P(X = x_i)$. Dann nennt man die Kenngröße
$EX = x_1 \cdot P(X = x_1) + x_2 \cdot P(X = x_2) + \ldots + x_n \cdot P(X = x_n)$
den **Erwartungswert** der endlichen Zufallsgröße X.

Für EX schreibt man auch E(X) bzw. – in Anlehnung an „Mittelwert" – $\mu(X)$, μ_X oder μ.

Der Erwartungswert einer endlichen Zufallsgröße X ist das mit ihren Wahrscheinlichkeiten *gewichtete arithmetische Mittel* der Werte von X. Der Erwartungswert EX ermöglicht somit eine Prognose für das arithmetische Mittel von vielen Beobachtungswerten der Zufallsgröße X.

a) $X \mathrel{\widehat{=}} \begin{pmatrix} 1 & 2 & 3 & 5 \\ 0{,}10 & 0{,}20 & 0{,}50 & 0{,}20 \end{pmatrix}$

$EX = 1 \cdot 0{,}10 + 2 \cdot 0{,}20 + 3 \cdot 0{,}50 + 5 \cdot 0{,}20 = 3{,}0$

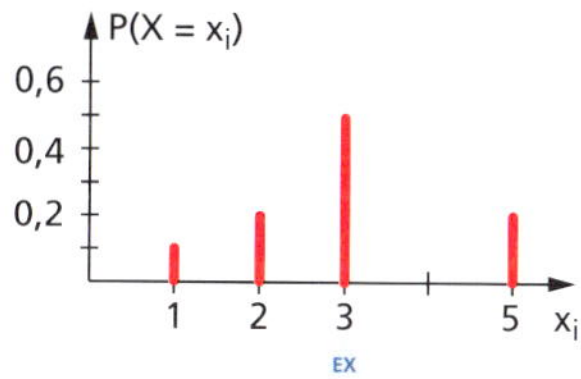

b) $X \mathrel{\widehat{=}} \begin{pmatrix} 1 & 3 & 5 \\ 0{,}45 & 0{,}10 & 0{,}45 \end{pmatrix}$

$EX = 1 \cdot 0{,}45 + 3 \cdot 0{,}10 + 5 \cdot 0{,}45 = 3{,}0$

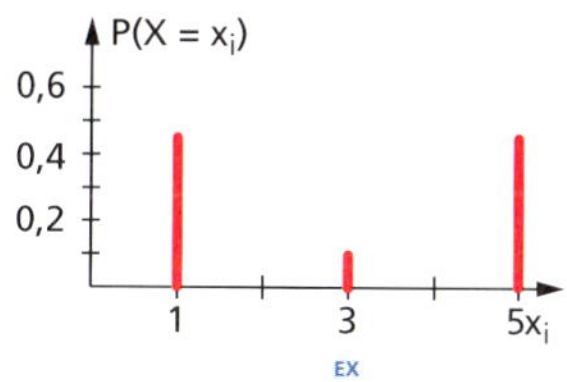

c) $X \mathrel{\widehat{=}} \begin{pmatrix} 1 & 2 & 4 & 5 \\ 0{,}2 & 0{,}3 & 0{,}3 & 0{,}2 \end{pmatrix}$

$EX = 1 \cdot 0{,}2 + 2 \cdot 0{,}3 + 4 \cdot 0{,}3 + 5 \cdot 0{,}2 = 3{,}0$

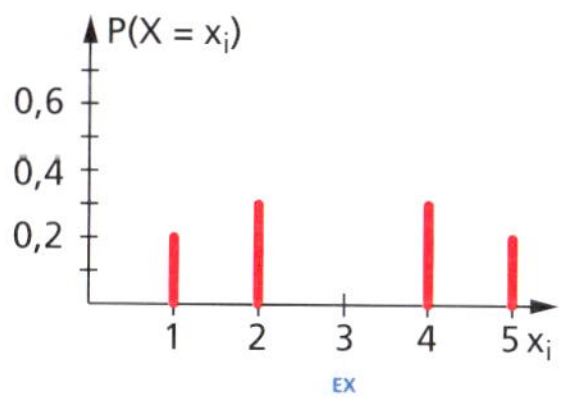

d) $X \mathrel{\widehat{=}} \begin{pmatrix} 1 & 2 & 5 \\ 0{,}70 & 0{,}10 & 0{,}20 \end{pmatrix}$

$EX = 1 \cdot 0{,}70 + 2 \cdot 0{,}10 + 5 \cdot 0{,}20 = 1{,}9$

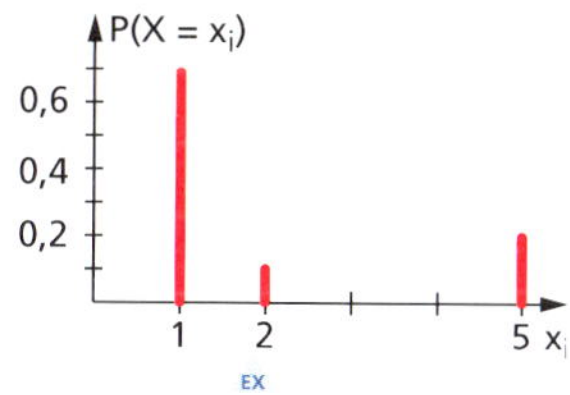

Das obige Beispiel zeigt: Der Erwartungswert EX kann

- ein Wert der Zufallsgröße X sein (Beispielteil a, b), muss es aber nicht (Beispielteil c, d);
- in der Nähe des wahrscheinlichsten Wertes von X liegen (Beispielteil a), muss es aber nicht (Beispielteil b, d);
- in der Mitte aller möglichen Werte von X liegen (Beispielteil a, b, c), muss es aber nicht (Beispielteil d);
- der Bedingung $P(X \leq EX) = P(X \geq EX) = \frac{1}{2}$ genügen (Beispielteil c), muss es aber nicht (Beispielteil a, b, d).

Der Erwartungswert EX kann auch als ein **Schwerpunkt** – im Sinne der Mechanik – interpretiert werden.

- Zufallsexperiment:
  zweimaliges Werfen eines idealen Würfels mit den Augenzahlen 1, 2, 3, 4, 5, 6
  Zufallsgröße Z:
  Augensumme (Summe der zwei gewürfelten Augenzahlen)

  Gesucht: Erwartungswert EZ

  Lösung:

2	(1; 1)
3	(1; 2), (2; 1)
4	(1; 3), (2; 2), (3; 1)
5	(1; 4), (2; 3), (3; 2), (4; 1)
6	(1; 5), (2; 4), (3; 3), (4; 2), (5; 1)
7	(1; 6), (2; 5), (3; 4), (4; 3), (5; 2), (6; 1)
8	(2; 6), (3; 5), (4; 4), (5; 3), (6; 2)
9	(3; 6), (4; 5), (5; 4), (6; 3)
10	(4; 6), (5; 5), (6; 4)
11	(5; 6), (6; 5)
12	(6; 6)

  Daraus ergibt sich:

  $$EZ = 2\cdot\frac{1}{36} + 3\cdot\frac{2}{36} + 4\cdot\frac{4}{36} + 5\cdot\frac{5}{36} + 6\cdot\frac{6}{36} + 7\cdot\frac{7}{36} + 8\cdot\frac{5}{36} + 9\cdot\frac{4}{36} + 10\cdot\frac{3}{36} + 11\cdot\frac{2}{36} + 12\cdot\frac{1}{36},\ \text{also}\ EZ = 7$$

Z kann als Augensumme die elf Werte 2, 3, ..., 12 annehmen. Um deren Wahrscheinlichkeitsverteilung zu bestimmen, überlegen wir uns, welchen Ergebnissen welcher Wert von Z zugeordnet wird.

13

13.4.3 Streuung

Zufallsgrößen können sich trotz desselben Erwartungswertes in ihren Wahrscheinlichkeitsverteilungen wesentlich voneinander unterscheiden. Beispielsweise erhält man für:

$$X \mathrel{\widehat{=}} \begin{pmatrix} 1 & 2 & 3 \\ \frac{1}{3} & \frac{1}{3} & \frac{1}{3} \end{pmatrix} \qquad EX = 1\cdot\frac{1}{3} + 2\cdot\frac{1}{3} + 3\cdot\frac{1}{3} = 2$$

$$Y \mathrel{\widehat{=}} \begin{pmatrix} 1 & 2 & 3 \\ \frac{1}{4} & \frac{1}{2} & \frac{1}{4} \end{pmatrix} \qquad EY = 1\cdot\frac{1}{4} + 2\cdot\frac{1}{2} + 3\cdot\frac{1}{4} = 2$$

$$Z \mathrel{\widehat{=}} \begin{pmatrix} 1 & 2 & 3 \\ \frac{9}{20} & \frac{1}{10} & \frac{9}{20} \end{pmatrix} \qquad EZ = 1\cdot\frac{9}{20} + 2\cdot\frac{1}{10} + 3\cdot\frac{9}{20} = 2$$

Dieser beträchtliche Informationsverlust ist zu erwarten, da bei der Berechnung eines Erwartungswertes EX sowohl alle Werte x_i von X als auch alle zugehörigen Wahrscheinlichkeiten $P(X = x_i)$ auf diese eine Kenngröße EX verdichtet werden. Zur näheren Kennzeichnung einer Wahrscheinlichkeitsverteilung wäre eine Zahl geeignet, die angibt, wie stark die einzelnen Werte x_i der Zufallsgröße X von ihrem Erwartungswert EX abweichen, wie weit sie also **streuen,** wie stark sie **variieren.**

Das gebräuchlichste Maß der Streuung bzw. der Varianz ist heute die mittlere quadratische Abweichung, d.h. der Erwartungswert der quadratischen Abweichung der Zufallsgröße X von ihrem Erwartungswert EX. Da die Maßeinheit der Streuung D^2X infolge des Quadrierens nicht mit der Maßeinheit der Zufallsgröße X übereinstimmt, führt man einen gesonderten Begriff für $\sqrt{D^2X}$ ein.

Definition Ist $X \triangleq \begin{pmatrix} x_1 & x_2 & \dots & x_n \\ p_1 & p_2 & \dots & p_n \end{pmatrix}$ eine endliche Zufallsgröße mit dem Erwartungswert EX, so heißt

$$E(X - EX)^2 = (x_1 - EX)^2 \cdot p_1 + (x_2 - EX)^2 \cdot p_2 + \dots + (x_n - EX)^2 \cdot p_n$$

die **Streuung** D^2X oder auch **Varianz** Var X von X. Die Quadratwurzel aus der Streuung wird **Standardabweichung** genannt und mit DX bzw. $\sqrt{\text{VarX}}$ oder auch mit σ symbolisiert.

▶ Die für die Streuung gewählte Bezeichnung D^2X rührt von dem aus dem Lateinischen stammenden Wort *Dispersion* für *Streuung*.
Der griechische Buchstabe σ (gesprochen *sigma*) wird in Anlehnung an *Standardabweichung* gewählt.

Satz **Berechnung der Streuung einer endlichen Zufallsgröße**
Für eine endliche Zufallsgröße X, die genau die Werte x_i mit $i \in \{1; 2; \dots; n\}$ annehmen kann und die den Erwartungswert EX besitzt, gilt: $D^2X = E(X^2) - (EX)^2 = \sum_{i=1}^{n} x_i^2 \cdot P(X = x_i) - (EX)^2$

Zufallsexperiment:
Ein ideales Tetraeder mit den Augenzahlen 1, 2, 3, 4 wird so oft geworfen, bis es erstmalig auf der Augenzahl 2 liegt, jedoch höchstens dreimal.
Zufallsgröße X:
zufällige Anzahl der notwendigen Würfe

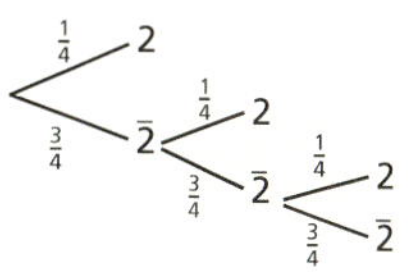

Ergebnis	x_i	$P(X = x_i)$
2	1	$\frac{1}{4} = \frac{4}{16}$
$(\bar{2}; 2)$	2	$\frac{3}{4} \cdot \frac{1}{4} = \frac{3}{16}$
$(\bar{2}; \bar{2}; 2)$	3	$\frac{3}{4} \cdot \frac{3}{4} \cdot \frac{1}{4} + \frac{3}{4} \cdot \frac{3}{4} \cdot \frac{3}{4} = \frac{9}{16}$
$(\bar{2}; \bar{2}; \bar{2})$	3	

Erwartungswert von X: $EX = 1 \cdot \frac{4}{16} + 2 \cdot \frac{3}{16} + 3 \cdot \frac{9}{16} \approx 2{,}3$

Das heißt: Im Mittel sind 2,3 Würfe zu erwarten; 2,3 wird als Wert des arithmetischen Mittels aus vielen zukünftigen Beobachtungswerten von X vorhergesagt.

Streuung von X:

$$D^2X = E(X^2) - (EX)^2 = 1^2 \cdot \frac{4}{16} + 2^2 \cdot \frac{3}{16} + 3^2 \cdot \frac{9}{16} - \left(\frac{37}{16}\right)^2 \approx 0{,}71$$

▶ $E(X^2) = \sum_{i=1}^{n} x_i^2 \cdot P(x = x_i)$

Standardabweichung von X:

$$DX = \sqrt{D^2X} \approx 0{,}85$$

Satz **Eigenschaften der Streuung**
a) Ist X eine endliche Zufallsgröße, so gilt für alle $a, b \in \mathbb{R}$:
$D^2(aX + b) = a^2 \cdot D^2X$
b) Für beliebige voneinander unabhängige endliche Zufallsgrößen X und Y gilt:
$D^2(X + Y) = D^2X + D^2Y$

▶ Für die effektive Berechnung der Streuung einer Zufallsgröße ist die Anwendung nebenstehender Eigenschaften dieser Kenngröße nützlich.

13

Mit den Begriffen *Erwartungswert* und *Streuung* erhält das empirische Gesetz der großen Zahlen (↗Abschnitt 13.1.3) eine theoretische (auf dem kolmogorowschen Axiomensystem basierende) Interpretation und Rechtfertigung. Man kann beweisen, dass der Erwartungswert der relativen Häufigkeiten $h_n(A)$ gleich der Wahrscheinlichkeit P(A) ist und dass der Grenzwert der Streuungen von $h_n(A)$ für $n \to +\infty$ gegen null geht. Die Wahrscheinlichkeit eines Ereignisses A ist also als die zu erwartende relative Häufigkeit von A zu interpretieren. Dies rechtfertigt die folgende Prognose:
Besitzt ein Ereignis A die Wahrscheinlichkeit P(A), dann wird nach einer großen Anzahl n von Durchführungen des Zufallsexperiments das Ereignis A ungefähr $n \cdot P(A)$-mal auftreten.

Die Zweckmäßigkeit von D^2X als ein „Streuungsmaß" einer Zufallsgröße X zeigt auch der folgende Satz:

P. L. TSCHEBYSCHEW (1821 bis 1894), russischer Mathematiker

Satz Tschebyschewsche Ungleichung
Es sei X eine endliche Zufallsgröße mit dem Erwartungswert EX und der Streuung D^2X. Dann beträgt die Wahrscheinlichkeit dafür, dass X einen Wert annimmt, der um mindestens α ($\alpha > 0$) von EX abweicht, höchstens $\frac{D^2X}{\alpha^2}$.
Für jeden positiven Wert von α gilt also die Ungleichung:
$P(|X - EX| \geq \alpha) \leq \frac{1}{\alpha^2} \cdot D^2X$

Mithilfe dieser tschebyschewschen Ungleichung ist man in der Lage, diejenige Wahrscheinlichkeit abzuschätzen, mit der eine Zufallsgröße X einen Wert annimmt, der um mehr als eine fest vorgegebene Zahl α vom Erwartungswert EX abweicht; diese Wahrscheinlichkeit ist umso kleiner, je kleiner die Streuung D^2X ist.

Stephanie, die gerade 18 Jahre alt geworden ist, entnimmt einer kurzen Zeitungsnotiz, dass das Lebensalter, welches eine 18-Jährige erreicht, eine Zufallsgröße mit dem Erwartungswert von 75 und einer Standardabweichung von 5 Jahren ist.
Stephanie möchte daraufhin die Wahrscheinlichkeit abschätzen, dass sie ein Alter

a) von mehr als 70 und weniger als 80,
b) von mehr als 65 und weniger als 85,
c) von mehr als 60 und weniger als 90 Jahren erreicht.

Lösung (mittels der tschebyschewschen Ungleichung):
Modellannahme:
Stephanie ist eine „auf gut Glück" ausgewählte 18-Jährige.
Die Wahrscheinlichkeiten sollen abgeschätzt werden, obwohl von der Zufallsgröße X nur die beiden Kenngrößen EX = 75 und DX = 5 bekannt sind.

a) $P(70 < X < 80) = P(-5 < X - 75 < 5) = P(|X - EX| < 5)$
$= 1 - P(|X - EX| \geq 5) \geq 1 - \frac{1}{5^2} \cdot D^2X \geq 1 - \frac{1}{25} \cdot 25$
$P(70 < X < 80) \geq 0$

Die tschebyschewsche Ungleichung ist nur eine relativ grobe Abschätzung und liefert daher in diesem Falle keine spezifische Information zum Eintreten des untersuchten Ereignisses.

b) $P(65 < X < 85) = P(-10 < X - 75 < 10)$
$= P(|X - EX| < 10) = 1 - P(|X - EX| \geq 10)$
$\geq 1 - \frac{1}{10^2} \cdot D^2X = 1 - \frac{1}{100} \cdot 25$
$P(65 < X < 85) \geq 0{,}75$

c) $P(60 < X < 90) = P(-15 < X - 75 < 15)$
$= P(|X - EX| < 15) = 1 - P(|X - EX| \geq 15)$
$\geq 1 - \frac{1}{15^2} \cdot D^2X = 1 - \frac{1}{225} \cdot 25$
$P(60 < X < 90) \geq 0{,}\overline{8}$

Aus der tschebyschewschen Ungleichung lassen sich folgende Aussagen gewinnen, die man als σ-Regeln oder 3σ-Regel bezeichnet:

3σ-Regel
Die Wahrscheinlichkeit dafür, dass eine endliche Zufallsgröße X mit dem Erwartungswert $EX = \mu$ und der Streuung $D^2X = \sigma^2$ Werte
- im 2σ-Intervall $[\mu - 2\sigma; \mu + 2\sigma]$ annimmt, beträgt mindestens 0,75,
- im 3σ-Intervall $[\mu - 3\sigma; \mu + 3\sigma]$ annimmt, beträgt mindestens $0{,}8\overline{8}$.

Es ist eine Aussage über den Wert der Wahrscheinlichkeit $P(|X - EX| \geq 2 \cdot DX)$ für die Zufallsgröße $X \triangleq \begin{pmatrix} -2 & 0 & 3 \\ 0{,}125 & 0{,}750 & 0{,}125 \end{pmatrix}$ zu treffen.

$EX = (-2) \cdot 0{,}125 + 0 \cdot 0{,}750 + 3 \cdot 0{,}125 = 0{,}125$

$D^2X = E(X^2) - (EX)^2$
$= 4 \cdot 0{,}125 + 0 \cdot 0{,}750 + 9 \cdot 0{,}125 - 0{,}125^2 = 1{,}609375$

Lösung 1 (exakte Berechnung):

$P(|X - 0{,}125| \geq 2 \cdot \sqrt{1{,}609375})$
$= 1 - P(|X - 0{,}125| < 2 \cdot \sqrt{1{,}609375})$ (wegen $P(A) = 1 - P(\overline{A})$)
$= 1 - P(-2\sqrt{1{,}609375} + 0{,}125 < X < 2 \cdot \sqrt{1{,}609375} + 0{,}125)$
$= 1 - P(-2{,}41\ldots < X < 2{,}66\ldots)$
$= 1 - P(X = -2) - P(X = 0)$
$= 1 - 0{,}125 - 0{,}750 = 0{,}125$

Lösung 2 (Abschätzung nach Tschebyschew):

$P(|X - EX| \geq 2 \cdot DX) \leq \frac{1}{4D^2X} \cdot D^2X = 0{,}25$

Auch wenn die mit der tschebyschewschen Ungleichung gewonnenen Abschätzungen in vielen praktischen Fällen zu grob sind, bietet sie doch einen wichtigen Vorzug: Sie gestattet es, Wahrscheinlichkeitsabschätzungen für alle Zufallsgrößen vorzunehmen, wenn nur deren Erwartungswert und Streuung bekannt sind. Darüber hinaus kommt ihr für theoretische Überlegungen eine große Bedeutung zu.

13.5 Binomialverteilung

13.5.1 Bernoulli-Experimente

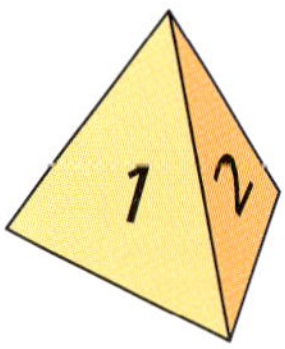

- Zufallsexperiment:
  einmaliges Werfen eines L-Tetraeders mit dem nebenstehenden Netz

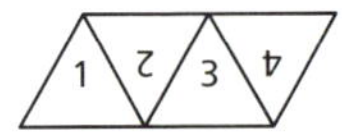

Beobachtungsziel:	*Zufallsgröße:*	*Interpretation:*
Welche Augenzahl wird gewürfelt?	$Y \triangleq \begin{pmatrix} 1 & 2 & 3 & 4 \\ \frac{1}{4} & \frac{1}{4} & \frac{1}{4} & \frac{1}{4} \end{pmatrix}$	Für $i \in \{1; 2; 3; 4\}$ Y = i: „Augenzahl i gewürfelt"
Wird die 4 gewürfelt?	$Z \triangleq \begin{pmatrix} 1 & 0 \\ \frac{1}{4} & \frac{3}{4} \end{pmatrix}$	Z = 1: „Augenzahl 4 gewürfelt" Z = 0: „1, 2 oder 3 gewürfelt"
Wird eine Primzahl gewürfelt?	$R \triangleq \begin{pmatrix} 1 & 0 \\ \frac{1}{2} & \frac{1}{2} \end{pmatrix}$	R = 1: „2 oder 3 gewürfelt" R = 0: „1 oder 4 gewürfelt"
Wird ein Teiler von 4 gewürfelt?	$T \triangleq \begin{pmatrix} 1 & 0 \\ \frac{3}{4} & \frac{1}{4} \end{pmatrix}$	T = 1: „1, 2 oder 4 gewürfelt" T = 0: „3 gewürfelt"

Aus obigem Beispiel sind neben *gleichverteilten* Zufallsgrößen (↗Abschnitt 13.2.1) wie Y und R solche Zufallsgrößen von besonderer Bedeutung, die wie Z, R und T nur zwei Werte annehmen können, die also Zufallsexperimente mit nur zwei (interessierenden) Ergebnissen – genannt **„Erfolg"** und **„Misserfolg"** bzw. **„Treffer"** und **„Niete"** – beschreiben. Man ordnet bei einer solchen Zufallsgröße X dem Ergebnis „Erfolg" die Zahl 1 und dem Ergebnis „Misserfolg" die Zahl 0 zu und bezeichnet P(X = 1) mit p als **„Erfolgswahrscheinlichkeit p"** oder **„Trefferwahrscheinlichkeit p"** sowie demzufolge P(X = 0) mit 1 – p (oder häufig mit q).

Definition Eine Zufallsgröße $X \triangleq \begin{pmatrix} 1 & 0 \\ p & 1-p \end{pmatrix}$ heißt **Bernoulli-Größe** und das zugehörige (einstufige) Zufallsexperiment **Bernoulli-Experiment.**

Diese Bezeichnung wurde zu Ehren des Mathematikers **JAKOB BERNOULLI** (1654 bis 1705) gewählt.

Satz Kenngrößen einer Bernoulli-Größe
Eine Bernoulli-Größe $X \triangleq \begin{pmatrix} 1 & 0 \\ p & 1-p \end{pmatrix}$ besitzt den Erwartungswert $EX = p$ und die Streuung $D^2X = p \cdot (1-p)$.

- (1) Zufallsexperiment: einmaliges Werfen eines Kronenverschlusses

  $X \triangleq \begin{pmatrix} 1 & 0 \\ 0{,}72 & 0{,}28 \end{pmatrix}$

  Interpretation:
  1 – „fällt nach oben geöffnet"
  0 – „fällt nach unten geöffnet"

  $EX = 0{,}72$ $\quad D^2X = 0{,}72 \cdot 0{,}28 \approx 0{,}20$

(2) Zufallsexperiment: einmaliges Werfen eines (idealen) Tetraeders

Interpretation:

$X \triangleq \begin{pmatrix} 1 & 0 \\ \frac{1}{4} & \frac{3}{4} \end{pmatrix}$ 1 – „Augenzahl 4"
0 – „Augenzahl ist nicht 4"

$EX = \frac{1}{4} = 0{,}25$ $D^2X = \frac{1}{4} \cdot \frac{3}{4} = \frac{3}{16} = 0{,}1875$

13.5.2 Bernoulli-Ketten; binomialverteilte Zufallsgrößen

Im Zusammenhang mit Bernoulli-Experimenten sind z. B. folgende Fragen (bezogen auf das obige Beispiel (2)) von besonderem Interesse:

Frage 1: Mit welcher Wahrscheinlichkeit fällt genau drei Mal die Augenzahl 4, wenn das Tetraeder genau sieben Mal geworfen wird?

Frage 2: Mit welcher Wahrscheinlichkeit fällt die Augenzahl 4 mindestens 25 Mal, wenn das Tetraeder 100 Mal geworfen wird?

Der Beantwortung dieser Fragen liegt als Zufallsexperiment ein sieben- bzw. 100-faches Realisieren desselben Bernoulli-Experiments zugrunde:

Definition Wird ein Bernoulli-Experiment n-mal durchgeführt, ohne dass sich die Erfolgswahrscheinlichkeit p ändert, so spricht man von einer **Bernoulli-Kette der Länge n und mit der Erfolgswahrscheinlichkeit p** oder kurz von einer **Bernoulli-Kette mit den Parametern n und p.**

Eine solche Bernoulli-Kette wird beschrieben durch eine Zufallsgröße X, welche die n + 1 Werte 0, 1, 2, …, n annehmen kann. X = k wäre dann für $k \in \{0;\ 1;\ 2;\ \ldots;\ n\}$ zu interpretieren als das Ereignis, dass in der Bernoulli-Kette k „Erfolge" und n – k „Misserfolge" registriert werden.
Die Wahrscheinlichkeit für das Eintreten von k Erfolgen und (n – k) Misserfolgen ergibt sich aus dem zugehörigen n-stufigen Baumdiagramm mit den Verzweigungswahrscheinlichkeiten p und (1 – p) als:

$$P(X = k) = \begin{pmatrix} \text{Anzahl der Pfade} \\ \text{mit genauen Erfolgen} \end{pmatrix} \cdot \begin{pmatrix} \text{Wahrscheinlichkeit für einen} \\ \text{Pfad mit genau k erfolgen} \end{pmatrix}$$
$$= \binom{n}{k} \cdot p^k \cdot (1-p)^{n-k}$$

Satz Bernoulli-Formel
Bei einer Bernoulli-Kette der Länge n und mit der Erfolgswahrscheinlichkeit p beträgt die Wahrscheinlichkeit

- für genau k-mal „Erfolg": $\mathbf{B_{n;\,p}(\{k\})} = P(X = k) = \binom{n}{k} \cdot p^k \cdot (1-p)^{n-k}$
- für höchstens k-mal „Erfolg":
$\mathbf{B_{n;\,p}(\{0;\ 1;\ \ldots;\ k\})} = P(X \leq k) = P(X = 0) + P(X = 1) + \ldots + P(X = k)$
$= \sum_{i=0}^{k} \binom{n}{i} \cdot p^i \cdot (1-p)^{n-i}$

Anstelle von $B_{n;\,p}(\{k\})$ bzw. $B_{n;\,p}(\{0;\ 1;\ \ldots;\ k\})$ werden auch z. B. $f_B(k;\ n;\ p)$ bzw. $F_B(k;\ n;\ p)$ oder $b_{n;\,p}(k)$ bzw. $B_{n;\,p}(k)$ oder auch b(n; p; k) bzw. B(n; p; k) verwendet.

Mit dieser Bernoulli-Formel kann man nun die zu einer Bernoulli-Kette mit den Parametern n und p gehörende Zufallsgröße vollständig charakterisieren, wie das Beispiel auf der folgenden Seite zeigt.

Einer Urne mit genau 11 Kugeln (5 weißen, 3 grünen und 3 roten) werden „auf gut Glück" nacheinander und mit Zurücklegen genau vier Kugeln entnommen. Mit welcher Wahrscheinlichkeit werden dabei genau k ($k \in \{0; 1; 2; 3; 4\}$) grüne Kugeln gezogen?

Lösung:

- Das einmalige Ziehen aus der vorgegebenen Urne ist ein Zufallsexperiment, bei dem nur interessiert, ob die entnommene Kugel grün ist (Erfolg) oder nicht (Misserfolg).

Eine *einmalige* Ziehung entspricht also dem mathematischen Modell eines Bernoulli-Experiments mit der Erfolgswahrscheinlichkeit

$p = \frac{3}{11}$.

- Das viermalige Ziehen kann man als 4-stufiges Zufallsexperiment interpretieren.
- Auf jeder Stufe lassen sich dabei *Erfolg* (entnommene Kugel ist *grün*) und *Misserfolg* (entnommene Kugel ist *nicht grün*) unterscheiden.
- Die Wahrscheinlichkeiten für einen Erfolg $\left(p = \frac{3}{11}\right)$ bzw. einen Misserfolg $\left(1 - p = \frac{8}{11}\right)$ sind auf allen Stufen gleich, da das Ziehen *mit* Zurücklegen erfolgt.

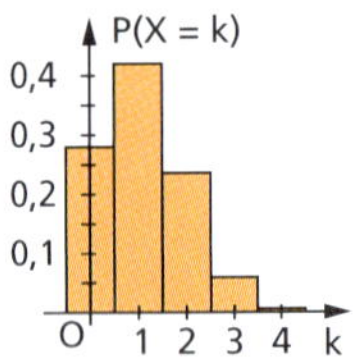

Eine *viermalige* Ziehung entspricht also dem mathematischen Modell einer *Bernoulli-Kette der Länge n = 4* mit der Erfolgswahrscheinlichkeit $p = \frac{3}{11}$, das durch die Zufallsgröße X beschrieben wird, die die zufällige Anzahl der „Erfolge" angibt.

Zufallsgröße X:
zufällige Anzahl der grünen Kugeln bei vier Ziehungen

$$P(X = 0) = B_{4;\,\frac{3}{11}}(\{0\}) = \binom{4}{0} \cdot \left(\frac{3}{11}\right)^0 \cdot \left(\frac{8}{11}\right)^4 \approx 0{,}280$$

$$P(X = 1) = B_{4;\,\frac{3}{11}}(\{1\}) = \binom{4}{1} \cdot \left(\frac{3}{11}\right)^1 \cdot \left(\frac{8}{11}\right)^3 \approx 0{,}420$$

$$P(X = 2) = B_{4;\,\frac{3}{11}}(\{2\}) = \binom{4}{2}\left(\frac{3}{11}\right)^2 \cdot \left(\frac{8}{11}\right)^2 \approx 0{,}236$$

$$P(X = 3) = B_{4;\,\frac{3}{11}}(\{3\}) = \binom{4}{3}\left(\frac{3}{11}\right)^3 \cdot \left(\frac{8}{11}\right)^1 \approx 0{,}059$$

$$P(X = 4) = B_{4;\,\frac{3}{11}}(\{4\}) = \binom{4}{4}\left(\frac{3}{11}\right)^4 \cdot \left(\frac{8}{11}\right)^0 \approx 0{,}006$$

Definition Eine Zufallsgröße X, welche die Werte 0; 1; 2; …; n mit den Wahrscheinlichkeiten

$$P(X = k) = B_{n;\,p}(\{k\}) = \binom{n}{k} \cdot p^k \cdot (1 - p)^{n-k} \quad \text{für } k \in \{0; 1; 2; \ldots; n\}$$

annimmt, heißt **binomialverteilt mit den Parametern n und p** oder auch kurz $B_{n;\,p}$-verteilt (geschrieben: $X \sim B_{n;\,p}$). Die zu X gehörende Wahrscheinlichkeitsverteilung nennt man **Binomialverteilung mit den Parametern n und p.**

Die diese Wahrscheinlichkeitsverteilung charakterisierenden Terme $\binom{n}{k}$ heißen *Binomialkoeffizienten*, denn sie treten beim Entwickeln der n-ten Potenz $(a + b)^n$ eines Binoms nach dem binomschen Lehrsatz als Koeffizienten auf.

Satz Die Binomialverteilung genügt den drei kolmogorowschen Axiomen der Wahrscheinlichkeitstheorie.

a) Der laufenden Produktion von Speicherchips, die erfahrungsgemäß mit einer Wahrscheinlichkeit von 0,13 defekt sind, werden 15 Chips entnommen und dann kontrolliert.
b) Unter 23 gelieferten Speicherchips befinden sich genau drei defekte. Aus diesen 23 Chips werden „auf gut Glück" 15 entnommen und dann kontrolliert.

Es ist zu bestimmen, mit welcher Wahrscheinlichkeit die folgenden Ereignisse A, B, C und D (bezogen auf 15 Chips) eintreten:

A = {genau ein Chip ist defekt};
B = {höchstens ein Chip ist defekt};
C = {mindestens drei Chips sind defekt};
D = {mehr als fünf Chips sind defekt}

Lösung:

a) Zufallsgröße X: zufällige Anzahl der defekten Chips unter den 15 entnommenen

$X \sim B_{15;\,0,13}$, d. h. $P(X = k) = \binom{15}{k} \cdot 0,13^k \cdot 0,87^{15-k};\ k \in \{0; 1; \ldots; 15\}$

$P(A) = P(X = 1) = \binom{15}{1} \cdot 0,13^1 \cdot 0,87^{14} \approx 0,28$

$P(B) = P(X \le 1) = P(X = 0) + P(X = 1)$

$= \binom{15}{0} \cdot 0,13^0 \cdot 0,87^{15} + \binom{15}{1} \cdot 0,13^1 \cdot 0,87^{14} \approx 0,40$

$P(C) = P(X \ge 3) = 1 - P(X \le 2)$

$= 1 - \sum_{k=0}^{2} P(X = k) = 1 - \sum_{k=0}^{2} \binom{15}{k} \cdot 0,13^k \cdot 0,87^{15-k} \approx 0,31$

$P(D) = P(X > 5) = 1 - P(X \le 5) = 1 - \sum_{k=0}^{5} P(X = k)$

$= 1 - \sum_{k=0}^{5} \binom{15}{k} \cdot 0,13^k \cdot 0,87^{15-k} \approx 0,0084$

b) Obwohl der Anteil der defekten Chips $\frac{3}{23} \approx 0,130$ beträgt, kann die Entnahme der 15 Chips nicht als Bernoulli-Kette mit n = 15 und p ≈ 0,13 interpretiert werden. Diese Entnahme ist zwar als fünfzehnstufiges Zufallsexperiment deutbar, auf dessen Stufen jeweils nur nach „Erfolg" (defekter Chip) und „Misserfolg" (intakter Chip) unterschieden wird, aber die Erfolgswahrscheinlichkeiten ändern sich von Stufe zu Stufe, da die zufällige Entnahme der Chips ohne Zurücklegen erfolgt.

$P(A) = \frac{\binom{3}{1} \cdot \binom{20}{14}}{\binom{23}{15}} \approx 0,24$ $P(B) = \frac{\binom{3}{0} \cdot \binom{20}{15} + \binom{3}{1} \cdot \binom{20}{14}}{\binom{23}{15}} \approx 0,27$

$P(C) = \frac{\binom{3}{3} \cdot \binom{20}{12}}{\binom{23}{15}} \approx 0,26$ $P(D) = P(\emptyset) = 0$

13.5.3 Grafische Veranschaulichung der Binomialverteilung

Jede Binomialverteilung $B_{n;\,p}$ wird durch die beiden Parameter n und p charakterisiert. Dabei ist n als Länge der zugehörigen Bernoulli-Kette, d. h. als Anzahl der Realisierungen des zugehörigen Bernoulli-Experiments, und p als Wahrscheinlichkeit des „Erfolges" beim Bernoulli-Experiment zu interpretieren.

Die Abhängigkeit der $B_{n;\,p}$-Verteilung von n und p kann man sich anhand zweier Serien von Histogrammen veranschaulichen, in denen jeweils einer der beiden Parameter konstant gehalten wird.

Histogramm für $X \sim B_{14;\,p}$ mit variablem p

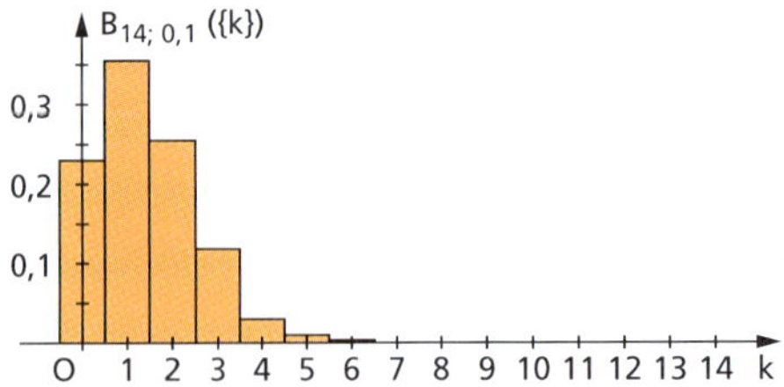

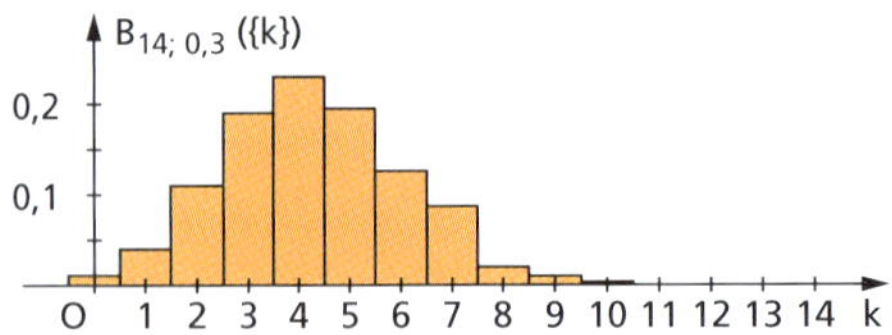

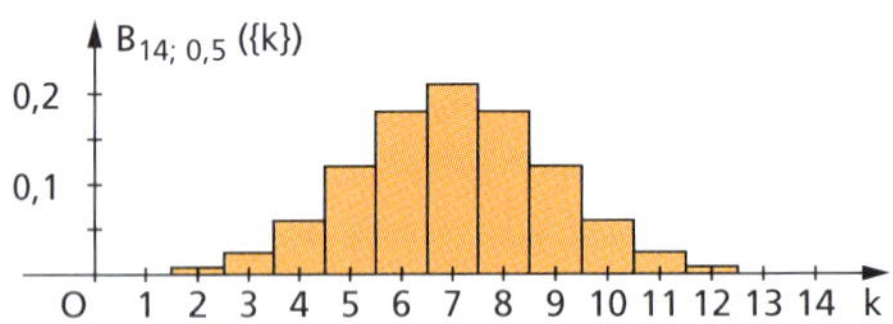

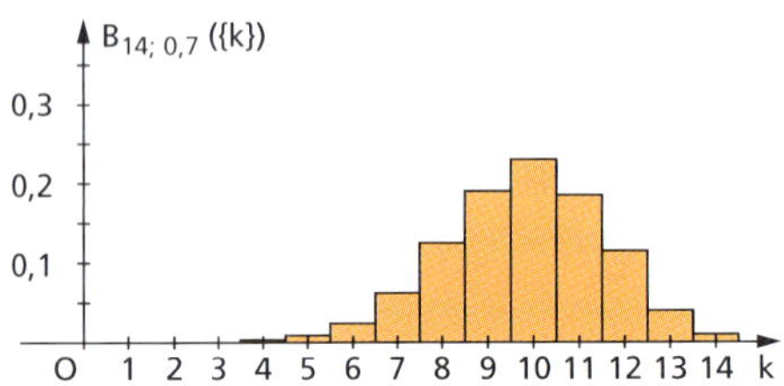

Eigenschaften von $B_{14;\,p}$

(1) Nur das Histogramm bei p = 0,5 ist axialsymmetrisch (und zwar zur Geraden mit der Gleichung $k = 14 \cdot 0{,}5$); je mehr p von 0,5 abweicht, desto asymmetrischer wird das Histogramm.

(2) Das Histogramm von $B_{14;\,p}$ ist das Spiegelbild von $B_{14;\,1-p}$ bezüglich der Spiegelgeraden mit der Gleichung $k = 14 \cdot 0{,}5$.

(3) Die Lage des höchsten Rechteckes wandert mit wachsendem p nach rechts. Es befindet sich bei $k \approx 14 \cdot p$. Dabei nimmt die Höhe des höchsten Rechtecks mit wachsendem p für $p \le 0{,}5$ ab und für $p \ge 0{,}5$ wieder zu. Das Histogramm „zerfließt" am stärksten für p = 0,5.

(4) Für $p_1 < p_2$ gilt:
({0; 1; …;k}) > ({0; 1; …; k})

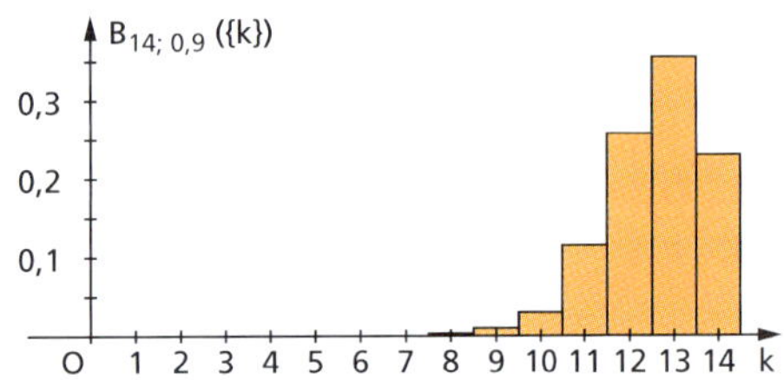

Histogramm für $X \sim B_{n;\,0{,}3}$ mit variablem n

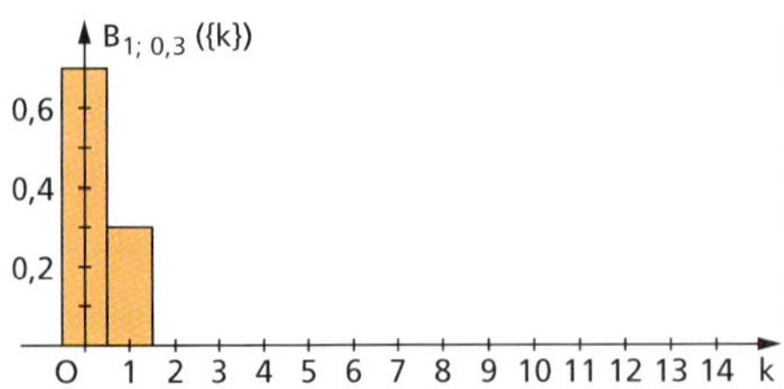

Eigenschaften von $B_{n;\,0{,}3}$

(5) Die Histogramme werden mit wachsendem n zunehmend axialsymmetrischer.

(6) Die Histogramme werden mit wachsendem n zunehmend breiter und zugleich flacher.
(Die Wahrscheinlichkeitsmasse 1 „zerfließt".)

Histogramm für $X \sim B_{n;\,0,3}$ mit variablem n	Eigenschaften von $B_{n;\,0,3}$
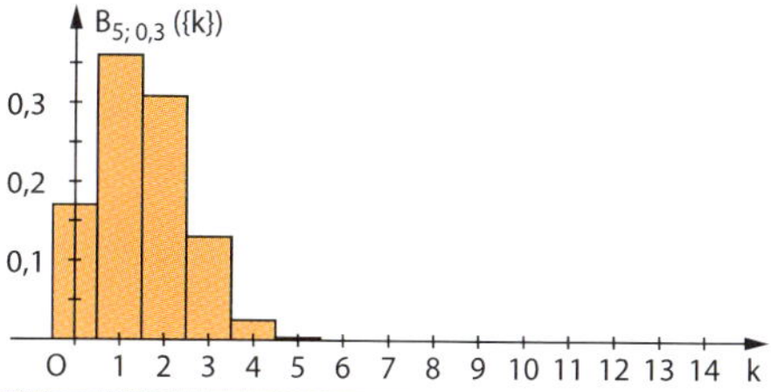	(7) Einige Histogramme (für die $(n + 1) \cdot 0{,}3$ ganzzahlig ist) besitzen zwei nebeneinanderliegende (für $k = (n + 1) \cdot 0{,}3 - 1$ und für $k = (n + 1) \cdot 0{,}3$) maximal hohe Rechtecke.
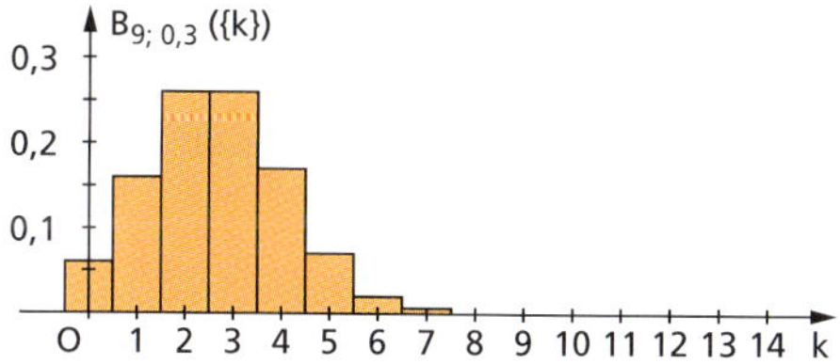	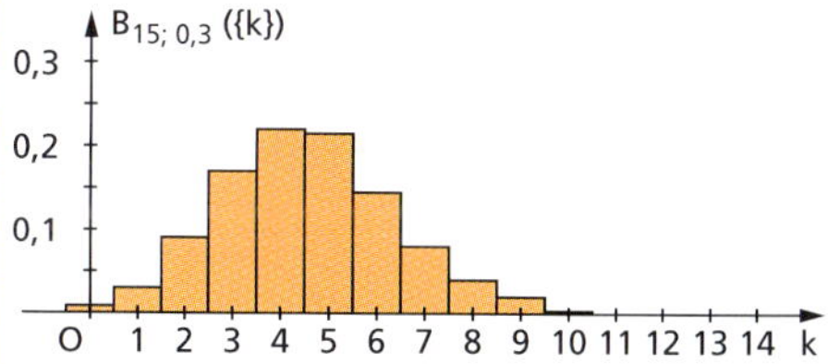
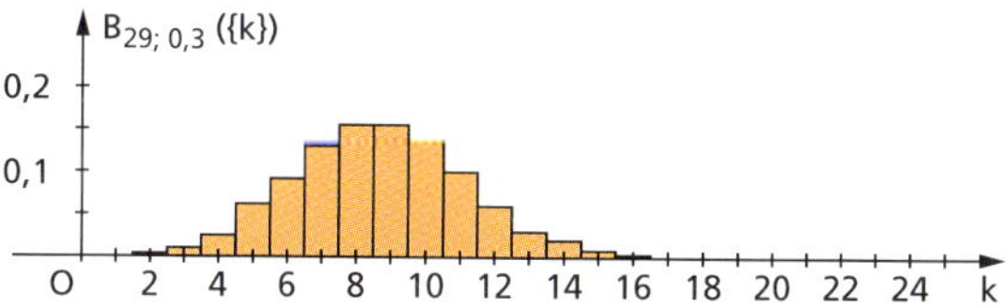	
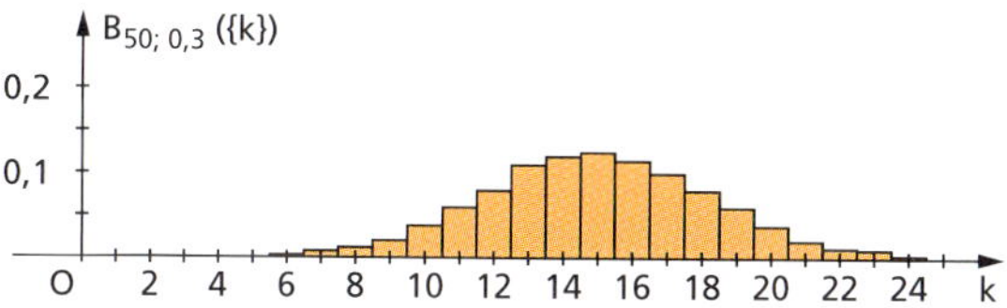	

Die markante Symmetrieeigenschaft (2), die beim Vergleich der Histogramme von $B_{14;\,p}$ und $B_{14;\,1-p}$ zu beobachten war, lässt sich zu folgendem Satz verallgemeinern:

Satz Gegenseitige Lage der Histogramme von $B_{n;\,p}$ und $B_{n;\,1-p}$

Die Histogramme von $B_{n;\,p}$ und $B_{n;\,1-p}$ liegen bezüglich der Geraden mit der Gleichung $k = 0{,}5n$ axialsymmetrisch zueinander.

Spezialfall:
Das Histogramm von $B_{n;\,0,5}$ ist axialsymmetrisch bezüglich der Geraden $k = 0{,}5n$.

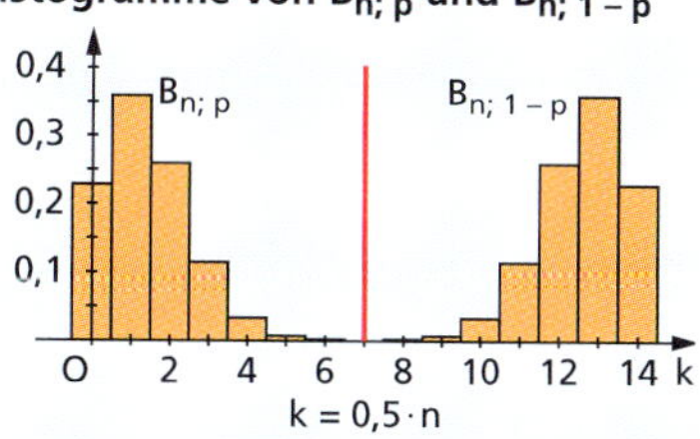

Der Beweis kann durch Anwenden der Bernoulli-Formel auf $B_{n;\,p}(\{k\})$ und $B_{n;\,1-p}(\{n-k\})$ erbracht werden.

Berechnen von Wahrscheinlichkeiten für k Erfolge bei einer Bernoulli-Kette

Bernoulli-Experiment mit Erfolgswahrscheinlichkeit p n-mal realisieren

X_n: zufällige Anzahl der Erfolge

$X_n \sim B_{n;\,p}$

Anzahl der zu erwartenden Erfolge

$EX_n = n \cdot p$

mit der Standardabweichung

$DX_n = n \cdot p \cdot (1 - p)$

---

gilt $n \cdot p \cdot (1 - p) > 9$, so

$P(X_n = k) \approx \frac{1}{DX_n} \cdot \varphi\left(\frac{k - EX_n}{DX_n}\right)$

---

genau k Erfolge

$P(X_n = k) = B_{n;\,p}(\{k\})$

$= \binom{n}{k} \cdot p^k \cdot (1 - p)^{n-k}$

CAS: $= bi(n, p, k)$

(↗ Seite 474)

---

weniger als k Erfolge

$P(X_n < k) = B_{n;\,p}(\{0; 1; \ldots; k - 1\})$

$= \sum_{i=0}^{k-1} \binom{n}{i} \cdot p^i \cdot (1 - p)^{n-i}$

CAS: $= subi(n, p, 0, k - 1)$

(↗ Seite 474)

Erfolg genau bei der n_1-ten, der n_2-ten sowie der n_3-ten Realisierung

$p^3(1 - p)^{n-3}$

---

erster Erfolg bei der n-ten Realisierung

$P(X_{n-1} = 0) \cdot p = (1 - p)^{n-1} \cdot p$

---

höchstens k Erfolge

$P(X_n \leq k) = B_{n;\,p}(\{0; 1; \ldots; k\})$

$= \sum_{i=0}^{k} \binom{n}{i} \cdot p^i \cdot (1 - p)^{n-i}$

CAS: $= subi(n, p, 0, k)$

(↗ Seite 474)

---

k-ter Erfolg bei der n-ten Realisierung

$P(X_{n-1} = k - 1) \cdot p$

$= B_{n-1;\,p}(\{k - 1\}) \cdot p$

$= \binom{n-1}{k-1} \cdot p^k \cdot (1 - p)^{n-k}$

CAS:$= bi(n - 1, p, k - 1) \cdot p$

(↗ Seite 474)

---

mindestens k Erfolge

$P(X_n \geq k) = 1 - B_{n;\,p}(\{0; 1; \ldots; k - 1\})$

$= \sum_{i=k}^{n} \binom{n}{i} \cdot p^i \cdot (1 - p)^{n-i}$

CAS: $= subi(n, p, k, n)$

(↗ Seite 474)

---

mindestens k_1 und höchstens k_2 Erfolge

$P(k_1 \leq X_n \leq k_2)$

$= B_{n;\,p}(\{0; 1; \ldots; k_2\}) - B_{n;\,p}(\{0; 1; \ldots; k_1\})$

$= \sum_{i=k_1}^{k_2} \binom{n}{i} \cdot p^i \cdot (1 - p)^{n-i}$

CAS: $= subi(n, p, k_1, k_2)$

(↗ Seite 474)

---

mindestens einen Erfolg

$P(X_n \geq 1) = 1 - B_{n;\,p}(\{0\})$

$= 1 - (1 - p)^n$

---

gilt $n \cdot p \cdot (1 - p) > 9$, so

$P(X_n \leq k) \approx \Phi\left(\frac{k + 0{,}5 - EX_n}{DX_n}\right)$

13.5.4 Tabellierungen zur Binomialverteilung

Für binomialverteilte Zufallsgrößen $X \sim B_{n;\,p}$ erfordert das Berechnen von Wahrscheinlichkeiten der Art $P(X = k)$, $P(X \le k)$, $P(X \ge k)$ bei größeren n und k mittels der Bernoulli-Formel einen erheblichen Rechenaufwand (wenn keine programmierbaren Taschenrechner oder Computer eingesetzt werden können). Aus diesem Grund sind für einige gebräuchliche n und p die Wahrscheinlichkeiten

$B_{n;\,p}(\{k\}) = P(\{\text{genau } k \text{ Erfolge}\}) = P(X = k) = \binom{n}{k} \cdot p^k \cdot (1-p)^{n-k}$

sowie die kumulierten, die **aufsummierten binomialen Wahrscheinlichkeiten,** d. h. die Werte der Verteilungsfunktion

$$\begin{aligned} B_{n;\,p}(\{0;\,1;\,\dots;\,k\}) &= P(\{\text{höchstens } k \text{ Erfolge}\}) \\ &= P(X \le k) = B_{n;\,p}(\{0\}) + B_{n;\,p}(\{1\}) + \dots + B_{n;\,p}(\{k\}) \\ &= \sum_{i=0}^{k} \binom{n}{i} \cdot p^i \cdot (1-p)^{n-i} \end{aligned}$$

tabelliert.

Tabelle für $B_{n;\,p}(\{k\})$

- Man geht von „außen" nach „innen", wenn die Wahrscheinlichkeit gesucht ist.
- Man geht von „innen" nach „außen", wenn die Wahrscheinlichkeit gegeben ist.

$n = 5,\quad p = 0{,}4\quad P(X = 3) = B_{5;\,0,4}(\{3\}) \approx 0{,}230$

$n = 5,\quad p = 0{,}4\quad P(X = k) = B_{5;\,0,4}(\{k\}) > 0{,}2 \Rightarrow 1 \le k \le 3$

$n = 50,\quad p = 0{,}5\quad P(X = 22) = B_{50;\,0,5}(\{22\}) \approx 0{,}079$

$n = 50,\quad p = 0{,}8\quad P(X = 38) = B_{50;\,0,8}(\{38\}) \approx 0{,}103$

$n = 50,\quad p = 0{,}8\quad P(X = k) = B_{50;\,0,8}(\{k\}) < 0{,}01 \Rightarrow k \le 33 \text{ oder } k \ge 47$

n = 5

k	p = 0,4	
	$B_{n;\,p}(\{k\})$	$B_{n;\,p}(\{0;\,\dots;\,k\})$
0	0,07776	0,07776
1	0,25920	0,33696
2	0,34560	0,68256
3	0,23040	0,91296
4	0,07680	0,98976
5	0,01024	1,00000

Ist $B_{n;\,p}$ nur für $p \le 0{,}5$ tabelliert, so nutzt man beispielsweise für $B_{50;\,0,8}(\{38\})$ folgende rechnerische Umformung:

$$\begin{aligned} B_{50;\,0,8}(\{38\}) &= \binom{50}{38} \cdot 0{,}8^{38} \cdot 0{,}2^{12} = \frac{50!}{38!\,12!} \cdot 0{,}8^{38} \cdot 0{,}2^{12} \\ &= \frac{50!}{12!\,38!} \cdot 0{,}2^{12} \cdot 0{,}8^{38} = \binom{50}{12} \cdot 0{,}2^{12} \cdot 0{,}8^{38} = B_{50;\,0,2}(\{12\}) \end{aligned}$$

Zur selben Erkenntnis gelangt man durch folgende Überlegung:

$B_{50;\,0,8}(\{38\})$ = P({genau 38 Erfolge bei 50 Realisierungen mit einer Erfolgswahrscheinlichkeit von 0,8})
= P({genau 12 Misserfolge bei 50 Realisierungen mit einer Misserfolgswahrscheinlichkeit von 0,2})
$= B_{50;\,0,2}(\{12\})$

13

Tabelle für $B_{n;\,p}(\{k\})$ mit zwei Eingängen

n = 4 k	p = 0,05	p = 0,10	$p = \frac{1}{6}$	p = 0,20	
0	0,81451	0,65610	0,48225	0,40960	4
1	0,17148	0,29160	0,38580	0,40960	3
2	0,01354	0,04860	0,11574	0,15360	2
3	0,00047	0,00360	0,01543	0,02560	1
4	0,00001	0,00010	0,00077	0,00160	0
	p = 0,95	p = 0,90	$p = \frac{5}{6}$	p = 0,80	k

$B_{4;\,0,10}(\{1\}) \approx 0{,}29160$ bei k = 1 über den hellbeigen Eingang

$B_{4;\,0,10}(\{1\}) = B_{4;\,0,90}(\{3\}) \approx 0{,}29160$ bei k = 4 – 1 = 3 über den dunkelbeigen Eingang

$B_{4;\,0,80}(\{1\}) \approx 0{,}02560$ bei k = 1 über den dunkelbeigen Eingang

$B_{4;\,0,80}(\{1\}) = B_{4;\,0,20}(\{3\}) \approx 0{,}02560$ bei k = 4 – 1 = 3 über den hellbeigen Eingang

Die Beweise dieser Aussagen fußen auf der Rechenregel $P(\overline{A}) = 1 - P(A)$ für Gegenereignisse, der Symmetrie $\binom{n}{k} = \binom{n}{n-k}$ für Binomialkoeffizienten sowie der Kommutativität $p^k \cdot (1-p)^{n-k} = (1-p)^{n-k} \cdot p^k$.

Satz Rechenregeln für binomialverteilte Zufallsgrößen

Bei binomialverteilten Zufallsgrößen X mit den Parametern n und p gilt für i, $k \in \{0;\,1;\,\ldots;\,n\}$ und $i \le k$:

(1) $B_{n;\,p}(\{k\}) = B_{n;\,1-p}(\{n-k\})$;

(2) $B_{n;\,p}(\{k\}) = B_{n;\,p}(\{0;\,1;\,\ldots;\,k\}) - B_{n;\,p}(\{0;\,1;\,\ldots;\,k-1\})$;

(3) $B_{n;\,p}(\{0;\,1;\,\ldots;\,k\}) = 1 - B_{n;\,1-p}(\{0;\,1;\,\ldots;\,n-k-1\})$;

(4) $B_{n;\,p}(\{k;\,k+1;\,\ldots;\,n\}) = 1 - B_{n;\,p}(\{0;\,1;\,\ldots;\,k-1\})$;

(5) $B_{n;\,p}(\{i;\,i+1;\,\ldots;\,k\}) = B_{n;\,p}(\{0;\,1;\,\ldots;\,k\}) - B_{n;\,p}(\{0;\,1;\,\ldots;\,i-1\})$

Tabelle für $B_{n\,;\,p}(\{0;\,1;\,\ldots;\,k\}) = F_{n;\,p}(k)$

n = 5 k	p = 0,4	
	$B_{n;\,p}(\{k\})$	$B_{n;\,p}(\{0;\,\ldots;\,k\})$
0	0,07776	0,07776
1	0,25920	0,33696
2	0,34560	0,68256
3	0,23040	0,91296
4	0,07680	0,98976
5	0,01024	1,00000

n = 5, p = 0,4 $P(X \le 3) = B_{5;\,0,4}(\{0;\,1;\,2;\,3\}) \approx 0{,}913$

n = 200, p = 0,4 $P(X \le 74) = B_{200;\,0,4}(\{0;\,1;\,\ldots;\,74\}) \approx 0{,}214$

$P(X > 74) = 1 - P(X \le 74)$

$= 1 - B_{200;\,0,4}(\{0;\,1;\,\ldots;\,74\}) \approx 0{,}786$

$P(X \ge 74) = 1 - P(X \le 73)$

$= 1 - B_{200;\,0,4}(\{0;\,1;\,\ldots;\,73\}) \approx 0{,}826$

Tabelle für $B_{n;\,p}(\{0;\,1;\,\ldots;\,k\})$ mit zwei Eingängen

n = 4	k	p = 0,05	p = 0,10	$p = \frac{1}{6}$	p = 0,20	
	0	0,81451	0,65610	0,48225	0,40960	3
	1	0,98598	0,94770	0,86806	0,81920	2
	2	0,99952	0,99630	0,98380	0,97280	1
	3	0,99999	0,99990	0,99923	0,99840	0
	4	1,00000	1,00000	1,00000	1,00000	–1
		p = 0,95	p = 0,90	$p = \frac{5}{6}$	p = 0,80	k

$B_{4;\,0,10}(\{0;\,1;\,2\})$	$\approx 0{,}99630$	bei k = 2 über den hellbeigenen Eingang
$B_{4;\,0,10}(\{0;\,1;\,2\})$	$= 1 - B_{4;\,0,90}(\{0;\,1\})$	bei k = 4 – 2 – 1 über den dunkelbeigen Eingang
	$\approx 1 - (1 - 0{,}99630)$	mit 1 – (abgelesener Wert)
	$= 0{,}99630$	
$B_{4;\,0,80}(\{0;\,1;\,2\})$	$\approx 1 - 0{,}81920$	bei k = 2 über den dunkelbeigen Eingang mit
	$\approx 0{,}1808$	1 – (abgelesener Wert)
$B_{4;\,0,80}(\{0;\,1;\,2\})$	$= 1 - B_{4;\,0,20}(\{0;\,1\})$	bei k = 4 – 2 – 1 = 1 über den hellbeigen Eingang
	$\approx 1 - 0{,}81920$	
	$\approx 0{,}1808$	

Berechnungsmöglichkeiten für binomialverteilte Zufallsgrößen

Zufallsexperiment:
Bernoulli-Kette der Länge n und mit der Erfolgswahrscheinlichkeit p
Zufallsgröße X:
zufällige Anzahl der Erfolge $X \sim B_{n;\,p}$, d. h., $P(X = k) = \binom{n}{k} \cdot p^k \cdot (1-p)^{n-k}$

n = 20, p = 0,40	**Tabelle für $B_{n;\,p}(\{k\})$**	**Tabelle für $B_{n;\,p}(\{0;\,\ldots;\,k\})$**
P(X = k) **k = 5**	$B_{n;\,p}(\{k\}) = \binom{n}{k} \cdot p^k \cdot (1-p)^{n-k}$ n = 20 k | p = 0,40 5 | 0,05095 Wert: 0,07465	$B_{n;\,p}(\{0;\,\ldots;\,k\}) - B_{n;\,p}(\{0;\,\ldots;\,k-1\})$ n = 20 k | p = 0,40 4 | 0,05095 5 | 0,12560 Differenz: 0,07465
P(X ≤ k) **k = 5**	$\sum_{i=0}^{k} B_{n;\,p}(\{i\}) = \sum_{i=0}^{k} \binom{n}{k} \cdot p^i \cdot (1-p)^{n-i}$ n = 20 k | p = 0,40 0 | 0,00004 1 | 0,00049 2 | 0,00309 3 | 0,01235 4 | 0,03499 5 | 0,07465 Summe: 0,12561	$B_{n;\,p}(\{0;\,\ldots;\,k\})$ n = 20 k | p = 0,40 5 | 0,12560 Wert: 0,12560

<table>
<tr><th>n = 20, p = 0,40</th><th>Tabelle für $B_{n;\,p}(\{k\})$</th><th>Tabelle für $B_{n;\,p}(\{0; \ldots; k\})$</th></tr>
<tr><td>$P(a \le X \le b)$

a = 7
b = 10</td><td>$\sum_{i=a}^{b} B_{n;\,p}(\{i\}) = \sum_{i=a}^{b} \binom{n}{i} \cdot p^i \cdot (1-p)^{n-i}$
n = 20
<table><tr><th>k</th><th>p = 0,40</th></tr><tr><td>7</td><td>0,16588</td></tr><tr><td>8</td><td>0,17971</td></tr><tr><td>9</td><td>0,15874</td></tr><tr><td>10</td><td>0,11714</td></tr></table>Summe: 0,62247</td><td>$B_{n;\,p}(\{0; \ldots; b\}) - B_{n;\,p}(\{0; \ldots; a-1\})$
n = 20
<table><tr><th>k</th><th>p = 0,40</th></tr><tr><td>6</td><td>0,25001</td></tr><tr><td>…</td><td></td></tr><tr><td>10</td><td>0,87248</td></tr></table>Differenz: 0,62247</td></tr>
<tr><td>$P(X > k)$

k = 5</td><td>$1 - \sum_{i=0}^{k} B_{n;\,p}(\{i\}) = \sum_{i=k+1}^{n} \binom{n}{i} \cdot p^i \cdot (1-p)^{n-i}$
n = 20
<table><tr><th>k</th><th>p = 0,40</th></tr><tr><td>0</td><td>0,00004</td></tr><tr><td>1</td><td>0,00049</td></tr><tr><td>2</td><td>0,00309</td></tr><tr><td>3</td><td>0,01235</td></tr><tr><td>4</td><td>0,03499</td></tr><tr><td>5</td><td>0,07465</td></tr></table>1 – Summe: 0,87439</td><td>$1 - B_{n;\,p}(\{0; \ldots; k\})$
n = 20
<table><tr><th>k</th><th>p = 0,40</th></tr><tr><td>5</td><td>0,12560</td></tr></table>1 – Wert: 0,87440</td></tr>
</table>

In einer großen Gruppe von Skitouristen sind 90 % der Personen „fortgeschrittene" Skiläufer und 10 % Anfänger.

a) „Auf gut Glück" werden nun zehn Personen der Gruppe ausgewählt. Mit welcher Wahrscheinlichkeit befinden sich unter diesen zehn Skitouristen genau acht Fortgeschrittene?

b) Wie viele Skitouristen müssen „auf gut Glück" *mindestens* ausgewählt werden, damit mit einer Wahrscheinlichkeit von *mindestens* 0,99 *mindestens* einer der Touristen ein Anfänger ist?

c) Wie groß ist die Wahrscheinlichkeit dafür, dass die vierte ausgewählte Person der erste Fortgeschrittene ist?

d) Wie groß ist die Wahrscheinlichkeit dafür, dass frühestens die vierte ausgewählte Person ein Fortgeschrittener ist?

▶ Es wäre auch möglich, mit der Zufallsgröße „Y_n: zufällige Anzahl der Anfänger unter n ‚auf gut Glück' Ausgewählten; $Y_n \sim B_{n;\,0,10}$" zu arbeiten.

Lösung:

Die „große Gruppe" umfasse so viele Skitouristen, dass es gerechtfertigt ist, die Anzahl der „zehn Personen" durch ein Urnenmodell *mit* Zurücklegen zu beschreiben und damit als eine Bernoulli-Kette der Länge 10 zu modellieren.

Treffer: Fortgeschrittener wird ausgewählt.

Zufallsgröße X_n:
zufällige Anzahl der Fortgeschrittenen unter n „auf gut Glück" Ausgewählten; $X_n \sim B_{n;\,0,90}$

a) $P(X_{10} = 8) = B_{10;\,0,90}(\{8\}) \approx 0{,}194$

b) $P(X_n \le n-1) = 1 - P(X_n = n)$
$= 1 - B_{n;\,0,90}(\{n\}) = 1 - \binom{n}{n} \cdot 0{,}90^n \cdot 0{,}10^0 = 1 - 0{,}90^n$

Es soll gelten: $1 - 0{,}90^n \geq 0{,}99$ bzw. $0{,}90^n \leq 0{,}01$

Daraus folgt $\ln(0{,}90^n) \leq \ln 0{,}01$, also $n \geq \frac{\ln 0{,}01}{\ln 0{,}90}$ und damit $n > 43{,}7$.

Es müssen mindestens 44 Personen ausgewählt werden.

c) Die Aussage „die vierte ausgewählte Person ist der erste Fortgeschrittene" ist gleichbedeutend damit, dass die ersten drei ausgewählten Personen alle Anfänger sind und dass die anschließend ausgewählte Person ein Fortgeschrittener ist. Also:

$P(X_3 = 0 \text{ und } X_1 = 1)$, d. h. wegen der Unabhängigkeit:

$P(X_3 = 0) \cdot P(X_1 = 1) = \binom{3}{0} \cdot 0{,}90^0 \cdot 0{,}10^3 \cdot \binom{1}{1} \cdot 0{,}90^1 \cdot 0{,}10^0 = 0{,}0009$

d) Die Aussage „frühestens die vierte ausgewählte Person ist ein Fortgeschrittener" ist gleichbedeutend damit, dass die ersten drei ausgewählten Personen alle Anfänger sind. Über die vierte ausgewählte Person wird nichts gesagt – sie kann ein Fortgeschrittener sein, muss es aber nicht. Wir berechnen also die Wahrscheinlichkeit dafür, dass die ersten drei Personen Anfänger sind:
$P(X_3 = 0) = \binom{3}{0} \cdot 0{,}90^0 \cdot 0{,}10^3 = 0{,}10^3 = 0{,}001$

Die Teile c) und d) obigen Beispiels gehören zu den sogenannten *Wartezeitproblemen*. So werden Probleme bezeichnet, bei denen es um das Warten auf den ersten bzw. k-ten Erfolg geht. Tritt dieser bei der n-ten Durchführung des entsprechenden Bernoulli-Experiments ein, so beträgt die Wartezeit n Zeiteinheiten, wenn die einmalige Durchführung des Zufallsexperiments genau eine Zeiteinheit erfordert.

Satz Warten auf den ersten Erfolg

Für ein Bernoulli-Experiment mit der Erfolgswahrscheinlichkeit p beträgt die Wahrscheinlichkeit für den ersten Erfolg

- bei der n-ten Durchführung $(1 - p)^{n-1} \cdot p$;
- frühestens bei der n-ten Durchführung $(1 - p)^{n-1}$;
- spätestens bei der n-ten Durchführung $1 - (1 - p)^n$.

Definition Eine diskrete Zufallsgröße $X \hat{=} \begin{pmatrix} 1 & 2 & \dots & k & \dots \\ p_1 & p_2 & \dots & p_k & \dots \end{pmatrix}$ mit $p_k = (1 - p)^{k-1} \cdot p$ heißt **geometrisch verteilt.**

13.5.5 Erwartungswert und Streuung binomialverteilter Zufallsgrößen

Um den Erwartungswert einer binomialverteilten Zufallsgröße $X \sim B_{n;\,p}$ aufgrund seiner Definition zu bestimmen, müsste die Summe

$$\begin{aligned} EX &= 0 \cdot B_{n;\,p}(\{0\}) + 1 \cdot B_{n;\,p}(\{1\}) + \dots + n \cdot B_{n;\,p}(\{n\}) \\ &= 0 \cdot \binom{n}{0} \cdot p^0 \cdot (1-p)^{n-0} + 1 \cdot \binom{n}{1} \cdot p^1 \cdot (1-p)^{n-1} + \dots + n \cdot \binom{n}{n} \cdot p^n \cdot (1-p)^0 \end{aligned}$$

vereinfacht werden. Dies erfordert aber einen hohen Aufwand an Umformungen. Es lässt sich zeigen, dass gilt:

Satz

Erwartungswert und Streuung binomialverteilter Zufallsgrößen

Eine binomialverteilte Zufallsgröße $X \sim B_{n;\,p}$ besitzt den Erwartungswert $\mathbf{EX = n \cdot p}$, die Streuung (Varianz) $\mathbf{D^2X = VarX = n \cdot p \cdot (1 - p)}$ sowie die Standardabweichung $\mathbf{DX = \sqrt{VarX} = \sqrt{n \cdot p \cdot (1 - p)}}$.

Ein ideales Tetraeder mit den Seitenbeschriftungen 1, 2, 3 und 4 werde 200-mal geworfen.
Wie viele Vieren sind dabei zu erwarten? Welche Standardabweichung σ besitzt die (zufällige) Anzahl der Vieren?
Mit jeweils welcher Wahrscheinlichkeit liegt die (zufällige) Anzahl X der Vieren im Intervall $[EX - \sigma;\ EX + \sigma]$, $[EX - 2\sigma;\ EX + 2\sigma]$ bzw. $[EX - 3\sigma;\ EX + 3\sigma]$?

Lösung:

Zufallsgröße X:
zufällige Anzahl der Vieren beim 200-maligen Werfen des L-Tetraeders; $X \sim B_{n;\,p}$ mit $n = 200$ und $p = 0{,}25$

Erwartungswert:
$EX = n \cdot p = 200 \cdot 0{,}25 = 50$, d.h.: Es sind 50 Vieren zu erwarten.

Standardabweichung:

$$\sigma = \sqrt{n \cdot p \cdot (1 - p)} = \sqrt{200 \cdot 0{,}25 \cdot 0{,}75} \approx 6{,}12$$

$$P(X \in [EX - \sigma;\ EX + \sigma]) = P(X \in [43{,}87\ldots;\ 56{,}12\ldots]) = P(44 \le X \le 56)$$
$$= B_{200;\,0,25}(\{0;\ 1;\ \ldots;\ 56\}) - B_{200;\,0,25}(\{0;\ 1;\ \ldots;\ 43\})$$
$$\approx 0{,}85546 - 0{,}14376 \approx 0{,}712$$

$$P(X \in [EX - 2\sigma;\ EX + 2\sigma]) = P(38 \le X \le 62)$$
$$= B_{200;\,0,25}(\{0;\ 1;\ \ldots;\ 62\}) - B_{200;\,0,25}(\{0;\ 1;\ldots;\ 37\})$$
$$\approx 0{,}97745 - 0{,}01824 \approx 0{,}959$$

$$P(X \in [EX - 3\sigma;\ EX + 3\sigma]) = P(32 \le X \le 68)$$
$$= B_{200;\,0,25}(\{0;\ 1;\ \ldots;\ 68\}) - B_{200;\,0,25}(\{0;\ 1;\ \ldots;\ 31\})$$
$$\approx 0{,}99830 - 0{,}00079 \approx 0{,}998$$

Im Jahre 1654 wandte sich CHEVALIER ANTONIE GOMBAUD DE MÉRÉ (1610 bis 1685), ein am Hof Ludwig des XIV. lebender Philosoph und Literat, an den berühmten Mathematiker BLAISE PASCAL (1623 bis 1662) mit der Frage: *Was ist wahrscheinlicher, bei vier Würfen mit einem Würfel mindestens eine Sechs zu werfen oder bei 24 Würfen mit zwei Würfeln mindestens eine Doppelsechs zu werfen?*

Als „Hobbymathematiker" ging DE MÉRÉ davon aus, dass beide Wahrscheinlichkeiten gleich sein müssten, da sich 24 zu 36 wie 4 zu 6 verhält. Seine Beobachtungen als Spieler schienen dieser Annahme aber zu widersprechen.

Die Frage soll nun mit heutigen Mitteln beantwortet werden.

Modellannahme:
Die genannten Würfel sind L-Würfel, deren Seitenflächen jeweils mit den Augenzahlen 1 bis 6 durchnummeriert sind. Die Würfe erfolgen unabhängig voneinander.

BLAISE PASCAL
(1623 bis 1662), französischer Mathematiker und Physiker

Pascal schrieb über DE MÉRÉ: „... er ist ein sehr tüchtiger Kopf, aber er ist kein Mathematiker (das ist ... ein großer Mangel), und er begreift nicht einmal, dass eine mathematische Linie bis ins Unendliche teilbar ist ..."

Zufallsgröße X_4:

zufällige Anzahl der geworfenen Sechsen bei vier Würfen mit genau einem Würfel; $X_4 \sim B_{4;\,\frac{1}{6}}$

P({bei vier Würfen mit einem Würfel mindestens eine Sechs})

$= P(X_4 \geq 1) = 1 - P(X_4 = 0) = 1 - \binom{4}{0} \cdot \left(\frac{1}{6}\right)^0 \cdot \left(\frac{5}{6}\right)^4 \approx 0{,}5177$

Zufallsgröße Y_{24}:

zufällige Anzahl der geworfenen Doppelsechsen bei 24 Würfen mit zwei Würfeln; $Y_{24} \sim B_{24;\,\frac{1}{36}}$

P({bei 24 Würfen mit zwei Würfeln eine Doppelsechs zu werfen})

$= P(Y_{24} \geq 1) = 1 - P(Y_{24} = 0) = 1 - \binom{24}{0} \cdot \left(\frac{1}{36}\right)^0 \cdot \left(\frac{35}{36}\right)^{24} \approx 0{,}4914$

Die Wahrscheinlichkeit, bei vier Würfen mit einem Würfel mindestens eine Sechs zu werfen, ist also (wenn auch nur geringfügig) größer als die Wahrscheinlichkeit, bei 24 Würfen mit zwei Würfeln mindestens eine Doppelsechs zu werfen.

Man kann überdies zeigen: X_4 und Y_{24} haben dieselben Erwartungswerte, aber die Y_{24}- Werte streuen stärker als die X_4-Werte:

$DX_4 = \sqrt{4 \cdot \frac{1}{6} \cdot \frac{5}{6}} \approx 0{,}7454 < 0{,}8051 \approx \sqrt{24 \cdot \left(\frac{1}{36}\right) \cdot \left(\frac{35}{36}\right)} = DY_{24}$

13.5.6 Grenzwertsatz von Moivre-Laplace zur Binomialverteilung

Bei vielen praktischen Problemen werden aufsummierte Binomialwahrscheinlichkeiten $B_{n;\,p}(\{0;\ 1;\ \ldots;\ k\})$ für große n (z.B. n > 200) oder „krumme" Werte von p oder n (z. B. p = 0,22 oder n = 172) benötigt, die üblicherweise nicht tabelliert vorliegen. Als noch keine elektronischen Hilfsmittel zur Verfügung standen, war es daher naheliegend, nach entsprechenden **Näherungsformeln** zu suchen.

In der Analysis werden Flächeninhalte unter dem Graphen einer stetigen Funktion näherungsweise mittels der Rechteckmethode (Streifenmethode) bestimmt. Solcherart Rechtecke treten auch bei den zu betrachtenden Binomialwahrscheinlichkeiten auf, wenn man deren Histogramme betrachtet, jedoch ist die zugehörige stetige Funktion unbekannt.

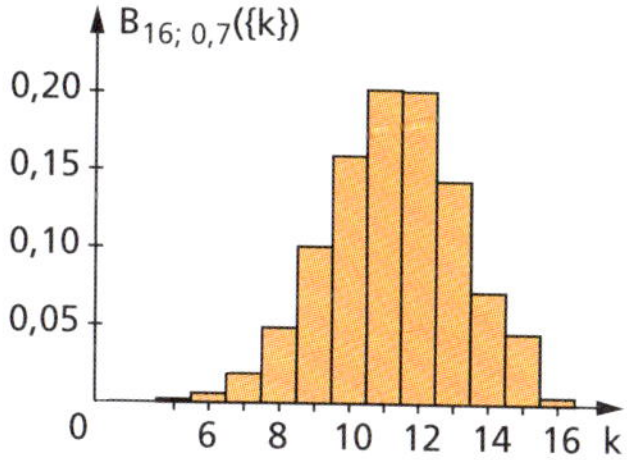

Aufsummierte Binomialwahrscheinlichkeiten werden z.B. beim Testen von Hypothesen (↗ Abschnitt 14.2.1) gebraucht.

In einem **Histogramm** wird im Unterschied zum Stabdiagramm, wo man an der Stelle k einen „Stab" der Länge P(X = k) einträgt, über dem Intervall [k – 0,5; k + 0,5] ein Rechteck mit der Breite 1 und der Höhe P(X = k) gezeichnet. Die Wahrscheinlichkeit $B_{n;\,p}(\{k\})$ entspricht im Histogramm der Flächenmaßzahl des Rechtecks an der Stelle k und die aufsummierten Wahrscheinlichkeiten $B_{n;\,p}(\{0;\ 1;\ \ldots;\ k\})$ der Summe der Flächenmaßzahlen der Rechtecke (soweit sie zeichnerisch erfassbar sind) an den Stellen 0, 1, …, k (↗ Seite 408).

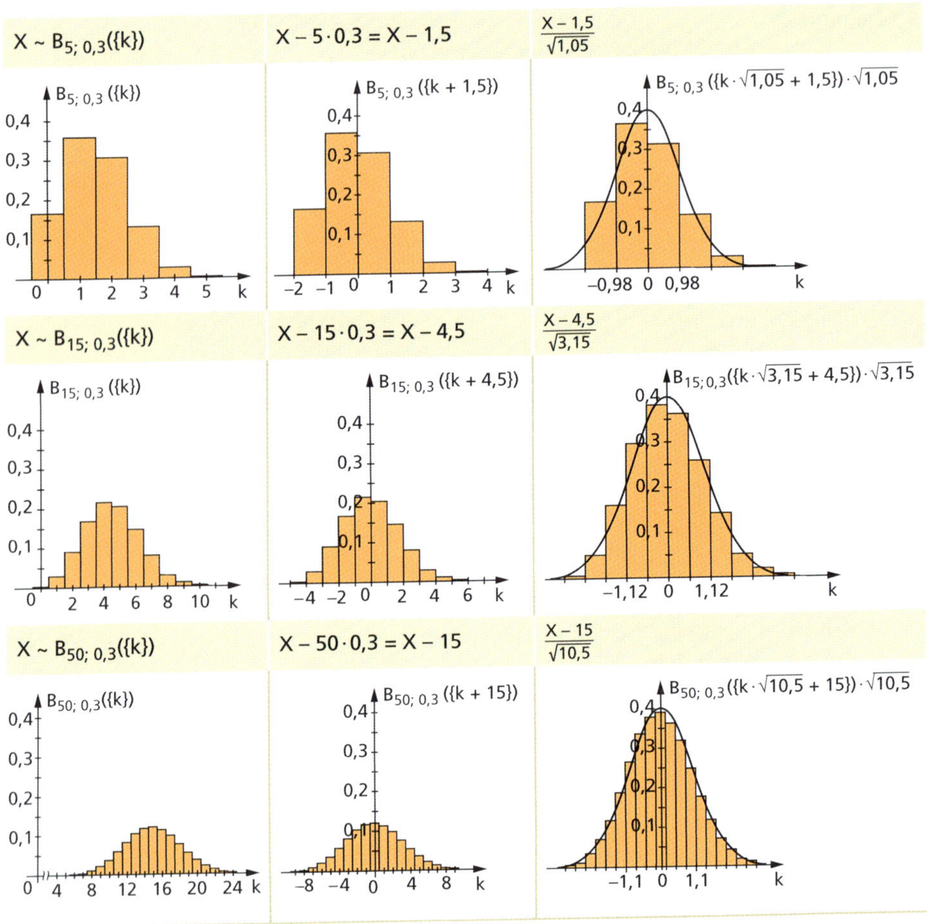

Obige Histogramme von Binomialwahrscheinlichkeiten lassen erkennen:

(1) Je größer $\mu = n \cdot p$ wird, desto weiter wandert das Histogramm „nach rechts". Betrachtet man statt der Zufallsgröße X die (zentrierte) Zufallsgröße $X - \mu$, so beträgt deren Erwartungswert null und das Histogramm hat sein höchstes Rechteck bei $k = 0$.

(2) Je größer $\sigma^2 = n \cdot p \cdot (1 - p)$ wird, desto mehr „zerfließt" das Histogramm, desto flacher und zugleich breiter wird das Histogramm. Geht man von der bereits zentrierten Zufallsgröße $X - \mu$ über zu der standardisierten Zufallsgröße $\frac{X - \mu}{\sigma}$, so besitzt diese die Streuung 1 und zerfließt daher nicht mehr.

(3) Je größer n wird, desto mehr nähert sich die äußere Form der Histogramme der standardisierten Zufallsgröße $\frac{X - \mu}{\sigma}$ einer zur y-Achse symmetrischen Glockenkurve. Diese **gaußsche Glockenkurve** (Kurve der Normalverteilung) ist der Graph der stetigen Funktion φ mit der Gleichung $\varphi(x) = \frac{1}{\sqrt{2\pi}} \cdot e^{-\frac{1}{2}x^2}$ und ihrer Stammfunktion Φ.

Grenzwertsatz von de Moivre-Laplace

Ist X eine binomialverteilte Zufallsgröße mit $X \sim B_{n;\,p}$, dann gilt:

- $\lim\limits_{n \to \infty} B_{n;\,p}(\{k\}) = \frac{1}{\sigma} \cdot \varphi\left(\frac{k-\mu}{\sigma}\right)$
- $\lim\limits_{n \to \infty} B_{n;\,p}(\{0;\,1;\,\ldots;\,k\}) = \Phi\left(\frac{k-\mu}{\sigma}\right)$

und damit die

- *lokale Näherungsformel* (für $n \cdot p \cdot (1-p) > 9$)
  $P(X = k) = B_{n;\,p}(\{k\}) \approx \frac{1}{\sigma}\varphi\left(\frac{k-\mu}{\sigma}\right)$ und die
- *globale Näherungsformel* (für $n \cdot p \cdot (1-p) > 9$)
  $P(X \le k) = B_{n;\,p}(\{0;\,1;\,\ldots;\,k\}) \approx \Phi\left(\frac{k+0{,}5-\mu}{\sigma}\right)$,

wobei $\mu = EX = n \cdot p$ und $\sigma = DX = \sqrt{n \cdot p \cdot (1-p)}$.

Der in der Formel enthaltene Summand 0,5 hat keinen mathematisch begründbaren Hintergrund. Sein Einfügen beruht auf Erfahrung. Die Formel wird auch ohne diesen Summanden 0,5 genutzt.

Da die Funktion $\varphi\colon x \mapsto \frac{1}{\sqrt{2\pi}} \cdot e^{-\frac{1}{2}x^2}$ nicht geschlossen integrierbar ist, sind die Funktionswerte ihrer Stammfunktion Φ tabelliert, wobei wegen $\Phi(-x) = 1 - \Phi(x)$ die Tabellierung nur für nichtnegative Argumente erfolgen muss.

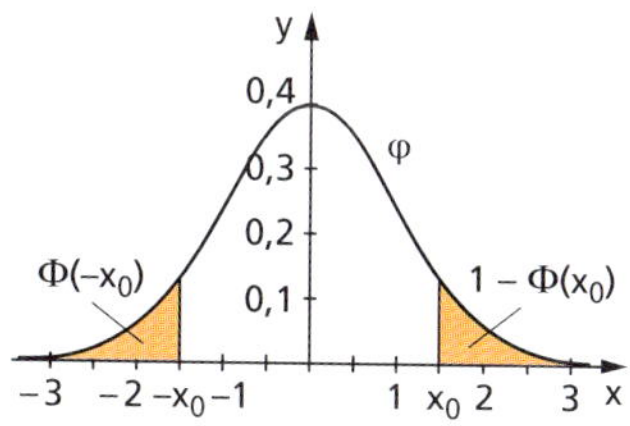

Die Gültigkeit dieser Gleichung für alle $x \in \mathbb{R}$ kann man aus dem zur y-Achse symmetrischen Graphen φ entnehmen, wenn man beachtet, dass $\int_{-\infty}^{+\infty} \varphi(x)\,dx = 1$ gilt:

$$\Phi(-x) = \int_{-\infty}^{-x} \varphi(t)\,dt = \int_{x}^{+\infty} \varphi(t)\,dt = \int_{-\infty}^{+\infty} \varphi(t)\,dt - \int_{-\infty}^{x} \varphi(t)\,dt = 1 - \Phi(x)$$

Von einer Sorte Saatgetreide mit einer Keimfähigkeit von 90 % werden 1 000 Körner ausgesät. Es soll ermittelt werden, mit welcher Wahrscheinlichkeit dann die folgenden Ereignisse A bis C eintreten:
A = {es keimen höchstens 905 Körner};
B = {es keimen mindestens 890 Körner};
C = {es keimen mindestens 910 und höchstens 960 Körner}

Für Berechnungen von $B_{n;\,p}$-Wahrscheinlichkeiten mit $n \cdot p \cdot (1-p) > 9$ wird eine Approximation der Binomialverteilung mithilfe des Satzes von de Moivre-Laplace praktisch überflüssig, wenn Computer oder programmierbare Taschenrechner zugänglich sind.

Lösung:

Zufallsgröße X:
zufällige Anzahl der keimenden Körner unter den 1 000 ausgesäten; $X \sim B_{1000;\,0{,}90}$

Erwartungswert: $\mu = 1000 \cdot 0{,}90 = 900$;
Streuung: $\sigma^2 = 1000 \cdot 0{,}90 \cdot 0{,}10 = 90$

Die Faustregel $n \cdot p \cdot (1-p) > 9$ aus obigem Grenzwertsatz von de Moivre-Laplace ist somit erfüllt. Es gilt daher:

- $P(A) = P(X \le 905) \approx \Phi\left(\frac{905{,}5 - 900}{\sqrt{90}}\right) \approx \Phi(0{,}58) \approx 0{,}72$
- $P(B) = P(X \ge 890) = 1 - P(X < 890) = 1 - P(X \le 889)$
  $\approx 1 - \Phi\left(\frac{889{,}5 - 900}{\sqrt{90}}\right) \approx 1 - \Phi(-1{,}11)$
  $= 1 - (1 - \Phi(1{,}11)) = \Phi(1{,}11) \approx 0{,}87$

- $P(C) = P(910 \le X \le 960) \approx \Phi\left(\frac{960{,}5 - 900}{\sqrt{90}}\right) - \Phi\left(\frac{909{,}5 - 900}{\sqrt{90}}\right)$
$\approx \Phi(6{,}38) - \Phi(1{,}00)$
$\approx 1{,}00000 - 0{,}8413 \approx 0{,}16$

Diese Aproximation ist zugleich die Grundlage für die mathematische Beschreibung von realen zufälligen Ereignissen, die relativ selten eintreten, d. h. die keine Eintrittswahrscheinlichkeit besitzen.

Sollte die Faustregel $n \cdot p \cdot (1 - p) > 9$ nicht erfüllt sein, so ist es mitunter möglich, die gesuchte Binomialwahrscheinlichkeit mit der *poissonschen Näherung* zu berechnen. Für $n \ge 100$ und $p \le 0{,}1$ (Faustregel) gilt näherungsweise: $B_{n;\,p}(\{k\}) \approx \frac{(n \cdot p)^k}{k!} e^{-n \cdot p}$ $(k \in \{0;\, 1;\, \ldots;\, n\})$

Definition Eine diskrete Zufallsgröße X heißt **poissonverteilt** mit dem Parameter μ, wenn $P(X = k) = \frac{\mu^k}{k!} e^{-\mu}$ $(k \in \mathbb{N})$.

13.5.7 Normalverteilung

Der Grenzwertsatz von de Moivre-Laplace (↗Abschnitt 13.5.6) legt den Gedanken nahe, mittels der gaußschen Glockenkurve bzw. der auf der Menge der reellen Zahlen definierten Funktion Φ nicht nur Näherungswerte von $P(X \le k) = B_{n;\,p}(\{0;\, 1;\, \ldots;\, k\})$ für die *natürlichen* Zahlen k mit $0 \le k \le n$ zu bestimmen, sondern für *beliebige reelle* Zahlen k. Da die Menge $\mathbb{R}$ der reellen Zahlen nicht mehr „durchnummerierbar" ist, sprengt eine solche Erweiterung freilich den Rahmen sowohl der endlichen als auch der diskreten Zufallsgrößen: Man gelangt zu stetigen Zufallsgrößen (oder auch *zufälligen reellen Zahlen*).

Für stetige Zufallsgrößen X gilt: $P(X = a) = 0$

Definition Eine Zufallsgröße X heißt **stetig,** wenn es eine nichtnegative Funktion f gibt, sodass $P(X \le x) = F(x) = \int_{-\infty}^{x} f(t)\,dt$ für alle $x \in \mathbb{R}$ gilt. Die Funktion f nennt man **Dichtefunktion** und F **Verteilungsfunktion** von X. Ihr Erwartungswert ist $EX = \int_{-\infty}^{\infty} x \cdot f(x)\,dx$.

Für stetige Zufallsgrößen X sind die folgenden Wahrscheinlichkeitsverteilungen von besonderem Interesse:

Definition Eine stetige Zufallsgröße X heißt **gleichverteilt über dem Intervall [a; b]** (a < b), wenn für ihre Dichtefunktion gilt:

$$f(x) = \begin{cases} \frac{1}{b-a} & \text{für } a \le x \le b \\ 0 & \text{für sonstige } x \end{cases}$$

Dann ist $EX = \frac{a+b}{2}$, $D^2X = \frac{1}{12}(b-a)^2$.

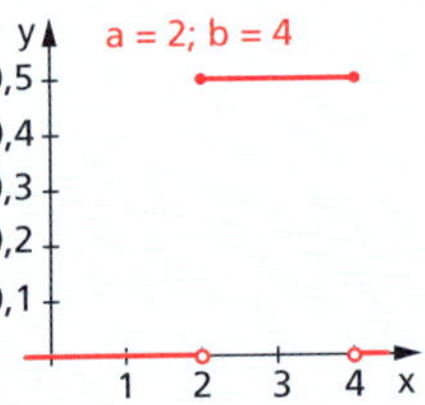

Anja verspricht, zwischen 18.30 und 19.00 Uhr einzutreffen.
Mit welcher Wahrscheinlichkeit p kommt sie erst innerhalb der letzten sieben Minuten an?

Lösung:
Können wir davon ausgehen, dass Anja kein Zeitintervall für ihr Eintreffen bevorzugen wird, so ergibt sich eine Gleichverteilung auf dem Intervall [0; 30]:

$$p = P(X \in [23; 30]) = \int_{23}^{30} \frac{1}{30-0}\,dx = \left[\frac{1}{30}x\right]_{23}^{30} = 0{,}2\overline{3}$$

Durch Übertragen der Gleichverteilung über einem Intervall auf die Ebene $\mathbb{R}^2$ gelangt man zur geometrischen Wahrscheinlichkeitsverteilung:

Definition Ist die Ergebnismenge Ω ein endliches Flächenstück mit dem Inhalt A_Ω, so heißt die Funktion P, die jeder Teilfläche E (unabhängig von ihrer Form) von Ω mit dem Inhalt A_E die Wahrscheinlichkeit
$P(E) = \frac{A_E}{A_\Omega}$ zuordnet, **geometrische Wahrscheinlichkeitsverteilung.**

Eine „geometrische Wahrscheinlichkeitsverteilung" darf nicht verwechselt werden mit einer „geometrisch verteilten Zufallsgröße". Die ähnlich klingenden Begriffe beschreiben unterschiedliche Sachverhalte.

Das bestimmte Integral $J = \int_0^1 f(x)\,dx$ mit $0 \le f(x) \le 1$ kann man interpretieren als geometrische Wahrscheinlichkeit des Ereignisses E, dass ein „rein zufällig" auf das Einheitsquadrat $[0; 1] \times [0; 1]$ geworfener Punkt auf die unterhalb des Graphen von f liegende Fläche fällt. Die anhand von n Paaren von Pseudozufallszahlen aus [0; 1] auszählbare relative Häufigkeit $h_n(E)$ dient als Schätzwert und damit Näherungswert des Integrals J bzw. des Inhalts der markierten Fläche. Eine derartige Vorgehensweise wird als **Monte-Carlo-Methode** bezeichnet.

Speziell mit einem Viertelkreisbogen als Graphen von f lässt sich π näherungsweise ermitteln:
Die Wahrscheinlichkeit, dass ein zufällig ausgewählter Punkt obigen Einheitsquadrats auch im Viertelkreisbogen liegt, lässt sich einerseits auffassen als Quotient aus $\frac{\pi \cdot 1^2}{4}$ und 1^2, also $\frac{\pi}{4}$, und andererseits näherungsweise als Quotient aus der Anzahl m der Zufallszahlenpaare (x; y) mit $x^2 + y^2 \le 1$ und der Anzahl g aller aufgetretenen Zufallszahlenpaare (x; y) des Einheitsquadrats. Damit gilt: $\frac{\pi}{4} \approx \frac{m}{g}$ bzw. $\pi \approx \frac{4m}{g}$

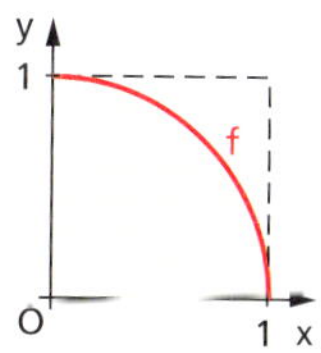

Ein historisch erstes Beispiel für das Anwenden der Monte-Carlo-Methode ist das buffonsche Nadelwurfexperiment zur näherungsweisen Bestimmung von π, das der Pariser Akademie im Jahre 1733 vorgetragen worden ist.

COMTE GEORGE-LOUIS LECLERC DE BUFFON
(1707 bis 1788), französischer Naturforscher und Mathematiker

Definition Eine stetige Zufallsgröße X heißt **exponentiell verteilt mit dem Parameter** λ ($\lambda > 0$), wenn für ihre Dichtefunktion gilt:

$$f_\lambda(x) = \begin{cases} \lambda e^{-\lambda x} & \text{für } x \ge 0 \\ 0 & \text{für } x < 0 \end{cases}$$

Dann ist $EX = \frac{1}{\lambda}$, $D^2X = \frac{1}{\lambda^2}$.

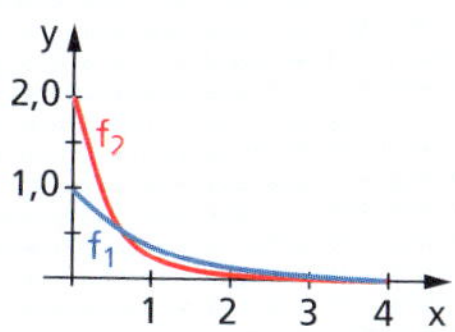

Unter *Halbwertszeit* versteht man diejenige Zeit, in deren Verlauf ein Kern dieses Nuklids mit der Wahrscheinlichkeit $\frac{1}{2}$ zerfällt. Dies entspricht der physikalischen Sprechweise, wonach die Halbwertszeit angibt, in welcher Zeit sich jeweils die Hälfte der vorhandenen instabilen Atomkerne umwandelt.

Die zufällige Zerfallszeit X der Kerne eines radioaktiven Nuklids mit einer Halbwertszeit von 140 Tagen kann als exponentiell verteilt angesehen werden. In welcher Zeitdauer x (in Tagen) erfolgt ein Zerfall mit der Wahrscheinlichkeit 0,95?

Lösung:

Bestimmung von λ:

$$P(X \le 140) = \int_0^{140} \lambda e^{-\lambda x}\,dx = [-e^{-\lambda x}]_0^{140} = 1 - e^{-140\lambda} = 0{,}5, \text{ also}$$

$$e^{-140\lambda} = 0{,}5 \text{ und damit } \lambda = \frac{\ln 0{,}5}{-140} \approx 0{,}00495$$

Bestimmung von x:

$$P(X \le x) \approx \int_0^{x} 0{,}00495 e^{-0{,}00495t}\,dt = 1 - e^{-0{,}00495x} = 0{,}95, \text{ also}$$

$$e^{-0{,}00495x} = 0{,}05 \text{ und damit } x = \frac{\ln 0{,}05}{-0{,}00495} \approx 605$$

Definition Eine (stetige) Zufallsgröße X heißt **normalverteilt mit den Parametern μ und σ²** oder (μ; σ²)-normalverteilt oder kurz N(μ; σ²)-verteilt, wenn

$$F(x) = P(X \le x) = \int_{-\infty}^{x} f(t)\,dt \text{ mit } f(t) = \frac{1}{\sqrt{2\pi\sigma^2}} \cdot e^{-\frac{(t-\mu)^2}{2\sigma^2}}.$$

Die nachfolgenden Figuren zeigen die Graphen von f für ausgewählte Werte von μ und σ:

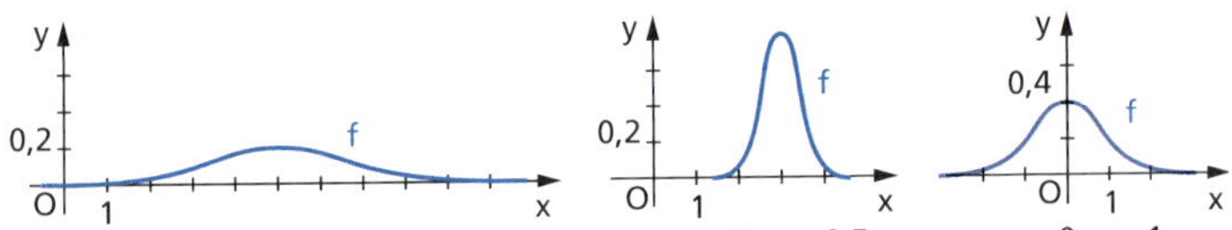

$\mu = 5,\ \sigma = 2$ $\mu = 3,\ \sigma = 0{,}5$ $\mu = 0,\ \sigma = 1$

Satz Erwartungswert und Streuung bei Normalverteilung

Für jede (μ; σ²)-normalverteilte Zufallsgröße X gilt $EX = \mu$ und $D^2X = \sigma^2$.

Von besonderer Bedeutung sind stetige Zufallsgrößen mit der Dichtefunktion $f = \varphi\colon t \mapsto \frac{1}{\sqrt{2\pi}} \cdot e^{-\frac{t^2}{2}}$ und der Verteilungsfunktion $F = \Phi$:

Definition Eine stetige Zufallsgröße X heißt **standardnormalverteilt** oder (0; 1)-normalverteilt oder kurz N(0; 1)-verteilt, wenn

$$F(x) = P(X \le x) = \Phi(x) = \int_{-\infty}^{x} \varphi(t)\,dt \text{ mit } \varphi(t) = \frac{1}{\sqrt{2\pi}} \cdot e^{-\frac{t^2}{2}}.$$

Ist X eine N(μ; σ²)-verteilte Zufallsgröße, so ist die standardisierte Zufallsgröße $Y = \frac{X-\mu}{\sigma}$ dann N(0; 1)-verteilt. Es gilt: $P(X \le x) = \Phi\left(\frac{x-\mu}{\sigma}\right)$

Die *Dichtefunktion f einer N(0; 1)-verteilten Zufallsgröße* bezeichnet man mit φ. Es gilt $\varphi(-x) = \varphi(x)$. Die Verteilungsfunktion F einer N(0; 1)-verteilten Zufallsgröße wird mit Φ bezeichnet und häufig **gaußsche Summenfunktion** genannt. Es gilt: $\Phi(-x) = 1 - \Phi(x)$

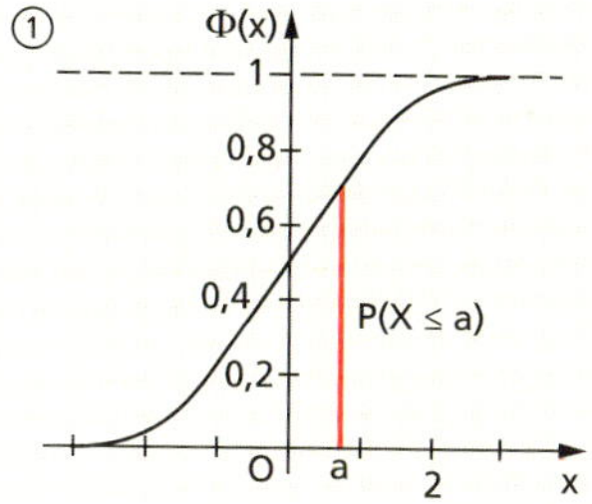

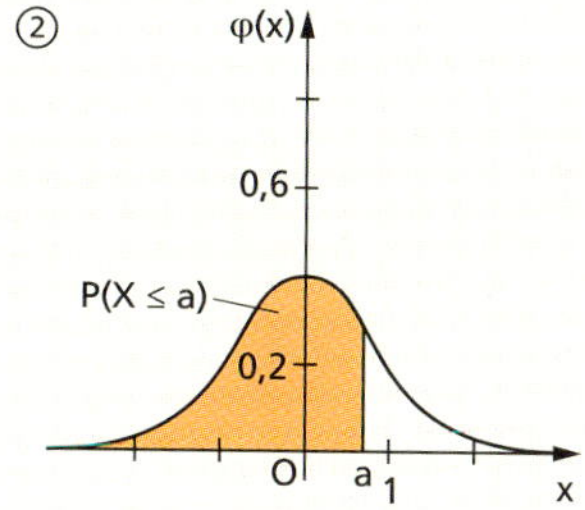

Die Wahrscheinlichkeit $P(X \leq a) = F(a) = \int_{-\infty}^{a} \varphi(x)\,dx$ kann als Inhalt der Fläche gedeutet werden, die durch den Graphen von φ, die x-Achse und die Gerade mit der Gleichung $x = a$ begrenzt wird (Fig. ②). Für den Inhalt der gesamten Fläche unter dem Graphen von φ ergibt sich somit $\int_{-\infty}^{\infty} \varphi(x)\,dx = \Phi(+\infty) = P(X < +\infty) = 1$, denn $X < +\infty$ ist ein sichereres Ereignis und besitzt daher die Wahrscheinlichkeit 1. In Fig. ① ist die zur Abszisse $x = a$ gehörende Ordinate $\Phi(a)$ als die Wahrscheinlichkeit $P(X \leq a)$ zu interpretieren.

Da die Funktion φ keine elementare Stammfunktion besitzt, sind die Funktionswerte von Φ für Argumente $x \geq 0$ tabelliert. Die dort enthaltenen Funktionswerte von Φ wurden bestimmt unter Verwendung einer Reihendarstellung von Φ: $\Phi(x) = \frac{1}{2} + \frac{x}{\sqrt{2\pi}}\left(1 + \sum_{i=1}^{n} (-1)^k \frac{x^{2k}}{k! \cdot 2^k \cdot (2k+1)}\right)$

▶ Diese Reihendarstellung von Φ basiert auf der Integration der Potenzreihenentwicklung von φ (↗ Abschnitt 6.7).

Satz Erwartungswert und Streuung bei Standardnormalverteilung
Eine standardnormalverteilte Zufallsgröße X besitzt den Erwartungswert $EX = 0$ und die Streuung $D^2X = 1$.

Zufallsgröße $X \sim N(5;\, 2^2)$

a) Die Wahrscheinlichkeit $P(X \leq 6)$ lässt sich sowohl mittels der zu X gehörenden Dichtefunktion f als auch mittels der Dichtefunktion φ der standardisierten Normalverteilung veranschaulichen.

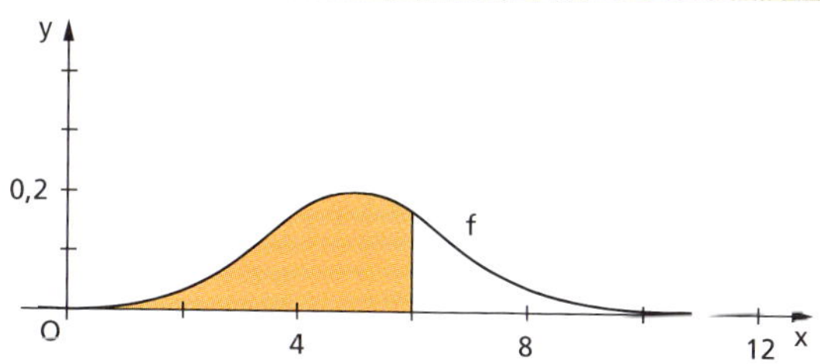

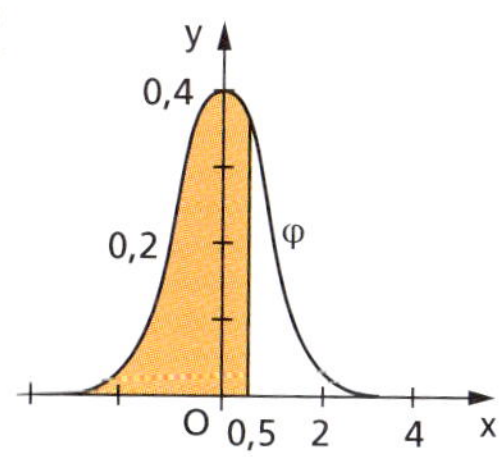

b) Die Wahrscheinlichkeiten $P(X \leq 6)$, $P(X > 5{,}5)$, $P(4 \leq X \leq 7)$, $P(|X - 5| \leq 1{,}4)$ und $P(|X - 5| > 1)$ lassen sich mittels Φ berechnen und mittels φ veranschaulichen.

13

Allgemein $N(\mu; \sigma^2)$	Beispiel $N(5; 2^2)$	Veranschaulichung
$P(X \le x) = \Phi\left(\frac{x-\mu}{\sigma}\right)$	$P(X \le 6) = \Phi\left(\frac{6-5}{2}\right)$ $= \Phi(0{,}5) \approx 0{,}691$	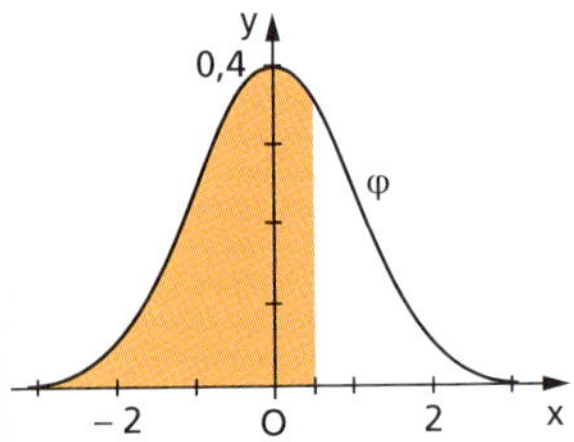
$P(X > x) = 1 - P(X \le x)$ $= 1 - \Phi\left(\frac{x-\mu}{\sigma}\right)$	$P(X > 5{,}5) = 1 - P(X \le 5{,}5)$ $= 1 - \Phi\left(\frac{5{,}5-5}{2}\right)$ $= 1 - \Phi(0{,}25)$ $\approx 0{,}401$	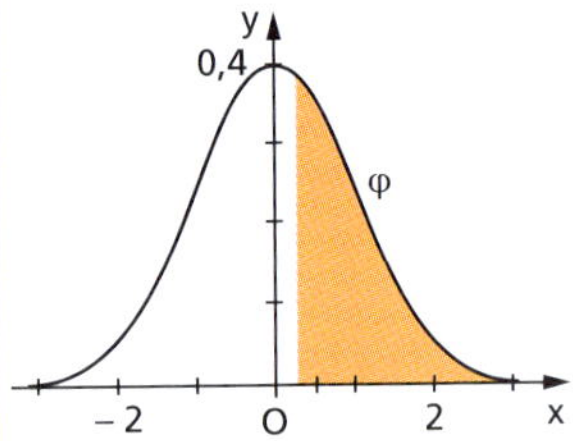
$P(x_1 \le X \le x_2)$ $= P(X \le x_2) - P(X < x_1)$ $= \Phi\left(\frac{x_2-\mu}{\sigma}\right) - \Phi\left(\frac{x_1-\mu}{\sigma}\right)$	$P(4 \le X \le 7)$ $= \Phi\left(\frac{7-5}{2}\right) - \Phi\left(\frac{4-5}{2}\right)$ $= \Phi(1) - \Phi(-0{,}5) \approx 0{,}533$	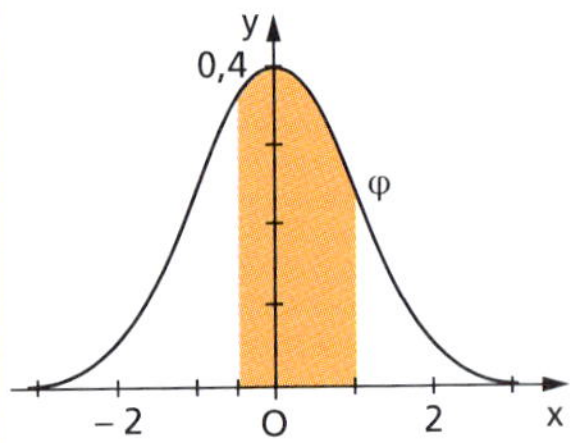
$P(\lvert X-\mu \rvert \le x)$ $= P(-x \le X - \mu \le x)$ $= P(-x + \mu \le X \le x + \mu)$ $= \Phi\left(\frac{x}{\sigma}\right) - \Phi\left(-\frac{x}{\sigma}\right)$ $= \Phi\left(\frac{x}{\sigma}\right) - \left(1 - \Phi\left(\frac{x}{\sigma}\right)\right)$ $= 2 \cdot \Phi\left(\frac{x}{\sigma}\right) - 1$	$P(\lvert X-5 \rvert \le 1{,}4)$ $= 2 \cdot \Phi\left(\frac{1{,}4}{2}\right) - 1$ $= 2 \cdot \Phi(0{,}7) - 1$ $\approx 0{,}516$	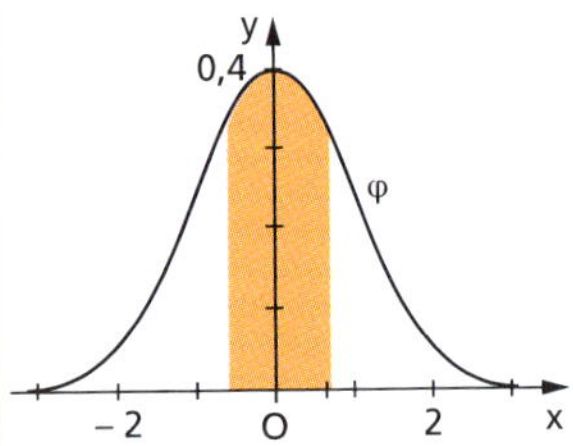
$P(\lvert X-\mu \rvert > x)$ $= 1 - P(\lvert X-\mu \rvert \le x)$ $= 1 - \left(2 \cdot \Phi\left(\frac{x}{\sigma}\right) - 1\right)$ $= 2 - 2 \cdot \Phi\left(\frac{x}{\sigma}\right)$ $= 2 \cdot \left(1 - \Phi\left(\frac{x}{\sigma}\right)\right)$	$P(\lvert X-5 \rvert > 1)$ $= 2 \cdot \left(1 - \Phi\left(\frac{1}{2}\right)\right)$ $= 2 \cdot (1 - \Phi(0{,}5))$ $\approx 0{,}617$	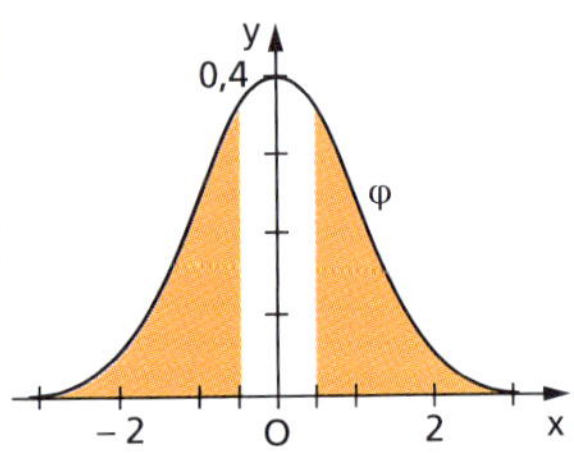

Die Aussage der 3σ-Regel aus Abschnitt 13.4.3, die mittels der für alle Zufallsgrößen geltenden tschebyschewschen Ungleichung gefunden worden war, kann für normalverteilte Zufallsgrößen verschärft werden: Es ist praktisch sicher, dass eine normalverteilte Zufallsgröße $X \sim N(\mu; \sigma^2)$ nur Werte aus dem 3σ-Intervall annimmt.

Satz 3σ-Regel für normalverteilte Zufallsgrößen

Eine $N(\mu; \sigma^2)$-verteilte Zufallsgröße X nimmt Werte

- im 1σ-Intervall $[\mu - 1\sigma; \mu + 1\sigma]$ mit einer Wahrscheinlichkeit von rund 0,68,
- im 2σ-Intervall $[\mu - 2\sigma; \mu + 2\sigma]$ mit einer Wahrscheinlichkeit von rund 0,95 und
- im 3σ-Intervall $[\mu - 3\sigma; \mu + 3\sigma]$ mit einer Wahrscheinlichkeit von mehr als 0,99 an.

13.5.8 Zentraler Grenzwertsatz

Der Grenzwertsatz von Moivre-Laplace (↗Abschnitt 13.5.6) eröffnete – historisch gesehen – die Möglichkeit für ein praktikables Berechnen von langen, aber endlichen Bernoulli-Ketten, und zwar dadurch, dass sie näherungsweise durch eine normalverteilte, also eine stetige Zufallsgröße beschrieben wurden. Dieser Grenzwertsatz für Summen von unabhängigen Zufallsgrößen beschränkt sich auf identisch verteilte Zufallsgrößen und zusätzlich auf Bernoulli-Größen. Es lässt sich jedoch beweisen, dass die Summe von n unabhängigen, aber beliebig verteilten Zufallsgrößen (unter ansonsten nur noch schwachen zusätzlichen Bedingungen, die bei Anwendungsproblemen fast immer erfüllt sind) angenähert normalverteilt ist und die entsprechende standardisierte „Summengröße" der N(0; 1)-Verteilung genügt.

Satz Zentraler Grenzwertsatz

Besitzen die voneinander unabhängigen Zufallsgrößen X_i für $i \in \{1; 2; \ldots; n\}$ jeweils sowohl einen endlichen Erwartungswert EX_i als auch eine endliche Streuung D^2X_i, so gilt:

$$\lim_{n \to \infty} P\left(a \leq \frac{\sum_{i=1}^{n} X_i - \sum_{i=1}^{n} EX_i}{\sqrt{\sum_{i=1}^{n} D^2X_i}} < b\right) = \int_a^b \varphi(x)\,dx$$

▶ Dieser Satz gilt bei Vorliegen weiterer Bedingungen, die in der Praxis meist erfüllt sind.

Dieser zentrale Grenzwertsatz gibt die theoretische Begründung dafür, dass viele in der Praxis auftretende Häufigkeitsverteilungen mehr oder weniger glockenförmig sind. Diese Glockenform ist immer dann zu erwarten, wenn die betrachtete Zufallsgröße X ihre Werte unter dem Einfluss vieler kleiner, unabhängiger und additiv wirkender zufälliger Faktoren annimmt. Für derartige endliche Zufallsgrößen lassen sich also die entsprechenden Wahrscheinlichkeiten mit praktisch hinreichender Genauigkeit mittels der tabellierten stetigen N(0; 1)-Verteilung bestimmen.

Ermitteln von Wahrscheinlichkeitsverteilungen

Gleichverteilung (↗ 13.2)
$P(A) = \frac{|A|}{|\Omega|}$

hypergeometrische Verteilung (↗ 13.2.6)
$P(\{m\}) = \frac{\binom{M}{m} \cdot \binom{N-M}{n-m}}{\binom{N}{n}}$

Binomialverteilung (↗ 13.5)
$B_{n;\,p}(\{k\}) = \binom{n}{k} \cdot p^k \cdot (1-p)^{n-k}$

Normalverteilung (↗ 13.5.7)
$P(]-\infty;\, k]) = \Phi\left(\frac{k-\mu}{\sigma}\right)$

Urnenmodell (↗ 13.2.6)

Baumdiagramm (↗ 13.2.3)
1. Pfadregel
2. Pfadregel

relative Häufigkeit (↗ 13.1.3)
$h_a(A) = \frac{H_n(A)}{n} \approx P(A)$
für großes n
- wiederholte Durchführung des Zufallsexperiments
- Simulation eines Zufallsexperiments

Wahrscheinlichkeitsverteilung P (↗ 13.1.4)

Mehrfeldertafel (↗ 13.1.5)

Histogramm, Stabdiagramm, Punktdiagramm … (↗ 13.5.3)

Verteilungsfunktion (↗ 13.4)

Wahrscheinlichkeit atomarer Ereignisse
- $P(\{\omega\}) \approx h_n(\{\omega\})$ für großes n
- aufgrund der Geometrie des Zufallsgenerators (Münze, Tetraeder, Würfel, …)
- aufgrund mehr oder weniger sinnvoll erscheinender Modellannahmen

allgemeine Rechenregeln (↗ 13.1.4)
$P: A \mapsto P(A)$ für $A \in 2^{\Omega}$ mit
- $P(A) = \sum_{\omega \in \Omega \cap A} P(\{\omega\})$
- $P(A) \geq 0$
- $P(A) \leq 1$
- $P(\Omega) = 1$
- $P(\emptyset) = 0$
- $P(A) = \sum_{i=1}^{m} P(B_i) \cdot P_{B_i}(A)$ (2. Pfadregel)
  $B_1, \ldots, B_m$ Zerlegung von Ω
- $P(\overline{A}) = 1 - P(A)$
- $P(A \cup B) = P(A) + P(B) - P(A \cap B)$
  $= P(A) + P(B)$ bei Unvereinbarkeit
  $= P(A) + P(B) - P(A) \cdot P(B)$ bei Unabhängigkeit
- $P(A \cap B) = P(A) \cdot P_A(B) = P(B) \cdot P_B(A)$ 1. Pfadregel
  $= P(A) \cdot P(B)$ bei Unabhängigkeit
- $A, B \in 2^{\Omega}, A \subseteq B \Rightarrow P(A) \leq P(B)$

Beschreibende und beurteilende Statistik

14

14.1 Beschreibende Statistik

14.1.1 Zu Anliegen und geschichtlicher Entwicklung der beschreibenden Statistik

Die (mathematische) Statistik beschäftigt sich mit dem zahlenmäßigen Erfassen, dem Darstellen und dem Untersuchen bzw. Bewerten von Massenerscheinungen in der Natur, der Gesellschaft und der Technik, bei denen Zufallseinflüsse wirken. Dabei werden Methoden und Verfahren der Wahrscheinlichkeitsrechnung angewandt.

Das Sammeln und Auswerten von Daten über Individuen, Objekte oder Vorgänge ist ein Weg der Erkenntnisfindung, der nicht erst mit der Entwicklung der Statistik als Wissenschaftszweig beschritten wird. Überlieferungen und Aufzeichnungen von Volkszählungen aus dem Reich der Ägypter um 2650 v. Chr. beweisen das. In der Verfassung Roms unter dem 6. König namens SERVIUS TULLIUS (577 bis 534 v. Chr.) war verankert, dass alle fünf Jahre der *census* (lat. – Volkszählung) durchzuführen sei. Im Jahre 433 v. Chr. wurde in Rom ein „Volkszählungsbüro" eingerichtet, das regelmäßige Erhebungen über Bevölkerungsdaten und Vermögensverhältnisse aller Bürger veranlasste. Die Bibel berichtet, „dass ein Gebot von dem Kaiser Augustus ausging, dass alle Welt geschätzt würde … und jedermann ging, dass er sich schätzen ließe, ein jeder in seine Stadt" (Lukas-Evangelium, Kapitel 2). Zur Zeit der Herrschaft Karls des Großen (768 bis 814) wurden Güter- und Besitzverzeichnisse angelegt, die neben Personen auch deren Wohnräume, Getreidebestände und das Vieh getrennt nach Art und Alter auswiesen.

Bereits Ende des 18. Jahrhunderts besaßen die meisten Länder staatliche statistische Ämter. Daneben entwickelte sich an den Hochschulen das Lehrgebiet *„Staatenkunde"*, später *„Politische Arithmetik"* genannt. Das Wort *„Statistik"* verwendete der Göttinger Staatswissenschaftler GOTTFRIED ACHENWALL (1719 bis 1772) im Sinne von *„Staatsbeschreibung"* oder *„Lehre von der Staatsverfassung"*.

Neben den bis ins 18. Jahrhundert fast ausschließlichen Erhebungen von Angaben über Bevölkerungszahlen und Besitzverhältnisse begann man dann in England und später auch in Deutschland bevölkerungsstatistische Massenerscheinungen zu untersuchen. Ausgehend von Geburten- und Sterbelisten, getrennt nach Geschlechtern, wird nun nach Ursachen bestimmter Sterbehäufigkeiten und nach Regelmäßigkeiten, z. B. bei der Verteilung von Jungen- und Mädchengeburten, gefragt. Die Daten wurden jeweils in Tabellen oder grafischen Darstellungen erfasst und auf dieser Basis wurden dann Berechnungen (Summen, Anteile/Prozente, Mittelwerte usw.) durchgeführt. Die Verwendung solcher Methoden kennzeichnet die **beschreibende** oder **deskriptive Statistik.**

14.1.2 Kenngrößen statistischer Erhebungen

Basis einer statistischen Untersuchung ist eine **Menge von Objekten**, von denen ein oder mehrere Merkmale untersucht werden. Diese Menge

nennt man **Grundgesamtheit** (↗Abschnitt 14.2.2) der Untersuchung und die erzielten Ergebnisse **Merkmalsausprägungen** (Merkmalswerte).
Erhält man die Ergebnisse durch Auszählen oder Messen, so handelt es sich um ein **quantitatives Merkmal** (z. B. Bevölkerungszahl, Körpergröße, Halbwertszeit); lassen sich die Ergebnisse lediglich bezüglich ihrer Art erfassen und beschreiben, so spricht man von einem **qualitativen Merkmal** (z. B. Augenfarbe, Autotyp, Tierart).
Werden die Untersuchungsergebnisse in der Reihenfolge ihrer Ermittlung (ansonsten aber ungeordnet) aufgeschrieben, so erhält man eine **Urliste.** Diese Urliste kann für die spätere Verwendung weiter aufbereitet werden, indem man die in ihr enthaltenen Daten in eine **Strichliste** überführt oder in **Diagrammform** darstellt.
Eine Strichliste enthält die einzelnen Merkmalsausprägungen a_k mit der **absoluten Häufigkeit** $H_n(\{a_k\})$ (↗Abschnitt 13.1.3) ihres Auftretens, also unter Angabe der Anzahl von Mess- bzw. Beobachtungswerten, mit der jede Merkmalsausprägung in der Grundgesamtheit oder einer **Stichprobe** (↗Abschnitt 14.2.2) hieraus auftritt. Liegen mehrere Messreihen zur gleichen Merkmalsausprägung vor und ist die Anzahl der Messwerte unterschiedlich, dann liefert die **relative Häufigkeit** (↗Abschnitt 13.1.3) bessere Vergleichsmöglichkeiten.

Unter der relativen Häufigkeit $h_n(\{a_k\})$ einer Merkmalsausprägung a_k versteht man den Quotienten $\frac{H_n(\{a_k\})}{n}$ aus der absoluten Häufigkeit $H_n(\{a_k\})$ und dem Umfang n der Grundgesamtheit bzw. der jeweiligen Stichprobe.

▶ Man unterscheidet außerdem noch zwischen
- quantitativen *stetigen* und *diskreten* Merkmalen;
- qualitativen *nominalen* und *ordinalen* Merkmalen.

▶ Gebräuchliche **Diagrammformen** sind
- Stängel-Blatt-Diagramme,
- Stab-(Balken-)Diagramme,
- Kreisdiagramme,
- Histogramme,
- Polygonzüge.

Auf zwei Versuchsfeldern wurden eine Weizensorte (1) bzw. eine Weizensorte (2) ausgesät. Es soll geprüft werden, ob Sorte (2) im Vergleich zu Sorte (1) bei der Ernte längere Ähren und eine größere Körnerzahl pro Ähre bringt.
Für die Lösung dieses Problems könnte man folgendermaßen vorgehen: Aus der Grundgesamtheit aller reifen Ähren auf der Versuchsfläche werden – verteilt über die Fläche – 50 Ähren ausgewählt. Die 50 Ähren sind also eine Stichprobe. Man misst die Ährenlängen und zählt die Körnerzahl pro Ähre. Die ermittelten Merkmalsausprägungen a_i und b_k der Ährenlänge bzw. der Körnerzahl sind in folgender **Urliste** (in der Reihenfolge der zufälligen Auswahl) festgehalten:

Nr.	1	2	3	4	5	6	7	8	9	10	11	12	13
a_i in cm	7,8	7,0	9,0	8,0	7,5	8,4	8,3	7,0	7,5	8,5	8,8	8,5	8,5
b_k	51	45	73	59	60	76	68	47	33	59	82	77	76

Nr.	14	15	16	17	18	19	20	21	22	23	24	25	26
a_i in cm	9,2	8,6	7,0	9,4	8,6	7,5	6,8	8,8	7,5	8,3	8,3	7,3	8,0
b_k	79	70	34	56	62	61	25	65	58	62	65	53	74

Nr.	27	28	29	30	31	32	33	34	35	36	37	38	39
a_i in cm	8,0	8,5	8,7	8,7	7,8	7,5	7,0	8,0	6,5	6,0	6,5	8,0	6,5
b_k	82	70	74	75	56	70	39	57	45	41	46	68	44

▶ Die Begriffe „absolute Häufigkeit" und „relative Häufigkeit" wurden bereits in Abschnitt 13.1.3 eingeführt, dort aber auf die Inhalte der Wahrscheinlichkeitstheorie (Ereignisse als Teilmengen einer Ergebnismenge) bezogen. Hier werden jetzt diese beiden Begriffe den Aufgaben und Inhalten der Statistik angepasst.

Nr.	40	41	42	43	44	45	46	47	48	49	50
a_i in cm	7,0	8,5	7,2	7,0	7,0	7,5	8,0	8,0	8,5	7,8	8,2
b_k	37	60	49	28	26	42	40	57	44	63	64

Absolute und relative Häufigkeiten des Merkmals „Ährenlänge“:

a_i	6,0	6,5	6,8	7,0	7,2	7,3	7,5	7,8	8,0	8,2
$H_n(\{a_i\})$	1	3	1	7	1	1	6	3	7	1
$h_n(\{a_i\})$	0,02	0,06	0,02	0,14	0,02	0,02	0,12	0,06	0,14	0,02

a_i	8,3	8,4	8,5	8,6	8,7	8,8	9,0	9,2	9,4
$H_n(\{a_i\})$	3	1	6	2	2	2	1	1	1
$h_n(\{a_i\})$	0,06	0,02	0,12	0,04	0,04	0,04	0,02	0,02	0,02

Aus der Urliste ist zu ersehen, dass die Messung der *Körneranzahl* b_k 36 verschiedene Werte ergab. Die absolute Häufigkeit der einzelnen Ausprägungen ist sehr gering, deshalb verdichtet man die Ergebnisse und bildet **Klassen** mit einer Breite von zehn Körnern. Die folgende Tabelle zeigt eine mögliche Klasseneinteilung B_k, in der die 36 Merkmalsausprägungen auf die Klassen B_1 bis B_7 reduziert wurden:

B_i	$20 \leq y < 30$	$30 \leq y < 40$	$40 \leq y < 50$	$50 \leq y < 60$
$H_n(B_i)$	3	4	10	9
$h_n(B_i)$	0,06	0,08	0,20	0,18

B_i	$60 \leq y < 70$	$70 \leq y < 80$	$80 \leq y < 90$
$H_n(B_i)$	11	11	2
$h_n(B_i)$	0,22	0,22	0,04

Bei einer solchen Klasseneinteilung der Beobachtungswerte gehen zwar Informationen verloren, aber das Wesentliche einer Verteilung wird oft besser hervorgehoben. Man muss sich jeweils entscheiden, welchem der beiden Aspekte der Vorrang gebührt.

Charakteristische Eigenschaften der Häufigkeitsverteilungen von Merkmalsausprägungen können durch geeignete **Lageparameter** und **Streuungsparameter** beschrieben werden.

Das arithmetische Mittel sollte nicht verwendet werden, wenn
- n sehr klein ist,
- die Häufigkeitsverteilung mehrgipflig oder deutlich asymmetrisch ist.

Lageparameter

Ein wesentlicher und sehr häufig verwendeter Lageparameter ist der **Mittelwert** einer Verteilung.

Definition Treten in einer Stichprobe mit dem Umfang n die Messwerte $x_1, x_2, \ldots, x_n$ auf, dann heißt $\overline{x}_n = \frac{x_1 + x_2 + \ldots + x_n}{n} = \frac{1}{n}\sum_{i=1}^{n} x_i$ das **arithmetische Mittel** dieser Stichprobe.

Treten *gleiche* Messwerte *mehrfach* auf und bezeichnet man die k *unterschiedlichen* Messwerte mit x_j (j = 1, 2, …, k) sowie die absoluten Häufigkeiten ihres Auftretens mit $H_n(\{x_j\})$, dann gibt die Formel

$\overline{x}_n = \frac{1}{n} \sum_{j=1}^{k} x_j \cdot H_n(\{x_j\})$ das sogenannte **gewogene arithmetische Mittel** an.

Die absoluten Häufigkeiten stellen dabei die „Wägungsfaktoren" dar.

Für das gewogene arithmetische Mittel aus dem Beispiel von Seite 439 f. erhält man mit den dort berechneten Werten von $H_n(\{x_j\})$:

$\overline{x}_{50} = \frac{1}{50}(1 \cdot 6{,}0\text{ cm} + 3 \cdot 6{,}5\text{ cm} + \ldots + 1 \cdot 9{,}4\text{ cm}) \approx 7{,}9\text{ cm}$

$\overline{x}_{50}$ lässt sich über die relativen Häufigkeiten $h_n(\{x_j\})$ berechnen:

$\overline{x}_{50} = 0{,}02 \cdot 6{,}0 + 0{,}06 \cdot 6{,}5 + \ldots + 0{,}02 \cdot 9{,}4 \approx 7{,}9$ (Einheiten wurden hier weggelassen)

Beim arithmetischen Mittel geht die Maßzahl der einzelnen Messwerte in die Berechnung ein.

Treten sogenannte „Ausreißerwerte" auf, so charakterisiert das arithmetische Mittel *nicht* die Mitte der nach der Größe geordneten Messwerte. Zur Kennzeichnung der Mitte einer Messreihe wird dann ein anderer Lageparameter herangezogen, der die Eigenschaft hat, dass „oberhalb" und „unterhalb" von ihm gleich viele Werte liegen. Solch einen Wert bezeichnet man als *Median* oder *Zentralwert*.

Definition Der **Median** (oder Zentralwert) $\tilde{x}_n$ einer aus n nach der Größe geordneten Folge $x_1, x_2, \ldots, x_n$ von Messwerten ist derjenige Wert, der die Folge halbiert.

Sind $x_{(1)} \leq x_{(2)} \leq \ldots \leq x_{(n)}$ die nach Größe geordneten Messwerte, dann ist der Median

- bei ungerader Anzahl der Messwerte $\tilde{x}_n = x_{\left(\frac{n+1}{2}\right)}$ und
- bei gerader Anzahl der Messwerte $\tilde{x}_n = \frac{x_{\left(\frac{n}{2}\right)} + x_{\left(\frac{n}{2}+1\right)}}{2}$.

medius (lat.) – in der Mitte befindlich

Der **Median** wird verwendet bei
- sehr kleinen n,
- stark asymmetrischer Häufigkeitsverteilung,
- ordinalskalierten Daten.

Ein Institut beschäftigt 11 Mitarbeiter. Bei einer Gehaltsverteilung entsprechend nachstehender Tabelle beträgt der Durchschnittsverdienst $\tilde{x}_{11} = \frac{30\,400}{11}\text{ €} \approx 2764\text{ €}$.

Anzahl der Mitarb.	2	1	3	3	1	1
Gehalt in €	1800	2000	2200	2500	3200	7500

Das arithmetische Mittel kennzeichnet hier *nicht* die Mitte der Verteilung, denn 9 Mitarbeiter von den insgesamt 11 Institutsangehörigen liegen mit ihrem Gehalt *unter* dem Mittelwert. Eine zutreffendere Aussage erhält man bei Berechnung des Medians:

1800, 1800, 2000, 2200, 2200, 2200, 2500, 2500, 2500, 3700, 7500

$x_{\left(\frac{11+1}{2}\right)} = x_{(6)} = \tilde{x}_{11}$

Der Median (Zentralwert) $\tilde{x}_{11}$ beträgt 2200 €.

Weitere Lageparameter sind der empirische Modalwert und das geometrische Mittel.

Der **Modalwert** ist „robust" gegenüber Ausreißwerten. Er wird außerdem verwendet, um mehrgipflige Häufigkeitsverteilungen zu kennzeichnen.

Definition Der **Modalwert** $\tilde{x}$ (oder auch *Dichtemittel*) ist der in einer Messreihe mit größter Häufigkeit auftretende Messwert.

Der Modalwert ist nicht eindeutig bestimmt – in einer Urliste können mehrere Modalwerte auftreten. Bei dem auf Seite 439 f. ausgeführten Beispiel ist der Modalwert in der Menge der Ährenlängen eindeutig bestimmt – er beträgt 7,0 cm (siebenmal vertreten). Bei der Klassendarstellung der Körneranzahl tritt sowohl die Klasse $60 \leq y < 70$ als auch die Klasse $70 \leq y < 80$ jeweils 11-mal auf.

Das geometrische Mittel wird meist unter Verwendung von Logarithmen berechnet: $\ln \mathring{x} = \frac{1}{n} \sum_{i=1}^{n} \ln x_i$

Definition Als **geometrisches Mittel** $\mathring{x}$ der Messwerte $x_1, x_2, \ldots, x_n$ bezeichnet man den Wert

$\mathring{x} = \sqrt[n]{x_1 \cdot x_2 \cdot \ldots \cdot x_n}$, falls $x_i > 0$ für $i = 1, 2, \ldots, n$.

$\mathring{x}$ wird besonders in der Wirtschaftsstatistik beispielsweise zur Kennzeichnung des durchschnittlichen Wachstumstempos bzw. der durchschnittlichen Zuwachsrate verwendet.

Wie das arithmetische Mittel $\bar{x}$ hängt auch das geometrische Mittel $\mathring{x}$ von allen Messwerten ab, wobei sich bei $\mathring{x}$ Extremwerte weniger als bei $\bar{x}$ bemerkbar machen.

14

Streuungsparameter

Lageparameter beschreiben die Verteilung von Messwerten über einer Skala nur grob. So können sich beispielsweise zwei Messreihen mit (fast) gleichem arithmetischem Mittel und (fast) gleichem Median dadurch beträchtlich unterscheiden, dass die einzelnen Messwerte unterschiedlich weit um den Mittelwert bzw. den Median **„streuen"**.

Weitere Lageparameter sind das harmonische Mittel und das quadratische Mittel.

Zwei Schülergruppen von je 10 Spielern werfen jeweils 10 Kugeln „in die Vollen" (9 Kegel) und erreichen dabei beide im Durchschnitt 52,5 „Holz" pro Spieler. Dieser übereinstimmende Mittelwert resultiert jedoch aus sehr unterschiedlichen Messreihen (die überdies sogar denselben Median besitzen):

Schüler Nr.	1	2	3	4	5	6	7	8	9	10
Gruppe 1	23	27	31	37	45	59	70	75	78	80
Gruppe 2	40	45	49	50	52	52	56	58	60	63

Für beide Gruppen ergibt sich: $\bar{x}_{10} = 52{,}5$; $\tilde{x}_{10} = 52$

Das einfachste Streuungsmaß ist die Differenz zwischen dem maximalen und dem minimalen Wert einer Urliste:

Definition Die Differenz zwischen dem maximalen und dem minimalen Wert einer Urliste (einer Messreihe) nennt man die **Spannweite** (Variationsbreite, -weite) dieser Urliste: $R_n = x_{max} - x_{min}$

Für die beiden Keglergruppen erhält man entsprechend der angegebenen Definition folgende Spannweiten der Urliste:
$R_{n_1} = 80 - 23 = 57$ („Holz"); $R_{n_2} = 63 - 40 = 23$ („Holz")

Die Spannweite für R_n ist also nur von den beiden äußersten Werten einer nach der Größe geordneten Urliste abhängig und macht keine Aussage über die Zwischenwerte. R_n wird zur Charakterisierung von Messreihen sehr geringen Umfangs angewendet.

Die durchschnittliche Abweichung oder **Streuung** um den Mittelwert lässt sich über den Durchschnitt der Differenzen zwischen jedem einzelnen Messwert x_n und dem MIttelwert $\bar{x}$ berechnen. Damit sich hierbei die positiven und negativen Abweichungen vom Mittelwert nicht aufheben, kann man von den Beträgen der Differenzen ausgehen:

Definition Als **mittlere absolute** (lineare) **Abweichung** einer Urliste (Messreihe) $x_1, x_2, \ldots, x_n$ bezeichnet man den Wert:

$$d = \frac{|x_1 - \bar{x}| + |x_2 - \bar{x}| + \ldots + |x_n - \bar{x}|}{n} \quad (n \in \mathbb{N})$$

Bezogen auf obiges Beispiel beträgt die mittlere absolute Abweichung für Gruppe 1: $d_1 = 19{,}9$; für Gruppe 2: $d_2 = 4{,}7$.

In der Praxis wird am häufigsten als Streuungsmaß die empirische Streuung (empirische Varianz) s^2_{n-1} oder die empirische Standardabweichung (mittlere quadratische Abweichung) s_{n-1} verwendet:

Die Idee, die Abweichung der Messwerte vom Mittelwert über die Abstandsquadrate zu berechnen, stammt von C. F. GAUSS.

Definition Als **empirische Streuung (empirische Varianz)** einer Urliste (Messreihe) $x_1, x_2, \ldots, x_n$ bezeichnet man den Wert:

$$s^2_{n-1} = \frac{(x_1 - \bar{x}_n)^2 + (x_2 - \bar{x}_n)^2 + \ldots + (x_n - \bar{x}_n)^2}{n-1} = \frac{1}{n-1} \sum_{i=1}^{n} (x_i - \bar{x}_n)^2$$

Definition Als **empirische Standardabweichung** einer Urliste (Messreihe) $x_1, x_2, \ldots, x_n$ bezeichnet man den Wert:

$$s_{n-1} = \sqrt{s^2_{n-1}} = \sqrt{\frac{1}{n-1} \sum_{i=1}^{n} (x_i - \bar{x}_n)^2}$$

Die Division durch (n – 1) führt zu besseren statistischen Güteeigenschaften als die Division durch n. Bei großen n kann allerdings auch der Nenner n verwendet werden.

Bezogen auf das oben angegebene Beispiel erhält man für die beiden Keglergruppen folgende Werte der empirischen Streuung bzw. der empirischen Standardabweichung:

x_i	$x_i - \bar{x}_{10}$	$(x_i - \bar{x}_{10})^2$
23	–29,5	870,25
27	–25,5	620,25
31	–21,5	462,25
37	–15,5	240,25
45	–7,5	56,25
59	6,5	42,25
70	17,5	306,25
75	22,5	506,25
78	25,5	650,25
80	27,5	756,25
		4510,5

Damit ergibt sich:

$$s_9{}^2 = \frac{4510{,}5}{9} \approx 501{,}2;$$

$$s_9 = \sqrt{\frac{4510{,}5}{9}} \approx 22{,}39$$

Darstellung von Häufigkeitsverteilungen durch Diagramme

Verwendung	Diagrammart	
Darstellen von ***Häufigkeiten*** bzw. von absoluten Größenangaben (für Entwicklungstendenzen günstig)	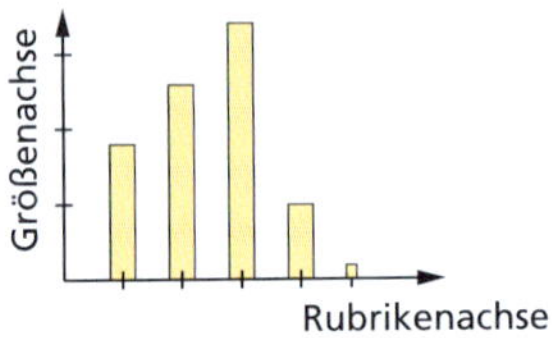 **Säulendiagramm** mit senkrechten Größenachsen	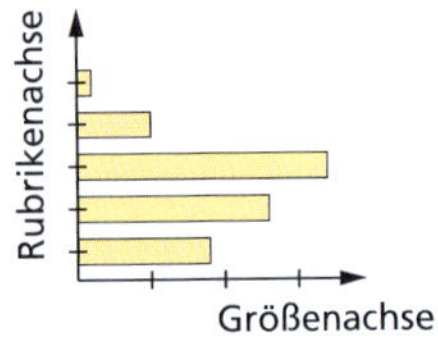 **Balkendiagramm** mit waagerechten Größenachsen
Darstellen von ***Anteilen*** bzw. von Größenverhältnissen	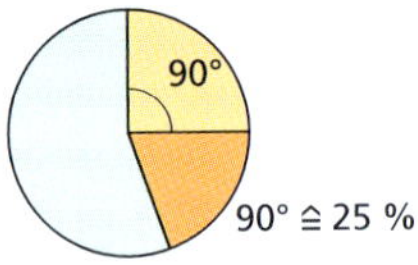 **Kreisdiagramm** 100 % ≙ 360° 1 % ≙ 3,6°	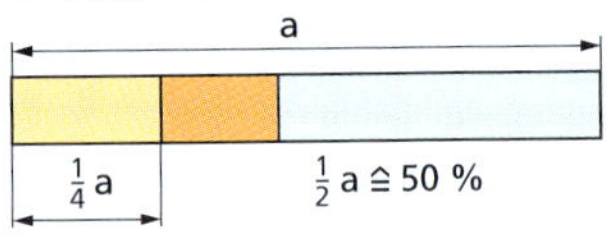 **Streifendiagramm** 100 % ≙ Länge a 1 % ≙ $\frac{\text{Länge a}}{100}$
Darstellen von ***Zusammenhängen*** zwischen Größen	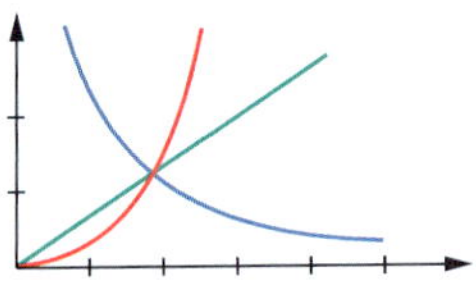 **Liniendiagramm**	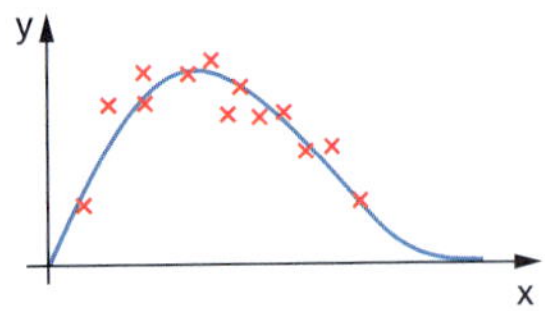 **Streudiagramm**
Darstellen von ***Häufigkeitsverteilungen***	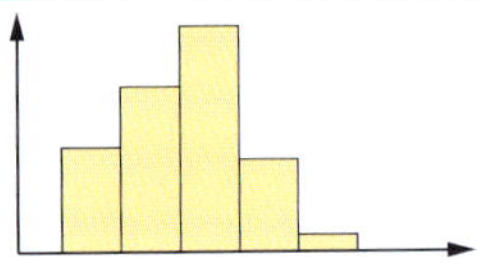 **Histogramm**	Der Flächeninhalt einer Säule (nicht die Höhe) entspricht der zugehörenden Häufigkeit. Die Rechtecke (Säulen) besitzen keine Zwischenräume.
Darstellen von ***Merkmalen*** geordneter Daten	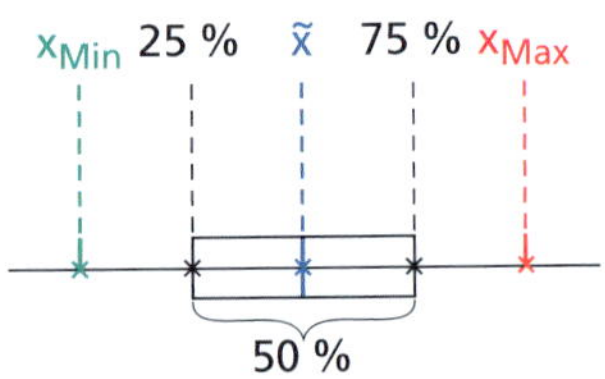 **Boxplot**	· kleinster Wert (x_{Min}) · größter Wert (x_{Max}) · Zentralwert (Median) $\tilde{x}$ · 25-%-Wert (1. Quartil) · 75-%-Wert (3. Quartil)

Wissenstest 14 auf **http://wissenstests.schuelerlexikon.de** und auf der DVD

14.2 Beurteilende Statistik

14.2.1 Zu Anliegen und geschichtlicher Entwicklung der beurteilenden Statistik

Im Unterschied zur *beschreibenden Statistik* (↗Abschnitt 14.1), deren Hauptanliegen darin bestand, Methoden zum Erfassen, Darstellen bzw. Kennzeichnen vorliegenden konkreten Datenmaterials zu entwickeln, beschäftigt sich die *beurteilende Statistik* oder *Prüfstatistik* mit Verfahren zum wissenschaftlichen Beurteilen, Prüfen und Testen von Vermutungen bzw. Hypothesen, um ausgehend von den konkreten Daten zu allgemeingültigen Aussagen zu gelangen.

Die historischen Wurzeln der Prüfstatistik reichen bis in das Ägypten der Zeit um etwa 3050 v. Chr. zurück. Hier fanden erstmalig Volkszählungen statt, wie sie auch aus dem Römischen Reich (etwa 100 n.Chr.) und dem Inka-Reich (etwa 1200 n.Chr.) überliefert sind.
In der Mitte des 17. Jahrhunderts begann man (vornehmlich in England und Deutschland), das Wirtschafts- und Sozialleben mit mathematischen Mitteln zu erfassen, darzustellen und Tendenzen (Prognosen) abzuleiten.

Im 19. Jahrhundert entwickelten sich – aus praktischen Bedürfnissen heraus – insbesondere in Russland (TSCHEBYSCHEW), England (GALTON) und Deutschland (LEXIS) statistische Traditionen. Weitestgehend unbeantwortet blieb jedoch hier noch die Frage nach dem Grad der Sicherheit statistischer Analyseergebnisse.

Erst in den Vierzigerjahren des 20. Jahrhunderts wurden auch gezielte Untersuchungen zur Sicherheit – dem Niveau der Signifikanz der Ergebnisse, der Vermutungen bzw. Hypothesen – einbezogen. Seitdem haben sich Signifikanztests bewährt, wie sie im Grundsätzlichen von FISHER, NEYMAN und PEARSON entwickelt worden sind.

PAFNUTI LWOWITSCH TSCHEBYSCHEW (1821 bis 1894), vielseitiger russischer Mathematiker
FRANCIS GALTON (1822 bis 1911), WILHELM LEXIS (1837 bis 1914), Volkswirt und Statistiker
RONALD AYLMER FISHER (1890 bis 1962), JERZY NEYMAN (1894 bis 1981) und EGON SHARPE PEARSON (1895 bis 1980), englische Mathematiker

significans (lat.) – deutlich, anschaulich; hier: *signifikant* im Sinne von *bedeutungsvoll, verallgemeinerungsfähig*

14

14.2.2 Grundprobleme des Testens von Hypothesen

In der Statistik werden statistische (Daten-)Mengen untersucht und dabei wird ein interessierender statistischer Zusammenhang durch eine *Zufallsgröße* (↗13.4.1) beschrieben.

Definition **Statistische Mengen** sind Gesamtheiten von Ereignissen, Objekten oder Individuen.

Die Menge aller Ereignisse bzw. Objekte oder Individuen, die zu einem klar gekennzeichneten Merkmal (oder einer Merkmalsgruppe) gebildet werden kann, bezeichnet man als **Grundgesamtheit,** insbesondere bei Individuen auch als **Population.**

Beispiele für Grundgesamtheiten (und sich darauf beziehende Zufallsgrößen) wären die Mengen
- aller wahlberechtigten Bürger eines Bundeslandes (die Zufallsgröße X könnte die Anzahl der Bürger beschreiben, die Wähler einer bestimmten Partei sind);
- aller Bäume eines Waldgebietes (Zufallsgröße X: Anzahl der Bäume, die Schädigungen durch Umwelteinflüsse aufweisen);
- aller Artikel einer bestimmten Sorte aus der Tagesproduktion einer Firma (Zufallsgröße X: Anzahl der unbrauchbaren Artikel);
- aller Unfälle im Straßenverkehr innerhalb einer Stadt (Zufallsgröße X: Anzahl der betroffenen Fußgänger).

Bei statistischen Untersuchungen ist es im Allgemeinen aus praktisch-organisatorischen Gründen nicht möglich oder aus Kostengründen nicht erwünscht, eine interessierende Grundgesamtheit vollständig zu untersuchen. Man denke beispielsweise an

- Wahlprognosen, die selbstverständlich nicht die Wahl vorwegnehmen bzw. ersetzen können;
- Qualitätsprüfungen, die nicht zerstörungsfrei bzw. ohne Folgeschäden bleiben (wie Untersuchungen von Materialien auf Elastizität).

Die Wahrscheinlichkeitsverteilung des statistisch interessierenden Merkmals in der Grundgesamtheit ist dabei unbekannt.

Aufgabe der beurteilenden Statistik (↗Abschnitt 14.2.1) ist es deshalb vielmehr, aus Eigenschaften von Teilmengen einer Grundgesamtheit die Wahrscheinlichkeit für das Auftreten eines bestimmten statistisch interessierenden Merkmals in der *Grundgesamtheit* zu *schätzen* und die Signifikanz des Schätzwertes zu beurteilen.

Definition Eine aus einer Grundgesamtheit („auf gut Glück") ausgewählte (Teil-)Menge mit n Elementen heißt **Stichprobe.**
Die Elemente $X_1, X_2, \ldots, X_n$ der Stichprobe sind Zahlenwerte der Zufallsgröße X. Die Anzahl n der Elemente gibt den Umfang der Stichprobe an, kurz als **Stichprobenumfang** bezeichnet.
Jedes einzelne Element der Stichprobe heißt **Stichprobenwert.**

Eine Stichprobe gilt als *repräsentativ*, wenn sie annähernd so wie die Grundgesamtheit zusammengesetzt und der Stichprobenumfang hinreichend groß ist.

Um aus Eigenschaften der Stichprobe mit einer gewissen Sicherheit auf Eigenschaften der Grundgesamtheit schließen zu können, muss die Stichprobe charakteristisch – man sagt **repräsentativ** – für die Grundgesamtheit sein. Darüber hinaus müssen die interessierenden Eigenschaften der Elemente der Stichprobe quantifizierbar, also zahlenmäßig erfassbar und beschreibbar sein. Das Erfassen und Beschreiben übernimmt die *beschreibende Statistik*. Die Untersuchung der Stichprobe mithilfe von Schätz- und Testverfahren (einschließlich Entscheidungen und Angaben zu deren Zuverlässigkeit) leistet die *beurteilende Statistik*.

Der erste wichtige Schritt einer Untersuchung ist die genaue Festlegung bzw. Kennzeichnung der **Grundgesamtheit**. Der zweite Schritt besteht in der Planung der Zusammensetzung der **Stichprobe**. Um **Repräsentativität** zu erreichen, dürfen ihre Zusammensetzung und ihr Umfang nicht dem Zufall überlassen bleiben; das Ermitteln ihrer einzelnen Elemente erfolgt dagegen zufällig.

In der Stichprobe werden n-mal wiederholte Beobachtungen ein und derselben Zufallsgröße zusammengefasst. Variieren die Beobachtungsergebnisse in nicht vorhersagbarer Weise (Zufälligkeit der Beobachtungsergebnisse) und beeinflussen sie einander nicht (Unabhängigkeit der Beobachtungsergebnisse), so hebt man dies gelegentlich auch durch die Verwendung des Begriffes **Zufallsstichprobe** besonders hervor.

Als häufige Auswahlformen von (Zufalls-)Stichproben seien die **Klumpenstichprobe** und die (proportional) **geschichtete Stichprobe** genannt. Eine *Klumpenstichprobe* setzt sich stets aus allen Elementen von mindestens zwei Klumpen zusammen. Der Begriff „Klumpen" wird hier im Sinne von Teilmengen (Ziehen mehrerer Elemente auf einen Griff, Ziehen als „Klumpen") gebraucht. Beim Untersuchen einer Klumpenstichprobe untersucht man alle Elemente aller Klumpen.

Eine *geschichtete Stichprobe* weist in voller Absicht dieselbe Zusammensetzung (Grundstruktur) wie die Grundgesamtheit auf. Man spricht daher auch von einem verkleinerten Abbild oder einer Mikrokopie der Grundgesamtheit.

Für einen hinreichend großen Stichprobenumfang gibt der sogenannte **Auswahlsatz a** eine Orientierung.
Mit U_S – Umfang der Stichprobe – und U_G – Umfang der Grundgesamtheit N (ggf. geschätzt) – gilt:
$a = \frac{U_S}{U_G}$

Unabhängigkeit der Beobachtungsergebnisse heißt: Unabhängig davon, welche Elemente bereits für die Stichprobe „auf gut Glück" ausgewählt worden sind, kann jedes Element der Grundgesamtheit mit gleicher Wahrscheinlichkeit ausgewählt werden.

Klumpenstichproben:
- Die Qualität eines bestimmten Produktes soll geprüft werden (z. B.: Diskette fehlerfrei oder fehlerhaft).

Ist das Produkt etwa in Großpackungen mit je 100 Kleinpackungen zu je 10 Produkten verpackt, könnten über einen längeren Zeitraum aus jeder Tagesproduktion zwei Großpackungen zufällig ausgewählt und diesen wiederum jeweils drei Kleinpackungen (ein Klumpen) zur Prüfung zufällig entnommen werden. Die im Laufe eines bestimmten Beobachtungszeitraumes (z. B. ein Monat) entnommenen („gezogenen") Kleinpackungen bilden eine Klumpenstichprobe.

Geschichtete Stichproben:
- Schülerinnen und Schüler an Gymnasien sollen nach ihrer wöchentlichen Arbeitszeit am Computer befragt werden.

Ist die Grundgesamtheit (Gesamtschülerzahl mehrerer Gymnasien) nicht allzu groß, könnten im Interesse einer sicheren Repräsentativität der Befragung alle Schülerinnen und Schüler einbezogen werden. Eine geeignet geschichtete Stichprobe müsste – prozentual der Grundgesamtheit entsprechend – anteilig zufällig ausgewählte Mädchen und Jungen aus den Klassen einer bestimmten Anzahl Gymnasien (ggf. aus Großstädten, Städten mittlerer Größe und Kleinstädten sowie ländlicher Gegend) umfassen.

Die Forderung, eine *Zufallsstichprobe* zu erzeugen, ist hier durch die Urnenmodelle *Ziehen mit Zurücklegen* bzw. *Ziehen ohne Zurücklegen* beschreibbar, im zweiten Fall aber nur, wenn die Anzahl der gezogenen Elemente im *Vergleich* zur Anzahl der Elemente der Grundgesamtheit hinreichend klein bleibt.

Begründete Vermutungen über eine bestimmte Eigenschaft einer Grundgesamtheit (bzw. über die Wahrscheinlichkeit ihres Vorhandenseins bzw. Eintretens), die sich aus der Untersuchung einer Stichprobe ableiten lassen, bezeichnet man als **Hypothesen.** Dabei nennt man Hypothesen, die durch genau einen Wert ($p = p_0$) festgelegt sind, **einfache Hypothesen** im Unterschied zu Hypothesen der Form $p \neq p_0$ (bzw. $p < p_0$; $p > p_0$), die als **zusammengesetzte Hypothesen** bezeichnet werden. Einfache Hypothesen bleiben bei statistischen Tests die Ausnahme.

▶ Die Begriffsbildung **„Nullhypothese"** soll verdeutlichen: Die Nullhypothese geht i. Allg. davon aus, dass die unbekannte Wahrscheinlichkeitsverteilung (in der Grundgesamtheit) mit der vermuteten Verteilung (aus der Stichprobe gewonnen) tatsächlich übereinstimmt; zwischen Vermutung und Tatsache besteht dann „die Differenz null".

Definition Die zu überprüfende bzw. zu beurteilende Hypothese heißt **Nullhypothese H_0**. Die Verneinung (die Negation, das Gegenteil) der Nullhypothese wird **Alternativhypothese** oder **Gegenhypothese** genannt und mit H_1 oder auch $\overline{H}$ bezeichnet. Nullhypothese und Alternativ- bzw. Gegenhypothese sind konkurrierende (einander ausschließende) Hypothesen.

Auf der Grundlage statistischer Tests (↗Abschnitte 14.2.3, 14.2.4) wird entschieden, ob die Nullhypothese abzulehnen (zu verwerfen) ist oder nicht. Im Allgemeinen versucht man, die Nullhypothese abzulehnen und somit die Gegenhypothese anzunehmen. Die Entscheidung, ob eine Hypothese abzulehnen ist, bleibt stets kompliziert, weil dabei auf der Basis einer *Stichprobenuntersuchung* entschieden wird, während die Hypothese die Verhältnisse in der *Grundgesamtheit* beschreibt. Offenbaren die Untersuchungsergebnisse der Stichprobe extreme Abweichungen von der Nullhypothese, so spricht man von einem *signifikanten Unterschied* zwischen der Nullhypothese und der Stichprobe. Die Nullhypothese *ist abzulehnen* (zu verwerfen).
Lassen sich aus der Stichprobe keine signifikanten Abweichungen nachweisen, darf nicht geschlussfolgert werden, dass die Nullhypothese richtig sei. Sie steht nur nicht im (offensichtlichen) Widerspruch zu den Untersuchungsergebnissen und *kann* mit Blick darauf lediglich *nicht abgelehnt werden*.

14

▶ In Abhängigkeit von den konkreten Gegebenheiten und den Ansprüchen an die Sicherheit der Testergebnisse sind Irrtumswahrscheinlichkeiten von 1 % (α = 0,01) bis 10 % (α = 0,1) allgemein üblich. Sehr häufig wird mit 5 % (α = 0,05) gearbeitet.

Die Wahrscheinlichkeit, mit der man bereit ist, eine *in Wirklichkeit wahre* Nullhypothese irrtümlich als falsch abzulehnen, nennt man **Irrtumswahrscheinlichkeit** α. Sie wird meist vor Beginn des Tests festgelegt oder aus Testdaten berechnet und häufig auch als **Fehler 1. Art** bzw. **Signifikanzniveau** α bezeichnet.
Statistische Tests gestatten das Berechnen der Werte der Zufallsgröße X, für die die Nullhypothese abgelehnt wird. Die Menge dieser Werte aus dem Wertebereich der Zufallsgröße X heißt **Ablehnungsbereich $\overline{A}$** (kritischer Bereich). Die Menge der verbliebenen X-Werte bildet den **Annahmebereich A.**
Auch ein weiterer Fehler ist möglich: Nimmt die Zufallsgröße X einen Wert aus dem Annahmebereich an, sodass eine *in Wirklichkeit falsche* Nullhypothese nicht abgelehnt werden kann, begeht man ebenfalls einen Fehler. Dieser Fehler heißt **Fehler 2. Art** bzw. **β-Fehler.**

▶ Die **Hypothesenprüfung** kann sich auf verschiedene stochastische Eigenschaften der Grundgesamtheit beziehen, z. B. auf eine unbekannte Wahrscheinlichkeit, einen unbekannten Parameter (etwa p bei Binomialverteilung $B_{n;\,p}$).

Beim **Testen von Hypothesen** können also folgende **Fehlentscheidungen** auftreten:

	Hypothese H_0 ist in Wirklichkeit	
	wahr.	**falsch.**
H_0 wird abgelehnt.	Entscheidung falsch **Fehler 1. Art**	Entscheidung richtig
H_0 wird nicht abgelehnt.	Entscheidung richtig	Entscheidung falsch **Fehler 2. Art**

14.2.3 Alternativtests

Hypothesen zu unbekannten Wahrscheinlichkeiten über Merkmale einer zu untersuchenden Grundgesamtheit werden anhand konkreter Stichproben mithilfe statistischer Tests, sog. Signifikanztests, überprüft. Basis der Überprüfungen ist die Nullhypothese. Der mathematische Aufbau der Signifikanztests erfolgt so, dass genau zwei Prüfergebnisse möglich sind: *Die Nullhypothese ist abzulehnen* oder *die Nullhypothese kann nicht abgelehnt werden.*
Für den Fall, dass die Nullhypothese abzulehnen ist, legt i. Allg. die Alternativhypothese fest, wie das „Nichtgültigsein“ der Nullhypothese zu deuten ist.
Sind in einem Test beide Hypothesen *einfache* Hypothesen (↗ Abschnitt 14.2.2), so spricht man von einem *besonderen Signifikanztest*, dem **Alternativtest,** anderenfalls (nur) von einem (normalen) **Signifikanztest.**

Dies charakterisiert die Besonderheit des Alternativtests gegenüber dem (normalen) Signifikanztest.

Der Alternativtest ist also ein Signifikanztest von Nullhypothese kontra Alternativhypothese. Wegen der eindeutigen Festlegung beider Hypothesen lässt sich für die Signifikanzbeurteilung sowohl der Fehler 1. Art als auch der Fehler 2. Art eindeutig berechnen. Bei einem (normalen) Signifikanztest kann der Fehler 2. Art nicht eindeutig berechnet werden, da (zumindest) die Alternativhypothese nicht eindeutig (nicht durch genau einen Wert) festgelegt ist.

Man sagt auch:
Bei einem (normalen) Signifikanztest ist die *Alternativhypothese nicht spezifiziert.*
Die fehlende Spezifikation der Alternativhypothese gilt bei statistischen Tests als der *Normalfall.*

Definition Ein statistischer Test auf signifikante Unterschiede (Signifikanztest), bei dem zwischen zwei einfachen Hypothesen alternativ (für den einen oder anderen konkreten Wert) entschieden wird, heißt ***„klassischer“ Alternativtest,*** kurz: **Alternativtest.**

14

Grundsätzliches Vorgehen bei Alternativtests:
Ein Elektronikunternehmen stellt Fahrradcomputer her. Aus langjährigen Erfahrungen ist bekannt, dass 30 % der Fahrradcomputer nicht zuverlässig arbeiten. Durch eine verbesserte Fertigungstechnologie will man die Zuverlässigkeit der Fahrradcomputer erhöhen. Über einen längeren Zeitraum werden der Produktion Stichproben von jeweils 20 nach verbesserter Technologie gefertigten Computern entnommen. In sämtlichen Stichproben stellt man jeweils höchstens zwei nicht zuverlässig arbeitende Computer fest und vermutet daher, dass jetzt nur noch 10 % nicht zuverlässig arbeiten.
Es interessiert, mit welcher Sicherheit aus der Stichprobenuntersuchung tatsächlich auf eine Erhöhung der Zuverlässigkeit der Fahrradcomputer geschlossen werden darf.
Zunächst ist zu entscheiden, welche **Testkonstruktion** für die statistische Überprüfung des vorliegenden Sachverhalts am geeignetsten ist. Dies erfordert, insbesondere folgende Fragen zu beantworten:

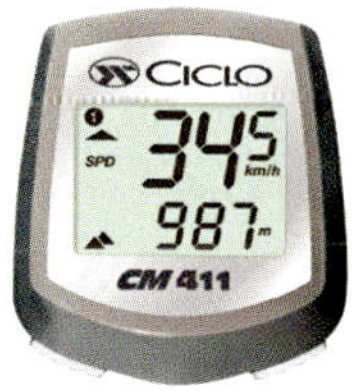

- Was wird als Nullhypothese formuliert, was als Alternativhypothese?
- Wo will (muss) man sehr vorsichtig sein, wo kann (darf) man größere Risiken eingehen?

Für das Ansehen des Zulieferbetriebes ist es weniger schädlich, eine in Wirklichkeit *bessere* Qualität zu Unrecht als *schlechter* zu kennzeichnen (also einen *Fehler 1. Art* zu begehen) als eine in Wirklichkeit *schlechtere* Qualität als *besser* auszugeben (*Fehler 2. Art*).

Im obigen Beispielfall sprechen jahrelange Erfahrungen mit alter Fertigungstechnologie für einen Ausschuss von 30 % (p = 0,30). Es ist anzunehmen, dass bei verbesserter Technologie der Ausschuss *im ungünstigsten Fall* weiterhin 30 % betragen wird. Dem steht das Ergebnis der Stichprobe gegenüber, aus dem wohl *im günstigsten Fall* p = 0,1 geschlossen werden kann. Richtig ist es, eher vorsichtig zu bleiben, da langjährigen Erfahrungen nur eine relativ kurzfristige (Stichproben-)Erfahrung gegenübersteht.
Es werden daher (genau) zwei einander ausschließende Hypothesen formuliert, nämlich als Nullhypothese H_0: $p_0 = 0{,}1$ und als Gegenhypothese H_1: $p_1 = 0{,}3$. Die Wahl von p = 0,1 (also einer Qualitätsverbesserung) als Nullhypothese steht einerseits für die Vermutung (die erhoffte Qualitätsverbesserung), bringt andererseits aber gerade die gebotene Vorsicht zum Ausdruck: Im Test wird stets versucht, die Nullhypothese abzulehnen und somit die Alternativhypothese anzunehmen.
H_0 und H_1 sind *einfache Hypothesen*. Man kann ein Urnenmodell verwenden, bei dem der Anteil der schwarzen Kugeln (nicht zuverlässig arbeitende Computer) in der Urne *entweder 10 % oder 30 %* beträgt. Auf der Basis einer Stichprobe ist nach n-maligem Ziehen einer Kugel zu entscheiden, ob der Anteil 10 % oder 30 % beträgt.

Mit Bezug auf die (angenommene) Binomialverteilung der Zufallsgröße X schreibt man die Hypothesen häufig auch in einer ausführlichen Form:
H_0: $X \sim B_{20;\,0{,}1}$;
H_1: $X \sim B_{20;\,0{,}3}$
(gesprochen: X ist binomialverteilt mit den Parametern n = 20 und $p_0 = 0{,}1$).

Bei einer Stichprobe mit dem Umfang n = 20 erhält man X schwarze Kugeln. X ist binomialverteilt mit den Parametern n = 20 und unbekanntem p. Welcher Wert p zutrifft, muss *alternativ* zwischen den beiden (einfachen) Hypothesen H_0 und H_1 – abgesichert durch einen Signifikanztest – entschieden werden.

14

Für die *weitere Testkonstruktion* gibt es nun zwei sich prinzipiell unterscheidende Möglichkeiten:

(1) Man legt geeignet fest, ab welcher Anzahl nicht zuverlässig arbeitender Fahrradcomputer in der Stichprobe (Anzahl X der gezogenen schwarzen Kugeln) die Nullhypothese abgelehnt werden soll (Kennzeichnung ihres Annahme- bzw. Ablehnungsbereiches) und ermittelt daraus das zugehörige Signifikanzniveau (Fehler 1. Art) sowie den Fehler 2. Art.
(2) Man geht von einem vorgegebenen Signifikanzniveau aus und ermittelt daraus den zugehörigen Annahme- bzw. Ablehnungsbereich für die Nullhypothese sowie den Fehler 2. Art.

Bei *Möglichkeit (1)* wird man sich *für* H_0 (gleichbedeutend mit einer Qualitätssteigerung) entscheiden, wenn die Anzahl X der schwarzen Kugeln (Anzahl der nicht zuverlässig arbeitenden Computer) sehr klein bleibt. Beispielsweise könnte festgelegt werden:
Die „kritische Anzahl" X, der „Grenzwert" für X, sei 2, also:
Annahmebereich A = {0; 1}
Das heißt, H_0 kann nicht abgelehnt werden, wenn $X < 2$ gilt. Es erfolgt eine Entscheidung für H_0 (also gegen die Alternativhypothese).
Ablehnungsbereich $\overline{A}$ = {2; 3; …; 20}
Das heißt, H_0 ist abzulehnen, wenn $X \geq 2$ gilt. In diesem Fall erfolgt eine Entscheidung gegen H_0 (also für die Alternativhypothese).

Aus diesen Festlegungen ist sofort zu schlussfolgern: Da X = 2 (siehe Stichprobe) zum Ablehnungsbereich gehört ($2 \in \overline{A}$), ist die Nullhypothese abzulehnen. Mit der Entscheidung *gegen* die Nullhypothese H_0 haben wir uns automatisch *für* die Alternativhypothese H_1 entschieden. Die Frage nach einer (signifikanten) Qualitätsverbesserung muss demnach bei einer derartigen Testkonstruktion verneint werden.

Um zu überprüfen, ob die in obigem Beispiel angeführte Testkonstruktion sinnvoll ist, muss man ermitteln, auf welchem Signifikanzniveau α und mit welchem *Fehler 2. Art* bei dieser Konstruktion entschieden wurde:
Die Stichprobe stellt eine Bernoulli-Kette der Länge n = 20 (Stichprobenumfang) dar. Die Wahrscheinlichkeitsverteilung p der Zufallsgröße X ($X = X_1 + X_2 + \ldots + X_{20}$; $0 \le X \le 20$) ist unbekannt. Aufgrund der Stichprobe wird p = 0,1 vermutet, die Zufallsgröße X also als binomialverteilt mit den Parametern n = 20 und p = 0,1 angenommen. Da somit für den unbekannten Parameter p der Wert aus der Nullhypothese $p_0 = 0{,}1$ gesetzt worden ist, gilt bei (in Wirklichkeit) *wahrer* Nullhypothese $X \sim B_{20;\,0,1}$; bei (in Wirklichkeit) *falscher* Nullhypothese würde jedoch $X \sim B_{20;\,0,3}$ gelten.

▶ Man beachte: Alle Überlegungen basieren auf der Nullhypothese mit dem Bestreben, diese Hypothese abzulehnen.

① H_0 ist wahr. $\Rightarrow X \sim B_{20;\,0,1}$

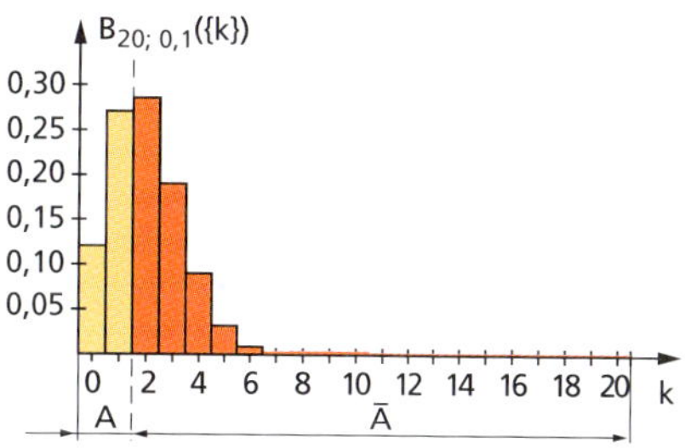

② H_0 ist falsch. $\Rightarrow X \sim B_{20;\,0,3}$

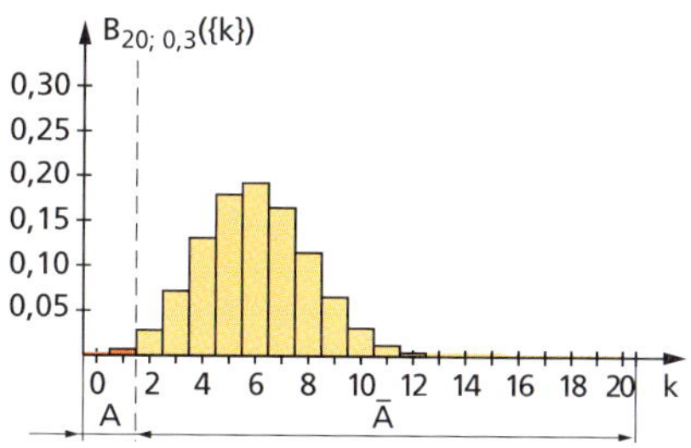

Die grafische Darstellung der (einfachen) Binomialverteilung $B_{20;\,0,1}(\{k\})$ (Fig. ①) veranschaulicht *aus der Sicht der (in Wirklichkeit wahren) Nullhypothese H_0:*

- *Große Werte* von X (X = k) sprechen gegen H_0; der *Ablehnungsbereich* liegt *rechts* vom Wert X = 2. Da man stets bestrebt ist, H_0 abzulehnen, spricht man in diesem Fall von einem einseitigen, *rechtsseitigen Test*.
- Werden die Wahrscheinlichkeiten $B_{20;\,0,1}(\{k\})$ jeweils des Annahmebereiches sowie des Ablehnungsbereiches summiert, so zeigt ein Flächenvergleich, dass sich hier für den Ablehnungsbereich ein etwas größerer Wert ergibt.

Die „Gesamtwahrscheinlichkeit" für den *Ablehnungsbereich* unter der Bedingung $X \sim B_{20;\,0,1}$ ist als Maß dafür anzusehen, wie wahrscheinlich es ist, die in Wirklichkeit *wahre* Nullhypothese (H_0: $p_0 = 0{,}1$) *abzulehnen*, wenn die Stichprobe mehr als eine schwarze Kugel liefert. Mit dieser Art der möglichen Fehlentscheidung begeht man den *Fehler 1. Art*.

Vergleicht man die Darstellung in Fig. ① mit der grafischen Darstellung der (einfachen) Binomialverteilung $B_{20;\,0,3}(\{k\})$ (Fig. ②), so wird *aus der Sicht der (in Wirklichkeit falschen) Nullhypothese H_0* deutlich:

- Der Ablehnungsbereich und der Annahmebereich weisen nun erwartungsgemäß – wegen $p_1 \neq p_0$ – veränderte „Gesamtwahrscheinlichkeiten" auf. Selbstverständlich sprechen weiterhin große Werte von X *gegen* (und kleine Werte von X *für*) die Nullhypothese.
- Werden die Wahrscheinlichkeiten $B_{20;\,0,3}(\{k\})$ jeweils des Annahmebereiches sowie des Ablehnungsbereiches summiert, ergibt sich hier für den *Annahmebereich* ein äußerst kleiner Wert (Flächenvergleich!).

Die „Gesamtwahrscheinlichkeit" für den *Annahmebereich* unter der Bedingung $X \sim B_{20;\,0,3}$ ist als Maß dafür anzusehen, wie „wahrscheinlich" es ist, die in Wirklichkeit falsche Nullhypothese (H_0: $p_0 = 0{,}1$) *nicht abzulehnen*, wenn die Stichprobe weniger als zwei schwarze Kugeln liefert. Mit dieser Art der möglichen Fehlentscheidung begeht man den *Fehler 2. Art.*

Berechnungen	**Angenommene Wahrscheinlichkeitsverteilung in der Grundgesamtheit**	
H_0: $p_0 = 0{,}1$ **$A = \{0;\,1\}$** **$\overline{A} = \{2;\,3;\,\ldots;\,20\}$**	H_0 (in Wirklichkeit) wahr: Es gilt: $p = p_0 = 0{,}1 \Rightarrow X \sim B_{20;\,0,1}$ Berechnungen erfolgen auf der Basis von p_0, der durch die Nullhypothese vorgegebenen Wahrscheinlichkeitsverteilung für die Grundgesamtheit.	H_0 (in Wirklichkeit) falsch: Es gilt: $p = p_1 = 0{,}3 \Rightarrow X \sim B_{20;\,0,3}$ Berechnungen erfolgen auf der Basis von p_1, der durch die Alternativhypothese vorgegebenen Wahrscheinlichkeitsverteilung für die Grundgesamtheit.
H_0 kann nicht abgelehnt werden.	$P(A_{p_0}) = B_{20;\,0,1}(\{0;\,1\}) = 0{,}39175$ (Tabellenwert) $P(A_{p_0}) \approx 0{,}39$	$P(A_{p_1}) = B_{20;\,0,3}(\{0;\,1\}) = 0{,}00764$ (Tabellenwert) $P(A_{p_1}) \approx 0{,}01$
H_0 ist abzulehnen.	$P(\overline{A}_{p_0}) = B_{20;\,0,1}(\{2;\,3;\,\ldots;\,20\})$ $P(\overline{A}_{p_0}) = 1 - P(A_{p_0})$ $= 1 - B_{20;\,0,1}(\{0;\,1\})$ $= 1 - 0{,}39175 = 0{,}60825$ $P(\overline{A}_{p_0}) \approx 0{,}61$	$P(\overline{A}_{p_1}) = B_{20;\,0,3}(\{2;\,3;\,\ldots;\,20\})$ $P(\overline{A}_{p_1}) = 1 - P(A_{p_1})$ $= 1 - B_{20;\,0,3}(\{0;\,1\})$ $= 1 - 0{,}00764 = 0{,}99236$ $P(\overline{A}_{p_1}) \approx 0{,}99$
Schlussfolgerung Fehler.	Bei *Annahme* von H_0 irrt man nicht. Man begeht einen Fehler (1. Art), wenn die Nullhypothese (hier mit einer Wahrscheinlichkeit von 0,61) *als falsch* abgelehnt wird (obwohl sie wahr ist). Fehlerwahrscheinlichkeit α: $\alpha \approx 0{,}61$; $\alpha \approx 61\,\%$	Bei *Ablehnung* von H_0 irrt man nicht. Man begeht einen Fehler (2. Art), wenn die Nullhypothese (hier mit einer Wahrscheinlichkeit von 0,01) *nicht als falsch* abgelehnt wird (obwohl sie falsch ist). Fehlerwahrscheinlichkeit β: $\beta \approx 0{,}01$; $\beta \approx 1\,\%$

Zur Ermittlung der Werte $B_{n;\,p}(\{k\})$ bzw. $B_{n;\,p}(\{0;\,1;\,\ldots;\,k\})$ kann die Tabelle der summierten (kumulierten) Binomialverteilung (↗ Abschnitt 13.5.4) verwendet oder mit einem geeigneten Rechner gearbeitet werden.

Verallgemeinernd lässt sich somit feststellen:

Satz Wahrscheinlichkeit für den Fehler 1. Art
Die summierte Wahrscheinlichkeit des *Ablehnungsbereiches* einer Nullhypothese (H_0: $p = p_0$) unter der Bedingung $X \sim B_{n;\,p_0}$ ist als Maß dafür anzusehen, wie wahrscheinlich es ist, *einen Fehler 1. Art* zu begehen. Mit dieser Wahrscheinlichkeit wird die in Wirklichkeit *wahre Nullhypothese* irrtümlich *abgelehnt*.
Es gilt: $\alpha = P(\overline{A}_{p_0}) = B_{n;\,p_0}(\overline{A}) = 1 - B_{n;\,p_0}(A)$

Satz Wahrscheinlichkeit für den Fehler 2. Art
Die summierte Wahrscheinlichkeit des *Annahmebereiches* einer Nullhypothese (H_0: $p = p_0$) unter der Bedingung $X \sim B_{n;\,p_1}$ ist als Maß dafür anzusehen, wie wahrscheinlich es ist, einen *Fehler 2. Art* zu begehen. Mit dieser Wahrscheinlichkeit wird die in Wirklichkeit *falsche Nullhypothese* irrtümlich *nicht abgelehnt*.
Es gilt: $\beta = P(A_{p_1}) = B_{n;\,p_1}(A) = 1 - B_{n;\,p_1}(\overline{A})$

Interpretation der oben berechneten Wahrscheinlichkeiten für die beiden möglichen Fehlentscheidungen führt zu folgenden Feststellungen (bezogen auf einen *festen* Stichprobenumfang n):

- Je kleiner man den Ablehnungsbereich $\overline{A}$ wählt, desto kleiner wird auch die Wahrscheinlichkeit für den Fehler 1. Art.
- Je kleiner man den Annahmebereich A wählt, desto kleiner wird die Wahrscheinlichkeit für den Fehler 2. Art.
- Bei festen Werten für p_0 (Nullhypothese) und p_1 (Alternativhypothese) bewirkt jede Verkleinerung der Wahrscheinlichkeit α eine Vergrößerung der Wahrscheinlichkeit β.

In der Praxis ist abzuwägen zwischen einer gewissen Mindestsicherheit und dem dafür notwendigen Stichprobenumfang, der aus Zeit- und Kostengründen nicht unnötig groß sein sollte.

▶ In Abhängigkeit vom konkreten Sachverhalt ist abzuwägen, für welchen Fehler die Wahrscheinlichkeit möglichst klein bleiben soll. Müssen möglichst beide **Wahrscheinlichkeiten für Fehlentscheidungen** klein bleiben, dann ist dies nur mit einer Vergrößerung des Stichprobenumfangs erreichbar.

14

Satz Ermitteln des kritischen Werts X = k bei vorgegebenem Signifikanzniveau α
(Einseitiger) ***rechtsseitiger*** **Alternativtest:**
Bei vorgegebenem α-Wert ist k als diejenige *kleinste* ganze Zahl zu ermitteln, für die gilt:
$$P(\overline{A}_{p_0}) = P(X \geq k) = B_{n;\,p_0}(\{k;\ k+1;\ \ldots;\ n\})$$
$$= 1 - B_{n;\,p_0}(\{0;\ 1;\ \ldots;\ k-1\}) \leq \alpha$$
(Im Allgemeinen wird mit der Beziehung
$B_{n;\,p_0}(\{0;\ 1;\ \ldots;\ k-1\}) \geq 1 - \alpha$ gearbeitet.)

(Einseitiger) ***linksseitiger*** **Alternativtest:**
Bei vorgegebenem α-Wert ist k als diejenige *größte* ganze Zahl zu ermitteln, für die gilt:
$$P(\overline{A}_{p_0}) = P(X \leq k) = B_{n;\,p_0}(\{0;\ 1;\ \ldots;\ k\}) \leq \alpha$$

Zwei Sorten Saatgetreide mit einer Keimfähigkeit von 90 % bzw. 70 % wurden in verschiedenen Containern angeliefert, die nicht klar bez. der Keimfähigkeit des jeweiligen Inhalts gekennzeichnet waren.

Es ist zu prüfen, wie groß die Keimfähigkeit des Saatgetreides in einem bestimmten Container ist. Wir testen die Hypothesen:

H_0: $p = 0{,}9$ („Die Keimfähigkeit des Getreides im Container beträgt 90 %.")

H_1: $p = 0{,}7$ („Die Keimfähigkeit des Getreides im Container beträgt 70 %.")

Zur Überprüfung werden 50 „auf gut Glück" ausgewählte Getreidekörner aus einem Container auf Keimfähigkeit untersucht.
X sei die zufällige Anzahl der keimenden Körner (unter den 50 ausgewählten). X kann als binomialverteilt mit den Parametern $n = 50$ und p sowie dem Erwartungswert $EX = 50p$ angenommen werden (kleine Stichprobe aus großer Grundgesamtheit).

Es ist zwischen den zwei Alternativen H_0 und H_1 zu entscheiden.
Gilt $p = 0{,}9$, so ergibt sich $EX = 45$. Es ist daher sinnvoll, als Annahmebereich $A = \{45; \ldots; 50\}$ und entsprechend als Ablehnungsbereich $\overline{A} = \{0; \ldots; 44\}$ zu wählen. Zwei Fehlentscheidungen sind möglich:

- Hypothese H_0 wird abgelehnt, obwohl sie in Wirklichkeit zutrifft (Fehler 1. Art).
- Hypothese H_0 wird nicht abgelehnt, obwohl sie in Wirklichkeit falsch ist (Fehler 2. Art).

a) Als Wahrscheinlichkeit für einen Fehler 1. Art erhalten wir dann $B_{50;\,0,9}(\overline{A}) = B_{50;\,0,9}(\{0; \ldots; 44\}) = 0{,}38388$.
Wir können die Wahrscheinlichkeit für diesen Fehler 1. Art verringern, indem wir den Ablehnungsbereich verkleinern und damit den Annahmebereich vergrößern. Wir wählen z. B. als Ablehnungsbereich $\overline{A} = \{0; \ldots; 40\}$ und somit als Annahmebereich $A = \{41; \ldots; 50\}$. Als Wahrscheinlichkeit für einen Fehler 1. Art ergibt sich dann daraus:

$$B_{50;\,0,9}(\overline{A}) = B_{50;\,0,9}(\{0; \ldots; 40\}) = 0{,}02454$$

Das heißt: Lehnt man die Nullhypothese H_0 ab, wenn höchstens 40 Körner keimen, dann beträgt die Wahrscheinlichkeit etwa 0,02, dass man die in Wirklichkeit wahre Hypothese ablehnt. Bei dem angewandten Prüfverfahren müsste man also damit rechnen, in etwa 2 % der Fälle einen Container mit Saatgut der Keimfähigkeit 90 % irrtümlich als einen Container mit Saatgut der Keimfähigkeit 70 % einzustufen.

b) Wir haben uns in a) für $\overline{A} = \{0; \ldots; 40\}$ und $A = \{41; \ldots; 50\}$ entschieden. Sind unter den 50 Getreidekörnern weniger als 41 keimfähig, dann spricht das gegen die Hypothese H_0 – also würden wir uns für H_1 entscheiden und H_0 ablehnen.
Als Wahrscheinlichkeit für einen Fehler 2. Art ergäbe sich dann:

$$B_{50;\,0,7}(A) = B_{50;\,0,7}(\{41; \ldots; 50\}) = 1 - B_{50\,;07}(\{0; \ldots; 40\})$$
$$= 1 - 0{,}95977 = 0{,}04023$$

Das heißt: Lehnt man die Nullhypothese H_0 nicht ab, wenn mehr als 40 (mindestens 41) Körner keimen, dann beträgt die Wahrscheinlichkeit etwa 0,04, dass man sich fälschlich für H_0 entscheidet. Bei dem angewandten Prüfverfahren müsste man dann damit rechnen, in etwa 4 % der Fälle einen Container mit Saatgut der Keimfähigkeit 70 % irrtümlich als einen Container mit Saatgut der Keimfähigkeit 90 % einzustufen.

Durch Probieren wurde damit eine Entscheidungsregel gefunden, bei der sowohl die Wahrscheinlichkeit des Fehlers 1. Art als auch die des Fehlers 2. Art unter 0,05 liegt.

Wegen des Zusammenhangs der Wahrscheinlichkeiten des Fehlers 1. Art und des Fehlers 2. Art können die gewünschten bzw. akzeptablen Größenverhältnisse nur mit Bezug auf den konkreten Sachverhalt sinnvoll entschieden werden. Dies illustrieren nachfolgende Beispiele:

(1) Ein Pilzsammler hat in einem Waldgebiet mehrere Körbe Pilze gesammelt, die er zur Sicherheit von einem zuverlässigen Pilzkenner prüfen lässt. Der Pilzkenner weiß aus jahrelanger Erfahrung, dass 2 % aller von Sammlern vorgelegten Pilze irrtümlich gesammelte Giftpilze sind, wobei ihm selbst noch nie ein Prüffehler unterlaufen ist.
Lauten die Hypothesen „Der Pilz ist ungiftig" (Nullhypothese) und „Der Pilz ist giftig" (Alternativhypothese), so muss die Wahrscheinlichkeit des Fehlers 2. Art praktisch null sein. Ein größerer Fehler 1. Art schmälert „schlimmstenfalls" den Umfang der Mahlzeit …
Der Pilzkenner wird keine Stichprobe ziehen und etwa Berechnungen ausführen (lassen), sondern jeden einzelnen Pilz begutachten. Die vollständige Pilzsammlung ist sozusagen Stichprobe und Grundgesamtheit zugleich. Nur so können (beide möglichen) Fehlentscheidungen (theoretisch) sicher vermieden werden. Dieses Vorgehen mag zwar aufwendig werden, garantiert dafür aber maximale Sicherheit.

14

(2) Ein Pharmakonzern lässt ein Präparat testen. Umfangreiche Beobachtungen zeigen, dass das Präparat in 5 % aller Anwendungsfälle zu (nachweisbar) schädlichen Nebenwirkungen führt. Auf der Basis umfangreicher Forschungstätigkeit weiterentwickelt, zeigt es bei erneuten Tests noch in 3 % aller Anwendungen schädliche Effekte.
Eine statistische Wertung (z. B. unter Verwendung eines Alternativtests) ist nur dann sinnvoll, wenn der (ggf. lebensrettende) Nutzen die schädlichen Nebenwirkungen aus medizinischer Sicht als weniger schwerwiegend in den Hintergrund treten lässt. Ist dies nicht der Fall, darf das Präparat nicht auf den Markt kommen.
Bei einem Alternativtest (H_0: $p_0 = 0{,}05$; H_1: $p_1 = 0{,}03$) müssten aus diesem Grunde sowohl der Fehler 1. Art (vorrangig Kostengründe) als auch insbesondere der Fehler 2. Art (vorrangig medizinische Gründe) möglichst klein gehalten werden.

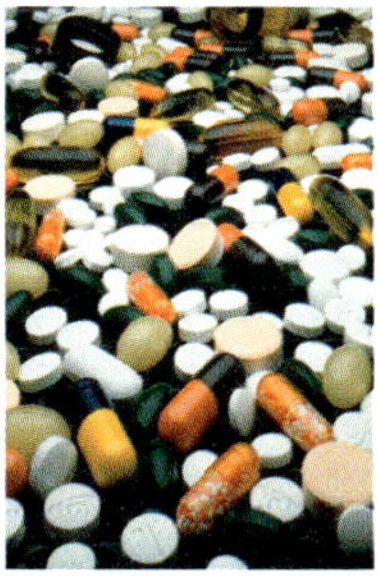

14.2.4 Signifikanztests

Die fehlende Spezifikation der Alternativ- bzw. Gegenhypothese ist bei statistischen Tests als der Normalfall anzusehen (↗ Abschnitt 14.2.3).

▶ Von einem **Signifikanztest** spricht man also, wenn im Prinzip *nur eine* Hypothese, die Nullhypothese H_0 untersucht wird. Die Nullhypothese ist zwischen einer (einfachen oder zusammengesetzten) Hypothese und deren Negation zu wählen.

Definition Ein statistischer Test auf signifikante Unterschiede, bei dem auf Stichprobenbasis über die Beibehaltung der (einfachen oder zusammengesetzten) Nullhypothese H_0 oder deren Ablehnung entschieden wird, heißt ***normaler Signifikanztest,*** kurz: **Signifikanztest.**

Satz Nullhypothese bei einem Signifikanztest
Bei einem Signifikanztest wählt man diejenige Hypothese als Nullhypothese, bei der der Fehler 1. Art – in *Abhängigkeit vom konkreten Sachverhalt* – von größerer Bedeutung ist als der (i. Allg. nicht eindeutig zu berechnende) Fehler 2. Art.

Das Formulieren einer *„zahlenmäßig konkreten"* Alternativ- bzw. Gegenhypothese ist (z. B. aufgrund fehlender Angaben oder Erfahrungen bzw. aus rein mathematischen Gründen) i. Allg. nicht möglich. Für die Wahrscheinlichkeit des Fehlers 1. Art wird eine möglichst kleine Zahl ($0 < \alpha < 1$) als Höchstwert (obere Schranke) vorgegeben oder gewählt. Diese Zahl heißt **Signifikanzniveau** α oder auch **Irrtumswahrscheinlichkeit** α.

14

▶ Die Zufallsgröße X kennzeichnet dann die absolute Häufigkeit, mit der ein interessierendes Merkmal bei n Beobachtungen in der Stichprobe auftritt.

Bei praktischen Anwendungen setzt man zumeist $\alpha = 0{,}05$ oder $\alpha = 0{,}01$. Soll anhand einer Stichprobe vom Umfang n entschieden werden, ob die Nullhypothese abgelehnt werden kann oder nicht, und erfolgt die Entscheidung auf dem Signifikanzniveau $\alpha = 0{,}05$, so spricht man von einem **signifikanten Ergebnis** (Unterschied), bei einem Signifikanzniveau $\alpha = 0{,}01$ von einem **hochsignifikanten Ergebnis** (Unterschied).

■ Der Altstadtbereich einer Kleinstadt ist als verkehrsberuhigte Zone umgestaltet worden. Beobachtungen in den ersten Monaten nach der Umgestaltung belegen, dass 10 % aller Pkws die zulässige Höchstgeschwindigkeit von 30 $\frac{km}{h}$ überschreiten. Nach zwei Jahren haben die Anwohner den Eindruck, dass in der „Zone 30" immer noch relativ oft zu schnell gefahren wird. Sie möchten daher wissen, ob der alte Erfahrungswert noch zutreffend ist.
Als Nullhypothese wird H_0: $p_0 = 10\,\%$ festgelegt. Da keine weiteren gesicherten Informationen vorliegen, ist eine Spezifikation der Negation (hier als Alternativ- bzw. Gegenhypothese gewählt) nicht sinnvoll. Die Gegenhypothese lautet somit H_1: $p_1 \neq 0{,}1$. Hierdurch bringt man nur die Vermutung zum Ausdruck, dass der alte Erfahrungswert (10 %) nicht mehr zutreffend ist.
Insbesondere (aus Gründen der Vorsicht) wird zunächst keine weitere Vermutung etwa zur Erhöhung oder Senkung des Anteils der Geschwindigkeitsüberschreiter berücksichtigt.
Als Stichprobe wählt man insgesamt 100 Beobachtungen mit Geschwindigkeitsmessung (über einen längeren Zeitraum; Klumpen-

stichprobe, ↗Abschnitt 14.1.2). Beschreibt die Zufallsgröße X die zufällige Anzahl der „Überschreiter" (in der Stichprobe, n = 100), so sprechen sowohl (sehr) große als auch (sehr) kleine Werte von X gegen die Nullhypothese. Es sind also Abweichungen zweiseitig – nach links und nach rechts – von Interesse. Der Signifikanztest ist daher als **zweiseitiger Signifikanztest** zu konstruieren.
Als Signifikanzniveau α wählen wir $\alpha = 0{,}05$. Für den Test heißt dies, dass wir höchstens mit einer Wahrscheinlichkeit von $\alpha = 0{,}05$ bzw. $\alpha = 5\,\%$ eine wahre Nullhypothese irrtümlich als falsch ablehnen wollen.
Man sagt auch: Der Signifikanztest soll – kann die Nullhypothese H_0 abgelehnt werden – eine statistische Sicherheit von $1 - \alpha = 0{,}95$ bzw. 95 % besitzen.

Definition Kann bei einem Signifikanztest die Nullhypothese H_0 auf dem Signifikanzniveau α abgelehnt werden, so bezeichnet man die Wahrscheinlichkeit **$1 - \alpha$** als **statistische (Mindest-)Sicherheit des Signifikanztests.**

Bei einem zweiseitigen Signifikanztest wird
$\overline{A} = \{0; 1; \ldots; k_L\} \cup \{k_R; k_R + 1; \ldots; n\}$
der zweiseitige Ablehnungsbereich. Er setzt sich aus der Vereinigung zweier Mengen (einer „linken" und einer „rechten" Teilmenge) zusammen. Man bezeichnet k_L als die linke und k_R als die rechte **Signifikanzgrenze** im Ablehnungsbereich. Der Wert k_L ist der größte, der Wert k_R der kleinste X-Wert im jeweiligen Teilbereich des Ablehnungsbereiches.

14

Die Werte k_L und k_R sind durch das Signifikanzniveau α festgelegt. Ihrer Berechnung liegt folgende Überlegung zugrunde: Da die Gegenhypothese H_1 nicht weiter spezifiziert worden ist (also lediglich „verschieden von" ausdrückt), muss sowohl für den linken Bereich als auch für den rechten Bereich das Signifikanzniveau gleichwertig eingehen. Diese Gleichwertigkeit erfordert die jeweilige Zuordnung von $\frac{\alpha}{2}$, also das Halbieren von α.

▶ Dies bedeutet aber nicht, dass die beiden Teilmengen des Ablehnungsbereiches gleichmächtig sein müssen.

Satz Signifikanzgrenze eines zweiseitigen Signifikanztests
Bei einem zweiseitigen Signifikanztest ist der vorgegebene α-Wert zu halbieren.

Der „linke" Wert k_L ist als diejenige größte ganze Zahl zu ermitteln, für die gilt:
$P(\overline{A}_{p_0}) = P(X \le k_L) = B_{n;\,p_0}(\{0; 1; \ldots; k_L\}) \le \frac{\alpha}{2}$
Der „rechte" Wert k_R ist als diejenige kleinste ganze Zahl zu ermitteln, für die gilt:
$$P(\overline{A}_{p_0}) = P(X \ge k_R) = B_{n;\,p_0}(\{k_R; k_R + 1; \ldots; n\})$$
$$= 1 - B_{n;\,p_0}(\{0; 1; \ldots; k_R - 1\}) \le \frac{\alpha}{2}$$
(Im Allgemeinen wird mit der Beziehung
$B_{n;\,p_0}(\{0; 1; \ldots; k_R - 1\}) \ge 1 - \frac{\alpha}{2}$ gearbeitet.)

Beim **einseitigen Signifikanztest** ist der α-Wert des Signifikanzniveaus nicht zu halbieren.
Es wird – in Abhängigkeit vom konkreten Sachverhalt – (einseitig) links oder (einseitig) **rechts** getestet, und zwar in folgender Weise:

- Wenn (allein) *große* Werte der Zufallsgröße X *gegen* die Nullhypothese sprechen, führt man einen (einseitigen) **rechtsseitigen Signifikanztest** mit dem (rechtsseitigen) Ablehnungsbereich $\overline{A} = \{k;\, k + 1;\, \ldots;\, n\}$ durch.
- Wenn (allein) *kleine* Werte der Zufallsgröße X *gegen* die Nullhypothese H_0 sprechen, führt man einen (einseitigen) **linksseitigen Signifikanztest** mit dem (linksseitigen) Ablehnungsbereich $\overline{A} = \{0;\, 1;\, \ldots;\, k\}$ durch.

Der kritische Wert k ist jeweils gemäß Abschnitt 14.2.3 zu ermitteln.

Ein Würfel mit den Augenzahlen „1" bis „6" brachte einer Schülerin beim „Mensch-ärgere-dich-nicht"-Spiel mehrmals nacheinander den Sieg, weil sie die Augenzahl „6" relativ oft würfelte.
Es interessiert, ob der benutzte Würfel bezüglich dieser Augenzahl wirklich regulär ist.

Zur Klärung dieser Frage kann man folgendermaßen vorgehen:
Nullhypothese H_0: $p_0 = \frac{1}{6}$ $\left[\text{Gegenhypothese } H_1\text{: } p_1 \neq \frac{1}{6}\right]$
Als Stichprobe wird 25-mal gewürfelt. Die Zufallsgröße X beschreibe dabei die zufällige Anzahl der Sechsen; $X \sim B_{25;\, \frac{1}{6}}$ (bei wahrer H_0).

Das Signifikanzniveau (für die Ablehnung von H_0) wird mit $\alpha = 0{,}05$ festgelegt. Wegen $\alpha = 0{,}05$ als Höchstwert für die Wahrscheinlichkeit des Fehlers 1. Art ist $B_{25;\, \frac{1}{6}} \leq 0{,}05$ zu setzen.

H_0 wird abgelehnt, wenn die Anzahl der sich bei 25 Würfen ergebenden Augenzahl „6" „zu groß" oder „zu klein" ist, d.h.,
$\overline{A} = \{0;\, 1;\, \ldots;\, k_L\} \cup \{k_R;\, k_R + 1;\, \ldots;\, 25\}$.
Man erkennt: Die Wahrscheinlichkeit für den Fehler 2. Art kann nicht eindeutig ermittelt werden, weil für $B_{25;\, p}(\{k_L + 1;\, \ldots;\, k_R - 1\})$ wegen $p_1 \neq \frac{1}{6}$ kein Wert $p = p_1$ eindeutig bestimmbar ist.

Der Test ist also als **zweiseitiger Signifikanztest** zu führen. Das Signifikanzniveau α ist zu halbieren. Man erhält die zwei Ungleichungen
$B_{25;\, \frac{1}{6}}(\{0;\, 1;\, \ldots;\, k_L\}) \leq 0{,}025$ und $B_{25;\, \frac{1}{6}}(\{0;\, 1;\, \ldots;\, k_R - 1\}) \geq 0{,}975$.

Aus der Tabelle der summierten Binomialverteilung ermittelt man $k_L = 0$ sowie $k_R - 1 = 8$, also $k_R = 9$ und somit den Ablehnungsbereich $\overline{A} = \{0\} \cup \{9;\, 10;\, \ldots;\, 25\}$.

Interpretation:
Führen wir das Zufallsexperiment 25-mal durch und erhalten eine Anzahl der Augenzahl „6", die im zweiseitigen Ablehnungsbereich $\overline{A}$ liegt, dann lehnen wir die Nullhypothese, dass der Würfel bezüglich der „6" regulär ist, mit einer Irrtumswahrscheinlichkeit von höchstens 0,05 ab.
Mit dem vorliegenden Würfel wurde 25-mal gewürfelt. Trat die Augenzahl „6" dabei z.B. 10-mal auf, so heißt dies (wegen $10 \in \overline{A}$), dass der Würfel nicht als regulär angesehen werden kann.

Um die Konkurrenzfähigkeit des Erzeugnisses M zu verbessern, soll geprüft werden, ob durch ein verändertes Konservierungsverfahren eine längere Mindesthaltbarkeitsdauer (MHD) garantiert werden kann. Nach dem alten Verfahren erreichen 50 % aller Erzeugnisse M die angestrebte längere MHD.
Es werden 200 nach dem veränderten Verfahren konservierte Erzeugnisse auf Haltbarkeit untersucht. Die Zufallsgröße X beschreibe die Anzahl der Erzeugnisse M, die die längere MHD erreichen. Als Signifikanzniveau wird $\alpha = 0{,}05$ gewählt.

(1) Es sei noch nicht bekannt, ob das veränderte Verfahren tatsächlich zu einer längeren oder evtl. sogar kürzeren MHD führt.
Zweiseitiger Signifikanztest:
H_0: $p_0 = 0{,}5$ [H_1: $p_1 \neq 0{,}5$] $X \sim B_{200;\,0{,}5}$ (bei wahrer H_0)
Aus $B_{200;\,0{,}5}(\{0; 1; \ldots; k_L\}) \leq 0{,}025$ und $B_{200;\,0{,}5}(\{0; 1; \ldots; k_R - 1\}) \geq 0{,}975$ erhält man
$k_L = 85$, $k_R - 1 = 114$ bzw. $k_R = 115$ (Tabellenwerte)
und somit den Ablehnungsbereich:
$\overline{A} = \{0; 1; \ldots; 85\} \cup \{115; 116; \ldots; 200\}$

Ist die Anzahl der Erzeugnisse M, die die längere MHD erreichen, kleiner als 86 oder größer als 114, so hat das veränderte Verfahren signifikante Auswirkungen.

(2) Längerfristige Untersuchungen lassen vermuten, dass das veränderte Verfahren zu einer längeren MHD führt.
(Einseitiger) **linksseitiger Signifikanztest:**
H_0: $p_0 \geq 0{,}5$ [H_1: $p_1 < 0{,}5$] $X \sim B_{200;\,0{,}5}$ (bei wahrer H_0)
Aus $B_{200;\,0{,}5}(\{0; 1; \ldots; k\}) \leq 0{,}05$ erhält man $k = 87$ (Tabellenwert) und somit den Ablehnungsbereich: $\overline{A} = \{0; 1; \ldots; 87\}$

Erreichen weniger als 88 Erzeugnisse M die längere MHD, kann die Vermutung nicht bestätigt werden (Ablehnung von H_0).

(3) Längerfristige Untersuchungen lassen vermuten, dass das veränderte Verfahren zu einer kürzeren MHD führt
(Einseitiger) **rechtsseitiger Signifikanztest:**
H_0: $p_0 \leq 0{,}5$ [H_1: $p_1 > 0{,}5$] $X \sim B200;\,0{,}5$ (bei wahrer H_0)
Aus $B_{200;\,0{,}5}(\{0; 1; \ldots; k - 1\}) \geq 0{,}95$ erhält man $k - 1 = 112$ (Tabellenwert) bzw. $k = 113$ und somit den Ablehnungsbereich:
$\overline{A} = \{113; 114; \ldots; 200\}$

Erreichen mehr als 112 Erzeugnisse M die längere MHD, kann die Vermutung nicht bestätigt werden (Ablehnung von H_0).

(4) Längerfristige Untersuchungen lassen vermuten, dass 75 % aller Erzeugnisse M die längere MHD erreichen.
(Einseitiger) **linksseitiger Signifikanztest:**
H_0: $p_0 = 0{,}75$ H_1: $p_1 = 0{,}5$ $X \sim B_{200;\,0{,}75}$ (bei wahrer H_0)
Aus $B_{200;\,0{,}75}(\{0; 1; \ldots; k\}) \leq 0{,}05$ erhält man $k = 139$ (Tabellenwert) und somit den Ablehnungsbereich: $\overline{A} = \{0; 1; \ldots; 139\}$

Erreichen weniger als 140 Erzeugnisse M die längere MHD, kann die Vermutung nicht bestätigt werden (Ablehnung von H_0) und es ist weiterhin von der 50 %-Angabe (H_1) auszugehen.

14

Testen einer unbekannten Wahrscheinlichkeit

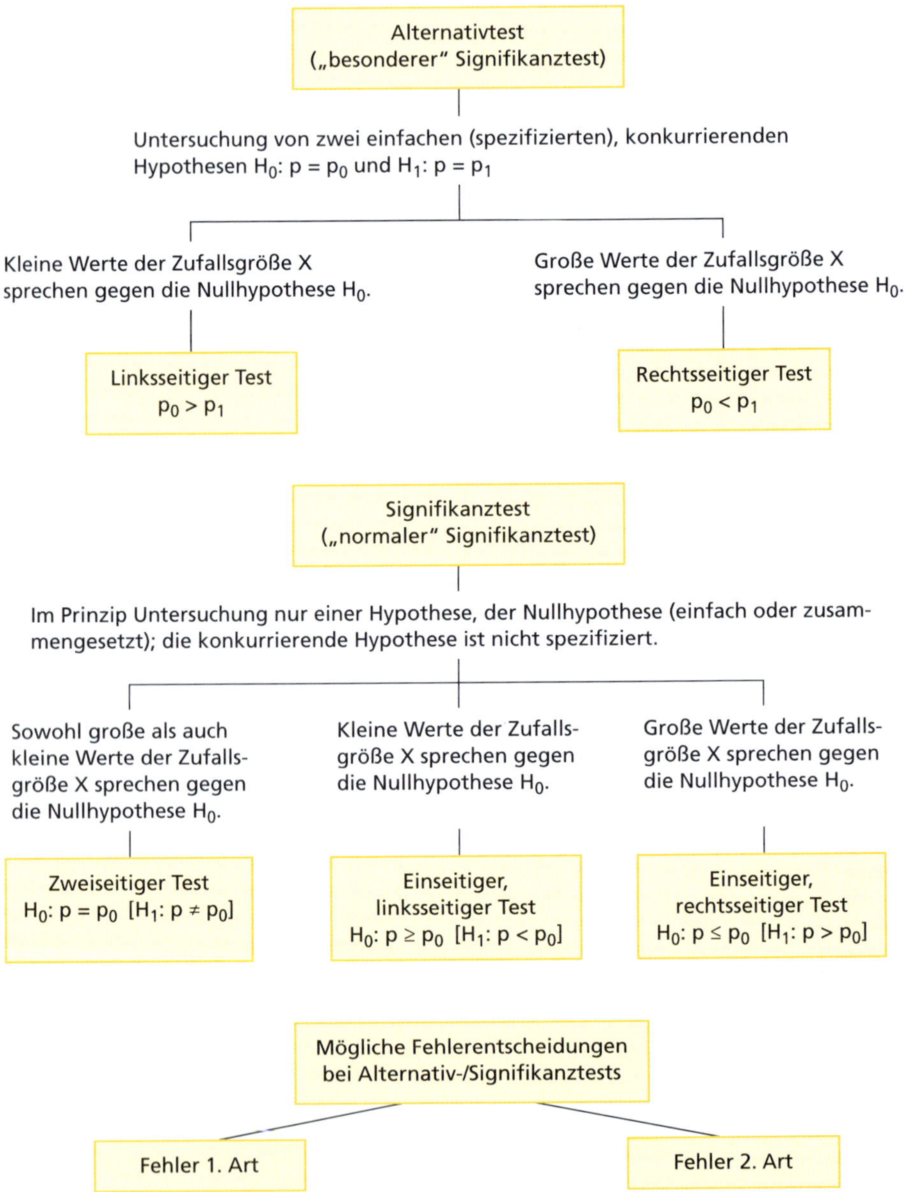

Wissenstest 14 auf **http://wissenstests.schuelerlexikon.de** und auf der DVD

Rechenhilfsmittel

15

15.1 Geschichtlicher Abriss

Rechenhilfsmittel existierten bereits in sehr frühen Phasen der Menschheitsentwicklung.
Finger, Hände, Zehen und Füße gehörten zu den ersten natürlichen Hilfsmitteln. Das Fingerrechnen wurde bereits im antiken Griechenland praktiziert und spielte bis ins Mittelalter eine große Rolle.

Die einfachsten Darstellungen von Zahlen gibt es auf **Kerbhölzern,** die beim Zählen von Vieh, Sklaven oder Naturalabgaben Verwendung fanden. In einen Holzstab wurden dazu Marken eingekerbt. Wurde dieses Kerbholz der Länge nach in zwei Hälften gespalten, existierte ein Nachweis für die beteiligten Parteien.
Noch heute sind **Strichlisten** beim Zählen ein sehr sinnvolles Hilfsmittel.

▶ Mit dem **Abakus** konnte addiert, subtrahiert, multipliziert und dividiert, mit einigem Geschick sogar potenziert und radiziert werden.

Als älteste technische Hilfsmittel gelten **Rechenbretter** und **Rechenrahmen,** die vor allem als **Abakus** bekannt wurden.
Waren die Rechenbretter zur Zeit der Babylonier aus Stein oder Holz und mit Sand bestreut, so verwendete man später mit aufgezeichneten oder eingeschnittenen Linien versehene Tafeln. Entlang der Linien wurden Rechensteine aus Knochen, Stein oder Metall verschoben. Je nach Stellung der Rechensteine auf den einzelnen Linien ordnete man ihnen einen bestimmten Wert zu.

Im Nationalmuseum von Athen befindet sich die *Salamische Tafel*, ein Abakus, der aus dem 4. Jh. v. Chr. stammt und bei Ausgrabungen auf der griechischen Insel Salamis gefunden wurde. Diese Tafel besteht aus einer 1,50 m langen und 0,75 m breiten Marmorplatte mit eingemeißelten Spalten und Symbolen.

15

Um 300 v. Chr. entwickelten die Römer aus den massiven Rechenbrettern einen tragbaren Handabakus.

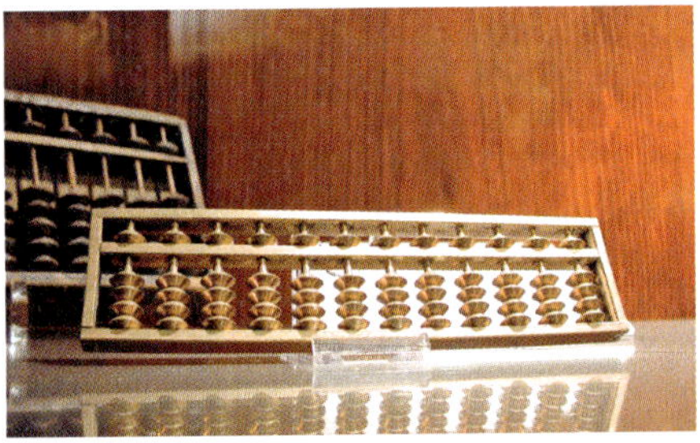

Der „moderne" Abakus besteht aus einem Holzrahmen mit eingebauten parallelen Stäben, an denen durchbohrte Kugeln oder Perlen auf- und abgeschoben werden können. Derartige Rechenrahmen werden in abgewandelten Formen in einigen Ländern noch heute benutzt. Der Abakus ist als *suan pan* in China, *soroban* in Japan und als *stschoty* in Russland bekannt.
Noch vor wenigen Jahrzehnten wurde der Abakus auch an europäischen Schulen zum Rechnenlernen eingesetzt.

Häufig gebrauchte Zahlenwerte, deren Berechnung kompliziert oder zeitaufwendig ist, wurden bereits in der Antike zu **Listen und Tabellen** zusammengestellt.
Multiplikationstabellen („Einmaleinstabellen"), Tafeln mit Quadratzahlen, Wurzeln und Potenzen, trigonometrische und logarithmische Tafeln u.a. verloren erst durch die Entwicklung elektronischer Rechengeräte ihre praktische Bedeutung. Zins- und Steuertabellen, Tabellen zur Währungsumrechnung oder Tafeln zu Wahrscheinlichkeitsverteilungen finden z.T. noch heute Anwendung.

JOHN NAPIER (1550 bis 1617) verwendete **Rechenstäbchen** aus Holz, auf deren vier Seiten er das kleine Einmaleins schrieb. Ein gewünschtes Produkt erhält man, indem die Stäbchen nebeneinandergelegt und die auf den Stäbchen abzulesenden Teilprodukte addiert werden. So wurde erstmals die Multiplikation auf die Addition zurückgeführt.

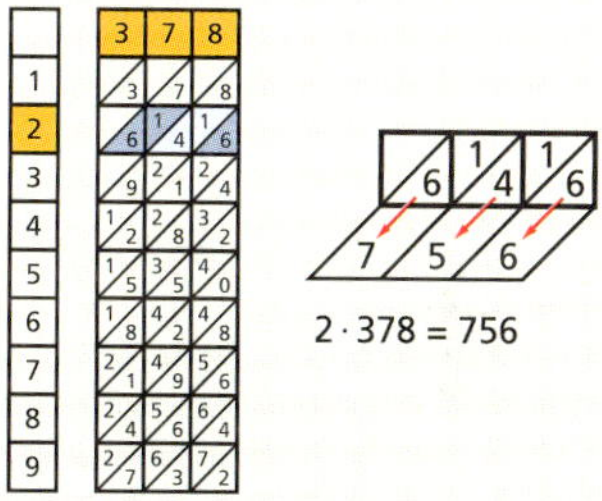

JOHN NAPIER entwickelte eine erste Multiplikationshilfe.

Im 17. Jahrhundert wurden **Proportionalwinkel/Proportionalzirkel** zu wichtigen Rechenhilfsmitteln. Je nach Verwendungszweck waren auf den Schenkeln lineare oder logarithmische Skalen oder auch Skalen für Kreis-, Flächen- oder Volumenberechnungen aufgetragen. Mithilfe von Strecken, die mit einem Stechzirkel abgetragen wurden, konnten so durch Anwenden der Strahlensätze Verhältnisgleichungen gelöst werden.

Die Entwicklung des Proportionalzirkels wird GALILEO GALILEI (1564 bis 1642) zugeschrieben.

Um 1620 wurde ein **Rechenstab** (Rechenschieber) mit logarithmisch eingeteilter Skala von EDMUND GUNTER entwickelt. Dieser Rechenstab ermöglichte die Multiplikation und Division von Zahlen, indem er sie auf die Addition bzw. Subtraktion von Strecken zurückführte.

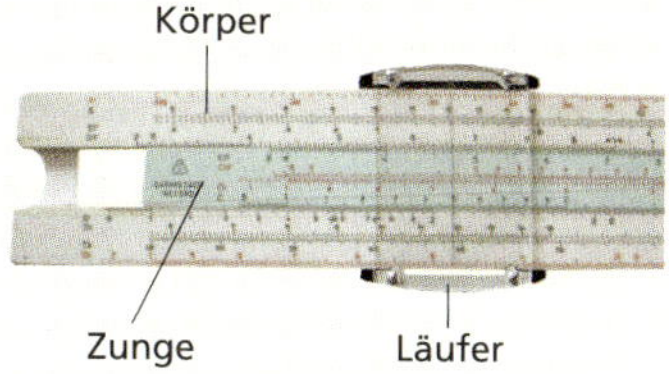

EDMUND GUNTER (1581 bis 1626) erfand den logarithmischen Rechenstab.

Während die Strecken anfangs noch mit einem Stechzirkel abgegriffen werden mussten, verwendete WILLIAM OUGHTRED (1574 bis 1660) zwei aneinandergleitende Skalen. Daraus entwickelte sich die bis zuletzt übliche Gestalt des Rechenstabs mit einer *Zunge*, die in einem *Körper* gleitet, und einem *Läufer*, der die genaue Einstellung der Skalen erleichtert. Zeitweilig existierten auch sogenannte Rechenscheiben, bei denen die Skalen auf den Rändern konzentrischer Kreisscheiben aufgetragen wurden.

Da die meisten Rechenstäbe außer den logarithmischen Skalen auch noch Skalen mit Werten der quadratischen und kubischen Funktionen, der trigonometrischen Funktionen und von Exponentialfunktionen enthielten, standen vielseitig einsetzbare Rechenhilfsmittel zur Verfügung. Der Rechenstab war deshalb bis zu seiner endgültigen Ablösung durch den elektronischen Taschenrechner in den Achtzigerjahren im 20. Jahrhundert in vielen Berufen und auch in der Schule ein unentbehrliches Handwerkszeug.

Die ersten mechanischen **Rechenmaschinen** wurden im 17. Jahrhundert entwickelt: Als erster Ziffernrechner gilt die Rechenuhr von WILHELM SCHICKHARDT (1592 bis 1635), die allerdings im Wirrwarr des Dreißigjährigen Krieges verloren gegangen ist.

BLAISE PASCAL

BLAISE PASCAL (1623 bis 1662) entwickelte einen **Zweispeziesrechner** (Rechenmaschine zur Addition und Subtraktion), in dem mithilfe von Zahnrädern erstmals ein automatischer Zehnerübertrag möglich war. Diese sogenannte **Pascaline** war die erste Rechenmaschine, die eine weite Verbreitung fand.

GOTTFRIED WILHELM LEIBNIZ

GOTTFRIED WILHELM LEIBNIZ (1646 bis 1716) erfand eine Rechenmaschine mit Staffelwalzen, die die Durchführung aller vier Grundrechenarten gestattete (erste **Vierspeziesmaschine).**

Die Staffelwalzenmaschine mit Antriebskurbel war der Vorläufer der bis in die Gegenwart benutzten **Tischrechner.**
Ein erster Rechner im Taschenformat stammt von CURT HERZSTARK (1902 bis 1988). Die nach ihm benannte **Curta** wurde um 1944 entwickelt.

KONRAD ZUSE

1832 entwarf CHARLES BABBAGE (1792 bis 1871) den ersten digitalen Rechenautomaten mit Lochkartensteuerung, aber erst KONRAD ZUSE (1910 bis 1995) gelang 1936 der Bau eines funktionierenden programmgesteuerten Rechners.

Eine erhebliche Steigerung der Rechengeschwindigkeit gelang mit der Entwicklung **elektronischer Rechenmaschinen.** Der Einsatz hochintegrierter Schaltkreise (Chips) führte außerdem zu einer Miniaturisierung der Großrechenanlagen. So kamen 1967 die ersten elektronischen Taschenrechner (TR) und 1978 die ersten Personalcomputer (PC) auf den Markt.

Durch die Entwicklung spezieller mathematischer Software wurde der PC zu einem vielseitig einsetzbaren Hilfsmittel. So ermöglichen die seit den Achtziger- und Neunzigerjahren entwickelten Computeralgebrasysteme (CAS) nicht nur alle vom TR gewohnten arithmetischen Operationen, sondern darüber hinaus auch das Rechnen mit Symbolen.

15.2 Elektronische Hilfsmittel

15.2.1 Grafikfähige Taschenrechner

Während die ersten TR lediglich die vier Grundrechenarten beherrschten, sind die meisten der heute verbreiteten TR sogenannte *wissenschaftliche Taschenrechner*. Sie ermöglichen den direkten Zugriff auf eine Vielzahl mathematischer Funktionen, beherrschen die Bruchrechnung und besitzen mehrere Klammerebenen und Speicher. Sie sind zum Teil frei programmierbar. Leistungsstärker sind grafikfähige Taschenrechner. Sie lassen sich meist mit einem PC und über diesen mit einem Drucker verbinden.

Grafikfähige Taschenrechner (GTR) sind **Rechenhilfsmittel und Grafikwerkzeug** zugleich. Sie ermöglichen alle numerischen Operationen eines wissenschaftlichen TR und verfügen außerdem über die Fähigkeit grafischer Veranschaulichungen. GTR sind grundsätzlich programmierbar.

Moderne GTR verfügen über Flash-ROM-Technologie. Hierbei können spezielle Anwendungen (auch für nicht mathematische Bereiche), sogenannte Flash-Applikationen, direkt in den ROM des GTR eingespielt werden. Damit besteht die Möglichkeit, das Betriebssystem des GTR ständig zu aktualisieren und den Rechner durch Aufladen von Software (z. B. aus dem Internet) individuellen Bedürfnissen anzupassen. Viele Applikationen sind an bekannten PC-Anwendungen wie z. B. Tabellenkalkulationssoftware orientiert und ermöglichen den Datenaustausch zwischen den Anwendungen auf dem PC und dem GTR.

Obwohl unterschiedliche Tastenbelegungen bei der Vielzahl verfügbarer GTR-Typen für ein und dieselbe Operation oft unterschiedliche Tastenfolgen erforderlich machen, stimmen die GTR in vielen grundlegenden Funktionen überein.

▸ GTR besitzen große Displays mit mehrteiliger Anzeige, einige sogar Sensitiv-Displays, die eine Steuerung per „Schreibstift" ermöglichen.

▸ Viele GTR besitzen einen Anschluss für diverse Messgeräte, z. B. für Temperatur, Geschwindigkeit, Lichtstärke, ph-Wert, deren Messdaten dann grafisch und analytisch ausgewertet werden können.

15

Arithmetische Operationen, die sich mit einem wissenschaftlichen TR ausführen lassen, sind auch mit einem GTR durchführbar.

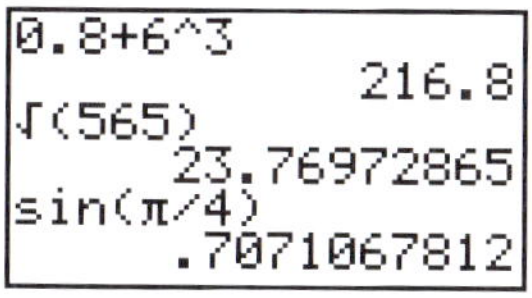

Die **grafische Darstellung von Funktionen** ermöglicht einen schnellen Überblick über wesentliche Funktionseigenschaften.

Linke Abb.: $f(x) = a^x$ (Graph für a = 0,3; 0,5; 2; 3; 5 und Tabelle für a = 0,3)

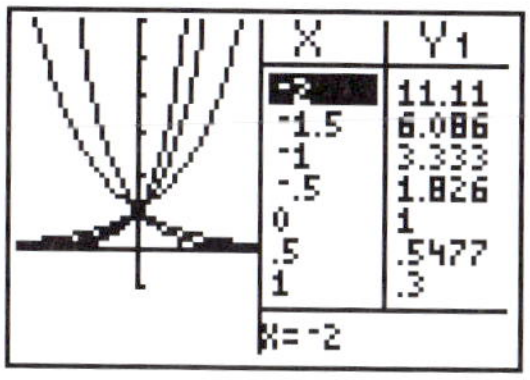

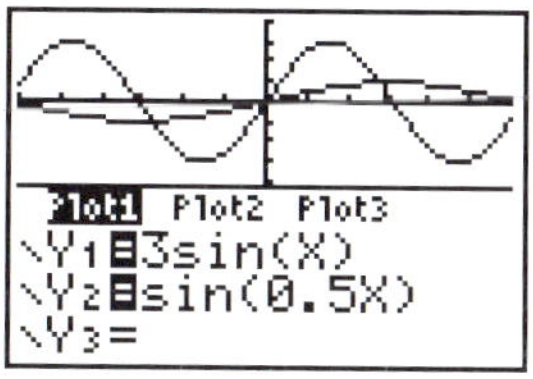

▸ Durch Teilung des Bildschirms können z. B. Text und Grafik gleichzeitig angezeigt werden.

Typische Einsatzmöglichkeiten für einen GTR

- Bestimmen der Nullstellen einer Funktion

Mithilfe der TRACE- und der ZOOM-Funktion können markante Punkte (Schnittpunkte Extrempunkte u. a.) zumindest näherungsweise leicht bestimmt werden.

$f(x) = x^3 - 3x^2 + 1$
Die TRACE-Funktion positioniert einen Cursor auf dem Funktionsgraphen und zeigt die Koordinaten der Cursorposition im Display an. Über die ZOOM-Funktion kann ein Ausschnitt des Graphen ausgewählt und vergrößert dargestellt werden.
Auf diese Weise erhält man angenähert, aber dennoch mit hoher Genauigkeit, die („rechte") Nullstelle $x_0 \approx 1{,}5387$.
Die beiden anderen Nullstellen erhält man entsprechend.

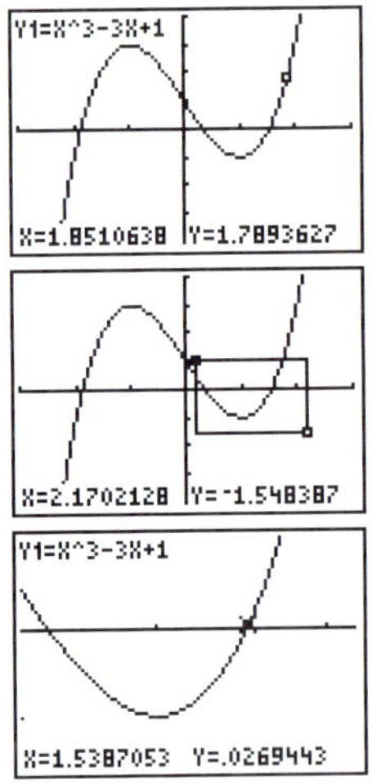

- Grafisches Lösen von Gleichungen

$x^3 - e^x = 0$
Da die Lösungen der Gleichung identisch mit den Nullstellen der Funktion
$f(x) = x^3 - e^x$
sind, werden sie über ZOOM/TRACE oder über die Funktion Zero (bei einigen GTR auch Root) abgelesen.

Lösungen: $x_1 \approx 1{,}86$; $x_2 \approx 4{,}54$

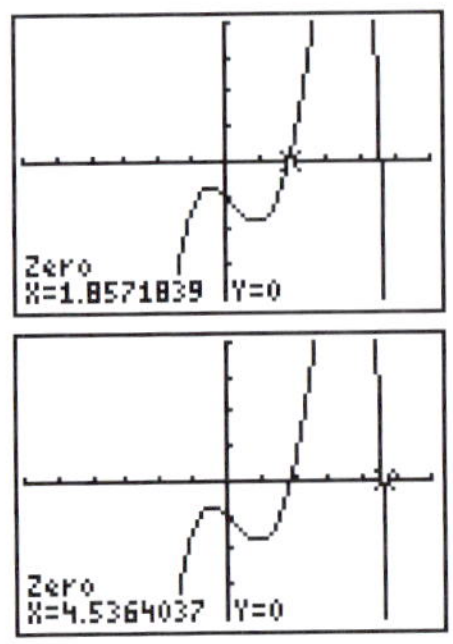

- Grafisches Lösen eines Gleichungssystems/ Bestimmen der Schnittpunkte zweier Funktionsgraphen

(I) $x^2 - 4x - y + 1 = 0$ bzw. $f(x) = x^2 - 4x + 1$
(II) $0{,}5x + y - 4 = 0$ $\quad g(x) = -0{,}5x + 4$

Man erhält die Koordinaten der Schnittpunkte wieder über ZOOM/TRACE oder über einen speziellen Rechnerbefehl (hier: Intersection).

Lösungen:
$x_1 \approx -0{,}71$; $x_2 \approx 4{,}21$;
$y_1 \approx 4{,}36$; $y_2 \approx 1{,}89$

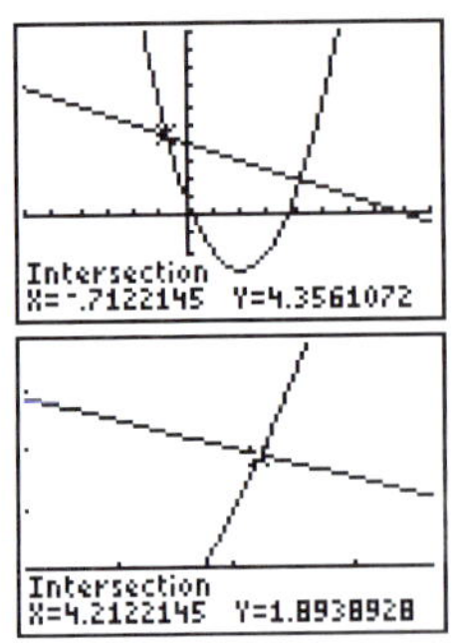

- Numerisches Lösen von Gleichungen

$2x^2 - 1{,}9x - 2{,}8 = 0$
Verschiedene GTR verfügen über einen „Gleichungslöser" (Solver), mit dessen Hilfe man Gleichungen näherungsweise lösen kann. Der iterative Lösungsalgorithmus verlangt für jede Lösung die Eingabe eines Startwertes und eines Lösungsintervalls.
Lösungen: $x_1 \approx -0{,}8$; $x_2 \approx 1{,}75$

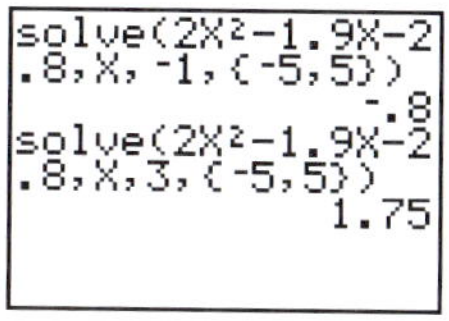

Der *solve*-Befehl eines GTR darf nicht mit dem eines CAS verwechselt werden, denn ein symbolisches Lösen von Gleichungen ist mit dem GTR nicht möglich.

- Numerisches Lösen linearer Gleichungssysteme

$$\begin{array}{lrcl} \text{(I)} & 3x - y - z & = & 13 \\ \text{(II)} & \frac{1}{2}x - \frac{3}{2}y & = & -3 \\ \text{(III)} & \frac{1}{3}x - y + z & = & 0 \end{array}$$

Variante 1:
Lineare Gleichungssysteme können vom GTR mithilfe von Matrizen gelöst werden. Viele GTR besitzen dazu Routinen und Flash-Applikationen, die die Eingabe der Koeffizienten erleichtern.

Variante 2:
Sind keine speziellen Routinen vorhanden, lassen sich die Gleichungssysteme über rechnerspezifische Befehle oder aber mithilfe einer Matrizenmultiplikation lösen.
Lösung: $x = 6{,}375$; $y = 4{,}125$; $z = 2$

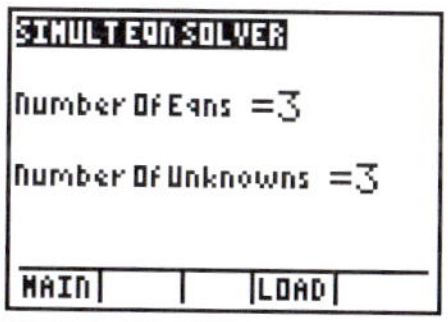

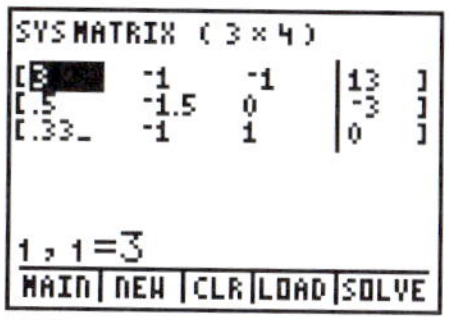

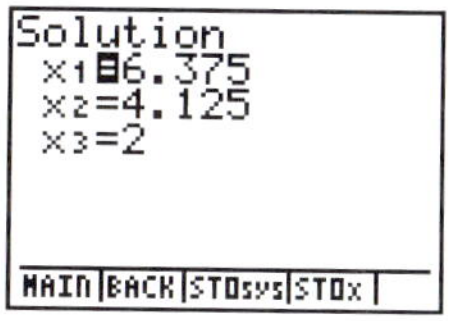

Flash-Applikationen sind spezielle Rechneranwendungen, die aus dem Internet heruntergeladen werden können.

Auch Matrizenoperationen lassen sich über ein Matrixmenü bequem ausführen.

- Numerische Differenziation und Integration

GTR verfügen in der Regel über interne Programme, die Berechnungen sowohl von Näherungswerten für die *Ableitung* einer Funktion an *einer Stelle* x_0 als auch von Näherungswerten für das bestimmte Integral einer Funktion f über einem vorgegebenen Intervall [a; b] ermöglichen.

Die Ermittlung einer Ableitungsfunktion oder einer Stammfunktion ist erst mit einem CAS möglich.

Untersucht wird die Funktion f mit $f(x) = \sqrt{2x + 1}$:

Ableitung an der Stelle $x_0 = 1{,}5$: $f'(1{,}5) \approx 0{,}5$	Tangente an der Stelle $x_0 = 1{,}5$ und Tangentengleichung:	Bestimmtes Integral über dem Intervall [1; 5]:
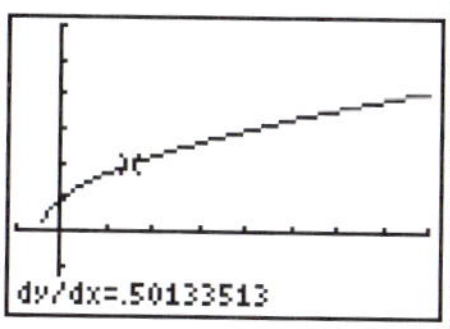	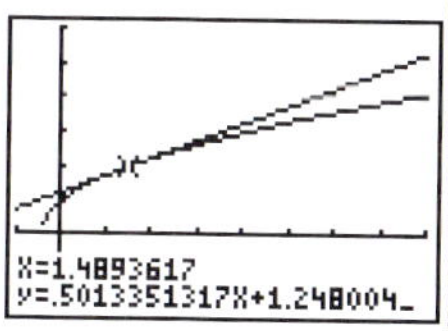	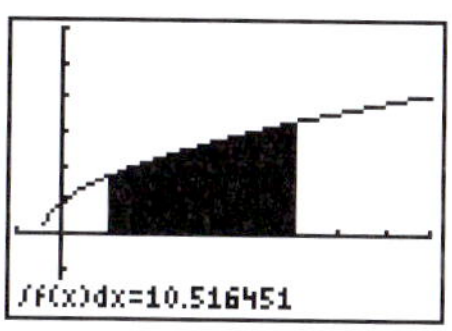

· Simulieren und Auswerten von Zufallsexperimenten

▶ Zu den typischen Anwendungen eines GTR gehören auch die Auswertung von Statistiken und das **Programmieren spezieller Funktionen.**

Mithilfe der statistischen Funktionen eines GTR ist es möglich, Zufallszahlen zu erzeugen, Listen absoluter und relativer Häufigkeiten aufzustellen und grafisch zu veranschaulichen.

Für 100 simulierte Münzwürfe soll gezeigt werden, dass sich die relativen Häufigkeiten für das Auftreten des Ereignisses *Zahl* stabilisieren.
Durch wiederholte Anwendung des Random-Befehls (hier: *randInt(0,1)*) lassen sich beliebig viele Zufallszahlen erzeugen.
(1 stehe für *Zahl* und 0 für *Wappen*.) Schneller und einfacher gelangt man mit dem *Sequenz*-Befehl zum Ziel. Werden die Elemente der so erzeugten Liste 1 fortlaufend aufsummiert, erhält man eine Liste 2 der absoluten Häufigkeiten des Ergebnisses *Zahl*. Wird nun jedes Element von Liste 2 durch die jeweilige Elementenummer dividiert, erhält man eine Liste der relativen Häufigkeiten. Um diese Liste 3 zu veranschaulichen, wird sie als Folge interpretiert und grafisch dargestellt.

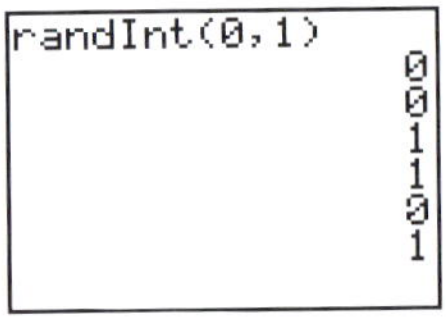

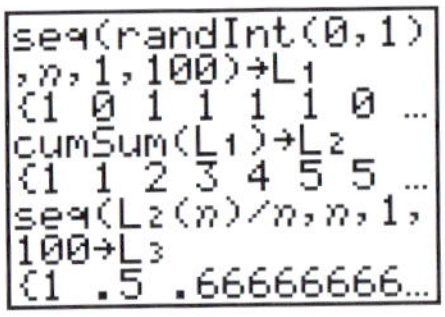

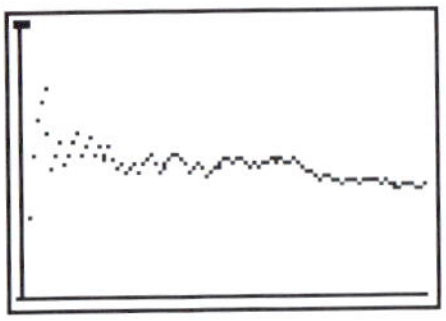

15.2.2 Computeralgebrasysteme

▶ CAS sind Computerprogramme mit numerischen, algebraisch-symbolischen und grafischen Fähigkeiten.

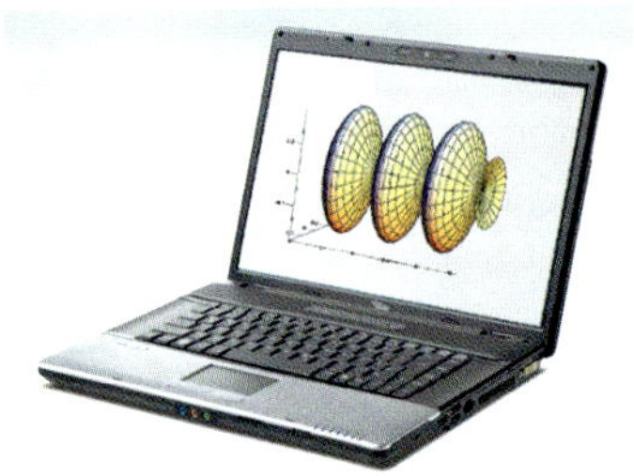

Herkömmliche wissenschaftliche und grafikfähige Taschenrechner führen ausschließlich numerische Operationen durch. Das Rechnen mit Variablen („symbolisches Rechnen") ist dagegen erst mit sogenannten Computeralgebrasystemen (CAS) möglich. CAS sind Computerprogramme, die nicht nur numerische Rechenverfahren beherrschen, sondern auch Regeln zum Vereinfachen von Termen, zum Umformen und Lösen von Gleichungen oder auch zum Differenzieren und Integrieren. Da ein CAS zahlreiche mathematische Operatoren und Funktionen „auf Knopfdruck" zur Verfügung stellt, können mit ihm komplizierte numerische und symbolische Berechnungen oder sogar 3-D-Darstellungen leicht und schnell ausgeführt werden. In der Regel verfügen CAS über eine Texteditorfunktion, sodass sich Rechnungen und grafische Darstellungen sofort dokumentieren lassen.
Computeralgebrasysteme werden auch in verschiedenen grafikfähigen Taschenrechnern verwendet. Damit sind dann alle Operationen, die für ein CAS typisch sind, auch mit einem Taschenrechner möglich.

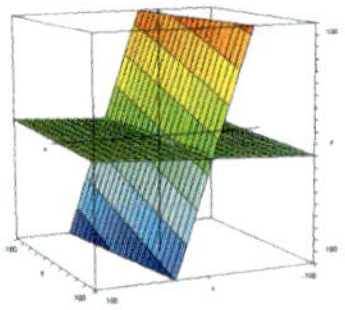

Schnitt zweier Ebenen, mit einem CAS grafisch dargestellt.

- Gesucht sind die Nullstellen der Funktion $f(x) = x^4 - x^3 - 4x^2$. Nullstellen können mit einem CAS (hier mit Derive 5) grafisch und algebraisch ermittelt werden:

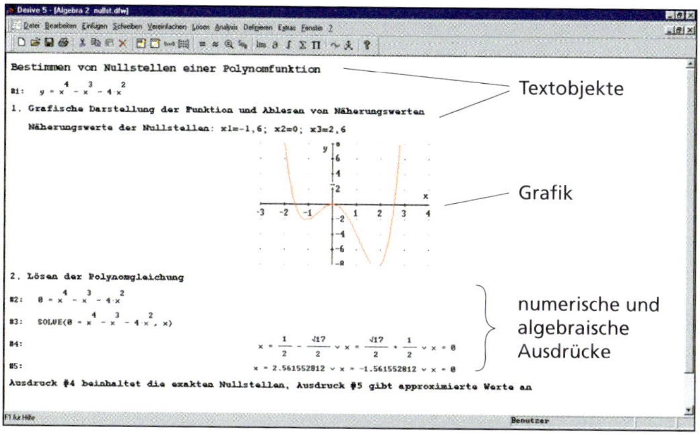

▶ Bekannte CAS sind **Derive,** LiveMath, Maple, **Mathcad,** Mathematica und MuPAD.

▶ Ein CAS-Arbeitsblatt kann Rechen-, Grafik- und Textbereiche enthalten.

Ist für einen speziellen Aufgabentyp ein Arbeitsblatt angelegt, so kann es für gleichartige Aufgaben jederzeit wiederverwendet werden. Werden Eingabewerte geändert, so führt das CAS sofort neue Berechnungen durch und aktualisiert Lösungen und grafische Darstellungen. Derartige Arbeitsblätter bezeichnet man auch als *dynamisch* oder *interaktiv*.

▶ Ein einmal vorbereitetes und wieder verwendbares Arbeitsblatt wird auch *worksheet* oder *quicksheet* genannt.

- Zu berechnen ist das Volumen des Rotationskörpers, der bei Rotation des Graphen der Funktion $f(x) = \sqrt{x}$ um die x-Achse entsteht. Außerdem soll der Rotationskörper mithilfe eines CAS dreidimensional dargestellt werden.

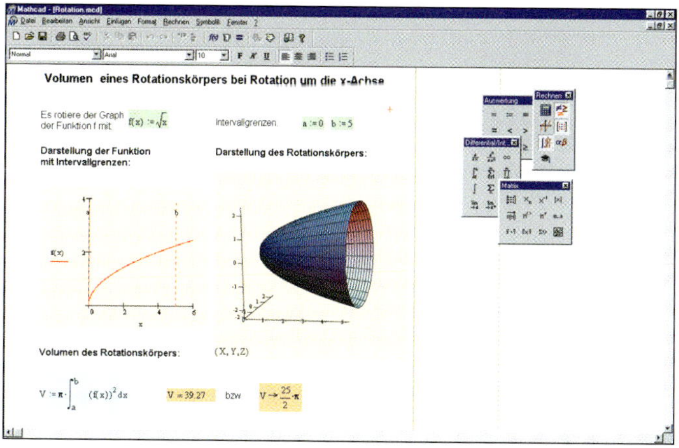

Werden in diesem mit *Mathcad* erzeugten dynamischen Arbeitsblatt die Funktion f oder die Integrationsgrenzen geändert, erfolgt sofort eine neue Darstellung von Funktion und Rotationskörper sowie eine Neuberechnung des Volumens.

Wichtige Einsatzbereiche eines Computeralgebrasystems:

- Symbolische Termumformungen

▶ Besonders flexibel einsetzbar sind **grafikfähige Taschenrechner mit CAS,** (hier TI-92 plus bzw. Voyage 200).

$$2a^2 + 3a \cdot 4b - 5ab - a^2 =$$
$$(2x + 1)^3 =$$
$$3x^2 + 19x - 14 =$$
$$\frac{2x^2 + 5x - 2}{x + 3} =$$

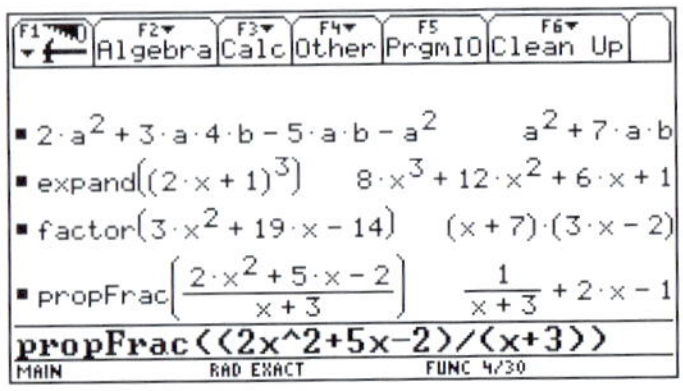

- Lösen von Gleichungen und Gleichungssystemen

CAS verfügen in der Regel über einen speziellen Befehl (meist *solve*), mit dem Gleichungen gelöst werden können.

▶ Der *solve*-Befehl lässt sich auch zum Lösen von Gleichungen mit mehreren Variablen anwenden.

Gesucht sind die Lösungen der Gleichung
$x^3 - e^x = 0.$
Die Bildungsvorschrift der geometrischen Zahlenfolge
$a_n = a_1 \cdot q^{n-1}$
ist nach n aufzulösen.

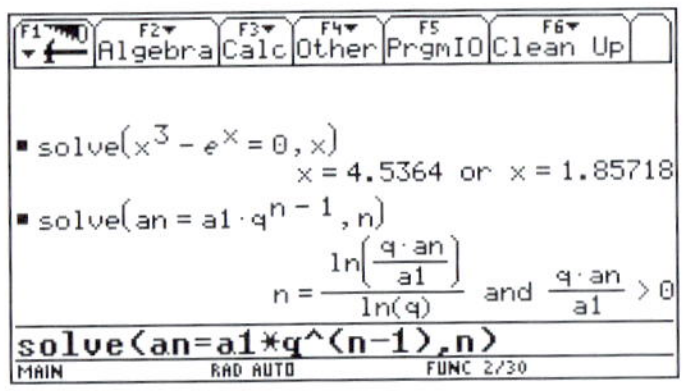

Die Lösung des Systems
$-3x_1 - 3x_2 + 8x_3 = 0$
$-4x_1 + 2x_2 - x_3 = 0$
$x_1 + x_2 + x_3 = 220$
erhält man z. B. mithilfe einer Koeffizientenmatrix und dem Operator *rref*:

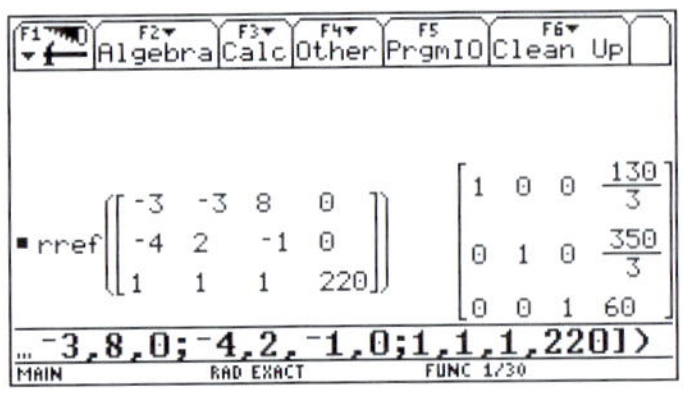

Mit neueren Geräten kann das Gleichungssystem auch mit dem *solve*-Befehl und einer *and*-Verknüpfung gelöst werden:

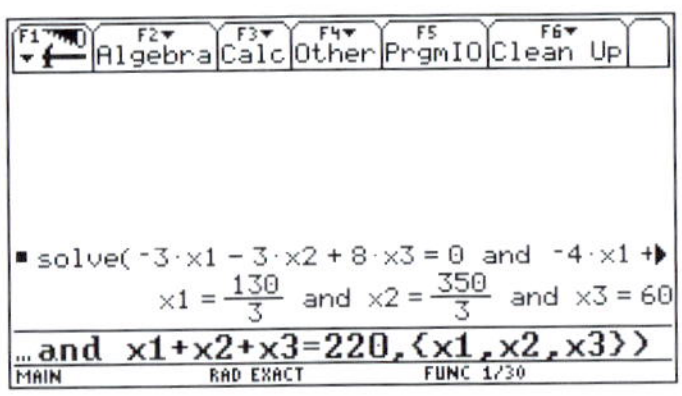

Als PC-Anwendung enthalten die meisten CAS spezielle Routinen, die das Lösen von Gleichungssystemen vereinfachen.

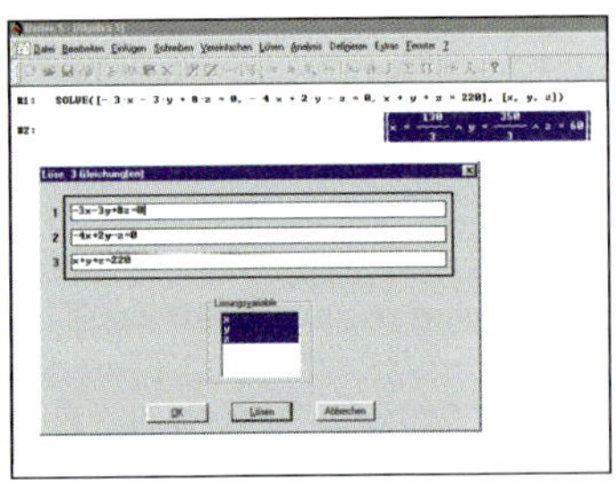

- Differenzial- und Integralrechnung

Jedes CAS enthält Menüs mit wichtigen Funktionen zur Differenzial- und Integralrechnung, so auch die Funktion *limit* zur Ermittlung von Grenzwerten. Die rechte Abbildung zeigt in den ersten beiden Zeilen die Untersuchung der Funktion $f(x) = \frac{x^2-1}{x^2+1}$ hinsichtlich ihres Verhaltens im Unendlichen und in der dritten Zeile die Berechnung des Grenzwertes des Differenzenquotienten der Funktion $f(x) = \sin x$ für $h \to 0$.

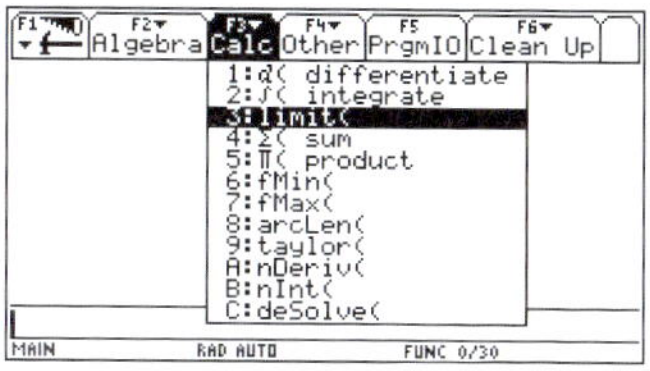

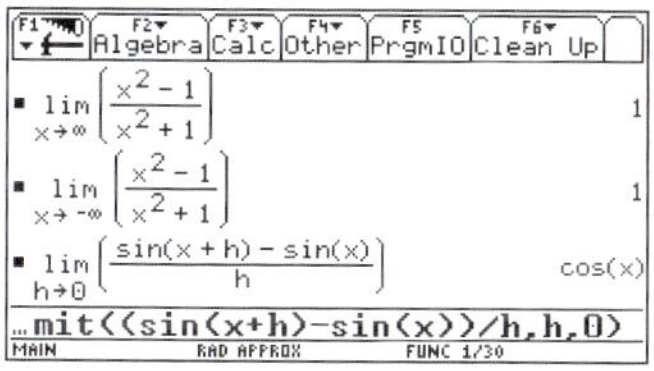

Gesucht sind die 1. und 2. Ableitung der Funktion $f(x) = x^3 - \sqrt{3x} + \frac{2}{x}$.

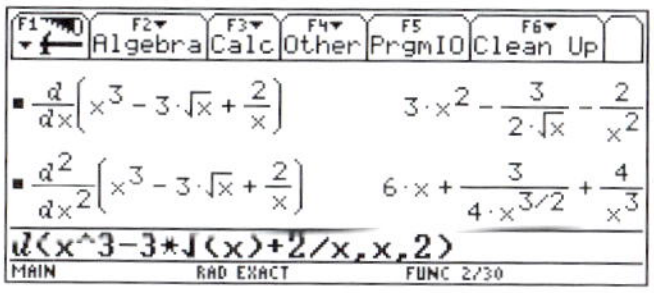

Um die Ableitung einer Funktion *an einer Stelle x_0* zu berechnen, genügt ein GTR ohne CAS.

Um den Graphen der Funktion $f(x) = -0{,}5x^3 + 3x^2$ auf lokale Extrempunkte zu untersuchen, kann das Grafik- oder das Algebrafenster eines CAS verwendet werden.

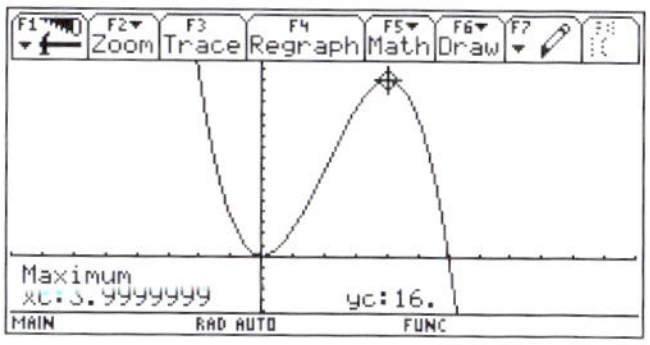

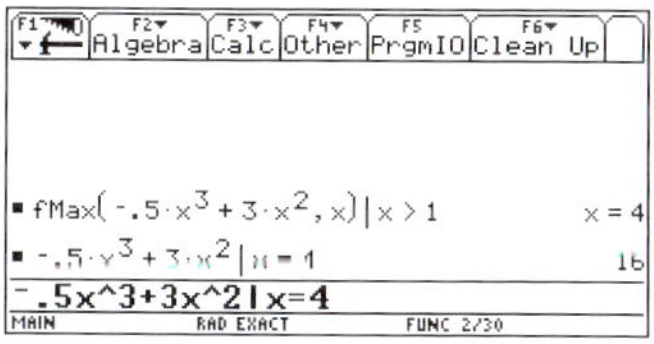

Zur Funktion $f(x) = 2x^2 - \frac{1}{2}x + 5$ ist eine Stammfunktion zu ermitteln. Außerdem soll der Flächeninhalt unter dem Graphen der Funktion im Intervall [–1; 2] berechnet werden.

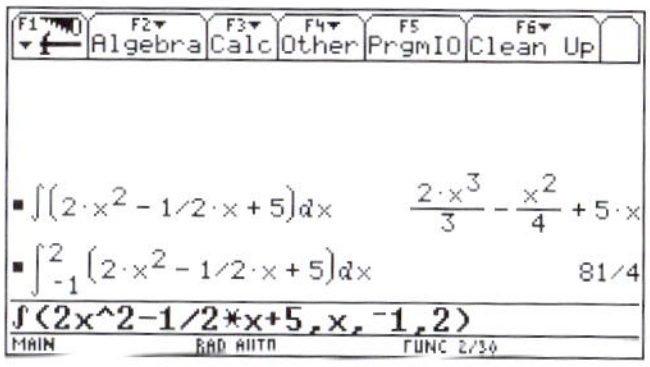

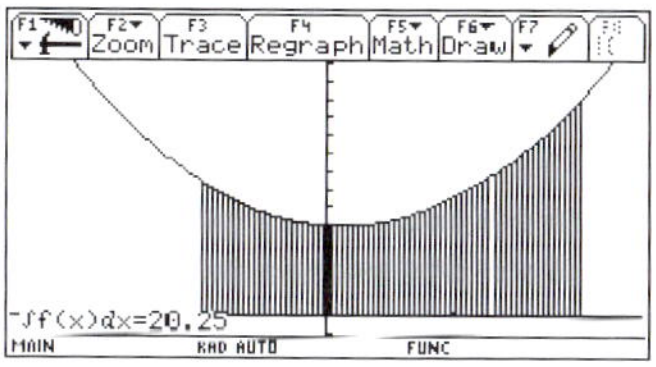

Während die Ermittlung des unbestimmten Integrals eine typische CAS-Aufgabe ist, ließe sich das bestimmte Integral numerisch ohne CAS berechnen. Auch für die Darstellung der Funktion und der zu berechnenden Fläche reicht ein grafikfähiger Rechner ohne CAS.

- Rechnen mit Vektoren

Auch für Vektoroperationen findet man spezielle Menüs mit vordefinierten Funktionen, die eigenes Programmieren häufig benötigter Formeln unnötig und die Ausführung der entsprechenden Operationen deshalb besonders einfach machen.

Auch hier sind unterschiedliche Schreibweisen der einzelnen Rechnertypen zu beachten.

- Betrag eines Vektors (hier: *norm*)
  Skalarprodukt (hier: *dotP*)
  Vektorprodukt (hier: *crossP*)
  Einheitsvektor (hier: *unitV*)

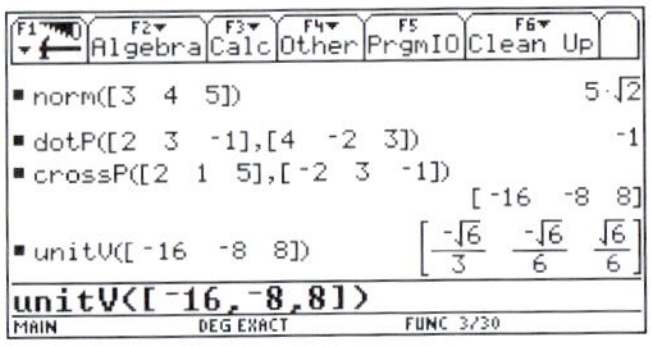

Wird mit dem CAS am PC gearbeitet, werden ganze Arbeitsblätter gespeichert, der computerfähige Taschenrechner speichert die einzelne Formel.

Jede Formel kann selbst definiert und gespeichert werden und steht dann jederzeit für Berechnungen zur Verfügung:

- Für den Abstand eines Punktes P_0 von einer Ebene wird eine Funktion $\text{abst}(q, p_0, n) = \frac{|(\vec{p}_0 - \vec{q}) \cdot \vec{n}|}{|\vec{n}|}$ definiert und gespeichert. Zur Berechnung des Abstandes sind dann lediglich die Vektoren $\vec{q}$, $\vec{p}_0$ und $\vec{n}$ einzugeben.

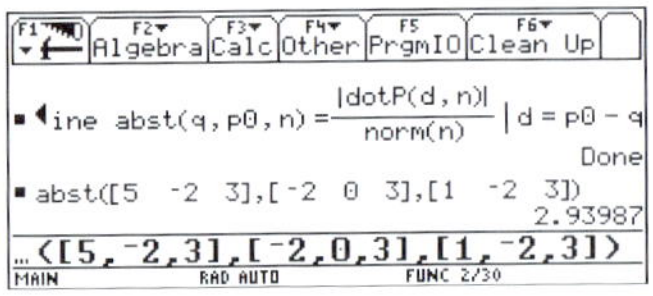

- Zur Berechnung von Winkeln werden die entsprechenden Rechenvorschriften (↗ Seite 314 f.) verwendet oder aber für wiederkehrende Rechnungen definiert und gespeichert. Zur Berechnung eines von zwei Vektoren $\vec{a} = \begin{pmatrix} 2 \\ 3 \\ -1 \end{pmatrix}$ und $\vec{b} = \begin{pmatrix} 4 \\ -2 \\ 3 \end{pmatrix}$ eingeschlossenen Winkels α wird die Gleichung $\cos\alpha = \frac{\vec{a} \cdot \vec{b}}{|\vec{a}| \cdot |\vec{b}|}$ verwendet. Das Skalarprodukt $\begin{pmatrix} 2 \\ 3 \\ -1 \end{pmatrix} \cdot \begin{pmatrix} 4 \\ -2 \\ 3 \end{pmatrix}$ wird mit dem hier verwenden Rechner über *dotP*, die Beträge $|\vec{a}|$ und $|\vec{b}|$ werden über *norm* ermittelt.
  Als Ergebnis erhält man für $\cos\alpha = -0{,}04962917$ und daraus schließlich den gesuchten Winkel zu 92,84471°.
  Wird die verwendete Gleichung – wie in Zeile 3 für zwei Vektoren $\begin{pmatrix} a_x \\ a_y \\ a_z \end{pmatrix}$ und $\begin{pmatrix} b_x \\ b_y \\ b_z \end{pmatrix}$ unter dem Variablennamen *winvek* definiert und gespeichert, genügt für wiederkehrende Rechnungen das Aufrufen der Funktion *winvek* und die Eingabe der Koordinaten zweier Vektoren.

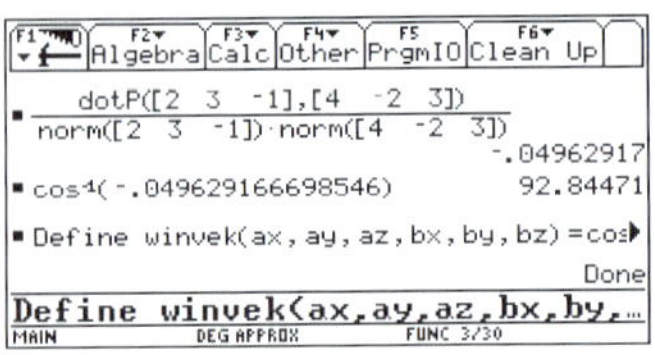

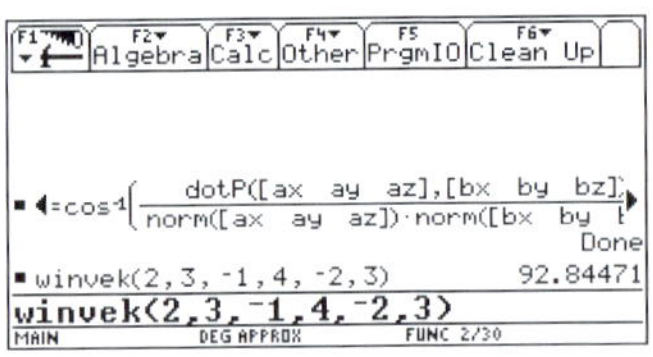

In der Regel lassen sich Vektoren nicht nur in Zeilenform, sondern auch in Spaltenform eingeben. So lassen sich dann auch vektorielle Geradengleichungen in gewohnter Form eingeben und verarbeiten. In der linken Abbildung wurde die Gleichung $\vec{x} = \begin{pmatrix} -1 \\ 3 \\ 2 \end{pmatrix} + t \cdot \begin{pmatrix} 2 \\ -1 \\ 2 \end{pmatrix}$ in Zeile 1 eingegeben und in Zeile 2 ein spezieller Punkt der Geraden (t = 0,7) bestimmt. In der rechten Abbildung wird untersucht, ob der Punkt P(6; –0,5; –5) auf der Geraden g liegt oder nicht. Dazu wurde die Gerade über eine vorher definierte allgemeine Geradengleichung noch einmal eingegeben und mit dem Vektor des Punktes P gleichgesetzt.

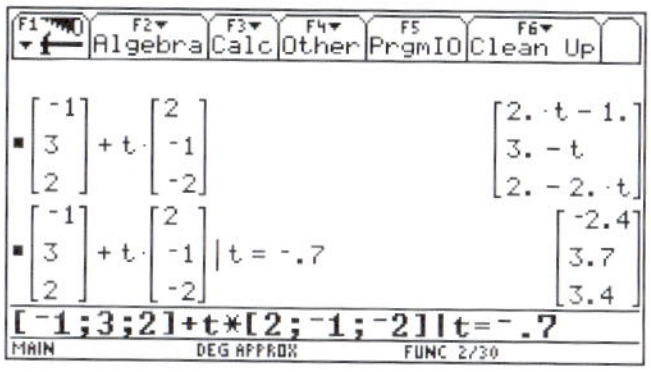

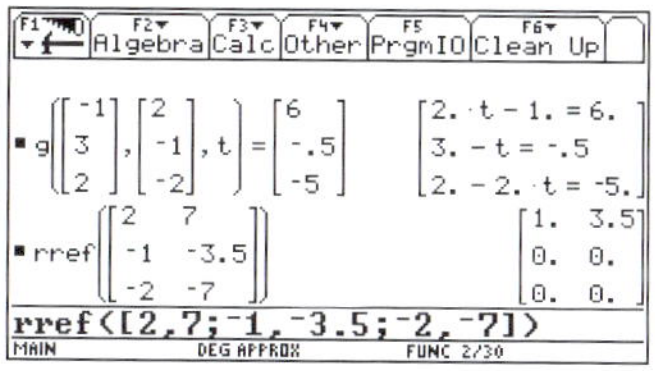

Die entstandene Lösungsmatrix ist zu interpretieren:
Da Zeile 1 (1t = 3,5) dem System eine eindeutige Lösung zuweist und die Zeilen 2 (0t = 0) und 3 (0t = 0) keinen Widerspruch ausweisen, wird das Gleichungssystem für t = 3,5 gelöst; der Punkt liegt also auf der Geraden g.

- Erzeugen von Zufallszahlen

Für den hier gewählten Rechnertyp gilt:

- *rand(2)* liefert eine Zufallszahl aus der Zweiermenge {1; 2};
- *rand( )* liefert eine Zufallszahl Z mit 0 < Z < 1;
- *rand(6)* liefert eine ganzzahlige Zufallszahl Z mit 1 ≤ Z ≤ 6.

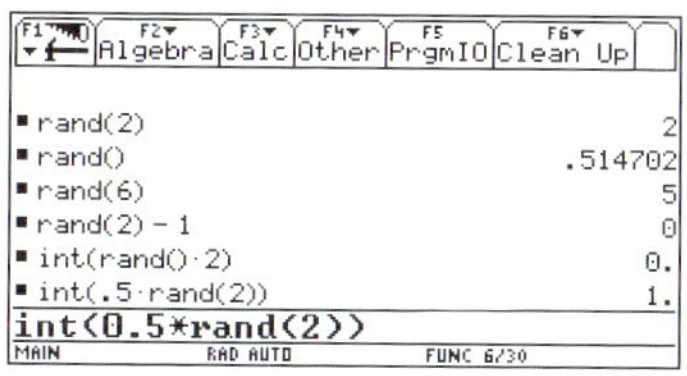

Die häufig benötigten Zufallszahlen aus der Zweiermenge {0; 1} erhält man mit *rand(2) – 1*, *int(rand( )·2)* oder *int(0,5·rand(2))*.
(*int* gibt die größte ganze Zahl zurück, die kleiner oder gleich dem folgenden Term ist.)

- Simulation des Werfens einer Münze

In der rechten Abbildung wird die Simulation des mehrmaligen Werfens einer Münze für 10 und für 100 Würfe dargestellt. Die Ergebnisse werden unter Angabe eines Namens gespeichert.

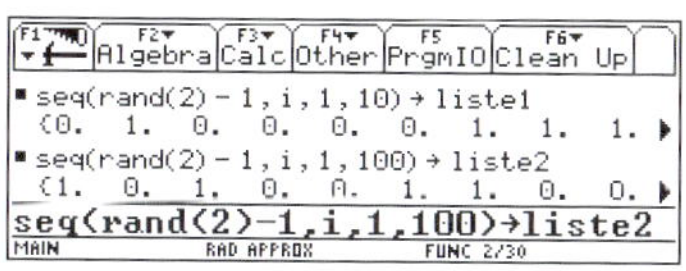

In *seq (rand(2) – 1, i, 1, 100)* bezeichnen *seq (rand (2) – 1)* den Befehl zur Erzeugung der Zufallszahlen aus der Zweiermenge {0; 1} und i, 1, 100 den Bereich „für alle natürlichen Zahlen i von 1 bis 100".

Die Wiedergabe der aus den Listenwerten gebildeten absoluten und relativen Häufigkeiten des Auftretens der Zahl 1 zeigt die rechte Abbildung. Der Operator *sum(liste)* bildet die Summe von Elementen einer Liste. Dazu wird die Liste (liste) durch Aufzählen der Elemente innerhalb geschweifter Klammern, durch Aufrufen des gespeicherten Namens oder durch den Term zur Erzeugung der Liste (Zeile 3) eingegeben. Die Zeilen 4 und 5 stellen die Berechnung der relativen Häufigkeiten für Liste 1 bzw. für Liste 2 dar.

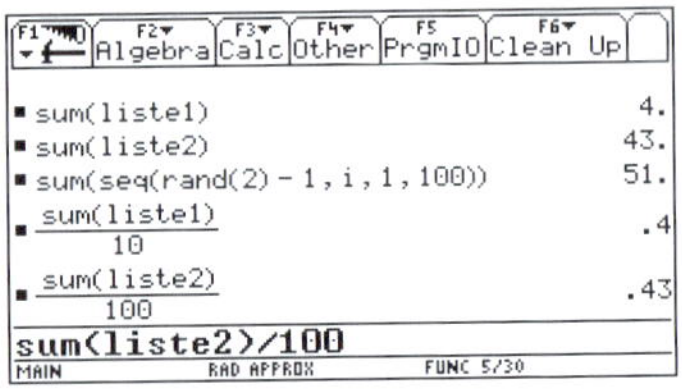

· Berechnen von Werten einer Binomialverteilung

Zahlenwerte, die üblicherweise Tabellen entnommen werden, lassen sich nach Eingabe der entsprechenden Berechnungsformel auch ohne Tabelle schnell ermitteln.

Binomiale Wahrscheinlichkeiten $B_{n;\,p}(\{k\})$, hier abgespeichert als bi(n,p,k)

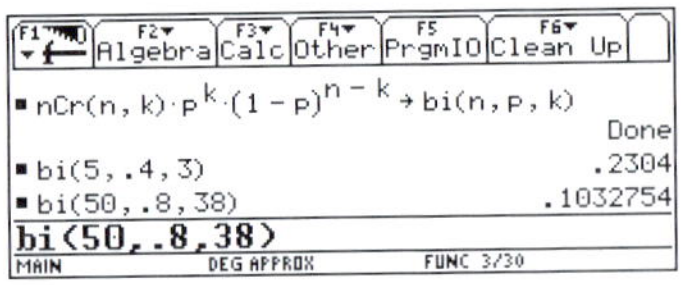

Aufsummierte binomiale Wahrscheinlichkeiten $B_{n;\,p}(\{X \leq k\})$, hier abgespeichert als subi(n,p,k_1,k_2)

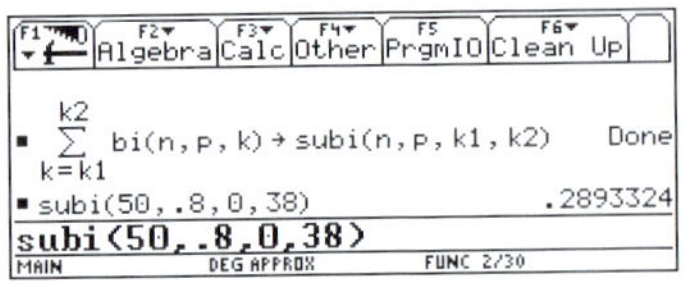

· Berechnen von Werten einer Normalverteilung

In der rechten Abbildung wird die Formel zur Berechnung der Normalverteilung definiert und als *normv(μ, σ, x)* gespeichert. Durch Eingabe von *normv(0, 1, 1.03)* wurde in Zeile 2 ein Wert der Standardnormalverteilung (für x = 1,03) berechnet.

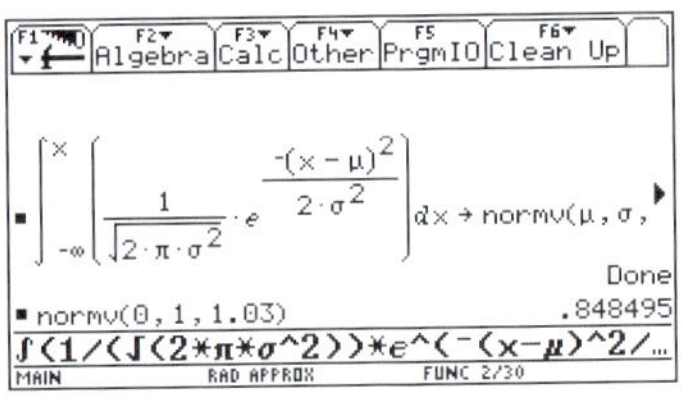

Aufgrund ihrer Bedeutung werden die Dichtefunktion φ *(stdnormd(x))* und die Verteilungsfunktion Φ *(stdnormv(x))* der Standardnormalverteilung gesondert definiert (nachfolgend links).
Die Berechnung von φ(1,03) und Φ(1,03) wird in der rechten Abbildung angezeigt.

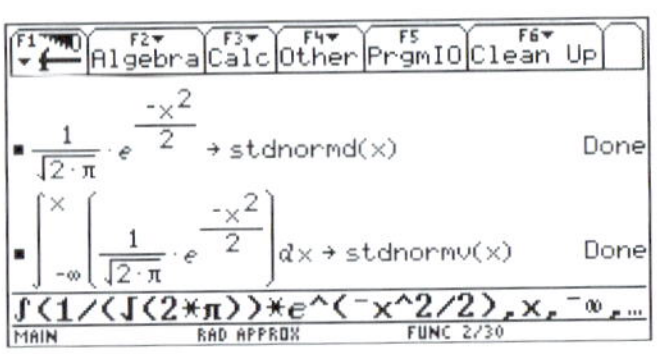

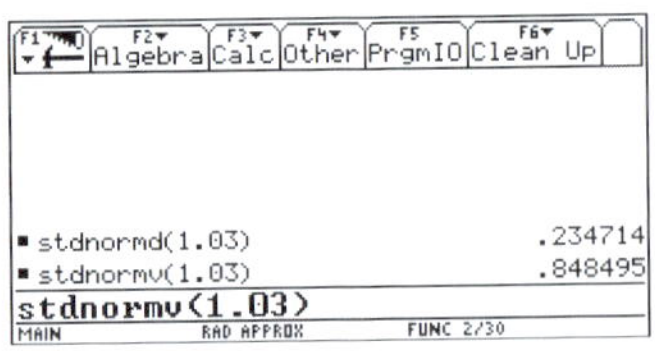

15

15.2.3 Tabellenkalkulationen

Tabellenkalkulationen sind Computeranwendungsprogramme, mit denen in Tabellen gerechnet wird. So können
- Listen erstellt,
- Berechnungen mithilfe von Formeln vorgenommen und
- Diagramme erzeugt werden.

Bekannte Tabellenkalkulationen sind Excel, Lotus 1-2-3, StarCalc und Works.

Hauptanwendungsgebiet sind finanzmathematische und statistische Aufgabenstellungen (Rechnungswesen, Buchhaltung, Lagerwirtschaft), bei denen wiederkehrende Rechnungen mit neuen Ausgangswerten typisch sind. Da beliebige Formeln zu Berechnungen eingesetzt werden können und auch grafische Darstellungen von Funktionen problemlos möglich sind, eignen sich diese Programme aber auch zur Lösung vieler elementarer und schulmathematischer Probleme.
Ein wesentlicher Vorteil einer Tabellenkalkulation besteht darin, dass das Programm neu rechnet und das Ergebnis oder das Diagramm aktualisiert, sobald ein Eingabewert, auf den sich eine Formel bezieht, geändert wird. Dabei ist es von großem praktischem Nutzen, dass die mit einer Tabellenkalkulationssoftware erzeugten Tabellen in Textdateien eingebunden werden können, etwa *Excel* in *Word* oder *Lotus 1-2-3* in *Word pro*.

Aufstellen von Tabellen; Rechnen mit Formeln

Grundlage einer jeden Tabellenkalkulation sind Tabellen, die sich in Spalten und Zeilen und damit letztlich in einzelne Zellen aufgliedern. In die Zellen können Texte, Zahlen oder Formeln eingetragen werden. Beim Rechenvorgang werden die Inhalte verschiedener Zellen über Rechenoperationen miteinander verknüpft. Dazu werden Formeln oder Operationen in den Zellen verankert, in denen das jeweilige Resultat stehen soll.

Die **Oberfläche eines Tabellenkalkulationsprogramms** enthält als zentrales Element die Kalkulationstabelle.

Wachstum eines Anfangskapitals bei jährlichem Zinszuschlag (↗ Abschnitt 2.3)

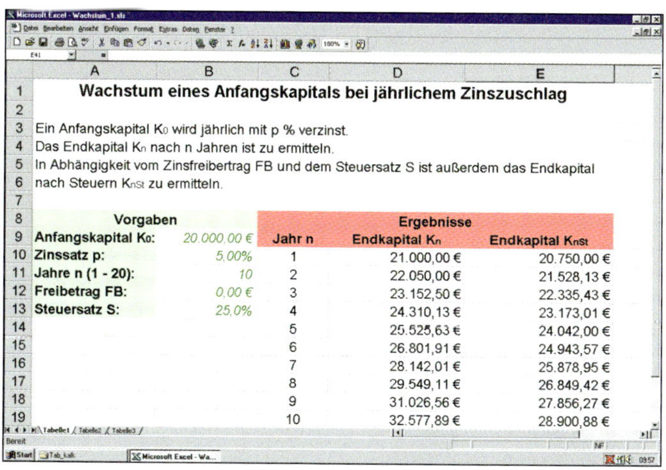

	A	B	C	D	E
1	**Wachstum eines Anfangskapitals bei jährlichem Zinszuschlag**				
2					
3	Ein Anfangskapital K_0 wird jährlich mit p % verzinst.				
4	Das Endkapital K_n nach n Jahren ist zu ermitteln.				
5	In Abhängigkeit vom Zinsfreibertrag FB und dem Steuersatz S ist außerdem das Endkapital				
6	nach Steuern K_{nSt} zu ermitteln.				
7					
8	**Vorgaben**			**Ergebnisse**	
9	**Anfangskapital K_0:**	*20.000,00 €*	**Jahr n**	**Endkapital K_n**	**Endkapital K_{nSt}**
10	**Zinssatz p:**	*5,00%*	1	21.000,00 €	20.750,00 €
11	**Jahre n (1 - 20):**	*10*	2	22.050,00 €	21.528,13 €
12	**Freibetrag FB:**	*0,00 €*	3	23.152,50 €	22.335,43 €
13	**Steuersatz S:**	*25,0%*	4	24.310,13 €	23.173,01 €
14			5	25.525,63 €	24.042,00 €
15			6	26.801,91 €	24.943,57 €
16			7	28.142,01 €	25.878,95 €
17			8	29.549,11 €	26.849,42 €
18			9	31.026,56 €	27.856,27 €
19			10	32.577,89 €	28.900,88 €

Beim Festlegen der **Zellenverknüpfungen** ist zwischen absoluten und relativen Bezügen zu unterscheiden.

Schrittfolge:

1. Anlegen der Tabelle (Textelemente)
2. Eintragen aller Vorgaben (Zahlen) einschließlich der Jahreszahlen
3. Definieren der Zellenverknüpfungen (Formeln), z. B. für das Endkapital K_n (Zelle D10):

   $K_n = K_0\left(1 + \frac{p}{100}\right)^n$, also $B$9*(1 + $B$10)^C10

	A	B	C	D
8	**Vorgaben**			**Ergebnisse**
9	**Anfangskapital K0**	20.000,00 €	**Jahr n**	**Endkapital Kn**
10	**Zinssatz p:**	5,00%	1	=$B$9*(1+$B$10)^C10

4. Kopieren der Formel auf die Ergebnisfelder der folgenden Jahre

Wird der zu berechnende Term in eine Zelle des Arbeitsblattes geschrieben, so berechnet das Kalkulationsprogramm sofort dessen Wert.

Eine Tabellenkalkulation arbeitet an sich auch ohne Zellenverknüpfung:

Ein Anfangskapital von 20 000 € wird jährlich mit 5 % verzinst. Zu berechnen ist das Endkapital nach fünf Jahren.

Aus $K_n = K_0\left(1 + \frac{p}{100}\right)^n$ folgt

$K_5 = 20\,000\left(1 + \frac{5}{100}\right)^5$.

Ohne Verknüpfung der Zellen:

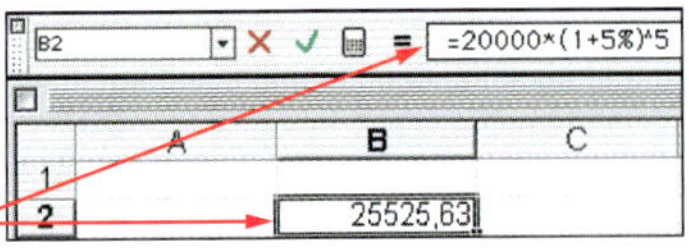

Der große Vorteil der Tabellenkalkulation besteht aber gerade darin, dass über eine Verknüpfung der Zellen jede Änderung eines Eingangswertes sofort ein neues Endergebnis nach sich zieht. Einmal angelegt, steht somit ein für gleichartige Aufgaben immer wieder verwendbares Arbeitsblatt zur Verfügung.

15

Erzeugen von Diagrammen

Die mit einer Tabellenkalkulation erzeugten Diagramme sind stets mit den Daten einer Tabelle verknüpft.

Zur **grafischen Darstellung einer Funktion** muss zuerst eine Wertetabelle aufgestellt werden. Ändert man die Daten der Tabelle, so ändert sich auch das Diagramm.

Wertetabelle und grafische Darstellung der Funktion $f(x) = \frac{2x + 1}{x^2 + 3}$

	A	B
1		
2	x	y
3	-3	-0,416666667
4	-2,5	-0,432432432
5	-2	-0,428571429
6	-1,5	-0,380952381
7	-1	-0,25
8	-0,5	0
9	0	0,333333333
10	0,5	0,615384615
11	1	0,75
12	1,5	0,761904762
13	2	0,714285714
14	2,5	0,648648649
15	3	0,583333333

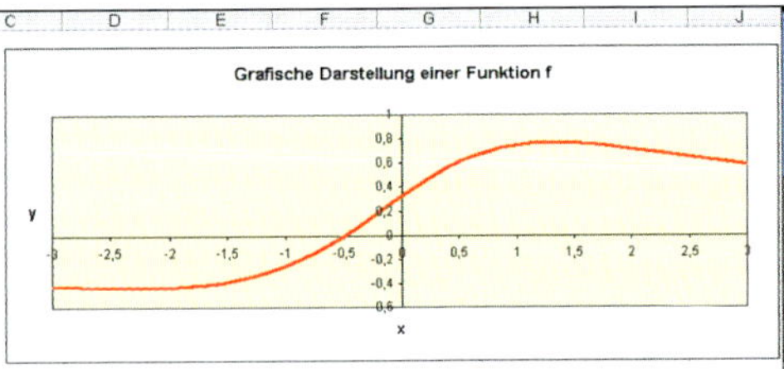

Schrittfolge:

- In Spalte A darzustellendes Intervall anlegen
- Funktionsterm in B3 eintragen und in B4 bis B15 kopieren
- Diagramm mithilfe des Diagrammassistenten der jeweiligen Tabellenkalkulation erstellen

Rechnen mit integrierten Funktionen

Für häufig wiederkehrende Standardberechnungen enthalten die Tabellenkalkulationsprogramme vorbereitete Formeln (sogenannte Funktionen), die nur noch einzufügen und durch spezielle Eingaben zu ergänzen sind. Beispiele der Tabellenkalkulation Excel dafür sind:

- Berechnung einer Wurzel: WURZEL(...)
- Berechnung von e^x: EXP(...)
- Steigung einer Regressionsgeraden: STEIGUNG(...)
- Berechnung von Binomialverteilungen: BINOMVERT(...)

Ermitteln einer Regressionsgeraden

Gegeben sei die Messwertreihe:

x_i	10	13	17	20
y_i	5,1	5,5	6,6	6,9

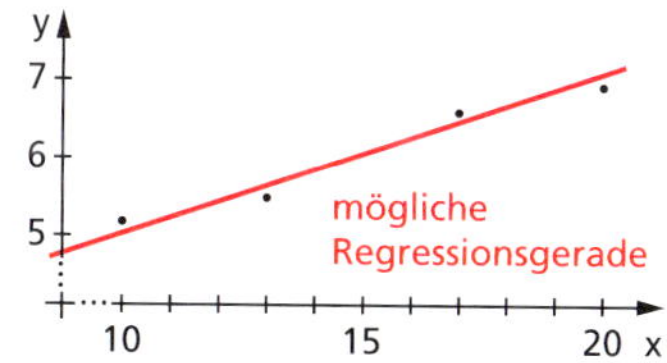

Vermutet wird ein linearer Zusammenhang.
Die Regressionsfunktion y = f(x) = mx + n ist zu bestimmen.

Steigung m und absolutes Glied n werden unter Verwendung der Funktion STEIGUNG(...) und ACHSENABSCHNITT(...) berechnet.
Die Tabellenkalkulation liefert die Ergebnisse $m \approx 0{,}193$ und $n \approx 3{,}128$.

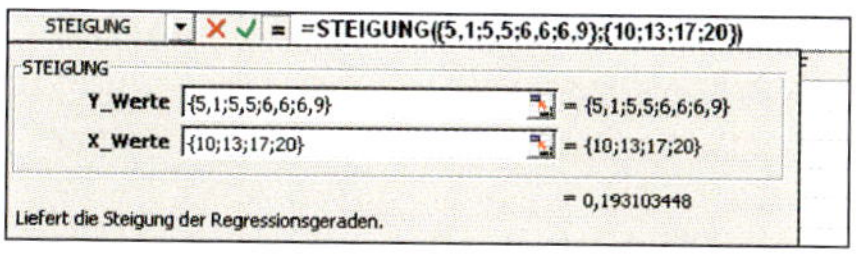

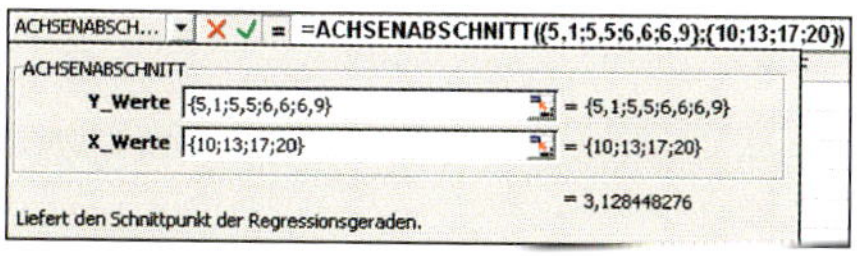

Simulation von Zufallsexperimenten mit Excel	Eingabe
Erzeugen einer Zufallszahl aus dem Intervall $0 \le Z < 1$:	*= ZUFALLSZAHL ()*
Erzeugen einer Zufallszahl aus dem Intervall $0 \le Z < m$:	*m · ZUFALLSZAHL ()*
Erzeugen einer Zufallszahl aus dem Intervall $1 \le Z < m$:	*m · ZUFALLSZAHL () + 1*
Erzeugen einer ganzzahligen Zufallszahl aus dem Intervall $1 \le Z < m$ (Ziehen einer von m durchnummierten Kugeln aus einer Urne):	*= GANZZAHL (m · ZUFALLSZAHL() + 1)*
Erzeugen einer Zufallszahl aus der Zweiermenge {0; 1} (Werfen einer Münze):	*= GANZZAHL (2 · ZUFALLSZAHL())*
Erzeugen einer Zufallszahl aus der Sechsermenge {1; 2; 3; 4; 5; 6} (Werfen eines Würfels):	*= GANZZAHL (6 · ZUFALLSZAHL() + 1)*

Aus einer Urne mit zwölf weißen und acht schwarzen Kugeln sollen einzeln zehn Kugeln entnommen und sofort wieder zurückgelegt werden. In Spalte A werden die Ziehungen fortlaufend gezählt und in Spalte B werden ganzzahlige Zufallszahlen der Menge {1; 20} erzeugt. In den Spalten C und D wird erfasst, ob eine weiße bzw. eine schwarze Kugel gezogen wurde. Dazu müssen folgende Zellenverknüpfungen vorgenommen werden:

	A	B	C	D
1	**Simulation von Zufallsexperimenten: Ziehen von Kugeln aus einer Urne**			
2	(Die entnommene Kugel wird nach jeder Ziehung zurückgelegt.)			
3				
4	Anzahl weißer Kugeln:		12	
5	Anzahl schwarzer Kugeln:		8	
6	Ziehung	Zufallszahl	gezogene weiße Kugeln	gezogene schwarze Kugeln
7	1	19	0	1
8	2	12	1	0
9	3	9	1	0
10	4	18	0	1
11	5	2	1	0
12	6	3	1	0
13	7	18	0	1
14	8	1	1	0
15	9	6	1	0
16	10	8	1	0
17	Summe		7	3

Zelle B7: =*GANZZAHL(($C$4 + $C$5)* ZUFALLSZAHL() + 1),* dann auf B8 bis B16 kopieren

Zelle C7: =*WENN(B7 <= $C$4; 1; 0),* dann auf C8 bis C16 kopieren

Zelle D7: =*WENN(B7 > $C$4; 1; 0),* dann auf D8 bis D16 kopieren

Einer Urne mit 20 Kugeln (10 weißen, 5 grünen und 5 schwarzen) werden „auf gut Glück" nacheinander und mit Zurücklegen fünf Kugeln entnommen (↗ Abschnitt 13.5).

Mit welcher Wahrscheinlichkeit werden dabei

a) *genau* k ($k \in \{1; 2; 3; 4; 5\}$) grüne Kugeln und

b) höchstens k ($k \in \{1; 2; 3; 4; 5\}$) grüne Kugeln entnommen?

Während Frage a) mit der Dichtefunktion

$$B_{n;p}(\{k\}) = P(X = k) = \binom{n}{k} \cdot p^k \cdot (1 - p)^{n-k}$$

zu beantworten ist, sind zu Frage b) kumulierte Wahrscheinlichkeiten zu berechnen; es gilt die Verteilungsfunktion:

$$B_{n;\,p}(\{0; 1; \ldots; k\}) = P(X \leq k) = \sum_{i=0}^{k} \binom{n}{i} \cdot p_i \cdot (1 - p)^{n-i}$$

F5 =BINOMVERT(E5;$C$5;$C$6;FALSCH)

	A	B	C	D	E	F	G
1	**Tabelle und Histogramm einer Binomialverteilung**						
2							
3			**Vorgaben**			**Wahrscheinlichkeiten**	
4					k	P	Pkum
5	Anzahl der Versuche n		5		0	0,2373047	0,2373047
6	Erfolgswahrscheinlichkeit p		0,25		1	0,3955078	0,6328125
7					2	0,2636719	0,8964844
8	Anzahl der Erfolge k				3	0,0878906	0,984375
9					4	0,0146484	0,9990234
10					5	0,0009766	1

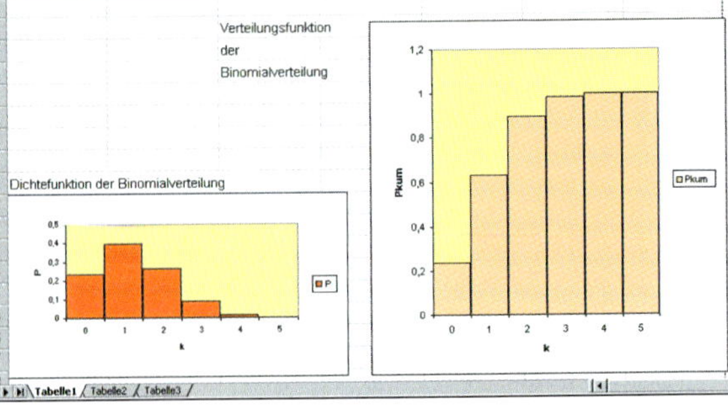

Ist ein solches Rechenblatt einmal angelegt, lassen sich damit problemlos **Tabellen zur Binomialverteilung** aufstellen.

Beide Formeln könnten über Zellbezüge in der Tabelle definiert werden. Wesentlich einfacher ist es jedoch, eine im Programm dafür vorgesehene Funktion (in Excel BINOMVERT(...)) zu verwenden.

15.2.4 Dynamische Geometriesoftware

Für die Darstellung und Untersuchung geometrischer Zusammenhänge am PC gibt es eine Vielzahl von Geometrieprogrammen. Während man mit *statischen* Programmen „nur" zeichnen und konstruieren kann, lassen sich Konstruktionen von Polygonen oder Kreisen, die mit *dynamischer* Geometriesoftware (DGS) erzeugt wurden, stetig verändern. So können Punkte und Geraden verschoben werden, ohne dass sich die damit verbundenen charakteristischen Eigenschaften der Konstruktion ändern. Größen wie Längen und Winkel lassen sich außerdem messen und mit Berechnungen verknüpfen. Das Kernstück einer jeden DGS ist der sogenannte Zugmodus. Er ermöglicht die Dynamisierung der Konstruktion.

Bekannte DGS sind *Capri Geometrie, Cinderella, Euklid, Dynageo, Geometers Sketchpad* oder ***Geonext.***

- Eulersche Gerade

Durch Konstruktion eines beliebigen Dreiecks lässt sich zeigen, dass die Schnittpunkte der Seitenhalbierenden, der Dreieckshöhen und der Mittelpunkt des Umkreises auf einer Geraden, der eulerschen Geraden, liegen.
Durch Ziehen an den Eckpunkten lässt sich das einmal konstruierte Dreieck beliebig verändern. Der veranschaulichte geometrische Zusammenhang, die eulersche Gerade, bleibt dabei erhalten.

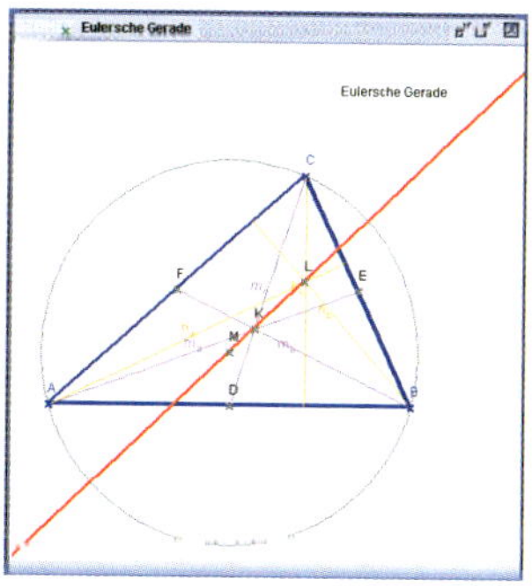

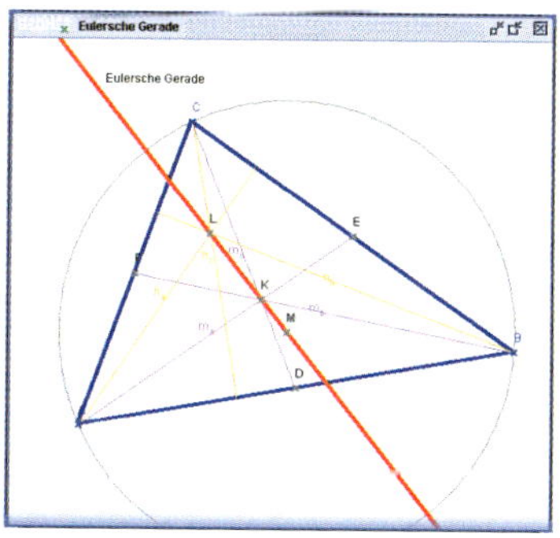

- Experimentelle Bestimmung von Extremwerten

Dem Graphen der Funktion $f(x) = -\frac{1}{6}x^2 + 3$ ist ein rechtwinkliges Dreieck derart einzubeschreiben, dass ein Eckpunkt mit einem Schnittpunkt des Graphen mit der x-Achse übereinstimmt, ein zweiter Eckpunkt beliebig auf dem Graphen von f und eine Kathete auf der x-Achse liegt. Aus der Menge aller möglichen Dreiecke ist das mit größtem Flächeninhalt gesucht.

Ist die Funktion grafisch dargestellt, kann ein Dreieck mit den genannten Bedingungen so eingezeichnet werden, dass ein Eckpunkt (P) auf dem Graphen frei beweglich ist. Durch eine vorher definierte Gleichung zur Berechnung des Flächeninhalts wird jede durch Verschieben von P hervorgerufene Änderung des Flächeninhalts unmittelbar angezeigt. Das gesuchte Dreieck mit größtem Flächeninhalt lässt sich dadurch näherungsweise bestimmen.

Mithilfe des Mess- und Rechenmodus können Abstände von Punkten und Größen von Winkeln gemessen, angezeigt und in Berechnungen eingebunden werden. Oftmals gestattet der Rechenmodus auch die Definition und grafische Darstellung von Funktionen.

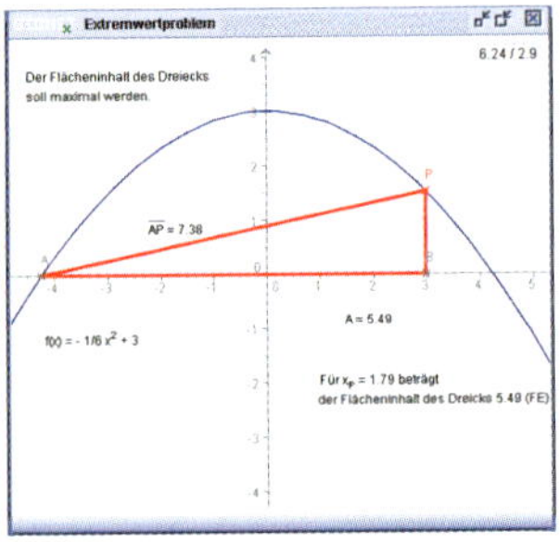

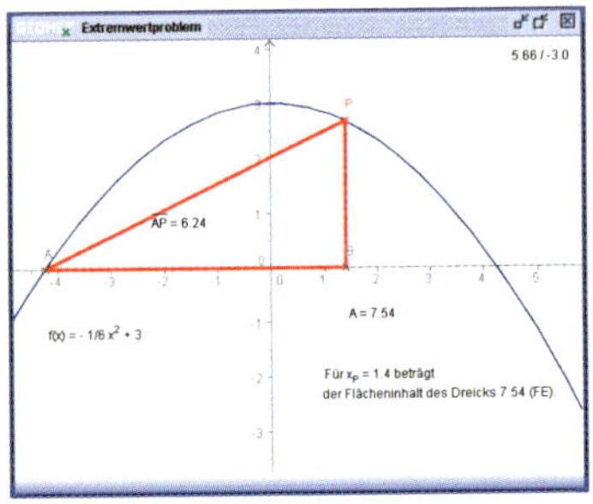

Ein Programm mit diesen Eigenschaften ist GeoGebra. Es kann im Internet unter **www.geogebra.org** heruntergeladen werden.

Neuere dynamische Geometrieprogramme verbinden geometrische und algebraische Operationen miteinander. Zur Verfügung steht ein Zeichenblatt für geometrische Konstruktionen und für grafische Darstellungen von Funktionen, ein Algebrafenster für algebraische Beschreibungen geometrischer Objekte sowie eine Tabellenansicht. Werden in einem der Fenster Änderungen vorgenommen, so passen sich die Inhalte der jeweils anderen Fenster automatisch an.

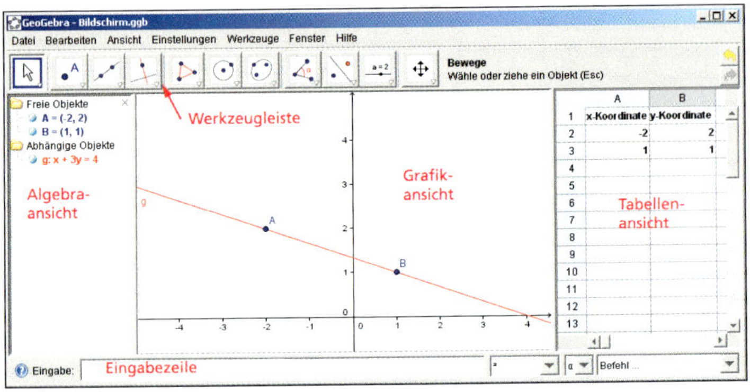

Gerade durch zwei Punkte

Eine Gerade in der Ebene ist entweder durch zwei Punkte oder durch einen Punkt und durch ihre Steigung festgelegt. Beides kann man zur Konstruktion einer Geraden mit einer Geometriesoftware nutzen. Mithilfe des Werkzeugs *Neuer Punkt* werden im Grafikfenster zwei Punkte erzeugt, durch die dann nach Auswahl des Werkzeugs *Gerade durch zwei Punkte* eine Gerade gezeichnet wird. In der Algebraansicht findet man sofort die algebraische Beschreibung aller Objekte: Die beiden Punkte sind mit ihren Koordinaten eingetragen und die Gerade mit ihrer Gleichung (siehe obige Abbildung des Bildschirms). Die Koordinaten der Punkte können zusätzlich in die Tabellenansicht übernommen werden. Verschiebt man die Punkte nach Aktivierung des Bewegen-Buttons, so werden sowohl die neuen Koordinaten der Punkte als auch die neue Geradengleichung in der Algebraansicht ausgewiesen.

Skalarprodukt zweier Vektoren

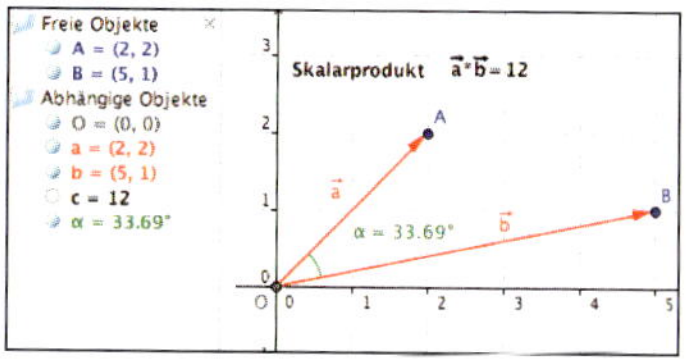

Sind zwei Punkte vorhanden, so kann mit dem Werkzeug *Vektor zwischen zwei Punkten* der Verbindungsvektor der Punkte gezeichnet werden. So wurden im abgebildeten Beispiel die Vektoren $\vec{a} = \overrightarrow{OA}$ und $\vec{b} = \overrightarrow{OB}$ dargestellt. Mithilfe des Buttons *Winkel* lässt sich der Winkel zwischen beiden Vektoren darstellen und anzeigen. Da häufig benötigte Operatoren im Programm als vordefinierte Funktionen vorliegen, kann auch das Skalarprodukt $\vec{a}\cdot\vec{b}$ zweier Vektoren sofort berechnet werden. Werden die Vektoren durch Ziehen an den Punkten A oder/und B verändert, so werden die veränderten Vektoren, der Winkel und das neue Skalarprodukt auch in der Algebraansicht aktualisiert.

Gleichung einer Regressionsgeraden

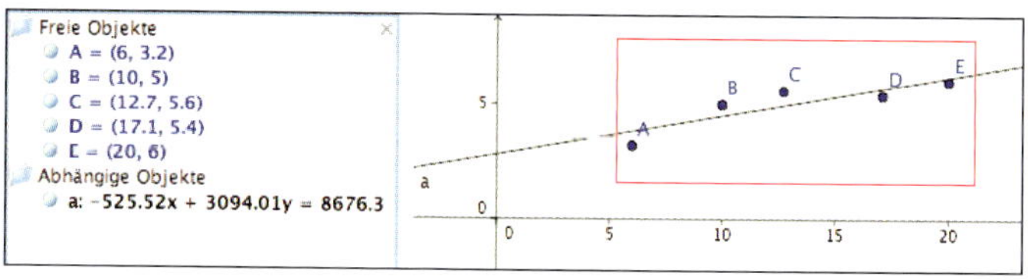

Werden Messwertpaare als Punkte in ein Koordinatensystem gezeichnet, so kann in dem hier gewählten Beispiel ein linearer Zusammenhang zwischen den x- und den y-Werten vermutet werden. Demzufolge ist eine lineare Regressionsfunktion zu bestimmen.
Um die Regressionsgerade zu zeichnen, wird der Button *Regressionsgerade* im Werkzeugkasten ausgewählt. Zieht man mit der linken Maustaste ein Auswahlrechteck so auf, dass alle Punkte in diesem Rechteck liegen, entsteht sofort die gesuchte Gerade. Im Algebrafenster wird die Geradengleichung angezeigt.

Gleichungen ganzrationaler Funktionen

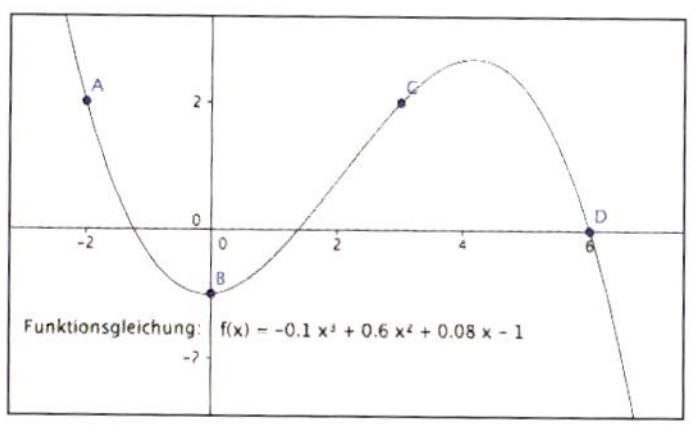

Mit dem Befehl *Polynom[A,B,C,D]* wird eine ganzrationale Funktion minimalen Grades erzeugt, deren Graph durch die Punkte A, B, C, D verläuft.
So liefern die Eingaben A = (−2, 2), B = (0, −1), C = (3, 2) und D = (6, 0) sofort die grafische Darstellung und die Gleichung der Funktion f mit $f(x) = -0{,}1x^3 + 0{,}6x^2 + 0{,}08x - 1$.
Durch Ziehen an den Punkten (Zugmodus) ändern sich Graph und Gleichung der Funktion.

15

- Tangente und Steigung einer Funktion

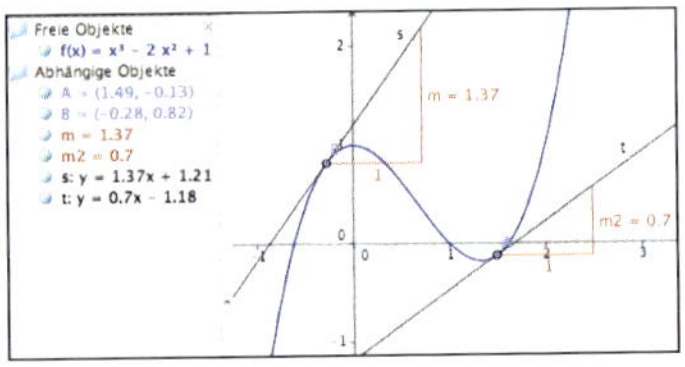

Auf dem Graphen einer zu untersuchenden Funktion, z. B. $f(x) = x^3 - 2x^2 + 1$, wird ein frei beweglicher Punkt festgelegt. Um die Tangente in diesem Punkt zu zeichnen, wählt man das Werkzeug *Tangenten* und klickt nacheinander auf den Punkt A und die Funktion f. In der Algebradarstellung wird gleichzeitig die Tangentengleichung angegeben. Um ein Steigungsdreieck einzuzeichnen und die Steigung der Tangente t angeben zu lassen, genügt es, den Befehl *m = Steigung[t]* in die Eingabezeile einzugeben. Verschiebt man nun den Punkt entlang des Funktionsgraphen, so ändern sich auch Tangente und Tangentengleichung, Steigungsdreieck und die ausgewiesene Steigung.

Verwendung eines Schiebereglers

Der Einfluss eines Parameters lässt sich sowohl in grafischen Darstellungen als auch in Berechnungen sehr gut untersuchen, wenn man Schieberegler konstruiert bzw. verwendet.

- Wird eine Funktion sin(x + c) definiert, so entsteht eine Sinuskurve mit der am Schieberegler eingestellten Verschiebung c. Jede Änderung am Schieberegler wirkt sich unmittelbar auf den Funktionsgraphen aus.

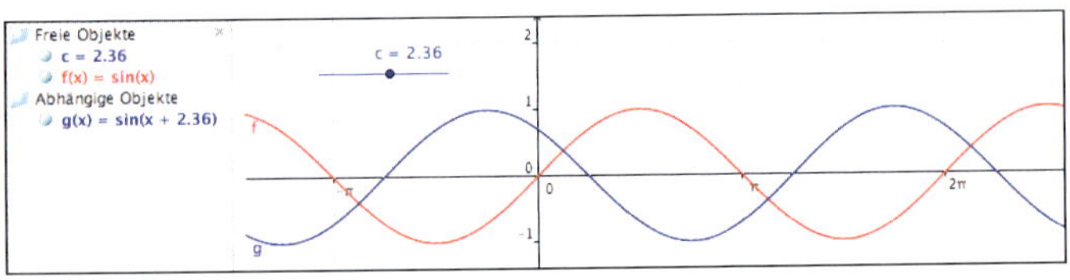

- Mit einem Schieberegler lassen sich auch Werte der Binomialverteilung bestimmen, sodass auf entsprechende Tabellen verzichtet werden kann.
  Um die Wahrscheinlichkeit B für genau k Erfolge zu berechnen, wird die entsprechende Formel (↗ Seite 415) über die Eingabezeile eingegeben. Für den darin enthaltenen Binomialkoeffizienten $\binom{n}{k}$ kann der im Programm definierte Befehl *Binomialkoeffizient[ ]* verwendet werden. Die Anzahl n der Versuche, die Wahrscheinlichkeit p und die Anzahl der Erfolge k lassen sich über Schieberegler einstellen.

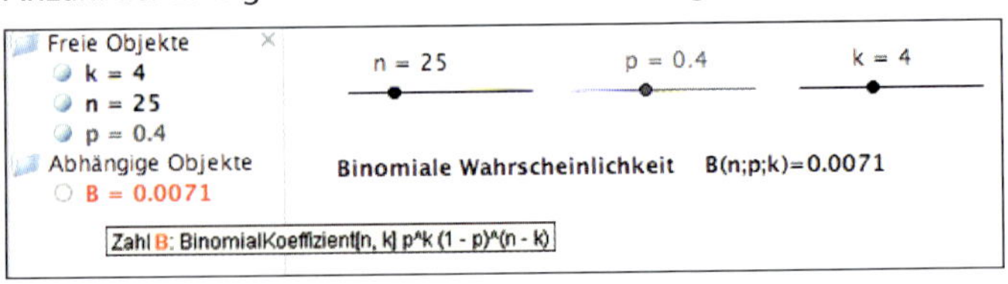

Anhang A

Register

A

A

G

A

A

H

I

M

A

N

A

A

A

A

A

Bildquellenverzeichnis

Adam Opel AG: 56/3, 131/1; akg-images/Erich Lessing: 10/2; Joachim Barig, Berlin: 43/1; Bibliographisches Institut GmbH, Mannheim: 455/1; Bildagentur Waldhäusl: 129/1; Hubert Bossek, Hoppegarten: 465/1, 224/1; Cornelsen Experimenta: 79/1; Deutsche Post: 63/6; Deutsches Museum, München: 464/2; Duden Paetec GmbH: 63/4, 351/3, 463/3; Fa. Ciclosport, Krailling: 449/1; Rainer Fischer, Berlin: 377/1; Fontshop: 483/1; Fotolia/Didier Prix: 9/1; Fotolia/Dmitry Nikolaev: 438/1; Fotolia/Robert Mizerek: 461/1; Fujitsu Siemens Computers: 468/1; Sibylle Haase, Bremen: 63/7; www.hessen-tourismus.de: 456/1; IMA, Hannover: 454/1; Intel GmbH, München: 255/1; iStockphoto/Jean-Francois Vermette: 11/1; Kintzel, B., Berlin: 281/2, 459/1; Günter Liesenberg, Berlin: 342/1, 393/1, 462/1, 462/2, 462/3, 463/2, 464/1; Mahler Boris, Fotograf, Berlin: 437/1, 458/1; mauritius images/Busse Yankushev: 199/1; mauritius images/Bernhard Spöttel: 55/1; Meyer, L., Potsdam: 19/2, 82/1; NASA, Nick Galante/PMRF: 87/1; Nick Koudis/Getty Images: 361/1; Philips Medizin Systeme: 263/1; Photo Disc Inc.: 53/1, 154/1, 162/1, 227/1, 239/1, 279/1, 347/1, 455/2; picture-alliance/HB Verlag: 288/1; picture-alliance/OKAPIA KG Berlin: 130/1; PlanetSolar: 323/1; Schwaneberger Verlag GmbH: 63/5; Siemens-Pressebild: 18/1; Siemens AG/München: 115/1; Dr. Gerd Sonnenfeld, Fredersdorf: 398/1; Weber, Karlheinz, Berlin: 310/2, 334/1, 334/2, 336/1, 337/1, 340/1

Basiswissen Schule – schnell auf dem Handy

Auch wenn du gerade unterwegs bist – dein **mobiles Basiswissen** (m.schuelerlexikon.de) unterstützt dich jederzeit bei den Hausaufgaben, bei Vorträgen und vielem mehr.

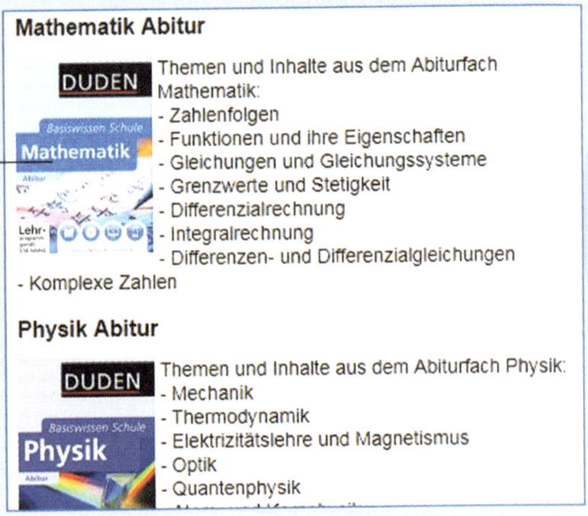

Auf ein Fach kannst du im Internet (m.schuelerlexikon.de/mathematik) auch direkt zugreifen und das gesuchte Thema anklicken.
Für die Nutzung über einen mobilen Internetzugang können zusätzliche Transaktionskosten anfallen. Erkundige dich deshalb vor der Nutzung über den gültigen Tarif für deinen Zugang.

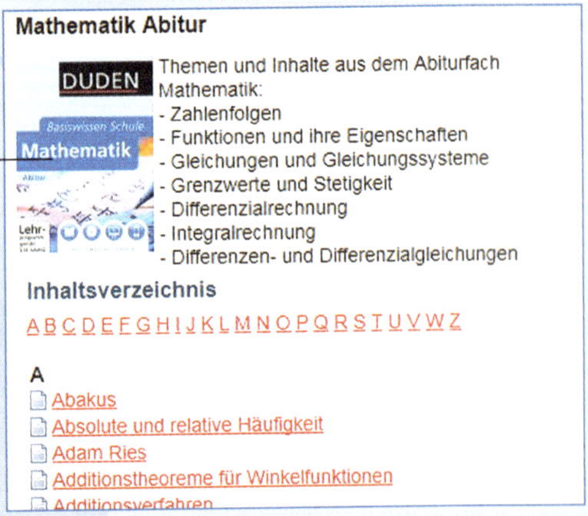

Zu jedem Thema erhältst du eine Abbildung mit verständlichen Kurztexten in übersichtlicher Anordnung und zum Display passend. Klickst du auf ein Bild oder eine Formel, erhältst du eine größere Darstellung.